“十四五”国家重点出版物出版规划项目

中国耕地土壤论著系列

中华人民共和国农业农村部　组编

中国棕壤

Chinese Brown Earths

汪景宽　赵庚星◆主编

中国农业出版社
北　京

中国耕地土壤论著系列

丛书编委会

中国耕地土壤论著系列

编者名单

主　　编　汪景宽　赵庚星

副 主 编　裴久渤　孙福军　任　意　常庆瑞　许　皞
张乃明

参编人员（按姓氏笔画排序）

丁　凡　万广华　王树涛　尹思佳　刘　京
刘　奎　安婷婷　孙良杰　孙妍芳　孙继光
杜立宇　李　涛　李双异　何忠俊　张　昀
张广才　张立江　张维俊　徐小千　徐志强
徐英德　高晓丹　谭佳琪

丛书序一

PREFACE 1

耕地是农业发展之基、农民安身之本，也是乡村振兴的物质基础。习近平总书记强调，“我国人多地少的基本国情，决定了我们必须把关系十几亿人吃饭大事的耕地保护好，绝不能有闪失”。加强耕地保护的前提是保证耕地数量的稳定，更重要的是要通过耕地质量评价，摸清质量家底，有针对性地开展耕地质量保护和建设，让退化的耕地得到治理，土壤内在质量得到提高、产出能力得到提升。

新中国成立以来，我国开展过两次土壤普查工作。2002 年，农业部启动全国耕地地力调查与质量评价工作，于 2012 年以县域为单位完成了全国 2 498 个县的耕地地力调查与质量评价工作；2017 年，结合第三次全国国土调查，农业部组织开展了第二轮全国耕地地力调查与质量评价工作，并于 2019 年以农业农村部公报形式公布了评价结果。这些工作积累了海量的耕地质量相关数据、图件，建立了一整套科学的耕地质量评价方法，摸清了全国耕地质量主要性状和存在的障碍因素，提出了有针对性的对策措施与建议，形成了一系列专题成果报告。

土壤分类是土壤科学的基础。每一种土壤类型都是具有相似土壤形态特征及理化性状、生物特性的集合体。编辑出版“中国耕地土壤论著系列”（以下简称“论著系列”），按照耕地土壤性状的差异，分土壤类型论述耕地土壤的形成、分布、理化性状、主要障碍因素、改良利用途径，既是对前两次土壤普查和两轮耕地地力调查与质量评价成果的系统梳理，也是对土壤学科的有效传承，将为全面分析相关土壤类型耕地质量家底，有针对性地加强耕地质量保护与建设，因地制宜地开展耕地土壤培肥改良与治理修复、合理布局作物生产、指导科学施肥提供重要依据，对提升耕地综合生产能力、促进耕地资源永续利用、保障国家粮食安全具有十分重要的意义，也将为当前正在开展的第三次全国土壤普查工作提供重要的基础资料和有效指导。

相信“论著系列”的出版，将为新时代全面推进乡村振兴、加快农业农村现代化、实现农业强国提供有力支撑，为落实最严格的耕地保护制度，深入实施“藏粮于地、藏粮于技”战略发挥重要作用，作出应有贡献。

中华人民共和国农业农村部副部长　张兴旺

丛书序二

PREFACE 2

耕地土壤是最宝贵的农业资源和重要的生产要素，是人类赖以生存和发展的物质基础。耕地质量不仅决定农产品的产量，而且直接影响农产品的品质，关系到农民增收和国民身体健康，关系到国家粮食安全和农业可持续发展。

“中国耕地土壤论著系列”系统总结了多年以来对耕地土壤数据收集和改良的科研成果，全面阐述了各类型耕地土壤质量主要性状特征、存在的主要障碍因素及改良实践，实现了文化传承、科技传承和土壤传承。本丛书将为摸清土壤环境质量、编制耕地土壤污染防治计划、实施耕地土壤修复工程和加强耕地土壤环境监管等工作提供理论支撑，有利于科学提出耕地土壤改良与培肥技术措施、提升耕地综合生产能力、保障我国主要农产品有效供给，从而确保土壤健康、粮食安全、食品安全及农业可持续发展，给后人留下一方生存的沃土。

“中国耕地土壤论著系列”按十大主要类型耕地土壤分别出版，其内容的系统性、全面性和权威性都是很高的。它汇集了“十二五”及之前的理论与实践成果，融入了“十三五”以来的攻坚成果，结合第二次全国土壤普查和全国耕地地力调查与质量评价工作的成果，实现了理论与实践的完美结合，符合“稳产能、调结构、转方式”的政策需求，是理论研究与实践探索相结合的理想范本。我相信，本丛书是中国耕地土壤学界重要的理论巨著，可成为各级耕地保护从业人员进行生产活动的重要指导。

中国工程院院士
中国科学院南京土壤研究所研究员 张佳宝

丛书序三

PREFACE 3

耕地是珍贵的土壤资源，也是重要的农业资源和关键的生产要素，是粮食生产和粮食安全的“命根子”。保护耕地是保障国家粮食安全和生态安全，实施“藏粮于地、藏粮于技”战略，促进农业绿色可持续发展，提升农产品竞争力的迫切需要。长期以来，我国土地利用强度大，轮作休耕难，资源投入不平衡，耕地土壤质量和健康状况恶化。我国曾组织过两次全国土壤普查工作。21 世纪以来，由农业部组织开展的两轮全国耕地地力调查与质量评价工作取得了大量的基础数据和一手资料。最近十多年来，全国测土配方施肥行动覆盖了 2 498 个农业县，获得了一批可贵的数据资料。科研工作者在这些资料的基础上做了很多探索和研究，获得了许多科研成果。

“中国耕地土壤论著系列”是对两次土壤普查和耕地地力调查与质量评价成果的系统梳理，并大量汇集在此基础上的研究成果，按照耕地土壤性状的差异，分土壤类型逐一论述耕地土壤的形成、分布、理化性状、主要障碍因素和改良利用途径等，对传承土壤学科、推动成果直接为农业生产服务具有重要意义。

以往同类图书都是单册出版，编写内容和风格各不相同。本丛书按照统一结构和主题进行编写，可为读者提供全面系统的资料。本丛书内容丰富、适用性强，编写团队力量强大，由农业农村部牵头组织，由行业内经验丰富的权威专家负责各分册的编写，更确保了本丛书的编写质量。

相信本丛书的出版，可以有效加强耕地质量保护、有针对性地开展耕地土壤改良与培肥、合理布局作物生产、指导科学施肥，进而提升耕地生产能力，实现耕地资源的永续利用。

中国工程院院士
中国农业大学教授 张福锁

前言 FOREWORD

棕壤是世界上非常重要的农业土壤，广泛分布于欧洲、北美洲和亚洲。在欧洲主要分布于英国、法国、德国、瑞典、巴尔干半岛和原苏联欧洲部分的南部山地，在北美分布于美国东部，在亚洲主要分布于中国、朝鲜北部和日本。棕壤在我国集中分布在暖温带湿润地区的辽东半岛和山东半岛低山丘陵，向南伸延到苏北丘陵，此外也广泛分布在华北平原、黄土高原、内蒙古高原、淮阳山地、四川盆地、云贵高原和青藏高原等山地垂直带谱中，总面积约 2 015 万 hm^2，其中耕地面积约 382 万 hm^2，是辽东半岛和山东半岛主要的农业土壤。

本书比较系统地总结了全国第二次土壤普查后，不同地区有关棕壤形成过程、分布特征、分类特点、理化性状、污染状况、地力评价、分区利用、测土施肥等方面研究进展，全书共分二十一章。第一章“棕壤的形成”和第二章“棕壤的分类”主要由孙福军、裴久渤和孙妍芳完成；第三章“棕壤的分布特征”主要由孙福军、裴久渤、谭佳琪、王树涛等完成；第四章“棕壤资源优劣势分析”由李双异、孙良杰、谭佳琪完成；第五章“典型棕壤”由孙福军、裴久渤、孙妍芳、徐英德完成；第六章“酸性棕壤”由裴久渤、孙福军、孙妍芳完成；第七章“潮棕壤”由裴久渤、孙妍芳完成；第八章“白浆化棕壤”由裴久渤、孙福军、孙妍芳等完成；第九章“棕壤性土”由裴久渤、孙福军、孙妍芳、刘京、何忠俊等完成；第十章“棕壤的物理性质”由李双异、孙良杰、尹思佳完成；第十一章“棕壤的化学性质”由高晓丹、刘奎、孙妍芳完成；第十二章“棕壤有机质状况”由安婷婷、裴久渤完成；第十三章“棕壤大量养分状况”由张昀、安婷婷、刘奎等完成；第十四章“棕壤中微量元素状况”由李双异、丁凡完成；第十五章“棕壤环境质量状况”由杜立宇完成；第十六章“棕壤肥力特性与作物生长”由张广才、丁凡、徐英德完成；第十七章“棕壤耕地地力等级评价体系构建”由裴久渤、孙妍芳、张立江等完成；第十八章“棕壤耕地地力评价结果分析”由裴久渤、张维俊等完成；第十九章“低产棕壤耕地改良与利用”由丁凡、张广才、徐小千完成；第二十章“棕壤分区利用与改良”由张广才、丁凡、张立江完成；第二十一章“棕壤区测土配方施肥技术应用与推广”由孙继光、裴久渤、徐志强、李涛等完成。初稿完成后，万广华、王树涛、刘京、何忠俊等对有关章节进行完善和核实。

本书基本框架由任意研究员、赵庚星教授、常庆瑞教授、许皞教授和张乃明教授参与确定，并在初稿完成后经过他们校对，然后经主编汪景宽和赵庚星全面校核定稿。本书的出版要感谢农业农村部耕地质量监测保护中心谢建华主任大力的支持！感谢农业农村部耕地质量建设与管理专家组组长徐明岗研究员和副组长李保国教授、中国农业出版社编辑们的鼎力支持！

由于编者学术积累所限，书中有关资料存在遗漏和不足在所难免，真诚希望广大读者提出宝贵意见。

目录 CONTENTS

第一章 棕壤的形成 >>>

棕壤（brown earth），又名棕色森林土，是暖温带湿润地区落叶阔叶林和针阔混交林下发育的淋溶型土壤。棕壤主要分布区的气候特点是，春季多风少雨，夏季温暖多雨，秋季艳阳高照，冬季寒冷干燥。年均气温为 5～14 ℃，10 ℃以上积温为 3 000～4 500 ℃，年降水量为 500～1 200 mm，冻层深度可达 150 cm，干燥度为 0.5～1，无霜期为 120～220 d。但由于受东南季风、海陆位置及地形影响，东西之间地域性差异极为明显（全国土壤普查办公室，1998）。

棕壤带的雨热同步有利于土壤中化学风化作用、淋溶-淀积作用和生物积累作用的进行。母质以各种岩石的残积、坡积物和第四纪黄土性沉积物为主，地下水位深。原始植被为落叶阔叶林，常绿-落叶阔叶-针叶混交林，因受人类活动影响，目前多是次生林，主要树种有辽东栎、蒙古栎、椴、槭和油松等。阶地和低丘的棕壤大部分已被开辟成农田和果园，其肥力发展变化受人为因素影响很大。

第一节 自然地理背景

一、棕壤分布区

（一）世界分布区域

棕壤是世界上一种重要的农业土壤，广泛分布于欧洲、北美洲和亚洲。在北美洲主要分布于美国东部，在亚洲主要分布于中国、朝鲜北部和日本，在欧洲主要分布于英国、法国、德国、瑞典、巴尔干半岛和苏联欧洲部分的南部山地。

棕壤是基于发生分类体系命名的土壤类型，由于分类系统不同，大致相当于美国土壤系统分类制淋溶土纲的湿润淋溶土亚纲（Udalfs）以及始成土纲的湿润始成土亚纲（Udepts），联合国世界土壤图例中高活性淋溶土（Luvisols）集合土类。美国土壤系统分类是目前世界上应用比较广泛的土壤分类系统，自 1975 年美国《土壤系统分类》一书发表后，土壤分类进入了定量化阶段，在全球掀起了一场土壤分类方面的重大变革。目前，世界上已有超过 80 个国家采用美国土壤系统分类作为第一分类或第二分类。

（二）中国分布区域

棕壤在中国集中分布在暖温带湿润地区的辽东半岛和山东半岛低山丘陵，向南延伸到苏北丘陵。此外，在华北平原、黄土高原、内蒙古高原、淮阳山地、四川盆地、云贵高原和青藏高原等地的山地垂直带谱中也有广泛分布（表 1-1、表 1-2）。

东北地区的棕壤以辽东半岛最为集中，并延伸至吉林境内西南边缘的低山丘陵。在水平分布上，棕壤与褐土、黑土、草甸土、潮土等构成多种土壤组合。在垂直分布上，棕壤与褐土、暗棕壤、白浆土、粗骨土、石质土等构成各自的土壤带谱或复区共存。

华北地区的棕壤集中分布在其东部的山东半岛丘陵区。在西部冀北山地太行山、晋中南、豫西山地垂直带，棕壤分布在褐土之上、暗棕壤之下。在一些山体陡峻土壤侵蚀严重地段，棕壤往往与石质土和粗骨土相间复区分布。但值得注意的是，某些山地由于受富钙母质的影响，也可出现棕壤分布在褐土之下的“倒置”现象。

表 1-1 棕壤的分布与面积

省份	棕壤面积（万 hm²）	占区域面积比例（%）	主要分布区域
辽宁	502.27	24.92	辽东半岛、低山区
云南	253.63	12.59	湿润区 2 400～3 500 m 的山地，下接黄棕壤
河北	230.85	11.45	冀北山地太行山东坡、褐土上部
四川	208.97	10.37	盆地周边 1 800～2 000 m 的山地
陕西	208.44	10.34	秦岭北坡 1 300～2 600 m 的山地
山东	177.74	8.82	山东半岛丘陵低山、褐土上部
西藏	116.63	5.79	藏东及藏东南山地垂直带中、下接黄棕壤
甘肃	92.02	4.57	甘肃高原 2 200～2 500 m 山地
湖北	56.90	2.82	神农架 2 200～2 700 m 山地
内蒙古	46.82	2.32	大兴安岭与阴山山地，下接栗钙土
河南	44.48	2.21	豫西山地垂直带
山西	32.06	1.59	五台山、太行山、中条山 1 200～2 700 m 垂直带
江苏	16.09	0.80	徐州、连云港等以北低山丘陵区
安徽	10.76	0.53	800～1 700 m 山地垂直带内
北京	10.57	0.52	燕山及西山山地，下接褐土

资料来源：《中国土壤普查数据》，全国土壤普查办公室，1997。

表 1-2 棕壤各亚类面积及耕地面积（万 hm²）

省份	土类		亚类							
	棕壤		典型棕壤		白浆化棕壤		潮棕壤		棕壤性土	
	总量	耕地	总量	耕地	总量	耕地	总量	耕地	总量	耕地
辽宁	502.27	185.95	136.38	71.72	1.22	0.53	79.24	65.97	285.43	47.73
云南	253.63	12.65	253.63	12.65						
河北	230.85	7.88	194.90	7.53			0.05	0.04	35.91	0.31
四川	208.97	8.34	206.85	7.22					2.12	1.12
陕西	208.44	4.76	119.39	3.92	16.44	0.58			72.61	0.25
山东	177.74	128.15	100.84	68.83	7.13	5.03	34.59	31.38	35.18	22.90
西藏	116.63	1.30	114.22	1.08					2.41	0.22
甘肃	92.02	7.55	79.52	7.55					12.51	
湖北	56.90	2.81	51.58	2.56					5.32	0.25
内蒙古	46.82	3.60	45.37	2.93			1.46	0.67		
河南	44.48	0.22	13.39	0.21	0.62				30.46	0.02
山西	32.06	0.60	20.98	0.05					11.08	0.55
江苏	16.09	14.86	3.44	2.22	7.55	7.55	5.10	5.10		
安徽	10.76		10.76							

（续）

省份	土类		亚类							
	棕壤		典型棕壤		白浆化棕壤		潮棕壤		棕壤性土	
	总量	耕地	总量	耕地	总量	耕地	总量	耕地	总量	耕地
北京	10.57	0.30	10.57	0.30						
贵州	5.48	2.01	4.93	2.01					0.55	
吉林	1.50	0.89	1.50	0.89						
天津	0.08		0.08							
总计	2 015.29	381.87	1 368.33	191.67	32.96	13.69	120.44	103.16	493.58	73.35

数据来源：《中国土壤普查数据》，全国土壤普查办公室，1997。

华东地区的棕壤集中分布在江苏境内的徐州、淮阴、连云港一线以北低山丘陵。安徽境内的棕壤多出现在海拔 800～1 700 m 范围内的山地垂直带中。

在山西的五台山、太行山、太岳山和中条山等山地垂直带中，棕壤出现的海拔为 1 200～2 700 m，下接褐土，上承暗棕壤。

在秦岭北坡，棕壤出现的海拔为 1 300～2 600 m，下接淋溶褐土，上承暗棕壤。秦岭西段的岷、迭山系与甘南高原交会地带，棕壤出现的海拔升高到 2 200～2 500 m，上限可达 3 500 m，下接褐土（黑钙土、灰钙土），上承暗棕壤或黑毡土（亚高山草甸土）。

在中亚热带神农架和四川盆地盆边山地，棕壤出现的海拔分别为 1 800～2 000（2 500）m 和 2 000（2 200）～2 700 m，下接黄棕壤，上承暗棕壤或黑毡土。亚热带云贵高原的湿润山地，棕壤出现的海拔为 2 400～3 500 m，下接黄棕壤，上承暗棕壤。

在西藏高原的尼洋河流域和横断山地，棕壤出现的海拔为 3 100～3 700 m，均分布在黄棕壤之上。

二、中国棕壤分布区域的自然地理特征

土壤区域性分布是指在气候条件宏观控制下，由于地形、水文地质条件和成土母质等区域性成土条件的变化而引起土壤有规律的变化。

（一）辽宁省棕壤分布特点

根据地貌和土壤组合特点，辽宁棕壤的区域性分布可分为辽东山地丘陵区和辽西低山丘陵区 2 种类型（贾文锦，1992）。

1. 辽东山地丘陵区 辽东山地丘陵区位于长大铁路线以东，为长白山山脉的西南延续部分，包括大连、丹东、本溪、抚顺的全部和铁岭、辽阳、鞍山、营口的东部。全区可分为东北部中低山区和辽东半岛丘陵区 2 种类型。

东北部中低山区：山体较高，沟谷发育明显，水系多呈枝状伸展，沿水系自山顶至谷底发育的土壤多为枝状分布，土壤组合具有明显的规律性。山地中上部分布着酸性棕壤或棕壤性土，下部分布着典型棕壤，在坡脚或缓坡平地上受侧流水和地下水的影响，形成了潮棕壤，呈窄条带状，面积较小，低山丘陵缓坡和岗平地上有白浆化棕壤分布。

辽东半岛丘陵区：主要为低山丘陵，受地质形成过程以及人为活动的影响，大部分丘陵的上部植被稀少，岩石裸露，土壤侵蚀严重，发育着大量棕壤性土、粗骨土或石质土，由丘陵中部向下至谷底，发育的土壤与东北山地区域大体相同，依次为典型棕壤、潮棕壤、草甸土、沼泽土（或泥炭土）和水稻土。

2. 辽西低山丘陵区 包括朝阳市的全部和阜新市、锦州市的西部。南部以松岭山脉为界，是棕壤与褐土的过渡地带，相互间呈镶嵌分布，犬牙交错。

努鲁儿虎山和松岭山地西麓低山丘陵区：由于本区成土母质主要为富钙的石灰岩、钙质砂页岩和黄土母质，所以土壤呈以褐土为主的枝状分布，只有较高山地上部有棕壤或棕壤性土分布。

医巫闾山和松岭山地东麓低山丘陵区：由于本区成土母质多为酸性结晶岩类和基性结晶岩类风化物及其黄土状母质，所以土壤呈以棕壤为主的枝状分布。低山丘陵上部分布着棕壤性土和粗骨土，下部分布着典型棕壤，坡脚平地分布窄条状潮棕壤。

（二）山东省棕壤分布特点

1. 土壤水平分布 山东省地处我国大陆性季风气候区的东部，自然植被主要为落叶阔叶林。棕壤和褐土的分布呈现出与生物气候带一致的规律性。鲁东丘陵区和鲁中南山地丘陵区东南沿海为棕壤的集中分布区，也是我国棕壤集中分布区之一。鲁中南山地丘陵区东南沿海是山东省降水量最大、气候最湿润地区，强度淋溶的白浆化棕壤集中分布于该区，在鲁东沿海仅有小面积零星分布。在鲁东丘陵区北部丘陵坡麓和中部莱阳盆地有小面积褐土分布。鲁中南山地丘陵区中南部，棕壤与褐土呈明显复区分布。在第二次全国土壤普查以前，曾将该区划为褐土分布区并与鲁东棕壤区截然分界，显然与棕壤、褐土复区分布的规律相悖。事实证明，在相同的生物气候条件下，由于其他成土因素的差异，特别是成土母质的差异，相邻的不同母质发育成为不同类型的土壤。例如，石灰岩风化物与酸性岩风化物毗邻，前者往往发育为褐土，后者则发育为棕壤，形成了两者复区分布。同时，该区由于南北纬度、生物、气候差异的影响，形成了自南向北，由棕壤与淋溶褐土复区，过渡到棕壤与褐土复区，进而过渡到以褐土和石灰性褐土为主的分布（山东省土壤肥料工作站，1994）。

2. 土壤垂直分布 山东省土壤的垂直分布以泰山最具代表性，从山麓到山顶，随着海拔升高，年均气温由 14 ℃降到 4.8 ℃，年降水量由 780 mm 增加到 1 112 mm，相对湿度也由 65%增加到 80%左右，平均风速增大一倍，自然植被由落叶阔叶林过渡到针叶林，在山顶植被为山地草甸。泰山的土壤垂直分布是，海拔 200 m 以下的坡麓为厚层坡积物或坡洪积物发育的典型棕壤（其下与潮棕壤相连），海拔 200～800 m 分布白浆化棕壤、棕壤性土和酸性粗骨土，海拔 800～1 000 m 分布酸性棕壤和酸性粗骨土，海拔 1 000～1 400 m 分布山地暗棕壤和酸性粗骨土，1 400 m 以上为山地灌丛草甸土。

3. 不同地貌区的分布

（1）鲁东丘陵区。鲁东丘陵区除崂山、昆嵛山、牙山、艾山等少数低山海拔较高外，大面积丘陵在海拔 300 m 以下，呈现出广谷低丘、地形较缓的中老期地貌特征。低山丘陵中上部坡地，广泛分布着酸性粗骨土和酸性石质土，酸性棕壤仅分布于低山的茂密林下。在低山、丘陵坡麓以上多分布棕壤性土，坡麓之下，除半岛北部山前有一定面积的洪积棕壤外，绝大多数低山丘陵没有形成广阔的洪积扇，坡麓地带的典型棕壤面积较小，向下延展很短距离即与丘陵间平缓处的潮棕壤相接。本区潮棕壤与无石灰性河潮土毗连，多呈枝状分布，在北部山前平原中下部有较大面积的潮棕壤分布。在临沂市的临沭、莒南和日照市等地的低丘和剥蚀平原上，集中分布着白浆化棕壤，在低丘坡麓之上与酸性粗骨土、棕壤相连或呈复区分布，在较平缓的地方，白浆化棕壤则与潮棕壤或河潮土相接。此外，在胶东半岛的南、东、北三面沿海的低丘和平地，也有白浆化棕壤零星分布。在蓬莱、龙口、莱州等地区，从丘陵坡麓到山前平原，呈现棕壤性土—典型棕壤—潮棕壤—非石灰性滨海潮土的土壤组合，局部有褐土或石灰性褐土零星分布。在鲁东丘陵区与鲁中南山地丘陵之间的胶莱河谷平原，主要分布着非石灰性砂姜黑土，其间也有河潮土分布。从河谷平原腹地向两侧砂姜黑土与潮棕壤、典型棕壤相接。河谷平原的中南部低缓丘陵，分布有小面积的棕壤性土和典型棕壤。

（2）鲁中南山地丘陵区。鲁中南山地丘陵区中部地势高，向四周海拔逐渐降低。从土壤分布的情况看，该区的北部、中部和南部各有其不同的特点。泰山、鲁山、沂山一线以北，除泰山、鲁山、沂山的顶部为酸性岩外，其余均为富钙石灰岩风化物、黄土、钙质或非钙质的砂页岩风化物及小面积出露的残余红土。泰山、鲁山、沂山中上部分布有酸性粗骨土、酸性棕壤和山地草甸土。鲁中南山地丘陵中部，地带性土壤褐土与棕壤复区分布的特点十分明显。泰山南麓有本省最大的山前洪积平原，自山麓至大汶河平原，形成典型棕壤—潮棕壤—砂姜黑土—潮褐土—河潮土的土链分布。在莲花山—孟良崮、蒙山等几条西北东南走向的片麻岩为主构成的中低山坡地，酸性粗骨土分布面积较大，在林木生长良好的地方则零星分布着酸性棕壤，山体向下依次出现酸性粗骨土、棕壤性土及典型棕壤。相邻山系之间的谷地或盆地上出现典型棕壤、潮棕壤复区，以及非石灰性潮褐土或潮褐土、淋溶褐土复区。泗河、枋河以南，在低山丘陵上酸性粗骨土与棕壤性土、棕壤性土与棕壤呈复区分布，山谷、山间盆地有潮棕壤分布。沂河、沭河平原四周的高阶地上北部分布着典型棕壤、潮棕壤和白浆化棕壤。

（三）河北省及京津地区棕壤分布特点

1. 河北省棕壤分布特点 棕壤是河北省最主要的山地土壤，总面积 230.85 万 hm^2，占全省土壤面积的 14.02%。主要分布于 600 m 以上（燕山）和 1 000 m 以上（太行山）的中低山和冀东滨海低山丘陵。其分布上限与山地草甸土相接，分布下限与淋溶褐土相接。

典型棕壤面积 194.90 万 hm^2，占全省土壤面积的 11.83%。分布于太行山、燕山等中山低山和冀东滨海低山丘陵，海拔为 700～2 500 m。阴坡比阳坡分布较靠下，发育在酸性—中性岩类母质上的比发育在碳酸盐岩类—基性岩类母质上的靠下。燕山滨海迎风面棕壤分布下限可达 300 m 左右。滨海低山低丘亦有分布，一般多为次生林、疏林或人工林夹杂草灌。

棕壤性土分布于棕壤区内的中山、低山丘陵，一般以阳坡为多。总面积 35.91 万 hm^2，占全省土壤面积的 2.19%。剖面发育微弱，为 A -(B)- C 型。土薄石多，微酸性反应（河北省土壤普查办公室，1990）。

2. 北京市棕壤分布特点 北京市棕壤总面积 10.57 万 hm^2。棕壤是植被最茂盛、森林最集中、人为破坏较轻、土层较厚（中厚土层占 81.15%）、裸岩较少、肥力较高、最宜林的土壤，是北京市主要林业基地，而耕地及果园面积均较少（耕地及果园面积共 2 963.33 hm^2，仅占 2.27%）。

北京市棕壤主要分布在西山、北山及海拔 600～800 m 以上的中山山地。棕壤所在区域山势陡峻，气温较低，降水量较多，温度较高，蒸发量小。主要植被为自然林，自然林下的棕壤侵蚀较轻，有机质含量以腐殖质层最高，阴坡的土壤有机质含量比阳坡土壤高、土层厚度大。阴坡土壤酸度往往较大，故在低海拔分布有棕壤。按地域性分布，本市的海坨山、百花山、白草畔、东灵山等中山山地，阳坡海拔 1 900 m 以上和阴坡海拔 1 800 m 以上的山地平台或缓坡植被为中生杂类草甸，分布着山地草甸土，其下紧接棕壤；海拔 800～1 900 m 的中山山地主要是落叶阔叶林下分布着棕壤，北部、东部山地降水量较丰富，酸性岩类较多，在阴坡 600～700 m 处即可出现棕壤，西部山地气候偏旱，且钙质岩类较多，在 900～1 000 m 开始出现棕壤；海拔 400～1 000 m 的广大低山地区，主要分布淋溶褐土，上接棕壤；西北部延庆盆地海拔 900 m 以上才有棕壤分布。

棕壤的母质主要是酸性岩类、硅质岩类、硅质石灰岩类及白云岩类等，泥质岩类、基性岩类较少，石灰岩及黄土母质则无棕壤发育。花岗岩在北部山地海拔 600 m 即可见到棕壤，而硅质石灰岩类及白云岩类在北部山地需在 800 m 以上才可见到，在西部山地则需在 1 000 m 以上可见。

3. 天津市棕壤分布特点 天津市位于华北平原东北部，海河流域最下游，北依燕山，东临渤海，被河北省、北京市所环抱，总土地面积为 1.11 万 km^2。天津市地形复杂，气候差异较大，成土母质各异，形成了复杂多变的土壤类型及特有的分布特点和规律。受地形地貌的影响，天津市地带性土壤与非地带性土壤（隐域性土壤）水平分布。北部中低山丘陵及洪积扇分布的土壤，属于地带性土壤——棕壤。山体高度对土壤垂直分布有所影响，海拔 800 m 以上主要植被为针阔叶混交林，土壤为棕壤；山坡坡向不同，气候条件不同，阳坡干旱、植被稀疏，阴坡湿润、植被茂盛，棕壤分布下限阴坡比阳坡低。其中棕壤面积为 800 hm^2，占天津市土壤总面积的 0.076%。

天津市典型棕壤只包括薄层有机质层砂岩类棕壤和薄土层砂岩类棕壤，均属于砂岩类棕壤土属。其中，薄层有机质层砂岩类棕壤分布在海拔 800 m 以上低山丘陵，降水量充沛，阴坡植被茂盛，以灌木和草本植物为主；薄土层砂岩类棕壤分布在海拔 900 m 以上的山巅，以草本植被为主，大部分分布在裸露岩石周围。

(四) 西北地区棕壤分布特点

西北地区棕壤集中分布在陕西和甘肃两省，总面积 300.46 万 hm^2，其中以陕西省为主。棕壤是陕西省主要的土壤类型之一，面积 208.44 万 hm^2，占该省土壤总面积的 10.5%。甘肃省棕壤面积 92.02 万 hm^2，占该省土壤总面积的 2.02%。棕壤分布区主要生长着天然乔木林，很少为耕地，耕地棕壤面积只有 15.41 万 hm^2，仅占棕壤面积的 5.13%。棕壤为秦岭、巴山、陇山等山地土壤垂直带谱中重要的建谱土壤，主要分布在秦岭北坡海拔 1 300～2 400 m、秦岭南坡 1 400～2 400 m、巴山北坡 1 700 m 和陇山 1 300 m 以上的中山区，以及甘肃南部山地的中下部和河谷阶地，其中以秦岭南北两坡中山区分布最广。西北地区分布有典型棕壤、白浆化棕壤和棕壤性土 3 个棕壤亚类。

典型棕壤是棕壤的主体，面积 198.91 万 hm^2，占区域棕壤面积的 66.2%，是耕地棕壤的主体。陕西省典型棕壤面积约 119.39 万 hm^2，占该省棕壤面积的 57.28%；甘肃省典型棕壤面积约 79.52 万 hm^2，占该省棕壤面积的 86.41%。典型棕壤多为林地，具有 O－Ah－Bt－C（R）的土体构型。耕种后有耕层或犁底层的分化，土体构型变化为 Ap－Bt－C（R）。典型棕壤土壤养分丰富，自然肥力高。

白浆化棕壤主要分布于秦岭和陇山山地，大多数是在棕壤带的上部，针阔叶混交林下，只分布在陕西省，面积约 16.44 万 hm^2，占棕壤面积的 5.47%，占陕西省棕壤面积的 7.88%。白浆化棕壤的剖面分化明显，一般具有 O－Ah－E－Bt－C 的土体构型。由于白浆化棕壤分布区气候冷湿，有机质积累量高，除有效磷外，其他养分丰富。

棕壤性土广泛分布于秦岭、巴山、陇山和甘肃南部棕壤带的陡坡地段，常与典型棕壤、白浆化棕壤呈镶嵌分布，总面积 85.12 万 hm^2，占区域棕壤面积的 28.33%。陕西省棕壤性土面积 72.61 万 hm^2，占该省棕壤面积的 34.84%。甘肃省棕壤性土面积约 12.51 万 hm^2，占该省棕壤面积的 13.59%。棕壤性土由于所处地形山大坡陡，侵蚀强烈，土壤不断遭到剥蚀，使其土壤发育始终处于幼年成土阶段：土壤剖面分异和土层发育不明显，剖面构型为 A－(Bt)－C，淀积层发育微弱，形成雏形 B 层，表现为腐殖质与母质层的过渡特征；具有薄层性与粗骨性的特点，一般土层比较薄，多在 20～50 cm，土体中含岩石风化碎屑多，土状物少，砾石含量常在 20%以上，生产力低下。

(五) 西南地区棕壤分布特点

棕壤原是暖温带湿润低山丘陵地区的地带性土壤，但在云南省低纬度高原的生态条件下，却出现于湿润、半湿润的山地垂直土壤带内。

1. 云南棕壤分布特点 棕壤地区的气候属暖温带季风气候，夏季温暖多雨，冬春寒冷干旱，年均温为 7～11 ℃，≥10 ℃有效积温 3 000～4 000 ℃，最冷月平均气温 1～3 ℃，最热月平均气温 16～18 ℃，年降水量 800～1 100 mm，其中 85%以上的降水量集中分布在 6—10 月，局部地区年降水量最高可达 1 500 mm 以上。12 月至翌年 2 月，有季节性冰冻现象，冻层厚 10～20 cm，年干燥度为 0.7～1.1，致使云南棕壤季节性的淋溶、淀积作用交错进行，这是与典型棕壤地区不同的特点之一。

云南棕壤地区的植被以针阔叶混交林为主。各地区有些差异，但在整个棕壤地区，植被覆盖较好，凋落物较多，土壤有机质含量比较丰富。棕壤在云南分布区域较广，母质类型比较复杂。主要母质类型有酸性结晶岩类、基性结晶岩类、泥质岩类、紫色岩类、石英质岩类、碳酸盐岩类、古红土类 7 大母质类型，以紫色岩类、酸性结晶岩类、基性结晶岩类、碳酸盐岩类 4 个母质类型所占面积较大，其余母质类型的面积较小。由于母质类型的不同，所发育形成的土壤在 pH 上稍有差异，以酸性结晶岩类母质发育形成的土壤 pH 最低，平均 pH 为 5.11～5.66；碳酸盐岩类母质形成的土壤 pH 最高，平均 pH 为 5.98～6.4。其余母质类型形成的土壤，pH 在上述两个母质类型之间。

2. 四川棕壤分布特点 棕壤是四川西部山地的重要土壤资源之一，是四川山地暖温带和中温带湿润或半湿润气候条件下发育的地带性土壤。气候特点是：夏季温暖多雨，冬季寒冷干旱，干湿季节较分明。年均气温为 7～14 ℃，≥10 ℃有效积温为 3 000～4 000 ℃。年降水量 600～1 000 mm，盆边山地多雨区可达1 200 mm以上，但冬季降水少，不到全年的 10%。年平均相对湿度比黄棕壤和暗棕壤地带低 50%～75%。但在不同的地貌区，有明显的差异。以川西为例，在龙门山后山区的棕壤带，年均温为 10～12 ℃，年降水量在 800 mm 以上；在高山峡谷区的棕壤带，年均温 7～10 ℃，年降水量 500～800 mm；在高山顶部的棕壤带，年均温仅 7 ℃左右，年降水量 600～800 mm。

四川棕壤地区的植被以落叶阔叶林为主，其次为松栎混交林。阔叶树种主要有红桦、栎类、山杨、多种槭等；针叶树种主要有岷山松、高山松、华山松，以及少部分紫果云杉、巴山冷杉等。原始森林破坏后，取而代之的为灌丛或人工松林。林下灌丛的主要种类是卫矛、忍冬、杜鹃、绣线菊、花楸、蔷薇等。在川西南山地的中高山区，棕壤的植被多为松栎林。在川西中高山区，海拔 2 700 m 以下多为栎类、杂灌。海拔 2 700～3 200 m 为针阔叶混交林带，在阳坡有成片的以硬栎类为主的阔叶林分布。在这一林带内棕壤多呈斑块状分布于阔叶林之下。

棕壤的成土母质以变质岩、沙板岩类为主，其次为灰岩、泥页岩、花岗岩等残坡积物，在沟谷地带有零星的冲洪积母质，在阿坝藏族羌族自治州北部还有黄土状母质。砂岩、泥页岩、黄土状母质发育的棕壤土层较厚，黏粒和粉沙含量较高；板岩类发育的棕壤黏粒含量较少。由于棕壤分布地势高，除生物气候因素外，土壤属性受地形、母质影响十分明显。

第二节　主要成土过程

棕壤是一种森林土壤，在自然状态下，为珍贵和优良的针阔叶森林植被所覆盖，是林业生产的重要基地。棕壤具有很高的自然肥力和良好的气候条件，很早以来就被人们开发利用，发展农作物、果树、柞蚕、人参等生产，并造林和畜牧。棕壤上落叶阔叶林的生物循环比较旺盛，每年大量富含钙、钾的枯枝树叶凋落，积聚于地表，其根系分布密而深，每年仅有极少部分死亡。表土层有机残体经微生物分解，产生的盐基与腐殖酸结合，在凋落物层下形成一个盐基饱和度较高、微酸性至中性的薄腐殖质层。

棕壤化学风化强烈、黏化作用明显，风化产生的黏粒和铁铝氧化物随重力水向下淋移，经长期积聚，在中下部形成黏淀层。其特点是在结构面上覆有黏粒、铁锰胶膜和二氧化硅粉末，在剖面中还聚有小铁锰结核。发育时间较短或土体较薄的棕壤缺乏黏淀层，铁锰结核亦不明显。

棕壤土体内碳酸盐和可溶盐均被淋失，交换性阳离子主要为钙、镁、钾，土壤腐殖质层以下的盐基轻度不饱和。耕种棕壤的肥力变化主要取决于水土保持和施用有机肥料等培肥措施。

棕壤主要形成于不同类型的非钙质成土母质。基岩风化物以酸性结晶岩类为主，其次有基性结晶岩类、结晶片岩类、砂页岩类和石英质岩类，松散沉积物以黏黄土为主，其次有坡积物、洪积物、冰水沉积物和冲积物（贾文锦，1992）。

一、淋溶过程

淋溶过程是指土壤物质随水流由上部土层向下部土层或侧向移动的过程。温暖湿润的条件有利于矿物质的风化淋溶，有利于黏土矿物的形成和淋溶淀积而发生黏化作用（王秋兵等，1996）。棕壤在形成过程中产生的钠、钾、钙、镁等盐基不断受到渗透水的淋洗，土壤胶体表面一部分正离子吸附点被氢、铝离子占据，可溶性盐和碱土金属的碳酸盐已被淋失，增强了土壤酸度，盐基中等饱和或不饱和，呈微酸性反应至酸性反应。由于棕壤亚类盐基离子淋溶程度不同，它们的交换性酸含量、土壤 pH 和盐基饱和度有差异（山东省土壤肥料工作站，1994）。

棕壤表层的枯枝落叶富含钙镁等盐基物质，经腐解淋溶积聚于腐殖质层。在腐殖质层以下，钙、镁等盐基淋渗现象明显。从土壤化学组成来看，棕壤剖面的氧化钙含量除表层较高外，以下各层均明显减少。同时，铁、锰在剖面中有移动聚集的趋势，心土层有一定量的铁锰胶膜，但不及黄棕壤明显。棕壤的黏土矿物类型以蛭石、伊利石、绿泥石为主，其次为蒙脱石、高岭石。棕壤的水解性酸含量较低，多为 0.3～3 cmol/kg，盐基饱和度一般大于 70%。但在降水多的地区，由于淋溶作用强烈，棕壤呈酸性，盐基饱和度较低，有的只有 20%左右。

云南夏秋季温暖潮湿，降水量集中，土壤的淋溶作用旺盛，土壤中易溶盐类和碳酸盐类物质绝大多数均被淋失，土壤呈酸性至微酸性反应，盐基不饱和，土壤表层的黏粒和活性铁、铝等元素均有向下移动和聚集的趋势，兼有残积黏化和淀积黏化的双重作用。一般表土层与心土层的黏粒含量变化都在 20%以上，说明淋溶作用是较明显的。

二、淀积黏化过程

淀积过程是指土壤中物质移动并在土壤某部位相对聚集的过程。黏化过程是指土体中的黏土矿物、次生层状硅酸盐的生成和积聚过程。黏化过程包括黏粒的形成和黏粒的淋溶积聚过程，即所谓的残积黏化和淀积黏化。棕壤的形成既有残积黏化也有淀积黏化。从多数棕壤剖面黏化特征来看，淀积黏化是其主要黏化形式。从棕壤分布区的气候特点分析，干湿季节交替有利于黏粒的淋溶淀积。上部土层的黏粒随下渗水向下迁移，在中下部形成黏粒淀积层。当悬浮着黏粒的土壤水沿结构面向下移动时，水分被逐渐吸入结构体内或蒸发掉，而黏粒被截留在结构表面形成黏粒胶膜。野外观察，棕壤典型剖面黏化层黏粒含量多，黏粒胶膜非常明显；微形态观察，光性定向黏粒呈连续状，黏粒胶膜较多且较厚。黏化率是表示黏化作用强度的指标。由表 1-3 可知，除酸性棕壤外，棕壤各亚类的黏化率都大于 1.2。

表 1-3　棕壤的黏化率*

亚类	<0.001 mm 黏粒含量（%）	<0.002 mm 黏粒含量（%）	黏化率	剖面数
典型棕壤	13.2	14.83	1.95	15
白浆化棕壤	15.1	17.32	1.46	9
酸性棕壤	6.2	8.24	1.07	4
潮棕壤	9.4	12.17	1.28	6
棕壤性土	8.5	9.61	1.25	4

数据来源：贾文锦，1992，辽宁土壤。

* 黏化率以<0.001 mm 的黏粒计算。

棕壤在成土过程中所形成的次生硅铝酸盐黏粒随土壤渗漏水下移并在心土层淀积形成黏化层。据微形态观察，剖面中下部常见基质、骨骼粒面、孔壁上有岛状定向黏粒胶膜、带状定向黏粒胶膜、流状黏粒胶膜、流状泉华。在骨骼粒面、孔壁上也有纤维状光性定向胶膜。说明黏化层的形成是淀积黏化与残积黏化共同作用的结果。

在黏粒形成和黏粒悬移过程中，铁锰氧化物也发生淋移。表 1-4 说明棕壤的全量铁锰、游离铁锰和活性铁锰自表层向下层略有增加的趋势，表明铁锰氧化物有微弱向下移动的特征。值得注意的是，在某些受地下水活动影响的棕壤剖面中，底部常见铁锰锈斑或结核新生体，这是干湿交替引起氧化还原的结果，甚至有的是矿物质分解过程中就地释放的产物，而并非淋溶淀积物所致。

表 1-4　棕壤氧化铁锰形态的剖面分异

采样地点	深度（cm）	全量氧化物（g/kg）		游离氧化物（g/kg）		活性氧化物（g/kg）		游离物（%）		活化度（%）	
		Fe_2O_3	MnO	Fe_2O_3	MnO	Fe_2O_3	MnO	Fe_2O_3	MnO	Fe_2O_3	MnO
辽宁锦州凌海天桥街	0～16	51.6	0.46	12.1	—	1.8	0.32	23.4	—	15.2	—
	16～47	29.0	0.62	11.4	0.43	2.2	0.37	42.7	69.4	18.0	86.0
	47～82	31.6	0.49	13.7	0.46	2.1	0.34	43.4	93.9	15.4	73.9
	82～125	42.7	0.59	17.3	0.44	2.6	0.34	40.5	74.6	15.2	77.3
	125～230	39.0	0.55	18.3	0.47	2.4	0.35	46.7	85.5	13.2	74.5

（续）

采样地点	深度（cm）	全量氧化物（g/kg）		游离氧化物（g/kg）		活性氧化物（g/kg）		游离物（%）		活化度（%）	
		Fe_2O_3	MnO	Fe_2O_3	MnO	Fe_2O_3	MnO	Fe_2O_3	MnO	Fe_2O_3	MnO
辽宁葫芦岛建昌大黑山	0～10	43.6	0.8	15.2	0.56	2.9	0.37	34.9	70.0	19.1	66.1
	10～31	51.3	0.5	21.2	0.25	3.7	0.15	41.3	50.0	17.6	60.0
	31～87	54.5	0.8	19.5	0.54	5.2	0.35	35.7	67.5	26.6	64.8
	87～115	53.0	1.1	18.9	0.87	5.4	0.81	35.7	79.1	28.4	93.1
	115～130	49.1	0.8	16.0	0.56	3.0	0.56	32.6	71.2	18.7	98.2
山东泰安角峪花湾	0～12	53.1	0.89	13.4	0.45	2.2	0.52	25.2	50.6	16.5	—
	12～30	54.5	0.98	14.7	0.47	2.6	0.53	27.0	48.0	17.1	—
	30～80	57.5	0.97	15.6	0.56	2.9	0.68	27.1	57.7	18.6	—
	80～170	58.0	1.15	16.5	0.54	2.2	0.71	28.4	51.3	13.3	—

数据来源：《辽宁土壤》《山东土壤》。

云南棕壤分布区深受西南季风的影响，温暖时间较长，湿度较大，干湿交替明显，夏秋温暖多湿，冬春干旱而不太冷，土壤受冻时间不长，土壤冻层浅。在温暖多湿和土壤酸性溶液的作用下，土壤黏化作用明显，土壤中原生矿物经物理的、化学的风化作用而产生的硅、铝、铁等氧化物，经过转换合成，形成次生黏土矿物，积聚于土壤剖面的上部层次中，这就是通称的“黏化”作用。在植物的生长过程中，植物体内部吸收了一定的硅、铁、铝等元素，随着植物的死亡和有机残体的分解，硅、铁、铝等元素又从有机体中释放出来归还土壤，同原生矿物一起参与土壤的黏化过程，也可形成一些次生矿物。在干季，土层下部的氧化物又有随毛管水上升富集于表土的趋势。由于上述各种原因，使土壤表层的黏土矿物不断得到补充，不致因淋溶作用而剧烈地降低土壤表层的黏粒含量。经 X 射线衍射分析，棕壤黏粒中的黏土矿物种类主要为伊利石和高岭石两种。

三、生物富集过程

生物富集过程是指土壤在自然植被覆盖下所进行的生物循环过程。棕壤的生物富集过程包括腐殖质化过程和矿质化过程。腐殖质化过程是指各种动植物残体在微生物作用下，通过一系列生物化学作用变为腐殖质，并且这些腐殖质能够在土体表层积累的过程。有机物的矿质化过程，是指在微生物作用下，有机态物质中所含有的碳、氮、磷、硫等元素被分解、氧化、转变为无机态物质的过程。

棕壤分布区气候温暖湿润，在森林植被下的生物富集作用相当旺盛，土壤表层形成丰厚的腐殖质层，有机质一般在 50 g/kg 以上，高者可达 100 g/kg。如山东费县塔山海拔 600 m 以赤杨和辽东桤木为主的落叶阔叶林下的棕壤，0～5 cm 有机质含量 82.8 g/kg，29～59 cm 还有 26.3 g/kg。辽宁宽甸泉山海拔 800 m 杂木林下的棕壤，凋落物厚 2～3 cm，0～13 cm 有机质含量高达 113.5 g/kg，35～74 cm尚有 10.6 g/kg。陕西秦岭南坡 2 100 m 的林地棕壤，地表凋落物 4 cm 厚，0～28 cm 有机质含量 72.0 g/kg，28～56 cm 还有 19.3 g/kg。但棕壤分布区的森林植被已被破坏，严重影响了生物富集，特别是耕垦后的棕壤，生物富集明显减弱，表土有机质含量锐减到 10～20 g/kg（全国土壤普查办公室，1998）。

棕壤的腐殖质组分及其特性是生物富集与分解成土特征的重要表现。第一，胡敏素占腐殖质总量的 50%以上，其中潮棕壤最低（<50%）。第二，富里酸占腐殖质总量的 16%～43%，其中在白浆化棕壤、潮棕壤中占比较高，而在典型棕壤中占比较低。第三，胡敏酸占腐殖质总量的 10%～28%，其中在潮棕壤中占比最高，在典型棕壤中占比次之，而在白浆化棕壤中占比最低。第四，胡敏酸与富里酸的比值（胡敏酸/富里酸）为 0.29～0.84，低于水稻土，其中棕壤性土、白浆化棕壤较典型棕壤和潮棕壤低，说明腐殖质化程度低，化学稳定性差。第五，胡敏酸光密度为 4.12～5.10，腐殖质的

缩合程度和芳构化程度比褐土低。值得注意的是，白浆化棕壤在人工落叶松、侧柏林，E4 与 E6 的比值（腐殖质在 465 nm 和 665 nm 光密度的比值）明显增高，这表明不同林型与腐殖质缩合及芳构化程度密切相关（表 1－5）。

表 1－5 棕壤不同林型与剖面上腐殖质缩合及芳构化程度分异

土壤	剖面号	利用方式	深度（cm）	胡敏酸/富里酸	E4/E6
典型棕壤	辽 22	辽东栎林	2～9	0.84	4.12
	HZ78	刺槐林	0～20	0.76	4.19
	辽 107	油松栎林	0～13	0.69	4.45
	陕 04	松栎林	0～17	0.52	—
白浆化棕壤	鲁 6	麻栎侧柏林	0～11	0.53	4.91
	辽 29	人工落叶松林	0～10	0.52	4.93
	辽 36	人工落叶松林	0～31	0.29	5.10
潮棕壤	冀 211	旱地	0～20	0.58	—

棕壤区的植物及其凋落物的化学组成见表 1－6，由于阔叶林及其凋落物较针叶林富含灰分物质、碱土金属和碱金属，其生物残体在分解过程中加强了土壤中盐基的生物循环，表土层灰分元素积累明显，盐基饱和度提高，使土壤保持微酸性反应。

表 1－6 棕壤几种植物及凋落物灰分的化学组成（g/kg）

植被	粗灰分	SiO_2	Fe_2O_3	Al_2O_3	CaO	MgO	K_2O	Na_2O	P_2O_5	N
麻栎	384.8	8.3	0.6	1.0	16.3	3.8	5.8	0.4	4.16	12.34
油松	246.2	7.3	1.1	2.1	7.2	2.2	5.6	0.4	2.22	10.55
刺槐	230.9	2.5	0.8	1.0	23.6	3.5	11.8	0.6	3.87	26.36
辽东栎林	136.2	53.4	5.8	14.2	25.7	4.7	6.5	1.7	0.95	10.62
蒙古栎林	240.3	143.7	12.0	29.8	34.1	6.3	10.7	9.6	1.98	11.71
油松栎林	180.8	106.3	6.8	11.8	37.1	1.2	6.6	4.8	1.02	11.85
栎山杏林	240.0	136.3	9.5	27.7	33.0	7.8	7.5	4.7	1.60	11.00
杂木林	267.0	159.7	12.0	39.4	31.6	3.8	7.7	4.4	3.07	15.74
落叶松林	114.3	70.0	2.3	13.2	14.4	2.8	5.5	1.5	1.69	11.70

由于植物生长旺盛，有机质的分解和积累均较强烈，土壤表层的有机质也较丰富。其中，阔叶林的凋落物富含盐基物质，在分解时产生大量盐基，盐基饱和度较高，能中和各种酸类，降低酸度；而针叶林的凋落物中则含有较多的胡敏酸和富里酸，又常使土壤变酸，盐基呈不饱和状态。云南棕壤地区绝大多数是针阔叶混交林。在南部，常绿阔叶林占比略大；在北部，则又以针叶林占优势。无论南部、北部，两种作用都在交错进行，致使棕壤的酸度范围变化较大，盐基饱和度的变幅也为 10%左右到 50%以上。

四、耕作熟化过程

土壤的熟化过程，即人为培肥土壤的过程。通过耕作、灌溉、施肥和改良等方法，土壤上部形成了人为表层，并不断地改变原自然土壤的某些过程和性状，使土壤向有利于农作物高产的方向发育。根据熟化过程中人为调节土壤的水分状况，可将土壤熟化过程划分为水耕熟化过程和旱耕熟化过程，通常把种植旱作条件下定向培肥土壤的过程称为旱耕熟化过程。

棕壤旱耕熟化方式不尽相同，一般可将旱耕熟化过程分为3个阶段：①改造熟化阶段，改造土壤前身固有的不利性状，发挥有利于农业生产的性状；②培肥熟化阶段，通过积累养分、改变土性、改良土质和改善结构等作用，改善土壤营养条件和环境因素；③高肥稳产阶段，进一步提高土壤肥力，使土壤具有良好的剖面结构（王果，2009）。

现以沈阳市耕型黄土状棕壤为例，通过描述耕作土壤剖面形态、物理性质、化学性质，以及剖面的物理性质、化学性质，阐述棕壤的耕作熟化过程（沈阳市农业局，1989）。

1. 剖面特征 土体构型为Ap－P－Bt－C型，土体深厚，耕层质地较轻，多为轻壤土—重壤土，心土、底土质地黏重，多为重壤土—黏土。Bt层发育明显，结构体表面附有铁锰胶膜或SiO_2白色粉末，出现部位在20～60 cm。典型剖面采自沈阳苏家屯区大沟乡。其剖面形态如下。

0～16 cm：灰棕色，粒状结构，中壤土，土体松。

16～73 cm：深棕色，块状结构，重壤土，土体紧实。

73～100 cm：深棕色，核状结构，有SiO_2粉末，重壤土。

100～120 cm：深棕色，大核状结构，有大量铁锰胶膜和铁锰结核，重壤土。

2. 理化性状 耕层厚度15～21 cm，物理黏粒35.53%～49.93%，容重1.22～1.32 g/cm³，总孔隙度46.93%～55.83%，毛管孔隙20.68%～33.62%，通气孔隙13.54%～32.52%，田间持水量16.89%～28.53%。有机质10.1～19.5 g/kg，全氮0.61～1.09 g/kg，全磷0.59～0.97 g/kg，全钾24.7～28.9 g/kg，有效磷2.1～9.5 mg/kg，速效钾105～149 mg/kg。全铜18.7～26.9 mg/kg，全锌53.7～86.1 mg/kg。阳离子交换量16.89～28.53 cmol/kg，pH为6.3～6.7，微酸性。剖面分异状况，黏粒在B层和底层积聚，容重、田间持水量与交换量等增高，孔隙度降低。微量元素在剖面中的分异不明显（表1－7至表1－12）。

表1－7 耕型黄土状棕壤表层的物理性质

统计项目	耕层厚度 (cm)	物理黏粒 (%)	容重 (g/cm³)	总孔隙度 (%)	毛管孔隙 (%)	通气孔隙 (%)	田间持水量 (%)
$\bar{X}$	18	42.73	1.26	51.38	27.15	23.05	20.10
S	3	7.20	0.06	4.45	6.47	9.49	3.57
CV（%）	16.7	16.8	5.0	8.7	23.8	41.2	17.8
N	26	16	9	7	5	5	7

注：①上述棕壤采自辽宁省沈阳市苏家屯区大沟乡东山村西岭地；②$\bar{X}$为统计项目的平均值，S为样本的标准差，CV为样品的变异系数，N为样品数；③表1－8至表1－12中样品采集地及代号与本表相同。

表1－8 耕型黄土状棕壤表层的理化性状

统计项目	有机质 (g/kg)	全氮 (g/kg)	全磷 (g/kg)	全钾 (g/kg)	有效磷 (mg/kg)	速效钾 (mg/kg)	阳离子交换量 (cmol/kg)	pH
$\bar{X}$	14.8	0.85	0.78	26.8	5.8	127	22.71	6.5
S	4.7	0.24	0.19	2.1	3.7	22	5.82	0.2
CV（%）	32.0	28.1	24.1	8.0	63.8	17.3	25.6	3.7
N	20	20	15	6	20	20	3	13

表1－9 耕型黄土状棕壤典型剖面的物理性质

剖面层次 (cm)	物理黏粒 (%)	质地名称	容重 (g/cm³)	总孔隙度 (%)	毛管孔隙 (%)	通气孔隙 (%)	田间持水量 (%)
0～20	34.48	中壤土	1.30	50.94	26.78	24.16	20.6
20～27	53.80	重壤土	1.50	43.40	29.40	14.00	19.6

（续）

剖面层次（cm）	物理黏粒（%）	质地名称	容重（g/cm³）	总孔隙度（%）	毛管孔隙（%）	通气孔隙（%）	田间持水量（%）
27～45	58.43	重壤土	1.47	44.53	33.08	11.45	22.5
45～100	—	—	—	—	—	—	—

表 1-10　耕型黄土状棕壤典型剖面的粒径（mm）与颗粒含量（%）

剖面层次（cm）	粒径（mm）与对应颗粒重量占总量的比例（%）								质地名称
	0.25～1	0.05～0.25	0.01～0.05	0.005～0.01	0.001～0.005	<0.001	>0.01	<0.01	
0～20	7.34	39.87	9.70	8.08	12.53	22.28	56.91	43.09	中壤土
20～27	1.43	37.70	9.70	8.08	6.46	36.63	48.83	51.17	重壤土
27～45	1.18	38.94	9.70	7.08	10.51	32.59	49.82	50.18	重壤土
45～100	0.91	42.25	7.68	8.08	10.51	30.57	50.84	49.16	重壤土

表 1-11　耕型黄土状棕壤典型剖面的化学性质

剖面层次（cm）	有机质（g/kg）	全氮（g/kg）	全磷（g/kg）	全钾（g/kg）	有效磷（mg/kg）	速效钾（mg/kg）	阳离子交换量（cmol/kg）	pH
0～16	17.9	1.12	0.92	29.6	11	150	20.69	7.0
16～73	7.6	0.73	0.93	25.1	—	—	22.97	6.4
73～100	6.4	0.53	0.93	30.5	—	—	21.55	6.4
100～120	3.8	0.40	0.91	32.7	—	—	20.87	6.4

表 1-12　耕型黄土状棕壤表层及典型剖面微量元素含量（mg/kg）

剖面层次（cm）		铜	铅	镍	锌	镉	铬	汞	砷
0～16		22.6	20.4	28.6	91.0	0.152	51.5	0.030	11.03
16～73		25.4	18.6	84.2	84.0	0.100	59.7	0.020	10.77
73～100		26.6	20.4	33.4	85.0	0.118	56.5	0.017	13.00
100～120		26.0	19.0	31.6	85.0	0.118	82.2	0.010	11.52
土壤表层	$\bar{X}$	22.8	21.5	28.0	69.9	0.138	52.2	0.048	10.70
	S	4.1	5.4	4.1	16.2	0.056	1.8	0.035	1.45
	CV（%）	18.0	25.1	14.6	23.2	40.6	3.4	72.9	13.6
	N	9	9	9	9	9	9	9	9

3. 生产性能及利用　该土属土层深厚，无砾石，生产潜力大；钾与微量元素等含量丰富，有机质与氮、磷等含量中等；但坡度较大，为 3°～8°，垦后地面裸露，极易造成片蚀和沟蚀。目前多为耕地，部分为果园。粮谷作物基础产量 3 750～4 875 kg/hm²，最高产量 7 425～8 100 kg/hm²，属中等或中上等水平，应注意培肥地力与水土保持。

第三节　人为活动对耕地棕壤的影响

总体来说，棕壤地区气候温暖，雨量充沛，土层深厚，有利于人为开发利用，因此人为活动对棕壤产生的影响较大。

通过耕作管理，可促使土壤熟化。农田土壤由于长期耕作、施肥，形成两个阶段。耕层形成阶段，受耕、耙、铲、施肥、灌溉等过程的频繁影响，形成 15～30 cm 耕层。该层微生物活动旺盛，有机质转化较强烈，根系占全部根茬的 70%～80%。犁底层形成阶段，由于经常受耕、犁、压实和降水影响，形成坚实片状结构的犁底层，厚度一般为 10 cm 左右。该层土壤容重较高，孔隙率较低，通气、透水性差，可通过工程和生物措施，改善土壤生态环境和水分状况。

一、良性影响

棕壤各亚类的农业利用价值以潮棕壤居首位，其次是典型棕壤、酸性棕壤，而白浆化棕壤和棕壤性土最差。

（一）潮棕壤

潮棕壤土层深厚，水热条件好，肥力较高，生产性能好，适种作物广，是粮、棉、油、菜的生产基地之一。

因土属（成土母质）不同，潮棕壤的生产性能和土壤生产力亦有差异。黄土状潮棕壤和淤积潮棕壤土层深厚，水热协调，质地偏黏，保水保肥，抗旱抗涝，土性热潮，肥效长，适种作物有玉米、高粱、大豆、棉花、谷子、花生和蔬菜等。土壤生产力高，基础产量为 5 250～7 200 kg/hm^2。而坡积和坡洪积潮棕壤同黄土状潮棕壤相比，土体中含有砾石或夹沙、砾层，质地变化大，生产性能较差，土壤生产力较低，基础产量为 3 375～4 875 kg/hm^2。

为进一步提高潮棕壤的生产潜力，今后可采用的改良措施包括：一是深翻或深松，加深活土层，改善土壤物理性质；二是用地养地，广开有机肥源，大搞秸秆还田，积极发展绿肥，实行粮草间作，科学施用化肥，推广优化配方施肥，不断培肥地力；三是对耕层质地进行客土改良，对质地黏重的土壤进行掺沙或炉渣改良，清除耕层砾石，“开膛破肚”客土改良夹沙、砾层，对“尿炕地”应停耕还林还果；四是采取间、混、套、复种，以提高复种指数；五是在有水源的地方，尽量开发水田，变粗粮为细粮（贾文锦，1992）。

（二）典型棕壤

典型棕壤在森林被破坏以后，经长期耕种形成旱耕熟化土壤，是主要耕作土壤之一。典型棕壤分布区地势高，多为低、中丘坡地（坡度 3°以上），地下水位多在 10 m 以下，甚至 100 m 以下。对作物生长而言，典型棕壤的水分除 5—6 月较缺乏外，其余时间均相当充足。以沈阳浑南典型棕壤的季节性变化为例，80 cm 以下土壤含水量相当稳定。11 月中旬开始冻结至翌年 4 月开始融冻，土壤水分较为稳定。土壤融冻以后，水分逐渐减少，但 6 月下旬开始，土壤含水量又迅速增加直至冻结，表层含水量为 25%～40%。3—6 月为水分消耗期，7—11 月为水分补给期。典型棕壤分布区适种作物广，有玉米、高粱、大豆、谷子和杂粮等。在无灌溉条件下，粮谷作物基础产量为 3 750～4 500 kg/hm^2，最高产量为 7 350～8 250 kg/hm^2。

典型棕壤的生产性能具有明显的“厚、黏、板、瘦”的特点。“厚”，即土层深厚，均在 1 m 以上，保水保肥；“黏”，即质地偏黏，多为黏壤土至壤质黏土，湿时黏重，干时坚硬，耕性不良，适耕期短；“板”，即淀积层紧实板结，紧实度大于 25 kg/cm^3，容重大于 1.5 g/cm^3，通透性不良，影响作物根系伸展和发育，尤其浅位淀积层更为严重；“瘦”，即重用地轻养地，重化肥轻农肥，有机肥施用量减少，加之水土流失，土壤养分下降，缺磷少氮，有机质不足。在利用改良方面应深松改土，打破犁底层或淀积层，逐年加深耕层，增加活土层，改善土壤通透性；实行粮草间作，利用牧草根系穿透能力强的特性，改善淀积层的不良性状；实行有机肥与无机肥结合，大力增加有机肥的投入，积极推广优化配方施肥，提高土壤生产力。实行工程和农业耕作相结合的措施可有效防止水土流失，沿等高线修水平梯田可减少坡地径流及泥沙流失，养分流失量仅为坡耕地的 25%～30%。采用紫穗槐或胡枝子串带，则可起到固埂、防风、保水和增肥的作用。充分利用水库蓄水或地下水发展灌溉，以解除春旱威胁。丘陵坡地的侵蚀沟，应因地制宜就地取材，修筑谷坊；荒沟要打坝淤地，扩大耕地面积；陡峻沟坡要修鱼鳞坑，造林种草，巩固沟岸，防止冲刷；较大沟底，应修小水库，要有土坝、溢洪道和泄水洞，以拦蓄泥沙防洪，发展灌溉（贾文锦，1992）。

（三）酸性棕壤

耕种酸性棕壤分布区，雨量充沛，终年湿润，雨热同季，以种植玉米、大豆为主。在无灌溉条件下，玉米常年产量为 3 750～5 250 kg/hm²，经济作物以烟草为主。

耕种酸性棕壤的生产性能具有以下特点。一是土质黏重，质地多为黏壤土至壤质黏土，<0.002 mm 黏粒含量在 180～410 g/kg，加之有机质缺乏，结构性差，湿时黏重，适耕期短，干时坚硬。二是土壤酸度较强，土壤中铝离子占优势，活性铝水解后，土壤酸度增加，pH 为 5.1～6.0。在此酸性环境条件下，可溶性磷易被铝固定形成难溶性磷酸铁、磷酸铝，尤其磷酸盐易为氧化铁胶膜所包裹而形成蓄闭态磷（约占无机磷总量 47.8%），从而使有效磷更低。三是黏化层紧实板结，通透性不良，影响作物根系下扎生长。四是土性冷凉，养分分解缓慢，春季地温回升慢，不发小苗，缺磷、少氮、钾不足，有机质含量中等偏下。在利用改良方面，应掺沙或炉灰渣改良耕性，合理施用石灰，能中和土壤酸性，增加土壤中的钙素，减少活性铁数量。铝对磷素具有固定作用，可施用石灰进行改良。坚持用地养地，增施热性有机肥，实施秸秆还田，实行轮作倒茬，开展粮草间作，加强地力建设，以改土为重点，大搞山、水、林、田、路综合治理，做到蓄水保土（贾文锦，1992）。

（四）白浆化棕壤

耕种白浆化棕壤的生产性能具有以下特点。第一，土壤瘠薄，养分贫乏，土温低，有机质分解缓慢。第二，质地黏重，耕性不良，<0.002 mm 的黏粒含量为 210～310 g/kg，湿黏干硬，易起明条或垡块，雨后多日不能下地，影响正常田间管理。第三，淀积层黏重板结，土壤容重为 1.33～1.40 g/cm³，孔隙度为 40%～48%，影响根系伸展和生长。第四，土壤容水量小，干时作物易旱，湿时作物易涝。在利用改良方面，应采用深翻和深松相结合，使白浆层变为活土层，逐年掺炉渣或河沙，改良黏性，并结合晒垡、冻垡，使耕层变疏松。修建灌排沟渠，雨季能排、旱季能灌，以满足作物对水分的需求。增施热性农家肥、秸秆肥、压绿肥，并在播前适当增施氮素，以补充前期供肥不足。结合施石灰施磷肥调节土壤酸度，改良土壤结构，减轻土壤对磷的固定作用，提高磷肥利用率。合理轮作，实行粮草间作，建立饲料基地。种植多年生牧草，发展养牛业，过腹还田，以农促牧，以牧养农，促进对土壤输入和产出的良性生态循环。据报道，美国、日本、俄罗斯、澳大利亚等为了改造不良土体构型，研制出改土机械，如美国的改良犁和日本的反转客土犁均已在生产上大面积推广应用。国内黑龙江省自 1983 年以来，在淀积层混拌白浆层、淀积层与白浆层置换的同时配合施用有机肥料和无机肥料等改良白浆土，均取得明显效果（贾文锦，1992）。

（五）棕壤性土

棕壤性土是棕壤各亚类中最瘠薄的土壤。棕壤性土的生产性能具有明显的“薄、粗、瘠、旱”特点，主要表现在土层浅薄，耕层仅在 10 cm 左右，土体中多含砾石或片石，通常为 100～850 g/kg；耕层以下砾石或片石增多，耕作较难，打铧挡锄，损伤农具。砾石含量多，通气孔隙增多，通透性强，漏水漏肥，不抗旱，常受干旱威胁，早春地温回升快，作物苗期长势好。土壤中养分总储量低，作物生长中后期易出现脱肥、早衰现象，作物产量低。雨季惨遭山洪冲刷，土层逐年减薄，沟壑不断扩展，水、肥、土流失严重，地力严重减退。在利用改良方面，应加强水土保持，大于 15°的坡耕地要退耕还林，恢复地力，保持生态平衡。土层较薄的，应采用等高垄作、带状间作或坡式梯田。土层较厚的应以水平梯田为主，辅以坡式梯田，同时加强沟壑治理，拦洪淤地。在防止水土流失的基础上，应客土加厚土层，并清除土中砾石和片石，便于耕作。为提高土壤肥力，应建立地头肥源，增施农肥，种植绿肥，并重视分期追肥，满足作物各生育期所需养分，防止中后期脱肥早衰，提高产量（贾文锦，1992）。

二、不利影响

人类在利用与改造土壤的同时，也产生了土壤环境问题，即人类对森林、草原的破坏或者不合理的利用方式引起的土壤侵蚀、水土流失、土地沙化、贫瘠化、次生盐渍化、次生潜育化等问题。在农业生产中，人为地不断施入化肥、农药、灌溉等，自外界带入大量有害物，在土中逐渐积累造成污染。近代工业生产排出大量的“三废”物质，通过大气、水、固体废渣的形式进入土壤。这些物质是土壤本身所没有的，是造成土壤污染的重要来源。

在土壤中，污染物的积累和净化是同时进行的，如果输入土壤污染物质的数量和速度超过了土壤净化能力，积累占据优势，土壤污染就愈加严重。如果污染物进入土壤的数量和速度尚未超过土壤的净化能力，虽然土壤含有污染物，但不至于影响土壤正常功能和植物生长与发育，作物体内的污染物含量维持在食用标准之下（湖北省土壤肥料工作站，2015）。

（一）土壤背景值和有效元素含量

棕壤是森林土壤，部分被开垦为耕地，不注意合理开发和利用，则容易引起土壤污染以及土壤侵蚀、水土流失等许多土壤退化和环境问题。

土壤背景值指未受污染的土壤中各化学物质的含量。掌握土壤中一些元素的含量，可以为分析土壤污染现状、评价环境质量、保护并改善农业环境提供科学依据（河北省土壤普查办公室，1990）。

通过研究棕壤的铜、锌、铅、镉的数量和背景值，为评价环境质量、判断土壤污染程度、制定防治污染措施、进行环境质量预测预报提供依据。

表 1-13 为耕种棕壤与自然棕壤的铜、锌、铅、镉含量。从表中看出，不论耕种棕壤还是自然棕壤，表土层的铜、锌、铅、镉含量均稍高于心土层。如耕种棕壤耕层铜高出心土层 3.49%，锌高出 4.53%，镉高出 11.29%，铅的含量近于相等。自然棕壤表土层铜高出心土层 2.58%，锌高出 29.57%，铅高出 12.42%，镉高出 58.08%。这些元素含量范围值和平均值均在国内外常见含量变动范围之内，没有显示超量。

表 1-13 耕种棕壤和自然棕壤的铜、锌、铅、镉含量

土壤	元素	土壤深度（cm）	范围值（mg/kg）	背景值		变异系数（%）	1 m 土体加权平均值（mg/kg）
				平均值（mg/kg）	标准差（mg/kg）		
耕种棕壤	铜	0～20	5.06～31.92	18.999	6.632	34.9	18.485
		20～40	5.06～31.03	18.357	6.689	36.4	
	锌	0～20	28.39～91.79	53.340	16.782	31.4	51.490
		20～40	24.29～88.19	51.028	18.622	36.5	
	铅	0～20	10.18～24.65	16.344	3.724	22.8	16.365
		20～40	9.03～24.04	16.370	3.868	23.6	
	镉	0～20	0.02～0.133 4	0.075 9	0.030 3	39.9	0.069 7
		20～40	0.02～0.134 3	0.068 2	0.023 5	34.4	
自然棕壤	铜	0～20	—	12.723	5.899	46.4	12.467
		20～40	—	12.403	7.154	57.7	
	锌	0～20	—	58.613	13.875	23.6	47.911
		20～40	—	45.236	15.136	33.4	
	铅	0～20	—	17.673	1.024	5.8	16.110
		20～40	—	15.720	2.315	14.7	
	镉	0～20	—	0.069 4	0.002 6	3.75	0.049
		20～40	—	0.043 9	0.023 8	54.21	

表中用元素含量的平均值加减一个标准差来表示土壤元素的背景值。用铜、锌、铅、镉在 1 m 土体中加权平均值代表土壤元素的基本含量，可用来计算 1 m 土层深度内单位体积该元素的容量。

表 1-13 数据还表明，耕种棕壤在 0～20 cm 土层及 1 m 土体中铜和镉的平均含量高于自然棕壤，

其中 0～20 cm 土层内铜高出 49.3%，镉高出 9.3%，以 1 m 土体计，铜高出 48.3%，镉高出 42.2%。铅的含量在 0～20 cm 土层中耕种棕壤低于自然棕壤 7.5%，1 m 土体加权平均值基本相近。锌的含量在 0～20 cm 土层内耕种棕壤低于自然棕壤 8.9%，在 1 m 土体内的加权平均值，两者相近（肖月芳等，1983）。

（二）土壤污染源

土壤污染源可分为天然源和人为源。天然源是指自然界自行向环境排放有害物质或造成有害影响的场所，此种情况一般称为自然灾害，如正在活动的火山。人为源是指人类活动所形成的污染源，是研究的主要对象。而在这些污染源中，化学物质对土壤的污染最受关注。按照物质或制剂进入土壤的途径划分，土壤污染源可分为污水灌溉、固体废弃物的利用、农药和化肥的施用、大气沉降物等。

1. 污水灌溉 污水灌溉是指利用城市污水、工业废水或混合污水进行灌溉。由于在相当长的时间内，我国污水处理率和排放达标率均较低，用这样的污水灌溉后，一些灌区土壤中有毒有害物质明显积累。

2. 固体废弃物的利用 包括工业废渣、污泥和城市垃圾等多种物质的利用。污泥中含有一定的养分，可作为肥料施用，城市生活污水处理厂的污泥含氮量为 0.8%～0.9%，含磷量为 0.3%～0.4%，含钾量为 0.2%～0.35%，有机质含量为 16%～20%。混入工业废水或工业废水处理厂的污泥，其成分较生活污泥要复杂得多，特别是重金属的含量很高，这样的污泥如在农田中使用不当，势必造成土壤有害物质积累。曾有将大量垃圾由城市运往农村的做法，垃圾中含有的煤灰、瓦块碎片、玻璃和塑料等都会影响土壤质量。

3. 农药和化肥的施用 农药在生产、储存、运输、销售和使用过程中都可能对环境产生不良影响，施用在作物上的杀虫剂有一半以上流入了土壤中。进入土壤中的农药虽然经历着生物降解、光解和化学降解，但对于长效农药来说十分缓慢。土壤中的农药结合残留问题应予以特别注意，因为其具有更大的潜在危害性。

化肥的问题一是不合理施用和过量施用导致的土壤养分平衡失调。农田大量施用氮肥或由城市和农村生活污水把大量氮素带入土壤后，有的氮可以直接从土壤表面挥发进入大气，有的可经土壤微生物作用转化成氮气和氮氧化合物而进入大气层，有的随地表径流和地下水进入水体中。土壤中的氮和磷进入地下水可造成河川、湖泊和海湾富营养化，使藻类等水生植物生长过多。二是施用的肥料中含有有害物质。例如三氯乙醛磷肥，它是由含三氯乙醛的废硫酸生产的，当在土壤中施用后，三氯乙醛转化为三氯乙酸，两者均可对植物造成毒害。磷肥中重金属特别是镉也是一个不容忽视的问题。我国每年随磷肥进入土壤的镉及其在土壤环境中的迁移、转化是一个值得关注的问题。几种元素的相关分析表明，铜、锌之间具有极显著相关性，表明它们的来源具有一定的相关性（刘赫等，2009）。

氮、磷是造成农业面源污染的重要因素。对于旱地区而言，降水和灌溉是造成氮、磷流失的主要因素。山东省棕壤总氮、总磷的流失特点：总氮流失量及其累积量的变化与时间呈幂函数关系；总磷流失量与时间呈指数函数关系，累积量与时间呈幂函数关系；氮比磷更容易流失（霍太英等，2008）。

4. 大气沉降物 气源重金属微粒是造成土壤重金属积累或污染的途径之一，主要由金属飘尘构成。在金属加工过程中，交通繁忙的地区往往伴随着金属飘尘进入大气，其种类视来源不同而异。这些飘尘自行降落或随着雨水接触植物体、进入土壤后，土壤中的有害物质有明显积累。酸性沉降物本身既是一种有害物质，又可加重其他有毒物质的危害。

（三）土壤污染类型

土壤污染的类型目前无严格划分，如从土壤属性考虑，一般可分为有机物污染、无机物污染、土壤生物污染和放射性物质污染。

1. 有机物污染 有机物污染主要包括有机废弃物、农药等污染。有机废弃物是工业、农业生产及生活废弃物中生物易降解和生物难降解的有机毒物，农药包括杀虫剂、杀菌剂和除莠剂。有机污染物进入土壤后，可危及农作物的生长和土壤生物的生存，如稻田曾因施用含二苯醚的河泥造成稻苗大面积死亡，泥鳅、鳝鱼绝迹。人接触污染土壤后，手脚出现红色皮疹，并有恶心、头晕现象。尽管农药应用在农业生产上有良好的效果，但其中一些农药残留物却对土壤和食物链有不良影响。进入土壤中的农药主要来自直接施用和叶面喷施，也有一部分来自回归土壤的动植物残体。近年来，塑料地膜地面覆盖栽培技术发展迅速，部分地膜被弃于田间成为一种新的有机污染物。

2. 无机物污染 采矿、冶炼、机械制造、建筑材料和化工等生产部门，每天都排放大量无机物质，包括有害元素的氧化物、酸、碱和盐类等。

3. 土壤生物污染 土壤生物污染主要是指一个或几个有害的生物种群，从外界环境侵入土壤并大量繁衍，破坏原来的动态平衡，对人类健康和土壤生态系统造成不良影响。随着环境科学的发展，土壤生物污染的概念有所扩展。造成土壤生物污染的主要物质来源是未经处理的粪便、垃圾、城市生活污水、饲养场和屠宰场的污物等，其中危害最大的是传染病医院未经消毒处理的污水和污物。进入土壤的病原体能在其中生存较长的时间，如志贺杆菌能在土壤中生存 22～142 d，结核分枝杆菌能生存一年左右，蛔虫卵能生存 315～420 d。土壤生物污染不仅可能危害人体健康，而且有些长期在土壤中存活的植物病原体还能严重危害植物，造成农业减产。例如，一些植物致病细菌污染土壤后能引起番茄、茄子、马铃薯等茄科作物的青枯病，能引起果树的细菌性溃疡和根癌病。某些致病真菌污染土壤后能引起大白菜、油菜和甘蓝等多种栽培与野生十字花科蔬菜的根肿病，引起茄子、棉花、黄瓜和西瓜等多种植物的枯萎病，菜豆、豇豆等的根腐病，以及小麦、大麦、燕麦、高粱、玉米和谷子的黑穗病等。

4. 放射性物质污染 放射性物质的污染指人类活动排放出的放射性物质使土壤的放射性水平高于天然本底值。放射性污染物是指各种放射性核素，放射性与化学状态无关。每一种放射性核素都有一定的半衰期，能放射具有一定能量的射线。除了在核反应条件下，任何化学、物理或生化处理都不能改变放射性核素这一特性。

放射性核素可通过多种途径进入土壤。放射性废水排放到地面上、放射性固体废物埋藏在地下、核企业发生放射性排放事故等，都有可能造成局部地区放射性物质的污染。大气中的放射性沉降，施用含有铀、镭等放射性核素的磷肥和用受到放射性物质污染的河水灌溉农田也会造成土壤放射性物质的污染，虽然一般这种状况程度较轻，但范围较大。土壤受到放射性物质污染后，通过放射性衰变，能产生 α、β 射线。这些射线能穿透人体组织，损害细胞或造成外照射损伤，也能通过呼吸系统或食物链进入人体造成内照射损伤。

（四）土壤污染防治

土壤外源物质的侵袭和积累是一种普遍现象，因此土壤环境保护的重点之一应该是土壤污染的防治。在土壤污染的防治中，应该关注土壤污染源的追踪、监测系统网络的建立和污染土壤的修复等问题。

1. 土壤污染源的追踪 一般情况下，土壤污染主要来自灌溉水、固体废弃物的农业利用以及大气沉降物。因此，改进水质和大气质量，坚持灌溉水水质标准、农用污泥标准和其他环境标准，设立防治土壤污染的法规和监督体制等是防止土壤污染的最重要措施。这些对策可在一定程度上控制排入土壤的污染物质，但是在拟定环境标准时，应考虑到土壤污染的特点，就是说，即使污染源的浓度（如灌溉水）已控制得相当低，对重金属这类会逐渐为土壤所富集的积累性污染物来说，标准制定的依据也应尽量考虑得全面些。

2. 监测系统网络的建立 定期对辖区土壤环境质量进行检查，建立系统的档案资料。要规定优先检测的土壤污染物和检测标准方法，这方面可参照有关国际组织的建议和我国国情来编制土壤环境污染物的目录，按照优先次序进行调查、研究并制定实施对策。

3. 污染土壤的修复 已经污染了的土壤可根据实际情况进行改良，近年来污染土壤的治理方法可归并为 4 类。

（1）工程措施。包括客土、换土、去表土、翻土、隔离法、清洗法、热处理和电动修复等。其中，隔离法指用各种防渗材料将污染土壤与未污染土壤或水体隔开；清洗法指用清水或合适的溶剂将污染物洗至土体外，再对污水进行处理；热处理指将污染土壤加热，使污染物产生热分解；电动修复指采用电化学方法净化土壤中的污染物。工程措施效果好，几乎适用于所有污染土壤，但投资大，成本高。

（2）生物措施。利用特定的动物、植物和微生物吸收移除或降解土壤中的污染物。

（3）添加改良剂和抑制剂。通过添加改良剂和抑制剂等降低土壤中污染物的水溶性、扩散性和生物有效性，加速有机物的分解并将重金属固定在土壤中，从而降低土壤污染的环境风险。这些措施包括加入抑制剂和吸附剂促进沉淀作用、元素间的拮抗作用等。如添加有机质可加速土壤中农药的降解，减少农药的残留量；添加铁盐可使三价砷氧化成五价砷而吸附于土壤上，从而减轻砷对水稻的毒害；施用石灰可减少一些重金属的危害。在化学还原法中，可利用铁屑、硫酸亚铁等将六价铬还原为三价铬，从而减轻铬污染的危害。

（4）农业生态工程。通过水肥管理以及选择适当的肥料与作物品种避开食物链污染的措施。如二苯醚在嫌气条件下稳定，可采用耕翻、晒垡等措施加速被污染的土壤中二苯醚的分解。可利用元素不同氧化还原状态下的稳定性差异，来调整耕作体系以减轻污染，如受汞和砷污染的土壤可种植旱作作物，受铬污染的土壤可种植水稻。在污染土壤上种植经济作物或种树，可切断污染物进入食物链的途径（陈怀满，2010）。

（五）生态修复

1. 调整产业结构 根据棕壤的地域条件，借鉴实践经验，可以通过以下途径调整农业产业结构：实行林地转让，依据树种成材周期确定转让期限，可以自愿组合，联产经营；开发林下资源，在保证不对植被造成破坏的前提下扩大林下种参面积；发展庭院经济，在房前屋后栽植经济作物或中草药；发展林蛙养殖和林中养禽，控制柞蚕的放养面积，栽植大叶桑，发展栽桑养蚕；推广食用菌与玉米间作栽培技术，种植高产作物，提高土地产出率；开发绿色食品、有机食品生产基地，开发山野菜种植，尤其要发展反季节山野菜的种植；因地制宜，开发果产品生产基地。

2. 开发能源、推广节能设施 为了减少农民对林草资源的能源性依赖，大力发展节能设施，开发新能源，进行农村能源建设。主要措施有：水力资源丰沛的地方，可发展小水电，推行以电代柴；煤炭资源丰富的地方，倡导多烧煤，推行以煤代柴；发展四（三）位一体沼气池，与庭院经济配套，推行以气代柴；推广建造节柴吊炕；充分利用辽东山区的光照资源，推广利用太阳能煮饭、炒菜、烧水；推广建造太阳能采暖房；政府投资扶持建立小型秸秆汽化站，回收秸秆，实行统一集中供气。

3. 舍饲圈养 对牛、羊等草食性牲畜，可根据实际情况采用舍饲圈养或半舍饲圈养方式。政府要做好宣传和培训工作，选派科技人员指导并帮助农户建棚圈、青贮窖，使农户掌握饲草料储藏、加工和舍饲圈养的营养搭配喂养技术。对于实施半舍饲圈养的地区，应划定放牧时间和放牧区域。

4. 生态移民 对居住在生态环境恶劣、水土流失严重地区的农户，应实行生态移民。生态移民工作是一项系统工程，量大面广，综合性强，涉及建房、入户、就医、入学、基本农田等诸多问题，需要政府统一协调的组织领导和周密的安排部署。

第二章 棕壤的分类 >>>

土壤分类是土壤科学水平的反映，随着土壤学研究的深化和研究方法的进步，土壤分类也在不断发展。中国在20世纪80年代完成了第二次全国土壤普查，在这次全国性土壤资源大调查中，制定了全国统一的土壤调查技术规程和土壤分类系统，并以县、乡为单元进行了野外调查。

1998年，首次发布了《中国土壤分类与代码 土纲、亚纲、土类和亚类分类与代码》(GB/T 17296—1998)，并且分别在2000年和2009年进行了两次修订，这3个版本的国家标准主要根据第二次全国土壤普查的结果制定。发生分类中土纲用于界定水分、温度等主要成土条件，亚纲用来进一步区分土纲内成土条件与成土过程的差异，土类表达成土条件引致最典型的土壤特征，亚类表达土类内成土条件引致剖面特征的进一步分异，土属表达母质等成土条件引致亚类剖面的分异，土种表达同一土属中土壤的分异或当地群众对该土壤的命名。国家标准发布了60个土类名、229个亚类名、663个土属名、3 246个土种名。发生分类中高级分类的基本单元是土类，发生分类体系有时没有土纲和亚纲，有时只有土纲而没有亚纲，说明发生分类中土类是相对稳定的，土纲、亚纲并不稳定（龚子同等，1999）。

20世纪80年代中期，我国开始了土壤系统分类的研究，在中国科学院南京土壤研究所主持下，先后出版了《中国土壤系统分类（首次方案）》(1991)、《中国土壤系统分类（修订方案）》(1995)、《中国土壤系统分类——理论·方法·实践》(1999) 和《中国土壤系统分类检索（第三版）》(2001)，在国内外产生了很大影响。该分类在国内已进入大学教科书，并应用于调查制图和生产实践。自1996年开始，中国土壤学会已将此分类推荐为标准土壤分类加以应用。系统分类级别包括土纲、亚纲、土类、亚类、土族和土系。土纲根据主要成土过程或影响主要成土过程的性质划分，亚纲主要根据影响现代成土过程的控制因素所反映的性质（水分、温度状况和岩性特征）划分，土类多根据反映主要成土过程强度或次要成土过程或次要控制因素的表现性质划分，亚类主要根据是否偏离中心概念、是否有附加过程的特性和母质残留的特性划分。除普通亚类外，还有附加过程的亚类。

当前国内土壤系统分类和发生分类仍然是并存的，国内已有的土壤资料大多是在长期应用土壤发生分类体系条件下积累起来的，而且，土壤发生分类在我国已有半个多世纪的历史。因此，对我国土壤系统分类与发生分类进行适当参比，具有重要的现实意义。

第一节 棕壤的分类依据及分类体系

一、棕壤的分类依据

目前世界上以诊断层和诊断特性为基础的分类越来越多。除美国土壤系统分类外，联合国土壤图图例单元以及国际土壤资源参比基础（WRB）均如此。因为有共同的基础，因而中国土壤系统分类与之参比时比较明确。但因各系统的侧重点有所不同，故系统间比较时，既有共性也有各自的特点，只有以诊断层和诊断特性为基础才能进行严格参比（龚子同等，1999）。

凡用于鉴别土壤类别（taxa）的，在性质上有一系列定量规定的特定土层称为诊断层（diagnostic horizon）。如果用于分类目的的不是土层，而是具有定量规定的土壤性质（形态的、物理的、化学的），则称为诊断特性（diagnostic characteristics）。诊断特性与诊断层之间的不同在于所体现的土壤性质并非一定为某一土层所特有，而是可出现于单个土体的任何部位，常是泛土层的或非土层的（龚子同，1999）。

土壤诊断层可谓土壤发生层的定量化和指标化，两者是密切相关而又互相平行的体系。用于研究土壤发生和了解土壤基本性质，需建立一套完整的发生层；而用于土壤系统分类，则必定要有一套诊断层和诊断特性。许多诊断层与发生层同名，如盐积层、石膏层、钙积层、盐磐、黏磐等。有的诊断层相当于某一发生层，但名称不同，如雏形层相当于风化B层。有些由一个发生层派生，例如作为发生层的腐殖质层，按其有机碳含量、盐基状况和土层厚薄等定量规定分为暗沃表层、暗瘠表层和淡薄表层3个诊断层。有些诊断层则由2个发生层合并或归并而成：属合并的有水耕表层为（水耕）耕层加犁底层，干旱表层一般包括孔泡结皮层和片状层；属归并的如黏化层，或指淀积黏化层，或指次生黏化层。

大多数诊断特性是泛土层的，例如潜育特征可单见于A层、B层或C层，也可见于A层和B层，或B层和C层，或全剖面各层。它们或重叠于某个或某些诊断层中，例如铁质特性可见于同一单个土体中的雏形层和（或）黏化层；或构成某些诊断层的物质基础，例如人为淤积物质与灌淤层、草毡有机土壤物质与草毡层、美国土壤系统分类中的灰化淀积物质与灰化淀积层等。有些则是非土层的，如土壤水分状况、土壤温度状况等。土壤水分状况和土壤温度状况虽然名称与在土壤物理学中相同，但其定义和研究目的却迥然相异。在土壤物理学中，土壤水分状况指土壤剖面中周年或某一时期内含水量的动态变化；而在土壤系统分类中则指土壤水分控制层段或某土层内＜1 500 kPa张力持水量或地下水的有无或多寡，并根据土壤分类的需要细分为干旱、半干润、湿润、常湿润、滞水、人为滞水、潮湿等土壤水分状况。土壤温度状况在土壤物理学中指土壤剖面中周年或某一时期内温度的动态变化，而在土壤系统分类中则指土表下50 cm深度处或浅于50 cm的石质、准石质接触面处的土壤温度。而且，除永冻温度状况定为常年土温≤0 ℃外，其他如寒冻、寒性、冷性、温性、热性和高热等温度状况均指年平均土壤温度（少数，如寒性、冷性，则辅以夏季平均土温的说明）。

棕壤定义：湿润硅铝土亚纲中有温性土壤温度状况，饱和弱腐殖质表层和饱和棕色B层，pH为5.8～7.0，同时必须符合以下规定的鉴定指标。

① 湿润土壤水分状况：年干燥度≤1.0的水分状况。

② 温性土壤状况：土体50 cm深度的年平均土壤温度为8～15 ℃。

③ 弱腐殖质表层指有机质含量很低、亮度和彩度很高的表层；或者有机质和颜色虽符合腐殖质表层或暗腐殖质表层的条件，但厚度达不到标准的表层。在前一种情况下，搓碎土壤的湿态亮度≥5.5，干态亮度≥5.5，湿态彩度≥3.5，有机质含量一般小于1%，小于0.5%时为极弱腐殖质表层。

④ 棕色B层是指硅铝B层，必须符合以下条件：第一，由于风化释放的活性铁与细黏粒紧密结合，使其呈不同程度的棕色；第二，以2∶1型（伊利石、蛭石、蒙脱石等）及2∶1∶1（绿泥石、含铝钾绿泥石）黏土矿物为主；第三，黏粒或细土三酸消化分解物组成中SiO_2/Al_2O_3≥2.40，细土阳离子交换量/黏粒阳离子交换量≥0.40；第四，细土游离Fe_2O_3≤2%，或游离Fe_2O_3/全Fe_2O_3＜0.40；第五，饱和指盐基饱和度≥50%。

二、棕壤高级分类

在美国土壤系统分类（2010）中，棕壤主要属于淋溶土纲（Alfisols）湿润淋溶土亚纲（Udalfs）简育湿润淋溶土土类（Hapludalfs）。在国际土壤资源参比基础（WRB）中，棕壤主要属于高活性淋溶土土类（Luvisols）简育高活性淋溶土亚类（Haplic Luvisols）。

在中国土壤发生分类系统（1987）中，棕壤属于淋溶土土纲湿暖温淋溶土亚纲棕壤土类，再续分典型棕壤、白浆化棕壤、潮棕壤、棕壤性土 4 个亚类。辽宁省在对棕壤进行重点考察后，又划分出一个酸性棕壤亚类（1984）。

在中国土壤系统分类（2001）中，棕壤主要属于淋溶土土纲湿润淋溶土亚纲简育湿润淋溶土土类，在此基础上续分石质简育湿润淋溶土、耕淀简育湿润淋溶土、漂白简育湿润淋溶土、斑纹简育湿润淋溶土、普通简育湿润雏形土 5 个亚类。

棕壤在各土壤分类系统中的参比关系详见表 2 - 1。

表 2 - 1　棕壤在不同分类系统中亚类代表性土壤类型参比

中国土壤发生分类（1998）	中国土壤系统分类（2001）	美国土壤系统分类（2010）	WRB 中近似单元（1998）
典型棕壤	石质简育湿润淋溶土	Hapludalfs	Haplic Luvisols
白浆化棕壤	漂白简育湿润淋溶土	Glossudalfs/Hapludalfs	Albic Planosols
潮棕壤	斑纹简育湿润淋溶土	Hapludalfs/Endoaqualfs	Haplic Luvisols
棕壤性土	普通简育湿润雏形土	Eutrudepts	Eutri - Skeletic Cambisols

第二节　棕壤发生学高级分类

根据中国土壤发生分类系统（1998）基本要求，本节对棕壤土类及 4 个亚类的定义、成土过程、剖面特征与主要属性进行归纳。

一、棕壤土类

定义：在湿润暖温带落叶阔叶林下形成的具有黏化特征的棕色土壤，曾称棕色森林土。

成土环境与分布区域：暖温带湿润落叶阔叶林条件下，年平均温度 5～15 ℃，≥10 ℃的积温 2 700～4 500 ℃，年降水量 500～1 200 mm，干燥度 0.5～1.4，无霜期 120～220 d。集中分布在暖温带湿润地区的辽东半岛和山东半岛低山丘陵，向南延伸到苏北丘陵。此外，在华北平原、黄土高原、内蒙古高原、淮阳山地、四川盆地、云贵高原和青藏高原等地的山地垂直带谱中也有广泛分布。

成土过程：①淋溶与黏化过程。淋溶作用较强，黏土矿物处于硅铝化脱钾阶段，土壤呈微酸性，盐基饱和度较高，具有明显的黏化特征。②生物富集与分解过程。在森林植被下的生物富集作用相当旺盛，土壤表层形成丰厚的腐殖质层，有机质一般在 30～50 g/kg，但开垦后很快下降到 20 g/kg 左右。

剖面特征及主要属性：①剖面分异明显，拥有腐殖质层（Ah 层）或耕层（Ap 层）、黏粒淀积层（Bt 层）、母质层（C 层），具有 A - Bt - C 构型。②质地多为壤土至壤黏土，某些棕壤性土质地更轻，多为砂质壤土。③在自然植被下，表土有凋落物层（O 层）。棕壤耕作后，表土层的暗色腐殖质层消失而形成耕作熟化层。表土层之下为黏化特征明显的心土层（Bt 层或 ABt 层），通常出现在 28～50 cm，厚度变幅较大，色泽为棕色或红棕色，质地黏重，黏粒（<0.002 mm）含量>25%。④Bt 层常为棱块状结构，结构面常被覆铁锰胶膜，有时结构体中可见铁锰结核。心土层之下为母质层（C 层），通常近于母质本身色泽，花岗岩半风化物多呈红棕色，而土状堆积物多呈鲜棕色，基岩风化物常含有一定量的砾石。⑤土壤呈微酸性至中性，pH 在 6.0～7.0，盐基饱和度多在 50%以上。⑥黏土矿物以水云母、蛭石和蒙脱石等 2∶1 型矿物为主。

二、棕壤亚类

（一）典型棕壤

定义：在湿润暖温带落叶阔叶林下发育的具有典型淋溶与黏化特征的棕壤。

成土环境与分布区域：在暖温带湿润地区山地、丘陵、台地、高阶地与山前洪积冲积扇形平原上落叶阔叶林下形成，广泛分布于辽东半岛和山东半岛，以及湿润、半湿润、半干旱与高寒山区的山地垂直带上。

成土过程：同土类。

剖面特征与主要属性：①剖面分异明显，拥有腐殖质层（Ah 层）或耕层（Ap 层）、黏粒淀积层（Bt 层）、母质层（C 层），具有 A－Bt－C 构型。②土体以棕色为主，尤以心土层更为明显；淋溶层之下有明显的黏粒淀积层（Bt 层），质地多为黏壤土至壤质黏土。③自然土壤表层有机质含量在 30～50 g/kg，pH 为 5.5～7.0，土壤氮、磷、钾养分比较丰富，肥力水平较高。

（二）白浆化棕壤

定义：土体内具有白浆化特征的棕壤。

成土环境与分布区域：主要发育在辽宁、山东和江苏北部的低丘陵、高阶地、缓岗坡地，以及陕西的秦岭、陇山棕壤带上部的落叶阔叶林下，成土母质为中酸性基岩风化物和非钙质土状堆积物。

成土过程：除具有淋溶与黏化、生物富集与分解成土过程外，还具有微弱的白浆化过程。

剖面特征与主要属性：①剖面分异不十分明显，拥有腐殖质层（Ah 层）或耕层（Ap 层）、白浆层（E 层）、黏粒淀积层（Bt 层）、母质层（C 层），具有 A－E－Bt－C 构型。②在心土层之上拥有白浆化土层，白浆层呈灰白或浅灰色，砂质壤土或壤土，结构不明显或略呈片状结构，有时有锈纹斑和铁锰结核。③淀积层多呈棕色，质地黏重，棱块状结构，结构面和裂隙有铁锰胶膜，有时存在二氧化硅粉末。母质层为岩石半风化物或土状堆积物。④由于受滞水或侧漂离铁和黏粒迁移的影响，白浆化土层及其上部土层的质地均较粗，粉沙粒含量高，多为砂质壤土至黏壤土，下部黏淀层多为黏壤土至黏土。

（三）潮棕壤

定义：土体内具有草甸化特征的棕壤，又称草甸棕壤。

成土环境与分布区域：主要分布于山地丘陵区的山前平原和河谷高阶地，兼有森林与草地的特征，受地下水的影响，是典型棕壤与草甸土的过渡地带。

成土过程：除具有淋溶与黏化、生物富集与分解成土过程外，还具有草甸化过程。

剖面特征与主要属性：①土体比较深厚，剖面分异明显，拥有腐殖质层（Ah 层）或耕层（Ap 层）、黏粒淀积层（Bt 层）、母质层（C 层），具有 A－Bt－C 构型。②表土层（A 层）有机质含量较高，多为砂质壤土至黏壤土，心土层质地为黏壤土至壤黏土，成土母质为非钙质土状堆积物。③土体中下部拥有锈纹、锈斑，明显有别于其他棕壤亚类。④这种上轻下黏的质地剖面构型被称为“蒙金地”，是肥力较高的土壤。⑤部分发育于洪积和洪冲积母质的土体中，含一定量的砾石。

（四）棕壤性土

定义：在暖温带湿润气候区域，受到严重侵蚀影响，土壤发育程度弱、土层浅薄、土体中多砾石或岩石碎块的棕壤。

成土环境与分布区域：主要分布于剥蚀缓丘、低山丘陵、中山山坡及山脊，常与粗骨土、石质土相嵌分布。成土母质以花岗岩、片麻岩风化物为主，其次为石英岩、安山岩和无石灰性砂页岩风化物。

成土过程：淋溶与黏化过程不明显，生物富集困难。

剖面特征与主要属性：①拥有腐殖质层（Ah 层）或耕层（Ap 层）、不明显的淀积层（Bt 层）、母质层（C 层），具有 A－（Bt）－C 构型。②自然条件下拥有较薄的枯枝落叶层（O 层），剖面分化不明显，土体较薄，通常不超过 50 cm，厚者 60 cm 以上，其下为半风化母岩。③在良好森林植被下，有 1～5 cm 厚的枯枝落叶层。A 层常有 3～10 cm 厚的根系密集层，有机质含量高，结构良好，色泽较暗，质地较轻，其下为发育不明显的棕色淀积层（Bt 层），与表层黏粒含量之比大于 1.0。④半风化母质层（C层）含岩石碎屑体，色泽较鲜艳，但因岩性而异。

（五）酸性棕壤

酸性棕壤是一种盐基不饱和的棕壤，具有较高的酸性，但又无灰化特征，世界各国命名不尽相同，但都以盐基不饱和这一特征赋予不同名称，只有日本、匈牙利和罗马尼亚称“酸性棕壤”。1954年，我国制定的土壤暂拟分类表中曾划分出酸性棕色森林土亚类。1957年柯夫达于黑龙江流域考察土壤时曾指出我国东北有酸性棕色森林土，1960年黄瑞采在淮北考察土壤时也采用了酸性棕色森林土这一名称。但在全国并未得到普遍应用，以致在1978年制定的中国土壤分类暂行草案中取消了此亚类。1979年第二次全国土壤普查暂拟土壤分类系统（修改稿）中也无此亚类。1984年制定的中国土壤分类系统（第二次全国土壤普查分类系统）中划分出酸性棕壤，作为棕壤的一个亚类。山东省在1984年的土壤考察报告中划分出酸性棕壤亚类，并在1986年出版的《山东省山地丘陵区土壤》一书中作了详尽论述。中国科学院南京土壤研究所在其提出的《中国土壤系统分类（初拟）》（1985）和《中国土壤系统分类（二稿）》（1987）中，把酸性棕壤从棕壤中分出，作为一个独立的土类。1984年以来，在土壤普查的基础上，通过对辽宁棕壤的重点考察，划分出酸性棕壤，并与山东酸性棕壤对比，发现两者具有明显的相似性，因而按全国土壤普查系统将酸性棕壤作为棕壤的一个亚类。但在1987年中国土壤发生分类系统中，又把该亚类取消，归并到典型棕壤亚类。为了保持棕壤分类的发展过程，本书也将酸性棕壤亚类的情况在此进行归纳。

定义：酸性棕壤是指盐基不饱和、酸性较强的棕壤，其pH一般小于5.5。

成土环境与分布区域：酸性棕壤主要分布于辽东、辽西南部海拔500～600 m的山地。成土母质多为花岗岩、片麻岩、混合岩、石英岩等风化物，特别是在残积物和洪积物形成的土体中多含砾石和石块。

成土过程：①淋溶与黏化过程。淋溶作用较强，黏土矿物处于硅铝化脱钾阶段，土壤呈微酸性，盐基饱和度不高，除表层为53%～82%外，其下各层多低于50%，甚至低于15%，没有明显的黏粒及铁锰淀积层。②生物富集与分解过程。酸性棕壤的形成特点是在阔叶林、针阔混交林冠下，在淋溶水分状况下，风化与成土作用产物以及生物循环的成分多被淋失，以致形成酸性风化壳和不饱和土壤，酸度强于典型棕壤，pH通常小于5.5。生物积累作用较典型棕壤强烈，有机质含量高，表层可达50～200 g/kg。而耕种的酸性棕壤生物积累作用锐减，表层有机质含量只有20～30 g/kg，但也高于耕种的典型棕壤。

剖面特征与主要属性：①剖面分异明显，拥有腐殖质层（Ah层）或耕层（Ap层）、黏粒淀积层（Bt层）、母质层（C层），具有A-Bt-C构型。②土体以棕色为主，尤以心土层更为明显；淋溶层之下有不明显的黏粒淀积层（Bt层），质地多为黏壤土至壤质黏土。③地表有一层厚薄不一的凋落物层，并在较湿的枯枝落叶层中有较多的白色菌丝体，其下为灌草根系密集层和深厚的有机质层，一般在50 cm以上，耕种的酸性棕壤，耕层颜色变淡，呈棕色至黄棕色。自然土壤表层有机质含量在30～50 g/kg。④残积母质发育的剖面，通体含有较多的砾石，母质层有基岩风化的石块。

第三节　棕壤发生学基层分类

一、棕壤土属

土属是中级分类单元，既是土类、亚类的续分，又是土种的归纳，起到承上启下的作用。土属主要根据地域性因素差异引起的土壤属性变化划分，如母岩组合、母质类型及水文地质状况等。

（一）残积物上发育的棕壤

发育在石质山地丘陵上部、母质为残积物的土壤，根据风化壳地球化学组合类型划分，以母岩中主要元素含量分为硅铝质（花岗岩等酸性岩）、铁镁质（玄武岩等基性岩）、硅钾质（板岩等沉积岩）、钙镁质（石灰岩等变质岩）、硅质（砂岩等沉积岩）等岩类组合。例如，棕壤性土亚类因发育在不同母岩上，故分为硅铝质棕壤性土、铁镁质棕壤性土、硅钾质棕壤性土、硅质棕壤性土等土属。

（二）松散堆积物上发育的棕壤

发育在松散堆积物上的土壤，按堆积物类型划分土属，分为黄土质、黄土状、风积物、坡积物、洪积物等。如典型棕壤亚类分为黄土状棕壤、坡积棕壤等土属；潮棕壤亚类分为坡洪积潮棕壤、黄土状潮棕壤等土属。

（三）人为耕作形成的土属

潮棕壤多年用于种菜，有灌溉条件。具有较高土壤肥力，经菜园熟化，形成菜园潮棕壤等土属。

二、棕壤土种

土种是基层分类单元，也是划分土壤主要生产性能和制定改良利用措施的主要单元。同一土种具有相同的肥力水平和相同的改良利用措施，具有相似的发育程度和剖面层次，土种之间表现为量上的差别。因此，土种根据土壤发育程度和土体构型来划分，如腐殖质层厚度、土层厚度、表土层质地及各种障碍层次（黏化层、淀积层、潜育层、白浆层等）出现部位等。

（一）土种划分原则和依据

棕壤土种划分原则主要有以下几个方面：同一土种应处于相同或相似的景观单元，具有一定的地形部位，水分条件及植被类型等特征；同一土种的母质类型或性质应相同；同一土种剖面中各土层排列组合的土体构型相对一致，包括土层类型（发育层次和质地夹层）、厚度（有效土层）及层位（出现部位）、层序（排列顺序）等；同一土种的主要土层具有相对一致的发育程度、形态特征和理化性状；同一土种的农业生产性状、肥力水平、利用方向及改良措施应相似。

辽宁土种在遵循上述原则的基础上，以土体构型和土壤发育程度作为划分依据。

土壤发育程度既能反映土壤形成过程中自身表现的强弱，又能说明土壤本身影响生产的能力，如有效土层厚度、腐殖质层厚度。一般来说，有效土层越厚，腐殖质层越厚，土壤发育越深。

在划分土种时，指标的选择是很关键的，必须因土而异。因为同一指标可能适用于许多不同土壤类型，而每一类型土壤又可能有几个指标适用。这就需要从中选择既能联系土壤发生定量的属性，又能反映影响生产效果的指标作为主要依据。一般每个土种只用1～2个。棕壤土种按腐殖质层厚度划分的指标是薄腐小于20 cm，中腐20～40 cm，厚腐大于40 cm；棕壤性土、酸性棕壤按有效土层厚度划分的指标详见表2-2。

表2-2　棕壤土种划分指标

项目	划分指标	适用亚类
腐殖质厚度（cm）	<20（薄腐） 20～40（中腐） >40（厚腐）	棕壤所有亚类
表层质地	砂质 壤质 黏质	棕壤所有亚类
砾石含量	<30%（少） 30%～70%（多）	棕壤所有亚类
土层厚度（cm）	<30（薄层） 30～60（中层） >60（厚层）	棕壤性土、酸性棕壤

（续）

项目	划分指标	适用亚类
白浆层出现部位（cm）	＜10（浅浆） 10～20（中浆） ＞20（深浆）	白浆化棕壤
淀积层出现部位（cm）	＜50（浅淀） ≥50（深淀）	典型棕壤、潮棕壤

（二）棕壤及发生分类系统

目前，棕壤命名多采用两种方法。一是将群众习惯的土壤名称加以提炼，选出有代表性的土壤名称作为各级土壤名称。这样便于农民记忆、应用、相互交流，以及相关领导和技术工作者应用土壤资料指导生产。但是，由于群众习惯的土壤名称较少，常出现同土异名和异土同名的现象，应用时易造成混淆，达不到交流的目的。二是采用苏联的连续命名法，命名的原则由基层分类单元的主要特征到土壤高级分类单元名称。这种方法的优点是科学性强，能够充分反映土壤形成特点、主要特征和属性，同时也反映出在土壤分类系统中的位置及发生学上的联系。但是，连续命名也存在不尽如人意之处，如名称过长、不通俗、难记忆，农民和广大科技人员在生产实践中很难掌握和应用。

为了统一土壤名称，棕壤采取了高级分类单元（土纲、亚纲、土类）、亚类以沿用故有的名称为主的方法，基层分类单元（土属、土种）以连续命名和群众命名并用的方法。即土纲、亚纲采用第二次全国土壤普查《中国土壤分类系统》中的名称，如棕壤属于淋溶土纲湿暖温淋溶土亚纲棕壤土类，亚类多采用过去沿用的名称，如典型棕壤、白浆化棕壤、潮棕壤、棕壤性土、酸性棕壤亚类名称。土属采用连续命名，即在土类、亚类名称之前冠以与该土属属性有直接关系（母质、母岩类型）的前缀词，如硅铝质棕壤、黄土状棕壤等。土种采用简化名与连续命名并用的方法，简化名是从群众惯用的土壤俗名中提炼出的有代表性的名称作为骨干名称，并在骨干名称前冠以形容词或地名作辅助。例如，沙坡黄土、黏坡黄土、坡黄土、腰沙河淤土、漏河淤土、高官山沙土、塔峪山沙土、金县山沙土、新立山根土、蓉花山根土、开原山根土等。

根据第二次全国土壤普查发生分类系统，棕壤分为 4 个亚类（辽宁省增加 1 个）17 个土属 75 个土种。分类系统见表 2－3。

表 2－3　棕壤发生分类系统

亚类	土属	简名	连续命名
棕壤性土	硅铝质棕壤性土	高官山沙土	薄层硅铝质棕壤性土
		塔峪山沙土	中层硅铝质棕壤性土
		金县山沙土	厚层硅铝质棕壤性土
	铁镁质棕壤性土	马圈子糟石土	薄层铁镁质棕壤性土
		大碾糟石土	中层铁镁质棕壤性土
		大甸子糟石土	厚层铁镁质棕壤性土
	硅钾质棕壤性土	吉洞片沙土	薄层硅钾质棕壤性土
		塔子岭片沙土	中层硅钾质棕壤性土
		法库片沙土	厚层硅钾质棕壤性土
	硅质棕壤性土	本溪砾沙土	薄层硅质棕壤性土
		旅顺砾沙土	中层硅质棕壤性土
		东沟砾沙土	厚层硅质棕壤性土

（续）

亚类	土属	简名	连续命名
典型棕壤	硅铝质棕壤	大西岔山黄土	薄腐硅铝质棕壤
		南口前山黄土	中腐硅铝质棕壤
		—	厚腐硅铝质棕壤
		沙山黄土	砂质硅铝质棕壤
		山黄土	壤质硅铝质棕壤
		砾山黄土	砾石硅铝质棕壤
	铁镁质棕壤	—	薄腐铁镁质棕壤
		新宾暗黄土	中腐铁镁质棕壤
		振安暗黄土	壤质铁镁质棕壤
		暗黄黏土	黏质铁镁质棕壤
	硅钾质棕壤	—	薄腐硅钾质棕壤
		片黄土	中腐硅钾质棕壤
		盖县片黄土	壤质硅钾质棕壤
			黏质硅钾质棕壤
		砾片黄土	砾石硅钾质棕壤
	硅质棕壤	平顶山砾黄土	薄腐硅质棕壤
		沙砾黄土	砂质硅质棕壤
		砾黄土	壤质硅质棕壤
	坡积棕壤	边门坡黄土	薄腐坡积棕壤
		大沟坡黄土	中腐坡积棕壤
		—	厚腐坡积棕壤
		沙坡黄土	砂质坡积棕壤
		坡黄土	壤质坡积棕壤
		坡黏土	黏质坡积棕壤
		砾坡黄土	砾石质坡积棕壤
	人工堆积棕壤	—	薄层壤质人工堆垫棕壤
		—	中层壤质人工堆垫棕壤
	黄土状棕壤	东陵黄土	薄腐黄土状棕壤
		大甸子黄土	中腐黄土状棕壤
		黄蒜瓣土	壤质浅淀黄土状棕壤
		老黄土	壤质深淀黄土状棕壤
		板黏黄土	黏质浅淀黄土状棕壤
		黄土岭黏黄土	黏质深淀黄土状棕壤
白浆化棕壤	侧渗型白浆化棕壤	南岔河汤土	壤质中位侧渗型白浆化棕壤
		木奇白汤土	壤质深位侧渗型白浆化棕壤
		旺清白汤土	黏质深位侧渗型白浆化棕壤
	滞水型白浆化棕壤	小板河白汤土	壤质中位滞水型白浆化棕壤
		草市白汤土	壤质深位滞水型白浆化棕壤
		大板河白汤土	黏质深位滞水型白浆化棕壤

（续）

亚类	土属	简名	连续命名
潮棕壤	坡洪积潮棕壤	新立山根土	薄腐坡洪积潮棕壤
		蓉花山根土	中腐坡洪积潮棕壤
		开原山根土	厚腐坡洪积潮棕壤
		砾石山根土	砾石坡洪积潮棕壤
		沙山根土	砂质坡洪积潮棕壤
		腰黑山根土	砂质夹黏坡洪积潮棕壤
		底黑山根土	砂质黏底坡洪积潮棕壤
		营盘山根土	壤质坡洪积潮棕壤
		腰沙山根土	壤质夹沙坡洪积潮棕壤
		底沙山根土	壤质黏底坡洪积潮棕壤
		黏山根土	黏质坡洪积潮棕壤
	黄土状潮棕壤	新城子板潮黄土	壤质浅淀黄土状潮棕壤
		营口潮黄土	壤质深淀黄土状潮棕壤
		黏板潮黄土	黏质浅淀黄土状潮棕壤
		黏潮黄土	黏质深淀黄土状潮棕壤
	淤积潮棕壤	板麦黄土	壤质浅淀淤积潮棕壤
		麦黄土	壤质深淀淤积潮棕壤
		黏麦黄土	黏质浅淀淤积潮棕壤
		—	砂质浅淀淤积潮棕壤
	菜园潮棕壤	板菜园黄土	壤质浅淀菜园潮棕壤
		灯塔菜园黄土	壤质深淀菜园潮棕壤
		腰沙菜园黄土	壤质夹沙菜园潮棕壤
		—	黏质夹沙菜园潮棕壤
		—	砂质夹沙菜园潮棕壤

第三章 棕壤的分布特征 >>>

土壤是在气候、生物、地形、母质和时间等因素的综合作用下形成的，不同的土壤类型总是与一定的气候、生物类型相联系，因而形成了土壤的水平地带性分布规律。大气候带的分异中影响土壤形成发育的主要因素是水量与热量的变化。我国气候特征是东部湿润，越趋向西北越趋干旱，直至进入欧亚大陆中心的极度干旱中心。境内热量的变化由南向北随着纬度的变化而递减，而水量变化大体上是从东南向西北逐渐变得干旱。热量与水量情况并不完全吻合，且有一定的偏转，因而我国土壤水平带谱有一定的偏转与分异。

第一节 棕壤的水平分布特征

棕壤分布广泛，如英、法、德、瑞典、巴尔干半岛和苏联欧洲部分的南部山地等。在北美分布于美国东部，在亚洲主要分布于中国、朝鲜北部和日本（吴贻忠等，2006）。

棕壤在中国集中分布在暖温带湿润地区的辽东半岛和山东半岛低山丘陵，向南伸延到苏北丘陵。此外，在华北平原、黄土高原、内蒙古高原、淮阳山地、四川盆地、云贵高原和青藏高原等地的山地垂直带谱中也有广泛分布（全国土壤普查办公室，1998）。

一、辽宁棕壤水平分布特征

（一）辽东半岛棕壤水平分布特征

辽宁地处北纬38°43′～43°26′，东经118°53′～125°46′，南北跨越近5个纬度，东西跨越6个经度以上。年均气温4.6～10.3 ℃，南北温差5.7 ℃以上，年均≥10 ℃活动积温2 700～3 700 ℃，相差1 000 ℃；无霜期211～140 d，相差71 d；年均降水量450～1 100 mm，相差650 mm。土壤的地带性分布也比较明显。

辽宁的气候特点是由南向北气温逐渐降低，以年均≥10 ℃活动积温2 400 ℃为界，大致可以分为暖温和中温两个温度带；降水量自东南向西北递减，而蒸发量则递增，根据降水量和干燥度大致可分为湿润、半湿润和半干旱3个区。所以，地带性土壤分布，既有由南至北的纬度地带性特征，又有由东至西的经度地带性特征。

辽东地区由南至北气温变化比较大，≥10 ℃的活动积温由南部3 700 ℃至北部降到2 700 ℃；除桓仁满族自治县、宽甸满族自治县降水量比较集中的局部地区>1 000 mm以外，绝大多数地区在700～900 mm，年干燥度在1.0左右。由于温度的变化，自然植被也随之发生变化。土壤水平带谱按暖温落叶阔叶林棕壤—中温带森林草甸黑土—草甸草原黑钙土（吉林）的顺序演变。

东北部中低山地区：山体较高，沟谷发育明显，水系多呈枝状伸展，沿水系自山顶至谷底发育的土壤多为枝状分布，土壤组合具有明显的规律性。山的中上部分布着酸性棕壤或棕壤性土，下部分布着典型棕壤。在坡脚或缓坡平地上，受侧流水和地下水的影响，形成了潮棕壤，呈窄条带状，面积较少。低山丘陵缓坡和岗平地上有白浆化棕壤分布。

辽东半岛丘陵区：主要为低山丘陵，由于山体不高，丘陵上部无酸性棕壤发育；相反，受地质过程以及人为活动的影响，大部分丘陵的上部植被稀少，岩石裸露，土壤侵蚀严重，发育着大量的棕壤性土、粗骨土或石质土。由丘陵中部向下至谷底，发育的土壤与辽东北山地地区大体相同，依次为典型棕壤、潮棕壤、草甸土、沼泽土（或泥炭土）和水稻土。另外，在富钙的石灰岩风化物和部分黄土母质上还有褐土发育。所以，该区土壤主要为枝状分布，粗骨土、石质土和棕壤性土之间存在复区分布，多由石灰岩残积物发育的褐土呈岛状分布。

（二）辽西低山丘陵区棕壤水平分布特征

辽西低山丘陵区包括朝阳市的全部和阜新市、锦州市的西部。南部以松岭山脉为界，是棕壤与褐土的过渡地带，相互间呈镶嵌分布，犬牙交错。全区土壤组合有 3 种类型。

努鲁儿虎山和松岭山地西麓低山丘陵区：由于本区成土母质主要为富钙的石灰岩、钙质砂页岩和黄土母质，所以土壤呈以褐土为主的枝状分布，只有较高山地上部有棕壤或棕壤性土分布。

医巫阁山和松岭山地东麓低山丘陵区：由于本区成土母质多为酸性结晶岩类和基性结晶岩类风化物及其黄土状母质，所以土壤呈以棕壤为主的枝状分布。低山丘陵上部是棕壤性土和粗骨土，下部是典型棕壤，坡脚平地是窄条状潮棕壤。

阜新市、北票市等山间盆地区：本区地貌类型为盆地，地形由四周向中心倾斜，由于成土条件、地形的变化，土壤类型也相应发生变化，多土壤组合呈盆形分布。由盆地中心向外依次出现沼泽土、潮土、潮褐土、褐土或石灰性褐土，此区域没有棕壤分布。

二、山东半岛棕壤水平分布特征

山东省地处我国大陆性季风气候区的东部，自然植被主要为落叶阔叶林。棕壤和褐土的分布呈现出与生物气候带一致的规律性。鲁东丘陵区和鲁中南山地丘陵区东南沿海为棕壤的集中分布区，该区也是我国棕壤集中分布区之一。鲁中南山区东南沿海是山东省降水量最大、气候最湿润地区，强度淋溶的白浆化棕壤集中分布于该区，在鲁东沿海仅有小面积零星分布。在鲁东丘陵区北部丘陵坡麓和中部莱阳盆地有小面积褐土分布。鲁中南山地丘陵区，棕壤与褐土呈明显复区分布。在第二次全国土壤普查以前，曾将该区划为褐土分布区并与鲁东棕壤区截然分界，显然与棕壤、褐土复区分布的规律相悖。事实证明，在相同的生物气候条件下，由于其他成土因素的差异，特别是成土母质的差异，使相邻的不同母质发育为不同类型的土壤。例如，石灰岩风化物与酸性岩风化物毗邻，前者往往发育为褐土，后者发育为棕壤，形成了两者复区分布。同时在该区内，由于纬度、生物、气候差异的影响，自南向北由棕壤与淋溶褐土复区过渡到棕壤与褐土复区，进而过渡到以褐土和石灰性褐土为主。

（一）鲁东丘陵区的土壤分布

鲁东丘陵区除崂山、昆嵛山、牙山、艾山等少数低山海拔较高外，大部分丘陵海拔在 300 m 以下，呈现出广谷低丘、地形较缓的中老期地貌特征。低山丘陵中上部坡地广泛分布着酸性粗骨土和酸性石质土，酸性棕壤仅分布于低山的茂密林下。在低山、丘陵坡麓以上多分布棕壤性土；坡麓之下，除半岛北部山前有一定面积的洪积棕壤外，绝大多数低山丘陵没有形成广阔的洪积扇，坡麓地带的棕壤面积较小，向下延展很短距离即与丘陵间平缓处的潮棕壤接连。本区潮棕壤与无石灰性河潮土毗连，多呈枝状分布，在北部山前平原中下部有较大面积的潮棕壤分布。

在本区南部的临沂市临沭县、莒南县和日照市等地的低丘和剥蚀平原上，集中分布着白浆化棕壤，在低丘坡麓之上与酸性粗骨土、棕壤相连或呈复区分布，在较平缓的地方，白浆化棕壤则与潮棕壤或河潮土相接。此外，在胶东半岛的南、东、北三面沿海的低丘和平地，也有白浆化棕壤的零星分布。

在本区北部蓬莱、龙口、莱州，从丘陵坡麓到山前平原，呈现棕壤性土—典型棕壤—潮棕壤—非石灰性滨海潮土的土壤组合，局部有褐土或石灰性褐土零星分布。

在鲁东丘陵区与鲁中南山地丘陵之间的胶莱河谷平原，主要分布着非石灰性砂姜黑土，其间也有河潮土分布。从河谷平原腹地向两侧砂姜黑土与潮棕壤、典型棕壤相接。河谷平原的中南部低缓丘陵，有小面积的棕壤性土和典型棕壤分布。

（二）鲁中南山地丘陵区的土壤分布

鲁中南山地丘陵区中部地势高，向四周海拔逐渐降低，平原围绕在该区周围，并沿河谷延向本区腹地。其地貌和成土母质也较复杂，除盐土和滨海盐土外，山东省内的各主要土壤类型在本区都有分布。从土壤分布的情况看，本区的北部、中部和南部各有其不同的特点。

泰山、鲁山、沂山一线以北，除泰山、鲁山、沂山的顶部为酸性岩外，其余均为富钙石灰岩风化物、黄土、钙质或非钙质的砂页岩风化物及小面积出露的残余红土。泰山、鲁山、沂山中上部有酸性粗骨土、酸性棕壤和山地草甸土分布。

鲁中南山地丘陵中部，地带性土壤褐土与棕壤复区分布的特点十分明显。泰山南麓有山东省最大的山前洪积平原，自山麓至大汶河平原，形成典型棕壤—潮棕壤—砂姜黑土—潮褐土—河潮土的土链分布。

在莲花山—孟良崮、蒙山等几条西北—东南走向的片麻岩为主构成的中低山坡地，酸性粗骨土分布面积较大，在林木生长良好的地方则零星分布着酸性棕壤，山体向下依次出现酸性粗骨土、棕壤性土及典型棕壤。相邻山系之间的谷地或盆地出现典型棕壤、潮棕壤复区及非石灰性潮褐土或潮褐土、淋溶褐土复区。该区的南部即泗河、枋河以南，在低山丘陵酸性粗骨土与棕壤性土、棕壤性土与典型棕壤呈复区分布，山谷、山间盆地有潮棕壤分布。

三、华北山地丘陵区棕壤水平分布特征

棕壤在华北地区主要分布于燕山、太行山山地与丘陵，呈东北—西南走向。棕壤处于褐土的上部，比褐土湿润，表层有机质含量较高，是河北、山西的主要林果区。

河北棕壤主要分布于 600 m 以上（燕山）和 1 000 m 以上（太行山）的中低山和冀东滨海低山丘陵，呈东北—西南走向。处于褐土上部，比褐土湿润，表层有机质含量较高，是河北省主要的林果区，是主要粮、棉、油和果木区，存在水土流失问题。

四、云南棕壤水平分布特征

云南省南北跨 8 个纬度，东西跨 9 个经度，北回归线横穿南部，属于低纬度、高海拔山区省份。全省淋溶土纲棕壤系列的土壤约占 18.12%。影响土壤水平分布的主要是地貌和气候两个因素，除此之外还有地域性母岩类型、局部气候和人为因素。云南省于北纬 27°以北、海拔 2 500 m 以上，分布着黄棕壤、棕壤、暗棕壤等温带气候下形成的棕壤系列为主的地带。本带纬度与海拔均高，植被以云南松林、硬叶常绿阔叶林、针阔混交林及高山针叶林和高山灌丛为主，年均温在 5～13 ℃，≥10 ℃积温为 650～3 800 ℃，年降水量 620～1 100 mm，年蒸发量 1 200～2 100 mm，无霜期 130～240 d，年日照时数 1 700～2 500 h。成土母岩主要有玄武岩、石灰岩、砂页岩、片麻岩、千枚岩、片岩、大理石以及新老冲击母质和古红土。集中分布在滇西和滇西北的丽江市、怒江傈僳族自治州、迪庆藏族自治州、大理白族自治州等地的高山地带，除西双版纳傣族自治州和临沧市外均有分布，也是云南省西部和西北部地区的主要森林土壤资源（云南省土壤肥料工作站等，1996）。

五、贵州棕壤水平分布特征

贵州自然条件复杂，土壤类型较多，从亚热带的红壤到暖温带的棕壤都有分布。全省自东向西出现的 3 个土壤带，经度地带性与垂直地带性是相互叠加的。例如，东北边缘地区海拔仅 500～600 m，发育的是红壤；中部和大部分东部地区海拔为 700～1 400 m，发育的是黄壤；西部海拔在 1 900 m 以上，发育的是黄棕壤，2 300 m 以上发育的是棕壤。这在大范围内看，也是一种垂直带

的明显表现。

贵州省因地势由东到西三级梯面的宽度不同，因而从东到西地带性土壤的宽度也不同。东部的红壤带仅跨经度1°左右，水平分布的带幅窄，约100 km；中部的黄壤带跨经度3°多，带幅宽，约350 km；西部的黄棕壤带跨经度1°多，带幅约150 km（贵州省农业厅等，1980）。

第二节　棕壤的垂直分布特征

土壤垂直分布是指土壤随海拔、山体和坡向母岩的变化而呈现有规律的变化。通常山体越高，相对高差越大，土壤垂直地带性分异也越明显，带谱也越完整。

一、辽东半岛地区棕壤垂直分布特征

辽东山地较多，约占全省面积的60%。但由于山体不高，海拔超过1 000 m的山峰不多，所以，土壤垂直带谱的结构较为简单（贾文锦，1992）。

（一）岗山土壤垂直分布

岗山位于辽东的新宾满族自治县，与吉林交界处属龙岗山脉的南端，海拔1 347 m（图3-1）。岗山的基带土壤为棕壤，随着海拔上升，气温降低，湿度增大，岗山南坡（阳坡）的植被在900 m处发生变化。900 m以下为落叶阔叶林和针阔叶混交林，900 m以上主要为针阔叶混交林。随着气候、生物等成土条件的变化，900 m以下形成了棕壤带，900 m以上形成了暗棕壤带，土壤垂直分布带谱是典型棕壤（<500 m）—酸性棕壤（500～900 m）—暗棕壤（>900 m）。由于岗山北坡（阴坡）比南坡更加寒冷阴湿，所以土壤分界线从南坡的900 m下移至800 m，分布带谱为典型棕壤（<500 m）—酸性棕壤（500～800 m）—暗棕壤（800～1 300 m）—山地灌丛草甸土（>1 300 m）。

（二）老秃顶子山土壤垂直分布

老秃顶子山位于辽东桓仁满族自治县境内，属于千山山脉的北端，海拔1 376 m（图3-2）。基带土壤是典型棕壤，随着海拔上升，气温降低，湿度增大，但由于所处地理位置在岗山的南部，基带温

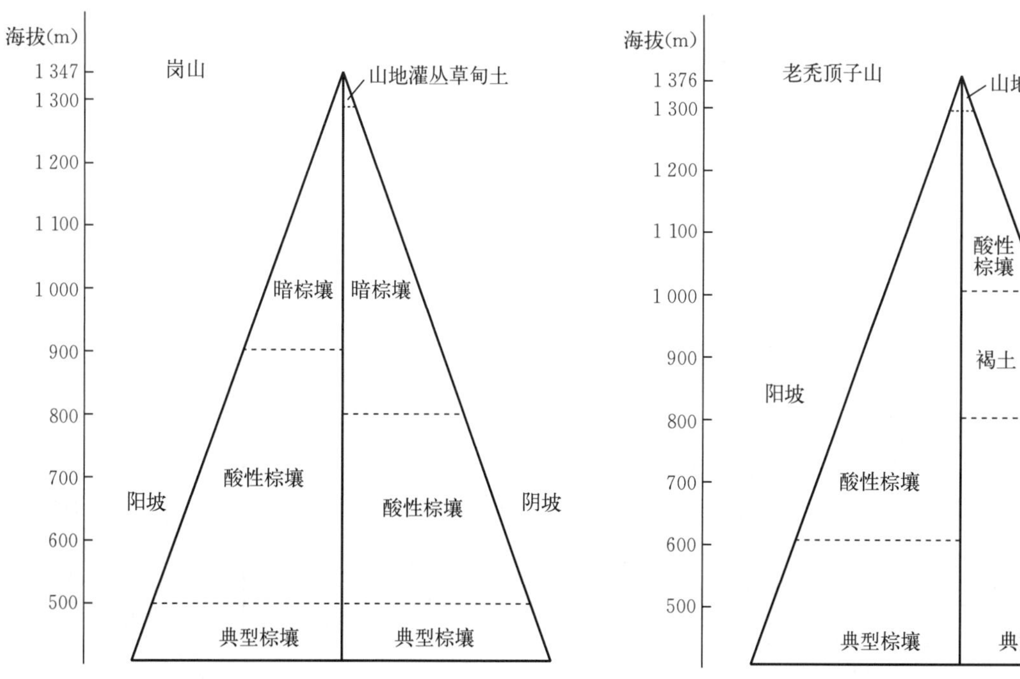

图3-1　辽东新宾满族自治县岗山土壤垂直分布

图3-2　辽东桓仁满族自治县老秃顶子山土壤垂直分布

度稍高于岗山，所以老秃顶子山在 1 300 m 处生物、气候条件发生显著变化，高于岗山的 900 m。1 300 m 以下，植被为次生的落叶阔叶林和混有针叶林的阔叶林；1 300 m 以上，因高山效应增强，致使温度低、湿度大、云雾多、风势强，乔木难以生长，主要植被为灌丛草甸。因此，1 300 m 以下形成棕壤，1 300 m 以上为山地灌丛草甸土。但是值得注意的是，在东北坡 800～1 000 m，由于受石灰岩母质的影响，土壤出现"逆向"现象，形成了褐土。所以，老秃顶子山的土壤垂直分布为典型棕壤（<600 m）—酸性棕壤（600～1 300 m）—山地灌丛草甸土（>1 300 m），其东北坡 800～1 000 m成土母质为石灰岩风化物，土壤垂直分布为典型棕壤（800 m）—褐土（800～1 000 m）—酸性棕壤（1 000～1 300 m）—山地灌丛草甸土（>1 300 m）。

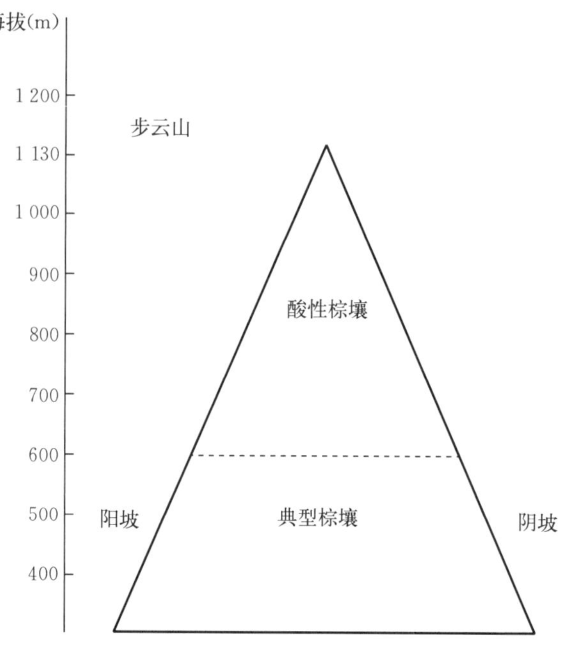

图 3-3　辽宁南部庄河市步云山土壤垂直分布

（三）步云山土壤垂直分布

步云山位于辽宁南部庄河市境内，属千山山脉的南端，海拔 1 130 m，为暖温带湿润气候条件，主要植被为落叶阔叶林，夹有少量针叶林（图 3-3）。由山脚至山顶随海拔上升，气温、湿度有一定的变化，但不是很显著，所形成的土壤为棕壤，但在海拔 600 m 以上，由于湿度增加，淋溶作用增强，形成了酸性棕壤，所以步云山土壤垂直分布为典型棕壤（<600 m）—酸性棕壤（>600 m）。步云山土壤垂直分布规律在辽宁南部海拔超过 500 m 的山峰中相当具有代表性。

二、辽西低山丘陵区棕壤垂直分布特征

辽西褐土分布区属于暖温带半湿润季风气候，年均气温 7～8 ℃，≥10 ℃积温 3 200～3 400 ℃，年降水量 300～500 mm，干燥度 1.0～1.3。山地垂直分布规律是由山脚至山顶一般为褐土（石灰性褐土）—淋溶褐土—棕壤。阳坡褐土（石灰褐土）稍有升高，而阴坡淋溶褐土带幅较阳坡宽。以朝阳县老座山为例，海拔 200～500 m 为褐土，500～700 m为淋溶褐土，700 m 以上为棕壤（图 3-4）。值得注意的是，若 700 m 以上为石灰岩母质，则无棕壤发育，仍停滞在褐土发育阶段。又如，位于辽西朝阳县境内的大青山海拔 1 153 m，成土母质为安山岩、安山质角砾熔岩、凝板岩等残积和坡积物。山地中上部阳坡的植被多为油松人工林和次生蒙古栎林，生长良好，中下部山杏矮林及虎榛子灌丛，说明随海拔上升，气候变得潮湿。与之相适应土壤垂直分布是 800 m以上为棕壤，600～800 m 由于侵蚀影响，多为粗骨土，600 m 以下为褐土。

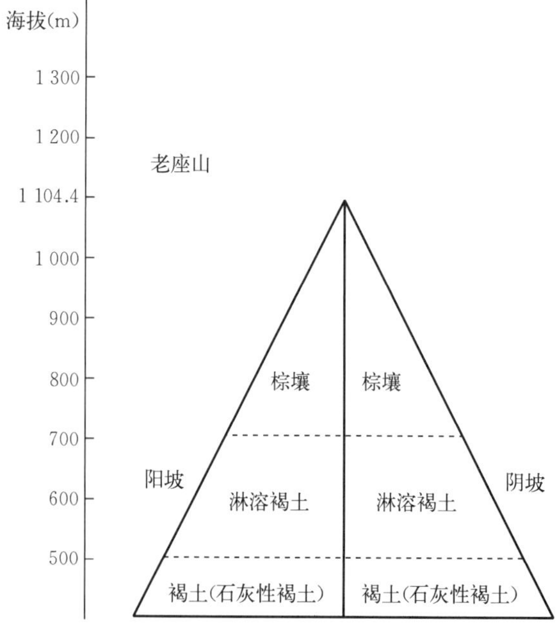

图 3-4　辽西朝阳县老座山土壤垂直分布

三、山东半岛棕壤垂直分布特征

山东半岛山地丘陵区地势绝对高程不高，最高的泰山仅有 1 532 m（图 3－5），其他几座较高的中山也只在 1 000 m 上下，其岩体都是花岗岩或酸性岩。因此，山地的垂直带较简单，一般以棕壤和酸性粗骨土为主。山东省土壤的垂直分布以泰山最有代表性，从山麓到山顶，随海拔的增加，年均气温由 14 ℃降到 4.8 ℃，年降水量由 780 mm 增加到 1 112 mm，相对湿度由 65%增加到 80%左右，平均风速增大 1 倍，自然植被由落叶阔叶林过渡到针叶林，在山顶部为山地草甸植被。泰山的土壤垂直分布，在海拔 200 m 以下的坡麓为厚层坡积物或坡洪积物发育的典型棕壤，其下与潮棕壤相连；海拔 200～800 m，分布着白浆化棕壤、棕壤性土、酸性粗骨土。800～1 000 m，分布着酸性棕壤和酸性粗骨土；1 000～1 400 m，分布着山地暗棕壤、酸性粗骨土；在 1 400 m 以上，为山地灌丛草甸土（山东省土壤肥料工作站，1994）。

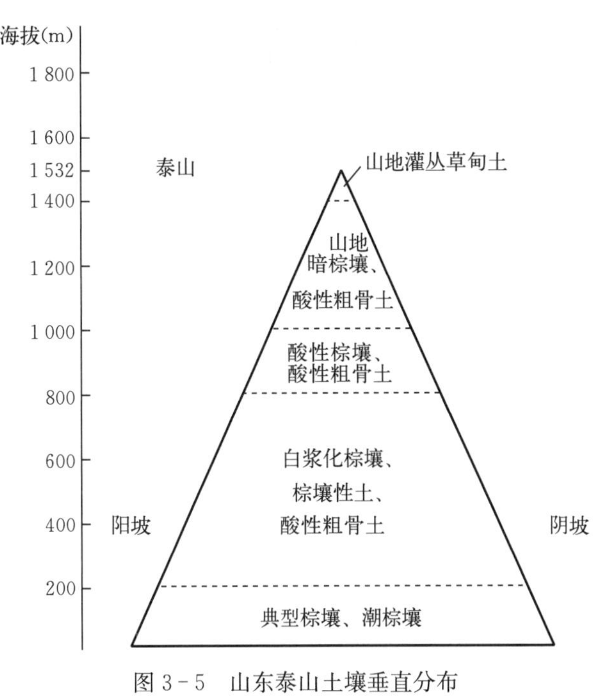

图 3－5　山东泰山土壤垂直分布

山东省山地丘陵区的其他中低山高度较低，相对高差较小，土壤的垂直分布带谱不明显。但由于山体所处的地理位置不同，生物气候有一定的差异，致使在纬度相同而经度不同的中山坡地，与泰山土壤垂直分布相比，同一类型土壤分布的高度范围有所变化。一般自鲁中向东，同一类型山地土壤分布的高度逐渐降低。如位于东部的崂山，海拔 1 133 m 山地顶部有小面积的山地草甸土，800 m 以下酸性棕壤分布面积较大，与泰山相比，山地草甸土、酸性棕壤分布的下限都较低。鲁东地区与鲁中南地区基带土壤类型不同，鲁东地区气候湿润、母岩主要由酸性岩类组成，基带土壤为棕壤；鲁中南地区地处半湿润过渡地带，故基带土壤除棕壤外，还有褐土。山东省山地丘陵区水土流失严重，在任何一个中低山土壤垂直分布带谱上，粗骨土、石质土分布都十分广泛。

四、燕山、太行山和秦岭棕壤垂直分布特征

燕山地区山地土壤的垂直分布规律十分明显。垂直带谱的基带是褐土带和栗钙土带。面积大、带谱清晰、结构明显的是在褐土基带上发育的垂直带谱。褐土、棕壤是建谱土壤，燕山、太行山的垂直带谱相同（河北省土壤普查办公室，1990）。图 3－6、图 3－7 和图 3－8 为小五台山、雾灵山、南坨山的垂直带谱。

秦岭山体高大，是我国南北自然景观的天然分界线，加之北坡陡峭，南坡徐缓，致使南北坡土壤垂直带谱有明显的差异。秦岭阴坡，土壤垂直带谱的基带土壤是褐土。在海拔 600 m 以下山前冲积—洪积扇群为典型褐土，海拔上升到 1 200～1 300 m 为淋溶褐土；海拔 1 300～2 400 m 为棕壤；海拔 2 400～3 100 m 为暗棕壤；海拔上升到 3 100 m 以上至峰顶为亚高山草甸土。秦岭阳坡，基带土壤为黄褐土，其上限大致在海拔 900 m；海拔 900～1 400（1 500）m 为黄棕壤；向上至海拔 2 400 m 为棕壤；海拔 2 400～3 100 m 为暗棕壤，海拔 3 100 m 以上为亚高山草甸土。大巴山基带土壤为黄褐土，上限在海拔 1 000 m 左右；海拔 1 000～1 800 m 为黄棕壤带；棕壤呈不连续的岛状散布于海拔 1 800～2 000 m 的中高山地，面积很小（图 3－9）。

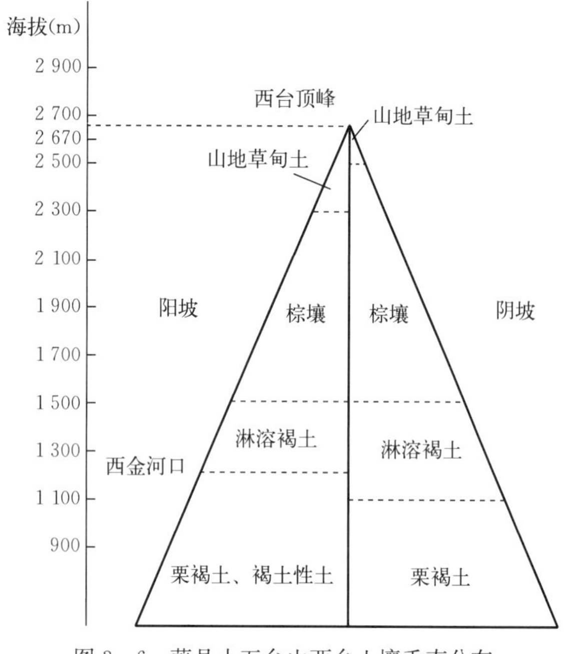

图 3-6　蔚县小五台山西台土壤垂直分布

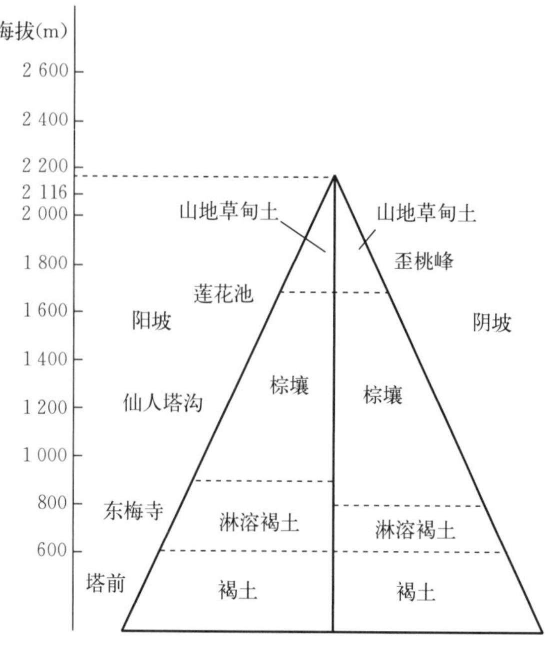

图 3-7　燕山山脉雾灵山土壤垂直分布

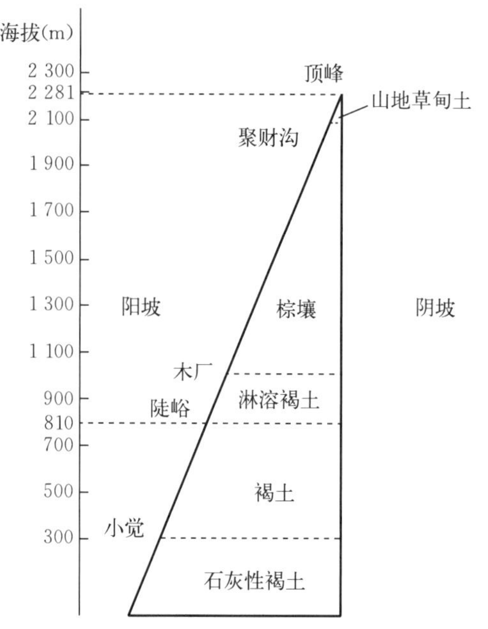

图 3-8　太行山南坨山土壤垂直分布

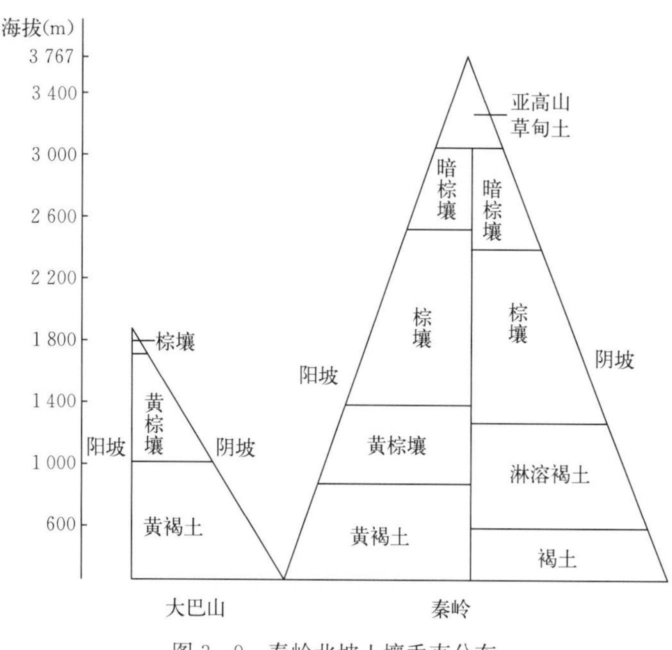

图 3-9　秦岭北坡土壤垂直分布

五、云贵高原地区棕壤垂直分布特征

（一）云南棕壤垂直分布特征

云南是高原山区省份，山高谷深，海拔高低悬殊。从滇东南河口 76.4 m 上升到滇西北德钦梅里雪山主峰 6 740 m，直线距离 840 km，高差达 6 663.6 m。随着海拔的升高，气温降低。水热状况、植被类型也发生相应变化，呈现出不同的海拔与之相适应的生物气候类型和土壤类型。在全省范围内，从低到高，土壤的垂直带谱大体是砖红壤—赤红壤—燥红土—红壤—黄壤—黄棕壤—棕壤—暗棕壤—棕色针叶林土—亚高山草甸土—高山寒漠土。

云南棕壤为南方山地棕壤，与山东和辽东半岛的棕壤相比 pH 较低，水解性酸和交换性酸均较典型棕壤略高，土层不如典型棕壤厚。分布海拔为 2 500～3 300 m，南部地区下限可降到 2 400 m；滇东北和滇西北地区，其上限又抬升至 3 400 m。例如，玉龙雪山分布在 2 600～3 200 m，拱王山分布在 2 600～3 300 m，薄竹山分布在 2 200～2 500 m。棕壤在全省不同地区分布海拔见表 3－1。

表 3－1 云南省不同地区棕壤分布的海拔

单位：m

昆明/大理	昆明东川	昭通	曲靖	楚雄/保山/丽江	玉溪	红河/普洱思茅	文山	德宏	怒江	迪庆
2 600～3 300	2 900～3 300	南部 2 200～2 600 北部>2 300	2 400～3 200	2 600～3 200	2 400～3 000	2 500～3 000	2 200～2 600	2 700～3 100	2 000～2 900	2 900～3 500

1. 滇西横断山峡谷的土壤分布 由于谷底比降大，上接康藏高原，高处带谱较简单，低处带谱丰富。与一般规律不同的是，红壤分布上限变低且越往南越高。以怒江河谷为例，河谷北段的福贡至贡山一带地势较高，北上的孟加拉湾暖流和南侵的冷流带在此段交汇，北纬 28°大体是横断山南北地理景观的自然分界线。因而红壤分布海拔出现南高北低的情况，相差 300～500 m；棕壤、暗棕壤类型越往北延伸带谱越宽，较南段宽 300 m 左右；棕色针叶林土、亚高山草甸土的带谱分布则是南低北高（表 3－2），相差 200～400 m。

表 3－2 滇西横断山土壤分布

单位：m

土 壤	高黎贡山		碧罗雪山		雪邦山
	南段	北段	南段	北段	
亚高山草甸土	3 300 以上	3 700 以上	3 350 以上	3 800 以上	4 000 以上
棕色针叶林土	3 100～3 300	3 400～3 700	3 100～3 350	3 300～3 800	3 400～4 000
暗棕壤	2 800～3 100	2 700～3 400	2 900～3 100	2 700～3 300	3 100～3 400
棕壤	2 400～2 800	2 000～2 900	2 600～2 900	2 100～2 700	2 600～3 100
黄棕壤	2 200～2 400	2 000 河谷	2 400～2 600	2 100 以下	
红壤	2 200		2 400		

2. 滇中土壤分布 滇中较有代表性的大理在北纬 25°～26°一带，从西到东，海拔 3 655 m 的道人山，降至 1 200 m 的澜沧江河谷，升至 4 247 m 的老君山，4 122 m 的点苍山以及宾川县 3 248 m 的鸡足山，再降至 1 300 m 的金沙江河谷，土壤水平与垂直分布带谱如图 3－10 所示。

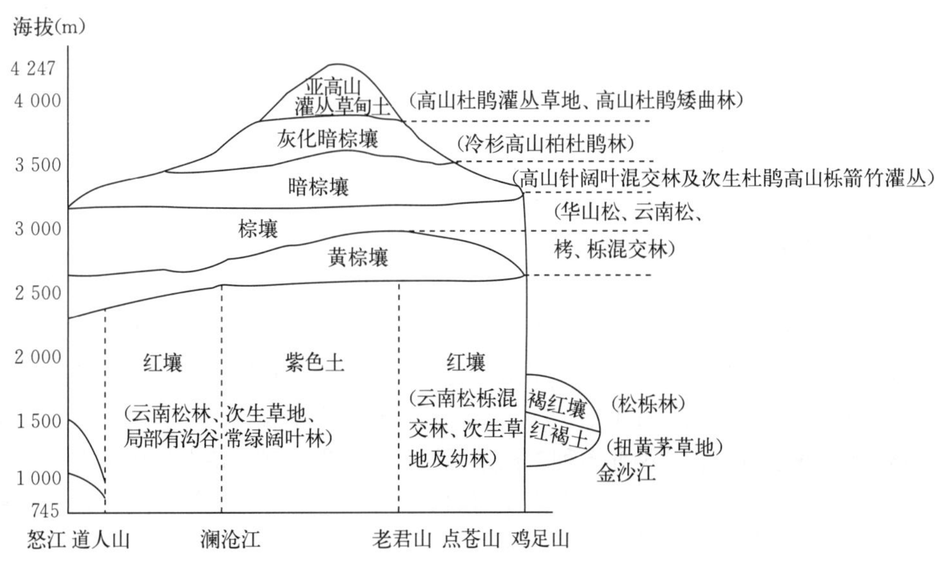

图 3－10 大理土壤水平垂直分布示意

3. 滇西北土壤分布 滇西北丽江市永胜县东经 100°22′～101°11′，北纬 25°29′～27°04′，土壤分布情况如图 3-11 和表 3-3 所示。

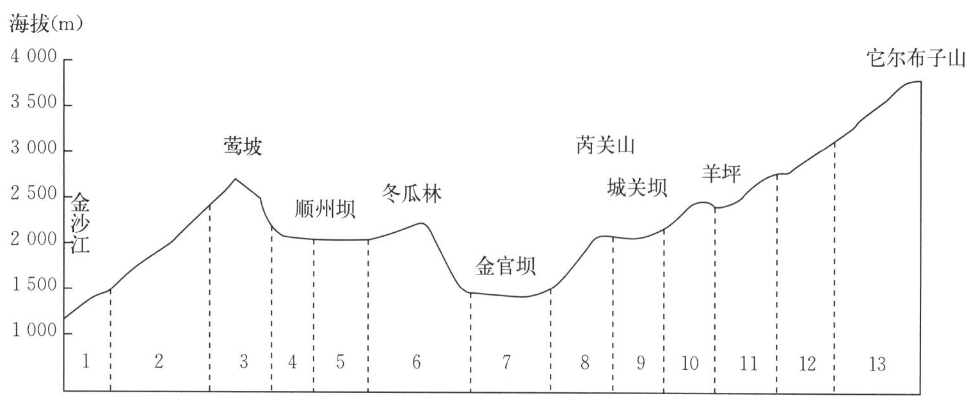

图 3-11 它尔布子山至金沙江边土壤植被分布断面

表 3-3 它尔布子山至金沙江边土壤植被分布

序号	母质	土类	土种	植被	序号	母质	土类	土种	植被
1	玄武岩	红褐土	红沙土 红色土 红土	橄榄、旱柳、扭黄茅	8	石灰岩	红色石灰土	大红土	禾本科草类
2	石灰岩	红壤	大红土 沙土 粗石渣土	云南松、灌木针阔叶混交林	9	冲积物	水稻土	黄胶泥 饭散田 泥田	水稻、玉米、小麦、蚕豆
3	石灰岩	棕壤	灰沙土	栎类、云南松	10	砂岩	红壤	自然土	云南松
4	石灰岩	红壤	红灰土	云南松、栎类	11	玄武岩	紫色土	紫沙土 灰沙土	洋芋、荞麦、芜菁、玉米
5	湖积	水稻土	黑饭散 黑膏泥	水稻、玉米、小麦	12	紫色页岩	棕壤	灰泡土	栎类、杜鹃、山茶、洋芋
6	玄武岩	红壤	红灰土 红泥土	云南松、针阔混交林	13	花岗岩	自然土	亚高山草甸土	矮生禾本科草类、灌丛
7	冲积物	水稻土	膏泥田 饭散田 泥田	水稻、小麦、蚕豆					

（二）贵州棕壤垂直分布特征

贵州山地土壤的分布服从于正向垂直地带性规律，在不同的基带内，由山麓至山顶随着海拔的上升、生物气候条件的变化形成了一系列土壤垂直带谱。这些垂直地带上的土壤类型与基带土壤显然不同，而是类似高纬度地区的相应土壤，且由于山地的水热条件、植物群落、地形、母质的特殊性，所形成的山地土壤与相应的水平地带性土壤，在发生特性和利用上均有不同。因山地垂直带谱的结构随基带不同，贵州土壤的垂直分布类型亦多种多样，可根据基带生物气候特点分成若干类型。

贵州土壤的负向垂直带谱，主要发生在高原面的负地形（河谷中），高原谷地中的土壤是在河流下切加深过程中在谷坡上发展起来的。因此，河谷地段最下部的土带是不稳定的。故在高原河谷条件下，比较稳定的高原面上的土壤为垂直地带的基带。如表 3-4 所示，以六盘山市为例。

表 3-4 贵州主要山地土壤垂直带谱

类型	采样地点	土壤垂直带谱
西部及西北部偏干性暖湿春干型	一般谱式	黄壤（1 900～1 950 m）—黄棕壤（或含有山地草甸土）（2 100～2 600 m）—棕壤（2 700 m）—山地草甸土（2 900 m）
	牛棚梁子（盘州市）	黄壤（1 900 m）—黄棕壤（2 400 m）—山地草甸土或沼泽土（2 580 m）—棕壤（2 750 m）
	老黑山（盘州市）	黄壤（1 950 m）—黄棕壤（2 450 m）—山地草甸土（2 650 m）—棕壤（2 700 m）
	韭菜坪（水城二塘乡）	黄壤（1 900 m）—黄棕壤（2 600 m）—棕壤（2 700 m）—山地草甸土（2 900 m）

第三节 棕壤的中微域分布特征

土壤的中域分布和微域分布虽然因生物气候带不同而有所不同，但主要是中小地形在成土母质、水文条件与人为改造的影响下形成的。这种土壤分布影响农、林、牧业的土壤利用方式和作物布局，对适时因土种植和因土改良有非常重要的意义。

一、辽东半岛棕壤中微域分布特征

辽东山地丘陵区位于长大铁路线以东，为长白山山脉的西南延续部分，包括大连、丹东、本溪、抚顺的全部和铁岭、辽阳、鞍山、营口的东部。全区可分为东北部中低山区和辽东半岛丘陵区 2 个类型。

东北部中低山区：山体较高，沟谷发育明显，水系多呈枝状伸展，沿水系自山顶至谷底发育的土壤多为枝状分布，土壤组合具有明显的规律性。山的中上部分布着酸性棕壤或棕壤性土，下部分布着典型棕壤，在坡脚或缓坡平地上，受侧流水和地下水的影响，形成了潮棕壤，呈窄条带状，面积较少，低山丘陵缓坡和岗平地上有白浆化棕壤分布。

辽东半岛丘陵区：主要为低山丘陵，由于山体不高，丘陵上部无酸性棕壤发育。相反，受地质过程以及人为活动的影响，大部分丘陵的上部植被稀少，岩石裸露，土壤侵蚀严重，发育着大量的棕壤性土、粗骨土或石质土。由丘陵中部向下至谷底，发育的土壤与辽东北部山区大体相同，依次为典型棕壤、潮棕壤、草甸土、沼泽土（或泥炭土）和水稻土。另外，在富钙的石灰岩风化物和部分黄土母质上还有褐土发育。所以，该区土壤主要为枝状分布，粗骨土、石质土和棕壤性土之间存在复区分布，多为石灰岩残积物发育的褐土呈岛状分布（贾文锦，1992）。

二、辽西低山丘陵区棕壤中微域分布特征

辽西低山丘陵区包括朝阳市的全部和阜新市、锦州市的西部。南部以松岭山脉为界，是棕壤与褐土的过渡地带，相互间呈镶嵌分布至犬牙交错。全区土壤组合有 3 种类型。

努鲁儿虎山和松岭山地西麓低山丘陵区：由于本区成土母质主要为富钙的石灰岩、钙质砂页岩和黄土母质，所以土壤呈以褐土为主的枝状分布。只有较高山地上部有典型棕壤或棕壤性土分布。

医巫闾山和松岭山地东麓低山丘陵区：由于本区成土母质多为酸性结晶岩类和基性结晶岩类风化物及其黄土状母质，所以土壤呈以棕壤为主的枝状分布。低山丘陵上部分布着棕壤性土和粗骨土，下部分布着典型棕壤，坡脚平地分布窄条状潮棕壤。

阜新市、北票市等山间盆地区：本区地貌类型为盆地，地形由四周向中心倾斜，所以由于成土条件、地形的变化，土壤类型也相应发生变化，多土壤组合呈盆形分布。由盆地中心而外依次出现沼泽土、潮土、潮褐土、褐土或石灰性褐土，此区域没有棕壤的分布（贾文锦，1992）。

三、山东半岛棕壤中微域分布特征

（一）山地丘陵区的枝状土壤组合

在山地丘陵区，沟谷发育，水系沿沟谷呈枝状伸展，每一枝状沟谷两侧都由地带性土壤和非地带性土壤构成。在同一区域内，不同枝状单位的土壤组合有很高的相似性。在鲁东丘陵区，从沟谷底部向两侧土壤组合主要形式有河潮土—潮棕壤—典型棕壤。在鲁中南山地丘陵区，枝状土壤组合除上述形式外，还有石灰性河潮土—潮褐土—褐土等（山东省土壤肥料工作站，1994）。

（二）山前倾斜平原的扇形土壤组合

扇形土壤组合常见于低山丘陵坡麓之下的山前倾斜平原。例如，泰山南麓多个洪积扇连群形成广阔的山前平原，自山麓向下依次分布棕壤、潮棕壤、砂姜黑土、潮褐土，其下与河潮土连接。在鲁中南山地丘陵区北部的山前倾斜平原，自上而下分布有石灰性褐土、褐土或淋溶褐土、潮褐土，再向下与砂姜黑土、潮土相接。在其他低山丘陵山前倾斜平原，都有与之类似的扇形土壤组合，但组合的土壤类型较简单，分布范围也较小。

（三）河谷平原的槽形土壤组合

鲁中南山地丘陵区与鲁东丘陵区之间，南部为沂沭河谷平原，北部为胶莱河谷平原。在河谷平原中部是砂姜黑土的集中分布区，向两侧地势逐渐升高过渡到低山丘陵，土壤依次出现潮棕壤、典型棕壤、酸性粗骨土，或依次出现潮褐土、褐土、石灰性褐土、钙质粗骨土。在同一地点其他成土条件相同的情况下，由于母质性状的差异，常形成性质完全不同的土壤微域分布。河谷平原是砂姜黑土和河潮土的集中分布区，但在石灰岩、酸性岩或砂页岩残丘上分布着与周围完全不同类型的土壤。例如，在潍坊市高密市南部砂页岩残丘上发育形成了淋溶褐土和棕壤，形成砂姜黑土、河潮土、淋溶褐土和棕壤的微域分布。在潍坊市潍城区、寒亭区、昌邑市等北部平原上，风成黄土堆积形成多个孤立的土埠子，土埠子分布着石灰性褐土，这样就形成了石灰性褐土与河潮土的微域分布。在鲁东丘陵区北部山前坡麓，黄土母质发育的褐土与酸性岩母质发育的棕壤呈微域分布，鲁中南山地丘陵区多见石灰岩风化物发育褐土与片麻岩风化物发育的棕壤呈微域分布（山东省土壤肥料工作站，1994）。

四、燕山和太行山棕壤中微域分布特征

大、中地貌的变异，构成不同土壤类型的组合分布。横切河北省中部，从太行山东麓至渤海之滨，依次出现棕壤、淋溶褐土、褐土性土、褐土、潮褐土、潮土、盐化潮土、滨海盐土等，如图 3 - 12

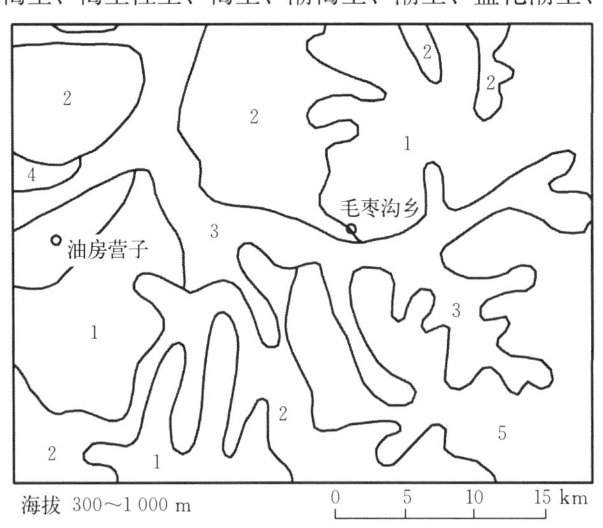

图 3 - 12　燕山山地区枝状土壤组合

1. 棕壤　2. 淋溶褐土　3. 潮土　4. 潮褐土　5. 褐土性土

和图 3－13 所示。

微地貌变异引起的微域土壤组合分布，冲积平原区由于河流的善淤、善决、善摆，构成微小起伏，毗邻地段相对高差一般小于 1 m，形成的地貌大致为岗、坡、洼、平 4 种，土壤类型相应地呈规律性分布。

燕山山地区：由山地沿河谷而下依次出现棕壤、淋溶褐土，或棕壤性土、褐土性土与河谷中的潮褐土、潮土、草甸土等。其枝状密度较大（图 3－12）。

太行山山地丘陵区：由山体部分的棕壤、淋溶褐土、石灰性褐土或石质土、粗骨土与河谷地带的潮土、草甸土、新积土呈枝状土壤组合（图 3－13）。

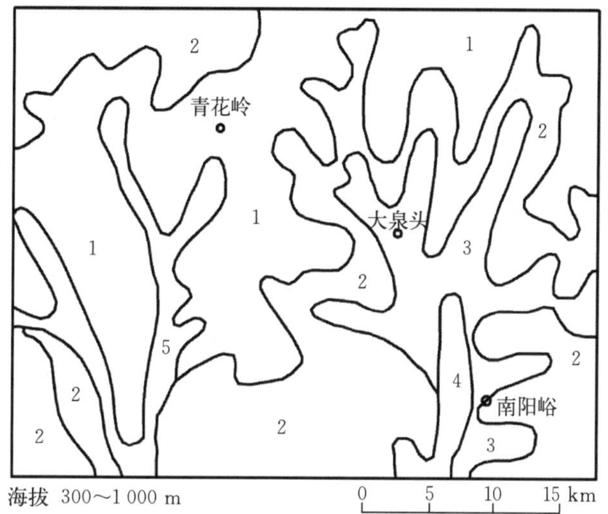

图 3－13　太行山中段枝状土壤组合

1. 棕壤　2. 淋溶褐土　3. 石灰性褐土　4. 潮土　5. 草甸土

第四章 棕壤资源优劣势分析 >>>

棕壤是一种重要的农业土壤，具有很高的自然肥力，很早以前就被开发利用，发展农作物、果树、柞蚕、人参、造林和畜牧等。因此，棕壤在发展农林牧业生产和多种经营方面具有很高的生产价值。棕壤分布区气候条件优越，广泛适合栽培小麦、玉米、高粱、花生、甘薯等多种农作物，以及多种树木、果树和药材等经济林木，具有较大的农业和林业利用价值。

我国共有棕壤 810 余万 hm^2，东北、华北、西北、西南和中南均有分布。整体上来看，棕壤多用作林地，占比 50%以上；农耕地其次，约占 30%；其他包括果园、茶园、菜园和中草药种植等利用类型则占比不到 20%。由于棕壤分布地区广泛，不同区域棕壤利用呈现出各自的区域性特征。因此，可按照区域特征，将棕壤的分布区域划分为东北地区、华北地区、西北地区以及西南和中南地区四大区域。

第一节 东北地区的棕壤资源优势

东北地区棕壤多分布于辽宁省丘陵、漫岗、低山丘陵、山前坡积处等地形部位，并附带邻近辽宁省北部的吉林省四平市梨树县和通化市集安市，总面积约有 460 万 hm^2，属于水平地带性分布特征区域。其中，林地利用面积近 250 万 hm^2，占棕壤总面积的 1/2 以上；耕地利用面积占 1/3，多种植玉米、大豆、高粱等作物；另有果园 4 万 hm^2 有余，主要种植苹果、梨、桃和葡萄等水果；菜地 1 万 hm^2 有余，主要种植白菜、萝卜、甘蓝、茄子、黄瓜等蔬菜。此外，棕壤区还有较大的柞蚕放养面积，是重要的柞蚕养殖地区。

一、农业利用状况与优势

棕壤土类主要包括典型棕壤、潮棕壤、白浆化棕壤、酸性棕壤和棕壤性土 5 个亚类，其分布以典型棕壤为主，潮棕壤次之，白浆化棕壤和棕壤性土面积最少。棕壤各亚类的农业利用价值以潮棕壤为首位，其次为典型棕壤，而酸性棕壤、白浆化棕壤和棕壤性土的基础肥力最差。总体来看，棕壤各亚类均种植有大面积农作物，棕壤区是辽宁地区重要的大田作物适种区，也是重要的粮食生产区域。

东北地区典型棕壤分布面积大，是重要的大田作物种植土壤类型。典型棕壤多分布于地势高的区域，且多为低、中丘陵地（坡度 3°以上），地下水位多在 10 m 以下，甚至 100 m 以下。对作物生长而言，棕壤除五六月较缺水分外，其余时间均相当充足，而 80 cm 以下则相当稳定。大多典型棕壤土体深厚、养分含量较高、保肥性能较好、有后劲。部分土种，如分布于铁岭、抚顺、营口等地的黏棕黄土，Bt 层出现深度可达 50 cm 以下，有利于作物根系生长；而分布于铁岭、丹东、辽阳等地的老黄土土种，土层质地适中，土壤适耕性好，适耕期长，十分有利于作物生长和农田管理。典型棕壤适种性较好，一般种植玉米、高粱和大豆等作物。

潮棕壤多分布于缓坡平地、丘陵坡脚、洪积扇和坡积裙等地形，是久经耕种的熟化土壤，土层深厚，水热条件好，肥力较高且保水保肥，质地适中，土壤适耕性好。其中，分布于大连市瓦房店市、庄河市、普兰店区、金州区等地山前坡积裙的底黑山根土，底层埋藏黑土层，该层质地黏重、养分含量高、蓄水保肥能力强、有利于作物生长发育，加之该土种所处地区气温较高、光照条件好、水分充足、耕作管理细、化肥施用量大，其作物产量较高。总之，潮棕壤的生产性能好，适种范围广，是辽宁省粮、棉、油、菜的生产基地之一。潮棕壤因土属（成土母质）不同，生产性能和土壤生产力亦有差异。黄土状潮棕壤和淤积潮棕壤土层深厚、水热协调、质地偏黏、保水保肥、抗旱抗涝、土性热潮、肥劲长，适种作物有玉米、高粱、大豆、棉花、谷子、花生和小杂粮等。

白浆化棕壤、酸性棕壤和棕壤性土的生产力整体较低，有一定比例的大田种植面积。白浆化棕壤和酸性棕壤一般种植玉米、大豆和高粱等作物，但产量不高。棕壤性土一般土层较薄，但是个别土种土壤性质较好，有利于发展大田作物种植。例如，分布于大连、丹东、抚顺、辽阳等地丘陵缓坡上部的乌棕山沙土土种，水土流失轻、土体较厚、有机质含量高（27.1 g/kg）、蓄水保肥能力强，适种范围广、产量高，主要适种高粱、玉米、大豆等作物。灰棕山沙土土种分布于抚顺、大连、本溪、丹东、铁岭等地的低山丘陵中上部，具有易耕作、适耕期长、早春地温回升快、土性热、有利于苗期生长的特点，但因肥力弱，不适于种玉米、大豆，多以谷子、糜子、小豆、绿豆、花生、甘薯等为主。棕片沙土土种则土体较厚、蓄水保肥性较好，分布于大连、辽阳、铁岭、本溪等地的石质低山丘陵的中下部，适种作物广。

二、经济林利用状况与优势

（一）林业利用

棕壤区是辽宁省重要的林业利用区，约占辽宁省总林区面积的38%。棕壤林区大多分布于丘陵、漫岗的中上部，也有部分棕壤土种分布于丘陵、漫岗的中下部、坡脚和缓坡处。棕壤林区大多地势高、降水量充沛、土体较厚、表土层疏松、蓄水保肥能力强，有利于植物根系的生长。另外，土壤有机质含量高、供肥力强，自然植被生长繁茂。

典型棕壤区域多位于辽中和辽东地区，以丹东、抚顺、本溪、铁岭、沈阳等地分布较多，特别以丹东市宽甸满族自治县，本溪市桓仁满族自治县，抚顺市新宾满族自治县、清原满族自治县，铁岭市西丰县等地较为集中。这些地区棕壤一般土体深厚，腐殖质层厚，养分含量高，且区域内降水较充足，适于树木生长。棕砾黄土、灰棕黄土、山酸黄土等土种分布面积较广，林区面积大，多以落叶松、杨树、刺槐、桦树、山杨、栎树、榛等树种为主，有些林区林下伴生榛柴、荆条等灌木丛。另外，分布于新宾满族自治县、桓仁满族自治县、抚顺县等地的棕黄泥土土属的暗黄土土种，土壤通透性和保肥性较好，十分有利于树木生长，是发展林业生产的最佳土壤之一，这些地区也成为辽宁省的重要用材林基地。

这些地区可以借助当地自然条件优势有计划地因地制宜发展经济林，选取优良树种如红松、沙松、冷杉、落叶松等，并与杨树、刺楸等阔叶林混种；栽种刺槐、黑松、紫穗槐等乔木、灌木林；在丘陵中部栽种山楂树、核桃树、文冠树等经济林；若上层土壤有一定砂质特性，呈上肥下瘦、上松下紧的特点，在树种的选择上则更加倾向于材质好的特点，主要选择主根深的优良树种，如红松、落叶松、沙松、水曲柳、刺楸等。

因潮棕壤肥力佳，分布地区地形平缓、海拔较低，十分适合大田种植，因此大部分已经开发为农田，但在铁岭市开原市、大连市庄河市、抚顺市清原满族自治县、沈阳市新民市等地的山根土和灰山根土土种区仍有较大面积的林地，树种多以刺槐、杨树、柳树、榆树、桦树、柞树、核桃楸、椴木等为主。由于该土壤腐殖质层较厚、土体深厚、质地适中、砾石含量少、水分条件较好、通透性能好，适合树木生长，发展林果业生产潜力较大。

白浆化棕壤、酸性棕壤和棕壤性土为生产力较差的土壤，前者土体中存在黏重的心土层，后者则土体发育较差、土层薄且质地较粗、养分不足，因此两者多未被开发为农田，林地利用较多。白浆化棕壤多生长落叶松和油松，且在抚顺市清原满族自治县和大连市瓦房店市的粉白馅棕黄土上人工种植的落叶松长势良好，覆盖率70%以上，大幅减轻了白浆化棕壤的土壤侵蚀问题。分布面积大得多的棕壤性土区域的林区面积更加可观，可达166万hm^2，占棕壤性土总面积的64%以上。因棕壤性土具有土层薄、质地粗等缺点，更需要植林进行保护。一般适宜柞树、桦树、椴树、水曲柳、油松、落叶松、胡枝子、杜鹃、黑松、刺槐等乔木生长，林下长有灌丛及草本植物。

（二）果园利用

棕壤各亚类中，除白浆化棕壤外，均适宜发展果树生产。发育于第四纪松散沉积物的典型棕壤和潮棕壤，土层深厚，质地偏黏，保水保肥，是有利于果树生长的优良土壤。因此，典型棕壤和潮棕壤地区有较大面积的果园种植。例如，分布于营口、大连等地的典型棕壤有大面积的苹果、桃、梨等果树种植，抚顺、本溪、铁岭、大连、沈阳等地潮棕壤的山根土、灰山根土等同样有较大面积的苹果、桃、梨等果树种植，同时配合以山楂、板栗等果树。果树适应性因棕壤亚类不同而异，辽宁省酸性棕壤分布区除大连市庄河市，鞍山市岫岩满族自治县和丹东市凤城市、宽甸满族自治县南部适宜发展大苹果外，其余均不适应，这是由于其余地区地势高、海拔超过500 m的缘故。但在海拔较低的黄海和鸭绿江沿岸一带的酸性棕壤分布区，气候温暖湿润，只适宜发展耐湿性和适应性强的果树，如板栗、杏、梨、桃、李、核桃等。值得注意的是，板栗和桃喜酸性，故在酸性棕壤中长势最好，如丹东的板栗驰名省内外。此外，在典型棕壤、潮棕壤和棕壤性土分布区的辽北平原、东北丘陵，气候较冷，不宜栽植大苹果，但宜栽种山楂和小苹果等。除此之外，其他棕壤亚类均适宜发展大苹果，表明同一棕壤亚类因分布区经度、纬度差异适种品种有别。

（三）栽参利用

辽宁省的棕壤分布区得天独厚，最适合栽参。以辽宁东部山区的桓仁满族自治县、宽甸满族自治县、新宾满族自治县和西丰县等地最多。栽参土壤主要分布于无侵蚀沟和背风的山坡，其海拔多在500 m以下，坡度20°～25°，坡向东北、东南或东。棕壤各亚类中，除白浆化棕壤、潮棕壤外，均适宜栽参。但因植被而异，以栎为主的次生落叶阔叶林栽参最佳，其次为生长胡枝子、榛、山萝卜等植物的棕壤，生长松、杨、核桃、羊胡子草和酸姜等植物的棕壤不宜栽参。栽参的土壤生产性能具有以下特点：在坡积物或坡积残积物上发育，腐殖质层6～10 cm，有机质含量30～70 g/kg；质地为砂质壤土或黏壤土（参根长10～15 cm），再下为黏土层，这种土壤呈微酸性至酸性反应；表土疏松，不沙不黏；保水，通透性好，养分适中，最适合人参生长。应注意的是，若腐殖质层较厚（10～20 cm），由于肥力较高，栽老参其根部将崩裂，只适于2～3年参。

（四）人工柞蚕场利用

在棕壤性土亚类分布区域中有较大面积的柞树种植区，有利于柞蚕业发展，人工蚕场在该地区分布广泛。柞树为全球分布最广的优势树种，是辽宁东部山区植物群落中的顶级植物。森林资源统计数据显示，丹东地区有乔木160多种，柞树所占比例达58%而且分布较广，其中30%已开发为柞蚕场。柞树具有突出的耐寒、耐旱、耐瘠薄特点，根系能与菌根菌结合，吸收水分及养分的能力极强。多年来，柞蚕场柞树作为再生性林木资源以其超强的适应性和再生机能，在较为贫瘠的棕壤性土中占据了有利的生态位。既作为每年有大宗收益的经济林，又作为功能齐全的水土保持林，还兼作薪炭林，在辽东山区生态环境中发挥着独特的生态功能。柞蚕生产具有周期短、劳动生产率高的显著特点，是东部山区10万农户的衣食之源，也是地方财政收入和创汇农业的重要组成部分。正因为如此，调动了地方政府及农民建设蚕场、营造蚕场的积极性。到目前，辽宁省柞蚕放养面积约57万hm^2，主要分布在大连市庄河市、普兰店区，营口市盖州市，鞍山市岫岩满族自治县，丹东市凤城市、东港市、宽甸满族自治县等地，棕壤柞蚕场是辽宁柞蚕放养的重要基地（郎庆龙等，2003）。

第二节　华北、华东和华中地区棕壤资源优势

华北、华东和华中地区棕壤主要分布于河北、山西、内蒙古、山东、安徽和河南境内，面积约

196 万 hm^2。以典型棕壤为主，约占棕壤总面积的 89%；潮棕壤次之，约占 7%；白浆化棕壤和棕壤性土约占 4%。

一、农业利用状况与优势

典型棕壤多分布于山东省的烟台、青岛、临沂、威海、枣庄、泰安、潍坊、济宁和济南等地，面积约为 55 万 hm^2，多位于丘陵中下部、坡麓、沟谷两侧以及山前洪积扇等地形处。山东省的典型棕壤质地适中，通气性好，适耕期较长，耕性良好，供肥保肥性较强，土壤潜在肥力较高，较为适宜优良的农耕地分布。主要种植小麦和玉米（一年两熟），以及花生、甘薯（两年三熟或一年一熟）等作物。河北和内蒙古地区典型棕壤多分布于海拔 800～1 200 m 的中低山缓坡、坡麓和阶地等地形处，面积共约 5 万 hm^2。河北地区典型棕壤土体深厚，耕性良好，土壤较肥沃，多以种植玉米、谷子、高粱、小麦、大豆、马铃薯为主，一年一熟，内蒙古地区多种植马铃薯、芸豆、蚕豆等小杂粮及大麦等，但受降水量偏少影响，产量较低。河南地区典型棕壤区域有少量耕地，安徽地区棕壤分布于海拔 800 m 中山地带，无农耕地利用情况，而山西地区典型棕壤分布海拔高，位于 1 700～3 200 m 的中高山地带，亦无农耕地分布。

潮棕壤仅在山东的青岛、临沂、烟台、威海、泰安、潍坊等和内蒙古赤峰南部的宁城县、敖汉旗、喀喇沁旗地区有分布。山东地区的潮棕壤肥力较高，生产性能好，耕层质地适中，耕性良好，适耕期较长，心土层质地黏重且深厚，具有较好的保水保肥性能；加之潜水位高，土体水分状况较好，水热条件适宜，适种范围广，所在区域多有良好的水浇条件，多是高产田，部分已建成“吨粮田”，是山东省粮、棉、油、菜的生产基地之一。内蒙古赤峰地区的潮棕壤分布较少，所在地区地势平坦、水源充沛，土壤土体深厚、质地较黏、保水保肥性能好，是良好的农耕土壤。

白浆化棕壤仅在山东省的临沂市临沭县、莒南县等地的剥蚀平原和沿海缓丘分布，是山东省低产土壤之一，主要种植花生、甘薯、小麦和玉米等作物，产量较低。通过采用地膜覆盖（以下简称“覆膜”），增施磷、钾肥等措施，可使花生产量有显著的提升。

棕壤性土仅在河南太行山和熊耳山一带，以及三门峡地区 800～1 000 m 山地缓坡和坡麓地带分布，并无耕地开发。

二、经济林利用状况与优势

（一）林业利用

华北、华东和华中地区棕壤主要分布在林区，除山东省内白浆化棕壤和其他棕壤亚类的极个别土种外，各棕壤亚类的土种均有一定面积分布在林地。特别是河南、河北、安徽、山西、北京和内蒙古地区，棕壤分布于较高海拔地区，林地是主要土地利用类型。

典型棕壤宜农亦宜林，山东省分布林区的典型棕壤主要包括棕麻土、棕沙土和棕泥沙土 3 个亚类下的 8 个土种，面积约 17 万 hm^2。主要生长落叶阔叶林，树种丰富，多以杨树、刺槐、泡桐、栎树和榆树等为主，针叶林占比较小，多以赤松、油松等为主。

河南、河北、安徽、北京和内蒙古中山地区典型棕壤林区海拔 800～1 200 m，多以针阔混交林为主。河南省境内典型棕壤只有黄石庵棕麻沙土土种，面积约 4 万 hm^2，主要分布于三门峡、洛阳、南阳等中山海拔高于 1 000 m 处，土体厚，质地适中，土壤肥沃，所处地域低温湿润，其上生长的针阔混交林多以栎树、华山松、落叶松为主。安徽典型棕壤主要有 3 个土种，面积 10 万 hm^2，主要分布于大别山地区，海拔 800～1 200 m，针阔混交林以黄山松、栎类为主，同时有野生猕猴桃、山楂、茅栗，林下层灌木以杜鹃、白檀及其幼树组成。河北和北京的典型棕壤林区包含了 3 个土种，面积约 19 万 hm^2，分布于太行山和燕山山脉海拔 800 m 以上地带，林木以桦树、山杨、椴树、油松等为主。内蒙古典型棕壤林区包括 5 个土种，面积约 16 万 hm^2，分布在七老图—努鲁儿虎山地海拔 900～1 100 m 一带，针阔混交林主要以落叶松、油松、白桦、柞树、落叶松和油松为主。

山西典型棕壤包括 4 个土种，均为林区，面积约 20 万 hm^2，分布于太行山脉和吕梁山脉一带，海拔 1 700～2 700 m，其中沁源棕黄土土种位于吕梁山区，海拔最高可达 3 200 m。

该地区典型棕壤土种土体深厚，水肥条件较好，保肥供肥性能好，林木生长茂盛，针阔混交林主要以油松、云杉、落叶松、白杄、青杄、辽东栎为主，也有利于小叶林生长，如白桦、山杨等，是理想的林业用地和良好的林木生产基地。

潮棕壤林地仅分布在内蒙古，多为海拔 800 m 以上的河流阶地，有 3 个土种，总面积 5 万～6 万 hm^2，林型为针阔混交林，以落叶松、樟子松、油松、云杉、白桦和山杨等为主。

棕壤性土林地分布在河南省境内，位于 800～1 000 m 太行山区，有 2 个土种，总面积约 2.6 万 hm^2。林区土体较厚，质地轻，并夹有砾石，养分含量较为丰富，所处地域气候凉湿，降水量较大，适宜多种林木生长。树木多以栎类、松树、洋槐、油松为主。

（二）果园利用

华北、华东和华中地区棕壤的果园绝大部分分布在山东省境内，主要在烟台、泰安、潍坊、临沂、济宁和青岛等地区，一般分布在丘陵地区或山前洪积扇地区的典型棕壤区，潮棕壤区也有部分果树种植面积，共约 9 万 hm^2。这些果园面积仅占全省果园总面积的较少部分。棕壤本身属于高肥力土壤，且所处环境水热条件好，因此山东棕壤区属于重要的水果生产基地。苹果是水果种植中最主要的果树品种，烟台苹果驰名中外，已经成为烟台的一张地区名片。除苹果外，樱桃、梨、山楂、桃、杏和李等水果也有广泛种植。此外，河北的太行山和燕山地区典型棕壤上也有较小面积的果园分布。

（三）中药材种植利用

棕壤在河南和山西两地的分布区是中药材的重要生产地。河南典型棕壤分布于河南省三门峡、洛阳、南阳等地，典型棕壤下的黄石庵棕麻沙土土种分布于中低山海拔 1 000 m 以上的缓坡地，土体厚，质地适中，土壤肥沃，所处地域低温湿润，是杜仲、连翘、山茱萸等多种珍贵中药材的适生地。豫北太行山区海拔可达 2 000 m，年均气温 13.6 ℃，无霜期 198 d，森林覆盖率达 62%，棕壤分布在海拔 1 000 m 以上地区。该山区山峰陡峻，交通不便，野生动植物中药材资源较多，有 800 余种，主要有山楂、党参、连翘、远志、知母、酸枣仁、防风、黄精、黄芩、玉竹、灵芝、黑木耳、马勃、豹骨、麝香等。

在山西吕梁山海拔 1 800 m 以上的灌丛疏林区，分布着 4 种典型棕壤的土种，同时也是侧柏叶、柏子仁、卷柏、秦艽等药材的重要产区。在山西境内太行山地区，分布有中药材 460 多种，主要有黄芩、连翘、柴胡、酸枣仁、知母、地榆、仙鹤草、侧柏叶、独活、苍术、苦参、益母草、茵陈、桔梗、丹参、五灵脂、玉竹、远志、苍耳子等，而在太行山脉中的五台山和太岳山等海拔在 1 700 m 以上的中高山地带有较大面积的典型棕壤分布，也是重要的中药材生产基地。

（四）茶园利用

安徽大别山和岳西地区分布有典型棕壤的黄羊暗棕土土种，局部种植的茶树长势较好，属于著名的皖西大别山林茶区。茶树喜湿，气候湿润、降水丰富的地域才适宜种植茶树。黄羊暗棕土地区海拔 800 m 以上，地形多处于中山平缓处，降水充沛，降水量可达 1 400～1 600 mm，为茶树的生长提供了有利的湿润环境。此外，该区地处北亚热带，年均气温 14～16 ℃，≥0 ℃积温 5 200 ℃，≥10 ℃积温 4 700～4 900 ℃，无霜期 210～240 d，可满足茶树生长的温度条件。研究发现，皖西大别山区的气温条件与皖南山区相似，年均温总体变化幅度较小，稳定在 16.5～17.5 ℃，茶叶生产具有较大的发展空间。总体来看，皖西大别山地区的黄羊暗棕土分布区是种植和生产茶叶的天然优良地，安徽名茶“天柱剑毫”“金刚雨露”“岳西翠兰”多产于该土种。

第三节　西北地区棕壤资源优势

西北地区棕壤主要分布在陕西和甘肃两省南部，面积约 75 万 hm^2，主要是秦岭-大巴山一带海拔

1 300～2 600 m 处。棕壤亚类包括典型棕壤、白浆化棕壤和棕壤性土，无潮棕壤。其中，典型棕壤面积最大，棕壤性土次之，白浆化棕壤仅有较小面积分布。

秦岭-大巴山一带是西北地区棕壤的分布地区，即秦巴山区。秦巴山区位于我国中部，整个区域介于东经 102°54′～112°40′和北纬 30°50′～34°59′，总面积约 22.23 万 km^2，地跨陕西省、甘肃省、四川省、湖北省、河南省及重庆市（翟雅倩等，2018）。在地貌上，秦巴山区包括秦岭山地、汉江河谷盆地及大巴山山地 3 个单元，地势起伏明显。由于秦岭山脉和大巴山对北方冷空气和西南暖湿气流的阻挡和阻隔作用，冬季受蒙古冷高压控制，夏季受西太平洋副热带高压和四川盆地热低压控制，造就了冬季寒冷少雨、夏季多雨并有伏旱、春季干燥、秋季湿润的气候特征。由于该区域地处暖温带和北亚热带过渡区，秦巴山区气温分布表现为由北向南递增，同时受海拔高差影响，差异明显，等温线分布与等高线变化相似；降水分布不均且相差悬殊，年均降水量由北向南逐渐增加，且受高度变化影响显著（刘宪锋等，2015）。秦巴山区境内有不同的气候带与亚气候带，过渡性明显，是中国南北气候、生物区系的交会地带，所以植被区系成分复杂多样。秦岭主体是以暖温带落叶阔叶林为优势的植被类型，秦岭以南为北亚热带含常绿阔叶林成分的落叶阔叶林混交植被类型，且具有明显的水平分异和垂直分异，也造就了棕壤在该地区的产生和分布。

一、农业利用状况与优势

该地区的 3 个棕壤亚类下土种较为单一，总共仅有 8 个土种，农业利用条件下的土种有 4 个。典型棕壤亚类下有分布于甘肃省秦岭山地的黄僵泥土和棕黄沙土。前者土体较厚，土壤质地黏重，养分条件较好；后者土体较薄，土壤质地较粗，耕性好，通透性强，发棵早，作物出苗齐。以种植耐寒冬小麦、黑麦、马铃薯、洋小豆、荞麦、油菜、蚕豆和亚麻等作物为主，面积 7 万～8 万 hm^2，为该棕壤地区的主要农作区。山西省境内典型棕壤土种为黑泡土，分布于秦岭南坡、巴山北坡。该土种土体深厚，质地沙黏适中，有机质及养分含量较高，多种植春玉米和马铃薯，但分布面积较小，仅 2 000 hm^2 有余。此外，陕西省境内还有约 5 400 hm^2 的白浆化棕壤，农耕地利用 1 600 hm^2。该土土体深厚，除磷外有机质及其他养分含量较高，以播种春玉米和马铃薯为主。

二、经济林利用状况与优势

林地利用类型的棕壤土种有 4 种。典型棕壤下有甘肃省西秦岭山地和陇南市、天水市等地的文县棕黄土和棕石碴土，以及陕西省汉中地区的略阳、勉县、洋县、留坝县及佛坪县等地的灰泥沙泡土。这 3 种土种土体均较厚，有较高的自然肥力，保肥保水能力好，植被为针阔混交林，以华山松、落叶松、白桦、紫桦、山杨、辽东栎和竹类为主。棕壤性土亚类下有甘肃省陇南市和天水市境内的棕黄碴土土种。该土种土体较薄、质地粗、地面坡度大，植被也为针阔混交林，以松、山杨、桦、沙棘等为主。

第四节　西南和中南地区棕壤资源优势

西南地区棕壤分布在四川、重庆、云南、贵州和西藏境内，共约 230 万 hm^2。四川境内棕壤占绝大部分，分布于中山、高山、高原地区海拔 2 000～2 700 m 处，遍及阿坝藏族羌族自治州、甘孜藏族自治州、雅安市、绵阳市、达州市、成都市等地，以凉山彝族自治州分布面积最大。云南省境内棕壤分布于滇北丽江市、昭通市、昆明市、曲靖市、大理白族自治州等地海拔 2 500～3 200 m 的缓坡地带。西藏境内的棕壤小块零散分布于藏南和藏西南区域，如日喀则市吉隆县、亚东县，山南市隆子县，昌都市芒康县，林芝市米林市和工布江达县等地，海拔可达 3 400～3 900 m。西南地区棕壤同样有典型棕壤和棕壤性土 2 个亚类，西藏地区仅有棕壤性土亚类分布。

此外，中南地区湖北省境内也有棕壤分布，面积约为 57 万 hm^2，绝大部分位于鄂西北神农架山区海拔 1 500～2 200 m 范围内，有极少部分分布在鄂东临近皖西大别山区，包括典型棕壤和棕壤性土 2 个亚类。

一、农业利用状况与优势

西南和中南地区棕壤的大田耕种利用较少，总共约有 18 万 hm^2，主要分布在四川和云南，湖北和西藏分布面积较小。湖北地区棕壤耕地面积约 3 万 hm^2，主要种植玉米、马铃薯和芋类等作物。湖北地区耕种棕壤主要以典型棕壤为主，其中，耕地棕岩泥土处地较平缓，深厚肥沃，绵软透气，容易耕作，潜在养分丰富，是高山棕壤地区的主要耕型土壤之一。而耕种棕壤性土面积较少。四川耕种棕壤约占 8 万 hm^2，腐殖质 4%～7%，自然肥力高，种植玉米、小麦、大麦和燕麦等作物。云南地区耕种棕壤为典型棕壤，总面积约 6 万 hm^2，其中棕灰汤土和紫灰汤土土种自然肥力较高，但所处地区气候寒冷，肥效发挥不足；沙灰汤土土种质地偏沙，耕性好，作物前期生长较快，但肥力低，后劲不足。云南地区棕壤一般种植马铃薯、荞麦和燕麦等作物。西藏地区耕地棕壤面积不足 2 万 hm^2，以分布在林芝市工布江达县、波密县、米林市和昌都市芒康县一带的棕壤性土为主，在芒康县等地还有小面积的典型棕壤。西藏地区耕地棕壤虽然大部分为棕壤性土，但土体较厚，土地平坦，有灌溉条件，通过土壤培肥仍可建成稳产高产的基本农田。该地区主要种植青稞、小麦、豌豆和油菜等作物。

二、经济林利用状况与优势

（一）林业利用

西南和中南地区棕壤的林区利用共有 270 万 hm^2，主要集中在四川和重庆，约有 200 万 hm^2，湖北和云南面积次之，西藏仅有很小面积为林地。四川棕壤的林区面积为 200 万 hm^2，分布地域广阔，分布在海拔2 000～2 700 m 处，主要在川西山地、川西南山地和盆地山地，森林有落叶阔叶林（桦树）、硬叶常绿阔叶林（高山栎林）及次生灌木林，主要有典型棕壤和棕壤性土 2 个亚类。湖北省棕壤的林区面积为 54 万 hm^2，典型棕壤林区面积占绝大部分，为 49 万 hm^2，土壤一般土层厚，潜在肥力高，有利于树木生长，一般生长华山松、冷杉、云栗和漆树等。棕壤性土林地面积约 5 万 hm^2，土层较薄，多林荒地，疏生松、花栎及刺灌，甚至有些地方岩石露头多，草灌稍多。云南棕壤林区约有 1.5 万 hm^2，土壤为典型棕壤，仅有沙灰汤泥 1 个土种，土体较厚，土质松软，自然肥力中等，是云南松林区林木长势较差的土壤，多松林、灌木林。西藏棕壤林区面积较小，仅有 600 余 hm^2，为典型棕壤的隆子棕麻沙土土种。该土种土体深厚，分布区海拔较低，又处在山谷湿润坡，水热条件较好。土壤有机质和养分丰富，虽然砾石较多、质地较粗，但不影响森林生长，因此是上等林业土壤，主要生长杜鹃、云杉等树种。

（二）中药材种植利用

湖北中药材资源种类十分丰富，中药材产量居全国第七位，是我国主要的中药材主产区之一。作为神农故里、李时珍故乡，湖北省有着悠久的中药材种植栽培和中医药文化历史，中药材产业发展基础较好。截止到 2015 年 12 月，发现植物中药材资源种类 235 科（恩格勒系统）3 515 种。湖北省重点大宗药材包括黄连、茯苓、天麻、厚朴、苍术等 60 余种；优质道地药材多，如茯苓、黄连、厚朴、独活、木瓜等（刘迪等，2016）。其中，罗田九资河茯苓的生产历史已有 400 余年，药材质地坚实、体重、色白细腻。湖北棕壤多为高山棕壤，其中典型棕壤处地较平缓，深厚肥沃，质地适中，通透性好，养分含量较丰富，自然肥力较高，结合当地气候状况，有利于中药材的种植生长。分布于恩施土家族苗族自治州各县、市（除来凤县），襄阳市保康县，十堰市竹溪县、房县，宜昌市长阳土家族自治县、五峰土家族自治县，以及神农架林区的典型棕壤，均包含砾质棕硅沙泥土和棕岩泥土 2 个土种，均适合中药材种植。分布于湖北恩施土家族苗族自治州、巴东县、利川市，十堰市房县，宜昌市长阳县等地的棕壤性土薄棕火镰渣土土种也可用于发展中药材种植。湖北棕壤主要种植的中药材有黄连、当归、天麻、党参、贝母、黄檗、杜仲、厚朴等。

四川也是全国中药材重要产区之一，以品种多、产量大、质量好闻名国内外，有“天下有九福，药福数西蜀”的说法。四川中药材的生产、使用源远流长，汉《本草经》、唐《新修本草》、宋《附子记》、明《本草纲目》等都对四川中药材有专门记述（四川省地方志编纂委员会，1996）。据调查统计，全省有药用植物 3 962 种，如盆地的川芎、麦冬、附子、郁金、泽泻等药材，盆周的黄连、银耳、党参、当归、川牛膝等药材，特别是川贝母、川附子、川乌、川芎、川黄连等 50 多种优质道地药材更是在国内外享有盛誉（施尚泽，2002）。四川省棕壤面积约 200 万 hm^2，多分布于川西、川北和川南的中山、高山和高原地区的高海拔处（2 000～2 700 m），以凉山彝族自治州分布面积最大。棕壤地区主要种植川贝母、野生川赤芍、川牛膝等，此外，还有虫草、黄芪、羌活、大黄等中药材。

云南“十里不同天”的立体气候和肥力较高的棕壤使其拥有种类繁多的中药材和天然药物资源，造就了许多道地名贵中药材（范树国，2007）。云南野生植物药材品种和数量均居全国之首，独特的中药材资源与传统的加工工艺，使云南药材在全国市场上独树一帜，在著名的“云贵川广，道地药材”中首屈一指，许多药材是云南特有的品种。在得天独厚的环境条件下，云南已经初步形成一些具有一定种植规模的中药材基地，如文山三七基地、昭通天麻基地、楚雄云茯苓基地、楚雄灯盏花基地、西双版纳砂仁基地、西双版纳血竭基地、西双版纳叶下珠基地、大理和丽江薯蓣基地以及云木香基地、大理红花基地、怒江云黄连基地、玉溪黄山药基地等（范树国，2007）。昆明市、玉溪市、丽江市、普洱市、楚雄彝族自治州、文山壮族苗族自治州、大理白族自治州、德宏傣族景颇族自治州、怒江傈僳族自治州和迪庆藏族自治州等市辖区内均有棕壤分布，且区域范围内生长的中药材种类繁多，占云南省药用植物总种数的较高比例。

第五节　棕壤资源劣势与改良

一、东北地区棕壤资源劣势与改良

东北地区棕壤绝大部分分布于辽宁省。整体上棕壤具有肥力较高且保肥能力强、土壤层次深厚等优点，在种植业生产上具有较大优势，是该地区种植业生产依赖的重要土壤类型。但是，棕壤本身也具有一些劣势，这需要在进行农业生产时，根据实际情况加以改良利用，或者转变种植结构，扬长避短。

（一）典型棕壤

典型棕壤是东北地区棕壤的主要亚类，分布面积大，主要存在以下方面劣势，需要采取相应的改良措施。

1. 存在的劣势

（1）土壤水土流失严重。典型棕壤多位于丘陵中下部和起伏台地等地势起伏的地形部位，造就了容易水土流失的先天条件。典型棕壤的耕种开发时间长，久耕形成较紧实的犁底层，透水性差，使更多水分形成地表径流；加之辽宁地区降水集中，对占据典型棕壤总面积 1/3 的坡耕地影响较重，且对其中占总坡耕地 40%的大于 5°的坡耕地影响更甚，最终导致典型棕壤地区水土流失严重，耕层不断变浅薄。

（2）部分典型棕壤质地过沙或过黏。大多典型棕壤质地适中，保水保肥性和适耕性良好。然而，分布于不同地区的典型棕壤土种质地情况不同。如板棕黄土、黏棕黄土和棕黏黄土等土种，其质地黏重，存在黏、板、紧的问题，土壤通透性差，易冷浆，适耕期短、耕性不良，这也会进一步导致其水土流失严重。而山麻沙黄土、棕沙黄土和砾黄土等土种，质地为砂质，甚至含有一定比例的砾石，导致土壤各种养分含量不高，且易漏水、漏肥，土壤易呈干旱状态，同样容易发生水土流失情况。

（3）Bt 层出现部位较浅，影响作物根系下伸。Bt 层为黏粒淀积层，是典型棕壤的特征性剖面层次，质地黏重，不利于水肥入渗，甚至给根系伸展造成很大困难。灰棕黄土等土种 Bt 层出现深度较浅，同时水土流失严重地区棕壤，由于表层剥蚀严重，也会使 Bt 层深度上移，这导致土壤 A 层薄、容重偏大、紧实、板结、通透性差、养分含量较低、供肥性能较差。

2. 农区典型棕壤改良措施 根据不同土种特性，以及所在地区环境条件可以提出相对应的改良措施。

（1）建设农田工程，减少水土流失。采取环山打垄或挖丰产沟的办法，实行等高种植，拦截降水，防止降水顺垄形成地表径流，达到阻止水土流失的效果。有条件的地方可以规划并修筑水平梯地，增强保水保肥能力。

（2）重视施用有机肥，提高土壤有机质含量。根据不同地区典型棕壤本身养分特征以及所种植作物需要，合理配比氮、磷、钾肥的施用，大力推广优化配方施肥。广开肥源，积攒农家肥，增施有机肥；开展秸秆还田工作，充分利用农业废弃物资源；利用某些山区青棵多、草多的优势，搞好压绿肥；采取粮肥间作和果草间作，大力发展绿肥，提高土壤有机质含量，改良土壤物理性质，培肥土壤。

（3）调整耕种方式，改良过沙或过黏土壤。采取中耕和深耕、深松等耕作措施，增强土壤的通透性，增厚耕层，协调水、肥、气、热间的关系；做到抢墒、保墒适时播种，减轻春旱危害。对于果园棕壤，质地过黏则可进行深松改土，新栽果树挖坑时，要大、要深，坑径应在 1.5 m 以上、深度达 1 m，并垫客土，掺细沙和炉灰渣。研究结果表明，每 667 m^2 施用 5 t 炉灰渣，能增强通透性，增产效果明显。

（4）调整种植结构，减轻典型棕壤区旱情。选择种植高粱、谷子、花生、大豆等作物，丰富区域种植结构，提高水分利用率。除了旱粮作物外，应发展水果生产，规划作物和果树的合理分配比例，逐步建成山地丘陵区的粮果生产基地。同时还应扩大灌溉面积，提高抗旱能力。

3. 林区典型棕壤改良措施 典型棕壤起源于森林植被，因此林区典型棕壤改良的重点如下。

（1）做好森林保护工作。首先保护好现有林区，坚持搞好封山育林、育草，禁止乱砍滥伐、开荒耕种，防止现有植被遭到破坏。其次做好林区的扩展工作，积极营造人工林。造林时搞好水土保持，先挖好鱼鳞坑，坑径不小于 1 m、深度不小于 80 cm。土壤质地不良或者土层较薄地区可垫淤土或客土植树，以提高成活率。

（2）发展用材林。对于 Bt 层质地较黏、土壤紧实、通透性差、养分含量低的林区，今后利用方向应以发展用材林为主。根据土壤上肥下瘦、上松下紧的特点，在树种的选择上应选材质好、主根深的优良树种，如红松、落叶松、沙松、水曲柳、刺楸等。在造林时挖坑要深，最好能挖到母质层。

（3）发展人工速生丰产林和经济林。对于坡度较大、易于水土流失的林区，今后应在管理好现有林木的基础上，发展人工速生丰产林和经济林。在丘陵漫岗顶部和侵蚀沟处，栽种刺槐、黑松、紫穗槐等乔木、灌木林；在丘陵中部，栽种山楂、核桃、文冠果等经济林；在丘陵缓坡处，栽种苹果、梨、桃等果树，或发展柞蚕生产基地，逐步发展成林果生产基地。同时，注意搞好水土保持，禁止乱砍滥伐。

（4）有计划地采伐。要加强中幼林的抚育，营造新的用材林，选择红松、冷杉、水曲柳等优良树种；做好“伐”与“育”之间的矛盾调解和平衡关系，运用可持续发展的思维，在做好森林保护的基础上，做到用之有度。

（5）加强典型棕壤酸性的改良。典型棕壤酸性较强的地区，土壤可溶性磷易被固定，而降低其有效性；土温低，养分分解慢，春季地温回升慢，不发小苗。改良利用应采取如下措施：发展林业，树种以红松、沙松、冷杉、落叶松等为主，并与杨树、刺楸等阔叶林混种；合理施用石灰，调节土壤酸度，增加钙素，减少活性铁、铝对磷素的固定。据辽宁省土肥总站试验，每 667 m^2 施石灰 50～75 kg，玉米增产 40～80 kg，增施热性有机肥、秸秆还田，可增强土壤通透性，提高地温。

（二）潮棕壤

1. 存在的劣势 潮棕壤土层深厚，肥力较好，是重要的粮棉生产基地。但是，不同地区潮棕壤土种有其个性，存在一些不利于农业生产的劣势，主要集中在质地方面。

（1）质地沙性。底黑山根土、砾山根土等土种耕层质地粗，甚至有的土体中夹有大量砾石，大孔隙多，毛管孔隙少，保水保肥性能差，易跑水跑肥，养分含量低，不发小苗且无后劲。有的地区地下水虽浅，但土壤毛管孔隙少，大孔隙多，因而不抗旱，干旱时有发生。腰沙山根土土种在土体中下部有夹沙层出现，使土壤既漏水漏肥又阻隔了地下水沿毛管上升，导致补充水分不足。因此，在降水量少的地区，作物易受干旱危害。

（2）质地黏重。大部分潮棕壤的质地较为黏重，因此，土壤耕性不良，适耕期短，耕翻易起明条和垡块，通透性差，不利于耕作和作物根系生长发育。春天化冻慢、升温慢，冷浆时常发生，雨季时有内涝现象发生，影响播种和小苗发育。土体亚表层也较为黏紧，Bt 层可能会出现在土体 50 cm 以上，板结、通透性差，不利于作物根系下扎。

2. 改良措施 潮棕壤的劣势主要集中在其质地方面，因而今后改良利用可从以下几方面考虑。

（1）质地改良。质地过沙的潮棕壤采取淤泥或黏土压沙以改良土壤质地、加厚耕层，这样既可提高土壤养分含量，又可增加作物根系的活动范围。耕种时拣出石块，以便精耕细作；顺山坡挖排水沟，防止山洪冲刷危害；多种深根作物，以便充分利用土壤下部的养分。质地黏重者，则施用炉灰渣或掺沙，结合翻耙，改良土壤质地过黏的状况，增强通透性。

（2）用地养地相结合。改良要以培肥地力为中心，冷性土中增施热性农肥或秸秆肥，提高地温。实行优化配方施肥，偏沙土壤中根据作物需要分期多次追肥，提高肥料利用率，注意磷、钾肥的补充，满足作物的需要。

（3）精耕细作。多中耕及深松、深翻，打破亚耕层，增厚耕层。打碎坷垃，做到精耕细作，以协调土壤中水、肥、气、热状况。治理内涝和防止山洪危害。对于易发生内涝和冷浆的地块，要挖沟排水，防止滞水。

（4）调整种植制度。建立粮、肥轮作和间作制度，做到用养相结合，搞好轮作倒茬。因地制宜，合理种植，易发生内涝的地块可改种水稻。对于菜地，今后要加强管理，建设高产稳产菜地，以不断提高蔬菜产量。

此外，根据土壤肥力和作物需肥量，在施用优质农肥的基础上，增施一定量的磷、钾肥，协调土壤中氮、磷、钾比例。加强田间管理，及时耙、压、铲，协调土壤水、肥、气、热，耕层浅的地区应逐年深耕，打破亚耕层，不断加厚耕层。搞好农田基本建设，健全灌排设施，保证旱涝保收、稳产高产。

不宜继续作为农业用地的地区，特别是通体质地粗、养分贫瘠的地块，应有计划地退耕还林、还果，发展林业生产，栽植刺槐、杨树、柳树、榆树等速生丰产树种，造林前可先种植草木樨、紫穗槐等绿肥作物，提高土壤肥力；发展果树，栽种果树前要平整土地，并将石块拣出堆砌到地埂上，果树品种以苹果、桃、梨、海棠、山楂等为主。

许多潮棕壤林区由于长期过度砍伐和放牧，地表植被遭到破坏，有机质积累少，腐殖质层薄，养分含量低，没有充分发挥其生产能力。应着重发展林业和果树生产，林业以栽植刺槐、杨树、柳树、榆树等树种为主；果树以苹果、梨、桃等为主，配合以山楂和板栗；同时利用其中的空闲地，种植牧草绿肥，既可保持水土，又可培肥地力。可以参考的林业规划模式：阴坡和沟谷等地栽植落叶松、核桃楸等树种；阳坡修筑梯田，栽植苹果、梨、桃等果树品种，同时在梯地埂和空闲处种植绿肥，以保持水土、提高地力，不宜修梯地的地块栽植核桃、板栗和山楂等。

（三）白浆化棕壤

1. 存在的劣势 白浆化棕壤一般耕层较薄，质地上轻下黏，心土层黏紧，通透性差，起滞水作用。雨季易引起内涝，春季冷浆，地温提高慢，影响作物正常生长，且适耕期短，易耕性差，土壤易发生泡浆现象。湿耕时易起明条和垡块，干时土硬紧实。另外，土壤黏重使好气性微生物活动受到抑制，养分含量虽高但分解缓慢，磷素含量低，土壤酸度大。

2. 改良措施 白浆化棕壤农田的改良利用主要在于解决黏重土壤造成的内层滞水问题。具体可为，逐年施用炉灰渣，增施秸秆肥，多施热性农家肥，改善土壤理化性状。挖排水沟，解决上层滞水，也可根据情况进行深松改土，逐年加深耕层。增施有机肥料，适当减少氮素化肥的施用量，增加磷肥施用量，适量施用石灰，以减少部分酸性较强的白浆化棕壤对磷的固定作用。

3. 发展林业 白浆化棕壤林区的自然植被多为人工栽植的落叶松，林下伴有少量的胡枝子、苫房草等，生长良好，宜发展针阔混交林。对现有林地搞好抚育，严禁乱砍滥伐和垦荒，使之尽快成材；对尚未造林的地块，搞好植树造林，选用树种应以红松、落叶松为主。

（四）棕壤性土

1. 存在的劣势 棕壤性土土体较薄，质地偏沙、较粗且含有砾石，呈明显的粗骨性。乌棕山沙土通体混有砾石，棕山沙土则土体中含有大量岩石风化碎片，耕作较难。棕壤性土适耕期虽然长，但耕层浅，保水保肥性能差，漏水漏肥，养分含量低，易干旱，适种作物少。作物生长中后期常出现脱肥、早衰现象，影响产量。适种作物较少，多以谷子、糜子、小豆、绿豆、花生、甘薯等为主，也有种植高粱的，但产量较低。不适合种玉米、大豆，种植大豆不分枝或分枝少，种植玉米植株矮小瘦弱，空秆率高。此外，坡度陡的地区，水土流失严重。

2. 改良措施 耕地采取修筑梯地或者等高环山打垄的种植方法，蓄水保肥，保持水土；增施有机肥，调整氮、磷、钾比例，增施磷肥，作物种植选择耐旱、耐瘠品种，推行粮、肥间作和轮作，用养结合，提高地力。坡度大于15°的棕壤性土耕地，要退耕还林、种草，一般先种草后造林，树种以油松、落叶松、刺楸、紫穗槐和柞树等为主。林地要封山育林和植树造林，保护现有植被，重视有计划地间伐和再造工作，增加覆盖度，以利于水土保持，防止土壤侵蚀。发展柞树、松树、刺槐等乔灌木，条件优越的地方适当发展牧业、蚕业、药材等生产，也可发展板栗、核桃、山楂等果树生产，增加经济收入。灰棕山沙土土种区有较大面积的人工蚕场，是辽宁柞蚕放养的重要基地，对土壤的不合理利用会造成土壤严重退化。对土壤退化比较严重的蚕场，要加强管理，采取柞树补植加密，保护草灌植被，培育灌木梯带和修筑水土保持工程等措施。

二、华北、华东和华中地区棕壤资源劣势与改良

（一）典型棕壤

1. 山东一带的典型棕壤 棕壤为地带性分布，典型棕壤分布地区一般干旱缺水，靠库水灌溉，保浇率低，部分是“望天田”。土壤质地偏沙，砾石含量较多，保水保肥性能较差，养分含量不高，许多地区钾、硼等营养元素缺乏情况也较为普遍。土壤的黏粒淀积层出现部位高，且质地黏重紧实，结构不良，影响了根系活动，限制了作物产量的提高。

主要改良措施包括，有条件的地方修筑水库、塘坝，建立健全水利设施，扩大水浇地面积，保证及时浇水，无水源的地方推广覆膜花生等旱作农业技术。平整土地，深耕深翻，加厚活土层，扩大根系活动范围，增强土壤内蓄水能力；增施有机肥，秸秆还田，培肥地力并改善土壤的物理性质，提高保肥、保水能力，搞好配方施肥，合理施用氮肥，控施磷肥，适当增施钾肥，适当施用微肥，协调土壤养分比例。

2. 中北部其他地区典型棕壤 河南、安徽、河北、北京、山西、内蒙古等地区的典型棕壤均为海拔800 m以上的垂直地带性分布。这些地区的典型棕壤多为林地，较少部分为耕地，多分布于内蒙古和河北地区。这些地区典型棕壤作为耕地的劣势主要包括土壤表层质地轻、保水保肥性较差、漏水漏肥、养分贫乏，加之环境缺水易发生干旱，同时土壤也易发生侵蚀。

在改良利用上主要增施有机肥以培肥地力，适当增施磷肥。施用氮肥要少量多次，防止渗漏。适种耐旱的杂粮、豆科作物，实行粮果轮作。坡度小于15°地段的坡地可作为耕地。主要通过修水平梯田，实行等高种植与抗旱丰产沟的种植方式，控制水土流失，保持稳定的耕层。此外，通过深耕、耙、压、耢等合理耕作保墒措施，提高耕层的蓄水保墒能力，实行草田轮作，增施有机肥，创造肥沃的耕层。对坡度大于15°的耕地要采取退耕还林，大面积的荒山荒坡应以

栽植落叶松、油松为主，并实行乔、灌、草相结合，提高森林覆盖度，涵养水源，改善生态环境。

林区最大的劣势是水土流失严重，生态系统脆弱。要对现有林地搞好保护，加强抚育管理，封山育林，严禁乱砍滥伐、乱开荒等，以水源涵养林和水土保持林为主。用材林区，由于承包中的短期行为，致使砍多育少，部分林地退化。今后应注重长远利益与短期利益相结合，完善承包机制，发挥自然优势，改善树木结构，选育优质树种，加速林木成材，建成商品林基地；还应结合果树种植发展地区经济，如海拔较低地区栽植板栗，海拔较高地区则选择耐寒的山楂等。此外，对林区药用植物应有计划采挖，保护好野生药用植物资源。

（二）潮棕壤

中北部地区潮棕壤分布在山东，多为耕地。山东地区潮棕壤劣势在于，地下水位下降，灌溉保证率偏低；粮食生产中有机肥施用比例较低，土壤有机质含量满足不了高产出的需要。另外，由于耕层变浅、黏淀层出现部位偏高，影响了根系的活动。为发挥土壤的增产潜力，加快培肥速度，要连续多年增施有机肥，进行秸秆还田。施肥要注重各养分平衡，适当补充微肥。同时要注意逐年深耕，加大活土层厚度。

内蒙古地区潮棕壤主要障碍因素是质地黏重、通透性较差、耕性欠佳，但也存在质地粗、保水保肥性差的土种（喀喇沁冻泥土），对其改良利用应根据质地情况有针对性进行。但均可实施农林结合，大力营造护岸林和农田防护林；平整土地，开发水源，扩大水浇地面积；增施有机肥，控制土壤肥力下降趋势。对于质地黏重地区土壤进行深耕以增强土壤通透性，而质地较粗的土壤则可引洪淤灌，改善土壤物理性质。

（三）白浆化棕壤

中北部地区白浆化棕壤分布于山东省，是山东省低产土壤之一，也是较难改良的土壤。由于白浆化层出现部位高、耕性不良、保水保肥性能差，故最主要的生产障碍因素是养分含量低、干旱缺水，雨季又因黏磐层滞水而内涝。改良措施包括增施有机肥，黏磐层出现部位较高的区域进行浅密沟耕作，以增加耕层厚度，雨季又可排水。尽可能扩大花生种植面积，在人少地多的地方可实行粮肥轮作，并推广综合农业增产措施，如因土因作物配方施肥、覆膜等，促使低产田高产。

（四）棕壤性土

中北部地区棕壤性土分布于河南省，其劣势在于土壤质地轻、渗水快和降水集中、地面有较大坡度、水土易流失。商品林区应有计划采伐成材林木，所采栎类林木可接种木耳，开展多种经营。在不破坏自然植被灌丛、草坡和保护水土的前提下，丛间挖穴栽种适生林木。水土流失较重地区，应有计划进行封山，实施草林结合的立体种植。沿等高线挖鱼鳞坑、沟，种植适生栎类、松类，林下种牧草，草坡地区进行计划放牧。严禁乱砍滥伐、陡坡开荒和自由放牧，防止水土流失恶化。已垦农田应退耕还林还牧，严禁开荒种地，以免造成水土流失。

三、西北地区棕壤资源劣势与改良

（一）典型棕壤

西北地区棕壤均为分布于海拔 1 300 m 以上的垂直地带性土壤。该地区典型棕壤不同地区所形成的土种特性不同。如甘肃一带的黄僵泥土、文县棕黄土等土体较厚，质地黏重，易板结，土性凉，适耕期短，“湿时拉泥条，干后硬如刀”。而同属甘肃的棕黄沙土、棕石碴土等质地较粗，种植作物地区作物生长后期易脱水脱肥、秄粒轻。分布于陕西的黑泡土虽然土体深厚，质地沙黏适中，但是由于分布区域海拔较高、气候较冷，导致土性凉，养分转化慢。

该地区典型棕壤分布区域海拔较高、气温较低，宜种耐寒作物，如冬小麦、黑麦、马铃薯、洋小豆、荞麦、油菜等，调整作物种植结构，使粮、油、绿肥作物保持合适比例。农田施肥应增施有机肥和腐殖酸类肥料，改晒歇地为草田轮作，增施磷肥，推广氮、磷配方施肥。土壤较黏重地区应适时深耕深翻，改善土壤通气透水状况，推广覆膜，间作套种。修筑缓坡梯田和水平梯田，防止土壤侵蚀。由于林区原始森林遭到破坏，该地区典型棕壤主要生长次生林。今后应保护好现有植被，防止乱砍滥伐，加强抚育速生树种，促进树群更新，开辟林区通道，为林区管理、防火、防病创造良好条件。

（二）白浆化棕壤

西北地区白浆化棕壤仅有扁白泡土土种。因分布于高海拔山地，气温较低，微生物活性受抑制，不利于养分矿化，因此速效养分含量不高。土壤质地黏重，通气透水性差，耕性不良，作物产量低。可以推广覆膜，适当增施无机肥，提高产量，还可发展药用植物及适宜温凉气候的经济作物。

（三）棕壤性土

西北地区棕壤性土为位于甘肃的棕黄碴土。该土种土体较薄，质地粗，地面坡度大，遇雨容易造成水土流失或泥石流。对其改良利用方向主要以保护为主导，种植速生树种和经济林木，保护现有林木，逐步实现人工栽培和自然繁衍更新，使生态系统逐渐趋于良性循环。

四、西南和中南地区棕壤资源劣势与改良

（一）典型棕壤

该地区棕壤均为垂直地带性土壤，分布海拔较高，不同地区典型棕壤首先共同面临“冷”的劣势。典型棕壤一般处于高山冷凉地区，气候冷湿，因此土性冷，湿度大，受气候影响常伴有滞水现象。虽然较多典型棕壤自然肥力水平较高，但因“冷”土壤养分释放慢，土壤供肥力较弱，特别是有效磷不足，宜种性差，产量低。其次，该地区典型棕壤多属坡耕地，无灌溉条件，有的地区坡度大，耕层薄，通体夹石英细粒，因此水土流失较严重。而水土流失又进一步使土层变薄，质地变沙，肥力下降，有机质及其他养分含量明显低于同土属的其他土种，在农业生产上性能不甚稳定。棕岩泥土土种土壤有机质含量高，但正因如此，土壤吸湿性强，常发生涝渍，加之气候冷凉，秋风、早霜对农业生产的威胁，农作物产量不高。

对其改良利用时应注重在保护的基础上，尽可能解决“冷”的问题。推广覆膜、草渣覆盖，勤中耕，加速有机物分解，补施磷肥。推广先进的栽培技术，配合科学施肥，可以提高作物产量。如宁蒗彝族自治县农民推广马铃薯小籽育苗移栽技术，并搭配氮、磷、钾配合施肥等综合技术措施，产量成倍增长，最高每 667 m^2 鲜薯产量可达 2 500 kg。

一般坡地开展坡改梯，聚土耕作，加厚耕层，加强农田基本建设，尽可能发展灌溉，实行粮肥（草）轮作。对坡度 25°以上耕地，以及自然肥力不高、生产性能较差的地方，一般不宜农耕，应限制垦荒种植，杜绝盲目开垦、广种薄收的现象，进行退耕还林还牧，维持生态平衡，加强森林保护工作，做到合理间伐。肥力较好地区，可以充分利用其自然肥力，发展名贵药材。根据土壤肥力和环境特征规划其利用情况，如湖北地区的棕细泥土土种，其母质层比较厚，可辟为林牧基地，发展柳杉、落叶松、黑松等速生优良树种；板页岩地区土层浅，宜发展薪炭林；海拔较低、地形较缓的地方可种草放牧。

（二）棕壤性土

西南地区棕壤性土主要分布于湖北和西藏高海拔地区。所处地一般山高冷温，坡度较大，水土流失较严重，土层薄，砾石多，土壤完全依赖于植被维系，林光则土走石露。因此，不宜垦为耕地。一些区域被开垦为耕地，但耕层一般较浅，耕性一般，且耕作粗放、广种薄收；有的有灌溉条件，但一般不保灌。土体砾石量高，保水保肥性差，特别是距水源较远地块，常受干旱威胁，作物产量不甚稳定。耕地区域土壤侵蚀剧烈，部分地段耕垦两三年后，土被冲光，成为乱石坡或岩壳地。

对该区域棕壤性土的改良利用，应弄清是否适合继续发展农耕地种植。继续发展农耕地种植，则

需搞好土壤培肥，不断提高土壤肥力，将其建成高产稳产的基本农田，同时应做好以坡地梯田化和发展灌溉为中心的农田基本建设。根据需要兴修水利，提高其保灌能力，增加科学技术的投入，尽量施用腐熟的有机肥料，以减少病源、提高肥效。不宜农耕地区则应禁止垦荒、陡坡耕种，退耕还林，发展林、牧、特产业。自然土壤岩石裸露多的地区可发展薪炭林，缓坡地可辟为草场和药材生产基地。利用时，应注意保护现有灌丛和藤本植被，大力营造水源涵养林。

第五章 典型棕壤 >>>

典型棕壤是最近似棕壤中心概念的亚类，相当于美国土壤系统分类中的湿润淋溶土，淡色始成土；联合国土壤分类中的普通淋溶土。该亚类具有棕壤土类的主要属性，土体较厚，黏淀层发育较好，托水托肥，下部通透性较差，微酸性至中性，自然肥力较高。

第一节 典型棕壤区域与中微域分布特点

在同一土壤气候带内，由于中小地形、成土母质和水文条件的不同以及人为耕作的影响，往往出现不同土壤类型组合分布。土壤地域性分布分为中域性分布和微域性分布 2 种。土壤中域分布是由中地形、成土母质和水文条件等因素发生变化而引起不同土壤组合的变化，中域分布有枝状土壤组合、盆形土壤组合和扇形土壤组合等。土壤微域分布决定土壤与土壤地形的变化。微地形的变化，有的由自然作用导致，也有的是人为作用的结果，土壤微域分布有阶梯式土壤复域和同心圆式土壤复域。土壤的中域分布和微域分布虽然因生物气候带不同而有所变化，但主要是由中小地形、成土母质、水文条件与人为改造地形而造成的，其土壤分布影响农、林、牧业的土壤利用方式和作物布局，对实施因土改良有非常重要的意义。

典型棕壤面积 1 368.34 万 hm^2，占棕壤土类面积的 67.89%。典型棕壤广泛分布于辽宁省和山东省的山地、丘陵、台地、高阶地与山前洪积冲积扇平原。此外，在湿润、半湿润、半干旱与高寒山区的山地垂直地带上也有广泛分布（全国土壤普查办公室，1998）。

一、辽宁省典型棕壤区域与中微域分布特点

典型棕壤是辽宁省最有代表性的棕壤，广泛分布于辽东低山丘陵的中下部、辽西低山丘陵的中上部。辽东山地丘陵区位于长大铁路以东，为长白山山脉的西南延续部分，包括大连市、丹东市、本溪市、抚顺市的全部和铁岭市、辽阳市、鞍山市、营口市的东部。全区可分为东北部山区和辽东半岛丘陵区两个类型（贾文锦，1992）。

辽东山地棕壤区地带性土壤为棕壤。在东北部中低山地区，山体较高，沟谷发育明显，水系多呈枝状伸展，沿水系自山顶至谷底发育的土壤也多为枝状分布，土壤组合具有明显的规律性。在山体上部分布着不同棕壤亚类，下部分布着典型棕壤。在辽东半岛丘陵区，由丘陵中部向下至谷底，发育的土壤与辽东北山地区大体相同，依次为典型棕壤以及其他棕壤亚类。

辽西丘陵区包括朝阳市的全部和阜新市、锦州市的西部，南部以松岭山脉为界，是棕壤与褐土的过渡地带。其中，辽西走廊丘陵及辽西平原的地带性土壤为棕壤。在努鲁儿虎山和松岭山地西麓低山丘陵区，成土母质主要为富钙的石灰岩、钙质砂页岩及黄土母质，在较高山地上部有棕壤分布。医巫闾山和松岭山地东麓低山丘陵区，成土母质多为酸性结晶岩类和基性结晶岩类风化物及其黄土状母质，所以土壤呈以棕壤为主的枝状分布。在辽河下游平原中部，靠近东部和西部山地丘陵冲积扇的扇缘地带为典型棕壤，面积 31.87 万 hm^2。

二、山东省典型棕壤区域与中微域分布特点

在山东半岛，典型棕壤是棕壤土类中面积最大、分布最广的亚类，面积100.69万hm^2，占棕壤土类面积的56.65%，其中耕地68.83万hm^2。棕壤集中分布在鲁东丘陵区，在鲁中南山地丘陵区与褐土呈复区分布；从分布地形上看，典型棕壤主要分布在中低山、丘陵的低缓坡麓和山前平原，其下常与潮棕壤相接，其上与棕壤性土、酸性粗骨土相接。

在鲁东丘陵区南部临沂市临沭县、莒南县和日照市等地的低丘坡麓之上棕壤与酸性粗骨土相连或呈复区分布。在鲁东丘陵区与鲁中南山地丘陵之间的胶莱河平原，分布着棕壤。鲁中南山地丘陵中部，地带性土壤棕壤与褐土复区分布的特点十分明显。在莲花山—孟良崮、蒙山等几条西北东南走向的以片麻岩为主构成的中低山坡地上，山体向下分布着棕壤。位于鲁中南山地丘陵东南部的沂河、沭河中下游平原四周的高阶地北部分布着棕壤。

山东省山地丘陵区由于受地形、母质的影响，土壤的微域分布十分复杂。在同一地点其他成土条件相同的情况下，由于母质性状的差异，常形成性质完全不同的土壤微域分布。在鲁东丘陵区北部山前坡麓，黄土母质的褐土、石灰性褐土与酸性岩母质发育的棕壤呈微域分布；鲁中南山地丘陵区多见石灰岩风化物发育的褐土与片麻岩风化物发育的棕壤呈微域分布。

三、华北地区典型棕壤区域与中微域分布特点

典型棕壤在华北地区集中分布于太行山、燕山中山低山和冀东滨海低山丘陵。从地形上看，主要分布在中低山丘陵的阴坡和二阳坡、岗坡地、山间盆地和阶地。从主要分布地区来看，主要分布在燕山区域，占河北省棕壤土类总面积的79.51%，主要分布在承德市围场满族蒙古族自治县、丰宁满族自治县、隆化县、承德县、兴隆县、滦平县，张家口市赤城县、崇礼区，秦皇岛市青龙满族自治县等多地；太行山区域分布较少，仅占河北省棕壤土类总面积的20.49%，主要分布在张家口市涿鹿县、保定市阜平县等多地。

典型棕壤主要分布在海拔700～2 500 m的林地下。燕山滨海迎风面分布下限可达300 m左右。滨海低山低丘亦有分布，一般多为次生林、疏林或人工林夹杂草灌。该地区阴坡土层较厚，植被覆盖率高，气候适宜，降水充沛，有中度淋溶，土壤通体无石灰反应，大多均为非耕地。由于腐殖质厚度和土层厚度不同，典型棕壤呈不同的地域性分布。

受海拔、地形的影响，太行山及燕山中低山丘陵区的成土母质多为花岗岩、花岗片麻岩等酸性岩残坡积物和玄武岩、辉长岩等基性岩残坡积物。由于阴坡比阳坡分布稍靠下，发育在酸性至中性岩类母质上的比发育在碳酸盐岩类基性岩类母质上的靠下。

四、西北地区典型棕壤区域与中微域分布特点

典型棕壤是西北地区棕壤的主要亚类，广泛分布在陕西省中南部和甘肃省东南部的中山区，其中秦岭山地在海拔1 300～2 400 m，巴山北坡在海拔1 700 m以上，陇山在海拔1 300 m以上分布。尤以宝鸡市的陈仓区、凤县、太白县、眉县、陇县，西安市的周至县、蓝田县，汉中市的宁强县、勉县、留坝县、镇巴县，安康市的宁陕县、镇坪县、岚皋县和商洛市的商州区、柞水县、镇安县等地分布最广。

秦岭南坡和巴山北坡的下部，典型棕壤与黄褐土、黄棕壤、水稻土呈复区分布，随着地形起伏和沟谷延伸，呈枝状微域分布；秦岭北坡下部和陇山，典型棕壤与褐土、黑垆土呈交错出现的微域分布。在棕壤分布的中山区核心部位，典型棕壤与棕壤性土、粗骨土、石质土呈复区分布，地形平缓处为典型棕壤，坡度较陡处为棕壤性土，地形陡峭、坡度极大处分布着粗骨土、石质土。

五、西南和中南地区典型棕壤区域与中微域分布特点

棕壤在西南和中南地区主要分布在云南、四川、重庆、贵州、西藏、湖北等省份，其中以云南面

积最大，四川次之。典型棕壤是该地区分布面积最大、分布范围最广的棕壤亚类。该亚类中微域分布呈现如下特点：在云南主要分布在北纬25°以北、海拔2 600～3 200 m的山地，以自然土壤为主，分布比较集中的地域包括丽江市、迪庆藏族自治州、怒江傈僳族自治州、大理白族自治州和曲靖市；在四川分布在川西北的阿坝藏族羌族自治州、甘孜藏族自治州，川西南山地凉山彝族自治州等地的山地河谷的垂直带谱；在贵州集中在毕节市的威宁县、纳雍县北部以及六盘水市的水城区境内，也以林业土壤为主，林业利用方式占比95%以上。

第二节　典型棕壤主要成土特点与形态特征

棕壤是冷湿多雨森林覆盖下形成的森林土壤，由于气温低，母岩风化不深，因而土层浅薄。夏季植物生长繁茂，生物生长量大，地表凋落物分解缓慢，林地有枯枝落叶层及半分解有机质层（O层）。土壤有机质积累大于分解，表层有机质含量高达100 g/kg，甚至更高。典型棕壤是发育在残积物、坡积物、黄土性亚黏土和第四纪红色黏土等母质上的土壤，其特点是土体构型为Ah－Bt－C型，耕作土壤为Ap－P－Bt－C型，具有明显黏化淀积的Bt层。由于所处地形部位较高，其形成发育不受地下水影响。

一、典型棕壤主要成土特点

由于棕壤地区夏季炎热，降水量集中且充沛，土壤中的岩石矿物物理风化和化学风化强烈，原生矿物分解形成硅铝酸类黏土矿物和水化氧化物及三氧化物黏土矿物等次生黏土矿物，又因各种成土母质所处地形部位高、排水通畅、淋溶强，这些黏粒便在B层积聚淀积，形成棕壤特有的诊断层——淀积层。在水化氧化物中，最常见的是二氧化硅的水化物（$SiO_2 \cdot nH_2O$），为凝胶硅酸分子，进一步脱水，逐渐变成细小的结晶颗粒——次生石英，呈白色粉末状膜附于土壤表面。三氧化物（铁、铝）的水化物为赤铁矿（深红色）、褐铁矿（黄色）和针铁矿（棕）等，将土粒染上红、黄、橙等颜色。棕壤化过程越强烈，土体棕红色越深。与此同时，土壤中钾、钠等碱金属和钙、镁等盐类被淋洗，土壤胶体盐基不饱和，均小于80%，使棕壤呈酸性或微酸性。在暖温带气候条件下和落叶阔叶林下进行着强烈的生物合成，在土壤表层积累了大量腐殖质，又可使母岩受到明显的生物风化作用，加强棕壤的成土过程（沈阳市农业局和沈阳市土壤普查办公室，1989）。

（一）淋溶过程

棕壤在风化过程和有机质矿化过程形成的一价矿质盐类（Na^+、K^+）均已淋失，二价盐类（Ca^{2+}、Mg^{2+}）除为土壤胶体吸附外，游离态的大部分淋失，故土壤一般呈中性偏酸，无石灰反应，盐基不饱和。高价的铁、铝、锰有部分游离，铁、锰游离度分别在25%～30%和50%～70%，并有明显淋溶淀积现象，在剖面的中下部结构体表面呈棕黑色铁锰胶膜形态。

（二）黏粒淀积过程

在温暖湿润的气候条件下，化学风化较强烈，土壤发生黏化作用，包括土壤中黏粒的形成和黏粒在土壤中积聚两个方面，即残积黏化和淋移淀积黏化。前者是土体内风化作用所形成黏粒的就地积聚；后者是风化和成土作用形成的黏土矿物分散于土壤的水分中成为悬液，沿结构间的缝隙或其他大的孔隙随水下移至一定深度后，由于水分减少，黏土淀积，或是带负电荷的黏粒在盐基较多的下层电性被中和而凝聚，从而使黏粒在下层积聚，形成黏粒淀积层。所以，淋移淀积黏化分布的剖面层位较低。

棕壤的黏化作用，一般以淋移淀积黏化为主，残积黏化为辅。黏粒淀积层的特点：一是在结构体表面可以看到光学定向的黏粒胶膜；二是淀积层中黏粒含量要比上部淋溶层高，Bt层的黏化系数≥1.2。

（三）有机物富集过程

棕壤在湿润气候条件和森林植被下，生物积累作用较强。表现在湿润的森林植被下有大量有机质或腐殖质积累，特别积聚于表层。虽然淋溶作用使矿质营养元素流失较多，但由于阔叶林的存在，以枯枝落叶形式向土壤归还 CaO、MgO 等盐基较多，可以不断补充淋失的盐基，并中和部分有机酸，因而使土壤呈中性或微酸性，未呈现灰化特征。这种在土壤上部土层中进行强烈的灰分元素积聚过程，使棕壤在其形成过程中创造和保持了较高的自然肥力（山东省土壤肥料工作站，1994）。棕壤的元素生物归还特点见表 5-1，烟台市福山区耕地的元素生物归还率排序为 $N>P_2O_5>CaO>K_2O>Fe_2O_3>Na_2O>MgO>Al_2O_3>SiO_2$，威海市刘公岛林地的元素生物归还率排序为 $N>P_2O_5>CaO>MgO>Fe_2O_3>SiO_2>Al_2O_3>K_2O>Na_2O$。

表 5-1　棕壤的元素生物归还特点

采样地点	利用方式	项目	SiO_2	Fe_2O_3	Al_2O_3	CaO	MgO	K_2O	Na_2O	P_2O_5	N
烟台福山	耕地	植物（*P*）	2.55	1.46	1.52	1.99	0.49	0.82	0.52	0.364	0.900
		土壤表层（*S*）	69.90	4.28	12.76	4.19	4.02	2.26	1.66	0.126	0.187
		生物归还率（*P*/*S*×100%）	3.65	34.1	11.91	47.49	12.19	36.28	31.33	288.89	481.28
威海刘公岛	林地	植物（*P*）	11.60	0.97	1.62	1.17	0.84	0.22	0.08	0.221	0.812
		土壤表层（*S*）	69.70	4.99	14.63	1.26	2.40	3.03	2.52	0.121	0.267
		生物归还率（*P*/*S*×100%）	16.64	19.44	11.07	92.86	35.00	7.26	3.17	182.64	304.12

二、典型棕壤主要形态特征

典型棕壤具有发育良好的剖面，其剖面构型为 A-Bt-C 型。在森林植被下，腐殖质层（Ah 层）具有明显的凋落物层（2～3 cm）和腐殖质层，腐殖质剖面厚度可达 70～100 cm；垦殖的典型棕壤，表土的暗腐殖质层消失而形成耕层（Ap 层）和犁底层（P 层），但未改变其基本特征。其下为黏化特征明显的淀积层（Bt 层），其颜色取决于母质类型，呈棕色、红棕色或黄棕色，质地黏重，具有稳固的棱块状或棱柱状结构，结构面被覆铁锰胶膜，有时附有二氧化硅粉末，结构体中常见铁锰结核，这是典型棕壤最显著的特征。心土层之下为母质层（C 层），通常近于母质本身的色泽，但花岗岩半风化物多呈红棕色。辽 7 剖面为典型剖面，其形态特征描述如下。

该剖面为黏质浅淀黄土状棕壤，1987 年 10 月 15 日采自沈阳市东陵区李相镇（今浑南区李相街道）东南。地形为漫岗上部，海拔 120 m。成土母质为厚达 10 m 的均质黄土状母质，下伏侏罗纪花岗岩红色风化壳。地下水位很深，排水良好，有轻度侵蚀。目前，主要种植玉米、高粱和大豆，玉米产量可达 7 500～9 000 kg/hm^2。

0～17 cm：亮黄棕色（干，10YR6/6），浊橙色（湿，7.5YR5/6），壤质黏土，团块状结构，结构面上铁锰胶膜占 2%，并附有二氧化硅粉末，结构体中铁锰结核占大于 0.25 mm 粒级的 45%，植物根系较多，稍紧实，无石灰性反应，pH 为 6.1。

17～42 cm：橙色（干，7.5YR6/8），亮棕色（湿，7.5YR5/6），棱块状结构，结构面上铁锰胶膜占 20%，并附有二氧化硅粉末，铁锰结核占小于 0.25 mm 粒级的 45%，植物根少，紧实，无石灰性反应，pH 为 5.8。

42～69 cm：棕色（干，7.5YR5/8），亮棕色（湿，7.5YR5/6），壤质黏土，棱柱状结构，结构面上铁锰胶膜占 25%，铁锰结核占大于 0.25 mm 粒级的 81%，并附有二氧化硅粉末，紧实，无石灰性反应，pH 为 5.9。

69～95 cm：亮红棕色（干，5YR5/8），亮棕色（湿，7.5YR5/6），壤质黏土，棱柱状结构，结构面上铁锰胶膜占3%，并附有二氧化硅粉末，铁锰结核较上层略少，紧实，有腐根孔，无石灰性反应，pH为5.9。

95～144 cm：橙色（干，5YR7/8），亮棕色（湿，7.5YR5/8），壤质黏土，核块状结构，结构面上铁锰胶膜占3%，铁锰结核占大于0.25 mm粒级的71%，有腐根孔和小孔隙，紧实，无石灰性反应，pH为5.8。

144～194 cm：橙色（干，5YR7/6），亮棕色（湿，7.5YR5/6），壤质黏土，核块状结构，结构面上的铁锰胶膜占5%，铁锰结核含量与上层相同，有腐根孔和小孔隙，紧实，无石灰性反应，pH为6.0。

194～239 cm：红棕色（干，5YR5/8），棕色（湿，7.5YR4/6），壤质黏土，核块状结构，结构面上铁锰胶膜占5%，铁锰结核比上层略少，有腐根孔和小孔隙，紧实，无石灰性反应，pH为6.3。

239～335 cm：橙色（干，7.5YR7/6），橙色（湿，7.5YR6/6），壤质黏土，核块状结构，结构面铁锰胶膜占15%，铁锰结核占大于0.25 mm粒级的66%，有腐根孔和小孔隙，紧实，无石灰反应，pH为6.4。

335～765 cm：黄橙色（干，7.5YR6/4），橙色（湿，7.5YR5/4），壤质黏土，核块状结构，结构面上铁锰胶膜占20%，铁锰结核占大于0.25 mm粒级的74%，有腐根孔和小孔隙，紧实，无石灰性反应，pH为6.4。

765～865 cm：黄橙色（干，5YR6/8），橙色（湿，7.5YR5/8），壤质黏土，核块状结构，结构面上铁锰胶膜占20%，并附有二氧化硅粉末，铁锰结核占大于0.25 mm粒级的43%，有腐根孔和小孔隙，紧实，无石灰性反应，pH为6.6。

第三节　典型棕壤主要理化特性

典型棕壤质地有砂质黏壤土、砂质壤土、黏壤土等类型，受不同成土母质的影响，不同土属之间质地差异较大，土壤呈微酸性至中性，pH在5.5～7.2，交换性酸含量很低，有的剖面不含交换性酸。盐基饱和度多在80%以上，并且同一剖面的盐基饱和度变化不大。

一、典型棕壤主要物理性质

典型棕壤的机械组成变幅较大，为砂质壤土至壤质黏土（表5-2）。黏粒含量（<0.002 mm）因母质不同而异，通常酸性岩风化物的黏粒含量多为10%～29%，并多含砾石，基性岩风化物的黏粒含量多为20%以上，而黄土状的黏粒含量多为21%～42%。黏粒含量因成土年龄不同各异。土体化学风化作用强烈，黏粒含量高。不论发育在何种母质上的典型棕壤，其淀积层（Bt层）中均有1层、2层或3层的黏化率（B/A）在1.2以上（全国土壤普查办公室，1998）。

表5-2　典型棕壤的机械组成

采样地点	采样深度（cm）	机械组成（%）				质地	黏化率
		0.2～2 mm	0.02～0.2 mm	0.002～0.02 mm	<0.002 mm		
辽宁鞍山千山	0～4	4.90	42.80	34.50	17.80	黏壤土	1.00
	4～15	8.98	34.62	36.30	20.10	黏壤土	1.13
	15～50	7.20	25.60	39.10	28.10	壤质黏土	1.58
	50～65	8.28	28.32	37.20	26.20	壤质黏土	1.47
	65～80	21.16	23.84	30.10	24.90	黏壤土	1.40

（续）

采样地点	采样深度（cm）	机械组成（%）				质地	黏化率
		0.2～2 mm	0.02～0.2 mm	0.002～0.02 mm	<0.002 mm		
山东烟台牟平大窑乡	0～12	23.60	50.60	12.20	13.60	砂质壤土	1.00
	12～25	27.00	41.50	8.70	12.80	砂质壤土	0.94
	25～39	28.90	41.30	12.20	17.60	砂质黏壤土	1.29
	39～76	12.40	29.30	18.80	39.50	壤质黏土	2.90
	76～110	4.70	25.30	26.70	43.30	砂质黏土	3.18
山东济宁邹城城关崇义岭村	0～15	29.04	42.52	12.63	15.81	砂质黏壤土	1.00
	15～33	22.92	42.37	16.05	17.46	砂质黏壤土	1.10
	33～45	9.28	26.96	25.57	38.19	壤质黏土	2.42
	45～80	10.94	30.97	21.80	36.59	壤质黏土	2.31
	80～100	23.89	25.46	20.40	30.24	壤质黏土	1.91
	100～120	53.90	19.31	11.94	14.85	砂质壤土	0.94
辽宁沈阳浑南李相街道	0～17	3.55	31.75	34.00	30.70	壤质黏土	1.00
	17～42	1.27	31.73	29.80	37.20	壤质黏土	1.21
	42～69	0.55	31.45	31.00	37.00	壤质黏土	1.21
	69～95	1.09	29.01	31.80	38.10	壤质黏土	1.24
	95～144	1.25	35.15	27.50	36.10	壤质黏土	1.18
	144～194	0.68	33.12	30.40	33.80	壤质黏土	1.10

典型棕壤的黏土矿物组成因成土母质和地区水热状况不同有一定差异。辽宁花岗岩母质形成的典型棕壤，以蛭石和水云母为主并含高岭石。山东片麻岩母质形成的典型棕壤，以蛭石、绿泥石和高岭石为主并含水云母和蛭石-水云母混层矿物。非钙质黄土形成的典型棕壤，以水云母和蛭石为主，含少量高岭石和蒙脱石。玄武岩母质形成的典型棕壤，以高岭石、埃洛石为主，并有一定量的水云母、蛭石（绿泥石）。四川的板岩、千枚岩母质形成的典型棕壤，以蛭石、水云母和蒙脱石为主，伴有高岭石和绿泥石。湖北的砂页岩母质形成的典型棕壤，以蛭石和高岭石为主并有大量水云母。陕西的片岩形成的典型棕壤，以水云母、蛭石为主，伴有蒙脱石和高岭石。安徽的花岗岩母质形成的典型棕壤，以蒙脱石为主，并有大量高岭石、白云母和三水铝石。由此可见，典型棕壤的黏土矿物类型不仅与成土母质有关，还反映南北土壤风化成土作用强度的差异。

二、典型棕壤主要化学性质

典型棕壤呈微酸性反应，土壤交换性盐基量高，为 10～30 cmol/kg，以淀积层（Bt 层）最高。交换性盐基组成中以钙为主，镁次之，钾和钠极少。水解性酸含量多为 1～6 cmol/kg，高者超过 10 cmol/kg。交换性酸含量不高，多在 0.5 cmol/kg 以下，盐基饱和度 70%以上（表 5-3）。值得提出的是，有一部分水平分布和山地垂直带的典型棕壤，呈酸性反应，pH 为 4.7～6.0，交换性酸含量较高，一般在 3～7 cmol/kg，交换性铝大于交换性氢，盐基饱和度一般小于 50%。

表 5-3 典型棕壤的 pH 及交换性能

采样地点	采样深度（cm）	pH（H_2O）	阳离子交换量（cmol/kg）	交换性盐基（cmol/kg）					水解性酸（cmol/kg）	交换性酸（cmol/kg）			盐基饱和度（%）
				Ca^{2+}	Mg^{2+}	K^+	Na^+	总量		H^+	Al^{3+}	总量	
山东济宁邹城崇文岭	0～15	6.1	12.05	6.20	2.91	0.27	痕迹	9.38	1.16	0.07	0.03	0.10	77.84
	15～33	6.4	12.34	7.64	2.90	0.27	痕迹	10.81	1.53	0.11	0.04	0.15	87.60
	33～45	6.7	21.05	14.47	5.56	1.49	痕迹	21.52	0.65	0.07	0.06	0.13	97.48
	45～80	6.7	23.30	14.47	6.20	0.67	0.65	21.99	1.31	0.08	0.03	0.11	94.38
	80～100	6.7	17.88	11.85	4.07	0.30	0.59	16.81	1.07	0.05	0.02	0.07	94.02
	100～120	6.8	14.37	10.46	3.15	0.20	0.35	14.16	痕迹	痕迹	痕迹	痕迹	98.54
辽宁沈阳浑南李相街道	0～17	6.1	22.35	13.65	3.99	0.27	6.17	24.08	4.29	痕迹	0.19	0.19	80.89
	17～42	5.8	27.65	15.39	5.79	0.36	0.35	21.89	5.76	0.09	0.52	0.61	79.17
	42～69	5.9	28.50	15.81	6.03	0.40	0.59	22.83	5.67	0.09	0.33	0.42	80.10
	69～95	5.9	28.64	16.08	5.64	0.37	0.57	22.66	5.98	0.10	0.21	0.31	79.12
	95～114	5.8	26.60	15.49	4.90	0.32	0.52	21.23	5.37	0.11	0.22	0.33	79.81
河北石家庄平山木厂村	5～14	6.8	37.21	20.41	5.53	0.48	2.85	29.27	7.94	0.25	痕迹	0.25	78.66
	14～30	6.8	36.18	17.44	2.26	0.22	4.57	24.49	11.69	0.17	痕迹	0.17	67.69
	30～85	6.8	26.15	12.63	1.83	0.19	5.11	19.76	6.39	0.17	痕迹	0.17	75.56
	85～100	6.9	15.52	8.17	0.94	0.06	4.76	13.93	1.59	0.22	痕迹	0.22	89.76

棕壤黏粒（<0.002 mm）硅铝率为 2.55～3.63，硅铝铁率为 2.21～2.94，其中花岗岩母质发育的棕壤硅铝率为 3.00～3.60；玄武岩、花岗片麻岩母质发育的棕壤硅铝率为 2.55～2.99，硅铝铁率为 2.21～2.44，均略低于前者；非钙质黄土发育的棕壤硅铝率为 3.46～3.63，硅铝铁率为 2.82～2.94，均高于前两者（表 5-4）。

表 5-4 棕壤黏粒（<0.002 mm）化学组成

采样地点	母质	采样深度（cm）	SiO_2（g/kg）	Al_2O_3（g/kg）	Fe_2O_3（g/kg）	SiO_2/R_2O_3	SiO_2/Al_2O_3
辽宁鞍山千山	花岗岩风化物	0～4	555.4	261.8	98.6	2.90	3.60
		4～15	547.7	282.5	90.6	2.73	3.29
		15～50	535.1	302.3	91.0	2.52	3.00
		50～65	539.6	298.8	91.2	2.57	3.06
		65～80	552.0	292.8	88.5	2.68	3.20
山东泰山中天门西凤凰岭	花岗片麻岩风化物	0～10	448.2	269.3	89.7	2.33	2.83
		10～35	458.3	269.1	78.7	2.44	2.90
		30～60	458.4	273.2	82.6	2.39	2.85
		60～90	456.8	280.8	83.7	2.32	2.76
		90～105	457.8	269.1	81.3	2.43	2.89
辽宁丹东宽甸石湖沟	玄武岩风化物	0～25	522.2	317.8	81.9	2.40	2.99
		25～63	517.9	335.1	80.6	2.21	2.62
		63～102	512.5	337.2	79.7	2.24	2.58
		102～200	516.2	343.5	82.4	2.21	2.55

（续）

采样地点	母质	采样深度（cm）	SiO_2（g/kg）	Al_2O_3（g/kg）	Fe_2O_3（g/kg）	SiO_2/R_2O_3	SiO_2/Al_2O_3
辽宁沈阳浑南	非钙质黄土	0～17	561.8	263.2	96.4	2.94	3.62
		17～42	553.7	270.9	99.0	2.82	3.48
		42～69	554.5	259.5	101.0	2.90	3.63
		69～95	553.9	268.4	100.2	2.83	3.50
		95～144	560.0	270.2	95.2	2.87	3.52
		144～194	556.3	271.7	97.8	2.83	3.46

注：表中氧化物含量以烧灼土重量计算，表中 SiO_2/R_2O_3 和 SiO_2/Al_2O_3 是全土重量计算的分子率。

第四节　典型棕壤主要土属

根据母质类型，可将典型棕壤划分为 10 多个土属，即硅质棕壤、黄土状棕壤、硅铝质棕壤、铁镁质棕壤、硅钾质棕壤、坡积棕壤、暗泥质棕壤、泥质棕壤、灰泥质棕壤、紫土质棕壤、红泥质棕壤等。其前 6 个土属分布广、耕地面积大，分别介绍如下。

一、硅质棕壤

硅质棕壤土属，发育在砂岩、砂质页岩及砂砾岩等风化残坡积母质上，辽宁省、山东省、山西省、云南省均有分布，面积 15.87 万 hm^2，其中耕地 0.84 万 hm^2。

1. 主要性状　剖面构型为 A - Bt - C 型。腐殖质层（Ah 层）厚度较薄，一般小于 20 cm，质地为砂质壤土至黏土，土体中含有砂砾及岩石碎块，含量一般在 10%以上。淀积层（Bt 层）出现在 20～30 cm，平均厚度在 36 cm，黏化率 1.20，块状结构，结构面有铁锰胶膜。

2. 典型剖面　采自抚顺市新宾满族自治县平顶山镇大甸子村，石质丘陵中部缓坡处，海拔 470 m；母质为砂质页岩风化残坡积物；年均温 4.8 ℃，年降水量 790 mm，≥10 ℃积温 2 800 ℃；植被为灌木林。剖面形态特征如下。

A 层：0～19 cm，暗灰色（湿，5Y4/1），粒状，壤土，松散，植物根系多，pH 为 6.4。

Bt 层：19～75 cm，淡灰色（湿，5Y7/1），砂质黏壤土，粒块状结构，有黏粒淀积，土壤结构表面有二氧化硅粉末，植物根系少，pH 为 6.7。

C 层：75～100 cm，黄棕色（湿，10YR5/8），无明显结构，砂质壤土，含有较多岩石碎块，pH 为 6.7。

3. 物理性质　硅质棕壤质地为黏壤土至砂质黏壤土，容重除 A 层较小外，向下明显增大，分别为 1.29 g/cm^3、1.50 g/cm^3 和 1.68 g/cm^3，有效土层厚度为 19 cm，具体物理性质参阅表 5 - 5。

表 5 - 5　硅质棕壤物理性质

项　目		统计剖面			
		n	A	Bt	C
厚度（cm）		3	19	36	30
机械组成（%）	0.02～2 mm	3	46.04	46.08	61.03
	0.002～0.02 mm	3	36.36	32.40	22.93
	<0.002 mm	3	17.60	21.52	16.04
质地名称		—	黏壤土	黏壤土	砂质黏壤土
粉/黏		3	2.06	1.51	1.68
容重（g/cm^3）		3	1.29	1.50	1.68
孔隙度（%）		3	54.07	46.50	38.50

4. 化学性质 硅质棕壤多呈微酸性反应，pH 为 6.0～6.7，阳离子交换量为 17 cmol/kg 左右。土壤养分含量除磷较缺乏外，其余均处于中等水平。据剖面样分析结果统计，A 层有机质含量为 19.5 g/kg、全氮含量为 1.00 g/kg、全磷含量为 0.32 g/kg、全钾含量为 14.3 g/kg（n=3），有效磷含量为 1 mg/kg、速效钾含量为 65 mg/kg（n=1）。具体化学性质参阅表 5-6。

表 5-6 硅质棕壤化学性质

项　目	统计剖面			
	n	A	Bt	C
有机质（g/kg）	3	19.5	6.5	3.0
全氮（g/kg）	3	1.00	0.36	0.25
全磷（g/kg）	3	0.32	0.16	0.19
全钾（g/kg）	3	14.3	9.4	9.0
碳氮比	—	11.3	10.5	7.0
有效磷（mg/kg）	1	1	2	3
速效钾（mg/kg）	1	65	34	30
pH（H_2O）	3	6.0～6.7	6.1～7.0	6.1～7.0

二、黄土状棕壤

黄土状棕壤土属，主要分布在辽宁省、吉林省、山西省、内蒙古自治区，面积 57.446 万 hm^2，其中耕地 33.45 万 hm^2。

1. 主要性状 该土属发育在第四纪黄土状堆积物上，土体深厚，通体无砾石，层次分异明显，剖面为 A-Bt-C 型。耕层质地为黏壤土，厚度 17 cm（n=30）。Bt 层出现在土体 50 cm 以下，多出现在 50～80 cm，黏粒含量稍高于表层，黏化率为 1.23，核块状结构，有铁锰胶膜及二氧化硅粉末，有的剖面可见铁锰结核。

2. 典型剖面 采自丹东市东港市马家店镇油坊村，丘陵岗地下部缓坡处，海拔 65 m；母质为黄土状堆积物；年均温 8.3 ℃，年降水量 982 mm，≥10 ℃积温 3 280 ℃，无霜期 173 d；种植玉米。剖面形态特征如下。

Ap1 层：0～17 cm，灰棕色（湿，7.5YR5/2），黏壤土，碎块状结构，较松，植物根系多，pH 为 5.4。

Ap2 层：17～23 cm，棕色（湿，7.5YR4/6），黏壤土，片状结构，紧，植物根系较多，pH 为 5.3。

Bt1 层：23～63 cm，黄棕色（湿，10YR5/8），壤质黏土，棱块状结构，紧，有铁锰胶膜和结核，植物根系少，pH 为 5.6。

Bt2 层：63～100 cm，亮棕色（湿，7.5YR5/6），壤质黏土，块状结构，紧，有少量铁锰胶膜和二氧化硅粉末，植物根系极少，pH 为 5.4。

3. 物理性质 黄土状棕壤土体深厚，通体无砾石，层次分异明显，耕层质地为黏壤土，厚度为 17 cm（n=30）。Bt 层黏粒含量稍高于表层，黏化率 1.23，核块状结构，有铁锰胶膜及二氧化硅粉末，有的剖面可见铁锰结核。容重偏大，A 层 1.35 g/cm^3，向下层逐渐增大。具体物理性质参阅表 5-7。

表 5-7 黄土状棕壤物理性质

项目		统计剖面				
		n	Ap1	Ap2	Bt1	Bt2
厚度（cm）		30	17	6	36.00	—
机械组成（%）	0.02～2 mm	7	54.26	47.72	36.19	—
	0.002～0.02 mm	7	27.23	29.60	37.24	—
	<0.002 mm	7	18.51	22.68	26.57	—
质地名称		—	黏壤土	黏壤土	壤质黏土	—
粉/黏		7	1.46	1.31	1.40	—
容重（g/cm^3）		24	1.35	1.42	1.47	1.41
孔隙度（%）		21	48.87	46.24	45.23	48.10

4. 化学性质 黄土状棕壤呈微酸性，pH 为 5.4～6.9。养分含量中下等水平，耕层有机质含量 16.2 g/kg，全氮 0.95 g/kg，全磷 0.56 g/kg，全钾 16.7 g/kg，有效磷 8 mg/kg，速效钾 122 mg/kg（n=16），阳离子交换量在 20 cmol/kg 左右。具体化学性质参阅表 5-8。

表 5-8 黄土状棕壤化学性质

项目	统计剖面				
	n	Ap1	Ap2	Bt1	Bt2
有机质（g/kg）	30	16.2	11.5	6.7	4.7
全氮（g/kg）	30	0.95	0.75	0.47	0.38
全磷（g/kg）	30	0.56	0.59	0.28	0.28
全钾（g/kg）	30	16.7	16.5	16.4	15.5
碳氮比	30	9.9	8.9	8.3	7.2
有效磷（mg/kg）	16	8	8	8	9
速效钾（mg/kg）	16	122	113	103	120
pH（H_2O）	16	5.4～6.9	5.3～6.8	5.4～7.0	5.4～6.9
阳离子交换量（cmol/kg）	21	18.3	19.7	19.5	19.2

三、硅铝质棕壤

硅铝质棕壤土属，主要分布在辽宁省东南部以及河北省、山东省、吉林省、内蒙古自治区、河南省、山西省，面积 103.56 万 hm^2，其中耕地 50.23 万 hm^2。

1. 主要性状 硅铝质棕壤发育在花岗岩、片麻岩等风化残坡积母质上，全剖面呈棕色，层次分异明显，淀积层发育较好，剖面为 A-Bt-C 型。A 层多为砂质黏壤土或黏壤土，黏粒的平均含量为 17.56%（n=7）；Bt 层偏黏，黏粒含量 24.44%（n=7）；黏化率 1.39，黏粒硅铁铝率 3.02，硅铝率 3.79，铁的游离度 32.5%，块状结构，结构面有铁锰胶膜或二氧化硅粉末。

2. 典型剖面 采自威海市环翠区长峰村北 250 m，低丘下部，海拔 15 m；花岗岩风化残坡积物；年均温 12.1 ℃，年降水量 793.5 mm，≥10 ℃积温 3 830 ℃，无霜期 220 d；种植花生、甘薯，无灌溉条件。剖面形态特征如下。

Ap1 层：0～17 cm，浊橙色（干，7.5YR6/4），砂质黏壤土，屑粒状结构，疏松，多根系，多孔隙和动物穴。

Ap2 层：17～40 cm，浊橙色（干，7.5YR6/4），砂质壤土，块状结构，紧实，少量根系，极少量孔隙和动物穴。

Bt1 层：40～50 cm，浊棕色（干，7.5YR5/4），黏壤土，块状结构，紧实，少量铁锰胶膜和黄色锈斑，极少量孔隙。

Bt2 层：50～100 cm，亮棕色（干，7.5YR5/6），黏壤土，棱柱状结构，多量铁锰胶膜，中量铁子，极少孔隙。

C 层：100～150 cm，花岗岩半风化物，裂隙面上有淀积的黏粒。

3. 物理性质 硅铝质棕壤土体质地较均一，多为黏壤土。Bt 层黏粒含量略有增多，黏化率 1.1～1.2，有少量铁锰胶膜和铁子。具体物理性质参阅表 5－9。

表 5－9 硅铝质棕壤物理性质

项目		统计剖面			
		n	A	Bt1	Bt2
厚度（cm）		26	29	40	77
机械组成（%）	0.02～2 mm	26	69.38	47.71	46.49
	0.002～0.02 mm	26	19.22	27.02	27.56
	<0.002 mm	26	11.40	25.27	25.50
质地名称		—	砂质壤土	黏壤土	黏壤土

4. 化学性质 硅铝质棕壤 pH 为 5.6～6.9，有机质含量 9.2 g/kg，全氮 0.65 g/kg，全磷 0.39 g/kg，碱解氮 63 mg/kg，有效磷 5.7 mg/kg，速效钾 73 mg/kg。有效微量元素含量：锌 0.70 mg/kg，铜 1.00 mg/kg，硼 0.31 mg/kg，钼 0.07 mg/kg，铁 18 mg/kg，锰 21 mg/kg。具体化学性质参阅表 5－10。

表 5－10 硅铝质棕壤化学性质

项目	统计剖面			
	n	A	Bt1	Bt2
有机质（g/kg）	22	6.3	3.8	2.3
全氮（g/kg）	22	0.43	0.32	0.23
全磷（g/kg）	20	0.26	0.19	0.23
碱解氮（mg/kg）	19	42	32	22
有效磷（mg/kg）	22	5	2	4
速效钾（mg/kg）	20	59	82	80
pH（H_2O）	22	5.5～6.9	5.8～6.7	5.7～6.6

四、铁镁质棕壤

铁镁质棕壤土属，主要分布在辽宁省新宾满族自治县、桓仁满族自治县等石质低山丘陵的中上部，目前为林地和草地，面积约 0.4 万 hm^2。

1. 主要性状 铁镁质棕壤是发育在安山岩、玄武岩等残坡积物上的山地森林土壤。在棕壤化成土过程的作用下，全剖面呈棕色，无石灰反应，淀积层发育明显，土壤剖面基本由枯枝落叶层（O层）、腐殖质层（Ah 层）、淀积层（Bt 层）和母质层（C 层）组成。该土属自然植被生长茂盛，林下有较厚的枯枝落叶层，土壤有机质积累过程强烈，表层形成了较厚的腐殖质层，其厚度为 20～40 cm，平均厚度为 22 cm，粒状结构，疏松，蓄水性能强。淀积层多出现在土体 21～50 cm 处，平均出现在 23 cm，平均厚度为 26 cm，黏粒的含量明显高于腐殖质层，黏化率为 1.38。结构为核块状，表面覆有铁锰胶膜和二氧化硅粉末，同时可见少量铁锰结核。

2. 典型剖面 采自辽宁省抚顺市新宾满族自治县大四平乡缸窑村，丘陵坡地中部，母质为玄武岩残积物，植被为落叶松，海拔 500 m。剖面形态特征如下。

Ao 层：0～5 cm，大量枯枝落叶，含有砾石，植物根系多，疏松，无石灰反应。

Ah 层：5～25 cm，黑棕色（湿，7.5Y2/2），黏壤土，粒状结构，松，植物根系多，无石灰反应，pH 为 5.8。

Bt 层：25～40 cm，淡黄棕色（湿，10YR7/6），壤质黏土，块状结构，较紧，植物根系少，有黏粒的淀积及铁锰胶膜和二氧化硅粉末，无石灰反应，pH 为 5.6。

3. 物理性质 铁镁质棕壤土壤质地，腐殖质层和淀积层多为黏壤土，母质层多为砂质壤土。但淀积层黏粒含量高，土质偏黏，黏粒的含量腐殖质层为 23.50%、淀积层为 32.50%、母质层为 14.3%。土壤容重，腐殖质层平均为 1.34 g/cm^3、淀积层为 1.33 g/cm^3，无明显差异，但母质层较高，为 1.50 g/cm^3，这是因为含有较多的岩石碎块所致。总孔隙度较高，平均腐殖质层为 55.9%、淀积层为 50.07%、母质层为 46.31%。具体物理性质参阅表 5-11。

表 5-11 铁镁质棕壤物理性质

项　目		统计剖面			
		n	A	Bt	C
厚度（cm）		3	22	26	41
机械组成（%）	0.02～2 mm	2	38.90	27.90	59.30
	0.002～0.02 mm	2	37.60	39.60	26.40
	<0.002 mm	2	23.50	32.50	14.30
容重（g/cm^3）		2	1.34	1.33	1.50
孔隙度（%）		2	55.90	50.07	46.31

4. 化学性质 铁镁质棕壤土壤多呈微酸性反应，pH 为 5.6～7.0，阳离子交换量通体较高，而且明显高于硅铝质岩类发育的棕壤，平均腐殖质层为 24 cmol/kg、淀积层为 19 cmol/kg、母质层为 19.6 cmol/kg。表层有机质含量 30.2 g/kg，全氮 1.70 g/kg，有效磷 4 mg/kg，速效钾 105 mg/kg。具体化学性质参阅表 5-12。

表 5-12 铁镁质棕壤化学性质

项　目	统计剖面			
	n	A	Bt	C
有机质（g/kg）	3	30.2	11.8	6.0
全氮（g/kg）	3	1.70	1.01	0.43
全磷（g/kg）	3	0.66	0.52	0.45
全钾（g/kg）	3	15.1	14.5	15.0
有效磷（mg/kg）	3	4	2	—
速效钾（mg/kg）	3	105	55	—
阳离子交换量（cmol/kg）	3	24.0	19.0	19.6

五、硅钾质棕壤

硅钾质棕壤土属，主要分布在辽东半岛南端营口市的盖州市、大连市庄河市至金州区一带，多处石质丘陵漫岗的中下部，面积 0.5 万 hm^2，利用现状为旱田和果园。

1. 主要性状 发育在千枚岩，板岩、云母片岩石等岩石风化残坡积物上，全剖面无石灰反应，呈棕色，有明显的淀积层。另外，由于受母岩层状片理结构的影响，土壤有明显的自然层状构造。典型剖面基本土层由腐殖质层或耕层（Ah 层或 Ap 层）、淀积层（Bt 层）和母质层（C 层）组成，个面的剖面有微弱的亚耕层发育。腐殖质层厚度在 13～20 cm，平均为 17 cm。淀积层出现在 20～30 cm，平均厚度为 24 cm，黏粒含量明显高于上层，黏化率平均为 1.40，结构为核块状，表面覆有铁锰胶膜及二氧化硅粉末，有的含有铁锰结核。

2. 典型剖面 采自营口市盖州市暖泉乡龙王庙村大东山中下部，母质为云母片岩残积物，种植作物玉米。剖面形态特征如下。

Ap1 层：0～18 cm，暗棕色（湿，7.5YR3/4），粒状，松，砂质黏壤土，植物根系多，无石灰反应，pH 为 6.2。

Ap2 层：18～27 cm，淡棕色（湿，7.5YR5/6），小块状，紧，黏壤土，植物根系较多，无石灰反应，pH 为 6.6。

Bt 层：27～90 cm，棕色（湿，7.5YR4/6），核块状，紧，黏壤土，植物根系少，有铁锰胶膜和结核，无石灰反应，pH 为 6.0。

BC 层：90～150 cm，灰棕色（湿，5YR5/2），块状，紧，砂质黏壤土，无石灰反应，pH 为 6.0。

3. 物理性质 硅钾质棕壤表层质地一般为壤土，但在质地细的云母片岩、千枚岩上发育的土壤，质地稍黏，为砂质黏壤土或黏壤土，淀积层为黏壤土至黏土，变化幅度较大。土壤容重和总孔隙度，因成土母岩不同差别较大。由云母片岩、千枚岩风化残积物形成的土壤，容重低于 1.25 g/cm^3，总孔隙度大于 50%；而由板岩、片岩风化残积物形成的土壤，容重偏大，一般大于 1.40 g/cm^3，总孔隙度偏低，一般低于 50%。因此，由云母片岩、千枚岩残积物形成的土壤比较疏松，而由板岩、片岩残积物形成的土壤比较紧实板结。具体物理性质参阅表 5-13。

表 5-13 硅钾质棕壤物理性质

项目		统计剖面			
		n	A	Bt	C
厚度（cm）		9	17	34	17.94
机械组成（%）	0.02～2 mm	6	61.28	49.31	55.24
	0.002～0.02 mm	6	23.07	28.84	31.07
	<0.002 mm	6	15.65	21.85	13.69
容重（g/cm^3）		5	1.39	1.45	1.39
孔隙度（%）		5	47.31	45.62	47.17

4. 化学性质 硅钾质棕壤 pH 通体无明显变化，一般在 6.0～7.0。土壤养分含量属中下等，耕层有机质含量不高，平均为 15.3 g/kg，全钾含量平均为 16.2 g/kg，全氮含量平均为 0.93 g/kg，全磷含量平均为 0.27 g/kg；淀积层和母质层养分含量有机质和全氮更低，全钾和全磷同耕层一致，属缺磷、少氮、钾中等的土壤类型。具体化学性质参阅表 5-14。

表 5-14 硅钾质棕壤化学性质

项目	统计剖面			
	n	A	Bt	C
有机质（g/kg）	9	15.3	6.4	7.4
全氮（g/kg）	9	0.93	0.42	0.53
全磷（g/kg）	9	0.27	0.17	0.24
全钾（g/kg）	9	16.2	16.0	16.2
速效磷（mg/kg）	4	4	3	—
速效钾（mg/kg）	4	115	75	—
阳离子交换量（cmol/kg）	7	14.60	17.60	22.40

六、坡积棕壤

坡积棕壤土属，主要分布在辽宁省丹东、本溪、抚顺、沈阳、鞍山、辽阳、大连等市的丘陵中下部缓坡处，面积 44.08 万 hm^2，其中耕地 32.13 万 hm^2。

1. 主要性状 该土种母质为黄土状坡积物，剖面为 A－Bt－C 型。土体中夹有岩石风化碎屑。A 层颜色较暗，土层较薄，个别剖面有半分解的植物残体（O 层），质地为砂质黏壤土或黏壤土，粒状结构。Bt 层黏化率 1.20，多为块状结构、有铁锰胶膜和二氧化硅粉末、铁的游离度 20.5%。

2. 典型剖面 采自辽宁省丹东市凤城市边门镇大东村的丘陵中部缓坡处，海拔 301 m；母质为黄土状坡积物；年均温 7.6 ℃，年降水量 1 020 mm，≥10 ℃积温 3 260 ℃，无霜期 164 d；现为林地，植被覆盖度为 60%，轻度片蚀。剖面形态特征如下。

Ah 层：0～14 cm，灰棕色（湿，7.5YR5/2），黏壤土，屑粒状结构，疏松，植物根系多，pH 为 6.0。

AB 层：14～34 cm，淡黄色（湿，2.5Y7/3），黏壤土，碎块状结构，较紧，有少量铁锰胶膜，植物根系较多，pH 为 5.6。

Bt 层：34～58 cm，黄色（湿，2.5Y8/6），黏壤土，块状结构，紧，有铁锰胶膜和二氧化硅粉末，植物根系少，pH 为 5.5。

C 层：58～100 cm，黄色（湿，2.5Y8/6），黏壤土，小块状结构，较紧，植物根系极少，pH 为 5.4。

3. 物理性质 坡积棕壤土体中夹有岩石风化碎屑，砾石含量 5%～10%。A 层颜色较暗，土层较薄、厚度小于 20 cm，个别剖面约有 1 cm 厚半分解的植物残体，质地为砂质黏壤土或黏壤土，粒状结构。Bt 层黏化率 1.20，多为块状结构，有铁锰胶膜和二氧化硅粉末，铁的游离度 20.5%。具体物理性质参阅表 5－15。

表 5－15 坡积棕壤物理性质

项 目		统计剖面			
		n	A	Bt	C
厚度（cm）		27	16	36	47
机械组成（%）	0.02～2 mm	6	49.75	46.09	47.73
	0.002～0.02 mm	6	34.35	35.12	34.20
	<0.002 mm	6	15.90	18.79	18.07
质地名称		—	黏壤土	黏壤土	黏壤土
粉/黏		6	2.17	1.85	1.89
容重（g/cm^3）		19	1.27	1.42	1.47
孔隙度（%）		19	50.67	45.03	42.52

4. 化学性质 坡积棕壤多呈微酸性反应，pH 为 5.5～6.9，盐基饱和度 70%左右，阳离子交换量平均为 15.60 cmol/kg（n=10）。据 32 个农化样分析，有机质含量 15.9 g/kg，全氮 0.88 g/kg，有效磷 2 mg/kg，速效钾 92 mg/kg。具体化学性质参阅表 5－16。

表 5－16 坡积棕壤化学性质

项 目	统计剖面			
	n	A	Bt	C
有机质（g/kg）	27	21.2	6.3	5.1
全氮（g/kg）	27	1.08	0.40	0.37
全磷（g/kg）	27	0.26	0.20	0.17

（续）

项　目	统计剖面			
	n	A	Bt	C
全钾（g/kg）	27	16.6	16.5	17.3
碳氮比	—	11.4	9.1	8.0
pH（H_2O）	27	5.5～6.9	5.3～6.6	5.3～6.6
阳离子交换量（cmol/kg）	10	15.60	17.50	16.90

第五节　典型棕壤主要土种

典型棕壤共有30多个土种，其中薄腐硅铝质棕壤、中腐硅铝质棕壤、壤质硅铝质棕壤、薄腐坡积棕壤、壤质坡积棕壤、薄腐黄土状棕壤、壤质浅淀黄土状棕壤、壤质深淀黄土状棕壤分布广、耕地面积大。

一、薄腐硅铝质棕壤

薄腐硅铝质棕壤，简名“大西岔山黄土”，属棕壤土类典型棕壤亚类硅铝质棕壤土属。该土种主要分布在大连、本溪、锦州、抚顺、鞍山、营口、沈阳等地区，石质丘陵的中部，为林地和草地，面积约为4.2万hm^2。

1. 形成及特征　该土种是棕壤地带内的山地森林土壤，自然植被多为次生落叶阔叶林，也有部分人工针阔混交林。成土母质为花岗岩、片麻岩等硅铝质岩类风化残积物。该土种在棕壤化成土过程的作用下形成了典型棕壤的剖面特征，全剖面呈棕色，无石灰反应。土壤在残积黏化和淀积黏化的双重作用下，淀积层发育完整，黏粒的含量明显高于腐殖质层，黏化率为1.52，结构为块状，结构面附有铁锰胶膜及二氧化硅粉末等新生体。据统计，淀积层平均出现在16 cm处，其厚度平均为44 cm。另外，该土种由于受温度低、湿度大的气候条件影响，土壤生物积累过程明显，表土层形成了腐殖质层，粒状结构，暗棕色，有机质含量高。腐殖质层厚度小于20 cm，属于薄层，一般在12～19 cm，平均为16 cm。淀积层之下为岩石半风化的母质层，其中含有大量石英结晶沙粒，平时坚硬，用力即散。

2. 理化性状　该土种腐殖质层质地偏沙，多为砂质壤土；淀积层适中，多为黏壤土；母质层亦偏沙，多为砂质壤土。黏粒的平均含量，腐殖质层为13.23%，淀积层为20.10%，母质层为11.38%。土壤容重由腐殖质层向下逐渐增大，据统计，腐殖质层平均为1.22 g/cm^3，淀积层平均为1.45 g/cm^3，母质层平均为1.51 g/cm^3，总孔隙度则相反。这说明，该土种腐殖质层土壤松紧适中，淀积层和母质层较紧。该土种腐殖质层pH在5.7～7.0，属微酸性至中性土壤，向下逐渐变酸，淀积层和母质层pH多在5.1～6.0，呈酸性至微酸性反应。阳离子交换量腐殖质层平均为17.7 cmol/kg，淀积层平均为12.7 cmol/kg，母质层平均为13.6 cmol/kg。腐殖质层有机质含量较高，平均为21.7 g/kg，淀积层和母质层含量少，平均分别为7.6 g/kg和3.9 g/kg；全氮含量与有机质含量呈正相关；全磷含量较低，而且通体无明显差异，腐殖质层平均为0.32 g/kg，淀积层和母质层均为0.34 g/kg；有效磷极缺，各层均小于3 mg/kg；全钾含量中等，上下层变化不大。

3. 典型剖面　采自辽宁省宽甸满族自治县大西岔乡丘陵中部，母质为花岗岩残积物，植被为栎树、水曲柳等阔叶落叶林，海拔301 m，中度侵蚀。其剖面形态特征如下。

Ap层：0～19 cm，棕灰色（湿，7.5YR2/5），粒状结构，疏松，植物根系多，砂质壤土，无石灰反应，pH为5.7。

Bt层：19～30 cm，暗棕灰色（湿，7.5YR4/2），核块状结构，黏粒明显增多，较紧，砂质壤土，植物根系较多，无石灰反应，pH 为 5.1。

BC 层：30～82 cm，淡棕黄色（湿，2.5Y6/4），块状结构，较松，砂质壤土，植物根系较少，无石灰反应，pH 为 5.5。

具体理化性状参阅表 5－17。

表 5－17　薄腐硅铝质棕壤理化性状

采样深度（cm）	pH	有机质（g/kg）	全氮（g/kg）	全磷（g/kg）	全钾（g/kg）	阳离子交换量（cmol/kg）	机械组成（g/kg）			
							0.2～2 mm	0.02～0.2 mm	0.002～0.02 mm	<0.002 mm
0～19	5.7	24.2	1.16	0.66	14.7	15.8	495.3	294.3	151.1	59.3
19～30	5.1	7.1	0.48	0.91	16.2	14.0	395.3	184.8	282.5	137.4
30～82	5.5	3.6	0.21	0.84	24.2	4.8	698.5	76.5	139.5	85.5

二、中腐硅铝质棕壤

中腐硅铝质棕壤，属于典型棕壤亚类硅铝质棕壤土属（麻砂质棕壤），简名“南口前山黄土”（《辽宁土种志》）。该土种主要分布在辽东半岛和胶东半岛石质丘陵中下部及坡麓，面积较大，大部分已开垦为耕地。

1. 形成及特征　该土种是发育在花岗岩、片麻岩等岩石风化物上的山地森林土壤，在棕壤化成土过程的作用下，形成了典型棕壤的剖面特征特性。全剖面呈棕色，无石灰反应，淀积层发育完整，土壤剖面的基本土层由腐殖质层（Ah 层）、淀积层（Bt 层）和母质层（C 层）组成。该土种所处地势较低，坡度平缓，水土流失轻，森林植被及林下草灌丛生长极为繁茂，促使土壤生物积累强烈，形成了比较厚的腐殖质层，有的剖面在腐殖质层之上积存了 1～3 cm 的枯枝落叶。腐殖质层厚度多在 23～35 cm，平均厚度为 29 cm，粒状结构，疏松，蓄水性能强。淀积层出现在 28 cm 以下，平均厚度 34 cm，淀积黏化作用明显，黏粒含量明显高于腐殖质层，如腐殖质层平均为 17.72%，淀积层平均为 24.38%，比腐殖层增加 6.66 个百分点，黏化率达 1.38。淀积层结构为核状，结构表面覆有铁锰胶膜和二氧化硅粉末新生体，部分剖面有铁锰结核。母质层为岩石半风化碎屑物，含有较多难风化的石英砂颗粒。

2. 理化性状　土壤腐殖质层和母质层质地较适中，为砂质壤土至砂质黏壤土，淀积层稍黏，多为砂质黏壤土或黏壤土。土壤容重通体较高，腐殖质层平均为 1.39 g/cm^3，淀积层平均为 1.47 g/cm^3，母质层平均为 1.60 g/cm^3；总孔隙度偏低，腐殖质层为 48.8%，淀积层为 45.75%，母质层为 41.2%。腐殖质层 pH 在 5.5～7.0，属微酸性至中性土壤，而向下逐渐变酸，淀积层和母质层的 pH 多在 5.4～6.5，呈酸性至微酸性反应。腐殖质层有机质含量较高，一般都在 20 g/kg 以上，有的达到 40 g/kg，而淀积层和母质层含量低，均低于 6 g/kg；全氮含量与有机质呈正相关，腐殖质层平均为 1.22 g/kg，淀积层和母质层分别为 0.56 g/kg 和 0.39 g/kg；全磷和有效磷含量低，全磷为 0.36 g/kg，有效磷小于 3 mg/kg；全钾含量中等，腐殖质层平均为 13.3 g/kg，速效钾缺乏，腐殖质层平均为 59 mg/kg。

3. 典型剖面　采自辽宁抚顺清原满族自治县南口前乡王家村苇子沟南山，丘陵缓坡中部，海拔 372 m，植被为灌木，母质为花岗岩残积物。其剖面形态特征如下。

Ah 层：0～29 cm，棕灰色（湿，7.5YR2/5），粒状结构，疏松，砂质黏壤土，植物根系多，pH 为 6.1。

Bt 层：29～50 cm，黄棕色（湿，10YR5/8），紧，砂质黏壤土，核块状结构，植物根系少，有铁锰胶膜与结核，pH 为 5.8。

C 层：50～100 cm，棕色（湿，7.5YR4/6），黏壤土，块状结构，紧，pH 为 6.0。

具体理化性状参阅表 5－18。

表 5-18　中腐硅铝质棕壤理化性状

采样深度 (cm)	pH	有机质 (g/kg)	全氮 (g/kg)	全磷 (g/kg)	全钾 (g/kg)	有效磷 (mg/kg)	速效钾 (mg/kg)	阳离子交换量 (cmol/kg)	机械组成 (g/kg)			
									0.2～2 mm	0.02～0.2 mm	0.002～0.02 mm	<0.002 mm
0～29	6.1	23.8	1.5	0.57	8.4	2	68	11.7	180.9	458.6	167.3	193.2
29～59	5.8	6.6	0.76	0.44	9.6	6	130	12.9	191.7	318.8	245.7	243.8
59～100	6	3.2	0.5	0.74	8.4	9	87	12	139.9	384.6	258.5	217.0

三、壤质硅铝质棕壤

壤质硅铝质棕壤，简名“山黄土”，属棕壤土类典型棕壤亚类硅铝质棕壤土属。该土种主要分布在大连、沈阳、营口、丹东、抚顺等地区石质丘陵的中下部。现已全部开垦为耕地或果园，面积约 2.2 万 hm^2。

1. 形成及特征　该土种是辽宁省石质丘陵棕壤区的耕种土壤之一，发生在花岗岩、片麻岩残坡积物上，经人为开垦耕种熟化后而形成。该土种表土层发育成耕层，全剖面无石灰反应，呈棕色，层次分化明显，有明显的淀积层。典型剖面的基本土层由耕层（Ap 层）、淀积层（Bt 层）和母质层（C 层）构成。该土种耕层质地在壤土到粉砂质黏壤土之间，属于壤质土壤。另外，淀积层发育明显，黏粒的平均含量为 24.44%，比耕层多 6.88 个百分点，黏化率为 1.39。由于黏化作用和铁锰的淋溶淀积，形成了比较明显的淀积层。淀积层出现部位在 13～44 cm，平均为 26 cm，属浅位，平均厚度为 38 cm。淀积层结构为块状，结构表面覆有铁锰胶膜和二氧化硅粉末。

2. 理化性状　土壤耕层质地多为壤质黏壤土或黏壤土，黏粒的平均含量为 17.56%，而沙粒的平均含量为 58.94%，可见沙黏适中；淀积层偏黏，为粉砂质黏壤土至壤质黏土；母质层偏沙，为壤质土。土壤容重在耕层平均为 1.34 g/cm^3，淀积层和母质层明显大于耕层，均为 1.49 g/cm^3。总孔隙度则与容重相反，耕层>淀积层>母质层，平均耕层为 48.76%，淀积层为 44.44%，母质层为 42.88%。土壤 pH 在 5.5～7.0，上下层次变化不大，其中耕层 pH 小于 6.5 的剖面占 58%，pH 大于 6.5 的剖面占 47%。土壤有机质与养分含量比较缺乏，耕层有机质平均含量为 13.9 g/kg，全氮为 0.76 g/kg，全钾为 14.7 g/kg，全磷为 0.36 g/kg，淀积层和母质层含量更少，多处于极缺状态。

3. 典型剖面　采自鞍山市郊区沙河子乡沙河子村丘陵坡地，成土母质为花岗岩残积物，利用现状为苹果园。其剖面形态特征如下。

Ah 层：0～13 cm，栗色（湿，10YR4/3），砂质黏壤土，粒状结构，较松，植物根系多，无石灰反应，pH 为 6.2。

Bt 层：13～38 cm，黄棕色（湿，10YR5/8），砂质黏土，块状结构，较紧，结构表面有铁锰胶膜和二氧化硅粉末，植物根系较多，无石灰反应，pH 为 6.1。

C 层：38～100 cm，淡棕黄色（湿，2.5Y6/4），砂质黏壤土，块状结构，较松，根系较多，无石灰反应，pH 为 6.1。

具体理化性状参阅表 5-19。

表 5-19　壤质硅铝质棕壤理化性状

采样深度 (cm)	pH	有机质 (g/kg)	全氮 (g/kg)	全磷 (g/kg)	全钾 (g/kg)	阳离子交换量 (cmol/kg)	机械组成 (g/kg)			
							0.2～2 mm	0.02～0.2 mm	0.002～0.02 mm	<0.002 mm
0～13	6.2	21.2	1.05	0.22	8.8	12.9	53.7	571.3	186.6	188.4
13～38	6.1	6.6	0.31	0.22	7.2	15.8	90.0	476.9	183.1	250.0
38～100	6.1	6.6	0.48	0.21	8.8	17.7	141.3	535.0	166.2	157.5

四、薄腐坡积棕壤

薄腐坡积棕壤，属于典型棕壤亚类坡积棕壤土属（中国土壤分类与代码中，称为棕泥沙土土属，坡棕黄土)。该土种主要分布在辽东、辽南、辽北和辽西南部土质丘陵的中下部缓坡处。以丹东、锦州、本溪、大连、抚顺、辽阳、沈阳地区面积较多,阜新、朝阳地区的南部也有分布。利用现状为林地、草地和柞蚕场地,面积 11.5 万 hm^2。

1. 形成及特征 该土种是发育在黄土坡积物上的丘陵林下棕壤,土体中含有非钙质岩石风化碎屑。该土种在棕壤化成土过程的作用下,形成了典型棕壤的剖面特征。全剖面呈棕色,无石灰反应,基本土层由腐殖质层(Ah 层)、淀积层(Bt 层)和母质层(C 层)组成。淀积层黏粒的含量略高于腐殖质层,黏化率为 1.20,结构多为块状,可见少量铁锰胶膜和二氧化硅粉末。另外,该土种在夏绿阔叶落叶林和针阔混交林下,生物积累较明显,土壤表层积累了大量有机质,形成了粒状、暗棕色的腐殖质层,其厚度小于 20 cm,属薄层。个别剖面在腐殖质层之上有 1 cm 左右半分解的粗腐殖质。腐殖质层平均厚度为 16 cm,质地变化幅度较大,多为砂质壤土到黏壤土,但含有砾石,一般在 5%以上。

2. 理化性状 土壤质地较粗糙,大于 2 mm 的砾石含量一般多在 5%~10%,有的剖面个别层次达 30%以上,沙粒的含量一般都在 40%以上。黏粒的平均含量,腐殖质层为 15.8%,淀积层为 18.97%,母质层为 18.07%。土壤容重和总孔隙度,腐殖质层平均分别为 1.27 g/cm^3 和 50.7%,淀积层分别为 1.42 g/cm^3 和 45.0%,母质层分别为 1.47 g/cm^3 和 42.5%。但由于砾石和沙粒含量高,土壤大孔隙多,毛管孔隙少。土壤 pH 腐殖质层多在 5.5~7.0,其中 pH 小于或等于 6.5 的微酸性土壤占 48.0%,pH 大于 6.5 的中性土壤占 52.0%。腐殖质层有机质和全氮分别为 21.2 g/kg 和 1.08 g/kg,全钾平均为 16.6 g/kg,全磷平均为 0.26 g/kg。淀积层和母质层除钾和磷含量同腐殖质层无明显差异外,有机质和全氮明显减少。

3. 典型剖面 采自凤城市边门乡大东村丘陵坡地,母质为坡积物,利用现状为疏林地,植被覆盖度 60%,轻度片蚀。其剖面形态特征如下。

Ah 层:0~14 cm,棕灰色(湿,7.5YR5/2),粒状,疏松,黏壤土,植物根系多,pH 为 6.0。

AB 层:14~34 cm,灰黄色(湿,2.5Y7/3),粒块状结构,较紧,黏壤土,植物根系较多,pH 为 5.6。

Bt 层:34~58 cm,黄色(湿,2.5Y8/6),块状结构,紧,黏壤土,植物根系少,有铁锰胶膜和二氧化硅粉末,pH 为 5.5。

BC 层:58~100 cm,黄色(湿,2.5Y8/6),块状结构,较紧,黏壤土,pH 为 5.4。

具体理化性状参阅表 5-20。

表 5-20 薄腐坡积棕壤理化性状

采样深度(cm)	pH	有机质(g/kg)	全氮(g/kg)	全磷(g/kg)	全钾(g/kg)	阳离子交换量(cmol/kg)	机械组成(g/kg)			
							0.2~2 mm	0.02~0.2 mm	0.002~0.02 mm	<0.002 mm
0~14	6	22.7	1.08	0.24	17.0	17.6	290	185	345	180
14~34	5.6	14.9	0.75	0.24	15.1	21.6	244	196	346	214
34~58	5.5	8.1	0.57	0.27	17.7	27.4	210	216	344	230
58~100	5.4	5.6	0.38	0.38	17.2	20.1	108	272	408	212

五、壤质坡积棕壤

壤质坡积棕壤,简名“坡黄土”,属棕壤土类典型棕壤亚类坡积棕壤土属。该土种主要分布在辽东、辽西低山丘陵的中下部缓坡处,以锦州、铁岭、大连、丹东等地较为集中,阜新、沈阳、抚顺、本溪、营口、辽阳、鞍山等地亦有零星存在,面积为 27.5 万 hm^2。

1. 形成及特征 该土种是辽宁省低山丘陵棕壤区的主要坡耕地之一,发育在黄土坡积物上,经人为开垦耕种熟化后而形成。该土种剖面的基本土层由耕层(Ap 层)、淀积层(Bt 层)和母质层(C

层）组成。个别剖面有亚耕层的微弱发育，弱片状结构，厚度3～5 cm。耕层质地多为砂质黏壤土或黏壤土，砾石含量高，一般在10%左右。耕层的厚度为13～20 cm，平均厚度为17 cm。淀积层发育明显，多出现在土体20～60 cm，平均出现在31 cm处，平均厚度为37 cm。结构为核块状，有铁锰胶膜和二氧化硅粉末，黏粒的含量比耕层高6.6个百分点，黏化率为1.37。

2. 理化性状 土壤容重比较高，平均耕层为1.37 g/cm³，淀积层为1.51 g/cm³，母质层为1.52 g/cm³。土壤总孔隙度偏低，平均耕层为48.78%，淀积层为43.66%，母质层为45.49%。土壤通透性与耕性一般，土壤大孔隙多，易漏水、漏肥。土壤pH多数剖面在5.7～7.0，其中，微酸性土壤占41.9%、中性土壤占58.1%。土壤阳离子交换量，平均耕层为17.8 cmol/kg，淀积层为18.4 cmol/kg，母质层为19.0 cmol/kg，保肥性能属中等。土壤养分含量，平均耕层有机质为18.0 g/kg，全氮为0.97 g/kg，全磷为0.43 g/kg，全钾为17.0 g/kg，可见养分含量处于中下等水平。淀积层和母质层除全钾和全磷的含量同耕层无显著差异外，有机质和全氮均呈明显下降趋势，有机质含量分别为7.4 g/kg和4.5 g/kg，全氮含量分别为0.5 g/kg和0.38 g/kg。

3. 典型剖面 采自辽宁葫芦岛建昌县碱厂乡碱厂村西山丘陵的中下坡，母质为坡积物，中度片蚀，利用现状为旱田，种植作物玉米。其剖面形态特征如下。

Ap1层：0～13 cm，黄棕色（湿，10YR5/8），粒状结构，松，砂质黏壤土，砾石含量7%左右，植物根系多，无石灰反应，pH为7.0。

Ap2层：13～16 cm，黄棕色（湿，10YR5/8），弱片状结构，砂质黏土，紧，植物根系较多，无石灰反应，pH为7.0。

AB层：16～28 cm，过渡层（AB），棕色（湿，7.5YR4/6），块状结构，紧，砂质黏土，砾石含量7%左右，可见少量铁锰胶膜和二氧化硅粉末，植物根系少，无石灰反应，pH为7.0。

Bt层：28～41 cm，棕色（湿，7.5YR4/6），核块状，紧，砂质黏土，砾石含量明显减少，有铁锰胶膜和二氧化硅粉末，无石灰反应，pH为7.0。

BC层：41～100 cm，棕色（湿，7.5YR4/6），核块状，紧，砂质黏土，有铁锰胶膜和二氧化硅粉末，无石灰反应，pH为7.0。

具体理化性状参阅表5-21。

表5-21 薄腐坡积棕壤理化性状

采样深度（cm）	pH	有机质（g/kg）	全氮（g/kg）	全磷（g/kg）	全钾（g/kg）	有效磷（mg/kg）	速效钾（mg/kg）	阳离子交换量（cmol/kg）	机械组成（g/kg）			
									0.2～2 mm	0.02～0.2 mm	0.002～0.02 mm	<0.002 mm
0～13	7	15.9	1.02	0.24	16.3	3	169	18.7	295	289	178	238
13～16	7	13.9	0.89	0.19	15.3	—	—	19.5	165	253	200	382
16～28	7	10.2	0.67	0.14	18.1	—	—	16.9	199	246	183	372
28～41	7	6.9	0.44	0.13	18.6	—	—	15.8	140	289	173	398
41～100	7	6.9	0.51	0.14	18.4	—	—	15.1	170	278	197	355

六、薄腐黄土状棕壤

薄腐黄土状棕壤，简名“东陵黄土”，属典型棕壤亚类黄土状棕壤土属。主要分布在辽宁省沈阳、辽阳、铁岭、丹东等市的丘陵漫岗上部。面积13.67万hm²，以林地为主。

1. 形成及特征 该土种成土母质为第四纪马兰期黄土堆积物。该土在棕壤化成土过程的作用下，形成了典型棕壤的剖面特征，全剖面呈棕色，淀积黏化明显，通体无石灰反应，剖面基本土层由腐殖质层或耕层（Ah层或Ap层）、淀积层（Bt层）和母质层（C层）组成。淀积层黏重紧实，块状结构，在结构面附有黏粒和铁锰胶膜，有的剖面亦有二氧化硅粉末和铁锰结核等新生体。该层多出现在土体50 cm以上，厚度平均为39 cm。另外，该土生物积累较弱，地表形成了小于20 cm的腐殖质层，属于薄层，平均厚度为 16 cm。颜色发暗，团粒状结构，较疏松多孔。

2. 理化性状 该土种质地上壤下稍黏，腐殖质层多为砂质黏壤土或黏壤土，腐殖质层黏粒的平均含量为 19.27%，淀积层为 27.37%，淀积层的黏化率为 1.48。土壤 pH 腐殖质层在 5.3～7.0，其中微酸性土壤占 64.3%，中性土壤占 35.7%。腐殖质层阳离子交换量较高，平均为 19.1 cmol/kg。土壤各种养分含量除全钾和全磷通体呈微弱递减趋势以外，有机质和全氮呈明显的下降趋势。如有机质含量，腐殖质层平均为 20.3 g/kg，而淀积层仅为 7.7 g/kg。该土壤磷的含量较缺乏，全磷在0.5～0.9 g/kg，有效磷为 5～10 mg/kg，属下等水平。

该土种成土母质为第四纪马兰黄土堆积物，剖面为 A－Bt－C 型。A 层厚度小于 20 cm，平均厚度 16 cm（n=16），颜色发暗，团粒状结构，疏松多孔。Bt 层多出现在土体 50 cm 以上，厚度 39 cm（n=16），质地黏重，多为黏壤土，棱块状结构，结构面附有铁锰胶膜，有的剖面亦有二氧化硅粉末和铁锰结核，黏化率 1.42，黏粒的硅铁铝率 3.18，硅铝率 4.03，铁的游离度 20.1%。

3. 典型剖面 采自沈阳市东郊天柱山的漫岗上部，海拔 60 m，母质为黄土状堆积物。年均温 7.5 ℃，年降水量 730 mm，≥10 ℃积温 3 400 ℃，无霜期 160 d，现为落叶松和辽东栎的疏林地。

Ap 层：0～14 cm，棕色（湿，7.5YR4/1），黏壤土，团粒状结构，疏松，植物根系多，pH 为 5.3。

AB 层：14～38 cm，浊橙色（湿，5YR6/4），黏壤土，块状结构，稍紧实，有少量铁锰胶膜，植物根系较少，pH 为 5.0。

Bt 层：38～87 cm，浊橙色（湿，5YR6/4），黏壤土，棱块状结构，紧实，有大量铁锰胶膜及二氧化硅粉末，植物根系少，pH 为 5.0。

BC 层：87～120 cm，浊红棕色（湿，5YR5/1），黏壤土，棱块状结构，紧实，有铁锰胶膜，植物根系极少，pH 为 5.0。

C 层：120～200 cm，浊红棕色（湿，5YR5/4），黏壤土，块状结构，紧实，pH 为 5.4。

具体理化性状参阅表 5－22。

表 5－22 薄腐黄土状棕壤理化性状

采样深度 (cm)	pH	有机质 (g/kg)	全氮 (g/kg)	全磷 (g/kg)	全钾 (g/kg)	有效磷 (mg/kg)	速效钾 (mg/kg)	阳离子交换量 (cmol/kg)	机械组成（g/kg）			
									0.2～2 mm	0.02～0.2 mm	0.002～0.02 mm	<0.002 mm
0～14	5.3	29	1.2	0.49	13.6	3	96	18.8	5	495	343	157
14～38	5	1.1	0.56	0.4	15.6	4	116	22.1	19	350	409	222
38～87	5	7.4	0.44	0.53	15.9	15	123	24.4	49	374	359	218
87～120	5	5.7	0.35	0.47	19.6	15	110	23.5	28	383	426	163
120～200	5.4	6.5	0.5	0.48	19.3	13	116	23.9	11	357	461	171

七、壤质浅淀黄土状棕壤

壤质浅淀黄土状棕壤，简名“黄蒜瓣土”，属棕壤土类典型棕壤亚类黄土状棕壤土属。该土种主要分布在铁岭、鞍山、辽阳、营口、沈阳、大连、丹东、抚顺、本溪等市及朝阳、阜新的南部地区，多处于黄土丘陵漫岗的中下部，利用现状为旱田和果园，面积约 5.8 万 hm^2。

1. 形成及特征 该土种发育在第四纪马兰期黄土状堆积物上，土体深厚，是辽宁省黄土丘陵棕壤区的主要耕地土壤类型之一。该土种经人为耕种熟化后形成，表土层发育成耕层。全剖面无石灰反应，呈棕色，层次分异明显，典型剖面的基本土层由耕层（Ap 层）、淀积层（Bt 层）和母质层（C 层）组成，个别剖面因耕种时间较久，有亚耕层的发育。耕层质地在壤土到黏壤土之间，属壤质土壤，其厚度一般在 14～20 cm，平均厚度为 17 cm。淀积层出现在土体 50 cm 以上，属于浅位，一般出现在 23～46 cm，平均出现在 28 cm 处，其平均厚度为 44 cm。由于受淀积黏化和残积黏化的双重作用，淀积层黏粒的含量明显高于耕层，黏化率为1.49，块状结构，有铁锰胶膜及二氧化硅粉末，部分剖面有铁锰结核新生体。

2. 理化性状 该土种耕层质地多为砂质黏土或黏壤土，沙黏适中，向下各层质地偏黏，多为壤质黏土。土壤容重偏大，孔隙度偏低，如耕层平均分别为1.36 g/cm^3 和48.73%，淀积层分别为1.53 g/cm^3 和42.81%。土壤pH上下层无明显变化，耕层在5.6～7.0，其中微酸性土壤占36.6%，中性土壤占63.4%。土壤养分平均含量，耕层有机质为16.6 g/kg，全氮为1.12 g/kg，全钾为15.6 g/kg，均属中下等水平；全磷为0.34 g/kg，有效磷为5 mg/kg，处于缺乏状态。另外，由耕层向下，除全钾的含量无显著变化外，其余有机质、全氮、全磷等含量均明显下降，呈逐渐减少的趋势。

3. 典型剖面 采自辽阳市河栏乡河栏村的黄土丘陵坡地，母质为第四纪黄土，利用现状为旱田，种植玉米。剖面形态特征如下。

Ap1层：0～16 cm，淡棕色（湿，7.5YR5/6），粒状，砂质黏壤土，较松，植物根系多，无石灰反应，pH为6.7。

Ap2层：16～22 cm，黄棕色（湿，10YR5/8），片状结构，砂质黏壤土，紧，植物根系较多，无石灰反应，pH为6.8。

Bt层：22～46 cm，灰棕色（5YR5/2），块状，黏壤土，紧，植物根系少量，有铁锰胶膜、铁锰结核和二氧化硅粉末，无石灰反应，pH为6.9。

BC层：46～100 cm，黄棕色（湿，10YR5/8），块状，黏壤土，紧，有铁锰胶膜和二氧化硅粉末，无石灰反应，pH为6.9。

具体理化性状参阅表5-23。

表5-23 壤质浅淀黄土状棕壤理化性状

采样深度（cm）	pH	有机质（g/kg）	全氮（g/kg）	全磷（g/kg）	容重（g/cm^3）	总孔隙度（%）	机械组成（g/kg）			
							0.2～2 mm	0.02～0.2 mm	0.002～0.02 mm	<0.002 mm
0～16	6.7	15.2	1	0.43	1.43	46.7	269.3	313.4	250.0	167.3
16～22	6.8	14.7	0.88	0.43	1.52	40.4	16.6	531.7	259.2	192.5
22～46	6.9	7.5	0.6	0.24	1.49	44.8	57.2	275.1	418.0	249.7
46～100	6.9	3.9	0.54	0.38	—	—	146.2	292.6	329.9	231.3

八、壤质深淀黄土状棕壤

壤质深淀黄土状棕壤，简名"老黄土"，属棕壤土类典型棕壤亚类黄土状棕壤土属。该土种主要分布在铁岭、丹东、辽阳、沈阳、大连、鞍山、抚顺、本溪、营口、锦州及阜新、朝阳南部等地区的黄土丘陵漫岗中下部缓坡处，利用现状为旱田。面积22.6万hm^2。

1. 形成及特征 该土种是辽宁省黄土丘陵棕壤区面积较大的坡耕地之一，发育在第四纪黄土状堆积物上，土体深厚，通体无砾石含量。该土种经人为开垦耕种熟化后，表土层形成了耕层，全剖面无石灰反应，呈棕色，层次分异明显，典型剖面由耕层（Ap层）、淀积层（Bt层）和母质层（C层）组成。耕层质地属于壤质土壤，其厚度一般在15～20 cm，平均厚度为17 cm。淀积层出现部位在土体50 cm以下为深位，多出现在50～80 cm，平均出现在62 cm处，其厚度平均为36 cm，淀积黏化作用明显，黏粒的含量平均比耕层高4.18个百分点，黏化率为1.23，结构为核块状，在结构面上覆有铁锰胶膜和二氧化硅粉末，有的可见铁锰结核。

2. 理化性状 土壤质地耕层沙黏适中，多为砂质黏壤土或黏壤土，淀积层偏黏，多为壤质黏土。由于淀积层的质地黏重，土壤容重偏大，为1.47 g/cm^3。土壤pH通体无明显变化，耕层多在5.4～7.0，其中，微酸性土壤占38.5%、中性土壤占61.5%。耕层阳离子交换量平均为18.3 cmol/kg，犁底层为197 cmol/kg，淀积层为19.5 cmol/kg。土壤养分含量为中下等水平，耕层平均有机质为

16.2 g/kg、全氮为 0.95 g/kg、全磷为 0.56 g/kg、全钾为 16.7 g/kg、有效磷为 8 mg/kg、速效钾为 122 mg/kg。淀积层平均有机质为 6.7 g/kg、全氮为 0.47 g/kg、全磷为 0.28 g/kg、全钾为 16.4 g/kg。母质层的有机质、全氮、全磷、全钾的含量同淀积层比无显著差异。该土种的养分含量，除全钾通体较一致外，其余均呈逐渐减少的趋势。

3. 典型剖面 采自丹东市东港市马家店乡油坊村，黄土岗地，海拔 65 m，坡度 12°，种植作物玉米。剖面形态特征如下。

Ap1 层：0～17 cm，棕灰色（湿，7.5YR5/2），粒状结构，较松，黏壤土，植物根系多，无石灰反应，pH 为 5.4。

Ap2 层：17～23 cm，棕色（湿，7.5YR4/6），片状，紧，粉砂质黏壤土，植物根系较多，无石灰反应，pH 为 5.3。

AB 层：23～63 cm，黄棕色（湿，10YR5/8），块状结构，紧，黏壤土，植物根系少，无石灰反应，pH 为 5.6。

Bt 层：63～100 cm，淡棕色（湿，7.5YR5/6），核块状结构，紧，粉砂质黏土，有铁锰胶膜和结核及二氧化硅粉末，无石灰反应，pH 为 5.4。

具体理化性状参阅表 5-24。

表 5-24 壤质深淀黄土状棕壤理化性状

采样深度 (cm)	pH	有机质 (g/kg)	全氮 (g/kg)	全磷 (g/kg)	全钾 (g/kg)	容重 (g/cm^3)	总孔隙度 (%)	阳离子交换量 (cmol/kg)	机械组成 (g/kg)			
									0.2～2 mm	0.02～0.2 mm	0.002～0.02 mm	<0.002 mm
0～17	5.4	19.5	1.15	0.16	18.4	1.24	53.2	15.3	43.3	366.3	394.3	196.1
17～23	5.3	7.2	0.62	0.15	18.1	1.35	49.9	14.5	10.9	249.2	559.0	180.9
23～63	5.6	5.3	0.32	0.1	17.1	—	—	—	21.5	327.8	418.5	232.2
63～100	5.4	4.6	0.28	0.01	17.4	—	—	—	12.0	125.0	603.3	259.7

第六章 酸性棕壤 >>>

酸性棕壤是一种盐基不饱和的棕壤，具有较高的酸性，但又无灰化特征。相当于美国土壤分类系统中的不饱和淡色始成土，联合国土壤分类中的不饱和雏形土，世界各国命名不尽相同，但都以盐基不饱和这一特征赋予不同名称，只有日本、匈牙利和罗马尼亚称“酸性棕壤”。1984 年制定的中国土壤分类系统（第二次全国土壤普查分类系统）中划分出酸性棕壤，作为棕壤的一个亚类。山东省在 1984 年的土壤考察报告中划分出酸性棕壤亚类，并在 1986 年出版的《山东省山地丘陵区土壤》一书中进行了详尽论述。1984 年以来，在土壤普查基础上，通过对辽宁棕壤的重点考察，划分出酸性棕壤，并与山东酸性棕壤对比，发现两者具有明显的相似性，因而按全国土壤普查系统将酸性棕壤作为棕壤的一个亚类。

第一节　酸性棕壤区域与中微域分布特点

除大范围的区域性土壤外，在中小地形上，由于成土母质、水文条件与人为改造地形等原因，造成了土壤的中域分布或微域分布。如低山丘陵区，由于河谷的发展，水系多呈枝状伸展，自丘顶至谷底沿水系形成不同土壤组合即枝形土壤组合，在山间盆地与中级平原则常形成扇形土壤组合。

一、辽东半岛和辽西丘陵酸性棕壤区域与中微域分布特点

辽宁酸性棕壤主要分布于辽东、辽西南部海拔 500 m 以上的山地，面积为 27.04 万 hm^2，占棕壤土类面积的 5.4%。成土母质多为花岗岩、片麻岩、混合岩、石英岩等风化物。主要植被多为次生落叶阔叶林，分为暖温性落叶阔叶林和蒙古栎林。

辽东山地丘陵区位于长大铁路以东，为长白山山脉的西南延续部分，包括大连、丹东、本溪、抚顺市的全部和铁岭、辽阳、鞍山、营口市的东部。全区可分为东北部山区和辽东半岛丘陵区两个类型。

在东北部中低山地区，山体较高，沟谷发育明显，水系多呈枝状伸展，山的中上部分布着酸性棕壤。辽东半岛丘陵区主要为低山丘陵，由于山体不高，丘陵上部无酸性棕壤分布。

二、山东省酸性棕壤区域与中微域分布特点

山东省仅划出酸性棕壤 0.20 万 hm^2，对于其他与其有相同生境条件和剖面性状的土壤，因缺少土壤分析资料而归入典型棕壤中，所以实际划出的酸性棕壤面积很小。酸性棕壤零星分布在中低山坡地，分布地势高，植被为郁闭度较大的针叶林或针阔叶混交林，树种有黑松、赤松、赤杨、栓皮栎等；林下灌木和草被均为中生偏湿型，灌木有杜鹃、绣线菊、白檀、野珠兰等，草本有羊胡子草、黄菀、唐松草等。成土母质为花岗岩或片麻岩的坡残积物。

鲁东丘陵区大面积丘陵多在海拔 300 m 以下，呈现出广谷低丘、地形较缓的中老期地貌特征。酸性棕壤亚类分布于低山的茂密林下，在莲花山—孟良崮、蒙山等几条西北—东南走向的片麻岩

为主构成的中低山坡地，酸性粗骨土分布面积较大，在林木生长良好的地方则零星分布着酸性棕壤。

三、西南地区酸性棕壤区域与中微域分布特点

酸性棕壤在西南地区分布面积比较小，仅在贵州和四川省海拔 2 400 m 以上的山地零星分布。中微域分布地域主要在贵州省毕节市的威宁县和六盘水市水城区境内，酸性棕壤在四川省的分布集中在凉山彝族自治州和攀枝花市，在该区域酸性棕壤最大的特点是由于淋溶作用较强，土壤剖面通体呈较强的酸性，pH 一般在 4.8～6.0。

第二节　酸性棕壤主要成土特点与形态特征

在阔叶林、针阔混交林林冠下，由于淋溶水分充足，风化与成土作用产物以及生物循环的成分多被淋失，从而形成酸性风化壳和不饱和土壤，此类不饱和土壤即酸性棕壤。因此，酸性棕壤的剖面分化不明显，酸性强于典型棕壤。

一、酸性棕壤成土特点

酸性棕壤的成土特点是，生物积累和淋溶作用强烈，黏化作用弱。在生物的主导作用下，土壤有机质积累量多，腐殖化特征明显。母质的盐基离子匮乏，且土壤形成过程中盐基离子又经受淋溶，黏粒和氧化铁锰也多随侧渗水而流失，生物积累形成的有机酸加速了土壤的淋溶过程。所以，酸性棕壤有较强的酸性，盐基饱和度低，其理化性状表现出较大差异（山东省土壤肥料工作站，1994）。

（一）生物富集作用

生物富集作用是指土壤在自然植被覆盖后所进行的生物循环过程，酸性棕壤的主要分布区气候温暖湿润，次生落叶阔叶林和灌草生长繁茂。因此，酸性棕壤在森林植被的林冠下，生物富集作用相当强烈。生物积累作用较典型棕壤强烈，有机质含量高，表层可达 50～200 g/kg。而用于耕种的酸性棕壤生物积累作用锐减，表层有机质含量只有 20～30 g/kg，但也高于耕种的典型棕壤。土壤表层形成较厚的腐殖质层，有机质含量高。以辽 23 为例，采自宽甸满族自治县泉山海拔 800 m 处的温性杂木林，其植被组成中乔木有色木槭、紫椴、水曲柳、蒙古栎、核桃楸、裂叶榆、朝鲜槐、三花槭、枫桦、黑桦等。林下灌草茂密，地表凋落物厚 2～3 cm。该剖面 0～13 cm 有机质含量高达 113.5 g/kg，35～74 cm 尚有 10.6 g/kg（贾文锦，1992）。酸性棕壤的元素生物归还特点见表 6-1，元素生物归还率排序为 $CaO>N>P_2O_5>MgO>Na_2O>K_2O>Fe_2O_3>Al_2O_3>SiO_2$。

表 6-1　酸性棕壤的元素生物归还特点

利用方式	项目	SiO_2	Fe_2O_3	Al_2O_3	CaO	MgO	K_2O	Na_2O	P_2O_5	N
温性杂木林	森林凋落物（P，g/kg）	159.7	12.0	39.4	31.6	5.8	7.7	4.4	2.09	13.74
	土壤表层（S，g/kg）	581.9	39.9	133.0	13.1	10.7	22.4	11.8	1.58	6.36
	生物归还率（$P/S\times100$）	27.4	30.1	29.6	241.2	54.2	34.4	37.3	131.0	216.0

（二）淋溶作用

棕壤各亚类的风化淋溶系数有差别，土壤的风化淋溶系数越大，表明风化淋溶作用越弱，土壤的发育程度越弱。棕壤各亚类的风化淋溶系数大小排序为棕壤性土>潮棕壤>典型棕壤>白浆化棕壤>酸性棕壤，其中，酸性棕壤风化淋溶系数最小，即其风化淋溶作用最弱（湖北省土壤肥料办公室等，2015）。酸性棕壤亚类化学组成见表 6-2。

表 6-2 酸性棕壤化学组成

采样地点	采样深度（cm）	SiO_2（%）	Al_2O_3（%）	Fe_2O_3（%）	CaO（%）	MgO（%）	MnO（%）	K_2O（%）	Na_2O（%）	P_2O_5（%）	风化淋溶系数
神农架鸭子口	20～40	62.43	14.69	6.12	0.40	1.31	0.10	2.04	0.79	0.13	0.52
神农架天门垭	22～46	63.68	14.10	8.57	0.59	1.45	0.10	2.62	0.96	0.15	0.64
建始高岩子	3～6	51.67	14.2	5.88	0.43	1.45	0.11	2.15	0.58	0.22	0.55
	6～43	53.43	14.49	6.09	0.32	1.44	0.11	2.29	0.63	0.20	0.53
	43～100	59.60	15.98	6.47	0.27	1.81	0.14	2.61	0.71	0.12	0.57

二、酸性棕壤形态特征

酸性棕壤剖面形态特征概括如下：第一，剖面发生层一般为 A-(Bt)-C 构型，(Bt 层) 发育较差，地表有厚度不等的半腐解状枯枝落叶层，湿度大，其中可见白色菌丝体；第二，腐殖质层厚，一般在 30 cm 左右，呈暗棕色至黑棕色，之下呈棕色至黄棕色；第三，Bt 层发育很弱，野外观察，难以看出黏粒淀积现象；第四，质地粗，为砂质壤土，并含有较多砾石，C 层还含有较多石块。现以实例说明剖面形态特征（贾文锦，1992）。

剖面采自鲁东半岛昆嵛山林场三分场场部东 200 m 处，海拔 290 m，阴坡，植被为覆盖度 70%的赤松林，林下灌木有胡枝子、酸枣等，草本优势种为羊胡子草，母质为花岗岩残坡积物。剖面形态描述如下。

O 层：地表有 1.5 cm 厚的枯枝落叶层。

Ah 层：0～22 cm，灰黄棕色（干，10YR4/2），砂质黏壤土（轻壤土），块粒状结构，较松，根系多，pH 为 5.6。

AB 层：22～43 cm，灰黄棕色（干，10YR4/2），砂质黏壤土（轻壤土），粒状结构，疏松，根系较多，砾石多，pH 为 5.6。

(Bt 层)：43～97 cm，浊黄橙色（干，10YR6/4），砂质黏壤土（轻壤土），块状结构，紧实，砾石多，少根系，pH 为 5.1。

C 层：97～132 cm，浊黄橙色（干，10YR7/4），砂质黏壤土（轻壤土），块状结构，紧实，砾石多，根系极少，pH 为 5.3。

第三节 酸性棕壤主要理化特性

酸性棕壤质地轻，表层都是砂质壤土，全剖面黏粒含量低，砾石含量很高，有的剖面或土层大于 2 mm 的砾石含量可达 50%以上，所以结构呈松散单粒状。呈酸性至微酸性反应，pH 常在 4.5～5.5，是酸性最强的棕壤。酸性棕壤大团聚体含量高，并与有机质含量呈正相关，自表层向下，有机质含量逐渐降低，1～0.25 mm 的团聚体含量也逐渐降低。

一、酸性棕壤主要物理性质

酸性棕壤机械组成（表 6-3）的主要特点如下：第一，质地变化较大，表层为砂质壤土或黏壤土，剖面中部为黏壤土至壤质黏土，土体中砾石含量较典型棕壤高。第二，表层为砂质壤土或壤土，剖面中部为粉砂质壤土，黏粒含量 19.36%～25.9%，黏化率 1.44～1.76，高于上层（10.98%～14.80%）和下层（14.74%～18.20%），表层有黏化层发育（辽 23、辽 19）。第三，表层为砂质壤土或黏壤土，黏粒含量为 10.55%～17.80%，表层以下为黏壤土至壤质黏土，黏粒含量为 22.18%～38.14%，黏化率 1.58～2.97，从表层向下有增加的趋势，即上层黏粒最低，下层黏粒最高，显示有黏化现象（辽 19、辽 22）。第四，自表层开始通体黏壤土至壤质黏土，黏粒含量为 14.07%～40.90%（辽 26、辽 24），黏化率 1.00～1.57。第五，剖面通体为砂质壤土，黏粒分异。由下向上有逐渐增加的趋势，但无黏化现象（辽 26）。薄片观察也证实，辽宁酸性棕壤既有次生黏化，又有淀积黏化现象。例如，辽 22 剖面 Bt1 层的细粒物质为黏粒物质。Bt2 层的基质中呈岛状定向黏粒析离，结构面岩屑外缘有棕色、黄棕色流状泉华，是淀积黏粒胶膜的特征。因此，辽宁酸性棕壤具有黏化层这一特点，有别于欧洲和山东的酸性棕壤。其形成机制是在生物化学风化作用下，钙离子基本被淋失，原生矿物的云母层间钾离子被水解而释出，代之以氢离子，而形成水云母，继而在 Al^{3+}、$Al(OH)^{2+}$ 的影响下，使伊利型黏粒转化为蛭石。这些铝离子中和蛭石上的负电荷，形成岛状复合铝离子 $Al(OH)^{2+}$，而成为抗悬移的凝聚剂，从而黏粒的淋移作用微弱。我们认为，这种现象有两种解释：一是富里酸导致黏粒下移；二是先前土壤形成的残遗淀积导致黏粒相对富集。

表 6－3 酸性棕壤的机械组成

剖面号	采样地点	采样深度（cm）	砾石（%）（粒径>0.2 mm）	机械组成（%）				质地名称	黏化率
				0.2～2 mm	0.02～0.2 mm	0.002～0.02 mm	<0.002 mm		
辽 19	葫芦岛建昌大黑山海拔 850 m	0～5	21.59	14.61	44.61	30.23	10.55	砂质壤土	1.00
		5～18	19.07	16.17	36.20	30.48	17.15	黏壤土	1.63
		18～45	14.68	13.21	39.54	25.07	22.18	砂质黏壤土	2.10
		45～72	12.22	7.08	48.65	18.00	26.27	砂质黏土	2.49
		72～100	12.84	7.58	45.47	15.65	31.30	壤质黏土	2.97
辽 22	鞍山千山海拔 550 m	0～4	7.87	4.90	42.80	34.50	17.80	黏壤土	1.00
		4～15	25.15	9.00	34.60	36.30	20.10	黏壤土	1.13
		15～50	24.20	7.20	25.60	39.10	38.10	壤质黏土	1.58
		50～65	28.35	8.28	28.30	37.20	26.20	壤质黏土	1.47
		65～78	66.83	21.20	23.80	30.10	24.90	黏壤土	1.40
辽 26	丹东宽甸石湖沟海拔 260 m	0～18	0	28.78	26.60	30.50	14.10	砂质壤土	1.00
		18～25	0	20.77	24.22	37.55	17.46	黏壤土	1.24
		25～70	0	27.55	22.74	35.64	14.07	壤土	1.00
辽 24	丹东宽甸大水沟海拔 350 m	0～25	0	4.60	20.80	48.60	26.00	粉砂质黏土	1.00
		25～63	8.06	8.02	22.88	37.40	31.70	壤质黏土	1.22
		63～102	15.38	6.80	16.20	36.10	40.90	壤质黏土	1.57
		102～200	18.46	5.03	23.17	35.50	36.30	壤质黏土	1.40

酸性棕壤微团聚体组成有两个显著特点：一是大团聚体含量高，如表 6－4 所示，直径为 0.25～1 mm 和 0.05～0.25 mm 的团聚体含量分别为 35%～50%和 8%～21%；二是大团聚体含量与有机质含量呈正相关，自表层向下，有机质含量渐低，0.25～1 mm 的团聚体含量也逐渐降低。

表 6－4 酸性棕壤的水稳性微团聚体组成

采样地点	采样深度（cm）	有机质（g/kg）	颗粒组成（%）					
			0.25～1 mm	0.05～0.25 mm	0.01～0.05 mm	0.005～0.01 mm	0.001～0.005 mm	<0.001 mm
牟平昆嵛山林场三分场	0～21	59.7	49.6	17.7	22.8	3.3	4.1	2.5
	21～43	40.3	48.4	17.8	21.0	4.6	5.7	2.5
	43～97	15.2	36.9	21.7	21.3	7.0	8.2	4.9
	97～132	6.5	34.7	9.3	33.9	7.0	10.6	4.5

二、酸性棕壤主要化学性质

酸性棕壤的 pH 及其交换性能的主要特点如下（表 6－5）。第一，呈酸性至微酸性反应，pH 通常在 4.5～5.5，是酸性最强的棕壤。第二，交换量变化很大，为 3.77～42.8 cmol/kg，以表层交换量为最高，为 19.14～42.8 cmol/kg，但表层以下的心土层明显降低，为 7.4～18.6 cmol/kg，显然这与有机质含量有关，耕种酸性棕壤因有机质含量低取决于土体中黏粒含量。第三，交换性盐基总量除表层外，通常小于 10 cmol/kg，低于典型棕壤，剖面中的 A（B）和（B）层的交换性盐基总量通常低于上层，而盐基饱和度往往低于上层和下层。因此，酸性棕壤饱和度较低，除表层外，通常均低于 50%，属于盐基不饱和土壤。值得注意的是，辽 24 和辽 26 剖面的盐基饱和度高于其他酸性棕壤，且底土盐基饱和（大于 50%），这与饱和硅铝酸盐母质有关。第四，交换性盐基组成以 Ca^{2+} 为主，Mg^{2+} 次之，K^{+} 和 Na^{+} 很少。辽 23 剖面 0～13 cm 阳离子交换量高达 42.8 cmol/kg，表明在生物循环的强烈影响下，交换性碱土金属大量表聚，不断中和土壤的酸性，使黏土矿物免遭蚀变，从而阻止了灰化过程。第五，水解性酸含量较高，为 5.03～22.77 cmol/kg，大于典型棕壤。第六，交换性酸含量高于棕壤其他亚类，多为 0.5～7.5 cmol/kg，其中交换性 Al^{3+} 通常大于交换性 H^{+}。由此可见，酸性棕壤的酸度是由交换性 Al^{3+} 贡献的。

表 6－5　酸性棕壤的 pH 及其交换性能

剖面号	采样地点	采样深度（cm）	pH		阳离子交换量	交换性盐基（cmol/kg）					水解性酸（cmol/kg）	交换性酸（cmol/kg）			盐基饱和度（%）
			水浸	盐浸	（cmol/kg）	Ca^{2+}	Mg^{2+}	K^{+}	Na^{+}	总量		H^{+}	Al^{3+}	总量	
辽 23	宽甸泉山	0～13	6.0	5.0	42.80	23.33	2.78	0.47	0.16	26.74	16.06	0.04	0.10	0.14	62.48
		13～35	5.1	3.9	17.62	3.60	1.03	0.12	0.21	4.96	12.76	3.02	2.19	5.21	28.15
		35～74	5.1	4.1	11.97	1.54	0.27	0.14	0.18	2.13	9.84	2.46	1.31	3.77	17.79
		74～115	4.9	1.0	3.77	0.40	0.10	0.16	0.37	1.03	2.80	0.59	1.03	1.62	28.33
辽 26	宽甸石湖沟杨木	0～18	5.9	4.8	19.14	6.49	0.87	0.24	0.08	7.68	11.56	0.08	0.11	0.19	39.92
		18～25	5.9	4.7	16.43	5.63	0.65	0.17	0.08	6.53	9.90	0.06	0.04	0.10	39.94
		25～70	5.5	4.1	11.74	4.26	0.94	0.24	0.09	5.53	6.21	0.35	0.54	0.89	47.10
		70～175	5.4	3.8	24.60	5.95	2.21	0.32	0.19	8.67	15.93	0.38	0.67	1.05	35.24
		175～200	5.4	4.0	17.45	7.07	2.91	0.38	0.19	10.55	6.05	0.53	0.35	0.88	65.33
辽 24	宽甸大水沟	0～25	6.1	5.1	20.83	7.70	2.77	0.23	0.15	10.85	9.79	0.03	0.22	0.25	53.00
		25～63	5.9	4.7	26.00	6.74	3.22	0.15	0.46	10.57	15.23	0.08	0.67	0.77	41.42
		63～102	5.9	4.7	26.91	6.93	4.77	0.78	0.57	13.05	13.65	0.02	0.34	0.36	49.24
		102～200	5.3	5.1	26.29	8.52	5.65	1.08	0.58	15.83	10.45	0.04	0.22	0.26	60.25

酸性棕壤的土体化学全量分析结果（表 6－6）表明，第一，碱土金属和碱金属淋溶作用较典型棕壤强，CaO 和 MgO 的平均含量分别为 6.0 g/kg 和 16.9 g/kg。而 K_2O 和 Na_2O 平均含量分别为 24.9 g/kg 和 19.3 g/kg。值得注意的是，CaO 表聚现象明显，辽 22 剖面 13.8 g/kg。第二，Al_2O_3 和 Fe_2O_3 在剖面中有积累现象，表明具有某些弱灰化特征。第三，TiO_2 含量多为 5.9～8.8 g/kg，因成土母质不同而异，全剖面各层段 TiO_2 含量近似，表明成土母质一致，但表土 TiO_2 含量大多小于心土层。第四，土体 Al_2O_3 和 Fe_2O_3 含量较母岩有所增多，而 SiO_2 含量相应减少。第五，土体碱土金属较母岩均有增加。辽 24 剖面土体 CaO 较母岩（玄武岩）有所减少，而 MgO 有所增多。辽 22、辽 24 土体 Na_2O 含量低于花岗岩和玄武岩。第六，P_2O_5 有表聚现象，其中辽 26 剖面较为突出，其含量为 1.89 g/kg。第七，土体硅铝铁率和硅铝率的平均值分别为 6.08 和 7.36。值得注意的是，辽 24 剖面的硅铝铁率和硅铝率的剖面加权平均值分别为 2.20 和 3.12，明显偏低，这与母岩（玄武岩）有关。

表 6-6 酸性棕壤土体化学组成

剖面号	采样地点	成土母质	采样深度 (cm)	烧失量 (g/kg)	化学组成* (g/kg)										
					SiO_2	Al_2O_3	Fe_2O_3	CaO	MgO	TiO_2	MnO	K_2O	Na_2O	P_2O_5	总量
辽 23	宽甸泉山 海拔 800 m	砾岩残积母质	0~13	181.5	710.9	162.5	48.7	16.0	13.1	8.8	0.73	27.0	14.4	1.93	1 003.7
			13~35	81.2	707.1	166.8	51.8	6.0	12.1	6.6	0.58	26.7	13.2	0.85	993.6
			35~74	59.6	694.2	781.4	56.4	4.1	13.5	9.8	0.54	28.1	11.8	0.53	999.1
			74~115	50.5	678.9	188.8	58.7	3.2	13.8	5.8	0.61	32.0	11.5	0.56	997.3
			$\overline{X}$	74.2	693.1	179.1	55.5	5.5	13.3	6.4	0.60	29.1	12.3	0.76	998.1
辽 22	鞍山千山 海拔 550 m	花岗岩残坡积物	0~4	114.6	720.9	143.8	49.9	13.9	11.5	6.5	0.84	30.5	22.9	0.96	1 001.8
			4~15	56.2	743.7	137.6	40.5	6.3	9.1	6.1	0.30	28.9	22.9	0.46	995.8
			15~52	43.6	713.0	167.2	48.9	3.1	10.4	6.5	0.36	27.7	17.9	0.38	995.4
			52~67	38.0	725.6	151.2	44.9	3.1	9.7	5.8	0.31	32.2	20.4	0.33	993.1
			67~80	36.6	725.5	163.2	34.8	2.0	6.6	3.7	0.20	40.6	26.1	0.34	1 002.1
			$\overline{X}$	46.7	722.8	157.6	44.5	3.9	9.5	5.8	0.34	30.9	20.6	0.40	996.3
			岩石	38.4	773.9	141.8	18.8	0.7	1.1	0.8	0.10	40.0	36.2	0.35	996.6
辽 24	宽甸大水沟 海拔 350 m	玄武岩残坡积物	0~25	79.2	648.0	185.5	93.9	6.5	21.5	14.8	1.81	19.2	10.1	2.18	1 003.6
			25~63	95.1	473.3	259.3	170.7	9.1	38.8	28.8	2.53	9.4	5.3	2.64	999.9
			63~102	100.5	465.8	280.2	169.2	4.0	29.7	29.9	2.65	8.1	3.7	2.40	995.6
			102~120	92.4	429.6	256.4	184.3	12.2	57.4	32.1	2.66	12.3	6.2	3.58	996.8
			$\overline{X}$	92.8	472.3	256.7	167.5	9.3	44.0	28.9	2.53	11.8	6.0	3.00	998.0
			半风化物	31.0	457.5	206.4	139.4	55.0	75.3	24.9	1.94	11.2	24.3	2.71	998.6
			岩石	499.6	499.6	153.8	110.9	81.0	17.6	73.4	1.48	20.6	33.2	4.91	996.5

* 化学组成指各成分在灼烧土中的含量。

酸性棕壤的黏粒化学组成具有如下特点（表 6-7）。第一，黏粒 CaO 平均含量为 2.1 g/kg，较土体少很多，表明土体中大量的 CaO 并非存在于黏粒部分。第二，黏粒 MgO 平均含量 21.3 g/kg，较土体高，表明黏粒部分有较多的 MgO，是以硅酸盐的形态而存在。第三，土体铁铝氧化物在剖面中有积聚现象，黏粒铁铝氧化物亦呈同样趋势，硅铝铁率和硅铝率上下变化明显，(B) 层的较低。酸性棕壤 SiO_2 的平均值（546.7 g/kg）略低于典型棕壤（561.9 g/kg）；Al_2O_3 和 Fe_2O_3 的平均值分别为 251.2 g/kg 和 99.8 g/kg；硅铝铁率和硅铝率的平均值分别为 2.70 和 3.32，略低于典型棕壤（2.89 和 3.57）。第四，因成土母质的变异而致硅铝铁率和硅铝率有微小差异。按剖面加权平均值排序：石英岩（辽 18）>黄黏土（辽 26）>花岗岩（辽 23）>砾岩（辽 23）>玄武岩（辽 24），说明其值越大黏化作用强度越小，反之则越大。第五，黏粒 TiO_2 剖面加权平均值为 8.1~18.5 g/kg，平均值为 11.0 g/kg，较土体高，表明黏粒部分有较多的 TiO_2。TiO_2 的剖面分异也是表土小于心土。第六，据 X 衍射线分析，黏土矿物以蛭石-绿泥石和水云母为主，并有一定量高岭石。

表 6-7 酸性棕壤黏粒（<0.002 mm）的化学组成

剖面号	采样地点	采样深度 (cm)	烧失量 (g/kg)	化学组成* (g/kg)										
				SiO_2	Al_2O_3	Fe_2O_3	CaO	MgO	TiO_2	MnO	K_2O	Na_2O	P_2O_5	总量
辽 18	庄河步云山 海拔 900 m	0~7	103.4	588.3	245.0	103.2	3.1	20.3	8.3	0.50	20.4	4.6	5.24	1 001.3
		7~12	100.2	572.3	249.5	108.4	2.7	20.3	12.1	0.63	24.2	4.7	5.22	1 000.2
		12~31	104.5	559.5	252.0	121.4	1.9	18.6	10.5	0.61	22.6	4.7	7.16	998.9
		31~102	106.5	575.8	247.5	118.1	1.4	18.8	11.8	1.03	21.8	4.0	6.41	1 006.3
		$\overline{X}$	105.6	573.5	248.3	117.2	1.7	18.9	11.3	0.90	22.0	4.1	6.41	1 004.3

（续）

剖面号	采样地点	采样深度 (cm)	烧失量 (g/kg)	化学组成* (g/kg)										
				SiO_2	Al_2O_3	Fe_2O_3	CaO	MgO	TiO_2	MnO	K_2O	Na_2O	P_2O_5	总量
辽 26	宽甸石湖沟 海拔 260 m	0～18	88.9	546.8	291.7	89.3	1.8	19.5	8.6	0.73	24.1	3.5	8.34	994.5
		18～25	85.3	553.2	299.4	90.2	1.9	21.1	8.6	0.86	23.8	3.5	5.49	1 011.4
		25～70	92.2	536.8	297.8	98.3	1.7	21.2	9.5	0.95	27.7	3.1	2.96	998.3
		70～175	83.7	557.7	283.0	95.0	1.7	18.7	7.7	0.94	23.4	2.0	3.81	994.0
		175～200	83.9	587.2	264.5	88.6	1.1	18.0	8.0	0.92	23.8	2.5	40.2	998.7
		$\bar{X}$	83.8	562.9	279.6	90.4	1.5	19.7	8.2	0.90	23.7	2.6	47.0	996.1
辽 24	宽甸 大水沟 海拔 350 m	0～25	169.0	520.5	316.7	81.1	1.7	23.7	14.5	1.11	28.3	3.9	5.32	996.7
		25～63	158.3	517.6	334.9	80.6	1.0	15.2	16.7	1.06	20.9	3.5	8.10	999.5
		63～102	152.2	512.9	337.2	79.7	1.0	13.1	18.3	1.04	17.1	3.5	7.44	991.3
		102～200	140.8	490.5	326.9	78.4	1.0	10.9	20.2	0.80	14.1	4.6	4.13	951.7
		$\bar{X}$	149.9	503.8	329.2	79.4	1.1	13.7	18.5	0.93	17.8	4.1	5.68	974.1

* 化学组成指各成分在灼烧土中的含量。

第四节　酸性棕壤主要土属与土种

酸性棕壤根据母质类型可续分为硅铝质酸性棕壤和坡积酸性棕壤两个土属，然后再根据腐殖质层厚度续分为不同土种。现以典型剖面阐明土属和土种的典型特征。

一、厚层硅铝质酸性棕壤

厚层硅铝质酸性棕壤，简名“山酸黄土”，属棕壤土类酸性棕壤亚类硅铝质酸性棕壤土属。该土种主要分布在辽东、辽南地区的丹东、抚顺、本溪、铁岭、大连等市，尤以丹东、抚顺两市较为集中。所处地势为石质低山的中下部，海拔 600 m 以上。母质为花岗岩残坡积物。原生植被为沙松、红松针阔叶混交林，经人为破坏后形成温性杂木林，其中有蒙古栎、色木槭、水曲柳、花曲柳、紫椴、核桃楸、朝鲜槐、裂叶榆、三花槭、桦等，郁闭度 0.9，地表有 2～3 cm 厚的凋落物层（贾文锦，1992）。

1. 形成及特征　该土种的成土母质为花岗岩、片麻岩的残坡积物，土体中含砾石和石块。气候湿润、冷凉，主要植被多为次生落叶阔叶林。典型剖面的基本土层由腐殖质层（Ah 层）、弱淀积层（Bt 层）组成，已耕种的腐殖质层分化出耕层（Ap 层）。该土种地表植被生长茂盛，生物积累强烈，形成了深厚的腐殖质层，其厚度一般在 30 cm 以上，呈黑色，粒状结构，松软，有弹性。淀积层发育不明显，黏粒及铁锰的淀积微弱。已耕种的土壤，耕层颜色变浅，呈棕色至黄棕色，粒块状结构，稍紧。

2. 理化性状　该土种是一种盐基不饱和的土壤，具较高的酸性，pH 除表层外，其下层次均低于 5.5。表土层盐基饱和度在 53%～80%；淀积层明显较低，一般小于 50%。腐殖质层土壤质地多为壤土，黏粒的含量小于 15%，砾石含量较高，通体在 20%左右。各种养分中有机质含量较高，腐殖质层可高达 100 g/kg，可见，该土种的有机质含量高于棕壤土类的任何土种；磷的含量较缺乏，全磷通体在 0.2～0.35 g/kg，有效磷表土层也仅为 9 mg/kg；钾的含量丰富，通体无明显差异，均在 20 g/kg左右。阳离子交换量腐殖质层高达 42.8 cmol/kg，向下明显降低，淀积层仅为 11.9 cmol/kg。

3. 典型剖面　采自丹东市宽甸满族自治县泉山中上部，海拔 800 m，花岗岩残坡积物，植被为阔叶杂木林。剖面形态特征如下。

Ao层：0～13 cm，黑色（湿，7.5YR2/1），壤土，砾石含量190 g/kg左右，粒状结构，疏松，多草本植物根系，pH为6.0。

Ah层：13～35 cm，浊棕色（湿，7.5YR5/4），粉砂质黏壤土，砾石含量240 g/kg左右，屑粒状结构，稍紧实，多木本植物根系，pH为5.1。

Bt层：35～74 cm，亮棕色（湿，7.5YR5/6），粉砂质黏壤土，碎块状结构，稍紧实，木本植物根系较多，pH为5.1。

C层：74～115 cm，浊橙色（湿，7.5YR7/4），黏壤土，砾石含量760 g/kg，碎块状结构，稍紧实，植物根系少，pH为4.9。

具体理化性状参阅表6-8。

表6-8 厚层硅铝质酸性棕壤理化性状

采样深度（cm）	pH	有机质（g/kg）	全氮（g/kg）	全磷（g/kg）	全钾（g/kg）	有效磷（mg/kg）	速效钾（mg/kg）	阳离子交换量（cmol/kg）	机械组成（g/kg）			
									0.2～2 mm	0.02～0.2 mm	0.002～0.02 mm	<0.002 mm
0～13	6	113.5	6.36	0.69	18.6	9	150	42.8	46	371	435	148
13～35	5.1	27.8	1.83	0.34	20.3	4	74	17.6	78	198	462	262
35～74	5.1	10.6	1.02	0.22	21.9	3	80	11.9	105	178	458	259
74～115	4.9	2.5	0.23	0.23	25.2	1	38	3.8	247	171	400	182

二、中腐坡积酸性棕壤

中腐坡积酸性棕壤，属于棕壤土类酸性棕壤亚类坡积酸性棕壤土属。该土种主要分布在辽东地区的丹东、抚顺、本溪、铁岭等市。所处地势为低山丘陵的中下部，海拔500 m以上，母质为岩石风化残积和黄土状坡积物。植被为针阔叶混交林，或经人为破坏后形成的温性杂木林，郁闭度0.9，地表有2～3 cm厚的凋落物层。

1. 形成及特征 该土种的成土母质为坡积物，土体中含砾石和石块。典型剖面的基本土层由腐殖质层（Ah层）、弱淀积层（Bt层）和母质层（C层）组成。该土种地表植被生长茂盛，生物积累强烈，形成了深厚的腐殖质层，其厚度一般在20～40 cm，呈黑色，粒状结构，松软，有弹性感。淀积层发育不明显，黏粒及铁锰的淀积微弱。

2. 理化性状 该土种是一种盐基不饱和的土壤，具较高的酸性，pH除表层外，其下层次均低于5.5。盐基饱和度，表土层在53%～80%；淀积层明显较低，一般小于50%。腐殖质层土壤质地多为壤土，黏粒的含量小于15%。各种养分含量有机质较高，腐殖质层可高达100 g/kg；磷的含量较缺乏，全磷通体在0.2～0.35 g/kg，有效磷表土层也仅为9 mg/kg；钾的含量丰富，通体无明显差异，均在20 g/kg左右。

3. 典型剖面 采自辽宁省宽甸满族自治县石湖沟杨木高阶地上，成土母质为黄土状坡积物，地下水位深，排水良好。目前，主要种植玉米、大豆等。剖面形态特征如下。

Ap1层：0～18 cm，灰黄棕色（干，10YR6/2），暗黄棕色（湿，10YR5/3），砂质壤土，粒屑状结构，疏松，pH为5.9。

Ap2层：18～25 cm，灰棕色（干，10YR7/3），浊黄橙色（湿，10YR6/3），黏黄土，粒块状结构，根系较少，稍紧实，pH为5.9。

Bt层：25～70 cm，黄橙色（干，7.5YR8/4），亮黄棕色（湿，10YR7/6），壤土，碎块状结构，有少量铁锰斑，根系少，稍紧实，pH为5.5。

C1层：70～175 cm，浊橙色（干，7.5YR7/4），浊橙色（湿，7.5YR6/4），黏壤土，块状结构，有极少的铁锰胶膜，紧实，pH为5.4。

C2层：175～200 cm，橙色（干，5YR5/8），亮红棕色（湿，5YR5/8），黏壤土，块状结构，结构面有少量铁锰胶膜，紧实，pH为5.4。

第七章 潮棕壤 >>>

潮棕壤又称草甸棕壤，除具棕壤典型特征外，在成土过程中还受地下水升降活动的影响，土体下部形成锈纹、锈斑，这是潮棕壤有别于其他棕壤亚类的主要特征（全国土壤普查办公室，1998）。

第一节　潮棕壤区域与中微域分布特点

潮棕壤主要分布在山前平原和河谷高地。成土母质为坡积物、冲积物、洪积物和黄土状沉积物。面积 120.43 万 hm^2，占棕壤土类面积的 5.98%，绝大部分已垦为旱耕地。

一、辽宁省潮棕壤区域与中微域分布特点

辽宁省潮棕壤广泛分布于棕壤分布区的丘陵坡地和山前倾斜平原，面积为 79.24 万 hm^2，占棕壤土类面积的 15.8%。潮棕壤开发历史悠久，多被垦为耕地，以种植玉米、大豆和棉花为主，是辽宁棕壤中重要的耕种土壤。潮棕壤分布区也是粮、棉、油主要产区。

在东北部中低山地区，山体较高，沟谷发育明显，水系多呈枝状伸展，沿水系自山顶至谷底发育的土壤多为枝状分布，土壤组合具有明显的规律性。在山的坡脚或缓坡平地上，受侧流水和地下水的影响，形成了潮棕壤，呈窄条带状，面积较少。辽东半岛丘陵区主要为低山丘陵，由于山体不高，自丘陵中部向下至谷底发育的土壤与辽东北山地区大体相同，形成潮棕壤。

医巫闾山和松岭山地东麓低山丘陵区，成土母质多为酸性结晶岩类和基性结晶岩类风化物及其黄土状母质，所以土壤呈以棕壤为主的枝状分布。低山丘陵坡脚平地分布窄条状潮棕壤。在北部低丘漫岗区（包括昌图—法库—彰武一带），地势起伏不平，丘陵平地相间，沙丘沙地相间，坡度平缓，土壤类型比较复杂，在丘陵漫岗下部分布着潮棕壤。

二、山东省潮棕壤区域与中微域分布特点

山东省潮棕壤面积 34.59 万 hm^2，其中耕地 31.38 万 hm^2，是棕壤土类中垦耕率最高的亚类。

潮棕壤主要分布在中低山、丘陵的低缓坡麓和山前平原，其上常与棕壤相接。鲁东丘陵区绝大多数低山丘陵坡麓地带向下延展很短距离即在丘陵间平缓处有潮棕壤分布，无石灰反应，多呈枝状分布，在北部山前平原中下部有较大面积的潮棕壤分布。在鲁东丘陵区与鲁中南山地丘陵之间的胶莱河平原，从河谷平原腹地向两侧有潮棕壤分布。泰山南麓有山东省最大的山前冲积扇平原，其上分布着潮棕壤。在莲花山—孟良崮、蒙山等几条西北—东南走向的以片麻岩为主构成的中低山坡地，酸性粗骨土分布面积较大，但其相邻山系之间的谷地或盆地上常出现潮棕壤。

三、河北省潮棕壤区域与中微域分布特点

河北省潮棕壤面积不大，主要分布在秦皇岛市郊区低山丘陵的山间平原或缓坡地带，其总面积为 494.47 hm^2，其中耕地面积为 379.27 hm^2；在承德市围场满族自治县山地沟谷的高阶地也有

零星分布。现已全部开垦为农田，有机质积累较少，种植玉米、小麦、蔬菜等农作物。根据不同的土壤质地和土体构型，低山丘陵的山间平地集中分布着蒙金潮棕壤，缓坡集中分布着黏性潮棕壤。

洪冲积母质发育的潮棕壤，集中分布在秦皇岛市滨海低山丘陵的山间平原，是粮食和蔬菜生产基地。其特点是，土层深厚，底土黏重，地下水位较浅，一般 1.5～3 m，水源丰富。由于长期灌溉和耕种，施肥量大，特别是速效性化肥施用量较高，故表现为土壤的潜在养分含量不高而速效养分含量水平却不低的趋向。

第二节　潮棕壤主要成土特点与形态特征

潮棕壤是发育在坡积洪积物、淤积物和黄土状母质上的棕壤，是棕壤向草甸土过渡的类型。土体构型为 Ah－Bt－C 型，耕作土壤一般为 Ap1－Ap2－Bt－C 型。由于所处地形部位较典型棕壤和白浆化棕壤低，其土壤形成受侧流水影响，土体中含有锈斑，发育在坡积物上的潮棕壤，有的还含有铁子、铁管或铁盘层。

一、潮棕壤主要成土特点

潮棕壤在成土过程中，除“棕化”外，还受地下水（或侧流水）影响，故土体下部常有锈纹、锈斑和铁锰结核，这是潮棕壤的主要特征。其他基本性状与典型棕壤相同。

（一）淋溶过程和黏粒淀积过程

淋溶过程是指母岩风化和成土过程中产生的钾、钠、钙、镁元素等易溶性盐分，随着降水下渗移向深层和排离土体的过程。

潮棕壤土体化学组成与典型棕壤相似，CaO、MgO、K_2O 含量都较高，各层次间变化很小。受黏粒淋淀影响，SiO_2 自上而下减少，Fe_2O_3 和 Al_2O_3 自上而下增加。从表 7－1 可以看出，潮棕壤小于 0.001 mm 黏粒的硅铝铁率、硅铝率、硅铁率分别为 2.46、3.16、11.40。剖面各层次之间分子率无大差异，也说明潮棕壤黏化作用和淋溶淀积作用相对较弱。

表 7－1　潮棕壤黏粒（<0.001 mm）分子率

土壤类型	统计项	SiO_2/R_2O_3	SiO_2/Al_2O_3	SiO_2/Fe_2O_3
潮棕壤	平均值±标准差	2.46±0.11	3.16±0.16	11.40±0.86
	变异系数	4.53	5.12	7.52
	统计系数	12	12	12

（二）有机质积累过程

潮棕壤与耕种棕壤的养分含量相比，有机质含量高，耕层有机质含量通常在 17～30 g/kg，而耕种棕壤为 6.7～15.0 g/kg，尤其心土层有机质含量高达 8.4～17.0 g/kg，大于耕种棕壤（2.2～3.5 g/kg），表明潮棕壤熟化层较深厚（表 7－2）。潮棕壤的元素生物归还率排序为 N>P_2O_5>CaO>K_2O>MgO>Na_2O>Fe_2O_3>Al_2O_3>SiO_2。

表 7－2　潮棕壤的元素生物归还特点

采样地点	利用方式	项目	SiO_2	Fe_2O_3	Al_2O_3	CaO	MgO	K_2O	Na_2O	P_2O_5	N
乳山市	温性杂木林	植物（P，g/kg）	2.16	0.56	0.56	1.82	0.49	1.57	0.73	0.610	1.326
		土壤表层（S，g/kg）	65.5	3.84	16.50	1.14	2.11	2.48	3.44	0.165	0.048
		生物归还率（$P/S\times100$）	3.3	14.6	3.4	159.6	23.2	63.3	21.2	369.7	2 752.5

（三）潴育化过程

潴育化过程是指土壤形成中的氧化还原过程，主要发生在直接受地下水浸润的土层中。由于地下水位常呈周期性升降，土体中的干湿交替比较明显，土壤中氧化还原反复交替，从而引起土壤中变价的铁锰物质淋溶与淀积，结果在土体中出现锈纹、锈斑、铁锰结核和红色胶膜层，称为潴育层（黄昌勇等，2010）。潮棕壤由于地形起伏和缓，具有一定的坡度，地面并不积水，但表层却水分饱和。当雨季和春季冻融时，土壤上层形成季节性滞水，通过下渗、侧流和就地蒸发，水分迅速减少，土壤又处于干燥状态。如此反复，土壤经常处于干湿交替状态。潮棕壤土壤水分条件较好，地下水位（或侧流水位）在 3～5 m，而耕种棕壤多在 10 m 以下，有的深达 100～400 m。

二、潮棕壤主要形态特征

潮棕壤土体深厚，与典型棕壤的典型剖面相比，最主要的特征是下部出现具有锈色斑纹的潴育层。由于熟化程度高，其耕层较厚，一般在 15～25 cm。潮棕壤的黏化作用比典型棕壤弱，总面积中有 47.2%未形成明显的黏粒淀积层，剖面为均质型，具有淀积层的潮棕壤面积占总面积的 52.8%，淀积层的黏粒胶膜和棱柱状结构也不如典型棕壤明显。现以典型剖面说明潮棕壤的形态特征。

剖面于 1988 年 4 月采自牟平县大窑乡宁家疃村南 50 m，地形为山前洪积平原下部，海拔 31.2 m，母质为花岗岩洪冲积物，种植玉米、小麦，一年两作，附近亦种植有花生、蔬菜和葡萄，田间杂草有荠菜、马齿苋等，地势平坦，潜水埋深 8.5 m，机井灌溉，耕作精细，粮食每 667 m^2 产量 800 kg 左右。该剖面属浅淀砂质洪冲积潮棕壤土种。剖面形态特征如下。

Ap1 层：0～20 cm，浊黄橙色（干，10YR6/4），砂质壤土（轻壤土），偶见小砾石（2～3 mm），粒状至团块状，润、松，多量孔隙，中量根系，有鼠洞，有瓦块、炉渣侵入体，无石灰反应。

Ap2 层：20～35 cm，浊黄橙色（干，10YR6/4），黏壤土（中壤土），块状结构，润，稍紧，几乎不见小孔隙，中量虫穴，有瓦块、石块（5 cm）侵入体，无石灰反应。

Bt 层：35～69 cm，浊棕色（干，7.5YR5/4），壤质黏土（重壤土），棱块状结构，潮，紧实，铁子多，多量铁锰斑，黏粒胶膜明显，少量锈纹、锈斑，极少量小孔，根系少，无石灰反应。

BC 层：69～80 cm，浊棕色（干，7.5YR5/4），壤质黏土（重壤土），棱块状，潮，紧实，铁子较上层略少，铁锰胶膜也少于上层，黏粒胶膜明显，锈纹、锈斑增多，极少量小孔，无根系，无石灰反应。

C1 层：80～112 cm，浊棕色（干，7.5YR5/3），黏壤土（重壤土），大块状结构，潮，紧实，铁子少，黏粒胶膜不明显，锈纹、锈斑多，无孔隙，无石灰反应，与上层过渡明显。

C2 层：112～120 cm，浊棕色（干，7.5YR5/3），壤质黏土（重壤土），大块状结构，湿，紧实，铁子少，黏粒胶膜少，锈纹、锈斑多，无石灰反应。

第三节　潮棕壤主要理化特性

潮棕壤表层质地多为砂质黏壤土（相当于卡庆斯基制的轻壤土），占潮棕壤总面积的 82.7%，余者表层质地为黏壤土和砂质壤土。黏淀层质地一般为壤质黏土或黏壤土。土壤机械组成中含一定量的砾石，主要是含石英的岩石碎屑。土壤中细沙和粗沙含量较高，所以通气性、透水性较好。潮棕壤水稳性微团聚体以 0.05～0.01 mm 的含量最高，其次是 1～0.25 mm 和 0.25～0.05 mm 的微团聚体含量较高，表现出较好的水稳性微团聚体结构特点。

潮棕壤土壤有机质和养分含量较高，耕层有机质平均为 10.2 g/kg。土壤全氮、有效磷、速效钾含量高于其他棕壤亚类，速效钾含量因质地不同而有较大差异。土壤有效硼、有效锌、有效铁和有效锰的平均含量也高于其他棕壤亚类和全省土壤的平均值。pH 在 5.5～7.0，盐基饱和度在 80%以上，水解性酸和交换性酸含量相对较低。由于受人为耕作的影响，复盐基现象比较普遍。

一、潮棕壤主要物理性质

潮棕壤的机械组成特点是，表土层（耕层）多为砂质壤土至黏壤土，黏粒含量 8.81%～24.30%。心土层质地为黏壤土质壤黏土，黏粒含量 25%～40%，黏化率>1.5。土壤机械组成中含一定量的砾石，主要是含石英的岩石碎屑。土壤中细沙和粗沙含量较高，所以通气性、透水性较好。从表 7-3 中可知，潮棕壤的水稳性微团聚体以 0.01～0.05 mm 的含量较高，其次是 0.25～1 mm 和 0.05～0.25 mm 的微团聚体含量较高，表现出较好的水稳性微团聚体结构特点。这种上轻下黏的质地剖面构型，被称为"蒙金地"，部分发育为洪积和洪冲积母质的潮棕壤。

表 7-3　潮棕壤水稳性微团聚体组成

采样地点	采样深度（cm）	机械组成（%）					
		0.25～1 mm	0.05～0.25 mm	0.01～0.05 mm	0.005～0.01 mm	0.001～0.005 mm	<0.001 mm
威海文登泽头镇林村	0～25	34.2	20.7	32.0	5.1	6.8	1.2
	25～45	26.0	14.1	41.4	8.7	9.0	0.8
	45～64	11.3	21.5	43.7	8.9	11.3	3.3
	64～79	17.0	13.3	39.8	5.9	12.9	11.1
	>79	15.3	14.7	39.0	5.8	14.6	10.6

由表 7-4 可见，潮棕壤的机械组成有以下特点。第一，质地偏黏，多为黏壤土或壤质黏土，少数为粉砂质黏土。第二，黏粒含量在 21%～42%，其中耕层黏粒较少（8.81%～24.30%），心土层黏粒明显增多（25.74%～41.29%），底土层较心土层略低（23.08%～37.60%），但高于耕层。值得注意的是，辽 39 剖面的耕层黏粒很低，只有 8.81%，由表层向下黏粒递增，底土层则高达 28.30%，此乃埋藏土的心土层所致。第三，剖面中部具有明显的黏化层，其黏化率在 1.31～3.21。第四，发育于坡洪积母质的潮棕壤，土体中含有较多的砾石（辽 40、辽 180）。

表 7-4　潮棕壤的机械组成

剖面号	采样地点	采样深度（cm）	砾石（%）>2.0 mm	机械组成（%）				质地名称	黏化率
				0.2～2.0 mm	0.02～0.2 mm	0.002～0.02 mm	<0.002 mm		
辽 40	辽阳宏伟兰家镇石灰窑子村	0～11	14.50	14.56	36.96	27.08	21.40	黏壤土	1.00
		11～54	12.28	6.70	36.80	28.50	28.00	黏壤土	1.31
		54～76	6.92	4.26	39.39	27.44	28.91	黏壤土	1.35
		76～98	8.69	10.76	36.86	28.91	23.47	黏壤土	1.10
		98～120	12.26	9.60	31.72	35.60	23.08	黏壤土	1.08
辽 39	辽阳灯塔张台子洪家村	0～15	1.39	1.69	44.85	44.65	8.81	壤土	1.00
		15～24	0.02	1.49	42.87	35.55	20.09	黏壤土	2.28
		24～56	0.04	1.80	47.71	37.72	22.78	黏壤土	2.58
		56～95	0.01	1.80	25.93	46.53	25.74	粉砂质黏土	2.92
		95～120	0.03	1.99	30.69	39.01	28.31	壤质黏土	3.21
辽 180	锦州太和营盘乡	0～17	4.10	8.37	46.29	23.59	21.76	黏壤土	1.00
		17～21	1.98	3.96	32.02	43.08	20.95	黏壤土	0.96
		21～46	2.68	2.98	21.19	29.36	36.48	壤质黏土	1.68
		46～90	8.51	6.99	30.20	21.52	41.29	壤质黏土	1.90
		90～120	3.93	4.91	37.32	21.91	35.87	壤质黏土	1.65

二、潮棕壤主要化学性质

潮棕壤多已垦殖利用，由于受人为耕作的影响，复盐基现象比较普遍。在垦殖前土壤呈微酸性或酸性，盐基饱和度为50%～80%，低者小于50%。水解性酸和交换性酸含量相对较低，但由于人为活动的影响，垦殖后复盐基作用增强，土壤变为中性，交换性盐基和盐基饱和度相应增高，交换性盐基均在10 cmol/kg以上，盐基饱和度大于85%（表7-5）。土壤盐基组成以钙为主，镁次之，而钾、钠更低，水解性酸和交换性酸含量甚低，分别低于3 cmol/kg和0.5 cmol/kg。

表7-5　潮棕壤的pH及交换性能

采样地点	采样深度（cm）	pH（H_2O）	阳离子交换量（cmol/kg）	交换性盐基（cmol/kg）					水解性酸（cmol/kg）	交换性酸（cmol/kg）			盐基饱和度（%）
				Ca^{2+}	Mg^{2+}	K^+	Na^+	总量		H^+	Al^{3+}	总量	
辽宁辽阳灯塔张台子	0～15	7.5	17.13	11.86	3.10	0.18	0.08	15.22	1.91	—	—	—	88.85
	15～24	7.4	15.76	10.92	3.05	0.14	0.10	14.21	1.55	0.05	0.01	0.06	90.16
	24～56	7.3	16.49	11.80	3.13	0.13	0.20	15.26	1.23	0.02	0.02	0.04	92.54
	56～95	6.9	19.37	12.68	3.92	0.18	0.27	17.05	2.46	0.05	0.02	0.07	88.30
	95～120	6.7	19.68	12.36	4.10	0.18	0.28	16.92	2.82	0.07	0.05	0.12	85.98
辽宁辽阳宏伟兰家镇石灰窑子村	0～11	7.3	19.93	13.38	3.56	0.42	0.27	17.63	1.80	0.04	0.04	0.08	88.46
	11～54	7.1	18.78	12.69	3.72	0.26	0.16	16.83	1.95	0.03	0.01	0.04	89.62
	54～76	7.2	19.54	13.45	4.11	0.24	0.61	18.41	1.43	0.04	0.01	0.05	94.22
	76～98	6.9	19.60	10.66	3.35	0.26	0.27	14.54	2.06	0.04	0.02	0.06	87.59
	98～120	6.9	16.89	10.40	3.52	0.27	0.26	14.45	2.44	0.04	0.04	0.08	85.55
山东龙口黄格庄	0～21	5.9	15.15	9.58	2.60	0.29	0.57	13.04	2.11	0.03	0.02	0.05	86.07
	21～28	6.4	16.90	12.08	3.42	0.40	0.73	16.63	0.27	0.03	0.08	0.11	98.40
	28～42	6.6	20.55	14.39	4.53	0.44	0.37	19.73	0.87	0.04	0.04	0.08	95.77
	42～95	6.9	18.84	13.75	4.56	0.37	0.26	18.94	0.30	0.04	0.01	0.05	98.40

由表7-6可知，潮棕壤土体化学组成分析结果表明：第一，碱金属和碱土金属含量与典型棕壤或酸性棕壤近似，并且全剖面较为一致。第二，TiO_2 含量在剖面中各层段相近，表现出成土母质的一致性，并且表层 TiO_2 含量小于心土层。第三，铁铝在剖面中部呈富集趋势，硅铝率和硅铝铁率较上层和下层低，但辽39剖面底土层是埋藏土的心土层，其硅铝率和硅铝铁率较上层低。

表7-6　潮棕壤土体的化学组成

剖面号	采样地点	成土母质	采样深度（cm）	烧失量（g/kg）	化学组成*（g/kg）										
					SiO_2	Al_2O_3	Fe_2O_3	CaO	MgO	TiO_2	MnO	K_2O	Na_2O	P_2O_5	总量
辽38	丹东振兴安民镇金板村	黄土	0～21	62.6	716.2	162.3	58.5	6.7	11.5	8.6	1.51	27.1	1.32	1.28	1 006.9
			21～42	70.4	666.2	195.9	74.4	3.6	12.9	9.6	1.61	26.5	7.9	1.32	999.0
			42～68	62.2	663.8	189.8	71.7	3.0	11.9	9.6	1.73	30.8	8.1	1.13	993.6
			68～116	56.4	671.9	187.8	69.4	3.2	12.4	9.3	1.29	26.2	9.5	1.12	997.8
			116～160	48.8	699.4	176.6	65.9	3.9	12.1	9.5	1.37	26.0	10.4	1.03	1 006.0
			$\bar{X}$	57.8	683.3	182.7	68.3	3.9	12.2	9.3	1.45	27.0	9.8	1.14	1 001.6

（续）

剖面号	采样地点	成土母质	采样深度（cm）	烧失量（g/kg）	化学组成*（g/kg）										
					SiO_2	Al_2O_3	Fe_2O_3	CaO	MgO	TiO_2	MnO	K_2O	Na_2O	P_2O_5	总量
辽 39	辽阳灯塔张台子洪家村	坡洪积沉积物	0～15	65.0	749.0	127.9	37.0	18.1	13.3	7.1	0.75	22.7	24.2	0.33	1 000.0
			15～24	47.8	75.90	129.8	37.1	11.4	9.2	7.2	0.74	22.7	22.5	0.30	1 000.0
			24～56	61.4	761.5	130.2	38.4	10.1	9.7	7.0	0.64	21.3	21.5	0.30	1 000.0
			56～95	44.0	734.8	143.4	44.8	10.4	10.9	8.2	0.73	21.7	24.8	0.40	1 000.0
			95～120	74.0	729.1	146.0	48.6	10.2	11.3	8.2	0.96	22.6	22.6	0.42	999.0
			$\overline{X}$	57.8	744.3	137.5	42.3	11.5	10.8	7.7	0.76	22.0	23.2	0.36	1 000.0
辽 40	辽阳宏伟兰家镇石灰窑子村	坡洪积沉积物	0～11	61.7	703.6	136.8	68.5	8.6	16.8	8.9	1.40	30.7	24.1	0.45	999.0
			11～54	56.2	701.7	152.2	62.6	8.8	14.9	9.3	1.27	26.9	21.9	0.48	1 000.0
			54～76	49.0	694.7	150.6	60.7	8.6	14.5	8.6	1.15	26.8	34.4	0.27	1 000.0
			76～98	45.0	702.8	148.5	60.4	7.9	14.9	8.8	1.05	27.5	23.5	0.39	995.0
			98～120	51.4	700.8	152.5	63.5	7.2	15.5	9.3	1.16	27.4	22.3	0.31	999.0
			$\overline{X}$	47.6	699.3	150.2	62.6	8.4	15.0	9.0	1.22	27.3	26.6	0.37	999.0

* 化学组成指各成分在灼烧土中的含量。

由表 7-7 可见，潮棕壤的黏粒全量组成具有如下特点：第一，CaO 含量较少，剖面加权平均值为 1.4～1.7 g/kg，MgO 含量不高，为 18.9～20.4 g/kg。第二，K_2O 的含量较多，剖面加权平均值 30.6～32.3 g/kg，Na_2O 含量很低，为 3.3～3.4 g/kg。第三，同一剖面中的 TiO_2 的含量比较均一，而且心土层 TiO_2 含量大于表土层。第四，硅铝铁率、硅铝率和硅铝铁率，辽 38 剖面分别为 2.44、2.99 和 13.34，辽 40 分别为 2.9、3.72 和 14.39，前者与酸性棕壤相近，而后者却低于典型棕壤。第五，黏粒化学组成同样表明铁、铝在剖面中部有富集现象，其硅铝率和硅铝铁率均略小于上层和下层。

表 7-7　潮棕壤黏粒（<0.002 mm）的化学组成

剖面号	采样地点	采样深度（cm）	烧失量（g/kg）	化学组成*（g/kg）										
				SiO_2	Al_2O_3	Fe_2O_3	CaO	MgO	TiO_2	MnO	K_2O	Na_2O	P_2O_5	总量
辽 40	辽阳宏伟兰家镇石灰窑子村	0～11	124.7	571.2	248.5	110.1	1.6	22.2	9.6	0.66	32.1	3.3	3.79	1 003.1
		11～54	122.0	559.2	260.7	114.1	1.9	20.2	9.6	0.58	30.3	3.3	3.05	1 003.0
		54～76	122.0	564.4	263.0	107.9	1.3	20.0	9.8	0.62	31.0	3.0	3.86	1 004.7
		76～98	115.7	580.1	256.8	95.9	1.7	20.5	9.9	0.69	30.8	4.1	3.47	1 003.9
		98～120	116.4	575.5	261.5	94.6	1.1	20.0	9.1	0.67	30.1	3.5	3.47	999.6
		$\overline{X}$	120.1	568.1	259.4	105.7	1.7	20.4	9.6	0.63	30.6	3.4	3.42	1 002.9
辽 38	丹东振兴安民镇金板村	0～21	188.1	529.4	297.9	95.7	2.1	20.6	10.3	1.35	30.8	4.3	4.58	996.5
		21～42	146.8	507.9	309.0	105.5	1.7	18.8	11.0	1.10	30.4	4.0	3.02	992.2
		42～66	139.8	511.9	309.7	106.3	1.6	19.2	10.6	0.95	30.0	3.5	2.64	996.4
		66～116	138.4	520.2	301.0	103.3	1.9	18.2	10.7	0.85	31.2	3.9	2.40	993.6
		116～260	118.8	530.4	294.1	106.1	1.1	18.8	11.3	0.84	33.6	2.8	2.59	1 001.7
		$\overline{X}$	132.4	524.8	298.4	104.9	1.4	18.9	11.0	0.92	32.3	3.3	2.75	998.5

* 化学组成指各成分在灼烧土中的含量。

从表 7-8 中可以看出，潮棕壤土壤有机质和养分含量较高，耕层有机质平均为 10.2 g/kg。土壤全氮、有效磷、速效钾含量高于其他棕壤亚类，速效钾含量因质地不同而有较大差异。土壤有效硼、有效锌、有效铁和有效锰的平均含量也高于其他棕壤亚类（贾文锦，1992）。

表 7-8 潮棕壤有机质和养分含量

采样地点	采样深度（cm）	pH		有机质（g/kg）	全氮（g/kg）	全磷（g/kg）	全钾（g/kg）	碱解氮（mg/kg）	有效磷（mg/kg）	速效钾（mg/kg）
		H_2O	KCl							
烟台龙口东辽街道贾家村	0～21	5.91	5.00	11.60	0.66	0.42	19.80	79	4.0	50
	21～28	6.40	5.45	7.50	0.50	0.35	19.90	61	1.9	60
	28～42	6.60	5.70	7.60	0.46	0.33	19.90	47	1.0	80
	42～95	6.85	5.80	4.60	0.33	0.31	20.40	34	4.0	90
	95～110	7.00	6.00	3.10	0.23	0.37	22.20	24	6.0	80
烟台牟平大窑镇宁家疃村	0～20	5.2	—	12.20	0.62	0.35	22.10	74	15.2	97
	20～35	5.5	—	10.10	0.53	0.29	21.00	62	8.0	71
	35～69	6.2	—	6.80	0.42	0.24	19.20	48	1.9	111
	69～80	6.4	—	4.80	0.30	0.22	17.60	27	3.1	109
	80～112	6.4	—	5.30	0.35	0.26	19.90	24	3.7	117
	112～120	6.5	—	5.00	0.19	0.32	19.60	23	4.3	78
威海文登泽头镇林村	0～25	6.6	4.6	9.20	0.57	0.68	27.20	49	5.5	32
	25～45	6.9	6.0	7.00	0.47	0.21	26.20	42	1.5	29
	45～64	6.7	5.6	6.00	0.38	0.09	20.80	33	1.3	37
	64～79	6.6	5.5	4.10	0.29	0.09	23.70	27	1.0	31
	79～110	6.6	5.5	1.60	0.13	0.05	24.20	8	0.7	44

第四节 潮棕壤主要土属

潮棕壤开发历史悠久，多被垦为耕地，以种植小麦、玉米为主，是重要的耕种土壤。根据母质类型，潮棕壤亚类中划分坡洪积潮棕壤、黄土状潮棕壤、淤积潮棕壤、菜园潮棕壤 4 个主要土属。现以典型剖面说明其形态特征。

一、坡洪积潮棕壤

坡洪积潮棕壤土属，属棕壤土类潮棕壤亚类。该土属成土母质为坡洪积母质或洪冲积物。主要分布在辽宁、山东和内蒙古，面积 63.09 万 hm^2，其中耕地 47.2 万 hm^2。

1. 主要性状 该土属剖面一般由腐殖质层（Ah 层）或耕层（Ap 层）、黏粒淀积层（Bt 层）和母质层（C 层）构成。土体深厚、土壤呈微酸性或中性反应，多数剖面有大量铁锰结核，并且下部锈纹、锈斑明显。耕层厚度 15～23 cm，质地一般为壤质。淀积层出现在 30～60 cm，厚度大于30 cm，有的厚度达 1 m；黏化率一般在 1.40 左右，黏粒淀积胶膜明显。

2. 典型剖面 采自辽宁省锦州市太和区营盘乡马家洼子村，低丘坡脚，地下水 3 m，母质为花岗岩坡积物，旱田。其剖面形态特征如下。

Ap1 层：0～17 cm，棕色（湿，7.5YR3/4），粒状结构，松，植物根系多，无石灰反应，pH 为 6.5。

Ap2 层：17～21 cm，棕色（湿，7.5YR3/4），片状结构，较紧，植物根系少，无石灰反应，pH 为 6.8。

AB 层：21～46 cm，棕色（湿，7.5YR3/4），团块状结构，较紧，植物根系极少，无石灰反应，pH 为 6.7。

Bt 层：46～90 cm，棕色（湿，7.5YR3/4），核块状结构，紧，有铁锰结核及锈纹、锈斑，无植物根系和石灰反应，pH 为 6.8。

BC 层：90～100 cm，棕色（湿，7.5YR5/6），块状结构，紧，有铁锰结核，无石灰反应，pH 为 6.5。

3. 物理性质 该土壤质地，耕层多为黏壤土，淀积层为砂质黏壤土到壤质黏土，母质层为砂质黏壤土，土体深厚，多数剖面有大量铁锰结核，并且下部锈纹、锈斑明显。淀积层土壤容重略高，孔隙度略低。具体物理性质参阅表 7－9。

表 7－9 坡洪积潮棕壤物理性质

项目		统计剖面				
		n	Ap1	Ap2	Bt	C
厚度（cm）		10	18	7	44	—
机械组成（%）	0.02～2 mm	10	57.31	55.11	47.58	54.90
	0.002～0.02 mm	10	24.58	23.99	26.85	30.50
	＜0.002 mm	10	18.11	20.90	25.57	14.60
质地名称		—	砂质黏壤土	壤质黏土	壤质黏土	黏壤质土
容重（g/cm^3）		33	1.38	1.44	1.44	1.34
孔隙度（%）		33	47.57	46.13	44.78	49.37

4. 化学性质 土壤呈微酸性或中性反应，pH 为 5.8～7.0。各种养分含量除全钾中等外，其余均偏低，有机质及全氮含量，耕层平均分别为 16.6 g/kg 和 0.95 g/kg，亚耕层分别为 13.4 g/kg 和 0.76 g/kg，淀积层分别为 11.3 g/kg 和 0.71 g/kg，全磷及有效磷除耕层外均处于缺磷状态；全钾含量通体较一致，在 14.0 g/kg 左右。阳离子交换量，耕层平均为 16.8 cmol/kg，亚耕层为 18.2 cmol/kg，淀积层为 20.4 cmol/kg，母质层为 17.8 cmol/kg。具体化学性质参阅表 7－10。

表 7－10 坡洪积潮棕壤化学性质

项目	典型剖面统计结果				
	n	Ap1	Ap2	Bt	C
有机质（g/kg）	48	16.6	13.4	11.3	6.0
全氮（g/kg）	49	0.95	0.76	0.71	0.38
全磷（g/kg）	47	0.41	0.31	0.31	0.20
全钾（g/kg）	30	15.7	15.7	15.6	14.1
有效磷（mg/kg）	34	6	3	4	3
速效钾（mg/kg）	35	100	100	86	87
阳离子交换量（cmol/kg）	34	16.8	18.2	20.4	17.8

二、黄土状潮棕壤

黄土状潮棕壤土属，属棕壤土类潮棕壤亚类。该土属成土母质为第四纪黄土状沉积物。主要分布在辽宁省沈阳、抚顺、本溪、铁岭、丹东、营口等市境内，以铁岭市开原市、沈阳市苏家屯区、本溪市本溪满族自治县、抚顺市清原满族自治县等地较为集中，多处于丘陵漫岗的缓坡处及高阶地上。面积 21.27 万 hm^2，均为旱耕地。

1. 主要性状 该土属母质为第四纪黄土状堆积物，剖面一般为腐殖质层（Ah 层）或者耕层

（Ap 层）、黏粒淀积层（Bt 层）和母质层（C 层）构型。土体深厚，通体无砾石，土体下部受地下水或侧流水的影响，有锈纹、锈斑和铁锰结核。耕层质地为壤质，厚度在 14～20 cm，黏粒淀积层出现在土体 50 cm 以下，黏粒含量高，黏化率 1.53，结构为核块状，在结构面上有明显的铁锰胶膜和二氧化硅粉末。

2. 典型剖面 采自营口市大石桥市永安镇周家屯村丘陵漫岗坡脚处。其剖面主要特征如下。

Ap1 层：0～19 cm，黄棕色（湿，10YR5/8），砂质黏壤土，粒状结构，较松，植物根系多，pH 为 6.3。

Ap2 层：19～26 cm，黄棕色（湿，10YR5/8），黏壤土，片状结构，较紧，植物根系少，pH 为 6.3。

AB 层：26～52 cm，黄棕色（湿，10YR5/8），砂质黏壤土，块状结构，较紧，植物根系极少，有锈纹、锈斑，pH 为 6.2。

Bt 层：52～100 cm，黄棕色（湿，10YR5/2），壤质黏土，核块状结构，紧实，有锈纹、锈斑和二氧化硅粉末，pH 为 6.3。

C 层：100～150 cm，棕色（湿，10YR5/8），黏壤质，块状结构，紧，有铁锰结核，pH 为 6.2。

3. 物理性质 该土属土体深厚，有的剖面可达 10 m 以上，通体无砾石，土体下部受地下水或侧流水的影响，有锈纹、锈斑和铁锰结核。土壤质地上层沙黏适中，下层较黏重。耕层多为砂质黏壤土，淀积层和母质层多为壤质黏土，黏化率为 1.53。容重和孔隙度，耕层平均分别为 1.34 g/cm^3 和 47.42%，淀积层分别为 1.45 g/cm^3 和 45.34%。具体物理性质参阅表 7－11。

表 7－11 黄土状潮棕壤物理性质

项目		统计剖面				
		n	Ap1	Ap2	Bt	C
厚度（cm）		35	18	6	46	—
机械组成（%）	0.02～2 mm	10	61.46	58.28	42.68	51.34
	0.002～0.02 mm	10	20.36	20.17	29.45	25.87
	<0.002 mm	10	18.18	21.55	27.87	22.79
质地名称		—	砂质黏壤土	黏壤土	壤质黏土	黏壤土
容重（g/cm^3）		14	1.34	1.41	1.45	—
孔隙度（%）		13	47.42	47.19	45.34	—

4. 化学性质 该土属土壤呈微酸性或中性，pH 为 5.4～7.0。有机质及全氮含量，耕层平均分别为 17.8 g/kg 和 1.05 g/kg，并由耕层向下呈逐渐减少的趋势；全磷及有效磷通体基本一致，耕层分别为 0.41 g/kg 和 7 mg/kg，均处于缺磷状态；全钾含量全剖面无明显差异，均为中等水平。阳离子交换量，耕层平均为 17.4 cmol/kg，淀积层为 20.2 cmol/kg，母质层为 19.7 cmol/kg。具体化学性质参阅表 7－12。

表 7－12 黄土状潮棕壤化学性质

项目	统计剖面				
	n	Ap1	Ap2	Bt	C
有机质（g/kg）	33	17.8	11.2	5.8	5.8
全氮（g/kg）	34	1.05	0.80	0.53	0.43
全磷（g/kg）	33	0.41	0.32	0.26	0.31
全钾（g/kg）	27	15.2	14.6	15.7	18.5

（续）

项目	统计剖面				
	n	Ap1	Ap2	Bt	C
有效磷（mg/kg）	14	7	4	6	—
速效钾（mg/kg）	16	126	170	134	—
阳离子交换量（cmol/kg）	22	17.4	18.5	20.2	19.7

三、菜园潮棕壤

菜园潮棕壤土属，属棕壤土类潮棕壤亚类。该土属是发育在潮棕壤上具有灌排条件和土壤肥力较高的固定菜园土壤，主要分布在辽宁省大连、抚顺、本溪、锦州、辽阳、铁岭等市的城镇附近。

1. 主要性状 该土属母质为第四纪黄土状沉积物，土壤剖面除表土层经人为长期种菜培肥外，其余层次均与潮棕壤典型剖面相似，全剖面无石灰反应，呈棕色，淀积层明显，土体下部有锈纹、锈斑和铁锰结核，剖面为耕层（Ap 层）、黏粒淀积层（Bt 层）和母质层（C 层）构型。耕层较厚，质地为壤质，厚度在 17～25 cm。亚耕层发育明显，平均厚度 7 cm，鳞片状结构，紧实。黏粒淀积层出现在土体 50 cm 以上，属于浅位，一般出现在 21～46 cm。由于受强烈的淋溶淀积黏化作用，黏粒淀积明显，黏化率为 1.56，核状结构，紧实，在结构面处有铁锰胶膜。

2. 典型剖面 采自抚顺市郊区塔峪乡前工道村缓坡平地上，海拔 95 m，地下水位 3～4 m，种植蔬菜。其剖面形态特征如下。

Ap1 层：0～23 cm，暗灰黄色（湿，10YR5/4），砂质黏壤土，团粒状结构，疏松，植物根系极多，pH 为 6.2。

Ap2 层：23～30 cm，淡棕黄色（湿，2.5Y6/4），黏壤土，片状结构，紧，植物根系少，pH 为 6.4。

Bt 层：30～77 cm，黄棕色（湿，10YR5/8），黏壤土，核块状结构，紧实，植物根系极少，有较多的铁锰胶膜和少量的二氧化硅粉末，pH 为 6.9。

BC 层：77～150 cm，淡黄棕色（湿，10YR5/6），块状结构，紧，有少量铁锰胶膜和大量的锈纹、锈斑，pH 为 6.6。

3. 物理性质 该土属耕层沙黏适中，土体下部偏黏，个别剖面可见少量砾石。土体下部受地下水或侧流水的影响，有锈纹、锈斑和铁锰结核。容重和孔隙度，耕层平均分别为 1.31 g/cm^3 和 49.28%，淀积层分别为 1.51 g/cm^3 和 44.13%，母质层分别为 1.58 g/cm^3 和 41.02%。具体物理性质参阅表 7 - 13。

表 7 - 13 菜园潮棕壤物理性质

项目		统计剖面				
		n	Ap1	Ap2	Bt	C
厚度（cm）		18	20	7	52	—
机械组成（%）	0.02～2 mm	5	60.75	50.14	47.87	50.91
	0.002～0.02 mm	5	19.97	24.14	22.06	23.57
	<0.002 mm	6	19.28	25.72	30.07	25.52
容重（g/cm^3）		9	1.31	1.52	1.51	1.58
孔隙度（%）		9	49.28	43.35	44.13	41.02

4. 化学性质 该土属土壤呈微酸性或中性，pH 为 6.0～7.0。有机质及全氮含量较高，耕层平均分别为 23.6 g/kg 和 1.17 g/kg，全磷及有效磷平均含量耕层分别为 0.49 g/kg 和 18 mg/kg，其他

层次略低。全钾含量通体较一致，均在 14 g/kg 上下，属中等水平。阳离子交换量，耕层平均为 17.2 cmol/kg，亚耕层为 16.2 cmol/kg，淀积层为 19.2 cmol/kg，母质层为 17.2 cmol/kg。土壤保肥供肥性能良好，具体化学性质参阅表 7-14。

表 7-14 菜园潮棕壤化学性质

项目	统计剖面				
	n	Ap1	Ap2	Bt	C
有机质（g/kg）	18	23.6	11.9	11.2	6.9
全氮（g/kg）	18	1.17	0.69	0.63	0.51
全磷（g/kg）	16	0.49	0.29	0.29	0.28
全钾（g/kg）	11	15.7	15.9	16.0	14.8
有效磷（mg/kg）	9	18	5	9	9
速效钾（mg/kg）	9	103	70	110	78
阳离子交换量（cmol/kg）	8	17.2	16.2	19.2	17.2

第五节　潮棕壤主要土种

潮棕壤亚类中有坡洪积潮棕壤、黄土状潮棕壤、淤积潮棕壤、菜园潮棕壤 4 个主要土属。根据腐殖质层厚度、土壤质地类型、淀积层出现的部位等不同，该亚类已划分 21 个土种。下面选择其中的主要土种进行介绍。

一、薄腐坡洪积潮棕壤

薄腐坡洪积潮棕壤土种，简名“新立山根土”，属潮棕壤亚类坡洪积潮棕壤土属。该土种主要分布在辽宁省大连、抚顺、本溪、沈阳、铁岭等市低山丘陵和山前缓坡平地上，多为林地和草地，面积约为 5.8 万 hm^2。

1. 形成及特征　该土种发育在山前坡洪积母质上，所处地势较低，土壤常受侧流水和地下水的影响，水位一般在 2～3 m。其形成除棕壤化过程外，尚进行潴育化过程，剖面具棕壤形态特征，通体无石灰反应，呈棕色，不同的是土体下部多有锈纹、锈斑和铁锰结核。典型剖面由腐殖质层（Ah 层）、黏粒淀积层（Bt 层）和母质层（C 层）构成。该土种的划分依据是腐殖质层厚度小于 20 cm，属于薄层。腐殖质层颜色较暗，粒状结构，平均厚度为 15 cm。淀积层多出现在 26～50 cm，平均出现在 38 cm 处，平均厚度为 26 cm。淀积层发育较明显，黏粒含量平均比腐殖质层高 4.06 个百分点，黏化率 1.4，块状结构，结构面可见不明显的铁锰胶膜及二氧化硅粉末。

2. 理化性状　该土种由于受成土母质的影响，土壤质地较粗糙，通体砾石含量多，一般在 15%左右，质地多为砂质壤土。据剖面分析，黏粒的含量较低，腐殖质层平均为 10.06%，淀积层平均为 14.12%，母质层为 12.26%。土壤容重及总孔隙度由腐殖质层向下呈逐渐增大和减少的趋势，腐殖质层平均分别为 1.3 g/cm^3 和 49.7%，淀积层分别为 1.49 g/cm^3 和 44.5%，母质层分别为 1.52 g/cm^3 和 43.8%。该土种 pH 通体无明显变化，各剖面间表土层在 6.0～7.0。有机质和全氮含量，腐殖质层明显高于淀积层和母质层，但仍偏低，平均分别为 17.5 g/kg 和 1.0 g/kg；全磷和有效磷通体无明显变化，分别为 0.26 g/kg 和 3 mg/kg 左右，处于缺乏状态；全钾含量中等，均在 14 g/kg 以上。

3. 典型剖面　采自铁岭市开原市下肥地乡新立村丘陵坡脚处，成土母质为花岗岩风化洪积物，现为草地。其剖面形态特征如下。

Ah层：0～15 cm，暗棕色（湿，7.5YR3/4），砂质壤土，粒状结构，疏松，砾石含量在15%左右，pH为6.3。

AB层：15～25 cm，棕色（湿，7.5YR4/6），砂质壤土，粒块状结构，疏松，砾石含量在15%左右，pH为6.3。

Bt层：25～56 cm，淡棕色（湿，7.5YR5/6），砂质壤土，块状结构，紧，有铁锰胶膜及锈纹、锈斑，pH为6.3。

BC层：56～100 cm，棕色（湿，7.5YR5/6），砂质壤土，紧，砾石含量在15%以上，有锈纹、锈斑，pH为6.2。

具体理化性状参阅表7-15。

表7-15　薄腐坡洪积潮棕壤理化性状

采样深度（cm）	pH	有机质（g/kg）	全氮（g/kg）	全磷（g/kg）	全钾（g/kg）	有效磷（mg/kg）	速效钾（mg/kg）	阳离子交换量（cmol/kg）	机械组成（g/kg）			
									0.2～2 mm	0.02～0.2 mm	0.002～0.02 mm	<0.002 mm
0～15	6.3	16.4	0.85	0.31	13.9	1	73	9.4	36.26	24.10	30.95	8.69
15～25	6.3	11.6	0.67	0.32	12.4	3	64	10.5	36.45	25.60	27.84	10.11
25～56	6.3	6.6	0.41	0.32	11.0	2	59	13.0	38.33	17.35	29.77	14.55
56～100	6.2	3.7	0.21	0.33	12.9	8	57	14.8	38.33	30.17	18.73	12.77

二、中腐坡洪积潮棕壤

中腐坡洪积潮棕壤土种，简名“蓉花山根土”，属于棕壤土类潮棕壤亚类坡洪积潮棕壤土属。该土种主要分布于辽宁省沈阳、大连、抚顺铁岭等市，多处于低山丘陵的坡脚及缓坡平地上。目前为林地和草地，面积为6.9万hm^2。

1. 形成及特征　该土种是棕壤地带内发育在山前坡洪积母质上的林下土壤。因所处地势较低，土壤受侧流水和地下水的影响，其形成除棕壤化过程外，尚进行潴育化过程。剖面通体无石灰反应，呈棕色，土体下部有锈纹、锈斑及铁锰结核等新生体积聚。典型剖面由腐殖质层（Ah层）、淀积层（Bt层）和母质层（C层）构成。该土种由于土壤侵蚀轻，发育时间长，表土层有机质积累过程更为明显，形成的腐殖质层厚度在20～40 cm，属于中层。据剖面分析，多数在25～30 cm，平均为25 cm，个别剖面在腐殖质层之上有1～2 cm的枯枝落叶层。黏粒淀积层，淋溶淀积黏化明显，黏粒的含量平均比腐殖质层高8.25个百分点，黏化率1.44，块状结构，结构面可见不明显的铁锰胶膜及二氧化硅粉末，并有锈纹、锈斑。据统计，淀积层平均出现在土体25 cm处，平均厚度33 cm。

2. 理化性状　该土种腐殖质层质地多为砂质黏壤土或黏壤土，砾石含量通体仍较高，一般在10%左右。据统计，黏粒的平均含量，腐殖质层为18.42%，淀积层为26.67%，母质层为19.29%；而沙粒的平均含量，腐殖质层为43.04%，淀积层为38.94%，母质层为47.71%。土壤容重，全剖面的上下层次变化不明显，均在1.5 g/cm^3，偏高。孔隙度均在42%左右。土壤pH通体变化不明显，绝大部分剖面表土层在6.0～7.0。腐殖质层的有机质和全氮含量平均分别为18.3 g/kg和1.09 g/kg，全磷和全钾平均分别为0.39 g/kg和11.3 g/kg，淀积层和母质层各种养分含量与腐殖质层相比显著下降。阳离子交换量，腐殖质层平均为20.5 cmol/kg，淀积层和母质层分别平均为14.3 cmol/kg。

3. 典型剖面　采自大连市庄河市蓉花山乡大岭山地坡脚处，海拔250 m，地下水位4 m，母质为黄土坡洪积物，植被有核桃、杨树、荆条等。其剖面形态特征如下。

Ah层：0～27 cm，棕灰色（湿，7.5YR5/2），黏壤土，团粒状结构，疏松，植物根系多，pH为6.0。

Bt层：27～62 cm，棕色（湿，7.5YR4/6），壤质黏土，块状结构，紧实，有少量铁锰胶膜和锈斑，植物根系较多，pH 为 6.0。

BC 层：62～100 cm，淡棕黄色（湿，2.5Y6/4），粉砂质黏壤土，块状结构，较紧，有多量锈纹、锈斑，植物根系少，pH 为 5.4。

具体理化性状参阅表 7－16。

表 7－16　中腐坡洪积潮棕壤理化性状

采样深度 (cm)	pH	有机质 (g/kg)	全氮 (g/kg)	全磷 (g/kg)	有效磷 (mg/kg)	速效钾 (mg/kg)	机械组成（g/kg）			
							0.2～2 mm	0.02～0.2 mm	0.002～0.02 mm	<0.002 mm
0～27	6	21	1.25	0.21	2	100	24.29	19.26	41.02	15.43
27～62	6	10.6	0.78	0.21	—	—	5.48	25.45	40.04	29.03
62～100	5.4	6.1	0.46	0.15	—	—	13.83	14.36	54.20	17.61

三、砾石坡洪积潮棕壤

砾石坡洪积潮棕壤土种，简名“砾石山根土”，属棕壤土类潮棕壤亚类坡洪积潮棕壤土属。该土种主要分布在辽宁省大连、丹东、抚顺、沈阳、铁岭等市低山丘陵漫岗下部坡积裙上，目前多为旱田，面积约为 1.77 万 hm^2。

1. 形成及特征　该土种是发育在非钙质岩石风化碎屑坡洪积物上的耕种土壤，是经人为开垦耕种熟化后而形成的。典型剖面基本由腐殖质层（Ah 层）或耕层（Ap 层）、黏粒淀积层（Bt 层）和母质层（C 层）组成。该土种的特点是通体含有较多的岩石碎屑（粒径大于 2 mm），一般含量在 30%～70%，属于砾石土。耕层质地粗糙，多为砂质壤土，黏粒的含量极少，不超过 10%，而砾石和沙粒的含量却很高，两者之和在 70%以上。另外，耕层的厚度一般在 14～22 cm，平均厚度为 17 cm。淀积层不明显，黏粒的平均含量稍高于腐殖质层，黏化率 1.25。淀积层多出现在 25～65 cm，平均出现在土体 33 cm 处，其厚度平均为 45 cm。另外，该土由于受地下水或侧流水的影响，土体下部有少量锈纹、锈斑以及二氧化硅粉末。

2. 理化性状　该土种通体质地粗糙，多砾石。沙粒的含量，耕层为 75.56%，淀积层为 68.92%，母质层为 77.24%。土壤容重偏高，平均耕层为 1.36 g/cm^3，淀积层为 1.50 g/cm^3，母质层为 1.56 g/cm^3。总孔隙度则偏低。土壤 pH 通体变化不大，耕层在 5.8～7.0。有机质及全氮含量较缺乏，耕层平均含量分别为 17.5 g/kg 和 0.89 g/kg。全磷和有效磷平均含量较缺乏，耕层分别为 0.46 g/kg 和 6 mg/kg，淀积层分别为 0.41 g/kg 和 10 mg/kg；母质层同淀积层基本一致。全钾含量较丰富，各层次均在 17.6 g/kg 左右。阳离子交换量耕层平均为 18.1 cmol/kg，淀积层平均为 17.5 cmol/kg，母质层平均为 16.1 cmol/kg，保肥性能中等。

3. 典型剖面　采自铁岭市昌图县昌图镇东明村，丘陵下部坡地，旱田，种植大豆。其剖面形态特征如下。

Ap1 层：0～15 cm，黄棕色（湿，10YR5/8），砂质壤土，粒状结构，松散，植物根系较多，无石灰反应，pH 为 6.7。

Ap2 层：15～25 cm，黄棕色（湿，10YR5/8），砂质壤土，弱片状结构，较紧，植物根系较多，无石灰反应，pH 为 6.5。

Bt 层：25～70 cm，棕色（湿，7.5YR4/6），砂质壤土，块状结构，较紧，有锈纹、锈斑，植物根系少，无石灰反应，pH 为 6.4。

C 层：70～100 cm，淡黄棕色（湿，10YR7/6），砂质壤土，块状结构，紧，无石灰反应，pH 为 6.4。

具体理化性状参阅表 7－17。

表 7-17 砾石坡洪积潮棕壤理化性状

采样深度（cm）	pH	有机质（g/kg）	全氮（g/kg）	全磷（g/kg）	全钾（g/kg）	有效磷（mg/kg）	速效钾（mg/kg）	阳离子交换量（cmol/kg）	机械组成（g/kg）			
									0.2～2 mm	0.02～0.2 mm	0.002～0.02 mm	<0.002 mm
0～15	6.7	14	1.01	0.48	13.7	8	76	10.2	56.30	19.98	14.91	8.81
15～25	6.5	9.3	0.56	0.45	19.6	11	95	12.4	41.95	21.00	23.21	13.84
25～70	6.4	5.5	0.31	0.40	20.1	14	137	11.5	33.52	21.14	33.25	12.09
70～100	6.4	3.6	0.20	0.38	19.4	7	116	9.8	32.41	23.65	34.59	9.35

四、砂质坡洪积潮棕壤

砂质坡洪积潮棕壤土种，简名“沙山根土”，属于棕壤土类潮棕壤亚类坡洪积潮棕壤土属。主要分布于大连、丹东、抚顺、本溪、沈阳、铁岭、辽阳、锦州等市石质低山丘陵的坡脚处，现已全部开垦耕种。面积约为 60 万 hm^2。

1. 形成及特征 该土种是发育在花岗岩、片麻岩等岩石风化碎屑坡洪积物上的耕种土壤。该土种是经人为开垦耕种熟化后而发育的土壤，除表土层发育成耕层外，其余层次均与耕种前土壤相似。典型剖面的主要土层有耕层（Ap 层）、淀积层（Bt 层）、母质层（C 层）等。划分该土种的依据是耕层质地为沙土或砂质壤土，据剖面分析耕层的黏粒含量一般在 10.0%以下，沙粒的含量均超过 70.0%。耕层的厚度在 14～20 cm，平均厚度为 17 cm。另外，部分剖面形成了亚耕层，其厚度较薄，一般在 7 cm 左右。由于该土种通体砾石含量较高，并受新堆积作用的影响，成土时间较短，淀积层发育不明显，黏粒的平均含量略高于耕层 2.3 个百分点，黏化率为 1.26。结构多为块状，结构面有不明显的铁锰胶膜、锈纹、锈斑及二氧化硅粉末，有的可见到铁子。据统计，淀积层多出现在 22～58 cm，平均出现在 32 cm 处，平均厚度为 37 cm。

2. 理化性状 土壤质地粗糙，通体砾石含量较高，一般在 10.0%～20.0%。耕层质地为砂质壤土，淀积层为砂质壤土或砂质黏壤土。据统计，黏粒的平均含量，耕层为 8.66%，淀积层为 10.96%，母质层为 7.92%；沙粒的平均含量，耕层为 75.62%，淀积层为 69.58%，母质层为 71.33%。土壤容重偏高，平均耕层为 1.41 g/cm^3。总孔隙度偏低，耕层为 46.39%，淀积层为 42.19%，母质层为 44.93%。以上数据说明该土种沙砾含量较高，土壤大孔隙多，而毛管孔隙少。该土种的 pH 通体无明显差异，耕层在 5.3～7.0。有机质及全氮，耕层平均分别为 14.5 g/kg 和0.84 g/kg，全磷和有效磷处于缺乏或较缺乏状态。全钾含量中等，而且通体基本一致，在 14.8 g/kg 左右。阳离子交换量，耕层平均为 11.1 cmol/kg，淀积层平均为 12.4 cmol/kg，母质层平均为 10.2 cmol/kg。

3. 典型剖面 采自葫芦岛市兴城市高家岭乡拉马村九组丘陵下部，成土母质为花岗岩坡积物，海拔 100 m，旱田。其剖面形态特征如下。

Ap1 层：0～15 cm，暗棕色（湿，7.5YR3/4），壤质沙土，粒状结构，松散，植物根系多，无石灰反应，pH 为 6.6。

Ap2 层：15～23 cm，淡棕色（湿，7.5YR5/6），砂质壤土，片状结构，较紧，植物根系多，无石灰反应，pH 为 6.4。

Bt 层：23～43 cm，淡棕色（湿，7.5YR5/6），砂质壤土，块状结构，紧，植物根系少，有锈纹、锈斑，无石灰反应，pH 为 6.5。

C 层：43～100 cm，淡棕色（湿，7.5YR5/6），砂质壤土，团块结构，紧，植物根系极少，有锈纹、锈斑，无石灰反应，pH 为 6.4。

具体理化性状参阅表 7-18。

表 7-18 砂质坡洪积潮棕壤理化性状

采样深度（cm）	pH	有机质（g/kg）	全氮（g/kg）	全磷（g/kg）	全钾（g/kg）	容重（g/cm³）	总孔隙度（%）	阳离子交换量（cmol/kg）	机械组成（g/kg）			
									0.2～2 mm	0.02～0.2 mm	0.002～0.02 mm	<0.002 mm
0～15	6.6	9.4	0.54	0.06	11.9	1.45	45.3	10.2	83.83	3.25	6.67	6.25
15～23	6.4	8.2	0.52	0.26	12.7	1.47	44.6	11.7	67.21	8.13	17.33	7.33
23～43	6.5	3.8	0.27	0.14	12.3	1.56	41.1	12.7	53.16	9.33	27.22	8.29
43～100	6.4	2.5	0.17	0.19	8.6	1.49	44.1	15.7	59.06	4.19	31.01	5.74

五、壤质坡洪积潮棕壤

壤质坡洪积潮棕壤土种，简名“营盘山根土”，属于棕壤土类潮棕壤亚类坡洪积潮棕壤土属。该土种分布范围较广，其中以辽宁省大连、丹东、抚顺、沈阳、铁岭、锦州、朝阳等市较为集中。地形部位多处在丘陵漫岗的坡脚及山前缓坡平地上。现已全部开垦耕种，面积约为 27.7 万 hm^2。

1. 形成及特征 该土种是棕壤土类的主要耕种土壤，成土母质为坡积物，土体中含有岩石风化碎屑物，表土层发育成耕层和亚耕层。另外，该土种在地下水和侧流水的影响下，水位一般在 2～3 m，土壤剖面具有棕壤和草甸土的双重特征，典型剖面由耕层（Ap 层）、淀积层（Bt 层）和母质层（C 层）构成。耕层属于壤质土壤，黏粒的含量在 17%以上，砾石含量小于 10%，其厚度多在 15～23 cm，平均厚度为 18 cm。亚耕层发育明显，厚度 5～10 cm，平均厚度 7 cm，片状结构，较紧。淀积层出现深度一般在 30～60 cm，平均出现在 38 cm 处，黏粒的平均含量比耕层高 7.55 个百分点，黏化率为 1.42，块状结构。另外，该土种在土体下部有少量铁锰胶膜、锈纹、锈斑及二氧化硅粉末，个别剖面有铁锰结核的生成。

2. 理化性状 该土种质地，耕层和亚耕层多为黏壤土，淀积层为砂质黏壤土至壤质黏土，母质层为砂质黏壤土。据统计，黏粒的平均含量，耕层为 18.02%，亚耕层为 20.90%，淀积层为 25.57%，母质层为 14.77%，淀积层明显高于其他层次。土壤容重及孔隙度，亚耕层和淀积层与其他土层相比，容重略高，孔隙度略低。土壤 pH 通体无明显变化，耕层在 5.8～7.0。据剖面分析，pH 小于 6.5 的剖面占 44.9%，pH 大于 6.5 的剖面占 55.1%。可见，中性土壤居多。有机质及全氮平均含量，耕层分别为 16.6 g/kg 和 0.95 g/kg，亚耕层分别为 13.4 g/kg 和 0.76 g/kg，淀积层分别为 11.3 g/kg 和 0.71 g/kg；全磷及有效磷除耕层稍高外，均处于缺磷状态；全钾含量通体较一致，在 14.0 g/kg 左右。阳离子交换量，耕层平均为 16.8 cmol/kg，亚耕层为 18.2 cmol/kg，淀积层为 20.4 cmol/kg，母质层为 17.8 cmol/kg。

3. 典型剖面 采自锦州市太和区营盘乡马家洼子村，低丘坡脚，地下水 3 m，母质为花岗岩坡积物，旱田。其剖面形态特征如下。

Ap1 层：0～17 cm，棕色（湿，7.5YR3/4），粒状结构，松，植物根系多，无石灰反应，pH 为 6.5。

Ap2 层：17～21 cm，棕色（湿，7.5YR3/4），片状结构，较紧，植物根系少，无石灰反应，pH 为 6.8。

AB 层：21～46 cm，棕色（湿，7.5YR3/4），团块状结构，较紧，植物根系极少，无石灰反应，pH 为 6.7。

Bt 层：46～90 cm，棕色（湿，7.5YR3/4），核块状结构，紧，有铁锰结核及锈纹、锈斑，无植物根系和石灰反应，pH 为 6.8。

BC 层：90～100 cm，淡棕色（湿，7.5YR5/6），块状结构，紧，有铁锰结核，无石灰反应，pH 为 6.5。

具体理化性状参阅表 7-19。

表 7-19 壤质坡洪积潮棕壤理化性状

采样深度 (cm)	pH	有机质 (g/kg)	全氮 (g/kg)	全磷 (g/kg)	全钾 (g/kg)	有效磷 (mg/kg)	速效钾 (mg/kg)	阳离子交换量 (cmol/kg)	机械组成 (g/kg)			
									0.2~2 mm	0.02~0.2 mm	0.002~0.02 mm	<0.002 mm
0~17	6.5	19.0	0.73	0.40	13.7	6	73	14.2	8.36	46.29	23.59	21.76
17~21	6.8	13.0	0.60	0.23	13.4	3	92	19.2	3.95	32.02	43.08	20.95
21~46	6.7	12.4	0.54	0.26	14.6	1	132	25.6	2.97	31.19	29.36	36.48
46~90	6.8	9.1	0.51	0.21	15.1	1	163	28.3	6.99	30.20	21.52	41.29
90~100	6.5	3.7	0.20	0.21	14.8	2	119	22.6	4.90	37.32	21.92	35.87

六、壤质砂底坡洪积潮棕壤

壤质砂底坡洪积潮棕壤土种，简名“底砂山根土”，属于棕壤土类潮棕壤亚类坡洪积潮棕壤土属。该土种主要分布在辽宁省大连、丹东、抚顺、本溪、铁岭、沈阳、锦州、朝阳等市石质低山丘陵漫岗的坡脚及山前洪积扇缘处。现已全部开垦耕种，面积约为 6 万 km^2。

1. 形成及特征 该土种是发育在洪积母质上的耕种土壤。其特点是土壤中含有岩石风化碎屑物，表土层发育成耕层和亚耕层；土体下部出现沙土层或砾石层，直至 1 m 以下，为砂底层；土壤在地下水或侧流水的影响下，有锈纹、锈斑和铁锰结核等新生体的积聚。典型剖面由耕层（Ap 层）、淀积层（Bt 层）和砂底层（C 层）组成。耕层属于壤质土壤，其黏粒的含量在 15%以上，砾石一般小于 10%。据统计，耕层厚度一般在 14~21 cm，平均厚度为 18 cm。砂底层出现在土体 35~70 cm 不等，平均出现在 53 cm，砂底层的质地多为砂质壤土，黏粒的含量明显低于土壤上层，而沙粒的含量却很高，一般在 75%以上。砂底层是洪水冲积的结果，使土体下部形成沙砾堆积层，质地粗糙，砾石含量达 30%以上。

2. 理化性状 该土种质地的特点是，通体上壤下沙变化较大，耕层和亚耕层多为砂质黏壤土，而砂底层质地粗糙，为砂质壤土。据剖面分析，黏粒的平均含量耕层为 16.06%，砂底层则为 5.51%；沙粒的平均含量，耕层为 65.07%，而砂底层则高达 79.59%。该土种 pH 通体变化不大，耕层在 5.6~7.0，其中微酸性土壤和中性土壤各占 50%。有机质及全氮偏低，耕层平均分别为 18.5 g/kg和 0.97 g/kg；砂底层分别为 4.4 g/kg 和 0.39 g/kg，明显低于土壤上层。全磷及有效磷，耕层平均分别为 0.45 g/kg 和 8 mg/kg，处于缺磷状态。全钾含量中等。阳离子交换量，耕层远高于砂底层，耕层平均为 17 cmol/kg，砂底层为 10.6 cmol/kg。

3. 典型剖面 采自辽宁省丹东市振安区蛤蟆塘乡炮手营村坡脚平地，海拔 72 m，旱田，种植玉米。其剖面形态特征如下。

Ap1 层：0~20 cm，棕灰色（湿，7.5YR5/2），砂质黏壤土，粒状结构，疏松植物根系多，pH 为 6.8。

Ap2 层：20~28 cm，灰棕色（湿，5YR5/2），砂质黏壤土，片状结构，较紧，植物根系少，pH 为 7.0。

Bt 层：28~54 cm，黄棕色（湿，10YR5/8），黏壤土，块状结构，较紧，植物根系少，有少量锈纹、锈斑及铁锰胶膜，pH 为 6.8。

C 层：54~100 cm，淡棕黄色（湿，2.5Y6/4），砂质壤土，单粒结构，有少量锈纹、锈斑，pH 为 6.9。

具体理化性状参阅表 7-20。

表 7-20 壤质砂底坡洪积潮棕壤理化性状

采样深度 (cm)	pH	有机质 (g/kg)	全氮 (g/kg)	全磷 (g/kg)	全钾 (g/kg)	有效磷 (mg/kg)	速效钾 (mg/kg)	阳离子交换量 (cmol/kg)	机械组成 (g/kg)			
									0.2~2 mm	0.02~0.2 mm	0.002~0.02 mm	<0.002 mm
0~20	6.8	19.5	0.74	0.79	2.37	3	68	8.9	56.31	11.78	16.53	15.38
20~28	7	20.5	0.88	0.72	2.32	9	92	9.5	23.45	31.88	23.32	21.35

（续）

采样深度（cm）	pH	有机质（g/kg）	全氮（g/kg）	全磷（g/kg）	全钾（g/kg）	有效磷（mg/kg）	速效钾（mg/kg）	阳离子交换量（cmol/kg）	机械组成（g/kg）			
									0.2～2 mm	0.02～0.2 mm	0.002～0.02 mm	<0.002 mm
28～54	6.8	9.7	0.55	0.51	2.30	2	65	12	16.82	30.41	35.69	17.08
54～100	6.9	1.4	0.82	0.46	2.54	1	11	—	47.19	20.20	15.55	8.06

七、壤质深淀黄土状潮棕壤

壤质深淀黄土状潮棕壤土种，简名“营口潮黄土”，属于棕壤土类潮棕壤亚类黄土状潮壤土属。该土种在辽宁省分布较广，尤以丹东、抚顺、本溪、沈阳、铁岭、营口等市较为集中，所处地形部位为丘陵、漫岗脚下的缓坡地带。现已全部开垦耕种，面积约为 12.5 万 hm^2。

1. 形成及特征 该土种是发育在第四纪黄土状沉积物上的耕种土壤，黄土层深厚，有的剖面厚度可达十几米，通体无砾石含量，地下水位 2～3 m。土壤形成除棕壤化过程外，尚受地下水的影响，全剖面无石灰反应，呈棕色，淀积层发育明显，土体下部有锈纹、锈斑及铁锰结核，典型剖面由耕层（Ap 层）、淀积层（Bt 层）和母质层（C 层）组成。耕层壤质土壤，其厚度在 14～20 cm，平均厚度为 18 cm。淀积层出现在土体 50 cm 以下，属于深位，据统计平均出现在土体 65 cm 处，平均厚度为 46 cm，质地黏重，多为黏壤土到壤质黏土。黏粒的含量比耕层高 9.95 个百分点，黏化率 1.53，结构为核块状，在结构面上有明显的铁锰胶膜及二氧化硅粉末。

2. 理化性状 土壤质地上层沙、黏适中，下层较黏重。耕层多为砂质黏壤土，淀积层和母质层多为壤质黏土。容重和孔隙度，耕层平均分别为 1.34 g/cm^3 和 47.42%，淀积层分别为 1.45 g/cm^3 和 45.34%，由耕层向下容重逐渐增大，孔隙度逐渐减小。该土种的 pH 通体在 5.4～7.0，其中 pH 小于 6.5 的剖面占 34.3%，pH 大于 6.5 的剖面占 65.7%。有机质及全氮含量耕层分别为 17.8 g/kg 和 1.05 g/kg，并由耕层向下呈逐渐减少的趋势。全磷及有效磷含量，通体基本一致，耕层分别为 0.41 g/kg 和 7 mg/kg，处于缺磷状态；全钾含量全剖面无明显差异，均为中等水平。阳离子交换量较高，耕层平均为 17.4 cmol/kg，淀积层为 20.2 cmol/kg，母质层为 19.7 cmol/kg。

3. 典型剖面 采自葫芦岛市兴城市永安镇周家屯村丘陵漫岗坡角处耕地。其剖面形态特征如下。

Ap1 层：0～19 cm，黄棕色（湿，10YR5/8），砂质黏壤土，粒状结构，较松，植物根系多，pH 为 6.3。

Ap2 层：19～26 cm，黄棕色（湿，10YR5/8），黏壤土，片状结构，较紧，植物根系少，pH 为 6.6。

AB 层：26～52 cm，黄棕色（湿，10YR5/8），砂质黏壤土，块状结构，较紧，有锈纹、锈斑，植物根系极少，pH 为 6.2。

Bt 层：52～100 cm，灰棕色（湿，5YR5/2），壤质黏土，核块状结构，紧实，有锈纹、锈斑和二氧化硅粉末，pH 为 6.3。

C 层：100～150 cm，黄棕色（湿，10YR5/8），黏壤土，块状结构，紧，有锈纹、锈斑，pH 为 6.2。

具体理化性状参阅表 7－21。

表 7－21 壤质深淀黄土状潮棕壤理化性状

采样深度（cm）	pH	有机质（g/kg）	全氮（g/kg）	全磷（g/kg）	全钾（g/kg）	机械组成（g/kg）			
						0.2～2 mm	0.02～0.2 mm	0.002～0.02 mm	<0.002 mm
0～19	6.3	14.7	0.87	0.45	13.4	31.35	27.82	21.49	19.34
19～26	6.6	8.0	0.65	0.23	11.9	24.92	25.92	29.20	19.96
26～52	6.2	10.3	0.69	0.26	12.8	25.95	29.53	23.78	20.74
52～100	6.3	10.7	0.52	0.20	14.6	19.38	21.68	31.98	26.96
100～150	6.2	6.8	0.42	0.23	14.6	30.16	19.91	30.06	19.87

八、壤质深淀菜园潮棕壤

壤质深淀菜园潮棕壤土种，简名“灯塔菜园黄土”，属于棕壤土类潮棕壤亚类菜园潮棕壤土属。该土种主要分布于辽宁省辽阳、鞍山、大连、营口、沈阳、铁岭、锦州等市的丘陵坡脚平地及河流两岸高阶地上。面积为 0.93 万 hm^2。

1. 形成及特征 该土种是发育在潮棕壤上的固定菜田，地势平坦，地下水位在 3 m 左右，具有灌排条件。该土种的成土母质为第四纪黄土状沉积物，土壤经人为长期耕作培肥，多年连续种菜，表土层熟化程度较高，全剖面呈棕色，无石灰反应，淀积层明显，土体下部有锈纹、锈斑及铁锰结核，剖面由耕层（Ap 层）、淀积层（Bt 层）和母质层（C 层）组成。划分该土种的主要依据是：耕层质地在壤土至黏壤土之间，属于壤质土壤；淀积层出现在土体 50 cm 以下，为深位淀积。耕层厚度一般在 17～25 cm，平均厚度为 20 cm，颜色较暗，粒状结构，疏松多孔。亚耕层发育较明显，平均厚度 6 cm，片状结构，较紧实。淀积层多出现在 52～76 cm，平均出现在 62 cm 处。另外，该土淀积黏化作用明显，黏粒的平均含量比耕层高 10.36 个百分点，黏化率为 1.58，结构为核块状，在结构面上多有铁锰胶膜及二氧化硅粉末。

2. 理化性状 该土种质地，耕层沙、黏适中，向下逐渐黏重，到淀积层为最黏。土壤容重及孔隙度，耕层平均分别为 1.36 g/cm^3 和 48.13%，淀积层分别为 1.49 g/cm^3 和 42.76%。可见耕层以下容重偏高，孔隙度偏低，土壤较紧，通透性较差。该土种 pH 剖面上下层次变化不大，耕层在 5.5～7.0，其中分布在锦州、阜新两市的该土壤，pH 均大于 6.5。有机质和全氮平均含量通体较高，如耕层分别为 20.9 g/kg 和 1.1 g/kg，亚耕层分别为 11.1 g/kg 和 0.67 g/kg，淀积层分别为 7.2 g/kg 和 0.56 g/kg；全磷及有效磷平均含量，耕层分别为 0.46 g/kg 和 12 mg/kg，以下各层次较低。全钾较丰富，上下层次均在 16.8～17.6 g/kg。

3. 典型剖面 采自辽阳市灯塔市黄土状母质的耕地上，海拔 35 m，地下水位 2.5 m。其剖面形态特征如下。

Ap1 层：0～24 cm，灰黄色（湿，2.5Y7/3），砂质黏壤土，团粒状结构，疏松，植物根系多，pH 为 6.4。

Ap2 层：24～31 cm，灰黄色（湿，2.5Y7/3），砂质黏壤土，片状结构，较紧，植物根系少，pH 为 6.3。

AB 层：31～103 cm，灰黄色（湿，2.5Y7/3），砂质黏壤土，粒块状结构，较紧，有少量的铁锰斑纹和结核及胶膜，植物根系少，pH 为 6.5。

Bt 层：103～123 cm，淡黄棕色（湿，2.5Y6/4），砂质黏壤土，核状结构，紧实，有多量的铁锰斑纹和结核及铁锰胶膜，pH 为 6.5。

BC 层：123～150 cm，黄色（湿，2.5Y8/6），砂质黏壤土，块状结构，紧，有少量锈纹、锈斑，pH 为 6.4。

具体理化性状参阅表 7 - 22。

表 7 - 22 壤质深淀菜园潮棕壤理化性状

采样深度 (cm)	pH	有机质 (g/kg)	全氮 (g/kg)	全磷 (g/kg)	全钾 (g/kg)	阳离子交换量 (cmol/kg)	机械组成 (g/kg)			
							0.2～2 mm	0.02～0.2 mm	0.002～0.02 mm	<0.002 mm
0～24	6.4	27.7	1.26	0.61	11.3	20.4	21.89	50.07	12.15	15.89
24～31	6.3	13.0	0.75	0.53	7.9	20.8	29.63	39.73	14.65	15.99
31～103	6.5	10.9	0.61	0.57	13.7	17.3	20.15	43.73	17.77	18.35
103～123	6.5	8.6	0.51	0.39	9.4	23.7	14.68	48.43	12.31	24.58
123～150	6.4	6.2	0.37	0.26	4.0	21.8	15.07	41.53	20.72	22.63

第八章 白浆化棕壤 >>>

白浆化棕壤是表土层或亚表土层具有由漂洗作用形成的“白浆层”的棕壤。白浆层是白浆化棕壤区别于其他棕壤亚类的最重要特征。白浆化棕壤的机械组成、土壤结构和剖面构型特点，决定了其水分渗透性差、淀积层渗水速度低。所以在阴雨连绵时节，淀积层上部容易滞水包浆，给农作物的生长带来消极影响（全国土壤普查办公室，1998）。

第一节 白浆化棕壤区域与中微域分布特点

白浆化棕壤的面积约为 33 万 hm^2，占棕壤土类面积的 1.64%。主要分布在山东、辽宁和江苏苏北的低丘陵、高阶地、缓岗坡地，以及陕西的秦岭、陇山山地棕壤带的上部。成土母质为中酸性基岩风化物和非钙质土状堆积物，自然植被多为栎林、松栎林、桦林、人工落叶松林。

一、辽宁省白浆化棕壤区域与中微域分布特点

辽东山地丘陵区位于长大铁路以东，为长白山山脉的西南延续部分，包括大连、丹东、本溪、抚顺市的全部和铁岭、辽阳、鞍山、营口市的东部。全区可续分为东北部山区和辽东半岛丘陵区两个类型（贾文锦，1992）。

辽东半岛白浆化棕壤主要分布在辽东地区的低山、丘陵、岗地的缓坡及波浪平原，并与典型棕壤呈镶嵌分布，面积 1.22 万 hm^2，占棕壤土类面积的 0.29%。成土母质为坡积物、洪积物、黄土和冲积坡积物。在东北部中低山地区，山体较高，沟谷发育明显，水系多呈枝状伸展，沿水系自山顶至谷底发育的土壤多为枝状分布，低山丘陵缓坡和岗平地上有白浆化棕壤的分布。

二、山东省白浆化棕壤区域与中微域分布特点

山东半岛白浆化棕壤面积 7.23 万 hm^2，占棕壤面积的 4.0%；其中耕地 5.03 万 hm^2，占耕地面积的 3.9%。白浆化棕壤又分为滞水白浆化棕壤（铁子白淌土）和侧渗白浆化棕壤（白淌土）两个土属，前者面积 6.61 万 hm^2，其中耕地 5.03 万 hm^2，主要分布在鲁东丘陵区南部沿海一带的低丘、缓岗坡麓和剥蚀平原，东部沿海分布面积较小；后者面积 0.62 万 hm^2，全部为自然林植被，分布在鲁中南山地丘陵区腹地中低山和鲁东半岛中低山较高坡地。白浆化棕壤主要分布区气候湿润，年降水量在 800～950 mm，干燥度小于 1，土壤属湿润型。其成土母质为花岗岩或片麻岩的残坡积物。侧渗白浆化棕壤植被为茂盛的针叶林，多生长赤松、油松等；滞水白浆化棕壤几乎已全部被垦为农田，以种植花生、甘薯和小麦为主。

鲁中南山区东南沿海是山东省降水量最大、气候最湿润地区，强度淋溶的白浆化棕壤集中分布于该区。在鲁东丘陵区南部的临沂市临沭县、莒南县的低丘和剥蚀平原较平缓的地方，分布着白浆化棕壤，鲁中南山地丘陵东南部的沂河、沭河中下游平原四周的高阶地北部也分布着白浆化棕壤。

第二节　白浆化棕壤主要成土特点与形态特征

白浆化棕壤是棕壤在主导成土过程中附加白浆化作用形成的亚类。白浆化棕壤有明显的黏粒移动和淀积现象，在腐殖质层或耕层以下具有白浆层（E层），这是区别于棕壤其他亚类的最重要特征。

一、白浆化棕壤主要成土特点

对于白浆化棕壤的性质及其形成机制，土壤界曾有不同的观点，认为此类土壤白色粗质土层的形成是白浆化作用的结果，并非灰化作用。

“白浆化作用”指在季节性还原条件下，亚表层的铁锰和黏粒随水向下移动，形成粉沙粒含量高、铁锰贫乏的白色淋溶层（即白浆层），在其下部形成黏粒和铁锰相对富集的淀积层。而“灰化作用”指在郁闭的林被下，残落物分解过程中产生以富里酸为主的腐殖酸，使土体上部土壤矿物发生蚀变，腐殖酸同铁、铝形成整合物向下淋溶淀积，从而在亚表层形成二氧化硅富集的灰化层，在剖面下部形成铁铝腐殖酸积聚的淀积层。白浆化作用，土体化学组成剖面分异明显，黏粒化学组成较均一；而灰化作用，土体和黏粒的化学组成都有明显的分异。从表8-1中可以看出，白浆化棕壤的白浆层和灰化土的灰化层及其上部土层，土体的硅铁率和硅铝率比以下土层明显大，灰化层的差异更明显，说明铁铝被淋溶。但从黏粒的分子率看，白浆化棕壤比较一致，而灰化土分异明显。也就是说，白浆化棕壤黏粒部分 Al_2O_3 淋失较少；而灰化土的灰化层 Al_2O_3 和 Fe_2O_3 同时淋失。这就是白浆化和灰化的实质差别。

表8-1　白浆化棕壤和灰化土化学组成分子率的比较

土壤类型	资料来源	采样深度（cm）	土体全量分子率				黏粒（<0.001 mm，%）	黏粒全量分子率			
			$\frac{SiO_2}{R_2O_3}$	$\frac{SiO_2}{Al_2O_3}$	$\frac{SiO_2}{Fe_2O_3}$	$\frac{Al_2O_3}{Fe_2O_3}$		$\frac{SiO_2}{R_2O_3}$	$\frac{SiO_2}{Al_2O_3}$	$\frac{SiO_2}{Fe_2O_3}$	$\frac{Al_2O_3}{Fe_2O_3}$
白浆化棕壤	泰山长寿桥	0～11	6.11	7.25	38.67	5.33	8.1	2.19	2.71	11.45	4.23
		11～25	6.67	8.00	40.00	5.00	7.1	2.28	2.82	11.89	4.22
		25～45*	7.06	8.00	60.00	7.50	5.2	2.30	2.77	13.52	4.88
		45～71	3.43	4.57	13.71	2.99	11.1	2.02	2.53	9.88	3.91
		71～91	3.41	4.30	16.50	3.84	12.1	19.1	2.45	8.63	3.52
		$\overline{X}$	5.03	6.12	30.90	5.05	9.1	2.12	2.63	11.50	4.37
	莒南县团林	0～14	9.85	11.21	81.25	7.25	6.4	2.35	3.00	10.91	3.63
		14～31*	8.96	10.09	79.50	7.88	8.2	2.51	3.22	11.36	3.53
		31～58	5.34	6.43	31.44	4.69	28.9	2.34	3.01	10.47	3.48
		58～110	5.65	6.71	35.66	5.31	27.1	2.44	3.12	11.13	3.58
		110～130	4.93	5.71	36.48	6.30	17.0	2.43	2.92	11.56	3.96
		$\overline{X}$	6.36	7.42	45.58	6.13	21.2	2.42	3.07	11.06	3.60
灰化土	B.M.费德冷资料（苏联）	0～8	13.86	16.06	101.00	6.29	8.5	3.40	4.08	20.42	5.00
		8～20**	11.36	21.65	184.00	8.25	2.6	2.79	3.03	39.00	12.887
		20～38	7.77	10.58	29.30	2.77	8.6	1.61	2.54	3.70	1.46
		38～65	7.02	8.41	42.60	5.07	7.7	2.03	2.33	5.20	2.23
		65～70	5.99	7.38	31.68	4.29	5.3	1.66	2.71	4.26	1.57
		$\overline{X}$	8.88	12.44	73.61	5.92	6.6	2.22	2.86	13.51	4.72

* 为白浆层，** 为灰化层。

白浆化作用一般与硅铝酸盐风化阶段伴随发生，在降水量较多、土壤透水性不良的情况下，淋溶层经常处于周期性滞水状态，有机质的积累与转化也为成土物质的还原淋洗创造了条件。土壤中以胶膜状态包被于土粒和结构体表面的铁锰被还原为低价铁锰，由于透水不良的黏淀层的顶托作用，大量铁锰沿着缓坡随侧向水流而淋失。一部分未淋失的铁锰在滞水消失后又被氧化，与土壤中的有机和无机胶体胶结形成结核，甚至胶结成铁盘；还有一部分铁锰沿土体裂隙下渗，在淀积层中形成铁锰锈斑、胶膜和铁子。经过长期的铁锰淋溶、迁移和淀积，亚表层形成白浆层。由于铁锰淋失程度不同，白浆化过程表现出阶段性差异。在初始阶段，铁锰淋失量不大，白浆层呈灰黄色或棕黄色，粉沙粒含量也低，土壤剖面表现为典型棕壤和白浆化棕壤之间的过渡状态。

在白浆化过程中，铁锰在还原条件下的淋失和分配受地形以及土壤水文条件的制约。在坡度较大的地方，土壤水以侧渗为主，在还原条件下大部分铁锰随侧渗水流失。所以，在氧化条件下被氧化而与土壤胶体结合形成结核和沿裂隙下渗淀积的铁锰量很少；在坡度平缓的地方则相反，滞留的水分主要靠下渗和土壤蒸发而消失，还原条件下产生的低价铁锰很少流失，绝大部分在氧化条件下又被氧化而与胶体胶结成核，或沿裂隙下渗淀积。以上两种情况发育的白浆化棕壤，其剖面形态特征、理化性状不同。所以，根据土壤水文特征，白浆化棕壤亚类分为两个土属，前者为侧渗白浆化棕壤，后者为滞水白浆化棕壤。

从白浆化棕壤的成土过程可以看出，其发育的前期，盐基的淋溶过程、黏化过程占主导地位，伴随着白浆化过程；当黏粒淀积层形成后，其滞水顶托作用为土壤创造了新的还原条件，开始了以白浆化为主导的成土过程。

二、白浆化棕壤主要形态特征

剖面的主要形态特征：第一，在腐殖质层（Ah 层）之下、在淀积层（Bt 层）之上为白浆层（E 层）；典型剖面构型为 Ap－E－Bt－C 或 Ap－Bt－C 型；白浆层（E 层）呈灰白或浅灰色，砂质壤土或壤土，结构不明显或略呈片状结构；有时见有锈纹、锈斑，有或无铁锰结核。第二，淀积层多呈棕色，质地黏重，棱块状结构，结构面和裂隙有铁锰胶膜，有或无二氧化硅粉末。第三，母质层为岩石半风化物或土状堆积物。

在白浆化成土过程中，土壤矿质元素有的发生淋移、有的产生富集。由表 8－2 可知，氧化硅在表土层、白浆层和黏淀层中聚集，其富集系数均＞1.0；氧化铝的富集系数均＜1.0，表明其在剖面中的淋移特征。氧化铁在白浆层和表土层中淋失，富集系数＜1.0，而在黏淀层中明显聚集，其富集系数＞1.0。此外，白浆层中的氧化钙、氧化镁富集系数均＜1.0，同样表明这些元素发生淋溶和迁移的特征。白浆土在形成过程中由于受季节性饱和滞水的影响，土壤中的铁锰氧化物被还原而淋失，也致使白浆层土色变浅。据辽宁省资料，白浆层的全铁和游离铁含量均较淀积层低，而白浆层活性铁的含量及铁的活化度均明显高于淀积层，铁的晶化度则明显低于淀积层。

表 8－2　白浆化棕壤元素的富集系数

剖面号	发生层	SiO_2	Al_2O_3	Fe_2O_3	CaO	MgO	K_2O	Na_2O	MnO	TiO_2
辽 31	A	1.04	0.78	0.88	1.44	0.79	0.82	1.52	0.12	1.29
	E	1.07	0.85	0.85	0.54	0.48	0.68	0.77	0.09	1.13
	Bt	1.01	0.98	1.01	0.76	0.91	0.83	1.02	0.10	1.20
	A	富集系数排序	$Na_2O>CaO>TiO_2>SiO_2>Fe_2O_3>K_2O>Al_2O_3>MgO>MnO$							
	E		$TiO_2>SiO_2>Na_2O>Fe_2O_3$，$Al_2O_3>K_2O>CaO>MgO>MnO$							
	Bt		$TiO_2>Na_2O>SiO_2$，$Fe_2O_3>Al_2O_3>MgO>K_2O>CaO>MnO$							

（续）

剖面号	发生层	SiO_2	Al_2O_3	Fe_2O_3	CaO	MgO	K_2O	Na_2O	MnO	TiO_2
鲁 40	A	1.20	0.62	0.52	0.49	0.62	1.35	0.66	0.78	0.52
	E	1.18	0.67	0.53	0.49	0.56	1.21	0.62	1.22	0.85
	Bt	1.05	0.93	1.19	1.04	0.74	1.14	0.34	2.24	0.73
	A	富集系数排序	$K_2O>SiO_2>MnO>Na_2O>MgO$，$Al_2O_3>Fe_2O_3$，$TiO_2>CaO>MgO$							
	E		$MnO>K_2O>SiO_2>TiO_2>Al_2O_3>Na_2O>MgO>Fe_2O_3>CaO$							
	Bt		$MnO>Fe_2O_3>K_2O>SiO_2>CaO>Al_2O_3>MgO>TiO_2>Na_2O$							
鲁 3	A	1.31	0.44	1.49	0.35	0.12	2.67	0.93	0.21	1.05
	E	1.35	0.43	1.41	0.30	0.10	2.76	0.88	0.17	0.89
	Bt	1.09	1.01	1.95	0.38	0.17	2.09	0.61	0.10	1.23
	A	富集系数排序	$K_2O>Fe_2O_3>SiO_2>TiO_2>Na_2O>Al_2O_3>CaO>MnO>MgO$							
	E		$K_2O>Fe_2O_3>SiO_2>TiO_2>Na_2O>Al_2O_3>CaO>MnO>MgO$							
	Bt		$K_2O>Fe_2O_3>SiO_2>TiO_2>Al_2O_3>Na_2O>CaO>MgO>MnO$							

第三节　白浆化棕壤主要理化特性

由于受滞水或侧渗淋移和黏粒迁移的影响，白浆土层及其上部土层的质地均一，粉沙粒含量高，多为砂质壤土至黏土，呈酸性至中性反应，pH 为 5.8～6.8，阳离子交换量为 7～25 cmol/kg。

一、白浆化棕壤主要物理性质

白浆化棕壤机械组成有以下特点：第一，表土质地为砂质壤土，机械组成以细沙和粗沙为主，黏粒含量在 10%左右；第二，白浆层的粉沙粒含量明显高于上下土层；第三，淀积层黏粒含量很高，在 15%～35%，并且一般情况下侧渗白浆化棕壤淀积层含量低于滞水白浆化棕壤淀积层黏粒含量。黏淀层的黏粒（<0.002 mm）含量与白浆层黏粒含量之比（黏粒淋淀系数）为 1.45～4.77，即使是均一母质形成的白浆化棕壤，其白浆层黏粒含量都有不同程度的减少，而淀积层的黏粒呈明显聚集（表 8-3）。

表 8-3　白浆化棕壤的机械组成

采样地点	采样深度（cm）	机械组成（%）				质地	黏粒淋淀系数
		0.2～2 mm	0.02～0.2 mm	0.002～0.02 mm	<0.002 mm		
山东临沂莒南团林镇	0～14	28.22	41.85	21.15	8.78	砂质壤土	3.05
	14～31	28.28	36.75	24.31	10.66	砂质壤土	—
	31～58	20.50	24.10	22.92	32.49	壤质黏土	—
	58～110	26.88	25.55	17.66	29.91	壤质黏土	—
	110～130	64.21	15.43	7.98	12.38	砂质壤土	—
山东威海荣成成山镇	0～24	53.34	32.38	9.42	4.86	壤质沙土	4.77
	24～39	47.10	34.52	12.32	6.06	砂质壤土	—
	39～50	47.77	33.81	12.85	5.57	砂质壤土	—
	50～91	37.74	25.50	10.17	26.58	砂质壤土	—
	91～130	43.68	24.51	10.71	21.10	砂质黏壤土	—

（续）

采样地点	采样深度（cm）	机械组成（%）				质地	黏粒淋淀系数
		0.2～2 mm	0.02～0.2 mm	0.002～0.02 mm	<0.002 mm		
山东威海凤林街道	0～14	16.02	51.70	19.96	12.32	砂质壤土	1.88
	14～30	17.14	50.48	20.88	11.50	砂质壤土	—
	30～52	10.41	47.13	28.05	14.42	砂质壤土	—
	52～65	11.66	37.81	23.36	27.17	壤质黏土	—
	65～150	14.02	37.17	27.64	21.17	黏壤土	—
辽宁抚顺清原草市镇	0～2	1.79	45.69	40.07	12.48	壤土	2.38
	2～15	3.70	30.41	45.55	20.34	粉砂质黏壤土	—
	15～28	0.85	23.83	50.45	24.87	粉砂质黏壤土	—
	28～77	1.63	20.81	47.89	29.67	粉砂质黏土	—
	77～125	0.81	19.79	48.05	31.35	粉砂质黏土	—

二、白浆化棕壤主要化学性质

白浆化棕壤呈酸性至中性反应，pH 为 5.8～6.8，阳离子交换量为 7～25 cmol/kg，白浆层与表土层和淀积层相比均略低，这与表土层有机质和淀积层黏粒含量较高呈正相关。交换性盐基组成中以钙为主，镁次之，钾和钠较少。盐基饱和度较高，通常在 70%～90%；土壤水解性酸含量较高，为 1.01～9.08 cmol/kg，交换性酸含量低且变幅较大，为 0.01～1.51 cmol/kg，两者层间变化不大（表 8－4）。水解性总酸度和交换性酸含量一般低于酸性棕壤，高于棕壤其他亚类。

表 8－4　白浆化棕壤的 pH 及交换性能

采样地点	采样深度（cm）	pH（H_2O）	阳离子交换量（cmol/kg）	交换性盐基（cmol/kg）					水解性酸（cmol/kg）	交换性酸（cmol/kg）			盐基饱和度（%）
				Ca^{2+}	Mg^{2+}	K^{+}	Na^{+}	总量		H^{+}	Al^{3+}	总量	
山东临沂莒南团林镇	0～14	6.0	7.18	3.98	1.46	0.23	痕迹	5.67	1.62	0.11	0.02	0.13	78.97
	14～31	6.2	6.25	3.04	1.59	0.08	0.67	5.38	1.57	0.08	0.03	0.11	86.08
	31～58	6.4	20.40	9.96	6.91	0.45	1.12	18.44	2.62	0.08	0.01	0.09	90.39
	58～110	6.0	21.90	10.76	7.46	0.48	0.65	19.35	2.34	0.08	0.03	0.11	88.36
	110～130	6.2	21.36	10.67	6.72	0.44	0.75	18.58	1.91	0.06	0.04	0.10	86.99
山东威海凤林街道	0～14	5.5	9.30	3.36	2.39	0.13	1.02	6.90	1.94	痕迹	0.05	0.05	74.19
	14～30	5.6	9.42	3.21	2.32	0.08	1.02	6.63	2.01	0.01	痕迹	0.01	70.38
	30～52	6.2	8.67	3.80	2.82	0.09	0.32	7.03	1.01	0.10	0.04	0.14	21.08
	52～65	6.2	16.90	6.48	6.21	0.31	0.94	13.94	2.17	0.08	痕迹	0.08	82.49
	65～150	6.4	21.90	8.48	8.79	0.40	0.91	18.58	2.26	0.06	0.02	0.08	84.84
辽宁抚顺新宾木奇镇	0～24	5.8	22.48	11.07	1.94	0.22	0.19	13.42	9.06	0.03	0.07	0.10	59.70
	24～52	5.9	19.37	9.23	2.59	0.19	0.29	12.30	7.07	0.52	0.34	0.86	63.50
	52～70	5.5	25.15	11.48	4.02	0.21	0.36	16.07	9.08	0.71	0.80	1.51	63.90
	70～102	6.0	25.12	13.60	5.07	0.30	0.45	19.42	5.70	0.41	0.99	1.40	77.31

白浆化棕壤养分含量的特点：第一，白浆化棕壤多为林地，表层有机质含量为 18～79 g/kg，表层以下锐减至 10 g/kg 以下；第二，表层全氮量较高（1～7 g/kg），属高水平，但表层以下迅速下降

到 1 g/kg 以下，碱解氮的趋势相同；第三，全磷量较少，表层为 0.39～1.47 g/kg，属低量至中上水平，表层以下则更低，但辽 36 和辽 37 剖面，通体全磷量均在 1 g/kg 以上，有效磷也有同样趋势，这与成土母质富磷有关；第四，全钾量较高，在 10～30 g/kg，速效钾和缓效钾含量多属中上和高水平。综上所述，白浆化棕壤由于生物积累作用，主要养分元素集中在表层（厚 10～24 cm），储量不高，尤其白浆层养分更为贫乏。

白浆化棕壤土体化学组成的特点，由表 8－5 可以看出，第一，白浆层及其上层的 CaO 和 MgO 的含量略低于淀积层，但由于生物表聚作用则呈相反趋势（辽 33、辽 34 和辽 31）。第二，K_2O 和 Na_2O 含量较高，平均值分别为 24.6 g/kg 和 18.4 g/kg。第三，白浆层及其上层的 SiO_2 含量均高于淀积层，相差 3%～10%；Al_2O_3 和 Fe_2O_3 含量则相反，白浆层及其上层低于淀积层，Al_2O_3 相差 7%～33%；Fe_2O_3 相差 13%～30%，甚至近 2 倍。第四，白浆层及其上层的硅铁率大于淀积层，表明前者 Fe_2O_3 明显减少，后者具有明显的积聚现象。据 9 个剖面统计，白浆层的硅铁率平均值为 39.70，而淀积层的平均值为 29.97。辽 32 剖面，白浆层的硅铁率为 33.96，其上层为 30.41，下层为 27.73。硅铝率和硅铝铁率的趋势相同。由此可见，白浆化棕壤的土体化学组成在剖面中分异明显，这是白浆化棕壤的突出特征。

表 8－5　白浆化棕壤土体的化学组成

剖面号	采样地点	成土母质	采样深度（cm）	烧失量（g/kg）	化学组成*（g/kg）										
					SiO_2	Al_2O_3	Fe_2O_3	CaO	MgO	TiO_2	MnO	K_2O	Na_2O	P_2O_5	总量
辽 31	桓仁八里甸子镇	黄岗岩残坡积物	0～18	74.0	717.8	142.0	54.3	9.1	14.2	8.7	1.18	13.8	21.9	0.80	983.8
			18～42	65.3	740.0	154.1	52.1	3.4	8.8	7.6	0.86	12.9	19.3	0.25	999.3
			42～65	39.1	711.3	168.5	62.2	2.9	10.4	7.5	1.03	13.4	19.4	0.34	997.0
			65～100	59.6	696.5	178.6	61.7	4.8	16.4	8.1	0.85	13.9	18.7	0.34	999.9
			100～130	46.2	689.0	181.2	61.2	6.3	18.0	6.7	1.26	16.8	19.0	0.47	999.9
			$\bar{X}$	55.9	708.4	167.8	58.9	5.1	14.0	7.7	1.02	14.3	19.4	0.42	997.0
辽 34	桓仁八里甸子镇	黄岗岩残坡积物	0～6	128.8	754.7	128.6	60.2	10.5	8.5	7.9	1.15	11.3	18.1	0.55	1 001.5
			6～17	66.0	750.3	140.4	49.0	5.4	8.9	8.0	1.07	13.9	14.4	0.43	991.8
			17～30	67.8	731.4	156.0	52.5	3.8	7.4	8.6	0.97	19.6	19.1	0.41	999.8
			30～77	52.3	736.9	150.1	55.9	1.7	5.6	7.1	0.53	18.9	19.9	0.34	997.0
			77～120	54.3	738.9	155.6	55.6	1.5	5.7	7.7	0.53	14.7	19.5	0.34	1 000.1
			$\bar{X}$	59.8	739.1	151.9	55.0	2.6	6.3	7.6	0.66	16.6	19.1	0.37	999.2
辽 32	抚顺清原草市镇小板河村西岗	黄土	0～15	52.7	718.6	144.8	62.8	9.2	14.2	8.5	1.30	22.2	24.7	0.30	1 006.6
			15～28	45.0	716.8	151.2	56.1	7.8	17.1	8.4	0.8	14.8	25.4	0.36	998.8
			28～77	70.1	688.7	155.6	66.0	8.8	18.7	8.4	0.97	25.1	27.1	0.60	1 000.0
			77～125	58.6	698.6	157.2	54.4	9.2	18.5	8.0	0.64	23.9	28.9	0.39	999.7
			$\bar{X}$	61.0	699.0	154.5	60.1	8.9	17.9	8.3	0.87	23.2	27.3	0.46	1 000.5

* 化学组成指各成分在灼烧土中的含量。

白浆化棕壤的黏粒化学组成的分析结果（表 8－6）表明，黏粒硅铝率在同一剖面中较一致，剖面无分异，这也是白浆化棕壤的主要特征。Al_2O_3 的含量同一剖面较为均一，而 Fe_2O_3 的含量，白浆层略低于淀积层，这是铁溶的结果，说明黏土矿物有轻度的蚀变。黏粒蚀变后破坏了硅四面体，一部分被分解为二氧化硅，当亚表层干燥时形成二氧化硅粉沙，在长期的周期性干湿交替过程中，逐渐形成了白浆层。白浆化棕壤的硅铝铁率的平均值为 2.89，近似典型棕壤（2.87），略高于酸性棕壤（2.72）。硅铝率也有相同趋势，且同一剖面各土层基本一致，迥然不同于灰化土剖面的硅铝率。

表 8-6　白浆化棕壤黏粒（<0.002 mm）的化学组成

剖面号	采样地点	采样深度（cm）	烧失量（g/kg）	化学组成*（g/kg）										
				SiO_2	Al_2O_3	Fe_2O_3	CaO	MgO	TiO_2	MnO	K_2O	Na_2O	P_2O_5	总量
辽 35	大连普兰店泡子乡	0～15	145.6	548.5	235.1	99.8	6.1	23.6	9.3	1.04	26.0	6.6	2.41	1 008.8
		15～70	125.6	550.3	291.5	96.6	3.2	18.1	9.0	0.31	23.7	3.1	1.38	997.2
		70～105	153.9	570.9	319.6	61.2	3.0	15.0	9.8	0.20	23.5	3.3	1.31	1 007.8
		105～150	134.4	570.7	296.3	85.5	4.1	15.5	9.0	0.30	21.8	4.8	1.42	1 009.4
		150～220	133.9	566.6	291.7	77.8	6.1	16.3	9.6	0.42	22.9	4.1	1.41	996.9
		$\bar{X}$	135.9	562.8	296.6	82.9	4.5	16.9	9.3	0.38	23.2	4.0	1.46	1 002.1
辽 32	抚顺清原草市镇小板河村西岗	0～15	107.54	577.7	248.2	99.5	1.9	22.5	11.8	0.80	28.0	13.6	3.87	1 007.8
		15～28	87.3	587.3	239.8	96.5	1.9	23.3	12.3	0.64	29.1	15.3	3.36	1 007.5
		28～77	81.7	590.8	231.5	96.6	2.8	21.1	9.5	0.71	29.6	15.2	5.01	1 004.4
		77～125	78.6	580.6	246.4	94.2	2.7	20.3	10.7	0.42	29.5	13.6	2.63	999.9
		$\bar{X}$	83.8	585.1	239.7	95.9	2.6	21.2	10.8	0.60	29.3	14.4	3.80	1 003.4
辽 39	抚顺新宾木奇镇	0～24	213.6	565.5	261.2	81.3	3.7	29.0	10.8	0.79	35.2	4.8	6.64	998.9
		24～52	120.0	578.6	261.1	78.4	1.8	28.6	11.5	0.43	34.9	4.2	3.48	1 003.1
		52～70	119.6	559.4	270.3	85.3	3.0	29.4	9.8	0.58	34.8	5.0	4.58	1 000.2
		70～102	127.5	542.3	276.3	89.9	3.5	26.8	9.4	0.50	35.2	5.3	3.09	992.3
		$\bar{X}$	144.3	560.7	267.5	83.9	3.0	27.9	10.4	0.56	35.0	4.8	4.30	998.2

* 化学组成指各成分在灼烧土中的含量。

第四节　白浆化棕壤主要土属

白浆化棕壤，根据剖面中水型分为侧渗型白浆化棕壤和滞水型白浆化棕壤 2 个土属。白浆化棕壤是棕壤土类中平均黏化率最高的棕壤亚类，剖面统计平均黏化率为 3.4。

一、侧渗型白浆化棕壤

侧渗型白浆化棕壤土属，属棕壤土类白浆化棕壤亚类。该土属成土母质为第四纪黄土沉积物或第四纪黄土坡积物，主要分布在辽宁省东部的新宾满族自治县、清原满族自治县、桓仁满族自治县等地境内，多处于丘陵漫岗的缓坡地带。

1. 主要性状　该土属发育在第四纪黄土坡积物上，土壤在季节性滞水条件下，受侧向漂洗作用，有微弱白浆层发育，典型剖面由腐殖质层（Ah 层）或者耕层（Ap 层）、白浆层（E 层）、黏粒淀积层（Bt 层）和母质层（C 层）构成。腐殖质层或耕层质地为黏壤土或粉砂质黏壤土；白浆层（E 层）呈片状结构，颜色变淡；黏粒淀积层（Bt 层）层质地黏重，棱块状结构，结构面有大量胶膜和二氧化硅粉末。

2. 典型剖面　采自抚顺市新宾满族自治县木奇镇苏子河桥东的漫岗中部，坡度 10°，海拔 300 m，母质为黄土坡积物。年均温 5.8 ℃，年降水量 810 mm，≥10 ℃积温 2 900 ℃，无霜期 129 d。植被为落叶松。其剖面形态特征如下。

Ah 层：0～24 cm，棕灰色（湿，5YR4/1），粉砂质黏壤土，碎块状结构，较松，植物根系多，pH 为 5.8。

E 层：24～52 cm，棕灰色（湿，5YR6/1），粉砂质黏土，显片状结构，稍紧，植物根系少，pH 为 5.9。

Bt1 层：52～70 cm，亮黄棕色（湿，10YR7/6），壤质黏土，棱块状结构，紧实，有铁锰胶膜及二氧化硅粉末，pH 为 5.5。

Bt2 层：70～120 cm，亮棕色（湿，7.5YR5/8），壤质黏土，棱块状结构，紧实，有铁锰胶膜、锈纹、锈斑及二氧化硅粉末，pH 为 6.0。

3. 物理性质 腐殖质层（Ah 层）或耕层（Ap 层）质地为黏壤土或粉砂质黏壤土，黏粒平均含量 17.9%（n=5），厚度 25 cm（n=11），容重和孔隙度分别为 1.23 g/cm^3 和 54.35%（n=3）。白浆层（E 层）呈片状结构，颜色变淡，平均厚度 26 cm（n=11），黏粒的硅铁铝率 3.16，硅铝率 3.76，铁的游离度 37.2%（n=2），容重和孔隙度分别为 1.30 g/cm^3 和 51.56%（n=3）。黏粒淀积层（Bt 层）质地黏重，黏粒平均为 33.3%，黏化率 1.57，容重和孔隙度分别为 1.46 g/cm^3 和 45.68%（n=3），棱块状结构，结构面有大量胶膜和二氧化硅粉末。具体物理性质参阅表 8-7。

表 8-7 侧渗型白浆化棕壤物理性质

项目		统计剖面			
		n	A	E	Bt
厚度（cm）		11	25	26	44
>2 mm 砾石（%）		—	3.71	3.67	4.81
机械组成（%）	0.02～2 mm	5	49.20	41.81	29.25
	0.002～0.02 mm	5	32.90	37.03	37.45
	<0.002 mm	5	17.90	21.16	33.30
质地名称		—	黏壤土	黏壤土	壤质黏土
粉/黏		—	1.84	1.75	1.12
容重（g/cm^3）		3	1.23	1.30	1.46
孔隙度（%）		3	54.35	51.56	45.68

4. 化学性质 该土属土壤呈微酸性，pH 为 5.8～6.5，盐基饱和度 64.0%～78.2%。腐殖质层有机质平均含量为 31.9 g/kg、全氮 1.92 g/kg、全磷 0.70 g/kg、全钾 14.9 g/kg（n=11），有效磷 5 mg/kg、速效钾 116 mg/kg（n=8），有效微量元素硼 0.28 mg/kg、钼 0.72 mg/kg、锰 87.4 mg/kg、锌 0.65 mg/kg、铜 1.18 mg/kg、铁 129.20 mg/kg。具体化学性质参阅表 8-8。

表 8-8 侧渗型白浆化棕壤化学性质

项目	统计剖面			
	n	A	E	Bt
有机质（g/kg）	11	31.9	5.8	5.8
全氮（g/kg）	11	1.92	0.55	0.47
全磷（g/kg）	11	0.70	0.43	0.37
全钾（g/kg）	11	14.9	14.7	14.8
碳氮比	—	9.6	6.9	7.2
有效磷（mg/kg）	8	5	4	9
速效钾（mg/kg）	8	116	92	100
pH（H_2O）	11	5.8～6.4	5.9～6.5	5.9～6.4
阳离子交换量（cmol/kg）	2	22.36	18.16	25.32
盐基饱和度（%）	2	64.0	64.1	78.2

二、滞水型白浆化棕壤

滞水型白浆化棕壤土属，简名白浆棕麻土土属，属棕壤土类白浆化棕壤亚类。主要分布在山东省的临沂市临沭县、日照市等地，面积 5.33 万 hm^2，其中耕地 4.09 万 hm^2。

1. 主要性状 该土属母质为花岗岩和片麻岩的残积风化物，典型剖面由腐殖质层（Ah 层）或耕层（Ap 层）、白浆化层（E 层）、黏粒淀积层（Bt 层）和母质层（C 层）组成。由于所在地降水量较大，母岩风化强烈，剖面发育明显，A 层一般厚 10～20 cm，质地为砂质壤土，呈散粒状结构，铁锰结核较多；E 层是还原漂洗所致，为颜色灰白的白浆化层，厚 10～30 cm，质地为砂质壤土，铁锰结核大而多；Bt 层厚度 30～70 cm，质地多为壤质黏土，黏粒胶膜明显，铁锰结核多，并且下部多见内涝水形成的锈纹、锈斑。

2. 典型剖面 采自莒南县团林镇卞家庄西北 1 000 m 的剥蚀平原，海拔 70 m。母质为花岗岩风化残积物。年均温 12.6 ℃，年降水量 908.2 mm，≥10 ℃积温 4 200 ℃，无霜期 203.3 d。种植甘薯、花生。

Ap 层：0～14 cm，浊黄橙色（干，10YR7/3），砂质壤土，碎块状结构，紧实，多量铁锰结核，根系较多。

E 层：14～31 cm，淡黄橙色（干，10YR8/3），砂质壤土，碎块状结构，极紧实，铁锰结核大而多，根系较少。

Bt1 层：31～58 cm，橙色（干，7.5YR6/6），壤质黏土，块状结构，紧实，少量铁锰结核，中量黏粒胶膜，少量根系。

Bt2 层：58～110 cm，橙色（干，7.5YR6/6），壤质黏土，块状结构，紧实，铁锰结核极多，多呈黏粒胶膜，根极少。

C 层：110～130 cm，半风化母岩。

3. 物理性质 该土属质地为砂质壤土至壤质黏土，黏粒胶膜明显，铁锰结核多，并且下部多见内涝水形成的锈纹、锈斑。典型剖面耕层厚度为 14 cm，白浆层厚度为 17 cm，黏粒淀积层厚度为 79 cm；典型剖面耕层随着深度增加，砾石含量不断增多，而黏粒含量在黏粒淀积层明显增多。具体物理性质参阅表 8－9。

表 8－9 滞水型白浆化棕壤物理性质

项目		统计剖面				
		A	E	Bt1	Bt2	C
厚度（cm）		14	17	27	52	20
>1 mm 砾石（%）		8.4	6.6	2.0	25.2	70.4
机械组成（%）	0.2～2 mm	28.05	28.21	20.60	24.60	55.54
	0.02～0.2 mm	41.88	36.78	24.10	26.22	18.10
	0.002～0.02 mm	21.18	24.34	22.81	18.28	10.49
	<0.002 mm	8.89	10.67	32.49	30.90	15.87
质地名称		砂质壤土	砂质壤土	壤质黏土	壤质黏土	砂质黏壤土

4. 化学性质 该土属土壤微酸性，典型剖面的 pH 为 5.9～6.3，盐基饱和度较高，70%～90%；耕层养分含量较低，有机质含量一般小于 7.0 g/kg，全磷含量较低（0.21 g/kg），全钾含量较高（26.2 g/kg）；有效磷含量小于 3 mg/kg，速效钾含量小于 128 mg/kg。阳离子交换量在白浆层较低（6.25 cmol/kg），在黏粒淀积层中较高。具体化学性质参阅表 8－10。

表 8-10 滞水型白浆化棕壤化学性质

项目	统计剖面				
	A	E	Bt1	Bt2	C
有机质（g/kg）	6.0	2.3	3.3	3.7	1.6
全氮（g/kg）	0.40	0.18	0.28	0.18	0.10
全磷（g/kg）	0.21	0.13	0.41	0.15	0.50
全钾（g/kg）	26.2	23.5	22.2	22.3	19.4
碳氮比	8.70	7.41	6.84	11.92	9.28
碱解氮（mg/kg）	42	21	36	20	13
有效磷（mg/kg）	3	1	1	2	5
速效钾（mg/kg）	128	120	120	96	69
pH（H_2O）	6.0	6.1	6.3	6.0	5.9
阳离子交换量（cmol/kg）	7.18	6.25	20.40	21.90	—

第五节　白浆化棕壤主要土种

白浆化棕壤亚类有侧渗型白浆化棕壤和滞水型白浆化棕壤 2 个土属，然后根据质地和淀积层出现部位，划分出 6 个主要土种。这 6 个主要土种为壤质中位侧渗型白浆化棕壤、壤质深位侧渗型白浆化棕壤、黏质深位侧渗型白浆化棕壤、壤质中位滞水型白浆化棕壤、壤质深位滞水型白浆化棕壤、黏质深位滞水型白浆化棕壤。

一、壤质中位侧渗型白浆化棕壤

壤质中位侧渗型白浆化棕壤土种，简名“南岔河白汤土”，属棕壤土类白浆化棕壤亚类侧渗型白浆化棕壤土属。该土种主要分布在辽宁省抚顺市新宾满族自治县和清原满族自治县的丘陵坡地上，以及山东鲁中南山地丘陵区腹地中低山和鲁东半岛中低山较高坡地，同典型棕壤呈镶嵌岛状分布。其中，少部分开垦耕种，其余为林下土壤。

1. 形成及特征　该土种是发育在第四纪黄土状沉积物或坡积物上的土壤。该土种的形成除具有棕壤化过程外，还附加了白浆化过程。剖面发育既有棕壤的特征，又有白浆土的特点。全剖面无石灰反应，层次分异明显，有弱白浆层的发育。典型剖面由腐殖质层（Ah 层）或耕层（Ap 层）、弱白浆层（E 层）、淀积层（Bt 层）和母质层（C 层）组成。表土层质地为壤质土，其厚度为 11～15 cm，平均厚度为 14 cm。弱白浆层在土壤侧渗水的作用下，有色的铁锰等元素被侧向漂洗和淋溶使土壤脱色，变为黄白色。该层质地粗，沙粒含量高，呈片状或鳞片状结构，养分含量极低。据剖面分析，弱白浆层出现在 11～18 cm，平均出现在 14 cm 处，其厚度平均为 18 cm。白浆层下面为黏粒淀积层（Bt 层），其质地黏重，黏粒和粉沙粒含量高，而沙粒含量低，起到滞水作用，黏粒的含量分别比表土层和弱白浆层高 7.47 个百分点和 10.72 个百分点，黏化率为 1.50。核块状结构，结构面上覆有铁锰胶膜和二氧化硅粉末以及大量锈纹、锈斑。

2. 理化性状　土壤质地上壤下黏，表土层多为砂质黏壤土，黏粒的含量在 15%左右；白浆层质地粗，多为砂质壤土，黏粒的含量 11%，而沙粒的含量较高，达到 70%以上；淀积层质地黏重，黏粒的含量在 22%左右，而沙粒的含量较少，仅有 52%左右。土壤多数剖面 pH 在 5.1～6.2，属酸性至微酸性。耕作土壤耕层有机质含量在 16.8～24.4 g/kg，平均 21.2 g/kg；全氮含量在 0.85～1.16 g/kg，平均 1.03 g/kg；全磷含量较缺乏，在 0.32～0.57 g/kg，平均 0.49 g/kg；有效磷含量在 3～7 mg/kg，速效钾含量在 86 mg/kg。白浆层由于养分被淋失，含量明显低于耕层，有机质含量在

5.1～13.4 g/kg，平均9.89 g/kg，比耕层降低1个百分点左右。林地土壤腐殖质层养分含量高于耕作土壤，有机质含量在16.8～34.7 g/kg，平均28.3 g/kg；全氮含量在0.85～1.83 g/kg，平均1.48 g/kg；全磷含量缺乏，在0.32～0.39 g/kg。表土层阳离子交换量平均为16.4 cmol/kg。

3. 典型剖面 采自抚顺市新宾满族自治县旺清门镇南岔河村丘陵缓坡处，母质为黄土状坡积物，海拔300 m，植被为臭蒿、榛等。其剖面形态特征如下。

Ah层：0～15 cm，暗棕灰色（湿，7.5YR4/2），砂质黏壤土，粒状结构，疏松，植物根系较多，pH为5.1。

E层：15～35 cm，黄色（湿，2.5Y8/6），砂质壤土，鳞片状结构，稍紧，植物根系少，pH为5.3。

Bt层：35～100 cm，棕色（湿，7.5YR4/6），黏壤土，块状结构，紧实，植物根系极少，有铁锰锈斑及胶膜，pH为5.3。

具体理化性状参阅表8-11。

表8-11 壤质中位侧渗型白浆化棕壤理化性状

采样深度（cm）	pH	有机质（g/kg）	全氮（g/kg）	全磷（g/kg）	全钾（g/kg）	有效磷（mg/kg）	速效钾（mg/kg）	阳离子交换量（cmol/kg）	机械组成（g/kg）			
									0.2～2 mm	0.02～0.2 mm	0.002～0.02 mm	<0.002 mm
0～15	5.1	39.8	1.95	0.66	14.4	8	68	20.9	24.56	36.10	24.27	15.06
15～35	5.3	16.5	0.68	0.62	12.00	8	32	14.5	24.82	48.94	14.43	11.81
35～100	5.3	7.2	0.58	0.63	13.4	5	83	16.7	25.17	27.14	25.16	22.53

二、壤质深位侧渗型白浆化棕壤

壤质深位侧渗型白浆化棕壤土种，简名"木奇白汤土"，属棕壤土类白浆化棕壤亚类侧渗型白浆化棕壤土属。该土种主要分布在辽宁省抚顺市清原满族自治县和新宾满族自治县山前坡洪积台地和缓坡地带，同典型棕壤呈岛状分布。目前大部分为林地，小部分开垦为耕地。

1. 形成及特征 该土种发育在第四纪黄土状沉积物或坡积母质上，土壤在棕壤化成土过程和白浆化成土过程的双重作用下，剖面发育既有棕壤的特征，又具有白浆土的特点。全剖面无石灰反应，淀积层发育明显，并有弱白浆层的形成。典型剖面由腐殖质层（Ah层）或耕层（Ap层）、弱白浆层（E层）、淀积层（Bt层）和母质层（C层）组成。划分该土种的主要依据是表土层质地在壤土到黏壤土之间，属于壤质土壤，白浆层出现在土体20 cm以下，为深位。白浆层的形成主要受侧流水的影响，致使有色的铁、锰等元素被侧向漂洗和淋溶，土壤脱色，变为灰白色或灰黄色，呈片状或鳞片状结构，养分含量极低。据统计，该土的白浆层多出现在21～35 cm，平均厚度24 cm。淀积层黏粒含量较高，平均分别比表土层和白浆层高12.2个百分点和11.36个百分点，黏化率为1.62，核块状结构，结构表面覆有大量的铁锰胶膜和二氧化硅粉末。

2. 理化性状 土壤质地，表土层和白浆层为砂质黏壤土或黏壤土，黏粒的平均含量分别为19.6%和20.44%；淀积层一般为壤质黏土，黏粒的含量明显高于表土层和白浆层，平均为31.8%。土壤容重，表土层平均为1.23 g/cm^3，白浆层为1.3 g/cm^3，淀积层为1.46 g/cm^3。总孔隙度，表土层平均为54.35%，白浆层为51.65%，淀积层为45.68%。可见，该土种的淀积层质地极黏重，容重较大，孔隙度低，土壤板结，通透性差，起到滞水的作用。土壤pH，通体无明显差异，各剖面表土层在5.2～6.3，属于微酸性或酸性土壤。林地表层有机质含量在24.4～46.4 g/kg，平均为32 g/kg，全氮含量平均为1.93 g/kg，全磷含量平均为0.77 g/kg。已耕作土壤有机质分解速度快，养分含量有所下降，有机质含量平均26.0 g/kg。白浆层由于受侧向漂洗，养分含量明显低于表土层，有机质和全氮含量平均分别为 5.8 g/kg 和 0.49 g/kg，全磷和全钾含量分别为 0.41 g/kg 和 13.0 g/kg。

3. 典型剖面 采自抚顺市新宾满族自治县木奇镇苏子河桥东，位于丘陵漫岗中上部，人工针叶林下，母质黄土状坡积物，海拔 300 m。其剖面形态特征如下。

Ah 层：0～24 cm，棕灰色（湿，5YR4/1），粉砂质黏壤土，粒块状，疏松，植物根系多，pH 为 5.8。

E 层：24～52 cm，棕灰色（湿，5YR6/1），粉砂质黏土，片状结构，稍紧实，植物根系少，pH 为 5.9。

Bt1 层：52～70 cm，亮黄棕色（湿，10YR7/6），壤质黏土，核块状，紧实，无植物根系，有铁锰胶膜及二氧化硅粉末，pH 为 5.5。

Bt2 层：70～120 cm，亮红棕色（湿，7.5YR5/8），壤质黏土，核块状，紧实，有铁锰胶膜及二氧化硅粉末，pH 为 6.0。

具体理化性状参阅表 8－12。

表 8－12 壤质深位侧渗型白浆化棕壤理化性状

采样深度 (cm)	pH	有机质 (g/kg)	全氮 (g/kg)	全磷 (g/kg)	全钾 (g/kg)	有效磷 (mg/kg)	速效钾 (mg/kg)	阳离子交换量 (cmol/kg)	机械组成 (g/kg)			
									0.2～2 mm	0.02～0.2 mm	0.002～0.02 mm	<0.002 mm
0～24	5.8	37.3	1.92	0.63	20.7	6	125	22.4	6.85	30.65	45.8	16.7
24～52	5.9	7.5	0.79	0.38	2.26	8	128	19.3	5.06	19.74	47.8	27.4
52～70	5.5	5.1	0.68	0.45	19.8	21	132	25.1	6.44	17.96	47.9	31.7
70～120	6	5	0.7	0.55	19	26	143	25.1	6.37	15.13	41.6	36.9

三、黏质深位侧渗型白浆化棕壤

黏质深位侧渗型白浆化棕壤土种，简名“旺清白汤土”，属棕壤土类白浆化棕壤亚类侧渗型白浆化棕壤土属。该土种主要分布在辽宁省清原满族自治县和新宾满族自治县一带的黄土丘陵漫岗的中下部或缓坡处，大多数已开垦耕种。

1. 形成及特征 该土种发育在黄土状沉积物上，土壤除进行棕壤化成土过程外，又附加了次要的白浆化成土过程。因此，剖面发育既有棕壤的特征，又有白浆土的特点。全剖面无石灰反应，典型剖面由耕层（Ap 层）、弱白浆层（E 层）、淀积层（Bt 层）和母质层（C 层）组成。该土种通体质地黏重，在砂质黏土到黏土之间属于黏质土壤。耕层多为砂质黏土，厚度在 21～27 cm。弱白浆层出现在土体 20 cm 以下，厚度为 8～15 cm，鳞片状结构，颜色呈灰白色。淀积层出现在 30～50 cm，厚度大于 1 m，核块状结构，并覆有铁锰胶膜和二氧化硅粉末。

2. 理化性状 土壤质地，通体比较黏重，耕层和淀积层的黏粒含量均在 25%以上，白浆层稍粗，质地多为砂质黏壤土。土壤容重上小下大，耕层在 1.04～1.14 g/cm^3，白浆层和淀积层较高，在 1.33～1.39 g/cm^3。土壤孔隙度则相反，耕层在 56.3%～59.6%，白浆层在 48.1%～50.1%，淀积层为 48.1%。土壤 pH 在 5.0～5.8，多属酸性或微酸性土壤。耕层养分含量较高，有机质含量在 28.8～35.4 g/kg，平均 32.1 g/kg；全氮含量 1.68～1.80 g/kg，平均 1.74 g/kg；全磷含量较缺乏，在 0.61～0.35 g/kg，平均为 0.48 g/kg；全钾含量中等，在 13.4～16.0 g/kg，平均 14.7 g/kg。

3. 典型剖面 采自抚顺市新宾满族自治县旺清门镇江南村高阶地上，海拔 420 m，种植作物为玉米。其剖面形态特征如下。

Ap 层：0～21 cm，暗黄棕色（湿，10YR5/4），砂质黏土，团粒结构，松，植物根系多，无石灰反应，pH 为 5.5。

E 层：21～30 cm，黄棕色（湿，10YR5/8），砂质黏壤土，鳞片状结构，紧，植物根系少，无石灰反应，pH 为 5.8。

Bt 层：30～55 cm，淡黄棕色（湿，10YR7/6），砂质黏土，核块状结构，极紧实，有铁锰胶膜及锈纹、锈斑，无植物根系，无石灰反应，pH 为 5.5。

具体理化性状参阅表 8－13。

表 8－13　黏质深位侧渗型白浆化棕壤理化性状

采样深度 (cm)	pH	有机质 (g/kg)	全氮 (g/kg)	全磷 (g/kg)	全钾 (g/kg)	有效磷 (mg/kg)	速效钾 (mg/kg)	阳离子交换量 (cmol/kg)	容重 (g/cm³)	总孔隙度 (%)
0～21	5.5	35.4	1.68	0.35	13.4	3	59	14.8	1.14	56.3
21～30	5.8	8.8	0.6	0.34	15.0	3	41	12.7	1.33	50.1
30～55	5.5	5.9	0.4	0.25	13.3	2	33	10	—	—

四、壤质中位滞水型白浆化棕壤

壤质中位滞水型白浆化棕壤土种，简名“铁子白淌土”（《山东土壤》）、“小板河白汤土”（《辽宁土壤》），属棕壤土类白浆化棕壤亚类中位滞水型白浆化棕壤土属。分布在山东省临沂市临沭县、莒南县等地的剥蚀平原和沿海缓丘，以及辽宁抚顺清原满族自治县的黄土丘陵漫岗下部的缓坡平地上及河流两岸高阶地上。

1. 形成与特征　该土种母质为花岗岩和片麻岩的残积风化物或黄土状母质，典型剖面由腐殖质层（Ah 层）或耕层（Ap 层）、弱白浆层（E 层）、黏粒淀积层（Bt 层）和母质层（C 层）构成。由于所在地降水量较大，母岩风化强烈，剖面发育明显，A 层一般厚 10～20 cm，质地为砂质壤土，呈散粒状结构，铁锰结核较多；弱白浆层（E 层）是还原漂洗所致，颜色灰白，厚 10～30 cm，质地为砂质壤土，铁锰结核大而多；黏粒淀积层（Bt 层）厚度 30～70 cm，质地多为壤质黏土，黏粒胶膜明显，铁锰结核多，并且下部多见内涝水形成的锈纹和锈斑。

2. 理化性状　该土种土质地为砂质壤土至壤质黏土，黏粒胶膜明显，铁锰结核多，并且下部多见内涝水形成的锈纹、锈斑。有效土层厚度 14 cm。土壤微酸性 pH 为 5.0～6.5。盐基饱和度 70%～90%。耕层养分含量较低，有机质含量一般小于 7.0 g/kg，全磷含量较低（0.21 g/kg），全钾含量为 26.2 g/kg。有效磷含量小于 3 mg/kg，速效钾含量小于 50 mg/kg。

3. 典型剖面　采自临沂市莒南县团林镇卞家庄西北 1.000 m 的剥蚀平原，海拔 70 m。母质为花岗岩风化残积物。年均温 12.6 ℃，年降水量 908.2 mm，≥10 ℃积温 4 200 ℃，无霜期 203.3 d。种植甘薯、花生。

Ap 层：0～14 cm，浊黄橙色（干，10YR7/3），砂质壤土，碎块状结构，紧实，多量铁锰结核，根系较多。

E 层：14～31 cm，淡黄橙色（干，10YR8/3），砂质壤土，碎块状结构，极紧实，铁锰结核大而多，根系较少。

Bt1 层：31～58 cm，橙色（干，7.5YR6/6），壤质黏土，块状结构，紧实，少量铁锰结核，中量黏粒胶膜，少量根系。

Bt2 层：58～110 cm，橙色（干，7.5YR6/6），壤质黏土，块状结构，紧实，铁锰结核极多，多呈黏粒胶膜，根极少。

C 层：110～130 cm，半风化母岩。

具体理化性状参阅表 8－14。

表 8-14 壤质中位滞水型白浆化棕壤理化性状

采样深度（cm）	pH	有机质（g/kg）	全氮（g/kg）	全磷（g/kg）	全钾（g/kg）	有效磷（mg/kg）	速效钾（mg/kg）	阳离子交换量（cmol/kg）	机械组成（g/kg）			
									0.2~2 mm	0.02~0.2 mm	0.002~0.02 mm	<0.002 mm
0~14	6	6	0.4	0.21	26.2	2	128	7.18	28.05	41.88	21.18	8.89
14~31	6.1	2.3	0.18	0.13	23.5	1	120	6.25	28.21	36.78	24.34	10.67
31~58	6.3	3.3	0.28	0.41	22.2	1	120	20.40	20.60	24.10	22.82	32.49
58~110	6	3.7	0.18	0.15	22.3	2	96	21.90	24.60	26.22	18.28	30.9
110~130	5.9	1.6	0.1	0.50	19.4	5	69	—	55.54	18.10	10.49	15.87

五、壤质深位滞水型白浆化棕壤

壤质深位滞水型白浆化棕壤土种，简名“草市白汤土”（《辽宁土种志》）、“白馅棕黄土”（《中国土壤分类与代码》），属棕壤土类白浆化棕壤亚类滞水型白浆化棕壤土属。主要分布在辽宁省东部清原满族自治县黄土丘陵漫岗下的缓坡平地上，目前大部分已开垦耕种。

1. 形成与特征 该土种成土母质为第四纪黄土沉积物或坡积物，土壤的发育既有棕壤特征，又有白浆土的特点。表土之下由于受季节性滞水的影响，形成淡黄色和黄白色的白浆层。典型剖面由腐殖质层（Ah 层）或耕层（Ap 层）、弱白浆层（E 层）、黏粒淀积层（Bt 层）和母质层（C 层）组成。该土种质地上轻下重，土体下部有黏紧的 Bt 层，起滞水作用，雨季水分下渗慢，上层渍水饱和，铁、锰等元素长期处于还原态，而随水迁移，形成淡色的 E 层，俗称白馅。E 层出现在深位，一般在 23~30 cm，平均出现在 24 cm，厚度为 21 cm。黏粒淀积层（Bt 层）紧实，透水性差，棱块状结构，结构面上有大量铁、锰胶膜和二氧化硅粉末，并有锈纹、锈斑及铁锰结核等新生体。

2. 理化性状 该土种质地上壤下黏，表土层为粉砂质壤土至砂质黏壤土，黏粒的含量在 15%~20%。白浆层比表层稍轻，机械组成以粉沙粒为主，淀积层黏粒含量在 30%以上，多为壤质黏土。土壤容重表土层在 1.12~1.22 g/cm^3，而白浆层明显增大；淀积层容重更高，在 1.51~1.69 g/cm^3。孔隙度则相反，表土层平均为 55.57%，白浆层为 46.07%，淀积层为 39.7%。全剖面 pH 在 4.5~5.6，属于酸性土壤。土壤养分含量较高，林下土壤腐殖质层有机质含量为 33.1 g/kg，全氮含量为 1.8 g/kg，全钾含量为 17.0 g/kg，全磷含量为 0.39 g/kg。已耕作土壤耕层有机质含量略低，在 28.9~32.8 g/kg，平均为 30.9 g/kg，全氮含量为 1.76 g/kg，全钾含量在 15.1~16.9 g/kg，全磷较缺乏，在 0.48~0.61 g/kg。

3. 典型剖面 采自抚顺市清原满族自治县草市镇赵家村水库南的洪积台地下部，海拔 38 m。母质为黄土状沉积物。年均温度 4.9 ℃，年降水量 800 mm，≥10 ℃积温 2 830 ℃，无霜期 122 d。植被为人工栽植的落叶松。

Ah 层：0~23 cm，暗灰色（湿，5Y4/1），黏壤土，粒状结构，疏松，植物根系多，pH 为 5.0。

E 层：23~50 cm，灰黄色（湿，2.5Y7/3），黏壤土，鳞片状结构，较紧，植物根系少，pH 为 5.1。

Bt 层：50~120 cm，棕色（湿，7.5YR4/6），壤质黏土，核状结构，紧实，有铁锰胶膜和锈纹、锈斑，并有二氧化硅粉末，pH 为 5.2。

BC 层：120~150 cm，黄棕色（湿，10YR5/3），粉砂质黏壤土，块状结构，紧实，有锈纹、锈斑，pH 为 5.2。

具体理化性状参阅表 8-15。

表 8-15　壤质深位滞水型白浆化棕壤理化性状

采样深度 (cm)	pH	有机质 (g/kg)	全氮 (g/kg)	全磷 (g/kg)	全钾 (g/kg)	有效磷 (mg/kg)	速效钾 (mg/kg)	阳离子交换量 (cmol/kg)	机械组成 (g/kg)			
									0.2～2 mm	0.02～0.2 mm	0.002～0.02 mm	<0.002 mm
0～23	5	33.1	1.8	0.3	17	7	108	10.4	1.8	36.3	43.1	18.8
23～50	5.1	8.1	0.7	0.22	17.8	1	93	7.7	2.2	34.8	43.6	19.4
50～120	5.2	7.5	0.7	0.35	17.5	11	105	13.3	0.9	28.1	40.2	30.8
120～150	5.2	4.4	0.6	0.31	17.9	14	120	22	1.73	18.4	55.1	24.8

六、黏质深位滞水型白浆化棕壤

黏质深位滞水型白浆化棕壤土种，简名“大板河白汤土”(《辽宁土种志》)或“黏白馅棕黄土”(《中国土壤分类与代码》)，属棕壤土类白浆化棕壤亚类滞水型白浆化棕壤土属。集中分布在辽宁省东部清原满族自治县的草市镇，处于黄土丘陵漫岗下的缓坡平地上，大部分已开垦为旱耕地。

1. 形成与特征　该土种发育在第四纪黄土状沉积物上，是具有白浆层的棕壤。土壤剖面既具有棕壤的特征，又有白浆土的特点。典型剖面由腐殖质层（Ah 层）或耕层（Ap 层）、弱白浆层（E 层）、黏粒淀积层（Bt 层）和母质层（C 层）组成。该土通体质地黏重，多为壤质黏土或粉砂质黏土。白浆层（E 层）在上层滞水的影响下，土壤颜色变浅，多为淡黄色或黄色。白浆层（E 层）多出现在土体 25～30 cm，出现在深位，厚度多为 10～30 cm。黏粒淀积层（Bt 层）质地极黏重，结构板结，透水性差，土体中铁锰胶膜明显，并有锈纹、锈斑及铁锰结核等新生体。

2. 理化性状　该土种通体质地黏重，多为壤质黏土或粉砂质黏土。白浆层（E 层）多为淡黄色或黄色，黏粒硅铁铝率为 2.70，硅铝率为 3.05，铁的游离度为 25.6%。Bt 层黏粒含量在 35%以上，黏化率为 1.26。板结，透水性差，土体中铁锰胶膜明显，并有锈纹、锈斑及铁锰结核等新生体。土壤容重上小下大，耕层为 1.29 g/cm^3，白浆层在 1.38 g/cm^3 左右，淀积层最高，为 1.66 g/cm^3。土壤孔隙度与容重呈相反趋势。全剖面土壤 pH 在 4.5～5.8，土壤酸度大。耕层有机质含量为 28.8 g/kg，全氮含量为 1.87 g/kg，全磷含量为 0.61 g/kg，全钾含量为 16.0 g/kg。阳离子交换量较高，耕层为 20.17 cmol/kg。

3. 典型剖面　采自抚顺市清原满族自治县草市镇大板河村黄土漫岗下的平地上，海拔 400 m。母质为黄土沉积物。年均温 4.7 ℃，年降水量 820 mm，≥10 ℃积温 2 810 ℃，无霜期 120 d。种植玉米。

Ap 层：0～27 cm，棕灰色（湿，7.5YR5/2），壤质黏土，碎块状结构，较紧，植物根系多，pH 为 4.6。

E 层：27～35 cm，黄棕色（湿，10Y5/8），粉砂质黏壤土，片状结构，紧，植物根系少，pH 为 4.8。

Bt 层：35～67 cm，黄棕色（湿，10YR5/8），壤质黏土，棱块状结构，极紧实，有铁锰胶膜及结核，pH 为 4.8。

BC 层：67～100 cm，棕色（湿，7.5YR4/6），粉砂质黏土，棱块状结构，紧实，有铁锰结核及大量锈纹、锈斑，pH 为 4.8。

具体理化性状参阅表 8-16。

表 8-16 壤质深位滞水型白浆化棕壤理化性状

采样深度（cm）	pH	有机质（g/kg）	全氮（g/kg）	全磷（g/kg）	全钾（g/kg）	有效磷（mg/kg）	速效钾（mg/kg）	阳离子交换量（cmol/kg）	机械组成（g/kg）			
									0.2～2 mm	0.02～0.2 mm	0.002～0.02 mm	<0.002 mm
0～17	4.6	28.8	1.87	0.61	16	18	148	20.1	2.5	26.8	44.5	26.2
17～35	4.8	25.4	1.7	0.48	15.3	6	82	16.8	2.5	25.3	47.9	24.3
35～67	4.8	6.8	0.9	0.35	17.6	12	140	20	3.8	21.3	39.1	35.8
67～100	4.8	5.3	0.6	0.26	18.5	17	139	18.9	3.3	18.5	47.1	31.1

第九章 棕壤性土 >>>

棕壤性土是弱度发育阶段、剖面分化不明显的一类棕壤，土壤发育程度较弱。成土母质以花岗岩、片麻岩风化物为主，其次为石英岩、片岩、安山岩和无石灰性砂页岩风化物。目前多为林草地，部分辟为农地、果园或特种作物用地（全国土壤普查办公室，1998）。根据母质类型，棕壤性土亚类可以续分为硅铝质棕壤性土、硅质棕壤性土、硅钾质棕壤性土、铁镁质棕壤性土 4 个主要土属；根据腐殖质层厚度，再续分为 12 个主要土种。

第一节 棕壤性土区域与中微域分布特点

棕壤性土亚类，广泛分布于基岩（不包括钙质基岩）构成的剥蚀低丘，即低山丘陵和中山的山坡及山脊，面积约为 285.43 万 hm^2。棕壤性土以林用为主，多为次生落叶阔叶林、人工落叶松林和灌木草丛，占 60%以上，其次为农用的耕地、果园、蚕场等。

一、辽宁省棕壤性土区域与中微域分布特点

在辽宁省东北部中低山地区，山体较高，沟谷发育明显，水系多呈枝状伸展，沿水系自山顶至谷底发育的土壤多为枝状分布，山的中上部分布着棕壤性土。辽东半岛丘陵区主要为低山丘陵，受地质过程及人为活动的影响，大部分丘陵的上部植被稀少，岩石裸露，土壤侵蚀严重，发育着大量棕壤性土。由丘陵中部向下至谷底，棕壤性土、粗骨土和石质土之间存在复区分布。

在努鲁儿虎山和松岭山地西麓低山丘陵区，由于成土母质主要为富钙的石灰岩、钙质砂页岩和黄土母质，故在较高山地上有棕壤性土分布。在医巫闾山和松岭山地东麓低山丘陵区，由于成土母质多为结晶性岩类和基性结晶岩类风化物及其黄土状母质，所以土壤呈以棕壤为主的枝状分布，山地丘陵上部分布着棕壤性土。

二、山东省棕壤性土区域与中微域分布特点

山东省棕壤性土广泛分布在全省中山、低山、丘陵的中高坡地，与酸性粗骨土、酸性石质土呈复区分布，面积约为 35.18 万 hm^2。棕壤性土的母质为非石灰性岩石的残坡积物，根据母岩的性质，其下又分为酸性岩类棕壤性土（硅铝质棕壤性土）、基性岩类棕壤性土（铁镁质棕壤性土）和砂页岩类棕壤性土（硅钾质棕壤性土）3 个土属，6 个土种。其中，酸性岩类棕壤性土面积最大，有 30.09 万 hm^2，集中分布在鲁东丘陵区，在鲁中南山区的泰山、鲁山、沂山等中低山也有较大面积分布；基性岩类棕壤性土面积 1.30 万 hm^2，零星分布在鲁中南山地丘陵区北部、鲁东半岛北部和中部盆地基性岩丘陵坡地，其下常分布基性岩类棕壤；砂页岩类棕壤性土面积 3.79 万 hm^2，分布在鲁东半岛中南部、中部砂页岩丘陵坡地，常与砂页岩类棕壤、中性粗骨土呈复区分布。

鲁东丘陵区大面积丘陵在海拔 300 m 以下，在低山、丘陵坡麓以上多分布着棕壤性土，在北部山前平原中下部有较大面积的潮棕壤分布。由于河流切割和水土流失，多出现棕壤性土，山体向下也有

棕壤性土出现。在莲花山—孟良崮、蒙山等几条西北—东南走向的片麻岩为主构成的中低山坡地，山系之间的谷地或盆地上也有棕壤性土分布。

三、冀北地区棕壤性土区域与中微域分布特点

河北省棕壤性土主要分布于棕壤区内的中低山、丘陵，一般以阳坡为多。其总面积为 35.9 万 hm^2，大多为非耕地。根据岩性和土层厚度的不同，棕壤性土主要分布在太行山和燕山，海拔为 650～1 800 m 的中低山阳坡。根据地区来看，棕壤性土主要分布在承德市围场满族蒙古族自治县、丰宁满族自治县、隆化县、承德县、兴隆县、滦平县，张家口市赤城县，秦皇岛市青龙满族自治县、抚宁区，保定市阜平县、易县等多地。棕壤性土剖面发育微弱，为 A－（Bt）－C 型；土薄石多，微酸性反应，林被受破坏，侵蚀严重，植物稀疏，覆盖率低，水土流失剧烈，表土被冲走，土层变薄，局部稍厚，土壤发育层次不明显。

河北省棕壤性土的成土母质主要为酸性岩残坡积物和玄武岩、流纹岩等基性岩残坡积物，根据成土母质的性质，棕壤性土主要分为粗散状棕壤性土（硅铝质棕壤性土）、暗实状棕壤性土（铁镁质棕壤性土）、泥质棕壤性土（硅钾质棕壤性土）、硅质棕壤性土、灰泥质棕壤性土五大土属，以及五大土种。其中，粗散状棕壤性土（硅铝质棕壤性土）面积为 20.4 万 hm^2，暗实状棕壤性土（铁镁质棕壤性土）面积为 11.8 万 hm^2，均为非耕地。

四、西北地区棕壤性土区域与中微域分布特点

西北地区棕壤性土主要分布在秦岭、巴山和六盘山（又称陇山）棕壤带的陡坡地上，常与典型棕壤、白浆化棕壤呈镶嵌分布。其中，秦岭山地位于海拔 1 300～2 400 m，巴山山地位于海拔 1 700 m 以上，六盘山位于海拔 1 300 m 以上的中山区。棕壤性土总面积 85.12 万 hm^2，占西北地区棕壤面积的 28.33%，大多数为林草地。从分布地区来看，棕壤性土主要出现在陕西省中南部的宝鸡、汉中、安康、商洛和西安，以及甘肃省东南部的陇南和天水。

棕壤性土由于所处位置坡度大，植被稀疏，覆盖率低，水土流失严重，土壤不断遭受剥蚀，土壤发育始终处于幼年成土阶段。棕壤性土土层浅薄，一般不超过 50 cm；剖面发育微弱，层次分化不明显，土体构型为 A－(Bt)－C 型或 O－A－(Bt)－C 型；土壤颗粒较粗，质地多为沙壤，个别剖面含有一定量的砾石。土壤 pH 呈中性-微酸性反应，区域 pH 均值为 7.20，其中发育在黄土和石灰岩母质上的呈中性反应，发育在花岗岩、片麻岩类母质上的呈微酸性反应。耕地土壤表层有机质含量 11.89 g/kg，全氮 1.05 g/kg，碱解氮 103 mg/kg，有效磷 19.4 mg/kg，速效钾 140 mg/kg，缓效钾 957 mg/kg，有效铁 13.2 mg/kg，有效锰 18.21 mg/kg，有效硼 13.17 mg/kg，有效铜 1.24 mg/kg，有效锌 1.26 mg/kg，有效钼 0.30 mg/kg，有效硅 124.2 mg/kg。

西北地区棕壤性土成土母质以花岗岩和片麻岩的残积坡积物为主，此外，还有少量石灰岩、砂砾岩、页岩、片岩和千枚岩等岩石的残积坡积物风化物。根据母质类型和土壤特性差异，棕壤性土亚类分为泥砂质棕壤性土、麻砂质棕壤性土、硅质棕壤性土、泥质棕壤性土 4 个土属。其中，麻砂质棕壤性土分布最广，面积为 46.05 万 hm^2，广泛分布在秦岭山地的花岗岩、片麻岩风化物母质上；泥质棕壤性土分布次之，面积为 25.79 万 hm^2，成土母质为页岩、片岩等泥质岩风化物；泥砂质棕壤性土面积为 12.51 万 hm^2，成土母质主要为砂岩、砾岩等砂砾岩风化物；硅质棕壤性土分布面积很小，仅有 0.77 万 hm^2，分布在甘肃省境内的硅质岩风化物上。

五、西南地区棕壤性土区域与中微域分布特点

棕壤性土在西南地区主要零星分布于黔西和川西南海拔 2 500 m 以上，特别是地势比较陡峭的山地。地域分布主要在贵州省毕节市威宁县以及六盘水市境内，总面积不足 30 万 hm^2，棕壤性土比酸性棕壤土壤有机质含量和土壤养分还要低，目前以林地为主。

第二节 棕壤性土主要成土特点与形态特征

棕壤性土是发育在岩石风化物残积物上的粗骨性土壤，尚处于棕壤形成的幼年阶段，土体构型为Ah-C型、Ah-D型、Ah-（Bt）-C型，剖面分化不明显。土体中含有大量砾石或岩屑，土层浅薄，结构性差；坡度大，多在10°或15°以上，片蚀严重，养分含量低。

一、棕壤性土主要成土特点

棕壤性土所处地势陡峻，受侵蚀严重而致使土层浅薄和细土部分含量相对减少，所以棕壤性土一般成土过程与其他棕壤大体一致。其成土过程有以下特点：第一，淋溶作用甚微，碱土金属和碱金属含量较棕壤其他4个亚类高。第二，黏化作用小，硅铝率、硅铝铁率和硅铁率均高于棕壤其他亚类，其平均值分别为7.87、6.90和56.37。从下层向上依次略微减少，表明棕壤性土的风化度很低。第三，土壤的风化淋溶系数愈大，风化淋溶度越小，土壤发育程度较弱，处于幼年阶段风化。风化淋溶系数比棕壤其他亚类大。其风化淋溶系数为0.75～0.80，平均为0.79，且淀积层（Bt层）略低于上层和下层。表9-1为棕壤性土的化学组成。

表9-1 棕壤性土化学组成

剖面号	采样地点	成土母质	采样深度（cm）	烧失量（g/kg）	化学组成*（g/kg）									
					SiO_2	Al_2O_3	Fe_2O_3	CaO	MgO	TiO_2	MnO	K_2O	Na_2O	P_2O_5
辽42	沈阳苏家屯姚千街道	花岗岩残积物	0～8	53.0	696.5	158.5	43.4	20.9	14.0	3.7	0.53	24.7	37.3	0.41
			8～30	50.2	712.6	156.5	41.1	30.1	9.4	3.2	0.42	22.8	33.7	0.32
			30～60	20.8	717.9	154.3	32.7	15.9	7.7	1.9	0.41	30.8	37.6	0.69
			$\bar{X}$	35.9	713.1	155.7	37.2	21.8	9.16	2.6	0.43	27.1	36.1	0.52

* 化学组成指各成分在灼烧土中的含量。

二、棕壤性土主要形态特征

棕壤性土的剖面土体较薄，通常不超过50 cm，厚者60 cm以上，其下为半风化母岩。剖面构型为A-(Bt)-C型或O-A-(Bt)-C型。原生矿物风化弱，土体中石质性或粗骨性强，剖面发育不明显。自然植被多为疏林、灌丛草类。在良好森林植被下，有1～5 cm厚的枯枝落叶层。A层常有3～10 cm厚的根系密集层，有机质含量高，结构良好，色泽较高，质地较轻。其下为发育不明显的棕色淀积层（Bt层），黏粒含量很低，与表层黏粒含量之比大于1.0。再下为半风化母质层（C层），含岩石碎屑体，色泽较鲜艳，但因岩性而异。棕壤性土对母岩的继承性大。现以典型剖面说明棕壤性土的形态特征。

酸性岩类棕壤性土剖面采自山东省威海市乳山市育黎镇山村后的岭地上，母质为角闪片麻岩的残坡积物，中度沟蚀，自然植被为赤松等，农作物为花生、甘薯等，花生产量2 250 kg/hm^{2}左右。剖面形态特征如下。

Ap层：0～23 cm，棕色（干，7.5YR4/6），砂质黏壤土，屑粒状结构，润，松，根系多。

C层：23～43 cm，浊红棕色（干，5YR4/4），壤质黏土，棱块状结构，胶膜明显，润，紧实，根系少。

D层：43 cm以下，母岩半风化体。

基性岩类棕壤性土剖面采自山东省烟台市蓬莱区大柳行镇马格庄，低丘阳坡梯田，母质为第四纪玄武岩残坡积物。自然植被以酸枣、茅草为主，种花生、甘薯，附近有葡萄园。剖面形态特征如下。

Ap层：0～17 cm，浊黄棕色（干，10YR4/3），砂质黏壤土，碎块状结构，较松，根较多，无石灰反应。

C1 层：17～41 cm，棕色（干，7.5YR4/4），壤质黏土（中壤土），棱块状结构，结构面有暗棕色胶膜，紧实，根少，无石灰反应。

C2 层：41～55 cm，棕色（干，7.5YR4/4），壤质黏土（中壤土），棱块状结构，结构面有黑棕色胶膜，紧实，根少，无石灰反应。

D 层：56 cm 以下，半风化母岩。

第三节　棕壤性土主要理化特性

棕壤性土粗骨性强，具有沙性和砾石性，pH 及其交换性能的特点：呈酸性至微酸性反应，pH 为 5.3～6.8，阳离子交换量为 3.84～13.91 cmol/kg，较棕壤其他亚类低。

一、棕壤性土主要物理性质

棕壤性土粗骨性强，具有沙性和砾质性特点；>2 mm 的砾石含量全剖面>25%，沙粒（0.2～2 mm）含量为 48%～84%。其中，花岗岩、石英片岩风化物形成的棕壤性土粗骨性最强，质地多为砂质壤土和沙土。千枚岩、安山岩风化物形成的棕壤性土粗骨性相对较弱，质地多为黏壤土，砾石含量也较低，但粉沙（0.002～0.02 mm）含量反而较高，粉黏比大于 1.5。棕壤性土的黏粒含量很低，多在 15%以下，黏化率<1.2；其中，千枚岩、安山岩风化母质发育的棕壤性土黏粒含量较高，而花岗岩、石英片岩风化物发育的棕壤性土最低，这表明前者富含铁镁矿物易于风化而形成较多黏粒，后者因富含石英不易风化而黏粒含量很低。表 9-2 为棕壤性土的机械组成。

表 9-2　棕壤性土的机械组成

采样地点	采样深度（cm）	机械组成（%）					质地	粉沙/黏粒	黏化率
		>2 mm	0.2～2 mm	0.02～0.2 mm	0.002～0.02 mm	<0.002 mm			
辽宁沈阳苏家屯	0～8	27.96	61.41	11.37	22.75	4.47	砂质壤土	5.09	1.00
	8～30	24.05	74.95	10.87	9.17	5.01	沙土	1.83	1.11
	30～60	66.08	77.66	12.48	4.11	5.75	沙土	2.57	0.35
	>60	花岗岩半风化物							
山东日照莒县桑园镇大山后村	0～12	2.81	48.69	36.22	11.35	3.74	砂质壤土	3.03	1.00
	12～37	3.28	16.24	74.51	6.80	2.45	沙土	2.78	0.66
	37～60	2.00	54.75	32.33	9.83	3.09	壤沙土	3.18	0.83
	>60	花岗岩半风化物							
辽宁大连旅顺口铁山街道	0～20	24.00	21.47	50.39	15.37	12.77	砂质壤土	1.20	1.00
	20～45	19.25	22.18	41.81	21.09	14.92	砂质壤土	1.41	1.16
	>45	石英岩半风化物							
辽宁锦州凌海沈家台镇大碾村	0～20	78.00	8.52	40.30	35.16	16.02	黏壤土	2.19	1.00
	20～31	48.00	6.26	47.41	27.67	18.66	黏壤土	1.98	1.16
	31～45		14.97	47.65	20.93	16.45	砂质黏壤土	1.27	1.03
	>45	安山岩半风化物							
辽宁辽阳宏伟兰家镇塔子沟村	0～10	14.00	33.95	36.40	22.22	7.43	砂质壤土	2.99	1.00
	10～18	20.00	21.74	53.94	17.37	6.95	砂质壤土	2.50	0.93
	18～60	35.00	26.77	50.40	16.08	6.75	砂质壤土	2.38	0.91
	>60	片麻岩风化物							

二、棕壤性土主要化学性质

棕壤性土呈微酸性或酸性反应，pH 为 5.5～6.8。阳离子交换量为 7～19 cmol/kg，较其他棕壤亚类低，且层间变化不大。交换性盐基总量表土层稍高处，多为 10 cmol/kg，也较其他棕壤亚类低；但其组成仍以钙为主，镁次之，钾、钠极少。

水解性酸和交换性酸含量也不高，盐基饱和度在 70%～80%，表土层略高于心土层（表 9-3）；少数 pH 低的土壤盐基饱和度<50%。棕壤性土土体和黏粒化学组成在各土层之间基本无太大变化，黏粒的分子率与潮棕壤大致相同，高于其他棕壤亚类，说明棕壤性土发育程度较弱。

表 9-3　棕壤性土的 pH 及交换性能

采样地点	采样深度（cm）	pH（H_2O）	阳离子交换量（cmol/kg）	交换性盐基（cmol/kg）					水解性酸（cmol/kg）	交换性酸（cmol/kg）			盐基饱和度（%）
				Ca^{2+}	Mg^{2+}	K^+	Na^+	总量		H^+	Al^{3+}	总量	
辽宁丹东东港十字街镇	0～10	5.5	7.74	4.18	2.16	0.56	0.43	7.33	0.41	0.28	0.08	0.36	94.70
	10～17	5.5	11.61	2.09	0.53	0.56	0.43	3.61	8.04	2.38	0.50	2.88	31.09
	17～30	5.3	13.23	1.31	0.26	0.56	0.43	2.56	10.67	2.97	0.10	3.07	19.35
辽宁沈阳苏家屯	0～2	6.6	9.82	5.54	0.90	0.29	0.33	7.06	2.76	0.11	0.12	0.23	71.89
	2～22	6.3	10.03	5.66	0.87	0.17	0.35	7.05	3.98	0.20	0.10	0.30	63.92
	22～146	6.7	9.84	7.21	0.16	0.14	0.12	7.63	2.21	0.13	0.11	0.24	77.54
辽宁抚顺新宾上夹河镇	0～15	6.3	19.21	10.58	3.77	0.47	0.24	15.06	4.15	0.06	0.03	0.09	78.40
	15～65	6.7	13.91	6.72	2.94	0.39	0.43	10.48	5.23	0.09	0.04	0.13	75.34
	65～110	6.8	8.57	3.71	1.76	0.33	0.29	6.09	2.48	0.06	0.03	0.09	71.06
辽宁大连金州二十里堡街道广宁寺社区	0～13	6.8	11.74	8.39	1.68	0.07	0.09	10.23	1.51	—	—	—	87.14
	13～38	6.7	13.77	9.14	2.48	0.05	0.13	11.80	1.97	—	—	—	85.69

由表 9-4 可以看出，棕壤性土养分含量的特点是，林地养分含量通常高于耕地。林地表层有机质含量为 23.3～92.9 g/kg，而耕地为 7.0～19.2 g/kg。辽 46 和辽 47 剖面下层反而较耕层有机质含量高，这是由于下层是埋藏土表土层的缘故。全氮、全磷和全钾等养分含量的趋势相同，辽 44 和辽 41、辽 45 剖面的上层全磷量属高水平，这与母岩中含磷量较高有关；不论林地还是耕地，碱解氮和有效磷含量通常均很低，其中有效磷含量更低（1.0～3.7 mg/kg）。辽 41 剖面耕层有效磷含量较高（17.3 mg/kg），这与近几年施磷肥有关。速效钾含量中等或高水平，辽 46 剖面速效钾含量特别高，超过 200 mg/kg，其原因是母岩富含钾长石。

表 9-4　棕壤性土养分含量

剖面号	采样地点	利用方式	采样深度（cm）	pH	有机质（g/kg）	全氮（g/kg）	碳氮比	全磷（g/kg）	全钾（g/kg）	有效磷（mg/kg）	速效钾（mg/kg）
辽 44	丹东东港十字街镇	林地	0～10	6.5	92.9	2.96	17.8	1.38	82.4	—	—
			10～17	5.5	62.8	3.16	11.5	1.14	73.6	—	—
			17～30	5.3	3.1	0.05	—	0.24	40.00	—	—
辽 45	丹东东港长安镇	耕地	0～18	6.2	19.7	1.08	6.3	1.20	29.7	—	141
			18～31	6.5	10.7	0.67	9.3	1.02	31.8	—	95
			31～60	5.1	10.5	0.51	11.9	0.29	20.1	—	58

（续）

剖面号	采样地点	利用方式	采样深度（cm）	pH	有机质（g/kg）	全氮（g/kg）	碳氮比	全磷（g/kg）	全钾（g/kg）	有效磷（mg/kg）	速效钾（mg/kg）
辽 41	大连金州二十里堡街道广宁寺社区	耕地	0～13	6.8	11.2	0.77	8.4	1.28	14.7	3.7	42
			13～38	6.7	6.6	0.41	9.3	0.53	14.7	3.7	42
辽 46	锦州凌海沈家台镇大碾村	耕地	0～20	6.5	7.1	0.75	5.5	0.88	34.1	2.3	230
			20～31	7.0	19.0	0.63	17.5	0.78	34.2	1.0	251
			31～45	7.3	20.0	0.54	21.5	1.04	30.3	1.0	238
辽 47	辽阳市辽阳县	耕地	0～10	6.3	9.4	0.38	—	0.50	23.7	—	—
			10～18	6.4	8.1	1.10	—	0.57	39.0	—	—
			18～60	6.0	19.9	0.37	—	0.77	41.5	—	—

第四节　棕壤性土主要土属

棕壤性土亚类根据母质类型划分 4 个重要土属，分别是硅铝质棕壤性土、硅质棕壤性土、硅钾质棕壤性土、铁镁质棕壤性土。其中，硅铝质棕壤性土、硅钾质棕壤性土、铁镁质棕壤性土 3 个土属分布广，耕地面积大。

一、硅铝质棕壤性土

硅铝质棕壤性土土属，属棕壤土类棕壤性土亚类。该土属成土母质为花岗岩、片麻岩等风化残坡积物，主要分布在辽宁省东南部以及鲁东丘陵区，面积约为 253.1 万 hm^2。现以厚层硅铝质棕壤性土为实例说明该土属特征。

1. 主要性状　该土属母质为花岗岩、片麻岩等风化残坡积物，典型剖面由腐殖质层（Ah 层）或耕层（Ap 层）、不明显的淀积层（Bt 层）和母质层（C 层）组成。土体厚度大于 60 cm，砾石含量在 10%以上，剖面层次分化不明显。A 层平均厚度为 20 cm，（Bt 层）黏粒含量稍高于上层，具有微弱的淋溶淀积现象。

2. 典型剖面　采自辽宁省大连市金州区华家街道于家村的石质低丘中部，海拔 78 m，母质为片麻岩风化物。年均温 9.3 ℃，年降水量 652 mm，≥10 ℃积温 3 520 ℃，无霜期 183 d。种植高粱。

Ap 层：0～18 cm，棕色（湿，7.5YR4/6），轻砾质砂质壤土，屑粒状结构，松散，植物根系多，pH 为 5.8。

（Bt 层）：18～65 cm，亮棕色（湿，7.5YR5/6），轻砾质砂质壤土，块状结构，较紧，有少量胶膜，植物根系少，pH 为 6.5。

C 层：65～80 cm，亮棕色（湿，7.5YR5/6），重砾质砂质壤土，单粒状结构，松散，砾石含量多，植物根系极少，pH 为 6.7。

3. 物理性质　该土属质地总体偏沙，一般为砂质壤土，粉黏比在 1.25～2.32。A 层平均厚度为 20 cm，黏粒含量为 13.98%，容重为 1.29 g/cm^3，孔隙度为 50.4%；（Bt 层）厚度为 46 cm（n=40），黏粒含量稍高于上层，黏化率为 1.14，硅铁铝率为 2.53，硅铝率为 3.26，具有微弱的淋溶淀积现象。母质层黏粒含量较低（9.56%，n=4），容重为 1.38 g/cm^3，孔隙度为 44.28%。具体物理性质参阅表 9-5。

表 9-5　硅铝质棕壤性土物理性质

项目		统计剖面			
		n	A	(Bt)	C
厚度 (cm)		40	20	46	37
机械组成 (%)	0.02~2 mm	4	68.54	63.20	68.22
	0.002~0.02 mm	4	17.48	20.88	22.22
	<0.002 mm	4	13.98	15.92	9.56
质地名称		—	砂质壤土	砂质黏壤土	砂质壤土
粉/黏		4	1.25	1.31	2.32
容重 (g/cm^3)		26	1.29	1.40	1.38
孔隙度 (%)		26	50.4	46.95	44.28

4. 化学性质　该土属多数剖面呈微酸性反应，pH 为 5.8~7.0，阳离子交换量 15.50 cmol/kg (n=28)。据 25 个农化样分析，有机质含量 27.1 g/kg，全氮含量 1.57 g/kg，有效磷含量 3 mg/kg，速效钾含量 108 mg/kg；有效微量元素硼含量 0.34 mg/kg，钼含量 0.34 mg/kg，锰含量 8.82 mg/kg，锌含量 0.76 mg/kg，铜含量 1.43 mg/kg，铁含量 36.00 mg/kg。具体化学性质参阅表 9-6。

表 9-6　硅铝质棕壤性土化学性质

项目	统计剖面			
	n	A	(Bt)	C
有机质 (g/kg)	38	17.6	7.1	3.0
全氮 (g/kg)	38	0.95	0.50	0.22
全磷 (g/kg)	38	0.35	0.25	0.19
全钾 (g/kg)	21	14.8	14.2	11.7
碳氮比	38	10.7	8.2	7.9
有效磷 (mg/kg)	19	5	4	3
速效钾 (mg/kg)	19	84	88	61
pH (H_2O)	28	5.8~7.0	5.9~7.3	5.8~7.2
阳离子交换量 (cmol/kg)	28	15.50	11.20	6.20

二、硅质棕壤性土

硅质棕壤性土土属，属棕壤土类棕壤性土亚类。该土属发育在石英质砂岩、石英岩等风化残坡积母质上，分布在辽宁大连、辽阳、本溪、丹东等市的低山丘陵中上部，面积约为 22.2 万 hm^2。现以中层硅质棕壤性土为实例说明该土属特征。

1. 主要性状　该土属发育在石英质砂岩、石英岩等风化残坡积母质上，典型剖面由腐殖质层 (Ah 层) 或耕层 (Ap 层)、不明显的黏粒淀积层 (Bt 层) 和母质层 (C 层) 组成，土体厚度 30~60 cm。层次分异不明显，全剖面含砾石，含量在 20%以上。土壤质地多为砂质壤土，沙粒的含量在 60%以上，黏粒的含量不超过 15%；(Bt 层) 厚度约 25 cm，黏粒的积聚不明显，稍高于 A 层，黏化率 1.16，无铁、锰等新生体的积聚。

2. 典型剖面　采自大连市旅顺口区铁山街道大刘家村的低丘缓坡中部，海拔 20 m。母质为石英砂岩风化物。年均温 10.2 ℃，年降水量 617 mm，≥10 ℃积温 3 663 ℃，无霜期 190 d。种植玉米。

Ap 层：0~20 cm，浊黄色 (湿，2.5Y6/4)，重砾质砂质壤土，屑粒状结构，松散，植物根系多，砾石多，pH 为 6.8。

(Bt 层)：20～45 cm，黄棕色（湿，10YR5/8），重砾质砂质壤土，块状结构，较紧，植物根系较少，砾石多，pH 为 7.0。

C 层：45～90 cm，亮黄棕色（湿，10YR6/6），重砾质砂质壤土，较紧，无植物根系，砾石多，pH 为 6.9。

3. 物理性质 该土属土体厚度一般为 30～60 cm。层次分异不明显，全剖面含砾石，含量在 20%以上。土壤质地多为砂质壤土，沙粒的含量在 60%以上，黏粒的含量不超过 15%。A 层厚度平均为 19 cm，黏粒含量为 12.88%，容重 1.39 g/cm^3，孔隙度为 50.60%；(Bt 层）厚度平均为 24 cm，黏粒含量 14.92%，黏粒的积聚不明显，稍高于 A 层，黏化率为 1.16，无铁、锰等新生体的积聚。具体物理性质参阅表 9－7。

表 9－7 硅质棕壤性土物理性质

项目		统计剖面			
		n	A	(Bt)	C
厚度（cm）		38	19	24	40
机械组成（%）	0.02～2 mm	3	62.82	55.8	69.89
	0.002～0.02 mm	3	24.30	29.28	19.85
	<0.002 mm	3	12.88	14.92	10.26
质地名称		—	砂质壤土	砂质壤土	砂质壤土
粉/黏		3	1.88	1.96	1.93
容重（g/cm^3）		22	1.39	1.42	1.39
孔隙度（%）		21	50.60	45.67	47.88

4. 化学性质 该土属 pH 为 6.4～7.0，阳离子交换量在 16 cmol/kg 左右。土壤养分含量较低，据 38 个剖面样分析，A 层有机质含量 9.7 g/kg，全氮含量 0.67 g/kg，全磷含量 0.34 g/kg，全钾含量 16.6 g/kg；有效磷含量 4 mg/kg，速效钾含量 106 mg/kg（n=2），除钾素水平中等外，其余均为缺乏或极缺乏。具体化学性质参阅表 9－8。

表 9－8 硅质棕壤性土化学性质

项目	统计剖面			
	n	A	(Bt)	C
有机质（g/kg）	38	9.7	6.3	4.2
全氮（g/kg）	38	0.67	0.43	0.29
全磷（g/kg）	38	0.34	0.26	0.31
全钾（g/kg）	27	16.6	15.8	14.4
碳氮比	—	9.2	8.5	8.2
有效磷（mg/kg）	12	4	3	4
速效钾（mg/kg）	12	106	88	84
pH（H_2O）	14	6.4～7.0	6.2～7.2	6.5～7.2
阳离子交换量（cmol/kg）	28	16.60	15.50	17.70

三、硅钾质棕壤性土

硅钾质棕壤性土土属，属棕壤土类棕壤性土亚类。该土属发育在片岩、板岩、千枚岩等风化残坡积母质上，分布在辽宁省大连、辽阳等市，面积 12.38 万 hm^2。现以中层硅钾质棕壤性土为实例，说明该土属特征。

1. 主要性状 该土属发育在片岩、板岩、千枚岩等风化残坡积母质上，剖面为 A-(Bt)-C 型。土体厚度 30～60 cm，平均厚度 46 cm，剖面层次分异不明显，(Bt 层）发育微弱。A 层砾石含量较高，通常在 10%以上，腐殖质积累过程明显，有机质含量较高。(Bt 层）有微弱的黏粒淀积现象，黏化率 1.17，无明显铁、锰等新生体的积聚。

2. 典型剖面 采自辽阳市辽阳县吉洞峪满族乡翁家村的丘陵中部，海拔 350 m。母质为片岩风化物。年均温 7.2 ℃，年降水量 810 mm，≥10 ℃积温 3 120 ℃，无霜期 151 d。灌木林地。

Ah 层：0～15 cm，浊黄色（湿，2.5Y6/4），砂质壤土，粒状结构，疏松，植物根系多，pH 为 5.6。

(Bt 层)：15～32 cm，黄色（湿，2.5Y8/6），砂质黏壤土，块状结构，稍紧，植物根系较多，pH 为 5.8。

C 层：32～50 cm，黄色（湿，2.5Y8/6），砂质壤土，碎块状结构，松散，植物根系少，砾石含量多，pH 为 6.2。

3. 物理性质 该土属一般土体厚度 30～60 cm，平均厚度 46 cm，剖面层次分异不明显。A 层砾石含量较高，通常在 10%以上，黏粒为 14.21%，容重为 1.43 g/cm³，孔隙度为 46.30%。(Bt 层）发育微弱，厚度为 27 cm，黏粒含量为 16.57%，(Bt 层）有微弱的黏粒淀积现象，黏化率 1.17，无明显铁、锰等新生体的积聚。具体物理性质参阅表 9-9。

表 9-9 硅钾质棕壤性土物理性质

项目		统计剖面			
		n	A	(Bt)	C
厚度（cm）		30	19	27	29
机械组成（%）	0.02～2 mm	8	64.11	57.42	66.47
	0.002～0.02 mm	8	21.67	26.01	21.12
	<0.002 mm	8	14.21	16.57	12.41
质地名称		—	砂质壤土	砂质黏壤土	砂质壤土
粉/黏		8	1.52	1.57	1.70
容重（g/cm³）		19	1.43	1.49	1.43
孔隙度（%）		19	46.30	44.20	46.37

4. 化学性质 该土属土壤呈微酸性到中性反应，pH 为 5.6～7.0，阳离子交换量表层为 14 cmol/kg 左右。据 30 个剖面样分析，A 层有机质和全氮的含量分别为 19.8 g/kg 和 0.97 g/kg；全磷和有效磷的含量低，一般为 0.3 g/kg 和 8 mg/kg 左右，全钾含量中等 14.0 g/kg 以上，速效钾含量较低。具体化学性质参阅表 9-10。

表 9-10 硅钾质棕壤性土化学性质

项目	统计剖面			
	n	A	(Bt)	C
有机质（g/kg）	30	19.8	7.5	5.4
全氮（g/kg）	30	0.97	0.53	0.34
全磷（g/kg）	30	0.30	0.25	0.21
全钾（g/kg）	20	15.8	15.6	15.4
碳氮比	—	11.8	8.2	9.2

（续）

项目	统计剖面			
	n	A	(Bt)	C
有效磷（mg/kg）	10	8	8	4
速效钾（mg/kg）	10	71	71	94
pH（H_2O）	30	5.6～6.7	5.6～7.0	5.1～7.0
阳离子交换量（cmol/kg）	20	14.20	12.90	11.50

四、铁镁质棕壤性土

铁镁质棕壤性土土属，属棕壤土类棕壤性土亚类。该土属主要分布于辽宁丹东、铁岭、大连、抚顺、本溪、鞍山、朝阳、阜新、沈阳等市的石质低山丘陵中上部。目前已部分垦为耕地，其余为林地和草地，面积为 4.9 万 hm^2。现以中层硅镁质棕壤性土土种为实例，说明该土属特征。

1. 主要性状 该土属发育在玄武岩、安山岩等第三纪火山喷出岩类风化物上，是棕壤地带内的低山丘陵土壤。全剖面砾石含量较高，无石灰反应，层次分异不明显，淀积层发育微弱，处于棕壤发育的初期阶段。该土种剖面由腐殖质层（Ah 层）或耕层（Ap 层）、弱淀积层（Bt 层）和母质层（C 层）组成。土体厚度大于 30 cm，小于 60 cm，属于中层土壤。据剖面统计，该土种多数剖面土体厚度在 35～50 cm，平均厚度为 42 cm。表土层质地偏黏，多为砂质黏壤土或黏壤土，土体中含有较多半风化的岩石碎屑物，通常砾石含量在 10%左右。表土层的厚度平均为 21 cm，腐殖质积累较多。淀积层发育不明显，并多出现在土体 21 cm 左右，质地比表层稍黏，黏粒的含量比表层增加 3 个百分点，黏化率为 1.16，具有微弱的黏化现象，无明显的铁、锰胶膜新生体的积聚。

2. 典型剖面 采自凌海市沈家台镇大碾村八屯山坡中部，海拔 200 m，安山岩风化物，旱田。其剖面形态特征如下。

Ap 层：0～20 cm，黄棕色（湿，10YR4/3），黏壤土，粒状结构，较松，植物根系较多，无石灰反应，pH 为 6.5。

（Bt 层）：20～45 cm，灰棕色（湿，5YR5/2），黏壤土，块状结构，较紧，植物根系少，无石灰反应，pH 为 7.0。

C 层：45～65 cm，灰棕色（湿，5YR5/2），砂质黏壤土，块状结构，稍紧，植物根系少，无石灰反应，pH 为 7.3。

3. 物理性质 该土属通体质地较黏重，表土层和黏化层多为砂质黏壤土或黏壤土，母质层稍粗，砾石含量高，质地为砂质壤土或砂质黏壤土。据统计，黏粒的平均含量表层为 17.88%，淀积层为 20.88%，母质层为 13.28%。土壤容重及孔隙度较适中，平均表土层为 1.28 g/cm^3 和 51.23%，其中已耕种的土壤稍高，容重多在 1.3 g/cm^3 以上。具体物理性质参阅表 9-11。

表 9-11 铁镁质棕壤性土物理性质

项目		统计剖面			
		n	A	(Bt)	C
厚度（cm）		30	21	21	32
机械组成（%）	0.02～2 mm	5	54.03	51.56	58.33
	0.002～0.02 mm	5	28.09	27.56	28.39
	<0.002 mm	5	17.88	20.88	13.28
质地名称		—	黏壤土	黏壤土	砂质黏壤土
粉/黏		8	1.57	1.32	2.14
容重（g/cm^3）		17	1.28	1.43	1.44
孔隙度（%）		16	51.23	46.42	46.03

4. 化学性质 土壤 pH 通体变化不明显，表土层在 6.0～7.0，属微酸性到中性，其中 pH 小于 6.5 的剖面占 37.5%。土壤有机质含量有如下几个特点：①表层高，平均含量为 24.4 g/kg，高者达 30 g/kg 以上；②已耕种的土壤有机质含量明显下降，一般下降到 20 g/kg 左右；③由表土层向下逐渐减少，如淀积层为 8.2 g/kg、母质层为 5.0 g/kg。全磷及有效磷上下层均无明显差异，处于缺磷状态。阳离子交换量通体较高，各层均大于 20 cmol/kg。具体化学性质参阅表 9-12。

表 9-12 铁镁质棕壤性土化学性质

项目	统计剖面			
	n	A	(Bt)	C
有机质（g/kg）	26	24.4	8.2	5.0
全氮（g/kg）	26	1.11	0.50	0.36
全磷（g/kg）	28	0.45	0.34	0.47
全钾（g/kg）	23	14.4	14.4	14.1
有效磷（mg/kg）	14	4	3	2
速效钾（mg/kg）	13	93	95	57
阳离子交换量（cmol/kg）	19	21.7	23.6	25.8

第五节　棕壤性土主要土种

棕壤性土亚类根据母质类型分 4 个土属，再根据土体厚度划分 12 个土种。其中，薄层硅铝质棕壤性土、中层硅铝质棕壤性土、厚层硅铝质棕壤性土、中层铁镁质棕壤性土、中层硅钾质棕壤性土、中层硅质棕壤性土 6 个土种分布广泛。本节对这个 6 个土种进行介绍。

一、薄层硅铝质棕壤性土

薄层硅铝质棕壤性土，简名“高官山沙土”（《辽宁土种志》）、“棕山沙土”（《中国土壤分类与代码》），属棕壤土类棕壤性土亚类硅铝质棕壤性土土属。该土种主要分布于辽宁大连、丹东、本溪、抚顺、铁岭、鞍山、营口、锦州、朝阳、阜新、沈阳等市的石质低山丘陵的上部，面积约为 126.0 万 hm^2，已有部分开垦耕种。

1. 形成及特征 该土种发育在花岗岩、片麻岩等岩石风化残积物上，是棕壤地带内的一种土层浅薄、剖面层次分化不明显、淀积层发育微弱的幼年土壤。全剖面砾石含量高，无石灰反应，典型剖面由腐殖质层（Ah 层）或耕层（Ap 层）、弱淀积层（Bt 层）和母质层（C 层）组成。主要划分依据是土体厚度小于 30 cm，多数剖面在 20～30 cm，平均厚度为 26 cm，属于薄层土壤。该土种表土层质地为砂质壤土到砂质黏壤土，通常砾石含量在 10%以上，厚度平均为 15 cm 左右，暗黄棕色，小团粒结构，松散。淀积层质地比表土层稍黏，一般出现在土体 10～28 cm，平均出现在 16 cm 处，厚度平均为 10 cm，黏化率为 1.11，具有微弱的黏化现象，无明显新生体的积聚。母质层为半风化的岩石碎屑物，质地较粗，砾石含量高，均在 20%以上。

2. 理化性状 该土种质地偏沙，淀积层稍黏。耕种土壤黏粒的平均含量，表层为 14.80%，淀积层为 16.59%，母质层为 13.07%。可见，该土种黏粒的含量较少。土壤容重及孔隙度，自然土壤平均分别为 1.29 g/cm^3 和 50.68%，耕种土壤分别为 1.40 g/cm^3 和 46.35%，说明土壤开垦耕种后结构被破坏。土壤 pH，全剖面无明显变化，但不同剖面的表土层其变化幅度较大，一般为 5.6～7.0，属于微酸性到中性土壤。据剖面分析，pH 小于 6.5 的占 52.7%，pH 大于 6.5 的占 47.3%，表明该土种以微酸性土居多。另外，分布于朝阳、阜新北部地区的剖面，土壤 pH 偏高，其主要原因是土壤表层受复盐基作用。土壤养分状况，有机质含量较低，尤其耕种土壤更低，说明土壤开垦耕种后有机质含量明显下降。全剖面处于缺磷状态，全钾含量通体在 14.0 g/kg，属中等水平。

3. 典型剖面 采自本溪市本溪满族自治县高官镇花岭村五组的丘陵顶部，坡度为 15°，花岗岩残积物，海拔 400 m，种植小豆，中度沟蚀。其剖面形态特征如下。

Ap 层：0～16 cm，黄棕色（湿，10YR5/8），砂质壤土，块状结构，松散，植物根系较多，无石灰反应，pH 为 6.4。

（Bt 层）：16～29 cm，淡黄棕色（湿，10YR7/6），砂质壤土，弱块状结构，紧，无石灰反应，pH 为 6.5。

C 层：29～65 cm，淡黄棕色（湿，10YR7/6），砂质壤土，单粒状结构，稍紧，无石灰反应，pH 为 6.2。

具体理化性状参阅表 9－13。

表 9－13 薄层硅铝质棕壤性土理化性状

采样深度（cm）	pH	有机质（g/kg）	全氮（g/kg）	全磷（g/kg）	全钾（g/kg）	阳离子交换量（cmol/kg）	机械组成（g/kg）			
							0.2～2 mm	0.02～0.2 mm	0.002～0.02 mm	＜0.002 mm
0～16	6.4	8	0.41	0.16	15.2	10.4	60.85	18.57	12.25	8.33
16～29	6.5	2.6	0.12	0.08	20.2	9.5	47.36	28.94	12.91	10.79
29～65	6.2	2.3	0.11	0.2	—	7.5	59.57	23.31	8.3	8.82

二、中层硅铝质棕壤性土

中层硅铝质棕壤性土土种，简名“塔峪山沙土”（《辽宁土种志》）、“灰棕山沙土”（《中国土壤分类与代码》），属棕壤土类棕壤性土亚类硅铝质棕壤性土土属。该土种主要分布于辽宁丹东、大连、抚顺、朝阳、铁岭、营口、锦州、沈阳、本溪、阜新、辽阳、鞍山等市石质低山丘陵的中上部，面积约为 85.0 万 hm^2。目前大部分为林地和草地，少部分垦为耕地。

1. 形成及特征 该土种是棕壤地带内的石质丘陵土壤，发育在花岗岩、片麻岩风化残积母质上。该土种处于棕壤发育的初期阶段，具有剖面层次分化不明显、淀积层发育微弱、无石灰反应、砾石含量高等特点。典型剖面由腐殖质层（Ah 层）、耕层（Ap 层）、弱淀积层（Bt 层）及母质层（C 层）组成。该土种侵蚀较轻，土体厚度大于 30 cm、小于 60 cm，多数为 35～55 cm，属于中层土壤。表土层质地为砂质壤土到砂质黏壤土，砾石含量高，通常在 10%以上，厚度平均为 18 cm，腐殖质积累过程明显。淀积层发育不明显，据剖面分析，多出现在土体 14～38 cm 处，平均出现在 18 cm 处，其厚度平均为 27 cm，黏化率为 1.15，块状结构，较紧，无明显新生体积聚。母质层为半风化的残积物，质地粗糙，砾石含量在 20%以上，无明显结构。

2. 理化性状 该土种质地通体偏沙，只有淀积层稍黏。一般表土层的黏粒含量不超过 15%，而沙粒的含量却高达 60%以上。土壤 pH 通体无明显变化，属微酸性至中性反应，pH 大于 7.0 的剖面极少，只占 14.8%，而且多分布在辽宁朝阳、锦州、阜新等地区，属于因耕作施肥及自然条件下复盐基作用的结果。有机质多在 15 g/kg 左右，其中已耕种的下降到 12 g/kg 左右，而自然土壤可达 20 g/kg以上，两者相比有机质下降 1%左右。全磷和有效磷的含量，全剖面均处于缺乏的状态。全钾含量通体在 14 g/kg 左右，属中等水平。表土层阳离子交换量平均为 14.68 cmol/kg。

3. 典型剖面 采自抚顺市望花区塔峪镇的岗坡中部，海拔 130 m，花岗岩残积物，种植谷子，中度片蚀。其剖面形态特征如下。

Ap 层：0～14 cm，灰黄色（湿，2.5Y7/3），砂质壤土，团块状结构，稍松，植物根系多，含有较多的石英沙粒，无石灰反应，pH 为 6.4。

（Bt 层）：14～48 cm，淡棕黄色（湿，2.5Y6/4），砂质黏壤土，块状结构，紧，植物根系少，黏粒相对增加，无石灰反应，pH 为 5.8。

C 层：48～63 cm，黄棕色（湿，10YR5/8），砂质壤土，单粒状结构，植物根系极少，石英沙粒多，无石灰反应，pH 为 6.0。

具体理化性状参阅表 9-14。

表 9-14　中层硅铝质棕壤性土理化性状

采样深度 (cm)	pH	有机质 (g/kg)	全氮 (g/kg)	全磷 (g/kg)	全钾 (g/kg)	有效磷 (mg/kg)	速效钾 (mg/kg)	阳离子交换量 (cmol/kg)	机械组成 (g/kg)			
									0.2～2 mm	0.02～0.2 mm	0.002～0.02 mm	<0.002 mm
0～14	6.4	11.2	0.66	0.35	15.8	6	46	11.6	36.09	27.44	21.03	14.44
14～48	5.8	5	0.34	0.17	14.7	5	48	12.9	23.28	36.38	23.96	16.38
48～63	6	3.8	0.25	0.15	14.8	3	23	10.8	20.84	37.35	29.91	11.9

三、厚层硅铝质棕壤性土

厚层硅铝质棕壤性土土种，简名“金县山沙土”（《辽宁土种志》），属棕壤土类棕壤性土亚类硅铝质棕壤性土土属。该土种主要分布于辽宁大连、丹东、抚顺、朝阳、铁岭、辽阳等市的石质低山丘陵的中部，面积约为 12.0 万 hm^2。目前多为林地和草地，少部分垦为耕地。

1. 形成及特征　该土种是发育在花岗岩、片麻岩等风化残积母质上的石质丘陵土壤。虽然土壤发育时间长，剖面层次分化较明显，淀积层黏粒含量明显高于上层，腐殖质层较厚，有机质积累过程明显，但仍处于棕壤发育的初期阶段。土壤剖面由腐殖质层（Ah 层）或耕层（Ap 层）、弱淀积层（Bt 层）和母质层（C 层）组成。划分该土种的主要依据是土体厚度大于 60 cm，属厚层土壤。据统计，多数剖面在 65～80 cm，平均厚度为 72 cm。表土层质地多为砂质壤土到砂质黏壤土，砾石含量在 10%以上，其厚度平均为 20 cm，颜色暗灰棕，粒状结构。淀积层发育较明显，具有微弱的淋溶淀积现象。据剖面统计，淀积层多出现在土体 20～45 cm 处，平均出现在 27 cm，其厚度平均为 46 cm，可见到不明显的铁、锰胶膜新生体。母质层为半风化的岩石碎屑物，质地粗糙，无明显结构，砾石含量在 20%以上。

2. 理化性状　该土种质地表土层和母质层偏沙，淀积层稍黏。据统计，黏粒的平均含量表土层为 13.98%、淀积层为 16.93%，母质层为 9.56%，黏化率为 1.21。从统计结果看，土壤容重及孔隙度平均含量分别为 1.29 g/cm^3 和 50.43%，但是已耕种的土壤容重稍高，平均为 1.35 g/cm^3，而荒地仅为 1.23 g/cm^3。另外，该土种 pH 的特点：一是全剖面通体变化不明显；二是不同剖面间变化幅度较大；三是 pH 大于 7.0 的剖面多分布于辽西地区，而 pH 小于 6.5 的剖面多分布于辽东地区。土壤有机质和全氮的含量较高，平均含量为 17.6 g/kg 和 0.95 g/kg，高者有机质可达 25 g/kg 左右。

3. 典型剖面　采自大连市金州区华家街道于家村低丘的中部，海拔 40 m，花岗岩风化物，旱田。剖面形态特征如下。

Ap 层：0～18 cm，棕色（湿，7.5YR4/6），砂质壤土，屑粒状结构，松散，植物根系多，无石灰反应，pH 为 5.8。

（Bt 层）：18～65 cm，淡棕色（湿，7.5YR5/6），砂质壤土，块状结构，较紧，植物根系少，有少量铁、锰胶膜新生体，无石灰反应，pH 为 6.5。

C 层：65～80 cm，淡棕色（湿，7.5YR5/6），砂质壤土，砾石含量高，单粒状结构，松散，植物根系少，无石灰反应，pH 为 6.7。

具体理化性状参阅表 9-15。

表 9-15　厚层硅铝质棕壤性土理化性状

采样深度 (cm)	pH	有机质 (g/kg)	全氮 (g/kg)	全磷 (g/kg)	全钾 (g/kg)	阳离子交换量 (cmol/kg)	机械组成 (g/kg)			
							0.2～2 mm	0.02～0.2 mm	0.002～0.02 mm	<0.002 mm
0～18	5.8	13.3	0.64	0.39	15.6	14.2	36.68	30.12	23.11	10.09
18～65	6.5	7.3	0.44	0.32	12.7	16.1	30.55	28.07	27.84	13.54
65～80	6.7	3.6	0.24	0.96	10.8	8.9	45.93	23.6	21.91	8.56

四、中层铁镁质棕壤性土

中层铁镁质棕壤性土土种，简名“大碾糟石”（《辽宁土种志》），属棕壤土类棕壤性土亚类铁镁质棕壤性土土属。该土种主要分布于丹东、铁岭、大连、抚顺、本溪、鞍山、朝阳、阜新、沈阳等市的石质低山丘陵中上部。目前已部分垦为耕地，其余为林地和草地，总面积约为 4.9 万 hm^2。

1. 形成及特征　该土种发育在玄武岩、安山岩等第三纪火山喷出岩类风化物上，是棕壤地带内的低山丘陵土壤。全剖面砾石含量较高，无石灰反应，层次分异不明显，淀积层发育微弱，处于棕壤发育的初期阶段。该土种由腐殖质层（Ah 层）或耕层（Ap 层）、弱淀积层（Bt 层）和母质层（C 层）组成。土体厚度大于 30～60 cm，属于中层土壤。该土种多数土体在 35～50 cm，平均厚度为 42 cm。表土层质地偏黏，多为砂质黏壤土或黏壤土，土体中含有较多半风化的岩石碎屑物，通常砾石含量在 10%左右。腐殖质积累较多。淀积层发育不明显，并多出现在土体 21 cm 左右，质地比表层稍黏，黏粒的含量比表层增加 3 个百分点，黏化率为 1.16，具有微弱的黏化现象，无明显的铁、锰胶膜新生体的积聚。

2. 理化性状　该土种通体质地较黏重，表土层和黏化层多为砂质黏壤土或黏壤土，母质层稍粗，砾石含量高，质地为砂质壤土或砂质黏壤土。黏粒的平均含量表层为 17.88%，淀积层为 20.88%，母质层为 13.28%。土壤容重及孔隙度较适中，平均表土层为 1.28 g/cm^3 和 51.23%。其中，已耕种的土壤稍高，容重多在 1.3 g/cm^3 以上。土壤 pH 通体变化不明显，表土层在 6.0～7.0，属微酸性到中性土壤。土壤有机质含量表层高，平均含量为 24.4 g/kg，高者达 30 g/kg 以上；已耕种的土壤有机质含量明显下降，一般下降到 20 g/kg 左右。全磷及有效磷上下层均无明显差异，处于缺磷状态。阳离子交换量通体较高，各层均大于 20 cmol/kg。

3. 典型剖面　采自辽宁省锦州市凌海市沈家台镇大碾村八屯的山坡中部，海拔 200 m，安山岩风化物，旱田。剖面形态特征如下。

Ap 层：0～20 cm，黄棕色（湿，10YR4/3），黏壤土，粒状结构，较松，植物根系较多，无石灰反应，pH 为 6.5。

(Bt 层)：20～45 cm，灰棕色（湿，5YR5/2），黏壤土，块状结构，较紧，植物根系少，无石灰反应，pH 为 7.0。

C 层：45～65 cm，灰棕色（湿，5YR5/2），砂质黏壤土，块状结构，稍紧，植物根系少，无石灰反应，pH 为 7.3。

具体理化性状参阅表 9-16。

表 9-16　中层铁镁质棕壤性土理化性状

采样深度 (cm)	pH	有机质 (g/kg)	全氮 (g/kg)	全磷 (g/kg)	全钾 (g/kg)	有效磷 (mg/kg)	速效钾 (mg/kg)	阳离子交换量 (cmol/kg)	机械组成 (g/kg)			
									0.2～2 mm	0.02～0.2 mm	0.002～0.02 mm	<0.002 mm
0～20	6.5	17.1	0.75	0.38	17	2	130	19.4	8.52	40.3	35.16	16.02
20～45	7	9	0.53	0.34	17	1	125	20.5	6.26	47.41	27.67	18.66
45～65	7.3	6	0.34	0.45	14.3	1	138	18.1	14.65	47.65	20.93	16.77

五、中层硅钾质棕壤性土

中层硅钾质棕壤性土土种，简名“塔子岭片沙土”，属棕壤土类棕壤性土亚类硅钾质棕壤性土土属。该土种主要分布于辽宁大连、辽阳、本溪、铁岭、鞍山、抚顺、营口、丹东等市的石质低山丘陵的中上部。目前多为林地和草地，少部分垦为耕地，总面积约为 9.5 万 hm^2，占全省土壤总面积的 0.68%。

1. 形成及特征 该土种是发育在片岩、板岩、千枚岩等残积物上的一种低山丘陵土壤，剖面通体无石灰反应，呈棕色，层次分异不明显，淀积层发育微弱，具有粗骨性特点。土体厚度为 30～60 cm，属于中层土壤，平均厚度为 47 cm。另外，该土种由腐殖质层（Ah 层）或耕层（Ap 层）、弱淀积层（Bt 层）和母质层（C 层）组成。表土层砾石含量较高，通常在 10%以上，其厚度平均为 19 cm，有机质积累明显，含量较高。淀积层一般出现在土层下 20 cm 处，厚度平均为 27 cm，具有微弱的黏粒下移现象，黏化率为 1.23，但无铁、锰等新生体的积聚。母质层为半风化的岩石碎屑物，质地粗，无明显结构，但多有层状排列。

2. 理化性状 该土种表土层质地偏沙，多为砂质壤土或砂质黏壤土，而淀积层稍比表层黏重，质地为壤土或砂质黏壤土。另外，通体容重较大，孔隙度少，特别是耕种土壤。由于开垦耕种的原因，土壤结构遭到破坏，容重比自然土壤明显增大，孔隙度减少。该土种的 pH，全剖面上下层变化不大，均在 5.5～6.7，属于微酸性到中性，其中微酸性土壤居多。土壤有机质及全氮的含量，表土层平均分别为 19.8 g/kg 和 0.97 g/kg。目前尚未开垦的土壤，表土层的有机质含量明显高于耕种土壤，一般可高出 0.5 个百分点，表明土壤开垦后有机质呈下降的趋势。全磷和有效磷，全剖面上、下层无明显差异，一般含量为 0.4 g/kg 和 5 mg/kg，处于缺磷状态。全钾含量在 14.0 g/kg 以上，中等或较丰富，但速效钾含量较低。

3. 典型剖面 采自辽宁省辽阳市辽阳县吉洞峪满族乡翁家村的丘陵中部，海拔 350 m，母质为片岩风化物，现为灌木林地。剖面特征如下。

Ah 层：0～15 cm，淡棕黄色（湿，2.5Y6/4），砂质壤土，粒状结构，疏松，植物根系多，pH 为 5.6。

(Bt 层)：15～32 cm，黄色（湿，2.5Y8/6），砂质壤土，块状结构，稍紧，植物根系较多，pH 为 5.8。

C 层：32～50 cm，黄色（湿，2.5Y8/6），砂质壤土，碎块状结构，松散，植物根系少，砾石含量多，pH 为 6.2。

具体理化性状参阅表 9－17。

表 9－17 中层硅钾质棕壤性土理化性状

采样深度(cm)	pH	有机质(g/kg)	全氮(g/kg)	全磷(g/kg)	全钾(g/kg)	阳离子交换量(cmol/kg)	机械组成(g/kg)			
							0.2～2 mm	0.02～0.2 mm	0.002～0.02 mm	<0.002 mm
0～15	5.6	27.3	1.76	0.28	16.5	12.4	6.43	66.03	13.79	13.75
15～32	5.8	14.3	0.86	0.27	15.8	11.9	17.52	49.56	18.66	14.26
32～50	6.2	6.6	0.35	0.39	17.8	8.2	31.31	30.94	24.23	13.52

六、中层硅质棕壤性土

中层硅质棕壤性土土种，简名“旅顺砾沙土”（《辽宁土种志》），属棕壤土类棕壤性土亚类硅质棕壤性土土属。该土种主要分布于辽宁大连、丹东、抚顺、本溪、辽阳、铁岭、朝阳等市的石质低山丘陵的中上部。目前多为疏林草地，少部分为耕地，面积约为 22.2 万 hm^2。

1. 形成及特征 该土种是发育在石英质砂岩、石英岩等岩石风化残积物上的低山丘陵土壤，剖面无石灰反应，呈棕色，层次分异不明显，淀积层发育微弱，粗骨性特征明显，处于棕壤发育的初期阶段。典型剖面由腐殖质层（Ah层）或耕层（Ap层）、弱淀积层（Bt层）和母质层（C层）组成。土体厚度在30～60 cm，平均厚度43 cm，属于中层土壤。表土层厚度平均为19 cm，质地多为砂质壤土，含有大量沙砾及岩石碎块，含量在15%以上。淀积层黏粒下移不明显，黏粒的含量稍高于表土层，黏化率为1.16，具有微弱的黏化现象，块状结构，较紧，无明显铁、锰胶膜新生体的积聚。黏化层多出现在14～24 cm，其厚度平均为24 cm。

2. 理化性状 该土种质地粗糙，沙砾含量高。土壤容重大，平均表土层为1.39 g/cm^3，淀积层1.42 g/cm^3。土壤孔隙多以大孔隙为主，表土层总孔隙度平均为50.6%。该土种的pH通体无明显变化，表土层在5.4～7.0，其中微酸性土壤占40.54%、中性土壤占59.46%。土壤有机质含量较低，尤其耕地有机质含量仅15.0 g/kg左右。全磷、全钾及有效磷、速效钾，表层分别平均为0.34 g/kg、16.6 g/kg和4 mg/kg、106 mg/kg，磷缺乏，钾中等。

3. 典型剖面 采自辽宁省大连市旅顺口区铁山街道大刘家村的丘陵缓坡中部，海拔20 m，母质为石英砂岩风化物，旱田，种植玉米。其剖面特征如下。

Ap层：0～20 cm，淡棕色（湿，2.5Y6/4），砂质壤土，屑粒状结构，松散，植物根系多，砾石多，pH为6.8。

(Bt)层：20～45 cm，黄棕色（湿，10YR5/8），砂质壤土，块状结构，较紧，植物根系较少，砾石多，pH为7.0。

C层：45～90 cm，亮黄棕色（湿，10YR6/6），砂质壤土，较紧，无植物根系，砾石多，pH为6.9。

具体理化性状参阅表9-18。

表9-18 中层硅质棕壤性土理化性状

采样深度(cm)	pH	有机质(g/kg)	全氮(g/kg)	全磷(g/kg)	全钾(g/kg)	阳离子交换量(cmol/kg)	机械组成(g/kg)			
							0.2～2 mm	0.02～0.2 mm	0.002～0.02 mm	<0.002 mm
0～20	6.8	9.2	0.56	0.13	10.6	16.6	21.47	50.39	15.37	12.77
20～45	7	8.7	0.46	0.11	10.1	18.4	22.18	41.81	21.09	14.92
45～90	6.9	—	—	—	—	—	—	—	—	—

第十章 棕壤的物理性质 >>>

土壤物理性质包括土壤颗粒与质地、土壤结构性和孔隙性、土壤水分、土壤温度和土壤耕性等。其中，土壤水分和土壤温度作为土壤肥力的构成要素直接影响着土壤肥力状况，其余的物理性质则通过影响水分和温度的状况制约着土壤微生物的活动和矿物养分的转化、存在形态及其供给等，进而对土壤肥力状况产生间接影响。

第一节 棕壤土壤颗粒与质地

土壤颗粒是构成土壤固相的物质。按其来源与组成可分为矿物质的、有机质的及有机质与无机质复合的群体。一般来说，矿物质部分占土壤固相重量的95%以上，有的高达99%。土壤颗粒起着支撑植株生长的作用，其粒径大小、组合比例与排列状况直接影响土壤的基本性状（山东省土壤肥料工作站，1994）。

不同土壤的矿物质机械组成比例差异很大，很少是由某一单一的粒级组成的，即使是最粗的粗沙土或最细的黏土，也不是由纯沙粒或纯黏粒组成的，而是沙粒、粉粒、黏粒都有，只不过是各粒级土粒含量及所占比例不同而已，如在沙土中沙粒占的比例大，黏土中黏粒占的比例大。因此，把土壤中各粒级土粒的配合比例，或各粒级土粒占土壤重量的百分数称为土壤质地（也称为土壤机械组成）。土壤质地可影响土壤的物理、化学、生物等性质，与作物生长所需的环境条件和养分的关系非常密切。

一、土壤颗粒与构成

土壤质地是土壤的重要物理性质，也是反映土壤耕作性能的标志特性之一。土壤质地由粒径大小不同的矿物质颗粒含量和比例组成，除具有保持部分土壤矿质养分供给源的作用，还具有调节水、肥、气、热的功能。所以，土壤质地在生产实践中被视为最重要的一种土壤特性，表现在农民常以类似质地的含义命名土壤和评价土壤的农业质量。

土壤质地受成土因素的影响变化很大，其中成土母质对土壤质地的影响是最大的，反映了矿物质机械组成的特点；气候条件次之，反映着土壤矿物风化分解与成土作用的强度和速度。地形是导致不同粒级分配的重要外界因素，耕作、培肥和客土等人为活动也会导致土壤质地发生变化。

（一）土壤质地分类标准

国际上通用的土壤质地分类是国际制土壤质地分类（表10-1），是根据黏粒（<0.002 mm）、粉粒（0.002～0.02 mm）、沙粒（0.02～2 mm）含量的多少，把土壤质地分为沙土、壤土、黏壤土和黏土四大类，其黏粒含量的界限最为关键，分别是0～15%（沙土类和壤土类）、15%～25%（黏壤土类）、25%～100%（黏土类）（林大仪等，2005）。

表 10-1 国际制土壤质地分类

质地类别	质地名称	各级土粒质量（%）		
		黏粒（<0.002 mm）	粉粒（0.002～0.02 mm）	沙粒（0.02～2 mm）
沙土类	沙土及壤质沙土	0～15	0～15	85～100
壤土类	砂质壤土	0～15	0～45	55～85
	壤土	0～15	30～45	40～55
	粉砂质壤土	0～15	45～100	0～55
黏壤土类	砂质黏壤土	15～25	0～30	55～85
	黏壤土	15～25	20～45	30～55
	粉砂质黏壤土	15～25	45～85	0～40
黏土类	砂质黏壤土	25～45	0～20	55～75
	壤质黏土	25～45	0～45	10～55
	粉砂质黏土	25～45	45～75	0～30
	黏土	45～65	0～35	0～55
	重黏土	65～100	0～35	0～35

（二）各类质地特性

1. 壤土类 壤土类机械组成中黏粒含量低于 15%，根据粉粒和沙粒的含量，本类质地又分为 3 种（表 10-1），壤土类质地比较均匀，粉粒和细沙粒含量高，物理性能良好，毛管作用强，有效水含量高，通气性、透水性好，适种作物广，适耕期长，耕性好。群众说：“干不起坷垃，湿不成泥浆”，是一类良好的土壤质地。但在地下水位高、矿化度大的地方，壤土易返盐，山东省盐渍土大多是壤土类质地。另外，土壤养分含量不高，保水保肥性能较弱（山东省土壤肥料工作站，1994）。

2. 黏壤土类 黏壤土类机械组成中黏粒占 15%～25%，依据沙粒和粉粒的含量指标可分为砂质黏壤土、黏壤土和粉砂质黏壤土 3 种质地。黏壤土固、液、气三相比例协调，通气性、透水性较好，毛管作用较强，有效水含量高，这种质地一般不返盐，土壤养分含量较高，保水保肥，适种作物广，耕后易起坷垃，但较易耙平。黏壤土是一类良好的土壤质地。

3. 黏土类 黏土类多来源于玄武岩的风化物。黏土类机械组成中黏粒含量在 25%以上。固、液、气三相比例不协调，土壤通气性、透水性差，持水性强，吸湿水和凋萎含水量高，有效水含量低。土温低，土壤有明显的湿涨性，干时龟裂。群众形容这类质地的特点：“干时耕不动，湿时黏犁头”。因为土质黏重，结持力强，耕性不良，适耕期短，翻耕后土垡大。这种土壤的保肥保水能力较强，土壤养分含量高，但供肥能力弱，作物一般没有脱肥现象。

（三）棕壤质地

棕壤在成土过程中由于受气候影响，致使土体内部黏化作用较为强烈，原生硅铝酸盐深度变质，形成次生黏土矿物，并有黏粒下移和淀积现象，各亚类土体剖面中<0.002 mm 粒级的黏粒下移和淀积均有所反应（表 10-2）。

棕壤质地包括壤土至黏土。主要包括砂质壤土、壤土、粉砂质壤土、砂质黏壤土、黏壤土、粉砂质黏壤土、砂质黏土、壤质黏土和粉砂质黏土。

由于成土母质不同，形成的棕壤亚类质地有明显差异。发育于玄武岩风化物及黄土母质上的棕壤黏粒含量较高（26%～40%），质地为壤质土至黏壤土；而发育于花岗岩风化物母质上棕壤质地中黏粒含量较低（仅有 14%～28%），并含有 28.98%～36.18%砾石，质地为砾石质砂质黏壤土（0～82 cm 土层），下层（82～230 cm）为砾石质壤质黏土。这种现象与花岗岩母质不易风化有关。

表 10-2 棕壤质地

采样地点	亚类名称	采样深度（cm）	砾石（%）>2 mm	机械组成（%）			质地名称	母质
				0.02～2 mm	0.002～0.02 mm	<0.002 mm		
沈阳市苏家屯区	典型棕壤	0～17	0	35.30	34.00	30.70	壤质黏土	黏黄土
		17～42	0	33.00	29.80	37.20	壤质黏土	
		42～69	0	32.00	31.00	37.00	壤质黏土	
		69～95	0	30.10	31.80	38.10	壤质黏土	
		95～144	0	36.40	27.50	36.10	壤质黏土	
		144～194	0	33.30	32.90	33.80	壤质黏土	
宽甸满族自治县	典型棕壤	0～25	0	25.40	48.60	26.00	黏壤土	玄武岩
		25～63	8.06	30.90	37.40	31.70	壤质黏土	
		63～102	15.38	23.00	36.10	40.90	砾石质壤质黏土	
		102～200	18.46	28.20	35.50	36.30	砾石质壤质黏土	
鞍山市千山区	酸性棕壤	0～4	9.87	47.70	34.50	17.80	砾石质黏壤土	花岗岩
		4～17	25.15	43.60	36.30	20.10	砾石质黏壤土	
		17～52	24.20	32.80	39.10	28.10	砾石质壤质黏土	
		52～67	28.35	36.60	37.20	26.20	砾石质壤质黏土	
		67～80	66.83	45.00	30.10	24.90	砾石质黏壤土	
大连市普兰店区	白浆化棕壤	0～15	0	38.70	29.80	31.50	壤质黏土	湖积物
		15～70	0	13.10	34.10	52.80	黏土	
		70～105	0	22.80	41.80	35.40	壤质黏土	
		105～150	0	15.10	33.50	51.40	黏土	
		150～220	0	16.30	35.70	48.00	黏土	
沈阳市沈北新区	潮棕壤	0～17	0	37.82	33.95	28.23	壤质黏土	冲积物
		17～25	0	26.90	36.87	36.23	壤质黏土	
		25～75	0	34.90	32.22	32.88	壤质黏土	
		75～100	0	39.40	43.62	16.98	黏壤土	
抚顺市郊区	棕壤性土	0～14	7.00	63.53	22.03	14.44	砂质壤土	混合花岗岩
		14～48	29.01	59.66	23.96	16.38	砂粒质黏壤土	
		48～63	36.49	58.19	29.91	11.90	砂质壤土	

酸性棕壤 17～67 cm 土层土壤黏粒含量为 26.2%～28.1%，此值高于表层及下层土壤中黏粒含量，这可能是土壤黏粒下淋积聚所致。此亚类各层土壤中砾石含量较高（9.87%～66.83%），质地为砾石质黏壤土和砾石质壤质黏土。

白浆化棕壤具有脱色的白浆层（70～105 cm 土层），此层<0.002 mm 黏粒含量均低于上下土层。而白浆层质地粗，沙粒级颗粒含量较多。

潮棕壤土壤质地适中，土层较深厚，土壤供水能力较强，潜在肥力较高。

棕壤性土与酸性棕壤呈垂直分布。土壤质地剖面中形成明显的黏化层，由于成土母质为砾石质黏壤土和砂质壤土，其母质层砾石含量多达 76.53%（贾文锦，1992）。

二、土壤质地与土体构型

就整个土体来说，上下层土壤之间的质地粗细和厚度常常存在差异。不同质地层次在同一土体构型中的排列情况称为土壤质地剖面。土壤剖面成因主要有 3 个方面：一是母质本身的层次性；二是成土过程中物质的淋溶和淀积；三是人为耕作管理活动。

（一）土壤质地

在土壤剖面中，土壤质地在垂直方向上可因土壤类型不同而发生变化，从而显示出层次结构。土壤质地的层次结构对水、肥、气、热四方面肥力特性具有深刻的影响。土壤质地剖面既有均质的（剖面各层次的母质来源和质地相同），也有非均质的。非均质剖面由于母质来源的不同或由于剖面中物质移动造成土壤机械组成分异，质地层次组合较为复杂，沙土层、壤土层及黏土层相互交错，如沙夹黏、黏夹沙、沙盖黏、黏盖沙等。另外，土壤剖面中沙土层、壤土层或黏土层的厚度和深度对水、盐运动以及肥力的发挥也有重要影响。沙土剖面中有中位或深位黏土夹层的，可增加土壤抗旱和保水保肥能力，有利于作物根系的发育，也便于进行耕作、施肥、灌排等措施。在黏土至壤土剖面中，若上层的黏土层厚度大，则会因其紧实而通气透水能力差，干时坚硬容易龟裂，湿时膨胀易闭结，不耐旱亦不耐涝，不利于作物根系发育，是一种不良的质地剖面。土壤剖面中黏土夹层的厚度超过 2 cm 时水分的运行即减缓，而超过 10 cm 时来自地下水的毛管水上升运行受阻，对耕层土壤的水分供应减少。

（二）土体构型

土壤剖面构型即不同质地的土层在剖面中的排列，在地带性土壤中剖面构型是成土过程的产物，如棕壤的黏化层（山东省土壤肥料工作站，1994）。

1. 黏壤均质构型 1 m 土体内为黏壤土，少数土壤剖面有粉质黏壤土夹层。这种构型的土壤养分含量较高，保水保肥性好。经过培肥，可以形成团粒结构，含有较多的有效水，较宜耕作，无不良层次，生产性能良好。

2. 深黏淀构型 在剖面 50 cm 以下出现厚度大于 20 cm 的黏土层。黏土层以上的质地可以是沙土、壤土、黏壤土等。这种土体构型可以保水保肥、上部土层物理性质较好，水、肥、气、热比较协调，群众常称为“聚宝盆”。

3. 浅黏淀构型 在剖面 50 cm 以上出现较厚的黏土层，黏土层以上的表土层土壤质地有多种。这种构型虽然上轻下重，但由于黏土层位置高，有效活土层太薄，影响根系的生长，容易造成土壤内滞水。

4. 白浆-铁盘构型 为白浆化棕壤所具有的构型，其生产性能极差。

三、土壤质地对耕作与肥力的影响

不同质地与土壤肥力的关系非常密切，质地类型决定着土壤蓄水、导水性，保肥、供肥性，保温、导温性，土壤呼吸、通气性和土壤耕性等。不同质地的土壤具有不同的肥力特点。群众说：“黏土发老苗，不发小苗”“沙土看苗，黏土吃饭”。这都说明黏土类供肥容量大，保肥性强，施肥后肥效稳，延续时间长，但黏土的供肥能力差，施肥后即可见效，供肥能力强，但肥效短，肥料流失量多。壤土和黏壤土供肥能力优于黏土类，但在作物生长后期有脱肥现象，在生产上应予以注意。棕壤质地主要包括黏质土和壤质土。

（一）黏质土

包括黏土和黏壤土（重壤）等质地黏重的土壤。此类土壤的黏粒含量高，沙粒、粗粉粒含量低，常呈紧实黏结的固相骨架、土壤通气透水性差，粒间孔隙数目比砂质土多但极为狭小，存在大量非活性孔隙阻止毛管水移动，降水和灌溉水难以下渗且排水困难，易在犁底层或黏粒积聚层形成上层滞水，影响植物根系向下生长。耕作时应注意采用深沟、密沟、高畦，或通过深耕和开深线沟破坏紧实的心土层以及采用暗管和暗沟排水等，以避免或减轻涝害。

黏质土保肥能力强。富含矿质养分（尤其是钾、钙等盐基离子），且有利于有机质积累。对阳离子态养分（如 NH_4^+、K^+、Ca^{2+}）有较大的吸附能力，使其不致被降水和灌溉水淋洗损失。黏质土的粒间孔隙小，且常为水占据，通气不畅，好气性微生物活性受抑，有机质分解缓慢，腐殖质与黏粒结合紧密而难以分解，有利于有机质积累。因此，黏质土的保肥能力强，氮素等养分含量比砂质土中多，但植物不能利用的束缚水和缓效养分也多。

黏质土蓄水多，热容量大，昼夜温度变幅较小。在早春，水分饱和的黏质土升温慢；反之，在受短期寒潮侵袭时，黏质土降温也较慢，作物受冻害较轻。缺少有机质的黏质土，干时常呈板结状，这种土壤的耕性差，“干时一把刀，湿时一团糟”，对肥料的反应迟缓。黏质土的犁耕阻力大，干后龟裂，易损伤植物根系。对于这类土壤，要增施有机肥，注意排水，选择在适宜含水量条件下精耕细作，以改善结构性和耕性。

（二）壤质土

由于壤质土机械组成合理，沙、黏粒配比适当，易形成良好的土壤结构，通气透水保水性、保肥供肥性适中，兼有砂质土和黏质土的优点，且改善了两者的不良特性，其耕性优良，适种的作物种类多，是较为理想的土壤质地类型。但应注意，以粗粉粒占优势（60%以上）而又缺乏有机质的壤质土，即粗粉壤，不利于幼苗扎根发育。壤质土中水、肥、气、热以及植物扎根条件协调，适种范围较广，“发小苗又发老苗”，是农林生产较为理想的质地类型。

从不同类型土壤质地根系分布及根系活力来看，不同质地土壤（沙土、壤土、黏土）对植物根系生长和产量的影响不同。黏土根系主要分布在上层土壤，但上层土壤根系活力后期下降慢；沙土有利于花生根系向深层土壤生长，但上层土壤根系活力后期下降快；而壤土对花生根系生长和活力时空分布的影响介于黏土和沙土之间。沙土有利于花生荚果的膨大，且花生荚果干物质积累早而快，但后期荚果干物质重积累少；壤土的花生荚果中后期干物质积累多，黏土则在整个生育期均有利于花生荚果干物质积累。最终荚果产量、籽仁产量和有效果数均表现为壤土最大、沙土次之、黏土最小。研究表明，通气性和保肥保水能力居中的壤土更适合花生的根系生长发育及产量形成（贾丽华等，2013）。

通过对中壤土、黏土、砂质壤土 3 种质地土壤上小麦粒重比较，可以得出中壤土上小麦粒重最高，黏土次之，砂质壤土最低。砂质壤土小麦灌浆起始势较高，但最大积累速率和平均积累速率均较低，最终粒重低；中壤土小麦具有较高的灌浆起始势和积累速率，因而最终粒重较高。可见，中壤土水、气、热状况适宜，肥力相对较高，有利于维持小麦较高的灌浆速率和灌浆持续期，有利于获得高产（梁太波，2008）。

第二节　棕壤结构及形成过程

“土壤结构”一词，实际包含两方面含义：一是泛指具有调节土壤物理性质的“结构性”，二是指各种不同的结构体的形态特征。所谓结构性，最早是指“原生土粒的团聚化”。后来又有学者认为，土壤结构性不仅包括土壤结构的类型和数量，还应包括其稳定性（水稳性、力稳性、生物学稳定性），团聚体内外的孔隙分配以及其农业生产上的作用等。由此可见，土壤结构性反映了土壤的一种重要的物理性质状态，主要指土壤中单粒和复粒（包括各种结构体）的数量、大小、形状、性质，以及其相互排列、相应的孔隙状况等综合特性。

任何一种土壤，除质地为纯沙外，各级土粒由于不同原因相互团聚成大小、形状和性质不同的土团、土块、土片，称为土壤的结构体。这些不同形态的结构体，在土壤中的存在及排列状况会改变土壤的孔径，直接影响土壤肥力、养分运转及耕性的变化。也可以说，土壤结构性的好坏最终体现在土壤孔径的分布上（熊顺贵，2001）。

一、棕壤结构特点

自然界土壤中结构体类型复杂多样，不同类型结构体的特性各异。目前国内外通常采用美国农业部土壤调查局提出的，以结构体形态、大小和特性为分类依据的土壤结构形态分类制。即先按土壤结构体的形态分为板状（片状），柱状和棱柱状，块状、核状和团粒三大类；然后按结构体大小细分；最后根据结构体的稳定性进行分等。本书按块状结构和核状结构、棱柱状结构和柱状结构、团粒结构3个棕壤结构体的一般类型进行分类讨论。

（一）土壤结构体类型

1. 块状结构和核状结构 块状结构和核状结构指固相土粒互相黏结成内部紧实、长宽高大致相等、形状不规则的土团或土块。其中，轴长大于5 cm的结构体称为块状结构，轴长为0.5～5 cm的结构体称为碎块状结构，轴长小于0.5 cm的结构体则称为碎屑状结构，碎块小且边角明显的结构体则称为核状结构。块状结构按其大小可续分为大块状（>10 cm）结构和小块状（5～10 cm）结构。核状结构按其大小可续分为大核状（>1 cm）结构、中核状（0.5～0.7 cm）结构和小核状（<0.5 cm）结构等。此类结构体主要出现在有机质缺乏且耕性不良的黏质土壤中，一般在表土中多出现块状结构体，心土和底土中多出现块状结构体和碎块状结构体。核状结构多出现在质地黏重的心土和底土中，通常由石灰质或氢氧化铁胶结而成，其内部十分紧实。例如，我国南方质地黏重的红壤、砖红壤性红壤和砖红壤的心土层经常出现由氢氧化铁胶结而成的核状结构体。

2. 棱柱状结构和柱状结构 棱柱状结构和柱状结构指土粒互相黏结成内部紧实、长和宽大致相等、高明显大于长和宽、呈柱状的土块。其中，棱角分明的柱状土块称为棱柱状结构。该结构体多分布于干湿交替明显、质地较为黏重的土壤心土层中，以潴育水稻土的潴育层中的棱柱状结构最为典型，主要是在湿涨干缩交替作用下土体垂直裂开而形成的，棱柱状结构体表面通常包被着氧化铁、氧化锰胶膜。边角不明显的柱状土块则称为柱状结构，柱状结构体常出现于半干旱地区土壤的心土和底土层中，以碱土的碱化层中柱状结构最为典型。棱柱状结构和柱状结构按其横轴的长度大小，可续分为大棱柱（或柱）状（>5 cm）结构、中棱柱（或柱）状（3～5 cm）结构和小棱柱（或柱）状（<3 cm）结构。

3. 团粒结构 团粒结构指土壤中单粒、复粒经过多级黏结团聚而形成的，内部疏松多孔、近似球体、自小米粒至蚕豆粒般大小的土粒。此类结构体主要出现在有机质丰富、肥力高的土壤表层中，以团粒结构最为典型。团粒结构具有较强的水稳性、力稳性、生物稳定性和多孔性，是肥沃土壤的结构体类型。团粒结构根据其粒径大小可续分为团粒（直径0.25～10 mm）结构和微团粒体（直径<0.25 mm）结构（王果，2009）。

（二）团粒结构的形成

土壤团粒结构的形成，大体上分为两个阶段。

第一阶段是由单粒凝聚成复粒。块状、柱状和片状结构体，通常直接由单粒黏结而成，或由土体沿一定方向破裂而成。它们没有经过多次复合或团聚的过程，故形成的孔隙度较小，而且孔径大小比较一致。

第二阶段则由复粒相互黏结，团聚成微团粒、团粒，或在机械力作用下，大块土垡破碎成各种大小、形状各异的粒状或团粒状结构体。团粒结构体是经过多次复合、团聚而形成的。先是单粒相互凝聚成复粒，再经过逐级复合、胶结作用，依次形成第二级、第三级……即形成微团粒，然后由微团粒再经过多次团聚形成较大的团粒。使团粒结构体的粒径不断增大，孔隙度不断提高，大小孔隙比例分配逐渐趋向合理。

近年来，研究者提出“黏团”的理论，认为团粒结构最初是由黏粒相互黏结成“黏团”，进而由黏团复合、团聚成微团粒、团粒。因此，把“黏团”看成团聚化的基本单元。黏团与其他黏团或有机胶体相互团聚，甚至可把粉粒、沙粒联结在一起，形成微团粒、团粒（熊顺贵，2001）。

二、棕壤团聚体及其作用

（一）棕壤团聚体

土壤团聚体作为土壤的基本功能单元，是土壤有机碳（SOC）分解转化和形成的最重要场所，表土中近 90%的 SOC 位于团聚体内（窦森等，2011）。根据国内外对团聚体的分级标准，可以分为大团聚体（>0.25 mm）和微团聚体（<0.25 mm），各团聚体间又可进一步细分，被微团聚体吸附的 SOC 易受到物理保护，是稳定碳库的重要组成部分。

棕壤多为块状、棱块状结构，结构面常被覆铁锰胶膜，有时结构体中可见铁锰结核；淋溶层（A 层）多团粒结构，土质疏松，是肥力性状最好的土层。棕壤团聚体以 0.25～1 mm 团聚体为主，且通过长期施肥处理能够改变土壤团聚体的分布（冷延慧等，2009）。

耕地棕壤的各粒级微团聚体在各层间差异较大。0～20 cm 土层的<0.01 mm 微团聚体随干预程度的提高而增加，而 0.01～0.05 mm 和 0.05～0.25 mm 微团聚体的变化均随人为干预程度的提高而减少。从各粒级微团聚体在剖面间的分布来看，<0.01 mm 微团聚体呈向下富集的趋势，与不同利用方式下无定形氧化铁的变化规律一致；>0.01 mm 呈向下减少的趋势，与有机质的变化规律一致。上述土壤微团聚体特征反映出在现阶段耕种制度下，开垦程度的提高不利于形成较大粒级的微团聚体，也不利于土壤肥力的维持和土壤结构的改善（刘晔等，2010）。

（二）棕壤团聚体的作用

对土壤肥力实质的系统研究表明，不同粒级的微团聚体在营养元素的保持、供应及转化能力等方面发挥着不同的作用。土壤微团聚体及其适宜的组合是土壤肥力的物质基础；在对大小粒级土壤微团聚体的组成比例与土壤肥力的关系进行研究时发现，“特征微团聚体”（<0.01 mm 和>0.01 mm 的微团聚体）的组成比例能比较综合地反映出土壤对于水、肥的保供性能，可作为评判土壤肥力水平的有效指标。以该指标为标准的典型棕壤和棕壤型水稻土肥、瘦地区分界值分别为 0.25 和 0.35，小于此二值分别为各自肥地，反之则分别为各自瘦地。土壤培肥措施可使肥、瘦地特征微团聚体的比例降低，并提高土壤肥力水平或根本改变瘦地肥力实质（陈恩凤等，2001）。

水稳性团聚体的数量和特征反映了土壤结构的稳定性和抗蚀能力，对研究土壤固碳潜力至关重要。对山东半岛棕壤区耕地和荒地土壤水稳性团聚体及其有机碳进行解析，结果表明，各级土壤团聚体质量比总体呈“两头低中间高”的不规则 W 形分布，耕地和荒地土壤微团聚体（<0.25 mm）平均含量分别为 51.74%和 51.61%，耕种的扰动增加了土壤颗粒分散度，水流对大团聚体的破坏作用更大。有机碳分布受团聚体分配的制约，其含量随团聚体粒径减小而增加。耕地和荒地有机碳在大团聚体中平均含量分别为 5.98 g/kg 和 3.48 g/kg，而在微团聚体中含量分别为 8.05 g/kg 和 9.11 g/kg，有机碳含量比例分别高达 55.36%和 68.58%，其中<0.02 mm 粉黏团聚体中有机碳含量最高（耕地为 10.97 g/kg，荒地为 11.63 g/kg），可作为研究区土壤固碳潜力的评价指标（任稚阁等，2013）。

土壤团聚体作为土壤结构的基本单元，影响了土壤的诸多理化性状，在土壤生态系统中发挥着巨大的作用。从土壤肥力角度看，土壤团聚体不仅储存了大量植物生长所需要的营养元素，同时，对土壤水、肥、气、热具有一定的协调功能。将稳定同位素碳（$\delta^{13}C$）标记的玉米秸秆添加进棕壤，在沈阳农业大学试验站进行田间原位培养，研究玉米秸秆添加对棕壤水稳性团聚体分布的影响，探究秸秆腐解过程中水稳性团聚体有机碳动态变化规律。结果表明：棕壤总有机碳与团聚体有机碳呈显著的正相关关系（$P<0.05$）。玉米秸秆添加不仅促进了棕壤>2 mm 水稳性团聚体的形成，提高了团聚体平均重量直径（MWD），而且显著提高了各级团聚体有机碳含量，并随团聚体级别增大而增大。随着培养时间的延长，棕壤的团聚能力逐渐减弱，水稳性大团聚体破碎转变成微团聚体，MWD 有所降低。大团聚体中总有机碳、新碳含量均呈下降趋势，微团聚体中总有机碳、新碳含量均呈上升趋势（顾鑫等，2014）。

三、土壤结构对水分及养分的影响

（一）土壤结构对水分的影响

1. 调节土壤水分与空气的矛盾 团粒结构多的土壤，由于孔隙度高，而且通气孔隙也多，大大改善了土壤透水通气能力，可以大量接纳降水和灌溉水。当降水或灌溉时，水分通过通气孔隙很快进入土壤，经过团粒附近时，能较快地渗入团粒内部的毛管孔隙并得以保蓄，使团粒内部充满水分，多余的水继续下渗湿润下面的土层，从而减缓了土壤的地表径流造成的冲刷、侵蚀。

当土壤中大孔隙里的水分渗过后，外面的空气补充进去，团粒间的大孔隙多充满空气。而团粒内部小孔隙、毛管孔隙多，吸水力强、水分进入快且得以保持，并由水势差源源不断地供给作物根系吸收利用。这样使土壤中既有充足的空气，又有充足的水分，解决了土壤中水、气之间的矛盾。

同时，具有团粒结构的土壤可使进入土壤中的水分蒸发作用大大减弱。这是因为团粒间的毛管通路较少，而且干后表面团粒收缩，体积变小，与下面的团粒切断了联系，成为一层隔离层或保护层，使下层水分不能借毛管作用上升至表层而消耗。由此可见，有团粒结构的土壤不但进入的水分数量多，而且蒸发也少，能起一个“小水库”的作用，耐旱抗涝的能力强。

2. 协调土壤养分消耗与积累的矛盾 有团粒结构的土壤，团粒之间的大孔隙充满空气，有充足的氧供给，好气性微生物活动旺盛，有机质分解快，养分转化迅速，可供作物吸收利用。而团粒内部水多气少，嫌气性微生物活动旺盛，有机质分解缓慢，养分得以保存。有团粒结构的土壤，养分由外层向内层逐渐释放，不断地供作物吸收，从而避免了养分流失，起到了一个“小肥料库”的作用。

3. 稳定土温和调节土壤热状况 有团粒结构的土壤，团粒内部小孔隙、毛管孔隙数量多，保持的水分较多，从而使土温变幅减小，又因为水的比热容大，不易升温或降温，相对来说起到了调节土壤温度的作用。土温变化平稳，有利于植物根系的生长和微生物的活动。

总之，有团粒结构的土壤松紧适度、通气、透水、保水、保肥、保温，扎根条件良好，土壤的水、肥、气、热比较协调，能满足农作物生长发育的要求，从而有利于获得高产稳产（林大仪等，2005）。

（二）土壤结构对养分的影响

土壤团聚体普遍被认为是土壤养分“储藏库”，其数量的增加标志着土壤供储养分能力的增强。棕壤团聚体以 0.25～1 mm 为优势粒级，＜0.25 mm 的团聚体含量最少。各施肥处理下大团聚体较微团聚体中含有更高的碳、氮、磷和钾储量。有机碳、全氮和全磷储量均与＞2 mm 团聚体含量呈显著正相关（$P<0.05$）。有机肥施用（猪粪）与有机肥、无机肥配施（猪粪＋氮肥）不仅增加了大团聚体含量，提高了团聚体稳定性，还增加了各粒级团聚体的有机碳、全氮、全磷和全钾含量，其中大团聚体中增加较多（＞0.25 mm）。无机肥施用（氮肥）减少了大团聚体含量，降低了土壤团聚化程度，同时降低了各粒级团聚体的有机碳、全氮、全磷和全钾含量。因此，在农业生产过程中可以施用有机肥来改善土壤结构，提高土壤肥力（邢旭明等，2015）。

（三）不同施肥处理对土壤结构的影响

1. 施肥对土壤团聚体的影响 长期不同肥料的施用改变了土壤的团聚体分布，施用有机肥主要是促进了 1 mm 以上大团聚体和 0.05～0.25 mm 微团聚体组成。许多研究表明，施高量有机肥或有机肥与无机肥配施更有利于土壤较大团聚体的形成和土壤结构的改善，有机肥增加较大团聚体的数量，而且有机物的作用大于无机物，这是因为有机肥中含有较多和较均衡的养分能促进团聚体的形成（冷延慧等，2008）。

耕作引起富碳的大团聚体减少，贫碳的微团聚体增多，施肥处理＜0.25 mm 的微团聚体比例显著高于自然土壤，而大团聚体的比例显著低于自然土壤。耕作使受团聚体保护的有机质矿化，减少了稳定性胶结剂的产生，引起富碳的大团聚体的损失。贫碳的微团聚体增多，同时加速了大团聚体的周转，导致团聚体的分解。有机碳的输入主要集中在＞0.25 mm 的大团聚体。有机肥的施用可以增加土壤中水稳性团聚体的数量，改善土壤的团聚化作用和土壤团聚体碳的分布（安婷婷等，2007）。

2. 施肥对土壤容重的影响 土壤容重是反映土壤结构、通气性、透水性以及保水能力高低的一项重要物理性质，土壤容重越小说明土壤结构、透气性、透水性越好。不同施肥方式对土壤容重的影响见表 10－3。由表 10－3 可知，在 0～5 cm 土层，无论单独施用化肥还是化肥与有机肥配施，土壤容重均有一定程度的下降。尽管在有机肥与化肥配施情况下，各施肥处理与对照相比差异并不显著，但已呈现出下降的趋势；而单施化肥时，$N_{12.5}P_{10}K_{10}$处理能显著降低土壤容重（杨果等，2007）。在15～20 cm土层中，无论单施化肥还是有机肥与化肥配施对土壤容重均有不同程度的降低。在施用无机肥的基础上，施用有机肥（马粪）能在一定程度上降低土壤容重，改善土壤的物理性质，尤其以0～5 cm耕层表现更为明显。

表 10－3　单施化肥与有机肥、化肥配施对棕壤土壤容重的影响

处理	土壤容重（g/cm³）			
	0～5 cm		15～20 cm	
	化肥	化肥＋有机肥	化肥	化肥＋有机肥
CK	1.476±0.039a	1.316±0.05a	1.502±0.036a	1.503±0.042a
N_{10}	1.435±0.089ab	1.247±0.004a	1.424±0.019bc	1.156±0.014b
$N_{10}P_{10}$	1.394±0.079ab	1.276±0.046a	1.426±0.055b	1.408±0.034ab
$N_{10}K_{10}$	1.372±0.038ab	1.290±0.033a	1.415±0.042c	1.433±0.061ab
$P_{10}K_{10}$	1.413±0.014ab	1.311±0.011a	1.382±0.023c	1.427±0.036ab
$N_{7.5}P_{10}K_{10}$	1.336±0.054ab	1.298±0.034a	1.313±0.026d	1.414±0.023b
$N_{10}P_{10}K_{10}$	1.340±0.039ab	1.304±0.053a	1.413±0.004c	1.440±0.027ab
$N_{12.5}P_{10}K_{10}$	1.328±0.104b	1.310±0.039a	1.422±0.01bc	1.362±0.042b

化肥试验区设CK（对照）、N_{10}、$N_{10}P_{10}$、$N_{10}K_{10}$、$P_{10}K_{10}$、$N_{7.5}P_{10}K_{10}$、$N_{10}P_{10}K_{10}$和$N_{12.5}P_{10}K_{10}$ 8个处理，每个处理3次重复；有机肥试验区设CK＋M、N_{10}＋M、$N_{10}P_{10}$＋M、$N_{10}K_{10}$＋M、$P_{10}K_{10}$＋M、$N_{7.5}P_{10}K_{10}$＋M、$N_{10}P_{10}K_{10}$＋M和$N_{12.5}P_{10}K_{10}$＋M 8个处理，每个处理3次重复。氮、磷和钾的施用肥料为尿素、过磷酸钙和氯化钾，氮肥按50％基肥和50％追肥施用，磷、钾肥均作为基肥施用。有机肥试验区在此施肥基础上施用25 000 kg/hm² 鲜马粪，每年秋季小麦播种前施肥一次。在玉米收获后小麦播种前取土进行土壤容重等指标的测定。

四、土壤结构对作物根系生长的影响

一般来说，适合作物生长发育的土壤孔性：土壤耕层上部（0～15 cm）的孔隙度为55％左右，通气孔隙度为15％～20％；土壤耕层下部（15～30 cm）的孔隙度为50％，通气孔隙度为10％左右。上部有利于通气透水和种子的发芽、出土；下部则有利于保水和根系扎稳。在心土层，也应保持一定数量的大孔隙，便于促进根系深扎，增强微生物活性和养分转化，以扩大植物营养范围。其次，在雨多潮湿季节，土体下部有适量大孔隙可增强排水性能。

有团粒结构的土壤疏松多孔，作物根系伸展阻力较小，团粒内部又有利于根系固着和支撑。同时有团粒结构的土壤，其黏结性、黏着性也小，可大大减弱耕作阻力，提高耕作效率和质量。

不同植物对土壤松紧情况的适应性也不一样，植物生长有极限容重与适宜容重，极限容重是指土体坚实以致妨碍根系生长的土壤容重最大值，适宜容重是指土壤的结构性与孔隙状况适宜植物扎根生长时所表现出来的容重数值，它们与土壤质地及根系本身（如直径及穿插力等）有关。过于紧实的黏重土壤，种子发芽与幼苗出土均较困难，出苗迟于疏松土壤1～2 d，特别是播种后遇雨，土表结壳，幼苗出土更为困难，造成缺苗断垄。土块过多、孔隙过大的土壤，植物根系往往不能与土壤紧密接触，吸收肥水均较困难，作物幼苗往往因下层土壤深陷将根拉断，出现“吊死”现象。土质过松的土壤，植物扎根不稳，容易倒伏。

第三节　棕壤孔隙性

土壤是一个极其复杂的多孔体系，由固体土粒和粒间孔隙构成。在土壤中土粒与土粒、土团与土团、土团与土粒（单粒）之间相互交换，构成弯弯曲曲、粗细不同和形状各异的各种孔洞，通常把这些孔洞称为土壤孔隙。土壤孔隙度是指单位容积中孔隙所占的百分率，是表征土壤团聚性、透水性和松散程度的一个重要指标。

一、土壤孔隙特点与剖面特征

土壤孔隙是土壤中物质和能量储存与交换的场所，是众多动物和微生物活动的地方，也是植物根系伸展并从土壤中获取水分和养料的场所。土壤中孔隙的数量越多，水分和空气的容量就越大。土壤孔隙状况通常包括总孔隙度（孔隙总量）和孔隙类型（孔隙大小及比例，又称孔径分布）两个方面。前者决定土壤气、液两相总量，后者决定气、液两相所占比例。

（一）土壤总孔隙度

土壤孔隙的数量一般用孔隙度（简称孔度）表示。即单位土壤容积内孔隙所占的百分数，它表示土壤中各种大小孔隙度的总和。由于孔隙度复杂多样，要直接测定并度量，目前还很困难，一般由土粒密度和容重两个参数计算得出（公式 10－1）。通常采用土粒密度平均值（2.65）来计算土壤孔隙度。

$$\text{土壤孔隙度}=1-\frac{\text{容重}}{\text{土粒密度}}\times 100\% \qquad (10-1)$$

（二）土壤孔隙类型

土壤孔隙度或孔隙比只说明土壤孔隙“量”的问题，并不能说明孔隙“质”的差别。即使是两种土壤的孔隙度和孔隙比相同，如果大小孔隙的数量不同，它们的保水、透水、通气以及其他性质也会有显著差异。为此，把孔隙按其作用分为若干级。

由于土壤孔隙的形状和连通情况极其复杂，孔隙的大小变化多样，难以直接测定。土壤学中所谓的孔隙直径，是指与一定土壤水吸力相当的孔隙，称为当量孔隙或有效孔隙，与孔隙的形状及其均匀性无关。

土壤水吸力与有效孔隙的关系按公式 10－2 计算。

$$d=\frac{300}{T} \qquad (10-2)$$

式中：d——有效孔隙，单位为 mm；

T——土壤水吸力，单位为 Pa。

有效孔隙与土壤水吸力成反比，孔隙越小土壤水吸力越大。每一有效孔隙与一定的土壤水吸力相对应。一般根据土壤孔隙的粗细分为非活性孔隙、毛管孔隙和非毛管孔隙。

1. 非活性孔隙（无效孔隙） 非活性孔隙是土壤中最细微的孔隙，有效孔隙<0.002 mm，土壤水吸力在 1.5×10^5 Pa 以上。这种孔隙几乎总是被土粒表面的吸附水所充满。土粒对这些水有极强的分子引力，使它们不易运动，也不易损失，不能为植物所利用，因此称为无效水。这种孔隙没有毛管作用，也不能通气，在农业利用上是不良的，故称为无效孔隙。

在最细微的无效孔隙（<0.002 mm）中，植物细根的根毛不能伸入，微生物也难以侵入，使得孔隙内部的腐殖质分解非常缓慢，故可以长期保存。

2. 毛管孔隙 毛管孔隙是指土壤中毛管水所占据的孔隙，其有效孔隙为 0.002～0.02 mm。毛管孔隙中土壤水吸力为 1.5×10^4～1.5×10^5 Pa。植物细根、原生动物和真菌等难进入毛管孔隙中，但植物根毛和一些细菌可在其中活动，其中保存的水分可被植物吸收利用。

3. 非毛管孔隙 这种孔隙比较粗大，其有效孔隙>0.02 mm，土壤水吸力<1.5×10^4 Pa。这种孔隙中的水分主要受重力支配而排出，不具有毛管作用，成为空气流动的通道，所以称为非毛管孔隙或通气孔隙。

通气孔隙按其直径大小，可分为粗孔（直径大于 0.2 mm）和中孔（0.02～0.2 mm）两种。前者排水速度快，多种作物的细根能深入其中；后者排水速度不如前者，植物细根不能进入，其中常见一些植物的根毛和某些真菌的菌丝体（林大仪等，2005）。

(三)棕壤孔隙特点与剖面特征

受土壤质地和结构的影响，棕壤的容重较大，总孔隙度较低，而通气孔隙度相对较大。与其他土类相比，棕壤具有较好的通气性和透水性，有利于作物根系的呼吸和土壤有机物的矿化分解。不同尺度的团聚体稳定性存在差异。与大团聚体相比，小团聚体的孔隙更小，其弯曲度更大，并且容积密度更高。较小的团聚体内聚力大于较大的团聚体，从而导致小团聚体的稳定性高于大团聚体的稳定性。从表 10-4 可以看出，棕壤的容重也较大，这主要是因为受土壤矿物的影响（山东省土壤肥料工作站，1994）。

由于土壤颗粒组成和团聚体的类别不同，土壤有机质含量不同，致使土壤容重和孔隙有较大的差异。各类土壤表层一般均含有一定数量的腐殖质，加之团聚体的影响，故表层容重相对较小，孔隙度较大。土壤容重随土层深度的增加而增大，孔隙度却随深度增加而下降。土壤表层容重一般多为 1.20～1.30 g/cm³。孔隙度为 50%左右。从表 10-4 中可以看到，某些土壤类型土壤容重大于 1.40 g/cm³，甚至有的表层土壤容重可达 1.45～1.52 g/cm³，如绥中县棕壤 0～30 cm 土层容重为 1.45～1.47 g/cm³，这可能与土壤质地过沙、腐殖质过少有关（贾文锦，1992）。

表 10-4　棕壤土壤容重和孔隙度

土类	采样深度（cm）	土壤有机质（g/kg）	<0.002 mm 黏粒（g/kg）	土壤容重（g/cm³）	孔隙度（%）
棕壤性土（本溪满族自治县）	0～16	8.0	148.0	1.38	46.89
	16～29	2.6	165.9	1.41	46.28
	19～65	2.3	130.7	1.40	46.35
典型棕壤（砂质）（绥中县）	0～20	6.0	92	1.45	45.7
	20～30	5.1	93	1.47	44.5
	30～63	7.8	215	1.31	13.1
	63～100	2.6	80	1.30	13.0
白浆化棕壤（新宾满族自治县）	0～15	39.8	150.6	1.16	55.70
	15～35	16.5	118.1	1.46	45.80
	35～100	7.2	225.3	1.36	49.10

不同棕壤总孔隙度变化见表 10-5。不同棕壤类型均表现为：耕层总孔隙度>心土层总孔隙度>犁底层总孔隙度的趋势。不同土壤类型土壤总孔隙度的变化范围为 39.13%～53.91%。依剖面各层次孔隙度平均值差值可知，对不同土壤类型的各个土层进行单因素方差分析，结果表明，典型棕壤耕层极显著高于其余两个层次；潮棕壤犁底层和心土层差异达到 5%显著水平，典型棕壤的两个层次差异不显著。不同土层的结果表明：各层次之间总体表现为耕层极显著高于其余两个层次，而心土层和犁底层孔隙度之间差异仅达到 5%显著水平（虞娜等，2014）。

表 10-5　棕壤总孔隙度的变化

土层	典型棕壤（%）	潮棕壤（%）
耕层	53.91±1.26aA	52.20±0.87aA
犁底层	39.13±0.58bB	43.00±0.85cB
心土层	42.83±0.73bB	46.02±0.99bB

注：数据位平均值±标准误，多重比较结果为每个土壤类型不同土层的比较（单因素），不同大小写字母分别表示 1%和 5%差异显著水平。

进一步对不同类型土壤的各级别孔隙进行计算，得到不同土壤类型土层的有效孔隙度及其有效孔隙占总孔隙的百分比。由图 10-1 可知，不同土壤类型其耕层的大孔隙和次大孔隙均显著高于犁底层和心土层（$P<0.01$），随着土层深度的增加，其总孔隙度降低的同时，大孔隙和次大孔隙减少幅度较大，而微孔隙增加。其大孔隙减少幅度达56.2%～67.7%，次大孔隙减少幅度达20.1%～56.8%。且对于典型棕壤、潮棕壤而言，各个有效孔隙度大小变化在耕层表现出与其他两个层次不同的规律，两种土壤的耕层有效孔隙由大至小的顺序均为微孔隙、大孔隙、中孔隙和次大孔隙。而犁底层和心土层有效孔隙中大孔隙减少，微孔隙增加。两种土壤类型均表现为相同的规律，即其微孔隙占据土壤孔隙的比例最大。

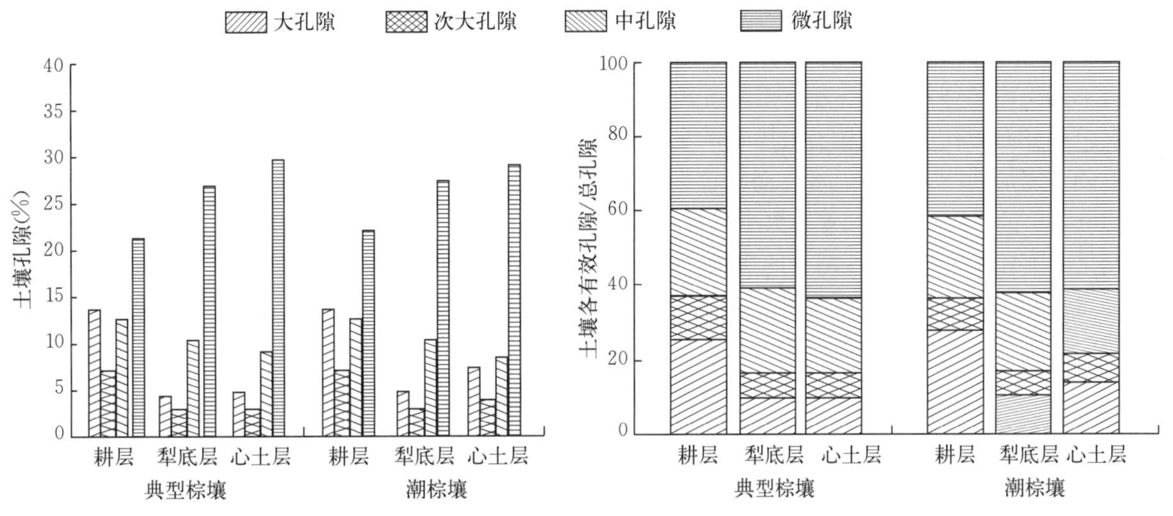

图10-1　棕壤各有效孔隙度的变化及土壤各有效孔隙占总孔隙的百分比

二、土壤孔隙对水分及养分的影响

农田土壤不同孔隙的分布、形状直接影响着土壤水的储排特性和储水库容大小，进而对作物生长及水分利用具有重要意义。土壤孔隙的大小和数量影响着土壤的松紧状况，而土壤松紧状况的变化又反过来影响土壤孔隙的大小和数量，两者密切相关。土壤孔隙状况，密切影响着土壤的保水通气能力。土壤疏松时保水与透水能力强，土壤紧实时蓄水少、渗水慢，在多雨季节易产生地面积水与地表径流；而在干旱季节，土壤疏松时则易通风跑墒，不利于水分保蓄。土壤松紧与孔隙状况由于影响水、气含量，进而影响养分的有效化和保肥供肥性能，还影响土壤的增温与稳温。因此，土壤松紧与孔隙状况对土壤肥力有着重要的影响。

合理的耕作和改良措施能降低水的容量，改善不协调的孔隙状况，达到适当调节水、肥、气、热间矛盾的目的。最主要的措施是增施有机肥和秸秆还田，常年增施有机肥和秸秆还田可以使土壤容重降低、总孔隙度增大、孔隙配比趋向合理。

1. 不同土壤类型土壤库容状况　棕壤耕地库容情况见图10-2，滞洪库容、有效库容和死水库容之和为总库容，反映了土壤涵蓄水源的最大能力，总库容变化大小顺序为心土层>耕层>犁底层，各层次之间差异极显著，这和土壤各层次厚度关系一致，且耕层和犁底层的库容状况对于农业生产的意义更大。同一土层，不同土壤类型对土壤总库容影响不显著；相同土层，不同土壤类型有效

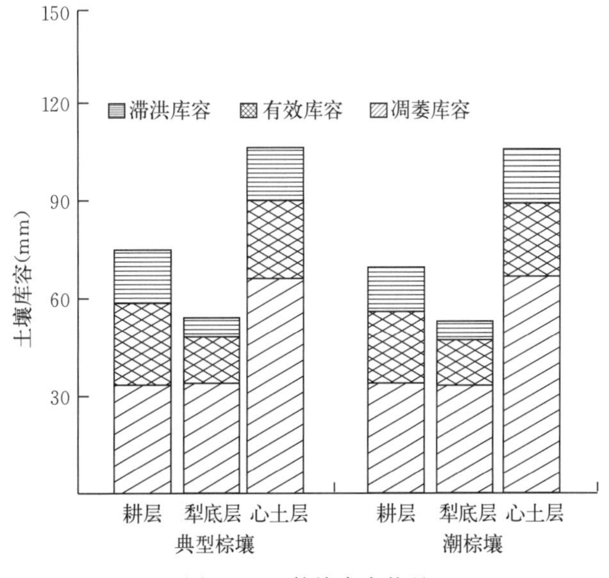

图10-2　棕壤库容状况

库容差异不显著；同一土壤类型，不同土层之间土壤有效库容，犁底层均显著低于耕层和心土层，耕层和心土层差异不显著。与耕层相比，各个土壤类型有效库容降低达35.1%～42.6%。相同土层，不同土壤类型的田间持水库容差异都不显著；相同土壤类型，不同土层田间持水库容均表现为心土层极显著大于其余两个层次，典型棕壤和潮棕壤耕层和犁底层差异不显著。相同土壤类型，不同土层凋萎库容均表现为心土层极显著大于其余两个土层，耕层和犁底层差异不显著；不同土壤类型，凋萎库容差异不显著。相同土壤类型，不同土层滞洪库容表现为犁底层极显著小于其余两个土层，耕层和心土层差异不显著；不同土壤类型，滞洪库容在各个土层差异不显著（虞娜等，2014）。

2. 不同土壤类型孔隙与土壤库容关系研究 为进一步分析土壤各级别有效孔隙对库容增减的贡献，对不同土壤类型各层次土壤各有效孔隙与土壤有效库容进行逐步回归分析，综合考虑土壤类型和耕层次，得到有效孔隙与土壤有效库容的多元线性回归方程，其有效孔隙的逐步回归见表10-6，典型棕壤的犁底层回归方程不显著，潮棕壤回归方程均达到显著或极显著差异（$P<0.01$）。由于有效孔隙的量纲单位一致，其回归系数大小具有可比性，其数值大小反映了在对应有效孔隙下，随有效孔隙度的变化土壤有效库容增加或减少的快慢。由表10-6可知，典型棕壤与潮棕壤均与0.2～30 μm中孔隙呈显著正相关，在该孔隙下，耕层和犁底层对有效库容贡献增加影响大的是潮棕壤。典型棕壤和潮棕壤耕层土壤的有效库容与微孔隙呈正相关，其余层次均表现与中孔隙呈正相关。

表10-6 棕壤有效库容与有效孔隙的逐步回归分析

土壤类型	耕层	犁底层	心土层
典型棕壤	$Y=-2.517+2.079X_4$	—	$Y=-3.022+2.848X_4$
潮棕壤	$Y=-6.952+2.472X_4$	$Y=-26.805+0.531X_3+2.635X_4$	$Y=-15.251+2.190X_2+0.311X_3+2.472X_4$

注：Y为土壤有效库容（mm）；X_1为>100 μm孔隙度（%）；X_2为30～100 μm孔隙度（%）；X_3为<0.2 μm孔隙度（%）；X_4为0.2～30 μm孔隙度（%）。

3. 不同施肥处理对棕壤孔隙度的影响 表10-7表明了不同施肥处理对棕壤孔隙度的影响。在0～5 cm耕层中，各施肥处理均能在一定程度上提高棕壤的孔隙度，其中，化肥+有机肥处理高于对应的化肥处理；在15～20 cm耕层中，化肥+有机肥处理的棕壤孔隙度亦高于对应的单施化肥处理（杨果等，2007）。

表10-7 不同施肥处理对棕壤孔隙度的影响

处理	0～5 cm耕层		15～20 cm耕层	
	化肥（%）	化肥+有机肥（%）	化肥（%）	化肥+有机肥（%）
CK	46.8±2.1a	51.6±1.8ab	44.7±1.3c	46.9±3.9bc
N_{10}	47.2±3.3a	54.1±0.2a	47.6±0.7b	54.6±5.0a
$N_{10}P_{10}$	48.7±2.9a	53.0±1.7a	47.5±2.0b	48.2±1.3abc
$N_{10}K_{10}$	50.9±2.6a	52.5±1.2a	47.9±1.5b	47.3±2.3bc
$P_{10}K_{10}$	48.0±0.5a	51.7±0.4ab	49.2±0.9b	47.5±1.3bc
$N_{7.5}P_{10}K_{10}$	48.9±3.6a	52.2±1.2a	51.7±1.0a	50.3±4.1ab
$N_{10}P_{10}K_{10}$	50.7±1.4a	52.0±2.0a	47.1±1.5bc	47.0±1.0bc
$N_{12.5}P_{10}K_{10}$	51.1±3.8a	51.8±1.4ab	47.7±0.4b	49.9±1.5ab

注：表中数字后的相同字母表示结果差异不显著，不同字母表示结果差异显著。

第四节 棕壤水分

土壤水分是土壤的重要组成部分，水分直接参与了土体内各种物质的转化淋溶过程，如矿物的风化、母质的形成运移、有机质的转化分解等，从而影响到了土壤肥力的产生、变化和发展，对土壤形成有极其重要的作用。同时，土壤水分也是作物吸水的最主要来源，是自然界水循环的一个重要环节，处于不断变化和运动中，直接影响作物的生长以及土壤中许多物理、化学和生物学过程的进行（林大仪等，2005）。

一、土壤水文特点

土壤水是农作物吸收水分的来源，也是自然水循环的一个重要环节。土壤水不是纯水，而是一种溶有无机物质、有机物质和胶状颗粒悬浮物等多种物质的极稀薄的溶液。农作物在吸水的过程中，也摄取了各种矿物质养分。

（一）棕壤的持水性能

棕壤质地较粗，多含粗沙、细沙，还有一定量的砾石，其孔隙状况是总孔隙度较低（42.0%～48.0%），通气孔隙度较高，表层通气孔隙度一般大于12%，其余孔隙为毛管孔隙，非活性孔隙很少。棕壤的质地和孔隙特点决定了其水分物理状况。棕壤的田间持水量在25%～35%，吸湿含水量和凋萎含水量都低于其他类型土壤，故有效水含量高、无效水含量低，有效水中速效水占绝大比例，供水性强，但保水性差。由于一般棕壤心土层有黏淀层，黏粒含量高于表层，所以，心土层各种水分常数大于表层，但有效水含量低于表层。这种土体构型较均质构型有利于水分的保持。

从表10-8中可以看出，棕壤的水分渗透量随时间的延长降低幅度较小，第6h水分渗透量仍为58.3mm（山东省土壤肥料工作站，1994）。

表10-8 棕壤的水分渗透量（mm）

土壤类型	采样地点	表层含水量（%）	第1h		第2h		第3h		第4h		累计渗透量（mm，10℃）
			K_i	K_{10}	K_i	K_{10}	K_i	K_{10}	K_i	K_{10}	
典型棕壤	招远市	6.25	245.4	231.5	178.8	168.7	93.2	87.9	80.8	76.2	691.1
白浆化棕壤	临沭县	3.50	62.9	50.6	22.8	17.4	21.1	15.0	14.8	11.4	115.1

注：K_i是指室温条件下土壤水分渗透量，K_{10}是指10℃时的土壤水分渗透量。

（二）棕壤的水分季节动态变化

5—6月是一年中蒸发量大于降水量最显著的时期，土壤水分支出大于收入，是一年中含水量最低时期。虽然7—8月蒸发量比5—6月没有减少多少，但降水量明显增加，土壤水分略有盈余，含水量在16%～20%。此后至翌年4月中旬，土壤含水量一般相对稳定。一年中大部分时期，棕壤表土层（约10cm厚）含水量低于下部土层，含水量变化幅度也大，在12%～20%。

1. 辽宁棕壤的水分动态变化 1994年春，在辽宁棕壤上的高肥试验田和低肥试验田中定位观测了土壤水分动态变化。1994年为平水年，4月9日至6月10日高肥试验田和低肥试验田0～100cm土层容积含水量在18%～26%范围内变动。低肥试验田棕壤表层（0～20cm）在整个观测期中有3个时期（4月24日至5月5日，5月10—20日，6月6—10日）含水量较低，为18%～20%；而高肥试验田棕壤表层（0～20cm）只有1个时期（4月16—24日）含水量较低，为18%～20%。从棕壤的持水力来看，当土壤含水量达18%～20%时，土壤持水力已达6×10^5～15×10^5 Pa。也就是说，此阶段土壤水分处于缓效水范围，供水能力降低。为不影响作物高产丰收，此时应对土壤补充水分。所观测的辽宁高肥棕壤区和低肥棕壤区土壤水分含量大部分时期属于速效水范围。因此，在平水年，辽宁地区棕壤水分状况基本上可以满足作物生长，只有个别时期需给予补充，尤其是低肥区土壤更需补水（依艳丽，1995）。

2. 长期覆膜对棕壤水分含量和储量动态变化的影响 棕壤长期定位实验结果表明，长期覆膜对土壤剖面内0～60cm的土壤水分动态变化有较大影响。从播种前期（4月20日）至大喇叭口期（6月30日），以及长粒期（8月15日）至作物收获后的结冰期（11月10日），在0～20cm和20～40cm

这两个层次覆膜处理的土壤含水量均高于裸地，而在40～60 cm这个层次整个生长季覆膜处理的土壤含水量均接近甚至低于裸地，同时长期地膜覆盖保护了60～100 cm的土壤水分。从整个生长季来看，0～40 cm和40～100 cm这两个层次土壤水储量均是覆膜高于裸地。因此，覆膜是干旱地区一种重要的保水措施（刘顺国等，2006）。

（三）土壤有效孔隙和水容量

1. 土壤有效孔隙 土壤有效孔隙是根据茹林公式求得的，是指一定土壤水吸力（S）范围内的土壤相应孔隙中所保持的水量，可以在一定程度上反映土壤持水特性、土壤水分有效性及其移动性。

表10-9为计算的部分供试土壤的有效孔隙。从表10-9可以看到，辽宁棕壤0～100 cm土层0.000 2～0.000 4 mm孔径下的有效孔隙为19.2%～20.4%，0～80 cm土层>0.1 mm孔径下的有效孔隙为5.5%～8.4%，80～100 cm土层>0.1 mm孔径下的有效孔隙显著下降（依艳丽等，1995）。

表10-9 不同土壤水吸力相应孔径下的土壤有效孔隙（%）

土壤	土层(cm)	<0.03×10⁵ Pa	0.03×10⁵～0.08×10⁵ Pa	0.08×10⁵～0.3×10⁵ Pa	0.3×10⁵～0.5×10⁵ Pa	0.5×10⁵～3.0×10⁵ Pa	3.0×10⁵～6.0×10⁵ Pa	6.0×10⁵～8.0×10⁵ Pa	8.0×10⁵～15×10⁵ Pa	>15×10⁵ Pa	有效孔隙/无效孔隙
		>0.1 mm	0.04～0.1 mm	0.01～0.04 mm	0.006～0.01 mm	0.001～0.006 mm	0.000 5～0.001 mm	0.000 2～0.000 5 mm	0.000 2～0.000 4 mm	<0.000 2 mm	
棕壤（辽宁）	0～20	8.4	1.3	11.0	0.3	5.4	0.8	2.8	20.2	15.2	1.33
	20～40	6.4	2.0	12.3	0.6	—	0.9	3.5	20.4	18.8	1.08
	40～60	5.5	3.1	12.8	1.7	—	—	1.8	19.9	17.9	1.11
	60～80	8.0	2.2	11.2	—	—	1.7	2.4	19.7	16.8	1.18
	80～100	3.5	1.4	11.3	—	0.7	1.8	2.1	19.2	18.0	1.07

2. 土壤水容量 土壤水容量是指土壤水分特征曲线斜率，即$c=d\theta/dS$（式中c表示水容量，θ表示土壤容积含水量，S表示土壤水吸力，单位为mL/g）。c值的大小在一定程度上可以反映土壤的释水性和供水能力。就植物生长而言，c值大时，植物吸水容易，土壤水分有效性高。

表10-10为供试土壤水容量的变化值，土壤持水力在低吸力段（0.1×10^5～0.3×10^5 Pa）时，山东棕壤水容量远大于辽宁，0～100 cm土层山东棕壤c值为辽宁棕壤c值的3～4倍，其中山东棕壤低吸力段供水能力最大。从表10-10还可看出，随土壤持水力增大到0.3×10^5～0.5×10^5 Pa，土壤c值降低一个数量级，1.0×10^5～15.0×10^5 Pa时c值从10^{-2}下降到10^{-3}。这说明，当土壤水分处于高吸力段范围时土壤水分有效性显著降低，此时作物吸水需消耗较大能量。

表10-10 不同土壤持水力吸力段下的土壤水容量变化值

土壤	土层(cm)	0.1×10⁵～0.3×10⁵ Pa	0.3×10⁵～0.5×10⁵ Pa	0.5×10⁵～1.0×10⁵ Pa	1.0×10⁵～3.0×10⁵ Pa	3.0×10⁵～6.0×10⁵ Pa	6.0×10⁵～15.0×10⁵ Pa
棕壤（辽宁）	0～20	1.08×10^{-1}	8.15×10^{-2}	2.44×10^{-2}	1.37×10^{-2}	5.73×10^{-3}	2.13×10^{-3}
	20～40	0.92×10^{-1}	5.75×10^{-2}	1.50×10^{-2}	1.20×10^{-2}	4.57×10^{-3}	3.17×10^{-3}
	40～60	0.82×10^{-1}	4.75×10^{-2}	1.56×10^{-2}	1.47×10^{-2}	5.03×10^{-3}	2.89×10^{-3}
	60～80	0.89×10^{-1}	4.65×10^{-2}	1.84×10^{-2}	1.59×10^{-2}	3.10×10^{-3}	3.18×10^{-3}
	80～100	0.72×10^{-1}	5.60×10^{-2}	1.88×10^{-2}	1.31×10^{-2}	4.27×10^{-3}	2.94×10^{-3}
棕壤（山东）	0～20	4.00×10^{-1}	2.03×10^{-1}	5.18×10^{-2}	5.23×10^{-3}	3.77×10^{-3}	2.60×10^{-3}
	20～40	4.42×10^{-1}	1.24×10^{-1}	7.16×10^{-2}	6.55×10^{-3}	2.93×10^{-3}	2.48×10^{-3}
	40～60	4.52×10^{-1}	1.41×10^{-1}	7.32×10^{-2}	3.49×10^{-3}	1.08×10^{-3}	1.36×10^{-3}
	60～80	4.53×10^{-1}	2.47×10^{-1}	1.00×10^{-2}	2.13×10^{-3}	1.27×10^{-3}	1.50×10^{-3}
	80～100	4.70×10^{-1}	2.40×10^{-1}	8.60×10^{-2}	3.14×10^{-3}	1.19×10^{-3}	1.01×10^{-3}

(四) 白浆化棕壤的水分物理状况

白浆化棕壤剖面在粗砂质白浆层之下有一个黏重、紧实、极难透水的黏土层，其透水率仅 3.5～4.5 mm/h，出现深度一般在 50 cm 以下，这种剖面构型使其具有特殊的水文状况。第一，表土层、白浆层、黏淀层田间持水量不同，通常表土层较高，其次是黏淀层，白浆层最低。第二，由于黏淀层的阻隔作用，垂直方向水分运行相当缓慢，尽管雨季部分降水可以沿不透水层的裂隙下渗，但渗透速度慢，渗透量也很少，降水较多时，黏淀层以上便出现临时滞水，土壤水分以土面蒸发为主，旱季黏淀层内的水分又极难移动和释放，所以 50 cm 以下的黏淀层湿度通常稳定在 30%左右，约相当于该土层的田间持水量，白浆化棕壤的容水和耗水土层仅限于黏淀层之上。第三，表土层和白浆层吸湿水量和凋萎水含量低，有效水含量较高，但由于容水土层薄，蓄水量少，旱季土壤蒸发和作物蒸腾使土壤水分很快消失，易发生干旱灾害。第四，白浆化棕壤分布区降水量较高时期多为降水集中的雨季（7 月、8 月、9 月），降水量大于蒸发量，土壤易发生滞水渍涝，其他时节土壤水分一般处于亏空状态。

白浆化棕壤的水分状况对农业生产有诸多不利影响，其容水土层浅薄，黏淀层不透水，对作物供水能力弱，少雨季既有明显的旱灾，雨季又易发生渍涝，是一种既不耐旱又不耐涝的土壤。

二、土壤水分的影响因素

土壤水分是土壤的三相组分之一，不仅是作物水分的来源，而且直接或间接地参与土壤中许多物理、化学过程。土壤水分影响土壤三相比，继而也影响土壤的热量状况等。土壤水分作为一个肥力因素，与农林牧业密切相关，了解和改善土壤水分状况，对提高土壤肥力、增加作物产量有重要意义。

(一) 降水和降水蒸发差对土壤水分的影响

降水是土壤水的主要来源，沿海降水量多于内陆降水量，南部降水量多于北部降水量。棕壤区各地年均降水量为 500～1 200 mm，由东南向西北递减。降水的另一个特点是季节分布很不均衡，60%～70%的降水量集中在 6—8 月。降水蒸发差反映了土壤水分的盈亏情况，大部分地区降水蒸发差为负值。同降水一样，降水蒸发差年内也有明显的季节性变化，5 月以及 9—10 月降水蒸发差在 20～30 mm。受降水和蒸发的影响，土壤水分含量存在明显的季节性变化。棕壤水分的周年变化大致可划分为 4 个自然阶段。

1. 春季失墒期 土壤含水量下降，各地出现不同程度的春旱和初夏旱，4—5 月是失墒速率最大时期。此期为作物种植期，需水量为 180～200 mm，而此期的降水蒸发差在－100～－50 mm 变动。各地自然降水仅能供给作物需水量的 15%～30%，水分供需矛盾很大。

2. 夏、初秋增墒期 此期逢雨季，土壤含水量急剧增加。土壤原含水量越少的地方增墒效应越明显。7—8 月正值玉米拔节吐丝期，一般需水量为 200～250 mm，各地降水均能满足其需求，并有余水。棉花现蕾开花期为 6—9 月，需水多，部分地区由于降水量分配不匀，水分供需存在一定矛盾。

3. 秋、初冬缓慢失墒期 此期降水量减少，土壤含水量尚高，但由于蒸发量都大于降水量，降水蒸发差为－30～－20 mm，故土壤含水量缓缓下降。此时作物虽处于生长后期，但在少雨年份，像鲁北、鲁西平原等严重缺水区，易出现秋旱，并直接影响冬小麦播种和幼苗生长。

4. 冬季相对稳定期 此期降水量、蒸发量均小，作物需水也极少，土壤水分趋于稳定。

(二) 地貌对土壤水分的影响

地貌不仅影响降水量，还影响降水的再分配，同时还决定地下水能否补给土壤。在一定高度的地形之上，随着高程的增加降水量增多，蒸发量减少，平均气温降低，空气相对湿度提高，在同一地理位置的不同地貌气候差异特别明显（表 10－11）。由地貌引起的气候差异对土壤水分有重要影响，在海拔较高、植被较好的中低山，土壤水分含量高且变化幅度小。另外，较高的山丘还有屏障作用，对风向、风速和寒暖气流都有影响。

表 10-11 泰山顶和泰安市气候比较

采样地点	年均气温（℃）	气温年较差（℃）	年均最高气温（℃）	年均最低气温（℃）	日照时数（h）	年均降水量（mm）	相对湿度（%）	风速（m/s）
泰山顶部（海拔 1 545 m）	3.3	26.4	8.6	2.3	2 893.1	1 132.0	74.8	6.54
泰安市（海拔 130 m）	12.9	29.0	19.3	7.5	2 633.7	722.6	68.1	3.30

地貌影响降水的再分配，在降水集中季节，山地丘陵区地表常形成强大的径流，从地势高处直泻而下，不仅冲蚀了肥沃的表土，还会使降水损失。相比之下，鲁东地区植被保存较好，水土流失较轻。而鲁中南地区，特别是沂蒙山区植被覆盖度低，是山东省侵蚀最严重的地区。因而尽管这里的降水量较大，但由于降水过于集中和水土流失严重，春旱秋旱仍时有发生。相反，分布于山间平原、山前平原和黄河冲积平原上的土壤，一方面可接纳大部分降水，另一方面还可得到地下水的补给，因而一般年份，土壤水分状况均优于其他土壤。

（三）植被对土壤水分的影响

植被对土壤水分的影响主要表现在两个方面：一是截留降水和地表径流，增加土壤渗透。地面有林被覆盖，降水被林冠截流，林冠阻滞的降水，一部分直接蒸发回到大气中，一部分透过林冠下落至地表，林下的草本植物和枯枝落叶层可防止和削弱降水对地表的溅蚀，减少地表径流，降水被地表植被截留并渗入土壤中。据试验测量，林冠截留的降水占降水总量的 15%～40%，平均每平方千米的森林可储存 5 万～20 万 t 水。降水被截留量和渗入土壤的水量与地表植被覆盖程度有关，林被截留水量和渗入土壤的水量大于灌草植被，植被覆盖度越高，被截留水量和渗入土壤的水量越大。二是减少地面蒸发，通过植被的蒸腾调节土壤水分。植被减少了地表蒸发，虽然植被的蒸腾量远远大于地表蒸发量，但由于土壤入渗水丰富，较深处土壤含水量有较多盈余。在森林覆盖情况下，森林上空湿度大、温度低，水蒸气容易饱和并凝结成云，促成了地域性降水。所以，在森林覆盖较好的情况下，土壤有较高的含水量。

（四）土壤属性对土壤水分的影响

土壤属性包括土层厚度、机械组成、土壤结构、孔隙状况、有机质和黏土矿物类型等，都是对土壤水分状况有重要影响的因素。一般的规律：土层越厚土壤蓄水容积越大，在同样供水条件下，储蓄水量越多，土质越黏重，凋萎水和吸湿水含量越高，有效水含量越少，保水能力越强，供水能力越弱；土壤结构影响土壤的孔隙状况，进而影响各种形态水分的分配；土壤毛管孔隙度高，田间持水量就大，通气孔隙度高，水分渗透速率大；土壤有机质通过改善土壤结构而影响土壤水分，同时，有机质分子可以直接与水分子结合，增强土壤的持水性；黏土矿物类型不同，与水结合的能力差异很大，蒙脱石与水结合力最强，吸水量也大，其次是伊利石，而高岭石与水结合能力较弱，吸水量也小。

土壤孔隙和质地状况是决定水分状况的主要因素，与持水和导水密切相关。棕壤致密的犁底层可能对水分运移产生阻滞作用。棕壤以耕层饱和处理后水分含量最高，但随吸力增加脱水迅速，而耕层以下各层，饱和处理后的含水量较耕层低且释水速度慢。其中，在 0～0.1 MPa 阶段以犁底层尤甚，30～40 cm 与 40～60 cm 层持水曲线形状类似，但以后者持水能力稍强。棕壤剖面耕层的有效孔径大于 3×10^{-3}cm 的孔隙多于其他层次，相反犁底层这一范围的孔隙最少，而有效孔径 1×10^{-3} cm 的孔隙分布却相对集中，30～40 cm 和 40～60 cm 两层次的水分分布曲线形状相似（陈维新等，1987）。

三、土壤水分有效性与作物生长

1. 土壤水分有效性与作物生长 土壤水分的有效性是指土壤水能否被植物吸收利用及其难易程度。不能被植物吸收利用的水称为无效水；能被植物吸收利用的水称为有效水。其中，因其吸收难易程度不同又可分为速效水（或称易效水）和迟效水（或称难效水）。

通常把土壤萎蔫系数看作土壤有效水的下限，低于萎蔫系数的水分，作物无法吸收利用，属于无效水。这时的土水势（或称土壤水吸力）约相当于根的吸水力（平均为−1.5 MPa）或根水势（平均为−1.5 MPa）。一般视田间持水量为土壤有效水的上限，所以田间持水量与萎蔫系数的差值即土壤有效水最大含量。

土壤有效水最大含量因土壤和作物不同而异，土壤质地与土壤水分有效性的关系见表 10－12。

表 10－12 土壤质地与土壤水分有效性的关系

项目	沙土	砂质壤土	轻壤土	中壤土	重壤土	黏土
田间持水量（%）	12	18	22	24	26	30
萎蔫系数（%）	3	5	6	9	11	15
有效水最大含水量（%）	9	13	16	15	15	15

土壤质地由沙变黏，田间持水量和萎蔫系数也随之增高，但增高的比例不同。虽然黏土的田间持水量高，但其萎蔫系数也高。所以，其有效水最大含量并不一定比壤土高，在相同条件下，壤土的抗旱能力反而比黏土强。

一般情况下，土壤含水量往往低于田间持水量。所以，土壤有效水含量难以达到土壤有效水最大含量，土壤有效水含量为当时土壤含水量与萎蔫系数之差。

土壤含水量处于田间持水量至毛管水刚开始出现断裂时，由于含水量高，土壤水势高，土壤水吸力低，水分运动迅速，这一部分容易被植物吸收利用的水称为速效水（或称易效水）。当毛管水出现断裂时，粗毛管中的水分已不连续，土壤水吸力逐渐增大，土水势进一步降低，毛管水移动变慢，呈“根就水”状态，根吸水难度增加，这一部分难以被利用的水称为迟效水（或称难效水）。可见，土壤水是否有效及其有效程度的高低，在很大程度上取决于土壤水吸力和根吸力之比。一般土壤水吸力＞根吸力则为无效水，反之为有效水。但是，从土壤植物大气连续体（SPAC）中可以知道，土壤水有效性不仅取决于土壤含水量或土壤水吸力与根吸力的大小，还取决于由气象因素决定的大气蒸发力以及植物根系的分布密度、深度和根伸展速度等。例如，在同一含水量或土壤水势条件下，大气蒸发力弱，根系分布密而深，根伸展速度也快时，植物可能得到一定水分而不发生永久萎蔫；反之，大气蒸发力强，根系分布浅而稀，根伸展速度慢时，植物虽然仍能吸收到一部分水，但因入不敷出，最终会发生萎蔫。通过加深耕层、培肥土壤、促进根系发育，能从根本上提高土壤水有效性、增强抗旱能力（熊顺贵，2001）。

2. 棕壤水分有效性 表 10－13 为辽宁棕壤和山东棕壤在不同吸力段的水分状况。在探讨土壤不同吸力段水分有效性时，刘孝义（1985）研究了有效水中的速效水、缓效水和迟效水数量，以便科学调控土壤水分状况，以利于作物生长。分析供试的两种土样不同吸力段释水量占饱和含水量的百分比时（表 10－14），发现辽宁棕壤（0～40 cm 和 40～100 cm 土层）的重力水均大于 50%，山东棕壤的重力水也在 50%左右（45.6%～55.9%）。但山东棕壤的速效水占饱和含水量的百分比（21.3%～28.2%）远高于辽宁棕壤（7.5%～9.1%），辽宁棕壤迟效水占饱和含水量的百分比比山东棕壤约高 1 倍以上（依艳丽等，1995）。

表 10-13 棕壤在不同吸力（×10⁵ Pa）段的含水量（%）

土壤	土层（cm）	0～0.1	0.1～1.0	1.0～6.0	6.0～15	15～31	31～2 031	>2 031
棕壤（辽宁）	0～20	19.4	4.8	3.0	2.8	7.8	5.3	2.1
	20～40	18.3	5.2	3.2	2.2	9.1	7.0	2.7
棕壤（山东）	0～20	28.4	18.5	2.8	1.5	7.4	2.8	2.5
	20～40	39.4	21.3	2.7	3.1	7.9	3.1	2.9

表 10-14 棕壤不同吸力（×10⁵ Pa）段的释水量占饱和含水量的百分比（%）

土壤	土层（cm）	0～0.1（重力水）	0.1～1.0（速效水）	1.0～6.0（缓效水）	6.0～15（迟效水）	>15（无效水）
棕壤（辽宁）	0～40	55.5	7.5	13.1	10.3	13.7
	40～100	52.7	9.1	10.7	7.0	20.6
棕壤（山东）	0～40	55.9	28.2	2.0	3.2	10.8
	40～100	45.6	21.3	15.3	4.3	13.6

由此来看，棕壤的持水力以及有效水分（毛管水、速效水、迟效水）的数量有明显的差别，山东棕壤的释水能力优于辽宁棕壤。

第五节 棕壤温度

由于照射到地表的太阳辐射有明显的日变化和季节变化，所以土壤热状况也有明显的日变化和年变化。这些变化除受太阳辐射的影响外，还受一些其他因素的影响，如阴云、寒潮、暖流、暴雨（雪）、干旱期等气象因素，以及土壤本身性质（如土壤干湿交替引起的反射率、热容量和导热率的变化及这些性质随土层深度的变化）、地理位置和植被覆盖等因素。

一、土壤温度变化特点

土壤热量主要来自太阳辐射能，辐射强度随昼夜和季节而变化，土壤温度也相应发生变化。

（一）影响土壤温度的因素

1. 环境因素对土壤热状况的影响

（1）纬度。高纬度地区太阳照射倾斜度大，地面接收的太阳辐射能少。因此，土壤温度一般低于低纬度地区。随着海拔的升高气温在下降，所以土温亦随之降低，山区土温低于平地土温。

（2）坡向。坡向对土壤热状况的影响与阳光照射时间有关。在北半球，南坡照射时间长，受热多，土温高于北坡。

（3）地面覆盖。当地面有覆盖物时，可以阻止太阳直接照射，同时也可减少地面因蒸发而损失热能，土温变化较小。故霜冻前，地面加覆盖物可保土温不骤降，冬季积雪也有利于保温。秸秆覆盖在冬季有利于保温，在夏季有利于降温，覆膜则是早春增温、保墒的重要措施。

2. 土壤特性对土壤热状况的影响

（1）土壤颜色。深色土壤吸热多，散热也快。早春在菜田、苗床覆盖草木灰、炉渣等深色物质可提高土温。

（2）土壤质地。沙性土，土壤含水量少，热容量小，导热率低，早春表土增温快，群众称之为

“热性土”，可提早播种；黏性土，土壤含水量多，热容量大，导热率高，早春表土增温慢，降温也慢，群众称之为“冷性土”，播种必须推迟。

（3）土壤松紧与孔隙状况。疏松多孔的土壤，导热率低，表层土温上升快；表土紧实、孔隙少的土壤，导热率高，土温上升慢（林大仪等，2005）。

（二）土壤温度的日变化规律

土壤温度的日变化是指由于地球自转产生的昼夜变化，使到达地球表面的太阳辐射能产生日变化，白昼地表吸收热量而升温，夜间地表损失热量而降温，从而引起土壤温度呈现的日变化规律。土壤温度的日变化具有以下规律：①土壤温度呈正弦函数形式变化；②土壤温度日变化以表层土壤最明显，随深度增加，土温日变化逐渐减弱，至某一深度存在一恒温层；③随深度增加，不同土层中日最高温出现的时间存在后移现象；④土壤中日最高温通常出现在中午，而日最低温通常出现在凌晨。

（三）土壤温度的年变化规律

土壤温度的年变化是指由于地球公转产生的四季变化，使到达地球表面的太阳辐射能产生季节性变化，从而引起土壤温度呈现的一年四季变化规律。土壤温度的年变化具有以下规律：①土壤温度年变化呈正弦函数形式变化；②随深度增加，不同土层中月均最高温出现的时间存在后移现象，土壤中月均最高温通常出现在夏季，而月均最低温通常出现在冬季；③随深度增加，土壤温度年变化趋向不明显（王果，2009）。

《中国土壤系统分类（首次方案）》把土壤 50 cm 深处年均温度状况作为划分土壤温度状况的诊断特性。沈阳地区的测定结果表明（图 10－3），1992—1994 年棕壤 50 cm 深度处的温度变化规律基本一致。1 月底和 2 月上旬，土壤温度最低，为 −2 ℃左右。这种 0 ℃以下温度可以持续到 3 月下旬或 4 月上中旬。4 月初以后 50 cm 处土温不断回升，到 7 月下旬达最高值（21～25 ℃）。8 月初以后土温又不断下降，到翌年元月初降至 0 ℃以下。3 年的年均温分别为 8.6 ℃、8.8 ℃、10.1 ℃，根据《中国土壤系统分类（修订方案）》中的划分标准，属温性土壤温度状况（年均土温为 8～15 ℃）（汪景宽等，1997）。

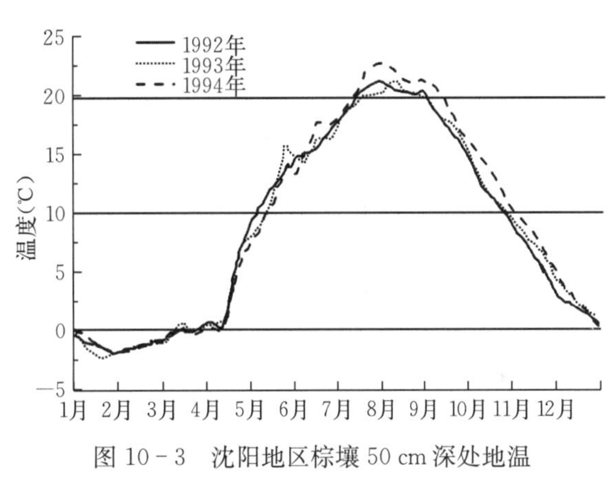

图 10－3　沈阳地区棕壤 50 cm 深处地温

二、农业调温措施

根据农业生产的需要，通常采用以下农业技术措施调节土壤温度。

1. 合理选择作物　根据土性合理选择种植作物，冷性土宜种大豆、甜菜、马铃薯、葱、蒜等作物，热性土宜种棉花、玉米、谷子、高粱、小麦等作物。冷性土春播宜晚、秋播宜早，热性土春播宜早、秋播宜迟。

2. 翻耕松土　涝洼地墒足，但土温低，冬春季节可晒垡或播种前串地以散墒提高地温，也可通过排水或进行早秋耕、早春耕以提高地温。早春耧麦可使土壤疏松，增加大孔隙含量，能提高 2 ℃左右土温；苗期中耕可减少导热率和热容量，使土表升温，有利于发苗发根；越冬作物冬前培土，可以起到防风防冻保温作用。

3. 灌溉排水　夏季灌水可以降低土温，排水可以提高土温；早春育秧时灌水可以保温防寒；旱地冬前浇防冻水可起到保苗、杀虫防旱的效果。在水稻整个生育阶段，都可用水层厚度来调节土温。

4. 施用有机肥料　施用深色的马粪、羊粪、烟灰、草木灰等热性有机肥料有助于提高土壤吸热率和土温。

5. 其他措施　广泛采用多种措施调控土温，如塑料地膜、温室、阳畦、遮阳、风障、镇压等，通过这些措施充分利用日光能，提高土温，以利于提早播种，从而增加作物产量，提高经济效益。

6. 喷洒土面保墒增温剂（土面增温剂） 目前土面保墒增温剂（土面增温剂）包括有机合成酸渣剂、天然酸喷制剂、棉籽油脚制剂、沥青制剂等品种，有调节土壤水分、提高土温和重新分配热量的作用。在苗圃育苗中施用，能达到出苗早、苗壮、苗齐的效果（熊顺贵，2001）。

第六节 棕壤力学性质及耕性

土壤耕作是土壤管理的主要技术措施之一，耕作的目的就是通过调节和改良土壤的力学性质，以利于植物根系的生长。

一、土壤力学性质

土壤力学性质是指外力作用于土壤后所产生的一系列动力学特性的总称，包括黏结性、黏着性、可塑性、胀缩性以及其他受外力作用（农机具的切割、穿透压板等作用）而发生形变的性质。

（一）黏结性

土壤黏结性是指土粒与土粒之间由于分子引力而相互黏结在一起的性质。土壤黏结性的强弱，可用单位面积上的黏结力表示，单位为 g/cm^2。土壤黏结力包括不同来源和土粒本身的内在力，如范德华力、库仑力、水膜的表面张力等物理引力，还有氢键作用力、化学键能以及各种化学胶结剂作用等，都属于黏结力的范围，但对于大多数矿质土壤来说，起黏结作用的力主要是范德华力（林大仪等，2005）。影响黏结性的因素，主要是土壤比表面积的大小和土壤含水量。

1. 土壤比表面积的大小 黏结性的强弱首先取决于土壤比表面积的大小。比表面积越大，则土壤的黏结力越强，反之则弱。影响土壤比表面积的因素有土壤质地、黏土矿物的数量和种类、有机质含量、代换性阳离子组成以及土粒团聚化程度等。土壤质地越黏重，黏粒含量越高，尤其是 2∶1 型黏土矿物的含量越多，代换性钠离子占比越大，黏结性越强、土粒团聚化程度越高，降低了土粒彼此的接触面，所以有团粒结构的土壤黏结性较弱。腐殖质含量高的土壤，其黏结性较弱。

2. 土壤含水量 当土壤干燥时，土粒间的水膜变薄，土粒相互靠近，黏结力增强。黏重的土壤含水量减少时，随干燥进程其黏结性逐渐增强。在沙性土壤中，因黏粒含量少，比表面积也小，黏结力很弱。完全干燥的沙土无黏结性。

土壤由干变湿，处于充水过程。完全干燥和分散的土粒，彼此间在常压下不表现黏结力，加入少量水后开始显出黏结性，这是由于水膜有黏结作用。当水分连续在土粒接触点处出现触点水弯月面时，黏结力达最大值，此后随含水量增加，水膜不断加厚，土粒间的距离不断增大，黏结力则越来越弱。一种黏土由分散的干燥状态逐渐加水，开始时黏结力迅速上升，当含水量到 15%左右时黏结力达到最大值，而后逐渐下降。

土壤由湿变干，加水把土壤调匀，使土粒间的水膜均匀分布，加水后土粒间的水膜增厚到一定程度，黏结力减弱以至消失。而后，随土壤逐渐干燥，土粒间水膜不断变薄，黏结力随之增强。当干燥到一定程度，空气进入其中，土粒开始收缩并相互靠近，在范德华力的作用下相互黏结。黏重的土壤在一定含水量范围内随着干燥进程，黏结力急剧增强。但在砂质土壤中，由于黏粒含量少，比表面积小，黏结力很弱。

（二）黏着性

土壤黏着性是指在一定含水量条件下，土粒黏附于外物（农机具）的性能。土粒与外物的吸引力是由于土粒表面的水膜和外物接触而产生的。黏着力的单位为 g/cm^2。黏着性的机制与黏结性一样，凡影响比表面积大小的因素也同样影响黏着性的大小，如质地、有机质含量、结构、代换性阳离子数量和类型、水分含量以及外物的性质等（表 10 - 15）。

表 10－15 土壤质地与黏着性的关系

土壤质地	与铁的黏着力（g/cm^2）	与木的黏着力（g/cm^2）
黏土	13.5	14.6
壤黏土	5.3	5.7
沙土	1.9	2.2

当土壤质地等条件相近时，水分含量是表现黏着性强弱的主要因素。原因是，当水分含量很少时，水分子全被土粒所吸附，主要表现为土粒间的水膜拉力（即黏结力），无多余的力去黏着外物，所以干土没有黏着性。当水分增加，水膜增厚至水膜黏附外物时黏着性才开始出现，使土壤出现黏着性的含水量称为黏着点。水分再继续增加，水膜加厚，黏着性反而减弱，水分进一步增多，黏着力消失，失去黏着性时的土壤含水量称为脱黏点。

（三）可塑性

土壤可塑性是指土壤在一定含水量范围内可被外力塑造成任何形状，当外力消失或土壤干燥后，仍能保持其形状不变的性能。如黏土在一定水分条件下，可以搓成条、球、环状，干燥后仍能保持条状、球状和环状。土壤之所以具有可塑性，是因为土壤中黏粒本身多呈薄片状，接触面大，在一定水分含量下，在黏粒外面形成一层水膜，外加作用力后，黏粒沿外力方向滑动。改变原来杂乱无章的排列，形成相互平行的有序排列，并由水膜的拉力固定在新的位置上而保持其形变。干燥后，由于黏粒本身具有的黏结力，使其仍能保持新的形状不变。

土壤可塑性只有在一定含水量范围内才存在。过干的土壤水膜太薄，在外力作用下容易断裂，不能塑造成一定形状，所以干燥土壤不表现可塑性。过湿的土粒悬浮于水中变成流体，也不能塑造成一定形状。土壤开始表现可塑性的最低含水量称为可塑性下限（或下塑限）；土壤失去可塑性，即开始表现流体时的含水量称为可塑性上限（或上塑限）。上下塑限之间的含水量范围称为可塑性范围，差值称为塑性值（或可塑指数）。在可塑性范围内，塑性值大的土壤可塑性范围大，可塑性也强。

土壤可塑性除与水分含量有密切关系外，还与土壤黏粒数量和类型有关。可塑性是黏质土的特性。因此，土壤质地越黏重，黏粒数量越多，则可塑性越强。在黏土矿物中，蒙脱石类分散度高、吸水性强、塑性大，高岭石土颗粒大、分散度低、吸水性弱、塑性小。

土壤有机质可以提高土壤上下塑限，但几乎不改变其塑性值。这是有机质本身缺乏塑性但吸水性很强，使之提高了土壤上下塑限所致。土壤胶体上代换性钠离子水化度高，分散作用强，因而可塑性也大。

宜在可塑范围内进行耕作，便于形成光滑的大土垡，干后结成硬块而不易散碎。

总之，黏粒含量是产生土壤黏结性、黏着性和可塑性的基础，而水分含量则是其表现强弱程度的条件。

（四）胀缩性

胀缩性只在塑性土壤中表现，这种土壤干时收缩、湿时膨胀。该特性不仅与耕作质量有关，也影响土壤水气状况与根系伸展。

胀缩性与片状黏粒有关。膨胀是由于黏粒水化及其周围的扩散层厚，当土壤胶体被强烈解离，解离出的阳离子（如 Na^+）饱和时，膨胀性最强，若交换性 Na^+ 被 Ca^{2+} 置换则膨胀性变弱。各种阳离子对膨胀作用的次序如下：

$$Na^+、K^+ > Ca^{2+}、Mg^{2+} > H^+$$

土壤质地越黏重，即黏粒含量越高，尤其是扩展型黏土矿物（蒙脱石、蛭石等）含量越高，则胀缩性越强。腐殖质本身吸水性强，但能促使土壤结构形成而保持疏松，因而土体胀缩不明显。胀缩性强的土壤，在吸水膨胀时使土壤密实难透水通气，在干燥收缩时会拉断植物的细根和根毛，并造成透风散热的裂隙（龟裂）。

二、土壤耕性

（一）土壤耕性的表现

土壤耕性是指土壤在耕作过程中反映出来的特性，是土壤力学性质的综合表现，以及在耕作后土壤外在形态的表现。土壤耕性的好坏，一般表现在以下三方面。

1. 耕作的难易 指土壤在耕作时对农机具产生阻力的大小。不同土壤的耕作阻力大小不同，沙土耕作阻力小、省力、省油、费工少，而黏土则相反。

2. 耕作质量的好坏 指耕作后土壤表现的状态及其对作物生长发育的影响。耕性不良的土壤，不但耕作费力，而且耕后形成大坷垃、大土垡，对种子发芽、出土及幼苗生长很不利，称为耕作质量差；耕性良好的土壤，耕作阻力小，耕后疏松、细碎、平整，有利于出苗、扎根、保墒、通气和养分转化等，称为耕作质量好。

3. 适耕期的长短 土壤适耕期是指最适于耕作时土壤含水量范围的宽窄，或适宜耕作时间的长短，即耕作时对土壤水分要求的严格程度。耕性不良的土壤适耕期短，黏重的土壤适耕时间只有1～2 d或更短，一旦错过适耕时间耕作就很困难，耕作阻力大，且耕后质量差。群众称这种适耕期短的土壤为“时辰土”。表现为“早上软，中午硬，晚上耕不动”。由此可见，掌握适耕期进行耕作是保证耕作质量的关键。

（二）典型耕种棕壤的物理化学性质

现以典型耕种棕壤的物理化学性质说明棕壤的力学性质与耕性。典型剖面为耕型红土棕壤，采自辽宁省沈阳市浑南区祝家街道常王寨西岭，土体构型为 Ap - Bt - C 型，耕层浅薄，约 17 cm，通体质地黏重，重壤土至黏土，17～23 cm 出现 Bt 层（淀积层），Bt 层厚度在 80 cm 或 1 m 以上，通体棕红色。

1. 剖面形态

0～17 cm：棕色，粒状结构，重壤土，土体较松。

17～23 cm：红棕色，块状结构，重壤土，土体紧实。

23～120 cm：棕红色，核状结构，重壤土，土体紧实。

120～200 cm：棕红色，核状结构，轻黏土，土体紧实。

2. 理化性状 表层物理黏粒 47.66%～53.39%，容重 1.38 g/cm^3，总孔隙 47.92%，毛管孔隙 23.64%，通气孔隙 24.98%，田间持水量 17.13%，土壤固液气三相之比为 1∶0.5∶0.5，毛管孔隙与通气孔隙之比为 1∶1，心土层三相之比为 1∶0.5∶0.2，毛管孔隙与通气孔隙之比为 1∶0.4，耕层水气状况比较协调，心土层毛管孔隙极少（表 10 - 16、表 10 - 17）。

表 10 - 16 耕型红土棕壤的物理性质

层次（cm）	物理黏粒（%）	质地名称	容重（g/cm^3）	总孔隙度（%）	毛管孔隙（%）	通气孔隙（%）	田间持水量（%）
0～17	53.39	重壤土	1.38	47.92	23.64	24.28	17.13
17～23	59.90	重壤土	1.42	46.42	31.57	14.85	22.23
23～120	57.90	重壤土	1.53	42.26	29.22	13.04	19.10
120～200	60.21	轻黏土	—	—	—	—	—

表 10-17 耕型红土棕壤的机械组成（%）

层次(cm)	各级土粒含量								质地名称
	0.25～1 mm	0.05～0.25 mm	0.01～0.05 mm	0.005～0.01 mm	0.001～0.005 mm	<0.001 mm	>0.01 mm	<0.01 mm	
0～15	4.51	31.04	16.79	12.77	14.78	20.11	52.34	47.66	重壤土
10～15	3.96	29.48	21.11	12.67	14.78	18.00	54.55	45.45	重壤土
15～45	1.802	27.69	25.24	12.61	14.73	17.93	54.73	45.27	重壤土

注：采自沈阳市苏家屯区姚千街道。

3. 生产性能及利用 土壤土体深厚，但耕层浅薄，质地黏重，养分含量低，为中等或中下等肥力水平，基础产量 4 350 kg/hm^2，最高产量为 7 875 kg/hm^2。在利用上，应培肥地力和加强水土保持，防止土壤表层被片蚀和沟蚀（沈阳市农业局等，1989）。

（三）棕壤耕性实例

1. 辽宁省铁岭县棕壤耕性 以东北平原棕壤区的辽宁省铁岭县为例，介绍棕壤的耕性。铁岭县结合联合整地、深松、深松联合整地及免耕播种 4 种耕作模式，与当地农作物种植合作社合作，对 4 种耕作模式的土壤理化性状进行测试。在土壤深度为距地表 5 cm、10 cm、15 cm 时，深松模式土壤温度高于联合整地模式 1.6 ℃、1.5 ℃、1.1 ℃；免耕播种模式比联合整地模式的土壤温度分别高 2.8 ℃、2.2 ℃、1.9 ℃。土壤含水率方面，免耕播种含水率最高，在垄台、向阳面、背阴面分别比联合整地模式高 6.9%、12.2%、15.2%；在土壤容重与土壤紧实度方面，深松模式在土壤深度 10～30 cm 范围内土壤容重低于未深松模式 0.3 g/cm^3。根据土壤理化特性，运用线性规划方法对现有配套机具进行优化配备，并在优化后进行效益分析，得出深松覆盖模式的收益最高，达到 1.29 万元/hm^2；其次是免耕播种模式，达到 1.25 万元/hm^2；深松联合整地模式与联合整地模式分别为 0.90 万元/hm^2 和 0.74 万元/hm^2。从环境效益与经济效益综合分析结果看，免耕播种的同时隔 2～3 年进行一次深松作业，在保证土壤容重降低的情况下实行保护性耕作，有利于改良土壤结构（林静等，2017）。

2. 辽宁省昌图县棕壤耕性 在辽宁省昌图县，设置土壤耕作试验，以旋耕（R）和深松耕（S）为对照，对比研究深旋松 30 cm（DRS30）、深旋松 30 cm＋覆膜（DRS30P）、深旋松 50 cm（DRS50）和深旋松 50 cm＋覆膜（DRS50P）对土壤某些物理性质、玉米根系、植株生长发育和作物产量等的影响。结果表明：①深旋松可有效打破犁底层，显著改善土壤某些物理性质。4 组深旋松处理的土壤容重均低于对照，DRS50P 最低，R 最高。DRS50P 和 DRS30P 土壤温度、土壤含水量高于其他处理；DRS50 和 DRS30 苗期含水量低于其他处理，其他时期高于对照。DRS50P 与 DRS30P，DRS50 与 DRS30 土壤某些物理性质差异显著。②深旋松促进了玉米根系生长。拔节期和灌浆期，DRS50P 和 DRS30P 的根数、根长、根体积及根冠比显著高于 DRS50 和 DRS30，DRS50 和 DRS30 高于对照，R 最低；成熟期 DRS50P 和 DRS30P 的根长和根数最大，根体积和根冠比略低于其他处理。DRS50P 与 DRS30PDRS50 和 DRS30 植株性状差异较小。③深旋松促进了玉米地上部生长发育，增加了籽粒产量。DRS50P 和 DRS30P 显著增加了玉米穗长、穗粗、行粒数和百粒重。DRS50P 获得最高产量，DRS30P 次之，分别为 12 137.4 kg/hm^2、11 929.2 kg/hm^2。两者差异未达显著水平，但均显著高于其他处理。DRS50P 和 DRS30P 分别比 R 增产 23.0%和 20.8%，分别比 S 增产 14.1%和 12.1%。综合作业成本和动力消耗等因素，DRS30P 更具推广价值（李华等，2014）。

第十一章 棕壤的化学性质 >>>

我国的棕壤是暖温带湿润半湿润大陆季风气候、落叶阔叶林下，发生较强的淋溶淀积作用的产物，具有亮棕色的黏化 Bt 层，土壤剖面通体无碳酸钙反应，显微酸性，或多或少含有交换性酸与水解性酸，盐基饱和度较高。黏粒硅铝率在 3.0 左右，黏土矿物以水云母、蛭石为主，并有一定量高岭石（张玉庚，1993）。棕壤有机质含量变幅大，一般林地棕壤比旱地棕壤高 10 倍，旱地棕壤表层有机质含量为 15～30 g/kg，林地表层可高达 80～113 g/kg（谢萍若，1987）。

第一节 棕壤黏土矿物

土壤黏粒一般是指土壤中小于 2 μm 粒级的高度分散颗粒部分，主要为次生矿物，也有少量原生矿物。次生矿物的主要成分是层状铝硅酸盐和铁铝氧化物，原生矿物主要为石英、长石碎屑。土壤黏土矿物组成和性质与土壤发生学特征和肥力特征有密切关系，尤其对土壤离子交换性、胀缩性等性质的影响更为重要。黏土矿物组成的演变与层状硅酸盐矿物铝氧八面体和硅氧四面体结构层间阳离子的交换作用有关。在自然条件下，土壤中黏土矿物的演变需经历长期过程，主要受气候与地形条件的影响（Mirabell et al.，2003；Huang et al.，2011）。而在气候与地形相同的条件下，不同利用方式和人为管理措施也会造成土壤养分平衡及理化性状的变化，使得土壤黏土矿物发生不同程度的演变（Liu et al.，2017；Cornu et al.，2012；郑庆福等，2011）。

棕壤黏粒（<2 μm）硅铝率为 2.25～3.51，硅铝铁率为 2.25～2.85；花岗岩母质发育的棕壤硅铝率为 2.12～2.43，略低于前者；非钙质黄土发育的棕壤硅铝率为 3.48～3.51，硅铝铁率为 2.78～2.85，均高于前两者。

棕壤的黏土矿物组成因成土母质和地区水热状况不同而有一定差异。由辽宁花岗岩母质形成的棕壤，以蛭石和水云母为主体，并含高岭石；由山东片麻岩母质形成的棕壤，以蛭石、绿泥石和高岭石为主，并含水云母和蛭石-水云母混层矿物；由辽宁非钙质黄土形成的棕壤，以水云母和蛭石为主，并含少量高岭石和蒙脱石；由辽宁玄武岩母质形成的棕壤，以高岭石、埃洛石为主，并含一定量的水云母、蛭石；由四川板岩、千枚岩母质形成的棕壤，以蛭石、水云母和蒙脱石为主，并含高岭石和绿泥石；由湖北砂页岩母质形成的棕壤，以蛭石和高岭石为主，并含大量水云母；由陕西片麻岩形成的棕壤，以水云母、蛭石为主，并含蒙脱石和高岭石；由安徽花岗岩母质形成的棕壤，以蒙脱石为主，并含大量高岭石、白云母和三水铝石（叶正丰等，1986）。由此可见，棕壤的黏土矿物类型不仅与成土母质有关，还反映了南北土壤风化成土作用强度的差异。

一、矿物的定义

矿物有广义和狭义之分，通常所说的矿物是指狭义的矿物，即岩石圈中化学元素的原子或离子通过各种地质作用形成的，并在一定条件下相对稳定的自然产物。它们中的绝大部分是结晶质的单质或化合物，具有比较固定的化学成分和晶体构造，表现出一定的几何形态和理化性状。只有极少数的矿物是以非晶质的液态、气态和胶态形式存在的，其几何形态与其成分、构造之间没有明显的依赖关系。目前，随着科学技术的进步，人们对宇宙的认知范围不断扩大，对矿物的认识也不断深化。因此，在广义的矿物概念中，还包括地幔矿物、陨石矿物、宇宙矿物和人造矿物等。目前已经发现3 000多种矿物，绝大多数矿物是结晶质固态无机物，液态、气态及有机矿物总共只有十几种。

根据地质作用的性质和能量来源，可将形成矿物的地质作用分为内生作用、外生作用和变质作用。内生作用一般指与地壳深部岩浆活动有关的全部作用过程，矿物形成的物质和能量源于地球内部。外生作用指于地壳的表层，在较低的温度与压力下，在太阳能、水、二氧化碳、氧气和有机体等影响下，形成矿物的各种地质作用。变质作用指在地表以下的一定深度范围内，早先生成的矿物和岩石在地壳变动和岩浆活动影响下，由于物理化学条件的改变结构和组分发声改变，并形成一系列变质矿物的总称。一般将内生作用、外生作用和变质作用形成的矿物分别称为岩浆岩矿物（原生矿物）、外生矿物（次生矿物）和变质矿物。虽然上述各种地质作用的发生均有应满足的理化条件，但它们之间可以相互转化，并有过渡和叠加的情况。因此，许多矿物的成因并不是单一的。

二、棕壤的黏化作用

黏化作用是指黏粒的形成和黏粒的淋溶淀积，在温暖湿润和干湿交替的条件下，棕壤中原生矿物的化学风化作用较为缓和，原生矿物蚀变促使水云母和绿泥石转化为蛭石。矿物蚀变过程主要是黑云母—水云母—蛭石（绿泥石），若原生矿物有很多的长石类矿物，则为长石—水云母（蒙脱石）—高岭石。

由此可见，棕壤已处于脱钾阶段，但黏粒的指示矿物仍为水云母和蛭石。棕壤在黏化过程中形成的次生硅酸盐黏粒分散于水中而形成悬液，随渗透水下移，即沿非毛管孔隙下移，并在心土层淀积形成黏化层。据微形态观察，在剖面中下部常见各种类型的定向黏粒胶膜。通常在孔壁、裂隙、结构面上呈流状泉华，可偶见弥散状黏粒胶膜。凡发育良好的棕壤剖面，其黏化层的黏粒含量比淋溶层的黏粒含量高出20%以上，黏化层的黏化率（B/A）大于1.2。同时，还常见铁质定向黏粒胶膜，说明铁质胶膜和淀积胶膜同时存在。应当指出，在棕壤剖面中常见铁质化现象，这是就地风化释放的结果。在黏粒形成和黏粒悬移过程中，铁锰氧化物黏粒也发生迁移。也就是说，原生矿物在风化过程中释放出游离铁锰氧化物，在干湿交替条件下发生淋溶淀积过程，棕壤铁锰氧化物的剖面分异特点表明，全量铁锰、游离铁锰和活性铁锰的含量从表层向下有增加的趋势，说明铁锰氧化物具有明显的淋溶淀积现象。值得注意的是，络合态铁锰含量与土壤有机质含量呈正相关，其含量随深度增加而递减；游离铁含量通常低于20 g/kg，在14～19 g/kg。棕壤的游离铁含量低于黄棕壤、棕红壤（大于20 g/kg）。辽宁棕壤铁的游离度（Fed/Fet）在26%～43%，高于山东棕壤（25%～30%），低于黄棕壤（约40%）和棕红壤（28%～62%）。辽宁棕壤锰的游离度（Mnd/Mnt）为60%～83%，高于山东棕壤（11%～18%）；锰的活化度很高，可达72%～98%。棕壤铁的晶化度通常在50%以上，而发育良好的棕壤剖面多在85%以上，锰的晶化度很低，只有12%～28%。由此可见，活性铁锰氧化物在淋溶淀积过程中出现两种形态，一是包被于土粒表面的铁锰胶膜，二是铁锰浓聚而形成铁锰结核，但两者均以铁质占优势。棕壤每个剖面各土层的游离铁与相应黏粒的比值差异较大，表面游离铁锰黏粒与硅酸盐黏粒在剖面中不是协同淋溶淀积的（贾文锦，1992）。

研究表明，经过30年的施肥耕作，耕地棕壤在黏土矿物组成上并没有发生改变，而黏土矿物相对含量发生了改变。长期高施尿素处理促进了伊利石的风化，而高量有机肥处理则可减弱其风化。长期施用氮肥后，土壤微结构的团块有大量的黏土矿物散落，裸露出矿物层，说明长期施用氮肥对土壤结构有所破坏，黏土矿物单体增多易使土壤板结。单施氮肥的处理显著降低了伊利石含量，而高岭石的相对含量有所增加，1∶1黏土矿物数量的增多，意味着土壤胶体的表面负电荷减少，从而使其吸附盐基离子的能力降低，因而降低土壤的酸碱缓冲性能，使土壤易发生酸化（沈月，2013）。

三、棕壤的黏土矿物

棕壤的黏土矿物主要为水云母、蛭石和一定量的高岭石。成土地球化学风化过程的特点：在弱酸性环境介质以及淋溶、排水条件下，原生矿物的蚀变促使水云母和绿泥石转化为蛭石。因此，水云母和蛭石可作为棕壤的特征矿物。矿物蚀变过程主要为黑云母—水云母—蛭石（绿泥石）或长石—水云母(蒙脱石)—高岭石。蚀变过程在具有稳定的水热状况的亚表层和心土层最为明显。黏粒硅铝率在剖面上的分布随成土母质类型不同而有很大差异，心土层硅铝率和硅铁铝率小，变动范围亦小。

玄武岩上发育的棕壤，由于富含铁镁矿物，除盐基淋失外，斜长石转化为高岭石、埃洛石。黄土母质上的典型棕壤成土条件对矿物蚀变的影响不如酸性棕壤明显，仍见有绿泥石、蛭石化过程。黄土母质上的白浆化过程有促进水云母水化和混层的趋势。表 11-1 是辽宁和山东的棕壤黏粒组成（全国土壤普查办公室，1998）。

表 11-1 辽宁和山东的棕壤黏粒（<2 μm）化学组成

采样地点	母质	采样深度（cm）	SiO_2（g/kg）	Al_2O_3（g/kg）	Fe_2O_3（g/kg）	SiO_2/R_2O_3	SiO_2/Al_2O_3
辽宁鞍山千山	花岗岩风化物	0～4	555.4	261.8	98.6	2.90	3.60
		4～15	547.7	282.5	90.6	2.73	3.29
		15～50	535.1	302.3	91.0	2.52	3.00
		50～65	539.6	298.8	91.2	2.57	3.06
		65～80	552.0	292.8	88.5	2.68	3.20
山东泰安泰山中天门西凤凰岭	花岗片麻岩风化物	0～10	448.2	269.3	89.7	2.33	2.83
		10～35	458.3	269.1	78.7	2.44	2.90
		35～60	458.4	273.2	82.6	2.39	2.85
		60～90	456.8	280.8	83.7	2.32	2.76
		90～106	457.8	269.1	81.3	2.43	2.89
辽宁丹东宽甸满族自治县石湖沟	玄武岩风化物	0～25	522.2	317.8	81.9	2.40	2.99
		25～63	517.9	335.1	80.6	2.21	2.62
		63～102	512.5	337.2	79.7	2.24	2.58
		102～200	516.2	343.5	82.4	2.21	2.55
辽宁沈阳浑南区	非钙质黄土	0～17	561.8	263.2	96.4	2.94	3.62
		17～42	553.7	270.9	99.0	2.82	3.48
		42～69	554.5	259.5	101.0	2.90	3.63
		69～95	553.9	268.4	100.2	2.83	3.50
		95～144	560.0	270.2	95.2	2.87	3.52
		144～194	556.3	271.2	97.8	2.83	3.46

注：表中氧化物含量以烧灼土重量计算，表中 SiO_2/R_2O_3 和 SiO_2/Al_2O_3 是全土重量计算的分子率。

黄土状母质上发育的棕壤黏粒化学组成的特点：硅铝率和硅铁铝率较酸性棕壤高，分别为3.5～3.6 和 2.8～2.93；阳离子交换量亦高，为 55～65 coml/kg；烧失量较低，为 12.0～14.8 g/kg；K_2O 和 MgO 含量均高，分别为 25～35 g/kg 和 20～25 g/kg。从交换量较高、烧失量较低看出，应以蒙脱石、蛭石为主。从硅铝率、MgO 和 K_2O 含量看出，应以水云母为主。

花岗岩母质上发育的酸性棕壤黏粒化学组成的特点：硅铝率和硅铁铝率分别为 3.0～3.6 和 2.5～2.9，阳离子交换量为 45～55 cmol/kg（表层腐殖质特别高除外），烧失量为 13～21 g/kg，变化幅度大。K_2O 和 MgO 较高，分别为 24～33 g/kg 和 23～31 g/kg。从阳离子交换量不太高可看出，黏土矿物不应以蒙脱石为主，而应以水云母、绿泥石为主。从烧失量较高看出，应以绿泥石、高岭石和非晶形物质为主。从硅铝率、K_2O 和 MgO 含量看出，应以水云母、绿泥石、蛭石为主。

发育在玄武岩上的酸性棕壤的黏粒化学组成的特点：硅铝率和硅铁率分别为 2.6～2.8 和2.3～

2.4；阳离子交换量较低，为 42～47 cmol/kg；烧失量较高，为 14～17 g/kg；K_2O 和 MgO 亦低，分别为 12～24 g/kg 和 9～20 g/kg。从交换量较低、烧失量较高看出，应以高岭石、绿泥石为主。从硅铝率较低看出，以高岭石、埃洛石为主。

辽宁地区的典型棕壤，以沈阳市浑南区和营口市黄土岭的黄土状沉积物上发育的棕壤为例，沈阳浑南漫岗上部（海拔 120 m）土体剖面黏土矿物以云母、水云母和蛭石为主，并含少量高岭石，还可见少量蒙脱石成混层物，此外，还有少量石英和微量长石。蛭石和水云母结晶程度较好，按 K_2O 计算，含水云母 450～500 g/kg。营口黄土岭地区棕壤剖面黏土矿物以云母、水云母为主，并含一定量蛭石，部分蛭石和蒙脱石成混层物，并含少量高岭石。按 K_2O 计算，约含水云母 500 g/kg。

泰山山前平原属于山东典型潮棕壤区，该区土壤主要因洪冲积作用而形成，由于地形与土壤肥力的差异，土地利用方式主要以农田、林地和荒草地为主，农林产业对该区农业经济发展具有重要贡献。有关泰山地区不同母质发育棕壤黏土矿物组成的研究发现，侧渗白浆化棕壤黏土矿物以高岭石、蛭石和绿泥石为主，次要矿物为水云母；酸性棕壤以铝绿泥石、铝蛭石和高岭石为主，次要矿物为水云母、蛭石和水云母混层矿物，还有少量蒙脱石（叶正丰等，1986）。泰山山前棕壤不同粒径黏粒中黏土矿物组成存在差异（Zhang etal.，2016）。黏土矿物组成受不同土地利用方式的影响，并且不同深度土层间也存在差异。该地区表层土壤均含有伊利石、高岭石和蛭石，并以伊利石为主要矿物，农田和林地均含有混层型矿物，而在荒草地土壤中未见到。荒草地土壤伊利石含量最高（75.8%），并且与农田和林地两种土壤的差异显著。不同土地利用方式土壤黏土矿物在土壤剖面上的分布存在差异，表层土壤蛭石相对含量较下层土壤显著降低，并且荒草地土壤蛭石相对含量的变化幅度较农田和林地土壤高，荒草地高岭石相对含量在土壤剖面具有与蛭石相同的变化趋势。该区域荒草地土壤伊利石含量最高，较农田和林地土壤有显著增加。伊利石含量在下层土壤较表层土壤显著降低，在荒草地土壤中的降低幅度较农田和林地两种土壤大。蛭石含量在下层土壤中差异显著且较表层土壤含量高。表层土壤高岭石含量在不同土壤间的变异规律与蛭石含量相同。伊利石与蛭石两种黏土矿物之间相互转化过程受土壤中钾离子浓度的影响。土壤有机碳含量和钠质分散有机无机复合体的形成抑制黏土矿物在土壤剖面的迁移。荒草地、林地、农田土壤矿物的风化作用依次增强（戚兴超等，2018）。

第二节　棕壤酸碱性

土壤酸碱性又称为土壤反应，是指因土壤溶液中的 H^+ 浓度和 OH^- 浓度比例不同而表现出来的酸碱性质。酸碱性对土壤肥力有多方面的影响，且高等植物和土壤微生物对土壤酸碱度都有一定的要求。

土壤的酸碱度是土壤重要的化学性质，直接影响土壤养分的转化及有效性等。土壤呈现的不同酸碱反应，分别是由土壤中氢离子、铝离子和钙、镁、钾、钠的碳酸盐、碳酸氢盐的存在而引起的。当土壤胶体上吸附的碱金属和碱土金属离子，特别是镁离子和钠离子达到一定饱和度时，交换性镁离子的水解会促使土壤呈更强的碱性反应。土壤的酸碱性与土壤各理化性状、微生物的活动以及植物的根部营养关系极为密切，研究和了解土壤酸碱度对把握土壤养分供应状况及对作物生长发育的影响具有重要意义。

一、中国土壤酸碱性

中国土壤的 pH 大多数在 4～9，在地理分布上有“东南酸而西北碱”的规律性，即由北向南，pH 逐渐减小。气候条件是影响土壤酸碱性最主要的因素，高温多湿有利于矿物的风化和淋溶。在降水量高于蒸发量的气候条件下，岩石、母质和土壤中的矿物在风化成土过程中释放出的盐基成分容易淋失，这样形成的土壤就容易致酸。而在干旱半干旱带，降水量远远低于蒸发量，使岩石、矿物风化释放出来的钾、钠、钙、镁等盐类不能完全迁移出土体，从而积聚于土壤及地下水中，水解产生的 OH^- 离子使土壤向碱性方向转化（欧孝夺等，2005）。母质也是影响土壤酸碱性的重要因素。由酸性岩风化物形成的土壤多呈酸性。基性岩如玄武岩等，其中含钙、镁、钾、钠等盐基离子较多，石灰岩含碳酸钙多，由这些含盐基丰富的母岩发育的土壤多呈碱性，即使在湿热的条件下，也呈中性至微碱性。由湖积物、河积物、海滩淤泥等形成的土壤多呈中性至碱性。另外，土壤微生物、植物根系在生命活动过程中不断释放出 CO_2，溶于水形成碳酸；土壤里的植物残体经微生物作用后，产生多种有机酸；土壤中的硫化细菌和硝化细菌可将硫和氮分别氧化成硫酸和硝酸，这些因素均使得土壤向酸性发展。不同的植被对酸性土的形成也有一定的影响，针叶林下发育起来的土壤较阔叶林下的土壤更酸。施肥和灌溉也直接影响着土壤的酸碱性。经常施用生理酸性肥料如硫酸铵、氯化铵、氯化钾等，会使土壤酸度升高；在工矿企业附近的土壤受矿渣、废水等影响，也会向酸性发展。农田灌溉一般能降低土壤酸度，但如果灌溉水受酸性物质污染，土壤的酸度也会提高。我国大致以长江为界（北纬33°），长江以南的土壤多为酸性或强酸性，长江以北的土壤多为中性或碱性。

土壤中的氢离子、铝离子（水解产生 H^+）可自由扩散在土壤溶液中，这时土壤所显现出来的酸性称活性酸，通常以每升土壤溶液中 H^+ 的毫克离子数的负对数即 pH 来表示其浓度，是土壤酸性的强度指标。氢离子和铝离子也可以被胶体吸附，在其未被代换进入土壤溶液之前不显现酸性，称为潜性酸。因浸提液不同又可分为代换酸和水解酸两种。其数量一般用每千克土壤 H^+ 的厘摩尔数（cmol/kg）来表示。由于潜性酸的测定值既包括活性酸又包括潜性酸，故是土壤酸度的容量指标。活性酸和潜性酸是土壤胶体交换平衡体系中物质的不同存在形态，可相互转化，关系密切。潜性酸总量越高，pH 越低。土壤酸度是反映土壤质量的重要性质之一，土壤酸度的变化不仅直接影响植物的生长发育，还影响土壤养分的有效性以及其他土壤理化性状。土壤酸度会受到气候因素（温度和降水量等）、土壤类型、作物类型、植物根系活性以及施肥等因素的影响。

土壤酸化是土壤退化的一种表现形式，土壤酸化本身是一个缓慢而长期的过程。当外界有 H^+ 输入时，土壤具有缓冲容量从而使土壤 pH 下降缓慢。只有当 H^+ 在土壤胶体上积累到一定量时破坏了矿物的晶格结构、释放出 Al^{3+}，土壤胶体上出现了交换性的 Al^{3+} 后，土壤才发生实质性的酸化。

土壤酸化是大气污染和水生、陆生两大生态系统遭到破坏的结果，而地表水和地下水的长期酸化取决于土壤的缓冲容量。国内外的研究报道主要从两大方面研究土壤酸化：一是自然因素，即在特定母质和气候条件下的自然淋溶过程；二是人为因素，包括酸沉降、城市生活垃圾和工业废气的排放对环境造成的污染、不合理施肥及耕作方式、种植不同的作物种类等，这些都是引起区域土壤酸化的原因。

pH 降低是土壤酸化最直接的反映和表现形式，伴随而来的是土壤溶液中许多化学反应的平衡遭到破坏（于天仁，1988）。随着外源 H^+ 进入，土壤 pH 下降，导致土壤中的交换性阳离子特别是交换性钙、镁流失，阳离子交换量显著降低，交换性铝显著升高（Graham et al.，2002；钱探等，2010）。酸化后的土壤伴随着 pH 降低，土壤中的正电荷数量增加、负电荷减少，这使得净负电荷的数量急剧下降，有些土壤甚至出现了净正电荷，由此导致土壤对盐基离子的吸附量和吸附牢固程度大大降低。当土壤中交换性的 H^+、Al^{3+} 将 K^+、Na^+、Ca^{2+}、Mg^{2+} 等盐基离子从胶体表面上代换下来时，这些离子易随渗漏水淋失（傅柳松等，1993；周卫，1996）。土壤中可溶性 Al^{3+} 的增加又会与盐基离子竞争土壤表面的吸附点位，从而加速营养性盐基离子淋失（于天仁，1996）。

土壤碱度通常以每千克土壤中碳酸盐和碳酸氢盐的厘摩尔数（cmol/kg）或分别以 CO_3^{2-} 和 HCO_3^- 的质量百分数来表示，还可以交换性钠的饱和度来表示。由于土壤溶液中 H^+ 和 OH^- 浓度的乘积是一个常数，加之土壤溶液中的 H^+ 和 OH^- 可直接影响土壤的生物、化学和物理性质，所以常以土壤的 pH 来表示土壤的酸碱状况。

土壤酸碱性是土壤形成过程和熟化过程的良好指标，是土壤溶液的反映，即溶液中 H^+ 浓度和 OH^- 浓度比例不同而表现出来的性质。通常所说的土壤 pH，就代表土壤溶液的酸碱度。如土壤溶液中 H^+ 浓度大于 OH^- 浓度，土壤呈现酸性反应；如 OH^- 浓度大于 H^+ 浓度，土壤呈现碱性反应；两者相等时，则呈现中性反应。但是，土壤溶液中游离的 H^+ 和 OH^- 的浓度又与土壤胶体上吸附的各种离子保持着动态平衡关系，所以土壤酸碱性是土壤胶体的固相性质和土壤液相性质的综合表现。因此，研究土壤溶液的酸碱反应，必须与土壤胶体和离子交换吸收作用相联系，才能全面地说明土壤的酸碱情况及其发生、变化的规律。

二、棕壤的酸碱性

土壤的酸碱性差异主要取决于土壤中盐基离子淋溶作用和复盐基的相对强度。棕壤盐基淋溶作用强，母岩风化过程中产生的钙、镁、钾、钠等盐基离子已被淋失，土壤无石灰反应，一般呈酸性至中性，pH 为 4.5～7.2。棕壤土类各亚类 pH 相比有以下顺序：酸性棕壤＜白浆化棕壤＜棕壤性土＜典型棕壤＜潮棕壤，各亚类的盐基饱和度也有与之相对应的关系。大量分析结果表明，棕壤不但包含了一定量的水解性酸，还有少量的交换性酸，各亚类交换性酸和水解性酸含量呈现出酸性棕壤＞白浆化棕壤＞棕壤性土＞典型棕壤＞潮棕壤的关系。只有酸性棕壤和侧渗白浆化棕壤才会出现交换性 Al^{3+} 含量大于交换性 H^{+} 的情况，它们的盐基饱和度一般在 50%以下。土壤酸度的研究表明，酸性土壤溶液中的 H^{+} 是由交换性铝离子在土壤溶液中水解后产生的，Al^{3+} 的含量越高，pH 越低。棕壤的 pH 统计结果见表 11－2。

表 11－2　棕壤的 pH 统计结果

亚类	统计数	pH 分级式样在各级中出现的百分率（%）		
		4.5～5.5	5.6～6.5	6.6～7.5
典型棕壤	378	5.3	45.7	49.0
白浆化棕壤	40	30.0	60.0	10.0
酸性棕壤	19	63.2	36.8	0
潮棕壤	209	2.4	41.1	56.5
棕壤性土	79	19.0	50.5	30.5

三、影响土壤酸碱性的因素

影响土壤酸碱性的主要因素有成土母质、气候、植被和人为活动等。成土母质对土壤酸碱性有深刻的影响，在气候、植被等条件相同的情况下，土壤成土母质的碳酸盐含量、盐基离子类型制约着土壤盐基的淋溶程度。棕壤主要由酸性岩、基性岩及非钙质砂页岩等含盐基很少的岩石风化物发育而成，所以土壤一般呈酸性或中性（山东省土壤肥料工作站，1994）。

1. 气候因素　气候因素影响着矿物的风化和盐基的淋溶。降水量大，气候湿润，盐基淋失量就大。多雨的自然条件，增强了土壤及母质的淋溶作用，使土壤溶液中的盐基离子随渗漏水向下移动，从而减少可溶性盐分。这时，溶液中的 H^{+} 取代土壤团聚体上所吸附的金属离子，使土壤盐基饱和度下降，氢饱和度增加，引起土壤酸化。在交换过程中，土壤溶液中的 H^{+} 可由水的解离、碳酸的解离、有机酸的解离来补给（黄昌勇，2000）。辽东半岛与山东半岛，沿海降水量比内陆高，干燥度在 0.5～1.0，属于半湿润、湿润气候，耕地棕壤酸性面积增加量与降水量呈极显著正相关关系，土壤 pH 一般在 6.5～7.5（沈月，2013）。

2. 植被类型　酸性土都发育在林被茂盛的地方，而且针叶林被下土壤比阔叶林被下土壤酸性强。主要原因是自然植被下生物积累量大，有机质腐解产生的有机酸使土壤酸性更强；另外，针叶林所吸收的盐基离子种类比阔叶林少，土壤中的盐基离子在土壤—生物循环过程中淋失较多，而阔叶林则相反，选择吸收土壤中的盐基离子，其残落物分解后盐基离子大部分又回归土壤；再则，针叶林枯枝落叶分解产生酸性较强的富里酸，而阔叶林则分解产生酸性较弱的胡敏酸，一经开垦，土壤有机质积累量小，一般 pH 明显提高。

3. 母质因素　成土母质对土壤酸化的影响不容忽视。因成土母质的不同，其土壤质地、阳离子交换量及盐基离子、有机质含量也不同，这也决定了酸化程度存在差异。

4. 土壤水分 由于各种离子在固液相之间的分配和某些盐类的溶解，当土壤含水量不同时，pH也不同。水分含量对 pH 影响程度因土壤种类不同而异，一般是含水越多，土壤 pH 越高。所以，人为灌溉可以提高土壤 pH。另外，灌溉水的化学类型直接改变着土壤的离子组成，影响着土壤酸碱度（山东省土壤肥料工作站，1994）。

5. 人为因素 伴随着社会经济和工矿企业迅猛发展，环境污染导致的酸沉降问题越来越严重。酸沉降被认为是加速土壤酸化的主要因素（Matzner，1994；Sverdrup，1994；Claudio，1998；Bradford，2001），国外许多关于土壤酸化的报道都是围绕着酸沉降的主题展开的。大气酸沉降不仅破坏森林生态系统，还导致土壤酸化严重。几十年来，随着我国经济高速发展，酸沉降的面积逐渐增大。到 2000 年，全国已有近 30%的地区受酸沉降的威胁（杨昂，1999；国家环境保护总局办公室，2001）。

6. 耕作方式和施肥 随施肥进入土壤的酸碱性物质和在土壤分解转化中形成的酸碱性物质，以及由于植物选择性吸收而产生的生理酸碱性物质，都会对土壤 pH 产生影响。

与不施肥相比，所有单施尿素处理 pH 显著降低，且随尿素施用量的增加，pH 呈递减趋势。其中，270 kg/hm^2的高量尿素处理与 120 kg/hm^2的低量尿素处理相比，尿素施用量增加了 1.25 倍，与不施肥处理相比，前者 pH 平均下降值为后者的 2.05 倍，充分证明了过量氮肥施入会导致土壤酸化加速。随着尿素施用量增加，土壤交换性酸和交换性铝的含量呈增加趋势。年施尿素 120 kg/hm^2、135 kg/hm^2、180 kg/hm^2和 270 kg/hm^2，相当于分别有 9.8%、11%、14.6%和 22%的潜在酸以交换性酸的形式保留在表层土壤中。不合理施用氮肥引起的土壤酸化备受关注。氮肥引起的土壤酸化强度与自然酸化强度相差悬殊（Bolan et al.，1991；Gundersen et al.，2010）；Barak 等（1997）也指出，施氮肥引起的土壤酸化速率加快是酸沉降的 25 倍；Summer（1998）指出，与农业措施相比，氮沉降对 H^+ 的贡献率仅占总酸输入率的 7%～25%；由氮肥施入引起的人为土壤酸化强度比由酸雨等引起的土壤酸化至少高出 10～100 倍（Gundersen et al.，2010）。

适当施用有机肥可缓解土壤酸化状况，而当有机肥用量超过 270 kg/hm^2时，土壤 pH 反而呈现下降趋势。与施氮肥引起的土壤 pH 降低机制不同的是，氮肥的施入导致 pH 和盐基离子饱和度同时降低，是实质上的土壤酸化，而有机肥的施入只在超过一定限度时才会引起 pH 降低（沈月，2013）。

四、辽宁省棕壤酸化特征

辽宁省不同地区间土壤酸度差异很大，表现在东部、北部、中部地区酸性耕地棕壤所占面积较大，而南部和西部酸性耕地棕壤所占面积相对较小（沈月，2013）。

受环境和人为耕作的影响，尤其是不合理的农业耕作，如单施化肥、不施或极少施有机肥，耕作制度（旋耕）单一，且常年种植一种作物等，土壤肥力产生了很大变化，许多肥力指标不断降低已经成为限制耕地棕壤地力提升的障碍因素（依艳丽等，2009）。辽宁省在第二次全国土壤普查时期耕层土壤 pH 变化范围为 4.5～9。从分级的标准看，当时土壤 pH 为中性水平的耕地面积最大，所占比例为 53.6%，其次为弱酸性和弱碱性耕地，分别占总耕地面积的 22.5%和 22.2%，而酸性、碱性及强酸性耕地在全省分布极少。这说明第二次全国土壤普查时辽宁省土壤 pH 总体良好，适合作物生长（表 11－3）。

表 11－3　1982 年辽宁省耕层土壤 pH 分级及面积

项目	Ⅰ级	Ⅱ级	Ⅲ级	Ⅳ级	Ⅴ级	Ⅵ级
范围	<4.5	4.5～5.5	5.5～6.5	6.5～7.5	7.5～8.5	>8.5
酸碱性	强酸性	酸性	弱酸性	中性	弱碱性	碱性
耕地面积（万 hm^2）	0.16	6.43	113.11	269.21	111.25	2.10
占总耕地比例（%）		1.3	22.5	53.6	22.2	0.4

统计分析显示，辽宁省耕层土壤 pH 变化范围为 5.3～8.5，平均值为 6.59。从分级的标准来看，pH 为弱酸性的耕地占总耕地面积的比例最大，为 46.6%；其次是中性水平耕地，占 36.1%；弱碱性水平的耕地占 13.8%；酸性水平的耕地所占比例最小，仅为 3.5%（表 11-4）。可见，辽宁省耕地土壤 pH 呈现中性偏弱酸性。

表 11-4　2012 年辽宁省耕层土壤 pH 分级及面积

项目	Ⅰ级	Ⅱ级	Ⅲ级	Ⅳ级	Ⅴ级	Ⅵ级
范围 酸碱性	<4.5 强酸性	4.5～5.5 酸性	5.5～6.5 弱酸性	6.5～7.5 中性	7.5～8.5 弱碱性	>8.5 碱性
耕地面积（万 hm^2）		17.75	234.19	180.91	69.41	
占总耕地比例（%）		3.5	46.6	36.1	13.8	

统计辽宁省各地级市土壤 pH 的平均值（图 11-1），盘锦市的综合 pH 水平最高，为 7.81，处于弱碱性水平；朝阳市次之；丹东市最低，仅为 5.69，为弱酸性。这与各地所处地理位置和周围的自然环境（地形地貌、灌排条件和土壤类型）有密切关系。

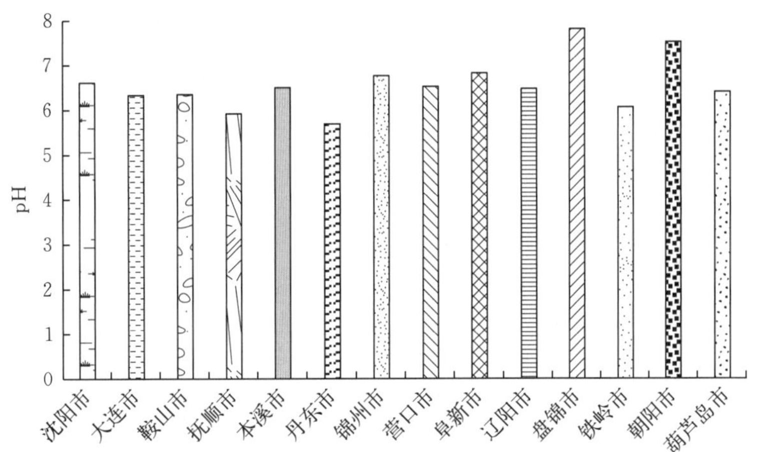

图 11-1　2012 年辽宁省各地级市耕地土壤平均 pH 统计

通过分析，统计出 1982—2012 年辽宁省土壤 pH 的变化情况，见表 11-5。

表 11-5　1982—2012 年辽宁省耕地耕层土壤 pH 变化情况

项目	Ⅰ级	Ⅱ级	Ⅲ级	Ⅳ级	Ⅴ级	Ⅵ级
范围 酸碱性	<4.5 强酸性	4.5～5.5 酸性	5.5～6.5 弱酸性	6.5～7.5 中性	7.5～8.5 弱碱性	>8.5 碱性
1982 年面积（万 hm^2）	0.16	6.43	113.11	269.21	111.25	2.10
2012 年面积（万 hm^2）	0	17.75	234.19	180.91	69.41	0
30 年来面积变化（万 hm^2）	−0.16	11.32	121.08	−88.3	−41.84	−2.10
变化百分比（%）	−100	176	107	−32.8	−37.6	−100

从 1982 年第二次全国土壤普查时期到 2012 年的 30 年中，强酸性水平的耕地面积减少了 0.16 万 hm^2，到 2012 年强酸性土壤已经消失；酸性水平的耕地面积增加了 11.32 万 hm^2，主要表现在丹东市酸性土壤由 1982 年的 0.5%增加到 2012 年的 68.7%；弱酸性水平的耕地面积大幅度增加，增加了 121.08 万 hm^2，主要表现在铁岭市由 4.5%增加到 74.5%，葫芦岛市由 29.1%增加到 68.9%，沈阳市由 4.7%增加到 34%，辽阳市由 26.5%增加到 56.7%；中性水平的耕地面积大幅度减少，减

少了 88.3 万 hm^2，主要表现在铁岭市由 94.1%减少到 19.2%，朝阳市由 96.3%减少到 46.2%，辽阳市由 73.5%减少到 43.3%；在处于弱碱性水平的耕地面积减少 41.84 万 hm^2，主要表现在鞍山市由 34%减少到 0.9%，锦州市由 44.2%减少到 14.4%，阜新市由 49.7%减少到 19.5%；而碱性土壤也已经慢慢消失。经分析可以看出，辽宁省总体上弱碱性、中性水平耕地面积大幅度减少，耕地土壤的弱酸化趋势明显。产生这一现象与化肥的常年施用，尤其是生理酸性肥料和半腐熟有机肥料的大量施用有关。

五、山东省土壤酸化特征

山东省是一个农业大省，近年来土壤酸化引起越来越多的关注，其中东部棕壤区的土壤酸化问题尤为突出。利用山东省在第二次全国土壤普查中的部分数据和山东省测土配方施肥项目数据，对山东土壤酸化状况及动态进行如下分析。

（一）土壤酸化的统计特征

根据样点统计，山东省土壤 pH 平均值为 7.1，弱碱性、中性和弱酸性的比例分别为 40.61%、29.05%和 18.33%（图 11-2），三者占总点位个数的 87.99%；强酸性和酸性的土样占总点位的 10.59%，碱性土样占 1.42%。说明山东省土壤总体以弱碱性和中性为主，约 1/10 的土壤呈现酸化状况。

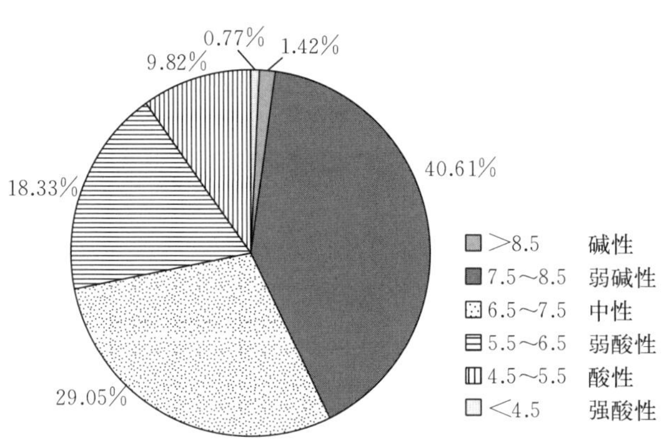

图 11-2 山东省土壤样点酸碱性统计

（二）土壤酸化的空间特征

山东省酸化土壤主要分布在东部半岛和东南部沿海，全省自西向东、自北向南，土壤 pH 呈现由高逐渐降低的趋势。其中，鲁东丘陵区和鲁中南山地丘陵区随着海拔升高，土壤 pH 呈现由高逐渐降低的趋势。全省 pH≤5.5 的总酸化土壤面积为 126.4 万 hm^2，占全省土壤面积的 8.13%。其中，pH≤4.5 的强酸化土壤面积为 1.47 万 hm^2，占全省土壤面积的 0.01%。

（三）土壤酸化的动态分析

图 11-3 为第二次全国土壤普查和山东省测土配方施肥项目所统计的土壤 pH 各等级面积占比，对比可以看出，山东省土壤 pH 主要分布在弱碱性、中性和弱酸性等级，碱性、酸性和强酸性等级土壤占比很小。从结果对比看出，弱碱性和中性土壤面积分别减少了 12.67%和 4.38%，其余等级的土壤面积都有不同程度的增加，其中弱酸性和酸性土壤面积比例增加显著，分别增加了 8.31%和 8.06%。说明山东省土壤 pH 自第二次全国土壤普查以来有降低的趋势，土壤的酸化程度加重明显。

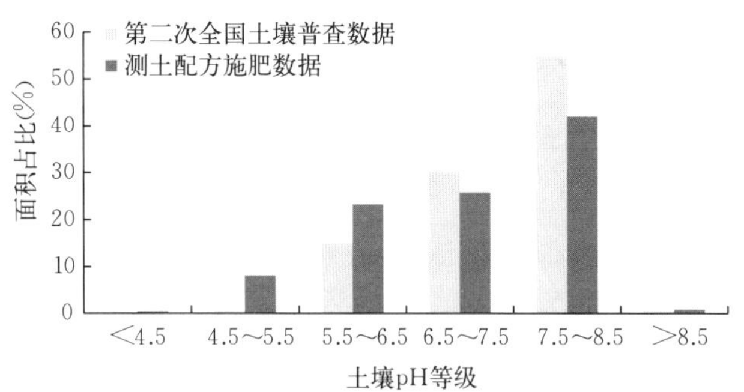

图 11-3 山东省各等级土壤 pH 对比分析

（四）不同区域的土壤酸化特征

表 11-6 为山东省不同区域的土壤酸化状况。可以看出，鲁东地区 pH 的平均值最小，为 5.9；鲁西和鲁北地区最大，为 7.9。按 pH 由低到高的顺序为鲁东地区<鲁南地区<鲁中南地区<鲁中地区<鲁西和鲁北地区。从土壤酸化面积看，鲁东地区土壤酸化面积最大，占山东省土壤面积的 5.42%，占本区土壤面积的 27.80%，占全省土壤酸化面积的 67.69%；鲁东和鲁南地区土地酸化总面积占全省酸化土壤面积的 97.36%，鲁西和鲁北地区目前尚未见酸化土壤分布。

表 11-6 山东省不同区域的土壤酸化状况

区域	市名	pH 平均值	酸化面积（万 hm²）	占全省土壤面积（%）	占本市土壤面积（%）	占全省酸化面积（%）
鲁东地区	威海市	5.3	39.38		67.94	
	烟台市	6.0	29.00		21.18	
	青岛市	6.3	17.15		15.21	
	合计/平均	5.9	85.53	5.42	27.80	67.69
鲁南地区	日照市	5.7	23.22		43.41	
	临沂市	6.2	14.26		8.29	
	合计/平均	6.1	37.48	2.48	16.63	29.67
鲁中南地区	枣庄市	6.5	0.85		1.87	
	泰安市	6.9	1.44		1.86	
	济南市莱芜区	6.7	0.30		1.34	
	济宁市	7.3	0.07		0.06	
	合计/平均	7.0	2.67	0.18	1.78	2.11
鲁中地区	淄博市	7.5	0.46		0.78	
	济南市	7.9	0.20		0.24	
	潍坊市	7.1	0.01		0.01	
	合计/平均	7.4	0.67	0.05	0.22	0.53
鲁西和鲁北地区	滨州市	7.9	0.0		0.00	
	德州市	7.9	0.0		0.00	
	东营市	7.9	0.0		0.00	
	菏泽市	8.1	0.0		0.00	
	聊城市	8.1	0.0		0.00	
	合计/平均	7.9	0.0	0.00	0.00	0.00

市域范围看，威海市 pH 的平均值最小，为 5.3；其次是日照市，为 5.7；其他地市 pH 平均值都在 6.0 以上。pH 最大的市是处于黄泛平原的菏泽市和聊城市，均为 8.1。威海市的土壤酸化状况最为严重，占威海市土壤面积的比例达到 67.94%，其次为烟台市，酸化面积占本市土壤面积的 21.18%。

（五）主要土壤类型酸化特征

表 11-7 为山东省主要土壤类型的 pH 及酸化状况，可以看出，各土壤类型 pH 平均值由高到低依次为潮土、褐土和砂姜黑土、棕壤。67.87%潮土的点位 pH 处于 7.5～8.5，显弱碱性；50.66%褐土、36.54%砂姜黑土的点位 pH 处于 6.5～7.5，显中性；41.22%棕壤的点位 pH 处于 5.5～6.5，显弱酸性。从酸化状况看，棕壤酸化点位所占比例明显高于其他土类，其次是砂姜黑土，酸化点位占 5.10%，再次是褐土和潮土，酸化点位占 3.49%和 3.17%。

表 11-7 山东省不同土壤类型的土壤 pH 及酸化状况

土类	点位数	平均值	变异系数（%）	酸化占比（%）	5.5～6.5 占比（%）	6.5～7.5 占比（%）	7.5～8.5 占比（%）	>8.5 占比（%）
潮土	19 828	7.7	10.13	3.17	6.57	19.94	67.87	2.45
褐土	9 992	7.1	10.48	3.49	16.41	50.66	28.92	0.52
砂姜黑土	1 883	7.1	12.81	5.10	21.77	36.54	32.61	3.98
棕壤	8 818	6.0	13.51	31.54	41.22	24.10	3.13	0.00

注：酸化占比指 pH≤5.5 的酸化点位所占比例。

（六）不同土地利用方式的土壤酸化特征

表11-8为山东省不同土地利用方式的土壤酸化状况，可以看出，在耕地、园地和林地（苗圃）三种主要的农业用地类型中，林地（苗圃）的pH平均值最小，为5.9；园地次之，为6.2；耕地最大，为7.2。在耕地中，菜地的pH平均值明显低于农田；在园地中，茶园的pH平均值最小，为5.6，桑园最大，为7.6。按点位统计，在一级类型中，耕地酸化点位占比最小，为9.59%；林地（苗圃）酸化点位占比最大，为36.36%。在二级类型中，茶园酸化点位占比最大，达50.00%；其次为果园，占26.53%；桑园没有酸化现象。

表11-8　山东省不同土地利用方式的土壤酸化状况

土地利用类型		点位数	pH平均值±标准差	变异系数（%）	酸化点位数	酸化占比（%）
耕地	农田	35 008	7.2±1.04	14.5	3 377	9.65
	菜地	1 130	6.8±0.71	10.5	89	7.88
	合计/平均	36 138	7.2±1.03	14.3	3 466	9.59
园地	茶园	56	5.6±0.81	14.5	28	50.00
	果园	2 608	6.3±0.95	15.1	692	26.53
	桑园	12	7.6±0.62	8.2	0	0.00
	合计/平均	2 676	6.2±0.95	13.2	720	26.91
林地（苗圃）		22	5.9±1.01	17.1	8	36.36

（七）山东省土壤酸化的影响因素

分析山东省土壤酸化的原因，影响因素如下。

1. 气候因素　研究发现，山东省年降水量与土壤pH分布具有很好的空间一致性，显示了降水对土壤酸化的影响。酸化土壤主要集中在鲁东和鲁南沿海地区，该地区气候湿润多雨，强烈的土壤淋溶作用会导致土壤溶液中的盐基离子较易随雨水下渗而淋失，使土壤中的盐基饱和度降低，氢离子饱和度增加，从而引起土壤酸度降低。

2. 母质因素　从岩石类型看，花岗岩、变质岩集中分布于鲁东丘陵区，石灰岩则集中分布于鲁中及鲁中南山丘区；从母质类型看，鲁东以酸性岩类残坡积物为主，鲁中南以钙质基性岩残坡积物为主，鲁西北则以石灰质冲积物为主；从土壤类型看，鲁东主要分布棕壤，鲁中南主要分布褐土，鲁西北则主要分布潮土。山东酸化土壤主要分布于酸性岩类发育的棕壤分布区，风化过程中所产生的钙、镁、钾、钠等盐基成分易被淋失，无石灰性，盐基不饱和，微酸性至酸性反应。

3. 施肥因素　山东省近年土壤酸化面积明显增加，引起土壤酸化的原因之一是化肥的施用量逐年提升且利用率较低。从2000年起，山东省化肥施用量年年递增，至2007年达到最高值。2013年山东省平均施肥量430.5 kg/hm^2，超过全国平均化肥用量328.5 kg/hm^2，远高于世界平均水平（120 kg/hm^2）。从各地市施肥水平看，施肥量由大到小依次为烟台市>枣庄市>潍坊市>日照市>威海市>济宁市>济南市莱芜区>东营市>聊城市>青岛市>临沂市>济南市>德州市>菏泽市>泰安市>滨州市>淄博市；根据典型作物施肥调查，施肥量由大到小依次为果树>蔬菜>粮食作物。果园的施肥量远高于小麦、玉米等粮食作物的施肥量，这在一定程度上反映了施肥对土壤酸化的影响。

4. 其他因素　大水漫灌等不合理的用水方式可能加速土壤的淋洗作用，加重土壤酸化；土壤酸化严重地区为长期果树种植区，种植模式和管理模式单一，不利于酸化土壤的改良。同时，酸雨也是导致土壤酸化的因素之一。

总体来看，气候、母质等自然因素是土壤酸化的客观原因，施肥等农事活动则是加速土壤酸化进程的人为因素。

第三节　棕壤离子交换作用

土壤胶体所吸附的阳离子，在静电引力、离子本身热运动或浓度梯度的作用下，可以和土壤溶液中的阳离子或其他胶体表面的阳离子进行交换，这种作用称为阳离子交换作用。这种能相互交换的阳离子称为交换性阳离子。如果发生交换的离子是阴离子，则这一过程称为土壤阴离子交换过程。离子从溶液转移到胶体表面的过程，称为离子的吸附过程。胶体表面吸附的离子转移到溶液的过程，称为离子的解吸过程。离子的吸附与解吸构成了离子的交换过程（王果，2009）。在自然条件下，土壤胶体一般带负电荷较多，故在土壤中阳离子吸附作用更为普遍。阳离子吸附作用是土壤保肥性和供肥性的机制所在。

一、阳离子交换作用

土壤阳离子交换作用有以下三个特点。

1. 是一个可逆反应　被吸附到胶体表面的阳离子不是静止的，而是处于不断运动之中。当根系从土壤溶液中吸收某一阳离子而致其浓度降低时，土壤胶体表面的该种阳离子就会解吸进入土壤溶液，以保持土壤固相和液相之间的平衡。施肥时土壤溶液中养分离子的浓度升高，土壤胶体则通过阳离子交换作用，吸附土壤溶液中的养分离子，达成新的平衡。阳离子交换吸附反应的速度很快，几分钟即可达到平衡。

2. 遵循等价交换原则　土壤胶体上的阳离子与土壤溶液中的阳离子进行交换时总是遵循等价交换原则。例如，1 mol 的 Ca^{2+} 可以交换 2 mol 的 K^{+}，而 1 mol 的 Fe^{3+} 则需要 3 mol 的 H^{+} 来交换。

3. 符合质量作用定律　质量作用定律即化学反应速率与反应物的有效质量成正比，其中有效质量实际上是指浓度。在土壤的离子交换过程中，大量结合能力较差的离子也可将少数结合能力强的离子从土壤胶体表面交换下来。

二、阳离子交换力

阳离子交换力是指一种阳离子将另一种阳离子交换出来的能力。不同阳离子的交换力存在差别，影响因素如下。

1. 离子的化合价　离子的化合价越高，其交换力越强。因此，三价离子的交换力最强，二价离子次之，一价离子最弱。

2. 离子的半径和水化半径　对同价的离子而言，它们的交换力受离子半径和水化半径的影响很大。离子半径大的离子，水化能力弱，水化半径小，容易接近胶粒，因此交换力较强；离子半径小的离子，水化能力强，水化半径大，不容易接近胶粒，因此交换力较弱。H^{+} 虽然是一价离子，但它的水化能力很弱，在水溶液中的运动速度很快，所以交换力比 Ca^{2+} 还强。土壤中常见阳离子的交换力顺序为 $Fe^{3+}>Al^{3+}>H^{+}>Ca^{2+}>Mg^{2+}>K^{+}>NK_{4}^{+}>Na^{+}$。

3. 离子的浓度　阳离子交换作用受质量作用定律支配。交换力很弱的阳离子，如果浓度很高，也可以将交换力很强、在溶液中浓度较低的阳离子交换出来。在生产实践中，可以通过增加土壤中阳离子浓度的方法来调控阳离子转化的方向，以培肥土壤或提高土壤养分离子的有效性。

三、阳离子交换量

在一定的 pH 条件下，土壤所能吸附和交换的阳离子的总量，就称为土壤的阳离子交换量（cation exchange capacity，简称 CEC）。CEC 的单位是 cmol/kg，即每千克土壤中交换性阳离子的量。CEC 是土壤缓冲性能的主要来源，能够反映土壤吸附阳离子的能力和黏粒的活性大小，其大小与土壤胶体种类和含量有关（魏孝荣等，2009），是由土壤胶体表面的净负电荷量决定的。无机、有机胶体的官能团产生的正负电荷数量因溶液的 pH 和盐溶液浓度的改变而改变（黄昌勇，2000）。土壤阳离子交换量与土壤的成土母质、有机质、土壤酸度、土壤质地以及土壤的管理措施均有一定的相关性（罗淑华等，1989）。测定 CEC 时必须控制土壤的 pH，通常将土壤 pH 控制为 7，但有的方法例外。土壤阳离子交换量是一个很重要的化学指标，直接反映了土壤的保肥供肥能力和缓冲能力。阳离子交换量高的土壤，保肥和供肥能力较强，化学缓冲能力也较强。一般认为，CEC>20 cmol/kg的土壤为保肥能力强的土壤，CEC 为 10～20 cmol/kg 的土壤为保肥能力中等的土壤，CEC<10 cmol/kg的土壤为保肥能力弱的土壤。下列因素影响土壤阳离子交换量。

1. 土壤质地 土壤质地越黏重，黏粒含量就越高，土壤的负电荷量也越多，因此土壤的阳离子交换量也越高。轻质土沙粒含量高而黏粒含量低，因此土壤的负电荷量少，阳离子交换量也低。一般黏土的阳离子交换量高于沙土，因此黏土具有较好的保肥能力。

2. 有机质含量 有机质对土壤负电荷有很大贡献，有机质含量高的土壤一般具有较高的阳离子交换量。因此，提高土壤有机质含量有助于提高土壤的保肥能力。

3. 矿质胶体种类 不同矿质胶体所含的负电荷差异较大，因此在其他条件相近的情况下，具有不同黏土矿物组成的土壤的阳离子交换量也有很大差异。一般 2∶1 型黏土矿物的阳离子交换量高于 1∶1 型黏土矿物。土壤常见黏土矿物类型的阳离子交换量大小顺序为蒙脱石>伊利石>高岭石>氧化物类矿物。

北方土壤的黏土矿物以 2∶1 型为主，而南方土壤的黏土矿物则以 1∶1 型为主，并含有较多的氧化物类矿物。因此，北方土壤的阳离子交换量明显高于南方土壤，其保肥能力也明显高于南方土壤。

4. 土壤 pH pH 通过影响土壤可变电荷而影响土壤阳离子交换量。当土壤 pH 升高，土壤可变负电荷量增加，阳离子交换量也增加。酸性土壤施用石灰改良酸性的同时也提高了土壤的保肥能力。南方土壤可变电荷含量高，因此南方土壤受影响的程度较大。

辽宁省的不同地区棕壤阳离子交换量存在很大差异。从地区内部比较来看，随着 pH 的降低，阳离子交换量呈现降低趋势，沈阳市和铁岭市昌图县在 pH 为 4～5、5～6 和 6～7 这 3 个区间内的阳离子交换量差异均达到显著水平。而大连市瓦房店市和抚顺市清原满族自治县在 pH 为 4～5 和 5～6 区间阳离子交换量差异并不显著。从 pH 最高值到最低值，铁岭市昌图县、沈阳市、大连市瓦房店市、抚顺市清原满族自治县阳离子交换量分别下降了 4.99 cmol/kg、3.0 cmol/kg、5.28 cmol/kg、1.90 cmol/kg（沈月等，2012）。

5. 耕作方式 与常规耕作相比，免耕使土壤表层 pH 显著增加，且使其电导率下降；同时，免耕增加了表层土壤可交换性 K^+ 含量，降低了可交换性 Na^+ 含量，但对可交换性 Ca^{2+}、Mg^{2+} 和阳离子交换量没有产生显著影响。相关分析结果表明，可交换性 K^+ 与土壤养分含量没有显著相关性，而可交换性 Na^+、Ca^{2+}、Mg^{2+} 和阳离子交换量与有机质和全氮含量均呈负相关关系（孙良杰等，2009）。

四、盐基饱和度

土壤的交换性阳离子可以分为两种类型：一是盐基离子，如 K^+、Na^+、Ca^{2+}、Mg^{2+}、NH_4^+ 等；二是致酸离子，包括土壤胶体吸附的 H^+ 和 Al^{3+}。土壤的交换性盐基离子占交换性阳离子总量的百分数称为土壤盐基饱和度（base saturation，简称 BS）。

盐基离子以植物养分离子为主，交换性盐基离子可以释放到溶液中供植物吸收利用。因此，土壤盐基饱和度越高，意味着土壤向植物提供养分阳离子的能力越强。盐基饱和度的高低反映了土壤保蓄植物养分阳离子的能力，是土壤肥力水平的重要指标之一。盐基饱和度能够反映出土壤有效（速效）养分含量的多少。一般认为，盐基饱和度>80%且钠饱和度低的土壤是肥沃的土壤；盐基饱和度为 50%～80%的是肥力中等的土壤；而盐基饱和度<50%的是肥力低的土壤。盐基饱和度的大小，可用于确定改良土壤时施用石灰或磷灰石量，是改良土壤的重要依据之一。土壤胶体上的离子交换是土壤

酸度变化的重要因素之一，而土壤交换性离子的有效度不仅与交换性离子种类及绝对含量有关，还与交换性离子的饱和度有密切的关系。因为该离子的饱和度越高，其被交换解吸的机会就越多，有效度就越大（黄昌勇，2000）。我国土壤的盐基饱和度呈北高南低的趋势。因而总体上看，北方土壤比南方土壤的供肥能力要高。土壤盐基饱和度的高低也反映土壤中致酸离子的含量，即土壤 pH 的高低。盐基饱和度低的土壤，致酸离子多，土壤酸度大。热带、亚热带地区湿润多雨，淋溶作用强烈，土壤盐基饱和度较低而 H^+ 和 Al^{3+} 的饱和度较高，土壤 pH 也较低。盐基饱和度与水解性酸度同步增高或降低。

由表 11－9 可看出棕壤的阳离子交换量和交换性盐基总量均较高。前者多在 15～25 cmol/kg；后者在 10～17 cmol/kg，以表土层最高，但也有偏低（＜10 cmol/kg）和偏高（＞17 cmol/kg）的现象，与成土母质的岩性不同有很大的关系（全国土壤普查办公室，1998）。典型棕壤 pH 为 5.5～6.0，盐基饱和度约为 80％；酸性棕壤腐殖质层 pH 约为 6.0，土体 pH 约为 5.0，盐基饱和度低（20％～50％），随剖面向下均有所下降，至母质层有所回升。发育在黄土母质上的潮棕壤和白浆化棕壤的盐基饱和度则处于典型棕壤和酸性棕壤之间，通常为 60％～70％。有湖积过程的白浆化棕壤盐基饱和度高（86％～97％），受上层水作用的棕壤盐基饱和度低（30％～50％）。

表 11－9　棕壤的交换性能

采样地点	采样深度（cm）	阳离子交换量（cmol/kg）	交换性盐基（cmol/kg）					交换性酸（cmol/kg）		
			Ca^{2+}	Mg^{2+}	K^+	Na^+	总量	H^+	Al^{3+}	总量
山东省济宁市邹城市崇文岭	0～15	12.05	6.20	2.91	0.27	痕迹	9.38	0.07	0.03	0.10
	15～33	12.34	7.64	2.90	0.27	痕迹	10.81	0.11	0.04	0.15
	33～45	21.05	14.47	5.56	0.49	痕迹	20.52	0.07	0.06	0.13
	45～80	23.30	14.47	6.20	0.67	0.65	21.99	0.08	0.03	0.11
	80～100	17.88	11.85	4.07	0.30	0.59	16.81	0.05	0.02	0.07
	100～120	14.37	10.46	3.15	0.20	0.35	14.16	痕迹	痕迹	痕迹
辽宁省沈阳市苏家屯区	0～17	22.35	13.65	3.99	0.27	6.17	18.08	痕迹	0.19	0.19
	17～42	27.65	15.69	5.79	0.36	0.35	21.89	0.09	0.52	0.61
	42～69	28.50	15.81	6.03	0.40	0.59	22.83	0.09	0.33	0.42
	69～95	28.64	16.08	5.64	0.37	0.57	22.66	0.10	0.21	0.31
	95～144	26.60	15.49	4.90	0.32	0.52	21.23	0.11	0.22	0.33
河北省石家庄市平山县	5～14	37.21	20.41	5.53	0.48	2.85	29.27	0.25	痕迹	0.25
	14～30	36.18	17.44	2.26	0.22	4.57	24.49	0.17	痕迹	0.17
	30～85	26.15	12.63	1.83	0.19	5.11	19.76	0.17	痕迹	0.17
	85～100	15.52	8.17	0.94	0.06	4.76	13.93	0.22	痕迹	0.22

辽宁省不同地区间盐基离子组成呈现不同特点，但总体均以 Ca^{2+} 占主导地位，其次是 Mg^{2+}，K^+ 和 Na^+ 含量最低。土壤 pH 与交换性 Ca^{2+}、Mg^{2+} 含量呈显著正相关，与盐基饱和度和 Ca^{2+}、Mg^{2+} 饱和度呈极显著正相关，与 Na^+ 离子饱和度呈显著正相关，与 K^+ 不相关（沈月等，2013）。随着 pH 降低，盐基饱和度也呈现下降趋势，其中，大连市瓦房店市和抚顺市清原满族自治县下降幅度最大，分别下降了 10.23％和 14.09％，而铁岭市昌图县和沈阳市下降了 3.37％和 4.25％（依艳丽等，2009）。不同施肥处理土壤硝态氮和铵态氮的剖面含量变化体现为由表层向下逐渐递减的趋势。当尿素的施用量增至 270 kg/hm^2，表层土壤硝态氮含量急剧增加至 70.6 mg/kg。与不施尿素相比，硝态氮含量增加了 25.7 倍，与 135 kg/hm^2 处理相比增加了 1.45 倍。pH 也显著下降，与对照相比，下降了 1.27 个单位，酸化程度显著增加。在尿素用量不断增加的同时，土壤铵态氮含量虽有所增加，但增加幅度不明显。这说明 pH 的改变受硝态氮的影响最大，大量氮肥加入的情况下，促进了硝态氮

的累积（沈月等，2013）。

辽宁省不同地区棕壤阳离子交换量和盐基饱和度存在很大差异。从地区内部来看，随着 pH 降低，阳离子交换量呈现降低趋势。随着 pH 降低，盐基饱和度递减，在 pH 为 4.6～5.5 的范围内，盐基饱和度低于 60%，其中辽东清原满族自治县和宽甸满族自治县在此 pH 范围内，盐基饱和度分别为 53.48%和 56.12%。从不同地区盐基饱和度的平均值来看，以辽北昌图县、开原市最高，分别为 69.8%和 72.59%，而辽东清原满族自治县、宽甸满族自治县最低，分别为 54.31%和 58.61%。中部、南部和西部平均盐基饱和度在 65%～70%。

不同地区土壤盐基饱和度随着 pH 降低呈下降趋势。土壤胶体上存在交换性阳离子是土壤产生缓冲作用的主要原因。在供试区土壤中，铁岭市昌图县和沈阳市的阳离子交换量和盐基饱和度较高，因此对酸化有一定的缓冲作用。当土壤溶液中的 H^+ 浓度增加时，胶体表面的交换性盐离子与溶液中的 H^+ 交换，使土壤溶液中的 H^+ 浓度基本不发生变化或变化很小。而阳离子交换量又受 pH 的影响，因土壤胶体微粒表面的羟基解离受介质 pH 的影响，当介质 pH 降低时，土壤胶体微粒表面所带的负电荷也相应减少，其阳离子交换量也降低，反之则升高。土壤的基础 pH 越高，土壤胶体上吸附的盐基离子越多，缓冲作用就越强。因此，该地区棕壤均呈现出盐基离子含量随 pH 增加而增加的现象（沈月等，2013）。

第四节　棕壤氧化还原电位

氧化还原性是土壤的重要化学性质之一。氧化还原反应始终存在于岩石风化和母质成土的整个土壤形成发育过程之中，对土壤物质的转化、迁移和富集，以及剖面的分异、土壤肥力、植物生长、养分的生物有效性、污染物的缓冲性等都有深刻影响。土壤溶液中的某些氧化物质经过氧化还原反应可以形成电动势，这种在特殊条件下形成的电动势被定义为氧化还原电位（Eh）。李清曼（2001）定义：电子的移动导致电极与溶液的接触面产生电位差，这种电位差被称为氧化还原电位。20 世纪 20 年代初，我国研究学者对土壤氧化还原电位的研究大部分集中在南方地区的水稻土上，以土壤渍水后的氧化还原过程和还原性物质性质的变化为研究重点。20 世纪 80 年代，对热带、亚热带地区不同类型的土壤（自然林下土壤、水稻土以及旱作土壤）进行对比研究。而对北方温带地区土壤的相关研究在 20 世纪 90 年代才得以开展。

一、土壤的氧化还原体系

土壤中有多种氧化还原物质共存，有的呈氧化态，有的呈还原态。无机矿物主要呈氧化态，而有机质主要呈还原态，其中新鲜的植物残体和有机质是主要的电子供体，其他还原性物质也可以成为土壤的电子供体，如 Fe^{+}、Mn^{2+}、S^{2-}、H_2 等，这些物质是土壤中的还原剂。O_2 是土壤中最主要的电子受体（氧化剂），此外，如 Mn^{4+}、Fe^{3+}、SO_4^{2-} 等高价氧化态物质也是电子受体（氧化剂）。

氧化还原反应中氧化剂（电子接受体）和还原剂（电子给予体）构成了氧化还原体系。某一物质释放电子被氧化，伴随着另一物质取得电子被还原。土壤中主要的氧化还原体系包括氧体系、铁体系、锰体系、氮体系、硫体系和有机物体系（黄昌勇，2000）。由于氧化还原体系和各种生物同时存在，土壤氧化还原反应较纯溶液复杂。

（一）氧体系

氧气（O_2）是一种强氧化剂，是土壤中来源最广泛的电子接受体。因此，氧体系是决定土壤氧化还原状况的主要体系。土壤中的氧主要来自大气，小部分来自雨水或灌溉水中的溶解氧。旱地土壤透气性较好，可以较好地获得大气氧的补充，因此氧化还原电位较高，土壤处于氧化状态。淹水土壤由于水层阻隔了土壤与大气之间的气体交换，不容易获得大气氧的补充，原有的氧由于生物和化学过程的消耗而不断减少，氧化还原电位较低，土壤处于还原状态。

（二）铁体系

铁（Fe）在土壤中大量存在，是土壤中氧化还原变化较为频繁的元素之一。土壤中铁形态较复杂。随土壤氧化还原状态的变化，铁的价态也发生变化。在氧化条件下，铁主要以三价铁（Fe^{3+}）形式存在；在还原条件下，铁主要以二价铁（Fe^{2+}）形式存在。二价铁化合物的溶解度高于三价铁化合物。因此还原过程导致土壤中含铁化合物活动性增强，土壤溶液中 Fe^{2+} 增多，并有可能引起植物受到 Fe^{2+} 毒害。氧化铁化合物的还原过程常消耗 H^+，从而提高土壤 pH；Fe^{2+} 被氧化为 Fe^{3+}，释放出 H^+，从而降低土壤 pH。

对辽宁省大连市普兰店区的白浆化棕壤、抚顺市新宾满族自治县木奇镇的滞水型白浆化棕壤和侧渗型白浆化棕壤的研究发现，白浆化棕壤在河湖沉积物和黄土状沉积物上的淋淀作用较在花岗岩冲坡积物上的强，游离铁含量顺序为白浆化棕壤>滞水型白浆化棕壤>侧渗型白浆化棕壤；有机络合作用则为花岗岩冲坡积物上的侧渗型白浆化棕壤强，活化铁和络合铁含量顺序为侧渗型白浆化棕壤>滞水型白浆化棕壤>白浆化棕壤；在剖面上的分布表现为侧渗的花岗岩冲坡积物剖面由高到低变化，黄土状沉积物上的剖面黏粒淋淀作用强而呈由低到高的变化。

（三）锰体系

土壤中锰（Mn）的含量一般比铁低得多。在氧化性土壤中，锰主要以三价或四价锰的氧化物存在，当土壤发生还原反应时，锰比铁更容易被还原，锰还原生成 Mn^{2+}。Mn^{2+} 是植物吸收利用的主要形态。因此在还原条件下，还原性锰的含量往往比还原性铁的含量更高。在中性还原条件下，Mn^{2+} 能稳定存在。在强酸性或酸性土壤中，即使在氧化条件下，也可能存在 Mn^{2+}。由于锰很容易被还原，锰氧化物成为土壤中最强的固体氧化剂。

（四）氮体系

氮元素的氧化还原状态比较复杂，其氧化数从＋5 到－3。土壤中无机氮的主要形态有 NO_3^-、NO_2^-、NH_4^+、NO、N_2O、N_2 等，而 NO、N_2O、N_2 在常温下是气体。氮的大部分氧化还原反应在一般的土壤氧化还原电位范围内可以发生，但微生物和酶在这些反应中起了十分重要的作用。因此，氮的氧化还原反应不能单纯用氧化还原理论进行解释。在通气良好的土壤中，NO_3^- 是无机氮的主要形态。当还原过程进行时，在微生物和酶的作用下，通过反硝化作用，NO_3^- 被还原成 NO、N_2O、N_2。反硝化作用会导致渍水土壤中氮素大量损失，所形成的 NO_x 气体会对大气环境产生不利的影响。

（五）硫体系

硫的氧化数从＋6 到－2。硫的氧化还原电位较低，因此硫较容易被氧化而较难被还原。在通气良好的土壤中，由于硫容易被氧化，还原态的硫（S^{2-}）很容易被氧化成为 SO_4^{2-}。因此，氧化态的土壤硫主要以 SO_4^{2-} 的形式存在。氧化态的硫（SO_4^{2-}）不容易被还原，一般需要强烈的还原条件和微生物的参与，才能被还原为硫化物。

（六）有机物体系

在还原条件下，有机物由于微生物的厌气分解而产生一系列还原性物质。还原性有机物在淹水还原初期的产生量较大，以后逐渐降低。还原性有机物是一类较强的还原剂，可以使氧化性物质被还原；还具有较强的络合能力，对土壤中营养元素和污染元素的转化起一定作用（王果，2009）。土壤中易氧化的有机质量多且碳氮比较高时，渍水时的电位下降显著，这与微生物活动有关。甲苯和低温可以阻滞电位的下降。土壤表层（0～20 cm）有机质含量较高，氧化还原电位比下部土层低 100～200 mV。

二、棕壤氧化还原电位的动态变化

如图 11－4 所示，9—11 月，沈阳地区土壤各层氧化还原电位处于平稳状态，均在 300～400 mV 范围内，且表层氧化还原电位低于底层。此时沈阳地区虽处于秋季干旱期，但降水量较多，土壤含水量有所增加，故表层土壤氧化还原电位较低。12 月是冬季湿润期，各层土壤氧化还原电位与上一时期相比明显升高，均在 400～500 mV 范围内，变化趋于平稳，除表层（0～10 cm）土壤氧化还原电位最低外，其他土层氧化还原电位随着深度增加逐渐降低。3 月中旬至 4 月（初春湿润期），土壤处于消融状态，土壤含水量增加，氧化还原电位迅速降低。5—6 月，土壤由春季干旱期进入夏季湿润期，干湿交替明显，土壤氧化还原电位呈现明显氧化还原交替变化趋势。7—8 月，沈阳地区降水次数和降水量相对较少，土壤处于干旱缺水状态，各土层氧化还原电位于 7 月初升高后呈平稳趋势，并且持续到 8 月底，各层氧化还原电位均在 400～500 mV 范围内（马志强等，2015）。

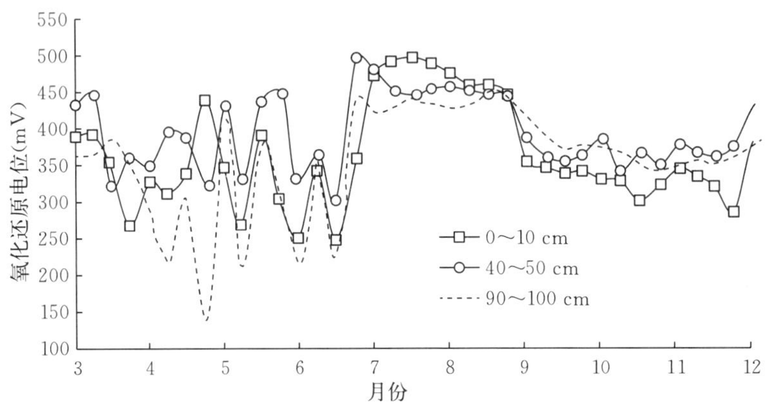

图 11 - 4　土壤氧化还原电位的动态变化

整体而言，不同季节中同一土层氧化还原电位的差异总体上表现为旱季高于雨季。这是由于旱季土壤孔隙中水分含量总体较低，氧气在土壤孔隙中占有一定比例，土壤通气状况良好。当土壤气体与大气交换时，氧气也不断地进行交换，氧气浓度维持在较高的水平，因此氧化还原电位相对较高，土壤大多呈现出氧化状态。而在雨季，土壤孔隙中水分含量总体较高，土壤排水不良，土壤气体与大气交换受阻，氧气所占比例大大降低，浓度也随之下降。因此，氧化还原电位相对于旱季有较大幅度降低，土壤大多呈现出还原状态。

三、棕壤氧化还原电位与水热状况的关系

土壤温度是土壤通气状况的驱动因素之一，通过改变土壤微生物的活性和水热状况间接影响土壤的氧化还原反应。此外，水热状况的综合作用通过调节土体的通气状况改变氧化物与还原物浓度，进而影响氧化还原电位。如图 11 - 5 至图 11 - 7 所示，9—11 月土壤含水量变化趋于平稳，随着土壤深度的增加含水量逐渐减少，其变动幅度也越来越小；同时期土壤温度整体呈下降趋势，且随土壤深度增加而降低。这是因为土壤深度越深，含水量和温度受该地区气候波动的影响越小，而表层土壤的含水量、温度受该地区的降水量和蒸发量直接影响较大。

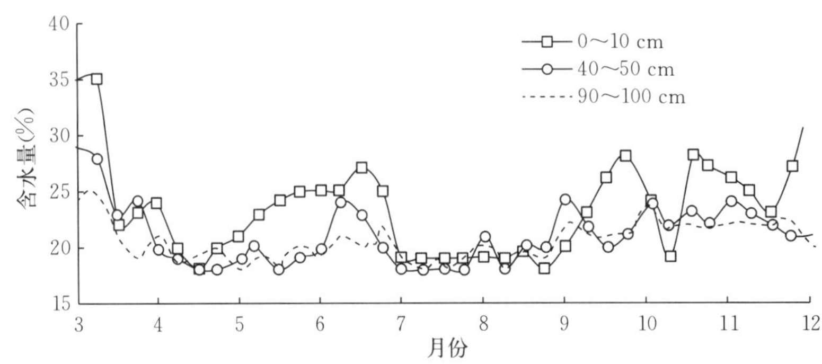

图 11 - 5　棕壤含水量的动态变化

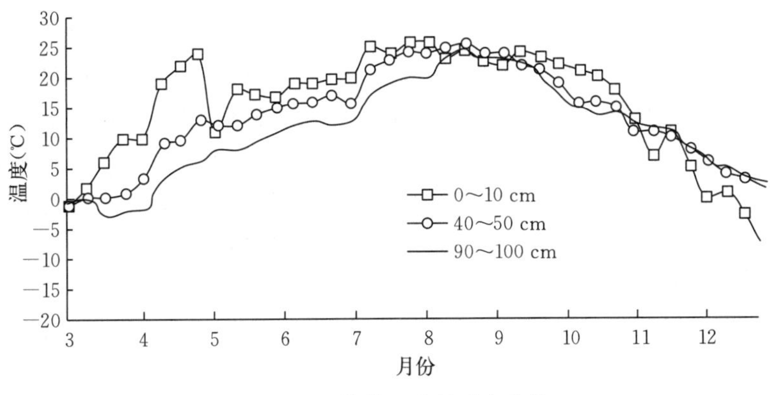

图 11-6 棕壤温度的动态变化

经分析，土层中氧化还原电位与含水量均呈现负相关（$P<0.05$）。12 月至翌年 3 月，各层土壤含水量均呈现先增加后降低的趋势，且随土壤深度增加逐渐减少；土壤温度仍处于整体下降趋势，且随土壤深度增加逐渐升高；此时期 0～10 cm 层土壤氧化还原电位与含水量呈显著负相关（$P<0.05$），其他各土层氧化还原电位与含水量呈显著正相关（$P<0.05$）。由于此时期降水量、土壤温度均处于全年最低值（图 11-6），温度梯度的变化使水分重新分布，水分从暖端向冷端迁移。但受冻融作用的影响，水分的迁移变化使得土体发生膨胀，表现为土体体积增大，冻胀作用明显，土壤结构变得越来越松散，土壤吸水能力逐渐增强。但由于温度逐渐降低，水分迁移受到限制，变得松散的土壤孔隙增多，由此改善了土壤的通气状况，土壤氧化还原电位呈现升高的趋势。4—6 月，各土层含水量与上一阶段相比整体有所降低，且随土壤深度增加呈降低趋势；各土层氧化还原电位与含水量均呈负相关关系（$P<0.05$）。如图 11-7 所示，4—6 月土壤由消融状态进入夏季湿润期，含水量在这个时期也呈现逐渐升高的趋势，水分较多的 0～10 cm 土层变化趋势较明显。加之土壤水热波动变化明显，使得土壤氧化还原电位处于氧化还原交替变化状态。7—8 月，各层土壤含水量与上一阶段相比整体下降后处于平稳趋势，且各层含水量相近，波动幅度较小，均在 18%～20%范围内。土壤温度整体呈上升趋势，且随土壤深度增加略有降低。该时期各土层氧化还原电位与含水量呈负相关关系（$P<0.05$）。这是因为 2013 年 7 月与往年不同，沈阳地区降水很少，土壤含水量较低。加之温度较高，蒸发量较大，只是土壤通气状况良好，土壤氧化还原电位呈升高趋势（马志强等，2015）。

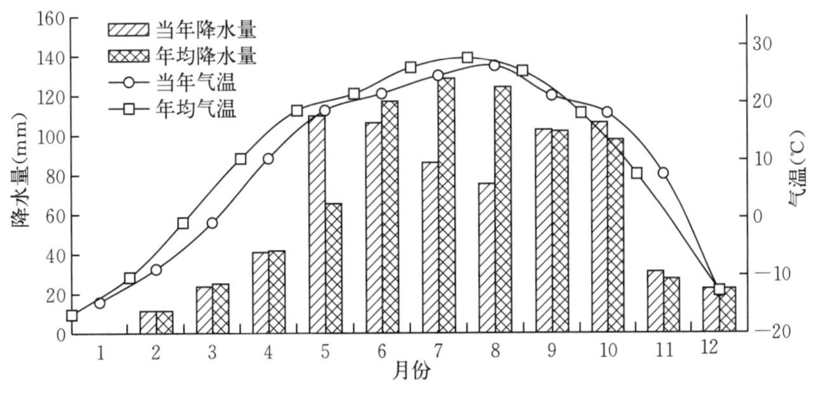

图 11-7 气温和降水量的季节性变化

四、棕壤氧化还原电位与土壤 pH 的关系

如图 11-8 所示，9 月各层土壤 pH 变化处于平稳状态，均为 6.0～6.5，且随土壤深度增加逐渐降低；10 月至 11 月中旬，土层 pH、氧化还原电位呈波动变化趋势，且土壤 pH 越高，氧化还原电

位越低。有机质较多的0～10 cm表层土壤pH波动幅度较大。研究发现，随着气温的逐渐降低，土壤蒸发减弱，但由于此段时间仍有降水，有机质分解出的Ca^{2+}、Mg^{2+}淋溶到下层土壤，导致pH降低。有机质较多的表层土壤pH波动变化明显，但氧化还原电位波动变化不明显。可见，有机质含量是影响土壤pH和氧化还原电位波动变化的重要因素。前人研究氧化还原电位与pH关系时，指出氧化还原电位与pH之间存在着负相关关系。酸性土壤在淹水还原状态下，pH会逐渐升高，并达到中性。还原条件的发展会影响pH的变化。这种影响一般是间接的，pH变化的大小和速度与土壤最初的有机质含量有关。12月至翌年4月，土壤pH呈现整体升高趋势，0～10 cm土层pH变化明显。此时期0～10 cm土层氧化还原电位低于其他土层，氧化还原电位随着土壤pH变化波动幅度较小。这是因为表层土壤有机质含量较高，有机质作为电子转移能量的供给体，参与并影响着氧化还原反应，在同样的渍水条件下，还原强度较强。研究发现，土壤pH也随着冻融循环次数的增加整体呈现升高的趋势。经分析，冻融时期各层土壤氧化还原电位与pH呈现正相关关系（$P<0.05$）。5—6月，土壤pH整体呈下降趋势。这个时期土壤处于夏季湿润期，降水量明显增加，气温变化幅度较小，由于淋溶作用，K^{+}、Ca^{2+}、Na^{+}、Mg^{2+}随水向下移动，水分较少的土壤层次pH减小，水分较多的土壤层次氧化还原电位降低。7—8月，土壤pH整体呈升高趋势，随土壤深度增加pH有所降低。这是因为与往年相比，当年7—8月沈阳地区降水量明显减少，蒸发加剧，土壤通气状况得到改善，故土壤氧化还原电位升高，加之土壤风化作用的影响，有机质的分解消耗大量H^{+}，致使土壤pH呈现升高的趋势（马志强等，2015）。

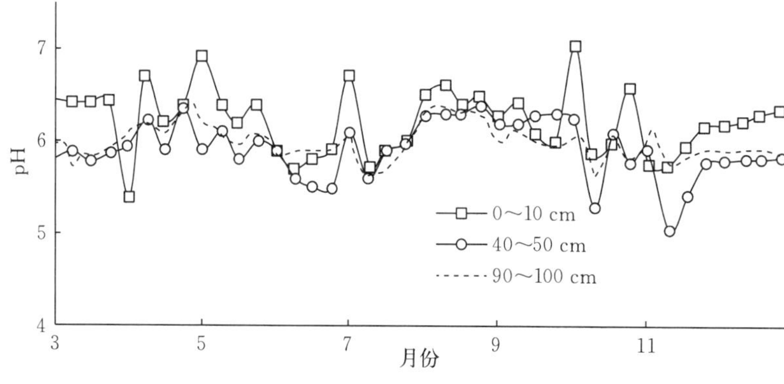

图11-8 棕壤pH动态变化

第十二章 棕壤有机质状况 >>>

棕壤因分布的地区不同，有机质含量变化很大。棕壤分布区14个省（自治区、直辖市）的多点表土农化样品分析结果表明，棕壤在良好的森林植被覆盖下，土壤有机质含量的平均值在80 g/kg（滇、黔）。由于原始森林植被屡遭破坏而形成灌丛地和疏林地的棕壤，土壤有机质含量也随之下降，平均值通常为50 g/kg，或低于30 g/kg。山东和辽宁棕壤分布区的垦殖指数最高，加之农业利用历史悠久，土壤有机质含量的平均值分别减少到8.0 g/kg和19.8 g/kg。滇、黔、川、甘、豫等省中高山地区的棕壤垦殖系数很低，天然林草覆盖下棕壤的土壤有机质含量较高，分布在39.2～85.6 g/kg。而零星耕种的棕壤，由于耕垦历史较短，土壤有机质含量虽有减少，但仍保持着较高的含量水平，与未垦殖的棕壤相差不大。

第一节 棕壤有机质及分布规律

土壤有机质是土壤中所有含碳有机质的统称，包括以各种来源进入土壤并以各种形态和方式存在于土壤中的有机质。土壤有机质是土壤固有的组成成分，且绝大部分与土壤的另一部分——矿物质相互组合，形成不同大小的有机无机复合体或微团聚体，构成土壤构架，调节着土壤的水、肥、气、热状况，并给予生长于土壤上的植物机械支持。土壤有机质还是植物养分的重要来源，对土壤的一系列物理、化学和生物性质具有深刻的影响。因此，土壤有机质含量的多少，在一定程度上决定了土壤肥力的高低。

在原始土壤中，最早出现在母质中的有机体是微生物。随着生物的进化和成土过程的发展，动植物残体及其分泌物就成为土壤有机质的基本来源。在自然土壤中，地面植被残落物和根系是土壤有机质的主要来源，树木、灌丛、草类及其残落物每年都向土壤提供大量的有机残体。在农业土壤中，土壤有机质的来源较广，主要有：①作物的根茬、还田的秸秆和翻压绿肥；②人畜粪尿、工农产品的下脚料（如酒糟、亚铵造纸废液等）；③城市生活垃圾、污水；④土壤微生物、动物的遗体及分泌物（如蚯蚓、昆虫等）；⑤人为施用的各种有机肥料（厩肥、堆沤肥、腐殖酸肥料、污泥以及土杂肥等）（熊顺贵，2001）。

一、棕壤有机质含量

土壤有机质的积累与矿化是土壤物质和能量循环的一个重要环节。棕壤受气候的影响，干湿交替明显，夏季湿热、冬季干冷，其生物、气候条件有利于有机质分解。

有机质含量分布有以下规律：自然植被下土壤有机质含量高于耕地，自然植被表土层有机质含量在25～40 g/kg，而耕地棕壤有机质含量一般小于20 g/kg。在山地丘陵区，土壤有机质含量与海拔有明显相关性。在自然植被覆盖下，山地越高，自然植被覆盖度越高，有机质含量越高；在垦殖情况下，海拔越高，培肥水平越低，有机质含量越低。耕地棕壤有机质含量受耕作影响，以城镇为中心呈同心圆分布趋势，离中心越远，有机质含量越低。土壤有机质随土层深度加大而逐渐降低，外源有机质如有机肥料、还田秸秆、植物根系等在进入土壤后主要聚集在土壤的上部，使得这一部分的土壤有机质逐渐积累；而土体下部受人为活动影响较小，从而扩大了与土体上部土层有机质含量的差距（李九五，2013）。耕地土壤因耕作方式不同有机质含量也不同，一般是水田高于旱田，菜地高于粮田（贾文锦，1992）。

二、影响棕壤有机质含量的因素

棕壤有机质含量受多种因素影响，主要有以下几个方面。

（一）地形部位

地形是一个地区或一个地貌单元内影响土壤有机质含量的重要因素。由于环境条件的差异，在不同海拔上会形成不同的土壤类型，也会有不同的土壤有机质积累过程。如辽宁东部地区，在海拔1 300 m以上的山地分布有山地灌丛草甸土，在海拔 1 000～1 300 m 分布有暗棕壤，随着海拔的下降依次分布有棕壤、草甸土和沼泽土或泥炭土。

（二）母质与质地

不同母质，其矿物组成、化学成分及机械组成各异，影响土壤有机质积累。例如，残坡积基性岩母质风化产物颗粒较细，而且养分比较丰富，所形成的土壤有机质含量较高。在各种母质所形成的土壤中，有机质含量一般是基性岩母质高于沉积岩中的石灰岩和页岩母质，又高于黄土状母质，更高于酸性岩母质。土壤有机质可与各级矿物颗粒相结合，但有 50%以上的有机质结合在 1～5 μm 颗粒（或团聚体）中。故在其他条件基本相同的情况下，土壤中细粒部分越多，有机质含量越高。

（三）耕作管理

由于时期和水分状况的改变，土地开垦种植时植物残体和一部分易氧化腐殖质迅速分解，土壤有机质明显下降。但降至一定程度后，除遭受严重侵蚀的土壤外，有机质含量趋向平稳。目前，辽宁省耕地土壤有机质含量随着耕地管理水平的不同而有所差异，相当于自然植被土壤含量的 50%～70%，有的土壤经过培肥后有机质含量还高于非耕作土壤。开垦后土壤利用方式不同，有机质含量也不一样，一般是菜田>水田>旱田。施肥是影响土壤有机质含量的重要因素。

有机肥的施用和秸秆还田是导致区域土壤有机质含量增加的直接原因。此外，科学的农田管理措施如保护性耕作等，提高了土壤有机质的稳定性，有效减缓了有机质的分解速度，促进了土壤有机质的积累。20 世纪 80 年代以来，山东省区域农田有机肥施用量稳步提高，秸秆还田量和面积也逐年增加，区域农田土壤有机质总体表现为“碳汇”，有效地改善了土壤结构和肥力状况，对作物的高产起了非常重要的作用。虽然区域土壤总体有机质含量显著增加，但区域之间仍旧存在较明显的差异。

耕作方式可以改变土壤的物理状况，进而引起土壤有机质含量的变化。棕壤、潮褐土的试验结果表明，覆膜较裸地土壤有机质的矿化率提高 11%～67%，明显地降低了土壤有机质的含量（贾文锦，1992）。随冻融次数的增加，棕壤可溶性有机碳含量呈先降低后升高的趋势（王展等，2012）。深松（行行）和隔行深松作为保护性土壤耕作方式，与常规耕作相比，显著提高了棕壤微生物量碳和氮的含量，其中深松提高幅度为 56.8%和 77.0%，隔行深松则为 27.7%和 36.1%；深松处理微生物量碳与有机碳比值最高，为 2.15，其次为隔行深松处理；深松和隔行深松处理微生物量碳与有机碳比值随年度变化呈现先下降后上升的态势（赵颖等，2014）。

（四）土地利用方式

典型棕壤表层 0～20 cm 土壤有机质含量受不同土地利用方式的影响表现为林地>蚕桑地>耕地。林地开垦为蚕桑地和耕地后，有机质含量分别下降了 17.43 g/kg 和 20.23 g/kg；20～40 cm 土层和 40～60 cm 土层有机质平均值表现为林地>耕地>蚕桑地（表 12－1）。其中 20～40 cm 土层，林地开垦为蚕桑地和耕地后，有机质分别降低了 2.31 g/kg 和 0.25 g/kg；40～60 cm 土层林地开垦为蚕桑地和耕地有机质含量分别下降了 3.79 g/kg 和 2.85 g/kg，三者间差别不明显（刘晔等，2005）。0～20 cm 土层有机氮组分受土地利用方式影响最大，有机氮各组分含量总体趋势为林地>柞树林地>耕地，林地与柞树林地有机氮组分都是随剖面的加深而降低且基本达显著水平，耕地有机氮各组分在剖面中分布则明显不同。三种利用方式均以酸解性氮为主体，且酸解性氮占全氮的比例随利用程度的加强及剖面的加深基本呈降低趋势，非酸解性氮则有相反的趋势（查春梅等，2007）。不同利用方式对微生物量碳、氮含量有极显著的影响，表现为林地>园地>耕地（杨坤等，2006）。

表 12-1　不同利用方式典型棕壤各层次有机质的含量

利用方式	层次（cm）	有机质含量（g/kg）			
		1 号样	2 号样	3 号样	平均值
林地	0～20	24.36	35.86	41.04	33.75
	20～40	10.94	9.99	10.57	10.50
	40～60	14.88	5.81	7.26	9.32
蚕桑地	0～20	20.03	15.08	13.85	16.32
	20～40	7.39	6.22	10.97	8.19
	40～60	6.34	5.86	4.39	5.53
耕地	0～20	13.21	11.85	15.50	13.52
	20～40	11.62	7.01	12.12	10.25
	40～60	5.81	4.86	8.75	6.47

三、各棕壤亚类表层土壤有机质含量

土壤有机质是土壤成土过程的产物，不同类型的土壤成土条件不同，人为影响的程度不同，有机质的含量也不同。

从表 12-2 中可以看出，辽宁省主要土壤类型土壤有机质含量水平大致为以下顺序：潮棕壤>典型棕壤>棕壤性土>白浆化棕壤。白浆化棕壤有机质含量很低，这与其肥力水平差相一致。由于利用方式不同，有机质含量差异明显，一般是自然植被土壤有机质含量高，耕种后土壤有机质含量降低。

表 12-2　辽宁省棕壤有机质含量

项目	典型棕壤	白浆化棕壤	潮棕壤	棕壤性土
平均值（g/kg）	19.18	16.15	20.20	17.97
标准差	5.80	0.15	6.04	4.15
变异系数（%）	30.25	0.94	29.91	23.09
样本数	2 280	3	2 364	225

从表 12-3 中可以看出，山东省主要土壤类型土壤有机质含量水平大致为以下顺序：潮棕壤>典型棕壤>棕壤性土>白浆化棕壤，这与辽宁省土壤有机质含量水平顺序相同。白浆化棕壤有机质含量很低，这与其肥力水平差相一致。由于利用方式不同，有机质含量差异明显。

表 12-3　山东省棕壤有机质含量

项目	典型棕壤	白浆化棕壤	潮棕壤	棕壤性土
平均值（g/kg）	8.0	4.9	8.7	7.7
标准差	2.2	1.4	2.3	2.0
变异系数（%）	26.91	27.93	26.46	25.55
样本数	2 294	101	543	571

从表 12-4 中可以看出，河北省主要土壤类型土壤有机质含量水平大致为以下顺序：典型棕壤>

棕壤性土>潮棕壤。在不同的利用方式下，有机质的含量也有明显的差异。

表 12-4 河北省棕壤有机质含量

项目	典型棕壤	潮棕壤	棕壤性土
平均值（g/kg）	44.7	11.8	34.9
标准差	19.2	0.93	15.7
变异系数（%）	42.95	7.87	44.99
样本数	1 041	9	312

四、棕壤有机质分布规律

1982 年第二次全国土壤普查和 2012 年调查结果表明，辽宁省耕地棕壤有机质含量空间分布规律总体呈中东部地区高于其他地区的趋势。根据第二次全国土壤普查的分级标准（表 12-5），1982 年辽宁省耕地土壤有机质含量主要分布在 10～20 g/kg 和 20～30 g/kg，分别占总耕地面积的 53.0%和 39.0%，总体处于缺乏至中等水平；处于 30～40 g/kg 和>40 g/kg（丰富及丰富水平以上）的耕地共占 7.9%。2012 年有机质含量主要集中在 10～20 g/kg，占总耕地面积的 75.3%；处于 20～30 g/kg（中等水平）的耕地面积大幅度减少，丰富及丰富水平以上的耕地基本消失，总体呈现较缺乏水平。

表 12-5 辽宁省耕地土壤有机质分级标准

有机质含量（g/kg）	<6	6～10	10～20	20～30	30～40	>40
分级标准	很缺乏	缺乏	较缺乏	中等	丰富	很丰富

在 1982—2012 年，辽宁省耕地土壤有机质含量呈降低趋势，有机质的平均值由 1982 年的 21.61 g/kg 降低至 2012 年的 18.99 g/kg，其中有 79.0%面积的耕地土壤有机质含量在降低，主要分布在沈阳市东部、铁岭市南部、本溪市大部、抚顺市北部、丹东市西部等地区，变化范围<5 g/kg。而有机质含量升高的面积仅占 21%，主要分布在葫芦岛市、锦州市、铁岭市大部、鞍山市和辽阳市等地区。

第二节 棕壤有机质的组成与变化规律

一、土壤有机质组成

土壤有机质是土壤的重要组成物质，与土壤形成及发育密切相关；同时，也对土壤的物理、化学和生物学性质，以及土壤肥力有着极其重要的影响。腐殖质是土壤有机质的主体，占土壤有机质的 60%～80%，是经土壤微生物作用而形成的一系列黄色至棕黑色的非晶形高分子有机化合物，具有重要的肥力和环境调节功能（黄昌勇等，2010）。按在不同溶剂中溶解度的不同，土壤腐殖质可分为胡敏酸（HA）、富里酸（FA），以及不能为稀碱溶解、与矿物质牢固结合的胡敏素（Hu）。其中，在土壤腐殖质中较为活跃的，也是形成腐殖质较为关键的是 HA 和 FA，在土壤的养分保存、水分截留、结构形成过程中起到重要的作用。在长期培肥过程中，HA、FA 相对含量的动态变化，对研究土壤腐殖质积累与更新具有重要的意义。

棕壤的腐殖质组分及特性是生物富集与分解成土特征的重要表现。第一，胡敏素占土壤腐殖质总量的 50%以上，其中在潮棕壤中含量最低（<50%）。第二，富里酸占腐殖质总量的 16%～43%，其中在白浆化棕壤、潮棕壤中含量较高，而在典型棕壤中含量较低。第三，胡敏酸占腐殖质总量的 10%～28%，其中在潮棕壤中含量最高，典型棕壤中含量次之，而白浆化棕壤中含量最低。第四，胡敏酸与富里酸比值（HA/FA）为 0.29～0.84，低于水稻土胡敏酸与富里酸比值（HA/FA），其中棕壤性土、白浆化棕壤胡敏酸与富里酸比值（HA/FA）较典型棕壤和潮棕壤胡敏酸与富里酸比值

(HA/FA) 低，说明腐殖质化程度低，化学稳定性差。第五，胡敏酸光密度（E4/E6）为 4.12～5.10，腐殖质的缩合程度和芳构化程度比褐土低。值得注意的是，白浆化棕壤在人工落叶松、侧柏林下，E4/E6 的值明显增高，这表明不同林型与腐殖质缩合及芳构化程度密切相关（表 12－6）。

表 12－6　棕壤的腐殖质及性质

土壤	剖面号	利用方式	深度（cm）	土壤有机碳（%）	腐殖质碳/总有机碳（%/%）	胡敏酸碳/总有机碳（%/%）	富里酸碳/总有机碳（%/%）	胡敏素碳/总有机碳（%/%）	HA/FA	E4/E6
典型棕壤	辽 22	栎林	2～9	5.49	1.95/35.52	0.89/16.21	1.06/19.31	3.54/64.48	0.84	4.12
	HZ78	刺槐林	0～20	0.89	0.26/28.89	0.11/12.43	0.15/16.46	0.64/71.11	0.76	4.19
	辽 107	油松疏林	0～13	0.79	0.36/45.58	0.15/18.70	0.21/26.88	0.43/54.55	0.69	4.45
	陕 04	松栎林	0～17	2.31	0.86/37.23	0.29/12.55	0.57/24.68	1.46/62.73	0.52	—
白浆化棕壤	鲁 6	麻栎侧柏林	0～11	1.02	0.46/45.10	0.16/15.39	0.36/20.41	0.56/54.90	0.53	4.91
	辽 29	人工落叶松林	0～10	1.92	0.69/35.93	0.24/12.34	0.45/23.59	1.24/64.07	0.52	4.93
	辽 36	人工落叶松林	0～31	0.27	0.12/46.66	0.03/10.74	0.10/35.92	0.14/53.34	0.29	5.10
潮棕壤	冀 211	旱地	0～20	1.14	0.76/66.67	0.28/24.56	0.48/42.11	0.37/33.38	0.58	—

（一）胡敏酸

胡敏酸（humic acid，HA）是土壤腐殖质组分中的核心部分，其数量和特点在很大程度上反映了生态条件的变化。“年轻”HA 增多，能够大大增加土壤有机质的活性，显著改善土壤的理化性状，并对作物的生长发育产生影响（Hooker et al.，2005；Ferra et al.，2004）。

土壤有机培肥使棕壤 HA 的色调系数（Δlog*K*）和活化度升高，相对色度（RF）下降，HA 的分子结构简单化和脂族化（窦森，1992）。HA 的碳骨架发生规律性的变化，一般表现为芳香碳和羰基碳含量减少；而烷基碳和烷氧碳含量增加，从而导致 HA 的脂族化（窦森等，1999）。

长期玉米—大豆—玉米轮作条件下连续施用猪厩肥和氮、磷、钾化肥，耕层土壤胡敏酸碳相对下降 54.5%，富里酸碳相对提高 162.6%，HA/FA 由 1979 年的 2.69 降到 1993 年的 0.46，土壤腐殖质组成以胡敏酸为主体转化为以富里酸为主体（刘小虎等，1999）。23 年棕壤肥料长期定位试验结果表明，长期施用有机肥可提高土壤 HA/FA，土壤胡敏酸的羧基/酚羟基升高，E4/E6 值较高；施化肥处理 HA/FA 下降，羧基/酚羟基下降，E4/E6 值下降；有机无机配施 HA/FA 下降较明显，其他指标介于有机肥和化肥之间（表 12－7）。有机无机配施处理可较大幅度地提高松结态胡敏酸的比例，而降低松结态富里酸的比例（刘小虎等，2005）。连续施用有机肥可提高胡敏酸的含量，但降低其缩合度，连续施用化肥则呈相反的趋势（贾文锦，1992）。

表 12－7　不同施肥处理含氧官能团（mmol/g）

处理	总酸度	羧基	酚羟基	羧基/酚羟基
CK	5.372f	2.989c	2.33d	1.28
M1	5.998b	3.013c	2.975a	1.01
M2	6.465a	3.953a	2.512cd	1.57
N1	5.605e	3.018c	2.587bcd	1.17
N1P	5.613e	2.793d	2.820ab	0.99
N1PK	5.653cd	2.953c	2.700bc	1.09
M1N1	5.633de	2.977d	2.656bc	1.12
M1N1P	5.705cd	2.713d	2.991a	0.91
M1N1PK	5.837bc	3.455b	2.382d	1.45

注：不同处理之间相同字母表示经 LSD 法检验（$P=0.05$）差异不显著。CK 为对照，M1 为施低量有机肥，M2 为施高量有机肥，N1 为施低量氮肥，N1P 为施氮磷肥，N1PK 为施氮磷钾肥，M1N1 为低量有机肥与低量氮肥配施，M1N1P 为低量有机肥与氮磷肥配施，M1N1PK 为低量有机肥与氮磷钾肥配施。

山东省地带性土壤棕壤表土层 HA/FA 一般都小于 0.7，棕壤中的胡敏酸以游离态胡敏酸或与矿物质部分的活性 R_2O_3 相结合的形式存在的活性胡敏酸为主，其含量一般在 50%以上，E4/E6 值在 4.89～6.06（刘守琴等，1991）。45 年林龄的刺槐林下棕壤胡敏酸和胡敏素的芳构化作用仅表层土壤程度较强，棕壤表层土壤芳香族和脂肪族物质吸收强度明显高于褐土（张广娜等，2018）。

不同土类腐殖质的含量与性质各不相同（表 12－8），同一土类不同亚类间或同一亚类耕作土壤与非耕作土壤间，也有较明显的差别。如酸性棕壤和白浆化棕壤中胡敏酸在两类腐殖酸中所占的比例都低于典型棕壤，尤其白浆化棕壤胡敏酸所占的比例更低，HA/FA 仅为 0.48，只及典型棕壤的 2/3。两者的胡敏酸芳构化程度也明显低于典型棕壤，开垦种植可提高土壤的胡敏酸含量，并改变其缩合度。如分别采自沈阳市和本溪桓仁满族自治县的棕壤，均属棕壤亚类，前者为非耕作土壤，HA/FA 为 0.68，后者是开垦种植的旱田，HA/FA 提高至 0.78，但芳构化程度却略有降低。

表 12－8 棕壤各亚类土壤类型的腐殖酸构成

土壤类型	采样地点	深度（cm）	全碳（g/kg）	FA 占全碳（%）	HA 占全碳（%）	HA/FA	E4/E6
酸性棕壤	本溪市桓仁满族自治县老秃顶	0～15	116.7	28.4	44.2	0.64	4.76
白浆化棕壤	本溪市桓仁满族自治县八里甸子	0～6	45.6	26.8	55.3	0.48	4.76
典型棕壤	沈阳市苏家屯杨成寨	0～26	11.5	40.0	53.0	0.68	3.547
典型棕壤	本溪市桓仁满族自治县桓六村	0～20	14.8	35.1	44.6	0.78	3.76

（二）富里酸

土壤富里酸（fulvic acid，FA）是土壤溶解性有机质的重要组成部分，含有丰富的羧基和酚基等官能团，以及较强的迁移、转化、络合、吸附和氧化还原等能力。FA 既能溶于酸又能溶于碱，活性强、移动性大、相对分子质量小、氧化程度高。FA 的一价盐、二价盐和三价盐都可溶于水，因此在促进土壤矿物质分解以及营养元素释放中起着重要作用。在腐殖质中，FA 是形成 HA 的一级物质，也是 HA 分解产生的一级产物，对 HA 起着形成和更新的作用（毛海芳等，2013）。与胡敏酸相比，尽管富里酸相对分子质量较小，芳构化度和缩合程度较低，但因其富含脂肪族与芳香族的结构，能抵抗微生物对其分解，在土壤有机碳固定、养分储蓄和土壤结构的保持方面仍具有重要作用（关松等，2015）。

在 45 年林龄的刺槐林下，棕壤表层及底层土壤富里酸主要吸收峰为 3 400 cm^{-1} 处的碳水化合物—OH 形成的氢键伸缩振动，1 655 cm^{-1} 处的芳香环 C═C 伸缩振动，1 110 cm^{-1} 处的脂族 C—OH 伸缩振动。富里酸不同物质官能团数量及强度受土壤类型和土壤深度的影响较胡敏酸和胡敏素小，富里酸组分的芳构化程度较高（张广娜等，2018）。

棕壤施用猪粪后，富里酸的碳/氢增加，氧/碳下降；色调系数下降，相对色度增加；红外光谱中，2 932 cm^{-1} 和 1 639 cm^{-1} 吸收峰强度增加；^{13}C 核磁共振波谱中，羰基碳含量下降，芳香碳和烷基碳含量增加。施用猪粪使棕壤富里酸的氧化程度下降，缩合程度和脂族链烃含量增加，其结构变得复杂化和脂族化（张晋京等，2003）。结合 Vodyanitsky 提出的方法和元素组成数据，发现 HA 和 FA 的形成都是自发进行的放热反应。与 HA 相比，FA 的能态较低，分子结构有序度和热稳定性较高；FA 在土壤中比 HA 更容易形成。施用猪粪后，HA 和 FA 的能态降低，分子结构有序度和热稳定性也降低，形成的自发性减弱且放热量减少（张晋京等，2004）。

（三）胡敏素

胡敏素（Hu）既不溶于酸也不溶于碱，是腐殖质中最难以被分离和提取的组分。Hu 占土壤有机碳含量的 50%以上，是有机碳、有机氮的重要组成部分，其在土壤碳的截获、结构形成、营养元素维持以及氮循环等方面起着至关重要的作用（梁重山等，2001）。由于 Hu 不溶于酸也不溶于碱的特性，使其不容易被提取分离。因此，人们对它的研究比 HA 和 FA 少得多。根据 Pallo 法，Hu 可区分为铁结合胡敏素（HMi）、黏粒结合胡敏素（HMc）、继承性胡敏素（IH）和高度发育胡敏素（DH）四种（Pallo，1993）。Hu 与 HA 的元素组成相似，都是由 C、O、H、N 等元素组成，并且 Hu 具有较高的功能团含量，含氧功能基主要有羧基、酚羟基、醇羟基、羰基和甲氧基等。

与单施化肥相比，化肥配施有机肥大幅度增加了土壤胡敏素数量，并降低了土壤胡敏素和腐殖酸的比值（于淑芳等，2002；高春丽等，2006）。土壤中不同形态胡敏素含碳量不同，不溶性胡敏素含碳量最多，占总含碳量的 47.6%～57%，铁结合胡敏素含碳量占总含碳量的 3.1%～5.7%，黏粒结合胡敏素含碳量占总含碳量的 2.0%～3.7%（高春丽等，2006）。在不同土地利用方式下（耕地、草地、针叶树林地及柞树林地），棕壤铁结合胡敏素（HMi）的含量均高于黏粒结合胡敏素（HMc）的含量，HMc 的结构比 HMi 脂族性强（表 12-9）、缩合度低、具有较高的热稳定性；柞树 HMi 的缩合度和氧化度最高，针叶树 HMi 和 HMc 的热稳定性最高；草地 HMi 的脂族性较强，柞树最弱，耕地 HMc 的脂族性最强（梁尧等，2008）。45 年林龄刺槐林下棕壤的胡敏素在 1 110 cm^{-1}处的脂族 C—OH 伸缩振动和 1 030 cm^{-1}处多糖或类多糖物质的 C—O 伸缩振动较胡敏酸处的峰吸收强度强（张广娜等，2018）。

表 12-9 不同土地利用方式下铁结合胡敏素（HMi）和黏粒结合胡敏素（HMc）IR 光谱主要吸收峰的相对强度（半定量）（%）

项目	3 400 cm^{-1}	2 920 cm^{-1}	2 850 cm^{-1}	1 720 cm^{-1}	1 620 cm^{-1}	1 220 cm^{-1}	1 050 cm^{-1}	2 920/1 620
耕地 HMi	42.4	6.24	3.37	5.40	26.7	7.72	8.18	0.23
柞树 HMi	50.7	2.66	0.71	—	30.7	4.20	11.0	0.09
针叶树 HMi	19.8	2.88	1.25	21.0	5.00	18.0	31.3	0.58
草地 HMi	43.8	4.28	1.52	6.85	7.22	9.35	27.0	0.59
耕地 HMc	42.8	18.1	6.31	7.04	15.9	5.36	4.46	1.14
柞树 HMc	63.8	3.81	0.99	5.36	4.21	5.56	16.3	0.90
针叶树 HMc	16.4	5.88	1.45	23.9	17.3	5.77	29.3	0.34
草地 HMc	45.4	4.80	1.21	14.0	4.53	10.1	19.8	1.06

（四）碳水化合物

土壤有机质包括各种来源和种类繁多的有机化合物，其中含量最多的为碳水化合物、含氮化合物和腐殖质三大类。其他类别化合物的数量很少，甚至极微。碳水化合物是土壤中最重要、最易降解的有机成分之一，占土壤有机质总量的 10%～20%，是土壤易变有机质的重要组成部分，也是土壤中微生物活动的主要能源。碳水化合物的含量和特性不仅影响土壤微生物活性，而且与土壤结构形成密切相关，是形成土壤团粒结构的重要胶结物质，能将土壤微团聚体黏合成大团聚体，从而增强土壤结构的稳定性，提高土壤抗侵蚀能力和保肥、保水能力。此外，土壤碳水化合物与黏土矿物、金属离子和微生物相互作用，影响土壤环境质量和土壤中物质的转化与循环。因此，碳水化合物的含量和特性已成为土壤有机质研究中的一项重要指标（张威等，2006）。

土壤中的碳水化合物大多以多糖形式存在。在棕壤的酸解液中，六碳糖和五碳糖的含量分别为 1.551 g/kg 和 0.637 g/kg，占土壤有机质总量的 9.94%和 3.82%。另外还有一部分氨基糖，含量较少，在碳氮比为 10∶1 的棕壤中氨基糖的含量约占全氮量的 4%。棕壤五碳糖和六碳糖含量与 50～250 μm 微团聚体含量呈显著或极显著正相关，五碳糖和六碳糖对于棕壤 50～250 μm 微团聚体的形成具有十分重要的作用，是其形成过程中重要的胶结物质。不同利用方式棕壤的各种单糖绝对含量均为林地>园地>耕地，各利用方式之间五碳糖和六碳糖绝对含量差异极显著（杨坤，2006）。覆膜显著降低了土壤中五碳糖和六碳糖的含量及其占土壤有机质的比例，五碳糖、六碳糖之和占土壤有机质的比例在覆膜处理下为 8.67%，裸地处理下为 10.31%（汪景宽等，1990a、1990b）。

有些含氮化合物本身即为腐殖质的结构单元，目前尚无法将土壤中独立存在的含氮化合物和腐殖质中的含氮组分区分开来，因而还不能确切知道这类化合物在土壤有机质中所占的比例。由表12-10可知，棕壤（采自沈阳农业大学，黄土状母质）各种有机氮组分的绝对含量和相对含量尽管不同，但是水解氮多于非水解氮，在水解氮中含量较多的为铵态氮和氨基酸态氮，未知态氮也占一定比例，氨基糖态氮含量较低。

表12-10 棕壤中各有机氮组分的含量及其占全氮的百分比

全氮(g/kg)	水解氮		非水解氮		铵态氮		氨基糖态氮		氨基酸态氮		未知态氮	
	含量(μg/g)	比例(%)	含量(μg/g)	比例(%)	含量(μg/g)	比例(%)	含量(μg/g)	比例(%)	含量(μg/g)	比例(%)	含量(μg/g)	比例(%)
1.04	670	64.4	370	35.6	209	20.1	43.8	4.2	191	18.4	226	21.8

棕壤中性糖的组成以葡萄糖（GLU）含量最高，全土中平均含量可达656 μg/g，占中性糖总量的28%；木糖（XYL）含量占中性糖总量的19%；其后依次为半乳糖（GAL）、阿拉伯糖（ARA）、甘露糖（MAN）、鼠李糖（RHA）、岩藻糖（FUC）；核糖（RIB）含量最低，仅为32 μg/g。团聚体中不同来源糖的含量均随团聚体粒径的降低而降低，>53 μm团聚体中单糖总体分布情况与全土中单糖分布情况相同，但在粉粒+黏粒中则有所不同，微生物来源的半乳糖和甘露糖的含量高于植物来源的木糖和阿拉伯糖。中性糖在团聚体中的富集程度以小团聚体、大团聚体、微团聚体、粉粒+黏粒的顺序依次降低，在微团聚体和粉粒+黏粒中表现为相对耗竭，在大团聚体和小团聚体中表现为相对富集（图12-1）（陈盈，2007）。

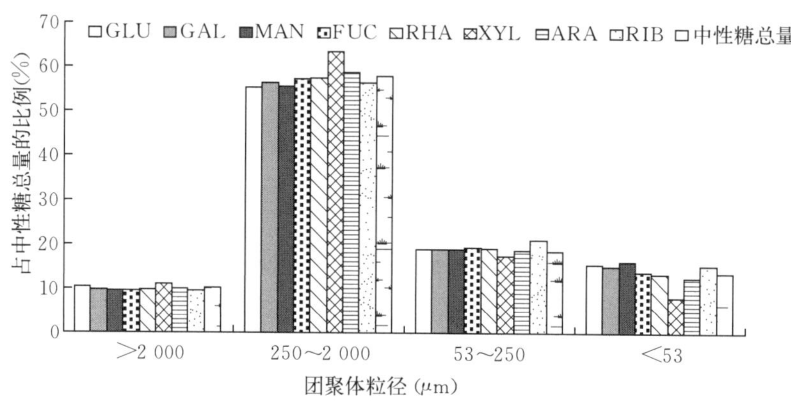

图12-1 棕壤团聚体对土壤中性糖贡献率

（五）氨基糖

氨基糖是一类比较稳定的微生物来源物质，作为微生物代谢副产物在土壤中积累。它是土壤细菌和真菌细胞壁的主要组成物质，高等植物和土壤低等动物中的含量很低，所以土壤氨基糖主要来源于微生物（丁雪丽等，2011）。到目前为止，已证明土壤里存在11种氨基糖，其中有4种氨基糖可被定量化（Zhang et al.，1996），即氨基葡萄糖（glucosamine，GluN）、氨基半乳糖（galactosamine，GalN）、氨基甘露糖（mannosamine，ManN）和胞壁酸（muramic acid，MurA）。其中，氨基葡萄糖主要来源于真菌，是真菌几丁质（chitin）的唯一成分，也是细菌细胞壁中肽聚糖的重要成分；氨基半乳糖常被认为主要由细菌合成；胞壁酸唯一来源是细菌，它是细菌中脂多糖（lipopolysacchrides）和细胞壁中肽聚糖（peptidoglycan）的成分。由于氨基单糖的这种异源性，常被作为土壤有机质微生物（真菌和细菌）来源的标识，用于研究微生物在土壤有机质转化中的作用机制。

在棕壤中添加高碳氮比的植物残体后，无机氮源的供应水平会影响氨基糖的积累转化过程。一定数量的无机氮素供给有利于氨基糖在土壤中保持较高的积累水平，即使其合成作用加强，过多的无机氮素添加也并不能被微生物完全转化利用，仍以无机氮素的形态保留在土壤中。以胞壁酸为代表的细菌细胞壁物质比真菌来源的氨基葡萄糖更易于受到土壤中碳氮供给的影响，在土壤中具有相对较快的转化速率（表12-11）。氨基葡萄糖和氨基半乳糖对外源底物的响应及其转化速率慢于胞壁酸，但是两者在数量上占有明显优势，因此对土壤有机质的长期保持具有重要意义（丁雪丽等，2011）。玉米秸秆施入后，氨基糖在高有机质土壤中的积累量显著高于低有机质土壤，但其相对增加比例低于后者，且氨基糖首先在沙粒中合成，然后由粗粒级向细粒级迁移。土壤黏粒对氨基糖的保持能力最强，且细菌细胞壁残留物向黏粒中迁移的能力显著高于真菌（李丽东等，2014）。干湿交替处理有利于土壤中胞壁酸、氨基葡萄糖和氨基半乳糖的积累，而当底物缺乏时 3 种氨基糖又发生不同程度的分解；土壤中胞壁酸的转化更容易受到干湿交替处理的影响，而对氨基半乳糖影响很小；干湿交替改变了土壤中微生物的群落结构，前期刺激了细菌的生长，抑制了真菌的活性，随着干湿交替频率增加，又抑制了细菌的生长，刺激了真菌的活性；到培养结束时，干湿交替处理下微生物的群落结构与恒湿处理相平衡（韩永娇等，2012）。

表 12-11　加入不同氮素和玉米秸秆时土壤氨基糖随培养时间的变化（mg/kg）

项目	处理	1 周	2 周	4 周	8 周	12 周	18 周	28 周	38 周
土壤胞壁酸含量	N_0	62.6±1.7a	66.8±4.5a	69.9±3.7a	75.3±3.1a	81.3±2.2a	81.4±2.8a	75.9±1.0a	69.0±4.1a
	N_{low}	63.8±2.5a	71.8±5.9a	76.9±4.4b	80.5±2.5a	83.2±1.0a	81.6±5.3a	79.9±3.1a	71.2±5.0a
	N_{mid}	70.1±2.5b	77.3±3.2b	78.9±3.0bc	89.2±1.7b	88.0±3.8b	86.9±3.1b	81.9±1.1b	78.1±4.0b
	N_{high}	71.8±3.0b	80.4±4.7b	82.1±4.0c	94.3±1.5b	91.1±3.0b	85.5±5.6ab	80.9±2.8a	78.3±5.0b
土壤氨基葡萄糖含量	N_0	507±10a	533±26a	570±31a	692±34a	793±22a	817±9a	812±14a	779±37a
	N_{low}	549±7b	556±8a	566±16a	689±2a	796±15a	847±39b	786±20a	771±24a
	N_{mid}	599±15c	645±17b	677±5b	751±28b	815±13a	900±48b	839±39b	819±20b
	N_{high}	601±30c	655±4b	712±21b	758±39b	807±25a	884±4b	843±54b	826±26b
土壤氨基半乳糖含量	N_0	205±23a	218±24a	255±34a	318±5a	323±10a	356±3a	352±6a	327±19a
	N_{low}	199±10a	229±20ab	270±13b	308±8a	338±12ab	353±16a	339±8a	330±15a
	N_{mid}	196±15a	231±14b	271±17b	312±25a	349±4b	361±9a	344±23a	331±19a
	N_{high}	207±17a	211±13a	295±20c	314±26a	325±20a	358±10a	350±31a	343±20a

注：同一列中不同字母表示同一取样时间不同处理差异显著（$P<0.05$）。空白处理中胞壁酸含量为 56.2 mg/kg（平均值±标准差，$n=3$）。

二、土壤有机质的存在形态

土壤有机质一般以 4 种方式存在于土壤中：一是与矿物质机械混合。这部分有机质多为未完全分解的动植物残体，它们是一些普通的有机化合物，其相对密度均在 1.3～1.6，一般称之为轻组。二是分散在土壤溶液中。它们多是动植物残体的分解产物和微生物代谢产物中相对分子质量低的有机化合物。三是生命体，主要是生活在土壤中的微生物。四是与矿物质结合的有机质。它们多为腐殖质，也有少量的碳水化合物、含氮化合物和木质素等。由于与矿物质结合，相对密度加大，所以称之为重组。

在这 4 种存在方式中，以轻组和重组居多，其他的存在方式较少。如分散在土壤溶液中的有机质，一般不超过土壤总碳量的 1%，而生命体约占土壤总碳量的 2.5%。不同土壤因植被和有机质分解条件的不同，土壤中轻组的相对含量（占土壤有机碳总量的%）差异很大，一般多在 7%～36%变动。辽宁省耕地棕壤轻组的相对含量为 12%～18%，其余大部分为重组。重组有机质因结合的机制不同，与矿物质结合的紧密程度也不一样。重组有机碳中的松结态腐殖质碳主要是新鲜的腐殖质碳，它的活性较大，其含量与紧结态腐殖质碳含量的比值是反映腐殖质碳活性和品质的重要指标。土壤重组中松结态有机碳含量在 0.96～5.83 g/kg，其占重组碳的比例为 19.6%～36.5%；稳结态有机碳含量在 1.12～4.63 g/kg，其占重组有机碳的比例在 22.9%～36.4%；紧结态有机碳含量在 1.33～5.42 g/

kg，其占重组有机碳的比例在26.4%～38.5%（查春梅等，2008）。不同有机物料施入潮棕壤后，轻组有机碳含量与对照相比都有较大幅度提高，但随时间的推移，轻组有机碳含量逐渐下降（宇万太等，2008）。施用不同的肥料均可提高土壤重组有机碳含量（韩晓日等，2008）。

土壤有机质依据其结合方式的不同可以分为松结态、联结态、稳结态和紧结态4种形态。在高肥力水平棕壤中，不同粒级微团聚体各结合形态腐殖质的含量均表现为紧结态>联结态>松结态；而对于低肥力棕壤，在50～250 μm粒级却表现出不一致性，其顺序为紧结态>松结态>联结态，较小粒级微团聚体中松结态腐殖质含量受肥力水平的影响较大，而对于大粒级微团聚体则是紧结态腐殖质含量受肥力水平影响较大（王铁宇等，2000）。

土壤酶是由微生物、动植物活体分泌及由动植物残体、遗骸分解释放于土壤中的一类具有催化能力的生物活性物质，作为土壤的组成部分，在陆地生态系统物质循环和能量交换过程中起着重要作用。土壤转化酶、中性磷酸酶、碱性磷酸酶在玉米拔节期及灌浆期出现两个活性高峰，脲酶在玉米拔节期、过氧化氢酶在玉米大喇叭口期各出现一个活性高峰。长期施用有机肥能够提高土壤过氧化氢酶、转化酶及脲酶活性，降低土壤磷酸酶活性，磷肥能够增强土壤过氧化氢酶及转化酶的活性，氮肥则对过氧化氢酶、转化酶、脲酶具有抑制作用（王冬梅等，2006）。

三、土壤有机质的变化规律

不同利用方式潮棕壤有机碳（SOC）含量剖面分布均表现为表层高，随剖面深度的增加而逐渐下降的趋势（张玉革，2005）。不同利用方式下典型棕壤有机碳的含量和储量也均表现为随着土壤剖面的加深而显著降低（图12-2A），在0～20 cm至20～40 cm土层，有机碳储量林地降低了18.6%，柞树林地降低了46.8%，均达到显著水平，而耕地几乎没有变化（图12-2B）。从20～40 cm到40～60 cm土层，有机碳储量林地、柞树林地和耕地分别降低了46.1%、33.6%和27.8%，均达到差异显著水平（查春梅，2008）。

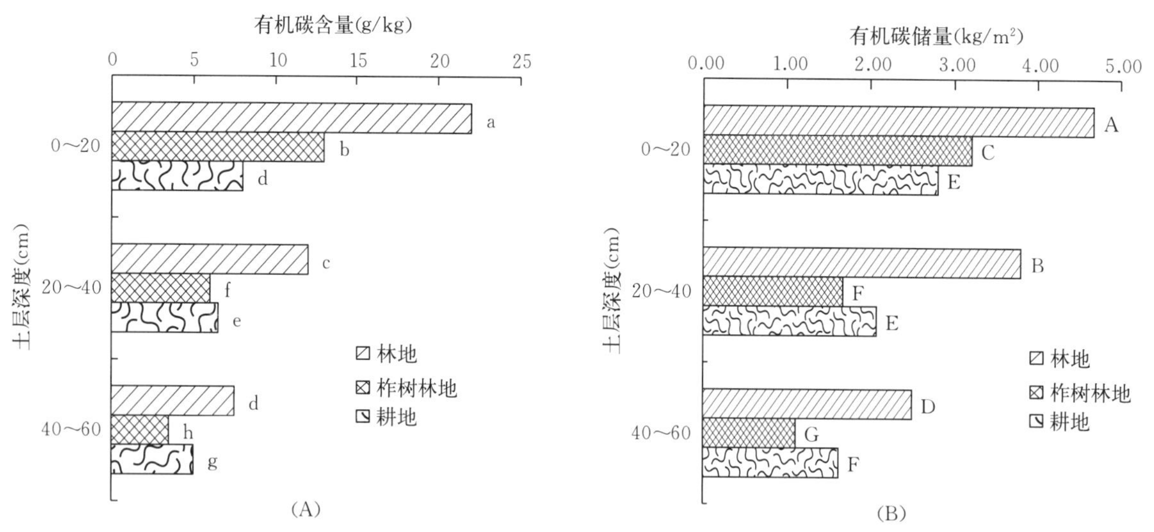

图12-2 不同利用方式下土壤有机碳含量和有机碳储量

注：不同小写字母表示土壤有机碳含量在5%水平上差异显著；不同大写字母表示有机碳储量在5%水平上差异显著。

1986—2012年间，山东棕壤0～80 cm剖面有机质变化特征如图12-3所示。不同年份棕壤有机质含量均随土层深度的加深而降低。经过25年多变迁，棕壤各土层有机碳含量呈增加趋势。与1986年相比，2007年棕壤耕层有机质含量显著提高，20～80 cm各有机质含量差异不显著。2012年与2007年相比，棕壤0～80 cm各土层有机质含量相近，变化不明显。

棕壤耕层（0～20 cm）有机质含量显著高于其他土层，耕层（0～20 cm）和亚表层（20～40 cm）

间有机质含量降幅最大，显著高于 20～80 cm 上下土层间有机质含量降幅。不同年份棕壤耕层（0～20 cm）和亚表层（20～40 cm）间有机质含量降幅均超过 30.00%，其中，2007 年和 2012 年降幅相近，均在 35.00%左右，高于 1986 年。棕壤 20～80 cm 上下土层之间有机质平均降幅低于 20.00%，1986 年 20～80 cm 土体有机质含量差异较小，降幅为 10.00%～14.00%；2007 年棕壤 20～80 cm 土体上下土层间降幅较高，平均降幅在 20.00%左右；2012 年 20～60 cm 下土层间降幅近 20.00%，而 40～80 cm 上下土层间有机质含量相近，变幅不明显。棕壤有机质在耕层（0～20 cm）大量积累，土层深度 20 cm 以下有机质含量显著低于耕层且有机质含量随土层深度加深而降低的趋势变缓（李九五，2013）。

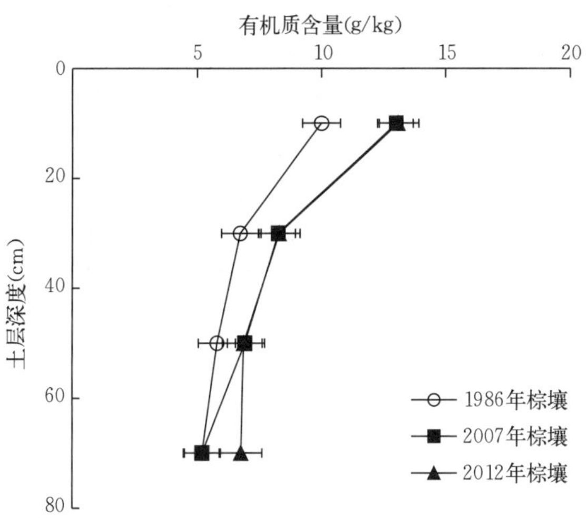

图 12-3 棕壤有机质剖面分布

第三节 棕壤有机质与土壤颗粒和团聚体的关系

一、有机质在土壤颗粒中的分布

土壤颗粒大小不同对养分的保蓄能力和释放能力不同，在土壤肥力和环境保护中起着不同的作用。棕壤黏粒和粉粒的占比最多，在不同施肥处理条件下，土壤的机械组成并没有发生显著变化，只有较高的有机肥用量才可以引起小粒级有机碳、氮向大粒级中的转移。有机质主要分布于黏粒级中，其含量占全土有机碳的 42.8%、全氮的 58.3%，碳氮比随着粒级的增加而逐渐增大，氮易在小粒级中富集（表 12-12）。长期施用有机肥后，全土及各粒级土粒有机碳和氮含量均显著增加；沙粒级中有机碳和氮的富集系数升高，黏粒级中富集系数降低，粉粒级和沙粒级中的碳氮比降低。增加有机肥的用量加强了全土和各粒级土粉对有机碳和氮的积累，同时加强了粉粒级和沙粒级碳氮比降低的程度（闫颖等，2008）。

表 12-12 棕壤各粒级土粒有机碳和氮的积累

施肥处理	细黏粒		粗黏粒		粉粒		细沙粒		粗沙粒	
	E_{SOC}	E_N	E_{SOC}	E_N	E_{SOC}	E_N	E_{SOC}	E_N	E_{SOC}	E_N
CK	2.2	3.1	2.2	3.0	0.7	0.6	0.5	0.3	2.7	1.1
M2	2.0	2.9	2.1	2.8	0.6	0.6	0.6	0.4	3.3	1.5
M4	1.7	2.6	1.9	2.6	0.6	0.6	0.6	0.5	4.4	2.1

注：E_{SOC}、E_N 分别表示有机碳和氮的富集系数，CK 为不施肥处理，M2 为施中量有机肥处理，M4 为施高量有机肥处理。

二、有机质与团聚体的关系

不同粒级的微团聚体在营养元素的保持、供应及转化能力等方面发挥着不同的作用。肥力水平较高的土壤，其不同粒级的微团聚体均比肥力水平较低的土壤有较好的水肥保供性能，生物化学转化能力也较强；而土壤肥力水平的高低，除取决于大、小粒级微团聚体自身的作用外，它们的组成比例也是一个重要因素。只有当大、小微团聚体的比例适当时，土壤水分与养分的吸储与供应才能得到很好的协调。土壤微团聚体及其适宜的组合是土壤肥力的物质基础。“特征微团聚体”（$<10\ \mu m$ 和 $>10\ \mu m$ 的微团聚体）的组成比例能比较综合地反映土壤对于水、肥的保供性能，可作为评断土壤肥力水平的有用指标。

以分布在辽宁省北部、中部及南部地区的典型棕壤、棕壤型菜园土及棕壤型水稻土的各15对肥、瘦地为供试对象，研究发现，培肥后棕壤型菜园土肥地各处理特征微团聚体比例（<10 μm/>10 μm）均比瘦地各相应处理大，典型棕壤和棕壤型水稻土肥、瘦地特征微团聚体比例同处理肥地均小于瘦地（表12-13）。由于典型棕壤与棕壤型水稻土肥地的特征微团聚体比例绝大多数在前述肥地的界限之内，故培肥后土壤特征微团聚体比例降低使土壤肥力得到进一步提高；瘦地培肥后土壤特征微团聚体比例不同程度地降低，许多已降至肥地的范围之内（表12-13）。证明适当的培肥措施可改变土壤肥力的本质是可将瘦地的肥力水平提高至肥地的水平。比较而言，草木樨与氮、磷、钾配合施用比猪粪单独施用的培肥效果更好。不同肥力的土壤有各自适宜的特征微团聚体比例，而土壤培肥的效果是使土壤向各自适宜的特征微团聚体比例趋近，即向最能发挥肥力水平的微团聚体组合趋近。

表12-13　培肥后土壤肥、瘦地特征微团聚体比例（<10 μm/>10 μm）

处理	典型棕壤	棕壤型水稻土	处理	典型棕壤	棕壤型水稻土
肥地对照	0.24	0.38	瘦地对照	0.26	0.47
肥地＋猪粪	0.22	0.27	瘦地＋猪粪	0.24	0.36
肥地＋草木樨＋氮、磷、钾	0.23	0.27	瘦地＋草木樨＋氮、磷、钾	0.24	0.33
肥地＋沸石＋氮、磷、钾	0.23	0.35	瘦地＋沸石＋氮、磷、钾	0.24	0.43

土壤有机质主要存在于粉沙粒级以下（<10 μm）的各级颗粒或微团聚体中，其含量占土壤全碳含量的81%～88%，尤以在2～5 μm一级的微团聚体中较多，占全碳量的27%～32%。在大于10 μm的微团聚体中含量较少，只占全碳量的12%～19%，其中在50～250 μm一级中最少，仅占土壤全碳量的3%～4%。在各级颗粒或微团聚体中皆有轻组和重组有机质，但随着粒径的增大，重组有机质的相对含量逐渐减少，而轻组所占比例相对增加。<2 μm的颗粒中重组有机质相对含量皆在90%以上，2～10 μm颗粒为90%左右，10～50 μm和50～250 μm的颗粒则分别在90%以下和80%以下。

各粒级微团聚体中腐殖质的组成也随粒径的变化而变化，不同肥力棕壤的<2 μm微团聚体中胡富比为1.16～1.23，2～5 μm者为1.09～1.14，5～10 μm者为0.92～0.98，10～50 μm者为0.74～0.83，50～260 μm者为0.52～0.62，即随着颗粒粒径的增大，胡敏酸的含量降低。在相同粒级内，高肥力土壤中胡敏酸的相对含量低于低肥力土壤中胡敏酸的相对含量。这可能是高肥力土壤连年施用有机肥料，而施用有机肥料后先形成富里酸的缘故。

不同粒级微团聚体中各种结合形态的有机质含量也不相同。以绝对含量来说，由于<10 μm微团聚体中重组有机质含量显著高于>10 μm微团聚体中的含量，故<10 μm微团聚体中3种结合形态的有机质也显著高于>10 μm微团聚体中的含量。但以相对含量来说，10～50 μm微团聚体中的松结态有机质含量最高，而紧结态有机质含量最低。若去除松结态有机质，则10～50 μm微团聚体的破坏率极高，为21.7%～23.6%，2～10 μm和50～250 μm微团聚体的破坏率均在10%以下，这充分说明了松结态有机质在形成微团聚体中的作用。在不同利用方式下（林地、蚕桑地和耕地），0～20 cm土层的<10 μm微团聚体和特征微团聚体比例表现为随人为干预程度的提高而增加的趋势，而10～50 μm和50～250 μm微团聚体的变化均表现为随人为干预程度的提高而减少的趋势。<10 μm微团聚体在土壤剖面呈向下富集的趋势，与不同利用方式下无定形氧化铁的变化规律一致，同时特征微团聚体比例的变化规律与此相同；>10 μm微团聚体在土壤剖面呈向下减少的趋势，与有机质的变化规律一致。开垦程度的提高不利于形成较大粒级的微团聚体，也不利于土壤肥力的维持和土壤结构的改善（刘晔等，2010）。

潮棕壤连续8年施用不同量有机厩肥后，有机碳主要分布在53～250 μm微团聚体和250～2 000 μm

团聚体中，且随着有机肥量的增加，土壤有机碳主要向 250～2 000 μm 团聚体中转移（表 12 - 14）。施用适量的有机厩肥可以显著地提高土壤的平均重量直径，改善土壤结构；过量施用有机厩肥则明显降低了>2 000 μm 团聚体含量。有机厩肥的施加明显加快了>2 000 μm 团聚体的更新速率。土壤轻组分有机碳含量也随有机厩肥输入量的增加而不断增加。土壤固定有机碳的能力有限，存在明显的等级饱和现象（刘中良等，2011）。

表 12 - 14　不同粒级团聚体有机碳储量

处理	>2 000 μm (g/kg)	占比（%）	250～2 000 μm (g/kg)	占比（%）	53～250 μm (g/kg)	占比（%）	<53 μm (g/kg)	占比（%）
CK	0.78c	7.13	2.14c	19.56	5.92a	54.11	2.10a	19.20
M1	1.19b	9.49	3.20b	25.52	6.08a	48.48	2.07a	16.51
M2	1.56a	10.86	3.88b	27.02	6.76a	47.08	2.16a	15.04
M3	1.35ab	8.11	6.39a	38.40	6.67a	40.08	2.23a	13.40
平均	1.22	8.90	3.90	27.63	6.36	47.44	2.14	16.04

注：同一列中不同字母表示差异达到显著水平（$P<0.05$）；CK 为不施肥，M1 为施低量有机厩肥，M2 为施中量有机厩肥，M3 为施高量有机厩肥。

有机碳、全氮和全磷储量均与>2 mm 微团聚体含量呈显著正相关（$P<0.05$）。>2 mm 微和 1～2 mm 微团聚体含量与平均重量直径（MWD）、几何平均直径（GMD）呈显著正相关（$P<0.05$）（邢旭明等，2015）。土壤有机质含量，特别是松结合态有机质含量与>10 μm 的微团聚体含量呈显著正相关，而紧结合态有机质含量及土壤中<2 μm 的黏粒含量则与<10 μm 的微团聚体含量呈正相关（关连珠等，1991）。在各粒级微团聚体中，<10 μm 微团聚体的 4 种酶（脲酶、中性磷酸酶、蔗糖酶和多酚氧化酶）活性最高，50～250 μm 微团聚体中的酶活性最低，并且<10 μm 微团聚体中酶活性在高低不同肥力土壤之间差异最为显著（汪景宽等，2000）。

棕壤新增加的有机碳、氮和碳水化合物主要截获在>53 μm 的团聚体结构中，小团聚体中新增加的有机碳、氮和碳水化合物主要截获在粗沙和微团聚体结构中（陈盈，2007）。无论是土壤团聚体还是团聚体内部结构，大粒径团聚体结构中包含的有机质来源于新添加的有机物料及根系的有机物较多；粉粒+黏粒结合的有机质微生物来源的碳水化合物的含量较高；细菌趋向于在小粒径团聚体中积累，而团聚体粒径越大越有利于真菌生长（陈盈，2007）。

山东半岛棕壤区耕地和荒地各级土壤水稳性团聚体质量比总体呈“两头低中间高”的不规则 W 形分布，耕地和荒地土壤微团聚体比例（<250 μm）约占 52%；有机碳分布随团聚体粒径减小而增加；<20 μm 粉黏团聚体中有机碳含量最高，耕地为 10.97 g/kg，荒地为 11.63 g/kg；棕壤微团聚体有机碳以芳香碳和多糖碳为主（表 12 - 15）（任雅阁等，2013）。

表 12 - 15　棕壤粉黏团聚体有机碳官能团相对含量（%）

土地类型	脂肪族碳	芳香碳	醇碳	多糖碳
耕地	1.59	59.90	3.30	35.21
荒地	4.46	61.58	2.96	31.00

第四节　棕壤有机质调控技术

长期“重种轻养”引起土壤有机碳含量急剧下降，土壤肥力明显降低。施用有机肥和秸秆还田被认为是增加土壤有机碳含量、养地肥田和提高土壤肥力的有效措施。中国是秸秆资源大国，根据《中国农业统计资料》，2008 年全国稻秆总产量达 8.4 亿 t（毕于运，2010）。秸秆一般可用作燃料、饲料、肥料、工业原料（如造纸、建材）以及食用菌基料等（陈超玲等，2016）。在20世纪80年代以前，控制有机肥源的非培肥性消耗是提高有机质含量的主要手段，因为那时一般农村，作物秸秆50%～80%用作燃料，5%～10%用作盖房材料和工副业原料，10%～30%用作饲料和肥料。目前，随着农作物产量大幅度提高，秸秆数量巨大，而秸秆用作燃料、工副业原料和饲料的数量有限，大量秸秆被废弃甚至焚烧，产生严重的环境污染。秸秆资源化利用将有利于发展循环农业，秸秆还田是秸秆资源化利用的一条重要途径，不仅可有效增加土壤有机质、改良土壤结构、培肥土壤地力、提高土壤养分，同时还具有避免温室气体排放的环境友好优点。

一、施用有机肥

施用有机肥是提高土壤有机质含量的重要措施之一。无论是施用有机肥还是有机肥与化肥配施均能显著增加土壤中有机质的含量（李丛等，2005；张继宏等，1998）。施肥提高土壤有机质的原因除了有机肥的输入外，无机肥对作物生物产量提高、生物残留量增加也起了十分重要的作用。单施化肥后，土壤有机质含量有所提高，其原因可能是根茬量的增加导致有机质含量增加。

20世纪80年代沈阳农学院土壤肥力研究室对高肥力棕壤的有机质含量、腐殖质组分指标、影响土壤有机质消长的土壤氮素矿化、各种有机物料及主要作物根茬的腐解残留率进行了研究，为提高和维持土壤有机质水平提供依据。主要研究结果如下：高肥力棕壤0～20 cm土层有机质平均含量为15.8 g/kg，20～40 cm土层为11.8 g/kg；腐殖质组分中，0～20 cm土层胡敏酸碳/富里酸碳平均值为0.52，0～40 cm土层为0.41。棕壤氮素年矿化率，用盆钵法测定，结果是高肥力的为2.56%～3.78%，中低肥力为2.35%～2.63%；中肥力田间试验为2.05%，较盆钵法低。不同有机物料的腐解残留率，用盆钵及沙滤管法测定，秸秆和牛马粪为32%～45%，猪粪变化较大，为16%～30%，绿肥不到20%；用沙滤管测定根茬腐解残留率，玉米、高粱、大豆和谷子分别为30%、26%、33%和41%。

与不施肥处理相比，有机肥的施用显著增加了土壤各级团聚体中有机碳的含量。其原因可能是，有机肥本身增加了有机碳的含量，有机肥的施入不仅增加了作物的产量，而且增加了植物残茬的输入量。在同样的耕作条件下，由于有机肥的施用显著增加了有机碳的浓度，增加了有机质与团聚体的胶结作用，抵消了一部分耕作对团聚体的破坏作用，因此施用有机肥处理团聚化作用高于不施肥处理。施用有机肥显著增加了表层土壤有机碳库，且新固定的碳主要发生在>2 000 μm和250～2 000 μm的团聚体上（安婷婷等，2006）。

与不施肥和施用化肥比较，施用有机肥和有机肥、无机肥配施显著增加了土壤总碳量。长期施用有机肥土壤各级团聚体有机碳含量显著增加，总有机碳及储量增加，有机质积累，土壤结构改善，固碳潜力增加。长期高量有机肥配施化肥显著增加50～250 μm微团聚体比例及有机碳含量，增强土壤固碳能力（冷延慧等，2008）。有机施肥方式明显提高了土壤微生物量碳，且有机肥施用量越大，微生物量碳含量越高；当有机肥所占比例大时，有机肥、无机肥配施对微生物量氮和磷的影响明显大于单施化肥和单施有机肥；有机施肥方式明显提高了土壤脲酶和过氧化氢酶活性，但降低了中性磷酸酶活性，对蔗糖酶活性影响不大（王会等，2012）。

长期施用有机循环肥，尤其是循环肥配合均衡化肥施用能明显提高潮棕壤有机碳含量，有利于一氧化碳、溶解性有机碳、微生物量碳含量增加，有利于土壤碳素有效率及土壤碳库管理指数的提高（宇万太等，2008）。

二、秸秆还田

农作物秸秆是农田土壤有机质的重要来源，还田是回收利用秸秆的一种重要方式。秸秆还田作为全球有机农业的重要环节，对维持农田肥力、减少化肥施用、提高陆地土壤碳汇能力具有积极作用。秸秆还田主要通过增加土壤有机质和提高氮肥利用率来改善农田生产环境，获得高农业生产能力。加强我国秸秆还田率能够逐渐改变我国耕地土壤存在的有机质含量和品质下降的现象。

秸秆还田的方式广义上包括两种，一种是秸秆直接还田，如作物根茬残留或覆盖，翻压可利用的稻秆直接还田；另一种是秸秆间接还田，如秸秆发酵，包括堆沤、沼气、菌糠及相关不同组合形式的还田，秸秆过腹还田（秸秆饲喂牲畜后以畜粪尿形式还田）以及秸秆工业加工还田等（陈坤，2017）。西方农业发达国家重视土壤养分归还，普遍利用秸秆直接还田平衡土壤养分结构。在我国传统农业中，单独利用牲畜粪尿或与其他物质堆沤还田是主要的秸秆还田形式（刘芳等，2012）。

大多数研究表明，秸秆添加增加了土壤碳源输入，在一定范围内，秸秆还田量的增加可显著提升土壤有机质含量。秸秆还田后，秸秆周围会有大量的微生物繁殖，形成土壤微生物活动层，加速了对秸秆中有机态养分的分解释放，可提高土壤有机质含量。秸秆还田后，土壤有机质含量相对于非还田土壤平均提高 0.29 g/kg，且秸秆释放有机质是个逐渐的过程，这样既可增加土壤有机质含量，又有利于土壤改良和可持续发展。

秸秆在土壤中的主要分解过程可分为快速分解阶段和缓慢分解阶段。秸秆还田的最初阶段是易分解的有机质被快速矿化分解，主要是微生物利用蛋白质及可溶性有机碳、纤维素等易氧化有机质作为碳源，同时不同程度地矿化和同化部分碳物质促使养分释放；而后进入缓慢的矿化过程，主要是残留在土壤中的氮素及难分解物质在微生物的进一步作用下进行缓慢且复杂的变化过程，形成难被分解的腐殖质，从而提高土壤有机质含量和更新土壤有机质。秸秆还田主要通过影响腐殖质含量来调节土壤有机质。土壤腐殖质是有机质的重要组成部分，是衡量土壤有机质含量和稳定性的重要指标。其腐殖质化程度，常以胡敏酸（HA）和富里酸（FA）的比例（HA/FA）关系确定。研究表明，有机物料添加到土壤中后，HA/FA 逐渐恢复到土壤水平，并趋于平稳。

综合国内外多年研究得出，外源有机质添加在微生物的作用下对土壤原有有机碳的作用分为正激发作用和负激发作用。正激发作用加强了土壤原有有机碳的矿化作用，这是比较常见的现象；负激发作用减弱了土壤有机碳的矿化作用。有机质本身的碳氮比及各有机组分含量将直接影响到土壤有机碳的激发效应。一般认为，新鲜秸秆是土壤丰富的有机质来源，为微生物提供了能量和营养元素，提高了微生物活性，从而加速了土壤有机碳的矿化，产生了激发效应。当将碳氮比较低的秸秆还田后，利用土壤原有有机碳以维持土壤微生物活动所需的适宜碳氮比，因此秸秆能被微生物快速分解，促进土壤原有有机碳的正激发效应；当将碳氮比高的秸秆还田后，微生物也能充分利用土壤有机碳的氮素，增强其对土壤有机碳的矿化分解作用（潘剑玲，2013）。

秸秆还田和施用厩肥均能显著提高土壤酶活性和纤维素分解强度，在提高脲酶、转化酶活性方面施用厩肥效果优于秸秆还田，全量施用优于半量施用；在提高酸性磷酸酶、过氧化氢酶方面，秸秆还田效果优于施用厩肥；秸秆还田配施厩肥对提高脲酶活性效果最好，对提高其他各类酶活性效果一般；除过氧化氢酶外，其他各类酶活性均随着土层深度的增加而降低（兰宇等，2013）。也有研究发现，秸秆及秸秆黑炭对小麦养分吸收利用及土壤酶活性具有显著影响（冯爱青等，2015）。

三、生物炭及炭基肥

生物炭（biochar）是一种含碳量高且更为稳定的有机碳，可以在土壤中保持几百年到上千年。生物炭通常含碳 40%～75%，含少量矿物质和挥发性有机化合物，呈碱性，不易被微生物分解。生物炭多孔、表面积巨大，其组成呈高度芳香化结构，同时含有羟基、酚羟基、羧基、脂族双键。生物质炭化入田是一种可行的碳汇技术。由于生物炭具有来源广泛、成本不高、生产安全、没有二次污染、分散、易于推广等优点，不仅是秸秆间接还田的一种新方式，同时也是循环经济秸秆资源化利用的可行途径之一。炭基肥是利用生物炭与其他化肥混合制成的长效肥料，施用方便，能够通过机械减轻施用人力成本等优势。炭基肥利用自身超强的吸附性把土壤中作物生长所需要的营养元素吸附在周围，可以防止肥料流失而达到缓释的效果。

通过 4 年的田间微区定位试验，开展了生物炭和炭基复合肥对棕壤理化性状和花生产量的影响研究。研究发现，施用生物炭与传统的土壤改良措施——秸秆还田和施用有机肥相比，对土壤理化性状的改良作用并不逊色，甚至在提高棕壤有机碳和全氮量方面效果更佳，可使作物持续增产，其增产作用与施用猪厩肥相近。以生物炭作为载体制作的炭基肥对土壤理化性状也具有显著的调节作用，如在调节土壤 pH 方面作用就十分显著。由于其中碳所占比例较低，因此对土壤的某些理化指标的调节作用不及生物炭（战秀梅等，2015）。施用炭基肥和生物炭均可以显著增加耕层土壤总有机碳含量，比试验起始年土壤（简称起始土）分别提高 10%和 8%，使土壤游离态颗粒有机碳和闭蓄态颗粒有机碳含量显著提高了 43%和 17%，对于矿物结合态有机碳含量影响不大（高梦雨等，2018）。施用生物炭会抑制土壤过氧化氢酶活性，提高蔗糖酶活性，提高土壤可溶性有机碳含量；施用炭基肥抑制了过氧化氢酶、蔗糖酶活性，降低了可溶性有机碳含量。生物炭和炭基肥对脲酶活性的影响没有表现出明显规律性，对微生物活性提高的作用处于秸秆还田和施用猪厩肥之间（潘全良等，2016）。

第五节　棕壤有机质调控研究进展

有机物料在棕壤中的转化积累规律是棕壤有机质调控的理论基础，是预测棕壤有机质增减幅度以及实现培肥目标的根据。

覆膜栽培是许多发展中国家（如中国）促进高产和农业可持续的技术（汪景宽等，1992；李世朋等，2009）。在中国覆膜率（覆膜栽培面积占总耕作面积的比例）增加 5 个百分点，粮食产量将增加 4.33×10^6 t（Wang et al.，2005）。但是，粮食产量的增加是以消耗地力为代价的。因此，在覆膜条件下土壤肥力的改善至关重要。覆膜与有机肥的施用改变了表层土壤的生态环境，显著提高玉米生物产量（薛菁芳等，2006；李世朋等，2009），进而改变了土壤有机碳库大小和组成以及土壤的生物学特性。沈阳农业大学棕壤长期定位试验站（北纬 41°49′，东经 123°34′）处于温带大陆性季风气候区，年均温 7.9 ℃，年均降水量 705 mm，海拔 75 m，土壤属中厚层棕壤（简育淋溶土）。该长期定位试验开始于 1987 年春天，当时表层土壤（0～20 cm）性质为：有机质含量 15.6 g/kg，全氮 1.0 g/kg，全磷 0.5 g/kg，碱解氮 67.4 mg/kg，有效磷 8.4 mg/kg，pH（H_2O）6.39，沙粒含量 16.7%，粉粒含量 58.4%，黏粒含量 24.9%（汪景宽等，2006）。每小区面积 69 m^2，分覆膜栽培（mulching）和传统栽培（裸地，bare land）两组。连作作物为玉米（当地常用品种），每年 4 月 25 日前后播种、施肥和覆膜，并按常规进行田间管理；9 月 25 日前后进行小区测产、采样和收割，并对玉米秸秆及残留地膜进行清除，然后进行翻地（根系都保留在土壤中）。

一、覆膜与施肥调控棕壤有机质

随着《京都议定书》的生效，陆地生态系统碳的固定及其稳定被认为是减缓气候变化的主要途径之一。据政府间气候变化专门委员会（IPCC）统计，全球农业减排的技术潜力高达每年 5 500～6 000 Mt CO_2 当量，其中 90%来自减少土壤二氧化碳的排放（Smith et al.，2007）。因此，作为陆地生态系统最大的碳库，土壤碳库具有巨大的缓解气候变化的潜力。土壤碳库对温室气体的固定与排放成为全球气候变化研究热点之一（潘根兴等，2008）。同时，土壤碳库的变化对土壤养分循环、土壤肥力演变、土壤质量发展、土壤生态平衡及作物生长等产生不同程度的影响。因此，增加土壤中有机碳的固定不仅可减少大气 CO_2 含量，而且对保障国家粮食安全、土壤和农业生态系统的可持续发展具有重要的意义。

（一）覆膜与施肥对棕壤有机碳和全氮的影响

经过 17 年的耕作，无论是施有机肥还是有机肥与化肥配施均能显著增加土壤中有机碳的含量（图 12-4）。无论覆膜与否，对于 CK，由于长期实行只取不予的掠夺式经营，土壤有机碳的含量会随种植年限的增加而呈下降的趋势，但残留在土壤中的作物根茬等植物残体经微生物分解之后会变成土壤有机质的一部分，抵消了因矿化消耗的土壤有机质，因此经过一段时间后渐渐趋于平衡。长期单施氮肥，土壤有机碳总体表现为缓慢增加的趋势。无论覆膜与否，有机肥的施用使土壤有机质含量迅速增加。随着时间的推移，有机碳增加变缓，但是仍高于氮肥处理（N4）。有机肥施入促进了植株生物量的增加是导致有机肥处理（M4）与有机肥与高量氮磷肥处理（M4N2P1）土壤有机碳增加的主要原因。覆膜栽培与裸地栽培比较，覆膜导致土壤有机碳消耗，有机碳含量降低。覆膜提高了地温和土壤水分含量，增强了土壤微生物活性，加速了土壤中大分子难分解有机物向小分子易吸收的有机碳转化，进而降低了有机物料的残留率（李丛等，2005）。

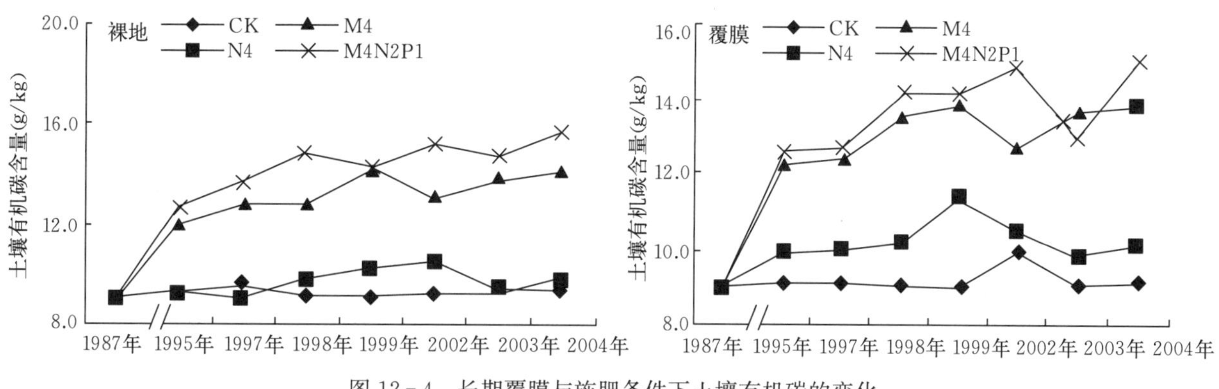

图 12-4　长期覆膜与施肥条件下土壤有机碳的变化

经过 17 年的覆膜与施肥，土壤全氮的变化情况表现为裸地各处理与有机碳的变化相似（图 12-5）。氮肥处理（N4）覆膜土壤中全氮的含量比相应的裸地处理高；在有机肥处理（M4）和有机肥与高量氮磷肥处理（M4N2P1）中，覆膜全氮的含量比相应的裸地低。无论是覆膜还是裸地，各施肥处理对土壤氮库的贡献大小依次为有机肥和无机肥配施>单施有机肥>单施化肥>CK（李丛等，2005）。

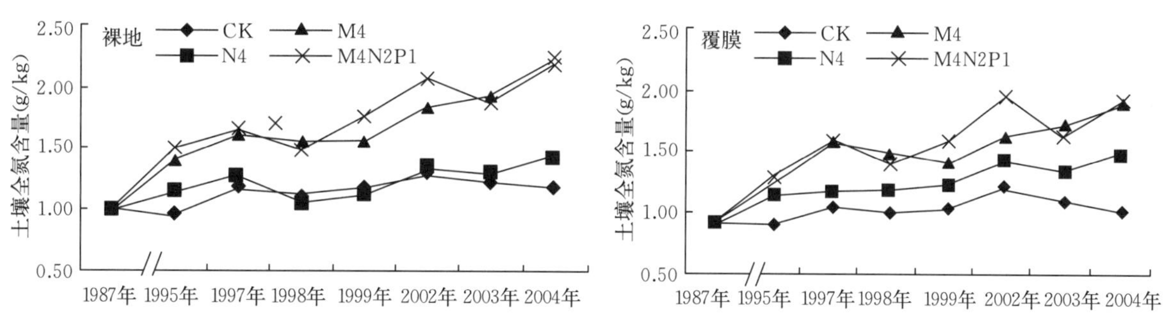

图 12-5　长期覆膜与施肥条件下土壤全氮的变化

（二）长期不同施肥对棕壤有机碳和全氮储量的影响

长期进行有机肥与化肥配合施用可以显著增加土壤碳储量。如图 12-6 所示，长期有机肥与无机肥配施（M1N1P1、M2N2 和 M4N2P1），旱地土壤碳储量的范围是 32.67～40.64 t/hm^2，相比不施肥处理显著提高了 11.46%～38.66%。其中，M4N2P1 处理碳储量显著高于其他处理，M1N1P1 与 M2N2 之间碳储量没有显著差异。而单施氮肥处理，土壤碳储量（27.75 t/hm^2）与对照相比略有下降，但没有显著性差异。

长期施肥不仅影响土壤碳储量，同样也会影响土壤氮储量。对于旱地土壤而言，单施氮肥处理氮储量值最低，为 2.34 t/hm^2，比 CK 处理低 6.84%，差异不显著。而有机肥与无机化肥配施则可以提高氮储量，随着有机肥施用量的增加，土壤氮储量不断增加，并达到显著水平。M1N1P1、M2N2 和 M4N2P1 氮储量分别为 2.86 t/hm^2、3.18 t/hm^2、3.65 t/hm^2，比对照增加了 14.4%、27.2% 和 46.0%。

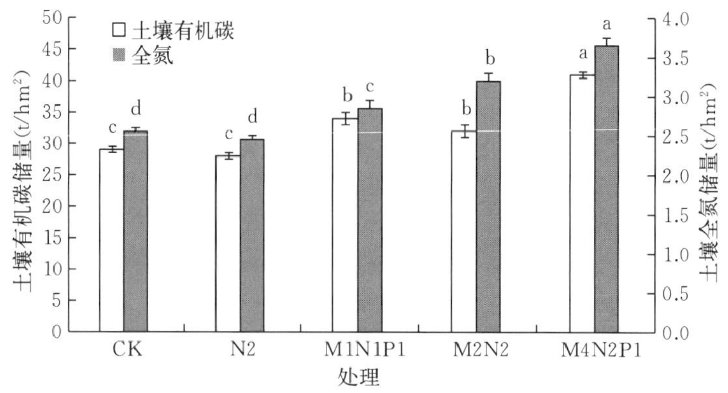

图 12-6　施肥 26 年后旱地土壤总有机碳及全氮储量

注：图中不同字母表示各处理间差异显著（$P<0.05$），每个处理 3 次重复，误差棒为标准误。

（三）长期不同施肥对棕壤团聚体碳分布、碳储量和稳定性的影响

利用两种不同分离方法（干筛法与湿筛法）对耕作施肥 20 年后棕壤的团聚体组成、团聚体有机碳含量以及有机碳储量进行了研究。结果表明，棕壤团聚体以 0.25～1 mm 团聚体为主（图 12-7）。与长期不施肥相比，除 0.25～1 mm 粒级外长期施用氮磷化肥使风干团聚体和水稳性团聚体中较大团聚体和微团聚体数量下降，各级风干团聚体中有机碳积累量降低，水稳性团聚体中有机碳积累量增加（图 12-8）；长期施用有机肥较大团聚体和微团聚体数量增加，与其相连的有机碳含量和储量均增加；长期有机无机肥配施大团聚体数量下降，微团聚体数量增加，有机碳含量均增加，大团聚体碳库储量下降，微团聚体碳库储量增加（冷延慧等，2008）。由此可见，长期施有机肥可改善土壤结构，增加固碳潜力。长期高量有机肥与无机肥配施可能有利于土壤固碳，但不利于作物生长。

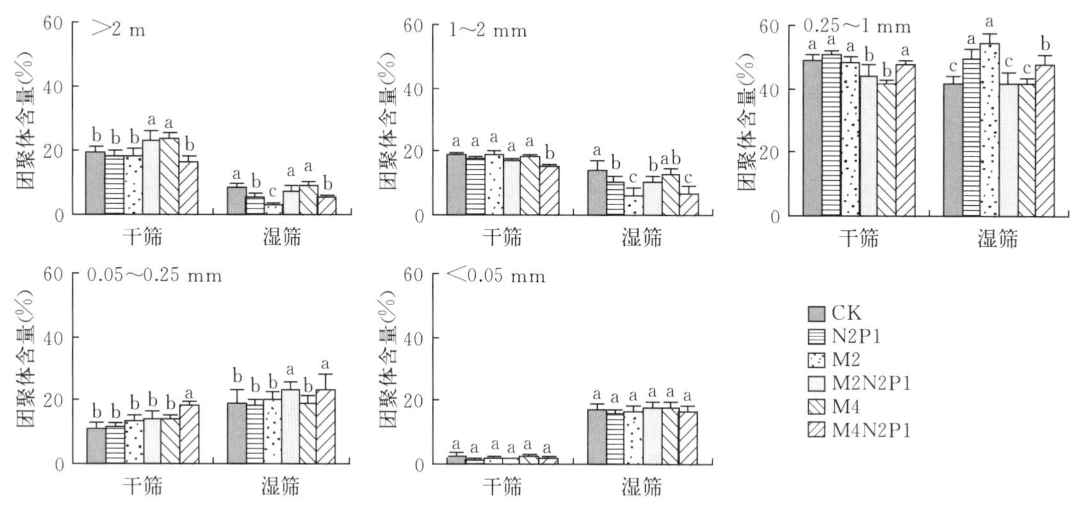

图 12-7　不同施肥处理中各粒径团聚体百分含量

注：图中不同字母表示各处理差异显著（$P<0.05$），每个处理 3 次重复，误差棒为标准误。

长期施肥与覆膜显著影响土壤团聚体的分布和稳定性及团聚体有机碳的含量，进而影响土壤有机碳库的容量和稳定性。长期有机物料投入有利于增加土壤团聚体的稳定性及有机碳在团聚体中的固持。在相同施肥模式下，覆膜与裸地处理对土壤团聚体的形成和稳定性会产生不同的影响。在覆膜条件下，需要投入更多的有机质才能维持土壤团聚体的稳定性及较高的有机碳含量。在不同施肥与覆膜处理下，氮磷肥配施可以显著提高土壤团聚体的平均重量直径（图 12-9），但对团聚体有机碳含量的影响表现为显著降低或不显著（表 12-16）。各处理土壤中水稳性大团聚体是土壤有机碳的主要载体，施用有机肥及有机无机肥配施有利于促进土壤各粒级水稳性团聚体的有机碳含量增加，是改善土壤团聚体结构、维持和提高棕壤地力的有效措施（吕欣欣等，2018）。

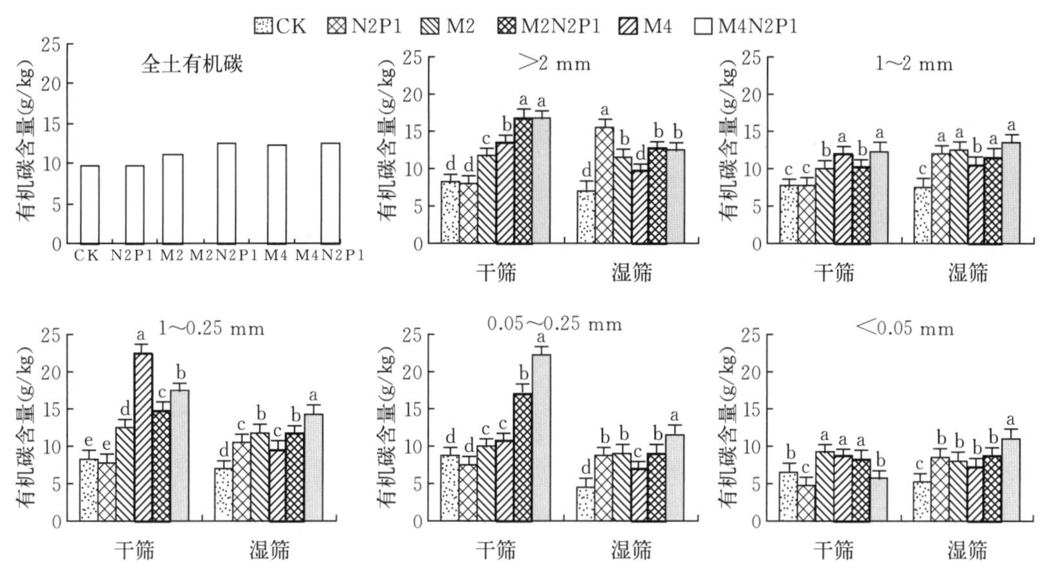

图 12-8 不同施肥处理中各粒径团聚体有机碳含量

注：图中不同字母表示各处理差异显著（$P<0.05$），每个处理 3 次重复，误差棒为标准误。

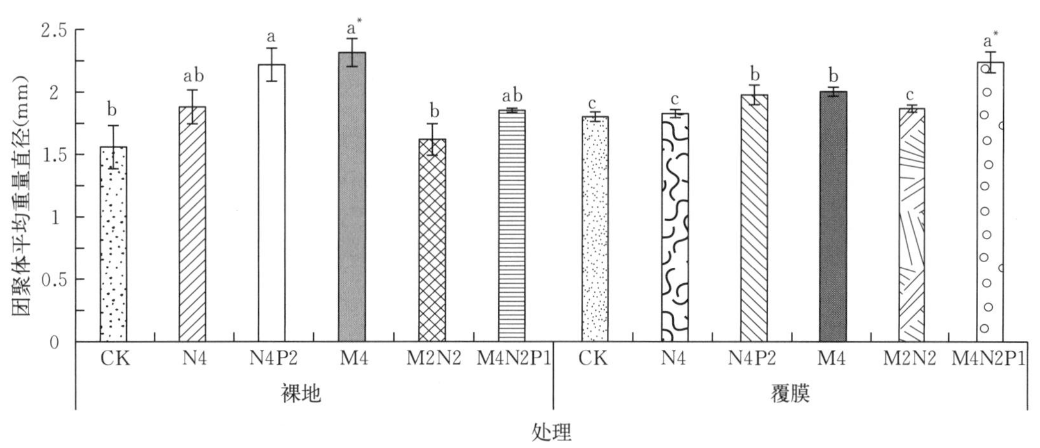

图 12-9 长期不同施肥与覆膜处理下土壤团聚体平均重量直径

注：不同小写字母表示覆膜或裸地土壤中不同处理间分析差异达 5%显著水平；* 表示覆膜与裸地土壤中相同处理间分析差异达 5%显著水平。

表 12-16 长期不同施肥与覆膜处理下土壤团聚体有机碳的富集系数

处理	裸地				覆膜			
	>2 mm	0.25~2 mm	0.053~0.25 mm	<0.053 mm	>2 mm	0.25~2 mm	0.053~0.25 mm	<0.053 mm
CK	0.99±0.023c	1.00±0.020c	0.91±0.013bc	0.79±0.018b	1.05±0.011a	1.00±0.010b	0.92±0.023c	0.87±0.005ab
N4	1.05±0.031b	1.09±0.045b	0.96±0.028a	0.94±0.031a	1.01±0.018a	1.00±0.025b	0.91±0.032c	0.79±0.014bc
N4P2	1.03±0.034b	1.02±0.021c	0.91±0.043bc	0.75±0.042b	1.01±0.038a	1.02±0.041ab	0.97±0.023b	0.94±0.018a
M4	1.05±0.019b	1.06±0.015b	0.89±0.060c	0.66±0.030cd	1.03±0.049a	1.05±0.045a	1.04±0.039a	0.72±0.039cd
M2N2	1.21±0.016a	1.10±0.039a	0.87±0.020d	0.72±0.004c	1.05±0.033a	1.05±0.041a	1.03±0.009a	0.80±0.039b
M4N2P1	0.96±0.037c	1.03±0.012c	0.81±0.053d	0.62±0.021d	0.89±0.022b	1.03±0.037ab	0.97±0.018b	0.66±0.055d

注：同列不同小写字母表示覆膜或裸地中不同处理间同一粒级分析差异达 5%显著水平。

（四）覆膜与施肥对棕壤有机碳组分的影响

1. 溶解性有机碳、氮 溶解性有机碳、氮在土壤全碳、全氮含量中所占的比例很小，但却是土壤有机质中最为重要和活跃的部分。自然棕壤溶解性有机碳、氮的含量最高，高肥处理次之，低肥处理含量最低（表 12－17）。棕壤溶解性有机碳、氮与全碳、全氮和微生物量碳、氮的相关性达到极显著水平，与土壤肥力紧密相关，可以作为指示土壤肥力的重要指标。不同肥力棕壤溶解性有机碳、氮的降解速率在培养初期较快，而后逐渐减慢，降解数据符合双指数衰变模型（图 12－10）。棕壤溶解性有机碳分别由降解速率不同的两个库组成：周转时间在 1 d 的易分解部分和周转时间大约为 400 d 的难分解部分。棕壤溶解性有机氮是由周转速率大约为 2 d 的易降解部分和周转速率在 99～105 d 的难分解部分组成。经过 42 d 的培养，浸提液中剩余溶解性有机质碳氮比值较培养前有所增加（汪景宽等，2008）。

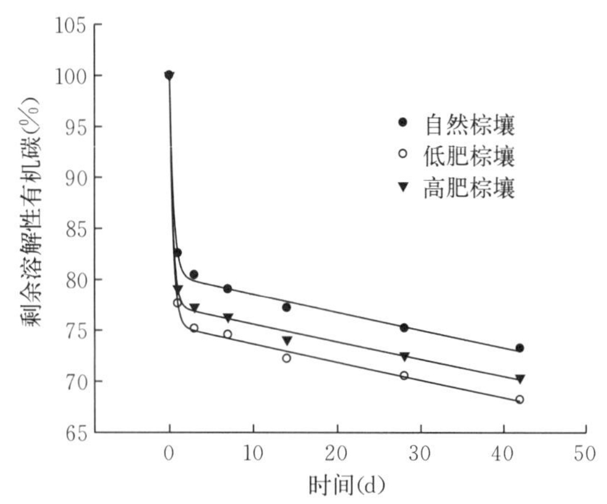

图 12－10　不同肥力棕壤中剩余溶解性有机碳的百分比

表 12－17　不同时期不同肥力棕壤溶解性有机碳、氮含量（mg/kg）

项目	土壤样品	培养前含量	培养 1 d	培养 3 d	培养 7 d	培养 14 d	培养 28 d	培养 42 d
溶解性有机碳	自然棕壤	141.86	117.11	114.15	112.07	109.45	106.66	103.85
	低肥棕壤	110.09	85.43	82.68	82.11	79.45	77.70	75.05
	高肥棕壤	135.54	107.19	104.75	103.44	100.43	98.28	95.39
溶解性有机氮	自然棕壤	12.60	10.79	9.35	8.91	8.14	7.27	6.16
	低肥棕壤	12.47	10.32	8.79	8.46	7.71	7.07	5.70
	高肥棕壤	16.85	14.87	12.76	12.16	11.46	10.06	8.56

2. 土壤微生物量碳、氮　土壤储备的养分绝大部分处于稳定和半稳定状态，活性和有效性均较低，而微生物中的养分则非常活跃，微生物一方面是土壤有机物的转化者，另一方面又是土壤养分的“库”和“源”。土壤微生物不断进行新老更替，分解外界的物质和有机体，吸收同化无机养料合成自身物质，同时又向外界释放其代谢产物，赋予土壤肥力和生产力。当土壤养分含量高时，微生物能同化和固定一部分养料，以减少养分的过度损失；而当作物生长旺盛时，微生物则能释放或矿化一部分养分，供作物吸收利用。由于微生物量具有周转快、灵敏度高等特点，可以反映土壤的微小变化，也能反映土壤能量循环和养分转移与运输。因此，目前土壤微生物量被国内外众多学者作为土壤质量的生物学指标进行研究和探讨。

不同施肥处理下土壤微生物种群、数量和活性不同，从而影响土壤生物肥力。长期施肥土壤微生物量碳和氮在玉米生育期内的变化规律为玉米种植中土壤培肥提供理论依据。N4 土壤微生物量碳的平均值较对照降低 30.8%，而 M4 和 M4N2P1 分别较对照提高 102.6%和 60.1%。从玉米生育期来看，各处理土壤微生物量碳在抽雄期都表现出较高的水平。M4 和 M4N2P1 从苗期到拔节期土壤微生物量碳降低，到抽雄期达到最高，灌浆期降低，之后又有所回升（表 12－18）。在裸地条件下，不施肥的对照处理土壤微生物量氮平均值为 17.12 mg/kg，N4 为 16.87 mg/kg，M4 为 35.45 mg/kg，M4N2P1 为 24.09 mg/kg。N4 较对照降低 1.46%，而 M4 较对照提高 107%，M4N2P1 较对照提高 40.71%。M4 和 M4N2P1 土壤微生物量氮在玉米各生育期均与对照有显著差异，而 N4 只在成熟期和收获后期与对照处理间差异达到显著水平。各处理土壤微生物量氮在抽雄期和灌浆期表现出较高的水平（表 12－19）（于树等，2006）。

表 12-18 不同处理土壤微生物量碳的变化（mg/kg）

项目	处理	苗期	拔节期	抽雄期	灌浆期	成熟期	收获后期
裸地	CK	66.13±12.09b	51.41±3.02c	121.6±0.23c	73.21±11.41c	79.32±6.16c	49.85±16.31c
	N4	27.05±4.94c	41.15±6.29c	85.8±4.03d	54.68±0.72d	62.25±18.29c	34.28±2.88c
	M4	129.59±6.21a	117.39±3.46a	205.54±1.23a	126.39±7.09a	185.06±9.82a	130.83±6.25a
	M4N2P1	124.26±5.78a	90.02±5.47b	161.07±4.30b	104.42±0.33b	121.79±16.28b	105.6±15.01b
覆膜	CK	72.83±7.23c	91.29±1.75b	123.4±12.29b	95.77±11.07a	87.57±19.24bc	61.06±3.21c
	N4	63.62±0.13c	82.87±13.79b	92.36±7.47c	86.97±30.97a	63.19±15.22c	51.63±19.33c
	M4	106.33±6.08b	94.32±4.59b	148.51±20.50b	105.03±1.60a	109.09±11.08ab	84.973±6.42b
	M4N2P1	139.18±9.66a	121.62±1.33a	185.9±11.57a	111.05±2.39a	122.67±5.82a	118.24±4.96a

注：同一列中含有相同小写字母表示差异不显著（$P<0.05$）。

表 12-19 不同处理土壤微生物量氮的变化（mg/kg）

项目	处理	苗期	拔节期	抽雄期	灌浆期	成熟期	收获后期
裸地	CK	13.01±3.41c	8.37±0.71c	22.13±0.66c	22.38±9.18b	17.65±0.34c	19.23±1.96c
	N4	11.81±1.82c	8.74±3.31c	25.95±2.27bc	14.00±4.25b	28.36±1.20b	12.41±0.25d
	M4	30.37±0.20a	29.86±0.47a	48.02±1.91a	36.42±6.31a	37.46±1.14a	30.61±0.62a
	M4N2P1	18.78±1.47b	20.52±0.32b	27.62±3.49b	35.66±2.19a	19.55±0.53c	23.02±0.64b
覆膜	CK	14.54±5.08c	20.48±0.83b	19.16±1.09d	26.43±1.45b	27.37±7.32ab	18.34±2.40b
	N4	19.15±7.64c	18.82±0.25b	24.91±1.35c	15.38±1.10d	16.79±1.01c	19.15±0.45b
	M4	34.26±8.00b	27.05±7.00b	29.61±2.95b	19.96±0.96c	20.95±0.56bc	17.02±1.55b
	M4N2P1	45.44±0.45a	42.11±5.28a	39.08±0.15a	30.60±2.28a	32.40±0.22a	37.64±2.81a

注：同一列中含有相同小写字母表示差异不显著（$P<0.05$）。

3. 轻组有机碳 轻组有机质包括处于不同分解阶段的植物残体、小的动物和微生物，具有较高的周转率和相对较高的碳氮比，其相对密度显著低于土壤矿物，是植物残体分解后形成的一种有机质过渡形态，在碳和氮循环中具有显著的作用，被认为是土壤生物调节过程的重要基质和土壤肥力的指标。同时，轻组有机碳具有很强的生物学活性，是土壤质量的一个重要属性，代表了易分解的有机碳库。轻组有机碳是植物养分的短期储存库，其含量大小和组成具有季节性波动，主要取决于有机物的输入和分解速率，其分解碎屑对水稳性团聚体的形成具有重要作用。轻组有机碳不稳定、易矿化，与黏土矿物结合不强烈、缺乏土壤胶体保护有关。

轻组有机碳含量的变化范围为 0.875～2.075 g/kg。N1P1 和 N2P2 土壤轻组有机碳含量较 CK 均有所增加，其中 N1P1 轻组有机碳含量与 CK 间差异达显著水平，有机碳含量增加了 0.453 g/kg，增加幅度为 51.7%。有机肥和无机肥配合施用可显著提高土壤轻组有机碳含量，M1N1、M1N1P1、M2N2P1 和 M4N2P1 土壤轻组有机碳含量分别是 CK 的 1.44 倍、1.62 倍、1.80 倍和 2.37 倍（表 12-20）。土壤轻组有机碳含量年均增加量为 0.021 g/kg、0.030 g/kg、0.039 g/kg 和 0.067 g/kg。

不同施肥处理之间土壤轻组有机碳含量的差异是由土壤轻组含量和土壤轻组有机碳浓度决定的。不同施肥处理土壤轻组有机碳浓度之间差异显著，变化范围为 198.7～307.35 g/kg。各处理之间土壤轻组含量和土壤轻组有机碳浓度之间相关性较差，N1P1 土壤轻组含量在所有处理中最低，为 4.325 g/kg，而土壤轻组有机碳浓度却达到了 307.00 g/kg。在长期施肥条件下，土壤轻组有机碳占土壤全量有机碳比例（LFOC/TOC）的变化范围在 9.58%～18.66%，数据显示土壤轻组有机碳与土壤全量有机碳之间具有较好的相关性（表 12-20）（曹宏杰等，2011）。

表 12-20 不同施肥处理土壤轻组有机碳含量

处理	土壤有机碳含量 (g/kg)	轻组（LF）			
		土壤轻组含量 (g/kg)	土壤轻组总量有机碳浓度（g/kg）	土壤轻组全土有机碳含量（g/kg）	土壤轻组有机碳占土壤全量有机碳比例（%）
CK	9.14	4.400bc	198.90c	0.875d	9.57
N1P1	9.28	4.325c	307.00a	1.328c	14.31
N2P2	9.88	5.150b	198.70c	1.023d	10.35
M1N1	9.38	4.775bc	263.65b	1.259c	13.42
M1N1P1	10.19	4.775bc	297.70a	1.422bc	13.95
M2N2P1	10.65	6.350a	248.60b	1.579b	14.83
M4N2P1	11.12	6.750a	307.35a	2.075a	18.66

注：不同小写字母表示处理间差异显著（$P<0.05$）。

4. 颗粒有机碳 颗粒有机碳是处于新鲜的动植物残体和腐殖化有机物之间暂时或过渡的有机碳库，在土壤中周转较快（Frazluebbers et al.，2003）。颗粒有机碳比土壤全碳更易受到土地利用和土壤管理方式的影响，提高颗粒有机质的比例，可能是缓解大气 CO_2 浓度上升的重要措施（李江涛等，2004）。游离态的颗粒有机质存在团聚体外，没有参与团聚体的形成，不受矿物颗粒的保护而易受到微生物的分解，因而分解速度较快，对团聚体稳定性的贡献较小。团聚体内颗粒有机质被团聚体物理包被使微生物难以接触，比游离态的颗粒有机质分解程度更低（Dexter，1988）。团聚体中颗粒有机质的研究把土壤物理、土壤化学和土壤生态等领域结合在一起，具有重要的意义。

棕壤有机肥处理颗粒有机碳主要以细团聚体内颗粒有机碳（fine iPOC）的形式存在，其次是粗团聚体内颗粒有机碳（coarse iPOC），微团聚体内颗粒有机碳（microaggregate iPOC）含量最少，且不同形式的颗粒有机碳组分差异达到显著性水平（$P<0.05$）（图 12-11）。有机肥处理细团聚体内颗粒有机碳的浓度是休闲地处理的 2 倍，是不施肥处理的 3 倍。不施肥处理中粗团聚体内颗粒有机碳含量明显高于细团聚体内颗粒有机碳含量，其有机碳含量增加了约 40%。而休闲地处理较大团聚体内颗粒有机碳的组分分布与有机肥处理相似，细团聚体内颗粒有机碳含量显著高于粗团聚体内颗粒有机碳含量，有机碳含量增加约 0.152 g/kg（去沙校正）。休闲地处理和不施肥处理>2 000 μm 粒级团聚体中颗粒有机碳组分的有机碳含量高于其他粒级颗粒有机碳组分的有机碳含量，且 CK 处理>2 000 μm 粒级团聚体颗粒有机碳含量高于休闲地处理，这可能是休闲地处理>2 000 μm 粒级团聚体沙粒含量降低的原因。由于有机肥处理>2 000 μm 粒级团聚体的数量较少，不能进行游离轻组和颗粒有机质的分离（安婷婷等，2007）。

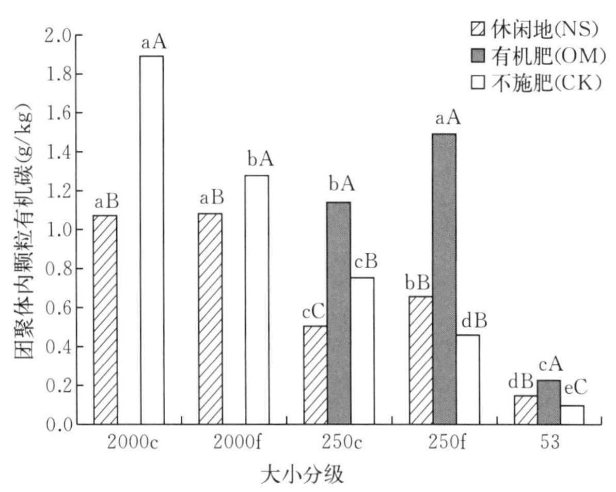

图 12-11 施肥对棕壤团聚体内颗粒有机碳的影响

注：2000c 和 2000f 分别指闭蓄在>2 000 μm 大团聚体内>250 μm 和 53～250 μm 颗粒有机质；250c 和 250f 分别指粗和细团聚体内颗粒有机质，53 指微团聚体内颗粒有机质。OM 为有机肥处理，NS 为休闲地处理，CK 为不施肥处理。不同小写字母表示同一处理方式下不同大小团聚体之间碳分布的差异显著（$P<0.05$）；不同大写字母表示同样大小的团聚体在不同处理方式下团聚体碳分布的差异显著（$P<0.05$）。

不同处理棕壤表层（0～20 cm）颗粒有机碳组分见表 12-21。OM 与 CK 之间颗粒有机碳、粗团聚体内颗粒有机碳储量差异不大。两处理有机碳的差异主要集中在细团聚体内颗粒有机碳和微团聚体内颗粒有机碳，其有机碳差异分别为163.5 g/m^2 和 122.7 g/m^2，占全量有机碳差异的 47%和 35.3%。NS 与 CK 之间的差异主要集中细团聚体内颗粒有机碳，两处理有机碳差异为 152.0 g/m^2，占全量有机碳差异的 68.2%，说明了细团聚体内颗粒有机碳是土壤团聚体内颗粒有机碳的主要储存形式。CK 与 NS 相比，细团聚体内颗粒有机碳含量降低了约 47%，而颗粒有机碳的含量降低了约 23%。CK 处理与 OM 处理相比，细团聚体内颗粒有机碳含量降低了 49%，而颗粒有机碳的含量降低了约 13%。说明细团聚体内颗粒有机碳是比颗粒有机碳反应更敏感的指标，可以用来作为反映棕壤应对施肥措施变化的指标（安婷婷等，2007）。

表 12-21 棕壤不同处理表层（0～20 cm）土壤中颗粒有机碳组分的比较（g/m^2）

处理	粗团聚体内颗粒有机碳	细团聚体内颗粒有机碳	微团聚体内颗粒有机碳	游离轻组	颗粒有机碳（POC）	全量有机碳（TOC）
休闲地（NS）	248.0a	322.6a	130.5b	819.2a	1 949.0a	2 178.0b
有机肥（OM）	246.1a	334.1a	247.1a	896.7a	1 723.9b	2 302.8a
不施肥（CK）	279.5a	170.6b	124.4b	698.6b	1 500.3c	1 955.0c

注：不同小写字母表示不同处理方式下颗粒有机碳分布的差异显著（$P<0.05$）。

5. 水溶性有机碳、氮 水溶性有机质主要是指能通过 0.45 μm 滤膜且能溶解于水、酸或碱的不同大小、结构的有机分子混合体。如天然水中的有机质，土壤溶液中的有机质，土壤和有机肥中能被水、酸或碱等溶解的有机质。水溶性有机质是陆地和水生生态系统中一类重要的、十分活跃的化学组分。作为环境中重要的天然配位体和吸着载体，水溶性有机质是通过吸附、络合、螯合、共沉淀等系列反应与土壤，特别是与土壤水中微量元素和有机污染物发生各种作用，从而影响后者的迁移活性、最终归宿和生态毒性（Allard，1991；Frimmel，1998），同时能促进矿物风化，是微生物生长和生物分解过程中的重要能量来源。

不同施肥处理土壤水溶性有机碳和水溶性有机氮含量均在玉米出苗期（5 月 24 日）、拔节期（6 月 25 日）和抽雄期（7 月 25 日）最高，而在孕穗期（8 月 25 日）、成熟期（9 月 25 日）和冻结期（10 月 25 日）相对较低（图 12-12）。从整个生长季来看，水溶性有机碳、氮的含量均以单施有机肥（M2）、氮磷肥配施（N2P1）、有机肥＋氮磷肥（M1N1P1）3 种施肥处理相对较高。在单施氮肥的条件下水溶性有机碳含量低于上述 3 种施肥处理，而水溶性有机氮的含量则高于上述 3 种施肥处理。在不同施肥处理下，水溶性有机碳含量变化趋势为 M2＞M1N1P1＞N2P1＞CK＞N2，这主要是由于有机肥在土壤腐解过程中能够释放部分水溶性有机碳的缘故。不同施肥处理土壤水溶性有机氮含量变化趋势表现为 N2＞N2P1＞M1N1P1＞M2＞CK，这主要是由于直接施入氮肥以及氮磷肥配施等直接增加了土壤中氮素的含量，导致土壤中水溶性有机氮的含量明显增加（郭锐等，2007）。

6. 土壤活性有机碳 土壤活性有机碳指在一定的时空条件下，受植物、微生物影响强烈，具有一定溶解性，在土壤中移动较快、不稳定、易氧化、易矿化，对微生物来说活性比较高的有机质。土壤活性有机碳将土壤矿物质、有机质与生物成分联系在一起，能反映土壤肥力和土壤物理性质的变化，从而指示各种有机物的矿化率及土壤综合活力水平，综合评价各种耕作方式对土壤质量的影响，因此其变化具有重要的生态意义。

土壤活性有机碳是指采用 $KMnO_4$ 氧化法测定的有机碳。土壤活性有机碳的剖面分布随土壤深度的增加而下降。随着深度增加，土壤活性有机碳占土壤总有机碳的比例减少，说明土壤活性有机碳含量下降的幅度大于土壤有机碳总量随着土壤深度的增加而下降的幅度。这是由于在一定土壤深度，微生物活性受活性有机碳限制，活性有机碳数量随着土壤深度增加而下降；深度越大，土壤有机碳驻留时间越长，有效性越低，同时也与降解系数不同的土壤有机碳在土壤剖面中的分布规律不同有关。无

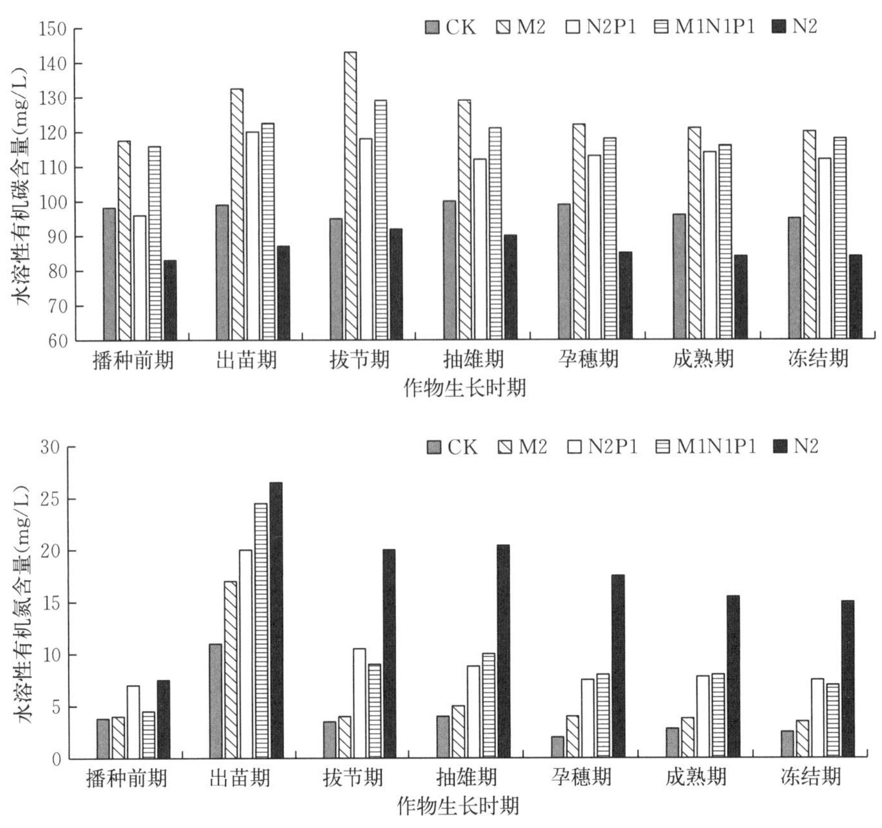

图 12-12 玉米不同生育期土壤水溶性有机碳和氮含量变化

论是否覆膜，不同施肥处理表层土壤（0～20 cm）活性有机碳含量在拔节期、长粒期和收获期较高，而播种前期和收获后期含量较低；深层土壤（20～100 cm）变化趋于平稳。这是由于湿润季节比干旱季节的微生物碳氮比小，土壤湿度显著影响土壤微生物量的大小。季节的变化影响作物生长，作物的发育程度又影响根系分泌物，进而影响活性有机碳的变化。温度升高，生物活性增加，土壤活性有机碳水平增加。深层土壤活性有机碳含量比较低，土壤微生物的数量很少，受季节变化影响较小。

水分与温度对土壤中活性有机碳含量具有重要的影响。覆膜提高了地温和土壤水分含量，增强了微生物的活性，降低了有机物料的残留率，导致原有的有机碳损失。覆膜后的土壤中活性有机碳高于裸地土壤（表 12-22）。覆膜使表层土壤（0～20 cm）活性有机碳显著增加，而对深层土壤（20～100 cm）活性有机碳的影响不显著。无论是否覆膜，单施有机肥处理（M）土壤活性有机碳含量最高，单施氮肥处理（N）土壤活性有机碳含量最低，而有机-无机肥料配施处理（MNP）土壤活性有机碳含量介于单施有机肥和单施氮肥之间（崔志强等，2008）。

表 12-22 土壤剖面中活性有机碳含量的动态变化（mg/kg）

处理		土壤深度（cm）	测定时期				
			播种前期	拔节期	长粒期	收获期	收获后期
CK	裸地	0～20	1.63±0.27	1.63±0.22	1.69±0.26	1.66±0.36	1.58±0.10
		20～40	1.05±0.11	1.09±0.30	1.10±0.32	1.11±0.36	1.09±0.06
		40～60	0.69±0.25	0.66±0.46	0.70±0.11	0.67±0.23	0.74±0.06
		60～80	0.46±0.07	0.42±0.55	0.47±0.04	0.49±0.21	0.45±0.07
		80～100	0.35±0.08	0.39±0.42	0.39±0.10	0.31±0.22	0.38±0.10

（续）

处理		土壤深度（cm）	测定时期				
			播种前期	拔节期	长粒期	收获期	收获后期
CK	覆膜	0～20	1.70±0.21	1.68±0.37	1.74±0.29	1.74±0.52	1.68±0.07
		20～40	1.08±0.43	1.05±0.06	1.02±0.27	1.00±0.44	0.98±0.08
		40～60	0.69±0.35	0.58±0.44	0.62±0.21	0.62±0.64	0.70±0.23
		60～80	0.46±0.27	0.42±0.40	0.44±0.24	0.47±0.31	0.43±0.11
		80～100	0.36±0.24	0.29±0.34	0.36±0.25	0.38±0.42	0.27±0.02
N	裸地	0～20	1.62±0.49	1.65±0.19	1.58±0.32	1.60±0.59	1.55±0.26
		20～40	1.07±0.18	0.99±0.27	1.07±0.28	1.02±0.41	0.99±0.10
		40～60	0.69±0.24	0.67±0.15	0.69±0.10	0.67±0.20	0.62±0.06
		60～80	0.46±0.38	0.44±0.20	0.48±0.15	0.51±0.13	0.49±0.09
		80～100	0.31±0.27	0.34±0.17	0.35±0.19	0.35±0.09	0.33±0.04
	覆膜	0～20	1.68±0.50	1.66±0.15	1.62±0.36	1.63±0.44	1.56±0.15
		20～40	1.00±0.11	1.01±0.24	1.06±0.20	1.07±0.41	1.06±0.15
		40～60	0.67±0.15	0.66±0.30	0.71±0.07	0.69±0.19	0.64±0.03
		60～80	0.41±0.10	0.41±0.39	0.42±0.06	0.41±0.11	0.42±0.06
		80～100	0.34±0.21	0.35±0.22	0.34±0.17	0.35±0.05	0.32±0.02
M	裸地	0～20	1.82±0.20	1.89±0.13	1.99±0.34	2.02±0.41	1.89±0.09
		20～40	1.19±0.03	1.20±0.15	1.25±0.11	1.27±0.31	1.20±0.05
		40～60	0.75±0.06	0.73±0.13	0.76±0.10	0.81±0.12	0.75±0.06
		60～80	0.56±0.12	0.55±0.16	0.56±0.06	0.60±0.08	0.57±0.04
		80～100	0.43±0.02	0.48±0.06	0.44±0.26	0.46±0.07	0.45±0.06
	覆膜	0～20	1.96±0.20	2.06±0.38	2.14±0.53	2.17±0.35	2.00±0.19
		20～40	1.24±0.45	1.23±0.27	1.26±0.36	1.30±0.42	1.25±0.15
		40～60	0.78±0.07	0.76±0.10	0.81±0.09	0.83±0.48	0.79±0.18
		60～80	0.56±0.16	0.59±0.02	0.58±0.19	0.59±0.52	0.53±0.18
		80～100	0.49±0.06	0.48±0.06	0.44±0.34	0.49±0.21	0.43±0.03
MNP	裸地	0～20	1.80±0.41	1.78±0.41	2.04±0.64	1.93±0.56	1.87±0.44
		20～40	1.16±0.10	1.19±0.15	1.16±0.22	1.19±0.54	1.18±0.15
		40～60	0.63±0.09	0.65±0.15	0.64±0.10	0.61±0.27	0.62±0.10
		60～80	0.56±0.09	0.56±0.28	0.52±0.17	0.48±0.16	0.56±0.10
		80～100	0.42±0.07	0.46±0.06	0.43±0.33	0.45±0.17	0.48±0.03
	覆膜	0～20	1.87±0.29	2.05±0.25	2.10±0.38	2.13±0.61	1.91±0.18
		20～40	1.18±0.06	1.20±0.07	1.19±0.31	1.19±0.32	1.18±0.05
		40～60	0.67±0.06	0.64±0.12	0.68±0.23	0.67±0.37	0.65±0.06
		60～80	0.55±0.02	0.56±0.14	0.58±0.26	0.57±0.41	0.53±0.10
		80～100	0.40±0.29	0.43±0.31	0.42±0.07	0.45±0.21	0.44±0.13

7. 土壤有机碳组分与稳定性 由于土壤中不同组分有机碳具有不同的功能和性质，对土壤有机碳的稳定和积累起到的作用不尽相同。目前，土壤有机碳的分组主要利用物理技术、化学技术和生物技术。物理技术可将土壤有机碳的活性组分和惰性组分分离出来，化学技术根据土壤有机碳在不同提取剂中的水解性、溶解性和化学反应把不同组分分离出来，生物技术可将微生物生物量碳和潜在可矿

化碳分离出来。最初基于土壤颗粒和有机质性质提出了土壤有机碳物理-比重分组技术，分离出的有机碳被分别称作轻组有机碳（LF）和重组有机碳（HF）：轻组有机碳是介于动植物残体和腐殖化有机质之间的有机碳，具有较高潜在的生物活性，是土壤中不稳定有机碳库的重要组成；轻组有机碳转化分解迅速，一般只有几周到几十年，分解速率是 HF 的 2～11 倍，故 LF 对耕作、施肥等农业生产措施的响应更快。重组有机碳含量一般占总有机碳含量的 70%～80%（Christensen，1992），此方法被广泛应用于土壤有机碳的质量变化研究中。20 世纪 60 年代出现的颗粒分组技术也是一种分离土壤团聚体不同形态和大小的重要手段。其大小分为沙粒（>53 μm）、粗粉沙粒（20～53 μm）、细粉沙粒（2～20 μm）、粗黏粒（0.2～2 μm）和细黏粒（<0.2 μm）（武天云等，2004）。土壤有机质的分组技术已经提出了几十年，研究方法也相对较为成熟，但其分离技术缺乏统一的标准，使得不同研究之间缺乏可比性。Stewart 等（2008）将 Johan Six 等提出的方法进一步完善，将密度分组、团聚体分组与酸解技术相结合，可以将团聚体中不同位置中的有机碳组分分离出来，并补充了生物化学稳定碳组分的分离，是今后研究土壤有机碳组分的主要手段。其研究结果表明，具有低碳稳定潜力的土壤组分表现出了碳饱和的行为。粗颗粒有机碳与细颗粒有机碳组分与总有机碳含量呈线性相关；酸解、非酸解黏粉粒组分有饱和现象出现。该方法对于综合研究和评价土壤各组分有机碳对总有机碳含量的响应具有重要意义。

对于非保护态，施用高量有机肥可显著提高有机碳的含量（图 12-13）。高量有机肥配施化肥处理（M4N2P1）显著增加了非保护态的粗颗粒有机碳（cPOC）含量，为 3.58 g/kg，是 CK 的 1.92 倍。其中，与不施肥相比，单施化肥处理（N2）以及低量有机肥配施化肥处理（M1N1P1）使粗颗粒有机碳含量降低了 48.8%、21.6%，但处理间没有显著性差异。在 N2 和 M1N1P1 下，轻组有机碳（LF）含量最低，仅为 0.05～0.06 g/kg，但两个处理之间没有显著差异；在 M4N2P1 下，轻组有机碳含量显著高于其他处理，是 CK 的 2.17 倍，是 N2 的 4.33 倍。

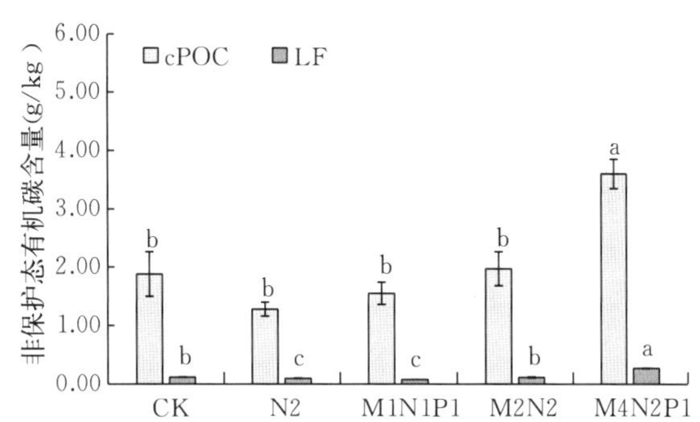

图 12-13 长期不同施肥下棕壤非保护态有机碳含量

注：图中 cPOC 表示非保护态的粗颗粒有机碳，LF 表示轻组有机碳；不同小写字母表示各处理间差异显著（$P<0.05$），每个处理 3 次重复；误差棒为标准误。

8. 土壤有机碳保护机制 物理保护态中微团聚体内的颗粒有机碳（iPOC）含量随着总有机碳含量的增加而增加（图 12-14），在 M4N2P1 下，iPOC 含量最高，达 1.38 g/kg，是 CK 的 2.3 倍。单施氮肥，iPOC 含量最低，为 0.53 g/kg，比 CK 降低了 15.1%，但并未达到显著性差异。M1N1P1 与 M2N2 下 iPOC 含量没有显著性差异，均值为 0.66 g/kg。总的微团聚体有机碳组分（μagg）含量与 iPOC 含量有着相同的变化趋势，随着总有机碳含量的增加而增加，在 M4N2P1 下，μagg 含量最高，达 5.28 g/kg，是 CK 的 1.35 倍。单施氮肥，μagg 含量最低，为 3.57 g/kg，比 CK 降低了 9.8%，但并未达到显著性差异。在 M1N1P1 与 M2N2 下，μagg 含量没有显著性差异，均值为 4.21 g/kg。

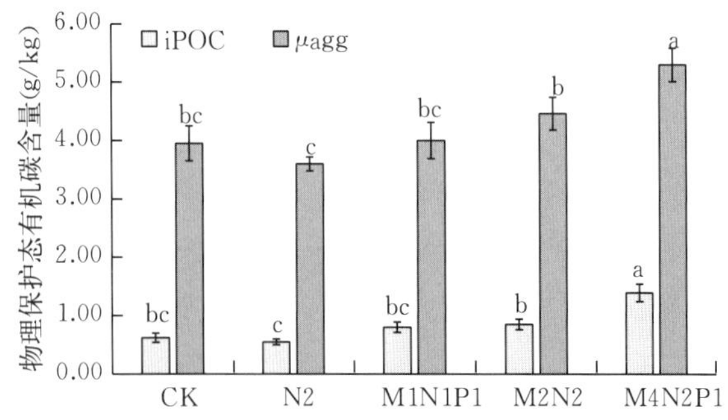

图 12-14 长期不同施肥下棕壤物理保护态有机碳含量

注：图中 iPOC 和 μagg 表示微团聚体内的颗粒有机碳和总的微团聚体有机碳组分；不同小写字母表示各处理间差异显著（$P<0.05$），每个处理 3 次重复；误差棒为标准误。

对于化学保护态，两个组分各施肥处理间均没有显著性差异（图 12-15）。酸解游离态的粉粒有机碳含量为 0.80～1.57 g/kg，占总有机碳含量的 7.76%～12.25%；酸解游离态黏粒有机碳含量为 0.08～0.21 g/kg，占总有机碳含量的 0.78%～2.05%。生化保护态中的非酸解游离态粉粒有机碳含量随着总有机碳含量的增加而增加，但 M4N2P1 下该组分的有机碳含量显著高于其他施肥处理，该组分有机碳含量为 1.18～2.14 g/kg，占总有机碳含量的 11.36%～15.31%；非酸解游离态黏粒有机碳含量为 0.21～0.40 g/kg，占总有机碳含量的 1.99%～3.87%，该组分有机碳含量在有机无机化肥配施处理下无显著性差异，显著高于单施氮肥处理。

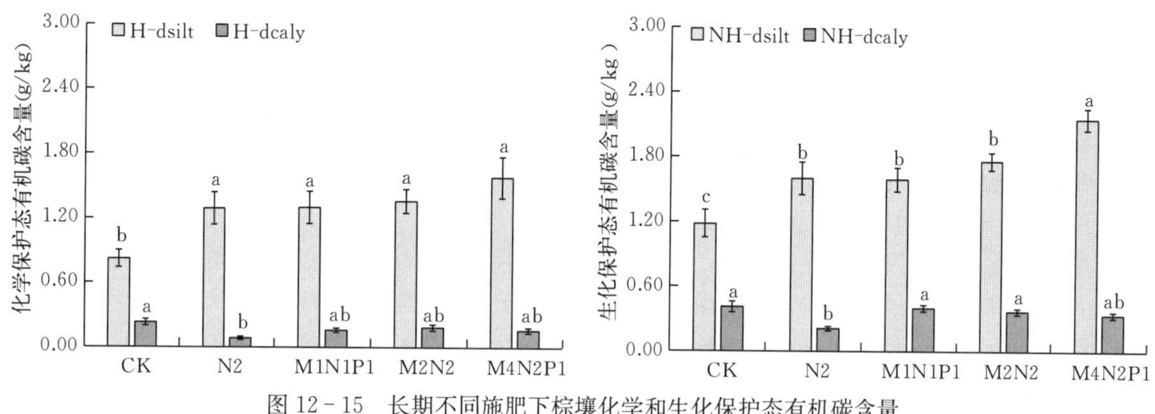

图 12－15　长期不同施肥下棕壤化学和生化保护态有机碳含量

注：图中 H－dsilt 表示酸解游离态粉粒有机碳，H－dcaly 表示酸解游离态黏粒有机碳，NH－dsilt 表示非酸解游离态粉粒有机碳，NH－dcaly 表示非酸解游离态黏粒有机碳；不同小写字母表示各处理间差异显著（$P<0.05$），每个处理 3 次重复；误差棒为标准误。

物理-化学保护态和物理-生化保护态各施肥处理间，有机碳含量基本维持平衡，两种保护态有机碳的变化趋势也有相似之处（图 12－16）。酸解微团聚体内的粉粒各施肥处理间没有显著性差异，有机碳含量为 0.72～0.96 g/kg，占总有机碳含量的 5.81%～7.99%。酸解微团聚体内的黏粒在有机无机化肥配施处理间没有显著性差异，酸解微团聚体黏粒在不施肥处理下有机碳含量最高，为 0.54 g/kg，N2 有机碳含量比 CK 低 25.58%，但并未达到显著性差异。物理-生化保护态中非酸解微团聚体内的粉粒所有处理间均无显著性差异。非酸解微团聚体粉粒有机碳含量为 1.01～1.29 g/kg，占总有机碳含量的 7.36%～10.90%；但非酸解微团聚体内的黏粒在有机无机化肥配施处理间无显著性差异，显著高于不施肥及单施化肥处理。NH－μclay 有机碳含量在有机无机化肥配施处理下的平均值为 1.06 g/kg，是不施肥处理的 1.45 倍。

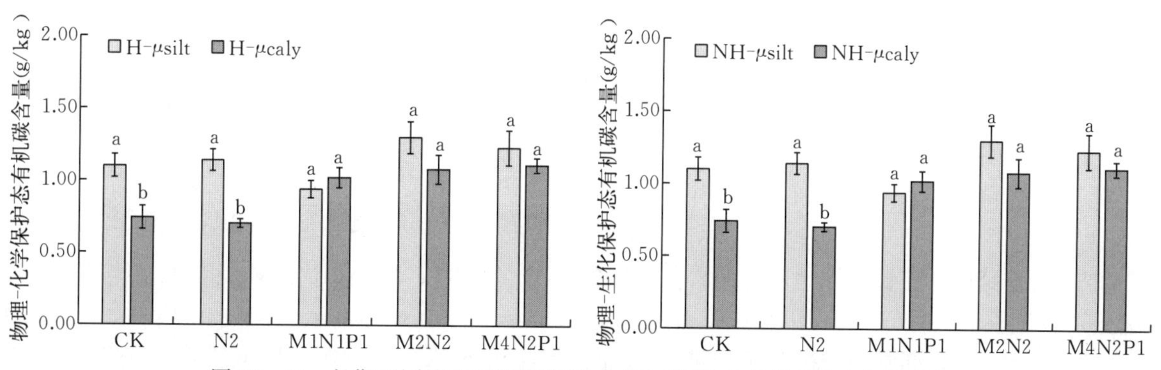

图 12－16　长期不同施肥下棕壤物理-化学和物理-生化保护态有机碳含量

注：图中 H－μsilt 表示酸解微团聚体内的粉粒有机碳，H－μcaly 表示酸解微团聚体内的黏粒有机碳，NH－μsilt 表示非酸解微团聚体内粉粒有机碳，NH－μcaly 表示非酸解微团聚体内黏粒有机碳；不同小写字母表示各处理间差异显著（$P<0.05$），每个处理 3 次重复；误差棒为标准误。

总之，施用有机肥土壤微团聚体组分有机碳含量和微团聚体内的颗粒有机碳含量分别较不施肥处理增加 1.3%～34.7%和 29.5%～127.9%。不同有机肥处理间化学保护态、物理-化学保护态和物理-生化保护态有机碳组分没有差异。土壤有机碳含量与非保护态粗颗粒有机碳、物理保护态的微团聚体和微团聚体内颗粒有机碳组分呈显著正线性相关。然而，物理-化学保护态和物理-生化保护态组分与有机碳呈负相关关系。土壤有机碳组分中碳积累最高的是粗颗粒有机碳组分，占总有机碳积累的 32%，说明粗颗粒有机碳对施肥措施最为敏感。施肥对酸解微团聚体内的粉粒和非酸解微团聚体内的粉粒有机碳组分的影响不显著，说明棕壤微团聚体保护的粉粒组分达到稳定的碳饱和状态（徐香茹等，2015）。

覆膜对土壤易氧化有机碳的绝对数量影响较小。覆膜后一方面加速了易氧化有机质彻底矿化，另一方面也加速了难氧化有机质向易氧化有机质的转化。覆膜开始时，能降低施肥处理土壤中易氧化有机碳占总有机碳比例，后来又能提高此比例。覆膜后空白处理的土氧有机质氧化稳定系数（Kos 值）基本不变，而施肥处理的 Kos 值下降（汪景宽等，1990b）。

（五）覆膜与施肥对棕壤腐殖质的影响

土壤腐殖质是土壤发生过程的产物，也是土壤发生过程的动力之一。土壤腐殖质是有机质在土壤中形成的一类特殊高分子化合物，不是由某一种化合物构成，而是由一系列分子构成的聚类物质。一般由一到多个芳香核（也可能是非芳香核的线性分子）外部连着多个活性功能团构成。由于其形成条件和起始物质具有多样性，所以其具有高度的非均质性。此外，腐殖质在合成的同时也进行着分解和转化。

1. 腐殖质数量变化 在长期裸地栽培条件下，M2 和 M4 土壤腐殖质含量比试验前增加了 1.60 g/kg 和 1.81 g/kg，增加效果明显。主要是由于每年向土壤中施入有机肥，增加了作物残落物和根茬向土壤中自然归还量，从而使有机肥处理的土壤腐殖质积累量高于其他施肥处理（图 12-17）。在长期覆膜栽培条件下，CK、N2、M1N1、M1N1P1、M2 和 M4 土壤腐殖质含量分别较试验前平均增加了 0.36 g/kg、0.51 g/kg、0.65 g/kg、0.79 g/kg、1.19 g/kg 和 1.66 g/kg，长期施用有机肥明显增加了土壤腐殖质含量，而覆膜后土壤腐殖质含量有明显降低（图 12-17）（陈丽芳等，2005）。

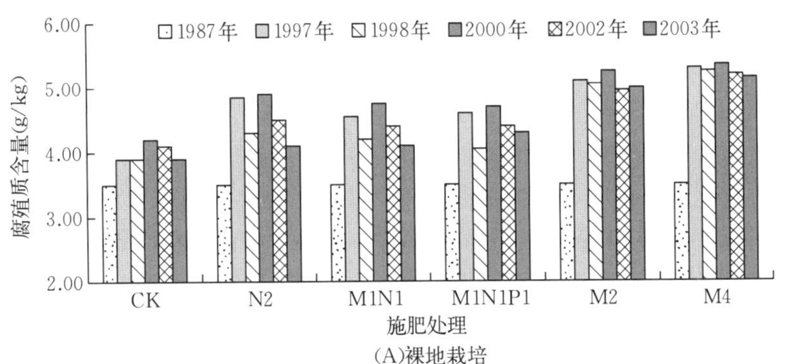

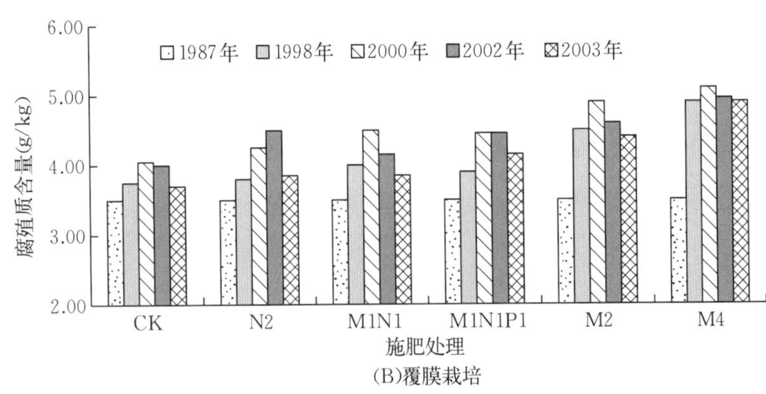

图 12-17 裸地和覆膜条件下不同施肥处理土壤腐殖质动态变化

2. 胡敏酸变化 在长期裸地栽培条件下，CK、N2、M1N1、M1N1P1、M2 和 M4 土壤胡敏酸碳含量分别较试验前（1987 年）增加了 0.27 g/kg、0.58 g/kg、0.86 g/kg、1.01 g/kg、1.27 g/kg 和 1.49 g/kg。因此，长期施用有机肥可以明显增加土壤胡敏酸碳含量。在长期覆膜栽培条件下，CK、N2、M1N1、M1N1P1、M2 和 M4 胡敏酸碳含量较试验前分别增加了 0.43 g/kg、0.52 g/kg、0.74 g/kg、0.89 g/kg、1.13 g/kg 和 1.4 7 g/kg。长期施用有机肥显著增加土壤胡敏酸碳含量（表 12-23）（陈丽芳等，2005）。

表 12-23 长期裸地和覆膜条件下不同施肥处理土壤胡敏酸碳含量（g/kg）的动态变化

处理		1987 年	1997 年	1998 年	2000 年	2002 年	2003 年
裸地	CK	1.06b	1.28a	1.31a	1.31a	1.28a	1.33a
	N2	1.06d	1.55c	1.55c	1.66b	1.81a	1.64b
	M1N1	1.06d	1.60c	1.63c	1.83b	2.03a	1.92ab
	M1N1P1	1.06c	1.91ab	1.69b	2.11a	2.08a	2.07a
	M2	1.06b	2.07a	2.12a	2.34a	2.32a	2.33a
	M4	1.06b	2.29a	2.34a	2.52a	2.51a	2.55a
覆膜	CK	1.06b	—	1.34a	1.39a	1.45a	1.49a
	N2	1.06c	—	1.48b	1.63a	1.62a	1.59a
	M1N1	1.06d	—	1.59c	1.72b	1.89a	1.80ab
	M1N1P1	1.06d	—	1.58c	1.85b	2.02a	1.95ab
	M2	1.06c	—	1.98b	2.21a	2.22a	2.19ab
	M4	1.06c	—	2.26b	2.41ab	2.50ab	2.53a

注：表中同一行中不同字母表示不同年份差异显著（$P<0.05$），每个处理 3 次重复。

在裸地栽培条件下，CK、N2 和 M1N1 随着耕作时间的延长，E4/E6 的值有减小的趋势，而 M1N1P1、M2 和 M4 随着耕作时间延长，E4/E6 的值先增大后减小，但与试验前相比 E4/E6 的值还是有所升高；在覆膜栽培条件下，E4/E6 的值变化趋势与裸地栽培条件下的基本相同。

腐殖质的作用在很大程度上取决于腐殖酸表面大量功能团，如发色团 C═C 和 C═O，助色团 C—OH 和 C═NH_2，它们都在紫外光区出现吸收谱带。测定土壤腐殖质的紫外光谱特征，可以了解它们的结构特征及其与土壤肥力的关系。紫外-可见光谱中最有意义的信息是 285 nm 左右的类肩吸收（窦森等，1995）。通过分析 2000 年不同施肥处理间土壤胡敏酸紫外-可见光谱的变化以及与试验前的变化情况发现，其类肩吸收峰的位置是 290 nm（图 12-18）。在裸地栽培条件下，290 nm 处不同施肥处理的吸收强度不同，其变化顺序是 M2>M1N1P1>N2>CK。这说明 M2 的土壤胡敏酸中含有较多的木质素成分，主要是由于有机物料中新形成的胡敏酸比例较高。在覆膜栽培条件下，290 nm 处不同施肥处理的紫外吸收强度的变化顺序与裸地栽培条件的变化顺序相同（图 12-19）。同一施肥处理覆膜后在 290 nm 处的类肩吸收减弱，覆膜改变了土壤的水热条件，加快了木质素向其他化学物质的生成速度，使胡敏酸的结构向老化的方向发展。无论是裸地栽培还是覆膜栽培，经过 13 年的耕种，胡敏酸在 290 nm 处的吸收强度均有一定程度的增强，说明经过长期耕作胡敏酸中木质素成分增多（陈丽芳，2005）。

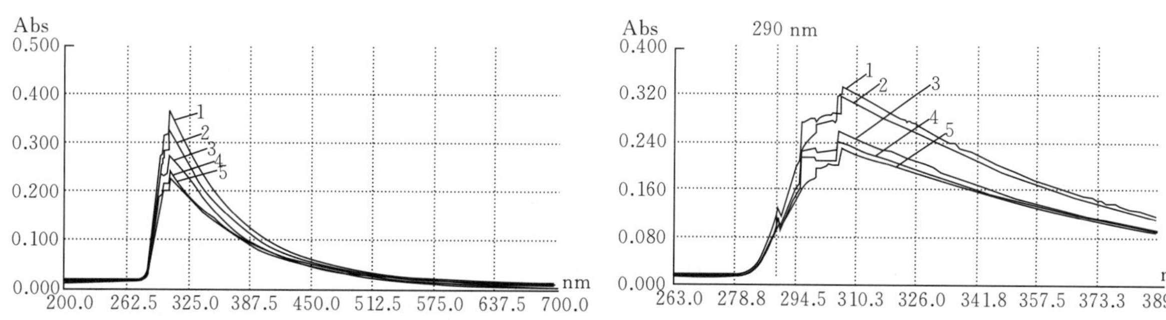

图 12-18 裸地栽培条件下不同施肥处理胡敏酸紫外-可见光谱曲线

注：1 代表 M2 处理，2 代表 M1N1P1 处理，3 代表 N2 处理，4 代表 CK 处理，5 代表 1987 年（试验前）。

3. 结合态腐殖质变化 在裸地栽培条件下，CK 土壤松结态腐殖质含量随时间变化不大，N2、M1N1P1、M2 土壤松结态腐殖质含量变化较试验前均达到了显著水平；N2、M1N1P1 和 M2 稳结态

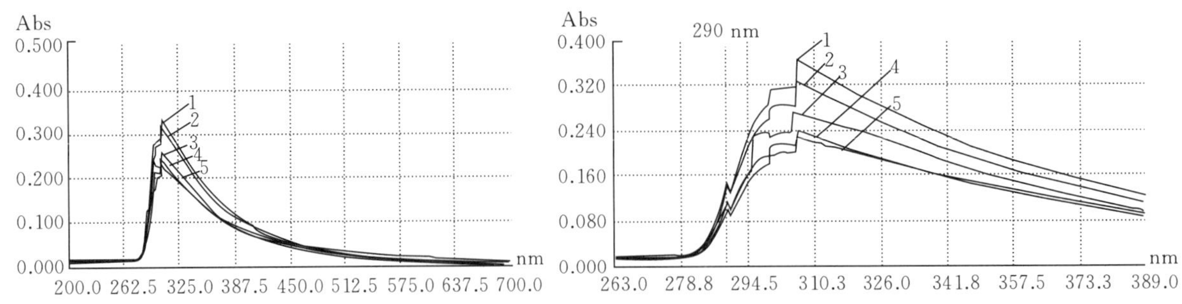

图 12-19 覆膜栽培条件下不同施肥处理胡敏酸紫外-可见光谱曲线

注：1 代表 M2 处理，2 代表 M1N1P1 处理，3 代表 N2 处理，4 代表 CK 处理，5 代表 1987 年（试验前）。

腐殖质含量较试验前均有所增加，并且达到了显著水平；紧结态腐殖质含量经过长期耕作含量有所上升，各个施肥处理均达到了显著水平（图 12-20）。在覆膜栽培条件下，CK 土壤腐殖质含量较试验前变化不大，N2、M1N1P1、M2 松结态腐殖质含量变化与试验前比较均达显著水平；CK 和 N2 稳结态腐殖质含量随时间变化有所降低，M1N1P1 和 M2 较试验前有一定的增加，但未达到显著水平；紧结态腐殖质含量经过长期的耕作各个处理较试验前均有显著的增加（图 12-21）。无论是覆膜栽培还是裸地栽培，M1N1P1 和 M2 松结态、稳结态和紧结态腐殖质含量均有所增加。因此，长期有机培肥有利于提高土壤肥力（陈丽芳等，2005）。

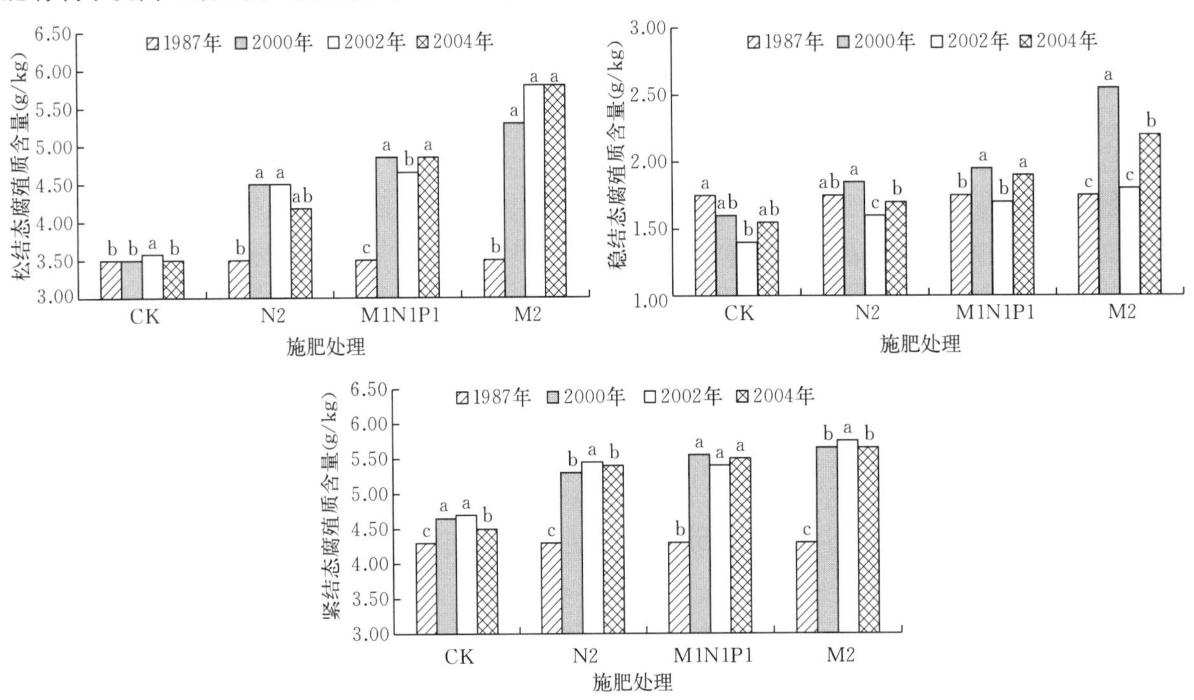

图 12-20 在裸地栽培条件下不同施肥处理结合态腐殖质含量的动态变化

注：图中不同字母表示各处理差异显著（$P<0.05$），每个处理 3 次重复。

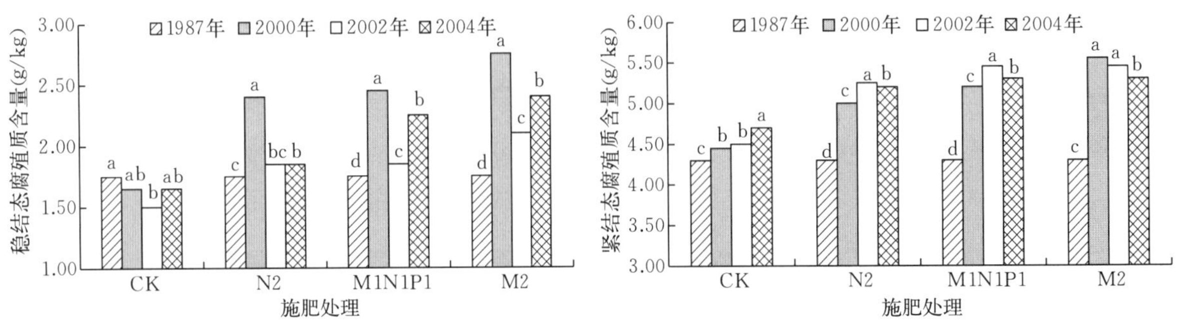

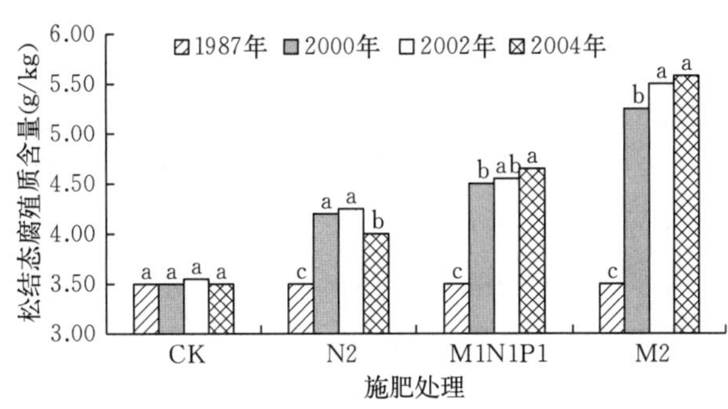

图 12-21　在覆膜栽培条件下不同施肥处理结合态腐殖质含量的动态变化

注：图中不同字母表示各处理差异显著（$P<0.05$），每个处理 3 次重复。

无论是覆膜栽培还是裸地栽培，不施肥和单施化肥处理松结态和稳结态胡敏酸 E4/E6 的值较试验前均下降，单施有机肥处理松结态和稳结态胡敏酸的 E4/E6 的值较试验前均上升，说明长期耕作施用有机肥可以使各结合形态胡敏酸结构变得简单，而不施肥和单施化肥将使胡敏酸结构变得复杂，土壤"老化"。

在裸地栽培条件下，不同施肥处理松结态胡敏酸在 290 nm 处类肩吸收强度的变化顺序是 M2＞M1N1P1＞N2＞CK（图 12-22）。覆膜栽培条件下松结态、稳结态胡敏酸的紫外-可见光谱的变化趋势与裸地栽培条件下的变化趋势相同（图 12-23）。覆膜后同一施肥处理松、稳结态胡敏酸在 290 nm 处类肩峰的吸收强度减小。无论覆膜栽培还是裸地栽培，松结态胡敏酸在 290 nm 处类肩峰的吸收强度都高于 1987 年，而 CK 处理的稳结态胡敏酸在 290 nm 处类肩峰的吸收强度低于试验前，说明覆膜后 CK 的胡敏酸较试验前的胡敏酸结构复杂（陈丽芳，2005）。

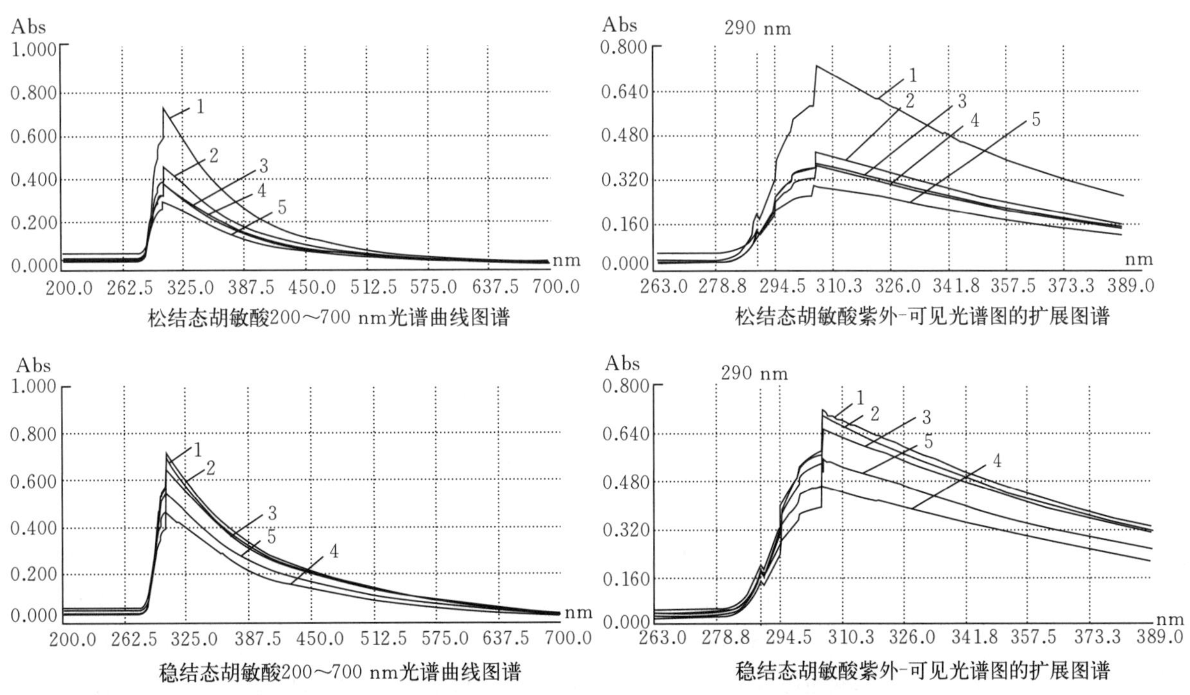

图 12-22　在裸地栽培条件下不同施肥处理对结合态胡敏酸紫外-可见光谱的影响

注：1 代表 M2，2 代表 M1N1P1，3 代表 N2，4 代表 CK，5 代表试验前（1987 年）。

（六）覆膜与施肥对玉米光合碳分配的影响

1. 光合碳内涵　碳是植物体主要组成元素，也是土壤有机质的重要组成部分。植物通过光合作用固定大气 CO_2，形成植物体必需的有机质通常称为光合碳。这些光合碳绝大部分构成植物组成部

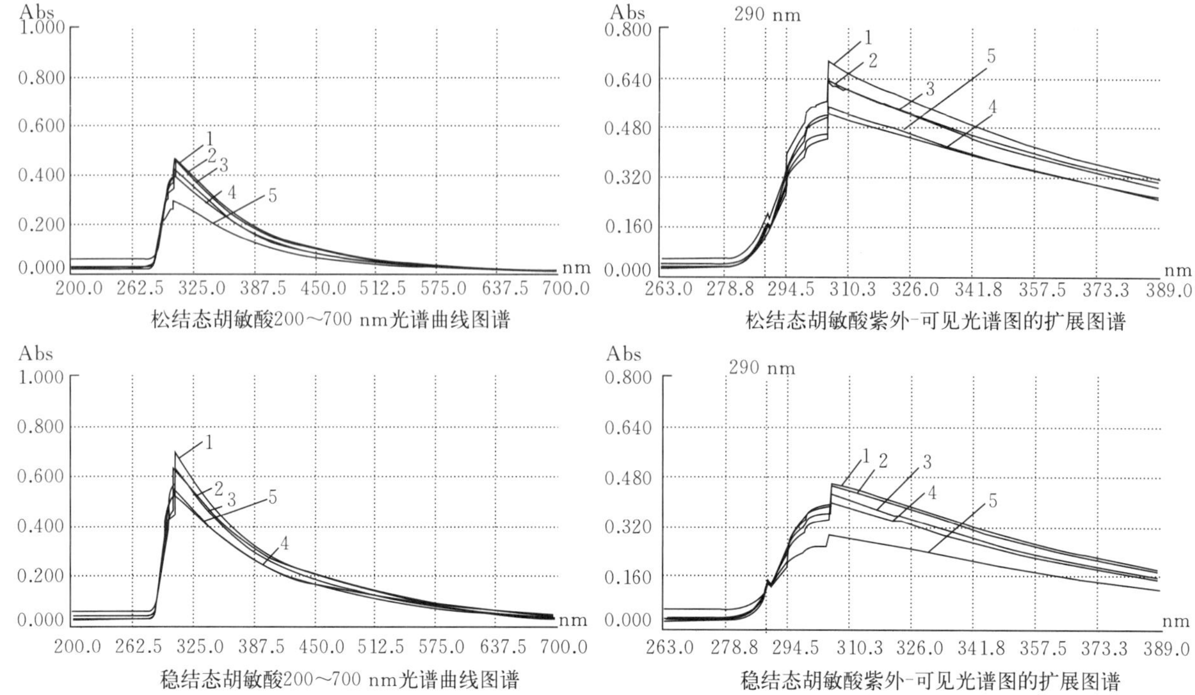

图 12－23 在覆膜栽培条件下不同施肥处理对结合态胡敏酸紫外-可见光谱的影响

注：1 代表 M2，2 代表 M1N1P1，3 代表 N2，4 代表 CK，5 代表试验前（1987 年）。

分，一部分从地上部运转到地下部，再经土壤微生物的作用以 CO_2 或 CH_4 等气体的形式释放到大气中，另一部分以根际沉积物形式进入土壤。植物初级生物量的 40％通过根际沉积碳的形式损失（Lynch et al.，1990）。根际沉积物主要由根系分泌物、渗出物、菌根、脱落的根细胞、根毛和死的根系等组成（Leake et al.，2006），一般分为可溶性物质和不溶性物质（Butler et al.，2004）。根际沉积物不仅是土壤有机碳库的一部分，还为土壤微生物生长提供了活性基质和碳源。根际是植物根系附近土壤微生物活性较高的区域，对陆地生态系统碳的固定和养分的循环起着关键作用。因此，植物、土壤有机碳和微生物间的相互作用对于定量植物-土壤-微生物系统碳的去向、土壤有机质管理和农业生产具有重要的作用。

光合作用是大气圈、生物圈和土壤圈碳循环的起点，是大气-植物-土壤系统碳循环的重要组成部分。同位素技术能区分植物通过光合作用固定的碳和原土壤起源的碳（Kuzyakov et al.，2000）。稳定碳同位素示踪技术是研究植物碳固定、分配及转移的重要手段。^{13}C 由于具有安全、稳定、易操作等优点，被广泛应用于生物地球化学过程的研究。

2. 光合碳在土壤中的固定 玉米根、茎叶、籽粒、根际土壤和土体土壤固定 ^{13}C 数量的总和为光合净固定 ^{13}C。苗期标记第 1 d 光合净固定 ^{13}C 分配到茎叶比例为 85.00％以上，根比例为 4.76％～7.71％，根际土壤平均为 5.20％，土体土壤小于 1.13％（图 12－24）。光合碳在地下部分配比例为 8.02％～15.35％，且随有机肥施用量的增加地下部分配比例增加（裸地处理 M1 除外）。苗期标记第 1 d 玉米光合净固定 ^{13}C 量为 413～661 mg/m^2，^{13}C 固定比例（即 ^{13}C 回收率）为 49.98％～79.91％（表 12－24）。传统栽培（即裸地）CK 的 ^{13}C 固定比例达 79.91％，而 M1 与 M2 仅为 54.31％和 49.98％。覆膜栽培各施肥处理固定 ^{13}C 比例平均为 66.62％，且覆膜施高量有机肥处理（M2－M）与覆膜施中量有机肥处理（M1－M）各组分 ^{13}C 含量显著高于覆膜不施肥处理（CK－M）（除茎叶各处理间差异不显著）。覆膜施有机肥处理各组分 ^{13}C 含量大于与之相对应的传统栽培（裸地）施有机肥处理，而覆膜不施肥处理（CK－M）各组分 ^{13}C 含量小于传统栽培（裸地）不施肥处理（CK）处理。

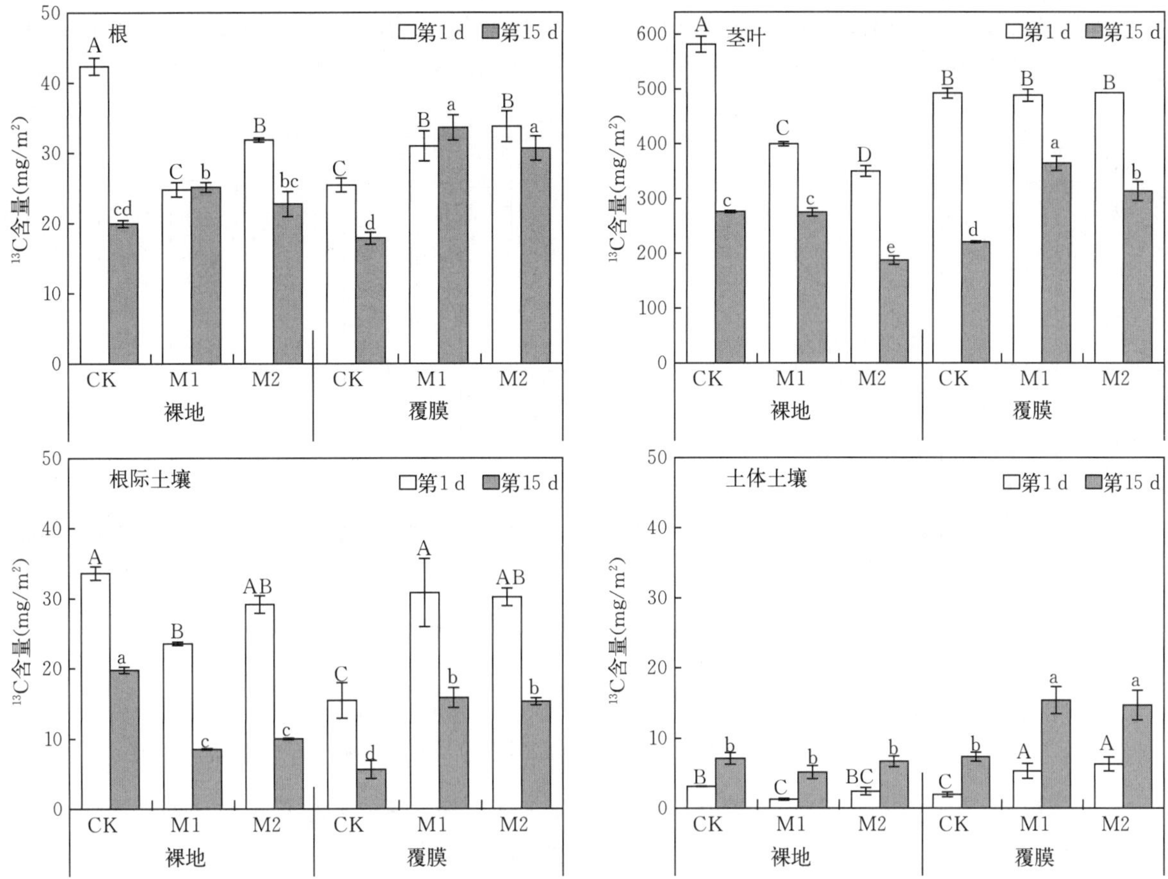

图 12-24 玉米苗期^{13}C脉冲标记后玉米-土壤系统中各组分^{13}C含量

注：CK、M1、M2分别代表不施肥处理、中量有机肥与氮磷肥配施处理、高量有机肥与氮磷肥配施处理。不同大写字母表示标记第1 d不同处理间差异显著（$P<0.05$）；不同小写字母表示标记第15 d不同处理间差异显著（$P<0.05$）。

表 12-24 玉米苗期^{13}C脉冲标记第1 d和第15 d光合净固定^{13}C量和^{13}C回收率

覆膜与否	施肥处理	第1 d		第15 d	
		净固定^{13}C量（mg/m^2）	^{13}C回收率（%）	净固定^{13}C量（mg/m^2）	^{13}C回收率（%）
裸地	CK	661±12a	79.91±1.50a	323±2.8c	39.09±0.34c
	M1	449±5.0d	54.31±0.60d	314±7.0c	37.97±0.84c
	M2	413±11e	49.98±1.30e	226±8.9d	27.38±1.07d
覆膜	CK	535±10c	64.66±1.27c	251±0.10d	30.37±0.01d
	M1	555±5.3bc	67.16±0.64bc	429±15a	51.89±1.87a
	M2	563±4.5b	68.05±0.54b	374±17b	45.23±2.03b

注：CK、M1、M2分别代表不施肥处理、中量有机肥处理与氮磷肥配施处理、高量有机肥与氮磷肥配施处理。同一列不同小写字母表示同一天不同处理间差异显著（$P<0.05$）。

苗期标记第15 d玉米-土壤系统光合同化^{13}C主要集中分配在地上部茎叶（占85.34%）中，其次为根、根际土壤和土体土壤（分别为7.90%、3.88%和2.88%），光合碳在地下部分配比例达到了12.29%～17.44%，其中施有机肥处理高于不施肥处理（图12-25）。传统栽培（裸地）各施肥处理净固定^{13}C量仍以CK最多，其次为M1和M2（表12-24）。传统栽培（裸地）CK和M1玉米植株^{13}C含量是M2的1.4倍，M1和M2土壤^{13}C含量分别比CK低49.1%和37.9%（图12-24）。覆膜栽培

M1－M 净固定^{13}C 量最多，其次为 M2－M，CK－M 净固定^{13}C 量最少，且 M1－M 玉米植株和土壤的^{13}C 含量都最高。从苗期标记第 1 d 至标记第 15 d，CK 同化^{13}C 损失最大，减少 338 mg/m^2；其次为 CK－M，减少 284 mg/m^2；M1－M^{13}C 损失最少，减少 126 mg/m^2（表 12－24）。

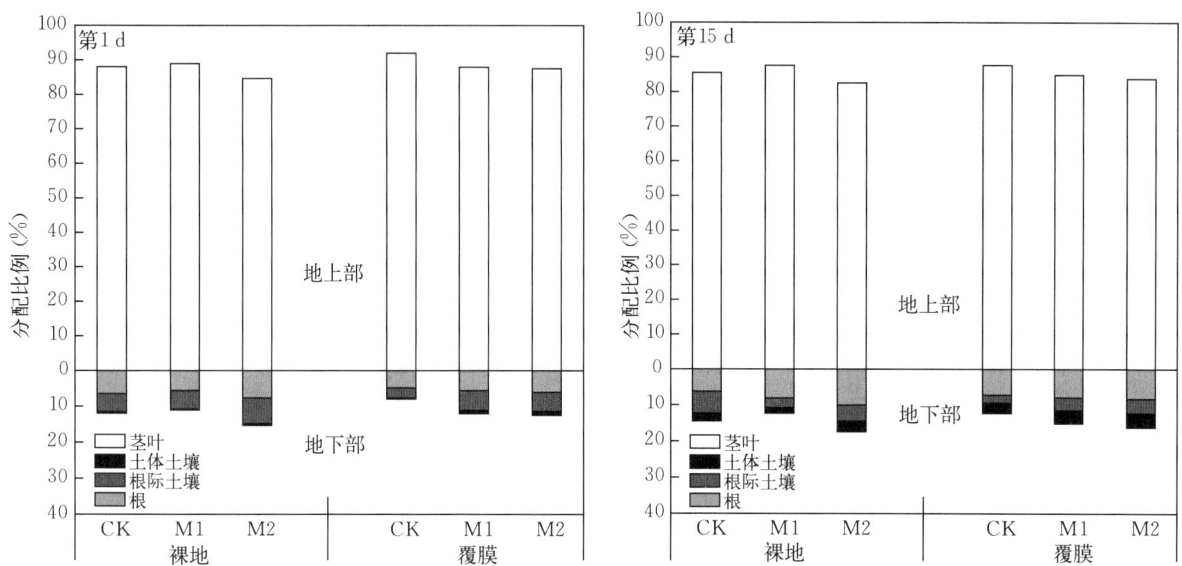

图 12－25　玉米苗期^{13}C 脉冲标记后第 1 d 和第 15 d 光合碳在玉米-土壤系统中各组分分配比例

注：CK、M1、M2 分别代表不施肥处理、中量有机肥与氮磷肥配施处理、高量有机肥与氮磷肥配施处理。

与标记第 1 d 相比，标记第 15 d 各组分^{13}C 量变化表现为根、茎叶和根际土壤分别平均降低了约 18.5%、41.2%和 55.4%，而土体土壤^{13}C 量增加了约 200%（图 12－24）。苗期标记后光合碳在玉米-土壤系统分配比例随时间变化表现为茎叶与根际土壤分配比例降低，而根与土体土壤分配比例随时间增加（图 12－24、图 12－25）。

研究认为，可溶性有机碳（DOC）是指微生物量碳（MBC）测定时氯仿不熏蒸 K_2SO_4 提取的有机碳。苗期标记第 1 d 根际土壤和土体土壤固定的^{13}C（^{13}C－SOC）中分配到 DOC 的比例平均分别为 2.86%和 14.30%（表 12－25）。无论覆膜与否，施有机肥处理根际土壤与土体土壤可溶性有机碳^{13}C（^{13}C－DOC）含量显著高于不施肥处理，且根际土壤含量高于土体土壤（图 12－26）。同一施肥不同覆膜方式下根际土壤^{13}C－DOC 含量表现为传统栽培（裸地）显著高于覆膜栽培。同一施肥处理覆膜对土体土壤的影响与根际土壤相似。

标记第 15 d 根际土壤和土体土壤^{13}C－SOC 分配到^{13}C－DOC 的比例平均分别为 9.07%和 7.89%（表 12－25）。覆膜与施肥对根际土壤和土体土壤^{13}C－DOC 的影响与标记第 1 d 相似（图 12－26）。从标记第 1 d 到第 15 d 可溶性有机碳^{13}C 含量均有所降低。

覆膜栽培标记第 1 d 根际土壤微生物固定^{13}C 量（^{13}C－MBC）为 183～275 μg/kg，且随有机肥施用量增加^{13}C－MBC 含量显著增加（图 12－26）。传统栽培（裸地）方式下 M2 根际土壤^{13}C－MBC 含量比 CK 高 14.92%，比 M1 高 34.15%。在覆膜方式下，M1 根际土壤^{13}C－MBC 含量表现为覆膜栽培比传统栽培（裸地）高 16.91%；然而，覆膜栽培 CK－M 却比传统栽培（裸地）CK 低 21.82%；覆膜 M2 与裸地 M2 之间没有差异。覆膜施有机肥处理土体土壤^{13}C－MBC 含量约为传统栽培（裸地）施有机肥处理的 2 倍，而覆膜不施肥处理仅比裸地不施肥处理高 17.44%。

标记第 15 d 覆膜与施肥对根际土壤和土体土壤^{13}C－MBC 的影响与标记第 1 d 相似（图 12－26）。根际土壤各处理^{13}C－MBC 含量平均下降 92.27%。覆膜施有机肥处理根际土壤^{13}C－MBC 含量最高，平均为 28 μg/kg，而 CK－M 最低，不足覆膜施有机肥处理的 1/3。标记第 15 d 土体土壤^{13}C－MBC 较第 1 d 降低 28.29%～60.15%。

表 12-25 玉米苗期^{13}C脉冲标记后土壤可溶性有机碳^{13}C和微生物量碳^{13}C占土壤有机碳^{13}C的比例（%）

时间	覆膜与否	施肥处理	可溶性有机碳^{13}C占土壤有机碳^{13}C比例（^{13}C-DOC/^{13}C-SOC）		微生物量碳^{13}C占土壤有机碳^{13}C比例（^{13}C-MBC/^{13}C-SOC）	
			根际土壤	土体土壤	根际土壤	土体土壤
第 1 d	裸地	CK	2.14±0.2d	14.0±1.4b	59.6±1.1c	45.8±0.8c
		M1	3.28±0.1b	20.1±0.8a	71.4±2.4b	68.2±6.7a
		M2	3.58±0.0a	21.4±0.5a	76.0±3.4b	74.9±4.9a
	覆膜	CK	3.13±0.1b	12.9±1.8b	90.1±3.3a	75.1±5.0a
		M1	2.62±0.2c	9.26±0.5c	76.0±2.3b	60.2±3.0b
		M2	2.38±0.4cd	8.17±0.1c	88.4±3.9a	68.6±3.0a
第 15 d	裸地	CK	3.57±0.23c	8.04±0.4b	13.8±0.1c	16.9±1.0b
		M1	14.5±2.13a	10.9±1.6a	21.6±0.4b	19.4±0.9ab
		M2	12.6±0.59b	12.1±1.8a	21.2±1.8b	19.5±0.5ab
	覆膜	CK	13.8±0.14ab	9.16±0.5b	24.1±1.9ab	21.4±3.7a
		M1	5.18±0.33c	3.14±0.4c	27.8±2.9a	22.5±1.7a
		M2	4.74±0.29c	4.00±0.3c	26.2±2.5a	20.7±1.5a

注：CK、M1、M2 分别代表不施肥处理、中量有机肥与氮磷配施处理、高量有机肥与氮磷肥配施处理。不同小写字母表示不同处理之间差异显著（$P<0.05$）。

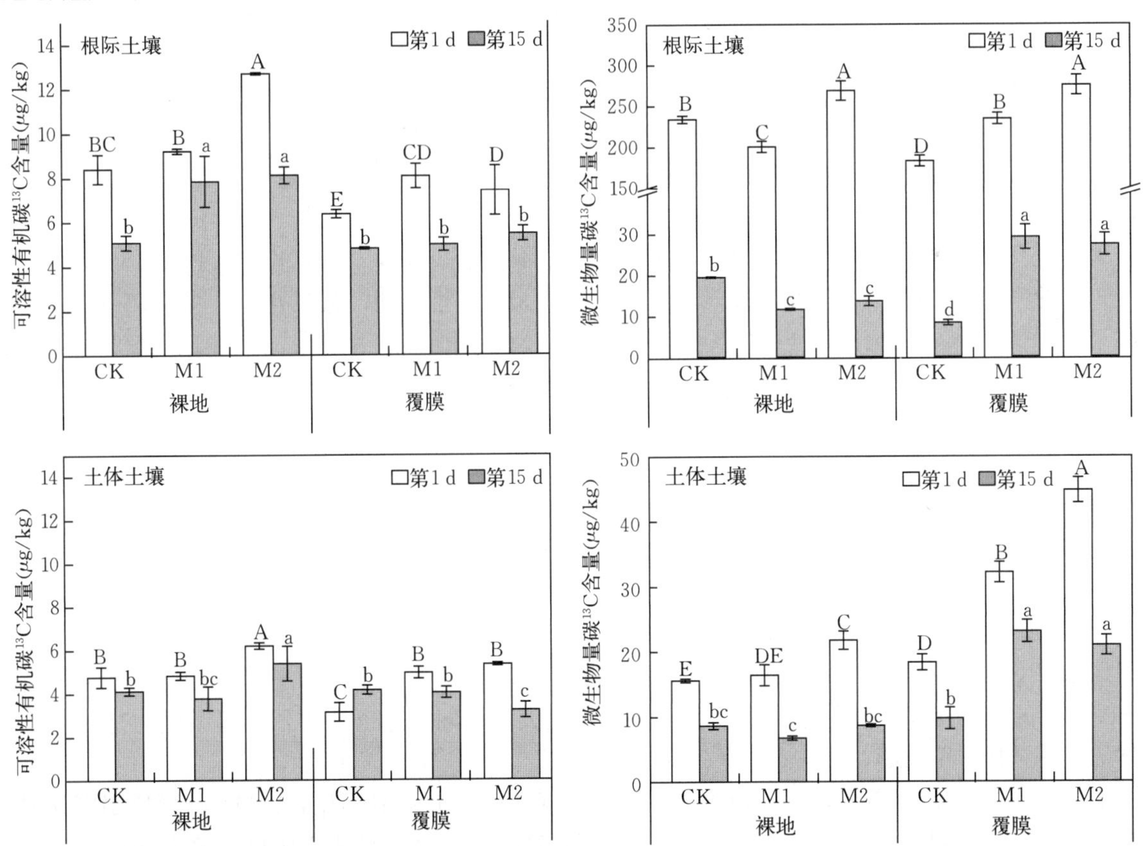

图 12-26 玉米苗期^{13}C脉冲标记后土壤可溶性有机碳^{13}C和微生物量碳^{13}C含量

注：CK、M1、M2 分别代表不施肥处理、中量有机肥与氮磷肥配施处理、高量有机肥与氮磷肥配施处理。不同大写字母表示标记第 1 d 不同处理间差异显著（$P<0.05$）；不同小写字母表示标记第 15 d 不同处理间差异显著（$P<0.05$）。

苗期标记第 1 d 根际土壤^{13}C-MBC 占^{13}C-SOC（土壤有机碳中^{13}C含量）比例超过 55.0%，且

以CK-M最高，达到90.1%；其次为M2，为88.4%；CK最低，为59.6%；其余处理在71.4%～76.0%（表12-25）。土体土壤固定^{13}C中^{13}C-MBC占45.8%～75.1%。与根际土壤相反，传统栽培（裸地）施有机肥处理土体土壤^{13}C-MBC对^{13}C-SOC相对贡献高于与之对应的覆膜处理，但覆膜不施肥处理高于裸地不施肥处理。标记第15 d后根际土壤和土体土壤固定^{13}C分配到根际比例急剧下降（表12-25）。传统栽培与覆膜栽培有机肥处理根际土壤固定^{13}C中^{13}C-MBC所占比例平均分别为21.4%和27.0%。CK根际土壤^{13}C-SOC中^{13}C-MBC的比例仅有13.8%，而CK-M却达到了24.1%。裸地CK土体土壤中^{13}C-MBC比例最小，仅有16.9%；其余处理土体土壤^{13}C-MBC比例差异不显著，平均为20.7%。

总之，苗期标记光合碳分配到地下部的比例从第1 d的12%增加到第15 d的15%。第1 d微生物量碳^{13}C含量占土壤有机碳^{13}C含量的60%，第15 d该比例下降到27%。覆膜结合施有机肥增加了苗期光合碳在地下部的分配比例及微生物对根际沉积碳固定的数量。这些结果表明，有机肥的施用结合覆膜促进了苗期光合碳在地下部的固定，提高了土壤微生物的活性（安婷婷，2015）。

（七）覆膜与施肥对棕壤生物学特性的影响

1. 土壤微生物及磷脂脂肪酸 土壤微生物群落是土壤生物区系中最重要的功能组分。土壤微生物本身不仅是土壤养分重要的“源”和“汇”，支撑着土壤肥力运转，还对所生存的微环境十分敏感，能对土壤生态机制变化和环境胁迫做出反应，导致群落结构发生改变。所以，土壤微生物群落被认为是土壤生态系统变化的预警及敏感指标，指示土壤质量变化。由于土壤微生物的数量巨大，组成极为复杂，用传统的土壤微生物研究方法往往会过低估量土壤微生物真实状况，无法得到其在土壤生态系中的正确信息。磷脂是构成生物细胞膜的主要成分，约占细胞干重的5%，只存在于所有活细胞膜中，一旦生物细胞死亡，其中的磷脂类化合物就会消失（White et al.，1979）。不同种类微生物体内磷脂类化合物中的脂肪酸（PLFA）组成及含量显示出极大的差异，用来直接估量其微生物的生物量及群落结构（Zelles et al.，1993；Guckert et al.，1986）较为准确、有效。

玉米不同生育时期，不同施肥处理土壤微生物PLFA总量表现不同的变化趋势。如图12-27所示，玉米苗期各施肥处理之间土壤微生物PLFA总量有显著差异；抽雄期N4、M4和CK之间差异不显著；成熟期N4和CK及M4和M4N2P1差异不显著。苗期，N4低于CK 19.5%，M4和M4N2P1分别高于CK 29.9%和73.7%，且M4N2P1最高。抽雄期，施肥处理土壤的PLFA总量都略高于对照，N4和M4分别高于CK 6.8%和8.0%，M4N2P1表现为最高，且高于对照27.8%。成熟期，施肥处理土壤的PLFA总量也高于CK，且M4和M4N2P1都表现出较高的水平，分别高于CK 75.4%和70.6%。说明长期施肥能提高土壤微生物PLFA总量，特别是有机肥和有机无机肥配施处理在整个生育期对微生物PLFA总量的提高作用比较明显，但施用氮肥处理在玉米苗期降低土壤微生物PLFA总量，在玉米生育中后期有增加作用。

如图12-27所示，苗期施肥处理与对照处理间土壤细菌PLFA量有显著差异。其中，N4低于CK 24.2%，M4和M4N2P1分别高于CK 30.1%和73.9%，且M4N2P1最高。抽雄期，N4显著低于CK 14%，而M4和M4N2P1与CK间没有显著差异。成熟期，M4和M4N2P1土壤细菌PLFA量显著高于CK 77.8%和79.1%，而N4与CK之间没有显著差异。可以看出，长期施肥玉米地土壤微PLFA细菌的PLFA量变化与微生物总PLFA量变化大致相同，这也证明了土壤微生物是以细菌为主体的群落结构（于树等，2008a）。

如图12-27所示，苗期，N4与CK之间土壤真菌PLFA量差异不显著，M4和M4N2P1分别显著高于CK 76.1%和36.7%，且M4最高。抽雄期，N4、M4和M4N2P1土壤真菌PLFA量分别显著低于CK 66%、38.5%和25.5%，且N4最低。成熟期，N4、M4和M4N2P1土壤真菌PLFA量分别显著高于CK 179.2%、256.5%和103.3%，且M4最高。可以看出，在玉米抽雄期CK处理土壤真菌PLFA量较高，这也说明真菌的生长与季节和玉米的生育期关系较为密切。总的来看，施肥处理能使土壤真菌PLFA量有所提高，在苗期和成熟期单施有机肥处理对其作用最明显，在抽雄期表现为有机无机肥配合施用处理的作用最为明显。

真菌 PLFA 量与细菌 PLFA 量的比例可反映真菌和细菌相对含量的变化范围和两个种群的相对丰富程度。如图 12－27 所示，苗期，N4 和 M4 之间真菌 PLFA 量与细菌 PLFA 量的比例差异不明显，但显著高于 M4N2P1 和 CK，而 M4N2P1 显著低于 CK，说明 N4 和 M4 土壤中真菌与细菌比较，丰富度高于 M4N2P1 和 CK，而 M4N2P1 土壤真菌的丰富度相对较低。抽雄期，施肥处理土壤真菌 PLFA 量与细菌 PLFA 量的比例显著低于 CK，且 N4 处理最低，说明在这一时期不施肥处理的土壤真菌丰富程度有所提高，而施肥处理却降低了真菌与细菌的数量比例。成熟期，施肥处理土壤真菌 PLFA 量与细菌 PLFA 量的比例都显著高于 CK，N4 最大，说明氮肥对真菌的生长有一定的刺激作用，能提高土壤中真菌的相对含量。而 M4N2P1 相对较低，说明有机无机肥配合施用对真菌的作用还不如 M4 明显，这也看出了不同肥料在影响细菌和真菌 PLFA 量上的差异。

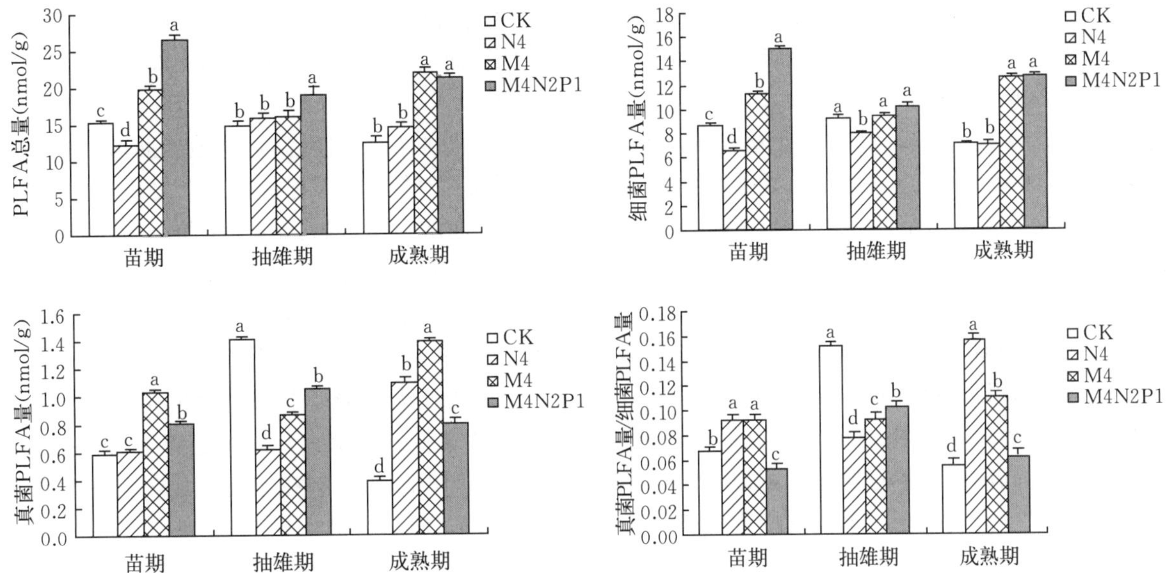

图 12－27 不同施肥处理间 PLFA 总量、细菌 PLFA 量、真菌 PLFA 量及真菌 PLFA 量/细菌 PLFA 量的变化

注：CK、N4、M4、M4N2P1 分别代表不施肥处理、高量氮肥、高量有机肥与氮磷化肥处理。不同小写字母表示不同处理差异显著（$P<0.05$）。

经主成分分析（图 12－28）得出，主成分一和主成分二基本上能把不同施肥处理区分开来。M4 和 M4N2P1 与主成分一表现出高度正相关；而 N4 与主成分一表现出负相关；M4N2P1 与主成分二之间呈高度正相关关系。N4 和 CK 相距较近，说明这两种处理土壤的微生物群落结构较为相似。另外，CK 在主成分一和主成分二的坐标零点附近，说明 CK 与两个主成分的相关性不大。

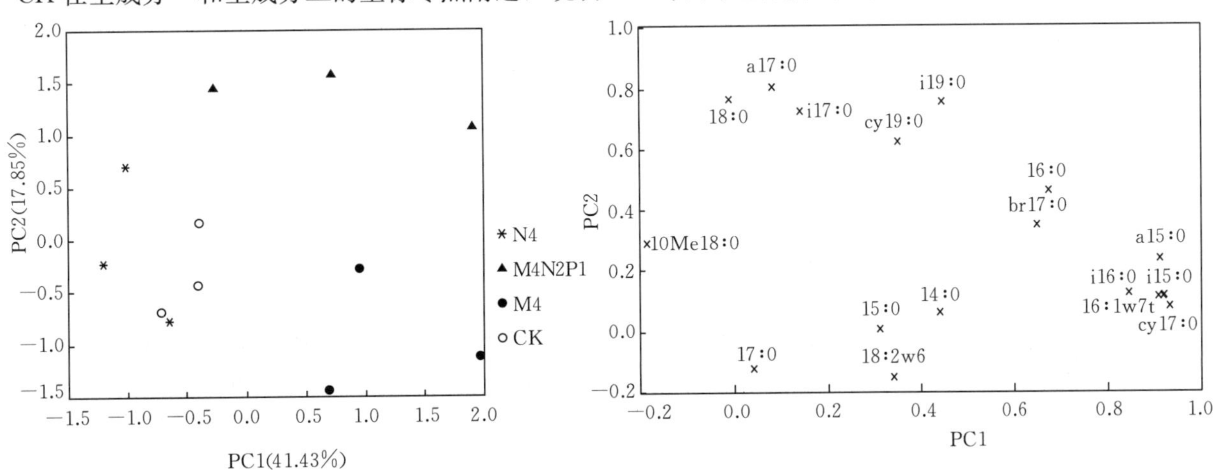

图 12－28 不同施肥处理土壤微生物 PLFA 主成分分析（左）和载荷因子贡献（右）

通过每种脂肪酸在主成分上的因子载荷分析（图 12－28），结果表明，a15：0、i15：0、cy17：0、i16：0、16：1w7t、16：0、br17：0在主成分一上的载荷值较高，主成分一是它们的代表因子。其中，支链脂肪酸多来自革兰氏阳性菌，cy17：0和 16：1w7t 是用来表征革兰氏阴性菌的脂肪酸。而10Me18：0在主成分一上的载荷值较低，它是放线菌的标志性脂肪酸。说明单施有机肥和有机无机肥配合施用处理使土壤中革兰氏阳性菌和革兰氏阴性菌增多，而放线菌减少。18：0、a17：0、i17：0、i19：0和 cy19：0在主成分二上有较高的载荷值，而 18：2w6 和 17：0在主成分二上的载荷值较低。可以认为，主成分二是 18：0、a17：0、i17：0、i19：0和 cy19：0的代表因子。其中，18：2w6 是真菌的标志性脂肪酸，说明有机无机配合施用土壤中真菌的含量较低。综合分析得出，单施氮肥与 CK 土壤微生物群落结构相似，没有明显的优势种群，而长期施用有机肥和有机无机肥配合施用处理使土壤微生物群落中产生明显的种群优势（于树等，2008a）。

覆膜对土壤微生物 PLFA 图谱的影响在玉米的不同生育期表现出不同的结果。玉米苗期 N4 土壤覆膜后表现为除 i15：0和 18：0脂肪酸含量降低外，其他脂肪酸含量都升高（图 12－29）；玉米抽雄期 N4 土壤覆膜后 14：0、i16：0、16：1w7t、18：2w6 和 i19：0脂肪酸含量升高，其他脂肪酸含量降低（图 12－30）；而成熟期 N4 土壤覆膜后 i15：0和 a17：0脂肪酸含量升高，其他脂肪酸含量都降低（图 12－31）。说明施氮肥的土壤在覆膜处理初期大部分脂肪酸含量都有所提高，之后有所降低。M4 土壤覆膜后在玉米苗期表现为 15：0、a17：0和 i19：0脂肪酸含量升高，其他脂肪酸含量均降低；玉米抽雄期表现为 10Me18：0脂肪酸含量降低，其他脂肪酸含量都表现升高趋势；玉米成熟期表现为 15：0、17：0、a17：0、i17：0、18：0、10Me18：0、i19：0脂肪酸含量升高，其他脂肪酸含量均降低。说明施有机肥的土壤上覆膜在玉米苗期及成熟期单饱和脂肪酸含量有所上升，其他脂肪酸都会提高，而在抽雄期则相反。M4N2P1 土壤覆膜后在玉米抽雄期大部分脂肪酸都有降低的趋势，而苗期和成熟期规律不明显。CK 土壤在玉米苗期大部分脂肪酸覆膜处理都有升高的趋势，而在之后的两个生育期升高的趋势不很明显。可以看出，覆膜对土壤中 PLFA 的影响在不同施肥处理中表现不同，也随玉米生育期表现出不同的变化趋势（于树等，2008b）。

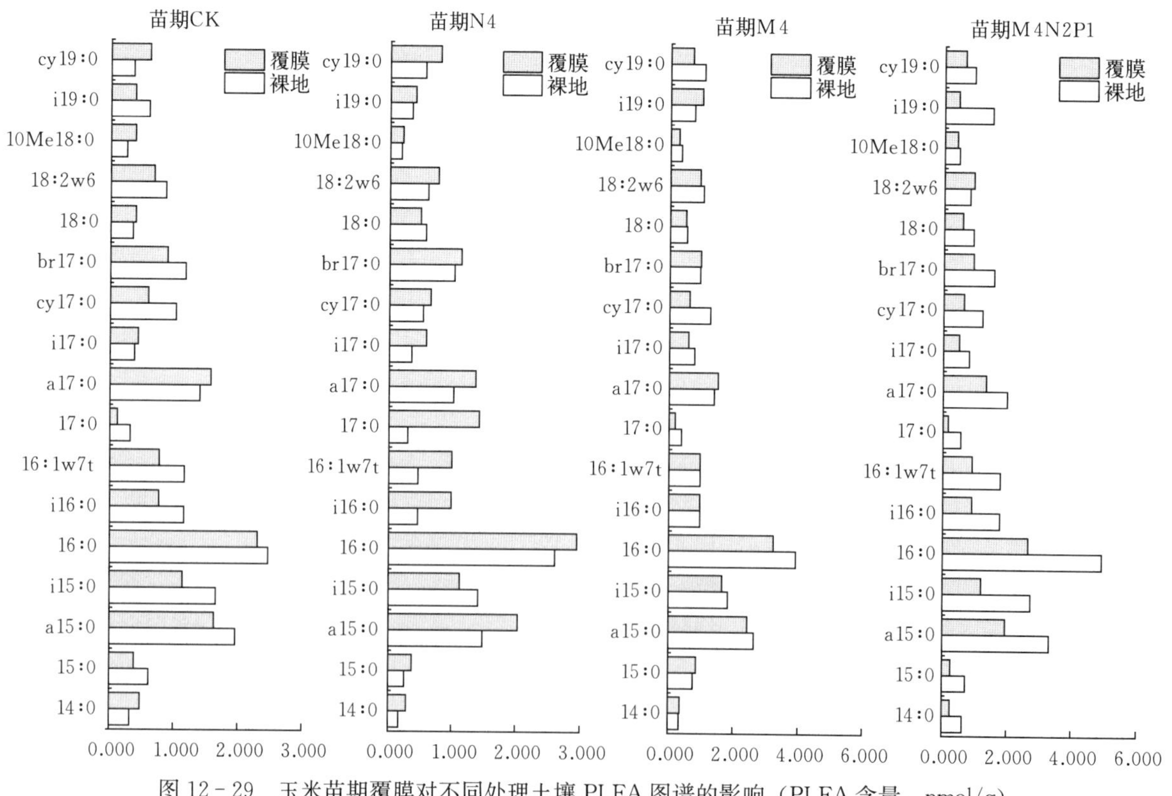

图 12－29　玉米苗期覆膜对不同处理土壤 PLFA 图谱的影响（PLFA 含量，nmol/g）

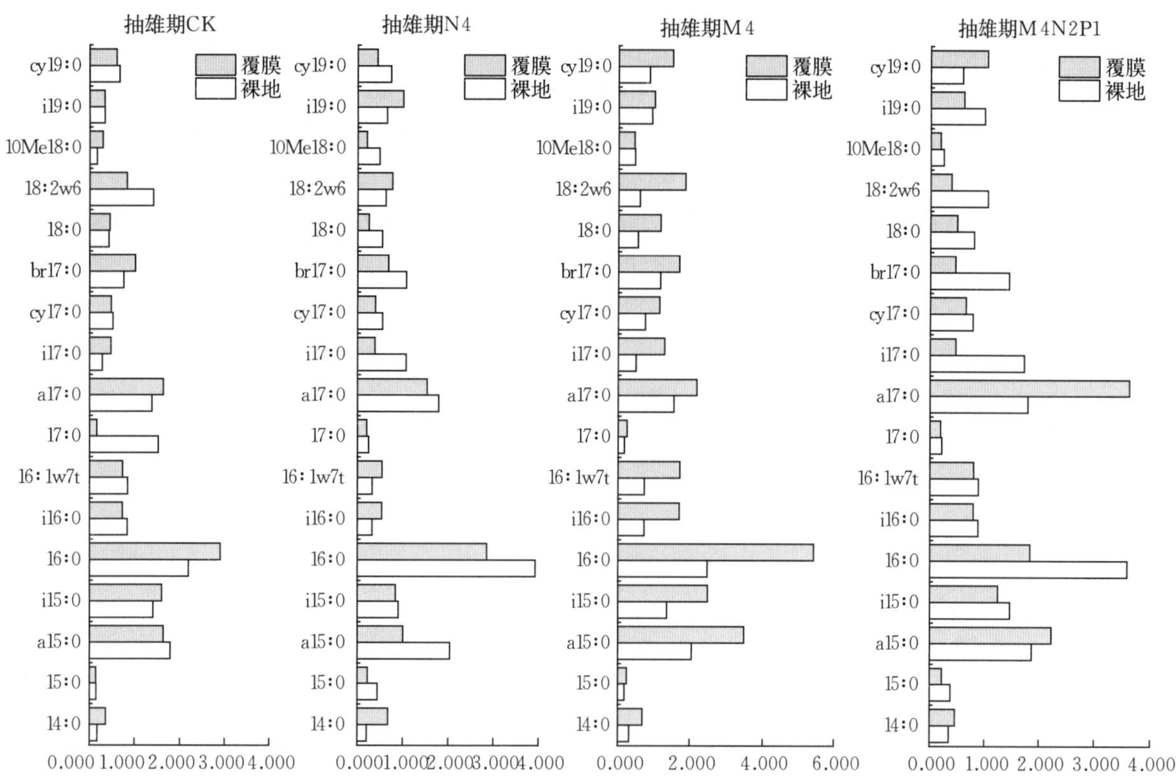

图 12-30 玉米抽雄期覆膜对不同处理土壤 PLFA 图谱的影响（PLFA 含量，nmol/g）

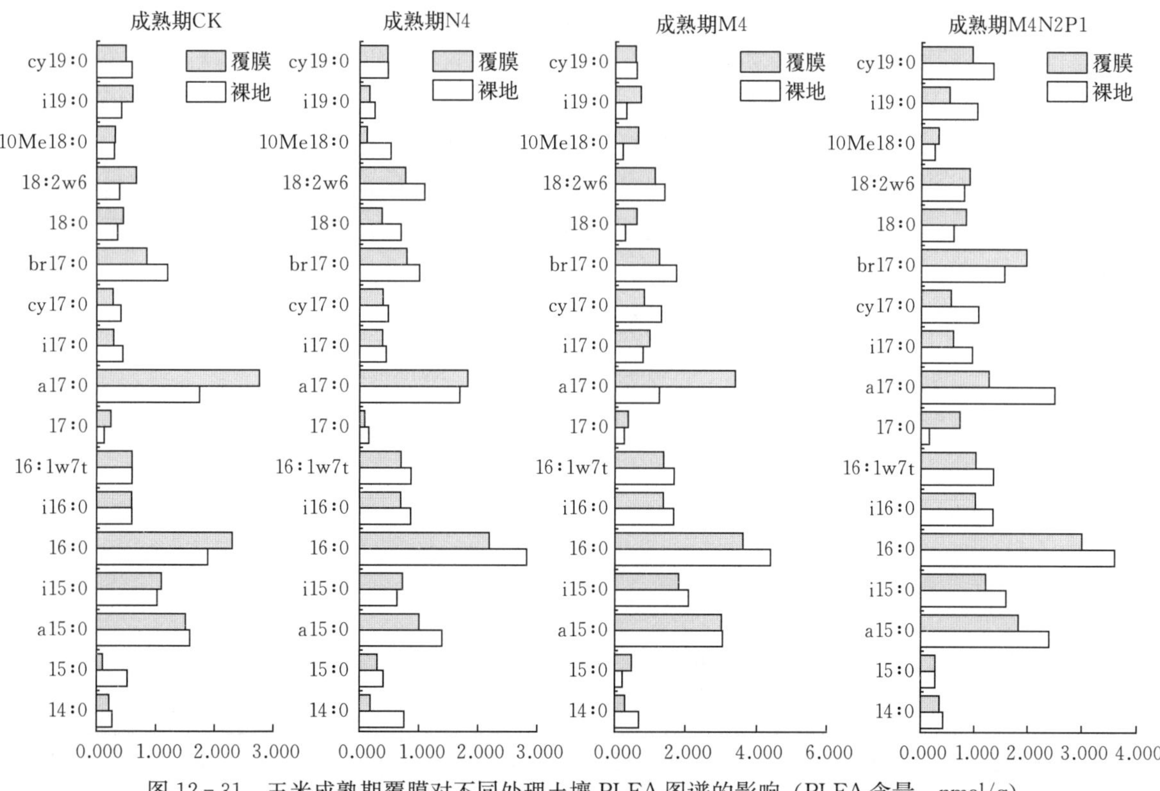

图 12-31 玉米成熟期覆膜对不同处理土壤 PLFA 图谱的影响（PLFA 含量，nmol/g）

通过主成分分析，覆膜处理大部分都在主成分一和主成分二的零坐标附近和负方向上聚集在一起，而裸地处理则分散开来（图 12-32 左），说明覆膜处理土壤微生物脂肪酸的组成与主成分一、主成分二之间的相关性不大或者呈负相关关系。对主成分一、主成分二的因子分析结果表明（图 12－32 右），i16：0、16：1w7t、a15：0、i15：0、cy17：0和 18：2w6 在主成分一上的载荷值较高，与主成分一呈高度相关性，而 15：0、17：0、a17：0的相关性较低，所以可以得出主成分一主要是 i16：0、16：1w7t、a15：0、i15：0、cy17：0和 18：2w6 的代表因子。18：0和 i17：0在主成分二上的载荷值较高，而 14：0、15：0、17：0、a17：0的载荷值较低，所以主成分二可以认为是 18：0和 i17：0的代表因子。综合分析表明，覆膜处理都聚在一起，而且都在 3 个主成分的零坐标附近，裸地处理则分散开来。说明覆膜后，土壤微生物群落组成发生了改变，尽管土壤的施肥处理不同，但覆膜后土壤微生物的群落在结构上有一致化的发展趋势（于树等，2008b）。

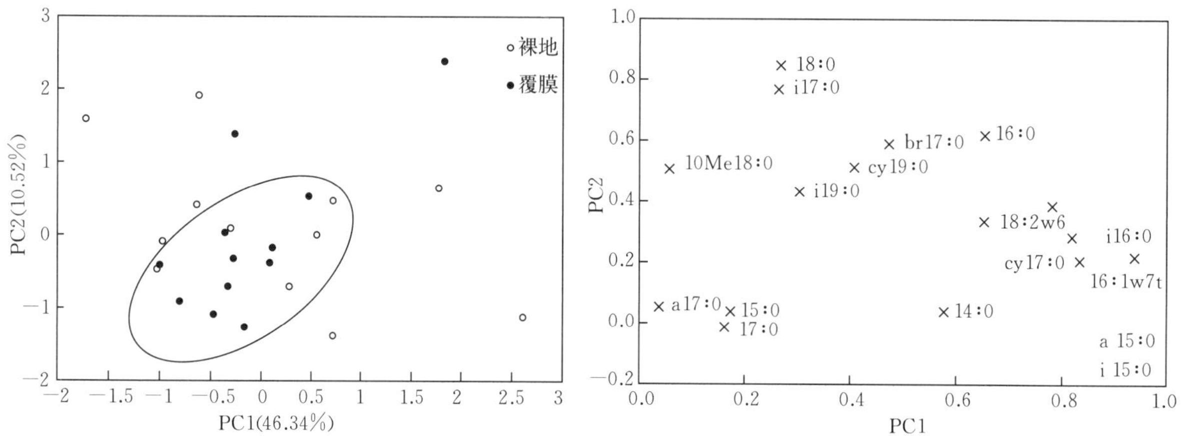

图 12－32　覆膜对土壤微生物 PLFA 影响的主成分分析（左）和载荷因子贡献（右）

裸地以及覆膜条件下各不同施肥处理的平均吸光度值（AWCD）和多样性指数如表 12－26 所示。在裸地条件下，施猪厩肥的处理（M4、M2N2、M2N2P1）下，AWCD 都较高，与其余 3 个处理达到差异显著水平。AWCD 较低的是 N4、N4P2。值得注意的是，除了 N4P2 外，各处理 AWCD 的大小与其土壤有机碳含量高低的顺序相同。在覆膜条件下，AWCD 大小顺序是 CK－M>M4－M>M2N2－M>M2N2P1－M>N4－M>N4P2－M，这与覆膜土壤 pH 的高低顺序相同。裸地与覆膜条件下的相应处理对比显示，除 CK，所有施肥处理覆膜条件下 AWCD 都低于裸地相应处理（侯晓杰等，2007）。

表 12－26　覆膜与裸地下不同施肥处理功能多样性以及丰富度的变化

处理	平均吸光度值		Shannon 指数		Shannon 均匀度		Simpson 指数	
	裸地	覆膜（M）	裸地	覆膜（M）	裸地	覆膜（M）	裸地	覆膜（M）
CK	0.42b	0.53a	3.85e	4.25a	0.92d	0.94a	0.98b	0.98a
N4	0.40b	0.11d	4.10d	3.12c	0.92d	0.72e	0.98b	0.88d
N4P2	0.47b	0.02d	4.20c	3.25c	0.95b	0.91b	0.98b	0.95c
M4	0.78a	0.35b	4.30ab	3.73b	0.95b	0.85c	0.98b	0.97ab
M2N2	0.69a	0.29b	4.26b	3.74b	0.94c	0.82d	0.98b	0.97ab
M2N2P1	0.71a	0.18c	4.35a	3.64b	0.96a	0.89b	0.99a	0.97ab

注：邓肯统计法，同一列中具有相同字母的结果差异不显著（$P<0.05$）。

目前常用的表征生物多样性指标的参数较多，研究采用 Shannon 指数、Shannon 均匀度、Simpson 指数，分别表征土壤微生物的丰富度、均匀度以及某些最常见种的优势度。裸地栽培，Shannon 指数各施肥处理较对照都显著增加，尤其是 M2N2P1（表 12－26）。覆膜后，Shannon 指数 CK 最高，

N4 的 Shannon 指数较低。覆膜与裸地相应处理相比，CK 覆膜以后 Shannon 指数提高，其余各施肥处理都显著低于相应的裸地处理。Shannon 均匀度和优势度指标 Simpson 指数在裸地条件下虽有差异，但在数值上的表现不很突出，而覆膜以后这两个指标的数值差异增大了。进一步对覆膜和裸地处理进行了 T 检验，结果表明，AWCD 值、Shannon 指数、Shannon 均匀度覆膜与裸地间达到了显著水平，P 值分别为 0.014、0.044、0.040。Simpson 指数覆膜与裸地不同条件差异不显著。

Bending 等（2002）用 Biolog 碳源的利用模式研究土壤管理措施对微生物的影响，土壤微生物多样性对管理措施（如轮作、连作）和作物种类敏感，在有机质、轻有机质组分、易发生变化的有机氮或水溶性糖还没有明显变化时，微生物利用碳源的种类已经发生了变化。应用各种碳源的光密度值（48 h）作统计变量进行聚类分析和主成分分析，可以清晰直观地反映各施肥处理之间的关系。聚类分析结果可以更直观地显示各研究对象之间的远近关系，聚类分析结果如图 12－33 所示。首先，N4－M、N4P2－M、M2N2P1－M 具有与其他处理明显不同的碳源利用模式。其余 9 种处理，施入有机肥的处理 M4、M2N2、M2N2P1 具有更为相似的碳源利用模式。N4、N4P2、CK 在裸地条件下，土壤相对来说比较贫瘠，微生物群落利用碳源较为相似。其余的，如 CK－M、M2N2－M、M4－M 在碳源的利用上差异较大，覆膜后各处理微生物在碳源的利用上分异性增大（侯晓杰等，2007）。

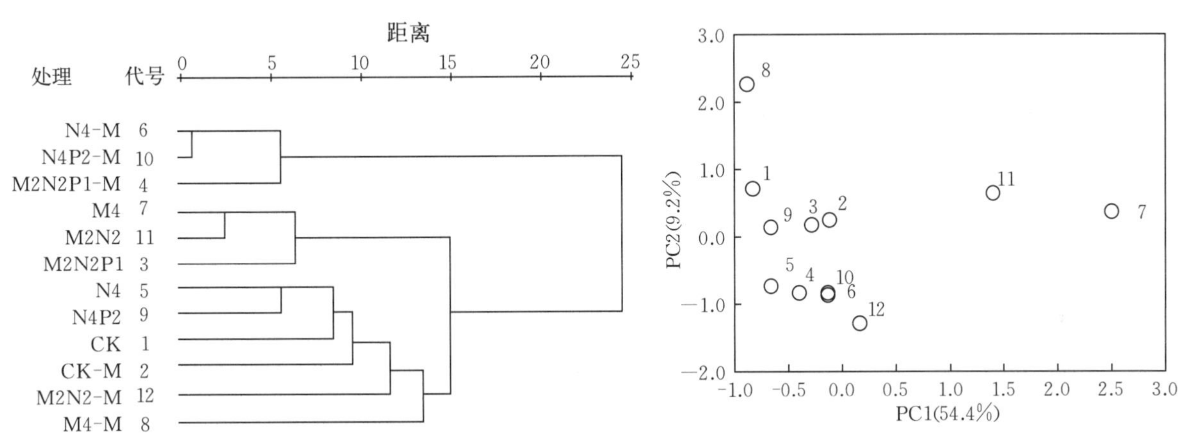

图 12－33　裸地与覆膜各处理的聚类分析与主成分分析

总之，在裸地条件下，肥料合理配施可以增强微生物对碳源的利用程度，显著增加微生物功能多样性。覆膜和施肥的交互作用降低了微生物对碳源的利用率和微生物的丰富度，改变其均匀度。土壤微生物碳源利用的聚类和主成分分析表明，各施肥处理在碳源的利用上存在较大差异，覆膜加剧了各处理之间的分异程度，糖类和氨基酸类碳源是微生物利用的主要碳源。土壤微生物对碳源的利用受到土壤 pH、速效钾的显著影响。此外，有机碳、速效氮含量和土壤碳氮比与土壤微生物群落功能多样性密切相关。

2. 硝化与反硝化细菌　硝化作用是土壤氮素转化的关键过程，由氨氧化细菌（ammonia－oxidizing bacteria，AOB）和氨氧化古菌（ammonia－oxidizing archaea，AOA）驱动的氨氧化过程作为硝化作用的限速步骤，可通过其数量、多样性、结构组成的改变反映土壤氮素变化。土壤 pH、氮素种类、土壤类型、施肥方式和作物品种等因素，均可对氨氧化微生物产生特异的选择性。在农业生态系统中，不同施肥管理方式可通过影响土壤理化特征改变功能微生物的丰度及群落结构组成，进而对土壤质量和生态功能产生影响。基于棕壤长期定位试验，加强对棕壤中氨氧化细菌群落结构多样性对不同施肥方式，特别是对有机无机肥配施的响应特征，及其随土壤深度增加的变化差异等相关研究，对探索不同施肥模式下土壤氮素转移与变化规律具有指导意义。

与不施肥相比，所有施肥处理均显著降低了 0～20 cm 土层细菌的数量；各施肥处理间，在相同土壤深度下，N4 处理土壤细菌数量均不同程度地低于 N2 和 M2N2（图 12-34）。在相同施肥处理下，M2N2 土壤细菌数量在不同土层中差异不明显，其他处理均表现为 40～60 cm 土层细菌数量显著低于 0～20 cm 土层。与不施肥相比，低量氮肥处理（N2）显著增加了不同深度土壤中 AOB 数量，高量氮肥处理（N4）中 AOB 在 20～40 cm 土层迅速升高，在 0～20 cm 和 40～60 cm 土层则显著降低（图 12-34）。有机无机肥配施处理（M2N2）对 0～40 cm 土层中 AOB 无明显影响，却显著降低 40～60 cm 土层 AOB 数量。土壤 AOB 与总细菌的数量比值在 45.4～55.2（任灵玲等，2019）。

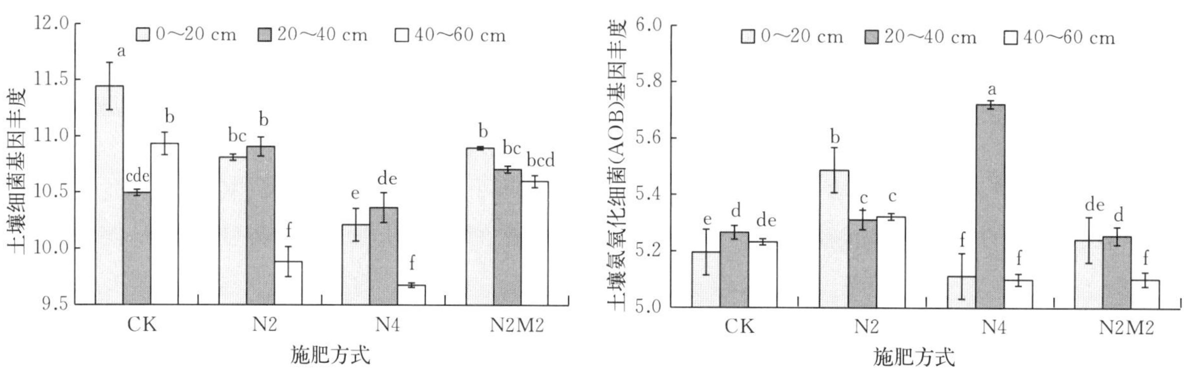

图 12-34 不同施肥处理下不同土层土壤细菌和氨氧化细菌（AOB）基因丰度特征

注：CK、N2、N4 和 M2N2 分别为不施肥处理、施低量氮肥处理、施高量氮肥处理和有机无机肥配施处理。图中不同字母表示不同施肥处理不同土层间差异显著（$P<0.05$）。

如表 12-27 所示，与不施肥相比，施肥处理显著降低了土壤中 AOB 的 Shannon 多样性指数（H）、均匀度指数（EH）和丰富度指数（S）。不同施肥处理下 AOB 的 Shannon 多样性指数（H）、均匀度指数（EH）和丰富度指数（S）表现为：CK>N4>M2N2>N2。相同施肥处理土壤 AOB 的 Shannon 多样性指数（H）、均匀度指数（EH）和丰富度指数（S）均在表土层 0～20 cm 最高。随土壤深度增加，CK、N2 和 N4 下各多样性指数均表现出显著降低的趋势，M2N2 下 AOB 多样性指数则在不同土层中无明显差异。N2 在各土层中（40～60 cm 土层除外）AOB 的 Shannon 多样性、均匀度和丰富度指数均最低，而 N4 则不同程度地提高了 20～40 cm 土层 AOB 的各多样性指数，说明土壤施氮量可改变 AOB 在不同土层的分布情况（任灵玲等，2019）。

表 12-27 不同施肥处理下土壤 AOB 的 Shannon 多样性指数、均匀度和丰富度

施肥处理	Shannon 多样性指数			均匀度指数			丰富度指数		
	0～20 cm	20～40 cm	40～60 cm	0～20 cm	20～40 cm	40～60 cm	0～20 cm	20～40 cm	40～60 cm
CK	1.13a	0.9d	0.98c	0.37a	0.29d	0.31c	14a	8d	10c
N2	0.76f	0.45h	0.72g	0.25f	0.15h	0.23g	7e	6f	10c
N4	1.04b	0.99c	0.76f	0.34b	0.32d	0.25f	12b	10c	6ef
M2N2	0.89d	0.89de	0.86e	0.29e	0.29e	0.28e	8d	8d	8d

注：CK、N2、N4 和 M2N2 分别为不施肥处理、施低量氮肥处理、施高量氮肥处理和有机无机肥配施处理。表中每列不同小写字母表示处理间差异显著（$P<0.05$）。

以不同施肥处理土壤 DGGE 条带作为响应变量，以土壤 pH、铵态氮、硝态氮、硝化强度作为解释变量进行冗余分析（RDA），硝态氮的影响高于其他环境因素。从图 12-35 中可以看出，土壤硝态氮（$P=0.027$）是造成影响群落差异的主要因素。pH（$P=0.113$）、铵态氮（$P=0.35$）、硝化强度（$P=0.545$），$P>0.05$，对 AOB 群落结构没有显著影响。上述研究结果表明，长期定位施肥土壤 AOB 的数量和群落结构多样性受施肥方式影响显著，并表现出明显的垂直分布特征。与无机氮肥相比，有机无机肥配施处理有助于改善土壤 pH，维持不同土壤深度下 AOB 群落结构多样性。（任灵玲等，2019）

覆膜后土壤的温度、湿度、pH 等发生较大变化，从而影响了土壤的酶活性。在棕壤上定位试验研究的结果表明，覆膜后土壤中过氧化氢酶和脲酶活性显著降低，而中性和酸性磷酸酶活性提高，施用有机肥可以明显提高过氧化氢酶和脲酶活性，但对中性和酸性磷酸酶的活性影响较小（汪景宽等，1997）。

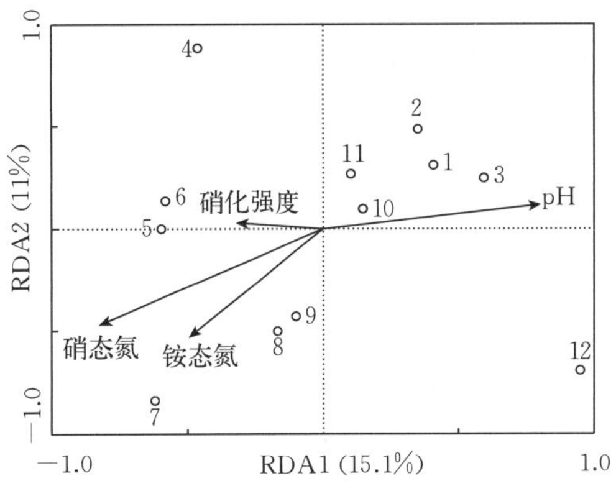

图 12-35 土壤氨氧化细菌与环境因素的冗余分析

注：图中数字为土样编号，1～3 采自 CK，4～6 采自 N2，7～9 采自 N4，10～12 采自 M2N2，每个处理对应土层分别为 0～20 cm、20～40 cm、40～60 cm。

二、秸秆调控棕壤有机质

（一）有机物料与农肥的腐解残留

土壤有机质是土壤肥力的重要指标，保持和提高土壤有机质含量是保持和提高土壤生产力的重要前提。输入土壤中的有机质，经过微生物和酶的分解及转化，有机质数量发生变化，而作为提高作物产量重要手段的覆膜技术使土地利用强度大大提高，也必然导致有机质数量和品质的变化（汪景宽等，1995）。

覆膜改变了农田土壤的生态环境，土壤微生物活动旺盛，使分解有机物的酶类（如蔗糖转化酶等）活性提高，从而使有机质在土壤中腐解增快，残留量少。各种有机物料施入土壤后，腐解很快，60 d 内约有 50%被分解，其中各种易分解的有机碳迅速矿化。经过一年的腐解之后，无论覆膜与否，难分解的有机物料继续矿化，残留率仍趋下降，但下降幅度较小。Jenlanson 等认为，这些已“稳定化了”的缓分解的有机质，还要以生物一级反应方程的模式继续分解，且分解速率为一常数。从棕壤上玉米秸与农肥 1 在裸地条件下的试验看出，其腐解残留率（Y_t）的自然对数（$\ln Y_t$）与有机物料施入土壤后的时间（$t\geqslant 1$ 年）呈显著的线性关系，即公式 12-1。

$$\ln Y_t=\ln Y_0 e^{-\lambda t} \text{ 或 } Y_t=Y_0 e^{-\lambda t} \quad (12-1)$$

这一数学模型与 Jenkinson 等采用^{14}C 均匀标记有机物料所获得的有机物分解模式十分吻合。该模型中，Y_0 为有机物料中缓分解成分的碳量占加入总碳量的百分数；λ 为缓分解成分的分解速率。

研究结果表明，各种有机物料和农肥在土壤中腐解都遵循 $Y_t=Y_0 e^{-\lambda t}$ 模式，覆膜使各种有机物料的腐解残留率降低（表 12-28）。农肥与有机物料的 Y_0 值次序为农肥>猪粪>玉米秸>沙打旺（汪景宽等，1995）。

表 12-28 不同有机物料和农肥在棕壤中的腐解残留率（%）

有机物料	处理	施入后 1 年	施入后 2 年	施入后 3 年	施入后 4 年	施入后 5 年	施入后 6 年	施入后 7 年	施入后 8 年
玉米秸	覆膜	100	37.16	27.63	23.15	22.61	22.00	21.83	21.61
	裸地	100	38.00	29.40	26.20	24.30	23.90	23.45	22.62
沙打旺	覆膜	100	24.68	21.90	17.90	16.15	15.89	15.14	14.81
	裸地	100	31.21	25.91	20.21	19.01	18.11	17.21	16.36
猪粪	覆膜	100	36.42	25.85	20.86	19.21	18.20	17.26	16.18
	裸地	100	35.97	30.90	19.21	17.31	16.45	15.93	14.90
农肥 1	覆膜	100	80.53	66.45	55.46	50.11	45.36	42.80	40.12
	裸地	100	82.61	68.34	57.21	50.63	46.41	43.45	41.68

（续）

有机物料	处理	施入后1年	施入后2年	施入后3年	施入后4年	施入后5年	施入后6年	施入后7年	施入后8年
农肥2	覆膜	100	74.12	60.26	48.26	44.25	41.68	38.54	36.42
	裸地	100	77.65	65.36	53.12	46.31	43.90	37.34	—
农肥3	覆膜	100	83.81	72.42	61.56	58.45	55.21	53.49	50.25
	裸地	100	86.25	74.65	68.25	62.36	58.65	56.91	54.60

用这种模型对每种有机物料的腐解残留率与时间（年）进行拟合检验，均达显著相关水平（表12－29）。因此，可根据此模型推算出有机物料的减半期 T（即 Y_t 降至 $1/2Y_0$ 所经过的时间），平均存留期 t（Y_t 变为 Y_0/e 所需时间），等于速率常数的倒数，即 $1/\lambda$（表12－29）。

表12－29　根据 $Y_t=Y_0e^{-\lambda t}$ 模型计算出的有机物料和农肥的腐解常数

有机物料	处理	Y_0	λ	T	t	相关系数（R）	样本数（n）
玉米秸	覆膜	33.02	0.064	10.83	15.63	－0.852 48	24
	裸地	35.08	0.062	11.18	16.13	－0.901 53	24
沙打旺	覆膜	24.83	0.072	9.63	13.89	－0.963 86	24
	裸地	30.73	0.086	8.06	11.63	－0.960 98	23
猪粪	覆膜	33.72	0.100	6.93	10.00	－0.937 63	22
	裸地	36.54	0.126	5.50	7.94	－0.953 83	24
农肥1	覆膜	89.17	0.109	6.36	9.17	－0.979 44	24
	裸地	89.80	0.106	6.54	9.43	－0.977 02	24
农肥2	覆膜	83.18	0.115	6.03	8.70	－0.957 68	24
	裸地	90.38	0.129	5.37	7.75	－0.984 87	23
农肥3	覆膜	89.75	0.080	8.66	12.50	－0.964 98	22
	裸地	91.10	0.071	9.76	14.08	－0.964 18	24

从表12－29可以看出，覆膜条件下 Y_0 值都普遍较低，这是由于覆膜后有利于土壤微生物活动，使有机物料腐解加快，而残留量较小。但覆膜对 λ 和 R 值的影响不一致。试验结果还表明，长期覆膜使有机物料腐解残留率持续下降，因此覆膜栽培必须多施有机肥（汪景宽等，1995）。

不同有机物料的 Y_0 值也存在较大差异。总的来说，农肥＞猪粪＞玉米秸＞沙打旺，这与其物质组成有关。农肥已有部分腐解，因此已“稳定化了”的有机碳含量相对较高。其 λ 值也不相同，通常是沙打旺＞玉米秸＞猪粪；而减半期（T）和平均存留期（t）则与此相反，这说明沙打旺在施入土壤一年以后分解速率仍较快（汪景宽等，1995）。

土壤中的有机质在一定的生物气候条件下会达到一个平衡值，但当水热条件、施肥和耕作制度发生变化时，不仅土壤中的有机质含量会发生变化，活性有机质也会发生变化，活性有机质的变化更能反映出覆膜对土壤有机质特性的影响。有机质的活性用土壤活性有机碳含量占土壤总有机碳含量的百分数来表示，亦称土壤活性有机质的相对含量。

田间试验结果（表12－30）表明，覆膜降低了活性有机质的相对含量，即覆膜以后土壤有机质的活性降低；而裸地处理，土壤活性有机质相对含量在各年份间虽略有下降，但变化不大（73.49%～78.94%）。随着覆膜年限增加，土壤活性有机质的相对含量逐年下降。覆膜5年的CK处理，其活性有机质相对含量降为 69.53%，施氮肥处理（N），覆膜 5 年后土壤活性有机质下降到 66.76%，而施有机肥处理（M）下降较少，为 72.50%。说明施用有机物料有利于活性有机质增加，减缓有机质含量下降（汪景宽等，1995）。

表 12-30　棕壤上不同施肥处理活性有机质的相对含量（%）

覆膜年限	处理	覆膜	裸地
3	CK	76.04	78.30
	N	72.84	73.83
	M	76.21	78.94
4	CK	73.46	76.86
	N	73.02	76.04
	M	72.89	74.57
5	CK	69.53	73.49
	N	66.76	75.47
	M	72.50	74.40

（二）棕壤有机质平衡

根据 Russell 与井子昭夫的观点，长期定位试验条件下土壤有机质的变化规律是能够预测的。土壤有机质含量 C（单位为 g/kg）的变化一般服从 Jenny 模式，r 为土壤有机质年矿化率，A 为土壤有机质年积累率，即公式 12-2。

$$dC/dt = A - rC \tag{12-2}$$

如果试验条件稳定，r 和 A 为常数，则公式 12-2 积分得公式 12-3。

$$C = C_e - (C_e - C_0)\ e^{-rt} \tag{12-3}$$

式中：

C_e——平衡状态有机质含量，$C_e = A/r$，单位为 g/kg；

C_0——初始年有机质含量，单位为 g/kg；

t——时间，单位为年。

由各处理的土壤有机质年矿化率和积累率及初始含量，利用公式 12-3 可以得到土壤有机质的动态变化，如图 12-36 所示。由于连年施肥，M2、M2NP、MNP 矿化率偏大。因此，在预测中对这 3 个处理的矿化率进行了修正，采用长期定位试验 9 年的平均值 0.023 3。由图 12-36 可知，除对照外其余处理的土壤有机质含量均逐年上升。

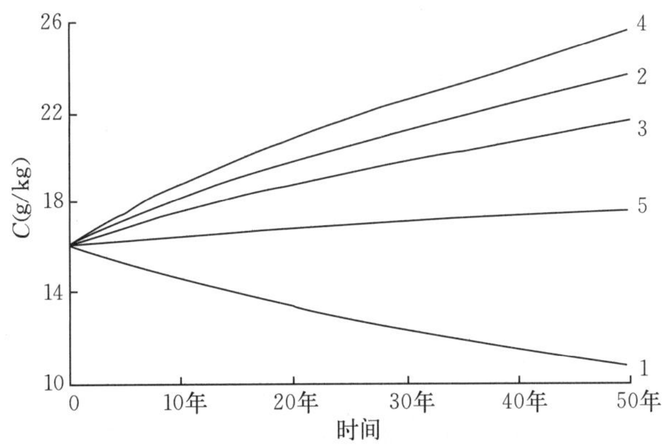

图 12-36　裸地不同施肥处理土壤有机质变化预测

注：1 代表 CK，2 代表 M2，3 代表 MN，4 代表 M2NP，5 代表 MNP。

由公式 12-3 还可求得各处理土壤有机质 90%达到相对平衡所需时间及相应平衡值（表 12-31），M2NP 施肥最多，生物产量最高，土壤有机质相对平衡值也最高，接近平衡所需时间也最长。N2 按公式 12-3 计算得到的土壤有机质平衡值裸地和覆膜分别为 16.13 g/kg 和 15.97 g/kg，实验室测定土壤有机质含量反而减少，这可能与从 1992 年起作物产量下降有关，需要进行分段计算，而不能用 9 年平均值计算（穆琳等，1998）。

表 12－31 Jenny 方程预测的有机质 90%达到相对平衡所需时间及相应平衡值

处理		相对平衡值（g/kg）	所需时间（年）	年积累率（g/kg）	年矿化率
CK	裸地	7.58	11	0.136	0.018 0
	覆膜	11.69	86	0.164	0.014 1
M2	裸地	28.18	64	0.656	0.023 3
	覆膜	29.11	66	0.678	0.023 3
MN	裸地	25.37	76	0.451	0.017 8
	覆膜	23.44	60	0.468	0.020 0
M2NP	裸地	29.94	67	0.697	0.023 3
	覆膜	30.62	68	0.713	0.023 3
MNP	裸地	19.16	26	0.446	0.023 3
	覆膜	19.95	23	0.464	0.023 3

（三）秸秆添加后外源新碳在不同肥力水平土壤固定的差异

整个培养期间低肥土壤和高肥土壤未添加玉米秸秆和根茬的处理土壤有机碳（SOC）含量平均值分别为（10.07±0.2）g/kg 和（17.80±0.5）g/kg。秸秆和根茬的添加使 SOC 含量提高 1.10～1.29 倍（图 12－37）。培养 7 d 后添加叶处理 SOC 含量均大于添加根和茎的处理（$P<0.05$），且 SOC 含量均随时间的延长而降低，高肥土壤处理高于低肥土壤处理。低肥土壤添加茎和叶后 SOC 含量在培养 1～7 d 下降了 0.6 g/kg，与培养 7 d 后相比变化较快；添加根的处理在 7～28 d 下降了 0.8 g/kg，与其他时间段相比下降较快（图 12－37）。高肥土壤添加茎和叶后在 1～7 d 与低肥土壤 SOC 含量变化一致；加根处理在第 7 d 和第 28 d 无显著性差异（$P>0.05$），28 d 后 3 种处理均下降缓慢（谢柠桧等，2016）。

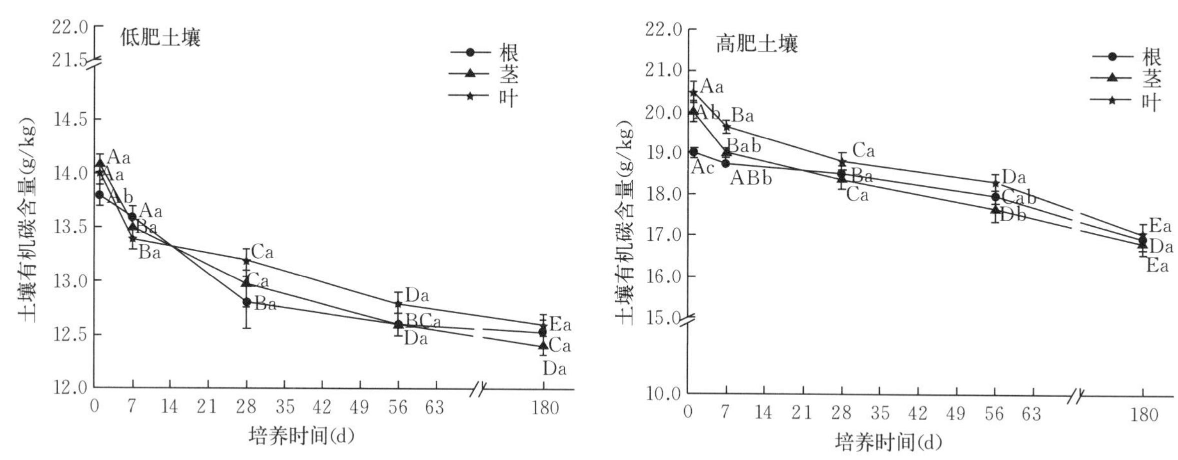

图 12－37 不同肥力水平添加^{13}C 标记玉米根、茎、叶后土壤有机碳变化

注：不同大写字母表示不同时间相同处理土壤有机碳含量差异显著（$P<0.05$），不同小写字母表示同一时间不同处理土壤有机碳含量差异显著（$P<0.05$）。

随着时间延长，两种肥力土壤 SOC 中外源新碳的含量与土壤总有机碳含量变化趋势一致（图 12－38）。在整个培养期间，低肥土壤添加根处理外源新碳含量低于添加茎和叶的处理，而高肥土壤添加叶处理外源新碳含量低于添加根和茎的处理。低肥土壤添加根、茎、叶后外源新碳含量从第 1 d 至第 180 d 下降了（12±1）%，而高肥土壤下降了（7±1）%。在 1～7 d 时两种肥力外源新碳含量均下降较快，低肥土壤添加根、茎和叶的外源新碳含量第 7 d 较第 1 d 分别减少了 4%、3%和 6%，高肥土壤第 7 d 较第 1 d 分别减少了 3%、2%和 6%。培养结束时（第 180 d），两种肥力土壤外源新碳含量接近，低肥土壤外源新碳含量为（1.8±0.1）g/kg，高肥土壤外源新碳含量为（1.5±0.1）g/kg（谢柠桧等，2016）。

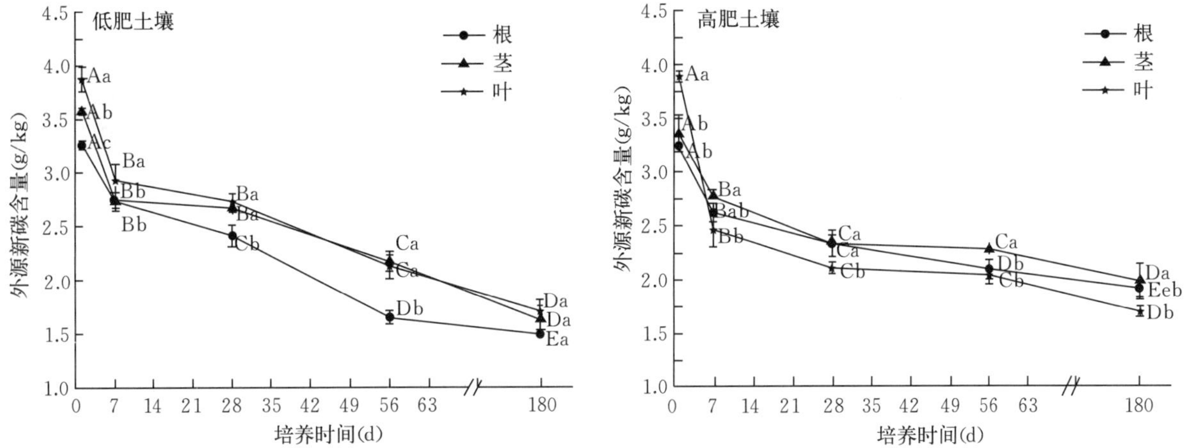

图 12-38 不同肥力水平土壤添加^{13}C标记玉米根、茎、叶后外源新碳的变化

注：不同大写字母表示不同时间相同处理土壤有机碳含量差异显著（$P<0.05$），不同小写字母表示同一时间不同处理土壤有机碳含量差异显著（$P<0.05$）。

随着时间延长，两种肥力土壤添加根、茎和叶后秸秆和根茬残留率逐渐降低（图 12-39）。培养第 1 d 时，低肥土壤处理添加根、茎和叶的残留率分别为 81.49%、80.76%和 92.17%；高肥土壤处理分别为 80.49%、76.38%和 92.45%。培养 180 d 时，低肥土壤处理添加根、茎和叶的残留率分别为 37.20%、37.03%和 40.51%；高肥土壤处理分别为 47.89%、45.00%和 40.35%。两种肥力添加根、茎和叶的残留率仍然在 1～7 d 下降最快；7 d 后残留率下降趋于缓慢（谢柠桧等，2016）。

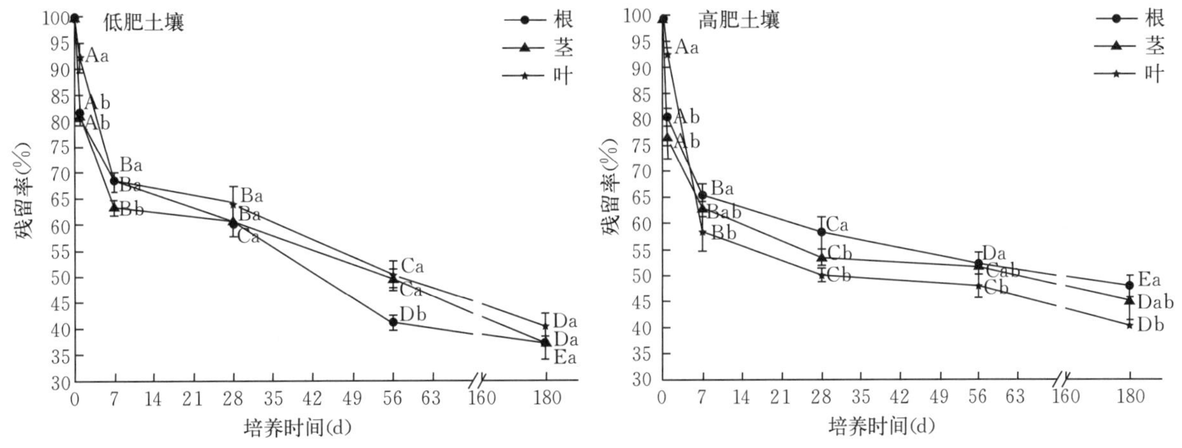

图 12-39 不同肥力水平土壤^{13}C标记玉米秸秆和根茬残留率变化

注：不同大写字母表示不同时间相同处理土壤有机碳含量差异显著（$P<0.05$），不同小写字母表示同一时间不同处理土壤有机碳含量差异显著（$P<0.05$）。

（四）秸秆腐解对不同肥力棕壤有机碳周转的影响

在秸秆腐解过程中，秸秆碳的比例呈现 0～60 d 较快速减少，而后较平缓减少的趋势（图 12-40）。低肥棕壤覆膜与裸地在 60 d 左右秸秆碳贡献比和老有机碳贡献比发生变化，即 60 d 前以秸秆碳为主，60 d 后以老有机碳为主；而高肥棕壤覆膜与裸地这种转变发生在 60 d 之前。对于母质而言，土壤中的有机碳主要以秸秆碳为主，表明土壤发育或熟化过程中外源碳对母质有机碳的形成起到关键作用。总体上，添加秸秆后，秸秆碳在低肥棕壤的贡献比高于高肥棕壤（裴久渤，2015）。

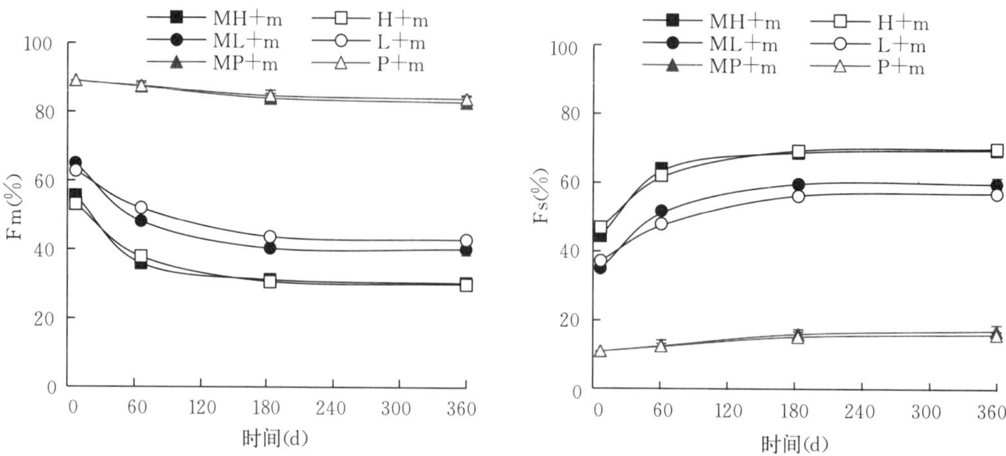

图 12-40 覆膜条件下不同肥力棕壤总有机碳中秸秆碳贡献比（Fm）和老有机碳贡献比（Fs）随秸秆腐解的变化

注：MH、ML、MP 分别为覆膜高肥土壤、覆膜低肥土壤和覆膜母质；H、L 和 P 分别为高肥土壤、低肥土壤和母质；m 为添加秸秆处理。

从总有机碳残留率来看（图 12-41），母质<低肥棕壤<高肥棕壤，覆膜棕壤均小于裸地棕壤，添加秸秆均小于不添加秸秆棕壤，且添加秸秆处理中，各处理均呈现 60 d 以前下降快于 60 d 以后。秸秆碳的残留与总有机碳残留在各处理之间的差异正好相反，呈现高肥棕壤<低肥棕壤<母质，覆膜棕壤<裸地棕壤，表明高肥棕壤更有利于秸秆的分解，而秸秆碳更有利于母质在土壤发育和熟化过程中有机质的形成。试验期末，添加秸秆处理中，各肥力土壤秸秆碳的残留率为母质（39.13%）>低肥棕壤（38.71%）>覆膜母质（33.79%）>高肥棕壤（33.64%）>覆膜低肥棕壤（31.70%）>覆膜高肥棕壤（31.33%）。老有机碳残留率总体与总有机碳残留率一致，表现为覆膜<裸地，加秸秆<不加秸秆，母质<低肥棕壤<高肥棕壤（裴久渤，2015）。

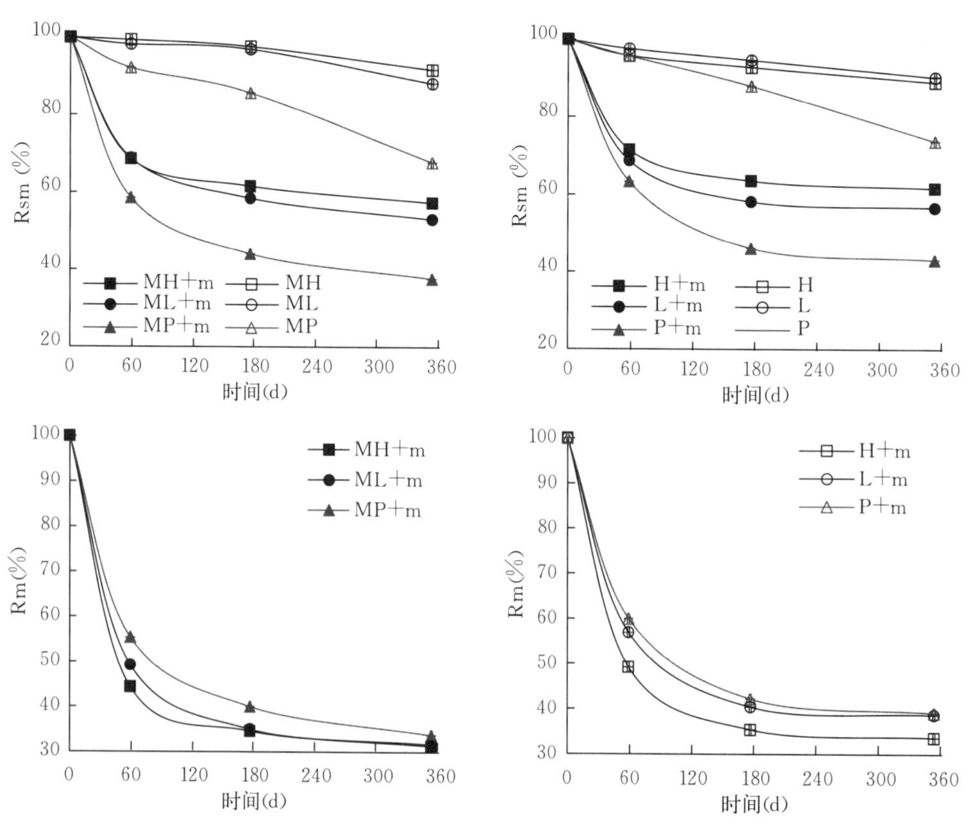

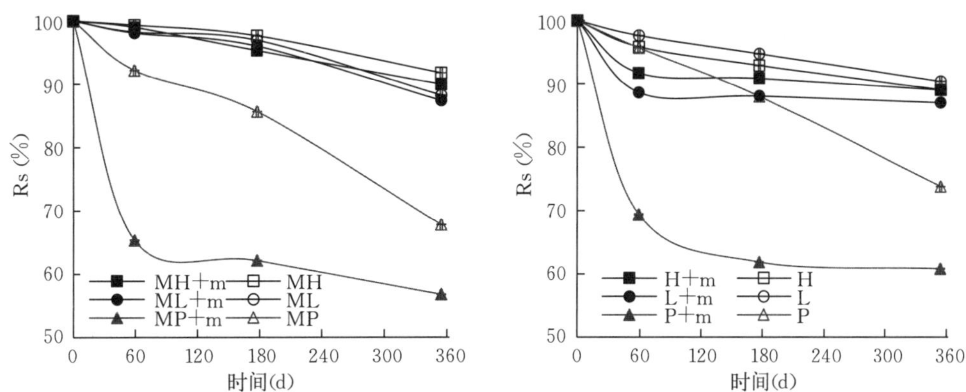

图 12-41 覆膜条件下不同肥力棕壤总有机碳残留率（Rsm）、秸秆碳残留率（Rm）和老有机碳残留率（Rs）随秸秆腐解的变化

注：MH、ML、MP 分别为覆膜高肥土壤、覆膜低肥土壤和覆膜母质；H、L 和 P 分别为高肥土壤、低肥土壤和母质；m 为添加秸秆处理。

随着秸秆碳的腐解，老有机碳的驻留能力增强，高肥土壤、低肥土壤和母质之间随时间存在明显的差异，在添加秸秆的覆膜和裸地土壤中均表现为有机碳平均驻留时间高肥棕壤>低肥棕壤>母质（图 12-42），表明肥力越高的土壤自身有机碳抵抗外源碳影响的能力越强，对自身老有机碳的保护相对较强（裴久渤等，2015）。

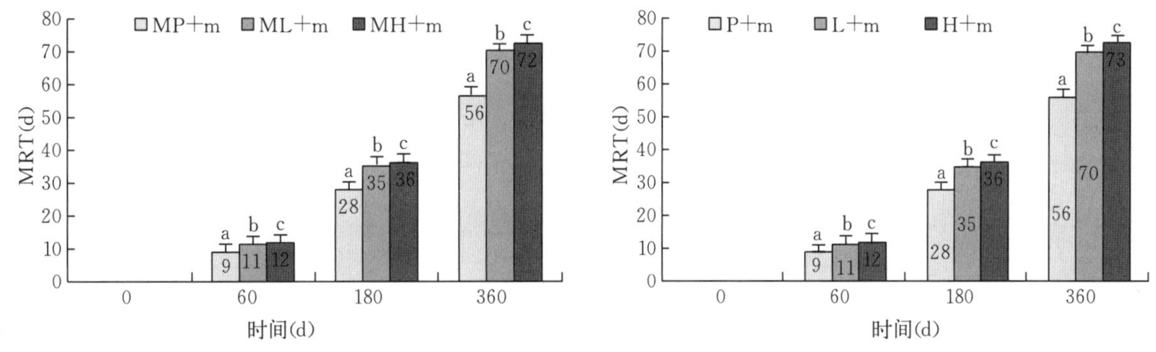

图 12-42 覆膜条件下不同肥力棕壤有机碳平均驻留时间（MRT）的变化

注：MH、ML、MP 分别为覆膜高肥土壤、覆膜低肥土壤和覆膜母质；H、L 和 P 分别为高肥土壤、低肥土壤和母质；m 为添加秸秆处理；不同小写字母代表同一时期不同处理间差异显著，$P<0.05$。

（五）秸秆添加后秸秆氮在植物-土壤系统中的分配和利用

与肥料氮相比，秸秆是另外一种重要的土壤氮素来源。它改善了土壤有机组成，为土壤提供了养分。然而，秸秆氮在植物-土壤系统中的分配和利用是相对复杂的，包括秸秆氮在土壤中的赋存、以渗沥形式损失、以气体形式释放出土壤或者被植物吸收利用，这些都受土壤肥力水平和耕作方式（覆膜）的影响。

基于沈阳农业大学棕壤长期定位试验，将^{15}N标记秸秆添加到不同覆膜和施肥处理的土壤中，并种植玉米，在玉米收获后研究秸秆氮在植物-土壤系统的分配。研究发现，秸秆添加后土壤中全氮含量为 1.03～1.24 g/kg（表 12-32）。覆膜条件下施肥与不施肥处理（CK）相比显著增加了土壤全氮含量（$P<0.05$）。无论覆膜与否，有机肥处理（M）土壤全氮含量最高而 CK 处理最低。同一施肥处理，覆膜土壤全氮含量低于裸地处理。在覆膜和裸地条件下，施肥处理与 CK 相比降低了土壤中秸秆氮的含量。土壤中秸秆氮及其对土壤全氮的贡献表现为覆膜 CK 和 M 显著（$P<0.05$）大于裸地 CK 和 M，而单施氮肥处理（N）和有机无机氮肥配施处理（MN）正好与之相反（Zheng et al.，2018）。

表 12-32 秸秆还田后种植玉米收获时土壤全氮和秸秆氮的含量

施肥处理	覆膜与否	全氮含量（g/kg）		土壤中秸秆氮含量（mg/kg）		土壤中秸秆氮占全氮的百分比（%）	
CK	裸地	1.12±0.02B	**	21.64±0.74A	**	1.93±0.04A	**
	覆膜	1.03±0.03b		22.89±0.89a		2.22±0.00a	
N	裸地	1.13±0.04B	**	19.23±0.50B	**	1.71±0.01B	**
	覆膜	1.11±0.03a		17.19±0.20c		1.55±0.00c	
M	裸地	1.24±0.04A	**	19.05±0.19B	*	1.54±0.01C	**
	覆膜	1.13±0.03a		19.48±0.12b		1.73±0.02b	
MN	裸地	1.17±0.01B	*	17.19±0.62C	**	1.47±0.01D	*
	覆膜	1.10±0.02a		15.57±0.65d		1.41±0.01d	

注：CK、N、M、MN 分别代表不施肥处理、单施氮肥处理、单施有机肥处理、有机肥配施氮肥处理。不同大写字母表示裸地条件下不同施肥处理之间的差异显著（$P<0.05$）；不同小写字母表示覆膜条件下不同施肥处理之间的差异显著（$P<0.05$）。星号表示同一施肥处理在覆膜与裸地之间差异显著（** 表示 $P<0.01$；* 表示 $P<0.05$）。

秸秆还田种植玉米收获时，裸地 CK 植物生物量最小，覆膜 MN 植物生物量最高（表 12-33）。覆膜条件下整个植株秸秆氮含量为 5.38～10.6 kg/hm^2，裸地条件下为 2.36～9.19 kg/hm^2。植株不同部分秸秆氮含量表现为籽实>叶>茎>根。覆膜条件下植株秸秆氮最高，说明覆膜增加了秸秆氮在玉米茎、叶和籽实的积累。施肥增加了秸秆氮在根、茎、叶和籽实的运转（Zheng et al.，2018）。

表 12-33 秸秆还田后种植玉米收获时各器官秸秆氮的含量

覆膜与否	施肥处理	植株生物量（t/hm^2）	根中秸秆氮含量（kg/hm^2）	茎中秸秆氮含量（kg/hm^2）	叶中秸秆氮含量（kg/hm^2）	籽实中秸秆氮含量（kg/hm^2）	整个植株中秸秆氮含量（kg/hm^2）
裸地	CK	4.10±0.06h	0.18±0.00 fC	0.20±0.00 fC	0.59±0.02 hB	1.39±0.02 fA	2.36±0.04h
	N	15.1±0.40e	0.35±0.01 dD	0.61±0.01 eC	1.47±0.04 dB	5.34±0.11 cA	7.76±0.17e
	M	15.8±0.41d	0.47±0.00 bC	0.60±0.01 eC	1.28±0.02 fB	4.22±0.15 dA	6.58±0.18f
	MN	19.6±0.16b	0.51±0.01 aD	1.02±0.02 aC	1.39±0.04 eB	6.27±0.13 bA	9.19±0.02c
覆膜	CK	8.04±0.15g	0.15±0.00 gD	0.68±0.02 dC	0.92±0.01 gB	3.64±0.08 eA	5.38±0.10g
	N	14.0±0.31f	0.27±0.00 eD	0.80±0.02 cC	1.67±0.02 bB	7.50±0.21 aA	10.2±0.24b
	M	18.1±0.49c	0.43±0.02 cD	0.81±0.03 cC	1.55±0.02 cB	6.07±0.19 bA	8.86±0.25d
	MN	21.0±0.67a	0.51±0.01 aD	0.88±0.02 bC	1.91±0.02 aB	7.31±0.18 aA	10.6±0.23a

注：CK、N、M、MN 分别代表不施肥处理、单施氮肥处理、单施有机肥处理、有机肥配施氮肥处理。不同小写字母表示同一列不同处理间差异显著（$P<0.05$）；不同大写字母表示同一行不同器官秸秆氮含量之间差异显著（$P<0.05$）。

CK 玉米各器官秸秆氮占全氮的比例较高，为 4.5%～11.8%。施肥显著降低了秸秆氮的比例，同时覆膜增加了秸秆氮的比例。裸地条件下根中秸秆氮占全氮的比例最高。覆膜条件下 N 植株各器官秸秆氮占全氮比例高于 M 和 MN（Zheng et al.，2018）。

覆膜和肥料的施用影响秸秆氮在植物-土壤系统的分配（图 12-43）。覆膜增加植物对秸秆氮的利用，秸秆氮在植株分配比例为 10.5%～20.6%，平均为 17.1%，且 MN>N>M>CK。CK 和 M 秸秆氮在土壤中分配比例覆膜高于裸地处理，而 N 覆膜却低于裸地处理。施肥尤其是单施氮肥处理增加了植物对秸秆氮的利用。覆膜处理与裸地处理相比秸秆氮的损失增加，秸秆氮的损失率为 4.0%～21.2%，平均值为 12.8%（Zheng et al.，2018）。

秸秆添加后，覆膜结合施肥显著增加了土壤微生物量氮（MBN）含量，且 MN>M>CK>N（图 12-44）。CK 和 N 下 MBN 含量覆膜低于裸地，而 M 和 MN 却相反，覆膜高于裸地。秸秆氮对 MBN 的贡献与 MBN 的变化趋势正好相反，裸地显著增加了秸秆氮对 MBN 的贡献，且 MN>M>N>CK。覆膜条件下秸秆氮对 MBN 的贡献 N>CK>M>MN（Zheng et al.，2018）。

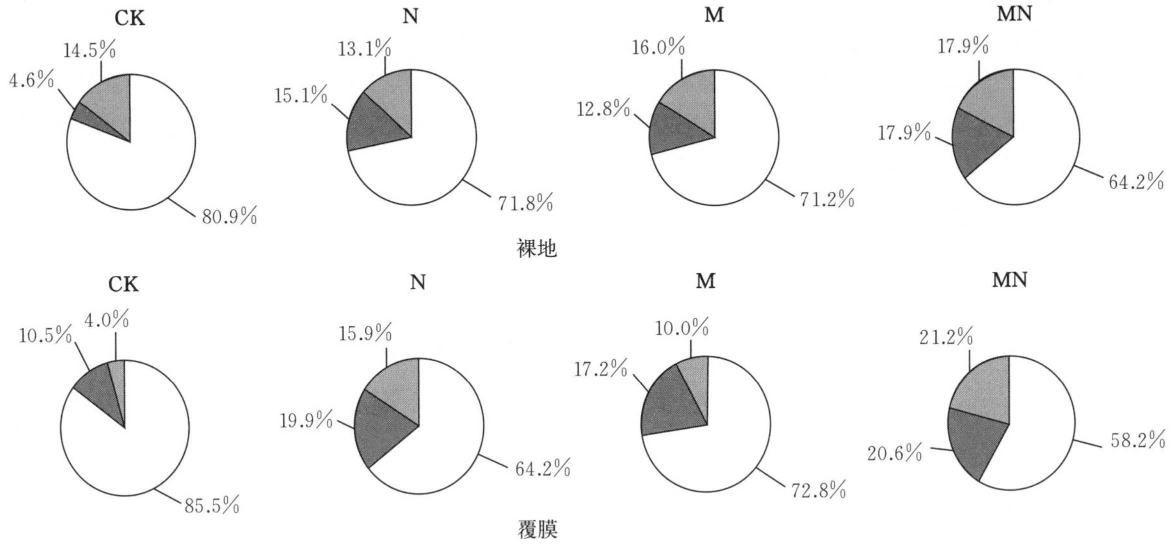

图 12-43　秸秆氮在植物-土壤系统中的分配

注：CK、N、M、MN 分别代表不施肥处理、单施氮肥处理、单施有机肥处理、有机肥配施氮肥处理。

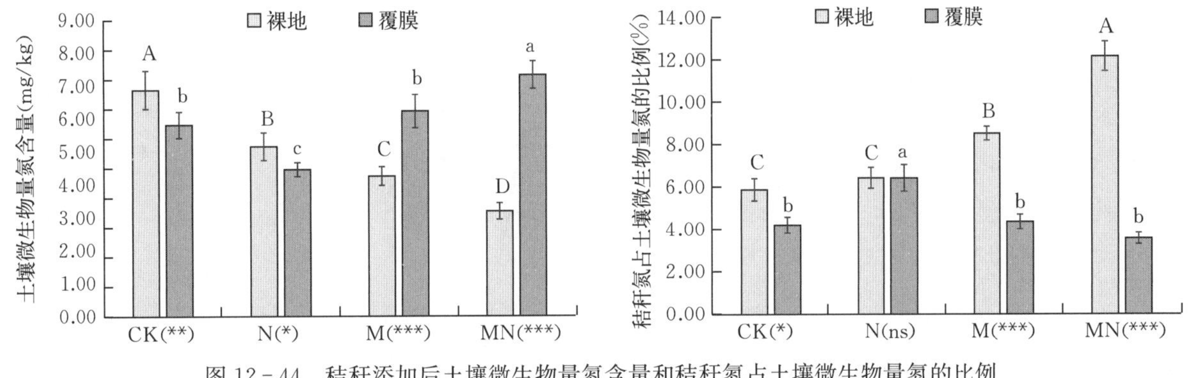

图 12-44　秸秆添加后土壤微生物量氮含量和秸秆氮占土壤微生物量氮的比例

注：*、**、*** 和 ns 分别表示同一施肥处理覆膜和裸地间在 0.05、0.01、0.001 水平差异显著和差异不显著，不同大写和小写字母分别表示裸地或覆膜条件下不同施肥处理间差异显著（$P<0.05$）。

总之，覆膜促进了秸秆氮在植株茎、叶和籽实的运转；施肥增加了玉米生物量，进而促进秸秆氮在植株各器官的运转。施氮肥处理增加了植株对秸秆氮的利用，而降低了秸秆氮在土壤中的残留；有机无机肥配施增加了秸秆氮在植株的积累，在土壤中秸秆氮积累量却最低。覆膜显著增加了秸秆氮在植株的分配，但是有机无机肥配施却降低了秸秆氮在土壤中的分配比例。覆膜和施肥改变了植物-土壤系统秸秆氮的周转和玉米对秸秆氮的吸收。氮肥的施用与有机肥料相比更有利于秸秆氮在植株中的分配（Zheng et al.，2018）。

（六）秸秆添加后土壤微生物对秸秆碳的分配与固定

秸秆添加与否及不同肥力水平土壤可溶性有机碳（DOC）变化见图 12-45。各处理 DOC 含量随时间变化呈现升高—降低—升高的趋势。高肥土壤（HF）与中肥土壤（MF）处理间 DOC 含量差异不大，且高于低肥土壤（LF）处理。添加秸秆显著增加了土壤 DOC 含量（$P<0.05$），尤其在培养第 30 d 添加秸秆 DOC 含量比不添加秸秆增加了 2.7～4.2 倍（An et al.，2015）。

由图 12-45 可以看出，不同肥力土壤添加秸秆后 DOC 含量随时间变化的趋势不同。低肥力土壤 DOC 含量在第 60 d 达到最高值（约 1 320 mg/kg）；在第 30 d 和第 180 d 最低（平均为 920 mg/kg）。中肥力土壤 DOC 含量在第 30 d 和第 90 d 达到最大值（平均为 1 380 mg/kg）；在第 180 d 值最小（约

850 mg/kg）。高肥力土壤 DOC 含量从第 30 d 的 1 000 mg/kg 持续增加到第 90 d 的 1 145 mg/kg。无论肥力水平有多高，DOC 含量都在第 90 d 后降低，在第 180 d 降低到最小值（平均 865 mg/kg），180 d 后随时间变化表现为轻微增加的趋势。添加秸秆后，HF 在整个培养期间（除第 30 d 与第 180 d 外）DOC 含量都低于 MF 与 LF。在第 30 d MF 土壤 DOC 含量比 LF 和 HF 平均高 1.4 倍，然而在第 180 d 不同肥力水平之间 DOC 含量没有显著差异（$P>0.05$）。

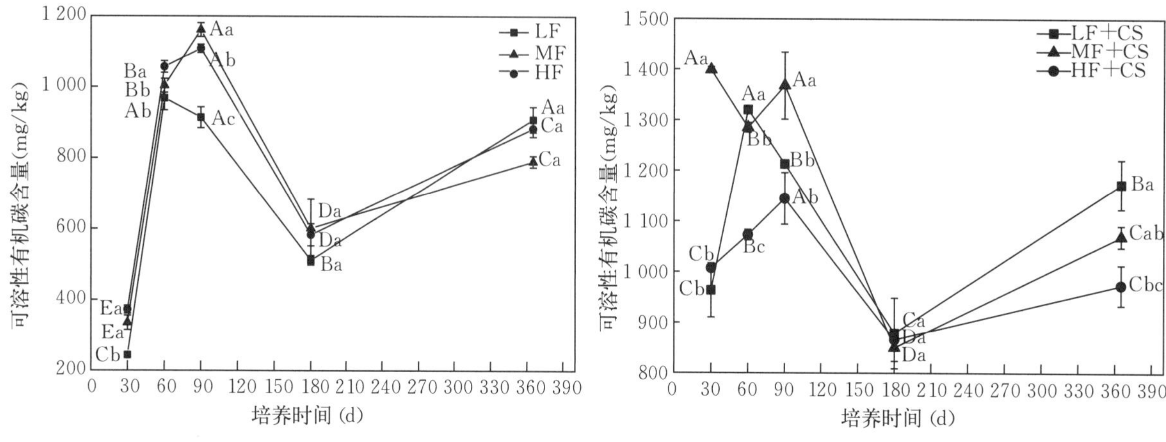

图 12-45　秸秆添加与否及不同肥力水平土壤可溶性有机碳含量

注：LF、MF、HF 分别代表低肥力土壤、中肥力土壤和高肥力土壤。CS 代表^{13}C 标记玉米秸秆。不同大写字母表示同一肥力水平土壤不同培养时间的差异显著（$P<0.05$）；不同小写字母表示同一培养时间不同肥力水平间差异显著（$P<0.05$）。

土壤肥力水平和培养时间显著影响（$P<0.05$）秸秆来源的可溶性有机碳（^{13}C-DOC）的变化（图 12-46）。DOC 主要以原土壤来源的有机碳（^{12}C-DOC）为主，秸秆来源的有机碳占 3%～10%。第 30 d、第 60 d、第 365 d，LF 下^{13}C-DOC 含量高于 HF；第 90 d，LF 低于 HF；第 180 d，3 个处理间没有差异。低肥力土壤^{13}C-DOC 在第 30 d 达到峰值，其占 DOC 比例约为 10%；^{13}C-DOC 随时间变化逐渐降低，第 180 d 土壤^{13}C-DOC 含量降低到 31 mg/kg；180 d 后^{13}C-DOC 缓慢增加，在第 365 d 时约 6%的 DOC 来源于秸秆。第 30 d 和第 90 d，中肥力土壤 DOC 中秸秆来源可溶性有机碳比例最高，约为 6%；第 60 d 秸秆来源可溶性有机碳比例最低，约为 2.5%。高肥力土壤除第 30 d 和第 90 d，^{13}C-DOC 占 DOC 的比例约为 4%（An et al.，2015）。

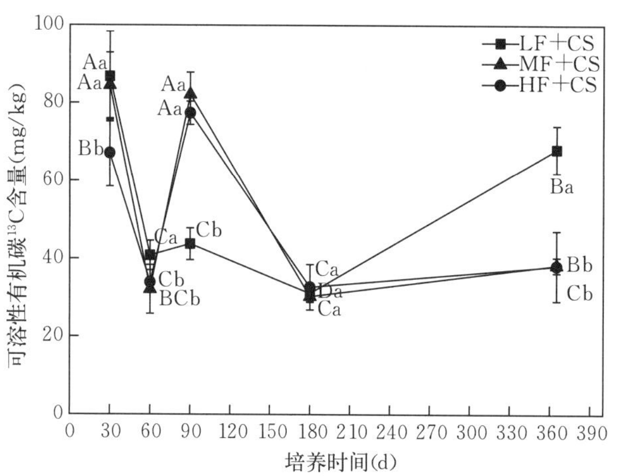

图 12-46　不同肥力水平土壤添加标记玉米秸秆后可溶性有机碳^{13}C 含量

注：LF、MF、HF 分别代表低肥力土壤、中肥力土壤和高肥力土壤。CS 代表^{13}C 标记玉米秸秆。不同大写字母表示同一肥力水平土壤不同培养时间的差异显著（$P<0.05$）；不同小写字母表示同一培养时间不同肥力水平间差异显著（$P<0.05$）。

微生物量碳（MBC）是土壤有机碳的活性碳库，对温度和水分等的反应敏感。由图 12-47 可以看出，整个培养期间不加秸秆处理土壤的微生物量碳含量随时间变化表现为先降低后增加的趋势，且 HF>MF>LF。

添加标记秸秆显著增加了土壤 MBC 含量，且 MBC 含量平均为不加秸秆处理的 2.5 倍（图 12-47）。低肥力土壤添加标记秸秆后，MBC 含量从第 30 d 的 1 110 mg/kg 迅速降低至第 180 d 的 740 mg/kg；360 d 后 MBC 增加到 830 mg/kg。中肥力土壤和高肥力土壤添加秸秆后 MBC 含量随时间的动态变化与低肥力土壤变化趋势相似。添加秸秆第 30 d，MF 下 MBC 含量比 HF 高 200 mg/kg，比 LF 高 700 mg/kg；

第 30 d 后 HF 下 MBC 含量比 LF 高 1.5 倍，MF 比 LF 高 1.2 倍。

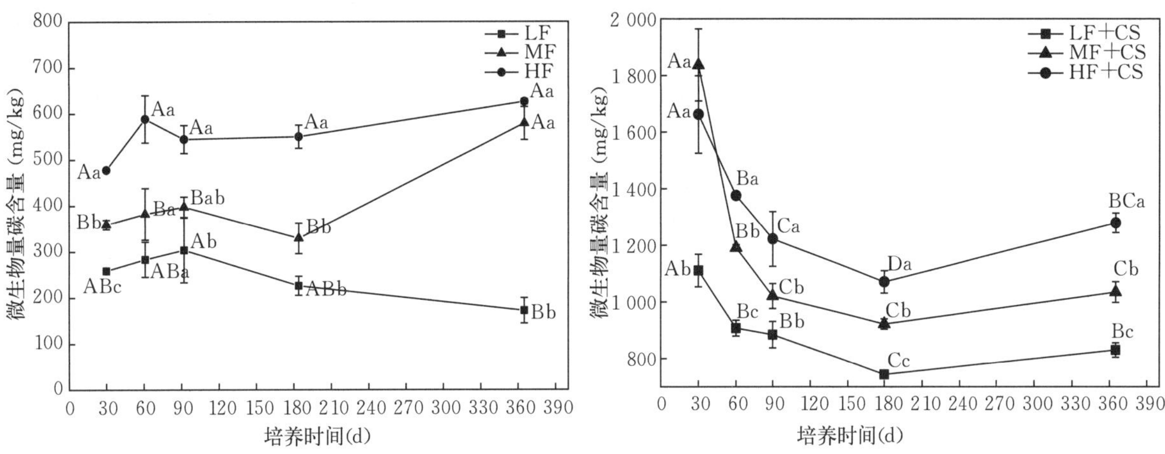

图 12－47　添加秸秆前后不同肥力水平土壤微生物量碳含量

注：LF、MF、HF 分别代表低肥力土壤、中肥力土壤和高肥力土壤。CS 代表^{13}C 标记玉米秸秆。不同大写字母表示同一肥力水平土壤不同培养时间的差异显著（$P<0.05$）；不同小写字母表示同一培养时间不同肥力水平间差异显著（$P<0.05$）。

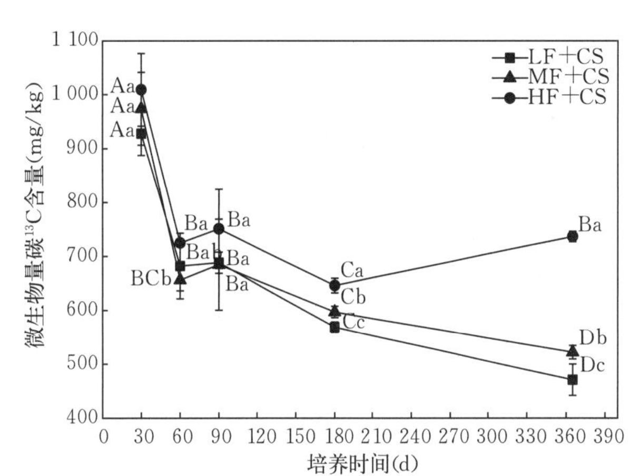

图 12－48　不同肥力土壤添加标记玉米秸秆后微生物量碳^{13}C 含量

注：LF、MF、HF 分别代表低肥力土壤、中肥力土壤和高肥力土壤。CS 代表^{13}C 标记玉米秸秆。不同大写字母表示同一肥力水平土壤不同培养时间的差异显著（$P<0.05$）；不同小写字母表示同一培养时间不同肥力水平间差异显著（$P<0.05$）。

不同肥力土壤添加标记秸秆培养 1 年后，50%～85%的 MBC 来源于秸秆碳。如图 12－48 所示，秸秆来源的微生物量碳（^{13}C－MBC）在土壤中动态变化与总微生物量碳变化基本相似，即随培养时间增加不断降低（除 HF 第 365 d）。标记秸秆加入土壤第 30 d 秸秆来源的微生物量碳含量最高，LF、MF 和 HF 土壤^{13}C－MBC 分别为 928 mg/kg、974 mg/kg 和 1 009 mg/kg；1 年后土壤^{13}C－MBC 显著减少，LF、MF 和 HF 分别比第 30 d 减少了 49%、46%和 38%。第 60 d、第 180 d 和第 365 d，HF 下^{13}C－MBC 高于 LF 和 MF。在第 30 d 和第 90 d 肥力水平对^{13}C－MBC 没有显著影响（$P>0.05$）。

LF 在第 30 d、第 60 d、第 90 d、第 180 d 秸秆碳对微生物量碳的相对贡献达 75%以上；第 365 d 该比例降到 57%。MF 第 30 d、第 60 d、第 365 d 秸秆来源的微生物量碳和原土壤来源的微生物量碳（^{12}C－MBC）对总微生物量碳的贡献几近相等，其比例平均分别为 52%和 48%；第 90 d 和第 180 d 微生物量碳中秸秆碳的相对贡献是原土壤来源碳的 2 倍。HF 约 60%的微生物量碳来源于秸秆（除第 60 d，该比例为 53%）。总之，在整个培养期间，低肥力土壤秸秆碳对微生物量碳的相对贡献高于中肥力和高肥力土壤。

秸秆碳在不同肥力水平土壤有机碳库中的分配比例见表 12－34。秸秆添加到土壤第 30 d，秸秆碳分配到 DOC 的比例不足 0.5%，分配到 MBC 的比例约 5%，而 67%以上的秸秆碳主要以固态的有机碳形式保留在土壤中。培养结束后，约 28%的秸秆碳分配到土壤有机碳，2.35%～3.67%分配到 MBC，0.19%～0.34%分配到 DOC。秸秆碳分配到土壤有机碳和 MBC 的比例随培养时间延长不断降低，然而 DOC 的变化幅度较大。HF 和 MF 秸秆碳分配到土壤有机碳和 MBC 比例高于 LF。整个培养期间 LF 与 HF 和 MF 相比，秸秆碳分配到 DOC 的比例较高，但是这个数值很小（仅有 0.34%），并不影响整体秸秆碳的分配趋势（An et al.，2015）。

表 12-34　秸秆碳在不同肥力水平土壤有机碳库中的分配比例（%）

处理	培养时间（d）	可溶性有机碳（DOC）	微生物量碳（MBC）	土壤有机碳
低肥力土壤（LF）	30	0.43±0.06aA	4.63±0.20aA	81.91±0.84aA
	60	0.20±0.02aC	3.40±0.30aB	64.77±0.85bB
	90	0.22±0.02bC	3.43±0.10aB	41.44±0.68cC
	180	0.16±0.01aC	2.84±0.05bC	32.97±0.22bD
	365	0.34±0.03aB	2.35±0.14bD	27.48±0.23bE
中肥力土壤（MF）	30	0.42±0.04aA	4.86±0.34aA	67.54±3.36bA
	60	0.16±0.03aB	3.27±0.10aB	56.62±0.17cB
	90	0.41±0.03aA	3.42±0.42aB	44.54±0.80bC
	180	0.15±0.01aB	2.98±0.05bBC	33.95±0.59bD
	365	0.19±0.01bB	2.60±0.06bC	28.40±0.13aE
高肥力土壤（HF）	30	0.33±0.04aA	5.03±0.33aA	85.93±1.06aA
	60	0.17±0.00aB	3.62±0.00aB	69.26±0.72aB
	90	0.39±0.01aA	3.75±0.37aB	56.66±0.67aC
	180	0.16±0.03aB	3.22±0.07aB	38.85±0.56aD
	365	0.19±0.04bB	3.67±0.05aB	27.90±0.14abE

注：不同小写字母表示相同培养时间不同肥力水平之间秸秆碳分配差异显著（$P<0.05$）；不同大写字母表示同一肥力水平不同培养时间秸秆碳分配差异显著（$P<0.05$）。

秸秆的添加显著提高了各处理土壤的微生物量碳含量，且覆膜均高于裸地，说明覆膜和外源碳的添加有助于增加土壤微生物量碳，且覆膜对土壤添加秸秆碳的响应较快（图 12-49）。在加秸秆处理中，各处理均呈现 0～60 d 增加后降低的趋势，而后期的降低与秸秆碳腐解下降有关（裴久渤，2015）。

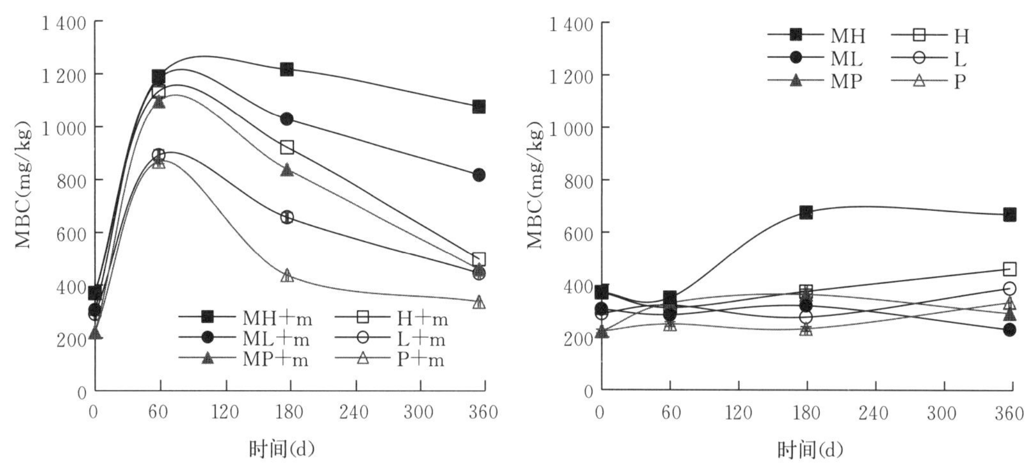

图 12-49　覆膜条件下不同肥力棕壤微生物量碳（MBC）含量变化

注：MH、ML、MP 分别为覆膜高肥土壤、覆膜低肥土壤和覆膜母质；H、L 和 P 分别为高肥土壤、低肥土壤和母质；m 为添加秸秆处理。

图 12-50 为秸秆碳和老有机碳对土壤微生物量碳贡献的变化，添加秸秆后高低肥基本呈现 0～60 d 增加后降低的趋势，但增加和降低的幅度有所差异。总体上，裸地土壤中秸秆碳的贡献要大于老有机碳的贡献，而在覆膜土壤中不同碳源贡献则相反，说明新的土壤微生物量碳在覆膜土壤中转移的速度较快。从肥力水平来看，试验期末，秸秆碳比例在裸地土壤上表现出高肥大于低肥，覆膜土壤表现出低肥大于高肥，说明覆膜条件下不同土壤肥力对秸秆碳并入存在不同影响，加快了高肥土壤秸秆

碳在微生物碳中的周转。对母质而言，覆膜加快了秸秆碳并入微生物量碳的能力，更有利于母质熟化过程的完成，以及土壤耕性的改善（裴久渤，2015）。

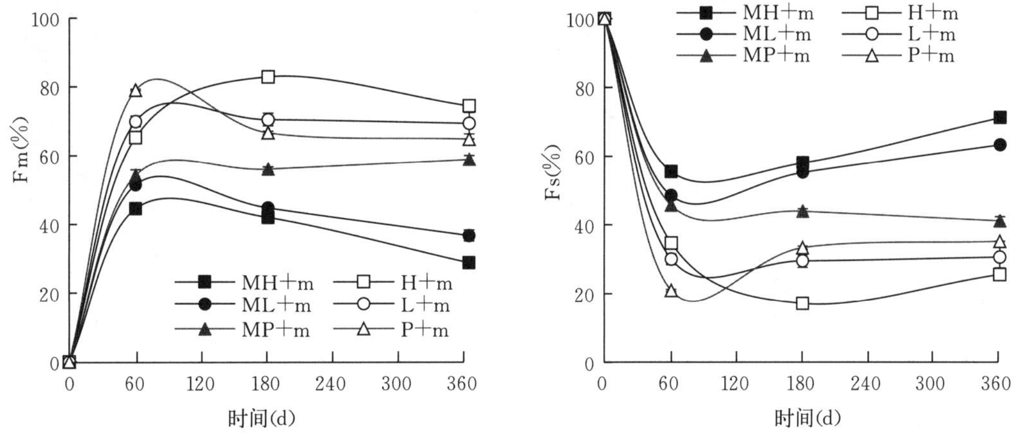

图 12－50 覆膜条件下棕壤微生物量碳中秸秆碳（Fm）和老有机碳（Fs）贡献比变化

注：MH、ML、MP 分别为覆膜高肥土壤、覆膜低肥土壤和覆膜母质；H、L 和 P 分别为高肥土壤、低肥土壤和母质；m 为添加秸秆处理。

在裸地土壤中，除高肥土壤 0～60 d 微生物量碳中老有机碳含量呈现增加趋势（有秸秆碳的并入）外，其余处理和时间均呈现减少趋势，即秸秆碳的加入对老微生物量碳呈正向激发作用，但低肥土壤的正向激发要低于高肥土壤，而在覆膜土壤中，高低肥处理呈 0～60 d 剧增随后降低趋势，且总体上呈现负向激发，即秸秆碳的加入减缓了老微生物量碳的损失，或有秸秆碳并入补充了老微生物量碳的损失（图 12－51）。对于母质而言，生长期（0～180 d）内覆膜增加了老微生物量碳的固持，有助于其自身耕性的改善，后期的下降可能是由于冻融交替激发了老微生物量碳的分解。以上结果说明，作物生长前期（0～60 d）微生物的活性强，外源碳的加入更增加了其活性（裴久渤，2015）。

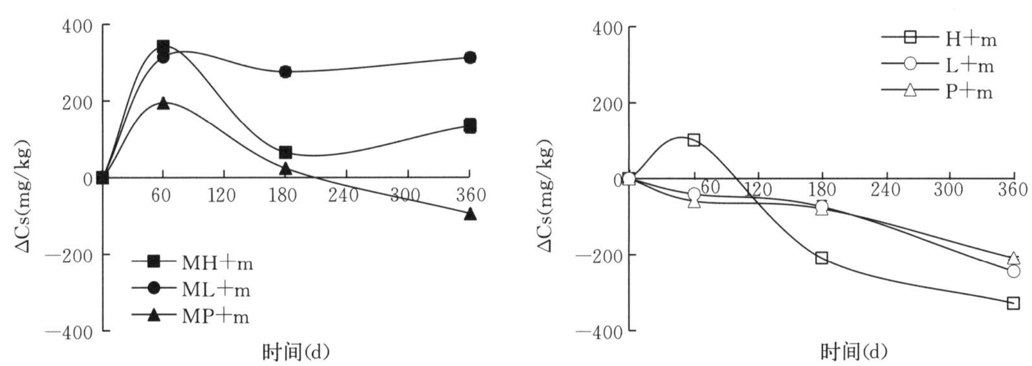

图 12－51 覆膜条件下不同肥力棕壤老微生物量碳（ΔCs）随秸秆碳腐解的变化

注：MH、ML、MP 分别为覆膜高肥土壤、覆膜低肥土壤和覆膜母质；H、L 和 P 分别为高肥土壤、低肥土壤和母质；m 为添加秸秆处理。

秸秆碳的腐解除了对微生物量碳含量有影响外，还对其驻留时间产生了影响。图 12－52 显示的是秸秆碳添加对覆膜与裸地处理下不同肥力土壤老微生物量碳平均驻留时间（MRT）的影响。总体上，各处理老微生物量碳均呈现随着秸秆腐解期的延长平均驻留时间增加的趋势。覆膜土壤总体上增加了老微生物量碳的驻留时间，而试验期末，不同肥力水平覆膜与裸地土壤老微生物量碳的驻留时间呈相反趋势，覆膜土壤呈现母质<低肥土壤<高肥土壤，而裸地土壤呈现母质>低肥土壤>高肥土壤，说明覆膜高肥力土壤中的微生物活性持久性更好，而裸地低肥力土壤中微生物活性持久性更好，表明高低肥在覆膜与否条件下肥效的发挥存在差异，仍需进一步研究。覆膜和添加秸秆将加速微生物量碳的转移，可能会影响母质肥力的积累（裴久渤等，2015）。

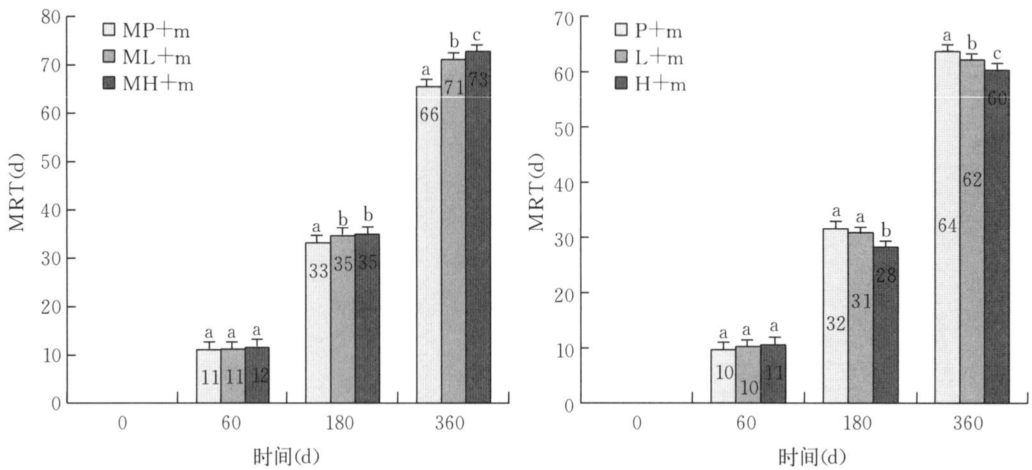

图 12-52 覆膜条件下不同肥力棕壤微生物量碳平均驻留时间的变化

注：MH、ML、MP 分别为覆膜高肥土壤、覆膜低肥土壤和覆膜母质；H、L 和 P 分别为高肥土壤、低肥土壤和母质；m 为添加秸秆处理；不同小写字母代表同一时期不同处理间的差异，$P<0.05$

（七）秸秆碳添加对土壤团聚体中有机碳的影响

不论是覆膜还是裸地处理，施肥处理均表现出有机碳含量在小团聚体（0.25～1 mm）和微团聚体（<0.25 mm）比在大团聚体（>2 mm）和中团聚体（1～2 mm）高（图 12-53）。此外，与对照处理（CK）相比，3 个施肥处理（N、M、MN）土壤有机碳含量在大团聚体和微团聚体内都有增加的趋势，在小团聚体和微团聚体中均表现为 M>MN>N>CK。在秸秆添加初期覆膜处理条件下，与 CK 相比，M 和 N 均促进土壤有机碳向大团聚体和中团聚体粒级积累。通过一年的田间原位培养试验，土壤有机碳含量在大团聚体和中团聚体内呈增加趋势，而在小团聚体和微团聚体内呈减少趋势（金鑫鑫，2018）。

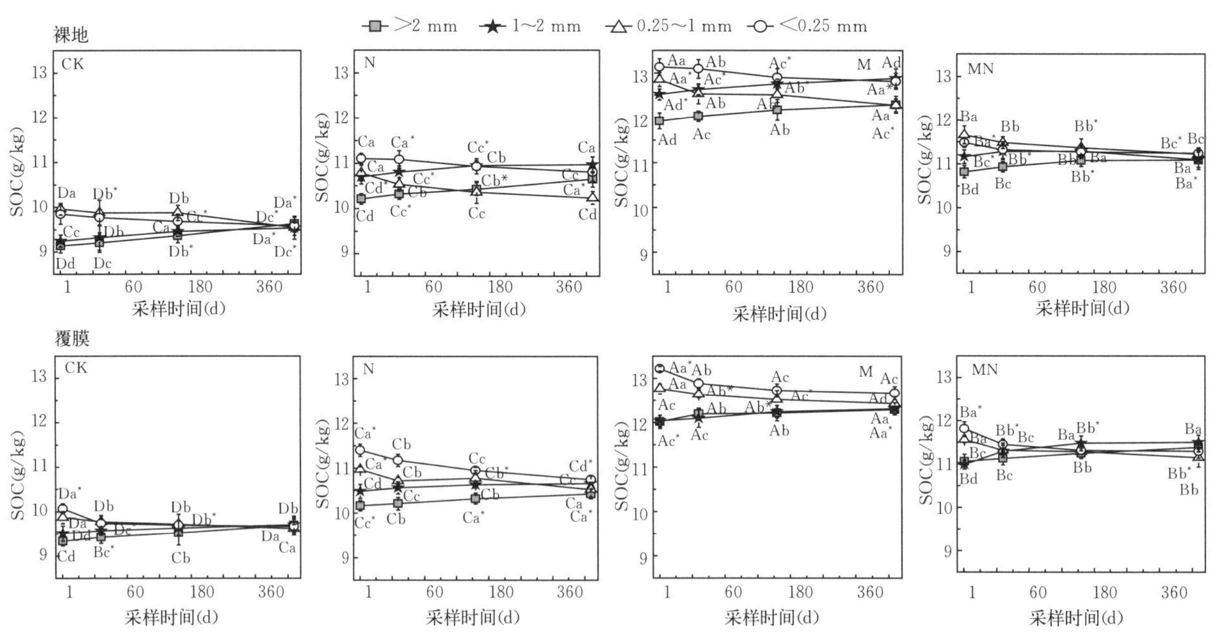

图 12-53 长期施肥与覆膜处理条件下不同团聚体内土壤有机碳（SOC）含量变化

注：CK、N、M、MN 分别代表不施肥处理、单施氮肥处理、单施有机肥处理和有机肥配施氮肥处理。不同大写字母表示相同粒级和相同的采样时间不同施肥处理之间的差异显著（$P<0.05$）；不同小写字母表示相同粒级和相同施肥处理不同采样时间之间的差异显著（$P<0.05$）。* 代表相同粒级、相同采样时间和相同施肥处理下覆膜与裸地之间存在显著性差异（$P<0.05$）。图中多个相同且重叠的字母只显示一个。

在秸秆添加初期（第 1 d、春季），无论覆膜与否，所有施肥处理的秸秆碳含量在微团聚体（<0.25 mm）和小团聚体（0.25～1 mm）内显著高于其他两个粒级（图 12－54）。事实上，裸地 MN 的秸秆碳的含量在微团聚体内从秸秆添加初期（春季）的 63.4%下降到第二年春季（第 360 d）的 48.9%（表 12－35）。通过对秸秆碳一年的培养，秸秆碳在小团聚体和微团聚体内减少的量远大于在大团聚体和中团聚体内增加的量（金鑫鑫，2018）。

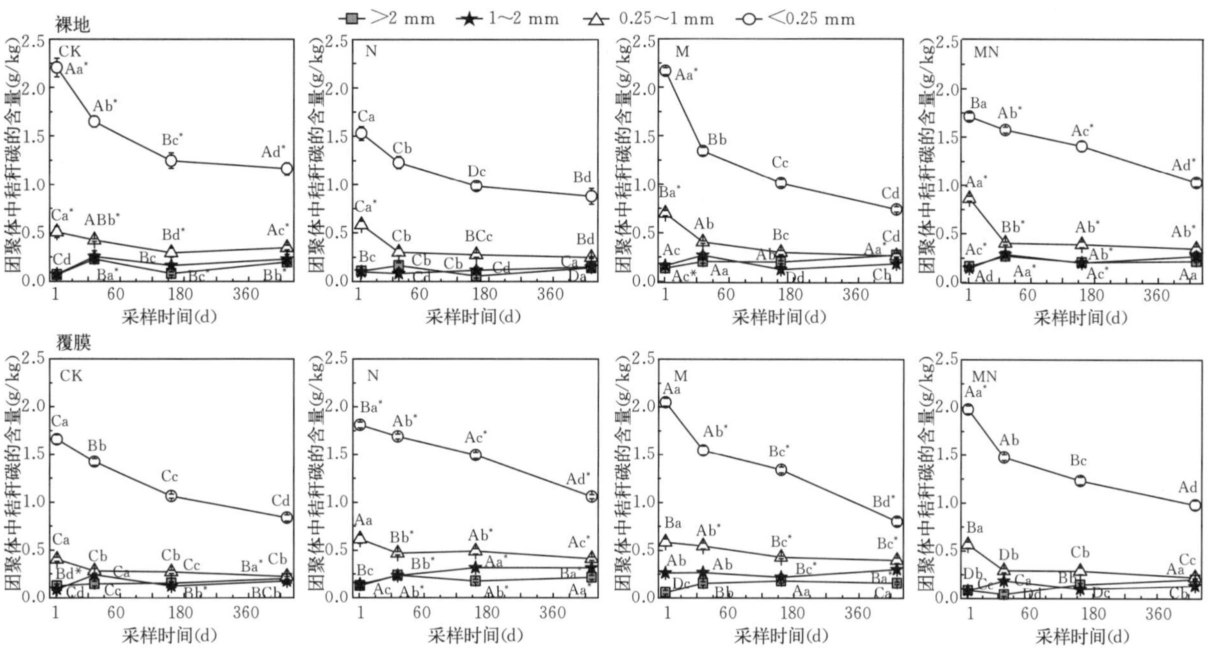

图 12－54　长期施肥与覆膜处理条件下不同团聚体内秸秆碳含量变化

注：CK、N、M、MN 分别代表不施肥处理、单施氮肥处理、单施有机肥处理和有机肥配施氮肥处理。不同大写字母表示相同粒级和相同的采样时间不同施肥处理之间的差异显著（$P<0.05$）；不同小写字母表示相同粒级和相同施肥处理不同采样时间之间的差异显著（$P<0.05$）。* 代表相同粒级、相同采样时间和相同施肥处理下覆膜与裸地之间存在显著性差异（$P<0.05$）。图中多个相同且重叠的字母只显示一个。

通过一年的田间原位培养试验，对 4 个时期（1 d/春季，60 d/夏季，180 d/秋季，360 d/第二年春季）采集土壤样本进行测定，计算出团聚体内秸秆碳占全土有机碳的比例（表 12－35）。结果发现，在裸地条件下，春季至夏季，对照处理（CK）的秸秆碳在微团聚体内含量逐渐降低，而在大粒级团聚中逐渐增多，说明秸秆碳在微团聚体内残留量减少，更有利于秸秆的分解，而大团聚体更有利于秸秆碳富集；CK 的秸秆碳第二个季节变化（夏季—秋季）与第一个季节变化（春季—夏季）趋势相反，即秸秆碳在大团聚体赋存减少，而微团聚体内秸秆碳赋存增加。在覆膜处理条件下，CK 的秸秆碳在玉米生长季（夏季—秋季）赋存情况与第一个季节变化期相同。而施氮肥处理（N）和有机肥处理（M）的秸秆碳在第二个季节变化期与第一个季节变化期相同，与 CK 的第二个季节变化完全相反。有机肥和氮肥配施处理（MN）的秸秆碳从微团聚体向大团聚体转移的趋势不是很明显（金鑫鑫，2018）。

表 12－35　团聚体内秸秆碳在全土中分配的比例（%）

处理		团聚体粒级	采样 1 d	采样 60 d	采样 180 d	采样 360 d
裸地	CK	>2 mm	4.6±1.1Bc	12.2±0.83Aa	4.6±0.7Cc	8.4±0.4Bb
		1～2 mm	3.7±0.8Cb	9.9±0.5Aa	8.3±0.9ABa	9.3±1.0Ba
		0.25～1 mm	37.2±0.5Aa*	34.4±1.3Ab*	27.6±1.3Ac	27.5±1.3Ac
		<0.25 mm	54.5±0.9Bb	43.6±1.0Cc	59.5±0.9Aa*	54.7±1.8Bb*

（续）

处理		团聚体粒级	采样 1 d	采样 60 d	采样 180 d	采样 360 d
裸地	N	>2 mm	4.7±0.8Ab	9.6±0.8Ba	8.5±1.2Ba	7.4±1.1Ba
		1～2 mm	8.4±0.3Bb*	6.0±0.6Bc	7.0±0.7Bc	10.4±0.3Ba
		0.25～1 mm	23.3±1.0Bb	25.0±0.8Bb	28.6±1.3Aa*	19.7±1.5Ba
		<0.25 mm	63.6±1.3Aa*	59.5±0.5Ab*	56.0±1.0Bc*	62.5±2.1Aa*
	M	>2 mm	7.1±0.6Ab	7.8±0.5Bb	14.1±0.8Aa*	16.0±1.4Aa*
		1～2 mm	7.7±0.8Bb	9.7±0.4Aa	6.0±1.0Bc	9.7±0.5Ba
		0.25～1 mm	34.6±1.2Aa*	32.0±1.1Ab*	26.2±0.8Ac	25.1±0.7Ac
		<0.25 mm	50.6±1.0Cb*	50.5±0.9Bb*	53.8±0.6Ba*	49.2±1.4Cb*
	MN	>2 mm	5.5±0.5Bc	14.5±0.8Aa*	14.5±1.0Aa*	12.5±1.7Ab
		1～2 mm	11.2±1.0Ab*	11.4±0.6Ab*	10.2±1.2Ab*	15.0±1.0Aa*
		0.25～1 mm	19.8±1.2Cc	27.3±0.9Ba	20.9±1.0Bc	23.6±0.8ABb
		<0.25 mm	63.4±0.7Aa*	46.8±1.3Cc	54.5±1.2Bb	48.9±1.6Cc*
覆膜	CK	>2 mm	8.2±1.0Ad*	12.5±0.8Bc	18.1±0.6Aa*	14.2±1.3Ab*
		1～2 mm	4.4±0.2Bc	10.7±1.0Bb	9.6±0.4Cb	14.9±0.8Ba*
		0.25～1 mm	30.0±2.1Ab	29.8±0.7Bb	29.3±1.3Ab*	38.3±1.6Aa*
		<0.25 mm	57.4±1.0Ba*	47.1±1.4Bb*	43.0±2.5Cc	32.6±1.3Dd
	N	>2 mm	6.1±0.7Bc*	13.8±0.9Ba*	11.1±0.5Bb*	14.2±0.8Aa*
		1～2 mm	1.5±0.3Cd	9.8±0.5Bc*	15.9±1.4Aa*	12.2±0.9Cb*
		0.25～1 mm	31.7±1.3Ab*	35.2±0.8Aa*	24.4±1.2Cc	20.4±1.3Dd
		<0.25 mm	60.7±1.0Aa	41.2±1.2Cd	48.5±1.0Bc	53.2±1.7Ab
	M	>2 mm	8.7±0.4Ac	21.6±0.8Aa*	12.8±0.7Bb	13.4±0.8Ab
		1～2 mm	13.7±1.2Ab*	17.2±0.8Aa*	12.1±0.9Bb*	18.2±1.6Aa*
		0.25～1 mm	30.3±0.7Aa	25.9±1.2Cc	27.5±1.3Bb	29.9±1.4Ca*
		<0.25 mm	47.3±1.4Ca	35.3±1.0Dc	47.6±1.1Ba	38.4±1.9Cb
	MN	>2 mm	4.4±0.3Cc	3.5±0.2Cc	10.3±0.7Bb	14.4±0.8Aa*
		1～2 mm	3.5±0.5Bc	9.8±0.8Ba	6.8±1.0Db	10.4±1.0Da
		0.25～1 mm	32.4±1.0Aa*	28.6±0.9Bb	24.4±0.4Cc*	32.0±2.0Ba*
		<0.25 mm	59.7±0.9ABa	58.1±1.3Aa*	58.6±1.6Aa*	43.1±1.5Bb

注：CK、N、M、MN 分别代表不施肥处理、单施氮肥处理、单施有机肥处理和有机肥配施氮肥处理。不同大写字母表示相同粒级和相同的采样时间不同施肥处理之间的差异显著（$P<0.05$）；不同小写字母表示相同粒级和相同施肥处理不同采样时间之间的差异显著（$P<0.05$）。*代表相同粒级、相同采样时间和相同施肥处理下覆膜与裸地之间存在显著性差异（$P<0.05$）。

（八）秸秆添加后土壤团聚体中水溶性有机碳的变化

研究发现，不同粒级团聚体内的水溶性有机碳及其秸秆碳与全土的变化规律完全相同，均表现为从秸秆培养试验第 1 d 到第 180 d 呈降低趋势，培养试验后期又迅速提高（图 12－55）。通过整个培养试验过程发现，水溶性有机碳在各粒级土壤团聚体内分布趋势基本相同，没有太大区别。然而，在秸秆添加初期（1 d）水溶性有机碳中的秸秆碳在<0.25 mm 的微团聚体内含量显著高于其他粒级。同时，在相同的施肥处理下与第二高含量的团聚体相比，秸秆添加初期（1 d）水溶性有机碳中的秸秆碳在 N 处理高 39.6%，MN 处理高 195.6%（图 12－56）。覆膜加大了水溶性有机碳中的秸秆碳在<0.25 mm 的微团聚体与其他粒级团聚体内的含量差距，M 处理提高 75.4%，CK 处理提高 396.9%（金鑫鑫，2018）。

通过水溶性有机碳中秸秆碳占总水溶性有机碳的比例可以看出，不论覆膜与否在施肥处理条件下，大部分团聚体粒级（除<0.25 mm 的微团聚体）均表现出从秸秆培养的第 1 d 至第 60 d 迅速增加，之后到 180 d 时呈降低的趋势（图 12－57）。在覆膜条件下秸秆添加的第 1 d，水溶性有机碳中的秸秆碳占总水溶性有机碳的比例在<0.25 mm 的微团聚体内分别比其他粒级第二高含量的团聚体高出 94.3%（N）和 253.3%（CK），而裸地则高出 33.8%（N）和 160.5%（M）。

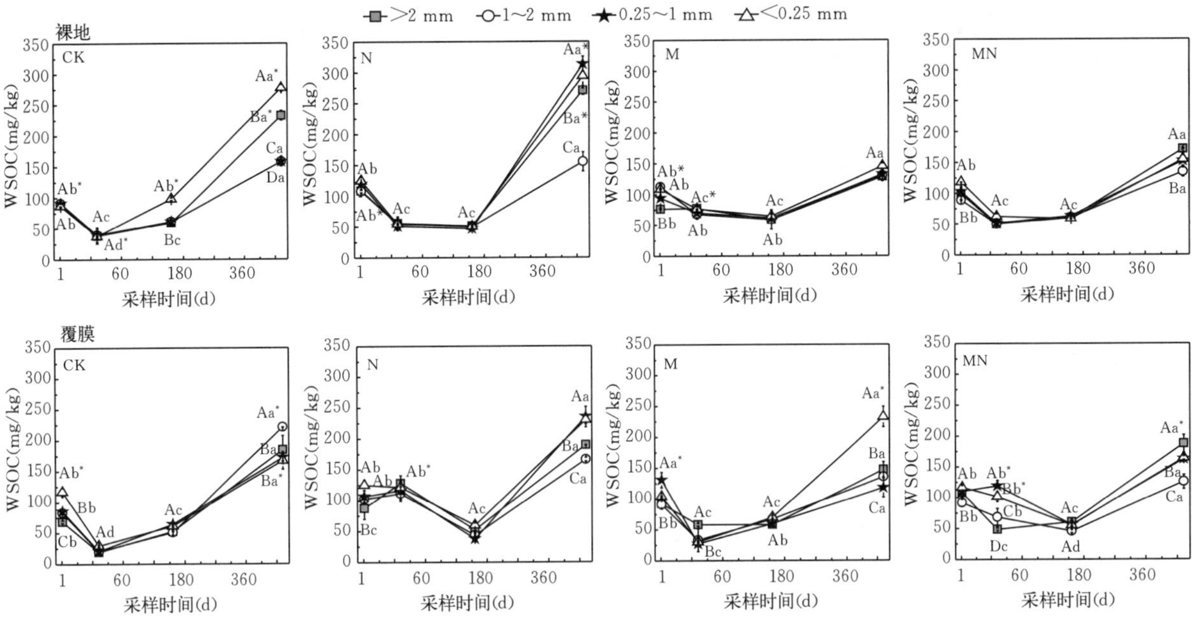

图 12－55 不同覆膜和施肥条件下团聚体内水溶性有机碳（WSOC）含量的变化

注：CK、N、M、MN 分别代表不施肥处理、单施氮肥处理、单施有机肥处理和有机肥配施氮肥处理。不同大写字母表示相同施肥、相同的采样时间和相同覆膜处理下不同粒级之间的差异显著（$P<0.05$）；不同小写字母表示相同施肥、相同粒级和相同覆膜下不同采样时间之间的差异显著（$P<0.05$）。*代表相同粒级、相同采样时间和相同施肥处理下覆膜与裸地之间存在显著性差异（$P<0.05$）。图中多个相同且重叠的字母只显示一个。

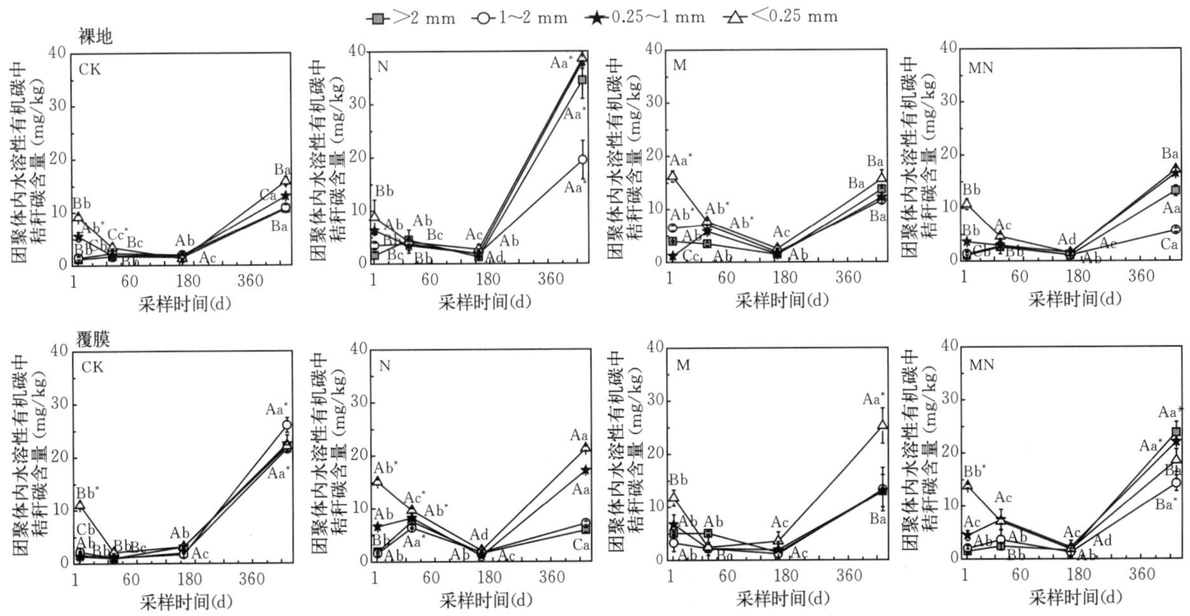

图 12－56 不同覆膜和施肥条件下团聚体内水溶性有机碳中的秸秆碳含量的变化

注：CK、N、M、MN 分别代表不施肥处理、单施氮肥处理、单施有机肥处理和有机肥配施氮肥处理。不同大写字母表示相同施肥、相同的采样时间和相同覆膜处理下不同粒级之间的差异显著（$P<0.05$）；不同小写字母表示相同施肥、相同粒级和相同覆膜下不同采样时间之间的差异显著（$P<0.05$）。*代表相同粒级、相同采样时间和相同施肥处理下覆膜与裸地之间存在显著性差异（$P<0.05$）。图中多个相同且重叠的字母只显示一个。

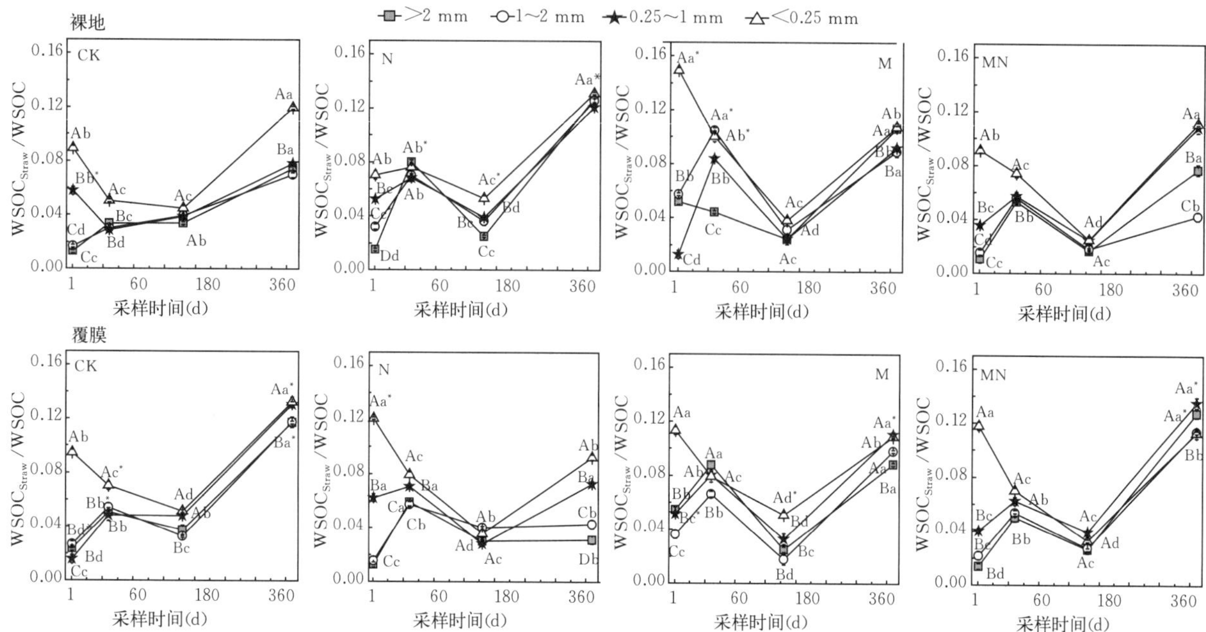

图 12-57　不同施肥与覆膜条件下团聚体水溶性有机碳中秸秆碳占总水溶性有机碳比例（$WSOC_{straw}$/WSOC）

注：CK、N、M、MN 分别代表不施肥处理、单施氮肥处理、单施有机肥处理和有机肥配施氮肥处理。不同大写字母表示相同施肥、相同的采样时间和相同覆膜处理下不同粒级之间的差异显著（$P<0.05$）。不同小写字母表示相同施肥、相同粒级和相同覆膜下不同采样时间之间的差异显著（$P<0.05$）。* 代表相同粒级、相同采样时间和相同施肥处理下覆膜与裸地之间存在显著性差异（$P<0.05$）。图中多个相同且重叠的字母只显示一个。$WSOC_{straw}$ 和 $WSOC_{total}$ 分别代表来自秸秆分解的水溶性有机碳和总水溶性有机碳。

（九）秸秆添加对土壤团聚体中颗粒有机碳含量的影响

秸秆添加后>2 000 μm 团聚体在土壤中比例超过 15%，其团聚体中有机碳几乎全部来源于秸秆碳（图 12-58）。原土壤来源有机碳占其他各粒级土壤团聚体（250~2 000 μm、53~250 μm 和<53 μm）有机碳含量的比例大于 60%。在培养第 60 d，团聚体中有机碳含量随着团聚体粒径的减小而降低。培

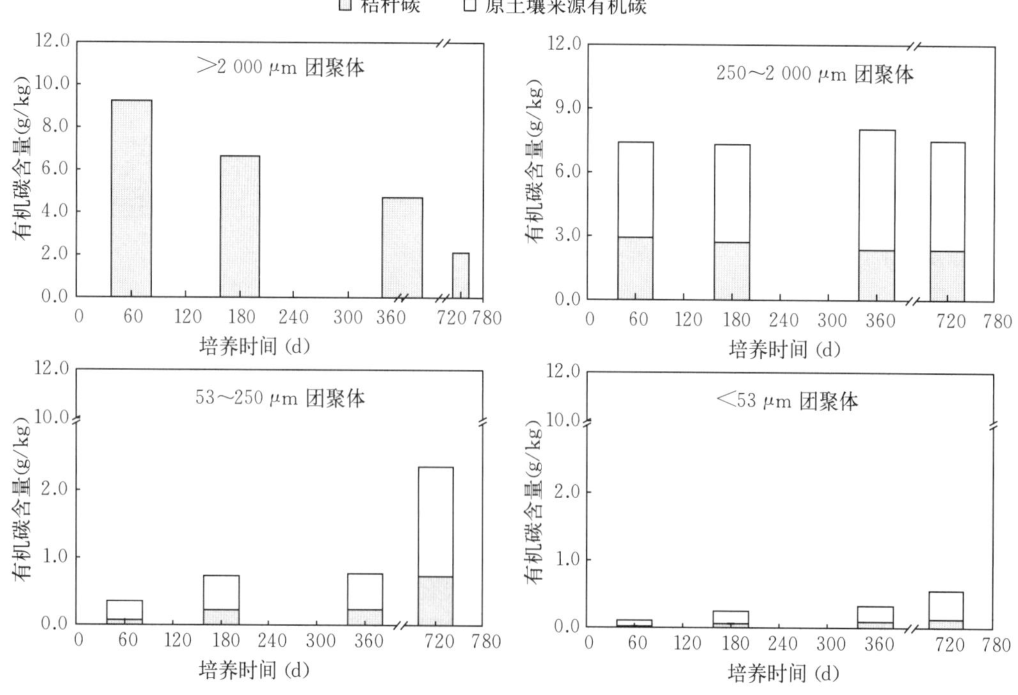

图 12-58　不同粒级团聚体中秸秆碳和原土壤来源有机碳含量

养一年后 250～2 000 μm 团聚体中有机碳含量最高，而＜53 μm 团聚体有机碳含量最低。53～250 μm 团聚体中秸秆碳和总有机碳含量随培养时间的延长而增加，然而＞2 000 μm 团聚体中秸秆碳和总有机碳含量却随培养时间的增加而降低。250～2 000 μm 团聚体中秸秆碳和原土壤来源有机碳含量稳定在 2.59 g/kg 和 4.97 g/kg。＜53 μm 团聚体中秸秆碳含量占总有机碳含量的比例平均为 23%。

在培养 60 d 时，秸秆碳分配到＞2 000 μm 团聚体的比例大于 45%，分配到 250～2 000 μm 团聚体的比例大约 15%，分配到＜250 μm 团聚体的比例不足 0.5%（表 12－36）。从培养第 60 d 到 720 d，秸秆碳在 250～2 000 μm 团聚体中的比例从 46.06%降低到 10.59%，53～250 μm 团聚体比例从 0.36%增加到 3.65%，在＜53 μm 团聚体比例从 0.10%增加到 0.64%。

表 12－36　秸秆碳在土壤不同粒级团聚体中的分配比例（%）

培养时间（d）	＞2 000 μm	250～2 000 μm	53～250 μm	＜53 μm
60	46.06±5.92Aa	14.57±2.31Ab	0.36±0.04Cc	0.10±0.01Cc
180	33.15±0.24Ba	13.50±2.04Ab	1.11±0.20Bc	0.30±0.02Bc
360	23.46±0.91Ba	11.82±0.96Ab	1.16±0.06Bc	0.46±0.09Bc
720	10.59±2.64Ca	11.75±0.82Aa	3.65±0.16Ab	0.64±0.03Ab

注：不同大写字母表示同一粒级团聚体不同培养时间之间差异显著（$P<0.05$）；不同小写字母表示同一培养时间不同粒级团聚体之间差异显著（$P<0.05$）。

从培养第 60 d 到第 720 d，250～2 000 μm 团聚体中秸秆碳分配到矿物态有机碳（mSOC）组分比例从 28.95%增加到 62.77%；分配到游离轻组有机碳（fLOC）组分比例从 23.98%降低到 5.53%；分配到粗颗粒有机碳（cPOC）组分比例从 16.24%降低到 7.25%；分配到细颗粒有机碳（fPOC）组分比例从 30.83%降低到 24.46%（表 12－37）。fLOC、cPOC 和 fPOC 组分中秸秆碳含量随培养时间变化而降低，而 mSOC 组分中秸秆碳含量随培养时间而增加（图 12－59）。从培养第 60 到第 180 d，秸秆碳对 fLOC 组分的相对贡献约为 50%，培养结束后降低到 30%。fPOC 组分主要由秸秆碳组成，然而 mSOC 组分主要由原土壤来源有机碳组成。

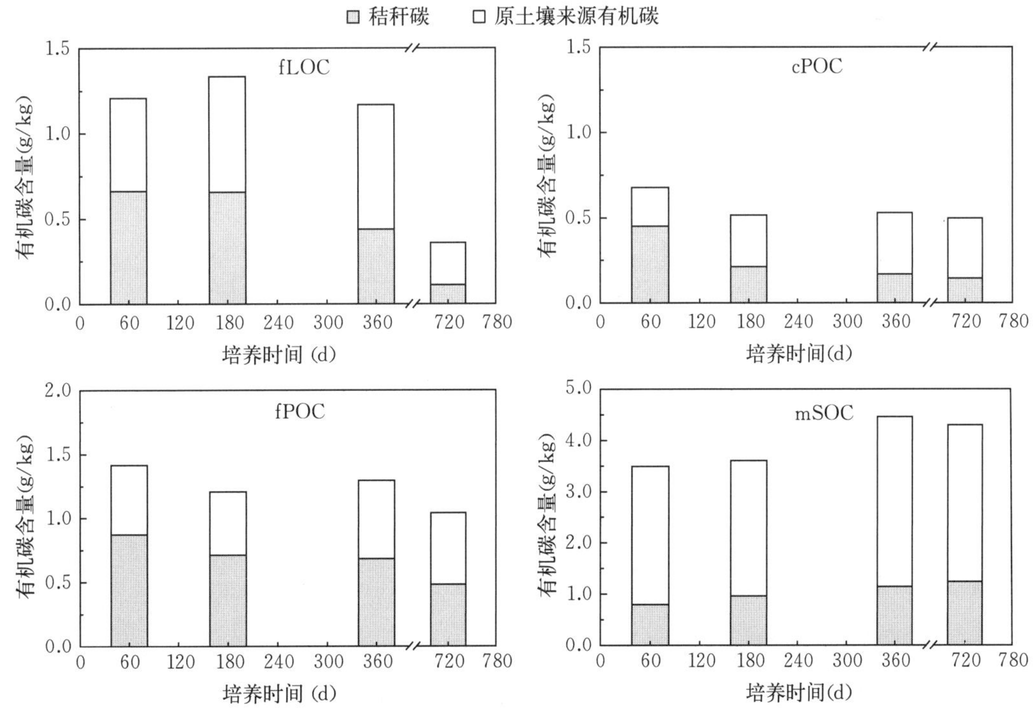

图 12－59　250～2 000 μm 团聚体不同物理组分中秸秆碳和原土壤来源有机碳含量

53～250 μm 团聚体秸秆碳在第 60 d 主要以 fLOC 形式存在，占团聚体有机碳的比例为 37.81%，（图 12-60），第 180 d 和 720 d 以 mSOC（比例分别为 44.90%和 58.29%），第 360 d 以 fPOC（比例为 52.76%）形式存在（表 12-37）。fPOC 组分中秸秆碳的比例为 53%～71%，且随培养时间变化而增加；fLOC 组分中原土壤来源有机碳比例较高，为 46%～70%；mSOC 组分中，培养 360 天内秸秆碳比例不高，仅为 23%～32%，培养 720 天后增加到 70%左右。

表 12-37 秸秆碳在土壤团聚体不同物理组分中的分配比例（%）

培养时间（d）	250～2 000 μm				53～250 μm		
	fLOC	cPOC	fPOC	mSOC	fLOC	fPOC	mSOC
60	23.98±0.41Cb	16.24±0.10Ba	30.83±1.11Cc	28.95±0.80Ac	37.81±1.52Cb	27.14±1.37Aa	35.06±0.15Ab
180	24.81±0.72Cb	8.00±1.12Aa	28.44±0.81BCc	38.75±1.20Bd	24.35±0.46Ba	30.76±1.77Ab	44.90±1.32Bc
360	18.03±0.12Bb	6.78±1.26Aa	28.03±0.51Bc	47.16±1.65Cd	10.15±0.33Aa	52.76±0.37Bc	37.09±0.70Ab
720	5.53±0.06Aa	7.25±0.53Ab	24.46±0.55Ac	62.77±0.09Dd	11.80±0.35Aa	29.91±1.56Ab	58.29±1.21Cc

注：不同大写字母表示同一物理组分不同培养时间之间差异显著（$P<0.05$）；不同小写字母表示同一培养时间不同物理组分间差异显著（$P<0.05$）。

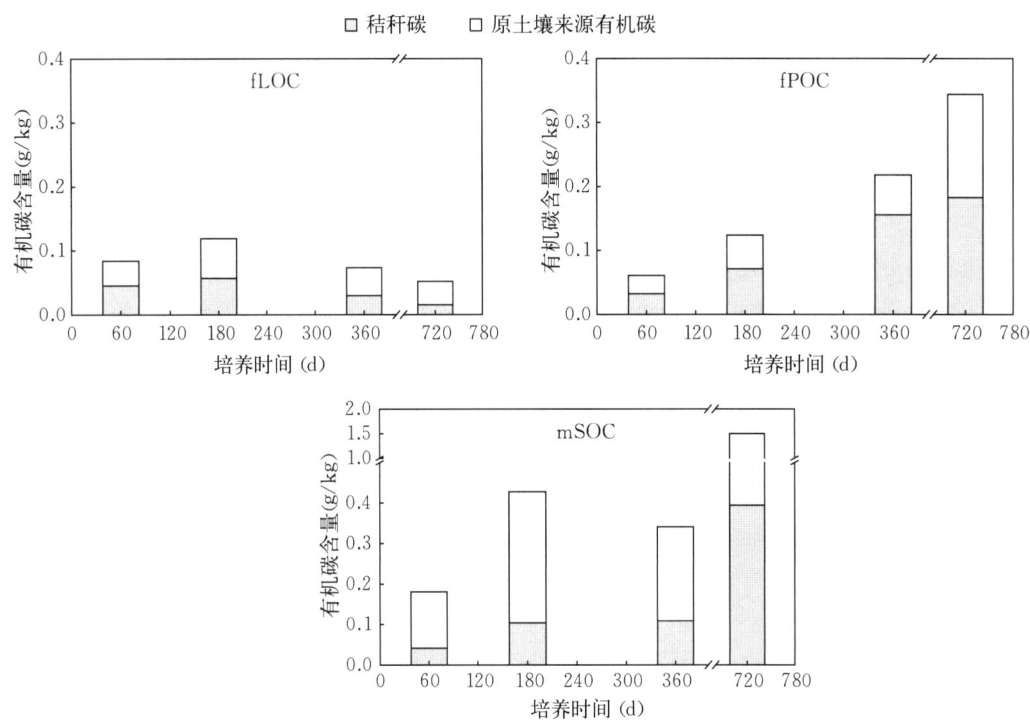

图 12-60 53～250 μm 团聚体中不同物理组分中秸秆碳和原土壤来源有机碳含量

第十三章 棕壤大量养分状况

土壤养分是指土壤供给植物生长发育所必需的营养元素。生物体内含有的元素有90余种，已发现植物生长所需的元素有22种，它们是碳（C）、氮（N）、氧（O）、氢（H）、磷（P）、钾（K）、钙（Ca）、镁（Mg）、硫（S）、铁（Fe）、锰（Mn）、钼（Mo）、锌（Zn）、铜（Cu）、硼（B）、氯（Cl）、镍（Ni）、钴（Co）、钒（V）、钠（Na）、硒（Se）和硅（Si）。其中，碳、氢、氧主要来源于大气和水，其余的元素称为矿质元素，来自土壤。前17种元素为所有植物所必需的（必需元素），后5种为一些植物所必需的（有益元素）。根据植物对它们需要量的多少，又常划分为大量元素（氮、磷、钾），中量元素（钙、镁、硫）和微量元素（铁、锰、钼、锌、铜、硼、氯）。氮、磷、钾又被称为植物营养三要素，或肥料三要素。本章主要介绍棕壤的氮、磷、钾大量养分状况。

第一节 棕壤氮素养分状况

氮（N）是重要的生命元素，在农业生产中为“肥料三要素”之首。氮是氨基酸、蛋白质、酶、核酸、叶绿素、维生素、生物碱和植物激素等含氮物质的组成成分，参与植物体内许多重要物质代谢过程，对植物生长、发育和产量、品质影响极大。土壤缺氮时，植物生长迟缓，植株矮小，发生缺绿症；谷类作物分蘖少，穗小，籽粒不饱满，容易早衰，产量明显下降。

一、棕壤氮素含量及剖面分布

土壤的氮来源于生物固氮（自生和共生固氮菌完成）、雨水和灌溉水带入、施肥（有机肥和化肥）。土壤有机质和全氮含量的消长，主要取决于生物积累和分解的相对强弱，与气候、植被、耕作制度等因素密切相关。

土壤全氮含量是土壤中各种形态氮素之和，虽然不能完全反映土壤供氮能力，但在一定程度上代表着土壤的供氮水平。一般认为，含氮量高的土壤属于肥沃土壤，低的属于贫瘠土壤。我国土壤中全氮的含量差异很大，耕地土壤全氮含量为0.3～3.8 g/kg，平均为1.3 g/kg。我国土壤全氮与有机质的地理变化趋势一致。在自然植被条件下，从东向西，随着降水量的逐渐减少和蒸发量的逐渐增加，植被逐渐变得稀疏，生物积累逐渐减少而分解作用逐渐增强，土壤表层的全氮含量沿黑土→黑钙土→棕钙土→灰钙土→漠土的顺序逐渐减少；由北到南，随着温度的升高，分解速率增大，但生物积累也增多，全氮含量的变化稍显复杂。如东部沿海地区森林土壤的全氮含量表现为北高（暗棕壤）、中低（棕壤、褐土、黄棕壤）、南高（红壤、砖红壤）的V形变化。耕地土壤氮含量普遍低于同类型的自然土壤，自然植被下未受侵蚀的土壤全氮含量为0.64～6.95 g/kg，平均为2.9 g/kg，详见表13-1。

表 13-1 主要耕地和自然土壤的含氮量（g/kg）

地区	主要土类	耕地	自然土壤
东北地区	黑土	1.5～3.48	2.56～6.95
西北地区	栗钙土	0.52～1.95	0.78～1.97
黄淮海地区	褐土、棕壤	0.30～0.99	0.64～1.45
长江中下游地区	红壤	0.51～1.15	1.01～3.40
华南、滇南地区	砖红壤	0.70～1.83	0.90～3.05

根据棕壤分布区 14 个省（自治区、直辖市）的多点表土农化样品分析结果统计表明，棕壤在良好的森林植被覆盖下，土壤有机质含量的平均值在 80 g/kg（滇、黔）；含氮量也相应较高，达 2.4～4.5 g/kg。由于原始森林植被屡遭破坏而形成的灌丛地和疏林地的棕壤，土壤有机质及含氮量也随之下降，平均值通常为 50 g/kg 或者低于 30 g/kg；全氮量也相应减少。特别是山东和辽宁棕壤分布区，其垦殖指数最高，分别为 60%和 37%，加之农业利用历史悠久，有机质含量的平均值分别减少到 8.0 g/kg 和 19.8 g/kg，氮素含量降低到 0.52～0.87 g/kg。山东棕壤耕地土壤全氮含量的变化范围为 0.37 g/kg～2.37 g/kg，平均为 0.83 g/kg。滇、黔、川、甘、豫等省中高山地区的棕壤垦殖系数很低，在 0.5%～9%。天然林草覆盖下的棕壤有机质及含氮量较高，分别为 39.2～85.6 g/kg 和 1.31～3.80 g/kg。而零星耕种的棕壤，由于耕垦历史较短，土壤有机质及含氮量虽有减少，但仍保持着较高的水平，与未垦用的棕壤相差不大。

（一）棕壤氮素含量

不同棕壤亚类的成土条件和属性不同，导致了它们之间的生物积累数量和有机质、氮素矿化度不同。所以，氮素的含量水平不一（表 13-2）。

表 13-2 辽宁省棕壤表土含氮量及碳氮比

土壤类型	耕作土壤			非耕作土壤		
	含量范围（g/kg）	平均含量（g/kg）	碳氮比	含量范围（g/kg）	平均含量（g/kg）	碳氮比
棕壤性土	0.53～1.04	0.76	10.38	0.98～1.66	1.21	13.12
典型棕壤	0.48～1.72	0.94	10.18	0.92～1.70	1.21	10.74
白浆化棕壤	—	—	—	1.44～2.90	1.96	10.15
潮棕壤	0.73～1.19	0.93	10.58	1.00～1.89	1.33	10.56

辽宁省棕壤耕作土壤的表层长期受施肥的影响，其碳氮比较小，为 10～10.5，非耕作土壤由于分解或半分解的有机质较多，其碳氮比也较大，皆在 10 以上。

土地利用情况也明显地影响着氮素在各层中的分布，非耕作土壤一般表层含氮量高于下层并高于底土，耕作土壤则因利用情况不同而不同。耕作粗放者，表土与心土的含氮量无明显差别，但都高于底土；熟化程度较高者，如各土类的高肥力农田和各种菜园则表土的含氮量明显高于心土，更高于底土（贾文锦，1992）。

潮棕壤的含氮量较高，主要是受水分状况和黏粒含量的影响所致。土壤水分过多，黏粒含量高，易导致嫌气过程，有机质的积累量超过矿化量；黏粒与有机质可以形成复合胶体，对有机质分解有阻缓作用。从表 13-3 中可知，不同棕壤亚类之间，碱解氮含量差异较小，平均含量最低的是白浆化棕壤，最高的是潮棕壤和典型棕壤。但是，各土壤类型碱解氮含量的变异系数普遍较大，在 32%～42%；各土壤全氮含量的变异系数在 26%～33%（山东省土壤肥料工作站，1994）。说明相同类土壤中，不同地区甚至不同地块之间，由于人为施肥、耕作管理水平不同，碱解氮含量差异较大。

表 13-3 山东省棕壤的全氮和碱解氮含量

土壤类型	全氮				碱解氮（mg/kg）			
	平均值（%）	标准差（%）	变异系数（%）	统计个数	平均值（%）	标准差（%）	变异系数（%）	统计个数
典型棕壤	0.054	0.014	26.23	2 039	56	19	33.02	1 929
白浆化棕壤	0.034	0.011	32.13	60	37	16	41.72	69
潮棕壤	0.058	0.015	26.50	505	58	19	33.25	474
棕壤性土	0.052	0.014	26.58	519	52	17	32.11	513

（二）棕壤氮素的剖面分布

土壤全氮含量与有机质含量密切相关，两者的相关系数（r）因土壤类型略有不同，据统计，棕壤 r=0.874 6（n=147）。土壤全氮含量随有机质含量的提高而提高，其含量与有机质一样自剖面表层向下层呈逐渐降低趋势（表 13-4、表 13-5）。

氮素在土壤剖面中的分布，因土类或亚类不同而不同。白浆化棕壤的表层与以下土层的含氮量差别比较明显，表层含氮量较其以下层次高出 1～2 倍；其次为典型棕壤，约高出 1 倍。母质和质地也是影响氮素在剖面中分布的因素。就不同母质所形成的土壤上下层含氮量差别而言，其顺序为酸性岩母质＞片岩＞基性岩＞坡积物＞砂页岩＞黄土。就土壤质地而言，凡上下层质地比较均一者，各层次间含氮量相差幅度较小，有夹黏层者，夹黏层的含氮量都较高，有的可高于表层。

相同类型的土壤，利用方式不同土壤碳氮比也不同。由于人为耕作，以及土壤结构、通气状况和水分的影响，耕作土壤氮素矿化量增加。所以，其碳氮比一般小于非耕作土壤，并且耕种土壤熟化程度越高，其碳氮比也就越低。同时，耕层碳氮比一般小于下部土层，非耕作土壤却相反，一般是表层大于下层，土壤速效氮含量除受全氮含量的影响随全氮含量的提高而增加外，还受人为施肥水平的影响，其耕层含量明显大于下部土层（山东省土壤肥料工作站，1994）。

表 13-4 山东省土壤氮素的剖面分布

土壤类型	采样地点	利用方式	采样深度（cm）	有机质（%）	全氮（%）	碳氮比	碱解氮（mg/kg）
典型棕壤	威海市刘公岛	针阔叶混交林	0～8	5.47	0.241	13.2	204
			8～20	1.54	0.079	11.3	59
			20～45	0.86	0.040	12.3	40
			45～108	0.40	0.026	8.9	28
			108～200	0.35	0.020	10.2	14
典型棕壤	烟台市龙口市宋家乡	旱耕地	0～24	0.55	0.037	8.6	36
			24～47	0.38	0.027	8.2	25
			47～100	0.33	0.028	6.8	22
			100～150	0.30	0.019	9.2	17
酸性棕壤	临沂市费县塔山林场	赤杨树林	0～5	8.74	0.367	13.8	304
			5～29	3.13	0.163	11.1	171
			29～59	3.10	0.137	13.1	132
			59～84	1.67	0.063	15.2	80
潮棕壤	威海市文登区泽头镇	旱耕地	0～25	0.92	0.057	9.3	49
			25～45	0.70	0.047	8.7	42
			45～64	0.60	0.038	9.1	33
			64～79	0.41	0.029	8.2	27
			79～100	0.16	0.013	7.3	8

表 13-5 辽宁省土壤氮素的剖面分布

土壤类型	采样地点	利用方式	采样深度（cm）	有机质（g/kg）	全氮（g/kg）	碳氮比	碱解氮（mg/kg）
典型棕壤	锦州市凌海市天桥厂	旱地	0～16	14.8	0.90	9.53	73
			16～47	3.8	0.28	7.87	31
			47～82	2.2	0.21	6.07	31
			82～125	3.2	0.26	7.13	28
			125～230	2.6	0.22	6.25	27
棕壤性土	锦州市凌海市大碾村	旱地	0～20	7.1	0.75	5.5	70
			20～31	19.0	0.63	17.5	70
			31～45	20.0	0.54	21.5	77
酸性棕壤	丹东市宽甸满族自治县泉山村	杂木林	0～13	113.5	6.78	10.31	383
			13～35	27.7	1.41	8.77	144
			35～74	10.6	0.37	6.02	106
			74～115	2.5	0.11	7.30	22
潮棕壤	丹东市振兴区金板村	旱地	0～21	31.6	1.67	10.97	168
			21～42	14.0	0.97	8.37	93
			42～66	9.4	0.73	7.47	69
			66～116	6.8	0.53	7.44	44
			116～160	5.1	0.45	6.57	41
白浆化棕壤	大连市普兰店区	松栎林	0～15	18.2	1.21	8.72	92
			15～70	2.2	0.26	4.91	19
			70～105	1.7	0.23	4.29	24
			105～150	2.1	0.27	4.51	23
			150～220	1.9	0.27	4.08	25
白浆化棕壤	本溪市桓仁满族自治县八里甸子镇	旱地	0～18	34.7	1.83	11.00	196
			18～42	10.6	0.69	8.91	66
			42～65	8.0	0.50	9.28	76
			65～100	9.5	0.50	11.02	136
			100～130	7.2	0.66	6.33	82

二、棕壤氮素的存在形态

土壤氮的存在形态一般可分为无机态和有机态两大类。

（一）无机态氮

无机态氮在土壤中含量很少，只占全氮含量1%～10%，主要包括3类。

1. 铵态氮（NH_4-N） 铵态氮（NH_4-N）包括矿物固定态铵、土壤胶体交换性铵和土壤溶液中的铵，通常所称的铵态氮是指交换性铵和液相中铵的总和。在水田土壤中，无机态氮几乎全部以铵态氮的形式存在，是有效态氮。土壤中的铵态氮被土壤胶体吸附的部分，称为交换性铵；被固定在2∶1型黏土矿物如水云母、蛭石、蒙脱石的晶格中，不能被其他阳离子交换出来的铵，称为固定态铵或非交换性铵。固定态铵又可分为“新固定态铵”和“原有固定态铵”，存在于黏土矿物的晶层之间难以被作物吸收利用。

2. 硝态氮（NO_3-N） 硝态氮（NO_3-N）为旱地土壤溶液中所含的主要无机氮，可直接被植物吸收，其浓度一般在1～10 mg/kg，易受施肥、微生物活动及土壤环境条件（包括土壤通气、水分、温度、pH）等因素的影响。由于土壤对NO_3^-的吸附力很弱，因此易于淋失。

3. 亚硝态氮（NO_2－N） 亚硝态氮（NO_2－N）在土壤中数量很少，一般在1 mg/kg以下。这是因为在不施肥土壤中，亚硝态氮转化为硝态氮的速率比铵态氮转化为亚硝态氮的速率快；但如大量施用可使土壤溶液呈碱性、水解后能生成铵离子的氮肥（如尿素、碳酸氢铵和无水氨等），土壤溶液中的高浓度铵则能抑制亚硝态氮转化为硝态氮，导致亚硝酸盐在土壤中积累，容易对植物产生毒害。

NH_4^+和NO_3^-是植物可直接吸收利用的有效态氮，土壤溶液中的铵、交换性铵和硝态氮称为速效态氮。它们是植物氮素的直接来源，因为通常用碱解法测定其含量，所以又称碱解氮。碱解氮的含量水平常作为衡量供氮强度的指标，碱解氮含量与全氮量呈明显的正相关，对于耕地来讲，受人为施肥的影响，碱解氮平均含量明显高于非耕地自然土壤。

旱地土壤无机氮一般以NO_3－N较多，淹水土壤则以NH_4－N占优势。对水田来讲，由于长期淹水，土壤氧化还原电位下降，铵态氮是速效氮的主体、硝态氮含量极低；对于旱地土壤来讲，由于通气状况良好，土壤氧化还原电位升高，硝态氮含量高，而铵态氮含量较低。

（二）有机态氮

有机态氮是土壤氮素的主要存在形态，一般占全氮含量的95%以上或更多，土壤中大部分有机氮是迟效性的，主要包括5类（表13－6）。

1. 氨基酸态氮 氨基酸态氮占土壤全氮量的28%～38%，存在于土壤蛋白质和多肽类化合物中，降解后可释放出各种氨基酸。

2. 氨基糖态氮 氨基糖态氮占土壤全氮量的4%～10%，属非蛋白质形态的含氮化合物，是含氮的碳水化合物，水解时产生N－乙酰氨基葡萄糖，最后产生葡萄糖胺。

3. 酸解铵态氮 酸解铵态氮占土壤全氮量的15%～35%。

4. 酸解未知态氮 酸解未知态氮占土壤全氮量的6%～26%，主要是非α－氨基酸态氮，包括大部分土壤核酸态氮。这部分氮的生物有效性较高。

5. 非酸解性氮 非酸解性氮即土壤残渣氮，占土壤全氮量的8%～35%，主要是氨与木质素和其他芳香族化合物结合的杂环态氮，有相当一部分可被微生物分解，对植物并非绝对无效。

表13－6 土壤有机氮的形态分布

形　态	占土壤全氮的含量（%）
氨基酸态氮	28～38
氨基糖态氮	4～10
酸解铵态氮	15～35
酸解未知态氮	6～26
非酸解性氮	8～35

目前已经鉴定出的含氮化合物单体有氨基酸、氨基糖、嘌呤、嘧啶，以及微量存在的叶绿素及其衍生物、磷脂、各种胺、维生素等。它们在土壤中很少单独存在，通常与其他有机质、黏土矿物、多价阳离子结合形成复合体，还有一小部分存在于生物体中。有机态氮大部分不能被植物直接吸收利用，必须经过微生物分解矿化成无机氮后才能被植物吸收利用。一年中有1%～5%的有机氮可矿化为无机氮。有机氮通常按其分解难易和对作物的有效程度分为3组，即水溶性有机氮、水解性有机氮和难矿化有机氮。

自然植被下土壤有机氮素含量的消长主要取决于生物积累和分解作用的相对强度。自然土壤开垦后，人为耕作和施肥改变了土壤原有的物质循环，土壤有机质分解较快，经过一个阶段后，分解与积累达到新的平衡，土壤有机质和全氮稳定在一个新的含量水平上。

（三）棕壤中氮素形态及其在各粒级微团聚体中的分布

根据对棕壤酸解液的测定，不同肥力棕壤的水解氮含量占全氮含量的58.6%～64.4%，非水解氮含量占35.6%～41.4%。土壤肥力越高水解氮所占比例越高。在水解氮中未知态氮占1/3以上，其次为铵态氮（占21.6%～33.5%）和氨基酸态氮（占23.5%～29.3%），而氨基糖态氮最少（占1.1%～6.5%）。

氮素在土壤各粒级微团聚体中的分布是不均匀的，不管土壤肥力高低如何，全氮和氮素各组分的含量皆有随颗粒粒径的增大而减少的趋势（表13-7）。另外，氮素具有明显的向<10μm微团聚体富集的倾向。

表13-7 不同肥力棕壤及其各粒级微团聚体中氮素含量及组分分布

粒级（μm）	全氮（g/kg）		水解氮（μg/g）		非水解氮（μg/g）		铵态氮（μg/g）		氨基糖态氮（μg/g）		氨基酸态氮（μg/g）		未知态氮（μg/g）	
	高肥	低肥	高肥	低肥	高肥	低肥	高肥	低肥	高肥	低肥	高肥	低肥	高肥	低肥
原土	1.04	0.86	670	500	370	360	209	167	43.8	15.7	191	147	226	—
<5	2.07	1.90	1 810	1 625	260	275	348	226	201.8	208.0	551	345	709.2	846.0
5～10	1.68	1.20	1 176	954	505	246	252	176	89.9	78.6	344	310	489.1	389.4
10～50	0.48	0.33	361	223	119	107	71	47	29.9	21.3	102	76	158.1	78.7
50～250	0.39	0.21	333	190	57	20	53	32	33.9	21.9	93	69	153.1	67.1

注：棕壤采自沈阳农业大学长期定位试验地。

三、棕壤氮素的循环转化及其影响因素

土壤氮素的循环转化包括生物化学、物理化学、物理、化学的过程，具体转化过程主要包括：氮素的矿化与生物固持作用、硝化作用与反硝化作用、铵的吸附与解吸作用、铵的矿物固定与释放作用、铵—氨平衡与氨挥发。下面分别介绍土壤中氮素的这些转化过程。

（一）氮素的矿化与生物固持作用

土壤氮素的矿化与生物固持作用是土壤中不断进行的两个相反过程。

1. 有机态氮的矿化 有机态氮的矿化是指土壤中有机态氮在微生物的作用下分解释放出铵或氨的过程。有机态氮的矿化大体上可分为氨基化阶段（氨基化作用）和氨化阶段（氨化作用）两个阶段。

（1）氨基化阶段（氨基化作用）。复杂的含氮有机化合物（蛋白质、核酸、氨基糖及其多聚体等）逐步分解成简单的氨基化合物。如：

$$\text{蛋白质} \longrightarrow R—NH_2 + CO_2 + \text{能量} + \text{其他产物}$$

（2）氨化阶段（氨化作用）。氨基化合物在氨化细菌的作用下，通过氧化、还原、水解等多种作用方式生成氨。如：

$$R—NH_2 + HOH \longrightarrow NH_3 + R—OH + \text{能量}$$

$$NH_3 + H_2O \longrightarrow NH_4^+ + OH^-$$

有机态氮的矿化是在细菌、真菌、放线菌等多种微生物作用下完成的，均以有机质的碳素作为能源，在好气或嫌气条件下进行。一般来讲，通气良好、土壤湿润、土温高、中性-微碱性反应有利于矿化。当这些外界条件相同时，碳氮比小的有机物易矿化。

2. 氮素的生物固持作用 氮素的生物固持作用是指土壤中的微生物同化无机态氮并将其转化为细胞体有机态氮的过程。通过生物固持作用形成的生物量态氮容易通过矿化作用重新分解释放出来，有利于土壤氮素的保存和周转。但是，随着时间的推移，生物量态氮转化为更复杂的有机态氮，其分解性会逐渐降低。

3. 影响因素 氮素矿化与生物固持作用这两个相反过程的相对强弱，受能源物质的种类、数量（主要是有机质的化学组成和碳氮比）和水热条件等因素的影响很大。

当易分解的能源物质大量存在时（碳氮比在 15∶1～30∶1）。无机态氮的生物固持速率大于有机态氮的矿化速率，从而表现出净生物固持，土壤中无机态氮含量趋于减少。随着能源物质的逐渐分解和消耗，生物固持速率逐渐降低。当碳氮比降到 15∶1 左右时，生物固持速率小于有机态氮的矿化速率，从而表现出净矿化，土壤无机态氮得以积累。土壤中原有机质的碳氮比一般在 10∶1～12∶1，其矿化作用常大于生物固持作用。温度在 10～40 ℃范围内，温度对净固定无影响，但净矿化量与温度成正比。嫌气条件下的矿化速率较好气条件下小，但嫌气条件下微生物代谢所需的氮量较小，因而释出的铵量较多。

土壤中的有机含氮化合物在适宜的温度、湿度、通气状况和 pH 下，经微生物作用可转化为可供植物吸收利用的有效氮，即铵态氮和硝态氮。在环境条件相同的情况下，有机氮的矿化量与土壤含氮量和碳氮比呈明显的正相关。若两种土壤的土壤类型和利用情况不同，虽含氮量相同，由于微生物生活条件存在差异，其矿化量却可不同，即具有不同的矿化率。此外，氮的矿化率还受氮的形态及其与矿物质结合紧密情况的影响。对不同肥力棕壤各级微团聚体的矿化势（N_0，指无限时间内因矿化作用所得到的矿化氮总量）测定表明（表 13-8），随着微团聚体的粒径增大，由于全氮和水解氮含量减少，N_0 值逐渐降低，但矿化氮总量与全氮量的比值（N_0/N）却随粒径的增大而提高。这可能是因为小粒径微团聚体的矿质部分较大粒径者与有机质结合更为紧密的缘故。

表 13-8 不同肥力棕壤各粒级微团聚体的 N_0 和 N_0/N

土　壤	粒级（μm）	N（g/kg）	N_0（μg/g）	N_0/N（%）	C/N
高肥力棕壤	<5	2.07	597	28.8	12.67
	5～10	1.68	540	32.1	13.80
	10～50	0.48	293	81.3	19.35
	50～250	0.39	205	62.6	21.49
低肥力棕壤	<5	1.90	561	29.5	18.87
	5～10	1.20	323	38.7	18.02
	10～50	0.33	143	57.9	16.18
	50～250	0.21	127	74.3	28.76

注：采样地点为沈阳农业大学长期定位试验地。

（二）硝化作用与反硝化作用

1. 硝化作用 在有氧的条件下，土壤中的铵或氨经亚硝化细菌和硝化杆菌的作用氧化为硝酸盐的过程称为硝化作用，大体上可分为以下两个阶段。

第一阶段：

$$2NH_4^+ + 3O_2 \longrightarrow 2NO_2^- + 2H_2O + 4H^+$$

第二阶段：

$$2NO_2^- + O_2 \longrightarrow 2NO_3^-$$

NH_4^+、NO_3^- 易溶于水，一般情况下，带负电荷的土壤胶体表面对 NH_4^+ 产生正吸附，使 NH_4^+ 保持于土壤中；而对 NO_3^- 产生负吸附（排斥作用），使 NO_3^- 存在于土壤溶液中，易被淋失。土壤 NO_3^- 的淋失主要取决于降水条件，我国南方降水多于北方，NO_3^- 的淋失就大于北方，故在旱地土壤氮肥施用上，一般有“南铵北硝”的说法。

影响硝化作用的因素主要有以下几个方面。

（1）土壤含水量和通气性。硝化作用是一个生物氧化过程，硝化微生物是好气性微生物，其活性受土壤通气影响很大，而土壤通气又受控于土壤含水量，一般在田间最大持水量的50%～60%时，硝化作用最旺盛。由于硝化作用需要良好的通气条件，所以硝化作用一般存在于通气良好的旱地土壤中以及水田表面的氧化层中。

（2）土壤pH。土壤pH与硝化作用有很好的相关性，pH在5.6～8.5范围内，随着pH升高，硝化作用的速率成倍增加。

（3）土壤温度。大多生物反应都受温度的影响。在一定的温度范围内，温度升高能促进硝化作用的进行。一般来讲，硝化作用最适宜的土温是20～25℃，但是不同气候条件下土壤中的硝化细菌最适宜的温度是不一样的。

（4）NH_4^+ 的供应。硝化作用首先需要底物 NH_4^+ 的供应，如果条件不适于有机质释放氨或未施含铵肥料，则不会产生硝化作用。研究发现，硫酸铵施用量（以氮计算）在300 mg/kg以下时，硝化速率随施用量增加而增加，但超过300 mg/kg时，硝化速率迅速降低，这是高浓度的氨产生毒害作用，以及过量的硫酸铵使土壤pH下降而造成的结果。施用有机肥料一般能促进硝化作用，因为有机肥料中含有大量有硝化活性的微生物。

（5）根系。根系对硝化作用的影响目前研究较少，一般认为，根系分泌的有机质，如酚类物质、有机酸等能抑制硝化作用。

2. 反硝化作用 反硝化作用又称生物脱氮作用，是指在缺氧条件下，NO_3^- 在反硝化细菌作用下还原为气态氮（NO、N_2O、N_2）的过程。

$$2HNO_3+4H^+ \longrightarrow 2H_2O+2HNO_2$$
$$2HNO_2+2H^+ \longrightarrow 2H_2O+2NO\uparrow$$
$$2NO+2H^+ \longrightarrow H_2O+N_2O\uparrow$$
$$N_2O+2H^+ \longrightarrow H_2O+N_2\uparrow$$

这种氮素损失主要发生在淹水稻田的还原层，在通气不良和含有大量易分解有机质的旱地土壤的局部嫌气环境下也会发生。研究表明，反硝化的临界氧化还原电位约为334 mV，最适pH为7.0～8.2，pH小于5.8的酸性土壤或大于8.2的碱性土壤，反硝化作用显著下降。反硝化作用是水田氮素损失的主要途径，水田应不施硝态氮肥，铵态氮肥要深施，以防反硝化脱氮损失和 NO_3^- 淋失。另外，硝酸盐在一定条件下也可进行纯化学分解，其反硝化产物主要是分子态氮（N_2）和一氧化氮（NO），这不是反硝化作用的主要形式。

在反硝化细菌作用下产生 N_2O 和 N_2 的比例取决于嫌气程度、pH大小和温度高低。在渍水条件下，嫌气程度高，反硝化产物几乎全部是 N_2；而嫌气程度较低，以及pH、温度较低时，N_2O 的比例较高。

影响反硝化作用的因素主要有以下几个方面。

（1）土壤含水量和通气性。反硝化作用主要是一个在嫌气条件下进行的生物还原过程，所以土壤通气条件直接影响反硝化作用的进程，而土壤通气条件直接受控于土壤水分。旱地降水后会形成局部嫌气条件，从而产生反硝化作用；水田长期淹水，在还原层中会产生反硝化作用，旱地深层也有反硝化作用。

（2）土壤易分解有机质。土壤中易分解的有机质含量高，会促进反硝化作用。因为易分解的有机质在分解过程中会消耗掉土壤中的氧气，间接促进了土壤嫌气条件的形成。

（3）土壤温度。反硝化作用在2～60℃内随温度的增加而增强，温度超过60℃，反硝化作用受抑制，温度过低反硝化作用也受抑制。

（4）土壤pH。反硝化作用能进行的pH范围比较宽，pH为3.5～11.2反硝化作用都会发生。pH为7～8时反硝化作用最强，但强酸强碱条件都会抑制反硝化作用。比如pH为3.6～4.8时，反硝化速率很低。

（5）土壤中硝酸盐含量。土壤中硝态氮/亚硝态氮是产生反硝化作用的先决条件。在一定浓度范围内，NO_3^- 含量与反硝化速率呈正相关；但浓度过高或过低都会抑制反硝化细菌的生存，从而抑制反硝化作用。

（三）铵的吸附与解吸作用

铵的吸附是指土壤溶液中的 NH_4^+ 被土壤颗粒所吸附的过程。铵的解吸是指土壤固相表面吸附的 NH_4^+ 由土壤固相进入液相的过程，铵的吸附与解吸是 NH_4^+ 在土壤固相与液相之间存在的一种动态平衡。铵的吸附量一般随土壤中黏粒含量、有机质含量以及溶液中 NH_4^+ 的浓度增加而增加。铵解吸的难易程度主要取决于黏土矿物的特性，与 NH_4^+ 的饱和度关系不大。土壤干燥时，吸附态铵可部分转化为固定态铵；而淹水时，固定态铵也可由于矿物膨胀而部分转化为吸附态铵。

（四）铵的矿物固定与释放作用

黏土矿物对铵的固定和释放，也是两个相反的作用过程。

1. 黏土矿物对铵的固定 黏土矿物对铵的固定是 NH_4^+ 被土壤中的黏土矿物所吸持而形成非交换性铵的过程。固定铵的黏土矿物主要是 2∶1 型矿物，1∶1 型黏土矿物基本上不固定铵。2∶1 型黏土矿物是由两层硅氧四面体片夹一层铝氧八面体片组成的单位晶层相互堆叠而成，每一个硅氧片中有许多由六个氧离子连接而成的六角形孔穴，NH_4^+ 离子半径为 0.148 nm，与 2∶1 型黏土矿物晶层表面六角形孔穴半径0.140 nm接近，可陷入层间的孔穴中，另外黏土矿物同晶置换能产生负电荷，这种负电荷能吸引 NH_4^+ 并使其脱去水化膜而进入孔穴中，从而使 NH_4^+ 固定下来，这种固定的 NH_4^+ 不能被其他阳离子所代换，也称为非交换性铵。

影响土壤对 NH_4^+ 固定的因素主要有以下几个方面。

(1) 黏土矿物的种类和数量。只有 2∶1 型黏土矿物才固定 NH_4^+，1∶1 型黏土矿物不固定 NH_4^+，不同的 2∶1 型黏土矿物固定铵的能力不同，蛭石＞伊利石＞蒙脱石，伊利石的固铵能力取决于风化程度和 K^+ 的饱和度。在蛭石多的土壤中，固定态铵高达600 mg/kg，可占全氮的 3%～8%（底土所占比例更高）。

(2) 土壤质地。因为黏土矿物主要集中在黏粒和细粉沙粒级中，所以黏粒和细粉沙含量越高的土壤固铵能力越强；在土壤剖面中，表土的固铵能力较心土和底土低。

(3) 土壤 pH。土壤固铵的能力一般随 pH 升高而增大，pH＜5.5 时，固铵能力一般比较低。

(4) 溶液中 NH_4^+ 的浓度。土壤对 NH_4^+ 的固定量一般随溶液中 NH_4^+ 的浓度增加而增大。

(5) 伴随离子。黏土矿物除了对 NH_4^+ 会产生固定外，对 K^+ 也存在着同样的固定方式，所以 K^+ 和 NH_4^+ 会竞争固定位置，K^+ 的存在会抑制黏土矿物对 NH_4^+ 的固定。

关于 K^+ 对 NH_4^+ 固定的抑制作用，许多试验是在实验室和盆钵条件下进行的，在田间条件下 K^+、NH_4^+ 固定的相互关系比较复杂。表 13-9 是沈阳农业大学后山棕壤长期肥料定位试验区中的对照、氮肥、氮钾肥等处理的固定态铵含量，在田间条件下观测 1980—1984 年连续施用氮肥、氮钾肥和有机肥对土壤固定态铵含量的影响。

表 13-9 长期施用肥料对土壤固定态铵（以 N 计）的影响

处理		固定态铵含量（mg/kg）			
		1980 年	1982 年	1984 年	平均值
化肥区	对照	129.7	130.7	130.7	130.4
	氮肥	121.5	126.0	124.4	124.0*
	氮钾肥	127.7	125.9	126.0	126.5
低量有机肥＋化肥区	对照	116.6	119.3	114.6	116.8**
	氮肥	118.0	117.6	119.9	118.5**
	氮钾肥	120.8	114.1	114.2	116.4**

（续）

处 理		固定态铵含量（mg/kg）			
		1980 年	1982 年	1984 年	平均值
高量有机肥区	对照	114.5	112.9	119.6	115.7**

注：与对照区（不施肥区）相比，* 表示在 $P=0.05$ 水平上差异显著，** 表示在 $P=0.01$ 水平上差异极显著。

化肥：氮肥用硫酸铵或尿素，每 667m² 1～8 kg（以 N 计）；钾肥用硫酸钾，每 667m² 4～4.5 kg（以 K_2O 计）。低量有机肥为每 667m² 1 250 kg 猪厩肥，高量有机肥为每 667m² 2 500 kg 猪厩肥。土壤样本取自 0～20 cm 表土层，每小区取 5 点的混合样，均在每年秋后采集，每一样本测定重复 2 次。

长期试验中同时施氮钾肥的小区与单独施氮肥的小区相比，其固定态铵含量差异不大。由此看来，在田间钾肥用量不高时，K^+ 不足以与 NH_4^+ 的固定发生激烈竞争。从辽宁省棕壤和草甸土上肥料长期定位试验的历年产量资料看出，钾肥与铵态氮肥同时施用时，对氮肥效应的影响也不及盆钵试验那样明显。此外，由表 13－9 可见，长期施用氮肥的小区，土壤固定态铵含量也未见增加，而施用有机肥的小区其固定态铵含量则有降低的趋势。据报道，有机质的作用是阻碍 NH_4^+ 进入固定位置，或是防止矿物晶层基距的收缩，因此能减少铵的固定。

2. 土壤固定态铵的释放 土壤固定态铵的释放是土壤中黏土矿物所吸持的非交换性铵转化成交换性铵，甚至水溶性铵的过程。迄今为止，有关固定态铵释放机制的了解很少，一般认为，土壤中固定态铵与交换性铵处在相互转化的动态平衡中，随着交换性铵含量的降低，有一部分固定态铵可以转化为交换性铵而表现出生物有效性。一般来讲，新固定态铵生物有效性很高，原有固定态铵生物有效性则较低。

研究发现，在棕壤和草甸土中，标记的固定态 $^{15}NH_4^+$－N 在小麦生育期间全部释放（表 13－10）。在棕壤上，小麦分蘖期土壤的固定态 $^{15}NH_4^+$－N 含量为 12.4 mg/kg，至成熟期已降低到痕量。在草甸土上，小麦分蘖期土壤的固定态 $^{15}NH_4^+$－N 含量为 4.8 mg/kg，至拔节期已只剩微量，为 0.7 mg/kg，而到抽穗期已测不出标记固定态 $^{15}NH_4^+$。两种土壤比较，棕壤固定的 $^{15}NH_4^+$ 量比草甸土多，但草甸土标记固定态 $^{15}NH_4^+$ 释放得比棕壤快。

表 13－10 小麦生育期间土壤中固定态铵含量（mg/kg）**的变化**（盆钵试验）

土壤类型	分蘖期	拔节期	抽穗期	成熟期
棕壤	12.4	5.6	2.7	0
草甸土	4.8	0.7	0	0

（五）铵—氨平衡与氨挥发

土壤溶液中存在着铵—氨化学平衡：

$$NH_4^+ + OH^- \rightleftharpoons NH_4OH \rightleftharpoons NH_3\uparrow + H_2O$$

这一平衡制约着氨的挥发损失，平衡点主要取决于土壤的 pH 及温度，随着 pH 和温度的升高，氨的挥发速率加快。氨的挥发损失是指氨气从土表或水面散发到大气中而造成的氮素损失，这主要发生在碱性土壤中。只要土表或水面氨气的浓度大于大气中氨气的浓度，就会引起氨气的挥发损失，影响氨挥发损失的因素还有浓度、土壤质地等。总之，高温、碱性条件、与碱性物质混合、风大、土壤质地粗糙、NH_4－N 的暴露面积大等都会加速氨的挥发损失。

四、化肥氮在土壤中的转化和供应

氮素是农业生产中的主要限制因素之一。在大多数情况下，施用氮肥都可获得明显的增产效果。因而，近年来，在世界范围内，氮肥（包括含氮复合肥）的生产有了很大的发展，施用量有了很大的提高。据中国氮肥工业协会统计，2022 年我国尿素产能为 6 634 万 t，同比增加 60 万 t，提高 0.9%；

我国氮肥表观消费量 3 642.2 万 t（折纯），比 2021 年增长 8.2%。显然，有效施用氮肥，使其充分发挥增产效益，不仅对我国农业生产发展具有十分重要的意义，而且还有利于节约能源和保护环境。

农田生态系统中化肥氮的去向，可粗分为 3 个方面，即作物吸收、土壤中残留和损失。土壤性质，如质地、阳离子交换量、黏土矿物种类等都能影响氮肥的利用率。目前在进行研究时都采用 ^{15}N 示踪法。

氮肥用作追肥时，其施用深度对施肥效果影响很大。尿素在土壤中的水解速度相当快，6 月中旬至 7 月初作追肥施用的尿素，经过 48 h，施肥点处便有大量 NH_4^+-N 积聚，7～10 d 为水解作用的高峰期，其后 NH_4^+-N 含量急剧下降，至一个半月后趋于平稳。尿素的硝化作用在施肥 48 h 后，NO_3^--N 积累量为土壤原来含量的 20 倍，没有出现明显的高峰。尿素施入土壤后，NH_4^+-N 和 NO_3^--N 向旁侧移动最远可达 10 cm；NH_4^+-N 趋于上移最远不到 10 cm；NO_3^--N 有下移趋势，最远可达 10 cm。NH_4^+-N 和 NO_3^--N 的分布，表施者绝大部分集中于 0～5 cm；深施 5 cm 的集中在 0～10 cm 土层中；深施 10 cm 的集中于 5～10 cm 土层中。由于尿素生成的 NH_4^+-N 和 NO_3^--N 在土壤中扩散和移动的范围不大，可以通过施肥使作物根系密集层形成一个丰富的氮素营养环境，以满足作物对氮的需求。同时，由于尿素水解形成的 NO_3^--N 下移最大距离仅为 10 cm，所以不会增加淋溶损失。因此，应提倡尿素作追肥深施。

作物对化学氮肥的利用率受施肥方法的影响特别明显。氮肥深施、沟施的利用率比撒施、表施高得多。特别是在石灰性土壤上更应深施。各种不同的施肥方法相比，以基肥表施的氮素损失量最高，其次是基肥深施或混施，再次为生长盛期表施，以粒肥深施为最低。

作物对不同形态的氮肥吸收量有明显不同，从表 13-11、表 13-12 中可以看出，无机氮的利用率高于有机氮。但是，有机氮在土壤中的残留量大、损失量也小，并且施用有机氮后可以提高土壤对作物的供氮量。所以说，在合理施用化肥的同时，增加有机氮肥的投入是一项不可忽视的改良土壤、提高产量的有效措施。

表 13-11　玉米对不同形态氮肥的吸收

处理	施氮量（mg/株）	植株吸收氮肥		土壤残留氮肥		损失氮肥	
		吸收量（mg/株）	吸收比例（%）	残留量（mg/株）	残留比例（%）	损失量（mg/株）	损失比例（%）
$MDN_{12.5}$	2 500	429	17.16	1 859	74.36	212	8.48
$SN_{12.5}$	2 500	842	33.68	1 174	46.96	484	19.36

注：土壤为棕壤。每公顷施 P_2O_5 112.5 kg、K_2O 75 kg 的基础上设 2 个处理。MDN 为每 667m² 施含纯氮 12.5 kg 的花生生殖体 425 kg，^{15}N 标记，粉碎过 0.5 mm 筛。SN 为每 667m² 施含纯氮 12.5 kg 的硫酸铵。

表 13-12　玉米植株体氮素来源

处理	植株总氮量（mg/株）	肥料供氮		土壤供氮	
		供氮量（mg/株）	供氮比例（%）	供氮量（mg/株）	供氮比例（%）
$MDN_{12.5}$	2 897	429	14.81	2 468	85.19
$SN_{12.5}$	2 983	842	28.23	2 141	71.77

注：土壤为棕壤。每公顷施 P_2O_5 112.5 kg、K_2O 75 kg 的基础上设 2 个处理。MDN 为每 667m² 施含纯氮 12.5 kg 的花生生殖体 425 kg，^{15}N 标记，粉碎过 0.5 mm 筛。SN 为每 667m² 施含纯氮 12.5 kg 的硫酸铵。

五、长期施肥处理对棕壤氮素的影响

（一）长期施肥对棕壤全氮和碱解氮含量的影响

经过 31 年长期施肥（表 13-13），各施肥处理土壤全氮和碱解氮均有所增加，其中，N2、N4 分别使土壤全氮含量提升了 23%和 28%，M2N2 使土壤全氮含量提高了 57%，M4 使土壤全氮含量提高了 97%。

N4、M2N2、M4 与 CK（1987 年）相比碱解氮含量有显著提升，且 N4 碱解氮含量最高（刘雨薇，2020）。

表 13-13 长期施肥处理对棕壤全氮和碱解氮的影响（1987—2018 年）

处理	全氮（g/kg）	碱解氮（mg/kg）
CK（1987 年）	1.00±0.06d	67.40±8.36c
CK	1.25±0.12c	78.11±6.91c
N2	1.23±0.11c	168.82±14.63b
N4	1.28±0.10c	181.21±19.09a
M2N2	1.57±0.17b	178.59±16.13a
M4	1.97±0.16a	161.23±8.19b

注：CK（对照处理），不施任何肥料；N2（低量氮肥处理），年施尿素 135 kg/hm²（以氮计）；N4（高量氮肥处理），年施尿素 270 kg/hm²（以氮计）；M4（高量有机肥处理），折合年施有机肥中含纯氮 270 kg/hm²；M2N2（有机肥和氮肥化肥配施处理），年施有机肥中含纯氮 135 kg/hm²，化肥氮 135 kg/hm²。同一列中不同字母表示各施肥处理差异显著（$P<0.05$），各处理 3 次重复。

经过 38 年（1979—2017 年）的长期定位施肥轮作（玉米—玉米—大豆），土壤全氮的含量均有所提高（图 13-1）。化肥区，0～20 cm 土层全氮含量以 NPK 最高，达 1.44 g/kg；低量有机肥区，化肥配施有机肥各处理 0～20 cm 土层全氮含量显著高于 M1，其中，M1NPK 土壤全氮含量为 1.64 g/kg，较 NPK 提高 13.9%；高量有机肥区各处理 0～20 cm 与 20～40 cm 土层全氮含量高于低量有机肥区和化肥区，M2NPK 下 0～20 cm 土层土壤全氮含量较 NPK 提高了 5.5%（刘玉颖，2023）。

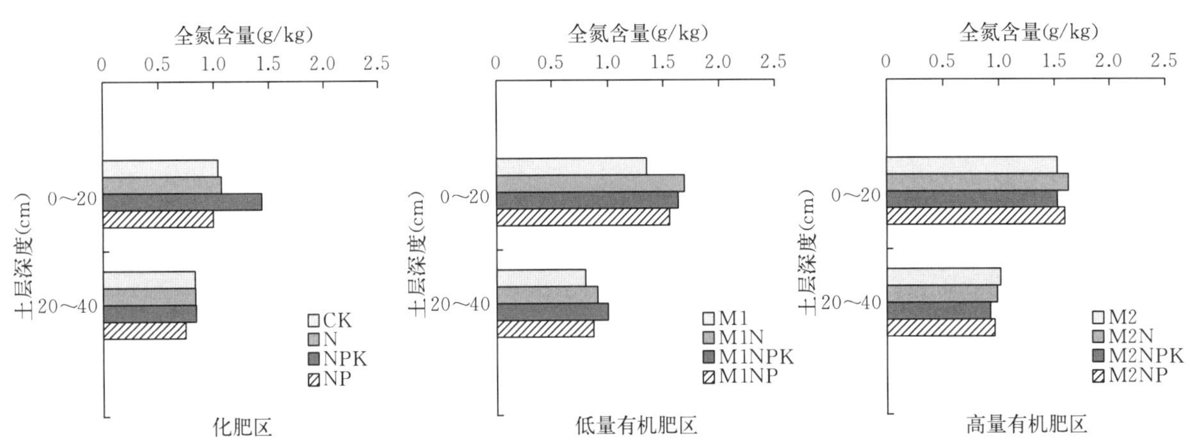

图 13-1 长期不同施肥轮作棕壤全氮含量的变化（2017 年）

注：化肥区为不施肥处理（CK）、单施氮肥处理（N）、氮磷肥配施处理（NP）、氮磷钾肥配施处理（NPK），低量有机肥区为单施低量有机肥处理（M1）、低量有机肥与化肥配施处理（M1N、M1NP、M1NPK），高量有机肥区为单施高量有机肥处理（M2）、高量有机肥与化肥配施处理（M2N、M2NP、M2NPK）。

施肥 38 年后，化肥区除了 N 外，大豆收获期土壤矿质氮主要积累在 0～40 cm 土层（图 13-2）。0～100 cm 土层 N 土壤矿质氮积累量较高，40～100 cm 土层，在 60 cm 处出现积累峰，为 50.82 kg/hm²，80 cm 和 100 cm 土层的土壤矿质氮高于 NP 和 NPK，分别为 36.35 kg/hm² 和 35.78 kg/hm²。低量有机肥区各处理土壤矿质氮主要积累在 0～60 cm 土层。有机肥配施化肥土壤矿质氮高于 M1；M1NPK 下 0～100 cm 土层土壤矿质氮最高，且在 40 cm 处出现积累峰，为 82.74 kg/hm²。类似的，高量有机肥区各处理土壤矿质氮主要积累在 0～60 cm 土层，M2NPK 在 60 cm 处出现积累峰，为 51.48 kg/hm²（刘玉颖，2023）。

（二）长期施肥对棕壤有机氮含量的影响

从表 13-14 中可以看出，各处理耕层土壤的酸解有机氮含量为 649.1～992.5 mg/kg。经过 38 年的长期轮作施肥，土壤酸解有机氮的总量增加，处理间差异显著。单施化肥区，酸解有机氮含量为

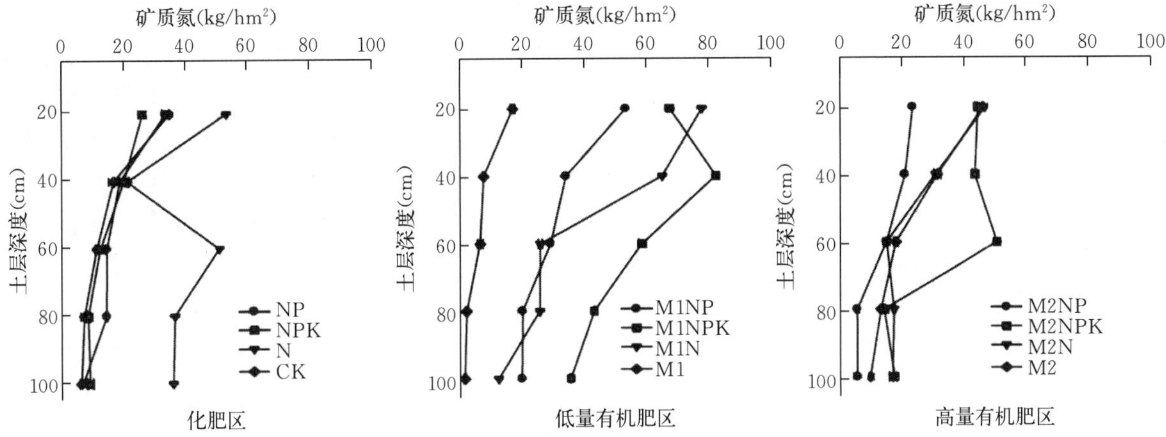

图 13-2 长期不同施肥轮作棕壤矿质氮含量的变化（2017 年）

注：化肥区为不施肥处理（CK）、单施氮肥处理（N）、氮磷肥配施处理（NP）、氮磷钾肥配施处理（NPK），低量有机肥区为单施低量有机肥处理（M1）、低量有机肥与化肥配施处理（M1N、M1NP、M1NPK），高量有机肥区为单施高量有机肥处理（M2）、高量有机肥处理与化肥配施处理（M2N、M2NP、M2NPK）。

688.2～722.8 mg/kg，平均为 706.4 mg/kg，各处理间差异不显著，但均显著高于 CK；单施有机肥处理，酸解有机氮含量为 796.7～889.0 mg/kg，平均为 842.8 mg/kg，比 CK 平均增加 29.85%，且 M1 和 M2 间差异显著；有机肥和化肥配施处理的土壤酸解有机氮含量显著增加，平均含量为 888.1 mg/kg，较 CK 平均增加 36.82%，较单施化肥区平均增加 25.72%。高量有机肥区与低量有机肥区相比其含量差异显著，以 M2N1PK 和 M2N1P 的酸解有机氮含量较高（高晓宁，2009）。

表 13-14 长期不同施肥棕壤有机氮各组分的含量（1979—2007 年）

单位：mg/kg

处　理	酸解有机氮					非酸解性氮
	酸解铵态氮	氨基酸态氮	氨基糖态氮	酸解未知态氮	总量	
N1P	223.7de	297.5c	66.4cd	120.5b	708.1d	326.9ab
N1PK	232.3d	302.4c	65.2cd	122.9b	722.8d	342.2ab
N1	216.3e	285.1cd	62.7d	124.1b	688.2d	361.8a
CK	210.2e	272.9d	61.5d	104.5b	649.1e	295.9b
M1N1P	240.9cd	376.1ab	82.4bc	116.8b	816.2c	298.8b
M1N1PK	252.0c	378.6ab	86.1b	109.4b	826.1c	308.9b
M1N1	231.1de	368.8b	75.0c	131.5b	806.4c	298.6b
M1	226.2de	356.5b	71.3cd	142.6b	796.7c	298.3b
M2N1P	289.7ab	393.0a	100.4a	209.4a	992.5a	307.6b
M2N1PK	299.7a	387.2ab	99.0a	172.1ab	957.9ab	277.1bc
M2N1	279.7b	381.5ab	87.5b	180.7ab	929.5b	255.5c
M2	268.1b	372.8ab	80.3bc	167.8ab	889.0b	326.0ab

注：同列不同小写字母表示处理间差异达显著水平（$P>5\%$）。

1. 酸解铵态氮和氨基酸态氮 两者均是可矿化氮产生的主要来源。酸解铵态氮含量的变化范围为 210.2～299.7 mg/kg。单施化肥区各处理酸解铵态氮平均含量为 224.1 mg/kg，除 N1PK 外其他各处理与 CK 相比差异均不显著；有机无机肥配施各处理的酸解铵态氮平均含量为 265.5 mg/kg，比 CK 平均增加 26.31%。其中，高量有机肥区各处理酸解铵态氮的含量明显高于低量有机肥区和化肥区，而低量有机肥区除 M1N1PK 外，其他各处理与化肥区相比差异均不显著。说明土壤酸解氨态氮的增加一方面来源于有机肥，另一方面来源于土壤固定态铵（沈其荣等，1990）。氨基酸态氮含量的变化范围为 272.9～393.0 mg/kg。单施化肥处理的土壤氨基酸态氮平均含量为 285.1 mg/kg，较 CK 平均增加 8.09%，但差异不明显。施用有机肥处理与 CK 及单施化肥处理相比，土壤氨基酸态氮含量平均增幅分别为 39.56%和 29.11%，达到显著水平。由此可见，长期施肥，尤其是高量有机肥与化肥配施，能显著提高土壤酸解铵态氮和氨基酸态氮含量。其原因主要是长期施用有机肥不但增加了植物在土壤中的生物残留量，促进土壤微生物的代谢作用，而且还能培肥地力。随着有机肥用量的增加，对土壤酸解铵态氮和氨基酸态氮的积累也有一定的作用，增加了氮的库容，从而为有机氮向可矿化氮转化创造了更有利的条件。

2. 氨基糖态氮 主要来自土壤微生物的合成，与微生物量的关系密切（徐阳春等，2002）。氨基糖态氮的含量为 61.5～100.4 mg/kg，与其他有机氮组分相比含量最低。长期单施化肥对土壤氨基糖态氮的影响很小，且各处理与 CK 间差异不显著；而单施有机肥和有机肥与化肥配施后氨基糖态氮在土壤中的含量变化较大，平均含量为 85.2 mg/kg，与单施化肥相比增加了 31.7%，达到显著水平，尤以 M2N1P、M2N1PK 的效果最好。可能是因为长期有机无机配施改变了土壤条件，进而提高了氨基糖态氮的含量。

3. 酸解未知态氮 酸解未知态氮中有 20%～49%为非 α-氨基酸态氮，是酸解液中较不易分解的氮，其含量为 104.5～209.4 mg/kg，平均为 141.9 mg/kg。所有施肥处理与 CK 相比酸解未知态氮含量均有所增加，但只有 M2N1P 的增加达到显著水平。

4. 非酸解性氮 非酸解性氮即残渣氮，包括被矿物牢固结合的氮、与酚环联结的氨基酸和杂环状氮化物以及由木质素固定的氮，其含量为 255.5～361.8 mg/kg，平均为 308.1 mg/kg。非酸解性氮在土壤中的存在状态比较稳定，短期内很难矿化。但 Ivarson（1979）的研究结果认为，6 mol/L HCl 水解后的残渣氮（即非酸解性氮）是可以被微生物分解的，这也是经过长期轮作施肥后，M2N1 非酸解性氮含量最小的原因。

（三）长期施肥处理对棕壤氮素矿化率的影响

从表 13-15 可以看出，无论覆膜与否，氨化、硝化和净氮矿化速率都随季节有不同程度的变化。具体来看，主要生长季节（6 月、7 月、8 月）较高，非生长季节（10—11 月）较低。而从整个生长季节来看，除 5 月之外，覆膜条件下的氨化、硝化和净氮矿化速率基本均高于裸地，这也说明长期的覆膜改变了土壤的水热状况，从而影响了土壤氮的转化过程，加速了 NH_4^+-N 和 NO_3^--N 的释放进程，更有利于作物对土壤氮的吸收；对生长季不同时期覆膜与裸地之间分别进行比较，能够发现硝化与净矿化速率动态变化规律基本一致，而且无论氨化、硝化和净氮矿化速率均存在一定的差异，不过这种差异并没有表现出完全一致的规律。这也说明长期覆膜对土壤矿化过程的影响是极为复杂的，还有待于进一步深入研究。

表 13-15 长期施肥处理对土壤氨化、硝化和净氮矿化速率的影响（2004 年）

项目	处理	覆膜与否	出苗期（5 月 21 日）	大喇叭口期（6 月 28 日）	抽雄期（7 月 20 日）	长粒期（8 月 22 日）	成熟期（9 月 23 日）	收获后期（10 月 20 日）	结冻期（11 月 4 日）
氨化速率[mg/(kg·d)]	N4	裸地	8.34Aa	−1.20Dc	3.74BCb	2.38BCb	2.03CDb	4.44Ba	−0.16Da
		覆膜	3.16CDb	4.25BCb	12.51Aa	7.72Bc	5.31BCa	6.78BCb	0.46Da
	M4	裸地	2.97ABb	3.47Ab	2.77ABb	3.02ABc	1.42BCb	2.09ABCc	1.00Ca
		覆膜	2.72Bb	3.82Ab	2.53BCb	2.82Bc	1.55Db	1.79CDc	0.32Ea
	CK	裸地	2.05ABb	3.40Ab	2.47ABb	2.76ABc	2.09ABb	2.11ABc	0.70Ba
		覆膜	2.92ABb	3.91Ab	2.19ABCb	2.82ABc	1.65BCb	2.14ABCc	0.60Ca
	M4N2P1	裸地	2.85Bb	9.96Aa	3.24Bb	3.16Bb	1.57Bb	1.90Bc	0.68Ba
		覆膜	0.52Cc	3.44Bb	3.19Bb	21.14Aa	1.66BCb	1.65BCc	0.64Ca

（续）

项目	处理	覆膜与否	出苗期（5月21日）	大喇叭口期（6月28日）	抽雄期（7月20日）	长粒期（8月22日）	成熟期（9月23日）	收获后期（10月20日）	结冻期（11月4日）
硝化速率[mg/(kg·d)]	N4	裸地	2.31Cc	11.85Aa	6.80Ba	4.78BCab	5.46BCa	4.59BCab	4.17BCa
		覆膜	3.02ABCc	3.81Acd	2.35ABCe	2.83ABCb	2.03BCc	3.51ABb	1.85Cbc
	M4	裸地	4.9Aab	1.92Be	4.17Abcd	3.55ABab	4.76Acb	3.68ABb	1.80Bbc
		覆膜	4.01Abc	4.89Abc	4.90Ab	3.27Aab	5.40Aab	5.21Aab	3.26ABb
	CK	裸地	2.85Ac	2.10Abe	2.76Ade	2.61Ab	2.87Abc	2.74Ab	0.55Bc
		覆膜	2.81Ac	2.85Ade	2.77Ade	2.66Ab	3.33Aabc	2.81Ab	1.10Ac
	M4N2P1	裸地	7.04Aa	2.47De	3.15CDcde	4.81BCab	5.54ABa	3.80BCDb	3.78BCDa
		覆膜	6.01Aab	5.08Ab	4.70Abc	5.47Aa	4.46Aabc	6.44Aa	4.40Aa
净氮矿化速率[mg/(kg·d)]	N4	裸地	10.65Aba	11.73Aa	10.54ABab	7.16Cbc	7.49Ca	9.03BCab	4.00Dzbc
		覆膜	6.18Dbc	8.06CDbc	14.86Aa	10.55Bb	7.34Da	10.29BCa	2.31Ede
	M4	裸地	8.46Aab	5.39ABc	6.94Abc	6.57Ac	6.18Aab	5.77ABcd	2.80Bcd
		覆膜	6.73ABbc	8.71Ab	7.43Abc	6.09ABc	6.95ABa	6.99ABbcd	3.59Bbc
	CK	裸地	4.89Ac	5.50Ac	5.23Ac	5.36Ac	4.96Ab	4.85Ad	1.25Be
		覆膜	5.73Ac	6.76Abc	4.96Ac	5.48Ac	4.97Ab	4.94Ad	1.70Bde
	M4N2P1	裸地	9.89Aba	12.44Aa	6.40CDbc	7.98BCbc	7.11BCDa	5.70CDcd	4.47Dab
		覆膜	6.53Bbc	8.52Bb	7.89Bbc	26.61Aa	6.12Bab	8.09Babc	5.03a

注：同一行、同一测定项目中含有相同大写字母的数据表示差异不显著（$n=3$，$P=0.05$）；同一列中含有相同小写字母的数据表示差异不显著（$n=3$，$P=0.05$）。CK（对照处理），不施任何肥料；N4（高量氮肥处理），年施尿素 270 kg/hm²（以氮计）；M4（高量有机肥处理），折合年施有机肥中含纯氮 270 kg/hm²；M4N2P1（高量有机肥和氮磷化肥配施处理），年施有机肥中含纯氮 270 kg/hm²，化肥氮 135 kg/hm² 和 P_2O_5 67.5 kg/hm²。

在不同时期氨化、硝化和净氮矿化速率基本都以 N4 处理最高，其次则是 M4N2P1、M4、CK。这也说明与单施有机肥相比，有机肥与无机肥配合施用可以加快土壤氮的矿化进程，从而提高作物对氮的利用效率。此外，由表 13-15 还可以看出，不同施肥处理下氨化、硝化和净氮矿化速率都表现出一定的季节性变化，但随季节变化的差异并不是很显著，而且在相同时期不同施肥处理之间的氨化、硝化和净氮矿化速率差异并不显著。

此外，由表 13-16 可以看出，无论月份、覆膜还是其交互作用对土壤氨化速率和硝化速率的影响差异都不显著（$P>0.05$），而不同月份间土壤净氮矿化速率差异显著（$P=0.02$），但长期覆膜及其与月份的交互作用使土壤净氮矿化速率差异不显著（$P>0.05$）。

表 13-16 覆膜和月份与土壤氨化、硝化和净氮矿化速率的方差分析

影响因素	自由度	氨化速率		硝化速率		净氮矿化速率	
	n	F	P	F	P	F	P
月份	6	2.172	0.065	0.775	0.594	2.863	0.02**
覆膜	1	1.401	0.243	0.251	0.619	0.673	0.417
月份×覆膜	6	1.166	0.342	0.156	0.987	1.104	0.429

六、长期覆膜对棕壤氮素状况的影响

（一）覆膜对棕壤碱解氮和全氮的影响

施氮肥处理的 0～20 cm 土层中碱解氮含量高于不施氮肥处理，但是 20～40 cm 和 40～60 cm 土层中，施氮肥和不施氮肥处理的碱解氮含量相似。相比于裸地处理，覆膜处理不影响各土层土壤碱解氮含量（表 13－17）。

表 13－17　覆膜对土壤碱解氮含量（mg/kg）**的影响**（2020 年）

土层深度（cm）	覆膜		裸地	
	N0	N2	N0	N2
0～20	66.3±0.7	75.4±1.1	68.7±0.3	76.9±0.9
20～40	40.4±0.7	50.3±2.7	49.0±2.4	51.4±3.2
40～60	28.1±1.5	35.1±1.2	36.8±2.9	29.6±2.5

注：试验在沈阳农业大学长期覆膜与施肥试验站（123°34′E，41°49′N）进行，该试验站始建于 1987 年。N0 为不施肥处理，N2 为施化肥纯氮 135 kg/hm^2 处理。

土壤全氮含量随着土层的下降有降低趋势，从表层的 0.92～0.96 g/kg 到最低土层的 0.48～0.51 g/kg。相比于不施肥处理，施肥显著增加了 0～20 cm 土层中全氮含量，但 20～40 cm 和 40～60 cm 土层中全氮含量在施肥处理和不施肥处理之间无显著差异（$P>0.1$）。相比于裸地处理，覆膜处理对各土层全氮含量无显著影响（表 13－18）。

表 13－18　覆膜对土壤全氮含量（g/kg）**的影响**（2020 年）

土层深度（cm）	N0－覆膜	N2－覆膜	N0－裸地	N2－裸地
0～20	0.92±0.03	0.96±0.01	0.96±0.04	0.93±0.01
20～40	0.61±0.01	0.70±0.04	0.69±0.02	0.71±0.04
40～60	0.48±0.01	0.49±0.02	0.51±0.04	0.48±0.03

注：试验在沈阳农业大学长期覆膜与施肥试验站（123°34′E，41°49′N）进行，该试验站始建于 1987 年。N0 为不施肥处理，N2 为施化肥纯氮 135 kg/hm^2 处理。

（二）覆膜后棕壤 NO_3^-－N 的动态变化

土壤中 NO_3^-－N 含量随季节变化，植物在不同生育期时其吸收也存在显著差异。NO_3^-－N 含量同时受许多土壤因素的影响，如通气性、温度、湿度及微生物。已有报道表明，直接由湿土或干土中浸取的 NO_3^-－N 或把湿土及干土经短期培养后浸取的 NO_3^-－N，都与作物吸收的氮素和干物质积累密切相关。表 13－19 结果表明，季节变化对土壤 NO_3^-－N 含量影响明显。无论覆膜与否，NO_3^-－N 含量都是春季表层高、夏季下层高，到秋季则是中层含量相对较高。这是由于春天较为干燥，矿化作用较强，同时因施肥作用使表层 NO_3^-－N 含量增加，5—6 月增加尤为明显。随着作物的生长，NO_3^-－N不断被利用，同时雨季时较多 NO_3^-－N 被淋溶到下层，因此表层 NO_3^-－N 含量较低。尽管秋季矿化作用相对减弱，淋溶作用也明显降低，但表层和中层 NO_3^-－N 含量有所增加。

表 13－19　不同处理中 NO^3－N 含量（mg/kg）**的季节变化**

处理	土层深度（cm）	覆膜							裸地						
		4 月 25 日	5 月 25 日	6 月 25 日	7 月 25 日	8 月 25 日	9 月 25 日	10 月 26 日	4 月 25 日	5 月 25 日	6 月 25 日	7 月 25 日	8 月 25 日	9 月 25 日	10 月 26 日
CK	0～20	3.53	15.68	11.25	0	0	1.11	1.70	8.53	17.93	6.25	0	0	2.10	3.02
	40～60	3.62	14.90	9.31	7.66	4.21	2.40	2.51	2.75	8.41	6.12	6.42	5.89	3.65	3.32
	80～100	2.29	9.61	7.69	6.28	2.51	1.10	2.11	2.56	7.70	3.31	5.68	6.15	2.98	2.52
N2	0～20	14.14	66.42	50.51	7.41	9.66	8.48	7.31	18.31	50.03	43.61	6.80	7.22	4.56	1.00
	40～60	8.36	44.30	30.16	20.88	15.31	12.11	6.02	9.99	22.45	18.96	15.21	10.30	6.11	4.11
	80～100	7.33	37.92	36.12	30.11	18.35	11.12	6.43	6.30	19.86	18.31	17.21	9.26	8.01	2.61

（续）

处理	土层深度（cm）	覆膜 4月25日	覆膜 5月25日	覆膜 6月25日	覆膜 7月25日	覆膜 8月25日	覆膜 9月25日	覆膜 10月26日	裸地 4月25日	裸地 5月25日	裸地 6月25日	裸地 7月25日	裸地 8月25日	裸地 9月25日	裸地 10月26日
M2NP	0～20	28.10	193.44	130.51	50.30	16.28	16.28	8.10	36.44	125.47	95.23	13.10	18.22	10.54	7.50
	40～60	11.71	95.97	68.11	40.21	26.32	20.11	14.12	15.06	60.68	50.22	32.11	26.12	14.22	10.91
	80～100	10.79	84.29	69.51	49.36	33.11	12.11	6.71	12.08	60.81	45.65	49.22	29.12	14.22	12.11
N2P2	0～20	13.24	112.83	58.48	35.90	30.11	20.11	11.60	9.83	93.32	46.25	32.00	21.12	12.68	5.00
	40～60	6.81	69.32	46.78	35.12	19.62	13.44	12.40	4.94	34.03	31.68	32.43	16.77	12.11	11.80
	80～100	5.32	65.77	49.36	40.11	30.16	17.36	10.73	4.87	43.61	40.11	43.37	18.11	11.75	9.00

注：1993年测定，新鲜土样。

在覆膜条件下，由于提高了土壤水分和温度，有利于矿化作用和硝化作用进行，且淋溶减少，使各个土层尤其是上层 NO_3^- - N 的含量都有相对增加的趋势，说明覆膜有利于氮素的利用。施肥后，由于有机肥的矿化或尿素的硝化作用，各层次 NO_3^- - N 含量增加更为明显。

（三）覆膜对棕壤有机氮组分的影响

土壤中有机氮化合物的种类很多，包括各种氨基酸、氨基糖等。表土中氨基酸态氮约占全氮的20%～40%，氨基糖态氮占5%～10%，嘌呤和嘧啶衍生物态氮占1%～4%，其余约1/2以上的氮素形态还不清楚（表13-20）。Stewart等（1963）和Stevenson等（1956）认为，相当一部分氨基酸以微生物体的蛋白质形态存在，在氮素矿化固定过程中，借助于示踪技术可以看到，在各种有机态氮中，以这种形态存在的氮变化最为明显。荒地开垦以后，在土壤全氮降低的同时，氨基酸态氮相对含量也明显降低。表明这种形态氮的有效性较高，并且易受外界环境的影响。

从表13-20看出，在覆膜条件下，酸水解氮总量有一定的下降趋势，达到了极显著水平。这一趋势与张继宏等（1998）测定结果基本一致。其中，氨基酸态氮下降幅度最大（CK处理除外），达显著水平；而非酸水解氮、氨基己糖氮和未知态氮虽有增加趋势，但没有达到显著水平。这是由于覆膜有利于土壤微生物活动，氨基酸态氮易于转化和消耗，使其他形态氮含量也相对提高。

表13-20 不同处理土壤有机氮各组分含量（mg/kg）

处理	酸水解氮 总量		酸水解氮 NH_4-N		酸水解氮 氨基己糖氮		酸水解氮 氨基酸态氮		酸水解氮 未知态氮		非酸水解氮	
	覆膜	裸地	覆膜	裸地	覆膜	裸地	覆膜	裸地	覆膜	裸地	覆膜	裸地
CK	666.6	654.8	167.0	168.0	98.5	83.6	272.2	267.5	128.9	127.6	196.9	199.1
M2	732.5	784.9	213.4	204.6	69.2	74.6	338.7	357.5	111.2	148.2	372.1	263.4
MN	763.4	792.6	219.4	205.6	79.0	101.5	315.2	330.0	149.5	155.5	273.4	273.1
N2	678.7	682.8	187.1	220.1	88.0	68.2	282.3	304.4	120.5	90.1	250.8	256.5
M2NP	754.0	793.7	230.2	237.2	78.9	53.2	325.9	352.1	119.0	141.2	326.2	320.8
MNP	713.9	721.8	205.0	204.0	54.4	60.1	274.2	323.8	180.3	133.9	312.8	257.6
N2P2	639.7	653.2	194.7	211.0	76.8	43.7	264.8	289.0	103.4	109.5	323.7	288.4
t^*	−1.944		−0.803		1.003		−3.542		0.094		1.769	

注：$n=6$，$t_{0.01}=3.707$，$t_{0.05}=2.447$，$t_{0.1}=1.943$。

施用有机肥或化肥后，酸水解氮和非酸水解氮都显著增加。在覆膜条件下，各施肥处理酸水解氮和非酸水解氮均比CK明显增高。这说明施用有机肥和化肥都能提高土壤有机氮素的水平，尤其是施用有机肥是恢复覆膜土壤肥力的有效措施。

（四）覆膜对棕壤微生物体氮的影响

土壤微生物体氮是土壤有机氮的组成部分，数量少，仅占土壤全氮的1%～5%，但十分活跃，可以迅速参与土壤碳、氮等养分循环，在促进土壤有机无机养分转化方面起到极其重要的作用。土壤微生物体氮的有效性较高，其矿化率远高于土壤有机氮。Kerstin等报道，培养12周，土壤矿化的无机氮有55%～89%是来自土壤微生物体氮；Myrold用^{15}N标记法测得厌气培养7 d的矿化氮大部分都是微生物体氮。由此认为，土壤微生物体氮构成了土壤氮素活性库的主要部分。无论覆膜与否，土壤微生物体氮变化均较大，这与微生物总量的变化一致。总的变化趋势为春秋低、夏季较高，5月初和7月下旬出现两个峰值。这是由于春季干旱，微生物活动受到抑制，因此各种微生物体氮都明显下降；7月初到8月中旬降水量增多，气温升高，植物生长旺盛，根系分泌物增多，适宜微生物繁殖生长，微生物体氮量呈上升趋势；8月中旬以后，温度降低，水分减少，各处理土壤微生物体氮量开始下降。

施用有机肥，土壤微生物体氮含量明显提高；而单施氮素化肥，土壤微生物体氮含量下降。这是由于有机肥本身就含有较多微生物，并且为微生物的生长提供了较充足的养分；而长期偏施氮肥，土壤有机质含量下降，导致微生物赖以生长的养分失调，微生物区系减少，数量降低，微生物体氮的含量必然降低。

七、提高棕壤供氮水平的主要措施

矿化作用和硝化作用使土壤有机氮转化成有效氮，生物固持作用和铵的固定作用使有效氮转化为无效氮，反硝化作用和化学脱氮使有效氮遭受损失。土壤氮素的调节主要通过维持土壤氮素平衡、防止氮损失、提高氮肥利用率和避免有害物质积累来实现，主要措施如下。

（一）有机肥与无机氮肥配合施用

由于土壤氮的净矿化数量与有机质本身的碳氮比有关，在实施秸秆还田时应根据有机质的碳氮比补充化学氮肥，以维持土壤有效氮的平衡，如表13-21所示。

表13-21 有机质的碳氮比与土壤氮净矿化量的关系

有机质碳氮比	土壤氮的转化	氮的净矿化量	措施
＞30	固定量＞矿化量	＜0	补充速效氮肥
15～30	固定量＝矿化量	＝0	可单施有机质
＜15	固定量＜矿化量	＞0	可单施有机质

（二）应用激发效应调节土壤有机质和氮素平衡

激发效应是指外加有机质或含氮物质而使土壤中原来有机质的分解速率改变的现象。对于有机质丰富的土壤，施用绿肥等新鲜有机肥产生正激发效应，促进土壤原来有机氮的矿化和更新；而对于有机质缺乏的土壤，施用富含木质素的粗有机肥，产生负激发效应，增加土壤有机质和氮的积累。

（三）防止土壤氮的损失

主要措施：水田土壤不施硝态化肥并避免频繁干湿交替；在水田和旱地上氮肥要深施覆土；碱性土少施碳酸铵，防止氨的挥发损失；应用氮肥增效剂（如硝化作用抑制剂）提高氮肥利用率等。

长期以来，氮肥大部分用作生育期间追肥。其理论依据是氮素化肥为速效性肥料，肥效期短、肥效快。而作物生育各阶段中有一个施氮最大效应时期，此时施氮效果最为显著，这是从旱田作物营养生理来考虑追氮时期的。近年来的试验结果表明，将追肥氮改为基施能提高施肥效果，尤其是挥发性氮肥如碳酸氢铵改为基施效果更好。作基肥施用后生育期间不再追肥，或补以少量追肥。沈阳农业大学的研究结果指出，沈阳地区棕壤水分每年周期性地出现两次湿润期和干旱期。冬季、初春为湿润期。从11月中旬至翌年4月末5月初是土壤积雪、融雪和蒸汽上凝时期，此期土壤积聚水分较多。

春季、初夏为干旱期。从5月上旬至7月中旬是持续干旱期和雨季前期，此期降水少，耗水多，干旱时间长，表土、心土长期处于或稍高于凋萎含水量状态。因此，这时期土壤缺水成为植物生长的限制因素。其后为雨季湿润期和秋季干旱期。因此，基施氮肥可以避免追肥时因天旱和土壤干燥带来的不利影响，从而提高施肥效果。

（四）避免 NO_2^- 的积累

亚硝酸盐对于人类是致癌物质，对于植物也是有害物质。如 NO_2^- 可使水稻幼苗出现青枯病，可使小麦和玉米烧种、烂芽、烂根，还可使幼苗死亡。如果土壤通气条件不足，即可造成亚硝酸盐积累，故应改善土壤通气条件。

第二节　棕壤磷素养分状况

磷素是作物必需的重要营养元素之一，也是农业生产中最重要的养分限制因素。在磷未被作为肥料应用于农业之前，土壤中可被植物吸收利用的磷基本都来源于地壳表层的风化释放以及成土过程中磷在土壤表层的生物富集。农业中磷肥的应用在很大程度上增加了土壤磷素肥力，为农业生产带来了巨大的效益。但随着磷肥长期大量广泛地施用，在改变土壤中磷的含量、迁移转化状况和土壤供磷能力的同时，增加了土壤磷素向水环境释放的风险，许多有毒有害的重金属元素也随磷肥的施用进入土壤和水体。

一、棕壤磷素含量

土壤磷的含量不如氮、钾高。我国土壤全磷（P）含量一般为0.17～1.1 g/kg，耕地土壤受耕作、施肥等人为因素的影响，全磷含量的局部变异很大，一般在0.4～2.5 g/kg。土壤中全磷的含量只能反映磷素的潜在供应水平，土壤中的各种含磷化合物对当季作物是否有效要看它们在土壤中的形态和转化。

土壤含磷量既受母质及成土过程的影响，也受施肥制度的影响。成土矿物是土壤磷的主要来源，土壤含磷量主要取决于母质类型。我国土壤中全磷含量从南到北有逐渐递增的地域变化趋势，北方石灰性土壤比南方酸性土壤的全磷含量高，从东到西也有一些增加，但是由于磷酸盐在土壤中的移动性差，所以即使同一地区磷的含量和分布也有明显的局部差异。

表13-22为我国辽宁省不同棕壤类型土壤含磷量，从表中可以看出，棕壤全磷含量较高，其中白浆化棕壤和潮棕壤的有效磷含量较高。由于耕作土壤的典型棕壤亚类、潮棕壤亚类中包括了一部分施肥和管理水平较高的菜园土壤，所以有效磷的平均含量较高。

表13-22　不同棕壤类型的含磷量

亚类	耕作土壤				非耕作土壤			
	全磷（g/kg）		有效磷（μg/g）		全磷（g/kg）		有效磷（μg/g）	
	含量范围	平均含量	含量范围	平均含量	含量范围	平均含量	含量范围	平均含量
棕壤性土	0.44～1.11	0.78	3～7	4.5	0.35～1.33	0.83	1～9	3.7
典型棕壤	0.48～2.06	0.90	3～23	8.5	0.59～1.51	0.97	1～9	4.0
白浆化棕壤					1.11～2.60	1.48	6～12	8.7
潮棕壤	0.65～1.48	0.95	2～12	6.8	0.60～1.27	0.92	2～3	8.7

表13-23至表13-25分别为山东省和河北省主要棕壤的磷素含量，从表中可以看出，山东省主要棕壤的全磷含量在0.025%～0.051%，有效磷含量在3.4～6.3 mg/kg；河北省棕壤土壤表层土全磷含量为0.088%，有效磷含量为3.9mg/kg。

表 13-23 山东省主要棕壤的磷素含量

土壤类型	全磷				有效磷			
	平均值（%）	标准差（%）	变异系数（%）	统计数	平均值（mg/kg）	标准差（%）	变异系数（%）	统计数
典型棕壤	0.048	0.023	48.41	322	5.6	3.9	69.41	2 199
白浆化棕壤	0.025	0.014	58.16	38	3.4	1.5	44.08	99
潮棕壤	0.051	0.026	50.62	126	6.3	4.5	71.36	518
棕壤性土	0.047	0.022	46.76	68	5.2	3.5	67.73	546

表 13-24 河北省棕壤土壤表层全磷含量统计

土壤类型	算术平均值（%）	加权平均值（%）	标准差	变异系数（%）	样本数
棕壤	0.088	0.084	0.041	46.67	131

表 13-25 河北省棕壤土壤表层有效磷含量统计

土壤类型	算术平均值（mg/kg）	加权平均值（mg/kg）	标准差	变异系数（%）	样本数
棕壤	3.9	4.9	1.4	34.69	131

（一）成土母质与土壤磷素的关系

棕壤的磷含量状况受成土母质磷含量的影响很大。同为发育在岩浆岩上的棕壤，发育在基性岩上的棕壤全磷含量为0.78～1.76 g/kg（平均值为1.19 g/kg），明显高于发育在酸性岩上的棕壤（0.70～1.51 g/kg，平均值为0.90 g/kg）。发育在黄土和片岩风化物上的棕壤磷含量（平均值分别为0.88 g/kg和0.87 g/kg），高于在砂页岩上发育的棕壤磷含量（平均值为0.73 g/kg）。

如表13-26、表13-27所示，山东省棕壤主要成土母质中，以玄武岩磷含量较高，其发育的土壤一般磷含量也较高，其次是片麻岩，花岗岩磷含量最少，其发育土壤的全磷含量也最低。但在某些自然植被较好的表土和长期耕种熟化的耕地，全磷含量仍较高，有效磷含量也相应较高（全国土壤普查办公室，1998）。

表 13-26 不同母质发育的棕壤磷含量

母质	利用方式	土层深度（cm）	全磷（g/kg）	有效磷（mg/kg）
花岗岩风化物	旱地	0～15	0.17	1.9
		45～80	0.15	3.0
		100～120	0.22	2.2
	林地	0～4	0.24	3.4
		15～50	0.15	1.1
		67～75	0.14	—
流纹岩风化物	林地	0～16	0.13	4.0
		16～46	0.12	1.0
		67～80	0.04	1.0
石英岩风化物	林地	0～21	0.08	1.2
		39～62	0.14	1.8
		92～130	0.09	2.3

（续）

母质	利用方式	土层深度（cm）	全磷（g/kg）	有效磷（mg/kg）
砂岩风化物	灌丛	0～24	0.39	1.7
		35～60	0.30	0.9
		90～105	0.64	2.1
非钙质黄土	灌丛	0～17	0.47	1.7
		42～69	0.44	0.9
		95～144	0.44	2.1
千枚岩风化物	旱地	0～18	0.52	—
		18～31	0.45	—
		31～60	0.39	—
冰水沉积物	旱地	0～20	0.63	8.6
		75～135	0.57	14.3

表 13-27　山东省不同成土母质（母岩）磷含量与发育土壤磷素的关系

母质（母岩）	采样地点	母质磷含量（%）	土壤类型	土壤磷含量（%）	有效磷（mg/kg）
角闪片麻岩	泰山中天门	0.109	酸性棕壤	0.314	9.2
片麻岩	泰山长寿桥	0.132	白浆化棕壤	0.068	4.5
花岗岩	崂山太清宫	0.034	白浆化棕壤	0.063	2.3
花岗岩	日照市马庄	0.04	典型棕壤	0.043	4.1
玄武岩	烟台市蓬莱区南王庄	0.7	典型棕壤	0.184	11.2

（二）土壤有机质与土壤磷素的关系

从统计的资料来看，有机质含量高的土壤类型，全磷含量亦高，有机磷含量相应增加。土壤有机质含量与全磷含量和有机磷含量呈正相关，主要是由于土壤生物积累作用将母质中的磷素吸收变为有机态再归还于土壤。对沈阳市 128 个土壤样本的全磷量（y）与有机质（x）含量进行的回归分析表明，其回归关系为 $\hat{y}=0.141+0.0275\times 9x$，$r=0.935$，呈极显著正相关。对山东省耕地 25 个主要土壤样本进行相关回归分析，土壤有效磷和有机质显著相关，回归方程为 y（有效磷）$=4.073+1.342x$（有机质），增施有机肥料，提高土壤有机质水平，也是提高土壤磷素肥力的重要途径（隋方功，1990）。

在土壤形成过程中，生物对土壤磷素的积累有重要作用。磷素是植物从土壤中选择吸收的主要营养元素之一，植物残留物又将磷返归土壤，在植物—土壤循环体系中磷素富集。不同植物磷素的生物归还率不同，所以，在其他条件相同的情况下，不同植被下的土壤磷素富集程度也不同。就磷素的生物归还率而言，小麦（369.7%）>玉米（288.9%）>针阔叶混交林（182.6%）。

（三）土壤质地与土壤磷素的关系

土壤质地也可影响土壤磷含量，即相同母质发育的土壤，质地轻的全磷量略低，反之则高。这是由于土壤各粒级团聚体中矿物本身的晶体磷虽然很少，但一些有机磷化物或次生磷化物可能以胶膜的形式包被于细粒部分的表面或被吸附，还可能有一部分混杂于黏土矿物之中，故土壤的细粒部分的含磷量一般高于粗粒部分。

磷在土壤剖面的分布是不均匀的，无论何种土壤，无论耕地还是非耕地，绝大部分剖面的全磷或有效磷含量皆是表层明显高于下层。一方面是由于植物的富集作用和施肥后的固定积累所致，另一方面是由于磷的迁移率很小，上层土壤磷含量虽然较丰富，但不易因淋溶作用而下移。

（四）土壤酸碱度与土壤磷素的关系

土壤磷素的有效性与土壤酸碱度密切相关，磷素发挥有效性的适宜 pH 在 5.5～6.5。所以，棕壤的酸碱度比较适宜磷素有效性的提高。在酸性土壤中，磷酸钙盐逐渐分解活化，但在强酸性条件下，无机磷又主要以闭蓄态磷酸铁存在，磷素的有效性降低。在碱性土壤中，磷酸钙盐则从微溶性向难溶性方向变化。石灰性土壤中的有效磷主要是磷酸铝盐和一部分微溶的磷酸钙盐，其有效磷的含量较低。因 pH 不同，棕壤各亚类有效磷的相对含量（有效磷/全磷）的关系如下：潮棕壤（1.24%）>潮褐土（1.13%），棕壤性土（1.11%）>褐土性土（0.70%），酸性粗骨土（1.20%）>钙质粗骨土（0.88%）。在棕壤各亚类中，虽然白浆化棕壤的全磷和有效磷的绝对含量很低，但由于土壤呈微酸性，有效磷的相对含量较高。

二、棕壤磷素的存在形态

土壤中磷的存在形态分为无机态和有机态两大类。

（一）无机态磷

无机态磷占土壤全磷含量的 50%～80%。在无机态磷中，除铁、铝、钙的磷酸盐外，有极少量的磷酸根离子分布在土壤溶液中。这些离子态的磷酸根和一些易溶或易分解的磷化合物及一些易解吸的吸附态磷构成土壤中的有效磷库，其中，极易被植物利用的部分称为速效磷。土壤中的有效磷或速效磷的含量，用不同测定方法所得结果差异颇大。必须以当地的生物试验加以校验，择相关性较好的方法应用。

土壤中的无机磷量除受各种磷化物本身的组成、性质和数量的影响外，还随土壤溶液的 pH 而变化，对耕作土壤来说还受施肥的影响。故其含量并不与土壤中的全磷量严格平行。按照溶解度的不同大体可分为 3 类。

1. 水溶态磷 主要是与 K、Na 形成的正磷酸盐以及与 Ca、Mg 结合形成的一价磷酸盐，如 KH_2PO_4、NaH_2PO_4、K_2HPO_4、Na_2HPO_4、$Ca(H_2PO_4)_2$、$Mg(H_2PO_4)_2$ 等。这些磷酸盐在土壤溶液中主要以 3 种磷酸根离子 $H_2PO_4^-$、HPO_4^{2-}、PO_4^{3-} 存在，其各自的数量随溶液 pH 的变化而变化。当土壤溶液 pH 等于 7.22 时，$H_2PO_4^-$ 和 HPO_4^{2-} 数量几乎相等；pH<7.22 时以 $H_2PO_4^-$ 为主，pH>7.22 时以 HPO_4^{2-} 为主。但根际土壤多呈酸性，根主要吸收 $H_2PO_4^-$。虽然磷酸根离子能被作物直接吸收利用，但是含量少，在 0.003～0.3 mg/L，一般不超过 8 mg/L，而且极不稳定，很容易转化为难溶性磷酸盐。水溶态磷中还存在部分聚合态磷酸盐和某些有机磷化合物，但对于大多数土壤来说，它们不太重要。

2. 吸附态磷 吸附态磷指土壤固相表面吸附的磷酸根离子，主要通过配位体交换吸附（专性吸附），其次是静电交换吸附。酸性土壤对磷产生专性吸附的主要是铁、铝氧化物及其水合物，石灰性土壤中则主要是方解石和黏土矿物。

3. 难溶态磷 一般在土壤中，99%以上的无机态磷以固相的磷酸盐化合物存在。其主要有 4 种：磷酸钙盐（Ca-P）、磷酸铝盐（Al-P）、磷酸铁盐（Fe-P）和闭蓄态磷酸盐（O-P）。它们在土壤中溶解度低，难以被作物吸收利用。石灰性土壤以磷酸钙盐为主，酸性土壤则以磷酸铁盐和磷酸铝盐为主。

（1）Ca-P。Ca-P 是土壤中磷酸根离子与钙离子形成的化合物。土壤磷酸钙盐有原生和次生两类。原生的磷酸钙盐主要包括氟磷灰石 [$Ca_{10}(PO_4)_6F_2$] 和羟磷灰石 [$Ca_{10}(PO_4)_6(OH)_2$]，次生的磷酸钙盐是由磷灰石风化或施入的磷肥转化而来的，主要有磷酸八钙 [$Ca_8H_2(PO_4)_6 \cdot 5H_2O$] 等。

（2）Al-P。Al-P 是土壤中磷酸根离子与铝离子形成的化合物。

（3）Fe-P。Fe-P 是土壤中磷酸根离子与铁离子形成的化合物。在渍水种植水稻的条件下，由于高价铁被还原成亚铁，磷的活性显著提高。所以，Fe-P 是水稻磷素营养的重要来源。

（4）O-P。O-P 是指氧化铁胶膜包被的磷酸盐，包在里面的主要是磷酸铁盐，也是无效磷。当

Fe_2O_3 胶膜还原溶解后，磷被释放。

在辽宁省各棕壤采样点中，绝大多数以无机磷为主。土壤中的无机磷亦可按化合物的组成分为磷酸钙盐、磷酸铝盐、磷酸铁盐、闭蓄态磷酸盐和其他难溶磷化物，辽宁棕壤各种形态无机磷的含量及在无机磷中所占比例见表 13－28。

表 13－28　辽宁省棕壤中不同形态无机磷含量（以 P_2O_5 计）

土壤类型	采样地点	pH	无机磷总量（mg/kg）	无机磷各形态含量								有效磷（mg/kg）
				Ca－P 含量（mg/kg）	无机磷中占比（%）	Fe－P 含量（mg/kg）	无机磷中占比（%）	Al－P 含量（mg/kg）	无机磷中占比（%）	O－P 含量（mg/kg）	无机磷中占比（%）	
棕壤	沈阳市	6.7	670	190	28.4	95	5.2	60	8.9	325	48.5	5.9
	铁岭市昌图县	6.9	439	225	51.3	65	14.8	55	12.5	99	22.6	5.6
	丹东市宽甸满族自治县	7.0	867	200	23.1	200	23.1	108	12.5	359	41.4	9.8
	葫芦岛市兴城市	6.9	955	425	44.5	300	3.1	155	16.2	345	36.1	24.2

由表 13－28 可知，辽宁省棕壤中以非闭蓄态磷酸盐含量较多。在非闭蓄态磷酸盐中又以 Ca－P 占绝对优势，多数占无机磷总量的 1/3 以上，高者可达 69%，其次为 Al－P，以上两者的含量皆与有效磷含量呈极显著正相关（n=14，r 值分别为 0.727 和 0.949，P<0.01），Fe－P 的含量较低，且与有效磷含量的关系不密切，相关性很小。

在山东省棕壤上，Ca－P 的含量虽然高于 Fe－P、Al－P，但其在无机磷总量中的相对含量明显较低，一般低于 20%，而闭蓄态磷酸盐含量占无机磷总量的 70%以上（表 13－29）。

表 13－29　山东省棕壤无机磷不同形态的含量和相对组成（以 P_2O_5 计）

土壤类型	统计项	Al－P	Fe－P	Ca－P	O－P			无机磷总量
					O－Al－P	O－Fe－P	总量	
棕壤	范围值（mg/kg）	8.9～28.9	13.2～29.1	13.0～157.1	6.8～30.5	131.5～232.8	138.3～263.3	246.1～388.7
	平均值（mg/kg）	16.4	26.9	51.8	11.4	212.0	223.4	316.8
	相对值（%）	5.1	8.5	16.4	3.5	66.9	70.4	100.0
	统计数（n）	18	18	18	18	18	18	18

（二）有机态磷

土壤有机态磷是指存在于土壤有机质、植物和微生物体中以及施入土壤的有机肥料中所含有的各种含磷有机化合物。土壤有机磷含量变幅大，一般占土壤表层全磷的 20%～80%，随土壤有机质含量增加而增加。目前大部分土壤有机磷的化学组成未能查明，已知肌醇磷酸盐、磷脂、核酸、核苷酸和磷酸糖 5 类，前 3 类是主要形式。这些有机态磷很少能被直接吸收利用，大部分需要矿化为无机磷后才能被吸收利用。

1. 肌醇磷酸盐　最常见的肌醇磷酸盐是肌醇六磷酸（植酸）与钙、镁、铁、铝等金属离子结合而成的磷酸酯，占土壤有机磷总量的 10%～50%，其溶解度极低，十分稳定。

2. 磷脂　磷脂是含磷脂肪酸的酯类，其中重要的是卵磷脂（磷脂酰胆碱）和磷脂酰乙醇胺，占土壤有机磷总量的1%～5%。

3. 核酸 核酸是含磷、氮的复杂有机化合物，所有生物都含有两种核酸，即核糖核酸（RNA）和脱氧核糖核酸（DNA）。核酸在土壤中分解较快，无法从土壤中分离提纯，占土壤有机磷总量的0.2%～2.5%。

还可按有机磷活性程度将其分为活性有机磷（用0.5 mol/L $NaHCO_3$ 可浸提的有机磷）、中等活性有机磷（包括1.0 mol/L H_2SO_4 溶性有机磷和0.5 mol/L NaOH水解的有机磷）、中等稳定性有机磷（溶于0.5 mol/L NaOH和pH为1.0～1.8的盐酸）和稳定性有机磷（即与胡敏酸结合的有机磷，溶于0.5 mol/L NaOH，但不溶于盐酸）。有机磷的矿化率有随有机磷组分活性增强而增加的趋势，因此这种分组方法也可用来监测土壤有机磷对植物有效性的高低。

土壤有机磷的分解取决于微生物的活性及其生存环境，土壤温度是其中一个重要影响因素，低温限制土壤有机磷的分解和有效化。土壤有机磷的分解速率还受到土壤有机质中碳磷比（C/P）的影响。此比值小于200，分解过程中将有无机态磷释放；此比值大于300，不但不能释放无机磷，反而要从介质中吸收无机磷。

棕壤中的有机磷含量占全磷含量的比例随土壤有机质含量的增加而增加（表13-30），辽宁省棕壤有机磷含量及其在全磷中所占比例见表13-31。辽宁省棕壤有机磷含量占全磷含量的比例为11.1%～39.9%，砂质棕壤的平均值较低，为14.4%。

表13-30 棕壤有机质、全磷和有机磷含量

土壤类型	采样地点	肥力状况	有机质（g/kg）	有机磷（mg/kg）	全磷（mg/kg）	有机磷/全磷（%）
棕壤	沈阳农业大学试验地	肥	18.3	202.4	890	22.7
		瘦	15.0	104.0	410	25.4
	大连市金州区	肥	26.1	228.1	710	32.1
		瘦	14.3	90.5	405	22.5

表13-31 辽宁省棕壤有机磷含量及占全磷含量的比例

土壤类型	全磷			有机磷			有机磷/全磷	
	含量范围（g/kg）	平均值（g/kg）	样本量	含量范围（mg/100 g）	平均值（mg/100 g）	样本量	范围（%）	平均值（%）
砂质棕壤	0.66～1.95	1.18	11	10.3～39.5	20.7	6	9.2～27.2	14.4
棕壤	0.54～1.46	1.05	34	12.0～39.8	22.8	23	11.1～39.0	20.9

对辽宁省不同肥力的棕壤和草甸土的研究表明，有机磷中以中等活性有机磷为主，其含量占有机磷的1/2以上；其次为中等稳定性有机磷，占20%～35%；稳定性有机磷和活性有机磷较少，分别占有机磷总量的8%～11%和3%～11%。无论哪一种有机磷组分的含量，皆是肥地多、瘦地少。尤以活性有机磷差异显著，肥地比瘦地的含量高出1～8倍（表13-32）。由此可见，培肥土壤可提高土壤的供磷水平。

表13-32 辽宁省不同肥力棕壤有机磷组分

土壤类型	采样地点	肥力状况	有机磷总量	活性有机磷		中等活性有机磷		中等稳定性有机磷		稳定性有机磷	
				含量（mg/kg）	有机磷中占比（%）	含量（mg/kg）	有机磷中占比（%）	含量（mg/kg）	有机磷中占比（%）	含量（mg/kg）	有机磷中占比（%）
棕壤	沈阳农业大学试验地	肥	202.4	9.2	4.5	129.0	63.7	43.4	21.4	20.8	10.4
		瘦	104.0	3.4	3.3	58.1	55.9	32.5	31.2	10.0	9.6
	大连市金州区	肥	228.1	25.0	11.0	127.8	56.0	51.9	22.8	23.4	10.2
		瘦	90.5	2.8	3.1	47.6	52.6	30.7	33.9	9.4	10.4

三、棕壤磷素的循环转化

（一）成土过程中磷的转化

在成土过程中，母质中的磷灰石矿物风化释放水溶态磷，并被次生矿物吸附固定，进而形成新的矿物态磷。随着土壤矿物风化程度的提高，Ca－P逐渐减少，Fe－P和O－P逐渐增多，而Al－P在各类土壤中所占的比例均较小（表13－33）。成土过程中由于生物作用，土壤中出现有机磷，并随有机质积累而增加。

表13－33　我国主要地带性土壤的无机磷形态构成

土壤类型	无机磷形态构成比例（%）			
	Al－P	Fe－P	Ca－P	O－P
棕壤	10～20	5～20	20～60	20～50
褐土	3.4～6.9	0～0.5	61～71	12～20
黄棕壤	3.7～10	25～27	13～20	45～57
红壤	0.3～5.7	15～26	1.5～16	52～83
砖红壤	0～1.5	2.5～14	0.9～5.3	84～94

（二）耕地土壤磷的转化

磷循环主要在土壤、植物和微生物中进行，其过程主要包括磷的固定和磷的释放两个方面。

1. 磷的固定　磷的固定即水溶性磷加入土壤后转入固相的过程。如可溶性化学磷肥主要是$Ca(H_2PO_4)_2$，施入土壤后，很快转变为不溶性磷。磷肥在土壤中的生物利用率一般只有10%～20%，远较氮、钾肥低，磷的固定是主要原因。磷的固定可分为沉淀反应、吸附反应、闭蓄固定和生物固定4类。

（1）沉淀反应。在石灰性土壤中磷主要与Ca、Mg结合形成溶解度低的Ca－P，最终成为磷灰石；在酸性土中则主要形成溶解度低的Fe－P和O－P。

（2）吸附反应。吸附反应指土壤溶液中的磷被铁铝氧化物、黏土矿物、石灰性物质以及有机质所吸附。在磷的化学固定上，吸附固定比沉淀反应更为重要。如土壤中的铁铝氧化物和某些黏土矿物表面的—OH或—OH_2与磷酸根离子发生配位交换，产生专性吸附，所生成的环状结构比较稳定，使得吸附磷有效性降低。

（3）闭蓄固定。由于受土壤氧化还原电位交替变化的影响，在磷酸盐的外面，尤其是磷酸铁盐的外面会形成一层氧化铁的包膜，从而将磷酸盐包被在其中，称为闭蓄固定。其中的磷难以被作物吸收利用，有效性低。闭蓄态磷主要存在于强酸性土壤和酸性土壤中。

（4）生物固定。生物固定即土壤中的微生物吸收有效态的磷，用于构成微生物体成分。这种固定只是一种暂时的固定，微生物死亡后又会被释放出来供作物吸收利用。

2. 土壤难溶性磷的释放　土壤中的有效磷虽然很容易转化为难溶性磷酸盐，但在一定条件下，难溶性磷酸盐也能转化为易溶性磷酸盐，使磷的有效性增加。如在石灰性土壤上，难溶性的磷酸盐能借助根系、微生物生命活动产生的H_2CO_3和有机酸的作用，逐渐转化为溶解度比较高的$CaHPO_4$，甚至水溶性的$Ca(H_2PO_4)_2 \cdot H_2O$。又如水稻土在淹水条件下，其有效磷量显著增加，磷有效性提高，其原因主要有以下几个方面。

（1）淹水改变土壤氧化还原电位。淹水使土壤氧化还原电位下降，导致三价铁还原为二价铁，使Fe－P释放出来；同时，闭蓄态磷外层的氧化铁还原为氧化亚铁，消除包膜，从而使闭蓄态磷裸露而增加其有效性。这是淹水后土壤磷有效性增加的主要原因。

（2）淹水改变土壤pH。淹水使酸性土壤pH升高，增加了Fe－P和Al－P的溶解度，从而使石灰性土壤pH下降，也将增加Ca－P的溶解度。

（3）淹水使分解不完全。淹水后，有机质在还原条件下分解不完全，会产生许多有机酸。这些有

机酸一方面能络合 Fe^{3+}、Al^{3+}，减少 Fe^{3+}、Al^{3+} 对磷的固定，促进磷的释放；另一方面有机阴离子置换专性吸附态磷，释放出部分磷酸根离子。

（4）淹水使土壤溶液稀释。淹水后，土壤溶液的稀释促进难溶性磷的溶解，磷的扩散系数增加。因为土壤淹水后，部分非活性磷转化为有效磷，这使得水田和旱田土壤有效磷缺乏临界值不同，水稻一般为旱田作物的 2 倍。

四、长期施肥与覆膜处理对棕壤磷素的影响

通过对沈阳农业大学长期覆膜与施肥定位试验站的土壤磷素变化进行研究，结果表明，经过 19 年的长期施肥与覆膜，施有机肥或磷肥均能显著增加土壤中全磷、有机磷和有效磷的含量，覆膜后除 N4P2 外，其余处理土壤全磷含量均大于裸地，覆膜后有机磷含量与裸地相比变化不大。覆膜明显减少了有效磷的含量，增加了磷的移出量。

（一）长期施肥与覆膜对棕壤全磷含量的影响

由表 13－34 可见，经过长期定位试验，无论是施有机肥还是施化肥，土壤全磷含量都较 1987 年有所增加。在覆膜栽培条件下，除不施肥处理外，其他处理土壤全磷含量均比 1987 年有所提高，而 M1N1P1、M2 和 M2N2 全磷含量比 1987 年有极显著增加，变化量分别为 0.405 g/kg、0.355 g/kg、0.440 g/kg，比 1987 年分别增加 77.88%、68.27%、84.62%。在裸地栽培条件下，除不施肥、N4P2 和 M1N1P1，其他施肥处理都较 1987 年有显著增加，而 M2 和 M2N2 与 1987 年相比增加极显著，变化量分别为 0.350 g/kg 和 0.355 g/kg，比 1987 年分别增加 67.31%和 68.27%。

表 13－34　长期施肥与覆膜条件下土壤中全磷的变化

施肥处理	覆膜			裸地		
	全磷含量（g/kg）	变化量（g/kg）	变化率（%）	全磷含量（g/kg）	变化量（g/kg）	变化率（%）
CK	0.475cd	－0.045	－8.65	0.460d	－0.060	－11.54
M1N2P1	0.925a	0.405	77.88	0.625cd	0.105	20.19
M2	0.875a	0.355	68.27	0.870ab	0.350	67.31
M2N2	0.960a	0.440	84.62	0.875a	0.355	68.27
N4P2	0.660cd	0.140	26.92	0.670bc	0.150	28.85
试验前（1987 年）	0.520cd					

注：试验在沈阳农业大学长期覆膜与施肥定位试验站（123°34′E，41°49′N）进行，该试验站始建于 1987 年。变化量＝处理后全磷含量－试验前（1987 年）全磷含量；变化率＝变化量/试验前（1987 年）全磷含量×100%；同一列中具有相同字母的结果表示差异不显著（$P>0.05$）。CK 为对照，不施肥。M1N1P1 为低量有机肥配施低量无机氮和磷，其中 M1 为施入猪厩肥，氮（N）和磷（P_2O_5）含量都为 67.5 kg/hm²；N1 为低量无机氮肥，施氮（N）67.5 kg/hm²；P1 为低量无机磷肥，施磷（P_2O_5）67.5 kg/hm²，即总含氮量和总磷量均为 135 kg/hm²。M2 为高量有机肥，即施入猪厩肥，氮（N）和磷（P_2O_5）含量均为 135 kg/hm²。M2N2 为高量有机肥和无机氮配施，即施入猪厩肥中氮（N）和磷（P_2O_5）含量均为 135 kg/hm²。N4P2 为高量氮磷化肥配施，氮（N）和磷（P_2O_5）含量均为 135 kg/hm²。

（二）长期施肥与覆膜对棕壤有机磷的影响

由表 13－35 可知，经过 19 年的长期定位试验，无论是不施肥还是施肥处理，土壤有机磷含量都较 1987 年有所增加。在覆膜栽培条件下，施有机肥的处理土壤有机磷含量均比 1987 年有显著增高，M1N1P1、M2、和 M2N2 变化量分别为 162.15 mg/kg、212.51 mg/kg、241.00 mg/kg，分别比 1987 年增加了 101.67%、133.25%、151.12%，而 CK 处理的变化率也达到了 55.56%。在裸地栽培条件下，施有机肥处理都较 1987 年有显著增加，M1N1P1、M2 和 M2N2 变化量分别为 175.10 mg/kg、229.45 mg/kg、232.31 mg/kg，变化率都超过了 100%，而 CK 的变化率也达到了 39.15%。

表 13-35 长期施肥与覆膜条件下土壤中有机磷的变化

施肥处理	覆膜			裸地		
	有机磷含量 (mg/kg)	变化量 (mg/kg)	变化率（%）	有机磷含量 (mg/kg)	变化量 (mg/kg)	变化率（%）
CK	248.09de	88.61	55.56	221.91e	62.43	39.15
M1N2P1	321.63b	162.15	101.67	334.58b	175.10	109.79
M2	371.99a	212.51	133.25	388.93a	229.45	143.87
M2N2	400.48a	241.00	151.12	391.79a	232.31	145.67
N4P2	285.09c	125.61	78.76	262.44cd	102.96	64.56
试验前（1987 年）	159.48f					

注：试验在沈阳农业大学长期覆膜与施肥定位试验站（123°34′E，41°49′N）进行，该试验站始建于 1987 年。变化量=处理后全磷含量－试验前（1987 年）全磷含量；变化率=变化量/试验前（1987 年）全磷含量×100%；同一列中具有相同字母的结果表示差异不显著（$P>0.05$）。CK 为对照，不施肥。M1N1P1 为低量有机肥配施低量无机氮和磷，其中 M1 为施入猪厩肥，氮（N）和磷（P_2O_5）含量都为 67.5 kg/hm^2；N1 为低量无机氮肥，施氮（N）67.5 kg/hm^2；P1 为低量无机磷肥，施磷（P_2O_5）67.5 kg/hm^2，即总含氮量和总磷量均为 135 kg/hm^2。M2 为高量有机肥，即施入猪厩肥，氮（N）和磷（P_2O_5）含量均为 135 kg/hm^2。M2N2 为高量有机肥和无机氮配施，即施入猪厩肥中氮（N）和磷（P_2O_5）含量均为 135 kg/hm^2。N4P2 为高量氮磷化肥配施，氮（N）和磷（P_2O_5）含量均为 135 kg/hm^2。

（三）长期施肥与覆膜对棕壤有效磷的影响

由表 13-36 可知，经过长期施肥处理，不同施肥处理土壤有效磷含量都比 1987 年有所增加，其他各处理都较 1987 年有显著增加。在覆膜栽培条件下，M1N1P1、M2、M2N2 和 N4P2 各处理土壤有效磷的变化量分别为 32.15 mg/kg、78.15 mg/kg、92.23 mg/kg、46.46 mg/kg，尤其是 M2、M2N2 与 1987 年相比增加 930.36%、1 097.98%，达极显著水平。在裸地栽培条件下与覆膜栽培条件下有相同的趋势。M1N1P1、M2、M2N2 和 N4P2 各处理变化量分别为 66.77 mg/kg、101.37 mg/kg、125.29 mg/kg、40.85 mg/kg，尤其是 M2、M2N2 与 1987 年相比增加 1 206.79%、1 491.55%，达极显著水平。其中，氮磷化肥配施对土壤中有效磷含量增加没有有机无机肥配施以及单施有机肥效果明显。而有机肥与氮肥配施效果优于单施有机肥，施用高量有机肥优于低量有机肥。

表 13-36 长期施肥与覆膜条件下土壤中有效磷的变化

施肥处理	覆膜			裸地		
	有效磷含量 (mg/kg)	变化量 (mg/kg)	变化率（%）	有效磷含量 (mg/kg)	变化量 (mg/kg)	变化率（%）
CK	9.43i	1.03	12.26	10.35i	1.95	23.21
M1N2P1	40.55h	32.15	382.74	75.17e	66.77	794.88
M2	86.55d	78.15	930.36	109.77	101.37	1 206.79
M2N2	100.63c	92.23	1 097.98	133.69a	125.29	1 491.55
N4P2	54.86f	46.46	553.10	49.25g	40.85	486.31
试验前（1987 年）	8.40i					

注：试验在沈阳农业大学长期覆膜与施肥定位试验站（123°34′E，41°49′N）进行，该试验站始建于 1987 年。变化量=处理后全磷含量－试验前（1987 年）全磷含量；变化率=变化量/试验前（1987 年）全磷含量×100%；同一列中具有相同字母的结果表示差异不显著（$P>0.05$）。CK 为对照，不施肥。M1N1P1 为低量有机肥配施低量无机氮和磷，其中 M1 为施入猪厩肥，氮（N）和磷（P_2O_5）含量都为 67.5 kg/hm^2；N1 为低量无机氮肥，施氮（N）67.5 kg/hm^2；P1 为低量无机磷肥，施磷（P_2O_5）67.5 kg/hm^2，即总含氮量和总磷量均为 135 kg/hm^2。M2 为高量有机肥，即施入猪厩肥，氮（N）和磷（P_2O_5）含量均为 135 kg/hm^2。M2N2 为高量有机肥和无机氮配施，即施入猪厩肥中氮（N）和磷（P_2O_5）含量均为 135 kg/hm^2。N4P2 为高量氮磷化肥配施，氮（N）和磷（P_2O_5）含量均为 135 kg/hm^2。

五、提高棕壤供磷水平的主要措施

（一）调节土壤酸碱度

土壤中有效磷含量与土壤 pH 密切相关。一般是土壤为中性时有效磷含量最高，采取适当措施改变土壤 pH 使之近于中性，可提高土壤的供磷水平。对酸性土壤施用石灰，调节 pH 至 6.5～6.8，可减少土壤对磷的固定。

（二）增加土壤有机质含量

土壤有机质包含的有机磷是土壤磷素的重要组成部分，同时也是土壤有效磷的重要来源。这一点已由辽宁省有机质含量高的土壤全磷量和有效磷含量皆高的事实所证明。有机磷还是各种磷源中周转最快的一种磷素，且有机质分解时产生的各种有机酸有促进含磷矿物释磷的作用。除此之外，土壤有机质还有下列作用：①有机阴离子与磷酸根离子竞争固相表面专性吸附点位，降低土壤对磷的吸附；②有机物分解产生的有机酸和其他螯合剂与 Ca、Fe、Al 螯合，促使其磷酸盐中的磷释放；③腐殖质与铁铝氧化物等胶体表面结合，减少其对磷的吸附；④磷与腐殖质等有机酸形成复合物，成为易被植物利用的状态；⑤有机质分解产生的 CO_2 溶于水形成 H_2CO_3，增加钙、镁磷酸盐的溶解度。故增施有机肥是增大土壤磷库和提高土壤有效磷含量的一项重要措施。

（三）土壤淹水

土壤淹水，可明显提高磷的有效性；反之，淹水土壤落干，土壤磷的有效性下降。所以，水稻后作（旱作）对磷肥的需求量增大。

（四）施用磷肥

施用磷肥应做到：①集中施肥，减少与土壤接触面积；②施于作物近根区（因为磷的移动性小）；③与有机肥配合施用；④水旱轮作的磷肥施用时，要旱作重、水稻轻；⑤酸性土壤施碱性磷肥（钙镁磷肥等），碱性土壤施酸性磷肥（过磷酸钙等）；⑥豆科作物以磷增氮。

根据农业实践和科研资料估计，在保持我国传统的以有机肥为基础的施肥体制下，对严重缺磷土壤每年每公顷施用 75 kg 的 P_2O_5，一般缺磷土壤每年每公顷施用 52.5 kg 的 P_2O_5，富磷土壤每年每公顷施用 37.5 kg 的 P_2O_5 进行补偿性施磷，在不到 10 年内即可保证土壤有效磷含量达到 20μg/g 左右，可被作物利用的有效磷含量将更高。此后如继续进行小剂量补偿性施磷，则既可保证当年作物增产，又可建立比较稳定的有效磷库，以保证作物的持续丰收（贾文锦，1992）。

第三节　棕壤钾素养分状况

钾是作物必需的营养元素之一。在正常情况下，作物的吸钾量与吸氮量相当，约是磷的 2 倍。土壤中的钾，就其来源而言可有两个方面，即土壤中的含钾矿物和以植物残体或有机无机肥料归还至土壤中的钾素。但就钾素在土壤中存在的形态而言，则只有矿物钾、缓效钾（非交换性钾）和速效钾（包括交换性钾和水溶性钾）。土壤中速效钾的含量在很大程度上决定着当季作物的产量。

由于土壤中钾素含量的丰缺主要受母质影响，而土壤中的速效钾与非交换性钾又经常处于动态平衡之中，所以速效钾的含量易受土壤中矿物类型及其数量的影响。它与氮磷速效养分不同，没有明显的地理分布规律性。

一、棕壤钾素含量

尽管土壤的含钾量主要受母质的影响，但由于不同土壤类型的风化和成土条件不同，钾的迁移率也不同。在耕地上，钾还受耕作和施肥条件的影响，因而发育在同一母质上的不同土壤或发育在不同母质上的同一土壤，其含钾量也各不相同。表 13－37 和表 13－38 分别为发育在不同母质上的棕壤性土的含钾量。

表 13－37 发育在不同母质上棕壤性土的耕层含钾状况

母质	全钾（g/kg）	速效钾（mg/kg）
酸性岩	21.6	77.6
基性岩	18.2	97.0
砂页岩	20.8	97.7

注：表中数据是同类型母质各土种相加的算术平均数。

表 13－38 不同母质发育的棕壤性土含钾量

母质	土层深度（cm）	全钾（g/kg）	速效钾（mg/kg）
花岗岩风化物	0～15	22.4	151
	45～80	21.9	88
	100～120	32.4	29
千枚岩风化物	0～18	24.6	117
	18～31	26.4	79
	31～60	16.7	48
冰水沉积物	0～20	21.1	104
	75～135	20.9	167

同为棕壤性土，发育在酸性岩母质上的全钾含量高于发育在砂页岩上者，更高于发育在基性岩上者；速效钾含量则相反。

表 13－39 数据表明，辽宁省棕壤全钾含量均较低，就多数土壤来说，耕作土壤的全钾含量低于同一亚类的非耕作土壤。各亚类间速效钾含量的高低大体上与全钾含量一致，而且同一亚类存在耕作土壤高于非耕作土壤趋势。由表 13－38 可知，全钾含量在剖面中的分布无明显差异，速效钾含量则有上层高于下层的趋势。从不同土壤类型的全钾含量来说，土壤的全钾量又有较明显的地带性（贾文锦，1992）。

表 13－39 辽宁省棕壤耕层的含钾量

土壤类型	耕作土壤				非耕作土壤			
	全钾含量（g/kg）	全钾平均值（g/kg）	速效钾含量（mg/kg）	速效钾平均值（mg/kg）	全钾含量（g/kg）	全钾平均值（g/kg）	速效钾含量（mg/kg）	速效钾平均值（mg/kg）
棕壤性土	19.5～24.9	20.5	62～107	82.4	17.7～26.8	22.4	71～154	109.4
典型棕壤	16.7～32.4	23.1	62～137	108.8	18.9～24.8	21.6	65～152	106.0
白浆化棕壤					18.7～27.7	21.8	77～115	99.5
潮棕壤	17.6～27.5	22.2	60～147	97.3				

山东省棕壤耕层的含钾量见表 13－40。

表 13－40 山东省棕壤耕层的含钾量

亚类	全钾（%）		缓效钾（mg/kg）		速效钾（mg/kg）		变异系数（%）	统计个数
	范围值	平均值	范围值	平均值	平均值	标准差		
典型棕壤	1.63～2.32	2.03	379～1 205	647	65	22	33.35	1 810
白浆化棕壤	1.41～2.89	2.21	239～637	466	36	12	35.09	6
潮棕壤	1.38～1.98	1.69	498～1 205	680	61	23	37.09	420
酸性棕壤	0.91～2.32	1.53	221～1 534	717	109	33	30.28	5
棕壤性土	1.72～2.54	2.13	298～1 025	641	58	21	35.74	479

（一）成土母质与土壤钾素的关系

土壤钾素最主要的来源是成土母质。在岩浆岩和变质岩中，全钾含量差异较大。花岗岩等酸性岩全钾含量最高，中性岩浆岩、玄武岩、辉长岩等基性岩浆岩全钾含量最低。在片麻岩一类的变质岩中，全钾含量的高低取决于长石和石英的含量。长石和石英含量多，且角闪石等深色矿物少，钾素含量较高；反之，则钾素含量较低。砂页岩及其发育的土壤全钾含量都高。石灰岩含钾量较低，但其成土过程中钾素有明显积累。钾素含量高的黄土和黄河冲积物为同源物质，发育土壤也有较高的含钾量，且含量差异也小。

从表 13－41 可见，山东省大部分成土母质或母岩全钾含量较高；同时还可以看出在相同类型的土壤中，母岩含钾量越高，则土壤全钾含量也越高。另外，土壤速效钾含量与全钾含量没有明显的相关性。

表 13－41　山东省不同成土母质（母岩）含钾量与发育土壤含钾量的关系

母质（母岩）	采样地点	含钾量（%）	土壤类型	全钾（%）	速效钾（mg/kg）	缓效钾（mg/kg）
角闪斜长片麻岩	威海市文登区汪疃镇	4.27	典型棕壤	3.59	62	688
角闪片麻岩	泰山长寿桥	0.67	侧渗白浆化棕壤	1.59	43	723
花岗岩	崂山太清宫	3.96	侧渗白浆化棕壤	3.07	103	630
花岗岩	日照市马庄	2.97	典型棕壤	2.53	101	634
玄武岩	烟台市蓬莱区马格庄乡	0.72	典型棕壤	1.71	82	—

（二）土壤质地与土壤钾素的关系

土壤质地与土壤钾素，特别是与土壤速效钾的含量有明显的相关性。一般来说，钾素含量高的土壤都是质地黏重的土壤，如砂姜黑土、黏质潮土、红黏土等。土壤钾素容量和供钾水平主要取决于黏粒含量。

土壤颗粒大小不同，其矿物组成和化学组成也不同。在直径>1 mm 的颗粒中，主要是岩石的碎屑和石英；在 0.002～1 mm 的颗粒中，石英、长石占 70%以上，其余为云母等矿物；在<0.002 mm 的颗粒中，则以黏土矿物为主。表 13－42 列出了不同大小颗粒的化学组成，从中可以看出，颗粒越细，全钾含量越高。一般说来，土壤全钾含量随黏粒含量增加而升高，同时，黏粒含量增加，作为胶体吸附的钾离子或层间镶嵌的钾离子也增加。所以，土壤速效钾含量也随黏粒含量的增加而明显提高（表 13－42、表 13－43）

表 13－42　土壤不同大小颗粒的化学组成（%）

粒径（mm）	K_2O	P_2O_5	CaO	MgO	Fe_2O_3	Al_2O_3	SiO_2
0.2～1	0.8	0.05	0.4	0.6	1.2	1.6	93.6
0.04～0.2	1.5	0.1	0.5	0.1	1.2	2	94
0.01～0.04	2.3	0.2	0.8	0.3	1.5	5	89.4
0.002～0.01	4.2	0.1	3.6	0.3	5.1	13.2	74.2
<0.002	4.9	0.4	1.6	1	13.2	21.5	53.2

表 13－43　土壤质地与土壤速效钾含量（mg/kg）的关系

项目		沙土	沙壤土	轻壤土	中壤土	重壤土	黏土
潮土	平均值	41	80	92	125	179	215
	范围值	32～53	50～97	66～148	84～196	106～239	171～303

（续）

项目		沙土	沙壤土	轻壤土	中壤土	重壤土	黏土
棕壤	平均值	27	42	63	88	—	—
	范围值	18～39	28～60	50～74	59～106	—	—
褐土	平均值	—	61	86	116	137	—
	范围值	—	50～75	70～98	92～140	119～164	—

注：表中质地为卡庆斯基制。

（三）土壤有机质与土壤钾素的关系

土壤有机质中的钾在有机质分解后即进入土壤溶液，进而参与各种形态钾的平衡体系。土壤有机质含量与土壤速效钾含量有明显的相关性。在同一土壤类型相同质地条件下，有机质含量高，速效钾的含量也较高（表 13-44）。另外，有机质作为土壤有机胶体吸附钾离子，既保持了钾素养分不致流失，同时又提高了土壤供钾水平。

表 13-44　土壤有机质与钾素含量的关系

土壤类型	采样地点	土层深度（cm）	有机质（%）	全钾（%）	速效钾（mg/kg）	质地	黏粒含量（<0.001 mm，%）
侧渗白浆化棕壤	泰山长寿桥	0～11	1.75	1.7	60	轻壤土	8.1
侧渗白浆化棕壤	崂山太清宫	0～24	3.04	3.07	120	轻壤土	6.9
棕壤	威海刘公岛	0～8	5.47	2.58	189	轻壤土	13.3
棕壤	威海风林	0～17	1.06	2.68	60	轻壤土	12.2

土壤植被不同，生物元素的归还率也不同。例如，在鲁东丘陵区棕壤上，钾素的生物归还率次序一般是小麦（63.3%）>玉米（36.3%）>针阔叶混交林（7.3%）。所以不同的植被类型，在一定程度上决定了钾素在土壤—植物中的元素循环水平。

二、棕壤钾素的存在形态

土壤钾均以无机形态存在。按其化学形态可分为 4 类；按其对植物的有效性，可分为 3 类。其区别和联系见表 13-45。

表 13-45　土壤钾的不同无机形态及其相互关系

按化学形态分	按对植物的有效性分	存在部位	保持力
矿物钾	无效钾	长石、云母结构内	配位作用
非交换性钾	缓效钾	蒙脱石、蛭石层间和黑云母、水云母结构内	层间吸附和配位作用
交换性钾	速效钾	土粒外表面	静电引力
水溶性钾	速效钾	土壤溶液	离子态

（一）矿物钾

矿物钾主要指矿物结构中难以风化的钾，如长石、云母等矿物结构内所含的钾素，为土壤钾素的主体，占土壤全钾量的 92%～98%。极难风化，却只能靠风化缓慢释放。从长远来看，矿物钾对土壤有效钾的贡献很大，但从一年或一季来说，由此而获得的有效钾数量非常有限，所以又称为无效钾。

矿物钾一般由全钾量减去缓效钾量而求得，其数量取决于母质中含钾矿物的数量。在母质相同时，矿物钾与黏粒含量存在显著的线性相关；若母质不同，则这种相关性不明显。对辽宁省发育在不同母质上的棕壤研究表明，含矿物钾最多的为泥质石灰岩和黄土状母质（20 g/kg 左右），其次为酸性岩、页岩和红土母质（<17.0～18.0 g/kg），而砂岩和基性岩残积坡积物的含量最少，后者不到 10 g/kg。

（二）非交换性钾

非交换性钾又称缓效钾，主要是指矿物晶层间的非交换性钾和极易风化矿物（黑云母）中的钾，包括黑云母和水云母等矿物中的钾和 2∶1 型黏土矿物所固定的钾，可逐渐转化为植物可吸收利用的速效钾，占土壤全钾量的 2%～8%。

据对不同母质发育的棕壤的研究，其含量为土壤全钾含量的 2%～5%。其中，发育在泥质石灰岩（E_3）上者最高，达 122.75 mg/100 g；发育在橄榄玄武岩（Q_3）上者最低，仅 17.75 mg/100 g；其他不同母质上棕壤的缓效钾含量变化顺序依次为混合花岗岩（P_t）>黄土状沉积物（Q_3）>红土（Q_2），其变化幅度为 35～83 mg/100 g。含量大小与风化系数（1 mol/L HNO_3 浸提钾/矿物钾）及物理性黏粒中云母含量呈极显著线性相关。

缓效钾在各粒级土壤团聚体中的含量是不均一的。对辽宁西部几种土壤的研究表明，其含量取决于各粒级土壤团聚体中云母类别、所占比例、含量及水化和混合程度，在所研究的发育于不同母质上的土壤中皆以粉沙粒级中的非交换性钾含量最高。

缓效钾是速效钾的直接来源，在土壤速效钾水平因作物吸收淋失而降低时，缓效钾按扩散机制向外释放。由于速效钾的含量一般很少，所以作物在全生育过程中所吸收的钾来自缓效钾者超过来自速效钾者（表 13-46）。

表 13-46　在连续三茬耗竭试验中小麦的吸钾量和相对比例

土壤类型	采样地点	吸钾量（mg）			相对比例（%）	
		总量	来自速效钾	来自缓效钾	来自速效钾	来自缓效钾
耕型红土棕壤	普兰店花儿乡	12.36	3.655	8.581	29.87	70.13
耕型黄土状棕壤	沈阳望宾	16.757	5.100	11.657	30.44	69.56
耕型黄土状棕壤	沈阳东陵	16.584	4.670	11.914	28.16	71.84
耕型页岩棕壤	普兰店泡子	10.134	4.550	5.584	44.90	55.10
耕型砂岩棕壤	昌图双庙子	11.744	5.080	6.664	43.26	56.74
耕型石灰岩棕壤	本溪火连寨	46.730	12.400	34.330	26.54	73.46
耕型酸性岩棕壤	沈阳满堂	24.592	6.050	18.542	24.60	75.40
耕型基性岩棕壤	宽甸黄椅山	8.577	4.400	4.177	51.30	48.70

注：来自速效钾量=播种前速效钾含量－收获后土壤速效钾含量，来自缓效钾量=吸钾总量－来自速效钾量。

由表 13-46 可知，除个别样品外，植物在土壤中所吸收的钾素 50%以上来自缓效钾，高者可达 70%以上。因在作物生长过程中速效钾可不断地从缓效钾中得到补偿，收获后土壤速效钾的数量也是经过缓效钾补充的，所以事实上植物所吸收利用的缓效钾可能还要大于上述比例。

因缓效钾在作物生长过程中不断向外释放，有人曾以测定缓效钾的方法（1 mol/LHNO_3 热浸提，每次 10 min）来连续浸提土壤，研究缓效钾释放量变化的规律。结果发现，每次浸提量皆依次下降，且变化不大，浸提到第六次，浸提量已趋于稳定，且其浸提量与土壤速效钾含量呈极显著相关（r=0.876，n=8）。另外，土壤速效钾含量与易释放非交换性钾之间也呈显著的线性相关（r=0.742，n=8）。所以有人建议，以易释放非交换性钾量作为判断土壤是否需施钾肥的指标。

（三）交换性钾

交换性钾是土壤胶体静电吸附的 K^+。它与溶液中 K^+ 保持着动态平衡，是速效钾的主体，一般占土壤全钾量的1%～2%。交换性钾与非交换性钾之间可以相互转化，处在动态平衡之中。

（四）水溶性钾（溶液钾）

水溶性钾（溶液钾）是存在于土壤溶液中的K^+，是可被植物直接吸收的速效钾，但数量很少，浓度一般为2～5 mg/L，占土壤全钾量的0.1%～0.2%，占土壤速效钾总量的10%左右。当水溶性钾被作物吸收后，土壤溶液中钾的浓度降低，交换性钾能从土壤胶体表面进入溶液供作物吸收利用，所以水溶性钾、交换性钾都是有效态钾。土壤有效态钾与土壤全钾没有相关性。

根据辽宁省各主要土壤类型计算，速效钾占全钾的比例最高为0.8%、最低为0.4%左右。这类钾是植物最易利用的钾素，其含量与土壤全钾量无明显相关性，而与缓效钾、有机质和物理黏粒含量及阳离子交换量均呈显著的线性相关。据对辽宁省8种不同母质上发育的棕壤的研究，速效钾与缓效钾和有机质含量的相关系数分别为0.777和0.761，高于5%的显著性水平。沈阳市土壤普查汇总资料表明，速效钾（x）与物理黏粒（y）的回归关系为$y=39.37+1.75x$（$r=0.873$，$F=154.23$，$Se=10.7$ μg/g，$n=50$），与阳离子交换量（y）的回归系数为$y=6.345+2.48x$（$r=0.837$，$F=130.52$，$Se=11.9$ μg/g，$n=58$），皆达显著水平。

上述4种形态钾的含量之和称为土壤的全钾量，土壤的全钾量也受母质的影响，因全钾主体为矿物钾，且各种含钾矿物抗风化能力不同，故全钾含量与速效钾没有明显关系，不能真正反映土壤的供钾水平。

三、棕壤钾素的循环转化

（一）土壤钾的固定

土壤钾的固定是土壤水溶性钾和交换性钾被黏土矿物的负电荷所吸引，继而随晶层缝隙的收缩而进入晶格网眼的过程，即由有效钾转化成非交换性钾的过程。固定原理同土壤NH_4^+的固定。2∶1型的黏土矿物是由两层硅氧四面体片夹一层铝氧八面体片组成的单位晶层相互堆叠而成的。硅氧四面体片上有许多六个氧离子组成的六角形孔穴，孔穴的直径为0.288 nm，与K^+的真实直径0.266 nm很相近，K^+能很好地镶嵌在孔穴中。这些单位晶层之间结构很松弛，会随着水分的增多或减少而膨胀或收缩。水分增多时，晶层间膨胀，K^+就进入晶层间，并镶嵌在孔穴中；水分减少时，晶层间收缩，K^+就固定在其中。而1∶1型黏土矿物基本上不固定钾，因为1∶1型黏土矿物是由一层硅氧片的一层铝氧片组成的单位晶层相互堆叠形成，晶层间不能形成闭合的孔穴。影响土壤钾素固定的因素包括以下几个。

1. 黏土矿物数量和类型 在2∶1型黏土矿物中，蛭石的固钾能力最强，其次为伊利石，最弱的是蒙脱石。土壤质地越黏重，黏粒含量就越多，固钾能力越强。

2. 土壤的水分条件 干燥是蒙脱石型矿物固定钾的首要条件，而伊利石型的矿物在湿润环境下也不影响对钾的固定。一般而言，强烈干燥和频繁干湿交替有利于钾的固定。

3. 土壤酸碱度和陪补离子种类 土壤固钾能力随土壤pH的升高而增强。在酸性土壤中，土壤胶体所带负电荷减少，陪补离子以H^+、Al^{3+}为主。它们降低钾的结合能，减少了钾的固定。此外，铁铝氧化物进入黏土矿物晶层间，以及水化铝离子阻塞晶层表面六角形孔穴，都减少对钾的固定。在中性条件下，陪补离子以Ca^{2+}、Mg^{2+}为主，它们对钾的结合能影响小，钾的固定增强。在碱性条件下，陪补离子以Na^+为主，它不影响钾的结合能，所以土壤固钾能力显著增强。

4. 铵离子的影响 铵离子与钾离子半径相近，也能被土壤固定，它与钾离子竞争结合点位。当大量施用铵态氮肥后再施用钾肥，钾的固定量会减少。铵离子能阻止固定态钾的释放，钾离子也能阻止固定态铵的释放。

由于钾的晶格固定降低了钾的有效性，所以钾肥施用时，要深施到温度、湿度变化小的土层中，以减少钾的晶格固定。而且，要相对集中施用或与有机肥料混合施用，减少钾与土壤的接触面积，减少固定。

（二）土壤钾的释放

1. 矿物钾的释放 土壤中的难溶性钾经物理、化学、生物作用能缓慢释放出来。比如，正长石在有机酸和无机酸的作用下能缓慢分解，释放出钾。云母是具有层状结构的硅酸盐矿物，比长石更容易风化，在云母→水化云母→过渡型矿物→蛭石→蒙脱石→高岭石这一过程中，钾被逐步释放，矿物中的含钾量逐渐降低，释放出的钾可供作物吸收利用。但矿物钾的风化速度非常缓慢，释放的速效钾是微不足道的。

2. 非交换性钾的释放 一般认为，非交换性钾的释放由扩散和交换机制所控制。释放的钾主要来自固定态的钾和黑云母中易风化的钾。钾的释放量随交换性钾含量下降而增加，土壤释钾能力主要取决于非交换性钾的含量，所以土壤非交换性钾（缓效钾）含量可作为评价土壤供钾潜力的指标。干湿和冻融交替、灼烧和高温有利于土壤固定钾的释放。

3. 水溶性钾与交换性钾的转化 水溶性钾与交换性钾之间的转化极为迅速，当向土壤中施用钾肥时，提高了土壤溶液中钾的浓度，钾就能从土壤溶液转移到土壤胶体上形成交换性钾；当作物吸收了土壤中的水溶性钾时，降低了土壤溶液中钾的浓度，钾又能从土壤胶体表面转入到土壤溶液形成水溶性钾。

四、棕壤供钾能力及其相关因素

在其他条件适宜的情况下，土壤的供钾能力首先与土壤中速效钾和缓效钾含量关系密切。不过这两项指标皆是静态的容量指标，不足以说明土壤的供钾能力。如速效钾包括水溶性钾（植物可以直接吸收）和交换性钾（一般是进入土壤溶液后被植物利用），一般水溶性钾很少，主要是交换性钾。而交换性钾在吸收复合体上被吸附的位置不同，进入土壤溶液的难易差别很大。再者，吸收性复合体上钾离子的饱和度和土壤溶液中其他阳离子尤其是钙离子的数量，也影响钾离子由吸收性复合体转入土壤溶液的难易。土壤中速效钾与缓效钾经常处于动态平衡之中，风化和施用钾肥会增加土壤速效钾的数量进而打破这一平衡。此外，水溶性钾的固定问题也会影响土壤的供钾能力。

土壤钾缓冲容量（PBC^k）是衡量土壤供钾能力的一个重要指标。所谓土壤钾缓冲容量，是指土壤供钾强度因素（即土壤溶液中钾离子的浓度）每增加或减少一个单位时，土壤胶体中得到或失去的钾量。通常认为 PBC^k 越高，土壤固相和溶液钾之间平衡就越稳定，土壤保持其固有的有效钾水平的能力也就越强。但当土壤溶液中钾的浓度低于临界水平时，只有施用更多的钾肥才能使其供钾能力恢复到原有水平。根据对辽宁省不同母质上发育的棕壤的研究，不同母质的 PBC^k 值相差悬殊。

由表 13－47 可知，各种母质的 PBC^k 值中以基性岩最高，为 214.68 mg/100 g，其次为泥质石灰岩（128.90 mg/100 g），红土和酸性岩最低，分别为 77.65 mg/100 g 和 81.34 mg/100 g，其他母质介于 90.23～118.11 mg/100 g，相关分析表明，PBC^k 与阳离子交换量和黏粒含量呈极显著线性相关（r 值分别为 0.996 和 0.995，$n=8$），而与土壤有机质和速效钾含量等无明显相关关系。土壤的 PBC^k 还受母质中云母含量的影响，云母含量较高者，PBC^k 值亦较高。

表 13－47　不同母质的 PBC^k

项　目	红土	黄土状母质	页岩	砂岩	泥质石灰岩	酸性岩	基性岩
r	0.996*	0.999**	0.977**	0.955**	0.974**	0.955**	0.985**
PBC^k（mg/100 g）	77.65	107.23	90.23	99.36	128.90	81.34	214.68

注：r 为土壤速效钾容量/土壤速效钾强度曲线直线部分的相关系数，这一直线的斜率为 PBC^k 的值。

因不同母质矿物组成和蚀变程度不同，非交换性钾的释放也各有特点。用电超滤法对辽西不同母质的棕壤和褐土进行研究表明，土壤钾的释放速率：红色黏土上的淋溶褐土＞紫色页岩上的褐土＞花岗片麻岩上的棕壤＞黄土堆积物上的褐土。但钾的释放容量则为黄土堆积物上的褐土和花岗片麻岩上的棕壤大于紫色页岩上的褐土，更大于红色黏土上的淋溶褐土。也就是说，土壤供钾的相对潜力是前两种母质的土壤大于后两种母质的土壤。所以，在评价土壤的供钾能力时，进行多方面的综合评价，不仅要看速效钾和缓效钾的多少，还要考虑诸多土壤钾的缓冲容量及易释放非交换性钾的含量等因素（贾文锦，1992）。

五、长期施肥与覆膜处理对棕壤钾素的影响

通过对沈阳农业大学长期覆膜与施肥定位试验站的土壤钾素变化进行研究，结果表明，经过18年施肥处理和覆膜后，除单施有机肥其余各处理的全钾含量都低于原始土壤，覆膜后土壤全钾含量比裸地有所降低。可见，覆膜有利于矿物钾的释放。对于缓效钾，只有单施氮肥处理使其含量降低，其他处理下都有所升高；就速效钾而言，空白、单施氮肥使速效钾含量有所降低，而单施有机肥、有机无机肥料配施的处理使速效钾含量有所增加（侯晓杰等，2005）。

（一）长期施肥与覆膜处理棕壤全钾的变化

土壤中的钾以多种形态存在，其中矿物钾占全钾量的90%～98%，缓效钾占全钾含量的2%～8%，速效钾占全钾含量的0.1%～0.2%。因为矿物钾在全钾中所占的比例很大，所以土壤全钾含量的变化主要受矿物钾释放的影响，能说明土壤供钾的潜在能力。沈阳农业大学长期覆膜与施肥定位试验站矿物主要以伊利石、蒙脱石、硅石等2∶1型次生黏土矿物为主，具有较高的供钾潜力。所测的土壤中全钾含量较丰富，不同处理大体都在1.9%～2.1%，并且差异不大。虽然全钾的含量较高且较为稳定，但随着不同管理措施的长期进行，各处理之间的全钾含量还是发生了变化。从表13-48可以看出，经过18年的长期施肥后，除单施有机肥其余各处理的全钾含量都低于原始土壤，并且不同处理间产生了差异。在裸地栽培条件下，空白对照降低了8.95%，氮肥下降了5.89%。这主要是因为没有钾素的补充，而每年植物生长发育所需的钾都要从土壤中获取，并只有少量归还，致使土壤钾素含量逐年降低。而单施有机肥，由于有机肥料中含有钾素，不仅满足了作物对钾的吸收，而且还有盈余使土壤钾素维持在一个较高的水平上。有机肥、氮肥、磷肥配施（M4N2P1）的处理全钾也有所降低，这可能是因为高肥力，作物生物量大，对钾的需求较大，从而带走土壤中大量钾素。

表13-48　长期施肥与覆膜处理棕壤全钾的变化（2004年）

施肥处理	裸地			覆膜		
	全钾（g/kg）	变化量（g/kg）	变化率（%）	全钾（g/kg）	变化量（g/kg）	变化率（%）
CK	19.63cde	−1.93	−8.95	20.97ab	−0.59	−2.74
N4	20.29bc	−1.27	−5.89	19.24de	−2.32	−10.76
M4	21.65a	0.09	0.42	20.10bcd	−1.46	−6.78
M4N2P1	20.27bc	−1.29	−6.00	19.02e	−2.54	−11.78
试验前（1987年）	21.56a					

注：试验在沈阳农业大学长期覆膜与施肥定位试验站（123°43′E，41°29′N）进行，该试验站始建于1987年，变化量=处理后全钾−试验前（1987年）全钾；变化=变化量/试验前（1987年）全钾×100%；同一列中具有相同字母的结果差异不显著（P=0.05）。

（二）长期施肥与覆膜处理棕壤缓效钾的变化

缓效钾（非交换性钾）是占据黏粒层间内部位置的钾以及某些矿物（如伊利石）的六孔穴中的钾。缓效钾是速效钾的储备库，一般被认为是土壤长期供钾潜力的一个重要指标，许多土壤中的缓效钾对供钾起着重要作用。缓效钾的形成是一个有益的过程，因为它可以减少钾的淋失，并且使钾维持在对植物缓慢有效的形态。

从表13-49可以看出，所测土壤缓效钾含量大概在550～700 mg/kg，含量较为丰富。经过18年长期不同管理措施的影响，只有单施氮肥的处理缓效钾含量降低，其他处理都有所升高。

表 13-49 长期施肥与覆膜处理棕壤缓效钾的变化（2004 年）

施肥处理	裸地			覆膜		
	缓效钾（mg/kg）	变化量（mg/kg）	变化率（%）	缓效钾（mg/kg）	变化量（mg/kg）	变化率（%）
CK	649.56bc	44.23	7.31	597.78e	−7.55	−1.25
N4	560.46f	−44.87	−7.41	635.73bcd	30.40	5.02
M4	659.15bc	53.82	8.89	704.33a	99.00	16.35
M4N2P1	627.04cde	21.71	3.59	668.88b	63.55	10.50
试验前（1987 年）	605.33de					

注：试验在沈阳农业大学长期覆膜与施肥定位试验站（123°43′E，41°29′N）进行，该试验站始建于 1987 年，变化量＝处理后全钾－试验前（1987 年）全钾；变化＝变化量/试验前（1987 年）全钾×100%；同一列中具有相同字母的结果差异不显著（$P=0.05$）。

（三）长期施肥与覆膜处理棕壤速效钾的变化

速效钾（交换性钾和水溶性钾）是指吸附于胶体颗粒表面的钾和水溶液中的钾，是土壤中活性最高的钾，是当季作物钾的主要来源。对大多数土壤来说，速效钾是评价土壤钾素水平和预测施钾水平的一个有效指标。图 13-3 显示了 18 年长期施肥和覆膜土壤速效钾的变化情况。裸地栽培时，空白、单施氮肥速效钾含量分别降低了 11.97 mg/kg 和 31.96 mg/kg，而单施有机肥、有机无机肥配施的处理速效钾含量分别增加了 27.95 mg/kg 和 59.91 mg/kg；覆膜条件下也有相同的变化，只不过变化幅度不同。空白处理，由于没有外源钾素供给植物生长发育，使得土壤速效钾不断消耗，虽有缓效钾补充，但还是没有满足作物生长的需要，出现了速效钾的亏缺。单施高量氮肥，使土壤中肥料比例严重失调，速效钾含量降低。

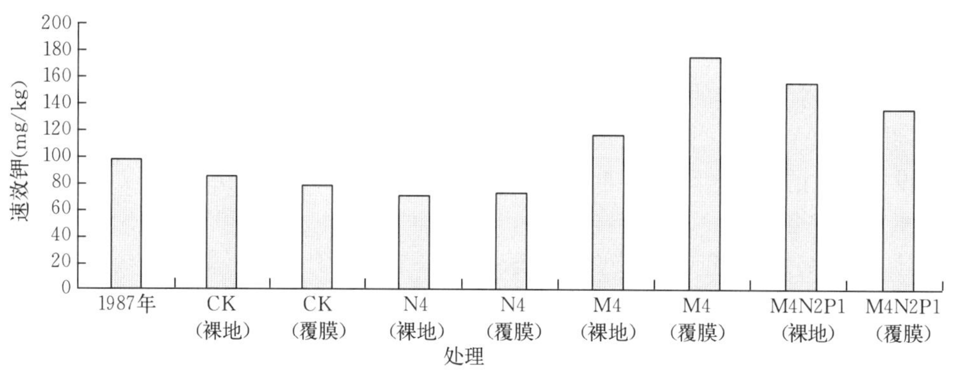

图 13-3 长期施肥与覆膜处理棕壤速效钾变化（2004）

六、提高棕壤供钾水平的主要措施

为保证作物生长期间土壤中有充足的速效钾供给，应结合我国棕壤的钾含量状况，针对棕壤土壤特点，尽量注意防止钾的固定和淋失，加速缓效钾的释放。一般应考虑以下几个方面。

一是施用钾肥时，应分次、适量，避免一次过量，以减少钾的固定和淋失。二是宜条施、穴施或集中施用，以提高土壤胶体上交换性钾的饱和度，增加钾的有效性。三是钾肥不宜面施，可与氮、磷及一些微量元素肥料配比后做成颗粒肥料，深施覆土，以减少因表土频繁干湿交替引起的土壤固钾量增多。四是增施有机肥料，维持或增加土壤腐殖质的含量，其好处在于：可提高阳离子的交换量，减少交换性钾的固定量；有机质在转化过程中会产生一些有机酸，可促进含钾矿物的风化；土壤有机质含量提高后可减弱蒙脱石类矿物的膨胀性，从而减少钾的固定；有机胶体以胶膜形式包被于黏类矿物表面，阻止了钾离子与黏类矿物的直接接触，从而减少了钾的固定机会。

第十四章 棕壤中微量元素状况 >>>

中量元素是作物生长过程中需要量次于氮、磷、钾而高于微量元素的营养元素，占作物干重的0.1%～0.5%，通常指钙（Ca）、镁（Mg）和硫（S）3种元素。中量元素在土壤中储存较多，但大部分都不易被作物直接吸收利用，需要长期的土壤环境作用。一般情况下，中量元素无需专门补充，土壤及有机物中的含量就可满足作物的需求。但往往有以下情况：一是长期大量施用氮、磷、钾肥，以致有机肥施用量大幅降低，营养补给过于单一；二是长期高密度耕种和秸秆焚烧、丢弃等，带走了很多营养元素。因此，常在一些土壤上表现出作物缺乏中量元素的现象。因地制宜地施用和补充中量元素肥料有时也是十分必要的。

第一节 棕壤中量元素

依托沈阳农业大学棕壤长期覆膜与施肥定位试验站（始建于1987年）平台，开展了棕壤中钙、镁和硫的相关研究，对相关研究结果进行了总结。

一、土壤钙

地壳平均含钙量为3.25%，按含量多少排序位于第五。一般土壤的表土平均含钙量可达1.37%，正常土壤的平均含钙量可达到4%以上。大多数土壤溶液中钙的含量为10～20 mol/L，整体看土壤中的钙含量并不匮乏。钙作为植物生长所必需的中量营养元素，对提高植物的抗逆性发挥着很大的作用，并且能够与土壤中的有机质结合形成土壤黏粒组分的胶结剂，可以促进土壤颗粒的团聚，对土壤团粒结构的形成有很大作用（刘峰等，2003）。土壤如果缺钙，则植物生长发育受到限制，会使一些作物的品质下降，甚至会发生一些生理病害，严重的可导致死亡。

（一）长期施肥与覆膜对棕壤钙的影响

1. 长期施肥与覆膜对棕壤全钙的影响 土壤中全钙含量的高低并不能反映土壤钙素的有效性水平，但一定程度上可以反映土壤潜在的供钙能力。由表14-1可以看出，土壤中全钙含量主要分布在2.71～5.64 g/kg，不同施肥对其含量影响明显。其中，单施化肥处理（N4P2、N4、N2）表层土壤中的全钙含量显著低于对照处理（CK），施用有机肥处理（M4N2P1、M4、M2）可使土壤全钙含量增加。一方面原因是，大量施入化肥使得玉米产量较高（薛菁芳等，2006），从土壤中带走大量的钙素，而钙素又没有得到补充；另一方面，随着化肥长期大量的施用特别是氮肥的大量施用，土壤逐渐呈现酸化趋势，钙离子也越来越多地被替换下来随水向下淋溶（徐海等，2011）。而施用有机肥的土壤，尽管玉米产量较高，会带走大量钙素，但有机肥中含有大量钙素（吕凯等，2001），使土壤全钙得到及时的补充。因此，施用有机肥是提高土壤钙的重要措施。

表 14－1　不同施肥处理土壤全钙含量（g/kg）

处理	0～20 cm		20～40 cm	
	裸地	覆膜	裸地	覆膜
CK	3.85cB	3.87cB	3.99cB	3.24aA
M4N2P1	4.60dB	4.68eB	3.72bA	3.79bA
M4	5.64eD	4.64eC	3.69bA	4.04cB
M2	4.58dB	4.40dB	3.91bcA	3.86bcA
N4P2	2.85aA	2.99aA	3.38aB	3.41aB
N4	2.71aA	3.04aB	3.71bD	3.30aC
N2	3.25bA	3.41bA	3.41aA	3.92bcB

注：同行数据后不同大写字母表示差异显著（$n=3$，$P<0.05$）；同列不同小写字母表示差异显著（$n=3$，$P<0.05$）。

由表 14－1 还可以看出，与传统栽培相比，覆膜可以显著提高高量氮肥处理（N4）土壤表层中全钙的含量。这可能是因为覆膜使土壤表层温度升高，使底层的钙素随水的蒸发而在表层积累所致；而裸地受降水影响，钙素随着降水向下淋溶加大了与覆膜土壤表层钙含量的差距。对于施入高量有机肥处理（M4）的土壤表层来说，裸地全钙含量显著大于覆膜。一方面，可能是因为覆膜为玉米生长提供了较充足的水分和温度，使得玉米产量大于裸地，进而从土壤中带走较多的钙素所致；另一方面，覆膜加快了土壤有机质的矿化和养分损失，对土壤肥力的维持不利（李世清等，2003）。而其他各处理土壤全钙含量，裸地与覆膜相比差异不显著。单施化肥土壤中全钙含量有明显的随深度增加而增加的趋势，反映了棕壤中全钙在土壤剖面中的淋溶特点。

2. 长期施肥与覆膜对棕壤酸溶态钙的影响　一般把土壤中溶于 0.25 mol/L HCl 的那部分钙称为酸溶态钙，是土壤有效钙之一，与作物生长相关性较好。由表 14－2 可以看出，土壤中酸溶态钙含量主要分布在 1.57～3.45 g/kg，不同施肥对其含量影响明显。其中，单施化肥处理（N4P2、N4、N2）表层土壤中的酸溶态钙含量低于对照，并且随着氮肥施入量的加大，酸溶态钙含量逐渐下降，这一结果一方面是土壤酸化导致的（张大庚等，2011），另一方面由于全钙和酸溶态钙有较好的相关性（张大庚等，2009），全钙含量的降低也导致了酸溶态钙含量的降低。施用有机肥处理（M4N2P1、M4、M2）可使土壤酸溶态钙含量显著增加，其原因主要是施入的有机肥中含有大量钙素（吕凯等，2001），使土壤酸溶态钙得到积累。

表 14－2　不同施肥处理土壤酸溶态钙含量（g/kg）

处理	0～20 cm		20～40 cm	
	裸地	覆膜	裸地	覆膜
CK	2.18cAB	2.33cC	2.25aBC	2.08aA
M4N2P1	2.98dC	2.85dC	2.21aA	2.47bB
M4	3.34eC	3.45fD	3.12fB	2.87dA
M2	3.21eC	3.04eB	2.97eB	2.79dA
N4P2	1.57aA	1.78aB	2.35bC	2.59cD
N4	1.72bA	2.06bB	2.69dD	2.38bC
N2	2.16cB	2.06bA	2.52cC	2.47bC

注：同行数据后不同大写字母表示差异显著（$n=3$，$P<0.05$）；同列不同小写字母表示差异显著（$n=3$，$P<0.05$）。

由表 14－2 还可以看出，覆膜可以显著提高对照处理（CK）、高量氮磷化肥处理（N4P2）和高量氮肥处理（N4）土壤表层中酸溶态钙的含量。主要是覆膜改变了土壤表层的温度和水分循环，使得钙素向下淋溶强度降低的缘故。对于施入中量有机肥处理（M2）的土壤表层来说，裸地酸溶态钙含量大于覆膜，可能是由于覆膜加快了土壤有机质的矿化所致；而在施入高量有机肥处理（M4）的土壤表层中，裸地酸溶态钙含量则显著低于覆膜，具体原因有待于进一步研究。单施化肥土壤中酸溶态钙含量也有随深度增加而增加的趋势，反映了棕壤中酸溶态钙在土壤剖面中的淋溶特点。

3. 长期施肥与覆膜对棕壤交换态钙的影响 交换态钙是指吸附于土壤胶体表面的钙，是土壤主要的盐基离子之一，占全钙量的 20%～30%。交换态钙包括吸附性钙和水溶态钙两部分，两者在土壤溶液中保持着动态平衡（袁可能，1983），都是植物生长发育所吸收的有效性钙。由表 14-3 可以看出，土壤中交换态钙含量主要分布在 1.34～2.52 g/kg。根据有关文献可知，其缺素临界含量为 0.8 g/kg（姜勇等，2003）。说明该长期定位试验地土壤交换态钙比较丰富，作物目前基本不会出现缺钙症状，但不同施肥对其含量还是有明显影响的。其中，单施化肥处理（N4P2、N4、N2）表层土壤中的交换态钙含量显著低于对照，施用有机肥处理（M4N2P1、M4、M2）可使土壤交换态钙含量增加。一方面原因是，大量施入化肥使得玉米产量较高（薛菁芳等，2006），从土壤中带走大量的钙素，而钙素又没有得到补充；另一方面，交换态钙会随降水向下迁移，使得土壤表层含量减少。而施用有机肥的土壤，尽管玉米产量较高，会带走大量钙素，但有机肥中含有大量钙素（吕凯等，2001），使土壤交换态钙得到及时的补充。因此，施用有机肥是提高土壤交换态钙的重要措施。

表 14-3　不同施肥处理土壤交换态钙含量（g/kg）

处理	0～20 cm		20～40 cm	
	裸地	覆膜	裸地	覆膜
CK	2.17cA	2.15cA	2.22aA	2.17bA
M4N2P1	2.08cA	2.14cA	2.26abB	2.29cdB
M4	2.27dA	2.35eA	2.52dB	2.34dA
M2	2.43eB	2.27dA	2.40cB	2.28cdA
N4P2	1.34aA	1.60aB	2.40cD	2.23bcC
N4	1.41aA	1.57aB	2.32bcD	1.99aC
N2	1.86bA	2.00bB	2.24abC	2.21cC

注：同行数据后不同大写字母表示差异显著（$n=3$，$P<0.05$）；同列不同小写字母表示差异显著（$n=3$，$P<0.05$）。

由表 14-3 还可以看出，覆膜后土壤表层交换态钙含量增加，而土壤底层交换态钙含量降低，这可能是由于覆膜使土壤表层温度升高，使底层的交换态钙随水的蒸发而在表层积累；裸地受降水影响，交换态钙随着降水向下淋溶导致土体下层含量升高（李文卿等，2004）。单施化肥土壤中交换态钙含量有明显的随深度增加而增加的趋势，反映了棕壤中交换态钙在土壤剖面中的淋溶特点。

由此可见，尽管该地区交换态钙没有降低到使作物缺钙的水平，但施用化肥后交换态钙数量减少，可能破坏目前土壤中团聚体，使土壤结构变差、土壤板结，进而影响土壤肥力水平及作物产量。因此，在东北高强度利用的非石灰耕地土壤中适当补充钙素十分必要。

4. 长期施肥与覆膜对棕壤水溶态钙的影响 水溶态钙指土壤溶液中以游离态形式存在的钙离子，含量为每千克土壤几毫克到几百毫克，是植物可直接利用的有效钙。由表 14-4 可以看出，土壤中水溶态钙含量主要分布在 0.03～0.13 g/kg，不同施肥对其含量影响明显。裸地上无论施入的是化肥还是有机肥，土壤表层水溶态钙含量均大于对照。说明无论化肥还是有机肥都可以提高水溶态钙的含量，其中施化肥的土壤可能是氮肥导致 pH 降低所致，而施有机肥的土壤可能是有机肥本身含有较多自由钙离子所致。

表 14-4 不同施肥处理土壤水溶态钙含量（g/kg）

处理	0～20 cm		20～40 cm	
	裸地	覆膜	裸地	覆膜
CK	0.03aB	0.04aC	0.04bB	0.03aA
M4N2P1	0.12eC	0.18gD	0.07fA	0.09eB
M4	0.12eD	0.11fC	0.07gB	0.06dA
M2	0.08cD	0.06bC	0.05dB	0.04bA
N4P2	0.10dD	0.08cC	0.04cA	0.05cB
N4	0.13fD	0.09dC	0.05eB	0.05cA
N2	0.07bC	0.09eD	0.03aA	0.04bB

注：同行数据后不同大写字母表示差异显著（$n=3$，$P<0.05$）；同列不同小写字母表示差异显著（$n=3$，$P<0.05$）。

由表 14-4 还可以看出，覆膜后除高量有机肥与氮磷配施处理（M4N2P1）、低量氮肥处理（N2）和对照处理（CK）外，土壤表层水溶态钙含量降低，这可能是由于覆膜增加了玉米对钙的吸收（王文玲等，2000），因此裸地水溶态钙含量显著高于覆膜。此外，无论化肥还是有机肥处理，土壤中水溶态钙含量有明显的随深度增加而降低的趋势。

（二）不同年份棕壤钙含量的变化

1. 不同年份棕壤全钙含量的变化 从表 14-5 可以看出，裸地长期不同有机肥处理表层土壤中全钙含量呈现出增长趋势。虽然有些年份出现波动，但总体趋势比较明显。其中，以高量有机肥处理（M4）增长最为明显，经过 24 年积累比试验前基础土壤（1987 年）增加了 1.09 g/kg，相对提高 23.96%；其次是高量有机肥与氮磷配施处理（M4N2P1）和高量有机肥处理（M2），分别提高 1.10%和 0.66%，说明长期施用有机肥可以提高土壤表层全钙含量。施用高量有机肥处理（M4）的土壤中全钙含量大于低量有机肥处理（M2），主要原因是高量有机肥中含有大量钙素（吕凯等，2001），在满足玉米正常生长所需钙素以外还有部分盈余在土壤中积累的缘故。对比高量有机肥与氮磷配施处理（M4N2P1）和高量有机肥处理（M4）可以看出，M4N2P1 中全钙含量显著小于 M4，可能是由于长期增施氮肥土壤酸化程度增加，加剧了土壤胶体铵离子、氢离子与钙离子的交换过程，促使土壤脱钙（徐海等，2011）。对照处理（CK）土壤表层全钙含量减少了 0.70 g/kg，相对降低 15.38%，可以看出经过长期种植玉米，玉米从土壤中带走了大量的钙。而长期不同化肥处理表层土壤中全钙含量呈现出明显的递减趋势，其中以高量氮肥处理（N4）减少最为明显，经过 24 年消耗比试验前基础土壤（1987 年）降低 1.84 g/kg，相对减少 40.44%；其次是高量氮磷化肥处理（N4P2）和低量氮肥处理（N2）分别减少 37.36%和 28.57%，说明单施化肥加速全钙的消耗。且氮肥施用量越大（N4），土壤中全钙含量降低越明显（与 N2 比较），这是由于化肥施用量越大越能提高玉米产量（薛菁芳等，2006），进而玉米从土壤中带走的钙素就越多。对比高量氮磷配施处理（N4P2）和高量氮肥处理（N4）的结果，N4P2 土壤中全钙含量略高于 N4，可能是由于磷肥施入土壤中易与钙形成难溶的磷酸钙盐，从而影响了钙的淋溶特征及有效性（刘晶晶等，2005）。

表 14-5 不同年份裸地表层土壤全钙含量（g/kg）

处理	1987 年	2002 年	2005 年	2008 年	2011 年
CK	4.55aBC	4.52cBC	4.84cC	4.43dB	3.85cA
M4N2P1	4.55aA	5.55fC	5.02cdB	5.88fD	4.60dA
M4	4.55aA	5.22eB	5.31dBC	5.48eBC	5.64eC

（续）

处理	1987年	2002年	2005年	2008年	2011年
M2	4.55aA	4.94dB	4.90cB	5.42eC	4.58dA
N4P2	4.55aC	3.69aB	3.80abB	2.91aA	2.85aA
N4	4.55aD	4.07bC	3.59aB	3.30bB	2.71aA
N2	4.55aC	3.98bB	3.97bB	3.60cAB	3.25bA

注：同行数据后不同大写字母表示差异显著（$n=3$，$P<0.05$）；同列不同小写字母表示差异显著（$n=3$，$P<0.05$）。

2. 不同年份棕壤酸溶态钙含量的变化 从表14-6可以看出，裸地长期不同有机肥处理土壤表层酸溶态钙含量呈现出增长趋势，虽然有些年份出现波动，但总体趋势比较明显。其中，以高量有机肥处理（M4）增长最为明显，经过24年积累比试验前基础土壤（1987年）增加了0.81 g/kg，相对提高32.01%；其次是高量有机肥处理（M2）和高量有机肥与氮磷配施处理（M4N2P1），分别提高26.88%和17.79%，说明有机肥能显著提高土壤表层酸溶态钙含量。施用高量有机肥处理（M4）的土壤中酸溶态钙含量大于低量有机肥处理（M2），说明施用有机肥可以提高土壤中酸溶态含量，并且其含量随有机肥施入量的增加而增加。对比高量有机肥配施化肥处理（M4N2P1）和高量有机肥处理（M4）可以看出，M4N2P1下土壤中酸溶态钙含量显著小于M4，这是由于长期增施氮肥土壤酸化程度增加，加剧了土壤胶体铵离子、氢离子与钙离子的交换过程，促使土壤脱钙（徐海等，2011）。对照处理（CK）土壤表层酸溶态钙含量减少了0.35 g/kg，相对降低13.83%，可以看出经过长期种植玉米，土壤中酸溶态钙显著减少。而长期不同化肥处理土壤表层酸溶态钙含量呈现出明显的递减趋势，其中以高量氮磷化肥（N4P2）减少最为明显，经过24年消耗比试验前基础土壤（1987年）降低0.96 g/kg，相对减少37.94%；其次是高量氮肥处理（N4）和低量氮肥处理（N2）分别减少32.02%和14.62%，说明单施化肥加速酸溶态钙的耗竭。且氮肥施用量越大（N4），土壤中酸溶态钙含量降低越明显（与N2比较），说明氮肥的用量越大，土壤的酸化程度越高，越不利于酸溶态钙的积累。对比高量氮磷配施处理（N4P2）和高量氮肥处理（N4）的结果可以看出，随着磷肥的加入，土壤中酸溶态钙含量降低，具体原因有待进一步研究。

表14-6 不同年份裸地表层土壤酸溶态钙含量（g/kg）

处理	1987年	2002年	2005年	2008年	2011年
CK	2.53aC	2.75cD	2.36dB	2.37dB	2.18cA
M4N2P1	2.53aA	3.43eC	2.56eA	3.71fD	2.98dB
M4	2.53aA	3.49eE	2.73fB	3.18eC	3.34eD
M2	2.53aA	3.26dB	2.66efA	3.25eB	3.21eB
N4P2	2.53aD	1.82aC	1.79bC	1.27aA	1.57aB
N4	2.53aC	2.10bB	1.65aA	1.62bA	1.72bA
N2	2.53aC	2.16bB	1.93cA	1.93cA	2.16cB

注：同行数据后不同大写字母表示差异显著（$n=3$，$P<0.05$）；同列不同小写字母表示差异显著（$n=3$，$P<0.05$）。

3. 不同年份棕壤交换态钙含量的变化 在东北棕壤地区现行耕作制度下，土壤肥力变化已有许多报道（李庆民等，1982），但土壤交换态钙方面的动态变化几乎没有报道。因此本文利用长期定位试验的有利条件，对1987年、2002年、2005年、2008年和2011五个不同年份土壤表层交换态钙含量进行了测定（表14-7）。

表 14-7 不同年份裸地表层土壤交换态钙含量（g/kg）

处理	1987 年	2002 年	2005 年	2008 年	2011 年
CK	1.91aA	2.10dB	2.10deB	1.91cA	2.17cB
M4N2P1	1.91aC	1.62bA	1.81cB	1.86cBC	2.08cD
M4	1.91aA	2.06dB	2.07dB	2.14dB	2.27dC
M2	1.91aA	2.13dB	2.15eB	2.33eC	2.43eD
N4P2	1.91aC	1.53aB	1.52bB	1.29aA	1.34aA
N4	1.91aD	1.55abC	1.35aAB	1.33aA	1.41aB
N2	1.91aC	1.81cAB	1.77cA	1.79bAB	1.86bBC

注：同行数据后不同大写字母表示差异显著（$n=3$，$P<0.05$）；同列不同小写字母表示差异显著（$n=3$，$P<0.05$）。

从表 14-7 可以看出，裸地长期不同有机肥处理土壤表层交换态钙含量呈现出增长趋势，其中以低量有机肥处理（M2）增长最为明显，经过 24 年积累比试验前基础土壤（1987 年）增加了 0.52 g/kg，相对提高 27.23%；其次是高量有机肥处理（M4）和高量有机肥与氮磷配施处理（M4N2P1），分别提高 18.85%和 8.90%，说明有机肥能显著提高土壤表层交换态钙含量。施用低量有机肥处理（M2）的土壤中交换态钙含量大于高量有机肥处理（M4），主要原因是施用高量有机肥更能明显提高玉米产量（薛菁芳等，2006），因此带走大量交换态钙的缘故。对比高量有机肥配施化肥处理（M4N2P1）和高量有机肥处理（M4）可以看出，M4N2P1 下土壤中交换态钙含量显著小于 M4，也是由于前者玉米产量一直较高，带走更多的交换态钙。对照（CK）土壤表层交换态钙含量增加了 0.26 g/kg，相对提高 13.61%，这可能一方面由于土壤矿物风化释放钙素，另一方面对照的玉米产量一直较低，因此从土壤中带走的钙素较少所致。而长期不同化肥处理表层土壤中交换态钙含量呈现出递减趋势，其中以高量氮磷化肥处理（N4P2）减少最为明显，经过 24 年消耗比试验前基础土壤（1987 年）降低 0.57 g/kg，相对减少 29.84%；其次是高量氮肥处理（N4）和低量氮肥处理（N2）分别减少 26.18%和 2.62%，说明单施化肥加速交换态钙的消耗，且氮肥施用量越大（N4），土壤中交换态钙含量降低愈明显（与 N2 相比），这也是由于增加施肥量更能提高玉米产量，从而带走较多交换态钙的缘故（薛菁芳等，2006）。对比高量氮磷配施处理（N4P2）和高量氮肥处理（N4）的结果可以看出，随着磷肥的加入，玉米的产量进一步提高，从而使土壤交换态钙含量降低。

4. 不同年份棕壤水溶态钙含量的变化 土壤水分运动是引起土壤养分迁移的动力条件。土壤养分的化学形态和性质是决定其迁移的内因。从表 14-8 可以看出，裸地长期不同化肥和有机肥处理表层土壤中水溶态钙含量呈现增长趋势，对照处理（CK）土壤表层水溶态钙含量呈现出递减趋势。不同处理水溶态钙含量排序为高量氮肥处理（N4）>高量有机肥配施化肥处理（M4N2P1）、高量有机肥处理（M4）>高量氮磷化肥处理（N4P2）>低量有机肥处理（M2）>低量氮肥处理（N2）>对照处理（CK）。对比施有机肥的土壤可以发现，高量有机肥与氮磷配施处理（M4N2P1）增长相对明显，经过 24 年积累比试验前基础土壤（1987 年）增加了 0.08 g/kg，相对提高 200.00%；其次是高量有机肥处理（M4）和低量有机肥处理（M2），分别提高 200.00%和 100.00%。对比高量有机肥处理（M4）和低量有机肥处理（M2）可以看出，随着有机肥数量的增加水溶态钙的含量随之增加，这与张大庚等（2011）的研究结果不一致。施用高量有机肥与氮磷配施处理（M4N2P1）土壤中水溶态钙含量高于高量有机肥处理（M4），说明化肥的施入可以提高水溶态钙的含量。对比施化肥的土壤可以发现，高量氮肥处理（N4）增长相对明显，增加了0.09 g/kg，相对提高 225.00%；其次是高量氮磷化肥处理（N4P2）和低量氮肥处理（N2），分别提高 150.00%和 75.00%。对比高量氮肥处理（N4）和低量氮肥处理（N2）可以看出，随着氮肥数量的增加水溶态钙的含量随之增加，这与张大庚等（2011）的研究结果相似。施入高量氮磷化肥处理（N4P2）土壤中水溶态钙的含量低于高量氮肥处理（N4），可能是由于磷肥施入土壤中易与钙形成难溶的磷酸钙盐，从而影响了钙的有效性（刘晶晶等，2005）。对照处理（CK）土壤表层水溶态钙含量降低了 0.01 g/kg，相对减少 25.00%。

表 14-8 不同年份裸地表层土壤水溶态钙含量（g/kg）

处理	1987 年	2002 年	2005 年	2008 年	2011 年
CK	0.04aC	0.03aAB	0.06dD	0.03aA	0.03aB
M4N2P1	0.04aA	0.14eE	0.08gB	0.11gC	0.12eD
M4	0.04aA	0.07cdB	0.07fC	0.10fD	0.12eE
M2	0.04aA	0.07bcD	0.05cB	0.06cC	0.08cE
N4P2	0.04aA	0.06bB	0.07eB	0.08eC	0.10dD
N4	0.04aA	0.08dD	0.05aB	0.07dC	0.13fE
N2	0.04aA	0.04aA	0.05bB	0.05bB	0.07bC

注：同行数据后不同大写字母表示差异显著（$n=3$，$P<0.05$）；同列不同小写字母表示差异显著（$n=3$，$P<0.05$）。

（三）棕壤不同形态钙垂直变化趋势

由图 14-1 可以看出，在 0～80 cm 土层土壤中全钙、酸溶态钙含量随深度的加深而降低，在 80 cm以下土层中有增加的趋势。土壤中交换态钙含量在 0～150 cm 土层有随深度加深而增加的趋势，反映了棕壤中交换态钙在土壤剖面中的淋溶特点。土壤中水溶态钙含量在 0～80 cm 土层中，随深度的加深而呈递减趋势，在 80 cm 以下的土层中随深度的增加变化较小。这能是由于土层越深，土壤风化程度越低，被固定的钙素越多，可溶于水中的钙就越少；还可能与 pH 大小有关。

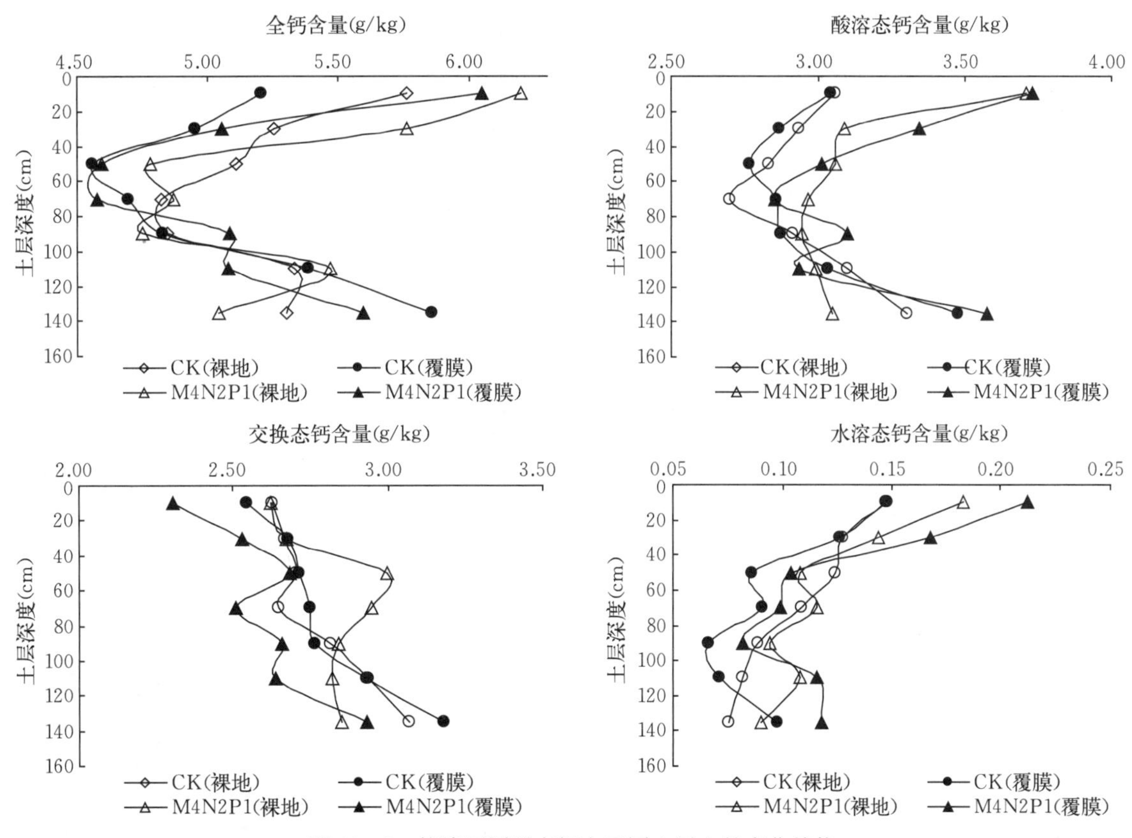

图 14-1 棕壤不同形态钙在不同土层上的变化趋势

（四）土壤钙与 pH 的相关性分析

为了进一步分析影响土壤钙含量的因素，研究测定了不同年份不同处理耕层土壤的 pH，并对钙与 pH 之间的相关性进行分析。由相关分析可以看出，无论裸地还是覆膜，土壤表层全钙、酸溶态钙与 pH 符合 $y=Ax+B$ 的线性关系，呈现出极显著的正相关关系（图 14-2 和图 14-3）。由此说明，pH 的降低可能是导致全钙、酸溶态钙含量减少的一个原因。从图中还可以发现，覆膜条件下全钙、酸溶态钙随 pH 变化的幅度小于裸地（对应的 A 值较小），说明覆膜对全钙、酸溶态钙含量的变化有缓冲作用。

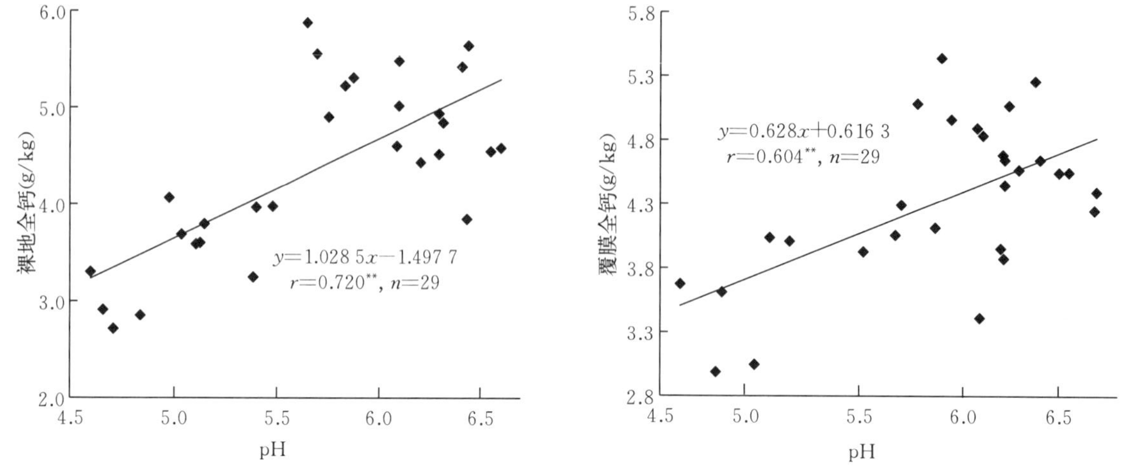

图 14-2　土壤全钙与 pH 间的相关性

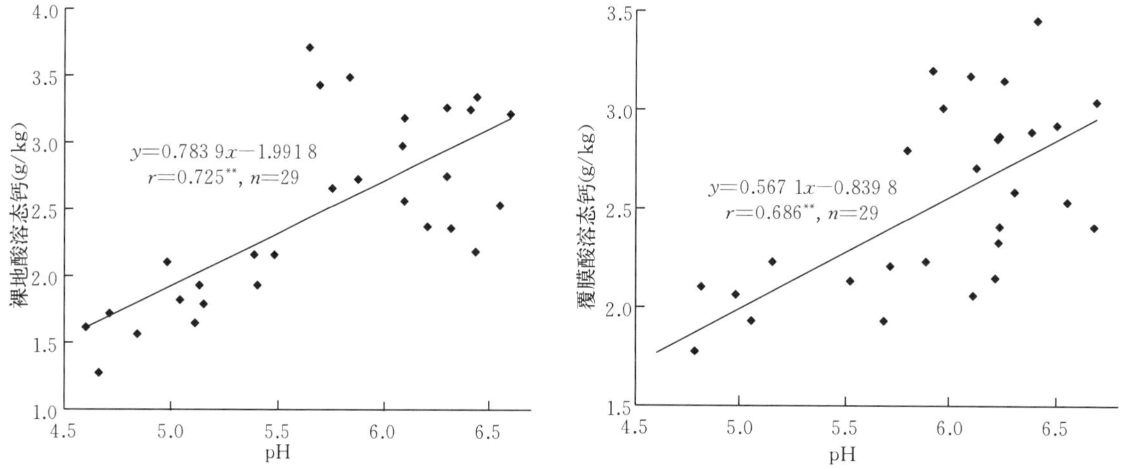

图 14-3　土壤酸溶态钙与 pH 间的相关性

由相关分析可以看出，无论裸地还是覆膜，土壤表层交换态钙与 pH 之间符合 $y=Ax+B$ 的线性关系，且呈现出极显著的正相关关系（图 14-4）。其中，交换态钙和 pH 的正相关关系与张大庚（2009）的研究结果相似。由此说明，pH 的降低可能是导致交换态钙含量减少的一个原因。土壤中

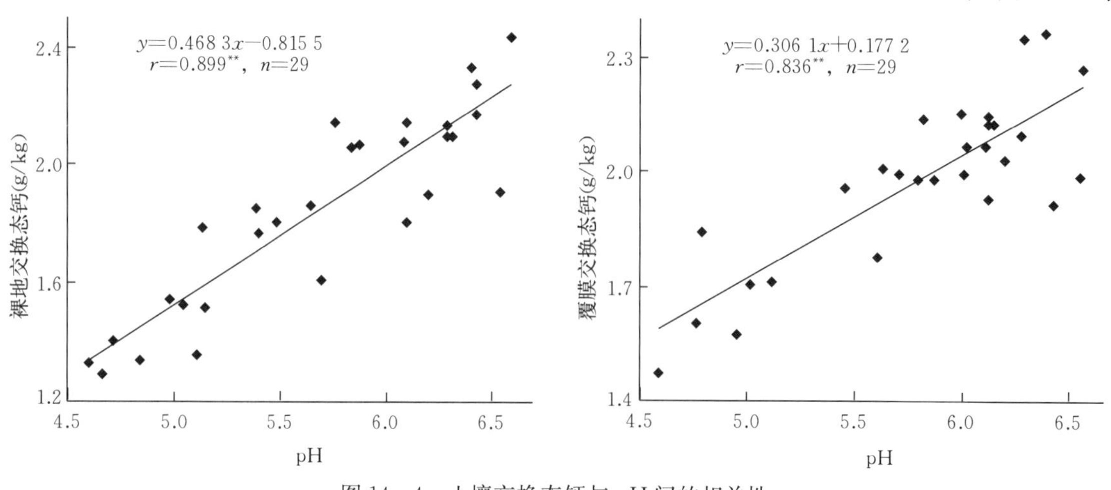

图 14-4　土壤交换态钙与 pH 间的相关性

H^+ 的代换能力大于 Ca^{2+}，因此土壤胶体上的钙易被 H^+ 代换下来进入土壤溶液中。随着土壤 pH 的降低，土壤溶液中部分 Ca^{2+} 会随水分流失，导致土壤中交换态钙含量下降（张大庚等，2011）。从图中还可以发现，覆膜条件下交换态钙随 pH 变化的幅度小于裸地（对应的 A 值较小），说明覆膜对交换态钙含量的变化有缓冲作用。

由图 14－5 可以看出，仅覆膜条件下，土壤表层水溶态钙与 pH 存在相关关系，说明 pH 对裸地耕层土壤水溶态钙影响不大。

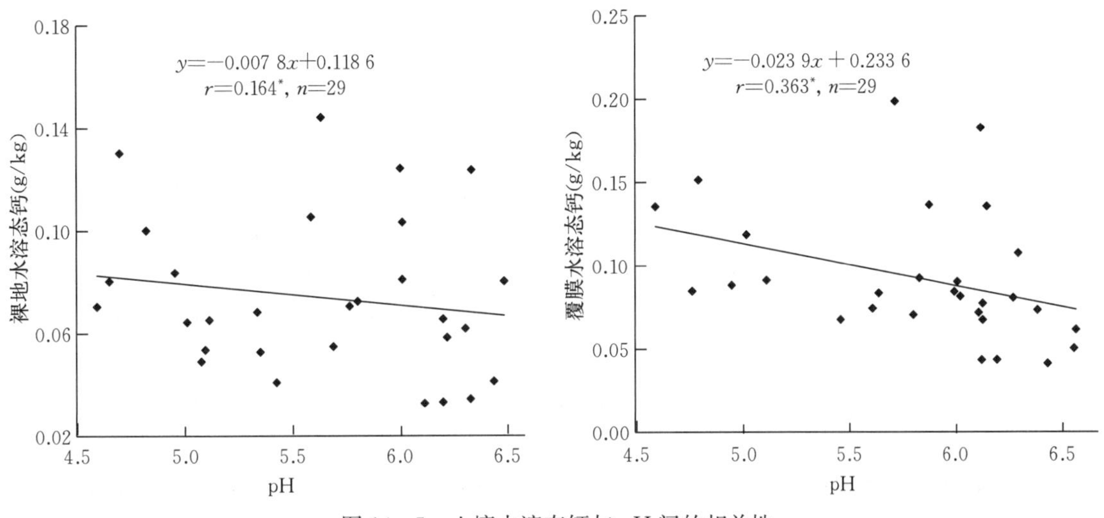

图 14－5　土壤水溶态钙与 pH 间的相关性

二、土壤镁

（一）长期施肥与覆膜对棕壤镁的影响

1. 长期施肥与覆膜对棕壤全镁的影响　地壳中镁含量平均为 2.1%，土壤中镁的含量主要受母质、气候、风化程度和淋溶作用等因素影响，但当水热条件、施肥和耕作制度发生变化时，土壤中的镁含量也会发生变化，其中有机肥对土壤镁素有补充作用（危锋等，2012）。

土壤中全镁含量的高低并不能反映土壤镁素的有效性水平，但一定程度上可以反映土壤潜在的供镁能力。由表 14－9 可以看出，土壤中全镁含量主要分布在 5.54～7.26 g/kg，不同施肥对其含量影响明显。裸地表层除高量有机肥配施化肥处理（M4N2P1）全镁含量低于对照处理（CK）外，其他处理（M4、M2、N4P2、N4、N2）均高于对照处理（CK）。不同施肥处理下玉米的长势要好于对照处理（CK），对土壤镁素的利用率也大于对照处理（CK），但同时这些处理下玉米对土壤镁素的归还也多于对照（CK）。而高量有机肥配施化肥处理（M4N2P1）全镁含量低于对照处理（CK）的原因有待进一步研究。

对照处理（CK）、高量氮磷化肥处理（N4P2）、低量有机肥处理（M2）和高量有机肥处理（M4）土壤表层全镁含量覆膜显著低于裸地，其他处理差异不显著。一方面，可能是由于覆膜提高了土壤表层的温度和水分使得玉米产量高于裸地，玉米从土壤中带走较多镁素；另一方面，覆膜加快了土壤有机质的矿化和养分损失，对土壤肥力的维持不利（李世清等，2003）。其他处理土壤表层全镁含量覆膜与裸地差异不显著。

表 14－9　不同施肥处理土壤全镁含量（g/kg）

处理	0～20 cm		20～40 cm	
	裸地	覆膜	裸地	覆膜
CK	5.93bC	5.57aA	6.64bD	5.80aB
M4N2P1	5.54aA	5.62aAB	5.80aB	5.81aB

（续）

处理	0～20 cm		20～40 cm	
	裸地	覆膜	裸地	覆膜
M4	6.56eB	6.19bcA	7.18cC	6.42cAB
M2	6.30dB	5.98bA	6.61bC	6.13bAB
N4P2	6.18cdB	6.00bcA	7.26cD	6.77dC
N4	5.97bcA	6.08bcAB	7.15cC	6.35cB
N2	6.22dA	6.22cA	6.61bB	6.97eC

注：同行数据后不同大写字母表示差异显著（$n=3$，$P<0.05$）；同列不同小写字母表示差异显著（$n=3$，$P<0.05$）。

对比覆膜与裸地 20～40 cm 土层全镁含量，除低量氮肥处理（N2）裸地显著低于覆膜，以及高量有机肥配施化肥处理（M4N2P1）裸地与覆膜无显著差别以外，其他处理裸地土壤全镁含量显著高于覆膜，其原因是覆膜改变了土壤表层的水分循环，土壤底层镁素随水向土壤表层聚集。试验各处理无论覆膜还是裸地，全镁含量都有明显的随深度增加而增加的趋势，反映了全镁在棕壤剖面中的淋溶特点。

2. 长期施肥与覆膜对棕壤酸溶态镁的影响 近年来，人们开始重视对土壤中酸溶态镁的研究，对其的含量与全镁、交换态镁和作物产量的相关性以及提取条件都有过报道，但是对其含义、组成却没有准确界定。此处将土壤中能溶于 0.25 mol/L HCl 的镁称为酸溶态镁。酸溶态镁是矿物中较易释放的镁，可作为植物利用的潜在有效镁，占全镁量的 5%～25%（徐畅等，2007）。

由表 14-10 可以看出，土壤中酸溶态镁含量主要分布在 1.12～1.43 g/kg，不同施肥处理对其含量影响明显。与对照处理（CK）裸地土壤表层相比，高量有机肥处理（M4）土壤中酸溶态镁含量显著提高，高量氮肥处理（N4）土壤中酸溶态镁含量显著降低，其余 4 个处理（N4P2、N2、M4N2P1、M2）裸地土壤表层酸溶态镁含量与对照处理（CK）相比差异不显著，说明施有机肥有利于土壤酸溶态镁含量的稳定和升高，而施化肥则不利于酸溶态镁含量的积累，过量施入将降低酸溶态镁的含量。

表 14-10 不同施肥处理土壤酸溶态镁含量（g/kg）

处理	0～20 cm		20～40 cm	
	裸地	覆膜	裸地	覆膜
CK	1.32bC	1.12aA	1.34bC	1.20aB
M4N2P1	1.28bA	1.32cdA	1.20aA	1.26abA
M4	1.43cB	1.35 dA	1.36bA	1.33bcA
M2	1.31bA	1.31cdA	1.30bA	1.25abA
N4P2	1.23abAB	1.19bA	1.36bC	1.30abBC
N4	1.15aA	1.18bAB	1.34bC	1.26abB
N2	1.26bA	1.27cA	1.35bB	1.42cC

注：同行数据后不同大写字母表示差异显著（$n=3$，$P<0.05$）；同列不同小写字母表示差异显著（$n=3$，$P<0.05$）。

对照处理（CK）和高量有机肥处理（M4）表层（0～20 cm）土壤中酸溶态镁含量覆膜显著低于裸地，可能是由于覆膜加快了土壤有机质的矿化，同时玉米对镁素的利用强度加大所致；而其他各施肥处理覆膜与裸地表层土壤酸溶态镁含量差异不显著。

对比覆膜与裸地 20～40 cm 土层酸溶态镁含量可以看出，对照处理（CK）和高量氮肥处理（N4）覆膜显著低于裸地；高量有机肥配施化肥处理（M4N2P1）、高量有机肥处理（M4）、低量有机肥处理（M2）和高量氮磷化肥处理（N4P2）裸地与覆膜差异不显著；而低量氮肥处理（N2）酸溶态镁含量裸地显著低于覆膜，其原因有待于进一步研究。单施化肥和对照土壤中酸溶态镁含量也有随深度增加而增加的趋势，反映了棕壤中酸溶态镁在土壤剖面中的淋溶特点。

3. 长期施肥与覆膜对棕壤交换态镁的影响 交换态镁是指被土壤胶体表面电荷吸附并能被一般交换剂交换下来的镁，交换态镁占土壤全镁量的 1%～20%（袁可能，1983）。土壤中交换态镁的含量既受自然条件的影响，同时也受耕作措施的影响。

土壤供镁状况一般用土壤交换态镁含量或交换态镁饱和度反映（于群英，2002）。由表 14－11 可以看出，土壤中交换态镁含量主要分布在 0.30～0.66 g/kg，其缺素临界含量为 0.06 g/kg（姜勇等，2003），说明试验地土壤交换态镁含量非常丰富，作物缺镁现象目前不会发生。单施化肥土壤中的交换态镁含量显著低于对照处理和施入有机肥处理的土壤，其中高量氮磷配施处理（N4P2）和高量氮肥处理（N4）土壤表层交换态镁含量最低，说明化肥的大量施入对交换态镁的耗竭影响很大。在没有有机肥施入的土壤中，交换态镁含量表现出随深度增加而增加的趋势（于群英，2002），反映了棕壤中交换态镁在土壤剖面中的淋溶特点。

表 14－11 不同施肥处理土壤交换态镁含量（g/kg）

处理	0～20 cm		20～40 cm	
	裸地	覆膜	裸地	覆膜
CK	0.45dAB	0.43cA	0.49cB	0.48bB
M4N2P1	0.55eAB	0.59eC	0.54dA	0.57cB
M4	0.66fC	0.58eB	0.64eC	0.55cA
M2	0.56eC	0.53dB	0.54dBC	0.50bA
N4P2	0.33bA	0.35aB	0.47bcD	0.41aC
N4	0.30aA	0.33aB	0.46bD	0.39aC
N2	0.38cA	0.38bA	0.42aB	0.43aB

注：同行数据后不同大写字母表示差异显著（$n=3$，$P<0.05$）；同列不同小写字母表示差异显著（$n=3$，$P<0.05$）。

施用有机肥的土壤交换态镁含量显著高于不施有机肥的土壤，并且表层含量大于底层，说明施肥增加了土壤中有机质的含量。腐殖质可吸附大量的交换态镁，而且有机质本身也是镁的给源，因此交换态镁含量升高。该结论与侯玲利（2008）的研究结果一致。覆膜后，施用化肥土壤表层交换态镁含量相应增加，而底层相对较少，这可能也是覆膜后水分向表层移动使水溶态镁表聚的结果。

4. 长期施肥与覆膜对棕壤水溶态镁的影响 水溶态镁是指能溶解在土壤溶液中的镁。一般每千克土壤中含有几毫克到几十毫克不等，其含量只占交换态镁含量的百分之几。水溶态的镁随着胶体上吸附镁的含量和饱和度增加而增加，其浓度变化与土壤质地关系密切，与 pH 有一定关系。

由表 14－12 可以看出，土壤中水溶态镁含量主要分布在 0.003～0.020 g/kg，不同施肥对其含量影响明显。裸地上无论施入的是化肥还是有机肥，土壤表层水溶态镁含量均大于对照。说明无论化肥还是有机肥都可以提高水溶态镁的含量，而水溶态镁含量多少与有机肥和化肥的施用量有关，肥料施用量越多水溶态镁含量越多。其中，施化肥的土壤可能是氮肥导致 pH 降低所致，而施有机肥的土壤可能是有机肥本身含有较多自由镁离子所致。

覆膜后增加了高量有机肥与氮磷配施处理（M4N2P1）、低量氮肥处理（N2）、中量有机肥处理（M2）和对照处理（CK）土壤表层水溶态镁含量，这与水溶态钙的规律相似，同样可能是由于覆膜增

表 14-12　不同施肥处理土壤水溶态镁含量（g/kg）

处理	0～20 cm		20～40 cm	
	裸地	覆膜	裸地	覆膜
CK	0.003aA	0.005aB	0.003aA	0.003aA
M4N2P1	0.014cB	0.020eC	0.011eA	0.020eC
M4	0.016dD	0.014dC	0.011eB	0.008dA
M2	0.011bC	0.012bC	0.006cB	0.004abA
N4P2	0.018eC	0.013cdB	0.005bA	0.006cA
N4	0.018eD	0.013cC	0.009dB	0.005bA
N2	0.011bB	0.014dC	0.004bA	0.004abA

注：同行数据后不同大写字母表示差异显著（$n=3$，$P<0.05$）；同列不同小写字母表示差异显著（$n=3$，$P<0.05$）。

加了玉米对镁的吸收，因此裸地水溶态镁含量高于覆膜。而高量有机肥与氮磷配施处理（M4N2P1）土壤表层水溶态镁含量裸地低于覆膜的原因有待进一步研究。此外，无论化肥处理还是有机肥处理，土壤中水溶态镁含量有明显的随深度增加而降低的趋势。

（二）不同年份棕壤镁含量的变化

1. 不同年份棕壤全镁含量的变化　由表 14-13 可知，裸地长期不同施肥处理表层土壤中全镁含量虽有波动，但呈现出降低趋势。与 24 年前试验基础土壤（1987 年）相比，除高量有机肥处理（M4）土壤全镁含量略有升高以外，其他处理全镁含量显著下降。说明玉米对镁素的吸收量较大。不同处理全镁含量排序为高量有机肥处理（M4）>低量有机肥处理（M2）>低量氮肥处理（N2）>高量氮磷化肥处理（N4P2）>高量氮肥处理（N4）>对照处理（CK）>高量有机肥配施化肥处理（M4N2P1）。对比施有机肥的土壤可以发现，高量有机肥处理（M4）增加了 0.04 g/kg，相对提高 0.61%；而低量有机肥处理（M2）和高量有机肥与氮磷配施处理（M4N2P1），则分别减少 3.37%和 15.03%。对比高量有机肥处理（M4）和低量有机肥处理（M2）可以看出，随着有机肥数量的增加全镁的含量随之增加，虽然有机肥能在一定程度上提高土壤全镁含量，但其补充量仍小于玉米对于镁素的吸收量，土壤中全镁含量总体趋势是降低的。在所有的施肥处理中，高量有机肥与氮磷配施处理（M4N2P1）土壤全镁含量最低，具体原因有待进一步研究。对照处理（CK）土壤表层全镁含量降低了 0.59 g/kg，相对减少 9.05%。对比施化肥处理的土壤可以发现，高量氮肥处理（N4）降低相对明显，降低了 0.55 g/kg，相对减少 8.44%；其次是高量氮磷化肥处理（N4P2）和低量氮肥处理（N2），分别减少 5.21%和 4.60%。对比高量氮肥处理（N4）和低量氮肥处理（N2）可以看出，随着氮肥数量的增加全镁含量随之减少，一方面是由于大量施入氮肥使得玉米产量较高（薛菁芳等，2006），从土壤中带走较多的镁素，另一方面随着氮肥的大量施用，土壤逐渐呈现酸化趋势，镁离子也越来越多地被替换下来随水向下淋溶。施入高量氮磷化肥处理（N4P2）土壤中全镁含量高于高量氮肥处理（N4），可能是由于磷肥的施入所致，具体原因有待进一步研究。

表 14-13　不同年份裸地表层土壤全镁含量（g/kg）

处理	1987 年	2002 年	2005 年	2008 年	2011 年
CK	6.52aB	6.76dB	6.16bcA	6.11cA	5.93bA
M4N2P1	6.52aD	6.21abCD	5.82aAB	5.89abBC	5.54aA
M4	6.52aC	6.36bcBC	6.14bcAB	6.00bcA	6.56eC
M2	6.52aB	6.37bcB	5.98abA	6.17cAB	6.30dAB
N4P2	6.52aC	6.22abB	6.26cBC	5.77aA	6.18cdB
N4	6.52aB	6.14aA	6.14bcA	5.85abA	5.97bcA
N2	6.52aA	6.53cA	6.32cA	6.18cA	6.22dA

注：同行数据后不同大写字母表示差异显著（$n=3$，$P<0.05$）；同列不同小写字母表示差异显著（$n=3$，$P<0.05$）。

2. 不同年份棕壤酸溶态镁含量的变化 由表 14－14 可知，裸地长期不同施肥处理表层土壤中酸溶态镁含量虽有波动，但呈现出增长趋势，不同处理酸溶态镁含量排序为高量有机肥处理（M4）＞对照处理（CK）＞低量有机肥处理（M2）＞高量有机肥配施化肥处理（M4N2P1）＞低量氮肥处理（N2）＞高量氮磷化肥处理（N4P2）＞高量氮肥处理（N4）。对比施有机肥的土壤可以发现，高量有机肥处理（M4）增长相对明显，经过 24 年积累比试验前基础土壤（1987 年）增加了 0.47 g/kg，相对提高 48.96%；其次是低量有机肥处理（M2）和高量有机肥与氮磷配施处理（M4N2P1），分别提高 36.46%和 33.33%。对比高量有机肥处理（M4）和低量有机肥处理（M2）可以看出，随着有机肥数量的增加酸溶态镁含量随之增加，说明有机肥有助于酸溶态镁含量的增加。施用高量有机肥与氮磷配施处理（M4N2P1）土壤中酸溶态镁含量低于高量有机肥处理（M4）甚至低于对照处理（CK），说明化肥的施入不利于酸溶态镁含量的积累。对照处理（CK）土壤表层酸溶态镁含量增加了 0.36 g/kg，相对提高 37.50%。原因可能是由于玉米对镁素的吸收量较大，打破了土壤镁各形态含量间的平衡，使镁素由无效向有效转化的结果。对比施化肥的土壤可以发现，低量氮肥处理（N2）增长相对明显，增加了 0.30 g/kg，相对提高 31.25%；其次是高量氮磷化肥处理（N4P2）和高量氮肥处理（N4），分别提高 28.13%和 19.79%。虽然施化肥土壤中酸溶态镁含量有增长，但还是低于对照处理（CK）。对比高量氮肥处理（N4）和低量氮肥处理（N2）可以看出，氮肥用量越高酸溶态镁含量越低，可能是由于氮肥的施入使土壤 pH 降低所致。施入高量氮磷化肥处理（N4P2）土壤中酸溶态镁含量高于高量氮肥处理（N4），可能与磷肥的施入有关，具体原因有待进一步研究。

表 14－14 不同年份裸地表层土壤酸溶态镁含量（g/kg）

处理	1987 年	2002 年	2005 年	2008 年	2011 年
CK	0.96aA	1.27bB	1.26bB	1.30cB	1.32bB
M4N2P1	0.96aA	1.42cC	1.26bB	1.56dD	1.28bB
M4	0.96aA	1.38cB	1.38cB	1.52dC	1.43cB
M2	0.96aA	1.37cBC	1.41cC	1.57dD	1.31bB
N4P2	0.96aA	1.15aB	1.15aB	1.23bC	1.23abC
N4	0.96aA	1.20aB	1.17aB	1.17aB	1.15aB
N2	0.96aA	1.28bBC	1.27bB	1.34cC	1.26bB

注：同行数据后不同大写字母表示差异显著（$n=3$，$P<0.05$）；同列不同小写字母表示差异显著（$n=3$，$P<0.05$）。

3. 不同年份棕壤交换态镁含量的变化 由表 14－15 可知，裸地长期不同有机肥处理表层土壤中交换态镁含量虽有波动，但呈现出增长趋势，其中以高量有机肥处理（M4）增长最为明显，经过 24 年积累比试验前基础土壤（1987 年）增加了 0.21 g/kg，相对提高 46.67%；其次是低量有机肥处理（M2）和高量有机肥与氮磷配施处理（M4N2P1）分别提高 24.44%和 22.22%，说明有机肥能显著提高土壤表层交换态镁含量。低量有机肥处理（M2）土壤中交换态镁含量低于高量有机肥处理（M4）土壤，可能是由于施入的有机肥中镁含量较高，而玉米带走的相对较少，经过长期积累所致。对比高量有机肥与氮磷配施处理（M4N2P1）和高量有机肥处理（M4）可以看出，M4N2P1 土壤中交换态镁含量显著低于 M4，主要是由于前者玉米产量较高，带走更多的交换态镁。CK 土壤表层交换态镁含量几乎没变，可能是由于沈阳地区镁含量比较丰富，在自然状态下，作物生长所利用的水溶态镁完全可以由其他形态转换而来。而长期不同化肥处理表层土壤中交换态镁含量呈现出递减趋势，其中以高量氮肥处理（N4）减少最为明显，经过 24 年消耗比试验前基础土壤（1987 年）降低了 0.15 g/kg，相对减少 33.33%；其次是高量氮磷配施处理（N4P2）和低量氮肥处理（N2）分别减少 26.67%和 15.56%，说明单施化肥加速交换态镁的消耗，且氮肥施用量越大处理（N4），土壤中交换态镁含量降低越明显（与 N2 比较），这也是由于增加施肥量更能提高玉米产量，从而带走较多交换态钙的缘故（薛菁芳等，2006）。虽然高量氮磷配施处理（N4P2）土壤中交换态镁含量略大于高量氮肥处理（N4）土壤，但也显著低于低量氮肥处理（N2）土壤，说明化肥的大量施用使玉米的产量提高，从而使土壤交换态镁含量降低。

表 14－15　不同年份裸地表层土壤交换态镁含量（g/kg）

处理	1987 年	2002 年	2005 年	2008 年	2011 年
CK	0.45aAB	0.47cB	0.45dAB	0.45cA	0.45dAB
M4N2P1	0.45aA	0.65fD	0.49eB	0.66eD	0.55eC
M4	0.45aA	0.62eC	0.58gB	0.63deC	0.66fD
M2	0.45aA	0.55dC	0.53fB	0.60dD	0.56eC
N4P2	0.45aB	0.35aA	0.35bA	0.32aA	0.33bA
N4	0.45aC	0.36aB	0.32aA	0.31aA	0.30aA
N2	0.45aD	0.42bC	0.39cB	0.37bA	0.38cAB

注：同行数据后不同大写字母表示差异显著（$n=3$，$P<0.05$）；同列不同小写字母表示差异显著（$n=3$，$P<0.05$）。

4. 不同年份棕壤水溶态镁含量的变化　从表 14－16 可以看出，裸地长期不同化肥和有机肥处理表层土壤中水溶态镁含量呈现出增长趋势，对照处理（CK）土壤表层水溶态镁含量呈现出递减趋势。不同处理水溶态镁含量排序为高量氮肥处理（N4）、高量氮磷化肥处理（N4P2）＞高量有机肥处理（M4）＞高量有机肥配施化肥处理（M4N2P1）＞低量有机肥处理（M2）、低量氮肥处理（N2）＞对照处理（CK）。对比施有机肥的土壤可以发现，各年份间各处理酸溶态镁含量波动较大，没有明显的规律，经过 24 年的积累，高量有机肥处理（M4）比试验前基础土壤（1987 年）增加了 0.009 g/kg，相对提高 128.57%；其次是高量有机肥与氮磷配施处理（M4N2P1）和低量有机肥处理（M2），分别提高 100%和 57.14%。对照处理（CK）土壤表层水溶态镁含量降低了 0.004 g/kg，相对减少 57.14%。对比施化肥的土壤可以发现，高量氮肥处理（N4）和高量氮磷化肥处理（N4P2）增长相对明显，均增加了 0.011 g/kg，相对提高 157.14%；其次是低量氮肥处理（N2），提高了 57.14%。由此可以看出，氮肥的施入增加了土壤氢离子和铵离子的浓度，可能是水溶态镁升高的主要原因。

表 14－16　不同年份裸地表层土壤水溶态镁含量（g/kg）

处理	1987 年	2002 年	2005 年	2008 年	2011 年
CK	0.007aC	0.003aA	0.008bD	0.007aB	0.003aA
M4N2P1	0.007aA	0.024fD	0.014dB	0.020fC	0.014cB
M4	0.007aA	0.012eB	0.019eE	0.014dC	0.016dD
M2	0.007aA	0.012eB	0.011cB	0.019eC	0.011bB
N4P2	0.007aA	0.008cA	0.008bA	0.014dB	0.018eC
N4	0.007aA	0.010dB	0.006aA	0.011cB	0.018eC
N2	0.007aBC	0.005bA	0.007aB	0.008bC	0.011bD

注：同行数据后不同大写字母表示差异显著（$n=3$，$P<0.05$）；同列不同小写字母表示差异显著（$n=3$，$P<0.05$）。

（三）棕壤不同形态镁垂直变化趋势

由图 14－6 可以看出，土壤中全镁、酸溶态镁和交换态镁含量在 0～80 cm 土层中，随深度的加深而呈增加趋势，在 80 cm 以下的土层中变化较小，反映了棕壤中镁在土壤剖面中的淋溶特点（张玉革等，2008）。研究中交换态镁含量在土壤剖面中的分布规律与丁玉川（2012）、于群英（2002）的研究结果一致。土壤中水溶态镁含量在 0～80 cm 土层中，随深度的加深而呈递减趋势，这与史春霞（2007）的研究结果一致；在 80 cm 以下的土层中随深度的增加变化较小。这可能是由于土层越深，土壤风化程度越低，被固定的镁素越多，可以溶于水中的镁就越少，还可能与 pH 大小有关。

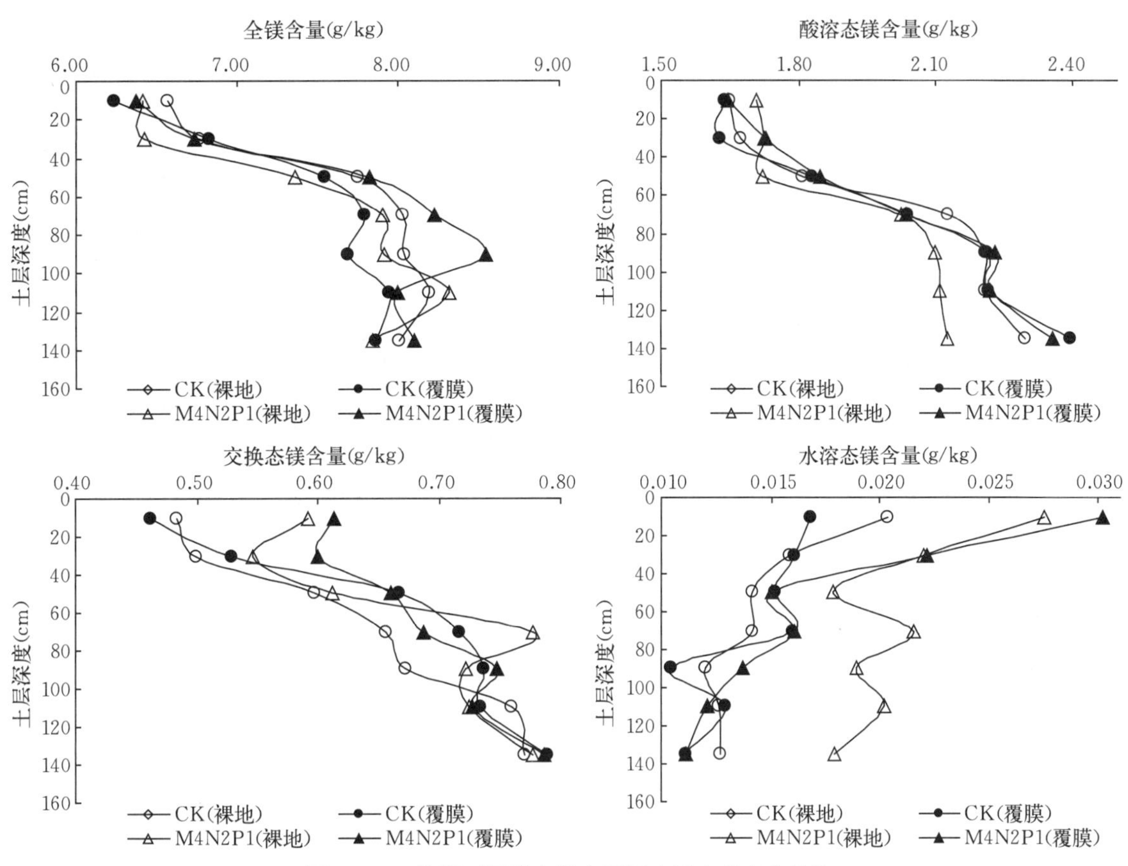

图 14-6 棕壤不同形态镁在不同土层上的变化趋势

(四) 土壤镁与 pH 的相关性分析

为了进一步分析影响土壤镁含量的因素，研究测定了不同年份不同处理耕层土壤的 pH，并对镁与 pH 之间的相关性进行分析。由相关分析可以看出，无论裸地还是覆膜，全镁与 pH 虽符合 $y=Ax+B$ 的线性关系，但相关关系不显著（图 14-7）；酸溶态镁与 pH 也符合 $y=Ax+B$ 的线性关系，其相关关系裸地显著，覆膜不显著（图 14-8）。由此说明，pH 的降低可能是导致酸溶态镁含量减少的一个原因，而 pH 对全镁的影响较小。从图中还可以发现，覆膜条件下全镁、酸溶态镁随 pH 变化的幅度小于裸地（对应的 A 值较小），说明覆膜对全镁、酸溶态镁含量的变化有缓冲作用。

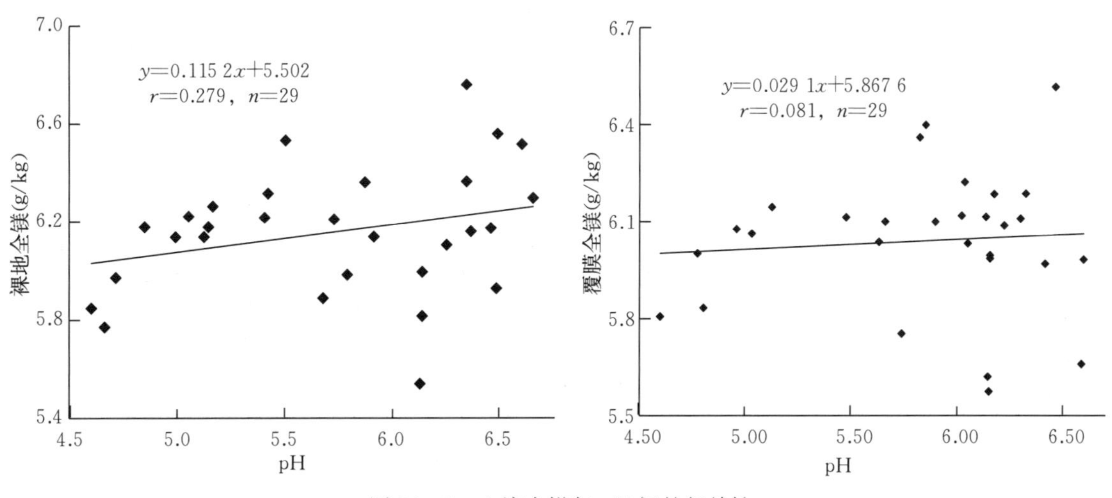

图 14-7 土壤全镁与 pH 间的相关性

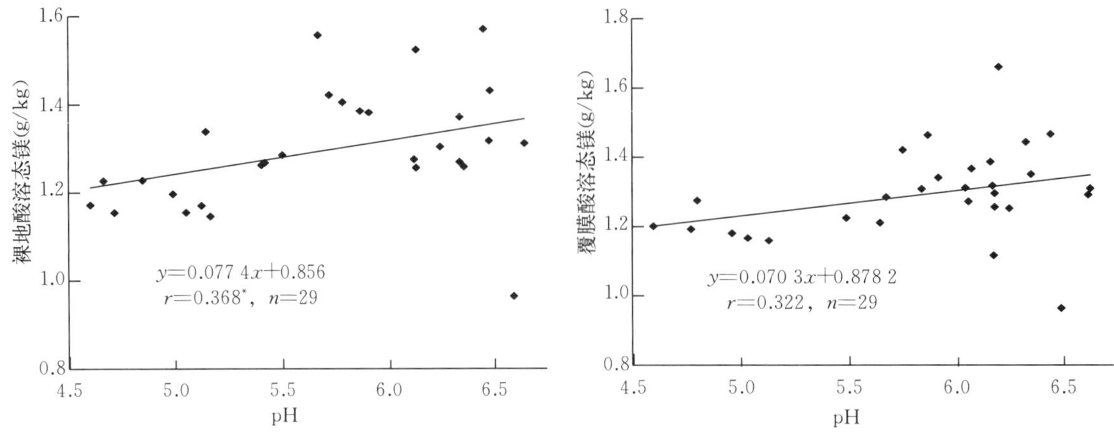

图 14-8　土壤酸溶态镁与 pH 间的相关性

由相关分析可以看出，无论裸地还是覆膜，土壤表层交换态镁与 pH 之间均符合 $y=Ax+B$ 的线性关系，且都呈现出极显著的正相关关系（图 14-9），其中交换态镁和 pH 的正相关关系与侯玲利等（2009）的研究结果一致。由此说明，pH 的降低可能是导致交换态镁含量减少的一个原因。从图中还可以发现，覆膜条件下交换态镁随 pH 变化的幅度小于裸地（对应的 A 值较小），说明覆膜对交换态镁含量的变化有缓冲作用。

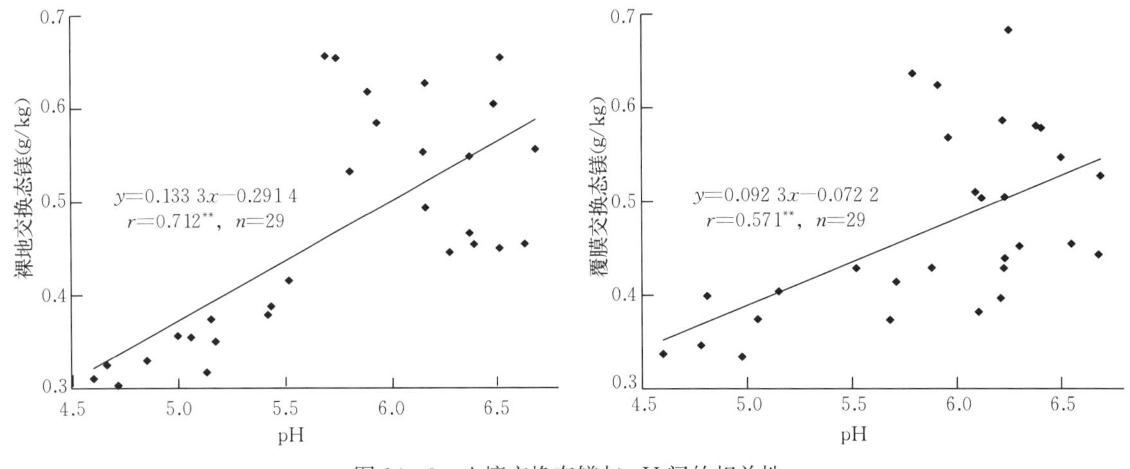

图 14-9　土壤交换态镁与 pH 间的相关性

由图 14-10 可以看出，无论裸地还是覆膜，土壤表层水溶态镁与 pH 之间没有相关性，说明 pH 对水溶态镁影响较小。

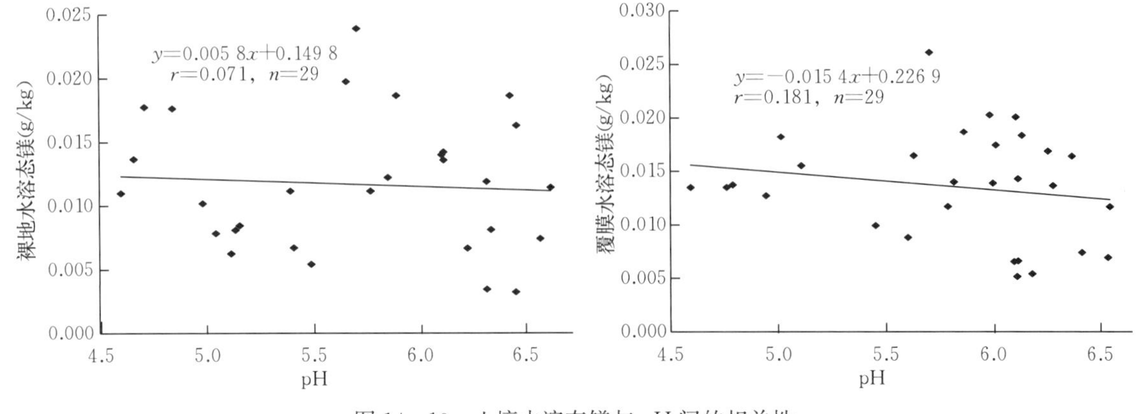

图 14-10　土壤水溶态镁与 pH 间的相关性

三、土壤硫

（一）长期覆膜及不同施肥对土壤全硫的影响

全量养分是土壤肥力的容量指标，反映了土壤的肥力水平及持续供肥力。土壤全硫是土壤的重要组成成分，反映土壤的供硫潜力，是衡量土壤肥力的指标之一。土壤全硫含量与成土母质和成土过程关系密切，随土壤形成条件、土壤黏土矿物和有机质含量等不同而有很大变化。世界范围内耕地中硫的含量为 0～600 mg/kg，含有机质多的土壤可达 5 000 mg/kg。我国土壤全硫含量为 100～500 mg/kg。植物吸收的硫素营养大部分来自土壤，其主要形态是 SO_4^{2-}。作物生长前期缺硫不一定会导致减产，但随着作物生长季节的推进，扎入土层深处的植物根系可以从下层土壤吸收到足够的硫营养，或者是下层土壤中有更多的有机硫矿化。因此，研究不同剖面硫素分布规律有重要意义。

1. 长期覆膜及不同施肥处理对土壤全硫的影响 土壤开垦后，在现行耕作制度下，土壤肥力诸要素发生显著变化，其中主要是有机质的变化（李庆民等，1982）。汪景宽等（2002）研究表明，不同黑土区的土壤有机质和全氮与开垦时间具有显著的相关性，全磷和全硫与开垦时间长短没有显著的相关性。通过对 1987 年、1997 年和 2005 年三个不同年份的土壤表层全硫含量进行的测定，结果如表 14－17 所示。不同年份裸地土壤全硫状况，1997 年四种不同施肥处理 CK、M2、N2、M2N2 土壤中全硫含量分别为 192.94 mg/kg、209.19 mg/kg、202.00 mg/kg、214.46 mg/kg，与 1987 年全硫含量 221.19 mg/kg 相比均有不同程度的下降；2005 年，CK、M2、N2 下的土壤全硫含量继续下降，分别为 185.71 mg/kg、205.86 mg/kg、189.00 mg/kg。M2N2 下的土壤全硫含量上升趋势明显，为 222 mg/kg 甚至高于 1987 年的初始含量。说明裸地土壤除 M2N2，全硫的含量随着时间的推移而逐渐降低；M2N2 全硫含量有所增加，说明有机无机肥配施对全硫含量有补充作用。

表 14－17 长期覆膜及不同施肥处理土壤全硫含量状况（mg/kg）

处 理		1987 年	1997 年	2005 年
裸地	CK	221.19	192.94	185.71
	M2	221.19	209.19	205.86
	N2	221.19	202.00	189.00
	M2N2	221.19	214.46	221.93
覆膜	CK	193.86	190.74	180.20
	M2	193.86	233.26	207.25
	N2	193.86	201.49	197.36
	M2N2	193.86	251.15	221.01

由图 14－11 可以看出，经过 18 年的长期覆膜，除了 CK 土壤全硫含量有所下降外，其余各处理的土壤全硫含量均有所升高。四种不同施肥处理 CK、M2、N2、M2N2 土壤 1997 年除了 CK 全硫含量有所下降外，其余三种处理均有所升高，M2 和 M2N2 土壤全硫含量上升趋势明显，土壤全硫含量分别为 233.26 mg/kg 和 251.15 mg/kg，而 N2 上升趋势趋于平缓，土壤全硫含量为 201.49 mg/kg，说明覆膜对土壤中全硫的积累有重要作用。2005 年四种处理土壤全硫含量下降，分别为 180.20 mg/kg、207.25 mg/kg、197.36 mg/kg、211.01 mg/kg，

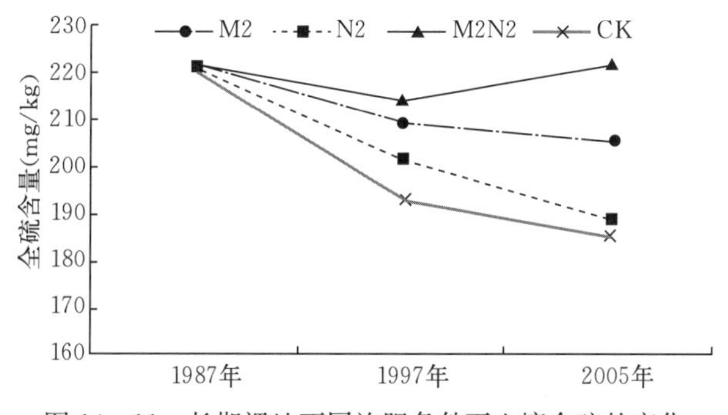

图 14－11 长期裸地不同施肥条件下土壤全硫的变化

但均高于1987年的初始含量。

如图14-11和图14-12所示，在裸地条件下，CK、M2N2、M2和N2下从1987年至1997年10年间，土壤全硫含量呈下降趋势，而覆膜减缓了这种趋势，说明覆膜对减少土壤全硫流失有一定作用。而从1997年至2005年8年间，三种处理覆膜土壤全硫含量减少，裸地土壤下降趋势减弱。造成这种现象的原因可能是随着工业的发展，含硫燃料的燃烧致使 SO_2 大量进入大气，这些硫氧化物又以沉降的形式进入土壤中，使土壤硫得到补充。

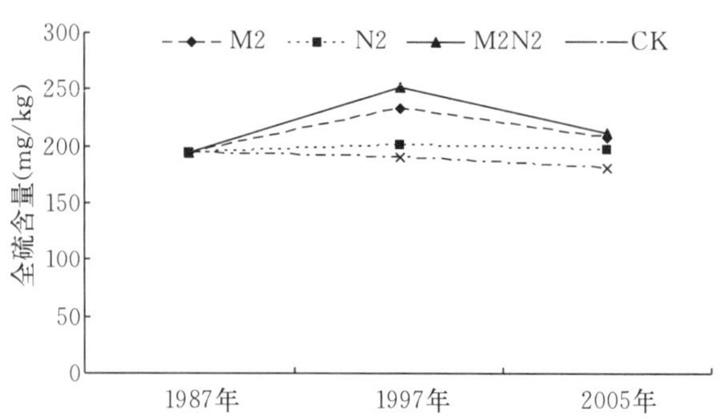

图14-12　长期覆膜不同施肥条件下土壤全硫的变化

以往的研究已经表明，有机质、全氮与开垦时间之间具有高度的负相关关系，即开垦时间越长，土壤有机质和全氮含量越低。从上述讨论可以看出，土壤中的硫不同于有机质和氮，虽然土壤硫含量随开垦年限增长而逐渐下降，但这一规律并不十分明显。这与以往的研究结果一致（汪景宽等，2002）。这可能与土壤中硫的来源和有机质、氮不同有关。土壤中硫除来源于土壤的生物富集与积累外，还来自大气降水、灌溉、杀虫剂和除草剂的施用等，特别是含硫燃料的燃烧，致使 SO_2 大量进入大气，这些硫氧化物最终都会以湿沉降或干沉降的形式进入土壤，使土壤硫得到补充。大气硫氧化物污染越严重，土壤得到补充的硫的数量也就越多。因此，土壤中的硫不像有机质和氮、磷那样随着作物的收获被带走而导致在土壤中的含量明显下降。农田中硫含量水平下降幅度如何、硫素是否缺乏，既取决于开垦年限的长短、施肥管理措施是否得当，还取决于其他硫素来源的有无及补充强度的大小。也就是说，取决于农田硫素输入和输出水平的相对比较。随着农业生产水平的提高、作物种植指数增大以及高浓度化肥的施用，特别是随着环境保护措施的加强，排放到大气中的硫氧化物越来越少，致使硫素的补充受到限制，有可能导致大面积缺硫现象的出现。

2. 长期覆膜及不同施肥处理条件下土壤全硫的变化　由表14-18可以发现，经过18年的长期定位试验，在裸地栽培条件下，除了M2N2土壤全硫含量较18年前略有增加、变化量为0.74 mg/kg外，CK、M2、N2三种施肥处理土壤全硫含量均显著降低。在覆膜栽培条件下，除不施肥处理外，其他处理土壤全硫含量比1987年均有提高，而M2和M2N2土壤全硫含量比18年前有极显著增加，变化量分别为19.52 mg/kg和22.21 mg/kg，与实验前（1987年）相比分别增加10.34%和11.76%。

表14-18　长期覆膜及不同施肥处理条件下土壤全硫的变化（2005年）

处理		全硫（mg/kg）	变化量（mg/kg）	变化（%）
裸地	CK	185.71c	−35.48	−16.04
	M2	205.86b	−15.33	−6.93
	N2	189.01c	−32.18	−14.55
	M2N2	221.93a	0.74	0.33
	实验前（1987年）	221.19a	—	—
覆膜	CK	180.2c	−8.6	−4.56
	M2	208.32a	19.52	10.34
	N2	198.86ab	10.06	5.33
	M2N2	211.01a	22.21	11.76
	实验前（1987年）	188.8bc	—	—

注：变化量=处理后全硫−实验前（1987年）全硫；变化=变化量/实验前（1987年）全硫×100%；同一列中相同字母的数据为邓肯5%水平下表示差异不显著。

经过邓肯检验，无论是覆膜栽培条件下还是裸地栽培条件下，不施肥处理土壤全硫含量较 1987 年均降低，裸地降低达到极显著水平；而 M2N2 全硫含量均有所增加，裸地和覆膜条件下变化量分别为 0.74 mg/kg 和 22.21 mg/kg，增加比例分别为 0.33%和 11.76%，覆膜增加达到极显著差异水平。

3. 长期覆膜及不同施肥处理对土壤全硫在剖面上的影响 由图 14－13、图 14－14 可以明显看出，不论是覆膜条件还是裸地，土壤全硫的含量都随土层的加深而逐渐降低。图 14－13 中，CK、M2、N2、M2N2 的表层土壤全硫含量分别为 186 mg/kg、213 mg/kg、195 mg/kg、222 mg/kg，亚表层分别下降了 18 mg/kg、40 mg/kg、14 mg/kg、50 mg/kg，M2N2 和 M2 下降幅度较大。图 14－14中，CK、M2、N2、M2N2 的表层土壤全硫含量分别为 180 mg/kg、207 mg/kg、197 mg/kg、211 mg/kg，亚表层分别下降了 8 mg/kg、40 mg/kg、21 mg/kg、18 mg/kg，M2 下降幅度较大。主要原因在于土壤有机质是有机硫的来源，而有机硫又是土壤全硫的主体，有机肥施入土壤后可增加土壤中有机质含量，从而提高全硫含量，所以施有机肥可以增加土壤全硫含量。

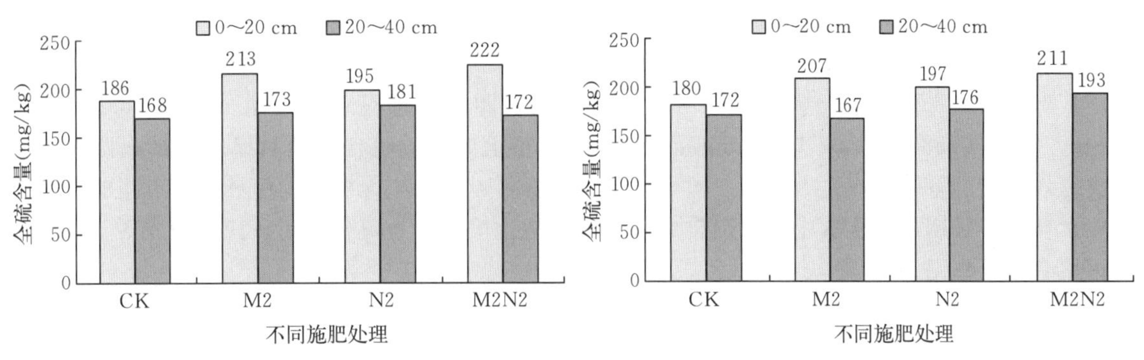

图 14－13 裸地土壤全硫与土层深度的关系　　图 14－14 覆膜土壤全硫与土层深度的关系

（二）长期覆膜及不同施肥对土壤有效硫的影响

土壤有效硫是作物硫素营养的主要来源，是指植物能直接吸收利用的 SO_4^{2-} 和游离的氨基酸态硫，这部分硫的数量对作物生长至关重要。因此，除了水溶态硫外，有效硫还包括吸附态硫、游离氨基酸态硫、可溶性硫酸盐类矿物，以及部分生物易分解态有机硫。土壤总硫只能反映该土壤对作物的供硫潜力，而有效硫反映的则是能够直接供作物吸收利用的硫的数量，两者有一定的相关性。硫酸根为阴离子，土壤对其吸附性相对较弱，容易被其他离子代换下来而进入土壤溶液，故容易遭到降水冲刷而淋失。近些年来，作物品种不断更新，产量不断提高，高浓度肥料逐渐代替传统的普通过磷酸钙等肥料，使随肥施入土壤的硫的数量逐渐减少，从而导致了许多地区土壤有效硫含量入不敷出，这种现象在我国南方已经出现（刘崇群，1993；张继榛等，1997）。可以预见，今后土壤有效硫供应不足将逐渐成为农业生产中的制约因素。近年来，在南方地区有关土壤硫素的研究比较多，黑龙江地区有关硫方面的研究也不少（吴英，2001；迟凤琴，2003），但是关于辽宁棕壤区典型棕壤硫素方面的研究却寥寥无几。

1. 长期覆膜及不同施肥处理对土壤有效硫的影响 如前所述，土壤全硫受开垦时间的长短影响，总的趋势是开垦时间越长土壤全硫含量越低。表 14－19 是 1987 年、1997 年和 2005 年四种不同处理土壤有效硫含量情况。从图 14－15 可以看出，裸地土壤有效硫含量随时间变化总的趋势是先下降后升高。1997 年四种不同施肥处理 CK、M2、N2、M2N2 土壤中有效硫含量分别为 27.63 mg/kg、29.32 mg/kg、29.68 mg/kg、28.22 mg/kg，与 1987 年相比分别下降了 3.66 mg/kg、1.97 mg/kg、1.61 mg/kg、3.07 mg/kg；2005 年，四种处理土壤有效硫含量有所增加，分别为 32.06 mg/kg、35.42 mg/kg、35.31 mg/kg、35.2 mg/kg，均超出 1987 年的原始土壤有效硫含量，尤其 M2、N2、M2N2 有效硫含量增加明显，这可能是由于施用氮肥土壤表层有机硫矿化产生的无机硫被淋溶而未被作物吸收造成的。

表 14-19 长期覆膜及不同施肥处理土壤有效硫含量状况（mg/kg）

处　理		1987年	1997年	2005年
裸地	CK	31.29	27.63	32.06
	M2	31.29	29.32	35.42
	N2	31.29	29.68	35.31
	M2N2	31.29	28.22	35.2
覆膜	CK	28.74	29.35	35.84
	M2	28.74	30.23	39.74
	N2	28.74	28.84	37.58
	M2N2	28.74	33.74	41.54

由图 14-15 和图 14-16 可以看出，不同年份覆膜土壤有效硫含量总体呈升高趋势，四种不同施肥处理 CK、M2、N2、M2N2 土壤中，1987 年有效硫含量为 28.74 mg/kg，1997 年四种处理均有所升高，分别增加了 0.61 mg/kg、1.49 mg/kg、0.1 mg/kg、5 mg/kg。M2N2 后土壤有效硫含量明显增加，其次是 M2。2005 年土壤有效硫含量继续升高，四种处理有效硫含量分别为 35.84 mg/kg、39.74 mg/kg、37.58 mg/kg、41.54 mg/kg，与 1987 年土壤有效硫含量相对显著增加，四种施肥处理土壤有效硫增加量的顺序是 M2N2>M2>N2>CK。可见，有机无机肥配施和单施有机肥均能提高土壤硫素含量。长期覆膜土壤中有效硫含量明显比裸地土壤中有效硫含量高，说明覆膜对土壤中有效硫的积累有重要作用。

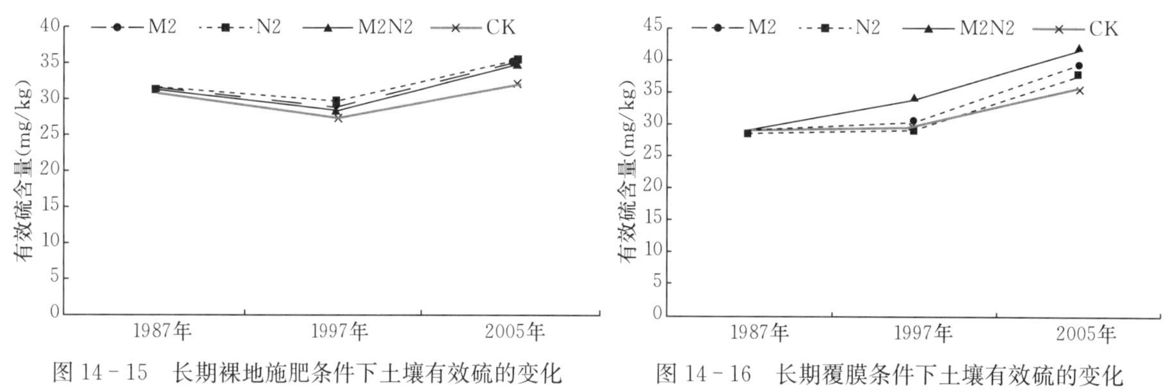

图 14-15　长期裸地施肥条件下土壤有效硫的变化

图 14-16　长期覆膜条件下土壤有效硫的变化

2. 长期覆膜及不同施肥处理条件下土壤有效硫的变化　不同地区土壤有效硫含量差异很大：一是因为有效硫含量与土壤肥力有一定相关性，肥力较高、全碳含量较高的土壤有效硫含量一般较高，相反则较低；二是因为有效硫含量与施肥关系密切，复合肥施用量高，则土壤有效硫含量高，原因是施用的复合肥中含有一定量的硫（李金凤等，2004）。由表 14-20 可知，经过长期耕作，四种不同施肥处理裸地土壤有效硫含量均比 1987 年有所增加，除了不施肥处理土壤有效硫含量变化不大，变化量仅为 0.77 mg/kg，其他各处理较 1987 年均极显著增加，M2、N2、M2N2 增加比例分别为 13.2%、12.85%、12.5%。说明施有机肥、无机肥、有机无机肥配施对提高土壤有效硫含量有重要作用。覆膜栽培条件下与裸地栽培条件下有相同趋势。四种处理土壤有效硫含量较 1987 年均有不同程度的增加，M2、N2、M2N2 较 1987 年分别增加了 37.93%、36.67%、44.54%，达到极显著水平。其中，有机无机肥配施对土壤中有效硫含量增加比单施有机肥对土壤中有效硫增加效果明显，而单施无机肥对土壤中有效硫含量增加没有单施有机肥对土壤中有效硫增加效果明显。施用有机肥增加土壤有效硫的原因在于，土壤有机质是有机硫的来源，而有机硫又是土壤全硫的主体，有机肥施入土壤后可增加土壤有机质含量，从而提高有效硫含量。覆膜条件下土壤有效硫的含量明显高于裸地条件下土壤有效硫的含量，说明覆膜对土壤有效硫的积累有一定作用。

表 14-20　长期覆膜及不同施肥处理条件下土壤有效硫的变化（2005 年）

处理		有效硫（mg/kg）	变化量（mg/kg）	变化（%）
裸地	CK	32.06ab	0.77	2.46
	M2	35.42a	4.13	13.2
	N2	35.31a	4.02	12.85
	M2N2	35.2a	3.91	12.5
	实验前（1987 年）	31.29b	—	—
覆膜	CK	35.84ab	7.1	24.7
	M2	39.64a	10.9	37.93
	N2	39.28a	10.54	36.67
	M2N2	41.54a	12.8	44.54
	实验前（1987 年）	28.74b	—	—

注：变化量＝处理后全硫－实验前（1987 年）全硫；变化＝变化量/实验前（1987 年）全硫×100%；同一列中相同字母的数据为邓肯 5%水平下表示差异不显著。

3. 长期覆膜及不同施肥处理对土壤有效硫在剖面上的影响　由于 SO_4^{2-} 在一些土壤中的移动性大，不同土壤发生层对 SO_4^{2-} 的吸附能力也不尽相同，有的土壤有效硫含量随着土层加深而逐渐降低，有的有效硫在心土层，底土层有效硫含量反而比表层高（彭嘉桂等，2005）。图 14-17 是长期不同施肥处理裸地土壤有效硫在表层和亚表层的分布情况。不论表层还是亚表层，其有效硫含量均明显高于南方七省份土壤的平均值 18 mg/kg，说明土壤有效硫比较充足。四种施肥处理 CK、M2、N2、M2N2 土壤在 0～20 cm 土层有效硫含量分别为 32.06 mg/kg、35.42 mg/kg、35.31 mg/kg、35.2 mg/kg，在 20～40 cm 土层有效硫含量除了 N2 增加至 53.12 mg/kg，其余三种处理均减少，分别为 20.46 mg/kg、30.02 mg/kg、29.91 mg/kg。造成这种现象的原因可能是单施氮肥作物产量较低，硫素的吸收利用也相对较少，造成了硫素的积累；另一方面，单施氮肥造成剖面少量有效硫的积累，这可能是施氮肥土壤表层有机硫矿化，产生的无机硫被淋溶而未被作物吸收利用的缘故。

图 14-18 是长期不同施肥处理覆膜土壤有效硫含量在表层和亚表层的分布情况。从图中可以明显地看出，四种处理土壤有效硫含量均是表层高于亚表层，表明耕层对土壤硫有强烈的生物富集作用，以及受到施肥、降水和沉降作用的影响。四种施肥处理 CK、M2、N2、M2N2 土壤在 0～20 cm 土层有效硫含量分别为 35.84 mg/kg、39.74 mg/kg、37.58 mg/kg、41.54 mg/kg，20～40 cm 土层有效硫含量均在很大程度上下降，土壤有效硫含量分别为 22.51 mg/kg、29.54 mg/kg、30.99 mg/kg、32.21 mg/kg。

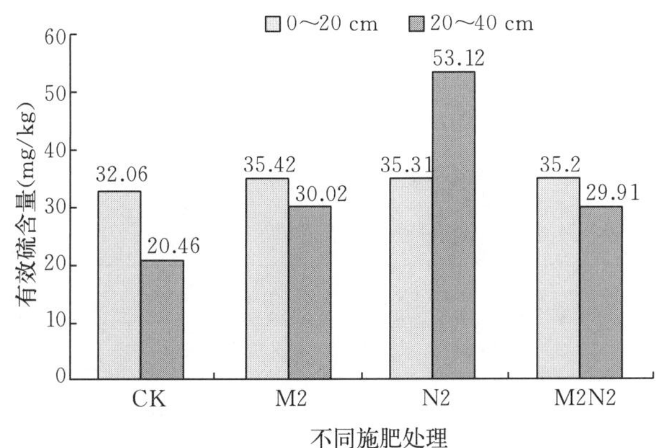

图 14-17　裸地土壤有效硫与土层深度的关系

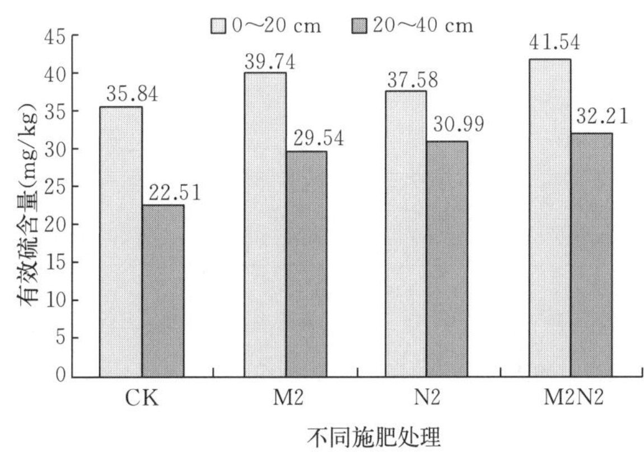

图 14-18　覆膜土壤有效硫与土层深度的关系

(三) 长期覆膜及不同施肥处理对土壤无机硫的影响

近年来，很多研究者发现用各类提取剂浸提、测定有效硫，所得结果差异很大，这可能是由于土壤类型不同、浸提剂不同浸提效果相差很大所致（李书田等，2001）。实际上，浸提测定的土壤有效态硫并不是单一形态的硫，其中至少包括水溶态硫、吸附态硫、游离氨基酸态等数种以上硫的化合物。这些形态的硫虽然都可以看作有效硫，但它们对于作物的有效性差异却很大。因此，要真正了解土壤硫的有效性，有必要对土壤中各种形态硫进行详细分类和测定，并分别对它们的有效性进行评价。

土壤中的无机硫主要以水溶态硫（H_2O－S）、吸附态硫（Adsorbed－S）、盐酸可溶性硫（HCl－S）三种方式存在，这三种形态硫的总和为无机硫（Inorganic－S）。土壤中无机硫到底以何种形态存在受pH的影响很大（Tabatabai，1982）。郭亚芬等（1995）对黑龙江省几种土壤中的无机硫含量占全硫含量的比例进行的研究认为，各形态无机硫的含量为盐酸可溶性硫＞水溶态硫＞吸附态硫，无机硫各组分的有效性顺序正好与此相反，且无机硫的有效性大于有机硫。

1. 长期覆膜及不同施肥对水溶态硫（H_2O－S）的影响 水溶态硫（H_2O－S），是指存在于土壤溶液中的硫，是作物吸收硫的主要来源。表14－21是长期覆膜及不同施肥处理土壤中水溶态硫含量状况。图14－19是长期不同施肥处理裸地土壤中水溶态硫从1987年到2005年的变化曲线，可以看到，土壤中水溶态硫的含量是随着时间的变化而逐渐减少的，这种变化趋势十分明显。四种不同处理CK、M2、N2、M2N2在1997年土壤中水溶态硫的含量分别是16.79 mg/kg、19.69 mg/kg、18.29 mg/kg、19.04 mg/kg，与1987年的初始含量22.5 mg/kg相比，均有不同程度的降低；到2005年，土壤中水溶态硫的含量继续减少，四种处理土壤中水溶态硫含量分别为10.16 mg/kg、13.3 mg/kg、13.48 mg/kg、14.14 mg/kg。比较四种不同处理之间差异，可以看出，土壤施肥处理比不施肥处理水溶态硫含量相对高一些。在长期覆膜土壤中，水溶态硫含量随时间的变化趋势和裸地土壤中水溶态硫含量随时间的变化趋势一致。从图14－20能看出，1987年土壤中水溶态硫的初始含量为23.02 mg/kg，1997年四种不同处理CK、M2、N2、M2N2的土壤中水溶态硫的含量分别为17.94 mg/kg、20.47 mg/kg、19.67 mg/kg、19.32 mg/kg；到2005年，土壤中水溶态硫的含量继续减少，四种处理土壤中水溶态硫的含量分别为12.68 mg/kg、13.42 mg/kg、13.96 mg/kg、14.7 mg/kg。土壤开垦后，在现行耕作制度下，土壤肥力各要素发生显著变化，其中主要是有机质发生变化。由于近年来有机肥数量不足以及化肥工业不断向高浓度发展，无硫及低硫化肥的生产与应用日趋广泛；加之工业排放SO_2量的严格控制与高硫燃料用量的减少，含硫农药的施用以及秸秆还田的数量减少，使投入土壤的硫素减少，土壤中保持的硫随有机质含量的降低不断耗竭。

表14－21 长期覆膜及不同施肥处理土壤水溶态硫含量状况（mg/kg）

处理		1987年	1997年	2005年
裸地	CK	22.5	16.79	10.16
	M2	22.5	19.69	13.30
	N2	22.5	18.29	13.48
	M2N2	22.5	19.04	14.14
覆膜	CK	23.02	17.94	12.68
	M2	23.02	20.47	13.42
	N2	23.02	19.67	13.96
	M2N2	23.02	19.32	14.70

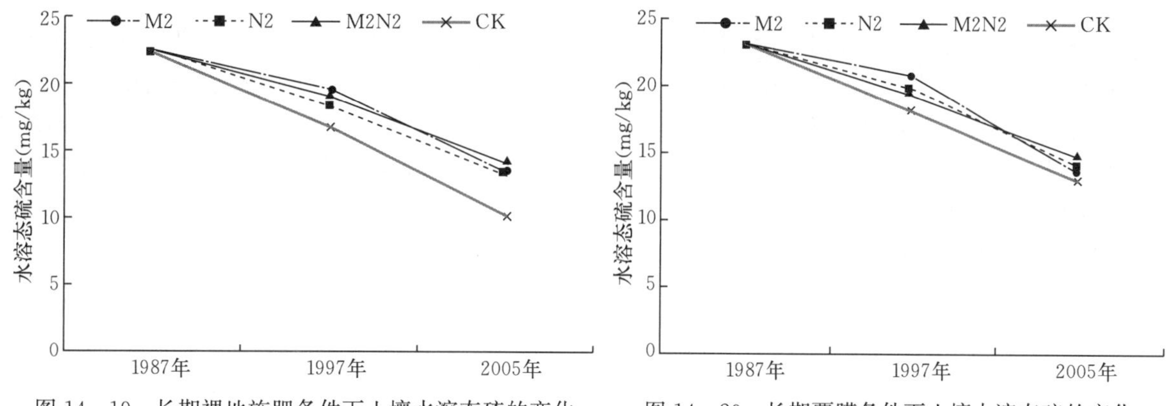

图 14－19 长期裸地施肥条件下土壤水溶态硫的变化

图 14－20 长期覆膜条件下土壤水溶态硫的变化

表 14－22 是长期覆膜与施肥条件下土壤中水溶态硫从 1987 年到 2005 年的变化情况。从表中可以明显看出，四种不同处理土壤中水溶态硫与初始量（1987 年）相比均降低，降低幅度大。裸地不施肥处理土壤水溶态硫含量下降幅度最大，达到了 54.85%；其次是 M2、N2、M2N2。可见，施肥对保持土壤中水溶态硫含量有一定作用。在覆膜栽培条件下，土壤中水溶态硫的含量变化和裸地栽培条件下土壤中水溶态硫的含量变化趋势基本相同，也是随着土壤开垦年限的增加逐渐减少。四种不同处理 CK、M2、N2、M2N2 土壤中水溶态硫含量均较 1987 年土壤中水溶态硫含量减少，其变化量分别为 44.92%、41.7%、39.36%、36.14%。这可能与气候、水文、土壤的扰动以及人类利用的强度有关。

表 14－22 长期覆膜及不同施肥处理条件下土壤水溶态硫的变化（2005 年）

处理		水溶态硫（mg/kg）	变化量（mg/kg）	变化（%）
裸地	CK	10.16b	－12.34	－54.85
	M2	13.3b	－9.2	－40.89
	N2	13.48b	－9.02	－40.09
	M2N2	14.14b	－8.36	－37.16
	实验前（1987 年）	22.5a	—	—
覆膜	CK	12.68b	－10.34	－44.92
	M2	13.42b	－9.6	－41.7
	N2	13.96b	－9.06	－39.36
	M2N2	14.7b	－8.32	－36.14
	实验前（1987 年）	23.02a	—	—

注：变化量＝处理后全硫－实验前（1987 年）全硫；变化＝变化量/实验前（1987 年）全硫×100%；同一列中相同字母的数据为邓肯 5%水平下表示差异不显著。

2. 长期覆膜及不同施肥处理对土壤水溶态硫在剖面上的影响 表层土壤的水溶态硫浓度变化很大，这是季节条件对有机硫矿化的影响以及淋溶和作物吸收造成的，施肥、动植物残体、大气沉降和灌溉都影响土壤中水溶性硫酸盐的浓度（Tabatabai，1982）。图 14－21 是长期不同施肥处理裸地土壤水溶态硫在表层和亚表层的分布情况。从图中可以看出，除了不施肥处理表层土壤中水溶态硫含量为 10.16 mg/kg，而亚表层增加到 10.92 mg/kg，其余三种施肥处理土壤中水溶态硫含量由表层到亚表层均有所降低，M2、N2、M2N2 分别减少了 0.29 mg/kg、0.56 mg/kg、1.21 mg/kg。造成这种现象的原因可能是不施肥处理下，土壤中水溶态硫由表层沉降到亚表层，表层没有硫素的补充；而施肥处理后土壤中有机质增加，硫素含量增加，水溶态硫含量也随着总硫量的增加而增加，土壤中硫素不断得到补充。

图 14-22 是长期不同施肥处理覆膜土壤水溶态硫含量在表层和亚表层的分布情况。从图中可以明显地看出，四种处理土壤水溶态硫含量均为表层高于亚表层，表明耕层对土壤硫有强烈的生物富集作用，且受到施肥、灌溉和沉降作用的影响。CK、M2、N2、M2N2 四种施肥处理下，表层土壤水溶态硫含量分别为 12.68 mg/kg、13.42 mg/kg、13.96 mg/kg、14.7 mg/kg；亚表层土壤水溶态硫含量均在很大程度上下降，分别为 10.58 mg/kg、11.38 mg/kg、12.32 mg/kg、13.27 mg/kg。比较这四种施肥处理，水溶态硫含量 M2N2＞N2＞M2＞CK。

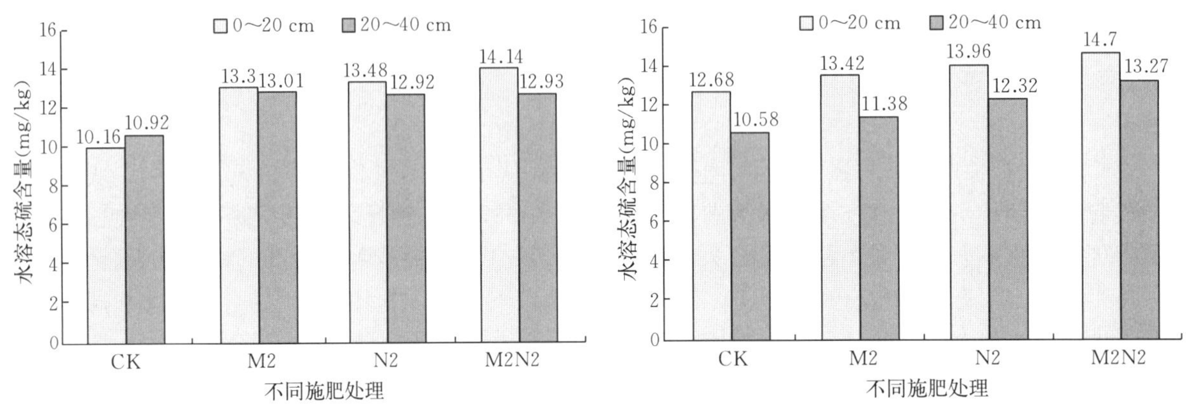

图 14-21 裸地土壤水溶态硫与土层深度的关系

图 14-22 覆膜土壤水溶态硫与土层深度的关系

3. 长期覆膜及不同施肥对吸附态硫（Adsorbed-S）**的影响** 吸附态硫是指以阴离子交换吸收和配位吸附方式保留在土壤胶体表面的硫，主要是 SO_4^{2-}。吸附态硫和水溶态硫对植物吸收都是有效的，但其含量受土壤 pH 的影响很大。Curtin 等（1990）研究英国某些土壤（pH 为 3.8～7.6）对硫的吸附表明，pH＞6.0 时吸附态硫很少，大部分为水溶态硫。硫的吸附现象主要发生在酸性土壤上。被吸附在土壤胶体上的 SO_4^{2-} 容易被其他阴离子所代替，如土壤中施用磷肥后磷酸根离子能将 SO_4^{2-} 置换出来；另外，在土壤含水量提高、土壤溶液被稀释时，也有相当多的吸附态 SO_4^{2-} 自胶体表面解吸而进入溶液。吸附阴离子的正电荷易受土壤 pH 的影响，所以吸附态硫的数量也与土壤 pH 条件密切相关。

表 14-23 是长期覆膜及不同施肥处理土壤中吸附态硫含量的情况，图 14-23 是裸地土壤中吸附态硫从 1987 年到 2005 年的变化曲线，可以看到，土壤中吸附态硫的含量是随着时间的变化而逐渐减少的，这种变化趋势十分明显。1997 年四种不同处理 CK、M2、N2、M2N2 土壤中吸附态硫的含量分别是 8.52 mg/kg、9.58 mg/kg、9.78 mg/kg、9.52 mg/kg，相对于 1987 年的初始含量 11.58 mg/kg 均有不同程度的降低；到 2005 年，土壤中吸附态硫的含量继续减少，四种处理 CK、M2、N2、M2N2 土壤中吸附态硫含量分别为 5.18 mg/kg、6.74 mg/kg、6.45 mg/kg、7.61 mg/kg。比较四种不同处理之间差异，可以看出，土壤施肥处理比不施肥处理吸附态硫含量相对多一些。长期覆膜土壤中吸附态硫含量随时间的变化趋势和裸地一致，从图 14-24 能看出，1987 年土壤中吸附态硫的初始含量为 11.54 mg/kg，1997 年四种不同处理 CK、M2、N2、M2N2 的土壤中吸附态硫的含量分别为 8.97 mg/kg、10.82 mg/kg、9.83 mg/kg、9.66 mg/kg；到 2005 年，土壤中吸附态硫的含量继续减少，四种处理 CK、M2、N2、M2N2 土壤中吸附态硫的含量分别为 6.78 mg/kg、7.64 mg/kg、6.68 mg/kg、7.32 mg/kg。2005 年，覆膜条件下四种处理土壤吸附态硫含量由多到少的顺序是 M2、M2N2、CK、N2，可见单施有机肥和有机无机肥配施均能提高土壤硫素含量。长期覆膜土壤中吸附态硫含量比裸地土壤中吸附态硫含量相对高一些，说明覆膜对土壤中吸附态硫的积累有一定作用。

表 14－23　长期覆膜及不同施肥处理土壤吸附态硫含量状况（mg/kg）

处　理		1987 年	1997 年	2005 年
裸地	CK	11.58	8.52	5.18
	M2	11.58	9.58	6.74
	N2	11.58	9.78	6.45
	M2N2	11.58	9.52	7.61
覆膜	CK	11.54	8.97	6.78
	M2	11.54	10.82	7.64
	N2	11.54	9.83	6.68
	M2N2	11.54	9.66	7.32

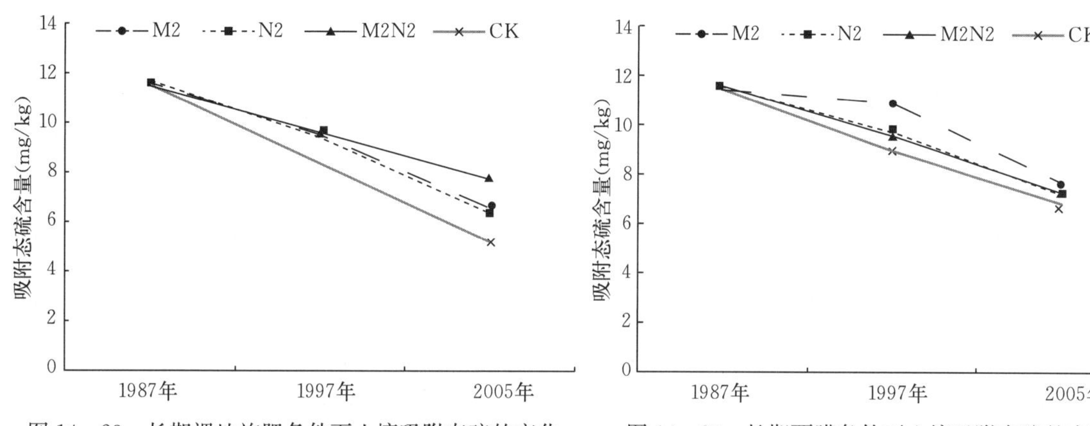

图 14－23　长期裸地施肥条件下土壤吸附态硫的变化　　图 14－24　长期覆膜条件下土壤吸附态硫的变化

表 14－24 是从 1987 年到 2005 年长期覆膜与施肥条件下不同处理土壤中吸附态硫的含量变化情况。从表中可以发现，经过 18 年的长期定位试验，在裸地条件下，四种不同处理 CK、M2、N2、M2N2 土壤中，吸附态硫含量均有所减少，变化量分别为 6 mg/kg、4.48 mg/kg、5.13 mg/kg、3.97 mg/kg，不施肥处理土壤吸附态硫含量显著降低。在覆膜栽培条件下，土壤中吸附态硫含量的变化趋势和裸地栽培条件下土壤中吸附态硫含量的变化趋势一致，也是随着开垦时间的延长呈下降趋势。CK、M2、N2、M2N2 四种不同处理土壤中吸附态硫含量比 1987 年分别减少 41.25%、33.8%、42.11%、36.57%。可见，不论是覆膜还是裸地，土壤中吸附态硫的含量均比 1987 年少。

表 14－24　长期覆膜及不同施肥处理条件下土壤吸附态硫的变化（2005 年）

处理		吸附态硫（mg/kg）	变化量（mg/kg）	变化（%）
裸地	CK	5.18b	−6	−51.81
	M2	6.74b	−4.48	−41.8
	N2	6.45b	−5.13	−44.3
	M2N2	7.61b	−3.97	−34.28
	实验前（1987 年）	11.58a	—	—
覆膜	CK	6.78b	−4.76	−41.25
	M2	7.64b	−3.9	−33.8
	N2	6.68b	−4.86	−42.11
	M2N2	7.32b	−4.22	−36.57
	实验前（1987 年）	11.54a	—	—

注：变化量＝处理后全硫－实验前（1987 年）全硫；变化＝变化量/实验前（1987 年）全硫×100%；同一列中相同字母的数据为邓肯 5%水平下表示差异不显著。

长期覆膜及不同施肥处理对土壤吸附态硫在剖面上具有较大影响。吸附态和水溶态硫对植物吸收都是有效的。由于SO_4^{2-}在一些土壤中的移动性大，不同土壤发生层对SO_4^{2-}的吸附能力也不尽相同，有的土壤有效硫含量随着土层加深而逐渐降低，有的土壤有效硫在心土层，底土层土壤有效硫含量甚至比表层高（彭嘉桂等，2005）。土壤中吸附态硫在土壤表层和亚表层中的含量变化见图 14－25 和图 14－26。从图中可以看出，裸地条件下土壤中吸附态硫的含量除了不施肥处理是亚表层高于表层，其余三种施肥处理土壤中吸附态硫的含量均为表层高于亚表层。比较这四种处理方式土壤中吸附态硫的含量是有机无机肥配施处理最高，其次是施有机肥。覆膜条件下（图 14－26）土壤中吸附态硫在不同土层的含量也存在差异，这种变化趋势是随着土层的加深，土壤中吸附态硫的含量随之减少。这种变化最明显的是有机肥处理的土壤，其表层吸附态硫的含量是 7.64 mg/kg，而亚表层是 5.87 mg/kg。覆膜条件下的土壤中吸附态硫含量要比同样条件下裸地含量略高。这可能是由于长期覆膜可有效防止由于地表径流和地下水径流造成的肥土流失，从而有效地提高了肥料利用率。

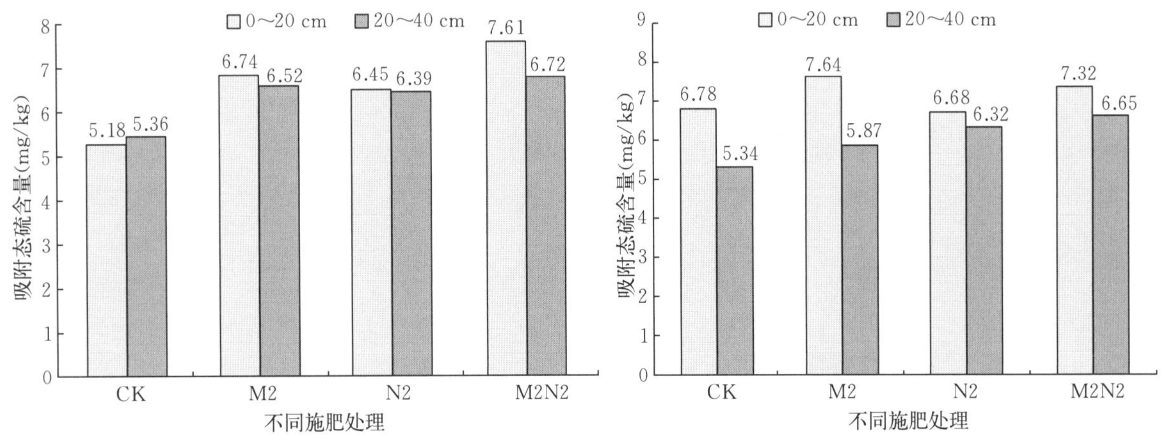

图 14－25 裸地土壤吸附态硫与土层深度的关系　　图 14－26 覆膜土壤吸附态硫与土层深度的关系

4. 长期覆膜及不同施肥对盐酸可溶性硫（HCl－S）的影响 这部分硫主要是指与碳酸钙、碳酸镁等结合在一起生成沉淀的硫（Standford，1984）。这部分硫易被酸提取，其有效性仅次于水溶态硫和吸附态硫（曲东等，1995）。当土壤中水溶态硫和吸附态硫不充足时，盐酸可溶性硫可以及时补充。

表 14－25 是长期覆膜及不同施肥处理土壤中盐酸可溶性硫含量状况。图 14－27 是从 1987 年到 2005 年经过 18 年长期不同处理裸地土壤中盐酸可溶性硫含量的变化曲线。1987 年土壤中盐酸可溶性硫的初始含量为 55.87 mg/kg，1997 年除了 M2 处理土壤中盐酸可溶性硫含量有所增加，升高到 57.37 mg/kg，其余三种处理土壤中盐酸可溶性硫含量均减少；到 2005 年，四种不同处理土壤中盐酸可溶性硫含量继续下降，M2 处理土壤中盐酸可溶性硫含量下降到初始含量以下，四种不同处理土壤中盐酸可溶性硫含量顺序为 M2＞M2N2＞N2＞CK。图 14－28 是长期覆膜土壤中盐酸可溶性硫含

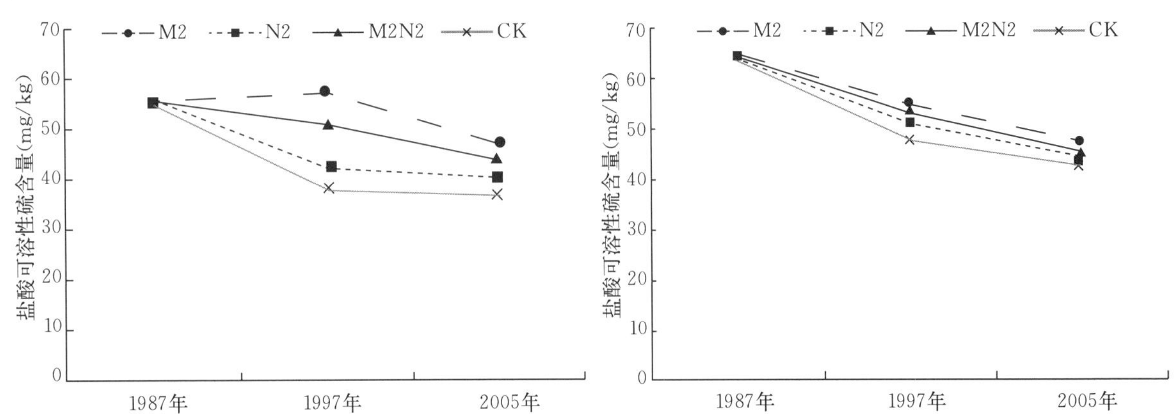

图 14－27 长期裸地施肥条件下土壤盐酸可溶性硫的变化　图 14－28 长期覆膜条件下土壤盐酸可溶性硫的变化

量从 1987 年到 2005 年的变化曲线。四种不同处理土壤中盐酸可溶性硫含量随时间的变化趋势是随着土壤开垦年限的增加而减少。从 1987 年到 2005 年 M2、N2、M2N2 三种施肥处理土壤中盐酸可溶性硫含量下降趋势明显，而不施肥处理土壤中盐酸可溶性硫含量在 1997 年到 2005 年之间下降趋势缓慢。这可能由于盐酸可溶性硫主要来自 FeS_2 和 $CaSO_4$ 等矿物风化。随着开垦时间的延长，矿物的风化量逐渐减少，因而导致盐酸可溶性硫逐渐降低。

表 14－25　长期覆膜及不同施肥处理土壤盐酸可溶性硫含量状况（mg/kg）

处　理		1987 年	1997 年	2005 年
裸地	CK	55.87	37.67	36.74
	M2	55.87	57.37	47.10
	N2	55.87	42.18	40.27
	M2N2	55.87	50.93	44.27
覆膜	CK	63.88	47.41	42.53
	M2	63.88	55.03	45.88
	N2	63.88	50.76	43.80
	M2N2	63.88	52.48	45.08

表 14－26 是从 1987 年到 2005 年长期覆膜与施肥条件下不同处理土壤中盐酸可溶性硫的含量变化情况。从表中可以发现，经过 18 年的长期定位试验，在裸地栽培条件下，四种不同处理 CK、M2、N2、M2N2 土壤中吸附态硫含量均有所减少，变化量分别为 19.13 mg/kg、8.77 mg/kg、15.6 mg/kg、11.6 mg/kg，M2 下土壤中盐酸可溶性硫含量减少得最少，其次是 M2N2、N2，不施肥处理土壤盐酸可溶性硫含量显著降低。覆膜条件下土壤中盐酸可溶性硫含量的变化趋势与裸地一致。覆膜条件下四种不同处理 CK、M2、N2、M2N2 土壤中盐酸可溶性硫含量与 1987 年相比分别减少 33.42%、28.18%、31.43%、29.43%。四种不同处理土壤中盐酸可溶性硫含量变化量，CK＞N2＞M2N2＞M2。可见，不论是覆膜还是裸地，土壤中盐酸可溶性硫的含量与 1987 年相比均有所减少。

表 14－26　长期覆膜及不同施肥处理条件下土壤盐酸可溶性硫的变化（2005 年）

处理		盐酸可溶性硫（mg/kg）	变化量（mg/kg）	变化（%）
裸地	CK	36.74e	−19.13	−34.24
	M2	47.1b	−8.77	−15.70
	N2	40.27d	−15.60	−27.92
	M2N2	44.27c	−11.60	−20.76
	实验前（1987 年）	55.87a	—	—
覆膜	CK	42.53b	−21.35	−33.42
	M2	45.88b	−18.00	−28.18
	N2	43.8b	−20.08	−31.43
	M2N2	45.08b	−18.80	−29.43
	实验前（1987 年）	63.88a	—	—

注：变化量＝处理后全硫－实验前（1987 年）全硫；变化＝变化量/实验前（1987 年）全硫×100%；同一列中相同字母的数据为邓肯 5%水平下表示差异不显著。

长期裸地和覆膜土壤中盐酸可溶性硫在土壤表层和亚表层中的含量变化见图 14-29 和图 14-30。从图 14-29 可以看出，裸地栽培条件下四种不同处理土壤中盐酸可溶性硫的含量均为表层高于亚表层，随着剖面深度增加盐酸可溶性硫含量逐步下降。比较这四种处理方式土壤中盐酸可溶性硫的含量，由高到低的顺序依次是 M2、M2N2、N2、CK。覆膜栽培条件下土壤中盐酸可溶性硫在不同土层的含量也存在差异，变化趋势是随着土层的加深，土壤中盐酸可溶性硫的含量减少。从图 14-30 可以看出，覆膜栽培条件下土壤中盐酸可溶性硫含量比同样条件下裸地栽培条件下的土壤中盐酸可溶性硫含量要高一些。分析其原因可能是，长期覆膜可有效防止由于地表径流和地下水径流造成的肥土流失，从而有效地提高了肥料利用率，减少土壤中硫素的损失。

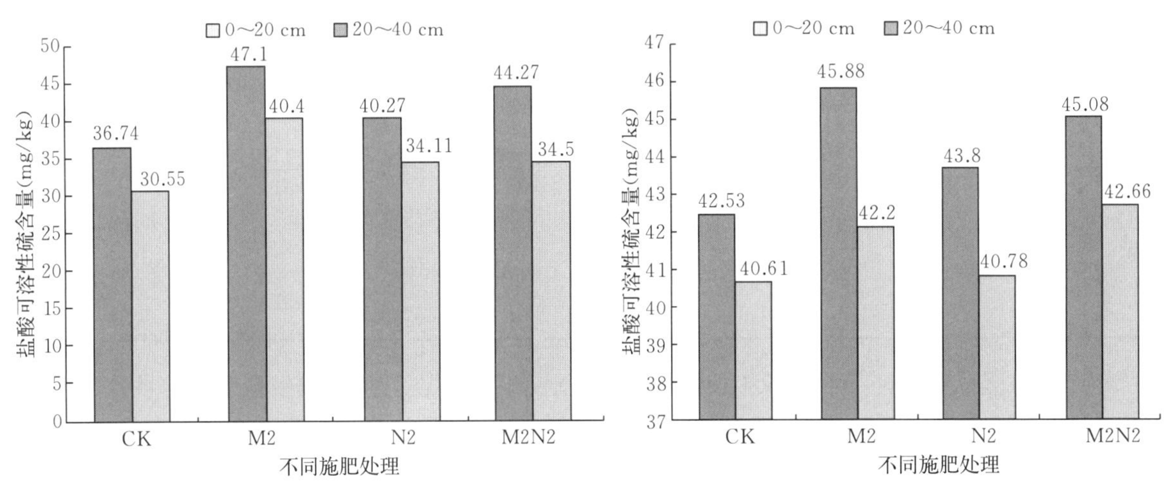

图 14-29　裸地土壤盐酸可溶性硫与土层深度的关系　　图 14-30　覆膜土壤盐酸可溶性硫与土层深度的关系

(四) 长期覆膜及不同施肥处理对土壤有机硫的影响

土壤中硫含量平均为 0.85%，其中有机硫占 70%～95%，是土壤有机质必不可少的组成部分，其含量与土壤有机质含量呈正相关。除盐土、部分石灰性土壤和长期淹水土壤外，有机态硫是土壤硫的主要存在形式。Tabatabai 等（1982）指出，土壤中至少 95%的硫以有机形态存在，而且上层土壤含量大于下层。土壤各有机组分，包括水溶性有机物、动植物残体和土壤腐殖质均含硫，只是碳、氮、硫的比例不同。在稳定的土壤有机质中，硫相对含量较低；而活跃的土壤有机质中，硫相对含量较高。有机硫化合物的组分主要是氨基酸态（包括蛋白质态）和类脂态两种。氨基酸态硫含量较高，占土壤全硫的 10%～30%，类脂态硫不足全硫的 1%。另外，还有一些未知的有机硫化合物，其生物有效性较低。土壤有机硫是植物有效硫的重要来源，有机态硫不能被作物直接利用，需经微生物分解转化成植物有效态的硫酸盐后，才能为作物提供有效的硫营养。

1. 长期覆膜及不同施肥处理对有机硫的影响　表 14-27 是长期覆膜及不同施肥处理土壤中有机硫含量状况，从 1987 年到 2005 年经过 18 年长期不同处理，裸地土壤中有机硫含量的变化幅度不大（图 14-31）。1987 年土壤中有机硫的初始含量为 131.24 mg/kg，1997 年 N2、M2N2 处理土壤中有机硫含量有所增加，CK 和 M2 土壤中有机硫含量减少；到 2005 年，除 N2 土壤中有机硫含量减少外，其余三种处理土壤中有机硫含量均增加，N2 土壤中有机硫含量下降到初始含量以下，四种不同处理土壤中有机硫含量顺序为 M2N2>M2>CK>N2。图 14-32 是长期覆膜土壤中有机硫含量从 1987 年到 2005 年的变化曲线。从图 14-32可以看出，1987 年到 1997 年长期覆膜四种不同处理下土壤中有机硫含量的整体趋势是升高。1997 年土壤中有机硫含量顺序为 M2N2>M2>N2>CK，而 M2 和 M2N2 土壤有机硫含量在 1997 年到 2005 年之间略有下降，CK 和 N2 土壤中有机硫含量继续增加。

表 14-27 长期覆膜及不同施肥处理土壤有机硫含量状况（mg/kg）

处理		1987 年	1997 年	2005 年
裸地	CK	131.24	129.96	133.63
	M2	131.24	122.55	138.72
	N2	131.24	131.75	128.80
	M2N2	131.24	134.97	155.91
覆膜	CK	95.42	116.42	118.21
	M2	95.42	146.94	140.31
	N2	95.42	121.23	132.92
	M2N2	95.42	169.69	153.91

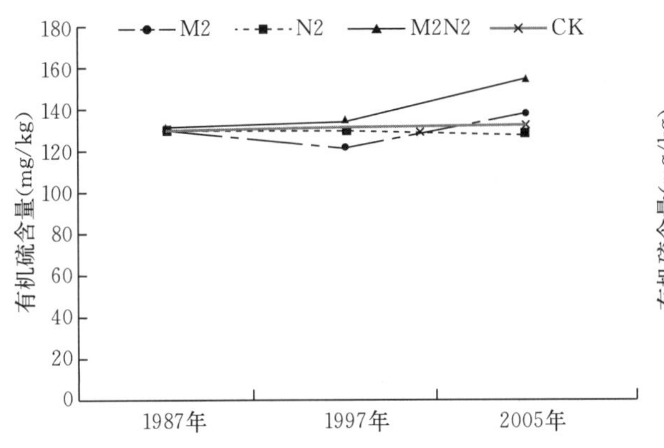

图 14-31 长期裸地施肥条件下土壤有机硫的变化

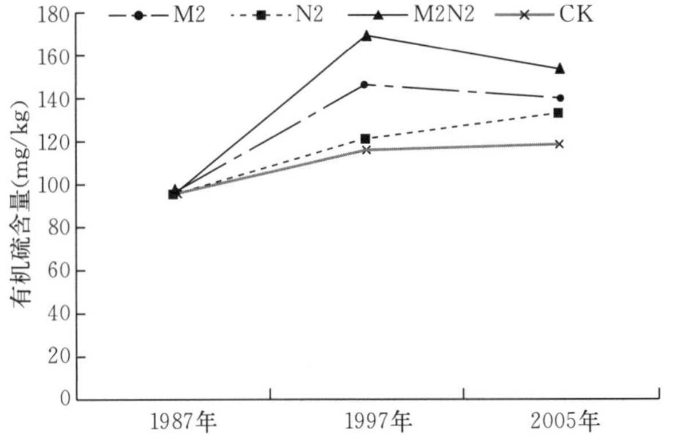

图 14-32 长期覆膜条件下土壤有机硫的变化

2. 长期覆膜及不同施肥处理对土壤有机硫在剖面上的影响 土壤中有机硫在土壤表层和亚表层中含量的变化见图 14-33 和图 14-34。从图中可以看出，裸地条件下土壤中有机硫的含量均是表层高于亚表层。比较这四种处理方式土壤中有机硫的含量表层土壤中最高的是有机无机肥配施，其次是施有机肥，亚表层土壤中却是这两种处理有机硫含量最少。覆膜条件下土壤中有机硫在不同土层的含量也存在差异，其变化趋势是随着土层的加深土壤中有机硫的含量减少。这种变化最明显的是有机肥处理的土壤，其表层有机硫的含量是 140.31 mg/kg，而亚表层是 100.55 mg/kg。这四种处理土壤中有机硫含量最高的是 M2N2，其次是 M2。比较图 14-33、图 14-34 可以看出，

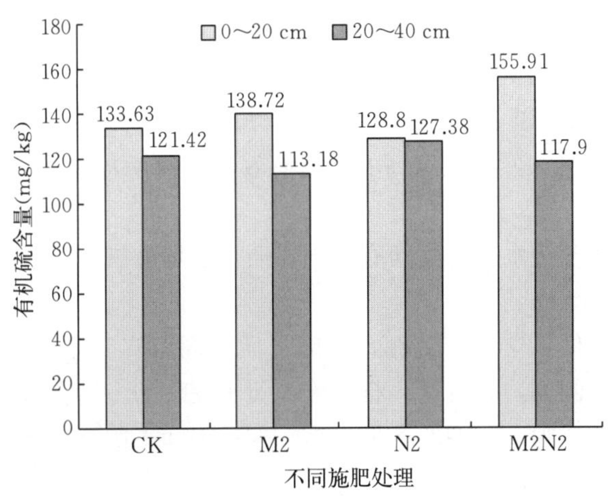

图 14-33 裸地土壤有机硫与土层深度的关系

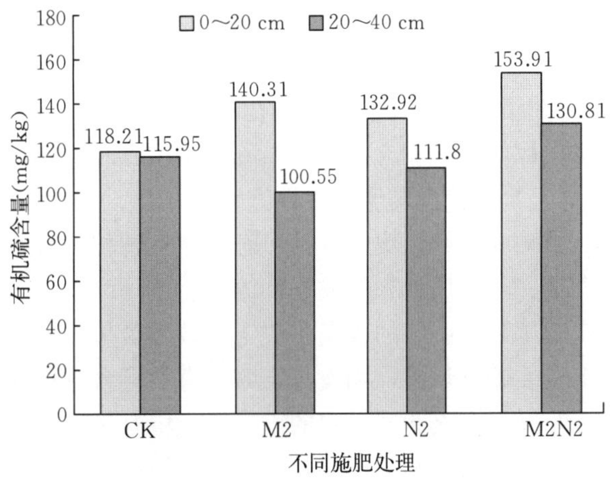

图 14-34 覆膜土壤有机硫与土层深度的关系

无论覆膜与否，土壤中有机硫的含量均是表层高于亚表层，这与 Tabatabai 等（1972）指出的土壤中至少 95%的硫以有机形态存在，而且上层土壤大于下层的观点一致。覆膜条件下的土壤中有机硫含量要比裸地条件下高。分析其原因可能是，长期覆膜可有效防止由于地表径流和地下水径流造成的肥土流失，从而有效地提高了肥料利用率，减少了土壤中硫素的损失。

第二节　棕壤微量元素

微量元素是指土壤和植物中含量很低的营养元素。目前研究和使用较多的微量元素有硼（B）、锌（Zn）、锰（Mn）、铁（Fe）、铜（Cu）、钼（Mo）6 种。微量元素在土壤和作物体内含量虽少，却有重要的意义。它们往往是植株体酶或辅酶的组成部分，具有很强的专一性，在作物正常生长发育中不可缺少且不可替代。土壤微量元素含量过低或过高都会引起植物的不良反应。微量元素供给不足时，作物呈现缺素症，生长不良，严重时会导致大幅度减产；过量时又会发生中毒现象，严重影响作物的产量和质量，进而危害人畜健康。此外，微量元素对环境质量的评价等具有特殊意义。

土壤中的微量元素主要来源于成土母质。微量元素的形态有多种，一般分为水溶态、代换态、络合或螯合态和矿物态，其中矿物态占绝大部分。为了阐明对植物的可给性，常以有效态微量元素的含量作为评价指标。有效态微量元素主要包括除矿物态以外的其他三种形态的微量元素，而全量微量元素仅作为微量元素的储备。土壤微量元素的全量和有效态含量与土壤形成过程和土壤属性密切相关，全量主要取决于成土母质微量元素的含量，有效态含量则受土壤酸碱反应、氧化还原电位、有机质含量等条件制约。

一、土壤硼

（一）棕壤有效硼的含量

土壤中硼的含量范围一般为 2～300 mg/kg，平均为 10 mg/kg。我国土壤全硼含量在 0～500 mg/kg，平均为 64 mg/kg。山东省棕壤（表土层）有效硼含量见表 14－28。

表 14－28　山东省棕壤（表土层）有效硼含量

土壤类型	样本数	平均值（mg/kg）	范围值（mg/kg）	标准差	变异系数（%）
典型棕壤	241	0.33	0.10～0.78	0.12	36.89
白浆化棕壤	15	0.24	0.10～0.41	0.10	40.77
酸性棕壤	3	0.31	0.14～0.42		
潮棕壤	153	0.33	0.12～0.70	0.11	32.65
棕壤性土	53	0.28	0.12～0.45	0.08	29.06

棕壤的有效硼平均含量均在缺硼临界值（0.5 mg/kg）以下，潮棕壤有效硼含量较高（0.33 mg/kg），白浆化棕壤有效硼含量（0.24 mg/kg）最低。由此可见，熟化程度高的土壤有效硼含量较高。

（二）影响土壤硼有效性的因素

影响和制约土壤中各种形态硼相互转化和有效硼含量水平的因素有成土母质、土壤酸碱度、有机质含量、土壤质地和气候条件等。

土壤母质中硼的含量是决定有效硼含量的重要条件。土壤有效硼含量因母质不同而有明显差异。成土母质硼含量高，则发育土壤的有效硼含量也高。例如，砂页岩、石灰岩、黄土发育的土壤含硼量高于花岗岩和玄武岩发育的土壤。土壤有机质含量高，则有效硼的含量也高。这是因为土壤有机质与硼结合，能防止硼的淋失，在有机质被矿化后硼即被释放出来。

土壤酸碱度是影响硼有效性的最重要因素。土壤酸碱度不同，水溶性硼的有效性也不同。土壤

pH 在 4.5～6.7，硼的有效性最高，水溶性硼的有效性与 pH 呈正相关；pH 在 7.1～8.1，水溶性硼与 pH 呈负相关。所以，在褐土、砂姜黑土、潮土中，随着石灰含量的增加硼的有效性降低。虽然在棕壤中酸碱度范围适宜，有利于硼的有效性增强，但由于降水较多，土壤质地较粗，有效硼易淋失。另外，土壤中的铁、铝氧化物吸附和固定也会在一定程度上降低硼的有效性。

土壤质地和降水量都影响有效硼的含量，降水量多，有效硼淋失多；在降水量少的情况下，由于土壤干旱增加硼的固定，硼的有效性降低。所以，降水或多或少都降低硼的有效性。黏质土有利于有效硼的保持和固定，而砂质土有利于有效硼的淋失，所以土质不同，硼的有效性也不同。以潮土为例，黏质潮土全硼含量最高，壤土次之，砂质潮土最低，其有效硼含量也如此。

二、土壤锌

土壤锌含量一般为 10～300 mg/kg，平均为 50 mg/kg。我国土壤锌含量变化范围在 3～790 mg/kg，平均为 100 mg/kg。土壤中的锌来自成土矿物，存在于辉石、角闪石、墨云母等硅铝酸盐的晶格中。所以，土壤锌含量与成土母质有关，基性岩和砂页岩母质发育的土壤含锌较多，石灰岩的锌含量不高，但由于成土过程的富集作用，所形成的土壤常含锌。在火成岩中，基性岩锌含量高于中性岩，中性岩锌含量高于酸性岩。即使是同类母岩，由于矿物成分不同，锌含量也不同。

（一）棕壤有效锌的含量

从表 14 - 29 中可以看出，除酸性棕壤的有效锌含量大于 1 mg/kg 外，各棕壤亚类土壤有效锌平均含量在 0.69～0.98。棕壤土类各亚类有效锌含量排序为酸性棕壤>白浆化棕壤>典型棕壤>潮棕壤>棕壤性土。土壤有效锌含量与 pH 和碳酸钙含量密切相关，pH 和碳酸钙含量最高的土壤有效锌含量最低。

表 14 - 29 棕壤的有效锌含量

土壤类型	样本数	平均值（mg/kg）	范围值（mg/kg）	标准差	变异系数（%）
典型棕壤	239	0.86	0.23～4.62	0.79	91.97
白浆化棕壤	16	0.98	0.29～2.88	0.75	77.10
酸性棕壤	3	1.47	0.55～12.0	0.80	54.37
潮棕壤	155	0.77	0.25～4.5	0.80	103.7
棕壤性土	51	0.69	0.25～4.36	0.73	105.98

（二）长期覆膜与不同施肥对棕壤有效锌含量的影响

基于棕壤长期定位试验的结果可以看出，不同肥料的长期施用对土壤有效锌的影响差异很大（刘赫，2010）。从图 14 - 35 中可以看出，与原始土壤相比，2006 年有效锌含量增长明显，施用有机肥对于有效锌含量影响显著，其中以 M4＋N2P1 增长最为明显，比原始土壤增长了 23.27 mg/kg，增长了 5.8 倍。可见，有机肥对保持土壤锌元素的平衡和提高土壤有效锌含量起着重要作用。从不同年份来看，各施肥处理土壤有效锌含量虽然有所波动，但总体增长趋势明显。比较 1998 年和 2006 年土壤有效锌含量得出，增长量大小顺序为 M4＋N2P1>M4>M2>CK>N4P2。单施化肥对有效锌含量增长作用不明显，1987—2006 年在无肥对照区增长量为 4.55 mg/kg，仅增长了 1.1 倍，有些年份甚至有所下降；单施化肥区增长作用更不明显，1987—2006 年仅增长了 0.86 mg/kg，在 2000 年以后甚至表现为下降的趋势。比较各年份不同

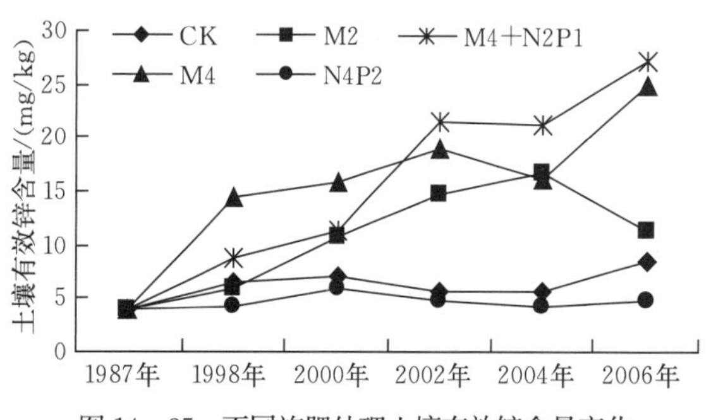

图 14 - 35 不同施肥处理土壤有效锌含量变化

处理，单施化肥处理土壤有效锌含量低于无肥处理有效锌含量，即单施化肥处理降低了土壤中有效锌含量。导致这一结果的原因可能是，氮、磷元素的施用有助于玉米的生长，促进了玉米对于土壤中有效锌的吸收，使得土壤中有效锌含量低于无肥对照处理；另外，长期施用含磷化肥，磷与铜和锌有拮抗作用，可使土壤中有效锌含量降低。现如今化肥大量施用早已成为普遍现象，带来最为严重的后果就是土壤有效态微量元素降低。所以，在提倡合理施肥的今天，有机肥与化肥的配合施用显得尤为重要。

比较长期覆膜与不同施肥的结果发现（图 14－36），在 M2、M4、N4P2 和 M4＋N2P1 四种处理下表现为覆膜有效锌含量高于裸地。原因可能是，覆膜土壤与裸地土壤相比水分含量和温度升高了，锌有效性也相应增强。可见，覆膜可以提高土壤中有效锌的含量。

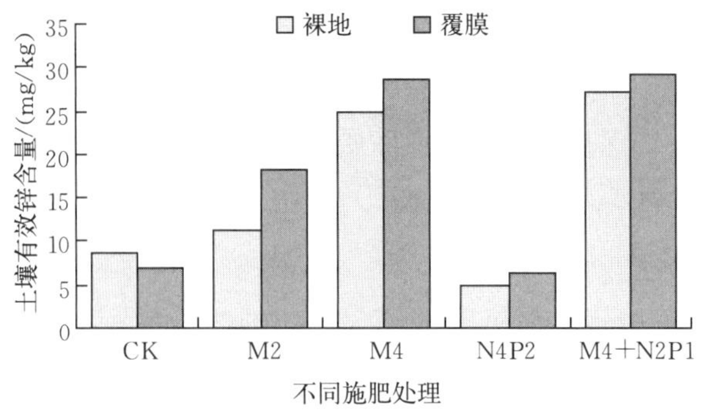

图 14－36　覆膜对土壤有效锌的影响

（三）影响土壤锌有效性的因素

土壤中各种形态的锌在一定条件下是可以互相转化的，影响转化的因素主要是土壤 pH、碳酸盐含量、黏土矿物、有机质以及土壤磷素含量等。

土壤有效锌含量随 pH 升高而减少，缺锌现象多发生在 pH>6 的土壤中。山东省棕壤中富含锌，当 pH 在 6.00～7.85 时，锌多为 $Zn(OH)_2$ 沉淀；当 pH>7.8 时，锌呈锌酸状态，与土壤中的 Ca^{2+} 结合生成溶解度很低的锌酸钙。此外，土壤中的碳酸盐还可与锌生成碳酸锌等溶解度很低的化合物，这些化合物被吸附在碳酸盐颗粒表面而不易被作物吸收。

锌离子的半径与镁离子相似，因而锌离子能代换黏土矿物晶格中的镁离子，被黏土矿物固定。土壤中的腐殖质能与锌形成稳定的络合物，降低锌的有效性。所以，在有机质含量高的石灰性土坡上常有缺锌现象发生。

三、土壤锰

土壤全锰含量为 50～5 000 mg/kg，平均为 850 mg/kg，全国土壤全锰的平均含量为 710 mg/kg。土壤锰主要来自母岩中的成土矿物，辉石、角闪石、橄榄石锰含量很高，石英、长石、白云母锰含量低。土壤锰含量依据成土母质的不同又存在较大差异（表 14－30），棕壤锰含量按成土母质的排列顺序：基性岩>中性岩>砂页岩>酸性岩。即使同为酸性岩，由于矿物组成不同，土壤的锰含量也有一定差异。石灰岩中锰含量较低，在成土过程中锰富集。由石灰岩、黄土、黄河冲积物发育的土壤全锰含量在 400～700 mg/kg，变化范围也较小。

表 14－30　主要成土母质（母岩）及其发育土壤中的锰含量

成土母质	土壤类型	采样地点	母岩全锰 (mg/kg)	土壤锰含量			
				全锰 (mg/kg)	有效锰 (mg/kg)	活性锰 (mg/kg)	活性锰/全锰（%）
角闪片麻岩	白浆化棕壤	泰山长寿桥	1 030	920	3.24	63.0	6.85
	酸性棕壤	泰山中天门	1 420	860	2.11	9.9	1.15
片麻岩	典型棕壤	威海风林	380	590	16.71	326.4	55.3
	典型棕壤	日照马庄	232	800	44.68	330.2	41.3
花岗岩	典型棕壤	邹城崇义岭	110	486	12.83	262.4	48.15
玄武岩	典型棕壤	蓬莱马格庄	1 231	744	43.31		

(一) 棕壤有效锰的含量

棕壤有效锰含量较高，但棕壤土类中不同亚类之间有效锰含量相比，呈现出 pH 高则土壤有效锰含量相对较低的现象（表 14 - 31）。

表 14 - 31　山东省棕壤的有效锰含量

土壤类型	样本数	平均值（mg/kg）	范围值（mg/kg）	标准差	变异系数（%）
典型棕壤	189	21.78	2.00～77.49	16.41	75.35
白浆化棕壤	15	31.45	5.52～65.38	16.44	52.29
酸性棕壤	4	8.02	3.01～10.85		
潮棕壤	127	21.97	4.31～80.94	15.07	68.58
棕壤性土	35	22.00	6.31～68.32	13.59	61.75

(二) 长期覆膜与不同施肥对棕壤有效锰含量的影响

土壤中有效锰含量如图 14 - 37 所示。1987—2006 年长期定位试验各施肥处理除单施化肥处理（N4P2）以外均呈现出降低的趋势，其中无肥处理（CK）降低最为显著，1987—2006 年降低了 46.85 mg/kg、降低 34.8%。各处理降低量顺序为 CK>M2>M4>M4+N2P1。相同年份施有机肥处理较无肥处理（CK）有所提高，说明有机肥可以提高土壤中有效锰含量。但之所以出现降低的趋势，可能是因为有机肥中锰含量较少，每年因施肥而带入土壤中的有效锰含量低于每年作物生长所吸收的有效锰含量，加之收获后土壤中锰元素并没有及时得到补充，所以出现了降低的现象。单施化肥处理（N4P2）土壤中有效锰含量呈增加趋势，1987—2006 年增加了 10.94 mg/kg，增长了 8.1%。化肥单施处理（N4P2）土壤中有效锰含量要高于其他处理，其原因是施用化肥可以使土壤 pH 降低，从而使土壤中锰的有效性增高。

覆膜对土壤有效锰的影响见图 14 - 38，各处理土壤中有效锰含量在覆膜条件下表现出高于裸地条件（N4P2 处理除外），由于覆膜后降低了土壤蒸发量、改善了土壤水热状况和养分状况、提高了土壤生物活性，使得土壤中锰离子等活性增强，从土壤胶体中解吸出来，游离于土壤中从而提高了其有效态含量。

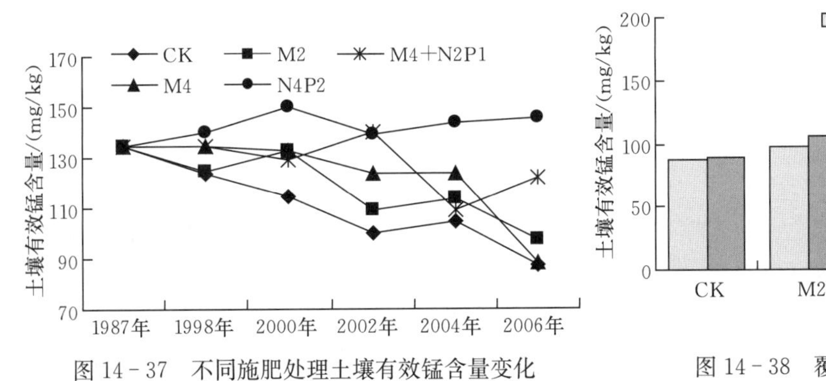

图 14 - 37　不同施肥处理土壤有效锰含量变化

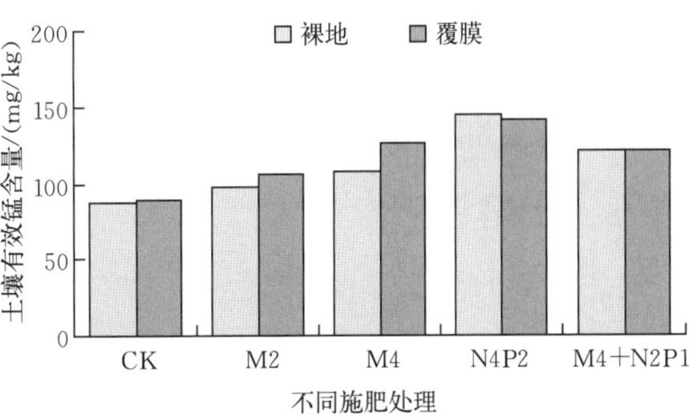

图 14 - 38　覆膜对土壤有效锰的影响

(三) 影响土壤锰有效性的因素

土壤中锰的有效性受土壤酸碱性、氧化还原条件、有机质、土壤质地、通透性和水分状况的影响。在酸性土壤中，二价锰增加，锰的可供性加强；在 pH>8 时，二价锰易形成稳定的四价锰，所以石灰性土壤易发生缺锰现象。有研究者提出石灰性土壤活性锰少于 100 mg/kg 时，即为缺锰。氧化条件下锰由低价向高价转化，因此通透性良好的砂质土锰的有效性低；在黏质土或水分含量高、通气性不良的状况下，高价锰被还原为低价锰，增加了土壤锰的有效性，所以水稻土有效锰含量较高。

根据土壤有效锰的调查和分析资料可知，在山东省黄河冲积平原存在一定面积锰肥有效的土壤，几乎所有主要的粮、棉、油作物及果树、蔬菜等对锰敏感，其中小麦对锰常有良好的反应。

四、土壤钼

钼是土壤中含量较少的微量元素，世界土壤全钼含量为 0.5～5 mg/kg，平均为 2.3 mg/kg。我国土壤全钼含量为 0.1～6.0 mg/kg，平均为 1.7 mg/kg。土壤钼含量的主要来源是含钼矿物，主要含钼矿物是辉钼矿。土壤钼含量一般与成土母质有相关性，花岗岩发育的土壤全钼含量较高，而黄土母质和黄河沉积物发育的土壤全钼含量较低。

（一）棕壤有效钼的含量

从表 14－32 可以看出，由花岗岩或片麻岩发育的棕壤虽然全钼含量较高，但由于土壤溶液呈弱酸性至酸性反应，有效钼的含量也不高。

表 14－32　山东省棕壤的有效钼含量

土壤类型	样本数	平均值（mg/kg）	范围值（mg/kg）	标准差	变异系数（%）
典型棕壤	73	0.08	0.02～0.07	0.05	59.19
白浆化棕壤	5	0.08	0.06～0.11	0.02	23.21
酸性棕壤	26	0.11	0.04～0.17	0.03	32.04
潮棕壤	8	0.07	0.03～0.16	0.04	61.26
棕壤性土	16	0.06	0.03～0.10	0.02	32.40

（二）土壤供钼水平及其影响因素

第二次全国土壤普查中采用 pH 为 3.3 的草酸-草酸铵溶液提取有效钼。一般认为，该提取液测试有效的临界值为 0.10 mg/kg。但是作物不同，有效钼的临界值不同，钼肥的肥效主要表现在豆科作物和十字花科作物上，禾本科作物对钼肥反应不敏感。由于钼参与豆科作物的固氮作用，所以施钼肥后有显著的增产效果。影响土壤有效钼的因素有很多，如成土母质、土壤酸度、质地、有机质、土壤水分状况等，其中最主要的是成土母质和土壤酸度。母质中钼含量高，就有了充足的钼源。在条件适宜的情况下，钼释放出来供给作物吸收。土壤酸度是影响土壤供钼水平最主要的条件，土壤 pH 越高，土壤供钼能力越强。所以，花岗岩、片麻岩风化物发育的棕壤，虽然全钼含量较高，但由于土壤 pH 较低，有效钼的含量并不高。

五、土壤铁

铁是土壤中含量较高的元素之一，土壤铁含量一般在 3.8%左右。土壤中铁的含量受成土母质和成土过程的影响。铁与锌、锰等元素在辉石、角闪石、橄榄石中共生，所以基性岩和含暗色矿物多的岩石发育的土壤含铁量较高。土壤中的铁来源于母质风化的遗骸，但铁主要是成土过程中母质风化产物的再沉积，矿物中的铁在风化作用下释放出来形成氧化铁，常见的有赤铁矿、针铁矿、钎铁矿、氢氧化铁等形式。铁含量低的母质，在成土过程中铁不断富集。

（一）棕壤有效铁的含量

土壤有效铁（DTPA 提取液分析）可以作为衡量土壤供铁水平的指标，包括水溶性铁、代换性铁和有机质释放出的一部分络合铁。有效铁的临界浓度在 2.5～4.5 mg/kg。

土壤有效铁含量与 pH 和碳酸盐含量密切相关。pH 和碳酸盐含量高的，则有效铁含量较低；反之，有效铁含量较高。不同棕壤类型的有效铁含量如表 14－33 所示。

表 14-33 山东省棕壤的有效铁含量

土壤类型	样本数	平均值（mg/kg）	范围值（mg/kg）	标准差	变异系数（%）
典型棕壤	177	20.19	7.12～80.89	11.93	56.09
白浆化棕壤	15	27.75	7.84～51.76	13.21	47.62
酸性棕壤	4	26.06	11.70～45.52		
潮棕壤	154	21.04	7.72～65.46	12.86	61.14
棕壤性土	44	17.92	7.06～57.98	9.36	52.25

（二）长期覆膜与不同施肥对棕壤有效铁含量的影响

土壤中有效铁随着年份的增加其变化情况不同，见图 14-39。表现为施用有机肥处理增长明显，单施化肥处理（N4P2）和无肥处理（CK）表现出下降的趋势。其中 1987—2006 年，高量有机肥处理（M4）增长最多，增长了 33.6%；其次为 M4+N2P1，增长为 25.5%；中量有机肥处理（M2）增长了为 17.3%。由此可见，施用有机肥可以提高土壤中有效铁含量。随着有机肥施入量的提高，土壤中有效铁含量相应提高。这是因为有机肥中一般含有较多的有效铁，对土壤有效铁起补充作用；此外，长期施用有机肥后，有机质在土壤中分解、转化产生各种有机酸使土壤酸度降低，还原性增强，使 Fe^{3+} 易于还原为 Fe^{2+}，铁的溶解度增加，因而有效铁的含量明显增加（胡思农，1993）。1987—2006 年单施化肥处理（N4P2）有效铁含量呈现出略微降低的趋势，降低了 12.7%，无肥处理（CK）降低了 15.8%。

对不同年份不同处理做显著性分析可知，施用有机肥处理有效铁含量与其他处理存在显著差异；单施化肥处理（N4P2）与无肥处理（CK）相比较可知，除 1998 年以外，其他年份两者之间差异不显著。说明常年耕作土壤中有效铁随收获物一起从土壤中带出，呈现出降低的趋势，单施化肥不能有效缓解有效铁含量降低这一现象。针对这一现状不难看出，化肥和有机肥配合施用对于改善土壤理化性状及提高土壤养分至关重要。

覆膜处理下土壤中有效铁含量和有效锰含量表现出相同的趋势（图 14-40），可能导致的原因也类似。

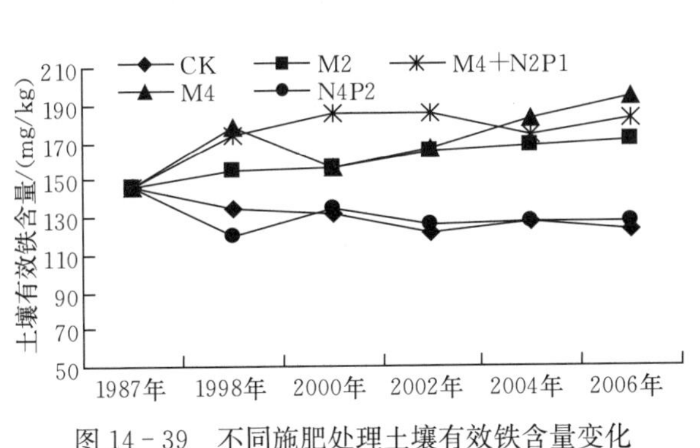

图 14-39 不同施肥处理土壤有效铁含量变化

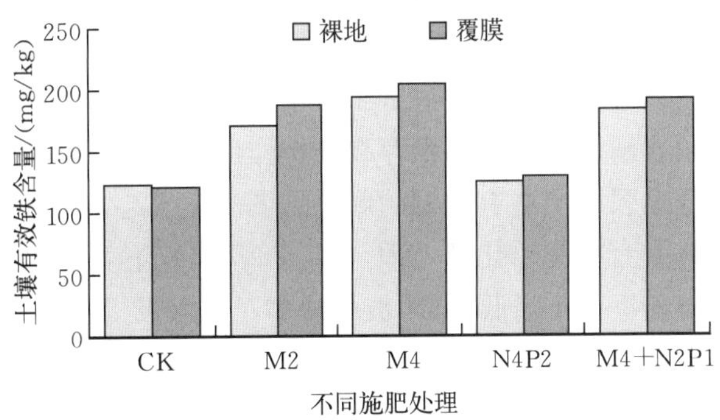

图 14-40 覆膜对土壤有效铁的影响

（三）影响土壤铁有效性的因素

一般情况下土壤铁含量能满足作物的需要。引起作物缺铁的主要因素是土壤酸碱度、氧化还原状况、有机质含量和质地类型。

中性至微碱性土壤，pH 在 7～9，铁呈氢氧化物沉淀；石灰性土壤，铁离子与碳酸根和重碳酸根结合，形成难溶的碳酸铁盐。近年来，在黄河冲积平原潮土上新辟果园的幼树（包括苹果、山楂、梨、桃等）上大面积发生黄叶病，即由碳酸钙对铁的固定引起。特别是在过度灌溉条件下，黄叶病症状严重，甚至引起幼树死亡。

在酸性和淹水条件下，铁被还原为溶解度较高的亚铁，铁的有效性提高。土壤有机质对铁的作用是：一方面与铁离子络合或螯合，增加对铁的固定；另一方面作为代换性载体，分解后产生的酸性提高铁的有效性。因此，有机质含量高的表土层，有效铁的含量较高。

六、土壤铜

我国土壤含铜量为 3～300 mg/kg，平均为 22 mg/kg。土壤中含铜的矿物主要是黄铜矿、孔雀石和含铜砂岩。土壤含铜量因成土母质的不同而有一定差异。一般规律：基性岩发育的土壤含铜量高于酸性岩，砂页岩发育的土壤含铜量高于石灰岩和黄土，黄河冲积物发育的土壤含铜量低，且变化范围小。

（一）棕壤有效铜的含量

山东省土壤为中性或石灰性，用 DTPA（pH 为 7.3）溶液提取有效铜作为土壤供铜的指标，其临界量为 0.2 mg/kg。山东棕壤有效铜含量见表 14－34。

表 14－34　山东省棕壤有效铜含量

土壤类型	样本数	平均值（mg/kg）	范围值（mg/kg）	标准差	变异系数（%）
典型棕壤	21.3	0.93	0.23～3.18	0.51	54.64
白浆化棕壤	16	0.91	0.39～1.82	0.40	43.99
酸性棕壤	150	1.03	0.35～3.48	0.49	48.12
潮棕壤	49	0.73	0.23～1.58	0.31	42.81
棕壤性土	323	0.97	0.29～3.90	0.41	42.51

（二）长期覆膜与不同施肥对棕壤有效铜含量的影响

由图 14－41 可以看出，不同施肥处理在不同年份均表现出增长的趋势，虽然有所波动但总体增长趋势很明显，无论是 M4 还是 N4P2 随年份均有不同程度的上升。研究结果显示，有机肥对于有效铜含量有较大影响，其中以 M4＋N2P1 增长最为明显，相比原始土壤有效态铜增长了 9.82 mg/kg。从各年份不同处理来看，CK 和 N4P2 均显著差异于其他各处理。不同处理间相比较可以得出，N4P2 不但没有使土壤中有效铜含量增加，而且比同年 CK 还低。分析其原因可能是，氮、磷元素的施用有助于玉米的生长，促进玉米对于土壤中有效铜的吸收，使得土壤中有效铜含量低于 CK；另外，长期施用含磷化肥，磷与铜存在拮抗作用，可使土壤中有效铜含量有所降低。

覆膜对土壤有效铜的影响见图 14－42。有效铜含量在无肥处理（CK）、中量有机肥处理（M2）和高量有机肥＋化肥处理（M4＋N2P1）下表现为覆膜含量高于裸地含量，具体可能是因为覆膜条件使得土壤 pH 降低，H^+ 数量越多，铜解吸得越多，其活动性就越强（陈涛等，1980），从而加大了其从土壤中向生物体内迁移的数量，导致覆膜条件下有效铜含量比裸地条件低。

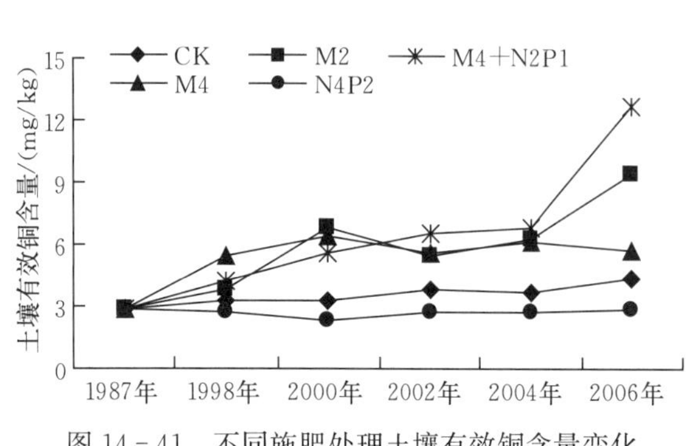

图 14－41　不同施肥处理土壤有效铜含量变化

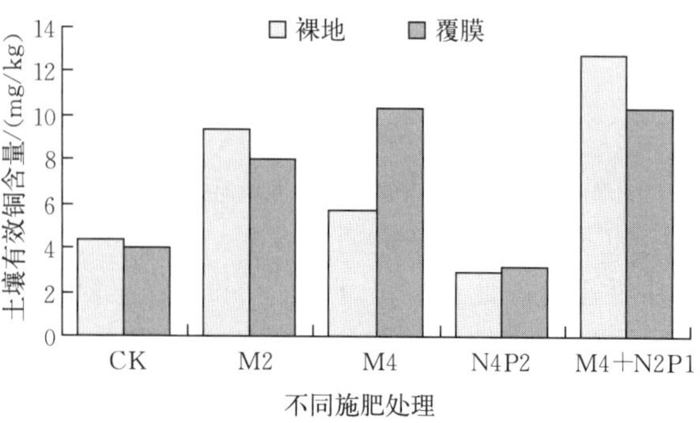

图 14－42　覆膜对土壤有效铜的影响

（三）土壤有效铜的剖面分布特点

在富含有机质的表层，铜有富集现象。但有的剖面表层土壤有机质含量不高，铜的富集特点不明显。

土壤有效铜与 pH 的关系不如其他元素显著，但与母质含铜量密切相关。目前，铜肥仅在果园有小面积的应用，主要用于杀菌和防治果树的叶片失绿、畸形以及顶梢枯死。

第十五章 棕壤环境质量状况 >>>

土壤的环境质量是自然过程和人为活动综合作用的体现，土壤的背景值、地球化学循环和社会经济活动等因素共同影响着土壤的环境质量现状。土壤环境因素对人类及陆地生物生存和繁衍的适宜程度构成土壤环境质量。土壤环境质量既是一种土壤的本质属性，也是人类根据对土壤环境状态的需求而进行的一种主观评定。目前土壤环境质量受人为因素的影响越来越突出，工业、农业和生活等社会活动产生的有机污染物和重金属污染物，通过不同污染途径进入土壤环境，如洪水泛滥引发的污染物搬运、污水灌溉引起的污染物沉积、酸雨引发的重金属活化、降尘引发的重金属扩散。这些过程最终会表现出自然因素和人为因素的叠加作用，形成污染物的多来源、迁移多途径、过程多影响因素等分异特征，在土壤中表现出隐蔽性、长期性、逆转困难等特点。

第一节 棕壤重金属污染

一、我国棕壤重金属污染物来源及危害

重金属元素在化学中一般指密度大于 5.0 g/cm^3 的金属，包括铁（Fe）、锰（Mn）、铅（Pb）、铜（Cu）、锌（Zn）、镉（Cd）、汞（Hg）、镍（Ni）、钴（Co）等 45 种元素。砷（As）的性质和环境行为与重金属类似，通常也将其归入重金属元素的研究范畴。由于土壤中的 Fe 和 Mn 含量较高，一般对它们的污染问题不太注意。

土壤中重金属从生物化学特征上分为两类：一类是对作物和人畜有害的元素，如 Pb、Cd 和 Hg 等；一类是常量下对生物体有益，但在过量时会对生物体造成危害的元素，如 Cu、Zn、Mn 等。土壤重金属污染是指由于人类活动将重金属带入土壤，致使土壤中重金属含量明显高于背景含量，并可能造成现存的或潜在的土壤质量退化、生态与环境恶化的现象（王祖伟等，2014）。

（一）土壤重金属污染的特点

1. 广泛性和普遍性 工业生产的发展导致重金属污染威胁着每个国家。20 世纪 50 年代末日本富山通川流域的“骨痛病”以及 1977 年美国蒙大拿州两个农业区的小麦不能食用，都是由于土壤 Cd 污染造成的。据我国《全国土壤污染状况调查公报》显示，全国土壤环境状况总体不容乐观，其中重金属污染较为突出，镉的点位超标率为 7.0%，汞的点位超标率为 1.6%。土壤重金属污染可通过食物链对人类造成危害。

2. 隐蔽性和潜伏性 通常情况下，大气污染、水污染和固体废弃物污染等问题通过人体器官就能发现，而土壤重金属污染则不同，往往要通过对土壤样品进行化验分析或对农作物重金属进行残留检测，甚至通过研究对人畜健康的影响才能确定。因此，通常土壤重金属污染从产生到出现问题滞后时间较长。重金属在土壤中不易被淋溶，不能被微生物分解，当土壤条件发生变化或重金属含量超过土壤承受限度时，土壤重金属有可能被活化，引起严重的生态危害，因此其污染具有较长的潜伏期。

3. 表聚性和地域性 土壤中重金属污染物大部分残留在耕层，这是由于土壤中存在有机胶体、无机胶体和有机-无机复合胶体，它们对重金属有较强的吸附和螯合能力，限制了重金属在土壤中的

迁移，同时也使土壤重金属污染表现出很强的地域性。

4. 长期性和不可逆转性 污染物进入土壤环境后，与复杂的土壤组成物质发生一系列迁移转化、吸附、置换、结合作用，其中许多为不可逆过程，污染物最终形成难溶的化合物沉积在土壤中。土壤重金属污染一旦发生，靠切断污染源的方法只能切断重金属进入土壤的途径，残留在土壤中的重金属很难去除。除换土、淋洗土壤等解决方法外，其他的修复治理技术均见效较慢，过程也漫长。因此，当土壤中形成重金属污染后极难去除。

5. 间接危害性及后果严重性 土壤中的重金属不能被土壤微生物分解，但能被生物富集，并通过食物链对人畜造成危害，甚至致畸、致癌、致死；同时，还可以通过渗滤进入地下水体，从而形成新的污染源。

（二）土壤重金属污染的来源

土壤中重金属的来源是多途径的，成土母质本身含有重金属，且不同母质形成的土壤含有的重金属种类、含量差异很大。此外，随着近年来工业、城市污染的加剧以及农用物资用量增加，土壤重金属污染日益严重，分析来源主要有大气沉降（降水）、污水灌溉和污泥施用、重金属废弃物堆积、农用物资、采矿与冶炼等（图 15-1）。

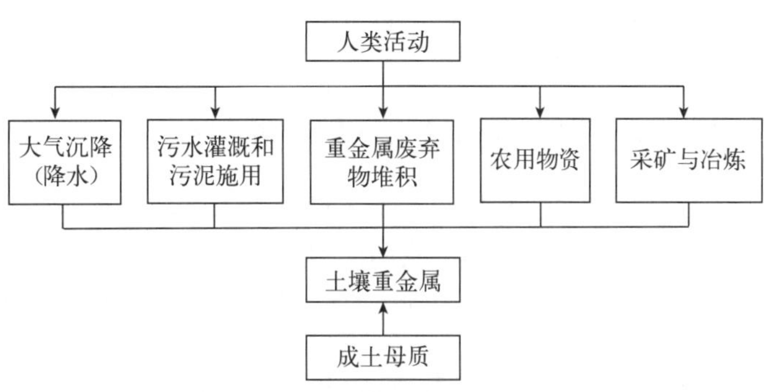

图 15-1 土壤中重金属来源示意

1. 大气沉降（降水） 大气中的重金属主要来源于工业生产、汽车尾气排放产生的大量含有重金属的有害气体和粉尘等，主要分布在工矿区的周围和公路、铁路的两侧。具体而言，重金属的分布主要以工厂烟囱、公路和铁路为中心，向四周或两侧逐步扩散。大气中的大多数重金属是经自然沉降和雨淋沉降进入土壤的，也可通过表皮渗透和代谢进入蔬菜。

2. 污水灌溉和污泥施用 污水灌溉是指利用城市下水道污水、工业废水、排污河污水以及超标的地表水等进行灌溉。由于城市工业化进程加快，大量工业废水涌入河道，城市污水中的重金属离子随污水灌溉进入土壤。进入土壤的重金属离子以不同的方式被土壤截留固定，从而造成污灌区土壤 Hg、Cr、Pb、Cd 等重金属含量逐年增加。污泥中不仅含有大量有机质和 N、P、K 等营养元素，同时也含有大量重金属，它们随污泥进入农田，使土壤中重金属含量不断增高。污泥施用越多，重金属污染就越严重。

3. 重金属废弃物堆积 含有重金属的固体废弃物或矿沙不当堆置也会导致农业环境重金属污染。污染的范围一般以废弃堆为中心向四周扩散。由于废弃物种类不同，各重金属污染程度也不尽相同。

4. 农用物资 施用含有 Pb、Hg、Cd、As 等重金属的农药和化肥，都可以引起土壤中重金属含量的增加。一般过磷肥中重金属含量较高，磷肥次之，氮肥和钾肥含量较低，但氮肥中含 Pb 量较高。近年来，地膜的大面积推广使用，不仅使其残片滞留在农田中造成白色污染，而且其生产过程中加入的 Cd、Pb 等热稳定剂也加重了土壤重金属的污染程度。

5. 采矿与冶炼 金属矿山的开采、冶炼及矿渣堆放等过程中酸浸溶会产生各种金属离子，形成矿山酸性废水，然后随矿山排水或降水直接或间接进入土壤，从而导致周围土壤受到严重的重金属污染。

（三）土壤重金属污染的危害

重金属在土壤中具有潜伏性，在土壤中不易随水淋溶，不能被微生物分解，还可能导致地上农作物重金属含量增加，通过食物链进入人体从而危害人类健康。

1. 对土壤环境及生态结构的危害 大量重金属进入土壤后很难被分解，更难以从土壤中迁出，长期以来便会逐渐影响土壤的理化性状、生物特性和微生物群落结构，从而影响土壤周围的生态结构和功能稳定。

2. 对植物的危害 重金属元素能改变土壤微生物的活性，影响土壤中酶的活性，从而影响土壤中营养元素的释放和生物的可利用性。另外，重金属元素还能抑制植物根系的呼吸作用，从而影响植物对营养元素的吸收。重金属污染物还可以影响植物的光合作用、蒸腾作用等过程，从而影响植物的生长发育。一般植物对重金属物质有一定的耐受性，但当重金属浓度超过植物的忍耐阈值后，植物的生长发育就会受到影响。

3. 对人体的危害 土壤中的重金属可以沿着食物链进入人体，对人体各脏器机能都有非常大的毒性。重金属 Cd 少量进入人体后，会通过生物放大作用或生物积累作用，对人体肺、大脑及血液循环系统产生损伤。可致高血压，甚至引起心脑血管疾病，还会破坏骨骼和肝肾，甚至引起肝功能衰竭发生在日本的“痛痛病”就是由于土壤和水中镉通过食物链进入人体后发生的镉中毒。Pb 也是重金属元素中毒性较大的一种，一旦进入人体很难排出。Pb 能直接伤害人体的脑细胞，特别是胎儿的神经系统，有可能造成先天智力低下；对老年人则会导致其患阿尔茨海默病（王婷，2016）。

二、我国棕壤重金属环境背景值

土壤环境背景值是指在不受或很少受人类活动影响、不受或很少受现代工业污染与破坏的情况下，土壤原来固有的化学组成和结构特征。我国棕壤主要分布在山东半岛和辽东半岛，另外河北、河南、山西、皖北及鄂西的山地垂直带中也有零星分布，其成土母质主要为中酸性基岩风化物及其他无石灰性沉积物。

（一）山东半岛棕壤区重金属元素背景特征

在 6 种母质上发育的棕壤，铜平均背景值为 11.6～20.1 mg/kg，其中以花岗岩残坡积、洪积体上的棕壤背景值最低，而在安山岩残坡积、洪积体上的棕壤背景值最高。各种母质发育的棕壤锌背景值平均值除洪积-冲积体母质上较低为 35.5 mg/kg 外，其余差异不大，变化范围为 41.2～47.4 mg/kg。各种母质上发育的棕壤铅背景值的差异较大，平均值为 12.9～15.3 mg/kg，接近全区平均值 14.03 mg/kg。各种母质上发育的棕壤镉背景值平均值分布范围也较大，为 0.037～0.071 mg/kg，其中以安山岩残坡积、洪积体上的棕壤最高，以花岗岩残坡积、洪积体上的棕壤最低，而片麻岩和长石石英岩残坡积、洪积体上发育的棕壤背景值相等。棕壤镍背景值的平均值是 14.7～27.9 mg/kg。其中，在花岗岩和片麻岩残坡积体上发育的棕壤，镍背景值较低，而在安山岩和砂岩残坡积、洪积体上发育的棕壤背景值较高。棕壤砷的背景含量特征与镍有相似之处，即较高和较低土壤背景含量的母质是相同的，平均值是 5.52～9.89 mg/kg。棕壤铬的平均值除安山岩残坡积、洪积体上土壤为 84.6 mg/kg 最高外，砂岩和长石石英岩残坡积、洪积体上土壤背景含量相近，其余差异不大，变化范围为 45.8～54.6 mg/kg，全区平均值是 59.55 mg/kg。棕壤汞的平均值除长石石英岩残坡积、洪积体上土壤为 0.061 mg/kg 最高外，其余差异不大，变化范围为 0.026～0.032 mg/kg，全区平均值为0.034 mg/kg。

（二）辽东半岛棕壤区土壤重金属元素背景特征

辽河平原区域棕壤铜平均背景值为 21.8 mg/kg，铅平均背景值为 21.6 mg/kg，镍平均背景值为 25.9 mg/kg，锌平均背景值为 64.8 mg/kg，镉平均背景值为 0.112 mg/kg，铬平均背景值为 53.4 mg/kg，汞平均背景值为 0.036 mg/kg，砷平均背景值为 9.22 mg/kg。棕壤处于温和湿润气候条件，植被覆盖率相对较高，生物富集作用明显，各种元素含量处于较低水平主要是由于本区自然地理条件所制约，气候冷凉低温封冻，岩石矿物化学风化不彻底，释放元素强度弱，土壤机械组成较粗，黏粒含量低。辽河平原区域的棕壤中汞、镉、铅、铜、锌等亲硫元素含量较低的另一原因是地广人稀，工业污染较轻，农业耕作管理粗放。然而需要注意的是，沈阳的棕壤中金属元素环境背景值要高于其他地区，这主要是受城市化的影响导致。

三、我国棕壤重金属污染状况

（一）辽宁省棕壤重金属污染特点

1. 辽宁省棕壤镉污染特点 重金属元素镉（Cd）属于第二副族，在地壳中的含量约为十万分之一，属于稀缺元素。Cd较其他元素更容易进入植物体，因为Cd容易发生化学反应，活度大且活性较强，在植物体内大量积累后会对其造成一定危害。Cd的污染主要来源是大气沉降（降水）、重金属废弃物堆积、农药化肥和塑料薄膜等农用物资的使用、污水灌溉和污泥施用以及金属矿山酸性废水。

辽宁省是工业比较发达的省份，工矿企业较多，工业“三废”排放量大。这些废弃物具有未经处理直接排放的历史，较大程度上污染了农业环境。其中以污灌区造成的土壤污染最为严重，以沈阳市张士污灌区为例，其污灌面积曾多达2 800 hm^2。主要是由于20世纪60～70年代，缺乏对Cd污染源的重点厂家排放含Cd污水的治理，年排Cd量多达10 t，污水含Cd量高达230 μg/L，造成了土壤和水稻的严重污染。80年代以来，虽然加强了Cd排放的治理，使年排Cd量下降到0.38 t，污水含Cd下降到10～15 μg/L，但原来已经积累于土壤的Cd仍然对土壤和水稻有严重影响。该地区多年来对Cd污染土壤采取了土地利用类型调整、污染土壤修复等多项措施，取得了较好的成果。

2. 辽宁省棕壤铬和砷污染特点 黄土状母质发育的棕壤，是辽宁地区的代表性棕壤。该区域土壤重金属总铬（Cr）平均含量约为42.4 mg/kg，棕壤对Cr（Ⅵ）的吸附量、解吸量和解吸率随吸附初始液浓度的增加而增加，而吸附率则相反，呈降低趋势。棕壤对Cr（Ⅵ）的吸附量随pH的升高而降低，土壤有机质会抑制其对Cr（Ⅵ）的吸附（王鑫等，2014）。该区域土壤重金属砷（As）平均含量为10.28 mg/kg。As在不同污染负荷土壤中的吸附能力随着污染负荷的增强而降低，解吸能力与之相反。低污染土壤对外来As有一定的吸持与缓冲能力，对土壤的吸附能力较强，随着污染负荷增加，这种能力随之降低，进而表现出吸附容量和吸附强度减弱，从而使As解吸下来的可能性增大，进入环境的风险提高（刘学等，2011）。

3. 辽宁省棕壤铅污染特点 沈抚污灌区是我国最大的工业污水灌溉区之一，土壤中残留多种重金属，见表15-1。沈阳市浑南区深井子镇康红台村属于沈抚污灌区，土壤为草甸棕壤。重金属铅（Pb^{2+}）在东北草甸棕壤上的吸附动力学曲线符合准二级吸附速率方程，吸附等温线为Langmuir型。随着pH增大，吸附量在pH为2～4的范围内急剧增大，在pH为4～6范围内基本不变。惰性电解质（$NaNO_3$）的存在可明显抑制Pb^{2+}的吸附，吸附机制可分为离子交换吸附和表面功能基团键合作用吸附。其中，表面功能基团键合作用吸附又可分为化学键合吸附和静电键合吸附，前者形成内络合层，后者形成外络合层（徐洁等，2007）。

表15-1 沈抚污灌区土壤重金属含量相关值（mg/kg）

重金属	沈抚污灌区平均值	辽宁背景值	国家二级标准
Cd	1.83	0.108	0.60
Hg	1.42	0.037	0.50
As	7.36	8.80	25.00
Pb	41.75	21.40	300.00
Cu	43.57	19.80	100.00
Cr	47.36	8.80	25.00

（二）山东省棕壤重金属污染特点

1. 鲁东丘陵区棕壤重金属污染特点 对鲁东丘陵区棕壤重金属进行统计发现，Cu全量值均高于背景值，棕壤中Cu全量值均值为73.87 mg/kg；Zn的背景值为57.8 mg/kg，Zn全量值均值为

85.93 mg/kg，统计棕壤样品中有42%在背景值范围内，青岛市平度市云山镇棕壤Zn超过了农用地土壤环境质量标准250 mg/kg；棕壤中Pb背景值为30.22 mg/kg，调查样品中棕壤区无样点在背景值范围内，Pb全量值均值为99.05 mg/kg，鲁东地区的Pb值均低于农用地土壤环境质量标准300 mg/kg；棕壤中Cd的背景值为0.060 7 mg/kg，棕壤区Cd含量全部在背景值范围内，且统计60个样品的Cd含量均低于农用地土壤环境质量标准。Cd最小全量值出现在即墨区，仅为0.10 mg/kg，棕壤中Cd全量值均值为0.08 mg/kg（张丽娜，2010）。

Cu^{2+}污染可以用过氧化氢酶作为预警指标，由相应的回归方程计算出国家土壤环境质量标准Cu^{2+}临界浓度的预警阈值为一级土壤9.36%、二级土壤11.57%。Cr^{3+}污染可以用脲酶作为预警指标，其预警阈值为一级土壤11.94%、二级土壤15.12%。Pb^{2+}污染可以用蔗糖酶作为预警指标，其预警阈值为一级土壤1.51%、二级土壤3.42%（张桂山等，2004）。

龙口市是胶东主要的农产品生产基地，以污水灌溉为主的北部平原地区土壤重金属污染日益严重。该地区以棕壤为主，对该地区的9种重金属元素进行了统计分析，结果见表15-2。土壤样本中除Mn元素以外，其余8种重金属元素的含量均值都大于背景值，说明这些重金属元素极有可能在该区富集，人类活动对其造成了一定的影响。9种重金属按超标率由大到小依次为Cd、Pb、As、Ni、Cu、Co、Cr、Zn、Mn，其中Cd的超标率达到了100%，超标情况最为明显，样本均值是背景值的3.06倍，其他元素的均值和背景值差别并不大，除Mn元素外的7种元素虽然超标但富集情况并不是特别严重。土壤中重金属Pb、Cd、Cu和Zn的富集是由人为因素引起的，Pb和Cd主要来自工业生产过程中产生的污染，Cu和Zn则源于农药、化肥的过度施用，污水灌溉加剧了这4种元素的积累；其他元素的积累受成土母质等自然因素的影响较大（李春芳等，2017）。

表15-2 龙口市土壤重金属含量统计特征

元素	最大值（mg/kg）	最小值（mg/kg）	中值（mg/kg）	均值（mg/kg）	标准差	背景值（mg/kg）	变异系数（%）	超标率（%）	*P*值*
Co	19.7	5.7	11.5	11.8	2.6	11.0	22.2	65.7	0.191
Cr	108.1	31.6	61.5	61.4	14.9	56.2	24.3	64.3	0.825
Cu	193.4	14.6	22.7	29.7	24.6	19.6	82.6	68.6	0.000
Mn	888.8	229.3	447.3	461.7	110.5	552.0	23.9	11.4	0.602
Ni	74.6	12.3	28.2	29.4	8.8	23.5	29.9	85.7	0.036
Pb	195.7	11.4	30.4	36.1	23.5	25.4	65.0	98.6	0.000
Zn	187.7	29.4	58.4	62.7	24.2	56.1	38.5	62.9	0.006
As	20.48	4.55	7.72	8.04	2.29	6.30	28.5	87.1	0.395
Cd	0.87	0.14	0.33	0.33	0.11	0.108	33.3	100	0.818

注：*P*值为K-S检验结果。

2. 鲁中南山地丘陵区棕壤重金属污染特点 山东日照地区表层土壤重金属单因素环境质量评价结果显示，区域内土壤环境质量总体状况良好。单因素环境质量评价符合Ⅰ类土壤的面积占土壤总面积的96.81%；符合Ⅱ类土壤的面积占土壤总面积的3.17%；符合Ⅲ类土壤的面积仅占土壤总面积的0.02%，说明Ⅲ类土壤占比极少。日照地区表层土壤重金属元素污染综合评价结果表明，反映表层土壤环境质量的As、Cu、Ni、Cd、Hg、Pb、As、Cr这8种重金属元素含量属于Ⅰ类土壤（清洁至较清洁）的占土壤总面积的86.39%，属于Ⅱ类土壤（轻度污染）的占13.55%，属于Ⅲ类土壤（中度污染）的占0.06%。这说明山东日照地区表层土壤重金属元素综合污染很少，土壤环境质量总体状况良好。日照地区土壤重金属元素综合指标评价结果显示：区域土壤以中度富集为主，中度富集区面积占区域总面积的53.27%；重度富集区占2.60%；弱富集区占38.63%；而未富集区仅占5.50%。

这说明区域内表层土壤中污染物已有积累趋势，虽还未达到有害程度，但应引起重视。虽然日照地区土壤重金属环境质量综合评价良好，但存在极少量的土壤重金属元素污染，主要污染元素是 Cd、Hg，污染源主要为矿山开发活动和工业“三废”排放。因此，在贯彻“预防为主”原则的基础上有必要提出土壤重金属环境质量的预防措施和治理对策（李洪奎等，2018）。

济南周边棕壤又称棕色森林土，是在暖温带湿润半湿润、落叶阔叶林下形成的地带性土壤，土壤面积 399.7km^2，占济南周边地区土壤总面积的 9.1%，集中分布在长清、历城、章丘 3 县南部沙石低山丘陵区，从上到下分布着棕壤性土和普通棕壤两个亚类。棕壤中重金属元素 Cd、Co、Cu、Mn、Ni、Pb、Zn、AS、Cr 等的 4 种形态（醋酸可提取态、可还原提取态、可氧化提取态和残渣态）分布如图 15-2 所示。通过图中可知，各种重金属元素在棕壤中各形态的比例分配有较大差异，但均以残渣态为主（温超，2010）。

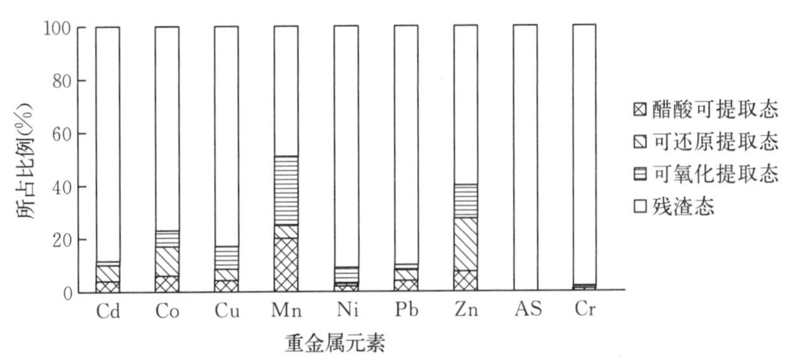

图 15-2　济南周边棕壤中重金属形态分布

（三）京津冀地区棕壤重金属污染特点

1. 河北省棕壤重金属污染特点　棕壤是河北省最主要的山地土壤，总面积 230.85 万 hm^2，占全省土壤面积的 14.02%。统计河北省表层土壤重金属含量，结果见表 15-3，发现 6 种表层土壤重金属含量的变异系数从大到小依次为 Hg、Cd、Pb、As、Ni、Cr。其中，Hg、Cd 变异系数均在 0.50 以上，表明 Hg、Cd 这 2 种重金属元素在河北省不同市、县（区）有较大差异。相对而言，As、Cr、Ni、Pb 这 4 种重金属的空间变异较小，变异系数区间为 0.220～0.309，说明 As、Cr、Ni、Pb 存在小区域重金属含量高的分布现象。参照《土壤环境质量　农用地土壤污染风险管控标准（试行）》(GB 15618—2018)，发现河北省土壤 As、Cd、Cr、Hg、Ni、Pb 这 6 种重金属含量均值未超过土壤环境质量标准，低于自然背景值，说明表层土壤总体受人为扰动较少。与全国土壤重金属元素背景值（As、Cd、Cr、Hg、Ni、Pb 分别为 11.2 mg/kg、0.097 mg/kg、61 mg/kg、0.065 mg/kg、26.9 mg/kg 和 26 mg/kg）相比，河北省深层土壤（采样深度 150～180 cm）重金属元素除了 Cd、Cr 和 Ni 平均含量略高于全国土壤重金属元素背景值外，其他 3 种元素的平均含量均低于全国土壤重金属元素背景值（表 15-4），这表明 As、Hg、Pb 元素在河北省的自然本底值较低。值得警惕的是，河北省存在个别重金属污染的高频地区，如矿区周边、典型污灌区等。无疑这些产地的农产品需要有关部门的高度关注若发现问题应及时采取措施管控，以免引发较严重的食品安全风险（熊孜，2017）。

表 15-3　河北省表层土壤重金属含量特征

项目	As	Cd	Cr	Hg	Ni	Pb
最小值（mg/kg）	0.70	0.03	6.3	0.005	2.70	9.90
最大值（mg/kg）	188	5.68	1 054	10.8	277.10	718.40
算术平均值（mg/kg）	9.55	0.15	65.3	0.043 8	27.80	23.00

（续）

项目	As	Cd	Cr	Hg	Ni	Pb
中位值（mg/kg）	9.60	0.15	64.8	0.036	27.60	22.40
算术标准偏差	2.95	0.090 0	14.4	0.095 4	6.49	7.09
变异系数	0.309	0.60	0.22	2.18	0.234	0.309

注：数据来源于《中华人民共和国多目标区域地球化学图集：河北省平原区及近岸海域》。

表 15-4　河北省深层土壤重金属含量特征

项目	As	Cd	Cr	Hg	Ni	Pb
最小值（mg/kg）	1.25	0.03	10.70	0.005	1.30	8.20
最大值（mg/kg）	37.80	0.47	168.80	1.103	61.40	39.70
算术平均值（mg/kg）	9.71	0.10	63.70	0.017 58	28.21	19.79
中位值（mg/kg）	9.40	0.10	63.20	0.015	28.20	19.40
算术标准偏差	3.45	0.03	12.70	0.019 41	6.97	3.48
变异系数	0.355	0.30	0.199	1.104	0.247	0.176

注：数据来源于《中华人民共和国多目标区域地球化学图集：河北省平原区及近岸海域》。

利用河北省表层土壤的 6 种土壤重金属元素的含量分布资料，参照中国《土壤环境质量　农用地土壤污染风险管控标准（试行）》（GB 15618—2018），对河北省表层土壤重金属含量及其空间分布特征做了初步比较。研究区各种重金属污染等级划分，结果如图 15-3 所示，As、Cd、Cr、Hg、Ni、Pb 属于一级标准的比例最高，占研究区土壤面积的 93.32%～99.02%；其次是属于二级标准的，占

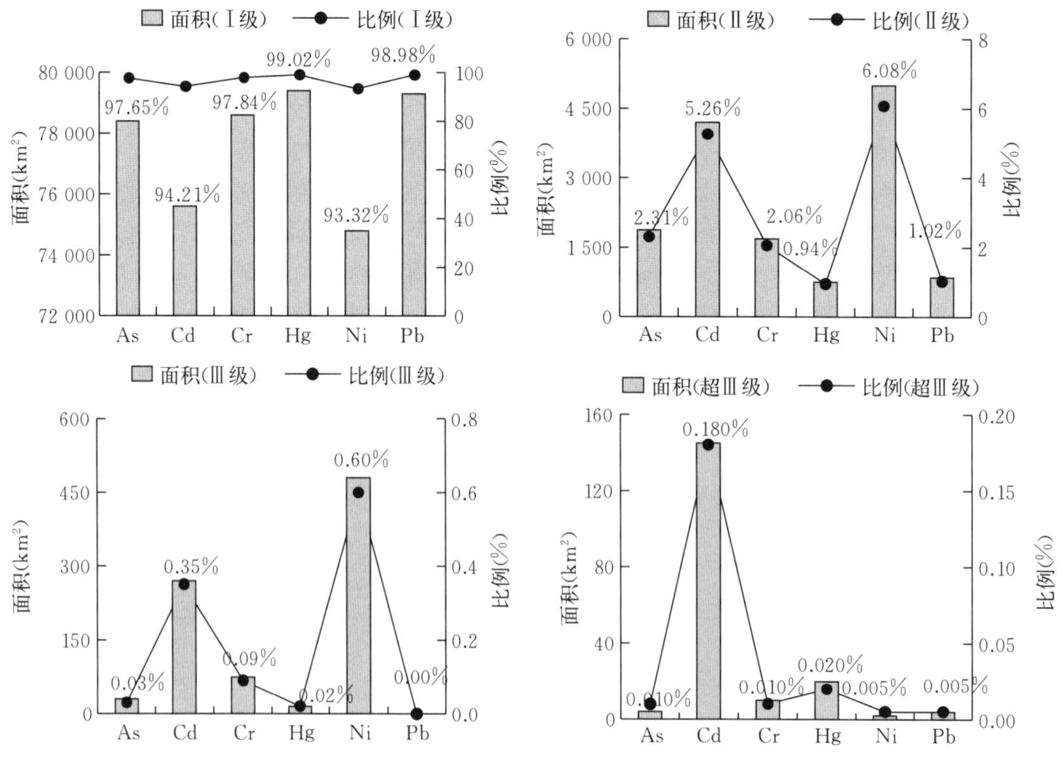

图 15-3　河北省表层土壤重金属等级划分

注：数据来源于《中华人民共和国多目标区域地球化学图集：河北省平原区及近岸海域》的地球化学图集成果应用图。

研究区土壤面积的0.94%～6.08%；属于三级和超三级标准的占研究区土壤面积相对较少，分别只占0～0.350%和0.005%～0.180%。各种重金属污染分布主要可分为两大类：第一类为沿污水河呈条状分布，如石家庄自市区经栾城至赵县一带；第二类为呈点状或片状分布，如唐海工业园区等。虽然河北省大部分地表土壤质量总体尚好，均能达到国家二级及以上土壤环境质量标准（相当于污染不明显的含量范畴），可满足农作物安全生产，但是局部污染地区及可疑区仍不可忽视，需要开展详细的污染特征调查和相关污染风险评估，以免对农作物和人类健康构成威胁。

从重金属污染面积及所占比例来看，Ni和Cd是当前河北省土壤中主要的两种污染元素（图15-3），污染面积分别占河北省土壤总面积的0.605%和0.53%，明显超过其他4种重金属。其次是Cr、As、Hg污染，分别占总面积的0.10%、0.04%和0.04%；也有部分地区发生Pb污染，概率为0.005%，相对轻微。从处于三级及超三级标准区域污染面积的大小看（图15-4），依次为唐山>秦皇岛>保定>石家庄>邯郸>沧州>衡水>邢台>廊坊。其中，唐山、秦皇岛、保定、石家庄为重点污染区域。从空间分布来看，Cd元素污染主要发生在工矿企业密集区（唐山的丰南、曹妃甸），呈点状或片状分布，以及典型污灌区（保定的清苑、安新，石家庄的市区及行唐），沿河流呈条状分布；Ni污染主要发生在矿区（唐山的遵化、迁安，秦皇岛的卢龙和抚宁），主要呈点状或小块状分布。总体上来看，Cd污染主要是围绕污水灌溉流域和工厂分布，Ni污染主要是围绕矿区分布，且污染区域的表层土壤Cd、Ni元素含量均高于深层土壤含量，表明人为因素是其主要污染因素。

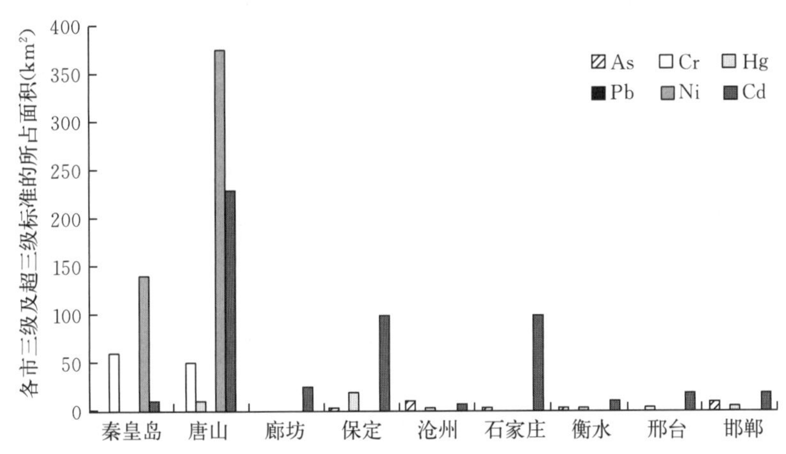

图15-4　河北省表层土壤重金属污染三级及超三级标准的面积

注：数据来源于《中华人民共和国多目标区域地球化学图集：河北省平原区及近岸海域》的地球化学图集成果应用图。

在河北省典型蔬菜产区永年、藁城、定州、青县和玉田进行重金属调查，发现不同蔬菜产区土壤重金属含量均存在明显的差异。参照《温室蔬菜产地环境质量评价标准》（HJ/T 333—2006）中土壤环境质量评价指标限值，5个蔬菜产区中定州、青县、玉田和藁城4个产区土壤Cd存在超标现象，超标率分别为13.33%、8.33%、8.11%和6.25%，其他元素均不超标。河北省典型菜区土壤重金属的变异系数顺序为Cd>Hg>Cu>Zn>Cr>As>Pb。土壤中各种金属含量之间多呈正相关关系，土壤Pb和Hg含量与种植年限均呈正相关关系。随着种植年限的增加，土壤中Pb和Hg的含量明显增加，达到极显著水平（$P<0.01$）。Cd、Hg、Cu、Zn和Cr这5种元素为弱分异型，As和Pb元素属于均匀分布型。不同蔬菜产区土壤重金属存在明显的分异，其中，青县蔬菜产区土壤Cd的变异系数最大，属分异型（茹淑华等，2017）。

2. 北京市棕壤重金属污染特点　北京市山地棕壤总面积9.273 3万hm^2，占全市土壤面积的6.73%，占棕壤土类面积的71.16%。北京市五环内绿地表层（0～20 cm）土壤重金属Cu、Cd、Pb和Zn的含量分别为31.42 mg/kg、0.29 mg/kg、29.89 mg/kg、76.78 mg/kg，均在不同程度上超过了北京市土壤背景值，存在积累现象。Cu、Zn在中部和东北部地区含量较高，Pb在中部地区含量较高，Cd在西北部、东北部和南部地区存在少量高值区。Cu、Cd、Pb和Zn形态分布的总体规律均为残渣态>可氧化提取态>醋酸可提取态>可还原提取态，稳定态含量均远高于有效态，有效态含量比例表明重金属生物有效性大小顺序为Cd>Zn>Cu>Pb。Cu和Zn空间分布特征相似，高值区主要分布在中部和东北部地区，Pb含量从中部地区向外围呈逐渐递减的趋势。Cd分布比较零散，在西北部、东北部和南部地区存在零星分布的高值区。风险评价编码法（RAC）表明，Cd和Zn环境风险程度为低风险，Cu和Pb为无风险。次生相与原生相分布比值法（RSP）显示，Cu、Cd、Pb和Zn元素RSP值分别为0.06、0.49、0.18、0.13，土壤整体未受到重金属污染，但是有少部分地区存在污染现象（杨少斌等，2018）。

3. 天津市棕壤重金属污染特点 天津市位于华北平原东北部、海河流域最下游，北依燕山，东临渤海，被河北省、北京市所环抱，总土地面积为11 130 km^2。其中，山地棕壤面积为8 km^2，占天津市土壤总面积的0.076%，仅分布于蓟州区北大楼山、八仙桌子等海拔高于800 m的地区。天津市污灌区农田土壤中各种金属含量差异较大。其中，Zn含量最高为（106.61±56.24）mg/kg；Cd含量最低为（0.31±0.31）mg/kg，Cd含量是当地土壤背景值（0.090 mg/kg）的4倍。7种土壤重金属综合污染指数排序为Cd>Cu>Ni>Zn>As≈Cr>Pb，土壤Cd、Cu、Ni和Zn存在中度污染、轻度污染和警戒水平，而As、Cr和Pb均属于安全等级。多元分析结果表明，研究区内土壤Cd主要来源于人为活动，包括工业及机动车排放、污水灌溉等，Zn、Cu、Cr、Ni和Pb受人为源和自然源的综合影响，而As则主要受自然源影响。降水过程对土壤中7种重金属的浸出情况排序为Cd>As>Cu≈Pb>Ni>Cr≈Zn。天津市土壤Cd污染较为突出，需要进行重点监测及专项治理（许萌萌等，2018）。

（四）棕壤重金属吸附-解吸特点

吸附反应是重金属进入土壤后发生的重要反应，直接影响着重金属的生物有效性。研究重金属在棕壤中的吸附-解吸具有重要的环境学意义。

解吸潜力的大小标志着在一定条件下对地下水、土壤溶液以及生物吸收Cd^{2+}的潜在影响。棕壤对Cd^{2+}的解吸行为具有明显的滞后性，如图15-5所示。解吸等温线靠近纵轴且明显滞后于吸附等温线，滞后程度的强弱也反映出吸附-解吸不可逆程度的大小。由于解吸行为存在明显的滞后性，发生镉污染后，土壤和农作物受到长期和潜在的威胁。结合土壤固定Cd^{2+}能力和解吸量的百分比，土壤在受到浓度较低的外源Cd^{2+}胁迫时，也能不断吸附固定Cd^{2+}。被吸附固定在土壤中的Cd^{2+}不会很快进入液相中，只有少部分被解吸下来，随着环境的变化被重新缓慢地释放出来。Cd^{2+}解吸过程的长期性，反映了土壤重金属污染所导致的健康与生态风险的长期性。

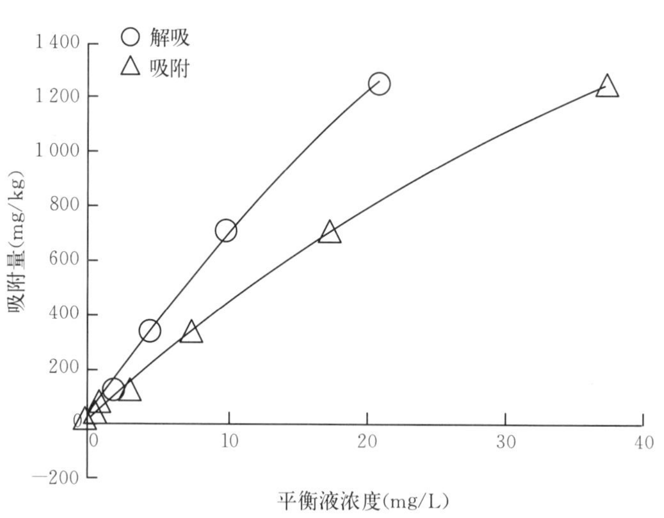

图15-5 Cd^{2+}在棕壤中的吸附-解吸等温曲线

吸附-解吸过程是一个快速反应的过程。当吸附平衡时间在30 min左右时，吸附态Cd^{2+}的解吸量能达到90%以上。Cd^{2+}在棕壤中的解吸效率比较低，相对于总吸附量而言，Cd^{2+}的解吸率低于15%。解吸率随着初始浓度的增加而升高，但随着解吸量和解吸时间的增加而下降。土壤性质对于解吸率的下降没有明显的影响。Freundlich方程是描述Cd^{2+}在棕壤中等温解吸的最佳方程，而Elovich方程是描述其在棕壤中解吸动力学变化的最佳方程（郭观林等，2006）。

第二节 棕壤有机污染

有机污染物是土壤中普遍存在的污染物之一，主要包括有机农药、酚类、合成洗涤剂，以及由城市污水、污泥和施肥带来的有害微生物等。上述有机污染物可通过化肥农药的大量施用、污水灌溉、大气沉降等多种途径进入土壤系统，并改变土壤的理化性状，破坏局部生态系统，对区域内的动植物产生直接和间接的毒害作用，严重影响土地的使用功能（梁妙云，2018）。

一、我国棕壤有机污染物来源及危害

有机污染物是指造成环境污染和对生态系统产生有害影响的有机化合物，可分为天然有机污染物和人工合成有机污染物。天然有机污染物主要是由生物体的代谢活动及其他化学过程产生的，如萜烯类、黄曲霉类等；人工合成有机污染物是随现代化学工业的兴起而产生的，如合成橡胶、塑料等。

土壤有机污染具有复杂性、缓变性和面源污染的特点。有机污染物在土壤中通过复杂的环境行为进行吸附-解吸、降解代谢，可以通过挥发、淋滤、地表径流携带等方式进入其他环境体系中从而残留在土壤中，或被作物和土壤生物吸收后，通过食物链积累、放大，对人体健康危害严重。

土壤中有机污染物质种类繁多，但是基本都属于憎水化合物，具有较强的亲脂性。按照降解难易程度可分为：①易分解类，如 2,4 - D、有机磷农药、酚、氰、三氯乙醛；②难分解类，如 2,4,5 - T、有机氯。按照毒性可分为：①有毒污染物，主要包括苯及衍生物、多环芳烃和有机农药；②无毒污染物，主要包括容易分解的有机物，如糖、蛋白质和脂肪等。按在土壤中残留半衰期分为持久性有机污染物和非持久性有机污染物。

持久性有机污染物是存在于环境中、通过生物食物链积累、并对人类健康造成有害影响的化学物质，它具备高毒性、持久性、生物积累性、远距离迁移性 4 种特性，而位于生物链顶端的人类，则会把这些毒性放大到 7 万倍。1997 年联合国环境规划署提出了需要采取国际行动的首批 12 种持久性有机污染物质，包括艾氏剂、狄氏剂、异狄氏剂、滴滴涕、氯丹、六氯苯、灭蚁灵、毒杀芬、七氯、多氯联苯、二噁英和苯并呋喃。

土壤中有机污染物的来源主要包括有机磷农药、有机氯农药、精细化学品、化工原料、染料、金属冶炼、电解电镀、废物焚烧、氯碱工业、造纸业等。

土壤中有机污染的危害：抑制土微生物的呼吸作用，改变微生物类群；对人体造成危害，如使婴儿的出生体重降低、发育不良，发生骨骼发育障碍和代谢紊乱，造成注意力的紊乱、免疫系统的抑制，对生殖系统造成危害并对其后代造成永久性的影响，并且容易引发癌症。

二、我国棕壤有机污染状况

（一）辽宁省棕壤有机污染状况

多年来，为防治病虫害农药施用已经非常普遍。辽宁省棕壤分布区有机氯农药检出率较高。在沈抚石油污水灌区，长期使用石油污水灌溉使土壤受到严重污染，土壤中矿物油和有机污染物（PAHs）的含量超出对照 10～30 倍。沈阳郊区采集到的 21 个表层土壤样品中，有机农药的总检出率为 95.2%，变异系数均超过 100%，表明局部富集程度较高，含量变化较大。锦州市凌海市城区表土中，在 29 个土壤样品中 22 种有机氯农药均有不同程度的检出，但检出率和残留量存在较大差异。六六六、滴滴涕和六氯苯的检出率较高，而硫丹、氯丹、七氯、狄氏剂检出率均较低，表明此类农药很少用。辽北铁岭市农田耕层 54 个土壤样品中，六氯苯、狄氏剂和艾氏剂的检出率分别达到 100%、40.7%和 7.4%，但七氯、硫丹和异狄氏剂并未检出。辽东半岛地区的大连市长海县、普兰店区、庄河市和营口市的盖州市 HCH 单体检出率达 100%，滴滴涕的降解产物 DDE 和 DDD 的检出率也都在

90%左右，而滴滴涕略低于DDE和滴滴涕，表明土壤中滴滴涕大部分通过生物降解转化为了DDD和DDE（肖鹏飞，2017b）。

（二）山东省棕壤有机污染状况

山东省内不同地区土壤中有机氯农药的检出率较高。在济南市南部山区周边土壤中，15种有机氯农药均有很高的检出率，且各六六六异构体、滴滴涕、艾氏剂、狄氏剂、异狄氏剂、硫丹、甲氧滴滴涕的检出率均为100%。枣庄市3个典型蔬菜种植基地土壤中的六六六、滴滴涕、氯丹、七氯均有检出。滨州市不同类型土壤中滴滴涕的检出率也达到了100%，但检出率在不同滴滴涕组分之间有差异。聊城市耕地土壤中六六六检出率达到59.8%，滴滴涕的检出率达到95.2%。鲁西粮食主产区耕地土壤中DDE的检出率在各异构体中最高，达到92.7%。烟台市表层土壤中滴滴涕和六六六的检出率较低，分别只有33.82%和1.96%。烟台地区不同苹果果园根系土壤中滴滴涕的检出率达到100%，六六六的检出率为19.7%，这与果园曾施用的农药有关。山东半岛滴滴涕的检出率为100%，DDE的检出率高于95%，表明半岛地区土壤中滴滴涕依然普遍存在。微山湖西北地区土壤中滴滴涕和六六六各异构体的检出率也均在80%～100%。此外，对黄河三角洲地区土壤中有机氯农药的残留研究表明，17种有机氯农药均存在于全部或大部分样品中（肖鹏飞，2017a）。

（三）天津棕壤有机污染状况

来自天津塘沽与宁河地区棕壤表层样品中均检出六六六与滴滴涕，六氯苯、七氯、艾氏剂、异艾氏剂、反式氯丹、顺式氯丹、狄氏剂、异狄氏剂在大部分样品中也有所检出（张泉等，2010）。天津市郊污灌区农田土壤中8种有机氯农药的检出率均为100%。污灌菜地的污染状况最为严重，不同化合物的含量普遍高于其他地块，表现出污灌的显著影响。其他地块虽然有机氯含量显著低于污灌菜地，但也都受到了不同程度的污染。

第三节　棕壤污染防治

一、重金属污染防治措施

土壤中重金属污染的修复技术主要包括去除化和稳定化2种。前者是从土壤中去除重金属污染物，使其存留浓度接近或达到限量标准；后者改变重金属在土壤中的存在形态，使其固定而降低活性。土壤重金属污染修复技术主要分为三大体系，即物理修复技术、化学修复技术和植物修复技术。

（一）物理修复技术

1. 工程措施　工程措施主要包括客土、换土、深耕、翻耕等。客土法是在被污染的土壤上添加一层未被污染的土壤；换土法是将污染土壤局部或者全部换掉；深耕、翻耕则相当于以稀释的手段降低土壤中的重金属含量，减少重金属从土壤向植物体系的迁移，从而使得农产品中重金属含量达到食品限量标准。客土法和换土法常用于重污染区域的修复，而深耕、翻耕用于修复污染较轻的土壤。深耕、翻耕或换土和客土等手段，可以使土壤中重金属的含量有效降低，从而减轻其对植物的毒害作用（高晓宁，2013）。

工程措施是比较经典的土壤重金属污染治理技术，其优点是修复彻底、稳定。但缺点是工程量非常大，投资费用较高，常常以破坏土体结构、降低土壤肥力为代价；此外，换出的污染土壤也存在二次污染的隐患，应妥善处理。因此，工程措施不是一种理想的土壤重金属污染修复方法。

2. 电动修复技术　电动修复技术是近年出现的新技术，可用于处理无机物、有机物及放射性物质污染的土壤。电动修复技术是在受污染场地上，施加直流电场，通过电渗和电迁移方式，使土壤中的无机离子和重金属离子向电极运输，然后对收集的无机离子和重金属离子进行集中处理或二次利用。该方法是一种原位修复技术，不破坏土层，特别适合在低渗透的黏土和淤泥上实施，方便控制污染物的流动方向；在沙土上实施也效果良好，土壤中的铬、铅等重金属污染残留率不超过10%（郑喜坤等，2002）。

电动修复技术产生的电动效应受土壤透水性影响较小，适用于修复多向异性和密实性的土壤。同时，电动修复技术还具有试剂用量少、安装方便、操作简单等优点，具有其他土壤重金属污染修复技术不可替代的优势。国内外学者对电动修复的机制和实际应用都进行了大量研究，认为不同的土壤性质对电动修复技术的应用影响较大，需要具体情况具体分析。

3. 电热修复技术 电热修复技术就是利用高频电压释放出的电磁波产生的热量加热受污染土壤，使得土壤颗粒吸附的重金属污染物从中解吸出来，还可以从土壤中分离具有挥发性的重金属化合物。该技术适用于修复受 Hg、Se 等具有挥发性的重金属污染的土壤。研究表明，采用该法可使沙性土、黏土、壤土中 Hg 的含量分别从 15 000 mg/kg、900 mg/kg、225 mg/kg 降至 107 μg/kg、112 μg/kg、115 μg/kg，回收的 Hg 蒸气纯度达 99.9%（刘磊等，2009）。这种方法虽然操作简单、技术成熟，但能耗大、操作费用高，也会影响土壤有机质和水分含量，引起土壤肥力下降，同时重金属蒸气回收时易对大气造成二次污染。

（二）化学修复技术

1. 土壤淋洗技术 土壤固持重金属的机制主要有 2 种：一是以离子态吸附在土壤颗粒的表面；二是形成化合物而沉淀。土壤淋洗技术就是使用淋洗液淋洗受污染的土壤，把土壤固相结合的重金属污染物提取到淋洗液中，再把含有高浓度重金属的废水回收处理。寻找有针对性的最优淋洗液是该方法的关键，它需要既能提取各种结合态的重金属，又不会破坏土体结构。常用的土壤淋洗液有无机酸、碱、盐或有机酸、螯合剂、表面活性剂等，如盐酸、硝酸、草酸、柠檬酸等。研究发现，EDTA 是最有效的螯合提取剂，对土壤中 Cd、Cu、Pb 等多种重金属离子都有很好的提取效果（曾清如等，2003）。但是，土壤的 pH、提取液的配方、重金属元素的形态等多种因素，共同影响淋洗剂对重金属的提取效果。并且 EDTA 等化学螯合剂价格较高，二次利用和降解等方面都存在一些无法解决的问题，这就限制了其应用。因此，研究人员致力于开拓新的领域，开发自然来源的、易降解的生物螯合剂。土壤淋洗法具有长效性、易操作、操作人员不需要直接接触污染等优点，适用于小面积、污染严重的土壤修复，但是对质地黏重、渗透系数较小的土壤修复效果较差，并且淋洗剂易残留，有可能会对土壤和地下水造成二次污染（周启星，2002）。

2. 化学稳定化技术 化学稳定化技术是指改变重金属在土壤中的形态，降低其活性，减少其在土壤中的迁移和生物利用，稳定化技术也称钝化或固化技术。常见的钝化技术是向土壤中投入石灰性物质、矿物质、钢渣、高炉渣、粉煤灰及膨润土等，通过对重金属的吸附、氧化还原、拮抗或沉淀作用，以降低重金属的生物有效性。化学稳定化技术的关键在于选择一种经济有效的改良剂，常用的改良剂有能提高土壤 pH 的石灰或碳酸钙，能与重金属离子形成沉淀物质的磷酸、硅酸盐等化合物，能增加土壤阳离子交换量的沸石、蒙脱石等矿物材料。在山东日照地区，通过向棕壤中加入不同裂解温度（350 ℃、500 ℃和 650 ℃）和不同施用量（2%和 4%）的花生秸秆生物炭来钝化土壤中的重金属铜。施加生物炭提高了土壤 pH，土壤 pH 与交换态铜含量呈负相关，且随生物炭裂解温度和施用量的增加而升高；在生物炭施用量一定的条件下，随着输入生物炭裂解温度的升高，土壤交换态铜、铁锰氧化物结合态铜含量显著减少，有机化合态铜含量显著增加，残渣态铜含量增加，其中 650 ℃裂解温度生物炭处理对降低土壤铜有效性效果最好；在相同的裂解温度下，随着生物炭施用量增加，土壤交换态铜、碳酸盐结合态铜和铁锰氧化物结合态铜含量减少，有机化合态铜和残渣态铜含量增加，其中 4%生物炭施用量处理对降低土壤有效态铜的效果最优（韩梦杰等，2017）。

对沈阳农业大学天柱山的棕壤，采用了 6 种钝化材料［赤泥、硼泥、钙镁磷肥（GM）、磷矿粉（PK）、羟基磷灰石（HA）、磷酸二铵（AH）］处理，研究不同铜污染水平的棕壤上种植的小油菜对铜的吸收。结果表明，6 种钝化材料均可明显降低铜污染棕壤中 EDTA 提取态铜的质量比。铜污染水平为 100 mg/kg 时，2%赤泥处理、400 mg/kg 的钙镁磷肥（以磷计）处理和硼泥-赤泥联合施用处理降低小油菜铜质量比的效果最明显，与对照相比，可分别降低 57.34%、51.57%和 53.24%（于志红等，2016）。

研究表明，棕壤中加入生物炭和沸石并混合后，能明显降低土壤中可交换态镉含量，且随着施入量的增加，降低效果越来越明显（吴岩等，2018）。天然及经过600℃、800℃热活化后的蛏子壳粉均对棕壤吸附Cd有抑制作用，土壤pH随着蛏子壳粉添加量增加而增大，交换态Cd会随时间的延长先升高后降低，800℃热活化后的蛏子壳粉对土壤中Cd的转化贡献率最大（张盼等，2018）。向重度污染的棕壤中施加方解石粉、赤泥、碳酸钙这3种钝化剂，均能显著提高土壤pH，其中赤泥对土壤pH影响最大。添加5%赤泥和5%方解石粉对降低土壤有效态镉的效果最好。3种钝化剂均能显著降低土壤可交换态镉含量，同时提高碳酸盐结合态镉和残渣态镉含量（张亚男等，2017）。天然和不同温度（550℃和700℃）热活化的蛇纹石能显著提高棕壤pH，降低土壤可交换态镉的含量，促进可交换态镉向其他生物可利用性较低的镉形态转变，高剂量700℃热活化蛇纹石效果最佳（王雪等，2015）。

（三）植物修复技术

植物修复技术是指将某种特定植物种植在重金属污染土壤上，该植物对土壤中的某污染元素具有特殊的吸附富集能力，将植物收获并进行妥善处理，如灰化处理后，即可将该重金属移出土体，达到污染治理与生态修复的目的。植物修复技术具有技术稳定、绿色环保、不造成二次土壤污染等优点。近年来也有人提出“蚯蚓诱导-植物修复”技术，即利用蚯蚓在土壤中的吞噬、挖洞和代谢等生命活动，对土壤中重金属的化学反应产生直接或间接的影响，从而活化土壤中的重金属，以提高植物修复的效率。

目前发现的铅超富集植物并不多，而且多数只能作为先锋植物修复重金属污染的土壤，只有较少部分可达到超富集植物的标准，但这些植物生物量较小。目前，铅富集植物且富集效果较好的主要有香根草、羽叶鬼针草、金丝草、柳叶箬、圆锥南芥等。但是，这几种植物都有一个共同的缺点，即生物量小、生长周期长。就目前来说，还没有能够应用于实际的重金属污染土壤修复中。

大多数锌的超富集植物属于十字花科。印度芥菜、芸薹、芜菁3种植物对锌有很强的富集能力，可作为重金属污染土壤植物修复过程中的先锋植物，有较好的实际应用价值。经过多年研究发现，长柔毛委陵菜、铜钱草、蓖麻、东南景天对锌具有较好富集能力。锌和铅一般同时存在，所以现在研究者在研究过程中不仅限于研究单一的锌超富集植物，更希望可以找出同时对2种以上重金属具有较强富集能力的植物，这对土壤重金属的植物修复有着很重要的意义。

鱼腥草对镉具有较强的吸收能力，虽然没有达到国内外研究者对超富集植物定义的标准，但是其生长周期短、根系发达、对生长环境要求不高，所以可以作为一种先锋物种继续研究。目前，镉超富集植物有商陆、龙葵、三叶鬼针草、忍冬、印度芥菜。

目前已发现铜的超富集植物比较多，主要分布在非洲。总体来说，铜的超富集植物分布广泛，目前已发现了足够多的物种，其中主要属于鸭跖草科、唇形科、石竹科等科。它们都有一个致命的缺点，虽然这些超富集植物分布广泛，但大都以群生为主，呈片状分布。这造成它们生长需要独特的环境，也只能在特定的环境中才能表现出超富集特性。这就严重限制了其实际应用价值，所以如何提升铜超富集植物的应用价值还需继续研究。现有铜的超富集植物有鸭跖草、海州香薷、酸模、密毛蕨（李东生，2018）。

向棕壤中加入Zn^{2+}或Pb^{2+}模拟污染土壤，接种蚯蚓和种植耐性植物黑麦草、超富集植物印度芥菜，发现土壤重金属污染明显抑制了蚯蚓的生长。种植黑麦草培养1个月后，所有处理中蚯蚓重量显著降低，酸性棕壤中生长率为－56%～－6%，潮棕壤中生长率为－46%～－7%，随土壤中Pb、Zn浓度增加，蚯蚓生长率降低；种植印度芥菜培养1个月后，蚯蚓生长率较种黑麦草时有所提高，酸性棕壤中生长率为－25%～＋3%，潮棕壤中生长率为－40%～－8%。蚯蚓只能在低浓度重金属污染情况下促进植物生长。蚯蚓的活动显著降低了潮棕壤的pH，提高了酸性棕壤中种植植物后的土壤pH。蚯蚓粪中Pb、Zn的含量均随Pb、Zn添加浓度的提高而增加。蚯蚓活动能否提高重金属的生物有效性，不仅与蚯蚓种类、土壤性质、重金属种类等因素有关，还与植物的种类有关（冯凤玲，2006)。

植物修复技术与物理修复技术、化学修复技术相比，有其独特的优点。修复过程费用低，同时可以净化、美化环境，还可以起到保持水土的作用，并且由于属于原位处理技术，对环境的扰动小。但是，植物修复技术也有一定的局限性，通常其修复过程周期较长，对土壤肥力、气候、灌溉系统等条件有一定的要求，病虫害的侵袭也会使得修复效率大打折扣。另外，修复植物的枯亡凋零往往会将部分重金属污染物返还土壤。这些问题都限制了植物修复技术的修复率和实际可行性。

二、有机污染防治措施

针对土壤有机污染的修复技术可分为物理修复技术、化学修复技术、生物修复技术等。物理修复技术主要有换土法、热脱附法、玻璃化修复、电动力学修复，物理修复不用添加化学药剂或生物，但是成本较高、工作量大，且只能处理小面积污染土壤。化学修复技术主要有萃取法、淋洗法、化学氧化还原法。生物修复技术主要有植物修复、微生物修复、酶工程技术及植物-微生物联合修复。

热脱附法的技术原理是，通过加热使土壤中的污染物分解或使其转化为气相从土壤表面或孔隙中脱附出来。热脱附技术具有修复周期短、成本低的优势，特别适合石油（包括汽油、柴油、润滑油等)、氯化溶剂、挥发性有机物、半挥发性有机物污染土壤的修复。热脱附技术对有机物处理效果良好，有关热脱附技术在有机物污染修复上的研究早在 20 世纪 80 年代就已展开，近年来广大学者越来越重视和感兴趣，开展了大量研究。1989 年，荷兰皇家壳牌集团在休斯敦的森诺维尔研究中心实验室对有机氯农药污染的土壤进行了热脱附研究。处理温度最高为 250 ℃，土壤中污染物最初浓度在几百到几千毫克每千克不等，经过处理，浓度均降到了 50 μg/kg 以下（王瑛，2011)。申海平等（2004）对热脱附修复石油污染土壤进行了研究，结果表明，油污去除率可达到 80%～90%。Jeronimo 等（2007）研究了温度对土壤中十六烷脱附行为的影响，结果表明，高达 99.9%的十六烷可以通过热脱附除去。由以上研究可以看出，热脱附技术既可移除石油等高挥发性有机污染物，还可有效移除如多氯联苯（PCBs)、Dioxins、有机氯农药（OCPs）等低挥发性、难分解有机污染物。因此，对于许多含有数种不同沸点有机污染物的土壤可一次达到整治目标，一般有机污染物的脱附率可以达到 90%以上。

化学氧化还原法因周期短、见效快、成本低和处理效果好等优点成为研究热点。目前用于修复有机污染土壤的化学氧化剂包括芬顿试剂、高锰酸钾、过硫酸盐等。但芬顿试剂在强酸性条件下短时间内会产生大量羟基自由基（OH·）并形成巨量热量，可能引起工程事故，在中性条件下会发生歧化反应，产生大量氧气而堵塞注射井周围的细孔。高锰酸钾具有色度，有可能影响地下水水质。过硫酸盐是一种有效的化学氧化试剂，但是在降解的同时会产生硫酸盐造成二次污染，增加修复费用。过氧化钙（CaO_2）是一种兼具释氧性和氧化性的环境友好型材料，是比较适合修复污染土壤的氧化剂。CaO_2 修复受四氯乙烯（PCE）和总石油烃（TPH）污染的土壤时，去除率分布高达 98%、95.6%。CaO_2 氧化效果达到最佳状态时的 pH 为 8，但修复过程中随着反应进行 pH 逐渐升高，使氧的释放速度增大，从而引起无效氧的损耗增加。因此，在强碱性有机污染土壤中单独使用 CaO_2 的修复效果有限。近年来研究发现，CaO_2 可与过硫酸盐联合使用，一方面，CaO_2 可以作为过硫酸盐的活化剂，极大增强体系的氧化性；另一方面，CaO_2 溶于水产生 H_2O_2，直接氧化污染物或者在金属离子的催化下产生 OH^- 以强化污染物的降解。同时，土壤中含有的 Fe^{2+} 是很好的过硫酸盐活化剂，且在活化过程中产生的 H^+ 促进了 CaO_2 的溶解，多方面协同作用使原来污染土壤中难以被降解的有机物得到有效降解（郑友平等，2017)。

植物修复由于成本低、操作简单、生态风险小而受到广泛的关注和应用，禾本科、豆科、菊科植物和菌类均对有机氯农药（OCPs）有良好的修复效果。近年来，针对添加表面活性剂增强植物对有机污染物降解效率的研究较多。表面活性剂进入土壤后，可以增加有机污染物的溶解性，使其能更好地被植物吸收。目前还有一些植物-微生物联合修复技术，首先，植物根系的机械穿插可以为微生物生长提供空间，增加土壤中的氧气含量，从而增加土壤微生物的数量和活性；其次，部分分泌物是微生物营养的来源或供代谢的基质，部分分泌物可刺激微生物活性，同时微生物的活动也会促进植物释放分泌物。例如，菌根和植物之间的矿化联合，两者既可相互促进，联合作用又能取得更好的降解效果。

第十六章 棕壤肥力特性与作物生长 >>>

肥力是土壤的基本属性，是土壤的本质特征。它是土壤从营养条件和环境条件两个方面供应和协调作物生长的能力，是土壤的物理、化学、生物等性质的综合反映。棕壤肥力的好坏很大程度上影响棕壤上作物的生长情况，而棕壤肥力培育与调节就是通过一定的农业生产措施，消除或减少环境和土壤条件中不利于作物生长的因素，并逐步形成相对稳定的适宜作物生长的土壤环境条件。

第一节 棕壤肥力特征及作物生长要求

肥沃的土壤能持续协调地提供农作物生长所需的各种土壤肥力因素，保持农产品产量与质量的稳定。对于具有良好的生态条件、土壤肥力较高的棕壤区，不同作物生长需要不同的肥力条件。所以，只有因地制宜地种植作物，才能获得良好的经济效益、社会效益和生态效益。

一、棕壤肥力特征

（一）棕壤有机质

土壤有机质的含量与土壤肥力水平是密切相关的。土壤有机质是土壤的重要组成部分，许多属性都直接或间接受有机质含量及性质的影响。土壤有机质的主要来源是植物的根、茎和叶，土壤中的动物和微生物，以及施入的各种有机肥料。这些有机质在土壤物理、化学、生物因素的共同作用下，不断分解与合成，使土壤有机碳处于动态平衡之中（黄昌勇等，2010）。

棕壤在自然森林植被下的生物富集明显，土壤有机质含量一般可达 50 g/kg 以上，高者可达 100 g/kg。但是在森林植被破坏后，特别是开垦耕种以后，土壤生物富集作用明显减弱，表土有机质含量锐减到 10～20 g/kg（全国土壤普查办公室，1998）。潮棕壤的耕层有机质含量较高，通常为 11.6～17.5 g/kg，心土层的含量 6～10 g/kg，均高于耕种的棕壤和白浆化棕壤。土壤有机质包括各种来源和种类繁多的有机化合物，其中含量最多的为碳水化合物、含氮化合物和腐殖质三大类。

土壤中第一大类有机化合物是碳水化合物，大多以多糖形式存在，且在不同类型土壤中含量不同。全国对棕壤的研究不多，现以辽宁省棕壤为例，加以说明。在棕壤的酸解液中，六碳糖和五碳糖的含量分别为 1.551 g/kg 和 0.637 g/kg，占土壤有机质总量的 9.94%和 3.82%，五碳糖含量低于六碳糖。两者之和占土壤有机质的 13.76%。另外还有一部分氨基糖，但含量较少，在碳氮比为 10∶1 的棕壤中，氨基糖的含量约占全氮量的 4%。

土壤中第二大类有机化合物是含氮化合物。有些含氮化合物本身即为腐殖质的结构单元。目前尚无法将土壤中独立存在的含氮化合物和腐殖质中的含氮组分区分开来，因而还不能确切知道这类化合物在土壤有机质中所占的比例。不同土类各种有机氮组分的绝对含量和相对含量尽管不同，但都是水解氮多于非水解氮，在水解氮中含量较多的为铵态氮和氨基酸态氮，未知态氮也占一定比例，氨基糖态氮含量较低。

土壤中第三大类有机化合物是腐殖质，它是土壤有机质的主体，是土壤中的有机质经腐解而又合成的结构基本相似但组成和相对分子质量各不相同的一系列特殊有机化合物的总称。按其在不同溶剂中溶解度的不同，土壤腐殖质可分为胡敏酸（HA）、富里酸（FA）和不能为稀碱溶解且与矿物质牢固结合的胡敏素。棕壤腐殖质组分及其特征是生物富集与分解的重要表现。第一，胡敏素占腐殖质总量的 50%以上。第二，富里酸占腐殖质总量的 16%～43%，其中白浆化棕壤和潮棕壤较高，而典型棕壤较低。第三，胡敏酸占腐殖质总量的 10%～28%，其中潮棕壤最高，典型棕壤次之，而白浆化棕壤最低。第四，胡敏酸与富里酸比值（HA/FA）为 0.29～0.84，低于水稻土，其中棕壤性土、白浆化棕壤较典型棕壤和潮棕壤低，说明腐殖质化程度低，化学稳定性差。第五，胡敏酸光密度（E4/E6）为 4.12～5.10，腐殖质的缩合程度和芳构化程度比褐土低（全国土壤普查办公室，1998）。同一土类不同亚类间或同一亚类耕作土壤与非耕作土壤间腐殖质的种类有较明显的差别。如酸性棕壤和白浆化棕壤中胡敏酸在腐殖酸中所占的比例都低于典型棕壤，尤以白浆化棕壤胡敏酸所占的比例最低，HA/FA 仅为 0.48，只及典型棕壤的 2/3。两者的胡敏酸芳构化程度也明显低于典型棕壤，开垦种植可提高土壤的胡敏酸含量，并改变其缩合度（贾文锦，1992）。

一般情况下，农田土壤溶解性有机碳含量较低，浓度不会大于 200 mg/kg；而森林生态系统中溶解性有机碳含量则相对较高。溶解性有机氮是森林土壤中可溶性氮的主要成分，可占森林土壤溶解性全氮的 90%，从表 16－1 可以看出，棕壤林地溶解性有机碳含量最高为 141.86 mg/kg，其次是高肥力土壤 135.54 mg/kg，最低是低肥力土壤 110.09 mg/kg。这说明，未受干扰的自然林地土壤溶解性有机碳含量高于耕地，而在耕地中高肥力耕地又高于低肥力耕地。微生物量碳的变化表现为高肥力耕地＞林地＞低肥力耕地，高肥力耕地的微生物量氮和林地相差不大，而低肥力耕地却远远低于高肥力耕地和林地（汪景宽等，2008）。

表 16－1　不同肥力棕壤溶解性有机碳、氮及微生物量碳、氮的含量

肥力水平	溶解性有机碳（mg/kg）	溶解性有机氮（mg/kg）	溶解性有机碳氮比	微生物量碳（mg/kg）	微生物量氮（mg/kg）
低肥力	110.09±14.4	12.47±1.33	8.88	606.6±15.6	84.3±14.0
高肥力	135.54±20.9	16.85±2.17	8.19	1 076.3±93.7	158.3±22.2
林地	141.86±15.2	12.60±2.01	11.40	987.5±13.9	159.3±14.3

土壤溶解性有机碳、氮与全碳、全氮和微生物量碳、氮之间的相关分析（表 16－2）表明，土壤溶解性有机碳与全碳、全氮之间的相关系数分别为 0.766（$P<0.001$）和 0.846（$P<0.001$），有着极显著的正相关关系；土壤溶解性有机氮与全碳、全氮之间的相关系数分别为 0.552（$P=0.003$）和 0.793（$P<0.001$），也有着极显著的相关关系。由此可见，溶解性有机碳、氮与土壤全碳、全氮以及微生物量碳、氮等肥力指标具有极好的平行关系，即随着土壤肥力水平的不断提高，土壤溶解性有机碳、氮的含量也相应地增加。此外，土壤溶解性有机碳与土壤微生物量碳的相关系数为 0.641

表 16－2　溶解性有机碳、氮与全碳、全氮和微生物量碳、氮的相关分析

项　目		全碳	全氮	微生物量碳	微生物量氮
溶解性有机碳	相关系数	0.766**	0.846**	0.641**	—
	P	0.000	0.000	0.000	—
	样品数量	27	27	27	—
溶解性有机氮	相关系数	0.552**	0.793**	—	0.703**
	P	0.003	0.000	—	0.000
	样品数量	27	27	—	27

注：**表示相关分析达到极显著水平，*P* 为显著性检验概率（双尾）。

（$P<0.001$）；土壤溶解性有机氮与土壤微生物量氮的相关系数为 0.703（$P<0.001$），都达到极显著水平。可以看出，土壤微生物的代谢产物对土壤溶解性有机碳库有很大的贡献，而溶解性有机碳、氮与土壤有机质、微生物生物量之间关系密切。因此，可以认为土壤溶解性有机碳、氮与土壤肥力紧密相关，土壤溶解性有机碳、氮可以作为指示土壤肥力的重要指标。

（二）棕壤阳离子交换量及 pH

阳离子交换量反映了土壤吸附阳离子的能力和黏粒的活性大小，与土壤胶粒的表面积和表面电荷有关。土壤阳离子交换量起着储存和释放速效养分两方面作用，其大小反映了土壤胶体的品质状态及土壤保蓄养分能力的强弱。一般认为，土壤阳离子交换量>20 cmol/kg 保肥供肥能力强，阳离子交换量在 10～20 cmol/kg 保肥供肥能力中等，阳离子交换量<10 cmol/kg 保肥供肥能力弱。棕壤的阳离子交换量较高，多在 15～25 cmol/kg，也有较低的，这与成土母质的性质有很大的关系。典型棕壤的阳离子交换量变化范围为 12～37 cmol/kg；白浆化棕壤的阳离子交换量为 7～25 cmol/kg；棕壤性土的阳离子交换量为 7～19 cmol/kg，较其他亚类低。

山东省绝大面积的棕壤阳离子交换量较低，土壤保蓄肥水的性能差，缓冲性能弱，但供肥能力较强，施肥后肥效快，肥效期短，在降水和灌溉水多的情况下，养分易流失。因此，该地区施肥应遵循少量多次的原则。高肥力水平的土壤一般都具有较高的阳离子交换量。提高阳离子交换量的重要措施是增加土壤有机质和黏粒的含量，具体的措施包括增施有机肥、秸秆还田和客土改良。提高土壤有机质含量不但能有效提高土壤的交换性能，还能使土壤具有良好的保肥供肥、蓄水供水性能（山东省土壤肥料工作站，1994）。

土壤的酸碱性是土壤的基本性质之一，也是土壤各种化学性质的综合反映，对土壤中微生物的活动、有机质的合成与分解、营养元素的转化与释放、土壤保持养分的能力等有深刻的影响（郭琳琳，2009）。棕壤呈微酸性至中性反应，pH 在 6.0～7.0，少数棕壤 pH<6.0。典型棕壤呈微酸性反应，水解性酸含量多为 1～6 cmol/kg，高者超过 10 cmol/kg，交换性酸含量不高，多为0.5 cmol/kg 以下，但是有一部分水平分布和山地垂直带的典型棕壤呈酸性反应，pH 为 4.7～6.0，交换性酸含量较高，一般在 3～7 cmol/kg。白浆化棕壤的 pH 在 5.8～6.8，水解性酸含量较高，为 1.01～9.08 cmol/kg，交换性酸含量低且变幅较大，为 0.01～1.51 cmol/kg。棕壤性土呈微酸性或酸性反应，pH 为 5.5～6.8。潮棕壤的水解性酸和交换性酸含量甚低，分别低于 3 cmol/kg 和 0.05 cmol/kg。

（三）棕壤大量营养元素

氮素是作物生长的重要营养元素之一，在土壤肥力中起着相当重要的作用。作物主要从土壤中吸收氮素，所以土壤中氮素状态直接关系到作物产量的高低。土壤全氮含量是土壤中各种形态氮素含量之和，包括有机氮量和无机氮量，在一定程度上代表了土壤的供氮水平。土壤全氮相对较稳定，但也处于动态变化过程中，土壤有效氮则与农作物生长关系更为密切。棕壤在自然植被下，全氮含量较高，为 2.4～4.5 g/kg；在原始森林植被屡遭破坏而形成灌丛地和疏林地的过程中，全氮含量下降到 0.52～0.87 g/kg。

磷素是植物主要化合物如核酸蛋白、磷脂和多种酶的组成成分，并参与植物体内的三大代谢。磷还能促进植物根系生长，提高植物的抗逆性和适应能力，在植物的生命活动中起着重要的作用。土壤有效磷是指当季植物能吸收的磷量，它的测定值是土壤磷素养分供应的主要指标。

钾素是植物所需三大主要营养元素之一，一般将速效钾作为土壤供应钾素的指标。棕壤的磷、钾含量状况，取决于成土母质含磷、钾矿物的种类和数量。棕壤全磷和有效磷含量都较高。棕壤钾素含量的特点：第一，除石英岩和玄武岩母质发育的棕壤全钾含量<20 g/kg 外，其余母质形成的棕壤全钾含量均>20 g/kg，高者可达 30 g/kg；第二，不论何种母质、何种利用方式，棕壤表层速效钾含量大都在 100 mg/kg 以上。

（四）棕壤质地

土壤机械组成即颗粒组成，是指土壤中矿物质颗粒的大小及其组成比例。按土壤机械组成的配比不同而划分的土壤类别称为土壤质地。土壤质地对土壤肥力影响重大，例如对土壤的黏着性、可塑性、保水性、抗蚀性、通透性、离子交换量及缓冲作用等均有直接的作用。实践表明，土壤质地直接影响土壤水、肥、气、热的保持和运动，并与作物的生长发育密切相关。典型棕壤的质地多为黏壤土至壤质黏土，淋溶层之下有明显的黏淀层，质地黏重，黏粒含量与表层之比≥1.2。白浆化棕壤由于受滞水或侧向漂洗造成铁锰淋移和黏粒迁移的影响，白浆层及其上部土层的粉沙粒含量高，多为砂质壤土至黏壤土，下部黏淀层多为黏壤土至黏土。黏淀层的黏粒含量与白浆层黏粒含量之比为1.45～4.77。潮棕壤的机械组成特点是，表层多为砂质壤土至黏壤土，黏粒含量8.81%～24.30%，心土层质地为黏壤土至壤黏土，黏粒含量25%～40%，黏化率>1.5。棕壤性土粗骨性强，具有沙性和砾质性特点，>2 mm砾石含量全剖面>25%，沙粒（0.2～2 mm）含量为48%～84%，花岗岩、石英片岩风化物形成的棕壤性土，粗骨性最强，质地多为砂质壤土和沙土。

对辽宁沈阳地区棕壤机械组成进行分析，结果显示，土壤颗粒在0.01～0.05 mm的体积百分比最大，平均值为62.72%，最小值也达到41.67%，变异系数为27.57%；其次为土壤颗粒>0.05 mm的，平均值为21.75%，变异系数为25.77%；而土壤颗粒<0.002 mm的体积百分比最小，平均值为1.62%，变异系数为27.57%。研究结果还表明，供试地区棕壤粉粒含量为76.63%，质地为壤质，但沙砾含量较高，达到21.75%；部分土壤质地偏沙，综合评价土壤质地为粉质壤土（郭琳琳，2009）。

（五）棕壤有效土层厚度

一定厚度的土层是作物生长最基本的条件，土层薄，根系生长的范围小，作物生长需要的水分和营养的容量也小。适于作物生长最薄的土层不应小于60 cm。薄土层一般都分布于山丘上较陡的坡地，同时存在严重的水土流失和干旱缺水等不利因素，农技措施推广难度相当大。凡是薄层土壤都是低产土壤，一般在山丘坡麓线以下土层厚度增加，有较厚土层（一般1 m以上）是形成高肥力土壤的先决条件。

二、棕壤作物生长要求

（一）玉米

1. 对土壤的要求及改土 玉米对土壤条件要求并不严格，可以在多种土壤上种植。但以土层深厚、结构良好，肥力水平高、营养丰富，疏松通气、能蓄易排，近于中性，水、肥、气、热协调的土壤种植最为适宜。玉米地深耕以33 cm左右为宜，并注意随耕施肥，耕后适当耙、勤中耕，多浇水，促进土壤熟化，逐步提高土壤肥力。根据具体情况改良土壤，适当采用翻、垫、淤、掺等方法，改造土层，调剂土壤。土层深厚的可以逐渐深耕翻，加深土层，增加风化，加厚活土层；对土体中有砂姜、铁盘层的，深翻中拣出砂姜、铁盘，打破犁底层；对土层薄、肥力差的地块，应逐年垫土、增施肥料，逐步加厚、培肥地力；对河灌区，可以放淤加厚土层改良土壤；对沙、黏过重的土壤，采取沙掺黏、黏掺沙调节泥沙比例到4泥6沙的壤质状况，达到上粗下细、上沙下壤的土体结构。

2. 对养分的要求及施肥 玉米生育期短，生长发育快，需肥较多，需求量较大的营养元素有N、P、K、S、Ca和Mg等，需求量较小的营养元素有Fe、Mn、Zn、Cu、B和Cl等。从抽雄前10 d到抽雄后25～30 d是玉米干物质积累最快、吸肥最多的阶段，这个阶段吸肥量占总吸肥量的60%～75%。对氮、磷、钾的吸收尤甚，其吸收量是氮大于钾、钾大于磷，且随产量的提高，需肥量亦明显增加；当产量达到一定高度时，出现需钾量大于需氮、磷量。其他元素严重不足时，产量亦受影响，特别是高产栽培受影响更为明显。玉米不同生育时期对氮、磷、钾三要素的吸收总趋势：苗期生长量小，吸收量也少；进入抽穗期随生长量的增加，吸收量也增多加快，到开花期达最高峰；开花期至灌浆期有机养分集中向籽粒输送，吸收量仍较多，以后养分的吸收逐渐减少。可是，春、夏玉米各生育时期对氮、磷、钾的吸收总趋势有所不同，开花期、灌浆期春玉米吸收氮仅为所需量的1/2，吸收磷为所需量的2/3，而夏玉米此期吸收氮、磷均达所需量的4/5。还有，中、低产田玉米以小喇叭口期至抽雄期氮、磷、钾吸收量最多，开花后需要量很少；高产田玉米则以大喇叭口期至籽粒形成期氮、磷、钾吸收量最集中，开花期至成熟期需要量也很大。因此，种植制度不同，产量水平不同，在供肥量、肥料的分配比例和施肥时间上均应有所区别、各有侧重。试验证明，玉米生长所需养分，从土壤中摄取的占 2/3，从当季肥料中摄取的只占 1/3。籽粒中的养分，一部分由营养器官转移而来，一部分是由生育后期从土壤和肥料中摄取的养分在叶片等绿色部分制造的。以氮素为例，57%由营养器官转移而来，40%左右来自土壤和肥料。因而施肥既要考虑玉米自身生长发育特点及需肥规律，又要注意气候、土壤、地力及肥料本身的条件，做到合理用肥、经济用肥。玉米施肥应以基肥为主，追肥为辅；有机肥为主，化肥为辅；氮、磷、钾配比，“三肥”底施。应促、控结合，既要搭好身架，又要防止徒长，确保株壮、穗大、粒重、不倒、高产。

3. 对水分的要求及灌排 玉米的植株高，叶面积大，因此需水量也较多。除苗期应适当控水外，其后都必须满足玉米对水分的要求，才能获得高产。玉米耗水受地区、气候、土壤及栽培条件影响。玉米各生育时期耗水量有较大的差异。由于春、夏玉米的生育期长短和生育期间的气候变化的不同，春、夏玉米各生育时期耗水量也不同。总体趋势为从播种到出苗需水量少。试验证明，播种时土壤田间最大持水量保持在 60%～70%，才能保持全苗；出苗至拔节，需水量增加，土壤水分应控制在田间最大持水量的 60%，为玉米苗期促根生长创造条件；拔节至抽雄需水量剧增；抽雄至灌浆需水量达到高峰；从开花前 8～10 d 开始，30 d 内的耗水量约占总耗水量的 1/2。田间水分状况对玉米开花、授粉和籽粒的形成有重要影响，土壤保持田间最大持水量的 80%左右为宜，该含水量是玉米的水分临界值；灌浆至成熟仍耗水较多，乳熟以后逐渐减少。因此，要求在乳熟以前土壤仍保持田间最大持水量的 80%，乳熟以后则保持 60%为宜。应根据具体情况进行灌水和排水。通常，播前要浇底墒水；大喇叭口期和抽雄后 20 d 左右，当水分不足、叶片卷曲、近期又无雨时，应立即浇水，反之则可不浇。如果降水多，田间积水，应及时排水，防止根系窒息死株。发芽出苗、幼苗期，应注意散墒，防止烂种、芽涝。

4. 对温度的要求 玉米是喜温且对温度反应敏感的作物。目前应用的玉米品种生育期要求总积温在 1 800～2 800 ℃。不同生育时期对温度的要求不同，在土壤水、气条件适宜的情况下，玉米生物学有效温度为 10 ℃。种子发芽要求 6～10 ℃，低于 10 ℃发芽慢，16～21 ℃发芽旺盛，发芽最适温度为 28～35 ℃，40 ℃以上停止发芽。苗期能耐短期－2～3 ℃的低温。拔节期要求 15～27 ℃，开花期要求 25～26 ℃，灌浆期要求 20～24 ℃。开花期是玉米一生中对温度要求最高、反应最敏感的时期，最适温度为 25～28 ℃。温度高于 32～35 ℃、大气相对湿度低于 30%时，花粉粒因失水失去活力，花柱易枯萎，难以授粉、受精。所以，只有调节播期和适时浇水降温，提高大气相对湿度保证授粉、受精、籽粒的形成。花粒期要求日平均温度在 20～24 ℃，如遇低于 16 ℃或高于 25 ℃，影响淀粉酶活性，养分合成、转移减慢，积累减少，成熟延迟，粒重降低减产。不同玉米品种对温度的要求也不相同，我国早熟品种要求积温 2 000～2 200 ℃；中熟品种 2 300～2 600 ℃；晚熟品种 2 500～2 800 (3 000)℃。玉米产区多数集中在 7 月等温线为 21～27 ℃、无霜期为 120～180 d 的范围内。

5. 对光照的要求 玉米是短日照作物，喜光，全生育期都要求强烈的光照。出苗后在 8～12 h 的日照下发育快、开花早，生育期缩短，反之则延长。玉米在强光照下净光合生产率高，有机质在体内移动得快，反之则低、慢。玉米的光补偿点较低，故不耐阴。光谱成分对玉米的发育影响很大。据研究，白天蓝色等短波光下玉米发育快，而早晨或晚上红色等长波光下发育也快。玉米为 C_4 植物，具有较强的光合能力，光饱和点高，一般玉米光合强度为 35～80 mg/(dm^2 · h)，即使在盛夏中午强烈的光照下，也不表现光饱和状态。因此，要求适宜的密度。一播全苗，要匀留苗、留匀苗；否则，光照不足时大苗吃小苗，造成严重减产。

6. 对二氧化碳的要求 玉米具有 C_4 作物的特殊构造，从空气中摄取二氧化碳的能力极强，远远大于麦类和豆类作物。玉米的二氧化碳补偿点为 1～5 mg/kg，说明空气中二氧化碳浓度很低时，玉米也能从中摄取二氧化碳合成有机质。玉米是低光呼吸、高光效作物。

（二）水稻

1. 对温度的要求 水稻为喜温作物，生物学零度粳稻为10℃、籼稻为12℃。水稻秧苗三叶时期以前，3 d以上日平均气温低于12℃易感染绵腐病，出现烂秧、死苗，水稻秧苗在温度高于40℃时易受灼伤。日平均气温15℃以下时，水稻分蘖停止，造成僵苗不发。在花粉母细胞减数分裂期（幼小孢子阶段及减数分裂细线期），最低温度低于15℃会造成颖花退化、不实粒增加和抽穗延迟。在抽穗开花期，适宜温度为25～32℃（杂交稻25～30℃）。当遇连续3 d平均气温低于20℃（粳稻）或2～3 d低于22℃（籼稻），水稻易形成空壳和秕谷；但气温在35℃以上（杂交稻32℃以上）时则造成水稻结实率下降。灌浆结实期要求日平均气温在23～28℃，温度低时物质运转减慢，温度高时呼吸消耗增加。温度在13℃以下时灌浆相当缓慢。粳稻比籼稻对低温适应性强。

在高温条件下，水稻光呼吸作用增强。其光合作用适宜温度范围较大，籼稻为25～35℃、粳稻为18～33℃。籼稻在低于20℃或高于40℃，或者粳稻在低于15℃或高于38℃条件时，其光合作用急剧减弱。水稻根的呼吸作用随温度升高至32℃时迅速加快，然后缓慢增加，至38℃时达最大值，接着减慢；而水稻叶的呼吸作用在20～44℃时，随温度升高呈直线增强趋势。在低温（尤其霜冻）情况下，水稻光合作用受抑制，根吸水减少，导致气孔关闭和叶片枯萎。根呼吸对高温危害的反应比叶片更敏感。

2. 对水分的要求 水稻全生长季需水量一般在700～1 200 mm，大田蒸腾系数在250～600。水稻蒸腾总量随光、温、水分、风、施肥状况、品种光合效率、生育期长短的变化而变化。单季中晚稻在孕穗期、双季早稻在开花期、双季晚稻在拔节及孕穗期蒸腾量最高。当土壤湿度低于田间持水量57%时，水稻光合效率开始下降。当空气相对湿度为50%～60%时，水稻叶片光合作用最强；随着湿度增加，光合作用逐渐减弱。水稻一般需要水层灌溉，以提高根系活力和蒸腾强度，促进叶片蔗糖、淀粉的积累和物质的运转。淹灌深度以5～10 cm为宜，但为了除去土壤有毒的还原性物质，提高土壤的通透性和根系活力，还应进行不同程度的露田和晒田。水稻幼苗期应浅水勤灌，以利于扎根；分蘖期为促进分棵，以水调温，水层保持在2～3 cm，分蘖后期排水促进根系发育；拔节孕穗期是水稻需水最多的时期，宜灌深水（6～10 cm）；抽穗开花期根据天气与土壤条件，可以轻脱水或保持一定水层，空气相对湿度70%～80%有利于授粉；灌浆期田面要有浅水，乳熟后期维持土壤干湿交替，有利于提高根系活力及调配和运转物质。水稻在返青期、减数分裂期、开花与灌浆前期受旱减产最严重。返青期缺水，影响秧苗活棵和分蘖；减数分裂期缺水，颖花大量退化，出穗延迟，结实率下降；抽穗期受旱，影响出穗，减产严重；灌浆期受旱，粒重下降而影响产量。水稻在返青期、减数分裂期、开花期对淹水最敏感，长期淹水会导致死苗、幼穗腐烂和结实率降低。

3. 对光照的要求 水稻是喜阳作物，对光照条件要求较高，水稻单叶饱和光强一般在3万～5万lx，群体的光饱和点随叶面积指数增大而升高，一般分蘖期最高为6万lx左右，孕穗期可达8万lx以上。但其光合作用强度随光照度升高而增强的趋势不如C_4作物玉米明显，在6万lx光强下测定水稻光合率为34。同化量因品种、叶龄、含氮量、叶片厚度而异，在光饱和状态下，水稻上部第一、二叶光合速率和光饱和点明显高于第三、四叶。水稻穗的光饱和点为1万～3万lx，同化量最大值为2 mg/(dm^2·h)；叶鞘的光饱和点为2万～4万lx，同化量最大值为3 mg/(dm^2·h)。

（三）小麦

1. 对土壤的要求 一般认为，最适宜小麦生长的土壤应熟土层厚、结构良好、有机质丰富、养分全面、氮磷平衡、保水保肥力强、通透性好；此外，还要求土地平整。这样才能确保灌排自如，使小麦生长均匀一致，达到稳产高产的目的。

2. 对水分的要求 水分对小麦的生长非常重要。据研究，每生产1 kg小麦需1 000～1 200 kg水，其中有30%～40%是由地面蒸发消耗掉的。在小麦生长期间，降水量大约只有需水量的1/4。所以在麦田的不同时期进行灌水，以及采取抗旱保墒措施，对于补充小麦对水分的需要有十分重要的意义。

3. 对养分的要求 小麦生长发育所必需的营养元素有碳、氢、氧、氮、磷、钾、硫、钙、镁、铁、硼、锰、铜、锌、钼等。氮、磷、钾在小麦体内含量高，被称为“三要素”。中低产麦田一般缺氮少磷，生产中必须注意补充，除高产田、沙土地缺钾素外，一般不缺。氮素是构成蛋白质、叶绿素、各种酶和维生素不可缺少的成分。氮素能促进小麦茎叶生长和分蘖，增加植株绿色面积，加强光合作用和营养物质的积累，所以合理增施氮肥能显著增产。磷素是细胞核的重要成分之一，可以促进根系的发育，促使早分蘖，提高小麦抗旱、抗寒能力，还能加快灌浆过程，使小麦粒多、粒饱，提早成熟。钾素能促进小麦体内碳水化合物的形成和转化，提高小麦抗寒、抗旱和抗病能力，促使茎秆粗壮，提高抗倒伏能力，此外还能提高小麦的品质。其他元素对小麦生长发育也有重要作用，不足时都会影响小麦生长。如缺钙会使根系生长停止，缺镁造成生育期推迟，缺铁会使叶片失绿，缺硼会使生殖器官发育受阻，缺锌、铜、钼则植株矮小、白化甚至死亡。但小麦对这些元素的需要量比“三要素”少得多，每生产 100 kg 小麦籽粒，一般需吸收氮 3 kg、磷 1.5 kg、钾 2～4 kg。小麦在不同生育时期吸收养分的数量是不同的，一般情况下苗期吸收量均较少，返青以后吸收量逐渐增大，拔节到扬花吸收量最多、吸收速度最快。钾在扬花以前吸收量达最大值，氮和磷在扬花以后还能继续吸收，直到成熟才达最大值。因此，在生产上必须按照小麦的需肥规律合理施肥，才能提高施肥的经济效益。

4. 对温度的要求 小麦在不同生长发育阶段有不同的适宜温度范围，在最适温度时，生长最快、发育最好。小麦种子发芽出苗的最适温度为 15～20 ℃；小麦根系生长的最适温度为 16～20 ℃，最低温度为 2 ℃，超过 30 ℃小麦生长受到抑制。温度是影响小麦分蘖生长的重要因素，在 2～4 ℃时开始分蘖生长，最适温度为 13～18 ℃，高于 18 ℃分蘖生长减慢。小麦茎秆一般在 10 ℃以上开始伸长，在 12～16 ℃形成短矮粗壮的茎，高于 20 ℃易徒长，茎秆软弱，容易倒伏。小麦灌浆期的适宜温度为 20～22 ℃，若干热风多，日平均温度高于 25 ℃，因失水过快，灌浆过程缩短，会使籽粒重量降低。

5. 对光照的要求 光照充足能促进新器官形成，使分蘖增多；拔节到抽穗期间，光照时间长，就可以正常地抽穗、开花；开花、灌浆期间，充足的光照能保证小麦正常开花授粉，促进灌浆成熟。

（四）大豆

1. 对温度的要求 大豆是喜温作物，在温暖的环境下生长良好。发芽最低温度在 6～8 ℃，10～12 ℃发芽正常；生育期间以 15～25 ℃最适宜；大豆进入花芽分化以后温度低于 15 ℃发育受阻，影响受精结实；后期温度降低到 10～12 ℃时灌浆受影响。全生育期要求 1 700～2 900 ℃的有效积温。大豆的幼苗对低温有一定的抵抗能力，一般在温度不低于－4 ℃时，大豆幼苗轻微受害，低于－5 ℃时幼苗全部受冻害。幼苗的抗寒力与幼苗生长状况有关，在真叶出现前抗寒力较强，真叶出现后抗寒力显著减弱。

2. 对光照的要求和光周期 大豆是喜光作物，对光照条件优劣反应较敏感。大豆花荚分布在植株上下部，因此上下部各位置叶片都需要充足的阳光，以利于光合作用进行，将有机养分输送到花荚。栽培过程中要保证大豆群体透光良好，每层叶片都能得到较好的光照条件进行光合作用，才能有效地提高产量。大豆是短日照作物，在一昼夜的光照与黑暗交替中，大豆要求较长的黑暗和较短的光照时间。具备这种条件就能提早开花，否则生育期变长。这种对长黑暗、短日照条件的要求，只在大豆生长发育的一定时期有所体现，当大豆的第一个复叶片出现时，即开始发生光周期反应。这种反应达到满足的标志是花萼原基开始出现。此后光周期反应结束，即使处于长日照条件下也能开花结实。在大豆引种时应特别注意光周期反应的这一特性。品种所处的纬度不同，对日照反应也不同。高纬度地区品种生长在日照较长的环境下，对日照反应不甚敏感，属中晚熟品种。因此，由北向南引种会加速成熟；半蔓型的会变直立，植株变矮，结实减少；相反，由南向北引种，会延长生育期，植株变得高大。所以，南北不宜大幅度调种。

3. 对水分的要求 大豆需水较多，每形成 1 kg 干物质需耗水 600～1 000 kg，比高粱、玉米还要多。大豆对水分的要求在不同生育期是不同的。种子萌发时要求土壤有较多的水分，满足种子吸水膨胀萌芽之需。这时吸收的水分，相当于种子风干重的 120%～140%。适宜的土壤最大持水量为

50%～60%，土壤最大持水量低于45%，种子虽然能发芽但出苗很困难。种子大小不同，需水多少也不同。一般大粒种子需水较多，适宜在降水充沛、土壤湿润地区栽培；小粒种子需水较少，多在干旱地区种植。大豆幼苗时期地上部生长缓慢，根系生长较快。如果土壤水分偏多则根系入土浅，根量也少，不利于形成强大根系。从初花到盛花期，大豆植株生长最快，需水量增大。要求土壤保持足够的水分，但又不能降水过多，气候不湿不燥、阳光充足最好。初花期受旱，营养体生长受影响，开花结荚数减少，落花、落荚数增多。从结荚到鼓粒仍需较多的水分，否则会造成幼荚脱落和秕粒、秕荚。大豆成熟前要求水分稍少，但气温高、阳光充足能促进大豆籽粒充实饱满。

4. 对土壤及养分的要求 大豆对土壤适应能力较强，几乎在所有的土壤上均可生长，对土壤酸碱度的适应范围在6～7.5，以排水良好、富含有机质、土层深厚、保水性强的壤土最为适宜。大豆在田间生长条件下，每生产100 kg籽粒，需吸收氮7.2 kg、磷1.2～1.5 kg、氧化钾2.5 kg，比生产等量的小麦、玉米需肥多。大豆不同阶段吸肥速度和数量与干物质积累相适应。初花期到鼓粒期的50 d左右，大豆一直保持较高的吸肥能力。从分枝期到鼓粒期吸氮量占全生育期吸氮总量的95.1%，每日吸氮量以盛花期到结荚期为最高。这个时期吸磷量也最高，达全生育期吸磷总量的1/3；除此之外，吸磷多的时期是苗期和分枝期，占总量的1/4。因此，在大豆栽培中除了播种前在土壤中增施磷肥外，在生育期间叶面喷磷肥增产效果也很明显。对氮肥的供给则应以有机肥作为底肥，并在始花期（大豆吸氮高峰开始时期）追施氮肥，增产效果显著。

（五）花生

1. 对温度的要求 花生生长适宜温度为25～30 ℃，低于15.5 ℃基本停止生长，高于35 ℃对花生生长发育有抑制作用。昼夜温差超过10 ℃不利于荚果发育，白天26 ℃、夜间22 ℃最适合荚果发育，白天30 ℃、夜间26 ℃最适合营养生长。5 ℃以下低温连续5 d根系会受伤，－1.5～2 ℃地上部受冻害。全生育期需积温3 000～3 500 ℃，珍珠豆型所需积温约3 000 ℃，普通型和龙生型所需积温约3 500 ℃。

2. 对水分的要求 花生比较耐旱，但发芽出苗时要求土壤湿润，田间最大持水量以70%为宜，出苗后便表现出较强的抗旱能力。苗期需水少，开花期需要土壤水分充足，如果20 cm深的土层内含水量降至10%以下，开花便会中断，下针结实期要求土壤湿润又不渍涝。花生全生育期降水量300～500 mm便可种植，多数产区水分对产量产生影响的主要原因是降水分布不均。

3. 对光照的要求 长日照有利于营养生长，短日照促进开花。在短日照条件下，植株生长不充分，开花早，单株结果少。光照度不足时，植株易出现徒长，产量低；光照充足时，植株生长健壮，结实多，饱果率高。

（六）高粱

1. 对温度的要求 高粱种子萌发的最适温度为18～35 ℃，最低温度为8～12 ℃。生产上可把地上5 cm平均气温达12 ℃作为适时播种的温度指标。温度过高，苗高且细弱；温度过低，重者发生粉种，轻者幼苗生长缓慢。幼苗生长发育的最适温度为20～25 ℃，拔节孕穗期间适宜温度为25～30 ℃，抽穗开花期间适宜温度为26～30 ℃。温度过高能引起部分小穗的花粉干瘪失效；低温会造成颖壳不张开，花药不开裂，花粉量减少和开花期延迟。生育后期适宜日平均温度为20～24 ℃，日平均温度下降至16 ℃以下时灌浆停止。

2. 对水分的要求 土壤含水量15%～20%时即可播种。苗期需水量占全生育期总需水量的8%～15%。土壤含水量以田间最大持水量的50%～65%最为适宜。在幼苗期适当控制土壤水分，有利于营养器官的合理形成。拔节孕穗期需水量占全生育期总需水量的33%～35%。抽穗开花期需水量占全生育期总需水量的22%～32%，此时缺水使不育花数增多，花粉和柱头的生活力降低，受精不良；抽穗期水分过多，往往会造成穗下部分枝和小穗退化。高粱各生育期对水分的敏感性依次为：拔节孕穗期>抽穗开花期>灌浆成熟期。灌浆期一旦发生干旱，会导致高粱籽粒产量下降；灌浆后期，土壤水分过多会引起贪青晚熟，甚至遭受霜害。

3. 对光照的要求 穗分化期间光照不足，主要影响穗粒数。孕穗期光照不足或阴雨连绵，可造成基部幼穗发育不良，出现“秃脖”现象。若籽粒灌浆期得到充足的光照，则粒重的增加可以弥补穗粒数的减少。生育后期功能叶片的机能日益衰退，需要较高的光照度维持较高的光合速率。

4. 对肥料的要求 从生育初期开始，磷素就对植株的株高、出叶速度和叶面积等性状产生明显影响。拔节孕穗期是养分吸收速度最快、吸收数量最多、肥料利用率最高的时期，是第一个吸肥高峰期，在拔节（穗分化开始）时追施氮肥效果最佳；充足的磷素供应明显有利于提高单株叶面积、单株鲜重、根数和株高；氮、磷、钾 3 种元素供应良好时，有利于形成较高的籽粒产量。生育后期充足的氮素有利于维持和延长功能叶面积的同化时间，也有利于提高籽粒的蛋白质含量；充足的磷素有利于籽粒灌浆期干物质的运输、转化和积累。

（七）谷子

1. 对温度的要求 谷子是喜温作物，生育期间要求积温 1 600～3 000 ℃，夏播早熟品种要求积温较少，春播晚熟品种要求积温较多。谷子在不同生育阶段所需温度也有差异，种子发芽最低温度为 7～8 ℃，最适温度为 15～25 ℃，最高温度为 30 ℃；苗期不能忍耐 1～2 ℃低温；茎叶生长适宜温度为 22～25 ℃；灌浆期适宜温度为 20～22 ℃，低于 15 ℃或高于 23 ℃对灌浆不利。

2. 对水分的要求 谷子是比较耐旱的作物，蒸腾系数 142～271，低于高粱、玉米和小麦。苗期耐旱性极强，能忍受暂时的严重干旱，需水量仅占全生育期的 1.5%。拔节期至抽穗期需水量最多，占全生育期需水量的 50%～70%。此期是获得大穗多花的关键时期，缺水会造成“胎里旱”和“卡脖旱”，减少小花小穗数目，产生大量秕谷。开花灌浆期要求天气晴朗、土壤湿润，干旱或阴雨都会影响灌浆。

3. 对光照的要求 谷子为短日照作物，日照缩短，促进发育，提早抽穗；日照延长，延缓发育，推迟抽穗。一般出苗后 5～7 d 进入光照阶段，在 8～10 h 的短日照条件下，经过 10 d 即可完成光照阶段。不同品种对日照反应不同，一般春播品种比夏播品种敏感。此外，谷子是 C_4 作物，净光合速率较高，一般为 25～26 mg/(dm^2 · h)，高于小麦。

4. 对养分的要求 谷子对氮、磷、钾的吸收数量因地区、品种、产量水平的不同而异，大约每生产 100 kg 谷子，从土壤中吸收氮 3 kg、磷 1.4 kg、钾 3.5 kg。不同生育阶段，氮、磷、钾吸收量也不同，一般出苗期至拔节期少，拔节期至抽穗期多，抽穗期至成熟期较少。

5. 对土壤的要求 谷子适应性广，耐瘠薄，对土壤要求不甚严格，黏土、沙土都可种植。但以土层深厚、结构良好、有机质含量丰富的砂质壤土或黏壤土最为适宜。谷子喜温怕涝，土壤水分过多易发生烂根，应及时排水。谷子适宜在微酸和中性土壤上生长。

第二节 棕壤肥力演变

棕壤肥力的高低通常用土壤中有效态营养元素的含量与供应能力衡量。近年来，过度重复耕种、重用轻养、化肥施用不合理等因素破坏了原有棕壤的自然环境条件，导致全国棕壤区总体上呈现肥力下降的趋势，对棕壤肥力演变特征的研究，可以为棕壤地区肥力的提升以及优化施肥管理提供科学依据。

棕壤肥力较高，适合作物生长，集中分布于辽东半岛和山东半岛的低山丘陵区。辽宁省棕壤面积占全国棕壤总面积的 24.92%，山东省棕壤占全国棕壤总面积的 8.82%。全国棕壤肥力演变参见辽宁省、山东省两地棕壤的演变。

一、辽宁省棕壤肥力的演变

1. 棕壤酸碱度的演变 棕壤作为地带性土壤类型在发生分类上属于中性至微酸性土壤。但是在 30 年的耕作和施肥的影响下，截至 2012 年，辽宁省棕壤已出现了明显的酸化现象。与第二次全国土壤普查结果相比，9 个采样地区耕地棕壤 pH 均明显下降，弱酸性（pH 在 5.6～6.5 范围内）和酸性（pH 在 4.5～5.5 范围内）土壤面积增加；中性（pH 在 6.6～7.0 范围内）土壤面积减少。辽东宽甸地区酸性棕壤面积增加了 28.16%，弱酸性棕壤面积减少了 6.53%，土壤酸化明显，变化幅度居于各地区之首。铁岭开原地区和沈阳地区酸性棕壤面积分别增加了 10.18%和 7.74%，其他地区酸性棕壤面积的增加幅度小于 5%。从中性耕地棕壤面积减小的幅度来看，辽北开原地区减少了 70.89%，降低幅度最大。而中性棕壤面积减少程度最小的地区为瓦房店市，其下降幅度为 14.66%。

1982 年，9 个地区棕壤 pH 平均值为 5.91～6.76，2012 年平均值在 5.45～5.94，整体平均值下降至 5.73。其中，以辽北开原地区降低幅度最大，下降 1.16；而降低幅度最小的是辽东清原地区，其下降值为 0.46（沈月，2013）。

2. 棕壤各养分的演变 第二次全国土壤普查以来，辽宁省学者对部分地区棕壤养分状况进行了测定。如中国科学院沈阳应用生态研究所调查结果显示，土壤有效氮肥力水平较高；土壤有效磷含量递增，约 23%的土样缺磷或极缺磷；土壤速效钾呈递减趋势，大部分土壤存在缺钾现象。辽宁省土壤肥料总站调查显示，与第二次全国土壤普查相比，土壤有机质及全氮含量均呈下降趋势，碱解氮和有效磷含量普遍呈上升趋势，速效钾下降幅度较大。徐志强等（2007）研究表明，全省耕地土壤速效钾含量呈下降趋势，有机质、全氮、碱解氮稳中有升，但有机质和碱解氮仍属较缺乏水平，有效磷含量上升幅度较大。李纪柏等（2001）在对沈阳市土壤养分变化趋势与原因分析中指出，沈阳市全氮含量平均为 1.01 g/kg，与第二次全国土壤普查土壤全氮含量 0.98 g/kg 相比，变化不大，呈平稳趋势；有效磷含量增加，平均为 19.01 mg/kg，比第二次全国土壤普查数据 6.1 mg/kg 增加 12.91 mg/kg；速效钾含量下降，平均为 67.04 mg/kg，比第二次全国土壤普查含量 101.5 mg/kg 下降 34.46 mg/kg。沈阳市土肥工作站对沈阳部分地区的研究结果表明，土壤有机质、氮素、钾素含量缺乏，磷素含量中等。全国农业技术推广服务中心（2008）对东北主要耕作土壤的肥力演变规律进行研究表明，土壤肥力有所降低，但幅度不大。土壤有机质含量基本没有变化。姜勇等（2002）用经典统计学和地理信息系统相结合的方法研究了沈阳市郊区耕地土壤钙、镁、铁、锰、铜、锌等元素有效态含量的分布特征，并制作了地理分布差值图。研究结果表明，各元素有效态含量基本符合正态分布，土壤有效铜含量过高，而部分土样有效锰和有效锌含量缺乏。

3. 耕层和犁底层厚度的演变 土壤有效土层是对土壤进行研究的基础，土壤耕层变薄不仅使土壤的有效养分总量减少，土壤保蓄水分、机械支持等能力也有所下降。相应的犁底层变厚，使土壤紧实度增加，不利于土壤保蓄水分、养分和热量；同时，降低土壤有效养分的利用率并影响多种土壤酶的活性，势必对作物的生长发育和产量产生不良影响。

根据辽宁省沈阳市耕地棕壤耕层和犁底层的调查，耕地棕壤耕层厚度在 5.5～25.0 cm，平均值为 15.45 cm，变异系数为 31.63%。犁底层的厚度大致范围在 5.0～20.0 cm，平均值为 12.26 cm，变异系数为 38.95%。1982 年第二次全国土壤普查时耕层和犁底层厚度分别为 17.81 cm 和 9.29 cm，与 1982 年数据相比，耕层厚度下降了 13.25%，而犁底层厚度上升了 31.97%。可见，辽宁省沈阳市耕地棕壤耕层厚度有较明显的下降趋势。

对棕壤土壤耕层厚度频率分布进行分析，1982 年数据显示，棕壤土壤耕层厚度有 66.67%在15～20 mm范围，而在 5～10 mm 和 10～15 mm 范围内的棕壤样品分别占总体的 7.41%和 14.81%。目前调查测定数据显示，耕层厚度在 15～20 mm 范围内土样只占总体的 36.4%，在 5～10 mm 和10～15 mm 范围内的土样与 1982 年相比有较大幅度上升，分别为 19.99%和 29.09%。对土壤犁底层厚度频率分布进行分析，1982 年数据显示有 41.67%和 25.02%土壤样品犁底层厚度在 5～10 mm 和<5 mm 范围内。而目前调查测定数据显示，与 1982 年数据相比，犁底层厚度在这两个等级范围的土壤样品含量有较大幅度下降，犁底层厚度在 10～15 mm 和>15 mm 等级的土壤样品含量却有较大幅度上升，分别上升 10.61%和 14.95%。

土壤耕层厚度下降，犁底层厚度增加除了受耕作制度的影响外，土壤的结构性、质地等也对土壤的耕性产生作用，从而间接影响土壤的土体构型。因此，要制定合理的耕作制度，在旋耕或免耕的基础上定期进行深耕，同时培肥土壤、改善土壤的结构状况，为土壤创造良好的土体构型（郭琳琳，2009）。

综上所述，目前棕壤地区的土壤肥力整体呈下降趋势。由于不合理的耕作，重用轻养，普遍存在着土壤酸化、pH 下降、养分含量减少、有机质含量降低、砾石含量增加、有效耕层厚度下降等问题。

二、山东省棕壤肥力的演变

李九五（2013）研究了山东棕壤肥力的演变，收集了 1986 年、2007 年和 2012 年山东省棕壤 0～80 cm 4 个土层的有机质、全氮、有效磷、速效钾等指标，整理并进行统计分析。具体的采样点、作物类型和主要分布地区等基本信息见表 16－3。

表 16－3　棕壤土壤采样点基本信息

采样点数	作物类型	主要分布地区	样点分布主要地市
22	小麦、玉米、花生、甘薯	鲁东丘陵区	潍坊、青岛、威海、烟台

1. 棕壤有机质的演变　1986—2012 年，棕壤耕层有机质年均增长率为 0.13%，不同年份棕壤有机质含量均随土层深度的加深而降低。经过 26 年的变迁，棕壤各土层有机质含量呈增加趋势。与 1986 年相比，2007 年棕壤耕层有机质含量显著提高，20～80 cm 各土层有机质含量差异不显著。2012 年与 2007 年相比，棕壤 0～80 cm 各土层有机质含量相近，变化不明显。

随着时间的推移，棕壤 0～80 cm 各土层有机质含量均有所提高。1986 年棕壤耕层（0～20 cm）平均有机质含量为 10.00 g/kg，20～80 cm 土体有机质平均含量为 5.94 g/kg；到 2007 年耕层有机质含量增加到 13.04 g/kg，提高了 30.40%，20～80 cm 土体平均有机质含量提高了近 1.00 g/kg，提高幅度在 17.00%左右；2012 年棕壤各土层有机质含量与 2007 年相比，60～80 cm 土层增幅较大，达 26.00%，但 0～60 cm 土层变幅均小于 4.00%，总体有机质水平相当。1986—2012 年，耕层有机质含量差异显著，增长明显，其余土层差异均不显著。

2. 棕壤全氮的演变　1986—2012 年，棕壤耕层全氮年均增长率为 0.16%，棕壤全氮含量 26 年来总体变化比较平稳，各土层全氮含量变化幅度较小。1986—2007 年和 2007—2012 年，耕层全氮含量增长量分别为 0.07 g/kg 和 0.17 g/kg，增幅达 11.67%和 25.37%。2007 年棕壤 40～80 cm 土层全氮含量较 1986 年有所降低，全氮含量变化量均小于 0.10 g/kg。与 1986 年相比，2012 年棕壤耕层全氮含量增长量较大，达 0.24 g/kg，20～80 cm 土体全氮增长量均小于 0.10 g/kg。各层次全氮含量的提高幅度相近，变化比较平稳。棕壤 1986 年、2007 年、2012 年各土层全氮含量差异均未达显著水平。

3. 棕壤有效磷的演变　1986—2012 年，棕壤耕层有效磷年均增长率为 0.64%，棕壤有效磷含量沿剖面逐渐降低，耕层（0～20 cm）和亚表层（20～40 cm）间有效磷含量降幅显著高于 20 cm 以下土体上下土层间降幅。1986 年—2012 年棕壤耕层（0～20 cm）和亚表层（20～40 cm）间有效磷含量均有大幅度降低，降幅依次为 62.10%和 63.97%。

棕壤 20～60 cm 土体有效磷含量降幅多在 20%～50%，40～60 cm 土体有效磷含量降幅多在 10%左右。棕壤有效磷在耕层（0～20 cm）大量积累，20 cm 以下有效磷含量下降迅速且趋势变缓。

1986—2012 年，棕壤有效磷含量变化主要集中在耕层，各土层有效磷含量增幅较为均匀。与 1986 年相比，2007 年棕壤有效磷含量变化主要体现在 0～40 cm 土体，耕层和亚表层有效磷含量分别增加 2.62 倍和 1.51 倍。2007—2012 年，棕壤耕层有效磷含量接近，变化不明显；20～80 cm 各土层有效磷含量增加量在 3.00～4.00 mg/kg。与 1986 年相比，2012 年，棕壤各土层有效磷含量差异均达显著水平，有效磷含量水平提高明显。

4. 棕壤速效钾的演变 1986 年和 2007 年，棕壤 20～60 cm 土体两个土层上下层次间速效钾含量增幅分别为 25.97%和 22.53%；40～80 cm 两个土层间速效钾含量增幅均小于 10%。

与 1986 年相比，2007 年和 2012 年棕壤各土层速效钾含量均有显著提高。与 1986 年相比，2007 年棕壤耕层速效钾含量为 161.73 mg/kg，增长 1.35 倍，20～80 cm 土体各土层速效钾含量增幅为 20.00%～90.00%。2007—2012 年，棕壤 0～60 cm 土体各土层速效钾含量有所降低，降幅在 30.00%以下。与 1986 年相比，2007 年棕壤各土层速效钾含量差异均达显著水平；2007—2012 年，棕壤各土层速效钾含量差异不显著。

第三节　棕壤肥力培育与调节

土壤作为农业生态环境的重要组成部分，以及生态系统物质和能量转换的基础环节，其重要作用不仅在于以"库"的形式储存植物生长发育所需的水分和养分，更重要的是以其特有的物质循环和能量转换功能协调了水、肥、气、热等各种肥力因素间的稳定和平衡，适应并保证了农业或林草业等的稳定增产。土壤肥力这种复杂的属性，实际上总是与农田生态环境以及区域生态环境之间密切相关的，必须采取综合技术措施培育土壤肥力，才能得到应有的效果。棕壤区具有良好的生态条件，生物资源丰富，土壤肥力较高。自古以来，棕壤地区都是我国发展农业、林业、果木、柞蚕、药材等的重要生产基地。

一、棕壤肥力培育的措施

棕壤肥力培育的综合技术措施，应同区域生态环境建设和农田生态环境建设紧密结合，各地实际情况不同，各有侧重。我国 20 世纪 50 年代末 60 年代初兴起的山、水、田、林、路综合治理，以农田水利工程为主，但实际内容非常广泛。就棕壤肥力培育来说，其基本技术措施包括平整土地（平）；客土加沙加黏暄活土体（暄）；增施粪肥，主要是增施有机肥（肥）；加深耕层（厚）；消除毒害物质（净）；田头加设粪肥坑（坑）；建设配套灌排渠系（渠）；修建田间道路（路）；种草增加肥源（草）；建立农田防护林（林）10 个方面。此外，还应经常进行科学的土壤耕作、轮作倒茬等用养结合的栽培管理措施。

1. 平（平整土地） 地面平整，既有利于土壤保水保肥，也便于耕作管理。但原有土壤地面平整的十分有限，有不少是山地丘陵的坡地，或是低洼内涝的低湿地，即使是平原也常有大平小不平的情况。平整土地便成为农田环境建设、培肥土壤的一项首要任务。

山地丘陵的坡地要修建水平梯田，以防冲刷，保持水土；低洼内涝的低湿地，要修建台田、条田，以宣泄内水，防止淹涝；大平小不平的平原地，也要进行平整，修建方田、畦田。经过治理的土地，便可发挥和提高其土壤的增产能力，在同样自然条件下，农业产量常成倍增长（贾文锦，1992）。

2. 暄（暄活土体） 沙黏相间的壤质土或结构良好的土壤是植物良好生长的必要条件，而不少自然土壤过沙或过黏，或结构性不好，甚至板结，影响土壤水、肥、气、热的调节和供应。这种情况如果不加以改善，农业产量便难以提高。古今中外的经验都证明，沙土掺黏土、黏土加沙土，是暄活土体的最好方法；有条件的地方实行引洪淤灌，更可大面积改良土壤；还有一些容易板结的土壤，通过深翻晒垡或深翻冬灌，利用干湿交替和冻融交替，也可使土体变得酥散暄活。在生产上还经常采取耕翻结合耙、耢、耱、压等办法，粉碎大僵块，保持土体暄活。施用结构改良剂，也可增进水稳性土壤结构的形成。以上都是暄活土体的有效办法。

沙掺黏和黏掺沙的方法见效快，但用土量大，没有充足客土来源难以迅速完成。增施有机肥对偏黏、偏沙土壤都有很强的改土作用。黏质土壤施用有机肥后，肥料分解转化过程中直接产生孔隙，调节水、气矛盾，增加土壤养分，在分解合成过程中产生腐殖质，促进各类良好土壤结构的形成；砂质土壤施用有机肥后能增加腐殖质以利于土壤结构形成，而且增加的有机胶体增强了土壤的保水保肥能力（山东省土壤肥料工作站，1994）。

3. 肥（增施有机肥） 在构成土壤肥力的诸因素中，土层厚薄、构型排列以及土壤质地等多为自然和历史产物，改造起来会耗费大量人力物力，故在一般情况下，多因土利用。而增加土壤有机质含量则相对容易，且耗能少、作用大（山东省土壤肥料工作站，1994）。

增施粪肥是培肥土壤的中心内容，不但能提高土壤有效性氮、磷、钾等各种养分的绝对含量，更重要的是能使这些养分均衡且满足植物生长的需求。不断向土壤中投入的圈粪、厩肥、秸秆肥、绿肥以及人畜粪尿等有机肥经过分解后，都可为植物提供比较完全的有机和矿质养分。随着单位面积产量的提高，作物每年都要从土壤中携带走大量氮、磷、钾等养分。因此，每年还必须有足够的氮、磷、钾等化学肥料补充进土壤；同时，施用化学肥料可迅速提高作物的生物产量，增加有机质的来源（贾文锦，1992）。

4. 厚（加深耕层） 只有一定厚度的土层才能固定支持作物，保证作物根系有充分活动、延伸的空间和供给作物足够的水分、养分库容。在一定厚度范围内，作物产量与厚度呈正相关，但超过这个厚度范围的土体对作物无意义。在山地丘陵山麓线之下，一般不存在土层薄的障碍因素；只有在山地丘陵山麓线之上，土层薄、砾石多，才需要进行农田基本建设加厚土层。山东省烟台市龙口市下丁家镇，在土薄石头多的山丘地上，采用“大扒皮、小扒皮，大过罗、小过罗”的办法改良土质，以客土加厚土层，使之达到高产稳产的要求。山东省临沂市莒南县厉家寨乡等对岩屑状薄层土壤采用“套二犁、深刨、大犁深耕”等办法，把耕层下的酥石犁（刨）松，经风化后加深土层；也有的采用“两生加一熟”的办法，即把上层熟土剥开，刨松底土放上熟土后，表层盖 3～5 cm 生土层；还有的地方，采用爆破深翻等技术加厚土层。有些土层虽然深厚，但耕层下有障碍层土壤。例如，部分侵蚀棕壤区耕层下有黏紧的淀积层，不仅影响作物根系下扎，雨季也常出现滞水渍涝从而影响下层土壤蓄水。针对这类土壤，可采用深翻或松土的办法，使松土深度保持在 50 cm 以上，减轻或解除淀积层的影响。在加深耕层、加厚土层时，要注意表层保持一定量的熟土，否则会影响整地效果甚至导致数年减产（山东省土壤肥料工作站，1994）。

土层浅薄，特别是活土层浅薄，会使植物生长受到限制。加厚活土层的办法，主要是加深耕层。翻耕过程最好是年际间深浅结合，以避免形成紧实犁底层。也可隔垄深翻，形成耕层虚实并存的构造，更有利于蓄水保肥和供水供肥。山地石质土的土层浅薄、砾石较多，则应客土加厚活土层；若实行窝种法，经过 3～5 年，土层便可全部加厚，得到改良（贾文锦，1992）。

在加厚土层时，要注意土层排列，把质地较轻的壤质土置于表层，有利于耕作和水分下渗，把较黏重的土壤置于底层，有利于保持水分和养分。并且，要注意深耕打破犁底层。深耕能增加作物根系生长范围，增强保蓄水分、养分的能力，减轻植物病害和杂草危害。据山东省临沂市蒙阴县试验，深耕后 3 年各处理作物产量都比对照区高，3 年平均产量，深耕不施肥区比对照增加 18.7%，深耕施用圈肥区增加 23.3%，深耕施用化肥区增加 24.0%。在长期按同一深度翻耕的地块，会出现一层坚实的犁底层（山东省土壤肥料工作站，1994）。

5. 净（消除毒害物质） 土壤毒害物质有两个来源：一是自然积累，如酸、碱、盐和某些还原物质，超出植物忍受临界限度，造成危害；二是人为因素造成危害，主要是某些工厂的废气、废水和废渣，使植物生长及其产品的品质和产量受到危害。对这些受毒害的土壤，一是通过物理、化学和生物方法进行处理，使土壤内毒害物质含量降至适宜植物生长的水平；二是改换栽培植物品种，选用适应性强且对人类有利用价值的植物，也可减少毒害损失。但最好的办法还是防止毒害物质污染，特别是要求那些排放“三废”的工厂对排放物加强无害化处理，进行综合利用，变废为宝，使废弃物不再毒害土壤。

6. 坑（田头设粪肥坑） 在田间地头与灌溉渠系配套设置粪肥坑，便可及时有效地向田间投入粪肥。这是高肥菜园和农田土壤增肥的一项很好的措施，管理方便，效果良好。

7. 渠（建立配套灌排渠系） 建立灌排配套渠系是农田环境优化的一项重要保障。所有具备水源条件的地方都应搞好灌排配套渠系建设，可立见功效。

8. 路（修建田间道路） 田间合理布设机车道路，对创造良好农田环境必不可少。对土壤培肥来说，则可防止机车乱行破坏土壤结构。

9. 草（种草增加肥源） 肥沃的农田，农业产量高，年年都要消耗大量有机质，需要不断加以补充。利用草场、田头地边或林间隙地，或采取间套作的方法，种植牧草绿肥。既可直接翻压入土，也可过腹还田，以保证培肥土壤所需的有机肥源。

10. 林（建立农田防护林） 有防护林保护的农田，可以减少很多自然灾害。防护林可有效防止土壤风蚀、减少土壤蒸发、稳定土壤温度、协调整体农田环境条件，为其间栽培的植物良好生长和稳定高产提供了保障。

通过上述各项基本措施，便可建立起良好的土壤环境条件。在此基础上选用良种，实施科学管理，用地养地结合，适当投入，土壤便可越种越肥，保证持续稳定高产。但各个地区自然条件不同，土壤存在的问题也不一样，应从实际出发，在土地利用中做出土壤培肥总体规划设计，以求达到最佳效益，切不可盲目行事，顾此失彼，浪费人力物力，造成损失。

二、棕壤肥力的调节

（一）土壤有机质含量的调节

施用有机肥料是提高土壤有机质含量的基本措施，对土壤主要营养元素的归还和积累有重要作用。有机肥料最重要的作用是增加土壤有机质含量，改善土壤物理、化学和生物学性质，增加$<$0.25 mm的水稳性团粒，增加孔隙度和降低容重，提高通气透水能力；同时，能为作物提供多种养分，恢复和激活土壤有益微生物菌群。

土壤有机-无机复合度提高，促进了土壤结构状况的改善。随着土壤耕层结构状况的改善，土壤孔隙状况和水分状况、空气状况得到改善。据山东省临沂市蒙阴县棕壤培肥试验，增施有机肥和秸秆3年，低肥力土壤耕层容重由1.48 g/cm^3 降低至1.40～1.45 g/cm^3，总孔隙由44.2%增加至46.4%～47.9%；中肥力土壤耕层容重由1.45 g/cm^3 降低至1.38～1.42 g/cm^3，总孔隙度由45.3%增加至46.4%～47.9%；高肥力土壤耕层容重由1.39 g/cm^3 降低至1.3～1.37 g/cm^3，总孔隙度由47.5%增加至48.3%～49.4%。

采取培肥措施，可增加土壤有机质含量，对土壤微形态结构特征产生影响。薄片偏光显微镜下观察不同培肥措施下土壤，可以看到，所有采取培肥措施的土壤土体形态都较对照表现疏松；不同有机肥在土壤中腐烂转化后，留下不同的孔隙特征，秸秆腐烂后形成棒状孔隙，猪圈肥腐解后形成网状孔隙，这些孔隙量都随着培肥时间的延长而增加；微团聚体也随着时间延长不断增大，有的由小团聚体逐渐变为较大而稳定的粒状结构。对于化肥试验区，虽然由于土壤有机质有所增加而有疏松感，但结构状况无明显变化。在高倍扫描电镜下观察培肥土壤土体，可见到猪厩肥培肥土体呈管状超微形态；马圈肥培肥土体呈片状超微形态；而化肥区土体只有块状超微形态，且矿物颗粒裸露，无有机物包被特征。

耕地土壤有机质的调节，主要是维持土壤有机质的平衡和增加土壤有机质的含量。实践证明，水土流失和不合理的耕作管理是引起土壤有机质降低含量的重要原因，长期单独施用无机氮肥也对维持土壤有机质含量不利，均应引起注意。

补充耕地土壤有机质的措施主要是施用有机肥料，残留在田间的作物根茬也是不可忽视的土壤有机质来源之一。作物在整个生育期间通过根系产生的分泌物和脱落的根毛也能归还土壤大量的有机质，其数量甚至超过根茬残留量。作物收获后的根茬残留量因作物种类及生长情况不同而不同，其与籽实产量的比值为0.15～0.55。在各种大田作物中，玉米、高粱的根茬残留量最多，小麦最少。

可作为有机肥源的物质很多，如各种厩肥、粪尿、堆沤肥、沼气肥、秸秆肥、绿肥和沿海地区的海肥等。但是，近年来有机肥施用量有减少的趋势，应制定有关政策在经济上加以扶持，提倡农牧结合，发展生态农业，逐步增加有机肥用量，以提高地力。

秸秆肥施用在某些棕壤分布地区也有一定基础，随着作物产量的提高，秸秆数量亦增加，如能大力推广节能灶和植树造林，解决燃料、饲料和肥料的矛盾，作物秸秆会是一种很有潜力的肥源。施用秸秆肥既可事先堆腐，也可于秋收时直接粉碎还田。秸秆还可作为饲料，实行过腹还田。另外，还可作为畜圈垫料。这样既可提高粪肥质量，又能减轻运输压力。

在瘠薄地种植绿肥牧草，也是增加土壤有机质进而提高作物产量的有效途径。种绿肥牧草虽然占用了一定的耕地面积，但因土壤肥力提高，作物总产量仍可不断上升。为减少绿肥作物占地比例，在土壤肥力较高和生产条件较好的地区，可实行草粮复种或粮草间作。草粮复种（草木樨-早熟玉米）必须保证在翻压前绿肥牧草有一定的生长量，为此应采用适宜的栽培技术，且最好施用一定数量的磷肥。另外，绿肥牧草的翻压时间不应迟于 6 月上旬，以保证复种作物的充分生长、发育和成熟。粮草间作存在的较大问题是在玉米拔节期及以后时间粮草争夺土壤水分的问题突出，处理不好会影响当年作物产量。为解决这一问题，绿肥不能翻压过迟。另外，作物的追肥时期应适当提前。若翻压后追肥，则绿肥、化肥同时发挥肥效，常会造成农作物徒长，遇风倒伏而减产。

（二）土壤矿质养分含量的调节

随着对作物产量要求的不断提高，也要求土壤提供更多数量及适合比例的矿质养分。土壤自身养分含量是一定的，必须不断施肥才能使土壤保持足够的供给能力。有机肥料在改善或保持土壤基本肥力特征，尤其是物理性质上有不可替代的作用。但其养分数量有限，养分释放缓慢，远不能满足作物对矿质养分的需求。因此，必须不断按合理的比例向土壤投入矿质养分，增加土壤矿质养分含量，调整矿质养分比例。

磷素对于作物的增产效果较早被证实，自从第二次全国土壤普查以来，我国农民开始重视磷素的增产效应，在施用氮肥的基础上大量增施磷肥，导致土壤有效磷含量增加，但却忽视了其他养分的补充，逐渐消耗了土壤其他养分特别是钾素的储备，对中微量元素的施用也不够重视。由于不平衡地施用化肥，带来了土壤养分过剩或亏缺的结果，势必对作物的生长和土壤肥力带来不利影响。

我国提倡平衡施肥来改善土壤养分的不平衡状况。平衡施肥指依据作物需肥规律、土壤供肥特性和肥料效应，在施用有机肥的基础上，合理确定氮、磷、钾和中微量元素的适宜用量及比例，对农作物实行的将各种植物养分元素按一定比例配合的措施。平衡施肥是我国 20 世纪 80 年代形成的国家重点推广的一项农业技术，其落实过程为先进行土样采集与土壤化验，了解土壤中全氮、有效磷、速效钾和有机质等养分的含量，以及土壤养分的演变规律，从而掌握土壤养分状况，进而进行平衡施肥。这种施肥制度的采用在部分地区得到了很好的落实，但有些地区农田仍旧采用传统的施肥方式。因此，在相应的地区，应在充分了解土壤养分状况的基础之上进行平衡施肥，从而改善土壤的养分失衡状况（郭琳琳，2009）。

第十七章 棕壤耕地地力等级评价体系构建 >>>

我国农耕文明起源早、历史久，在《管子·地员篇》中就有关于土壤分类评价的记载（鲁明星等，2006）。我国是世界上研究土地分类和进行土地评价较早的国家，但是系统的耕地评价始于1951年。当年，财政部组织的以征收农业税为目的的查田定产是最早的全国性耕地等级评价。我国土壤/耕地/土地调查与评价工作为国家的农业发展做出了重要的贡献。特别是1950年，第一次全国土壤肥料工作会议的召开有力地促进了我国耕地评估工作的发展，明确了我国土壤/土地资源的特点，为进一步开展土壤/耕地质量研究奠定了良好基础。但这个时期的评价以单项土地评价为主，经验色彩较浓，理论总结不足。1958年和1979年的两次土壤普查对我国的土壤分类类型以及分类系统进行了调查研究（全国土壤普查办公室，1995）。《土地评价纲要》的引进使得我国在20世纪70年代到80年代中期掀起了一场大规模的综合土地适宜性评价。1983年完成的《中国1∶100万土地资源图》，根据不同的用途分类进行了土地适宜性评价，各地的土地适宜性评价各具特色，这些成果对制定土地规划和农业发展规划具有十分重要的意义。20世纪80年代末期，计算机技术的发展和应用，使土地评价的理论和方法不断改进和完善，向着综合化、精确化的方向发展。GIS（地理信息系统）技术被广泛地应用于国民经济的各个领域，如资源调查、城乡管理规划、环境保护评估、交通方面和公共设施管理等。国内研究人员利用GIS技术对原始数据进行采集、存储、生成评价单元、建立应用模型，从而生成评价结果，输出面积测量和评价结果的图表，并建立一些全面的土地评价信息系统。进入21世纪，随着GIS技术不断深入，土地评价借助GIS平台与地统计学结合的方法广泛应用，提高评价精度的同时省去了大量人力物力。2002—2007年，农业部在30个省（自治区、直辖市）开展了县域耕地地力评价工作。在此过程中建立了全国耕地分等定级数据库和管理信息系统，该系统直接服务于项目区，较为系统地呈现了我国耕地质量的演变情况、突出问题。现代信息技术在耕地地力调查与评价中的大规模应用，在耕地质量保护、耕地质量建设、宏观指导测土配方施肥等方面具有重要的指导意义。

本章按照农业农村部耕地地力调查和评价的规程与相关标准，结合棕壤地区实际情况，主要介绍各地区棕壤耕地地力评价指标体系建立和评价方法。

第一节 资料收集与整理

耕地地力评价资料主要包括耕地的理化性状、剖面性状、土壤管理、立地条件等。通过野外调查、室内化验分析和资料收集，获取了大量耕地地力基础信息，经过严格的数据筛选、审核与处理，保障了数据信息的科学准确。

一、软硬件准备及资料收集

（一）软硬件准备

1. 硬件准备 硬件主要包括计算机、扫描仪、喷墨绘图仪等。计算机主要用于数据和图件处理分析，扫描仪用于图件的输入，喷墨绘图仪用于成果的输出。

2. 软件准备 软件主要包括 Windows 操作系统软件，FoxPro 数据库管理、SPSS 数据统计分析等应用软件，ArcGIS、Mapinfo、ArcView 等 GIS 软件，以及 ENVI 遥感图像处理软件等专业分析软件。

（二）资料收集

应广泛收集与评价有关的各类自然资料和社会经济资料，主要包括参与耕地地力评价的野外调查资料及分析测试数据、各类图件、相关统计资料等。收集的资料主要包括以下几个方面。

1. 野外调查资料 野外调查点是从参与县域耕地地力评价的点位中筛选获取的，野外调查资料主要包括地理位置、地貌类型、成土母质、土壤类型、气候条件、有效土层厚度、表层质地、耕层厚度、耕地利用现状、灌排条件、施肥水平、水文条件、作物产量及管理措施等。采样地块基本情况调查内容见表 17－1。

表 17－1 采样地块基本情况调查

统一编号			调查组号		采样序号	
采样目的			采样日期		上次采样日	
地理位置	省（自治区、直辖市）名称		地（市）名称		县（旗）名称	
	乡（镇）名称		村组名称		邮政编码	
	农户名称		地块名称		电话号码	
	地块位置		与村距离（m）		—	
	纬度（° ′）		经度（° ′）		海拔（m）	
自然条件	地貌类型		地形部位		—	
	地面坡度（°）		田面坡度（°）		坡向	
	通常地下水位（m）		最高地下水位（m）		最深地下水位（m）	
	常年降水量（mm）		常年有效积温（℃）		常年无霜期（d）	
生产条件	农田基础设施		排涝能力		灌溉能力	
	水源条件		输水方式		灌溉方式	
	熟制		典型种植制度		每 667 m^2 常年产量水平（kg）	
土壤情况	土类		亚类		土属	
	土种		俗名		—	
	成土母质		剖面构型		土壤质地（手测）	
	土壤结构		障碍因素		侵蚀程度	
	耕层厚度（cm）		采样深度（cm）		—	
	田块面积（667 m^2）		代表面积（667 m^2）		—	
来年种植意向	茬口					
	作物名称					
	品种名称					
	目标产量（kg）					
采样调查单位	单位名称				联系人	
	地址				邮政编码	
	电话		传真		采样调查人	
	E－mail					

2. 基础及专题图件资料 主要包括有关省（自治区、直辖市）的土壤图、土地利用现状图、地貌图、土壤质地图、行政区划图、降水量图、有效积温图等（比例尺在1∶1万至1∶100万）。其中，土壤图、土地利用现状图、行政区划图主要用于叠加生成评价单元。地貌图、土壤质地图用于提取评价单元信息。降水量图、有效积温图统一从国家气象单位获取，用于提取评价单元信息，也用于耕地生产能力分析。

3. 其他资料 收集了以行政区划为基本单位的人口、土地面积、耕地面积，近3年主要种植作物面积、粮食单产和总产，以及肥料投入等社会经济指标数据；土壤改良试验、肥效试验及示范资料；水土保持、生态环境建设、农田基础设施建设、水利区划等相关资料；项目区范围内的耕地地力评价资料，包括技术报告、专题报告等；第二次全国土壤普查基础资料，包括土壤志、土种志、土壤普查专题报告等。

二、评价样点的选取

（一）评价样点选取原则

在棕壤耕地地力调查工作中，布点和采样原则应注意以下几方面：一是布点要有广泛的代表性、兼顾均匀性，要考虑土种类型及面积、种植作物的种类；二是耕地地力调查布点与污染调查（面源污染与点源污染）布点要兼顾，适当加大污染源调查点密度；三是尽可能在第二次全国土壤普查的取样点上布点，确保测定结果的可比性；四是样品的采集要具典型性，采集样品要具有所在评价单元表现特征最明显、最稳定、最典型的性质，避免各种非调查因素的影响，最好在具有代表性的一个农户的同一田块取样；五是样品点位要有标识（经纬度），在电子图件上做好标识，为开发专家咨询系统提供数据。

（二）评价样点确定

县级耕地地力评价样点是区域耕地地力汇总评价的选择基础，首先根据样点密度、耕地面积比例，将评价样点数量分配到各省（自治区、直辖市），再逐级分配到各市、县。县级耕地地力评价点位数量一般在1 000～2 000个，先按照分配的评价样点数量，再在参与县域评价的样点中进一步筛选。筛选样点时，兼顾土壤类型、行政区划、地貌类型、地力水平等因素，筛选的样点限定在大田中。对土壤类型及地形条件复杂的区域，适当加大点位密度。将相应县域评价样点进行汇总即得到省、区域评价。

（三）筛选样点数据项

在样点选取的基础上，进一步筛选样点信息进行耕地地力评价分析。具体数据项的筛选主要依据评价内容，同时考虑区域内影响粮食产量的相关因素，进行适当的补充调查。主要包括基本信息、立地条件、理化性状、土壤管理和土壤养分元素5个方面。筛选出的样点信息应达到信息齐全、准确、不缺项的要求。区域耕地地力评价样点信息见表17-2。

表17-2 区域耕地地力评价样点信息

项目	样点信息	项目	样点信息	项目	样点信息	项目	样点信息
统一编号		土属		灌溉方式		有效锌（mg/kg）	
省名		土种		水稻产量（kg/hm^2）		有效硼（mg/kg）	
地市名		成土母质		大豆产量（kg/hm^2）		有效铜（mg/kg）	
县名		有效土层厚度（cm）		土壤pH		有效铁（mg/kg）	
乡镇名		耕层厚度（cm）		有机质（g/kg）		有效锰（mg/kg）	
村名		耕层质地		全氮（g/kg）		有效钼（mg/kg）	
采样年份		障碍层次类型		全钾（g/kg）		有效硅（mg/kg）	

（续）

项目	样点信息	项目	样点信息	项目	样点信息	项目	样点信息
经度		障碍层出现位置		全磷（g/kg）		交换性钠（cmol/kg）	
纬度		障碍层厚度（cm）		碱解氮（mg/kg）		交换性钙（cmol/kg）	
采样深度（cm）		常年种植制度		有效磷（mg/kg）		交换性镁（cmol/kg）	
农户姓名		玉米产量（kg/hm^2）		速效钾（mg/kg）		阳离子交换量（cmol/kg）	
土类		灌溉能力		缓效钾（mg/kg）		容重（g/cm^3）	
亚类		排涝能力					

样点（调查点）基本信息：包括统一编号、省名、地市名、县名、乡镇名、村名、采样年份、经度、纬度、采样深度、农户姓名等。

立地条件：包括土类、亚类、成土母质、地形地貌、坡度、坡向等。

理化性状：包括耕层厚度、有效土层厚度、耕层质地、pH、剖面构型、容重、阳离子交换量等。

土壤管理：包括常年种植制度、大豆产量、玉米产量、水稻产量、灌溉方式、灌溉能力、排涝能力等。

土壤养分元素：包括土壤有机质、全氮、碱解氮、全磷、有效磷、全钾、速效钾、缓效钾、交换性钙、交换性钠、交换性镁、有效锌、有效硼、有效铜、有效铁、有效钼、有效锰、有效硅等。

（四）评价点位样品分析测定

1. 分析项目 从筛选好的耕地地力评价点位资料中获取点位化验数据，主要有土壤 pH、有机质、全氮、碱解氮、全磷、有效磷、全钾、速效钾、缓效钾、交换性钙、交换性钠、交换性镁、有效锌、有效硼、有效铜、有效铁、有效钼、有效锰、有效硅、阳离子交换量以及容重等化验分析资料。

2. 测定方法 项目测定方法参照全国农业技术推广服务中心编制的《土壤分析技术规范》。其中，pH 采用玻璃电极法，有机质采用重铬酸钾法，有效磷采用碳酸氢钠浸提-钼锑抗比色法，速效钾采用乙酸铵浸提-火焰光度法。

3. 分析质量控制 第一，全程空白值测定。为了确保化验分析结果的可靠性和准确性，对每个项目、每批（次）样品进行了 2 个平行的全程空白值测定。其 20 次测定结果，根据公式 $swb=\{[\sum(x_1-\overline{x}])^2/[m(n-1)]\}$ 计算出批内标准差，如发现标准差超出允许范围，该批样品必须进行重检。第二，控制检出限。在检测过程中，对项目采用的检测仪器或方法进行了检出限测定，批次之间如出现基线漂移、灵敏度低、稳定性差，先排查原因、解决问题后再行测定。通常情况下，检测值如果大于或等于标准差的 2 倍，都可以作为离群值舍去，不参与评价。第三，控制校准曲线。凡涉及校准曲线的项目，每批样品都做 6 个以上已知浓度点（含空白浓度）的校准曲线，且进行相关系数检验，R 值都达到 0.999 以上。并且，保证被测样品吸光度都在最佳测量范围内，如果超出最高浓度点，把被测样品的溶液稀释后重新测定，最终使分析结果得到了保证。第四，控制精密度。对所有分析项目均进行 10%～20%的平行样测定。据统计，平行检测结果与规定允许误差相比较，合格率均达 100%。在分析中发现有超过误差范围的，在找出原因的基础上，及时对该批样品再增加 20%的平行测定，直到合格率达 100%为止。

三、评价样点补充调查

（一）补充调查主要内容

补充调查的主要内容分为 3 方面。

1. 规范调查项目的填写 目的是保证评价指标数据的统一可比性，如灌溉能力和排涝能力均分为充分满足、基本满足和不满足等；耕层质地分为壤土、黏壤土、黏土和沙土等；地貌名称分为平原、丘陵和山地等；地形部位分为平原高阶、中阶、低阶，丘陵上阶、中阶、下部，山地坡上、坡中、坡下等。

2. 增加调查项目 如障碍层次出现位置和障碍层次厚度按土壤调查情况填写，玉米秸秆还田方式分机械粉碎、不还田等。

3. 完善点位各种养分资料 对部分典型区域而无点位化验资料的，需重新采样进行分析化验。

（二）补充调查方法

区域内所有项目县对已调查过的项目，如地貌、成土母质等根据区域土壤图、地貌图、成土母质图及收集的有关资料，逐项按补充调查要求及划分标准审核、规范修改填写。对新增加的项目由技术员到实地调查、测量并填写。在完成补充调查后，需达到表格填写项目齐全、规范、数据准确的要求。

四、数据资料审核处理

数据的准确与否直接关系到耕地地力评价的精度、养分含量分布图的准确性，并对成果应用的效益发挥有很大影响。为保证数据的可靠性，在进行耕地地力评价之前，需要对数据进行检查和预处理。数据资料审核处理主要是对参评点位资料的审核处理，采取了人工检查和计算机编程相结合的方式进行，以确保数据资料的完整性和准确性。其中，人工检查是由县级专业人员在测土配方施肥项目采样分析点位中，按照点位资料代表性、典型性、时效一致性、数据完整性的原则按照样点密度要求从中筛选点位资料，进行数据检查和审核。而计算机编程检查就是利用 GIS 软件的数据库 SQL 查询功能，采用“2 倍标准差法”编写异常值检验语句，系统自动完成异常值检验，是一种高效的可视化数据处理方法，处理后的样本数据具有较好的代表性。

五、调查结果应用

（一）应用于耕地养分分级标准的确定

依据各省（自治区、直辖市）汇总样点数据，结合区域内田间试验和长期研究等数据，建立土壤有机质、全氮、碱解氮、全磷、有效磷、全钾、速效钾、缓效钾、交换性钙、交换性钠、交换性镁、有效锌、有效硼、有效铜、有效铁、有效钼、有效锰、有效硅等耕地主要养分分级标准。

（二）应用于耕地综合生产能力的分析

通过分析区域样点资料和评价结果，可以获得区域生产条件状况、耕地地力状况、耕地地力主要性状情况以及农业生产中存在的问题等，可为区域耕地地力水平提升提出有针对性的对策措施与建议。

第二节　棕壤耕地地力等级评价原则与依据

耕地地力是由耕地土壤的地形地貌条件、成土母质特征、农田基础设施、培肥水平、土壤理化性状等综合因素构成的耕地生产能力。耕地地力评价是根据影响耕地地力的基本因素对耕地的基础生产能力进行的评价。通过耕地地力评价可以掌握区域耕地地力状况分布，摸清影响区域耕地生产的主要障碍因素，提出有针对性的对策措施与建议，对进一步加强耕地地力建设与管理、保障国家粮食安全和农产品有效供给具有十分重要的意义。

一、耕地地力评价原则

（一）综合因素研究与主导因素分析相结合原则

耕地是一个自然经济综合体，耕地地力也是各类要素的综合体现，因此对耕地地力的评价应涉及耕地自然、气候、管理等诸多要素。所谓综合因素研究，是指对耕地土壤立地条件、气候因素、土壤理化性状、土壤管理、障碍因素等相关社会经济因素进行综合全面的研究、分析与评价，以全面了解耕地地力状况。主导因素是指对耕地地力起决定作用的、相对稳定的因素，在评价中应着重对其进行研究分析。只有把综合因素与主导因素结合起来，才能对耕地地力做出更加科学的评价。

（二）共性评价与专题研究相结合原则

棕壤区耕地存在土壤理化性状、环境条件、管理水平不一的现象。因此，其耕地地力水平有较大的差异。一方面，考虑区域内耕地地力的系统性、可比性，应在不同的耕地利用方式下，选用统一的评价指标和标准，即耕地地力的评价不针对某一特定的利用方式。另一方面，为了解不同利用类型耕地地力状况及其内部的差异，可根据需要，对有代表性的主要类型耕地进行专题性深入研究。通过共性评价与专题研究相结合，可使评价和研究成果具有更大的应用价值。

（三）定量评价与定性评价相结合原则

耕地系统是一个复杂的灰色系统，定量与定性要素共存，相互作用，相互影响。为了保证评价结果的客观合理，宜采用定量和定性评价相结合的方法。应尽量采用定量评价方法，对可定量化的评价指标如有机质等养分含量、耕层厚度等按其数值参与计算。对非数量化的定性指标如耕层质地、地貌类型等则通过数学方法进行量化处理，确定其相应的指数，以尽量避免主观因素影响。在评价因素筛选、权重确定、隶属函数建立、等级划分等评价过程中，尽量采用定量化数学模型，在此基础上充分运用人工智能与专家知识，做到定量与定性相结合，从而保证评价结果准确合理。

（四）采用遥感和 GIS 的自动化评价方法原则

自动化评价方法原则中自动化、定量化的评价技术方法是当前耕地地力评价的重要方向之一。近年来，随着计算机技术，特别是 GIS 技术在耕地评价中的不断发展和应用，基于 GIS 技术进行自动化、定量化评价的方法已不断成熟，使评价精度和效率都大大提高。评价工作采用现势性的卫星遥感数据提取和更新耕地资源现状信息，通过数据库建立、评价模型与 GIS 空间叠加等分析模型的结合，实现了评价流程的全程数字化、自动化，在一定程度上代表耕地评价的新技术方向。

（五）可行性与实用性原则

从可行性角度出发，棕壤区耕地地力评价的主要基础数据为区域内各项目县的耕地地力评价成果。应在核查区域耕地地力各类基础信息的基础上，最大程度地利用项目原有数据与图件信息，以提高评价工作效率。同时，为使区域评价成果与项目县评价成果有效衔接和对比，棕壤区耕地地力汇总评价方法应与项目县耕地地力评价方法保持相对一致。从实用性角度出发，为确保评价结果科学准确，评价指标的选取应从大区域尺度出发，切实针对区域实际特点，体现评价实用目标，使评价成果在耕地资源的利用管理和粮食作物生产中发挥切实指导作用（全国农业技术推广服务中心，2009）。

二、耕地地力评价依据

耕地地力反映耕地本身的生产能力，因此耕地地力的评价应依据与此相关的各类自然和社会经济要素，具体包括 3 个方面。

（一）自然环境要素

自然环境要素指耕地所处的自然环境条件，主要包括耕地所处的气候条件、地形地貌条件、水文地质条件、成土母质条件和土地利用状况等。耕地所处的自然环境条件对耕地地力具有重要的影响。

（二）土壤理化性状要素

土壤理化性状要素主要包括土壤剖面与质地构型、障碍层次、耕层厚度、质地、容重等物理性质；有机质、氮、磷、钾等主要养分，中微量元素，土壤 pH，盐分含量，交换量等化学性质等。不同的耕地土壤理化性状不同，其耕地地力也存在较大的差异。

（三）农田基础设施与管理水平要素

农田基础设施与管理水平要素包括耕地的灌排条件、水土保持工程建设、培肥管理条件、施肥水平等。良好的农田基础设施与较高的管理水平对耕地地力的提升具有重要的作用。

第三节　东北棕壤耕地地力评价方法

耕地地力评价方法有很多，即使对同一个指标，也有不同的评价方法，所以确定评价方法对开展耕地地力评价至关重要。考虑到与县域耕地地力评价相关成果的衔接，棕壤耕地地力汇总评价基本沿用县域耕地地力评价的技术路线及方法，主要工作步骤包括收集数据及图件资料、进行补充调查、筛选审核耕地地力评价数据、建立耕地地力评价数据库、确定评价单元、确定耕地地力评价指标体系及权重、确定耕地地力等级、建立区域耕地资源信息管理系统、形成文字及图件成果。

东北地区是我国棕壤分布最多的地区，因此棕壤地力水平对其农业生产影响较大。棕壤地力由地形地貌条件、成土母质特征、农田基础设施、土壤理化性状及培肥水平等综合因素构成。地力评价时，根据影响地力的基本因素对棕壤的基础生产力进行评价。通过棕壤地力评价可以掌握区域耕地地力状况及分布，摸清影响区域耕地生产的主要障碍因素，提出有针对性的对策与建议，对进一步加强棕壤地力建设与管理、保障国家粮食安全和农产品有效供给具有十分重要的意义。

一、评价的原则与依据

评价的原则与依据见本章第二节。

二、评价指标体系建立

根据指标选取的原则，针对东北棕壤耕地地力评价要求和特点，在评价指标的选取中，采用定量与定性相结合的方法，既体现专家意见，同时又能尽量避免主观判断。

在应用系统聚类分析方法选取定量指标的基础上，采用专家打分法（特尔斐法）重点进行影响耕地地力的立地条件、理化性状等定性指标的筛选，同时对化学养分指标提出选取意见，最后由专家组确定。

具体流程如下：首先，在各市（县、区）土肥站业务人员参加的专题会上征集讨论拟选取的评价指标。在此基础上，分别向从事土肥、栽培等行业的有关专家进行意见征询。其次，由全国农业技术推广服务中心组织土壤农业化学专家，大豆、玉米、水稻栽培专家及评价区域相关土肥站业务人员组成的专家组，对征集的指标及各市（县、区）专家意见进行会商，统一各方意见。综合考虑各因素对耕地地力的影响确定最终的评价指标为≥10 ℃有效积温、降水量、地貌类型、成土母质、有机质、耕层质地、灌溉能力、有效土层厚度、耕层厚度、剖面构型、土壤 pH、有效磷、速效钾、排涝能力 14 项指标。所选取的 14 项评价指标中，≥10 ℃有效积温、降水量为气候条件指标；地貌类型、成土母质为立地条件指标；有效土层厚度、耕层厚度、剖面构型为剖面性状指标；土壤 pH、耕层质地为土壤理化性状指标；有机质、有效磷、速效钾为土壤养分指标；灌溉能力、排涝能力为耕地土壤管理条件指标。

气候条件因素对东北棕壤耕地地力和作物生长状况有较大的影响。区域内不同区位的有效积温、降水量有着较大的差异，其中有效积温分布总体上呈现由西南部向东北部逐渐递减的特点，降水量呈现南多北少的特点。所以这两个气象指标与不同区域作物的生长情况有着密切的联系。

东北棕壤存在平原、丘陵和山地三大地貌特征，其中包含 9 种地形部位，不同地形部位的耕地利用现状及其作物产量水平也存在较大差异，不同成土母质类型对耕地生产力也有一定的影响。立地条件中的地形部位和成土母质两项指标也是评价所选的重要指标。

剖面性状中的有效土层厚度、耕层厚度和剖面构型 3 项指标会对作物的生长状况产生直接或间接的影响，需要列为评价指标的范围之内。近年来，东北棕壤的耕层厚度由于机械耕作的原因逐渐变浅，直接影响了作物的生长，所以加深耕层厚度成为保证耕地地力的必要措施之一；而有效土层厚度的差异、各地域剖面构型的类型不同等都会间接影响耕地生产能力的水平。

土壤养分中的有机质、有效磷和速效钾是非常重要的土壤肥力指标，是东北棕壤土壤肥力的综合体现。东北棕壤的有机质含量对耕地地力水平有较大的影响，有机质的含量直接关系到耕地生产水平的高低，而有效磷、速效钾为作物生长提供不可缺少的养分元素。

土壤理化性状中包括耕层质地和土壤 pH，不同的耕层质地体现了耕地土壤不同的养分水平及不同的保水保肥能力，对耕地地力会产生直接的影响。土壤 pH 是耕地土壤酸碱性的体现，区域内不同地域土壤酸碱性的不同会直接影响作物的生长从而影响耕地生产能力，有些地区酸化、碱化严重，必须加以改善才能保证作物正常生长。因此，可选择耕层质地和土壤 pH 这两项指标作为评价的指标。

土壤管理包括灌溉能力和排涝能力。其中，灌溉能力是影响水稻、玉米、大豆产量的重要因素。东北棕壤区内有些地方降水不充分，致使作物对于水的需求量较大。所以，灌溉能力的强弱对作物的生长及产量的形成起着很重要的作用，保证灌溉条件是粮食高产的前提。区域内有些地方排水措施不够完善，这会直接影响沟渠内的排水条件，致使作物不能进行正常的有氧呼吸，从而影响作物的生长。排涝能力的强弱也与涝害等问题的发生直接相关，提高排涝能力，确保作物正常生长才能保证作物的产量。所以说，灌溉能力和排涝能力是评价的关键指标。

三、评价流程

收集东北棕壤地区的图件、文本与数据资料，并进行数字标准化处理，从而获得基础图件信息；以土地利用现状图、土壤图和行政区划图为基础规划布点，确定评价单元；由各市（县、区）内专家确定指标，通过指标的野外调查、分析测试，进而构建评价指标体系，建立评价数据库；通过专家打分法进行隶属函数拟合，确定单因素指标评语，通过专家打分法与层次分析法相结合的方法确定单因素指标权重；应用累加法计算耕地地力综合指数，根据累积频率曲线法划分耕地地力等级，形成评价区域耕地地力等级分布图，最终分别对评价结果专题图进行制作，完成评价报告的撰写（全国农业技术推广服务中心，2017）。评价流程见图 17－1。

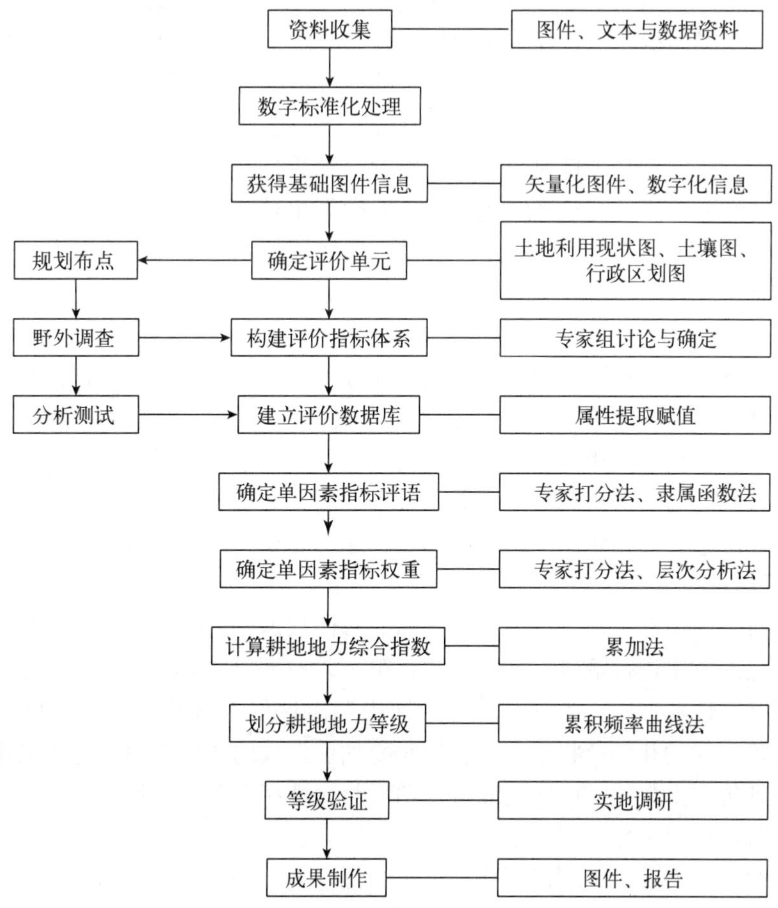

图 17－1　东北棕壤耕地地力评价流程

四、评价单元确定

（一）评价单元划分原则

评价单元是由对耕地地力具有关键影响的各要素组成的空间实体，是耕地地力评价的最基本单位、对象和基础图斑。同一评价单元内的耕地自然基本条件、个体属性和经济属性基本一致。不同评价单元之间既有差异性，又有可比性。耕地地力评价就是通过对每个评价单元的评价，确定其耕地地力等级，把评价结果落实到实地和编绘的耕地地力等级分布图上。因此，评价单元划分合理与否，直接关系到评价结果的正确性及工作量的大小。进行评价单元划分时，应遵循以下原则。

1. 因素差异性原则 影响耕地地力的因素很多，但各因素的影响程度不尽相同。在某一区域内，有些因素对耕地地力起决定性影响，区域内变异较大；而另一些因素的影响较小，且指标值变化不大。因此，应结合实际情况，选择在区域内分异明显的主导因素作为划分评价单元的基础，如土壤条件、地貌特征、土地利用类型等。

2. 相似性原则 评价单元内部的自然因素、社会因素和经济因素应相对均一，单元内同一因素的分值差异应满足相似性统计检验。

3. 边界完整性原则 耕地地力评价单元要保证边界闭合，形成封闭的图斑，同时对面积过小的零碎图斑进行适当归并。

（二）评价单元建立

耕地地力评价单元是具有专门特征的耕地单元，属于评价系统中用于制图的区域，并在生产上用于实际的农事管理，是耕地地力评价的基础。因此，科学确定耕地地力评价单元是做好耕地地力评价工作的关键环节。目前，对耕地评价单元的划分尚无统一的方法。常见的有以下几种类型：一是基于单一专题要素类型的划分，如以土壤类型、土地利用类型、地貌类型划分等，该方法相对简便有效，但在多因素均呈较大变异的情况下，其单元的代表性有一定偏差；二是基于行政区划单元的划分，以行政区划单元作为评价单元，便于对评价结果的行政区分析与管理，但对耕地自然属性的差异性反映不足；三是基于地理区位的差异以方里网、栅格划分，该方法操作简单，但网格或栅格的大小直接影响评价的精度及工作量；四是基于耕地地力关键影响因素的组合叠置方法进行划分，该方法可反映耕地自然与社会经济属性的差异，有较好的代表性，但操作相对复杂。

考虑到评价区域的地域面积、耕地利用管理及土壤属性的差异，耕地地力评价中评价单元的划分采用土壤图、土地利用现状图和行政区划图的组合叠置划分法，相同棕壤亚类单元、土地利用现状类型及行政区的地块组成一个评价单元，即“土地利用现状类型-棕壤类型-行政区划”的格式。其中，土地利用现状类型划分到二级利用类型，棕壤类型划分到亚类，行政区划分到县级。为了保证土地利用现状的准确性，基于野外实地调查，对耕地利用现状进行了修正。同一评价单元内的棕壤类型相同，利用方式相同，所属行政区相同，交通、水利、经营管理方式等基本一致。用这种方法划分评价单元，可以反映单元之间的空间差异性，既保障了土地利用类型土壤基本性质的均一性，又保障了土壤类型有了确定的地域边界线，使评价结果更具综合性、客观性，评价结果落到实地更容易。

（三）评价单元赋值

评价单元图的每个图斑都必须有符合评价指标的属性数据。采取将评价单元与各专题图件相叠加后采集参评因素信息的方法进行赋值，具体做法：第一，按照唯一标识原则为评价单元编号；第二，生成评价信息空间和属性数据库；第三，从图形库中调出评价因素的专题图后与评价单元图进行叠加；第四，保持评价单元的几何形状不变，直接对叠加后形成的图形属性库进行操作，按面积加权平均汇总评价单元各评价因素数值。由此便能得到图形与属性相连并以评价单元为基本单位的信息数据库，为耕地地力评价的后续工作奠定基础。

依据不同种类数据的特点，采用以下几种方法为评价单元获取属性数据。

1. 点位图 对于点位分布图，先进行插值形成栅格图，再与评价单元图叠加后采用加权统计的方法为评价单元赋值。如土壤有机质、有效磷等。

2. 矢量图 对于矢量图，直接与评价单元图叠加，再采用加权统计的方法为评价单元赋值。对于土壤质地、耕层厚度等较稳定的土壤理化性状，可用一个乡镇范围内同一土种的平均值直接赋值。

3. 等值线图 对于等值线图，先采用地面高程模型生成栅格图，再与评价单元图叠加后采用分区统计的方法为评价单元赋值。如无霜期、积温、降水等。

评价构建了由≥10 ℃有效积温、降水量、地貌类型、成土母质、耕层质地、剖面构型、耕层厚度、有效土层厚度、有机质、土壤 pH、有效磷、速效钾、灌溉能力、排涝能力 14 个参评因素组成的评价指标体系。其中≥10 ℃有效积温、降水量、耕层厚度、有效土层厚度、有机质、土壤 pH、有效磷和速效钾的赋值方法为插值后属性提取；地貌类型、成土母质、剖面构型、耕层质地、灌溉能力和排涝能力的赋值方法为以点代面提取属性。

五、评价指标权重确定

本次评价采用了专家打分法与层次分析法相结合的方法确定各参评指标的权重。首先采用专家打分法，由专家对评价指标及其重要性进行赋值。在此基础上，以层次分析法计算各指标权重，其步骤如下。

1. 建立层次结构模型 在深入分析所面临的问题之后，将问题中所包含的因素划分为不同层次，如目标层、准则层、指标层、方案层、措施层等，用框图形式说明层次的递阶结构与因素的从属关系。当某个层次包含的因素较多时（如超过 9 个），可将该层次进一步划分为若干子层次。

根据各省内资深专家研讨的结果，从全国耕地地力评价指标体系框架中选择了 14 个因素作为东北棕壤耕地地力评价的指标，并根据各个要素间的关系构造了层次结构模型如表 17－3 所示。

表 17－3 东北棕壤耕地地力评价指标体系

目标层	准则层	指标层
耕地地力	气候条件	降水量
		≥10 ℃有效积温
	立地条件	成土母质
		地貌类型
	剖面性状	耕层厚度
		有效土层厚度
		剖面构型
	养分状况	有机质
		有效磷
		速效钾
	理化性状	土壤 pH
		耕层质地
	土壤管理	灌溉能力
		排涝能力

2. 构造判断矩阵 判断矩阵元素的值反映了人们对各因素相对重要性或优劣、偏好、强度等的认识，一般采用 1～9 及其倒数的标度方法。当相互比较因素的重要性能够用具有实际意义的比值说明时，判断矩阵相应元素的值则可以取这个比值。请各省资深专家比较同一层次各因素对上一层次的相对重要性，给出数量化的评估。专家们评估的初步结果经合适的数学处理后（包括实际计算的最终结果——组合权重）反馈给各位专家，请专家重新修改或确认。经多轮反复修改或确认最终形成东北

棕壤层次结构模型的判断矩阵，见表 17-4 至表 17-11。

3. 层次单排序及其一致性检验 建立比较矩阵后，就可以求出各个因素的权重值。采取的方法是用和积法计算出各矩阵的最大特征向量根 λ_{max} 及其对应的特征向量 W，并用 $CR=CI/RI$ 进行一致性检验。特征向量 W 就是各个因素的权重值。随机一致性指标 RI 值如表 17-4 所示。

表 17-4 东北棕壤目标层次结构模型判断矩阵

棕壤耕地	土壤管理	理化性状	养分状况	剖面性状	立地条件	气候条件
土壤管理	1.000 0	0.769 2	0.689 7	0.666 7	0.625 0	0.588 2
理化性状	1.300 0	1.000 0	0.769 2	0.689 7	0.625 0	0.625 0
养分状况	1.450 0	1.300 0	1.000 0	0.909 1	0.769 2	0.666 7
剖面性状	1.500 0	1.450 0	1.100 0	1.000 0	0.909 1	0.689 7
立地条件	1.600 0	1.600 0	1.300 0	1.100 0	1.000 0	0.769 2
气候条件	1.700 0	1.600 0	1.500 0	1.450 0	1.300 0	1.000 0

特征向量：[0.123 1，0.135 5，0.144 9，0.188 3，0.191 4，0.216 7]

最大特征根：6.000 0

CI=1.23E−06；RI=1.24；$CR=CI/RI$=0.99E−06<0.1

一致性检验通过，此判断矩阵的权数分配是合理的。

表 17-5 东北棕壤准则层（土壤管理）层次结构模型判断矩阵

土壤管理	排涝能力	灌溉能力
排涝能力	1	0.714 3
灌溉能力	1.4	1

特征向量：[0.416 7，0.583 3]

最大特征根：2.000 1

CI=0；RI=0；$CR=CI/RI$=0<0.1

一致性检验通过，此判断矩阵的权数分配是合理的。

表 17-6 东北棕壤准则层（理化性状）层次结构模型判断矩阵

理化性状	土壤 pH	耕层质地
土壤 pH	1	0.909 1
耕层质地	1.1	1

特征向量：[0.476 2，0.523 8]

最大特征根：2.000 3

CI=0；RI=0；$CR=CI/RI$=0<0.1

一致性检验通过，此判断矩阵的权数分配是合理的。

表 17-7 东北棕壤准则层（养分状况）层次结构模型判断矩阵

养分状况	速效钾	有效磷	有机质
速效钾	1.000 0	0.833 3	0.285 7
有效磷	1.200 0	1.000 0	0.847 5
有机质	3.500 0	1.180 0	1.000 0

特征向量：[0.195 3，0.313 2，0.491 5]

最大特征根：3.000 0

CI=0；RI=0；CR=CI/RI=0.079 399 97<0.1

一致性检验通过，此判断矩阵的权数分配是合理的。

表 17-8 东北棕壤准则层（剖面性状）层次结构模型判断矩阵

剖面性状	剖面构型	耕层厚度	有效土层厚度
剖面构型	1	0.925 9	0.862 1
耕层厚度	1.08	1	0.934 6
有效土层厚度	1.16	1.07	1

特征向量：[0.308 7，0.333 8，0.357 6]

最大特征根：3.000 4

CI=1.23E−06；RI=0.58；CR=CI/RI=2.12E−06<0.1

一致性检验通过，此判断矩阵的权数分配是合理的。

表 17-9 东北棕壤准则层（立地条件）层次结构模型判断矩阵

立地条件	成土母质	地貌类型
成土母质	1	0.909 1
地貌类型	1.1	1

特征向量：[0.467 2，0.523 8]

最大特征根：2.000 3

CI=0；RI=0；CR=CI/RI=0<0.1

一致性检验通过，此判断矩阵的权数分配是合理的。

表 17-10 东北棕壤准则层（气候条件）层次结构模型判断矩阵

气候条件	降水量	≥10 ℃有效积温
降水量	1	0.925 9
≥10 ℃有效积温	1.08	1

特征向量：[0.480 8，0.519 2]

最大特征根：2.000 0

CI=0；RI=0；CR=CI/RI=0<0.1

一致性检验通过，此判断矩阵的权数分配是合理的。

表 17-11 随机一致性指标 *RI* 值

N	1	2	3	4	5	6	7	8	9	10	11
RI	0	0	0.58	0.9	1.12	1.24	1.32	1.41	1.45	1.49	1.51

4. 层次总排序及各因素权重确定 计算同一层次所有因素对于最高层（总目标）相对重要性的排序权重值，称为层次总排序。这一过程是从最高层次到最低层次逐层进行的，最终确定东北棕壤耕地地力评价各参评因素的权重（表 17-12）。

表 17-12 东北棕壤层次总排序

层次 A	土壤管理	理化性状	养分状况	剖面性状	立地条件	气候条件	组合权重
	0.115 8	0.130 8	0.158 7	0.173 5	0.192 8	0.228 4	$\sum C_iA_i$
排涝能力	0.416 7						0.048 3
灌溉能力	0.583 3						0.067 6
土壤 pH		0.476 2					0.062 3
耕层质地		0.523 8					0.068 5
速效钾			0.195 3				0.031 0
有效磷			0.313 2				0.049 7
有机质			0.419 5				0.078 0
剖面构型				0.308 7			0.053 6
耕层厚度				0.333 8			0.057 9
有效土层厚度				0.357 6			0.062 0
成土母质					0.476 2		0.091 8
地貌类型					0.523 8		0.101 0
降水量						0.480 8	0.109 8
≥10 ℃有效积温						0.519 2	0.118 6

5. 层次总排序的一致性检验 层次总排序的一致性检验这一步骤也是从高到低逐层进行的。类似地，当 $CR<0.1$ 时，认为层次总排序结果具有满意的一致性，否则需要重新调整判断矩阵的元素取值。东北棕壤层次总排序的一致性检验：

$$CI=1.23\text{E}-06;\ RI=1.24;\ CR=CI/RI=0.99\text{E}-06<0.1$$

一致性检验通过，此判矩阵的权数分配是合理的。

六、评价指标的处理

获取的评价资料可以分为定量指标和定性指标两大类，其中定量指标包括≥10 ℃有效积温、降水量、有效土层厚度、耕层厚度、有机质、有效磷、速效钾和土壤 pH。而定性指标包括：耕层质地、灌溉能力、排涝能力、剖面构型、地貌类型和成土母质。对这两类指标进行标准化处理后，确定各评价指标隶属度及隶属函数。

（一）评价指标隶属度的确定

评价过程需要在确定各评价因素的隶属度基础上，计算各评价单元分值，从而确定耕地地力等级。在对定性和定量指标进行量化处理后，应用专家打分法，评估各参评因素等级或实测值对耕地地力及作物生长的影响，确定其相应分值对应的隶属度。应用相关的统计分析软件，绘制这两组数值的散点图，并根据散点图进行曲线模拟，寻求参评因素等级或实际值与隶属度的关系方程，从而构建各参评因素隶属函数。各参评因素的专家赋值及隶属度汇总见表 17-13。

表 17-13 参评因素分值、隶属度汇总

≥10 ℃有效积温（℃）	3 928	3 823	3 718	3 613	3 508	3 403	3 298	3 193	3 088	2 983
分值	100	96	90	82	74	65	56	49	44	38
隶属度	1	0.96	0.90	0.82	0.74	0.65	0.56	0.49	0.44	0.38

降水量（mm）	750	700	650	600	550	500	450	400
分值	100	92	80	70	58	50	42	35
隶属度	1	0.92	0.80	0.70	0.58	0.50	0.42	0.35

（续）

耕层厚度（cm）	24.8	23.7	22.6	21.5	20.4	19.3	18.2	17.1
分值	100	95	90	85	80	75	70	65
隶属度	1	0.95	0.90	0.85	0.80	0.75	0.70	0.65
有效土层厚度（cm）	105	95	85	75	65	55	45	35
分值	100	95	90	85	78	70	63	55
隶属度	1	0.95	0.90	0.85	0.78	0.70	0.63	0.55
有机质（g/kg）	40	35	30	25	20	15	10	
分值	100	95	80	65	50	40	30	
隶属度	1	0.95	0.80	0.65	0.50	0.40	0.30	
有效磷（mg/kg）	40	35	30	25	20	15	10	
分值	100	90	80	70	60	50	40	
隶属度	1	0.90	0.80	0.70	0.60	0.50	0.40	
速效钾（mg/kg）	200	175	150	125	100	80	50	30
分值	100	90	80	70	60	55	50	40
隶属度	1	0.9	0.8	0.7	0.6	0.55	0.5	0.4
土壤 pH	9	8.5	8	7.5	7	6.5	6	5.5
分值	70	80	90	95	100	95	90	80
隶属度	0.7	0.8	0.9	0.95	1	0.95	0.9	0.8
耕层质地	壤土	黏壤土	黏土	沙土				
分值	100	80	60	50				
隶属度	1	0.8	0.6	0.5				
灌溉能力	充分满足	基本满足	不满足					
分值	100	80	50					
隶属度	1	0.8	0.5					
排涝能力	充分满足	基本满足	不满足					
分值	100	70	30					
隶属度	1	0.7	0.3					
剖面构型	上松下紧	海绵型	紧实型	夹层型	上紧下松	薄层型	松散型	
分值	100	90	80	70	60	50	40	
隶属度	1	0.9	0.8	0.7	0.6	0.5	0.4	
地貌类型	平原中阶	平原低阶	丘陵下部	丘陵中部	丘陵上部	山地坡中		
分值	100	85	75	70	60	55		
隶属度	1	0.85	0.75	0.7	0.6	0.55		
成土母质	冲积物	黄土母质	残积物	沉积物	河湖冲沉	红土母质		
分值	100	100	80	80	80	50		
隶属度	1	1	0.8	0.8	0.8	0.5		

（二）评价指标隶属函数的确定

模糊数学的概念与方法在农业系统数量化研究中得到广泛的应用，模糊子集、隶属函数和隶属度是模糊数学的 3 个重要概念。应用模糊子集、隶属函数和隶属度的概念，可以将农业系统中大量模糊性的定性概念转化为定量的表示。对不同类型的模糊子集，可以建立不同类型的隶属函数关系。所以，可以用模糊评价法来构建参评指标的隶属函数，然后根据其隶属函数来计算单因素评价评语。各数值型参评因素类型及其隶属函数如表 17 - 14 所示。

表 17-14 数值型评价指标函数类型及其隶属函数

函数类型	项目	隶属函数	c	u_t
戒上型	≥10 ℃有效积温（℃）	$y=1/[1+1.5885616\times10^{-6}\ (u-c)^2]$	3 989.714 1	3 110.55
戒上型	降水量（mm）	$y=1/[1+1.1419246\times10^{-5}\ (u-c)^2]$	797.183 5	386.46
戒上型	耕层厚度（cm）	$y=1/[1+0.0294328\ (u-c)^2]$	25.347 1	14.23
戒上型	有效土层厚度（cm）	$y=1/[1+0.0003598\ (u-c)^2]$	99.786 4	22
戒上型	有机质（g/kg）	$y=1/[1+0.0025495\ (u-c)^2]$	39.696 9	8.65
戒上型	有效磷（mg/kg）	$y=1/[1+0.0017473\ (u-c)^2]$	41.576 6	10
戒上型	速效钾（mg/kg）	$y=1/[1+7.2555712\ (u-c)^2]$	207.809 6	32.14
峰型	pH	$y=1/[1+0.4461835\ (u-c)^2]$	7	$ut_1=4.59$，$ut_2=8.54$

七、东北棕壤耕地地力等级确定

（一）计算东北棕壤耕地地力综合指数（*IFI*）

采用指数和法确定耕地地力的综合指数。

$$IFI = \sum F_i \times C_i$$

式中：IFI——棕壤地力综合指数；

F_i——第 i 个因素评语；

C_i——第 i 个因素的组合权重。

利用耕地管理信息系统，在“专题评价”模块中编辑层次分析模型以及各评价因素的隶属函数模型，然后选择“耕地生产潜力评价”功能进行耕地地力综合指数的计算。

（二）确定最佳的棕壤耕地地力等级数目

在获取各评价单元耕地地力综合指数的基础上，选择累计频率曲线法进行耕地地力等级数目的确定。首先，根据所有评价单元的综合指数，形成耕地地力综合指数分布曲线图；然后，根据曲线斜率的突变点（拐点）确定等级的数目和划分综合指数的临界点；最终，将东北棕壤耕地地力划分为 10 个等级。各等级耕地地力综合指数见表 17-15，耕地地力综合指数分布曲线图见图 17-2。

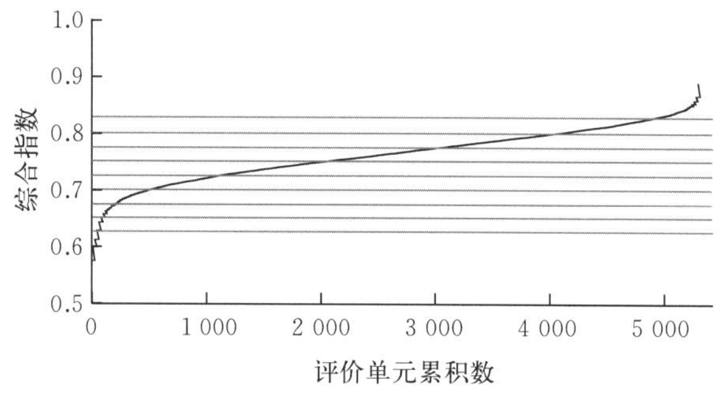

图 17-2 东北棕壤耕地地力等级综合指数分布

表 17-15 东北棕壤耕地地力等级综合指数及分级

IFI	>0.841 9	0.820 4～0.841 9	0.799 0～0.820 4	0.777 5～0.799 0	0.756 0～0.777 5
耕地地力等级	一等	二等	三等	四等	五等
IFI	0.734 5～0.756 0	0.713 1～0.734 5	0.691 6～0.713 1	0.670 1～0.691 6	≤0.670 1
耕地地力等级	六等	七等	八等	九等	十等

八、东北棕壤地力等级图编制

为了提高制图的效率和准确性，采用地理信息系统软件 ArcGIS 进行东北棕壤耕地地力等级图及相关专题图件的汇编处理。其步骤为：扫描并矢量化各类基础图→编辑点、线→点、线校正处理→统一坐标系→区编辑并对其赋属性→根据属性赋颜色→根据属性加注记→图幅整饰→图件输出。在此基础上，利用软件空间分析功能，将评价单元图与其他图件进行叠加，从而生成其他专题图件。

（一）专题图地理要素底图编制

专题图的地理要素内容是专题图的重要组成部分，用于反映专题内容的地理分布，也是图幅叠加处理等的重要依据。地理要素的选择应与专题内容相协调，考虑到图面的负载量和清晰度，应选择评价区域内基本的、主要的地理要素。以东北棕壤最新的土地利用现状图为基础进行制图综合处理，选取的主要地理要素包括居民点、交通道路、水系、境界线等及其相应的注记，进而编辑生成与各专题图件要素相适应的地理要素地图。

（二）棕壤耕地地力等级图编制

以耕地地力评价单元为基础，根据各单元的耕地地力评价等级结果，对相同等级的相邻评价单元进行归并处理，得到耕地地力等级图斑。在此基础上，分 2 个层次进行耕地地力等级的表达：一是颜色表达，即赋予不同耕地地力等级以相应的颜色；二是代号表达，用阿拉伯数字 1、2、3、4、5、6、7、8、9、10 表示不同的耕地地力等级，并在评价图相应的耕地地力图斑上注明。将评价专题图与以上的地理要素底图复合，整饰获得东北棕壤耕地地力等级分布图。

第四节　山东棕壤耕地地力评价方法

山东省是全国重要的棕壤分布区，通过耕地地力评价可以掌握山东省耕地地力状况及分布，摸清影响区域耕地生产的主要障碍因素，提出有针对性的对策与建议，对进一步加强耕地地力建设与管理、保障国家粮食安全和农产品有效供给具有十分重要的意义。

一、数据处理

（一）资料收集处理

获取的评价资料可以分为定量资料和定性资料两大部分。为了采用定量化的评价方法和自动化的评价手段，减少人为因素的影响，需要对其中的定性因素进行定量化处理，根据因素的级别赋予相应的分值或数值。除此之外，对于各类养分等按调查点获取的数据，则需进行插值处理，生成各类养分专题图。

1. 定性因素的量化处理

耕层质地：根据不同质地类型的土壤肥力特征及其与植物生长发育的关系，赋予不同耕层质地类别相应的分值（表 17－16）。

表 17－16　耕层质地的量化处理

耕层质地	中壤	轻壤	重壤	黏土	沙壤	沙土
分值	100	94	92	88	80	50
耕层质地	砾质壤土	砾质沙土	壤质砾石土	砂质砾石土		
分值	55	45	45	40		

地貌类型：根据不同的地貌类型对耕地地力及作物生长的影响，赋予其相应的分值（表17－17）。

表 17－17　地貌类型的量化处理

地貌类型	黄泛平原平地	山前平原平地	黄泛平原微倾斜平地	山丘区微倾斜平地	冲积扇	洪积扇	谷地
分值	100	100	100	100	100	98	97
地貌类型	滨湖低地	缓坡地	浅平洼地	碟状洼地	背河洼地	槽形洼地	古河床洼地
分值	92	89	85	81	81	81	81

（续）

地貌类型	决口扇	黄泛平原 古河漫滩	平台 （阶地、岗地）	斜坡地	山丘区 河漫滩	古河床高地	低丘
分值	78	71	70	65	65	65	65
地貌类型	高丘	滨海低地	低山	海滩	中山		
分值	53	50	40	30	30		

土体构型：根据不同的土体构型对耕地地力及作物生长的影响，赋予其相应的分值（表 17－18）。

表 17－18　土体构型的量化处理

土体构型	蒙金	壤体	黏底	夹黏	蒙淤	黏体	砂底
分值	100	95	92	90	85	85	80
土体构型	夹沙	沙体	夹砾	中层	砾体	薄层	
分值	75	70	60	40	35	25	

灌溉保证率：根据影响山东省耕地地力的灌排能力，分成灌溉能力和排涝能力两个方面，分别依据灌溉能力和排涝能力的大小对灌溉保证率进行量化处理，将灌溉保证率归纳为不同的类型（表 17－19）。

表 17－19　灌溉保证率的量化处理

灌溉保证率	四水区	三水区	二水区	一水区	不能灌溉
分值	100	85	70	55	40

土层厚度：考虑山东省土壤分布中的土层厚度差异，并根据不同土层厚度对耕地地力和农作物生长的影响程度，将土层厚度划分为不同的等级，并进行量化处理（表 17－20）。

表 17－20　土层厚度的量化处理

土层厚度（cm）	>100	60～100	30～60	15～30	<15
分值	100	80	60	40	20

2. 各类养分专题图层的生成　对于土壤有机质、氮、磷、钾、锌、硼、钼等养分数据，首先按照野外实际调查点进行整理，建立以各养分为字段记录调查点养分数据的土壤养分数据库；然后，进行土壤采样样点图与养分数据库的相互连接，在此基础上采用地统计学方法对各养分数据进行空间的插值处理。

对比在 MapGIS 和 ArcView 环境中的插值结果，发现 ArcView 环境中的插值结果线条更为自然圆滑，符合实际。因此，研究中所有养分采样点数据均在 ArcView 环境下操作，利用其空间分析模块功能对各养分数据进行自动插值处理，经编辑处理自动生成各土壤养分专题栅格图层。后续的耕地地力评价也以栅格形式进行，与矢量形式相比，能将各评价要素信息精确到栅格（像元）水平，保证了评价结果的准确性。

（二）基础数据库的建立

1. 基础属性数据库建立　为更好地对数据进行管理和为后续工作提供方便，将采样点基本情况信息、农业生产情况信息、土壤理化性状化验分析数据等信息作为基本数据库，建立属性数据库，形成完整的评价信息数据文件，作为后续耕地地力评价工作的基础。

2. 基础专题图图形库建立　将扫描矢量化及插值等处理生成的各类专题图件，在 ArcView 和 MapGIS 软件的支持下，分别以栅格形式和点、线、区文件的形式进行存储和管理，同时将所有图件统一转换到相同的地理坐标系统下，以进行图件的叠加等空间操作。各专题图图斑属性信息通过键盘交互式输入或通过与属性库挂接读取，构成基本专题图图形数据库。图形库与基础属性库之间通过调查点相互连接。

二、评价单元的划分及评价信息的提取

（一）评价单元的划分

山东省棕壤耕地地力评价单元的划分采用土壤图、土地利用现状图、行政区划图的叠置划分法，相同土壤单元、土地利用现状类型及行政区的地块组成一个评价单元，即“土地利用现状类型-土壤类型-行政区划”的格式。其中，土壤类型划分到土属，土地利用现状类型划分到二级利用类型，行政区划分到县（市、区），制图区界以基于遥感影像的山东省最新土地利用现状图为准。为了保证土地利用现状的现势性，基于野外的实地调查和遥感影像对耕地利用现状进行了修正。同一评价单元内的土壤类型相同，利用方式相同，所属行政区相同，交通、水利、经营管理方式等基本一致，用这种方法划分评价单元可以反映单元之间的空间差异性，既使土地利用类型有了土壤基本性质的均一性，又使土壤类型有了确定的地域边界线，评价结果更具综合性、客观性，可以较容易地将评价结果落到实地。

通过图件的叠置和处理，将山东省棕壤耕地地力划分为 3 124 个评价单元。

（二）评价信息的提取

影响耕地地力的因素非常多，它们在计算机中的存储方式也不尽相同，准确地获取各评价单元评价信息是评价中的重要一环。鉴于此，舍弃直接从键盘输入参评因素值的传统方式，将评价单元与各专题图件叠加采集各参评因素的信息。具体的做法是，按唯一标识原则为评价单元编号，在 ArcView 环境下生成评价信息空间库和属性数据库，在 ArcMap 环境下从图形库中调出各定量化评价因素及已量化的定性因素的专题图，与评价单元图进行叠加并按面积加权平均计算出各因素的均值，保持评价单元几何形状不变，在耕地资源管理信息系统中直接对叠加后形成的图形的属性库进行“属性提取”操作，以评价单元为基本统计单位，汇总评价单元各评价因素的分值。即得到图形与属性相连的以评价单元为基本单位的评价信息，为后续耕地地力的评价奠定了基础。

三、参评因素的选取及其权重的确定

正确地进行参评因素的选取并确定其权重，是科学评价耕地地力的前提，直接关系到评价结果的正确性、科学性和社会可接受性。

（一）参评因素的选取

参评因素是指参与评定耕地地力等级的耕地的属性。影响耕地地力的因素很多，在山东省耕地地力评价中，根据山东省的区域特点遵循主导因素原则、差异性原则、稳定性原则、敏感性原则，采用定量方法与定性方法相结合进行参评因素的选取。

1. 系统聚类方法 系统聚类方法用于筛选影响耕地地力的理化性状等定量指标，通过聚类将类似的指标进行归并，辅助选取相对独立的主导因素。利用 SPSS 统计软件进行了土壤养分等化学性质的系统聚类，聚类结果为土壤养分等化学性质评价指标的选取提供依据。

2. 专家打分法 用专家打分法进行了影响耕地地力的立地条件、物理性质等定性指标的筛选。确定了由土壤农业化学学者、专家及山东省土肥站业务人员组成的专家组，对指标进行分类，在此基础上进行指标的选取，并讨论确定最终的选择方案。

综合以上两种方法，在定量因素中根据各因素对耕地地力影响的稳定性和营养元素的全面性，在聚类分析基础上结合专家组选择结果，最后确定灌溉保证率、地貌类型、耕层质地、土体构型、土层厚度、有机质、大量元素（速效钾、有效磷）8 项因素作为耕地地力评价的参评指标。

（二）权重的确定

在耕地地力评价中，需要根据各参评因素对耕地地力的贡献确定权重。确定权重的方法很多，本评价中采用层次分析法（AHP）来确定各参评因素的权重。

层次分析法（AHP）是在定性方法基础上发展起来的定量确定参评因素权重的一种系统分析方法。这种方法可将人们的经验思维数量化，用以检验决策者判断的一致性，有利于实现定量化评价。AHP 法确定参评因素的步骤如下。

1. 建立层次结构 耕地地力为目标层（G 层），影响耕地地力的立地条件、物理性质、化学性质为准则层（C 层），再把影响准则层中各元素的项目作为指标层（A 层），形成层次结构关系。

2. 构造判断矩阵 根据专家经验，确定 C 层对 G 层以及 A 层对 C 层的相对重要程度，共构成 $\boldsymbol{A}$、$\boldsymbol{C}_1$、$\boldsymbol{C}_2$、$\boldsymbol{C}_3$ 4 个判断矩阵。例如，立地条件、物理性质、化学性质对耕地物理性质的判断矩阵表示为：

$$\boldsymbol{A}=\begin{bmatrix} a_{11} & a_{12} & a_{13} \\ a_{21} & a_{22} & a_{23} \\ a_{31} & a_{32} & a_{33} \end{bmatrix}=\begin{bmatrix} 1.000\,0 & 0.579\,1 & 1.492\,1 \\ 1.726\,9 & 1.000\,0 & 2.5767 \\ 0.670\,2 & 0.388\,1 & 1.000\,0 \end{bmatrix}$$

其中，a_{ij}（i 为矩阵的行号，j 为矩阵的列号）表示对 $\boldsymbol{A}$ 而言，a_i 对 a_j 的相对重要性的数值。

3. 层次单排序及一致性检验 即求取 A 层对 C 层的权数值，可归结为计算判断矩阵的最大特征根对应的特征向量。利用 SPSS 等统计软件，得到的各权数值及一致性检验的结果见表 17－21。

表 17－21 权数值及一致性检验结果

矩阵	特征向量				*CI*	*CR*
矩阵 $\boldsymbol{A}$	0.294 4	0.508 3	0.197 3		0	0<0.1
矩阵 $\boldsymbol{C}_1$	0.625 0	0.375 0			0	0<0.1
矩阵 $\boldsymbol{C}_2$	0.126 7	0.295 4	0.243 7	0.334 2	0	0<0.1
矩阵 $\boldsymbol{C}_3$	0.471 9	0.274 2	0.253 9		0	0<0.1

从表中可以看出，$CR<0.1$，具有很好的一致性。

4. 各因素权重确定 根据层次分析法计算结果，最终确定山东省耕地地力评价各参评因素的权重（表 17－22）。

表 17－22 各因素的权重

灌溉保证率	土层厚度	地貌类型	有机质	耕层质地	有效磷	土体构型	速效钾
0.196 7	0.181 6	0.118 0	0.099 5	0.160 5	0.057 8	0.132 4	0.053 5

四、山东棕壤耕地地力等级的确定

土壤是一个灰色系统，系统内部各要素之间与耕地的生产能力之间关系十分复杂。此外，评价中也存在着许多不严格、模糊性的概念。因此，在评价中引入了模糊数学方法，采用模糊评价方法进行棕壤地力等级的确定。

（一）参评因素隶属函数的建立

用专家打分法根据一组分布均匀的实测值评估出对应的一组隶属度，然后在计算机中绘制这两组数值的散点图，再根据散点图进行曲线模拟，寻求参评因素实际值与隶属度关系方程从而建立起隶属函数。主要参评因素有地貌类型、灌溉保证率、耕层质地、土体构型、土层厚度、有机质、有效磷、速效钾，地貌类型和其他，各参评因素的分级及其相应的专家赋值和隶属度见表 17－23 和表 17－24。

表 17-23　地貌类型的分级、分值及其隶属度

地貌类型	分级	黄泛平原平地	山前平原平地	黄泛平原微倾斜平地	山丘区微倾斜平地	冲积扇	洪积扇	谷地	滨湖低地	缓坡地	浅平洼地	碟状洼地	背河洼地	槽型洼地
	分值	100	100	100	100	100	98	97	92	89	85	81	81	81
	隶属度	1.00	1.00	1.00	1.00	1.00	0.98	0.97	0.92	0.89	0.85	0.81	0.81	0.81
地貌类型	分级	古河床洼地	平台（阶地岗地）	斜坡地	决口扇	黄泛平原古河漫滩	山丘区河漫滩	古河床高地	低丘	高丘	滨海低地	低山	海滩	中山
	分值	81	78	71	70	65	65	65	65	53	50	40	30	30
	隶属度	0.81	0.78	0.71	0.70	0.65	0.65	0.65	0.65	0.53	0.50	0.40	0.30	0.30

表 17-24　其他各参评因素的分级、分值及其隶属度

因素	项目															
灌溉保证率	分级	四水区	三水区	二水区	一水区	不能灌溉										
	分值	100	85	70	55	40										
	隶属度	1.00	0.85	0.70	0.55	0.40										
耕层质地	分级	中壤	轻壤	重壤	黏土	沙壤	沙土	砾质壤土	砾质沙土	壤质砾石土	砂质砾石土					
	分值	100	94	92	88	80	50	55	45	45	40					
	隶属度	1.00	0.94	0.92	0.88	0.80	0.50	0.55	0.45	0.45	0.40					
土体构型	分级	蒙金	壤体	黏底	夹黏	蒙淤	黏体	砂底	夹沙	沙体	夹砾	中层	砾体	薄层		
	分值	100	95	92	90	85	85	80	75	70	60	40	35	25		
	隶属度	1.00	0.95	0.92	0.90	0.85	0.85	0.80	0.75	0.70	0.60	0.40	0.35	0.25		
土层厚度	分级（cm）	>100	60～100	30～60	15～30	<15										
	分值	100	80	60	40	20										
	隶属度	1.00	0.80	0.60	0.40	0.20										
有机质	分级（g/kg）	20	18	16	14	12	10	8	6							
	分值	100	98	95	92	87	77	65	50							
	隶属度	1.00	0.98	0.95	0.92	0.87	0.77	0.65	0.50							
有效磷	分级（mg/kg）	400	350	300	250	200	150	110	80	60	40	30	20	15	10	5
	分值	69	79	85	89	93	97	99	98	96	92	89	84	79	59	38
	隶属度	0.69	0.79	0.85	0.89	0.93	0.97	0.99	0.98	0.96	0.92	0.89	0.84	0.79	0.59	0.38
速效钾	分级（mg/kg）	400	320	240	160	120	100	80	60							
	分值	100	98	95	89	85	78	70	50							
	隶属度	1.00	0.98	0.95	0.89	0.85	0.78	0.70	0.50							

通过模拟共得到直线型、戒上型、戒下型 3 种类型的隶属函数。其中，有效磷属于以上 2 种或 2 种以上的复合型隶属函数，地貌类型、耕层质地等描述性的因素属于直线型隶属函数。然后，根据隶

属函数计算各参评因素的单因素评价评语。以有机质为例绘制的散点分布和模拟曲线如图 17－3 所示。

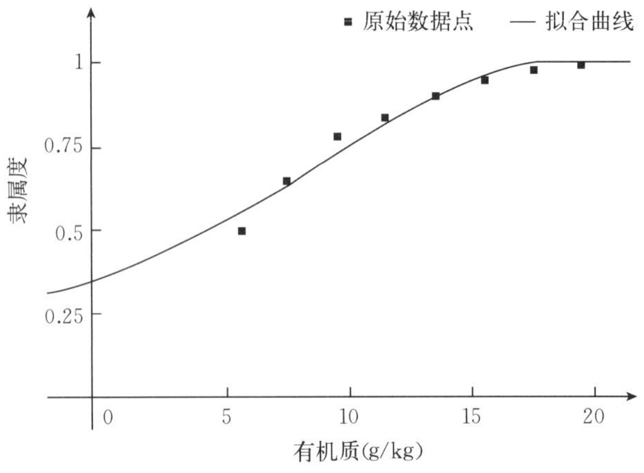

图 17－3　有机质与隶属度关系曲线

其隶属函数为戒上型，形式为：

$$y=\begin{cases} 0 & u\leqslant u_t \\ 1/[1+a\times(u-c)^2] & u_t<u<c \\ 1 & c\leqslant u \end{cases}$$

各参评因素类型及其隶属函数如表 17－25 所示。

表 17－25　参评因素类型及其隶属函数

函数类型	参评因素	隶属函数	a	c	u_t
戒上型	有机质（g/kg）	$y=1/[1+a\times(u-c)^2]$	0.005 877	17.76	0
戒上型	速效钾（mg/kg）	$y=1/[1+a\times(u-c)^2]$	0.000 008	316.35	0
戒上型　<110	有效磷（mg/kg）	$y=1/[1+a\times(u-c)^2]$	0.000 107	79.51	0
戒下型　>110			0.000 006	128.51	500
正直线型	地貌类型（分值）	$y=a\times u$	0.01	100	0
正直线型	土体构型（分值）	$y=a\times u$	0.01	100	0
正直线型	耕层质地（分值）	$y=a\times u$	0.01	100	0
正直线型	灌溉保证率（分值）	$y=a\times u$	0.01	100	0
正直线型	土层厚度（分值）	$y=a\times u$	0.01	100	0

（二）山东棕壤耕地地力等级确定

1. 计算山东棕壤耕地地力综合指数　用指数和法确定耕地地力的综合指数。

$$IFI=\sum F_i\times C_i$$

式中：IFI——耕地地力综合指数；

F_i——第 i 个因素评语；

C_i——第 i 个因素的组合权重。

具体操作过程：在耕地资源管理信息系统中，在“专题评价”模块中编辑立地条件、物理性质和化学性质的层次分析模型以及各评价因素的隶属函数模型，然后选择“耕地生产潜力评价”功能进行耕地地力综合指数的计算。

2. 确定最佳的耕地地力等级数目　计算耕地地力综合指数之后，在耕地资源管理系统中选择累积曲线分级法进行评价，根据曲线斜率的突变点（拐点）确定等级的数目和划分综合指数的临界点，将山东省棕壤耕地地力共划分为10个级，各等级耕地地力综合指数见表17-26，综合指数分布见图17-4。

表17-26 山东省耕地地力等级综合指数

IFI	>0.90	0.82～0.90	0.74～0.82	0.69～0.74	0.64～0.69
耕地地力等级	一级	二级	三级	四级	五级
IFI	0.59～0.64	0.55～0.59	0.51～0.55	0.47～0.51	<0.47
耕地地力等级	六级	七级	八级	九级	十级

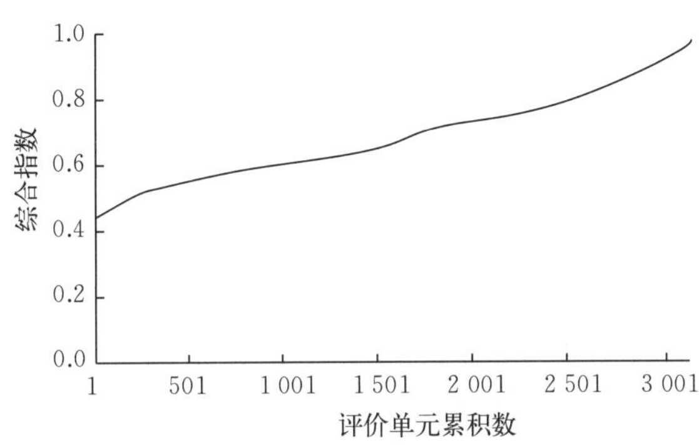

图17-4 山东省棕壤耕地综合指数分布

五、山东棕壤地力等级图编制及面积量算

（一）图件编制

为了提高制图的效率和准确性，在地理信息系统软件MapGIS的支持下，进行山东省棕壤耕地地力评价图及相关图件的自动编绘处理。其步骤大致分以下几步：扫描矢量化各基础图件→编辑点、线→点、线校正处理→统一坐标系→区编辑并对其赋属性→根据属性赋颜色→根据属性加注记→图幅整饰→图件输出。另外，还充分发挥MapGIS强大的空间分析功能，用评价图与其他图件进行叠加，从而生成其他专题图件，如评价图与行政区划图叠加，进而计算各行政区划单位内的耕地地力等级面积等。

1. 地理要素底图的编制 专题地图的地理要素内容是专题图的重要组成部分，用于反映专题内容的地理分布，并作为图幅叠加处理等的分析依据。地理要素的选择应与专题内容相协调。考虑图面的负载量和清晰度，应选择基本的、主要的地理要素。

以山东省最新的土地利用现状图为基础，对此图进行制图综合处理。选取主要的居民点、交通道路、水系、境界线等及其相应的注记，进而编辑生成各专题图地理要素底图。

2. 耕地地力评价图的编制 以耕地地力评价单元为基础，根据各单元的耕地地力评价等级结果，对相同等级的相邻评价单元进行归并处理，得到各耕地地力等级图斑。在此基础上，分两个层次进行图面耕地地力等级的表示：一是颜色表示，即赋予不同耕地地力等级以相应的颜色；二是代号，用罗马数字Ⅰ、Ⅱ、Ⅲ、Ⅳ、Ⅴ、Ⅵ表示不同的耕地地力等级，并在评价图相应的耕地地力图斑上注明。将评价专题图与地理要素图复合，整饰得山东省棕壤耕地地力评价图。

3. 其他专题图的编制 对于有机质、速效钾、有效磷、有效锌等其他专题要素地图，则按照各要素的分级分别赋予相应的颜色，标注相应的代号，生成专题图层。之后，与地理要素图复合，编辑处理生成专题图件，并进行图幅的整饰处理。

（二）面积量算

面积的量算可通过与专题图相对应的属性库的操作直接完成。对耕地地力等级面积的量算，则可在相关数据库管理软件的支持下，对图件属性库进行操作，检索相同等级的面积，然后汇总得到各类耕地地力等级的面积；根据山东省图幅理论面积进行平差，得到准确的面积数值。对于不同行政区划单位内部、不同的耕地利用类型等的耕地地力等级面积的统计，则通过耕地地力评价图与相应的专题图进行叠加分析，由其相应属性库统计获得。

第五节　西北棕壤耕地地力评价方法

西北棕壤耕地地力评价以县域耕地地力评价数据为基础，应用GIS、GPS等现代科学手段，建立了耕地资源基础数据库；综合考虑耕地的立地条件、气候因素、理化性状、养分状况、土壤管理等因素构建评价指标体系；应用层次分析法和专家打分法确定各指标权重和隶属函数，采用综合指数法确定并划分棕壤耕地地力等级。

一、资料收集与整理

西北棕壤耕地地力评价资料主要包括耕地立地条件、气候因素、养分状况、理化性状、土壤管理等因素。通过野外调查、室内化验分析和图件及统计资料收集，获取了表征耕地地力的基础信息，经过严格的数据筛选、审核与处理，保障了数据资料的科学准确。

1. 野外调查资料　野外调查资料主要来源于县域耕地地力调查点位中的调查数据，包括地理位置信息、海拔、所在行政区名称、地貌类型、地形部位、土壤母质、土壤类型、有效土层厚度、土壤质地、耕层厚度、耕地利用现状、灌排条件、施肥状况、气候条件、水文、作物产量及管理措施等。

2. 分析化验资料　从筛选好的耕地地力评价点位资料中获取点位化验数据，主要有土壤有机质、全氮、碱解氮、有效磷、速效钾、缓效钾、pH、土壤含盐量、有效硅、有效锌、有效硼、有效铜、有效铁、有效钼、有效锰以及容重等分析化验资料。

3. 基础及专题图件资料　收集的基础及专题图件资料主要包括各省级1：50万或1：100万比例尺的土壤图、土地利用现状图、地貌图、行政区划图、降水量分布图、≥10 ℃有效积温分布图等。其中，土壤图、土地利用现状图、行政区划图主要用于叠加生成评价单元，地貌图用于提取评价单元地形地貌信息。降水量、有效积温相关图件统一从国家气象单位获取，用于提取评价单元气候信息。

4. 其他资料　收集了以各县行政区划为基本单位的第二次土地调查的国土面积、耕地面积、肥料投入等社会经济指标数据；各地方特色农产品分布、数量等资料；近几年土壤改良试验、肥效试验及示范资料；土壤、植株检测资料；土壤水土保持、生态环境建设、农田基础设施建设等相关资料；耕地地力评价资料，包括技术报告、专题报告等；第二次全国土壤普查基础资料，包括土壤志、土种志、土壤普查专题报告等。最终收集整理的数据资料如下。

（1）样点（调查点）基本信息。包括统一编号、省名称、地市名、县名称、乡镇名、村名称、采样年份、经度、纬度等。

（2）立地条件。包括土类、亚类、土属、土种、成土母质、地形部位、地貌类型等。

（3）剖面性状。包括耕层厚度、有效土层厚度、剖面土体构型等。

（4）气候条件。包括年均降水量、≥0 ℃及≥10 ℃有效积温等。

（5）理化性状。包括耕层质地、土壤pH、含盐量及盐渍化程度等。

（6）土壤养分。包括有机质、全氮、碱解氮、有效磷、速效钾、缓效钾、有效硅、有效锌、有效硼、有效铜、有效铁、有效钼、有效锰等。

（7）土壤管理。包括常年轮作制度、作物产量、灌溉方式、灌溉保证率、林网覆盖度、排水能力、障碍层类型、障碍层深度、障碍层厚度和肥料施用量等。

二、评价指标选取

棕壤耕地地力是耕地各要素相互作用所表现出来的潜在生产能力。地力评价就是根据所在地区的立地条件、剖面性状、气候因素、理化性状、土壤养分及土壤管理等要素相互作用表现出来的综合特征，揭示耕地潜在的生产力高低和适宜性能。

（一）指标选取原则

正确选取评价指标、建立评价指标体系是科学评价耕地地力的前提，直接关系到评价结果的正确性、科学性和社会可接受性。选取的指标之间应该相互补充，上下层次分明。指标选取的主要原则如下。

1. 科学性原则 指标体系能够客观地反映耕地综合质量的本质及其复杂性和系统性。选取的评价指标应与评价尺度、区域特点等有密切的关系。因此，应选取与评价尺度相应、体现区域特点的关键因素参与评价。西北棕壤区既需考虑降水、积温、地貌等大尺度变异因素，又需选择与农作物生产相关的灌溉、土壤物理及化学性质等重要因素，从而保障评价的科学性。

2. 综合性原则 建立的指标体系要反映出各影响因素的主要属性及相互关系。评价因素的选择和评价标准的确定要考虑当地的自然地理特点、社会经济因素及其发展水平，既要反映当前的、局部的和单项的特征，又要反映长远的、全局的和综合的特征。本次评价选取了立地条件、化学性质、物理性质、土壤管理以及气候条件等方面的相关因素，形成了综合性的评价指标体系。

3. 主导性原则 耕地系统是一个非常复杂的系统，要把握其基本特征，选取的因素对耕地地力有较大影响，且有代表性的起主导作用的指标。指标的概念应明确，简单易行。各指标之间含义各异，没有重复。选取的因素应对耕地地力有比较大的影响，如地形因素、理化性状和灌溉保证率等。

4. 可比性原则 由于耕地系统中的各个因素具有很强的时空差异，因而评价指标体系在空间分布上应具有可比性，选取的评价因素在评价区域内的变异较大，数据资料应具有较好的时效性。

5. 可获取性原则 各评价指标数据应具有稳定性及可获得性，易于调查、分析、查找或统计，有利于高效准确地完成整个评价工作。

（二）指标选取方法

根据区域指标选取的原则，针对西北棕壤耕地地力评价要求和特点，确定灌溉保证率、地貌类型、耕层质地、降水量、≥10 ℃有效积温、有机质、有效土层厚度、耕层土壤含盐量、有效磷、海拔、剖面土体构型、林网覆盖度 12 项指标为西北棕壤耕地地力评价的指标。

所选取的 12 项评价指标中，海拔、地貌类型、≥10 ℃有效积温、降水量等为耕地自然因素指标；林网覆盖度和灌溉保证率为反映耕地管理条件的指标；剖面土体构型、有效土层厚度为耕地土壤剖面性状指标；耕层质地、有机质、有效磷、耕层土壤含盐量为反映耕地土壤理化性状指标。

气候要素和地貌类型是影响大区域耕地地力和农作物生产的关键性自然要素。西北区面积大，气候干旱，地貌类型以山地、高原和平原为主，区域内包含了部分丘陵等其他类型，地貌类型较为复杂，不同类型其耕地利用和产量水平有较大差异，会对农作物生长及耕地地力产生重要影响。随着海拔的不同造成了气候、土壤、水热条件的垂直地带性分布，同时也影响了耕地耕种的难易程度，故海拔也作为此次评价的指标之一。

积温、降水是两个重要的气候因素，是西北区作物生产的关键因素，区域内不同的区位其积温与降水条件有明显的差异。因此，本次评价选取了≥10 ℃有效积温和降水量这两个与作物生长关系密切的关键指标。

西北地区冬季严寒而干燥，夏季高温，降水稀少，水分是西北区农作物生产的瓶颈因素之一。所以，灌溉条件是该区作物产量的重要影响因素，耕地灌溉保证率是影响该区耕地地力水平的重要指标之一。

农田防护网可以改善农田生态系统的结构与功能，增强农田生态系统的抗干扰能力。同时，农田防护网还可以改善农牧业生产的微气候及土壤条件，维持农田生态系统的健康，确保农牧业稳产高产，实现农田生态系统的可持续发展。所以，本次评价将林网覆盖度也作为评价耕地地力的指标。

土壤有效土层厚度和剖面土体构型是耕地土壤剖面性状的重要指标。土壤有效土层厚度对作物根系的发育及生长管理有很大影响。因此，选择土壤有效土层厚度指标参与该区耕地地力评价。土壤剖面土体构型是指土体内不同质地土层的排列组合。土体构型的优劣对土壤水、肥、气、热和水盐运移有着重要的制约与调节作用，良好的土体构型是土壤肥力的基础，因此，土体构型也作为本次评价的指标。

耕层土壤理化性状对作物生长起着非常重要的作用，耕层质地是耕地土壤的重要物理性质指标。耕层质地与土壤通气、保肥、保水状况及耕作的难易有密切关系，也是拟定土壤利用、管理和改良措施的重要依据，对耕地地力产生直接影响。土壤的养分状况是耕地土壤肥力水平的重要反映，而土壤有机质是土壤肥力水平的综合反映，是评价耕地肥力状况的首选指标。其次，需考虑影响作物生长的大量营养元素指标，分析养分对作物生产的直接有效性。由于土壤氮素营养与有机质含量具有较高的相关性，并且西北区土壤速效钾含量较高，基本可以满足作物生长的需要。所以，本次评价选择了土壤有效磷作为大量营养元素指标。

此外，由于西北地区蒸发量远远大于降水量，地下水含盐量较高，尤其是新疆、宁夏地下水位较高，土壤盐化较严重。土壤的盐渍化是该区耕地生产力水平的一个重要障碍因素。因此，西北区耕地评价将耕层土壤含盐量作为耕地地力评价指标之一。

三、评价单元确定

（一）评价单元划分原则

评价单元是由对耕地地力具有关键影响的各要素组成的空间实体，是耕地地力评价的最基本单位、对象和基础图斑。同一评价单元内的耕地自然基本条件、个体属性和经济属性基本一致。不同评价单元之间既有差异性，又有可比性。耕地地力评价就是要通过对每个评价单元的评价，确定其地力等级，把评价结果落到实地。因此，评价单元划分的合理与否，直接关系到评价结果的正确性及工作量的大小。进行评价单元划分时，应遵循以下原则。

1. 因素差异性原则 影响耕地地力的因素很多，但各因素的影响程度不尽相同。在某一区域内，有些因素对耕地地力起决定性影响，区域内变异较大；而另一些因素的影响较小，且指标值变化不大。因此，应结合实际情况，选择在区域内分异明显的主导因素作为划分评价单元的基础，如土壤条件、地貌特征等。

2. 相似性原则 评价单元内部的自然因素、社会因素和经济因素应相对均一，单元内同一因素的分值差异应满足相似性统计检验。

3. 边界完整性原则 耕地地力评价单元要保证边界闭合，形成封闭的图斑。同时，对面积过小的零碎图斑应进行适当归并。

（二）评价单元的建立

目前，对耕地评价单元的划分常见有以下几种类型：一是基于单一专题要素类型的划分，如以土壤类型、土地利用类型、地貌类型划分等。该方法相对简便有效，但在多因素均呈较大变异的情况下，其单元的代表性有一定偏差。二是基于行政区划单元的划分。以行政区划单元作为评价单元，便于对评价结果的行政区分析与管理；但对耕地自然属性的差异性反映不足。三是基于地理区位的差异，以方里网、栅格划分。该方法操作简单，但网格或栅格的大小直接影响评价的精度及工作量。四是基于耕地地力关键影响因素的组合叠置方法进行划分。该方法可较好反映耕地自然与社会经济属性的差异，有较好的代表性，但操作相对较为复杂。

考虑评价区域的地域面积、气候因素、土壤属性及农田管理的差异性，西北棕壤耕地地力评价中评价单元的划分采用土壤图、土地利用现状图和行政区划图的组合叠置划分法，相同土壤单元、土地利用现状类型及行政区的地块组成一个评价单元，即“土地利用现状类型-土壤类型-行政区划”的格式。为了保证土地利用现状的现势性，基于野外实地调查，对耕地利用现状进行了修正。同一评价单元内的土壤类型相同，利用方式相同，所属行政区相同，交通、水利、经营管理方式等基本一致。用这种方法划分评价单元，可以反映单元之间的空间差异性，既使土地利用类型有了土壤基本性质的均一性，又使土壤类型有了确定的地域边界线，评价结果更具综合性、客观性，可以较容易地将评价结果落到实地。

通过图件的叠置和处理，西北区耕地地力评价共划分评价单元 628 465 个，并编制形成了评价单元图。

（三）评价单元赋值

影响耕地地力的因素较多，准确地获取各评价单元中的评价信息是评价中的重要一环。鉴于此，评价过程中舍弃了直接从键盘输入参评因素值的传统方式，而采取将评价单元与各专题图件叠加采集各参评因素的方法。具体的做法为：按唯一标识原则为评价单元编号；对各评价因素进行处理，生成评价信息空间数据库和属性数据库，对定性因素进行量化处理，对定量数据插值形成各评价因素专题图；将各评价因素的专题图分别与评价单元图进行叠加；以评价单元为依据，对叠加后形成的图形属性库进行“属性提取”操作，以评价单元为基本统计单位，按面积加权平均汇总各评价单元对应的所有评价因素的分值。

本次评价构建了由地貌类型、海拔、耕层质地、降水量、≥10 ℃有效积温、有效土层厚度、剖面土体构型、耕层土壤含盐量、有机质、有效磷、灌溉保证率和林网覆盖度 12 个参评因素组成的评价指标体系，将各因素赋值给评价单元的具体做法：地貌类型等因素均有各自的专题图，直接将专题图与评价单元图进行叠加获取相关数据；灌溉保证率、剖面土体构型、耕层质地和林网覆盖度等定性因素，采用“以点代面”方法，将点位中的属性联入评价单元图；有机质、有效磷、有效土层厚度和耕层土壤含盐量等定量因素，采用空间插值法将点位数据转为栅格数据，再叠加到评价单元图上；通过西北区的数字高程模型与评价因素叠加提取各评价单元的海拔；降水、有效积温等气候因素是西北区气象数据插值与评价单元叠加将值赋给评价单元。

经过以上步骤，得到以评价单元为基本单位的评价信息库。单元图形与相应的评价属性信息相连，为后续的耕地地力评价奠定了基础。

四、评价指标权重确定

在耕地地力评价中，需要根据各参评因素对耕地地力的贡献确定权重。权重确定的方法很多，有定性方法和定量方法。综合目前常用方法的优缺点，层次分析法（AHP）同时融合了专家定性判读和定量方法特点，是在定性方法基础上发展起来的定量确定参评因素权重的一种系统分析方法。这种方法可将人们的经验思维数量化，用以检验决策者判断的一致性，有利于实现定量化评价，是一种较为科学的权重确定方法。本次评价采用了专家打分法与层次分析法（AHP）相结合的方法确定各参评因素的权重。首先采用专家打分法，由专家对评价指标及其重要性进行赋值。在此基础上，以层次分析法计算各指标权重。层次分析法的主要流程如下。

（一）建立层次结构

首先，以耕地地力作为目标层。其次，按照指标间的相关性、对耕地地力的影响程度及方式，将 12 个指标划分为 5 组作为准则层：第一组气候条件包括≥10 ℃有效积温与降水量，第二组立地条件包括地貌类型和海拔，第三组剖面性状包括剖面土体构型和有效土层厚度，第四组土壤管理包括林网覆盖度和灌溉保证率，第五组土壤理化性状包括有机质、有效磷、耕层质地和耕层土壤含盐量。最后，以准则层中的指标项目作为指标层，形成层次结构关系模型。

（二）构造判断矩阵

根据专家经验，确定准则层（C 层）对目标层（G 层）及指标层（A 层）对准则层（C 层）的相对重要程度，共构成 $\boldsymbol{A}$、$\boldsymbol{C}_1$、$\boldsymbol{C}_2$、$\boldsymbol{C}_3$、$\boldsymbol{C}_4$ 和 $\boldsymbol{C}_5$ 共 6 个判断矩阵，并通过一致性检验（表 17－27 至表 17－32）。

表 17-27　西北地区耕地评价目标层判断矩阵

层次分析模型	土壤管理	理化性状	立地条件	剖面性状	气候条件	特征向量
土壤管理	1.000 0	1.000 0	1.000 0	1.126 8	0.842 1	0.197 0
理化性状	1.000 0	1.000 0	1.000 0	1.126 8	0.842 1	0.197 0
立地条件	1.000 0	1.000 0	1.000 0	1.126 8	0.842 1	0.197 0
剖面性状	0.887 5	0.887 5	0.887 5	1.000 0	0.747 4	0.174 9
气候条件	1.187 5	1.187 5	1.187 5	1.338 0	1.000 0	0.234 0

特征向量：[0.197 0，0.197 0，0.197 0，0.174 9，0.234 0]

CR=0.000 004 8<0.1

一致性检验通过表明，此判断矩阵权重分配合理。

表 17-28　土壤管理准则层判断矩阵

土壤管理	林网覆盖度	灌溉保证率	特征向量
林网覆盖度	1.000 0	0.527 8	0.345 5
灌溉保证率	1.894 7	1.000 0	0.654 5

特征向量：[0.345 5，0.654 5]

CR=0<0.1

一致性检验通过表明，此判断矩阵权重分配合理。

表 17-29　立地条件准则层判断矩阵

立地条件	海拔	地貌类型	特征向量
海拔	1.000 0	0.707 5	0.414 4
地貌类型	1.413 3	1.000 0	0.585 6

特征向量：[0.414 4，0.585 6]

CR=0<0.1

一致性检验通过表明，此判断矩阵权重分配合理。

表 17-30　剖面性状准则层判断矩阵

剖面性状	有效土层厚度	剖面土体构型	特征向量
有效土层厚度	1.000 0	1.253 2	0.556 2
剖面土体构型	0.798 0	1.000 0	0.443 8

特征向量：[0.556 2，0.443 8]

CR=0<0.1

一致性检验通过表明，此判断矩阵权重分配合理。

表 17-31　气候条件准则层判断矩阵

气候条件	≥10 ℃有效积温	降水量	特征向量
≥10 ℃有效积温	1.000 0	0.968 8	0.492 1
降水量	1.032 3	1.000 0	0.507 9

特征向量：[0.492 1，0.507 9]

$CR=0<0.1$

一致性检验通过表明，此判断矩阵权重分配合理。

表 17-32 土壤理化性状准则层判断矩阵

理化性状	耕层土壤含盐量	有机质	有效磷	耕层质地	特征向量
耕层土壤含盐量	1.000 0	0.792 1	1.095 9	1.066 7	0.243 2
有机质	1.262 5	1.000 0	1.383 6	1.346 7	0.307 0
有效磷	0.912 5	0.722 8	1.000 0	0.973 3	0.221 9
耕层质地	0.937 5	0.742 6	1.027 4	1.000 0	0.228 0

特征向量：[0.243 2，0.307 0，0.221 9，0.228 0]

$CR=0.000\ 015<0.1$

一致性检验通过表明，此判断矩阵权重分配合理。

(三) 各因素权重确定

根据层次分析法的计算结果，同时结合专家经验进行适当调整，最终确定了西北区耕地地力评价各参评因素的权重（表 17-33）。

表 17-33 西北区耕地地力评价因素权重

指标	权重	指标	权重	指标	权重	指标	权重
林网覆盖度	0.068 1	有机质	0.060 5	海拔	0.081 6	剖面土体构型	0.077 6
灌溉保证率	0.129 0	有效磷	0.043 7	地貌类型	0.115 4	≥10 ℃有效积温	0.115 1
耕层土壤含盐量	0.047 9	耕层质地	0.044 9	有效土层厚度	0.097 3	降水量	0.118 9

五、评价指标的处理

获取的评价资料可以分为定量和定性两大类指标，对于定性指标隶属度或定量指标隶属函数的确定是评价过程的关键环节。评价过程需要在确定各评价因素的隶属度或隶属函数基础上，计算各评价单元分值，从而确定耕地的地力等级。

(一) 定性指标

为了采用定量化的评价方法和自动化的评价手段，减少人为因素的影响，需要对其中的定性因素进行定量化处理，根据各因素对耕地地力等级状况的影响赋予其相应的分值或数值。评价采用的定性指标主要有地貌类型、耕层质地、林网覆盖度、剖面土体构型等描述性的因素。通过专家打分法直接给出各定性指标的隶属度，见表 17-34。

表 17-34 定性指标专家分值表

耕层质地	沙土	壤土	黏壤土	黏土			
隶属度	0.2	1	0.85	0.5			
灌溉保证率（%）	100	80	60	40	20	0	
隶属度	1.00	0.9	0.60	0.40	0.3	0.3	
林网覆盖度	好	一般	差	无			
隶属度	1	0.7	0.5	0.3			
剖面构型	薄层型	海绵型	夹层型	紧实型	上紧下松型	上松下紧型	松散型
隶属度	0.3	1	0.7	0.8	0.6	0.9	0.4

（续）

地貌类型	极高山	流动沙地	高山	半固定沙地	中山	固定沙地	河漫滩	黄土峁梁	低山
隶属度	0.1	0.2	0.3	0.4	0.5	0.55	0.6	0.6	0.65
地貌类型	低山	高丘陵	黄土坪	低丘陵	高平原	高台地	黄土梁	高阶地	黄土塬
隶属度	0.65	0.7	0.7	0.75	0.8	0.8	0.8	0.85	0.85
地貌类型	低台地	河谷	低阶地	冲积平原	洪积平原	风蚀地	其他平原		
隶属度	0.9	0.9	0.95	1	0.85	0.15	0.8		

（二）定量指标

此次评价定量的指标主要有有机质、有效磷、有效土层厚度、≥10 ℃有效积温、降水量、海拔、耕层土壤含盐量等，均用数值表示其指标状态。应用专家打分法划分各参评因素的实测值，根据各参评因素实测值对耕地地力及作物生长的影响进行评估，确定其相应的分值，为建立各因素隶属函数奠定基础（表 17-35）。

表 17-35 定量指标的赋值处理

有机质（g/kg）	>25	20	18	15	12	10	5		
分值	1	0.9	0.8	0.6	0.4	0.3	0.1		
有效磷（mg/kg）	25	20	18	15	12	10	5		
分值	1.00	0.9	0.8	0.6	0.4	0.3	0.1		
有效土层厚度（cm）	120	100	80	70	60	50	40	30	10
分值	1.00	1.00	0.85	0.8	0.75	0.7	0.5	0.3	0.1
≥10 ℃有效积温（℃）	4 500	4 000	3 500	3 000	2 500	2 000	1 500	1 000	
分值	1.00	0.9	0.8	0.6	0.4	0.3	0.2	0.1	
海拔（m）	2 500	2 000	1 500	1 000	700	500			
分值	0.1	0.3	0.5	0.7	0.9	1			
耕层土壤含盐量（%）	0.1	0.2	0.4	0.6	0.8	1	1.5		
分值	0.85	0.7	0.5	0.35	0.25	0.15	0.1		
降水量（mm）	800	700	600	500	400	300	200	100	50
分值	1.00	0.90	0.8	0.7	0.55	0.4	0.3	0.2	0.1

通过模拟共得到戒上型和戒下型两种类型的隶属函数。其中，对有机质、有效磷、有效土层厚度、降水量与≥10 ℃有效积温等指标构建了戒上型函数；对海拔与耕层土壤含盐量构建了戒下型隶属函数。然后，根据隶属函数计算各参评因素的单因素评价评语。各数值型指标构建的隶属函数图与隶属函数如图 17-5 与表 17-36 所示。

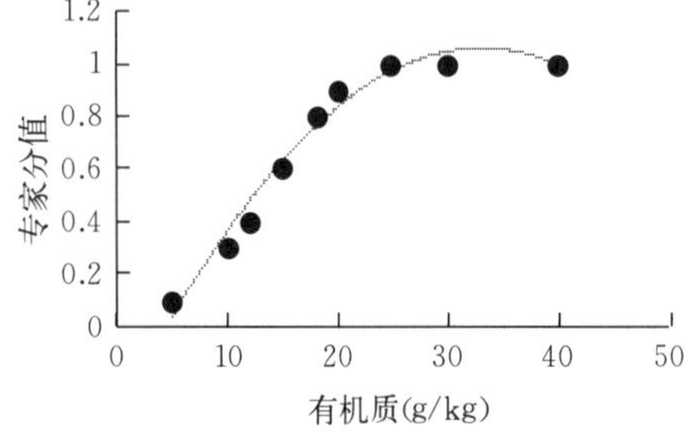

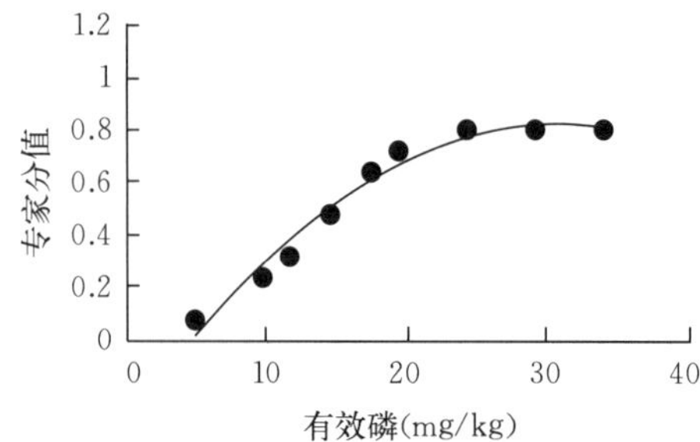

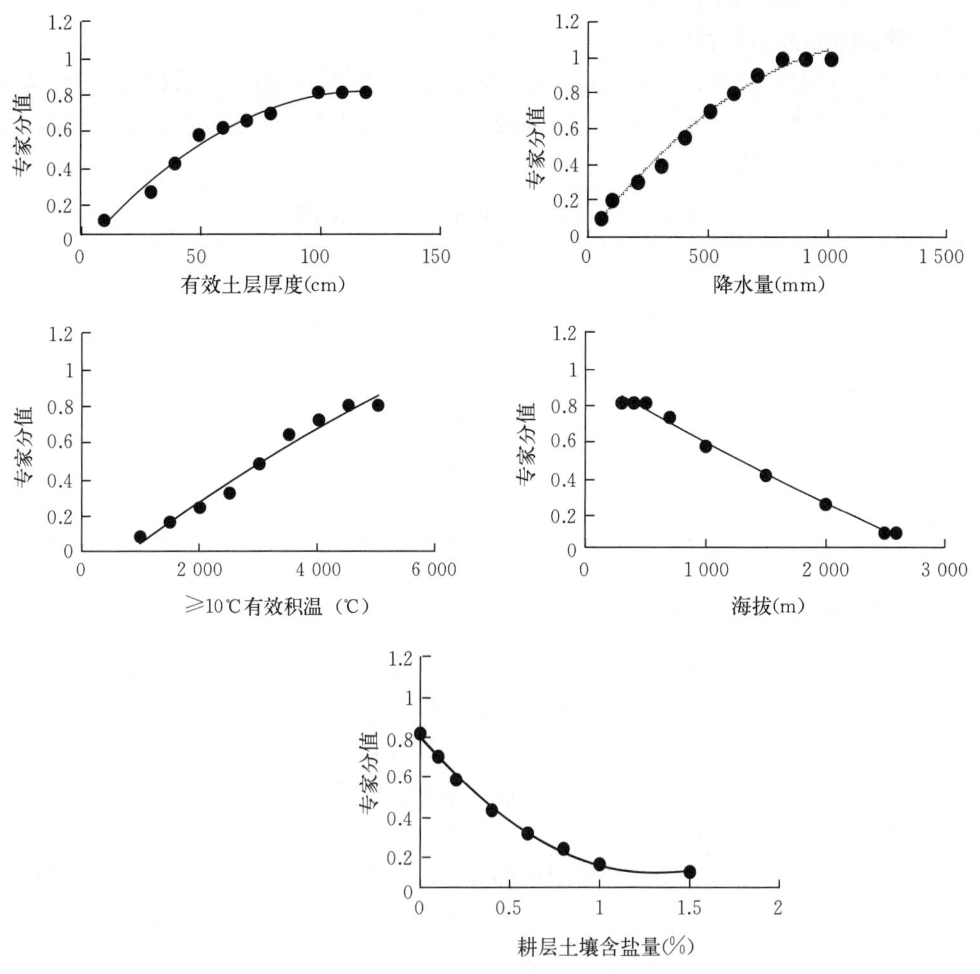

图 17-5　数值型指标隶属函数

表 17-36　参评定量因素类型及其隶属函数

函数类型	参评因素	隶属函数	a	c	u_1	u_2
戒下型	海拔	$y=1/[1+a\times(u-c)^2]$	1.80E−06	983	983	3 104
戒下型	含盐量	$y=1/[1+a\times(u-c)^2]$	3.994 364	−0.10	−0.1	1.39
戒上型	有机质	$y=1/[1+a\times(u-c)^2]$	0.012 795	22.88	0.04	19.89
戒上型	有效磷	$y=1/[1+a\times(u-c)^2]$	0.012 795	22.88	0.40	19.89
戒上型	≥10 ℃有效积温	$y=1/[1+a\times(u-c)^2]$	7.40E−07	3 672	672	3 672
戒上型	降水量	$y=1/[1+a\times(u-c)^2]$	1.33E−05	599	2.45	595
戒上型	有效土层厚度	$y=1/[1+a\times(u-c)^2]$	0.000 288	135	1.2E−3	114

六、西北棕壤耕地地力等级确定

（一）计算西北棕壤耕地地力综合指数

用指数和法确定耕地地力的综合指数。

$$IFI = \sum F_i \times C_i$$

式中：IFI——耕地地力综合指数；

　　F_i——第 i 个因素评语；

C_i——第 i 个因素的组合权重。

（二）确定最佳的耕地地力等级数目

根据所有评价单元的综合指数，形成耕地地力综合指数分布曲线图，然后根据等距方法划分耕地地力等级。将西北区棕壤耕地地力划分为 8 个等级，分别与农业农村部耕地质量的二等地至九等地对应。各等级耕地地力综合指数见表 17－37。

表 17－37　西北区耕地地力等级综合指数

IFI	≥0.715	0.685～0.715	0.655～0.685	0.625～0.655
耕地地力等级	一等地	二等地	三等地	四等地
农业农村部耕地质量等级	二等地	三等地	四等地	五等地
IFI	0.595～0.625	0.565～0.595	0.535～0.565	<0.535
耕地地力等级	五等地	六等地	七等地	八等地
农业农村部耕地质量等级	六等地	七等地	八等地	九等地

七、西北棕壤耕地地力等级图编制

为了提高制图的效率和准确性，采用地理信息系统软件 ArcGIS 进行西北棕壤耕地地力等级图及相关专题图件的编绘处理。其步骤为：数字化各类基础图件→数据编辑及预处理→统一坐标系→赋属性→根据属性赋颜色→根据属性加注记→图幅整饰→图件输出。在此基础上，利用软件空间分析功能，将评价单元图与其他图件进行叠加，从而生成其他专题图件。

（一）专题图地理要素底图的编制

专题图的地理要素内容是专题图的重要组成部分，用于反映专题内容的地理分布，也是图幅叠加处理等的重要依据。地理要素的选择应与专题内容相协调，考虑图面的负载量和清晰度，应选择评价区域内基本的、主要的地理要素。以西北地区最新的土地利用现状图为基础进行制图综合处理，选取的主要地理要素包括居民点、交通道路、水系、境界线等及其相应的注记，进而编辑生成与各专题图件要素相适应的地理要素底图。

（二）耕地地力等级图的编制

以耕地地力评价单元为基础，根据各单元的耕地地力评价等级结果，对相同等级的相邻评价单元进行归并处理，得到各耕地地力等级图斑。在此基础上，分两个层次进行耕地地力等级的表达：一是颜色表达，即赋予不同耕地地力等级以相应的颜色；二是代号表达，用汉字一等地、二等地、三等地、四等地、五等地、六等地、七等地、八等地、九等地及十等地表示不同的耕地地力等级。将评价专题图与以上的地理要素底图复合，整饰获得西北棕壤耕地地力等级分布图。

第六节　西南棕壤耕地地力评价方法

西南棕壤耕地地力即西南棕壤耕地的基础地力，是指由西南棕壤耕地土壤所在的地物形状、地貌条件、母质特征、农田基础设施、供肥水平以及土壤主要理化性状等综合组成的西南棕壤耕地生产力（李贤胜，2009）。西南棕壤耕地地力的质量评价是指对西南棕壤耕地的养分状况和土壤属性等因素的调查研究，同时应用地统计学结合 GIS 技术，构建西南棕壤耕地资源基础数据库和西南棕壤耕地质量管理信息系统，对西南棕壤耕地地力划等定级。

一、评价内容

在 GIS 和计算机技术的支持下，充分利用各类地图、文本资料进行西南棕壤耕地地力评价研究和作物适宜性评价，具体研究内容包括以下几个部分：

首先，利用ArcGIS软件中的空间分析功能分别对全氮（TN）、有机质（SOM）、速效氮（AN）、速效磷（AP）和速效钾（AP）值进行克里金插值，生成土壤各养分分布图，对西南棕壤耕地养分状况进行分析，其次，采用“土地利用现状图+棕壤类型图+行政区划图”三图叠加的模式确定西南棕壤耕地地力评价单元，针对西南棕壤耕地的特点，通过专家打分法选取参评因素，确定了立地条件、土壤性质、土壤管理、土壤肥力4个项目13个因素作为西南棕壤耕地地力的评价因素，再次，提出利用层次分析法对西南棕壤耕地地力指标赋权重，用模糊数学方法及专家打分法进行数据初值化。最后，针对获取的相关评价信息分析其障碍因素并提出建议和措施，为提升西南棕壤耕地质量提供科学参考。

二、评价方法

（一）评价方法建立

首先，收集了各种图件资料并进行数字化处理，生成满足需要的各种底图，并对野外采集的西南棕壤耕地样品进行分析和数据处理。然后，采用地统计学并结合GIS技术，构建不同西南棕壤耕地养分的最优半方差模型，进行普通克里金插值分析，对西南棕壤耕地养分空间特征进行分析。最后，针对西南棕壤耕地资源现状，选取立地条件（坡度、坡向、海拔、地貌类型）、土壤性质（质地、土壤结构、剖面构型）、肥力状况（有机质、速效氮、速效磷、速效钾）、土壤管理（农田基础设施、灌溉能力）4个层次的13个因素，建立西南棕壤耕地生产潜力评价体系，利用层次分析法和模糊评价法对西南棕壤耕地生产潜力进行定量分析。

（二）数据来源

1. 土壤样品采集与测定 按照《耕地地力调查与质量评价技术规程》（NY/T 1634—2008）的要求，遵循全面性、均衡性、客观性和可比性等原则，以20世纪80年代第二次全国土壤普查时期的土壤样点信息为参照，确定研究区采样单元。在每一采样单元的0～20 cm土层上，根据单元形状和大小确定适当的布点方法，长方形地块采用“S”形法，近似正方形地块采用“X”形法或棋盘形布点。将采集的样点土壤充分混匀后，用四分法留取1 kg土样装袋以备分析。测定项目包括土壤有机质、全氮、速效氮、速效磷、速效钾含量等。其中，有机质含量测定采用油浴加热重铬酸钾容量法，全氮含量测定采用半微量凯氏定氮法，速效氮含量测定采用碱解扩散法，速效磷含量测定采用碳酸氢钠浸提-钼锑抗比色法，速效钾含量测定采用乙酸铵浸提-火焰光度法（鲍士旦，2000）。

2. 图件资料 图件资料包括土地利用现状图、土壤图、地形图和行政区划图。

3. 数据处理

（1）地图矢量化。将土地利用现状图、行政区划图和土壤图扫描后导入ArcGIS，采用高斯-克吕格投影，以北京54坐标系为标准进行配准校正。对图件进行矢量化，建立空间数据库和属性数据库，并对数字化过程中的错误进行拓扑检查及校正。以西南棕壤耕地为研究对象，从矢量化后的土地利用现状图中提取研究区西南棕壤耕地。

（2）特异值处理。由于特异值的存在会造成变量连续表面的中断，使得实验半方差函数发生畸变，甚至会掩盖变量固有的空间结构特征，采用域法识别特异值，结合邻近点数据比较法进行异常值的剔除。

（3）半方差函数及其模型选取标准。地统计学理论中半方差函数是其最核心的工具之一，是进行克里格空间插值的基础，用于分析区域化变量的变异特征及结构性状（庞夙等，2009）。利用ArcGIS构建最优半方差函数模型，采用的模型选取标准遵循以下原则：标准误差平均值（ME）最接近0，均方根预测误差（RMS）最小，且与平均标准误差（ASE）最接近，标准均方根预测误差（RMSS）最接近于1（汤国安等，2012）。

（4）正态分布性检验。检验数据的正态分布是使用空间统计学克里格插值方法进行土壤特性空间分析的前提。通过K-S检验发现，镇安县各养分数据集的分布均存在一定偏态效应，分析前需进行数据变换（姚荣江，2006）。土壤有机质、全氮、速效氮、速效磷和速效钾含量数据经过不同指数的幂变换（λ_{SOM}=0.62、λ_{TN}=0.65、λ_{AN}=0.75、λ_{AP}=0.56、λ_{AK}=0.78）后需符合正态分布。

三、评价单元的确定

西南棕壤耕地地力评价单元就是潜在生产能力近似且边界封闭具有一定空间范围的西南棕壤耕地，是对西南棕壤耕地地力质量具有关键影响和专门特征的基本单元，同一评价单元的内部质量均一，不同评价单元之间既有差异性又有可比性。西南棕壤耕地地力评价就是要通过对每个评价单元的评价，确定其地力级别，把评价结果落到实地，并编绘西南棕壤耕地地力等级图。因此，评价单元划分的合理与否直接关系到评价结果的准确性。

西南棕壤耕地地力评价采用土壤图、土地利用现状图、行政区划图叠加形成的图斑作为评价单元。在ArcGIS软件平台上，将土壤图、西南棕壤耕地利用现状图和行政区划图叠加。其中土壤图划分到土种，土地利用现状图划分到二级利用类型，行政区划图划分到村。

1. 评价因素的选择 西南棕壤耕地地力评价的实质是评价地形和土壤理化性状等自然要素对农作物生长限制程度的强弱，评价因素的选择是影响评价结果准确性和科学性的关键步骤（鲁明星，2006）。因此，选取评价因素时遵循以下几个方面的原则：一是选取的评价因素对西南棕壤耕地地力有较大的影响；二是选取的评价因素在评价区域内的变异较大，便于划等定级；三是选取的评价因素在时间序列上具有相对的稳定性，评价结果能够有较长的有效期；四是选取的评价因素与评价区域的大小有密切关系。根据上述原则，通过讨论确定立地条件（坡度、坡向、海拔、地貌类型）、土壤性质（质地、土壤结构、剖面构型）、肥力状况（有机质、速效氮、速效磷、速效钾）、土壤管理（农田基础设施、灌溉能力）4个项目13个因素作为西南棕壤耕地地力的评价因素，建立评价因素体系。

2. 隶属函数模型的确定和拟合 根据模糊数学的基本原理，一个模糊性概念就是一个模糊子集，模糊子集A的取值为自0→1中间的任一数值（包括两端的0与1）。隶属度是元素x符合这个模糊性概念的程度。完全符合时隶属度为1，完全不符合时为0，部分符合即取0与1之间一个中间值。隶属函数$\mu A(x)$是表示元素x_i与隶属度μ_i之间的解析函数，根据隶属函数，对于每个x_i都可以计算出其对应的隶属度μ_i。

（1）隶属函数模型的确定。根据评价因素的类型，选定的表达评价因素与西南棕壤耕地生产关系的函数模型分为戒上型、直线型和概念型3种，其表达式分别为：

$$y_i=\begin{cases}0 & u_i\leqslant u_t\\ 1/[1+a_i\ (u_i-c_i)^2] & u_t<u_i<c_i,\ (i=1,\ 2,\ \cdots,\ n)\\ 1 & c_i\leqslant u_i\end{cases}$$

式中：y_i——第i个因素评语；

u_i——样品观测；

c_i——标准指标；

a_i——系数；

u_t——指标下限值。

① 戒上型函数模型（如有机质、速效氮等）。

② 直线型函数模型（如坡度、海拔）。这类因素的性状是定量的，与西南棕壤耕地的生产能力之间是一种近似线性的关系。

③ 概念型函数模型（如剖面构型、质地等）。这类因素的性状是定性的、综合的，与西南棕壤耕地的生产能力之间是一种非线性的关系。

（2）评估值。根据土壤学研究的原理和经验对各评价因素与西南棕壤耕地地力的隶属度进行评估，给出相应的评估值。通过评估值进行统计，作为拟合函数的原始数据。

（3）隶属函数的拟合。根据给出的评估值与对应评价因素的因素值，分别应用戒上型函数模型和直线型函数模型进行回归拟合，建立回归函数模型，经拟合检验达显著水平者用以进行隶属度的计算。当评价因素为数量型因素时，可以应用模型进行模拟计算；当评价因素为概念型因素时，根据各评价因素与西南棕壤耕地地力的相关性，通过经验直接给出隶属度。

四、评价因素权重的确定

在西南棕壤耕地地力评价中，把评价因素按相互之间的隶属关系排成从高到低的3个层次：A层为西南棕壤耕地地力，B层为相对共性的因素，C层为各单项因素。根据层次结构图，就同一层次对上一层次的相对重要性给出数量化的评估，经统计汇总构成判断矩阵，通过矩阵求得各因素的权重（特征向量）。

在基本评价单元图中，每个图斑都必须有参与西南棕壤耕地地力评价的属性数据，这就需要将所得的评价因素属性值赋给评价单元。GIS支持下的西南棕壤耕地地力评价主要涉及矢量和栅格两种数据结构，不同的数据结构，评价单元属性值的获取方式也不相同。根据不同类型数据的特点，评价单元值的获取方式主要分为以下几种途径。

1. 土壤有机质、速效氮、速效磷和速效钾 均由点位图利用空间插值法，生成栅格图，与评价单元图叠加并运用区域统计的方法，使评价单元获取相应的属性数据。

2. 坡度、海拔 先由地面高程模型生成栅格图，再与评价单元叠加后采用分区统计的方法为评价单元赋值。

3. 地貌类型 由矢量化的地貌类型图与评价单元图叠加，为每个评价单元赋值。

4. 农田基础设施、灌溉能力 农田基础设施、灌溉能力因素的属性数据，利用以点代面的方法将其赋给评价单元。

5. 质地、土壤结构、剖面构型 质地、土壤结构和土体构型因素的属性数据，依据评价单元的土壤类型并结合以点代面的方法将其赋值给评价单元。

五、西南棕壤耕地地力等级确定

用指数和法确定耕地地力综合指数。

$$IFI = \sum F_i \times C_i \quad (i = 1, 2, 3, \cdots, n)$$

式中：IFI——耕地地力指数；

F_i——第 i 个因素的评语；

C_i——第 i 个因素的组合权重。

应用西南棕壤耕地资源管理信息系统中的模块计算，得出西南棕壤耕地地力综合指数。

用样点数与西南棕壤耕地地力综合指数制累积频率曲线图，根据样点分布频率，分别用西南棕壤耕地地力综合指数将西南棕壤耕地分级。用累积曲线的拐点处作为每一等级的起始分值。

第七节　河北棕壤耕地地力评价方法

一、河北省棕壤耕地地力评价指标

（一）选择指标的原则

棕壤耕地地力评价实质是评价地形地貌、土壤理化性状等自然要素对农作物生长限制程度的强弱。选取评价指标时，应遵循以下几个原则：一是选取的因素对耕地地力有较大影响，如地形因素、灌排条件、土壤因素等；二是选取的因素在评价区域内变异较大，便于划分耕地地力等级，如在地形起伏较大的区域，地面坡度对耕地地力有很大影响，必须列入评价项目之中；三是选取的评价因素在时间序列上具有相对的稳定性，如土壤质地、有机质含量等，评价的结果能够有较长的有效期；四是选取评价因素与评价区域的大小有密切关系，当评价区域很大（国家或省级的耕地地力评价），气候因素（降水、无霜期等）就必须作为评价因素。如果以县为基本调查单位，在一个县的范围内气候因素变化较小，在进行县域耕地地力评价时，气候因素不作为参评因素。

（二）河北省棕壤耕地地力评价指标的选取

1. 全国耕地地力调查与质量评价指标体系总集 受气候、地形地貌、成土母质等多种因素的影响，不同地区、不同地貌类型、不同母质发育的土壤，耕地地力差异较大，各项指标对地力贡献的份额在不同地区也有较大的差别，即使在同一个气候区内也难以制定一个统一的地力评价指标体系。我国根据气候以及地貌的特点，用穷举法建立一个全国共用的地力评价指标体系，对每一个指标的名称、释义、量纲、上下限给出准确、统一的定义并制定统一的规范。全国的指标体系中包含了气候、立地条件、剖面性状、耕层土壤理化性状、耕层土壤养分状况、障碍因素、土壤管理 7 大类共 64 项指标。

2. 河北省评价指标 依据全国的指标体系，河北省选定了土层厚度、海拔、成土母质、侵蚀程度、障碍因素、灌溉能力、质地、有机质、速效钾、有效磷 10 个评价指标。

二、确定评价单元

耕地地力评价单元是具有专门特征的耕地单元，在评价系统中适用于制图的区域；在生产上用于实际的农事管理，是耕地地力评价的基础。在确定评价单元时，利用土壤图、行政区划图和土地利用现状图三者叠加产生的图斑作为耕地地力评价的基本单元。这样形成的管理单元空间界线及行政隶属关系明确，有准确的面积，地貌类型与土壤类型一致，利用方式和耕作方法基本相同。这样得出的评价结果不仅可应用于农业布局规划等农业决策，还可以用于指导实际的农事操作，为实施精准农业奠定良好的基础。据此确定了 3 681 个评价单元。

三、评价单元获取数据

耕地管理单元图的每个图斑都必须有参与评价指标的属性数据。根据不同类型数据的特点，可采用以下几种途径为评价单元获取数据。

1. 点位数据 点分布图先插值生成栅格图，再与评价单元图叠加，采用加权统计方法给评价单元赋值或者采用以点代面的方法。

2. 矢量图 矢量图直接与评价单元图叠加，给评价单元赋值。如土壤质地等较稳定的土壤理化性状，每一个评价单元范围内的同一个土种的平均值直接为评价单元赋值。

四、计算单因素评价评语——模糊评价法

（一）基本原理

模糊数学的概念与方法在农业系统数量化研究中得到了广泛的应用。模糊子集、隶属函数和隶属度是模糊数学的 3 个重要概念。一个模糊性概念就是一个模糊子集，模糊子集 A 的取值为自 0→1 中间的任一数值（包括两端的 0 与 1）。隶属度是元素 x 符合这个模糊性概念的程度。完全符合时隶属度为 1，完全不符合时隶属度为 0，部分符合即取 0 与 1 之间的一个中间值。隶属函数 $\mu A(x)$ 是表示元素 x_i 与隶属度 μ_i 之间的解析函数。根据隶属函数，对于每个 x_i 都可以算出其对应的隶属度 μ_i。

（二）建立隶属函数的方法——最小二乘法

应用模糊子集、隶属函数和隶属度的概念，将农业系统中大量模糊性的定性概念进行定量的表示。对不同类型的模糊子集，建立不同类型的隶属函数关系。在耕地地力评价中，根据模糊数学的理论，将选定的评价指标与耕地生产能力的关系分为戒上型函数、戒下型函数、峰型函数、直线型函数和概念型函数 5 种类型的隶属函数。对于前 4 种类型，用专家打分法对一组实测值评估出相应的一组隶属度，并根据这两组数据拟合隶属函数，也可以根据唯一差异性原则，用田间试验的方法获得测试值与耕地生产能力的一组数据，用这组数据直接拟合隶属函数。

1. 戒上型函数模型 如土层厚度、有机质含量等。

$$y_i=\begin{cases}0 & u_i\leqslant u_t\\ 1/[1+a_i\ (u_i-c_i)^2] & u_t<u_i<c_i,\ (i=1,\ 2,\ \cdots,\ n)\\ 1 & c_i\leqslant u_i\end{cases}$$

式中，y_i 为第 i 个因素评语；u_i 为样品观测；c_i 为标准指标；a_i 为系数，u_t 为指标下限值。

2. 戒下型函数模型 如坡度、土壤容重等。

$$y_i=\begin{cases}0 & u_t\leqslant u_i\\ 1/[1+a_i\ (u_i-c_i)^2] & c_i<u_i<u_t,\ (i=1,\ 2,\ \cdots,\ n)\\ 1 & u_i\leqslant c_i\end{cases}$$

式中，u_t 为指标上限值。

3. 峰型函数模型（pH）

$$y_i=\begin{cases}0 & u_i>u_1\text{或}\ u_i<u_2\\ 1/[1+a_i\ (u_i-c_i)^2] & u_1<u_i<u_2\\ 1 & u_i=c_i\ (i=1,\ 2,\ \cdots,\ n)\end{cases}$$

式中，u_1、u_2分别为指标上、下限值。

4. 直线型函数模型

以土壤含水量随时间变化示意图（图 17-6）为例，$y=at+b$，其中 a 和 b 为待求常数，t 为时间，y 为土壤含水量。

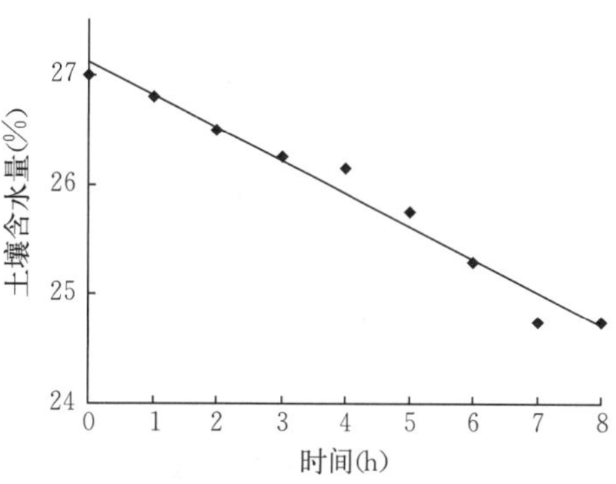

图 17-6 函数关系示意

5. 概念型函数模型 概念型指标的性状是定性的、综合性的，与耕地生产能力之间是一种非线性的关系，如地貌类型、土体剖面构型、土壤质地等。这类要素的评价可采用专家打分法直接给出隶属度。

（三）河北省棕壤耕地地力评价指标评分体系

通过专家经验法评估、隶属函数拟合以及充分考虑河北省的实际情况，对定量指标进行数据标准化，对定性指标赋值进行数值化描述，赋予不同指标以相应的权重和分值，得到河北省棕壤耕地地力评价指标的隶属函数模型。其中，有机质含量、有效磷含量、速效钾含量、土层厚度的函数模型为戒上型，海拔、质地、成土母质、灌溉能力、侵蚀程度、障碍因素的函数模型为概念型，各指标的函数模型和评估值见表 17-38、表 17-39。

表 17-38 河北省棕壤耕地地力评价要素类型及其隶属函数模型

指标类型	函数类型	函数公式	c_i	u_t
有机质	戒上型	$y=1/[1+0.004\,006\ (u-c)^2]$	31	<5
速效钾	戒上型	$y=1/[1+0.000\,080\ (u-c)^2]$	219	<50
有效磷	戒上型	$y=1/[1+0.002\,662\ (u-c)^2]$	32	<1.5
土层厚度	戒上型	$y=1/[1+0.002\,492\ (u-c)^2]$	42	<8

注：海拔、质地、成土母质、灌溉能力、侵蚀程度、障碍因素的函数模型均为概念型。

表 17-39 河北省棕壤耕地地力评价指标评分体系

指标			等级及评估值					
剖面性状	土层厚度	等级	>40	35～40	30～35	25～30	20～25	<20
		评估值	1	0.9	0.8	0.7	0.5	0.4

（续）

指标			等级及评估值						
立地条件	成土母质	等级	黄土母质	冲积物	洪积物	坡积物	残积物		
		评估值	1	0.9	0.8	0.6	0.5		
	海拔	等级	＜800	800～950	950～1 100	1 100～1 250	1 250～1 400	1 400～1 550	＞1 550
		评估值	1	0.9	0.8	0.7	0.6	0.5	0.4
耕层理化性状	质地	等级	轻壤土	中壤土	重壤土	砂质壤土	黏土	沙土	
		评估值	1	0.9	0.8	0.7	0.6	0.5	
	有机质	等级	＞29	25～29	21～25	17～21	13～17	9～13	＜9
		评估值	1	0.9	0.8	0.6	0.5	0.4	0.3
土壤养分状况	速效钾	等级	＞210	180～210	150～180	120～150	100～120	80～100	＜80
		评估值	1	0.9	0.8	0.7	0.6	0.4	0.3
	有效磷	等级	＞30	25～30	20～25	15～20	10～15	6～10	＜6
		评估值	1	0.9	0.8	0.7	0.5	0.4	0.3
土壤管理	灌溉能力	等级	保灌	能灌	可灌	无灌			
		评估值	1	0.8	0.5	0.3			
障碍因素	侵蚀程度	等级	无明显侵蚀	轻度侵蚀	中度侵蚀	重度侵蚀	剧烈侵蚀		
		评估值	1	0.8	0.6	0.4	0.3		
	障碍因素	等级	无明显障碍	灌溉改良型	坡地梯改型	瘠薄培肥型	障碍层次型	沙化耕地型	盐碱耕地型
		评估值	1	0.9	0.8	0.7	0.5	0.4	0.3

五、计算单因素的权重——层次分析法

层次分析法的基本原理是把复杂问题中的各个因素按照相互之间的隶属关系排成从高到低的若干层次，根据对一定客观现实的判断，就同一层次相对重要性相互比较的结果，决定层次各元素重要性先后次序。这一方法在耕地地力评价中主要用来确定参评因素的权重。

1. 确定指标体系及构造层次结构 河北省选择 10 个要素作为耕地地力评价的指标，并根据各个要素间的关系构造了层次结构。

2. 农业科学家的数量化评估 请专家进行同一层次各因素对上一层次的相对重要性比较，给出数量化的评估。专家们评估的初步结果经过合适的数学处理后（包括实际计算的最终结果——组合权重）再反馈给各位专家，请专家重新修改或确认。经多轮反复形成最终的判断矩阵。

3. 判别矩阵计算 判断矩阵因素的值是反映人们对各指标相对重要性的认识，一般采用 1～9 及其倒数的标度方法。当指标之间相互比较时，其重要性能够用具有实际意义的比值说明时，判断矩阵中相对应因素的值则可以取这个比值，如表 17－40 至表 17－45 所示。

表 17－40 棕壤区目标层次结构模型判断矩阵

耕地生产潜力	土壤管理	立地条件与剖面性状	障碍因素	理化性状	养分状况
土壤管理	1.000 0	1.250 0	1.666 7	3.333 3	6.666 7
立地条件与剖面性状	0.800	1.000 0	1.176 5	1.666 7	2.500 0
障碍因素	0.600 0	0.850 0	1.000 0	1.111 1	2.000 0
理化性状	0.300	0.600 0	0.900 0	1.000 0	3.333 3
养分状况	0.150 0	0.400 0	0.500 0	0.300 0	1.000 0

特征向量：[0.370 7，0.227 0，0.177 5，0.154 6，0.070 1]

最大特征根：5.12

CI=3.034 259 E−02；RI=1.12；$CR=CI/RI$=0.02 709 160<0.1

一致性检验通过，此判断矩阵的权数分配是合理的。

表 17-41　棕壤区准则层（土壤管理）层次结构模型判断矩阵

土壤管理	灌溉能力	土层厚度
灌溉能力	1.000 0	2.000 0
土层厚度	0.500 0	1.000 0

特征向量：[0.666 7，0.333 3]

最大特征根：2.000 0

CI=0；RI=0；$CR=CI/RI$=0.000 0<0.1

一致性检验通过，此判断矩阵的权数分配是合理的。

表 17-42　棕壤区准则层（立地条件与剖面性状）层次结构模型判断矩阵

立地条件与剖面性状	海拔	成土母质
海拔	1.000 0	2.000 0
成土母质	0.500 0	1.000 0

特征向量：[0.512 8，0.487 2]

最大特征根：2.000 0

CI=−1.500 011 9E−05；RI=0；$CR=CI/RI$=0.000 000 00<0.1

一致性检验通过，此判断矩阵的权数分配是合理的。

表 17-43　棕壤区准则层（障碍因素）层次结构模型判断矩阵

障碍因素	障碍因素	侵蚀程度
障碍因素	1.000 0	1.250 0
侵蚀程度	0.800 0	1.000 0

特征向量：[0.666 7，0.333 3]

最大特征根：2.000 0

CI=0；RI=0；$CR=CI/RI$=0.000 000 00<0.1

特征向量：[0.555 6，0.444 4]

最大特征根：2.000 0

CI=0；RI=0；$CR=CI/RI$=0.000 000 00<0.1

一致性检验通过，此判断矩阵的权数分配是合理的。

表 17-44　棕壤区准则层（耕层理化性状）层次结构模型判断矩阵

耕层理化性状	质地	有机质
质地	1.000 0	2.000 0
有机质	0.500 0	1.000 0

特征向量：[0.666 7，0.333 3]

最大特征根：2.000 0

CI=0；RI=0；$CR=CI/RI$=0.000 000 00 < 0.1

一致性检验通过，此判断矩阵的权数分配是合理的。

表 17－45　棕壤区准则层（土壤养分状况）层次结构模型判断矩阵

土壤养分状况	速效钾	有效磷
速效钾	1.000 0	1.176 5
有效磷	0.850 0	1.000 0

特征向量：[0.540 5，0.459 5]

最大特征根：2.000 0

CI=1.249 992 E−05；RI=0；$CR=CI/RI$=0.000 000 00<0.1

一致性检验通过，此判断矩阵的权数分配是合理的。

4. 层次单排序及其一致性检验　建立各比较矩阵后，可以求出各个因素的权重值。采取的方法是用和积法计算出各矩阵中的最大特征向量根 λ_{max} 及其对应的特征向量 W，并用 $CR=CI/RI$ 进行一致性检验。那么，特征向量 W 就是各个因素的权重值。随机一致性指标 RI 值如表 17－46 所示。

表 17－46　随机一致性指标 *RI* 值

N	1	2	3	4	5	6	7	8	9	10	11
RI	0	0	0.58	0.9	1.12	1.24	1.32	1.41	1.45	1.49	1.51

层次总排序是指计算同一层次所有因素对于最高层（总目标）相对重要性的排序权重值。这一过程是最高层次到最低层次逐层进行的（表 17－47）。

表 17－47　棕壤区评价因素组合权重总排序

层次 A	土壤管理	立地条件与剖面性状	障碍因素	理化性状	养分状况	组合权重
	0.370 7	0.227 0	0.177 5	0.154 6	0.070 1	$\sum C_iA_i$
排涝能力	0.666 7					0.247 1
土层厚度	0.333 3					0.123 6
海拔		0.512 8				0.116 4
成土母质		0.487 2				0.110 6
障碍因素			0.555 6			0.098 6
侵蚀程度			0.444 4			0.078 9
质地				0.666 7		0.103 1
有机质				0.333 3		0.051 5
速效钾					0.540 5	0.037 9
有效磷					0.459 5	0.032 2

六、计算河北棕壤耕地生产性能综合指数

1. 加法模型

$$IFI=\sum F_i\times C_i \qquad (i=1,2,3,\cdots,n)$$

式中：IFI——耕地地力指数；

F_i——第 i 个因素评语；

C_i——第 i 个因素的组合权重。

2. 乘法模型

$$IFI = M_1 \times M_2 \times M_3 \cdots M_n$$

式中，$M_1 = F_1 \times C_1$，…，$M_n = F_n \times C_n$。

河北省采用各因素的生产性能指数累加得到每个评价单元的综合地力指数。

七、确定耕地地力综合指数分级方案

根据综合地力指数分布的累计频率曲线法或等距法，确定分级方案，并划分地力等级。

（一）等距法

等距法划分耕地地力等级标准见表 17－48。

表 17－48 耕地地力等级划分

级别	IFI	级别	IFI
一级地	>0.90	六级地	0.41～0.50
二级地	0.81～0.90	七级地	0.31～0.40
三级地	0.71～0.80	八级地	0.21～0.30
四级地	0.61～0.70	九级地	0.11～0.20
五级地	0.51～0.60	十级地	<0.10

（二）累积频率曲线法

用样点数与耕地地力综合指数制作累积频率曲线法，根据样点分布的频率，分别用耕地地力综合指数<0.530 0、0.530 0～0.602 5、0.602 5～0.675 0、0.675 0～0.747 5、0.747 5～0.820 0、>0.820 0将耕地分等定级，共分为 6 个等级。

八、评价结果检验

耕地地力评价设计相互关联的许多自然要素和部分人为因素有些是定量的，有些是概念性的，在评价时，将概念性的因素通过专家技术人员的经验转化为定量的描述。河北省除委托河北农业大学进行地力评价中数据分析部分外，多次组织省市地力评价技术专家组、技术服务组成员和各乡镇多年从事农业技术推广工作的技术员召开论证会，直到大多数专家对评价结果满意为止。

九、评价结果归入全国地力等级体系

依据《全国耕地类型区、耕地地力等级划分》（NY/T 309—1996），归纳整理各级耕地地力要素主要指标，结合专家经验，将各地耕地地力归入全国耕地地力等级系统。

第十八章 棕壤耕地地力评价结果分析 >>>

按照评价过程对不同地区棕壤地力情况进行评价，通过综合分析，划分棕壤耕地地力等级，并分析各地区棕壤耕地不同等级特点。

第一节　东北棕壤耕地各等级特点

一、东北棕壤耕地地力空间分布分析

东北棕壤大体处于温带季风气候，是全国热量资源较少的地区，有效积温 3 100.6～4 035.5 ℃，并由南向北逐渐递减；夏季气温高，冬季漫长而严寒，春、秋季时间短；年降水量为 385～1 100 mm，年均降水量为 688.1 mm。

（一）棕壤耕地地力等级分布

东北棕壤耕地地力评价区域总耕地面积 255.16 万 hm^2。其中，一等地 3.48 万 hm^2，占 1.36%；二等地 19.78 万 hm^2，占 7.75%；三等地 29.40 万 hm^2，占 11.52%；四等地 40.80 万 hm^2，占 15.99%；五等地 45.93 万 hm^2，占 18.00%；六等地 44.94 万 hm^2，占 17.62%；七等地 38.40 万 hm^2，占 15.05%；八等地 20.54 万 hm^2，占 8.05%；九等地 7.08 万 hm^2，占 2.77%；十等地 4.81 万 hm^2，占 1.89%。具体见表 18－1（全国农业技术推广服务中心，2017）。

表 18－1　东北棕壤各耕地质量等级面积与比例

项目	一等地	二等地	三等地	四等地	五等地	六等地	七等地	八等地	九等地	十等地	总计
面积（万 hm^2）	3.48	19.78	29.40	40.80	45.93	44.94	38.40	20.54	7.08	4.81	255.16
比例（%）	1.36	7.75	11.52	15.99	18.00	17.62	15.05	8.05	2.77	1.89	100

（二）棕壤耕地地力等级的行政区域分布

一、二、三级高等地力棕壤耕地所占比例较高的市为辽宁省的大连市、鞍山市、丹东市、抚顺市、葫芦岛市；四、五、六级中等地力棕壤耕地所占比例较高的市主要为辽宁省的铁岭市、大连市、沈阳市、葫芦岛市、丹东市；七、八、九、十级低等地力棕壤耕地所占比例较高的市有辽宁省的铁岭市、阜新市、锦州市和内蒙古自治区的赤峰市，见表 18－2。

表 18－2　东北棕壤耕地地力等级行政区域分布

等级	鞍山市			本溪市			朝阳市		
	面积（万 hm^2）	占该市（%）	占各等地（%）	面积（万 hm^2）	占该市（%）	占各等地（%）	面积（万 hm^2）	占该市（%）	占各等地（%）
一等地	0.8	5.8	22.99	0.17	2.12	4.89	0	0	0
二等地	3.66	26.52	18.5	0.45	5.61	2.27	0	0	0

（续）

等级	鞍山市			本溪市			朝阳市		
	面积（万 hm²）	占该市（%）	占各等地（%）	面积（万 hm²）	占该市（%）	占各等地（%）	面积（万 hm²）	占该市（%）	占各等地（%）
三等地	2.67	19.35	9.08	0.93	11.6	3.16	0.08	1.9	0.27
四等地	4.08	29.57	10	2.13	26.56	5.23	0.27	6.42	0.66
五等地	1.82	13.19	3.96	1.17	14.59	2.55	0.71	16.86	1.55
六等地	0.68	4.92	1.51	1.32	16.46	2.94	0.8	19	1.78
七等地	0.09	0.65	0.23	1.55	19.33	4.04	1.26	29.93	3.28
八等地	0	0	0	0.3	3.73	1.46	0.56	13.3	2.73
九等地	0	0	0	0	0	0	0.45	10.69	6.36
十等地	0	0	0	0	0	0	0.08	1.9	1.66
总计	13.8	100		8.02	100		4.21	100	

等级	大连市			丹东市			抚顺市		
	面积（万 hm²）	占该市（%）	占各等地（%）	面积（万 hm²）	占该市（%）	占各等地（%）	面积（万 hm²）	占该市（%）	占各等地（%）
一等地	0.22	0.49	6.32	0.37	1.58	10.63	1.01	7.78	29.02
二等地	7.93	17.73	40.08	1.74	7.45	8.8	2	15.4	10.11
三等地	6.99	15.63	23.78	4.46	19.1	15.16	2.8	21.56	9.52
四等地	4.95	11.07	12.13	4.16	17.82	10.2	2.4	18.48	5.88
五等地	8.8	19.67	19.16	5.92	25.35	12.89	2.91	22.4	6.33
六等地	7.75	17.33	17.25	4.55	19.49	10.12	1.45	11.16	3.24
七等地	6.51	14.55	16.95	1.62	6.94	4.23	0.14	1.07	0.36
八等地	1.38	3.09	6.73	0.39	1.67	1.9	0.28	2.15	1.36
九等地	0.04	0.09	0.56	0.12	0.51	1.69	0	0	0
十等地	0.16	0.35	3.33	0.02	0.09	0.42	0	0	0
总计	44.73	100		23.35	100		12.99	100	

等级	阜新市			葫芦岛市			锦州市		
	面积（万 hm²）	占该市（%）	占各等地（%）	面积（万 hm²）	占该市（%）	占各等地（%）	面积（万 hm²）	占该市（%）	占各等地（%）
一等地	0	0	0	0.09	0.37	2.59	0.41	2.07	11.78
二等地	0	0	0	1.57	6.45	7.94	0.73	3.69	3.69
三等地	0.36	4.46	1.22	2.75	11.29	9.35	1.32	6.68	4.49
四等地	0.93	11.52	2.28	4.2	17.25	10.29	2.11	10.67	5.17
五等地	0.17	2.11	0.37	5.84	23.98	12.72	3.78	19.12	8.23
六等地	0.38	4.71	0.85	4.63	19.01	10.3	3.61	18.25	8.03
七等地	0.65	8.05	1.69	3.9	16.02	10.16	4.2	21.23	10.94
八等地	3.48	43.12	16.94	1.04	4.27	5.06	3.13	15.82	15.24
九等地	1.42	17.6	20.06	0.33	1.36	4.66	0.43	2.17	6.07
十等地	0.68	8.43	14.14	0	0	0	0.06	0.3	1.25
总计	8.07	100		24.35	100		19.78	100	

（续）

等级	辽阳市			沈阳市			铁岭市		
	面积（万 hm²）	占该市（%）	占各等地（%）	面积（万 hm²）	占该市（%）	占各等地（%）	面积（万 hm²）	占该市（%）	占各等地（%）
一等地	0.21	2.9	6.03	0.13	0.6	3.74	0.07	0.16	2.01
二等地	0.47	6.49	2.38	0.64	2.97	3.24	0.47	1.07	2.38
三等地	1.31	18.09	4.46	1.67	7.74	5.68	2.38	5.42	8.1
四等地	1.34	18.51	3.28	6.47	30	15.86	5.87	13.36	14.39
五等地	2.99	41.3	6.51	6.39	29.62	13.91	4.05	9.22	8.82
六等地	0.52	7.18	1.16	4.37	20.26	9.72	12.27	27.92	27.3
七等地	0.21	2.9	0.55	1.49	6.91	3.88	11.49	26.14	29.92
八等地	0.17	2.35	0.83	0.39	1.81	1.9	5.41	12.31	26.34
九等地	0.02	0.28	0.28	0.02	0.09	0.28	1.53	3.48	21.61
十等地	0	0	0	0	0	0	0.41	0.92	8.52
总计	7.24	100		21.57	100		43.95	100	

等级	营口市			赤峰市			通辽市		
	面积（万 hm²）	占该市（%）	占各等地（%）	面积（万 hm²）	占该市（%）	占各等地（%）	面积（万 hm²）	占该市（%）	占各等地（%）
一等地	0	0	0	0	0	0	0	0	0
二等地	0.09	1.25	0.46	0	0	0	0	0	0
三等地	1.66	23.06	5.65	0	0	0	0	0	0
四等地	1.84	25.56	4.51	0.05	0.49	0.12	0	0	0
五等地	1.04	14.44	2.26	0.21	2.08	0.46	0	0	0
六等地	0.77	10.69	1.71	0.91	8.98	2.02	0.04	22.04	0.09
七等地	1.38	19.17	3.59	1.81	17.87	4.71	0	0.83	0
八等地	0.2	2.78	0.97	3.01	29.71	14.65	0	0	0
九等地	0.22	3.05	3.11	2.14	21.13	30.23	0	0	0
十等地	0	0	0	2	19.74	41.58	0.14	77.13	2.91
总计	7.2	100		10.13	100		0.18	100	

等级	辽源市			四平市			通化市		
	面积（万 hm²）	占该市（%）	占各等地（%）	面积（万 hm²）	占该市（%）	占各等地（%）	面积（万 hm²）	占该市（%）	占各等地（%）
一等地	0	0	0	0	0	0	0	0	0
二等地	0	0	0	0.03	0.84	0.15	0	0	0
三等地	0	0.46	0.01	0	0	0	0.02	1.75	0.07
四等地	0	0.01	0	0	0	0	0	0.04	0
五等地	0.01	1.14	0.02	0.02	0.56	0.04	0.1	8.77	0.22
六等地	0.23	26.32	0.51	0.43	12.01	0.96	0.23	20.17	0.51
七等地	0.08	9.15	0.21	1.91	53.35	4.97	0.11	9.65	0.29
八等地	0.36	41.19	1.75	0.2	5.59	0.97	0.24	21.05	1.17
九等地	0.06	6.86	0.85	0.01	0.28	0.14	0.29	25.42	4.1
十等地	0.13	14.87	2.7	0.98	27.37	20.37	0.15	13.15	3.12
总计	0.87	100		3.58	100		1.14	100	

二、东北棕壤耕地地力等级及养分特点

(一) 一等地

一等地，综合评价指数>0.841 9，耕地面积 3.48 万 hm^2，占棕壤总耕地面积的 1.36%。主要分布于辽宁省抚顺市、鞍山市、锦州市。其中，潮棕壤 2.32 万 hm^2，占一等地面积的 66.67%；典型棕壤 1.12 万 hm^2，占一等地面积的 32.18%；棕壤性土 0.04 万 hm^2，占一等地面积的 1.15%。一等地土壤耕层质地主要为黏壤土和壤土；剖面构型主要为上松下紧和海绵型，兼有零星夹层型和上紧下松型；地形部位以丘陵中下部和平原低阶为主；耕层厚度 21.1～37.7 cm，平均值为 27.3 cm；有效土层厚度 86.4～140.2 cm，平均值为 109.3 cm。灌溉能力是充分满足的耕地面积为 2.89 万 hm^2，占一等地面积的 83.05%；排涝能力是充分满足和基本满足的耕地面积为 3.39 万 hm^2，占一等地面积的 97.41%。

一等耕地土壤利用上应进一步培肥土壤，改善水肥条件，增加灌排设施，促进土壤生态系统的良性循环。除了增施有机肥料和实行轮作倒茬外，在大量施氮夺高产的基础上，应注意磷肥和钾肥的配合施用，调整氮、磷、钾比例，这也是一项重要的增产措施。

1. 土壤有机质 有机质是土壤的重要组成部分。土壤的许多属性，都直接或间接地与有机质有关。有机质具有养分全面、肥效持久的特点，能供应作物生长发育所需要的氮、磷、钾和各种中微量元素等，还可以改善和调节土壤的物理性质。因此，土壤有机质是土壤肥力的重要标志之一。

东北棕壤耕层土壤有机质含量变化范围为 8.7～57.7 g/kg，一等地土壤有机质含量变化范围为 11.6～42.8 g/kg，平均为 25.81 g/kg。土壤有机质分级及面积统计见表 18-3。从表中可以看出，目前有机质含量为 30～40 g/kg 的占一等地面积的 21.84%，占总耕地面积的 0.30%；有机质含量为 20～30 g/kg 的占一等地面积的 53.74%，占总耕地面积的 0.73%；有机质含量为 10～20 g/kg 的占一等地面积的 24.14%，占总耕地面积的 0.33%。

表 18-3 东北棕壤耕层土壤有机质分级及面积

项　目	Ⅰ	Ⅱ	Ⅲ	Ⅳ	Ⅴ
范围（g/kg）	>40	30～40	20～30	10～20	0～10
有机质含量	很丰富	丰富	中等	较缺乏	缺乏
耕地面积（万 hm^2）	0.01	0.76	1.87	0.84	
占一等地面积比例（%）	0.28	21.84	53.74	24.14	
占总耕地面积比例（%）	0.004	0.30	0.73	0.33	

2. 土壤有效磷 磷是植物不可缺少的主要营养元素。植物的细胞核和原生质中都含有磷，如果缺少磷素营养，细胞的形成会受到限制。磷素能促使作物根系发达，增强对营养的吸收能力，促进分枝、分蘖，缩短生育期，使茎秆坚硬，提高抵抗病虫害能力，提高农产品质量。

土壤中的磷素主要来源于成土母质、有机质和含有磷素的肥料。耕层土壤中的磷一般以无机磷和有机磷两种形态存在。土壤有效磷包括土壤溶液中易溶性磷酸盐、土壤胶体吸附的磷酸根离子和易硫化的有机磷，约占土壤总磷量的 10%左右。土壤有效磷含量是土壤肥力水平的重要指标。

东北棕壤耕层土壤有效磷含量的变化范围为 4.81～125.0 mg/kg，其中一等地土壤有效磷含量变化范围为 12.7～82.0 mg/kg，平均为 28.38 mg/kg。土壤有效磷分级及面积统计见表 18-4。从表中可以看出，处于很丰富水平的耕地占一等地面积的 45.40%；丰富和中等水平的耕地分别占一等地面积的 45.98%和 8.62%。说明目前一等地耕地土壤有效磷总体含量处于中等以上的水平。

表 18-4 东北棕壤耕层土壤有效磷分级及面积

项　目	Ⅰ	Ⅱ	Ⅲ	Ⅳ	Ⅴ	Ⅵ
范围（mg/kg）	>40	20～40	10～20	5～10	3～5	<3
有效磷含量	很丰富	丰富	中等	较缺乏	缺乏	很缺乏
耕地面积（万 hm^2）	1.58	1.60	0.30			
占一等地面积比例（%）	45.40	45.98	8.62			
占总耕地面积比例（%）	0.62	0.63	0.12			

3. 土壤速效钾 钾是植物营养三要素之一。钾素对作物生长发育有多方面作用。凡是收获产品中以淀粉和糖为主要成分的作物，如甘薯、马铃薯、果树等，施用钾肥不仅增加产量，还能使产品质量提高。钾素还可防止水分蒸发，促进根系发育，提高作物的抗旱能力；促进作物茎秆纤维素合成，使茎秆强健，防止倒伏，提高作物抗病能力；对作物体内养分的转化和运输等都有重要作用。钾素主要来源是土壤中矿物和肥料，如钾长石、云母和草木灰、窑灰、化学钾肥等。

土壤中钾素按化学组成分为矿物钾、非交换性钾、交换性钾和水溶性钾 4 种。按植物营养的有效性可分为无效钾、缓效钾和速效钾。土壤矿物钾一般占全钾量的 92%～98%，它在植物营养上不能为植物所吸收利用，属无效钾；非交换性钾即缓效钾，通常占土壤全钾量的 2%～8%，是土壤速效钾的储库，它是评价土壤供钾潜力的一个重要指标；速效钾包括交换性钾和水溶性钾，一般占土壤全钾量的 1%～2%，可以被植物直接吸收利用。

东北棕壤耕层土壤速效钾变化范围为 32.1～288.0 mg/kg，其中一等地土壤速效钾含量变化范围为 50.3～253.8 mg/kg，平均为 119.04 mg/kg。土壤速效钾分级及面积统计见表 18-5。从表中可以看出，处于很丰富水平的耕地仅占一等地面积 3.74%；丰富水平的耕地占一等地面积的 16.38%；东北棕壤以处于中等水平的耕地为主，占到了一等地面积的 51.43%；处于较缺乏水平的耕地占一等地面积的 28.45%。可见，目前一等地耕地土壤速效钾整体含量中等。

表 18-5 东北棕壤耕层土壤速效钾分级及面积

项　目	Ⅰ	Ⅱ	Ⅲ	Ⅳ	Ⅴ	Ⅵ
范围（mg/kg）	>200	150～200	100～150	50～100	30～50	<30
速效钾含量	很丰富	丰富	中等	较缺乏	缺乏	很缺乏
耕地面积（万 hm^2）	0.13	0.57	1.79	0.99		
占一等地面积比例（%）	3.74	16.38	51.43	28.45		
占总耕地面积比例（%）	0.05	0.22	0.70	0.39		

4. 土壤 pH pH 是土壤酸性强度的主要指标，它代表与土壤固相平衡的土壤溶液中的氢离子浓度的负对数，是土壤盐基状况的综合反映，对土壤的一系列性质有深刻的影响。土壤中有机质的合成与分解，氮、磷等营养元素的转化和释放，微量元素的有效性，土壤保持养分的能力等都与土壤 pH 有关。

东北棕壤耕层土壤 pH 变化范围为 4.6～8.5，一等地土壤 pH 变化范围为 5.2～7.4，平均值为 6.59。土壤 pH 分级及面积统计见表 18-6。从表中可以看出，弱酸性水平耕地占一等地面积的比例最大，为 62.93%；其次是中性水平耕地，占一等地面积的 33.62%；酸性水平耕地所占的比例最小，仅为 3.45%。可见，目前一等地土壤 pH 呈现中性偏弱酸性。

表 18-6 东北棕壤耕层土壤 pH 分级及面积

项　目	Ⅰ	Ⅱ	Ⅲ	Ⅳ
范围	4.5～5.5	5.5～6.5	6.5～7.5	7.5～8.5
酸碱性	酸性	弱酸性	中性	弱碱性

（续）

项　目	Ⅰ	Ⅱ	Ⅲ	Ⅳ
耕地面积（万 hm^2）	0.12	2.19	1.17	
占一等地面积比例（%）	3.45	62.93	33.62	
占总耕地面积比例（%）	0.04	0.86	0.46	

（二）二等地

二等地，综合评价指数 0.820 4～0.841 9，耕地面积 19.78 万 hm^2，占棕壤总耕地面积的 7.75%。主要分布于辽宁省大连市、抚顺市、丹东市。其中，潮棕壤 14.89 万 hm^2，占二等地面积的 75.28%；典型棕壤 4.37 万 hm^2，占二等地面积的 22.09%；棕壤性土 0.52 万 hm^2，占二等地面积的 2.63%。二等地土壤耕层质地主要为壤土和黏壤土；剖面构型主要为上松下紧和海绵型，兼有零星夹层型、上紧下松型和紧实型；地形部位以丘陵中下部和平原低阶为主；耕层厚度 20.2～42.0 cm，平均值为 27.8 cm；有效土层厚度 75.7～146.3 cm，平均值为 106.5 cm。灌溉能力是充分满足的耕地面积为 17.7 万 hm^2，占二等地面积的 89.48%；排涝能力均为充分满足和基本满足。

二等地与一等地类似，也是东北棕壤中较好的耕地，各种评价指标均属良好类型。地面平坦或稍有倾斜，土层深厚，排水较好，易于耕作。土壤养分水平高，保水保肥性能好，灌溉能力较强。在利用上几乎没有限制因素，适宜于各种限制因素，适宜于各种植物生长，同样是本区高产、稳产农田及高标准粮田的集中分布区。

二等地部分耕地养分比例不协调，其合理利用应主要从土壤入手，增施有机肥料或秸秆还田，提高耕层有机质含量，改善耕层土壤结构性能。同时，应以土壤养分化验和肥料试验为依据，结合群众施肥经验，合理确定氮、磷、钾与微肥的比例和数量、施用时期和方法，以最大限度发挥各种肥料的增产潜力。

1. 土壤有机质　东北棕壤耕层土壤有机质含量变化范围为 8.7～57.7 g/kg，二等地土壤有机质含量变化范围为 10.3～39.5 g/kg，平均为 25.81 g/kg。土壤有机质分级及面积统计见表 18－7。从表中可以看出，目前二等地有机质含量 30～40 g/kg 的占二等地面积的 5.92%，占总耕地面积的 0.46%；有机质含量为 20～30 g/kg 的占二等地面积的 22.90%，占总耕地面积的 1.78%；有机质含量为 10～20 g/kg 的占二等地面积的 71.18%，占总耕地面积的 5.51%。

表 18－7　东北棕壤耕层土壤有机质分级及面积

项　目	Ⅰ	Ⅱ	Ⅲ	Ⅳ	Ⅴ
范围（g/kg）	＞40	30～40	20～30	10～20	0～10
有机质含量	很丰富	丰富	中等	较缺乏	缺乏
耕地面积（万 hm^2）		1.17	4.53	14.08	
占二等地面积比例（%）		5.92	22.90	71.18	
占总耕地面积比例（%）		0.46	1.78	5.51	

2. 土壤有效磷　东北棕壤耕层土壤有效磷含量的变化范围为 4.81～125.0 mg/kg，其中二等地土壤有效磷含量变化范围为 10.8～97.1 mg/kg，平均为 34.5 mg/kg。土壤有效磷分级及面积统计见表 18－8。从表中可以看出，处于很丰富水平的耕地占二等地面积的 31.40%；丰富和中等水平的耕地分别占二等地面积的 58.59%和 10.01%。说明目前二等地耕地土壤有效磷总体含量处于中等以上的水平。

表 18－8　东北棕壤耕层土壤有效磷分级及面积

项　目	Ⅰ	Ⅱ	Ⅲ	Ⅳ	Ⅴ	Ⅵ
范围（mg/kg）	＞40	20～40	10～20	5～10	3～5	＜3
有效磷含量	很丰富	丰富	中等	较缺乏	缺乏	很缺乏

（续）

项　　目	Ⅰ	Ⅱ	Ⅲ	Ⅳ	Ⅴ	Ⅵ
耕地面积（万 hm^2）	6.21	11.59	1.98			
占二等地面积比例（%）	31.40	58.59	10.01			
占总耕地面积比例（%）	2.43	4.54	0.78			

3. 土壤速效钾　东北棕壤耕层土壤速效钾变化范围为 32.1～288.0 mg/kg，其中二等地土壤速效钾含量变化范围为 38.3～229.2 mg/kg，平均为 98.2 mg/kg。土壤速效钾分级及面积统计见表 18－9。从表中可以看出，处于很丰富和丰富水平的耕地占二等地面积的 1.93%；处于中等水平的耕地占二等地面积的 32.91%；处于较缺乏水平的耕地面积最大，占二等地面积的 64.76%。可见，目前二等地土壤速效钾整体含量中等。

表 18－9　东北棕壤耕层土壤速效钾分级及面积

项　　目	Ⅰ	Ⅱ	Ⅲ	Ⅳ	Ⅴ	Ⅵ
范围（mg/kg）	＞200	150～200	100～150	50～100	30～50	＜30
速效钾含量	很丰富	丰富	中等	较缺乏	缺乏	很缺乏
耕地面积（万 hm^2）	0.002	0.38	6.51	12.81	0.08	
占二等地面积比例（%）	0.01	1.92	32.91	64.76	0.40	
占总耕地面积比例（%）	0.001	0.15	2.55	5.02	0.03	

4. 土壤 pH　东北棕壤耕层土壤 pH 变化范围为 4.6～8.5，二等地土壤 pH 变化范围为 5.0～7.7，平均值为 6.1。土壤有效磷分级及面积统计见表 18－10。从表中可以看出，弱酸性水平耕地占二等地总面积的比例最大，为 64.00%；其次是中性水平耕地，占二等地面积 30.90%；酸性水平的耕地占二等地面积 4.95%；弱碱性水平的耕地所占比例最小，仅占二等地面积 0.15%。可见目前二等地土壤 pH 呈现中性偏弱酸性。

表 18－10　东北棕壤耕层土壤 pH 分级及面积

项　　目	Ⅰ	Ⅱ	Ⅲ	Ⅳ
范围	4.5～5.5	5.5～6.5	6.5～7.5	7.5～8.5
酸碱性	酸性	弱酸性	中性	弱碱性
耕地面积（万 hm^2）	0.98	12.66	6.11	0.03
占二等地面积比例（%）	4.95	64.00	30.90	0.15
占总耕地面积比例（%）	0.38	4.96	2.40	0.01

（三）三等地

三等地，综合评价指数 0.799 0～0.820 4，耕地面积 29.40 万 hm^2，占棕壤总耕地面积的 11.52%。主要分布于辽宁省大连市、丹东市、抚顺市和葫芦岛市。其中，潮棕壤 21.95 万 hm^2，占三等地面积的 74.66%；典型棕壤 6.99 万 hm^2，占三等地面积的 23.78%；棕壤性土 0.46 万 hm^2，占三等地面积的 1.56%。三等地土壤耕层质地主要为壤土和黏壤土；剖面构型主要为上松下紧、海绵型和夹层型，兼有零星松散型和上紧下松型；地形部位以丘陵中下部和平原低阶为主；耕层厚度 20.5～40.0 cm，平均值为 27.5 cm；有效土层厚度 68.7～147.1 cm，平均值为 107.8 cm。灌溉能力是充分满足和基本满足的耕地面积为 23.70 万 hm^2，占三等地面积的 80.61%；排涝能力是充分满足和基本满足的耕地面积为 29.20 万 hm^2，占三等地面积的 99.32%。

三等地与一等地类似，也是东北棕壤中较好的耕地，各种评价指标均属良好类型。改良利用应做好以下方面：一是深耕深翻、平整地面，不但可以逐步加深耕层、提高土壤蓄水保肥能力，还可以达到保持水土、增强保肥保水性的目的；二是实行秸秆还田，改良土壤，培肥地力；三是协调磷、钾肥的投入比例，适当减少磷肥投入，补充施用钾肥；四是提高灌溉能力，在有条件的区域兴修水利、完善灌排系统，同时发展节水农业、提高水资源生产效率。

1. 土壤有机质 东北棕壤耕层土壤有机质含量变化范围为 8.7～57.7 g/kg，三等地土壤有机质含量变化范围 9.1～39.9 g/kg，平均为 20.3 g/kg。土壤有机质分级及面积统计见表 18－11。从表中可以看出，目前三等地有机质含量>30 g/kg 的占三等地面积的 3.23%，占总耕地面积的 0.37%；有机质含量为 20～30 g/kg 的占三等地面积的 32.15%，占总耕地面积的 3.71%；有机质含量为 10～20 g/kg 的占三等地面积的 64.42%，占总耕地面积的 7.42%；有机质含量为 0～10 g/kg 的占三等地面积的 0.20%，占总耕地面积的 0.02%。

表 18－11　东北棕壤耕层土壤有机质分级及面积

项　目	Ⅰ	Ⅱ	Ⅲ	Ⅳ	Ⅴ
范围（g/kg）	>40	30～40	20～30	10～20	0～10
有机质含量	很丰富	丰富	中等	较缺乏	缺乏
耕地面积（万 hm^2）		0.95	9.45	18.94	0.06
占三等地面积比例（%）		3.23	32.15	64.42	0.20
占总耕地面积比例（%）		0.37	3.71	7.42	0.02

2. 土壤有效磷 东北棕壤耕层土壤有效磷含量的变化范围为 4.81～125.0 mg/kg，其中三等地土壤有效磷含量变化范围为 10.4～111.9 mg/kg，平均为 30.9 mg/kg。土壤有效磷分级及面积统计见表 18－12。从表中可以看出，处于很丰富水平的耕地占三等地面积的 19.22%；丰富和中等水平的耕地分别占三等地面积的 59.93%和 20.85%。说明目前三等地耕层土壤有效磷总体含量处于中等以上的水平。

表 18－12　东北棕壤耕层土壤有效磷分级及面积

项　目	Ⅰ	Ⅱ	Ⅲ	Ⅳ	Ⅴ	Ⅵ
范围（mg/kg）	>40	20～40	10～20	5～10	3～5	<3
有效磷含量	很丰富	丰富	中等	较缺乏	缺乏	很缺乏
耕地面积（万 hm^2）	5.65	17.62	6.13			
占三等地面积比例（%）	19.22	59.93	20.85			
占总耕地面积比例（%）	2.21	6.91	2.40			

3. 土壤速效钾 东北棕壤耕层土壤速效钾变化范围为 32.1～288.0 mg/kg，其中三等地土壤速效钾含量变化范围为 39.4～244.7 mg/kg，平均为 97.1 mg/kg。土壤速效钾分级及面积统计见表 18－13。从表中可以看出，处于很丰富和丰富水平的耕地占三等地面积的 2.49%；处于中等水平的耕地占三等地面积的 36.46%；处于较缺乏水平的耕地面积最大，占三等地面积的 60.34%。可见，目前三等地耕层土壤速效钾整体含量中等。

表 18－13　东北棕壤耕层土壤速效钾分级及面积

项　目	Ⅰ	Ⅱ	Ⅲ	Ⅳ	Ⅴ	Ⅵ
范围（mg/kg）	>200	150～200	100～150	50～100	30～50	<30
速效钾含量	很丰富	丰富	中等	较缺乏	缺乏	很缺乏
耕地面积（万 hm^2）	0.02	0.71	10.72	17.74	0.21	

（续）

项　　目	Ⅰ	Ⅱ	Ⅲ	Ⅳ	Ⅴ	Ⅵ
占三等地总比例（%）	0.07	2.42	36.46	60.34	0.71	
占总耕地总比例（%）	0.01	0.28	4.20	6.95	0.08	

4. 土壤 pH　东北棕壤耕层土壤 pH 变化范围为 4.6～8.5，三等地土壤 pH 变化范围为 5.0～7.9，平均值为 6.1。土壤 pH 分级及面积统计见表 18－14。从表中可以看出，弱酸性水平耕地占三等地面积的比例最大，为 70.75%；其次是中性水平耕地，占 18.67%；酸性水平的耕地占 9.76%；弱碱性水平的耕地所占比例最小，仅为 0.82%。可见，目前三等地土壤 pH 呈现中性偏弱酸性。

表 18－14　东北棕壤耕层土壤 pH 分级及面积

项　　目	Ⅰ	Ⅱ	Ⅲ	Ⅳ
范围	4.5～5.5	5.5～6.5	6.5～7.5	7.5～8.5
酸碱性	酸性	弱酸性	中性	弱碱性
耕地面积（万 hm^2）	2.87	20.80	5.49	0.24
占三等地面积比例（%）	9.76	70.75	18.67	0.82
占总耕地面积比例（%）	1.12	8.15	2.16	0.09

（四）四等地

四等地，综合评价指数 0.777 5～0.799 0，耕地面积 40.80 万 hm^2，占棕壤总耕地面积的 15.99%。主要分布于辽宁省沈阳市、铁岭市、葫芦岛市、鞍山市等。其中，潮棕壤 31.95 万 hm^2，占四等地面积的 78.31%；典型棕壤 7.76 万 hm^2，占四等地面积的 19.02%；棕壤性土 0.65 万 hm^2，占四等地面积的 1.59%；白浆化棕壤 0.44 万 hm^2，占四等地面积的 1.08%。四等地土壤耕层质地主要为黏壤土和壤土；剖面构型主要为上松下紧、海绵型和夹层型，兼有零星紧实型和上紧下松型；地形部位以丘陵中下部和平原低阶为主；耕层厚度 20.0～39.9 cm，平均值为 26.6 cm；有效土层厚度 25.1～150.4 cm，平均值为 107.7 cm。灌溉能力是不满足的耕地面积为 22.2 万 hm^2，占四等地面积的 54.41%；排涝能力是充分满足和基本满足的耕地面积为 37.8 万 hm^2，占四等地面积的 92.65%。

四等地的改良利用措施，要依据存在的主要问题开展，消除限制因素，培育和提高地力。一是加强灌溉能力的提升，根据四等地的具体水资源情况，以发展节水灌溉为主，提升农田灌溉能力；加强农田基本建设，平整土地，因地制宜地兴修水利，完善灌排设施。二是实行测土配方施肥，校正施肥，增施有机肥，实行有机无机结合，改良结构，均衡土壤养分。

1. 土壤有机质　东北棕壤耕层土壤有机质含量变化范围为 8.7～57.7 g/kg，四等地土壤有机质含量变化范围为 10.0～57.7 g/kg，平均为 20.4 g/kg。土壤有机质分级及面积统计见表 18－15。从表中可以看出，目前四等地中有机质含量＞30 g/kg 的占四等地面积的 2.69%，占总耕地面积的 0.43%；有机质含量为 20～30 g/kg 的占四等地面积的 36.72%，占总耕地面积的 5.87%；有机质含量为 10～20 g/kg 的占四等地面积的 60.59%，占总耕地面积的 9.69%。

表 18－15　东北棕壤耕层土壤有机质分级及面积

项　　目	Ⅰ	Ⅱ	Ⅲ	Ⅳ	Ⅴ
范围（g/kg）	＞40	30～40	20～30	10～20	0～10
有机质含量	很丰富	丰富	中等	较缺乏	缺乏
耕地面积（万 hm^2）	0.03	1.06	14.98	24.72	
占四等地面积比例（%）	0.07	2.62	36.72	60.59	
占总耕地面积比例（%）	0.01	0.42	5.87	9.69	

2. 土壤有效磷 东北棕壤耕层土壤有效磷含量的变化范围为 4.81～125.0 mg/kg，其中四等地土壤有效磷含量变化范围为 10.2～125.0 mg/kg，平均为 30.2 mg/kg。土壤有效磷分级及面积统计见表 18-16。从表中可以看出，处于很丰富水平的耕地占四等地面积的 11.35%；丰富和中等水平的耕地分别占四等地面积的 71.37%和 17.28%。说明目前四等地耕层土壤有效磷总体含量处于中等以上的水平。

表 18-16 东北棕壤耕层土壤有效磷分级及面积

项 目	Ⅰ	Ⅱ	Ⅲ	Ⅳ	Ⅴ	Ⅵ
范围（mg/kg）	＞40	20～40	10～20	5～10	3～5	＜3
有效磷含量	很丰富	丰富	中等	较缺乏	缺乏	很缺乏
耕地面积（万 hm^2）	4.63	29.12	7.05			
占四等地面积比例（%）	11.35	71.37	17.28			
占总耕地面积比例（%）	1.81	11.42	2.76			

3. 土壤速效钾 东北棕壤耕层土壤速效钾变化范围为 32.1～288.0 mg/kg，其中四等地土壤速效钾含量变化范围为 46.3～288.0 mg/kg，平均为 96.9 mg/kg。土壤速效钾分级及面积统计见表 18-17。从表中可以看出，处于很丰富和丰富水平的耕地占四等地面积的 1.08%；处于中等水平的耕地占四等地面积的 43.31%；处于较缺乏水平的耕地面积最大，占四等地面积的 55.42%。可见，目前四等地耕层土壤速效钾整体含量中等偏下水平。

表 18-17 东北棕壤耕层土壤速效钾分级及面积

项 目	Ⅰ	Ⅱ	Ⅲ	Ⅳ	Ⅴ	Ⅵ
范围（mg/kg）	＞200	150～200	100～150	50～100	30～50	＜30
速效钾含量	很丰富	丰富	中等	较缺乏	缺乏	很缺乏
耕地面积（万 hm^2）	0.17	0.27	17.67	22.61	0.08	
占四等地面积比例（%）	0.42	0.66	43.31	55.42	0.19	
占总耕地面积比例（%）	0.07	0.11	6.93	8.86	0.02	

4. 土壤 pH 东北棕壤耕层土壤 pH 变化范围为 4.6～8.5，四等地土壤 pH 变化范围为 5.0～7.9，平均值为 6.1。土壤 pH 分级及面积统计见表 18-18。从表中可以看出，弱酸性水平耕地占四等地面积的比例最大，为 61.00%；其次是中性水平耕地，占四等地面积的 32.18%；酸性水平的耕地占四等地面积的 5.42%；弱碱性的所占的比例最小，仅占四等地面积的 1.40%。可见，目前四等地土壤 pH 呈现中性偏弱酸性。

表 18-18 东北棕壤耕层土壤 pH 分级及面积

项 目	Ⅰ	Ⅱ	Ⅲ	Ⅳ
范围	4.5～5.5	5.5～6.5	6.5～7.5	7.5～8.5
酸碱性	酸性	弱酸性	中性	弱碱性
耕地面积（万 hm^2）	2.21	24.89	13.13	0.57
占四等地面积比例（%）	5.42	61.00	32.18	1.40
占总耕地面积比例（%）	0.87	9.75	5.15	0.22

（五）五等地

五等地，综合评价指数 0.756 0～0.777 5，耕地面积 45.93 万 hm^2，占棕壤总耕地面积的

18.00%。主要分布于辽宁省大连市、沈阳市、丹东市和吉林省通化市、四平市、辽源市。其中，潮棕壤 33.57 万 hm^2，占五等地面积的 73.09%；典型棕壤 12.09 万 hm^2，占五等地面积的 26.32%；棕壤性土 0.27 万 hm^2，占五等地面积的 0.59%。五等地土壤耕层质地主要为黏壤土和壤土；剖面构型主要为夹层型和海绵型，兼有零星夹层型、上紧下松型、上松下紧型和紧实型；地形部位以丘陵中下部和平原低阶为主；耕层厚度 17.9～39.9 cm，平均值为 26.1 cm；有效土层厚度 25.4～154.1 cm，平均值为 103.4 cm。灌溉能力是不满足的耕地面积为 32.3 万 hm^2，占五等地面积的 70.4%；排涝能力是充分满足和基本满足的耕地面积为 38.4 万 hm^2，占五等地面积的 83.6%。

区域内五等地在耕地地力的属性状态上存在局限，改良利用和提高耕地地力主要从三个方面进行：一是提高灌溉能力，五等地中 99.5%的耕地降水量＞500 mm，但是灌溉能力低，不满足的占 70%，应结合水资源特点，发展灌溉，尤其是节水灌溉，从而提高灌溉保障能力；二是增施有机肥料，实行秸秆还田，五等地不良耕地面积大，通过增施有机肥、实行秸秆还田等措施提高耕层有机质含量；三是平衡施肥和矫正施肥，提高养分含量，平衡养分结构。

1. 土壤有机质　东北棕壤耕层土壤有机质含量变化范围为 8.7～57.7 g/kg，五等地土壤有机质含量变化范围为 9.7～51.0 g/kg，平均为 19.5 g/kg。土壤有机质分级及面积统计见表 18－19。从表中可以看出，目前有机质含量＞30 g/kg 的占五等地面积的 3.29%，占总耕地面积的 0.59%；有机质含量为 20～30 g/kg 的占五等地面积的 23.75%，占总耕地面积的 4.28%；有机质含量为 10～20 g/kg 的占五等地面积的 72.87%，占总耕地面积的 13.12%。

表 18－19　东北棕壤耕层土壤有机质分级及面积

项　　目	Ⅰ	Ⅱ	Ⅲ	Ⅳ	Ⅴ
范围（g/kg）	＞40	30～40	20～30	10～20	0～10
有机质含量	很丰富	丰富	中等	较缺乏	缺乏
耕地面积（万 hm^2）	0.06	1.45	10.91	33.47	0.04
占五等地面积比例（%）	0.13	3.16	23.75	72.87	0.09
占总耕地面积比例（%）	0.02	0.57	4.28	13.12	0.01

2. 土壤有效磷　东北棕壤耕层土壤有效磷含量的变化范围为 4.81～125.0 mg/kg，其中五等地土壤有效磷含量变化范围为 10.3～101.6 mg/kg，平均为 28.7 mg/kg。土壤有效磷分级及面积统计见表 18－20。从表中可以看出，处于很丰富水平的耕地占五等地面积的 11.50%；丰富和中等水平的耕地分别占五等地面积的 66.30%和 22.20%。说明目前五等地耕层土壤有效磷总体含量处于中等以上的水平。

表 18－20　东北棕壤耕层土壤有效磷分级及面积

项　　目	Ⅰ	Ⅱ	Ⅲ	Ⅳ	Ⅴ	Ⅵ
范围（mg/kg）	＞40	20～40	10～20	5～10	3～5	＜3
有效磷含量	很丰富	丰富	中等	较缺乏	缺乏	很缺乏
耕地面积（万 hm^2）	5.28	30.45	10.20			
占五等地面积比例（%）	11.50	66.30	22.20			
占总耕地面积比例（%）	2.07	11.93	4.00			

3. 土壤速效钾　东北棕壤耕层土壤速效钾变化范围为 32.1～288.0 mg/kg，其中五等地土壤速效钾含量变化范围为 34.8～229.0 mg/kg，平均为 94.8 mg/kg。土壤速效钾分级及面积统计见表 18－21。从表中可以看出，处于很丰富和丰富水平的耕地占五等地面积的 0.854%；处于中等水平

的耕地占五等地面积的38.45%；处于较缺乏水平的耕地面积最大，占五等地面积的60.11%。可见，目前五等地耕层土壤速效钾整体含量中等偏缺乏。

表 18-21 东北棕壤耕层土壤速效钾分级及面积

项目	Ⅰ	Ⅱ	Ⅲ	Ⅳ	Ⅴ	Ⅵ
范围（mg/kg）	>200	150～200	100～150	50～100	30～50	<30
速效钾含量	很丰富	丰富	中等	较缺乏	缺乏	很缺乏
耕地面积（万 hm^2）	0.002	0.39	17.66	27.61	0.27	
占五等地面积比例（%）	0.004	0.85	38.45	60.11	0.59	
占总耕地面积比例（%）	0.001	0.15	6.92	10.82	0.11	

4. 土壤 pH 东北棕壤耕层土壤 pH 变化范围为 4.6～8.5，五等地土壤 pH 变化范围为 5.1～8.0，平均值为 6.2。土壤 pH 分级及面积统计见表 18-22。从表中可以看出，弱酸性水平耕地占五等地面积的比例最大，为 61.91%；其次是中性水平耕地，占五等地面积的 28.44%；酸性水平的耕地占五等地面积的 8.82%；弱碱性水平耕地的所占的比例最小，仅占五等地面积的 0.83%。可见，目前五等地土壤 pH 呈现中性偏弱酸性。

表 18-22 东北棕壤耕层土壤 pH 分级及面积

项目	Ⅰ	Ⅱ	Ⅲ	Ⅳ
范围	4.5～5.5	5.5～6.5	6.5～7.5	7.5～8.5
酸碱性	酸性	弱酸性	中性	弱碱性
耕地面积（万 hm^2）	4.05	28.43	13.06	0.38
占五等地面积比例（%）	8.82	61.91	28.44	0.83
占总耕地面积比例（%）	1.59	11.14	5.12	0.15

（六）六等地

六等地，综合评价指数 0.734 5～0.756 0，耕地面积 44.94 万 hm^2，占棕壤总耕地面积的 17.62%。主要分布于辽宁省铁岭市、大连市、葫芦岛市，吉林省通化市、辽源市，以及内蒙古自治区的赤峰市。其中，潮棕壤 29.95 万 hm^2，占六等地面积的 66.64%；典型棕壤 14.50 万 hm^2，占六等地面积的 32.27%；棕壤性土 0.49 万 hm^2，占六等地面积的 1.09%。六等地土壤耕层质地主要为黏壤土和壤土；剖面构型主要为夹层型紧和海绵型，兼有零星紧实型、夹层型、上松下紧型和上紧下松型；地形部位以丘陵中下部和平原低阶为主；耕层厚度 15.4～38.7 cm，平均值为 25.0 cm；有效土层厚度 23.4～154.9 cm，平均值为 97.0 cm。灌溉能力是不满足的耕地面积为 37.30 万 hm^2，占六等地面积的 83.00%；排涝能力是充分满足和基本满足的耕地面积为 34.50 万 hm^2，占六等地面积的 76.77%。

区域内六等地在耕地地力的属性状态上存在局限性。肥力属于中等，土壤中的各种障碍因素，如土壤质地、灌溉保证率，会影响农业生产。应从以下方面入手，改良利用和提高耕地地力：一是提高灌溉能力，六等地中 98.4%的耕地降水量>500 mm，但是灌溉能力低，应结合水资源特点发展灌溉，尤其是节水灌溉，从而提高灌溉保障能力；二是平衡施肥和矫正施肥，提高养分含量，平衡养分结构。

1. 土壤有机质 东北棕壤耕层土壤有机质含量变化范围为 8.7～57.7 g/kg，六等地土壤有机质含量变化范围为 10.3～39.5 g/kg，平均为 25.81 g/kg。土壤有机质分级及面积统计见表 18-23。从表中可以看出，目前有机质含量>30 g/kg 的占六等地面积的 2.70%，占总耕地面积的 0.49%；有机质含量为 20～30 g/kg 的占六等地面积的 19.67%，占总耕地面积的 3.46%；有机质含量为 10～

20 g/kg 的占六等地面积的 77.61%，占总耕地面积的 13.67%；有机质含量为 0～10 g/kg 的占六等地面积的 0.02%，占总耕地面积的 0.004%。

表 18-23　东北棕壤耕层土壤有机质分级及面积

项　目	Ⅰ	Ⅱ	Ⅲ	Ⅳ	Ⅴ
范围（g/kg）	>40	30～40	20～30	10～20	0～10
有机质含量	很丰富	丰富	中等	较缺乏	缺乏
耕地面积（万 hm^2）	0.04	1.17	8.84	34.88	0.01
占六等地面积比例（%）	0.09	2.61	19.67	77.61	0.02
占总耕地面积比例（%）	0.02	0.47	3.46	13.67	0.004

2. 土壤有效磷　东北棕壤耕层土壤有效磷含量的变化范围为 4.81～125.0 mg/kg，其中六等地土壤有效磷含量变化范围为 10.9～90.9 mg/kg，平均为 27.4 mg/kg。土壤有效磷分级及面积统计见表 18-24。从表中可以看出，处于很丰富水平的耕地占六等地面积的 13.55%；丰富和中等水平的耕地分别占六等地面积的 66.58%和 19.87%。说明目前六等地耕层土壤有效磷总体含量处于中等以上的水平。

表 18-24　东北棕壤耕层土壤有效磷分级及面积

项　目	Ⅰ	Ⅱ	Ⅲ	Ⅳ	Ⅴ	Ⅵ
范围（mg/kg）	>40	20～40	10～20	5～10	3～5	<3
有效磷含量	很丰富	丰富	中等	较缺乏	缺乏	很缺乏
耕地面积（万 hm^2）	6.09	29.92	8.93			
占六等地面积比例（%）	13.55	66.58	19.87			
占总耕地面积比例（%）	2.39	11.73	3.50			

3. 土壤速效钾　东北棕壤耕层土壤速效钾变化范围为 32.1～288.0 mg/kg，其中六等地土壤速效钾含量变化范围为 32.8～228.0 mg/kg，平均为 95.1 mg/kg。土壤速效钾分级及面积统计见表 18-25。从表中可以看出，处于很丰富和丰富水平的耕地占六等地面积的 2.27%；处于中等水平的耕地占六等地面积的 47.89%；处于较缺乏水平的耕地面积最大，占六等地面积的 47.04%。可见，目前六等地耕层土壤速效钾整体含量中等。

表 18-25　东北棕壤耕层土壤速效钾分级及面积

项　目	Ⅰ	Ⅱ	Ⅲ	Ⅳ	Ⅴ	Ⅵ
范围（mg/kg）	>200	150～200	100～150	50～100	30～50	<30
速效钾含量	很丰富	丰富	中等	较缺乏	缺乏	很缺乏
耕地面积（万 hm^2）	0.08	0.94	21.52	21.14	1.26	
占六等地面积比例（%）	0.18	2.09	47.89	47.04	2.80	
占总耕地面积比例（%）	0.03	0.37	8.44	8.29	0.49	

4. 土壤 pH　东北棕壤耕层土壤 pH 变化范围为 4.6～8.5，六等地土壤 pH 变化范围为 5.1～8.0，平均值为 6.2。土壤 pH 分级及面积统计见表 18-26。从表中可以看出，弱酸性水平耕地占六等地面积的比例最大，为 61.86%；其次是中性水平耕地，占六等地面积的 29.89%；酸性水平的耕地占六等地面积的 6.43%；弱碱性水平耕地所占比例最小，仅占六等地面积的 1.82%。可见，目前六等地土壤 pH 呈现中性偏弱酸性。

表 18-26 东北棕壤耕层土壤 pH 分级及面积

项　目	Ⅰ	Ⅱ	Ⅲ	Ⅳ
范围	4.5～5.5	5.5～6.5	6.5～7.5	7.5～8.5
酸碱性	酸性	弱酸性	中性	弱碱性
耕地面积（万 hm^2）	2.89	27.80	13.43	0.82
占六等地面积比例（%）	6.43	61.86	29.89	1.82
占总耕地面积比例（%）	1.13	10.90	5.27	0.32

（七）七等地

七等地，综合评价指数 0.713 1～0.734 5，耕地面积 38.40 万 hm^2，占棕壤总耕地面积的 15.05%。主要分布于辽宁省铁岭市、大连市、锦州市，吉林省通化市、辽源市，以及内蒙古自治区的通辽市。其中，潮棕壤 27.61 万 hm^2，占七等地面积的 71.90%；典型棕壤 10.10 万 hm^2，占七等地面积的 26.30%；棕壤性土 0.69 万 hm^2，占七等地面积的 1.80%。七等地土壤耕层质地主要为黏壤土和壤土；剖面构型主要为夹层型和海绵型，兼有零星紧实型、松散型、上松下紧型和上紧下松型；地形部位以丘陵中下部和平原低阶为主；耕层厚度分布范围为 14.2～35 cm，平均值为 23.9 cm；有效土层厚度分布范围为 22.2～157.0 cm，平均值为 89.6 cm。灌溉能力是不满足的耕地面积为 33.0 万 hm^2，占七等地面积的 85.94%；排涝能力是充分满足和基本满足的耕地面积为 24.2 万 hm^2，占七等地面积的 63.02%。

区域内七等地在耕地地力的属性状态上存在局限性。肥力属于中等，土壤中存在障碍因素，如灌溉保证率，有机质含量等，对农业生产影响较大。应从以下方面入手，改良利用和提高耕地地力：一是提高灌溉能力，七等地中 95.08% 的耕地降水量＞500 mm，但是灌溉能力低，不满足的占 85.84%，应结合水资源特点发展灌溉，尤其是节水灌溉，从而提高灌溉保障能力；二是平衡施肥和矫正施肥，提高养分含量，平衡养分结构。

1. 土壤有机质　东北棕壤耕层土壤有机质含量变化范围为 8.7～57.7 g/kg，七等地土壤有机质含量变化范围为 9.7～39.9 g/kg，平均为 18.6 g/kg。土壤有机质分级及面积统计见表 18-27。从表中可以看出，目前有机质含量＞30 g/kg 的占七等地面积的 2.86%，占总耕地面积的 0.43%；有机质含量为 20～30 g/kg 的占七等地面积的 15.21%，占总耕地面积的 2.29%；有机质含量为 10～20 g/kg 的占七等地面积的 81.90%，占总耕地面积的 12.33%；有机质含量为 0～10 g/kg 的占七等地面积的 0.03%，占总耕地面积的 0.004%。

表 18-27 东北棕壤耕层土壤有机质分级及面积

项　目	Ⅰ	Ⅱ	Ⅲ	Ⅳ	Ⅴ
范围（g/kg）	＞40	30～40	20～30	10～20	0～10
有机质含量	很丰富	丰富	中等	较缺乏	缺乏
耕地面积（万 hm^2）		1.10	5.84	31.45	0.01
占七等地面积比例（%）		2.86	15.21	81.90	0.03
占总耕地面积比例（%）		0.43	2.29	12.33	0.004

2. 土壤有效磷　东北棕壤耕层土壤有效磷含量的变化范围为 4.81～125.0 mg/kg，其中七等地土壤有效磷含量变化范围为 8.3～109.4 mg/kg，平均为 27.5 mg/kg。土壤有效磷分级及面积统计见表 18-28。从表中可以看出，处于很丰富水平的耕地占七等地面积的 11.54%；丰富和中等水平的耕地分别占七等地面积的 66.72%和 21.61%。说明目前七等地耕层土壤有效磷总体含量多数处于中等以上的水平。

表 18-28　东北棕壤耕层土壤有效磷分级及面积

项　目	Ⅰ	Ⅱ	Ⅲ	Ⅳ	Ⅴ	Ⅵ
范围（mg/kg）	>40	20～40	10～20	5～10	3～5	<3
有效磷含量	很丰富	丰富	中等	较缺乏	缺乏	很缺乏
耕地面积（万 hm²）	4.43	25.62	8.30	0.05		
占七等地面积比例（%）	11.54	66.72	21.61	0.13		
占总耕地面积比例（%）	1.74	10.04	3.25	0.02		

3. 土壤速效钾　东北棕壤耕层土壤速效钾变化范围为 32.1～288.0 mg/kg，其中七等地土壤速效钾含量变化范围为 32.1～238.1 mg/kg，平均为 99.3 mg/kg。土壤速效钾分级及面积统计见表 18-29。从表中可以看出，处于很丰富和丰富水平的耕地占七等地面积的 4.89%；处于中等水平的耕地占七等地面积的 52.82%；处于较缺乏水平的耕地占七等地面积的 39.14%。可见，目前七等地耕地土壤速效钾整体含量中等偏下。

表 18-29　东北棕壤耕层土壤速效钾分级及面积

项　目	Ⅰ	Ⅱ	Ⅲ	Ⅳ	Ⅴ	Ⅵ
范围（mg/kg）	>200	150～200	100～150	50～100	30～50	<30
速效钾含量	很丰富	丰富	中等	较缺乏	缺乏	很缺乏
耕地面积（万 hm²）	0.12	1.76	20.28	15.03	1.21	
占七等地面积比例（%）	0.31	4.58	52.82	39.14	3.15	
占总耕地面积比例（%）	0.05	0.69	7.95	5.89	0.47	

4. 土壤 pH　东北棕壤耕层土壤 pH 变化范围为 4.6～8.5，七等地土壤 pH 变化范围为 4.9～8.0，平均值为 6.4。土壤 pH 分级及面积统计见表 18-30。从表中可以看出，弱酸性水平耕地占七等地面积的比例最大，为 63.85%；其次是中性水平耕地，占七等地面积的 28.57%；弱碱性水平的耕地占七等地面积的 3.83%；酸性水平耕地所占的比例最小，仅占七等地面积的 3.75%。可见，目前七等地土壤 pH 呈现中性偏弱酸性。

表 18-30　东北棕壤耕层土壤 pH 分级及面积

项　目	Ⅰ	Ⅱ	Ⅲ	Ⅳ
范围	4.5～5.5	5.5～6.5	6.5～7.5	7.5～8.5
酸碱性	酸性	弱酸性	中性	弱碱性
耕地面积（万 hm²）	1.44	24.52	10.97	1.47
占七等地面积比例（%）	3.75	63.85	28.57	3.83
占总耕地面积比例（%）	0.56	9.61	4.30	0.58

（八）八等地

八等地，综合评价指数 0.691 6～0.713 1，耕地面积 20.54 万 hm²，占棕壤总耕地面积的 8.05%。主要分布于辽宁省的铁岭市、阜新市、锦州市。其中，潮棕壤 12.96 万 hm²，占八等地面积的 63.10%；典型棕壤 7.05 万 hm²，占八等地面积的 34.32%；棕壤性土 0.53 万 hm²，占八等地面积的 2.58%。八等地土壤耕层质地主要为黏壤土和壤土；剖面构型主要为上松下紧和海绵型，兼有零星夹层型、紧实型、松散型和上紧下松型；地形部位以丘陵中下部和平原低阶为主；耕层厚度为 15.3～30.4 cm，平均为 23.2 cm；有效土层厚度为 22.1～152.7 cm，平均为 81.1 cm。灌溉能力是不满足的耕地面积为 17.11 万 hm²，占八等地面积的 83.30%；排涝能力是不满足的耕地面积为 6.30 万 hm²，占八等地面积的 30.67%。

区域内八等地在耕地土壤属性中存在障碍因素，要加强基础设施建设，灌溉能力低的地区应积极发展灌溉设施，提高灌溉能力。养分低的地区应采取增施有机肥、秸秆还田、测土配方施肥等综合培肥措施，培肥耕地土壤，有效增加土壤养分含量。

1. 土壤有机质 东北棕壤耕层土壤有机质含量变化范围为 8.7～57.7 g/kg，八等地土壤有机质含量变化范围为 10.1～43.8 g/kg，平均为 18.1 g/kg。土壤有机质分级及面积统计见表 18－31。从表中可以看出，目前有机质含量>30 g/kg 的占八等地面积的 2.68%，占总耕地面积的 0.22%；有机质含量为 20～30 g/kg 的占八等地面积的 8.57%，占总耕地面积的 0.69%；有机质含量为 10～20 g/kg 的占八等地面积的 88.75%，占总耕地面积的 7.14%。

表 18－31　东北棕壤耕层土壤有机质分级及面积

项　目	Ⅰ	Ⅱ	Ⅲ	Ⅳ	Ⅴ
范围（g/kg）	>40	30～40	20～30	10～20	0～10
有机质含量	很丰富	丰富	中等	较缺乏	缺乏
耕地面积（万 hm^2）	0.02	0.53	1.76	18.23	
占八等地面积比例（%）	0.10	2.58	8.57	88.75	
占总耕地面积比例（%）	0.01	0.21	0.69	7.14	

2. 土壤有效磷 东北棕壤耕层土壤有效磷含量的变化范围为 4.81～125.0 mg/kg，其中八等地棕壤有效磷含量变化范围为 7.8～89.5 mg/kg，平均为 24.0 mg/kg。土壤有效磷分级及面积统计见表 18－32。从表中可以看出，处于很丰富水平的耕地占八等地面积的 4.63%；丰富和中等水平的耕地分别占八等地面积的 55.94%和 39.05%。说明目前八等地耕层土壤有效磷总体含量多处于中等以上的水平。

表 18－32　东北棕壤耕层土壤有效磷分级及面积

项　目	Ⅰ	Ⅱ	Ⅲ	Ⅳ	Ⅴ	Ⅵ
范围（mg/kg）	>40	20～40	10～20	5～10	3～5	<3
有效磷含量	很丰富	丰富	中等	较缺乏	缺乏	很缺乏
耕地面积（万 hm^2）	0.95	11.49	8.02	0.08		
占八等地面积比例（%）	4.63	55.94	39.05	0.38		
占总耕地面积比例（%）	0.37	4.51	3.14	0.03		

3. 土壤速效钾 东北棕壤耕层土壤速效钾变化范围为 32.1～288.0 mg/kg，其中八等地土壤速效钾含量变化范围为 46.5～219.2 mg/kg，平均为 107.8 mg/kg。土壤速效钾分级及面积统计见表 18－33。从表中可以看出，处于很丰富和丰富水平的耕地占八等地面积的 4.86%；处于中等水平的耕地占八等地面积的 55.85%；处于较缺乏水平的耕地占八等地面积的 39.00%。可见，目前八等地耕地土壤速效钾整体含量中等偏下。

表 18－33　东北棕壤耕层土壤速效钾分级及面积

项　目	Ⅰ	Ⅱ	Ⅲ	Ⅳ	Ⅴ	Ⅵ
范围（mg/kg）	>200	150～200	100～150	50～100	30～50	<30
速效钾含量	很丰富	丰富	中等	较缺乏	缺乏	很缺乏
耕地面积（万 hm^2）	0.20	0.80	11.47	8.01	0.06	
占八等地面积比例（%）	0.97	3.89	55.85	39.00	0.29	
占总耕地面积比例（%）	0.08	0.31	4.50	3.14	0.02	

4. 土壤 pH 东北棕壤耕层土壤 pH 变化范围为 4.6～8.5，八等地土壤 pH 变化范围为 4.6～8.3，平均值为 6.5。土壤 pH 分级及面积统计见表 18-34。从表中可以看出，弱酸性水平耕地占八等地面积的比例最大，为 56.96%；其次是中性水平耕地，占八等地面积的 22.74%；弱碱性水平耕地占八等地面积的 15.58%；酸性水平耕地所占的比例最小，仅占八等地面积的 4.72%。可见，目前八等地土壤 pH 呈现中性偏弱酸性，也有部分呈弱碱性。

表 18-34 东北棕壤耕层土壤 pH 分级及面积

项　目	Ⅰ	Ⅱ	Ⅲ	Ⅳ
范围	4.5～5.5	5.5～6.5	6.5～7.5	7.5～8.5
酸碱性	酸性	弱酸性	中性	弱碱性
耕地面积（万 hm^2）	0.97	11.70	4.67	3.20
占八等地面积比例（%）	4.72	56.96	22.74	15.58
占总耕地面积比例（%）	0.38	4.59	1.83	1.25

（九）九等地

九等地，综合评价指数 0.670 1～0.691 6，耕地面积 7.08 万 hm^2，占棕壤总耕地面积的 2.77%。主要分布于辽宁省铁岭市、阜新市、朝阳市，内蒙古自治区赤峰市和吉林省通化市。其中潮棕壤 2.48 万 hm^2，占九等地面积的 35.03%；典型棕壤 4.35 万 hm^2，占九等地面积的 61.44%；棕壤性土 0.25 万 hm^2，占九等地面积的 3.53%。九等地土壤耕层质地主要为黏壤土和壤土；剖面构型主要为夹层型、紧实型和松散型，兼有零星薄层型、上松下紧型和上紧下松型；地形部位以丘陵中下部和平原低阶为主，山地中上部有零星分布；耕层厚度 14.6～30.0 cm，平均值为 22.1 cm；有效土层厚度 22.0～160.5 cm，平均值为 73.5 cm。灌溉能力主要为不满足的耕地面积为 5.91 万 hm^2，占九等地面积的 83.47%；排涝能力主要为充分满足与基本满足的耕地面积为 5.80 万 hm^2，占九等地面积的 81.92%。

九等地耕地质量比较差，在开垦时要搞好田间水利设施与培肥。增加对耕地的投入，推广深耕、秸秆还田。增施有机肥，实行有机无机相结合，改良土壤理化性状，提高土壤产出水平。

1. 土壤有机质 东北棕壤耕层土壤有机质含量变化范围为 8.7～57.7 g/kg，九等地土壤有机质含量变化范围为 10.3～39.5 g/kg，平均为 25.81 g/kg。土壤有机质分级及面积统计见表 18-35。从表中可以看出，目前有机质含量>30 g/kg 的占九等地面积的 4.56%，占总耕地面积的 0.131%；有机质含量为 20～30 g/kg 的占九等地面积的 12.42%，占总耕地面积的 0.34%；有机质含量为 10～20 g/kg 的占九等地面积的 79.77%，占总耕地面积的 2.22%。

表 18-35 东北棕壤耕层土壤有机质分级及面积

项　目	Ⅰ	Ⅱ	Ⅲ	Ⅳ	Ⅴ
范围（g/kg）	>40	30～40	20～30	10～20	0～10
有机质含量	很丰富	丰富	中等	较缺乏	缺乏
耕地面积（万 hm^2）	0.003	0.32	0.88	5.65	0.23
占九等地面积比例（%）	0.04	4.52	12.42	79.77	3.25
占总耕地面积比例（%）	0.001	0.13	0.34	2.22	0.09

2. 土壤有效磷 东北棕壤耕层土壤有效磷含量的变化范围为 4.81～125.0 mg/kg，其中九等地土壤有效磷含量变化范围为 4.9～77.4 mg/kg，平均为 22.4 mg/kg。土壤有效磷分级及面积统计见表 18-36。从表中可以看出，处于很丰富水平的耕地占九等地面积的 6.21%；丰富和中等水平的耕地分别占九等地面积的 39.12%和 53.67%。说明目前九等地耕层土壤有效磷总体含量处于中等以上的水平。

表 18-36 东北棕壤耕层土壤有效磷分级及面积

项　目	Ⅰ	Ⅱ	Ⅲ	Ⅳ	Ⅴ	Ⅵ
范围（mg/kg）	>40	20～40	10～20	5～10	3～5	<3
有效磷含量	很丰富	丰富	中等	较缺乏	缺乏	很缺乏
耕地面积（万 hm²）	0.44	2.77	3.80	0.07	0.000 4	
占九等地面积比例（%）	6.21	39.12	53.67	0.99	0.01	
占总耕地面积比例（%）	0.17	1.09	1.49	0.02	0.00	

3. 土壤速效钾 东北棕壤耕层土壤速效钾变化范围为 32.1～288.0 mg/kg，其中九等地土壤速效钾含量变化范围为 44.6～196.8 mg/kg，平均为 112.4 mg/kg。土壤速效钾分级及面积统计见表 18-37。从表中可以看出，处于很丰富和丰富水平的耕地占九等地面积的 10.17%；处于中等水平的耕地占九等地面积的比例最大，为 56.50%；处于较缺乏水平的耕地面积占 32.91%。可见，目前九等地耕地土壤速效钾整体含量处于中等偏下水平。

表 18-37 东北棕壤耕层土壤速效钾分级及面积

项　目	Ⅰ	Ⅱ	Ⅲ	Ⅳ	Ⅴ	Ⅵ
范围（mg/kg）	>200	150～200	100～150	50～100	30～50	<30
速效钾含量	很丰富	丰富	中等	较缺乏	缺乏	很缺乏
耕地面积（万 hm²）		0.72	4.00	2.33	0.03	
占九等地面积比例（%）		10.17	56.50	32.91	0.42	
占总耕地面积比例（%）		0.28	1.57	0.91	0.01	

4. 土壤 pH 东北棕壤耕层土壤 pH 变化范围为 4.6～8.5，九等地土壤 pH 变化范围为 5.0～8.2，平均值为 6.6。土壤 pH 分级及面积统计见表 18-38。从表中可以看出，弱酸性水平耕地占九等地面积的比例最大，为 40.68%；其次是中性水平耕地，占九等地面积的 27.68%；弱碱性水平的耕地占九等地面积的 23.73%；酸性水平耕地所占的比例最小，仅占九等地面积的 7.91%。可见，目前九等地土壤 pH 呈现中性偏弱酸性。

表 18-38 东北棕壤耕层土壤 pH 分级及面积

项　目	Ⅰ	Ⅱ	Ⅲ	Ⅳ
范围	4.5～5.5	5.5～6.5	6.5～7.5	7.5～8.5
酸碱性	酸性	弱酸性	中性	弱碱性
耕地面积（万 hm²）	0.56	2.88	1.96	1.68
占九等地面积比例（%）	7.91	40.68	27.68	23.73
占总耕地面积比例（%）	0.22	1.13	0.77	0.66

（十）十等地

十等地，综合评价指数<0.607 1，耕地面积 4.81 万 hm²，占棕壤总耕地面积的 1.89%。主要分布于内蒙古自治区赤峰市，吉林省四平市，以及辽宁省阜新市、铁岭市。其中，潮棕壤 1.25 万 hm²，占十等地面积的 25.99%；典型棕壤 3.24 万 hm²，占十等地面积的 67.36%；棕壤性土 0.32 万 hm²，占十等地面积的 6.65%。十等地土壤耕层质地主要为黏壤土和壤土；剖面构型主要为松散型，其余为零星薄层型、夹层型；地形部位以丘陵中下部和平原低阶为主；耕层厚度为 14.5～29.8 cm，平均值为 21.5 cm；有效土层厚度为 22.0～148.4 cm，平均值为 50.8 cm。灌溉能力不满足的耕地面积为 3.68 万 hm²，占十等地面积的 76.51%；排涝能力为基本满足与充分满足的耕地面积为 4.01 万 hm²，占十等地面积的 83.37%。

十等地土壤养分贫瘠、土层浅薄、灌溉能力差，对农业生产影响比较严重。应加强基础设施建设，建议对灌溉能力低的地区积极发展灌溉设施，提高灌溉能力；对养分低的地区采取增施有机肥、秸秆还田、测土配方施肥等综合培肥措施，培肥耕地土壤，有效增加土壤养分含量。

1. 土壤有机质 东北棕壤耕层土壤有机质含量变化范围为 8.7～57.7 g/kg，十等地土壤有机质含量变化范围为 8.9～47.9 g/kg，平均为 16.7 g/kg。土壤有机质分级及面积统计见表 18－39。从表中可以看出，目前有机质含量>30 g/kg 的占十等地面积的 9.81%，占总耕地面积的 0.181%；有机质含量为 20～30 g/kg 的占十等地面积的 17.25%，占总耕地面积的 0.34%；有机质含量为 10～20 g/kg 的占十等地面积的 72.73%，占总耕地面积的 1.36%。

表 18－39 东北棕壤耕层土壤有机质分级及面积

项　目	Ⅰ	Ⅱ	Ⅲ	Ⅳ	Ⅴ
范围（g/kg）	>40	30～40	20～30	10～20	0～10
有机质含量	很丰富	丰富	中等	较缺乏	缺乏
耕地面积（万 hm^2）	0.002	0.47	0.83	3.50	0.01
占十等地面积比例（%）	0.04	9.77	17.25	72.73	0.21
占总耕地面积比例（%）	0.001	0.18	0.34	1.36	0.004

2. 土壤有效磷 东北棕壤耕层土壤有效磷含量的变化范围为 4.81～125.0 mg/kg，其中十等地土壤有效磷含量变化范围为 4.8～50.4 mg/kg，平均为 34.5 mg/kg。土壤有效磷分级及面积统计见表 18－40。从表中可以看出，处于很丰富和丰富水平的耕地占十等地面积的 45.32%；中等和较缺乏水平的耕地分别占十等地面积的 45.32%和 9.15%。说明目前十等地耕层土壤有效磷总体含量处于中等以下的水平。

表 18－40 东北棕壤耕层土壤有效磷分级及面积

项　目	Ⅰ	Ⅱ	Ⅲ	Ⅳ	Ⅴ	Ⅵ
范围（mg/kg）	>40	20～40	10～20	5～10	3～5	<3
有效磷含量	很丰富	丰富	中等	较缺乏	缺乏	很缺乏
耕地面积（万 hm^2）	0.17	2.01	2.18	0.44	0.01	
占十等地面积比例（%）	3.53	41.79	45.32	9.15	0.21	
占总耕地面积比例（%）	0.07	0.79	0.85	0.18	0.004	

3. 土壤速效钾 东北棕壤耕层土壤速效钾变化范围为 32.1～288.0 mg/kg，其中十等地土壤速效钾含量变化范围为 38.3～229.2 mg/kg，平均为 98.2 mg/kg。土壤速效钾分级及面积统计见表 18－41。从表中可以看出，处于很丰富和丰富水平的耕地占十等地面积的 4.78%；处于中等水平的耕地占十等地面积的 76.09%；处于较缺乏水平的耕地占十等地面积的 18.92%。可见，目前十等地耕地土壤速效钾整体含量处于中等偏下水平。

表 18－41 东北棕壤耕层土壤速效钾分级及面积

项　目	Ⅰ	Ⅱ	Ⅲ	Ⅳ	Ⅴ	Ⅵ
范围（mg/kg）	>200	150～200	100～150	50～100	30～50	<30
速效钾含量	很丰富	丰富	中等	较缺乏	缺乏	很缺乏
耕地面积（万 hm^2）		0.23	3.66	0.91	0.01	
占十等地面积比例（%）		4.78	76.09	18.92	0.21	
占总耕地面积比例（%）		0.09	1.43	0.36	0.004	

4. 土壤 pH 东北棕壤耕层土壤 pH 变化范围为 4.6～8.5，十等地土壤 pH 变化范围为 5.0～7.7，平均值为 6.1。土壤 pH 分级及面积统计见表 18－42。从表中可以看出，弱酸性水平耕地占十等地面积的比例最大，为 41.16%；其次是弱碱性水平耕地，占十等地总面积的 37.21%；中性水平的耕地占十等地总面积的 11.44%；酸性水平耕地所占的比例最小，仅占十等地总面积的 10.19%。可见，目前十等地土壤 pH 呈现弱酸性和弱碱性。

表 18－42 东北棕壤耕层土壤 pH 分级及面积

项 目	Ⅰ	Ⅱ	Ⅲ	Ⅳ
范围	4.5～5.5	5.5～6.5	6.5～7.5	7.5～8.5
酸碱性	酸性	弱酸性	中性	弱碱性
耕地面积（万 hm^2）	0.49	1.98	0.55	1.79
占十等地面积比例（%）	10.19	41.16	11.44	37.21
占总耕地面积比例（%）	0.19	0.78	0.22	0.70

第二节 山东棕壤耕地各等级特点

山东省棕壤耕地总面积为 128.15 万 hm^2，其中一、二、三等地占总耕地面积的 33.53%；四、五、六等地占耕地总面积的 40.99%；七、八、九、十等地占耕地总面积的 25.48%。以六等地分布面积最大，占总耕地面积的 19.22%；十等地分布面积最小，占总耕地面积的 2.64%，见表 18－43（张颖等，2018）。

表 18－43 山东省棕壤耕地地力等级面积与比例

项 目	一等地	二等地	三等地	四等地	五等地
面积（万 hm^2）	6.69	13.27	23.00	15.55	12.35
比例（%）	5.22	10.36	17.95	12.14	9.63
项 目	六等地	七等地	八等地	九等地	十等地
面积（万 hm^2）	24.63	13.40	11.45	4.42	3.39
比例（%）	19.22	10.46	8.93	3.45	2.64

一、山东棕壤耕地地力空间分布分析

山东省棕壤一、二、三等地主要分布于鲁中南、鲁中地区；四、五、六等地分布于鲁东、鲁南和鲁中地区；七、八、九、十等地比较分散地分布于鲁南、鲁中和鲁中南地区。

（一）山东棕壤耕地地力等级分布

一、二、三等地地貌类型以山丘区微倾斜平地、缓坡地、洪积扇、斜坡地、高丘、山丘区河漫滩和平台（阶地岗地）为主。该区域耕地地力情况较好，农业基础设施均配套成型，测土配方施肥工程也首先在这些区域展开。四、五、六等地地貌类型以高丘、低山、低丘、斜坡地、谷地为主，属于只要加大资金投入、完善基础设施、改善生产条件，产量就能大幅提高的中产田类型，有一定的开发潜力。七、八、九、十等地地貌类型以低山、高丘、低丘为主，这部分耕地有效耕层薄、肥力低、灌溉条件较差，还有部分未利用土地，属于低产田类型。

（二）山东棕壤耕地地力等级的行政区域分布

一、二、三等地耕地所占比例较高的市为泰安市、潍坊市、枣庄市、青岛市、济宁市；四、五、六等地耕地所占比例较高的市主要为烟台市、威海市、临沂市、济南市；七、八、九、十等地耕地所占比例较高的市有日照市、淄博市、济南市莱芜区，见表 18－44。

表 18-44 山东棕壤耕地地力等级行政区域分布

等级	泰安市			淄博市			济南市莱芜区		
	面积（万 hm²）	占该市（%）	占各等地（%）	面积（万 hm²）	占该市（%）	占各等地（%）	面积（万 hm²）	占该市（%）	占各等地（%）
一等地	2.07	19.17	30.94	0.02	1.34	0.3	0	0	0
二等地	1.45	13.43	10.93	0.12	8.06	0.9	0	0	0
三等地	2.87	26.57	12.48	0.04	2.69	0.17	0.26	11.3	1.13
四等地	0.53	4.91	3.41	0.02	1.34	0.13	0.09	3.91	0.58
五等地	0.91	8.43	7.37	0.03	2.01	0.24	0.14	6.09	1.13
六等地	1.48	13.7	6.01	0.2	13.42	0.81	0.52	22.61	2.11
七等地	0.67	6.2	5	0.57	38.26	4.25	0.1	4.35	0.75
八等地	0.5	4.63	4.37	0.11	7.38	0.96	0.46	20	4.02
九等地	0.14	1.3	3.17	0.35	23.49	7.92	0.43	18.7	9.73
十等地	0.18	1.66	5.31	0.03	2.01	0.88	0.3	13.04	8.86
总计	10.8	100		1.49	100		2.3	100	

等级	临沂市			济宁市			枣庄市		
	面积（万 hm²）	占该市（%）	占各等地（%）	面积（万 hm²）	占该市（%）	占各等地（%）	面积（万 hm²）	占该市（%）	占各等地（%）
一等地	0.18	0.74	2.69	1.13	15.5	16.89	0.16	6.93	2.39
二等地	0.63	2.58	4.75	1.27	17.42	9.57	0.6	25.97	4.52
三等地	2.59	10.61	11.26	1.19	16.32	5.18	0.25	10.82	1.09
四等地	2.11	8.64	13.57	0.6	8.23	3.86	0.14	6.06	0.9
五等地	3.94	16.13	31.91	0.57	7.82	4.62	0.13	5.63	1.05
六等地	7.51	30.75	30.49	0.76	10.43	3.09	0.28	12.12	1.14
七等地	3.25	13.31	24.25	0.66	9.05	4.93	0.27	11.69	2.01
八等地	2.47	10.11	21.57	0.55	7.54	4.8	0.18	7.79	1.57
九等地	0.79	3.24	17.87	0.19	2.61	4.3	0.09	3.9	2.04
十等地	0.95	3.89	28.02	0.37	5.08	10.92	0.21	9.09	6.19
总计	24.42	100		7.29	100		2.31	100	

等级	青岛市			潍坊市			日照市		
	面积（万 hm²）	占该市（%）	占各等地（%）	面积（万 hm²）	占该市（%）	占各等地（%）	面积（万 hm²）	占该市（%）	占各等地（%）
一等地	1.16	6.2	17.34	1.48	16.35	22.12	0.26	2.14	3.89
二等地	3.73	19.95	28.11	1.92	21.22	14.47	1.38	11.35	10.4
三等地	7.06	37.75	30.7	2.33	25.75	10.13	1.48	12.17	6.43
四等地	1.37	7.33	8.81	1.22	13.48	7.85	0.82	6.74	5.27
五等地	1.58	8.45	12.79	0.04	0.44	0.32	1.46	12.01	11.82
六等地	2.73	14.6	11.08	0.87	9.61	3.53	1.42	11.68	5.77
七等地	0.53	2.83	3.96	0.49	5.41	3.66	3.07	25.25	22.91
八等地	0.34	1.82	2.97	0.39	4.31	3.41	1	8.22	8.73
九等地	0.08	0.43	1.81	0.27	2.98	6.11	0.63	5.18	14.25
十等地	0.12	0.64	3.54	0.04	0.45	1.18	0.64	5.26	18.88
总计	18.7	100		9.05	100		12.16	100	

（续）

等级	烟台市			威海市			济南市		
	面积（万 hm^2）	占该市（%）	占各等地（%）	面积（万 hm^2）	占该市（%）	占各等地（%）	面积（万 hm^2）	占该市（%）	占各等地（%）
一等地	0.23	0.95	3.44	0	0	0	0	0	0
二等地	2.15	8.94	16.2	0.02	0.13	0.15	0	0	0
三等地	4.01	16.67	17.43	0.92	6.1	4	0	0	0
四等地	5	20.78	32.15	3.63	24.09	23.34	0.02	4	0.13
五等地	1.47	6.11	11.9	2.08	13.81	16.85	0	0	0
六等地	4.9	20.37	19.89	3.65	24.22	14.82	0.31	62	1.26
七等地	1.92	7.98	14.33	1.76	11.68	13.13	0.11	22	0.82
八等地	3.2	13.3	27.95	2.22	14.73	19.39	0.03	6	0.26
九等地	0.95	3.95	21.49	0.47	3.12	10.63	0.03	6	0.68
十等地	0.23	0.95	6.78	0.32	2.12	9.44	0	0	0
总计	24.07	100		15.07	100		0.5	100	

二、山东棕壤耕地地力等级及养分特点

（一）一等地

一等地，综合评价指数>0.90，耕地面积 6.69 万 hm^2，占棕壤总耕地面积的 5.22%，主要分布于泰安市、潍坊市。其中，旱地 3.18 万 hm^2，占一等地面积的 47.53%；水浇地 3.51 万 hm^2，占一等地面积的 52.47%。一等地土壤耕层质地主要为轻壤，兼有零星中壤和沙壤；土体构型大多是壤体、夹黏；地貌类型以山丘区微倾斜平地、缓坡地、洪积扇和斜坡地为主；土层厚度>100 cm，土壤理化性状良好，可耕性强；农田水利设施较为完善，灌排条件较好，灌溉保证率达到 100%。

1. 土壤有机质 山东棕壤耕层土壤有机质含量变化范围为 6.1～28.3 g/kg，平均为 11.72 g/kg。一等地土壤有机质含量变化范围为 6.8～28.3 g/kg，平均为 13.64 g/kg，属于中等偏上水平。土壤有机质分级及面积统计见表 18－45。从表中可以看出，目前一等地有机质含量在 12～15 g/kg 的耕地面积最大，占一等地面积的 53.06%，占总耕地面积的 2.77%；有机质含量>20 g/kg 的耕地面积最少，占一等地面积的 0.75%，占总耕地面积的 0.04%。

表 18－45 山东棕壤耕层土壤有机质分级及面积

项　目	Ⅰ	Ⅱ	Ⅲ	Ⅳ	Ⅴ	Ⅵ	Ⅶ
范围（g/kg）	>20	15～20	12～15	10～12	8～10	6～8	<6
耕地面积（万 hm^2）	0.05	1.46	3.55	1.30	0.14	0.09	0.10
占一等地面积比例（%）	0.75	21.82	53.06	19.44	2.09	1.35	1.49
占总耕地面积比例（%）	0.04	1.14	2.77	1.01	0.11	0.07	0.08

2. 土壤全氮 山东棕壤耕层土壤全氮含量的变化范围为 0.37～2.37 g/kg，平均为 0.83 g/kg。一等地土壤全氮含量变化范围为 0.57～2.02 g/kg，平均为 0.94 g/kg，属于中等偏上水平。土壤全氮分级及面积统计见表 18－46。从表中可以看出，全氮含量在 0.75～1 g/kg 的耕地面积最大，占一等地面积的 58.15%，占总耕地面积的 3.04%；全氮含量在 1.2～1.5 g/kg 的耕地面积最小，占一等地面积的 4.04%，占总耕地面积的 0.21%；土壤全氮含量<0.5 g/kg 的耕地不存在。

表 18-46 山东棕壤耕层土壤全氮分级及面积

项目	Ⅰ	Ⅱ	Ⅲ	Ⅳ	Ⅴ	Ⅵ
范围（g/kg）	>1.5	1.2～1.5	1～1.2	0.75～1	0.5～0.75	<0.5
耕地面积/万 hm²	0.40	0.27	1.16	3.89	0.97	0.00
占一等地面积比例（%）	5.98	4.04	17.34	58.15	14.49	0.00
占总耕地面积比例（%）	0.31	0.21	0.91	3.03	0.76	0.00

3. 土壤有效磷 山东棕壤耕层土壤有效磷含量的变化范围为 7.5～226.3 mg/kg，平均为 33.42 mg/kg。一等地土壤有效磷含量变化范围为 13.3～107.9 mg/kg，平均为 41.6 mg/kg，属于中等偏上水平。土壤有效磷分级及面积统计见表 18-47。从表中可以看出，有效磷含量在 30～50 mg/kg 的耕地面积最大，占一等地面积的 47.53%，占总耕地面积的 2.48%；有效磷含量在 10～15 mg/kg 的耕地面积最小，占一等地面积的 2.24%，占总耕地面积的 0.12%；有效磷含量>120 mg/kg 和<10 mg/kg 的耕地不存在。

表 18-47 山东棕壤耕层土壤有效磷分级及面积

项目	Ⅰ	Ⅱ	Ⅲ	Ⅳ	Ⅴ	Ⅵ	Ⅶ	Ⅷ
范围（mg/kg）	>120	80～120	50～80	30～50	20～30	15～20	10～15	<10
耕地面积（万 hm²）	0.00	0.27	1.34	3.18	1.37	0.38	0.15	0.00
占一等地面积比例（%）	0.00	4.04	20.03	47.53	20.48	5.68	2.24	0.00
占总耕地面积比例（%）	0.00	0.21	1.04	2.48	1.07	0.30	0.12	0.00

4. 土壤速效钾 山东棕壤耕层土壤速效钾变化范围为 39～367 mg/kg，平均为 101 mg/kg。一等地土壤速效钾含量变化范围为 61～301 mg/kg，平均为 124.39 mg/kg，属于中等偏上水平。土壤速效钾分级及面积统计见表 18-48。从表中可以看出，速效钾含量在 75～100 mg/kg 的耕地面积最大，占一等地面积的 28.55%，占总耕地面积的 1.49%；>300 mg/kg 的耕地面积最小，占一等地面积的 0.75%，占总耕地面积的 0.04%；<50 mg/kg 的耕地不存在。

表 18-48 山东棕壤耕层土壤速效钾分级及面积

项目	Ⅰ	Ⅱ	Ⅲ	Ⅳ	Ⅴ	Ⅵ	Ⅶ	Ⅷ
范围（mg/kg）	>300	200～300	150～200	120～150	100～120	75～100	50～75	<50
耕地面积（万 hm²）	0.05	0.45	0.89	1.64	1.25	1.91	0.50	0.00
占一等地面积比例（%）	0.75	6.73	13.30	24.51	18.68	28.55	7.48	0.00
占总耕地面积比例（%）	0.04	0.35	0.69	1.28	0.98	1.49	0.39	0.00

5. 土壤 pH 山东棕壤耕层土壤 pH 变化范围为 4.6～8.7，平均为 6.06。一等地土壤 pH 变化范围为 4.9～7.7，平均值为 6.5，属于中性水平。pH 分级及面积统计见表 18-49。从表中可以看出，土壤 pH 在 5.5～7.5 的耕地面积占一等地面积的 94.92%。可见，目前一等地土壤 pH 呈现中性偏弱酸性。

表 18-49 山东棕壤耕层土壤 pH 分级及面积

项目	Ⅰ	Ⅱ	Ⅲ	Ⅳ	Ⅴ
范围	>8.5	7.5～8.5	6.5～7.5	5.5～6.5	<5.5
耕地面积（万 hm²）	0.02	0.22	2.85	3.50	0.10
占一等地面积比例（%）	0.30	3.29	42.60	52.32	1.49
占总耕地面积比例（%）	0.02	0.17	2.22	2.73	0.08

(二) 二等地

二等地，综合评价指数为0.82～0.90，耕地面积为13.27万 hm^2，占棕壤耕地总面积的10.36%，主要分布于潍坊市、枣庄市。其中，旱地8.72万 hm^2，占二等地面积的65.71%；水浇地4.55万 hm^2，占二等地面积的34.29%。二等地土壤耕层质地主要是轻壤、沙壤和中壤，兼有零星沙土和砾质沙土；土体构型多是夹黏、壤体、黏底和夹沙；地貌类型以高丘、山丘区微倾斜平地、斜坡地、缓坡地和山丘区河漫滩为主；土层厚度在60～100 cm，较深厚，土壤理化性状良好，可耕性较强；农田水利设施较为完善，灌排条件良好，灌溉保证率在75%以上。

1. 土壤有机质 山东棕壤耕层土壤有机质含量变化范围为6.1～28.3 g/kg，平均为11.72 g/kg。二等地耕层土壤有机质含量变化范围为6.5～25.1 g/kg，平均为12.48 g/kg，属于中等偏上水平。土壤有机质分级及面积统计见表18-50。从表中可以看出，目前二等地有机质含量为12～15 g/kg的耕地面积最大，占二等地面积的41.97%，占总耕地面积的4.35%；有机质含量<6 g/kg的耕地面积最小，仅占二等地面积的0.60%，占总耕地面积的0.06%。

表18-50 山东棕壤耕层土壤有机质分级及面积

项　目	Ⅰ	Ⅱ	Ⅲ	Ⅳ	Ⅴ	Ⅵ	Ⅶ
范围(g/kg)	>20	15～20	12～15	10～12	8～10	6～8	<6
耕地面积(万 hm^2)	0.14	1.28	5.57	4.41	1.61	0.18	0.08
占二等地面积比例(%)	1.06	9.65	41.97	33.23	12.13	1.36	0.60
占总耕地面积比例(%)	0.11	1.00	4.35	3.44	1.26	0.14	0.06

2. 土壤全氮 山东棕壤耕层土壤全氮含量的变化范围为0.37～2.37 g/kg，平均为0.83 g/kg。二等地土壤全氮含量变化范围为0.43～2.02 g/kg，平均为0.9 g/kg，属于中等偏上水平。土壤全氮分级及面积统计见表18-51。从表中可以看出，全氮含量在0.75～1 g/kg的耕地面积最大，占二等地面积的52.53%，占总耕地面积的5.45%；全氮含量<0.5 g/kg的耕地面积最小，占二等地面积的1.28%，占总耕地面积的0.13%。

表18-51 山东棕壤耕层土壤全氮分级及面积

项　目	Ⅰ	Ⅱ	Ⅲ	Ⅳ	Ⅴ	Ⅵ
范围(g/kg)	>1.5	1.2～1.5	1～1.2	0.75～1	0.5～0.75	<0.5
耕地面积(万 hm^2)	0.44	0.49	1.57	6.97	3.63	0.17
占二等地面积比例(%)	3.32	3.69	11.83	52.53	27.35	1.28
占总耕地面积比例(%)	0.34	0.38	1.23	5.45	2.83	0.13

3. 土壤有效磷 山东棕壤耕层土壤有效磷含量的变化范围为7.5～226.3 mg/kg，平均为33.42 mg/kg。二等地土壤有效磷含量变化范围为11～131.3 mg/kg，平均为37.48 mg/kg，属于中等偏上水平。土壤有效磷分级及面积统计见表18-52。从表中可以看出，有效磷含量在30～50 mg/kg的耕地面积最大，占二等地面积的49.89%，占总耕地面积的5.17%；有效磷含量在80～120 mg/kg的耕地面积最小，占二等地面积的3.08%，占总耕地面积的0.32%；有效磷含量>120 mg/kg和<10 mg/kg的耕地不存在。

表18-52 山东棕壤耕层土壤有效磷分级及面积

项　目	Ⅰ	Ⅱ	Ⅲ	Ⅳ	Ⅴ	Ⅵ	Ⅶ	Ⅷ
范围(mg/kg)	>120	80～120	50～80	30～50	20～30	15～20	10～15	<10
耕地面积(万 hm^2)	0.00	0.41	1.36	6.62	2.74	1.16	0.98	0.00
占二等地面积比例(%)	0.00	3.08	10.25	49.89	20.65	8.74	7.39	0.00
占总耕地面积比例(%)	0.00	0.32	1.06	5.17	2.14	0.91	0.76	0.00

4. 土壤速效钾 山东棕壤耕层土壤速效钾变化范围为39～367 mg/kg，平均为101 mg/kg。二等地土壤速效钾变化范围为48～295 mg/kg，平均含量为109.95 mg/kg，属于中等偏上水平。土壤速效钾分级及面积统计见表18－53。从表中可以看出，速效钾含量在75～100 mg/kg的耕地面积最大，占二等地面积的31.72%，占总耕地面积的3.29%；>300 mg/kg的耕地面积最小，仅占二等地面积的0.75%，占总耕地面积的0.08%；<50 mg/kg的耕地不存在。

表18－53 山东棕壤耕层土壤速效钾分级及面积

项目	Ⅰ	Ⅱ	Ⅲ	Ⅳ	Ⅴ	Ⅵ	Ⅶ	Ⅷ
范围（mg/kg）	>300	200～300	150～200	120～150	100～120	75～100	50～75	<50
耕地面积（万hm^2）	0.10	0.16	1.44	2.12	2.81	4.21	2.43	0.00
占二等地面积比例（%）	0.75	1.21	10.85	15.98	21.18	31.72	18.31	0.00
占总耕地面积比例（%）	0.08	0.12	1.12	1.66	2.19	3.29	1.90	0.00

5. 土壤pH 山东棕壤耕层土壤pH变化范围为4.6～8.7，平均为6.06。二等地土壤pH变化范围为4.9～7.8，平均值为6.25，属于中性水平。pH分级及面积统计见表18－54。从表中可以看出，土壤pH在5.5～6.5的耕地面积最大，占二等地面积的51.32%，占总耕地面积的5.32%；pH在7.5～8.5的耕地面积最小，占二等地面积的1.73%，占总耕地面积的0.18%；pH>8.5的耕地不存在。

表18－54 山东棕壤耕层土壤pH分级及面积

项目	Ⅰ	Ⅱ	Ⅲ	Ⅳ	Ⅴ
范围	>8.5	7.5～8.5	6.5～7.5	5.5～6.5	<5.5
耕地面积（万hm^2）	0.00	0.23	4.41	6.81	1.83
占二等地面积比例（%）	0.00	1.73	33.23	51.32	13.75
占总耕地面积比例（%）	0.00	0.18	3.44	5.32	1.42

（三）三等地

三等地，综合评价指数为0.74～0.82，耕地面积23.00万hm^2，占棕壤耕地总面积的17.95%，主要分布于青岛市、济宁市。其中，旱地18.93万hm^2，占三等地面积的82.30%；水浇地4.07万hm^2，占三等地面积17.70%。三等地土壤耕层质地主要是轻壤、沙壤和中壤，兼有零星沙土、砾质沙土和砂质砾石土；土体构型多是夹黏、壤体、中层、黏底和夹沙；地貌类型主要是高丘、斜坡地、平台（阶地岗地）、山丘区微倾斜平地和缓坡地；土层厚度在60～100 cm，较深厚；灌溉保证率达到75%。

1. 土壤有机质 山东棕壤耕层土壤有机质含量变化范围为6.1～28.3 g/kg，平均为11.72 g/kg。三等地耕地土壤有机质含量变化范围为6.5～24.1 g/kg，平均为11.97 g/kg，属于中等水平。土壤有机质分级及面积统计见表18－55。从表中可以看出，目前三等地有机质含量在12～15 g/kg的耕地面积最大，占三等地面积37.00%，占总耕地面积的6.64%；有机质含量>20 g/kg的耕地面积最小，仅占三等地面积的0.13%，占总耕地面积的0.02%。

表18－55 山东棕壤耕层土壤有机质分级及面积

项目	Ⅰ	Ⅱ	Ⅲ	Ⅳ	Ⅴ	Ⅵ	Ⅶ
范围（g/kg）	>20	15～20	12～15	10～12	8～10	6～8	<6
耕地面积（万hm^2）	0.03	1.93	8.51	7.95	4.09	0.44	0.05
占三等地面积比例（%）	0.13	8.39	37.00	34.57	17.78	1.91	0.22
占总耕地面积比例（%）	0.02	1.51	6.64	6.20	3.19	0.35	0.04

2. 土壤全氮　山东棕壤耕层土壤全氮含量的变化范围为 0.37～2.37 g/kg，平均为 0.83 g/kg。三等地棕壤全氮含量变化范围为 0.4～2.1 g/kg，平均为 0.89 g/kg，属于中等水平。土壤全氮分级及面积统计见表 18 - 56。从表中可以看出，全氮含量在 0.5～0.75 g/kg 的耕地面积最大，占三等地面积的 45.04%，占总耕地面积的 8.09%；全氮含量<0.5 g/kg 的耕地面积最小，占三等地面积的 0.70%，占总耕地面积的 0.12%。

表 18 - 56　山东棕壤耕层土壤全氮分级及面积

项　　目	Ⅰ	Ⅱ	Ⅲ	Ⅳ	Ⅴ	Ⅵ
范围（g/kg）	>1.5	1.2～1.5	1～1.2	0.75～1	0.5～0.75	<0.5
耕地面积（万 hm^2）	0.28	0.45	1.85	9.90	10.36	0.16
占三等地面积比例（%）	1.22	1.96	8.04	43.04	45.04	0.70
占总耕地面积比例（%）	0.22	0.35	1.44	7.73	8.09	0.12

3. 土壤有效磷　山东棕壤耕层土壤有效磷含量的变化范围为 7.5～226.3 mg/kg，平均为 33.42 mg/kg。三等地土壤有效磷含量变化范围为 10.2～226.3 mg/kg，平均为 33.31 mg/kg，属于中等水平。土壤有效磷分级及面积统计见表 18 - 57。从表中可以看出，有效磷含量在 30～50 mg/kg 的耕地面积最大，占三等地面积的 36.17%，占总耕地面积的 6.49%；有效磷含量<10 mg/kg 的耕地面积最小，占三等地面积的 0.22%，占总耕地面积的 0.04%。

表 18 - 57　山东棕壤耕层土壤有效磷分级及面积

项　　目	Ⅰ	Ⅱ	Ⅲ	Ⅳ	Ⅴ	Ⅵ	Ⅶ	Ⅷ
范围（mg/kg）	>120	80～120	50～80	30～50	20～30	15～20	10～15	<10
耕地面积（万 hm^2）	0.12	0.27	1.47	8.32	7.15	3.11	2.51	0.05
占三等地面积比例（%）	0.52	1.17	6.39	36.17	31.09	13.52	10.92	0.22
占总耕地面积比例（%）	0.09	0.21	1.15	6.49	5.58	2.43	1.96	0.04

4. 土壤速效钾　山东棕壤耕层土壤速效钾含量变化范围为 39～367 mg/kg，平均为 101 mg/kg。三等地土壤速效钾含量变化范围为 45～323 mg/kg，平均为 102.65 mg/kg，属于中等水平。土壤速效钾分级及面积统计见表 18 - 58。从表中可以看出，速效钾含量在 75～100 mg/kg 的耕地面积最大，占三等地面积的 41.65%，占总耕地面积的 7.48%；>300 mg/kg 的耕地面积最小，仅占三等地面积的 0.26%，占总耕地面积的 0.05%。

表 18 - 58　山东棕壤耕层土壤速效钾分级及面积

项　　目	Ⅰ	Ⅱ	Ⅲ	Ⅳ	Ⅴ	Ⅵ	Ⅶ	Ⅷ
范围（mg/kg）	>300	200～300	150～200	120～150	100～120	75～100	50～75	<50
耕地面积（万 hm^2）	0.06	0.36	1.37	2.70	3.74	9.58	5.06	0.13
占三等地面积比例（%）	0.26	1.57	5.96	11.74	16.26	41.65	22.00	0.56
占总耕地面积比例（%）	0.05	0.28	1.07	2.11	2.92	7.48	3.94	0.10

5. 土壤 pH　山东棕壤耕层土壤 pH 变化范围为 4.6～8.7，平均为 6.06。三等地土壤 pH 变化范围为 4.7～7.8，平均值为 6.17，属于中性水平。pH 分级及面积统计见表 18 - 59。从表中可以看出，土壤 pH 在 5.5～6.5 的耕地面积最大，占三等地面积的 56.65%，占总耕地面积的 10.17%；pH 在 7.5～8.5 的耕地面积最小，占三等地面积的 0.39%，占总耕地面积的 0.07%；pH>8.5 的耕地不存在。

表 18-59　山东棕壤耕层土壤 pH 分级及面积

项　目	Ⅰ	Ⅱ	Ⅲ	Ⅳ	Ⅴ
范围	>8.5	7.5～8.5	6.5～7.5	5.5～6.5	<5.5
耕地面积（万 hm^2）	0.00	0.09	6.50	13.03	3.38
占三等地面积比例（%）	0.00	0.39	28.26	56.65	14.70
占总耕地面积比例（%）	0.00	0.07	5.07	10.17	2.64

（四）四等地

四等地，综合评价指数为 0.69～0.74，耕地面积 15.55 万 hm^2，占棕壤耕地总面积的 12.13%，主要分布于烟台市、威海市。其中，旱地 13.61 万 hm^2，占四等地面积的 87.53%；水浇地 1.91 万 hm^2，占四等地面积的 12.28%；灌溉水田 0.03 万 hm^2，占四等地面积的 0.19%。四等地土壤耕层质地主要是轻壤、沙壤、中壤和砾质沙土；土体构型主要有夹黏、中层、薄层和壤体等类型；地貌类型以高丘、低山、山丘区微倾斜平地、低丘和斜坡地为主；土层厚度在 60～100 cm。部分地区灌溉保证率接近 75%。

1. 土壤有机质　山东棕壤耕层土壤有机质含量变化范围为 6.1～28.3 g/kg，平均为 11.72 g/kg。四等地耕地土壤有机质含量变化范围为 6.5～23.3 g/kg，平均为 11.2 g/kg，属于中等水平。土壤有机质分级及面积统计见表 18-60。从表中可以看出，目前四等地有机质含量在 10～12 g/kg 的耕地面积最大，占四等地面积 47.01%，占总耕地面积的 5.70%；有机质含量<6 g/kg 的耕地面积最小，占四等地面积 0.32%，占总耕地面积的 0.04%；有机质含量>20 g/kg 的耕地不存在。

表 18-60　山东棕壤耕层土壤有机质分级及面积

项　目	Ⅰ	Ⅱ	Ⅲ	Ⅳ	Ⅴ	Ⅵ	Ⅶ
范围（g/kg）	>20	15～20	12～15	10～12	8～10	6～8	<6
耕地面积/万 hm^2	0.00	0.44	3.55	7.31	3.55	0.65	0.05
占四等地面积比例（%）	0.00	2.83	22.83	47.01	22.83	4.18	0.32
占总耕地面积比例（%）	0.00	0.34	2.77	5.70	2.77	0.51	0.04

2. 土壤全氮　山东棕壤耕层土壤全氮含量的变化范围为 0.37～2.37 g/kg，平均为 0.83 g/kg。四等地棕壤全氮含量变化范围为 0.37～2.3 g/kg，平均为 0.87 g/kg，属于中等水平。土壤全氮分级及面积统计见表 18-61。从表中可以看出，全氮含量在 0.5～0.75 g/kg 的耕地面积最大，占四等地面积的 48.49%，占总耕地面积的 5.88%；全氮含量<0.5 g/kg 的耕地面积最小，占四等地面积的 1.16%，占总耕地面积的 0.14%。

表 18-61　山东棕壤耕层土壤全氮分级及面积

项　目	Ⅰ	Ⅱ	Ⅲ	Ⅳ	Ⅴ	Ⅵ
范围（g/kg）	>1.5	1.2～1.5	1～1.2	0.75～1	0.5～0.75	<0.5
耕地面积/万 hm^2	0.64	1.31	0.89	4.99	7.54	0.18
占四等地面积比例（%）	4.12	8.42	5.72	32.09	48.49	1.16
占总耕地面积比例（%）	0.50	1.02	0.70	3.89	5.88	0.14

3. 土壤有效磷　山东棕壤耕层土壤有效磷含量的变化范围为 7.5～226.3 mg/kg，平均为 33.42 mg/kg。四等地棕壤有效磷含量变化范围为 8.4～130.6 mg/kg，平均为 33.19 mg/kg，属于中等水平。土壤有效磷分级及面积统计见表 18-62。从表中可以看出，有效磷含量在 30～50 mg/kg 的耕地面积最

大，占四等地面积的48.10%，占总耕地面积的5.84%；有效磷含量<10 mg/kg的耕地面积最小，占四等地面积的0.45%，占总耕地面积的0.05%；有效磷含量>120 mg/kg的耕地不存在。

表18-62　山东棕壤耕层土壤有效磷分级及面积

项　目	Ⅰ	Ⅱ	Ⅲ	Ⅳ	Ⅴ	Ⅵ	Ⅶ	Ⅷ
范围（mg/kg）	>120	80～120	50～80	30～50	20～30	15～20	10～15	<10
耕地面积（万 hm^2）	0.00	0.08	0.71	7.48	3.92	1.95	1.34	0.07
占四等地面积比例（%）	0.00	0.51	4.57	48.10	25.21	12.54	8.62	0.45
占总耕地面积比例（%）	0.00	0.06	0.55	5.84	3.06	1.52	1.05	0.05

4. 土壤速效钾　山东棕壤耕层土壤速效钾含量变化范围为39～367 mg/kg，平均为101 mg/kg。四等地土壤速效钾含量变化范围为40～367 mg/kg，平均为101.36 mg/kg，属于中等水平。土壤速效钾分级及面积统计见表18-63。从表中可以看出，速效钾含量在75～100 mg/kg的耕地面积最大，占四等地面积的54.15%，占总耕地面积的6.57%；速效钾含量<50 mg/kg的耕地面积最小，仅占四等地面积的0.13%，占总耕地面积的0.02%。

表18-63　山东棕壤耕层土壤速效钾分级及面积

项　目	Ⅰ	Ⅱ	Ⅲ	Ⅳ	Ⅴ	Ⅵ	Ⅶ	Ⅷ
范围（mg/kg）	>300	200～300	150～200	120～150	100～120	75～100	50～75	<50
耕地面积（万 hm^2）	0.05	0.05	0.38	1.23	1.45	8.42	3.95	0.02
占四等地面积比例（%）	0.32	0.32	2.44	7.91	9.32	54.15	25.41	0.13
占总耕地面积比例（%）	0.04	0.04	0.30	0.96	1.12	6.57	3.08	0.02

5. 土壤pH　山东棕壤耕层土壤pH变化范围为4.6～8.7，平均为6.06。四等地土壤pH变化范围为4.6～7.8，平均值为6.15，属于中等水平。pH分级及面积统计见表18-64。从表中可以看出，土壤pH在5.5～6.5的耕地面积最大，占四等地面积的52.20%，占总耕地面积的6.34%；pH>8.5的耕地面积最小，仅占四等地面积的0.02%。

表18-64　山东棕壤耕层土壤pH分级及面积

项　目	Ⅰ	Ⅱ	Ⅲ	Ⅳ	Ⅴ
范围	>8.5	7.5～8.5	6.5～7.5	5.5～6.5	<5.5
耕地面积（万 hm^2）	0.003	0.11	2.23	8.12	5.09
占四等地面积比例（%）	0.02	0.71	14.34	52.20	32.73
占总耕地面积比例（%）	0.00	0.08	1.74	6.34	3.97

（五）五等地

五等地，综合评价指数为0.64～0.69，耕地面积为12.35万 hm^2，占棕壤耕地总面积的9.63%，主要分布于威海市、临沂市。其中，旱地11.16万 hm^2，占五等地面积的90.36%；水浇地1.14万 hm^2，占五等地面积的9.23%；灌溉水田0.05万 hm^2，占五等地面积的0.41%。五等地土壤耕层质地以轻壤、沙壤、砾质沙土为主；土体构型有薄层、中层、夹黏、砾体等类型；地貌类型以高丘、低山、斜坡地为主；土层厚度在30～60 cm；灌溉保证率能达到50%以上。

1. 土壤有机质　山东棕壤耕层土壤有机质含量变化范围为6.1～28.3 g/kg，平均为11.72 g/kg。五等地耕层土壤有机质含量变化范围为7～22.4 g/kg，平均为11.87 g/kg，属于中等水平。土壤有机质分级及面积统计见表 18－65。从表中可以看出，目前五等地有机质含量为 12～15 g/kg 的耕地面积最大，占五等地面积的 36.28%，占总耕地面积的 3.50%；有机质含量>20 g/kg 的耕地面积最小，仅占五等地面积的 0.04%；有机质含量<6 g/kg 的耕地不存在。

表 18－65　山东棕壤耕层土壤有机质分级及面积

项　目	Ⅰ	Ⅱ	Ⅲ	Ⅳ	Ⅴ	Ⅵ	Ⅶ
范围（g/kg）	>20	15～20	12～15	10～12	8～10	6～8	<6
耕地面积（万 hm^2）	0.005	0.84	4.48	3.57	3.05	0.40	0.00
占五等地面积比例（%）	0.04	6.80	36.28	28.92	24.72	3.24	0.00
占总耕地面积比例（%）	0.00	0.66	3.50	2.79	2.38	0.31	0.00

2. 土壤全氮　山东棕壤耕层土壤全氮含量的变化范围为 0.37～2.37 g/kg，平均为 0.83 g/kg。五等地土壤全氮含量变化范围为 0.45～2.31 g/kg，平均为 0.83 g/kg，属于中等水平。土壤全氮分级及面积统计见表 18－66。从表中可以看出，全氮含量在 0.75～1 g/kg 的耕地面积最大，占五等地面积的 38.14%，占总耕地面积的 3.67%；全氮含量<0.5 g/kg 的耕地面积最小，占五等地面积的 3.48%，占总耕地面积的 0.34%。

表 18－66　山东棕壤耕层土壤全氮分级及面积

项　目	Ⅰ	Ⅱ	Ⅲ	Ⅳ	Ⅴ	Ⅵ
范围（g/kg）	>1.5	1.2～1.5	1～1.2	0.75～1	0.5～0.75	<0.5
耕地面积（万 hm^2）	1.05	0.70	0.77	4.71	4.69	0.43
占五等地面积比例（%）	8.50	5.67	6.23	38.14	37.98	3.48
占总耕地面积比例（%）	0.82	0.55	0.60	3.67	3.66	0.34

3. 土壤有效磷　山东棕壤耕层土壤有效磷含量的变化范围为 7.5～226.3 mg/kg，平均为 33.42 mg/kg。五等地棕壤有效磷含量变化范围为 8.6～141.6 mg/kg，平均为 32.61 mg/kg，属于中等水平。土壤有效磷分级及面积统计见表 18－67。从表中可以看出，有效磷含量在 30～50 mg/kg 的耕地面积最大，占五等地面积的 40.24%，占总耕地面积的 3.88%；有效磷含量<10 mg/kg 的耕地面积最小，占五等地面积的 0.24%，占总耕地面积的 0.02%。

表 18－67　山东棕壤耕层土壤有效磷分级及面积

项　目	Ⅰ	Ⅱ	Ⅲ	Ⅳ	Ⅴ	Ⅵ	Ⅶ	Ⅷ
范围（mg/kg）	>120	80～120	50～80	30～50	20～30	15～20	10～15	<10
耕地面积（万 hm^2）	0.07	0.12	0.67	4.97	3.59	1.46	1.44	0.03
占五等地面积比例（%）	0.57	0.97	5.43	40.24	29.07	11.82	11.66	0.24
占总耕地面积比例（%）	0.05	0.09	0.52	3.88	2.81	1.15	1.12	0.02

4. 土壤速效钾　山东棕壤耕层土壤速效钾含量变化范围为 39～367 mg/kg，平均为 101 mg/kg。五等地土壤速效钾含量变化范围为 40～291 mg/kg，平均为 100.42 mg/kg，属于中等水平。土壤速效钾分级及面积统计见表 18－68。从表中可以看出，速效钾含量在 75～100 mg/kg 的耕地面积最大，占五等地面积的 40.24%，占总耕地面积的 3.88%；>300 mg/kg 的耕地面积最小，仅占五等地面积的 0.02%。

表 18-68　山东棕壤耕层土壤速效钾分级及面积

项　目	Ⅰ	Ⅱ	Ⅲ	Ⅳ	Ⅴ	Ⅵ	Ⅶ	Ⅷ
范围 (mg/kg)	>300	200～300	150～200	120～150	100～120	75～100	50～75	<50
耕地面积 (万 hm^2)	0.002	0.15	0.34	1.17	1.07	4.97	4.39	0.26
占五等地面积比例 (%)	0.02	1.20	2.75	9.47	8.66	40.24	35.55	2.11
占总耕地面积比例 (%)	0.00	0.12	0.27	0.91	0.83	3.88	3.43	0.20

5. 土壤 pH　山东棕壤耕层土壤 pH 变化范围为 4.6～8.7，平均为 6.06。五等地土壤 pH 变化范围为 4.8～7.2，平均值为 6.04，属于中等水平。pH 分级及面积统计见表 18-69。从表中可以看出，土壤 pH 在 5.5～6.5 的耕地面积最大，占五等地面积的 58.14%，占总耕地面积的 5.60%；pH 在 6.5～7.5 的耕地面积最小，占五等地面积的 18.54%，占总耕地面积的 1.79%；pH>7.5 的耕地不存在。

表 18-69　山东棕壤耕层土壤 pH 分级及面积

项　目	Ⅰ	Ⅱ	Ⅲ	Ⅳ	Ⅴ
范围	>8.5	7.5～8.5	6.5～7.5	5.5～6.5	<5.5
耕地面积 (万 hm^2)	0.00	0.00	2.29	7.18	2.88
占五等地面积比例 (%)	0.00	0.00	18.54	58.14	23.32
占总耕地面积比例 (%)	0.00	0.00	1.79	5.60	2.25

(六) 六等地

六等地，综合评价指数为 0.59～0.64，耕地面积 24.63 万 hm^2，占棕壤耕地总面积的 19.23%，为山东棕壤耕地面积最大的一个等级，主要分布于临沂市、济南市。其中旱地 23.31 万 hm^2，占六等地面积的 94.64%；水浇地 1.32 万 hm^2，占六等地总面积 5.36%。六等地土壤耕层质地以轻壤、沙壤、砾质沙土、砂质砾石土、中壤为主；土体构型有中层、薄层、砾体、夹黏等类型；地貌类型以高丘、低山、谷地、斜坡地为主；土层厚度在 30～60 cm；仅有少部分地区灌溉保证率能达到 50%。

1. 土壤有机质　山东棕壤耕层土壤有机质含量变化范围为 6.1～28.3 g/kg，平均为 11.72 g/kg。六等地耕地土壤有机质含量变化范围为 6.3～20.1 g/kg，平均为 11.32 g/kg，属于中等水平。土壤有机质分级及面积统计见表 18-70。从表中可以看出，目前六等地有机质含量在 10～12 g/kg 的耕地面积最大，占六等地面积的 38.65%，占总耕地面积的 7.43%；有机质含量<6 g/kg 的耕地面积最小，占六等地面积 0.85%，占总耕地面积的 0.16%；有机质含量在>20 g/kg 的耕地不存在。

表 18-70　山东棕壤耕层土壤有机质分级及面积

项　目	Ⅰ	Ⅱ	Ⅲ	Ⅳ	Ⅴ	Ⅵ	Ⅶ
范围 (g/kg)	>20	15～20	12～15	10～12	8～10	6～8	<6
耕地面积 (万 hm^2)	0.00	1.35	6.87	9.52	5.47	1.21	0.21
占六等地面积比例 (%)	0.00	5.48	27.89	38.65	22.22	4.91	0.85
占总耕地面积比例 (%)	0.00	1.06	5.36	7.43	4.27	0.94	0.16

2. 土壤全氮　山东棕壤耕层土壤全氮含量的变化范围为 0.37～2.37 g/kg，平均为 0.83 g/kg。六等地棕壤全氮含量变化范围为 0.41～2.31 g/kg，平均为 0.8 g/kg，属于中等水平。土壤全氮分级及面积统计见表 18-71。从表中可以看出，全氮含量在 0.5～0.75 g/kg 的耕地面积最大，占六等地面积的 49.45%，占总耕地面积的 9.50%；全氮含量>1.5 g/kg 的耕地面积最小，占六等地面积的 2.40%，占总耕地面积的 0.46%。

表 18-71 山东棕壤耕层土壤全氮分级及面积

项　目	Ⅰ	Ⅱ	Ⅲ	Ⅳ	Ⅴ	Ⅵ
范围（g/kg）	>1.5	1.2～1.5	1～1.2	0.75～1	0.5～0.75	<0.5
耕地面积（万 hm²）	0.59	1.41	0.86	8.93	12.18	0.66
占六等地面积比例（%）	2.40	5.72	3.49	36.26	49.45	2.68
占总耕地面积比例（%）	0.46	1.10	0.67	6.97	9.50	0.52

3. 土壤有效磷 山东棕壤耕层土壤有效磷含量的变化范围为 7.5～226.3 mg/kg，平均为 33.42 mg/kg。六等地棕壤有效磷含量变化范围为 8.5～123.6 mg/kg，平均为 32.21 mg/kg，属于中等水平。土壤有效磷分级及面积统计见表 18-72。从表中可以看出，有效磷含量在 30～50 mg/kg 的耕地面积最大，占六等地面积的 39.18%，占总耕地面积的 7.53%；有效磷含量>120 mg/kg 的耕地面积最小，占六等地面积的 0.12%，占总耕地面积的 0.02%。

表 18-72 山东棕壤耕层土壤有效磷分级及面积

项　目	Ⅰ	Ⅱ	Ⅲ	Ⅳ	Ⅴ	Ⅵ	Ⅶ	Ⅷ
范围（mg/kg）	>120	80～120	50～80	30～50	20～30	15～20	10～15	<10
耕地面积（万 hm²）	0.03	0.28	1.18	9.65	8.35	2.91	2.02	0.21
占六等地面积比例（%）	0.12	1.14	4.79	39.18	33.91	11.81	8.20	0.85
占总耕地面积比例（%）	0.02	0.22	0.92	7.53	6.52	2.27	1.58	0.16

4. 土壤速效钾 山东棕壤耕层土壤速效钾含量变化范围为 39～367 mg/kg，平均为 101 mg/kg。六等地土壤速效钾含量变化范围为 39～366 mg/kg，平均为 97.21 mg/kg，属于中等水平。土壤速效钾分级及面积统计见表 18-73。从表中可以看出，速效钾含量在 75～100 mg/kg 的耕地面积最大，占六等地面积的 42.87%，占总耕地面积的 8.24%；含量在 200～300 mg/kg 的耕地面积最小，占六等地面积的 0.85%，占总耕地面积的 0.16%。

表 18-73 山东棕壤耕层土壤速效钾分级及面积

项　目	Ⅰ	Ⅱ	Ⅲ	Ⅳ	Ⅴ	Ⅵ	Ⅶ	Ⅷ
范围（mg/kg）	>300	200～300	150～200	120～150	100～120	75～100	50～75	<50
耕地面积（万 hm²）	0.24	0.21	1.11	2.26	2.11	10.56	7.66	0.48
占六等地面积比例/%	0.97	0.85	4.51	9.18	8.57	42.87	31.10	1.95
占总耕地面积比例（%）	0.19	0.16	0.87	1.76	1.65	8.24	5.98	0.37

5. 土壤 pH 山东棕壤耕层土壤 pH 变化范围为 4.6～8.7，平均为 6.06。六等地土壤 pH 变化范围为 4.7～8.7，平均值为 6.0，属于中性水平。pH 分级及面积统计见表 18-74。从表中可以看出，土壤 pH 在 5.5～6.5 的耕地面积最大，占六等地面积的 52.62%，占总耕地面积的 10.11%；pH>8.5 的耕地面积最小，占六等地面积的 0.41%，占总耕地面积的 0.08%。

表 18-74 山东棕壤耕层土壤 pH 分级及面积

项　目	Ⅰ	Ⅱ	Ⅲ	Ⅳ	Ⅴ
范围	>8.5	7.5～8.5	6.5～7.5	5.5～6.5	<5.5
耕地面积（万 hm²）	0.10	0.24	4.43	12.96	6.90
占六等地面积比例（%）	0.41	0.97	17.99	52.62	28.01
占总耕地面积比例（%）	0.08	0.19	3.46	10.11	5.38

（七）七等地

七等地，综合评价指数为0.55～0.59，耕地面积13.40万hm^2，占棕壤耕地总面积的10.46%，主要分布于日照市。其中，旱地13.22万hm^2，占七等地面积的98.66%；水浇地0.18万hm^2，占七等地面积的1.34%。七等地土壤耕层质地以轻壤、砾质沙土、沙壤、砂质砾石土为主；土体构型有薄层、砾体、中层等类型；地貌类型以低山、高丘为主；土层厚度在15～30 cm；灌溉保证率在25%以上。

1. 土壤有机质 山东棕壤耕层土壤有机质含量变化范围为6.1～28.3 g/kg，平均为11.72 g/kg。七等地耕地土壤有机质含量变化范围为6.9～18.4 g/kg，平均为11.78 g/kg，属于中等水平。土壤有机质分级及面积统计见表18-75。从表中可以看出，目前有机质含量在12～15 g/kg的耕地面积最大，占七等地面积的44.26%，占总耕地面积的4.63%；有机质含量<6 g/kg的耕地面积最小，占七等地面积0.07%，仅占总耕地面积的0.01%；有机质含量>20 g/kg的耕地不存在。

表18-75 山东棕壤耕层土壤有机质分级及面积

项目	Ⅰ	Ⅱ	Ⅲ	Ⅳ	Ⅴ	Ⅵ	Ⅶ
范围（g/kg）	>20	15～20	12～15	10～12	8～10	6～8	<6
耕地面积（万hm^2）	0.00	0.61	5.93	3.40	2.62	0.83	0.01
占七等地面积比例（%）	0.00	4.55	44.26	25.37	19.56	6.19	0.07
占总耕地面积比例（%）	0.00	0.48	4.63	2.65	2.04	0.65	0.01

2. 土壤全氮 山东棕壤耕层土壤全氮含量的变化范围为0.37～2.37 g/kg，平均为0.83 g/kg。七等地棕壤全氮含量变化范围为0.46～2.37 g/kg，平均为0.8 g/kg，属于中等水平。土壤全氮分级及面积统计见表18-76。从表中可以看出，全氮含量在0.5～0.75 g/kg的耕地面积最大，占七等地面积的40.75%，占总耕地面积的4.26%；全氮含量<0.5 g/kg的耕地面积最小，占七等地面积的0.75%，占总耕地面积的0.08%。

表18-76 山东棕壤耕层土壤全氮分级及面积

项目	Ⅰ	Ⅱ	Ⅲ	Ⅳ	Ⅴ	Ⅵ
范围（g/kg）	>1.5	1.2～1.5	1～1.2	0.75～1	0.5～0.75	<0.5
耕地面积（万hm^2）	1.35	0.36	0.85	5.28	5.46	0.10
占七等地面积比例（%）	10.07	2.69	6.34	39.40	40.75	0.75
占总耕地面积比例（%）	1.05	0.29	0.66	4.12	4.26	0.08

3. 土壤有效磷 山东棕壤耕层土壤有效磷含量的变化范围为7.5～226.3 mg/kg，平均为33.42 mg/kg。七等地棕壤有效磷含量变化范围为9.1～144.7 mg/kg，平均为32.67 mg/kg，属于中等水平。土壤有效磷分级及面积统计见表18-77。从表中可以看出，有效磷含量在30～50 mg/kg的耕地面积最大，占七等地面积的40.52%，占总耕地面积的4.24%；有效磷含量在80～120 mg/kg的耕地面积最小，占七等地面积的0.15%，占总耕地面积的0.02%。

表18-77 山东棕壤耕层土壤有效磷分级及面积

项目	Ⅰ	Ⅱ	Ⅲ	Ⅳ	Ⅴ	Ⅵ	Ⅶ	Ⅷ
范围（mg/kg）	>120	80～120	50～80	30～50	20～30	15～20	10～15	<10
耕地面积（万hm^2）	0.08	0.02	1.07	5.43	4.01	1.86	0.88	0.05
占七等地面积比例（%）	0.59	0.15	7.99	40.52	29.93	13.88	6.57	0.37
占总耕地面积比例（%）	0.06	0.02	0.83	4.24	3.13	1.45	0.69	0.04

4. 土壤速效钾 山东棕壤耕层土壤速效钾含量变化范围为39～367 mg/kg，平均为101 mg/kg。七等地土壤速效钾含量变化范围为40～365 mg/kg，平均为96.2 mg/kg，属于中等水平。土壤速效钾分级及面积统计见表18-78。从表中可以看出，速效钾含量在75～100 mg/kg的耕地面积最大，占七等地面积的36.49%，占总耕地面积的3.82%；含量>300 mg/kg的耕地面积最小，占七等地面积的0.45%，占总耕地面积的0.05%。

表18-78 山东棕壤耕层土壤速效钾分级及面积

项　目	Ⅰ	Ⅱ	Ⅲ	Ⅳ	Ⅴ	Ⅵ	Ⅶ	Ⅷ
范围（mg/kg）	>300	200～300	150～200	120～150	100～120	75～100	50～75	<50
耕地面积（万 hm^2）	0.06	0.10	1.20	1.73	0.76	4.89	4.53	0.13
占七等地面积比例（%）	0.45	0.74	8.96	12.91	5.67	36.49	33.81	0.97
占总耕地面积比例（%）	0.05	0.08	0.94	1.35	0.59	3.82	3.53	0.10

5. 土壤pH 山东棕壤耕层土壤pH变化范围为4.6～8.7，平均为6.06。七等地土壤pH变化范围为4.7～7.7，平均值为5.95，属于偏酸性水平。pH分级及面积统计见表18-79。从表中可以看出，土壤pH在5.5～6.5的耕地面积最大，占七等地面积的51.12%，占总耕地面积的5.35%；pH在7.5～8.5的耕地面积最小，占七等地面积的0.67%，占总耕地面积的0.07%；pH>8.5的耕地面积不存在。

表18-79 山东棕壤耕层土壤pH分级及面积

项　目	Ⅰ	Ⅱ	Ⅲ	Ⅳ	Ⅴ
范围	>8.5	7.5～8.5	6.5～7.5	5.5～6.5	<5.5
耕地面积（万 hm^2）	0.00	0.09	3.12	6.85	3.34
占七等地面积比例（%）	0.00	0.67	23.28	51.12	24.93
占总耕地面积比例（%）	0.00	0.07	2.43	5.35	2.61

（八）八等地

八等地，综合评价指数为0.51～0.55，耕地面积11.45万 hm^2，占棕壤耕地总面积的8.93%，主要分布于日照市、淄博市。其中，旱地11.18万 hm^2，占八等地面积的97.64%；水浇地0.27万 hm^2，占八等地面积的2.36%。八等地土壤耕层质地以砾质沙土、轻壤、砂质砾石土为主，兼有少许沙壤和零星壤质砾石土和砾质壤土；土体构型有中层、薄层、砾体等类型；地貌类型以低山、高丘、谷地为主；土层厚度在15～30 cm；灌溉保证率达到25%。

1. 土壤有机质 山东棕壤耕层土壤有机质含量变化范围为6.1～28.3 g/kg，平均为11.72 g/kg。八等地耕地土壤有机质含量变化范围为6.2～17.7 g/kg，平均为10.74 g/kg，属于中等偏下水平。土壤有机质分级及面积统计见表18-80。从表中可以看出，目前有机质含量为8～10 g/kg的耕地面积最大，占八等地面积的31.79%，占总耕地面积的2.84%；有机质含量在15～20 g/kg的耕地面积最小，占八等地面积的4.98%，占总耕地面积的0.44%；有机质含量>20 g/kg和<6的耕地不存在。

表18-80 山东棕壤耕层土壤有机质分级及面积

项　目	Ⅰ	Ⅱ	Ⅲ	Ⅳ	Ⅴ	Ⅵ	Ⅶ
范围（g/kg）	>20	15～20	12～15	10～12	8～10	6～8	<6
耕地面积（万 hm^2）	0.00	0.57	2.56	3.43	3.64	1.25	0.00
占八等地面积比例（%）	0.00	4.98	22.35	29.96	31.79	10.92	0.00
占总耕地面积比例（%）	0.00	0.44	1.99	2.68	2.84	0.98	0.00

2. 土壤全氮 山东棕壤耕层土壤全氮含量的变化范围为 0.37～2.37 g/kg，平均为 0.83 g/kg。八等地棕壤全氮含量变化范围为 0.37～1.75 g/kg，平均为 0.78 g/kg，属于中等偏下水平。土壤全氮分级及面积统计见表 18－81。从表中可以看出，全氮含量在 0.5～0.75 g/kg 的耕地面积最大，占八等地面积的 59.47%，占总耕地面积的 5.31%；全氮含量>1.5 g/kg 的耕地面积最小，占八等地面积的 0.09%，仅占总耕地面积的 0.01%。

表 18－81 山东棕壤耕层土壤全氮分级及面积

项　目	Ⅰ	Ⅱ	Ⅲ	Ⅳ	Ⅴ	Ⅵ
范围（g/kg）	>1.5	1.2～1.5	1～1.2	0.75～1	0.5～0.75	<0.5
耕地面积（万 hm^2）	0.01	0.43	0.54	3.29	6.81	0.37
占八等地面积比例（%）	0.09	3.76	4.72	28.73	59.47	3.23
占总耕地面积比例（%）	0.01	0.33	0.42	2.57	5.31	0.29

3. 土壤有效磷 山东棕壤耕层土壤有效磷含量的变化范围为 7.5～226.3 mg/kg，平均为 33.42 mg/kg。八等地棕壤有效磷含量变化范围为 10.2～84.1 mg/kg，平均为 31.62 mg/kg，属于中等偏下水平。土壤有效磷分级及面积统计见表 18－82。从表中可以看出，有效磷含量在 30～50 mg/kg 的耕地面积最大，占八等地面积的 36.41%，占总耕地面积的 3.25%；有效磷含量在 80～120 mg/kg 的耕地面积最小，仅占八等地面积的 0.01%；有效磷含量>120 mg/kg 的耕地不存在。

表 18－82 山东棕壤耕层土壤有效磷分级及面积

项　目	Ⅰ	Ⅱ	Ⅲ	Ⅳ	Ⅴ	Ⅵ	Ⅶ	Ⅷ
范围（mg/kg）	>120	80～120	50～80	30～50	20～30	15～20	10～15	<10
耕地面积（万 hm^2）	0	0.001	0.89	4.17	4.15	1.35	0.88	0.01
占八等地面积比例（%）	0	0.01	7.77	36.41	36.24	11.79	7.69	0.09
占总耕地面积比例（%）	0	0	0.7	3.25	3.23	1.05	0.69	0.01

4. 土壤速效钾 山东棕壤耕层土壤速效钾含量的变化范围为 39～367 mg/kg，平均为 101 mg/kg。八等地土壤速效钾含量的变化范围为 40～296 mg/kg，平均为 95.92 mg/kg，属于中等偏下水平。土壤速效钾分级及面积统计见表 18－83。从表中可以看出，速效钾含量在 50～75 mg/kg 的耕地面积最大，占八等地面积的 37.47%，占总耕地面积的 3.35%；含量>300 mg/kg 的耕地面积最小，占八等地面积的 0.09%，占总耕地面积的 0.01%；速效钾含量在 200～300 mg/kg 的耕地不存在。

表 18－83 山东棕壤耕层土壤速效钾分级及面积

项　目	Ⅰ	Ⅱ	Ⅲ	Ⅳ	Ⅴ	Ⅵ	Ⅶ	Ⅷ
范围（mg/kg）	>300	200～300	150～200	120～150	100～120	75～100	50～75	<50
耕地面积（万 hm^2）	0.01	0.00	0.85	1.48	0.78	3.93	4.29	0.11
占八等地面积比例（%）	0.09	0.00	7.42	12.93	6.81	34.32	37.47	0.96
占总耕地面积比例（%）	0.01	0.00	0.66	1.14	0.61	3.07	3.35	0.09

5. 土壤 pH 山东棕壤耕层土壤 pH 变化范围为 4.6～8.7，平均为 6.06。八等地土壤 pH 变化范围为 4.6～7.7，平均值为 5.96，属于偏酸性。pH 分级及面积统计见表 18－84。从表中可以看出，土壤 pH 在 5.5～6.5 的耕地面积最大，占八等地面积的 46.38%，占总耕地面积的 4.14%；pH 在 7.5～8.5 的耕地面积最小，占八等地面积的 0.08%，占总耕地面积的 0.01%；pH>8.5 的耕地不存在。

表 18-84　山东棕壤耕层土壤 pH 分级及面积

项　目	Ⅰ	Ⅱ	Ⅲ	Ⅳ	Ⅴ
范围	>8.5	7.5～8.5	6.5～7.5	5.5～6.5	<5.5
耕地面积（万 hm^2）	0.00	0.01	2.47	5.31	3.66
占八等地面积比例（%）	0.00	0.08	21.57	46.38	31.97
占总耕地面积比例（%）	0.00	0.01	1.93	4.14	2.85

（九）九等地

九等地，综合评价指数为 0.47～0.51，耕地面积 4.42 万 hm^2，占棕壤耕地总面积的 3.45%，主要分布于淄博市、济南市莱芜区。其中，旱地 4.39 万 hm^2，占九等地面积的 99.23%；水浇地 0.034 万 hm^2，占九等地面积的 0.77%。九等地土壤耕层质地以砾质沙土、砂质砾石土为主，兼有少许壤质砾石土、沙壤和零星沙土和砾质壤土；土体构型有薄层、砾体、中层等类型；地貌类型以低山、高丘为主；土层厚度在 15～30 cm；仅有少部分地区灌溉保证率能达到 25%。

1. 土壤有机质　山东棕壤耕层土壤有机质含量的变化范围为 6.1～28.3 g/kg，平均为 11.72 g/kg。九等地耕层土壤有机质含量的变化范围为 6.1～18.7 g/kg，平均为 10.11 g/kg，属于中等偏下水平。土壤有机质分级及面积统计见表 18-85。从表中可以看出，目前有机质含量在 12～15 g/kg 的耕地面积最大，占九等地面积的 41.62%，占总耕地面积的 1.43%；有机质含量在<6 g/kg 的耕地面积最小，占九等地面积 0.02%；有机质含量>20 g/kg 的耕地不存在。

表 18-85　山东棕壤耕层土壤有机质分级及面积

项　目	Ⅰ	Ⅱ	Ⅲ	Ⅳ	Ⅴ	Ⅵ	Ⅶ
范围（g/kg）	>20	15～20	12～15	10～12	8～10	6～8	<6
耕地面积（万 hm^2）	0.00	0.47	1.84	1.25	0.76	0.10	0.001
占九等地面积比例（%）	0.00	10.63	41.62	28.28	17.19	2.26	0.02
占总耕地面积比例（%）	0.00	0.37	1.43	0.98	0.59	0.08	0.00

2. 土壤全氮　山东棕壤耕层土壤全氮含量的变化范围为 0.37～2.37 g/kg，平均为 0.83 g/kg。九等地土壤全氮含量的变化范围为 0.41～1.28 g/kg，平均为 0.75 g/kg，属于中等偏下水平。土壤全氮分级及面积统计见表 18-86。从表中可以看出，全氮含量在 0.75～1 g/kg 的耕地面积最大，占九等地面积的 43.43%，占总耕地面积的 1.50%；全氮含量>1.5 g/kg 的耕地面积最小，占九等地面积的 0.68%，占总耕地面积的 0.02%。

表 18-86　山东棕壤耕层土壤全氮分级及面积

项　目	Ⅰ	Ⅱ	Ⅲ	Ⅳ	Ⅴ	Ⅵ
范围（g/kg）	>1.5	1.2～1.5	1～1.2	0.75～1	0.5～0.75	<0.5
耕地面积（万 hm^2）	0.03	0.22	0.25	1.92	1.91	0.09
占九等地面积比例（%）	0.68	4.98	5.66	43.43	43.21	2.04
占总耕地面积比例（%）	0.02	0.17	0.20	1.50	1.49	0.07

3. 土壤有效磷　山东棕壤耕层土壤有效磷含量的变化范围为 7.5～226.3 mg/kg，平均为 33.42 mg/kg。九等地土壤有效磷含量的变化范围为 10.9～84.6 mg/kg，平均为 30.57 mg/kg，属于中等偏下水平。土壤有效磷分级及面积统计见表 18-87。从表中可以看出，有效磷含量在 30～50 mg/kg 的耕地面积最大，占九等地面积的 40.27%，占总耕地面积的 1.39%；有效磷含量在 80～120 mg/kg 的耕地面积

最小，占九等地面积的 0.45%，占总耕地面积的 0.02%；有效磷含量>120 mg/kg 的耕地不存在。

表 18-87 山东棕壤耕层土壤有效磷分级及面积

项　目	Ⅰ	Ⅱ	Ⅲ	Ⅳ	Ⅴ	Ⅵ	Ⅶ	Ⅷ
范围（mg/kg）	>120	80～120	50～80	30～50	20～30	15～20	10～15	<10
耕地面积（万 hm^2）	0.00	0.02	0.22	1.78	1.37	0.60	0.37	0.06
占九等地面积比例（%）	0.00	0.45	4.98	40.27	31.00	13.57	8.37	1.36
占总耕地面积比例（%）	0.00	0.02	0.17	1.39	1.07	0.47	0.29	0.04

4. 土壤速效钾　山东棕壤耕层土壤速效钾含量的变化范围为 39～367 mg/kg，平均为 101 mg/kg。九等地土壤速效钾含量的变化范围为 54～205 mg/kg，平均为 94.8 mg/kg，属于中偏下水平。土壤速效钾分级及面积统计见表 18-88。从表中可以看出，速效钾含量在 75～100 mg/kg 的耕地面积最大，占九等地面积的 33.48%，占总耕地面积的 1.15%；含量在 200～300 mg/kg 的耕地面积最小，占九等地面积的 0.23%，占总耕地面积的 0.01%；速效钾含量>300 mg/kg 的耕地不存在。

表 18-88 山东棕壤耕层土壤速效钾分级及面积

项　目	Ⅰ	Ⅱ	Ⅲ	Ⅳ	Ⅴ	Ⅵ	Ⅶ	Ⅷ
范围（mg/kg）	>300	200～300	150～200	120～150	100～120	75～100	50～75	<50
耕地面积（万 hm^2）	0.00	0.01	0.36	0.63	0.73	1.48	1.19	0.02
占九等地面积比例（%）	0.00	0.23	8.15	14.25	16.52	33.48	26.92	0.45
占总耕地面积比例（%）	0.00	0.01	0.28	0.49	0.57	1.15	0.93	0.02

5. 土壤 pH　山东棕壤耕层土壤 pH 变化范围为 4.6～8.7，平均为 6.06。九等地土壤 pH 变化范围为 4.9～7.5，平均值为 5.99，属于偏酸性水平。pH 分级及面积统计见表 18-89。从表中可以看出，土壤 pH 在 5.5～6.5 的耕地面积最大，占九等地面积的 49.32%，占总耕地面积的 1.70%；pH 在 7.5～8.5 的耕地面积最小，占九等地面积的 0.68%，占总耕地面积的 0.03%；pH>8.5 的耕地不存在。

表 18-89 山东棕壤耕层土壤 pH 分级及面积

项　目	Ⅰ	Ⅱ	Ⅲ	Ⅳ	Ⅴ
范围	>8.5	7.5～8.5	6.5～7.5	5.5～6.5	<5.5
耕地面积（万 hm^2）	0.00	0.03	1.35	2.18	0.86
占九等地面积比例（%）	0.00	0.68	30.54	49.32	19.46
占总耕地面积比例（%）	0.00	0.03	1.05	1.70	0.67

（十）十等地

十等地，综合评价指数<0.47，耕地面积 3.39 万 hm^2，占棕壤耕地总面积的 2.64%，为山东棕壤耕地面积最小的一个等级，主要分布于济南市莱芜区。其中，旱地 3.25 万 hm^2，占十等地面积的 95.87%；水浇地 0.14 万 hm^2，占十等地面积的 4.13%。十等地土壤耕层质地以砂质砾石土和砾质沙土为主，兼有零星壤质砾石土；土体构型有薄层、砾体等类型；地貌类型以低山、高丘为主；土层厚度<15 cm；基本无灌溉能力。

1. 土壤有机质　山东棕壤耕层土壤有机质含量的变化范围为 6.1～28.3 g/kg，平均为 11.72 g/kg。十等地耕层土壤有机质含量的变化范围为 6.9～13.5 g/kg，平均为 10.15 g/kg，属于中等偏下水平。土壤有机质分级及面积统计见表 18-90。从表中可以看出，目前十等地有机质含量在 8～10 g/kg 的耕地面积最大，占十等地面积的40.12%，占总耕地面积的1.05%；有机质含量在15～20 g/kg的耕地面积最小，占十等地面积的0.30%，占总耕地面积的0.01%；有机质含量>20 g/kg和<6 g/kg的耕地不存在。

表18-90 山东棕壤耕层土壤有机质分级及面积

项　目	Ⅰ	Ⅱ	Ⅲ	Ⅳ	Ⅴ	Ⅵ	Ⅶ
范围（g/kg）	>20	15～20	12～15	10～12	8～10	6～8	<6
耕地面积（万 hm^2）	0.00	0.01	0.93	0.92	1.36	0.17	0.00
占十等地面积比例（%）	0.00	0.30	27.43	27.14	40.12	5.01	0.00
占总耕地面积比例（%）	0.00	0.01	0.73	0.72	1.05	0.13	0.00

2. 土壤全氮　山东棕壤耕层土壤全氮含量的变化范围为0.37～2.37 g/kg，平均为0.83 g/kg。十等地棕壤全氮含量的变化范围为0.39～1.64 g/kg，平均为0.74 g/kg，属于中等偏下水平。土壤全氮分级及面积统计见表18-91。从表中可以看出，全氮含量在0.5～0.75 g/kg的耕地面积最大，占十等地面积的56.05%，占总耕地面积的1.48%；全氮含量>1.5 g/kg的耕地面积最小，占十等地面积的1.18%，占总耕地面积的0.03%。

表18-91 山东棕壤耕层土壤全氮分级及面积

项　目	Ⅰ	Ⅱ	Ⅲ	Ⅳ	Ⅴ	Ⅵ
范围（g/kg）	>1.5	1.2～1.5	1～1.2	0.75～1	0.5～0.75	<0.5
耕地面积（万 hm^2）	0.04	0.12	0.08	1.16	1.90	0.09
占十等地面积比例（%）	1.18	3.54	2.36	34.22	56.05	2.65
占总耕地面积比例（%）	0.03	0.09	0.06	0.91	1.48	0.07

3. 土壤有效磷　山东棕壤耕层土壤有效磷含量的变化范围为7.5～226.3 mg/kg，平均为33.42 mg/kg。十等地土壤有效磷含量的变化范围为7.5～69.3 mg/kg，平均为28.08 mg/kg，属于中等偏下水平。土壤有效磷分级及面积统计见表18-92。从表中可以看出，有效磷含量在20～30 mg/kg的耕地面积最大，占十等地面积的30.68%，占总耕地面积的0.81%；有效磷含量<10 mg/kg的耕地面积最小，占十等地面积的0.59%，占总耕地面积的0.02%；有效磷含量>80 mg/kg的耕地不存在。

表18-92 山东棕壤耕层土壤有效磷分级及面积

项　目	Ⅰ	Ⅱ	Ⅲ	Ⅳ	Ⅴ	Ⅵ	Ⅶ	Ⅷ
范围（mg/kg）	>120	80～120	50～80	30～50	20～30	15～20	10～15	<10
耕地面积（万 hm^2）	0.00	0.00	0.17	0.97	1.04	0.82	0.37	0.02
占十等地面积比例（%）	0.00	0.00	5.01	28.61	30.68	24.19	10.92	0.59
占总耕地面积比例（%）	0.00	0.00	0.13	0.76	0.81	0.63	0.29	0.02

4. 土壤速效钾　山东棕壤耕层土壤速效钾含量的变化范围为39～367 mg/kg，平均为101 mg/kg。十等地土壤速效钾含量的变化范围为46～240 mg/kg，平均为86.17 mg/kg，属于中等偏下水平。土壤速效钾分级及面积统计见表18-93。从表中可以看出，速效钾含量在50～75 mg/kg的耕地面积最大，占十等地面积的54.88%，占总耕地面积的1.45%；含量在200～300 mg/kg的耕地面积最小，占十等地面积的0.57%，占总耕地面积的0.02%；速效钾含量>300 mg/kg和<50 mg/kg的耕地不存在。

表 18-93　山东棕壤耕层土壤速效钾分级及面积

项　目	Ⅰ	Ⅱ	Ⅲ	Ⅳ	Ⅴ	Ⅵ	Ⅶ	Ⅷ
范围（mg/kg）	>300	200～300	150～200	120～150	100～120	75～100	50～75	<50
耕地面积（万 hm^2）	0.00	0.02	0.09	0.26	0.39	0.77	1.86	0.00
占十等地面积比例（%）	0.00	0.59	2.65	7.67	11.50	22.71	54.88	0.00
占总耕地面积比例（%）	0.00	0.02	0.07	0.20	0.30	0.60	1.45	0.00

5. 土壤 pH　山东棕壤耕层土壤 pH 变化范围为 4.6～8.7，平均为 6.06。十等地土壤 pH 变化范围为 4.9～7.1，平均值为 5.85，属于偏酸性水平。pH 分级及面积统计见表 18-94。从表中可以看出，土壤 pH 在 5.5～6.5 的耕地面积最大，占十等地面积的 45.43%，占总耕地面积的 1.20%；pH<5.5 的耕地面积最小，占十等地面积的 25.96%，占总耕地面积的 0.68%；pH>7.5 的耕地不存在。

表 18-94　山东棕壤耕层土壤 pH 分级及面积

项　目	Ⅰ	Ⅱ	Ⅲ	Ⅳ	Ⅴ
范围	>8.5	7.5～8.5	6.5～7.5	5.5～6.5	<5.5
耕地面积（万 hm^2）	0.00	0.00	0.97	1.54	0.88
占十等地面积比例（%）	0.00	0.00	28.61	45.43	25.96
占总耕地面积比例（%）	0.00	0.00	0.76	1.20	0.68

第三节　西北棕壤耕地各等级特点

一、西北棕壤耕地地力空间分布分析

西北棕壤耕地面积 15.413 9 万 hm^2，耕地质量评价结果如表 18-95 所示。西北棕壤耕地的地力水平较低，其中一、二等地耕地面积很少，共计 1.259 6 万 hm^2，仅占棕壤耕地面积的 8.17%；三、四、五、六等地耕地面积共计 10.444 4 万 hm^2，占棕壤耕地面积的 67.76%；七、八等地耕地共计 3.709 9 万 hm^2，占棕壤耕地面积的 24.07%。

表 18-95　西北棕壤耕地质量等级面积与比例

等级	一等地	二等地	三等地	四等地	五等地	六等地	七等地	八等地	总计
面积（hm^2）	6 690	5 906	24 368	26 972	20 721	32 383	20 421	16 678	154 139
比例（%）	4.34	3.83	15.81	17.50	13.44	21.01	13.25	10.82	100.00

一、二等地耕地集中分布在甘肃省，面积 10 257 hm^2。其中，甘南藏族自治州 6 530 hm^2，是高质量棕壤耕地的主要分布区；陇南市 3 634 hm^2；天水市只有 93 hm^2。只有 2 339 hm^2 分布在陕西省，其中以宝鸡市为主，面积 1 651 hm^2，汉中市、商洛市和渭南市有少量分布。三、四、五、六等地耕地以甘肃省分布为主，面积 74 283 hm^2，占该省棕壤耕地的 75.81%。主要分布在南部的陇南市和甘南藏族自治州，其中陇南市面积 60 102 hm^2，甘南藏族自治州面积 7 047 hm^2，少量分布在天水市和定西市，分别为 4 832 hm^2 和 2 302 hm^2；陕西省 30 161 hm^2，占该省棕壤耕地的 53.71%，主要分布在商洛市、宝鸡市和汉中市，其中商洛市面积 11 549 hm^2、宝鸡市面积 10 575 hm^2、汉中市面积 4 153 hm^2、安康市面积 2 745 hm^2，渭南市和西安市有少量分布。七、八等地耕地分布以陕西省为主，面积 23 648 hm^2，占该省棕壤耕地面积的 42.12%，主要分布在商洛市和安康市，其中商洛市面积 12 012 hm^2、安康市面积 10 480 hm^2，汉中市、西安市和宝鸡市有零星分布；而甘肃省分布面积只有 13 451 hm^2，占该省棕壤耕地面积的 13.72%，全部分布在陇南市。具体见表 18-96。

表 18-96 西北棕壤耕地地力等级行政区域分布

等级	定西市		甘南藏族自治州		陇南市	
	面积（hm²）	占该市（%）	面积（hm²）	占该市（%）	面积（hm²）	占该市（%）
一等地	0	0	5 155	37.97	1 335	1.73
二等地	0	0	1 375	10.13	2 299	2.98
三等地	1 219	52.95	4 724	34.79	10 743	13.92
四等地	577	25.07	1 768	13.02	15 514	20.1
五等地	325	14.12	555	4.09	11 761	15.24
六等地	181	7.86	0	0	22 084	28.61
七等地	0	0	0	0	11 019	14.27
八等地	0	0	0	0	2 432	3.15
总计	2 302	100	13 577	100	77 187	100
等级	天水市		安康市		宝鸡市	
	面积（hm²）	占该市（%）	面积（hm²）	占该市（%）	面积（hm²）	占该市（%）
一等地	19	0.39	0	0	127	1.04
二等地	74	1.50	0	0	1 524	12.43
三等地	635	12.89	0	0	5 044	41.14
四等地	1 786	36.27	278	2.10	3 550	28.95
五等地	1 388	28.18	566	4.28	1 637	13.35
六等地	1 023	20.77	1 901	14.38	344	2.81
七等地	0	0	2 221	16.79	34	0.28
八等地	0	0	8 259	62.45	—	—
总计	4 925	100	13 225	100	12 260	100
等级	汉中市		商洛市		渭南市	
	面积（hm²）	占该市（%）	面积（hm²）	占该市（%）	面积（hm²）	占该市（%）
一等地	10	0.19	20	0.08	24	4.12
二等地	353	6.81	265	1.11	16	2.75
三等地	1 263	24.36	536	2.25	204	35.05
四等地	1 364	26.31	1 891	7.93	244	41.93
五等地	560	10.8	3 369	14.13	94	16.15
六等地	966	18.64	5 753	24.13	0	0
七等地	667	12.87	6 126	25.69	0	0
八等地	1	0.02	5 886	24.68	0	0
总计	5 184	100	23 846	100	582	100
等级	西安市					
	面积（hm²）	占该市（%）				
一等地	0	0				
二等地	0	0				
三等地	0	0				
四等地	0	0				
五等地	466	44.34				
六等地	131	12.46				
七等地	354	33.68				
八等地	100	9.52				
总计	1 051	100				

二、西北棕壤耕地地力等级及养分特点

(一) 一等地

西北一等棕壤耕地很少，为 6 690 hm²，仅占棕壤耕地的 4.34%，主要分布在甘肃省甘南藏族自治州和陇南市。其中，甘南藏族自治州面积 5 155 hm²，陇南市面积 1 335 hm²，甘肃省天水市和陕西省的宝鸡市、渭南市、商洛市、汉中市有零星分布。一等地都位于河流两岸低阶地，所处地形平坦，降水充沛；灌溉条件好，农田基础设施配套、齐全；土壤质地以粉壤质为主，疏松多孔，耕性良好；土壤肥力水平很高。化学性质和养分元素平均含量分别为有机质 24.43 g/kg、全氮 1.37 g/kg、碱解氮 119.59 mg/kg、有效磷 24.57 mg/kg、速效钾 202.86 mg/kg、pH 7.67，见表 18-97。

表 18-97 西北棕壤一等地土壤养分情况

项 目	有机质 (g/kg)	有效磷 (mg/kg)	pH	碱解氮 (mg/kg)	速效钾 (mg/kg)	全氮 (g/kg)
平均值	24.43	24.57	7.67	119.59	202.86	1.37
标准差	6.22	2.69	0.29	17.72	20.27	0.35

西北一等地土壤有机质含量非常丰富。其中，含量>30 g/kg 的面积 1 582 hm²，占比 23.65%；含量在 20～30 g/kg 的面积 2 643 hm²，占比 39.51%；含量在 15～20 g/kg 的面积 1 101 hm²，占比 16.45%；含量在 10～15 g/kg 的面积 1 335 hm²，占比 19.96%；含量小于 10 g/kg 的面积不到 30 hm²。此等地土壤全氮含量很高，其中>1.5 g/kg 的面积 2 020 hm²，占比 30.19%；含量在 1.25～1.5 g/kg 的面积 1 382 hm²，占比 20.66%；含量在 1～1.25 g/kg 的面积 1 925 hm²，占比 28.77%；含量在 0.75～1 g/kg 的面积很少，为 79 hm²，占比 1.18%；然而，含量<0.5 g/kg 的面积高达 1 284 hm²，占比 19.20%。此等地土壤碱解氮含量较为丰富，但是没有>150 mg/kg 的土壤出现；含量在 120～150 mg/kg 的面积 4 103 hm²，占比 61.33%；含量在 90～120 mg/kg 的面积 1 153 hm²，占比 17.24%；含量在 60～90 mg/kg 的面积 1 383 hm²，占比 20.67%；此外，尚有 51 hm² 的面积土壤碱解氮含量在 30～60 mg/kg。土壤有效磷含量较高，分布在 15～40 mg/kg，其中含量在 25～40 mg/kg 的面积 1 751 hm²，占比 26.18%；含量在 20～25 mg/kg 的面积 3 849 hm²，占比 57.53%；含量在 15～20 mg/kg 的面积 1 090 hm²，占比 16.29%。此等地土壤速效钾含量非常丰富，大部分超过200 g/kg，其中>200 mg/kg 的面积 4 749 hm²，占比 70.99%；150～200 mg/kg 的面积 1 911 hm²，占比 28.57%；仅有 10 hm² 耕地土壤速效钾含量在 120～150 g/kg，见表 18-98。

表 18-98 西北棕壤一等地土壤养分分级及面积

项 目	Ⅰ	Ⅱ	Ⅲ	Ⅳ	Ⅴ	Ⅵ
有机质含量范围 (g/kg)	>30	20～30	15～20	10～15	6～10	<6
耕地面积 (hm²)	1 582	2 643	1 101	1 335	29.59	
占一等地面积比例 (%)	23.65	39.51	16.45	19.96	0.43	
有效磷含量范围 (mg/kg)	>40	25～40	20～25	15～20	10～1	<10
耕地面积 (hm²)		1 751	3 849	1 090		
占一等地面积比例 (%)		26.18	57.53	16.29		
全氮含量范围 (g/kg)	>1.5	1.25～1.5	1～1.25	0.75～1	0.5～0.75	<0.5
耕地面积 (hm²)	2 020	1 382	1 925	79		1 284
占一等地面积比例 (%)	30.19	20.66	28.77	1.18		19.20
速效钾含量范围 (g/kg)	>200	150～200	120～150	100～120	80～100	<80
耕地面积 (hm²)	4 749	1 911	10	20		
占一等地面积比例 (%)	70.99	28.57	0.14	0.3		

（续）

项　目	Ⅰ	Ⅱ	Ⅲ	Ⅳ	Ⅴ	Ⅵ
碱解氮含量范围（mg/kg）	>150	120～150	90～120	60～90	30～60	<30
耕地面积（hm^2）		4 103	1 153	1 383	51	
占一等地面积比例（%）		61.33	17.24	20.67	0.76	

（二）二等地

西北二等棕壤耕地面积 5 906 hm^2，占棕壤耕地的 3.83%，略小于一等地的面积，主要分布在甘肃省的陇南市、甘南藏族自治州和陕西省的宝鸡市。其中，陇南市 2 299 hm^2，甘南藏族自治州1 375 hm^2，宝鸡市 1 524 hm^2，其余面积零星分布于甘肃省天水市和陕西省的汉中市、商洛市、渭南市。二等地主要位于河流高阶地，所处地形坡度不大，一般为 5°～8°，降水充沛；有一定灌溉条件，农田基础设施配套；土壤质地以粉壤质为主，稍紧实，耕性较好；土壤肥力水平较高。化学性质和养分元素平均含量分别为有机质 17.94 g/kg、全氮 1.08 g/kg、碱解氮 93.29 mg/kg、有效磷 19.86 mg/kg、速效钾 169.55 mg/kg、pH 7.40，见表 18－99。

表 18－99　西北棕壤二等地土壤养分情况

项　目	有机质（g/kg）	有效磷（mg/kg）	pH	碱解氮（mg/kg）	速效钾（mg/kg）	全氮（g/kg）
平均值	17.94	19.86	7.40	93.29	169.55	1.08
标准差	6.38	4.82	0.52	20.41	31.02	0.26

西北二等地土壤有机质含量处于中等水平。其中，含量>30 g/kg 的面积 639 hm^2，占比 10.82%；含量在 20～30 g/kg 的面积 949 hm^2，占比 16.06%；含量在 15～20 g/kg 的面积 1 861 hm^2，占比 31.51%；含量在 10～15 g/kg 的面积 2 058 hm^2，占比 34.85%；含量在 6～10 g/kg 的面积 399 hm^2，占比 6.76%。此等地土壤全氮含量处于中等水平，基本呈正态分布。其中，>1.5 g/kg 的面积 629 hm^2，占比 10.65%；含量在 1.25～1.5 g/kg 的面积 736 hm^2，占比 12.46%；含量在 1～1.25 g/kg 的面积 1 400 hm^2，占比 23.70%；含量在 0.75～1 g/kg 的面积 1 349 hm^2，占比 22.84%；含量在 0.5～0.75 g/kg 的面积 70 hm^2，占比 1.19%；含量<0.5 g/kg 的面积较大，为 1 722 hm^2，占比 29.16%。此等地土壤碱解氮含量水平中等。其中，含量在 120～150 mg/kg 的面积 657 hm^2，占比 11.13%；含量在90～120 mg/kg 的面积 1 958 hm^2，占比 33.15%；含量在 60～90 mg/kg 的面积最大，为 2 743 hm^2，占比 46.44%；含量在 30～60 mg/kg 的面积较小，为 548 hm^2，占比 9.28%。土壤有效磷含量水平中等，分布在 10～40 mg/kg。其中，25～40 mg/kg 的面积很小，为 315 hm^2，占比 5.33%；含量在 20～25 mg/kg 的面积 2 370 hm^2，占比 40.13%；含量在 15～20 mg/kg 的面积 2 269 hm^2，占比 38.42%；含量在 10～15 mg/kg 的面积 952 hm^2，占比 16.12%。土壤速效钾含量较为丰富，含量>200 mg/kg 的面积 1 479 hm^2，占此等地的 25.04%；含量在 150～200 mg/kg 的面积很大，为 3 859 hm^2，占比 65.35%；含量在 80～150 mg/kg 的面积共计 568 hm^2，占比 9.61%，见表 18－100。

表 18－100　西北棕壤二等地土壤养分分级及面积

项　目	Ⅰ	Ⅱ	Ⅲ	Ⅳ	Ⅴ	Ⅵ
有机质含量范围（g/kg）	>30	20～30	15～20	10～15	6～10	<6
耕地面积（hm^2）	639	949	1 861	2 058	399	
占二等地面积比例（%）	10.82	16.06	31.51	34.85	6.76	
有效磷含量范围（mg/kg）	>40	25～40	20～25	15～20	10～15	<10
耕地面积（hm^2）		315	2 370	2 269	952	

（续）

项　目	Ⅰ	Ⅱ	Ⅲ	Ⅳ	Ⅴ	Ⅵ
占二等地面积比例（%）		5.33	40.13	38.42	16.12	
全氮含量范围（g/kg）	>1.5	1.25～1.5	1～1.25	0.75～1	0.5～0.75	<0.5
耕地面积（hm^2）	629	736	1 400	1 349	70	1 722
占二等地面积比例（%）	10.65	12.46	23.70	22.84	1.19	29.16
速效钾含量范围（mg/kg）	>200	150～200	120～150	100～120	80～100	<80
耕地面积（hm^2）	1 479	3 859	178	378	12	
占二等地面积比例（%）	25.04	65.35	3.01	6.4	0.2	
碱解氮含量范围（mg/kg）	>150	120～150	90～120	60～90	30～60	<30
耕地面积（hm^2）		657	1 958	2 743	548	
占二等地面积比例（%）		11.13	33.15	46.44	9.28	

（三）三等地

西北三等棕壤耕地面积 24 368 hm^2，是一、二等地面积的近 2 倍，占耕地棕壤的 15.81%，主要分布在甘肃省陇南市、甘南藏族自治州和陕西省宝鸡市。其中，陇南市 10 743 hm^2，甘南州4 724 hm^2，宝鸡市 5 044 hm^2；少量分布于甘肃省的定西市、天水市，以及陕西省的汉中市、商洛市和渭南市，面积分别为 1 219 hm^2、635 hm^2、1 263 hm^2、536 hm^2、204 hm^2。三等地主要位于低山丘陵区，所处地形坡度较大，一般为 5°～10°，降水充沛；灌溉条件较差，农田基础设施不配套；土壤质地以黏壤质为主，稍紧实，耕性一般；土壤肥力水平较高。化学性质和养分元素平均含量分别为有机质 16.04 g/kg、全氮 1.12 g/kg、碱解氮 102.03 mg/kg、有效磷 18.60 mg/kg、速效钾 159.35 mg/kg、pH 7.18，见表 18－101。

表 18－101　西北棕壤三等地土壤养分情况

项　目	有机质（g/kg）	有效磷（mg/kg）	pH	碱解氮（mg/kg）	速效钾（mg/kg）	全氮（g/kg）
平均值	16.04	18.60	7.18	102.03	159.35	1.12
标准差	5.43	4.93	0.63	18.70	36.84	0.21

西北三等地土壤有机质含量水平中等偏上，呈正态分布。其中，含量>30 g/kg 的面积 1 956 hm^2，占比 8.03%；含量在 20～30 g/kg 的面积 6 081 hm^2，占比 24.95%；含量在 15～20 g/kg 的面积 11 298 hm^2，占比 46.36%；含量在 10～15 g/kg 的面积 4 276 hm^2，占比 17.55%；含量在 6～10 g/kg 的面积 757 hm^2，占比 3.11%。此等地土壤全氮含量中等。其中，>1.5 g/kg 的面积 4 412 hm^2，占比 18.11%；含量在 1.25～1.5 g/kg 的面积 2 293 hm^2，占比 9.41%；含量在 1～1.25 g/kg 的面积 6 940 hm^2，占比 28.48%；含量在 0.75～1 g/kg 的面积 8 172 hm^2，占比 33.54%；含量<0.75 g/kg 的面积 2 551 hm^2，占比 10.46%。此等地土壤碱解氮含量中等偏上。其中，含量>120 mg/kg 的面积 3 002 hm^2，占比 12.32%；含量在 90～120 mg/kg 的面积 12 721 hm^2，占比 52.20%；含量在 60～90 mg/kg 的面积 8 165 hm^2，占比 33.51%；含量在 30～60 mg/kg 的面积很小，只有 480 hm^2，占比 1.97%。土壤有效磷含量中等偏下。其中，含量>25 mg/kg 的面积 3 657 hm^2，占比 15.0%；含量在 20～25 mg/kg 的面积 6 283 hm^2，占比 25.78%；含量在 15～20 mg/kg 的面积5 601 hm^2，占比 22.99%；含量在 10～15 mg/kg 的面积 5 644 hm^2，占比 23.17%；含量<10 mg/kg 的面积 3 183 hm^2，占比 13.06%。土壤速效钾含量较为丰富，含量>200 mg/kg 的面积 2 602 hm^2，占比 10.68%；含量在 150～200 mg/kg 的面积很大，为 11 099 hm^2，占比 45.55%；含量在 120～150 mg/kg 的面积 5 356 hm^2，占比 21.98%；含量在 100～120 mg/kg 的面积 4 019 hm^2，占比 16.49%；含量在 80～100 mg/kg 的面积 1 292 hm^2，占比 5.30%，见表 18－102。

表 18-102　西北棕壤三等地土壤养分分级及面积

项　目	Ⅰ	Ⅱ	Ⅲ	Ⅳ	Ⅴ	Ⅵ
有机质含量范围（g/kg）	>30	20～30	15～20	10～15	6～10	<6
耕地面积（hm^2）	1 956	6 081	11 298	4 276	757	
占三等地面积比例（%）	8.03	24.95	46.36	17.55	3.11	
有效磷含量范围（mg/kg）	>40	25～40	20～25	15～20	10～15	<10
耕地面积（hm^2）	25	3 632	6 283	5 601	5 644	3 183
占三等地面积比例（%）	0.1	14.9	25.78	22.99	23.17	13.06
全氮含量范围（g/kg）	>1.5	1.25～1.5	1～1.25	0.75～1	0.5～0.75	<0.5
耕地面积（hm^2）	4 412	2 293	6 940	8 172	1 117	1 434
占三等地面积比例（%）	18.11	9.41	28.48	33.54	4.58	5.88
速效钾含量范围（mg/kg）	>200	150～200	120～150	100～120	80～100	<80
耕地面积（hm^2）	2 602	11 099	5 356	4 019	1 292	
占三等地面积比例（%）	10.68	45.55	21.98	16.49	5.30	
碱解氮含量范围（mg/kg）	>150	120～150	90～120	60～90	30～60	<30
耕地面积（hm^2）	82	2 920	12 721	8 165	480	
占三等地面积比例（%）	0.34	11.98	52.20	33.51	1.97	

（四）四等地

西北四等棕壤耕地面积 26 972 hm^2，占棕壤耕地的 17.50%，仅次于六等地面积。四等地集中分布在甘肃省陇南市，面积 15 514 hm^2，占比 57.52%；同时，陕西省宝鸡市、商洛市、汉中市，以及甘肃省天水市、甘南藏族自治州都有一定分布，面积分别为 3 550 hm^2、1 891 hm^2、1 354 hm^2、1 786 hm^2、1 768 hm^2；此外，甘肃省定西市和陕西省安康市、渭南市也有少量分布。四等地主要位于中低山区，所处地形坡度较陡，一般为 10°～15°，无灌溉条件，农田基础设施缺乏；土壤质地以粉壤质为主，耕性较好；土壤肥力水平中等。化学性质和养分元素平均含量分别为有机质 15.16 g/kg、全氮 1.10 g/kg、碱解氮 103.24 mg/kg、有效磷 19.19 mg/kg、速效钾 153.20 mg/kg、pH 7.26，见表 18-103。

表 18-103　西北棕壤四等地土壤养分情况

项　目	有机质（g/kg）	有效磷（mg/kg）	pH	碱解氮（mg/kg）	速效钾（mg/kg）	全氮（g/kg）
平均值	15.16	19.19	7.26	103.24	153.20	1.10
标准差	4.45	5.81	0.48	23.34	31.86	0.23

西北四等地土壤有机质含量水平中等，集中分布在 10～20 g/kg。其中，含量>20 g/kg 的面积 3 143 hm^2，占比 11.66%；含量在 15～20 g/kg 的面积 13 752 hm^2，占比 50.98%；含量在 10～15 g/kg 的面积 7 790 hm^2，占比 28.88%；含量在 6～10 g/kg 的面积 2 287 hm^2，占比 8.48%。此等地土壤全氮含量中等。其中，>1.25 g/kg 的面积 3 155 hm^2，占比 11.7%；含量在 1～1.25 g/kg 的面积 9 529 hm^2，占比 35.33%；含量在 0.75～1 g/kg 的面积 10 316 hm^2，占比 38.25%；含量<0.75 g/kg 的面积 3 972 hm^2，占比 14.73%。此等地土壤碱解氮含量中等偏上。其中，含量>120 mg/kg 的面积 2 520 hm^2，占比 9.34%；含量 90～120 mg/kg 的面积 9 598 hm^2，占比 35.59%；含量 60～90 mg/kg 的面积 12 739 hm^2，占比 47.23%；含量 30～60 mg/kg 的面积较小，为 2 115 hm^2，占比 7.84%。土壤有效磷含量中等偏下。其中，含量在 25～40 mg/kg 的面积 2 642 hm^2，占比 9.79%；含量在 20～25 mg/kg 的面积 4 853 hm^2，占比 17.99%；含量在 15～20 mg/kg 的面积 6 917 hm^2，占比 25.65%；含量在 10～15 mg/kg 的面积 9 414 hm^2，占比 34.9%；含量<10 mg/kg 的面积 3 146 hm^2，占比

11.66%。土壤速效钾含量较为丰富，含量>200 mg/kg 的面积 1 409 hm^2，占比 5.22%；含量在 150～200 mg/kg 的面积很大，为 10 653 hm^2，占比 39.5%；含量在 120～150 mg/kg 的面积 8 083 hm^2，占比 29.97%；含量在 80～120 mg/kg 的面积 6 827 hm^2，占比 25.31%，见表 18-104。

表 18-104　西北棕壤四等地土壤养分分级及面积

项　目	Ⅰ	Ⅱ	Ⅲ	Ⅳ	Ⅴ	Ⅵ
有机质含量范围（g/kg）	>30	20～30	15～20	10～15	6～10	<6
耕地面积（hm^2）	493	2 650	13 752	7 790	2 287	
占四等地面积比例（%）	1.83	9.83	50.98	28.88	8.48	
有效磷含量范围（mg/kg）	>40	25～40	20～25	15～20	10～15	<10
耕地面积（hm^2）		2 642	4 853	6 917	9 414	3 146
占四等地面积比例（%）		9.79	17.99	25.65	34.9	11.66
全氮含量范围（g/kg）	>1.5	1.25～1.5	1～1.25	0.75～1	0.5～0.75	<0.5
耕地面积（hm^2）	763	2 392	9 529	10 316	1 793	2 179
占四等地面积比例（%）	2.83	8.87	35.33	38.25	6.65	8.08
速效钾含量范围（mg/kg）	>200	150～200	120～150	100～120	80～100	<80
耕地面积（hm^2）	1 409	10 653	8 083	6 331	496	
占四等地面积比例（%）	5.22	39.5	29.97	23.47	1.84	
碱解氮含量范围（mg/kg）	>150	120～150	90～120	60～90	30～60	<30
耕地面积（hm^2）	157	2 363	9 598	12 739	2 115	
占四等地面积比例（%）	0.58	8.76	35.59	47.23	7.84	

（五）五等地

西北五等棕壤耕地面积 20 721 hm^2，占棕壤耕地的 13.44%，主要分布在甘肃省陇南市和陕西省商洛市。其中，甘肃省陇南市 11 761 hm^2，天水市 1 388 hm^2，甘南藏族自治州 555 hm^2；陕西省商洛市 3 369 hm^2，宝鸡市 1 637 hm^2，安康市 566 hm^2，汉中市 560 hm^2；此外，甘肃省定西市和陕西省西安市、渭南市有少量分布。五等地主要位于中低山区，所处地形坡度较陡，一般在 15°左右，降水充沛；无灌溉条件，农田基础设施不配套；土壤质地以粉壤质为主，稍紧实，含有一定沙粒和砾石；土壤肥力水平中等。化学性质和养分元素平均含量分别为有机质 14.78 g/kg、全氮 1.13 g/kg、碱解氮 103.6 mg/kg、有效磷 19.25 mg/kg、速效钾 152.62 mg/kg、pH 7.32，见表 18-105。

表 18-105　西北棕壤五等地土壤养分情况

项目	有机质（g/kg）	有效磷（mg/kg）	pH	碱解氮（mg/kg）	速效钾（mg/kg）	全氮（g/kg）
平均值	14.78	19.25	7.32	103.6	152.62	1.13
标准差	4.47	4.68	0.54	20.87	33.33	0.23

西北五等地土壤有机质含量水平中等。其中，含量>30 g/kg 的面积 370 hm^2，占比 1.79%；含量在 20～30 g/kg 的面积 2 100 hm^2，占比 10.14%；含量在 15～20 g/kg 的面积 8 745 hm^2，占比 42.2%；含量在 10～15 g/kg 的面积 7 062 hm^2，占比 34.08%；含量在 6～10 g/kg 的面积 2 444 hm^2，占比 11.79%。此等地土壤全氮含量中等偏上。其中，>1.5 g/kg 的面积 755 hm^2，占比 3.64%；含量在 1.25～1.5 g/kg 的面积 3 066 hm^2，占比 14.8%；含量在 1～1.25 g/kg 的面积 10 083 hm^2，占比 48.66%；含量在 0.75～1 g/kg 的面积 3 589 hm^2，占比 17.32%；含量在 0.5～0.75 g/kg 的面积 717 hm^2，占比 3.46%；含量<0.5 g/kg 的面积 2 511 hm^2，占比 12.12%。此等地土壤碱解氮含量中等偏上。其中，含量>120 mg/kg 的面积 3 342 hm^2，占比 16.13%；含量在 90～120 mg/kg 的面积 9 305 hm^2，占比 44.91%；含量在 60～90 mg/kg 的面积 6 277 hm^2，占比 30.29%；含量在 30～60 mg/kg 的面积

1 797 hm²，占比 8.67%。土壤有效磷含量中等偏下。其中，含量在 25～40 mg/kg 的面积 890 hm²，占比 4.3%；含量在 20～25 mg/kg 的面积 4 240 hm²，占比 20.46%；含量在 15～20 mg/kg 的面积 8 282 hm²，占比 39.97%；含量在 10～15 mg/kg 的面积 4 492 hm²，占比 21.68%；含量<10 mg/kg 的面积 2 817 hm²，占比 13.59%。土壤速效钾含量较为丰富。其中，含量>200 mg/kg 的面积 1 433 hm²，占比 6.92%；含量在 150～200 mg/kg 的面积很大，为 10 271 hm²，占比 49.57%；含量在 120～150 mg/kg 的面积 6 861 hm²，占比 33.10%；含量在 100～120 mg/kg 的面积 1 574 hm²，占比 7.60%；含量在 80～100 mg/kg 的面积 582 hm²，占此等地的 2.81%，见表 18－106。

表 18－106　西北棕壤五等地土壤养分分级及面积

项　目	Ⅰ	Ⅱ	Ⅲ	Ⅳ	Ⅴ	Ⅵ
有机质含量范围（g/kg）	>30	20～30	15～20	10～15	6～10	<6
耕地面积（hm²）	370	2 100	8 745	7 062	2 444	
占五等地面积比例（%）	1.79	10.14	42.2	34.08	11.79	
有效磷含量范围（mg/kg）	>40	25～40	20～25	15～20	10～15	<10
耕地面积（hm²）		890	4 240	8 282	4 492	2 817
占五等地面积比例（%）		4.3	20.46	39.97	21.68	13.59
全氮含量范围（g/kg）	>1.5	1.25～1.5	1～1.25	0.75～1	0.5～0.75	<0.5
耕地面积（hm²）	755	3 066	10 083	3 589	717	2 511
占五等地面积比例（%）	3.64	14.8	48.66	17.32	3.46	12.12
速效钾含量范围（mg/kg）	>200	150～200	120～150	100～120	80～100	<80
耕地面积（hm²）	1 433	10 271	6 861	1 574	582	
占五等地面积比例（%）	6.92	49.57	33.10	7.60	2.81	
碱解氮含量范围（mg/kg）	>150	120～150	90～120	60～90	30～60	<30
耕地面积（hm²）	21	3 321	9 305	6 277	1 797	
占五等地面积比例（%）	0.1	16.03	44.91	30.29	8.67	

（六）六等地

西北六等棕壤耕地面积 32 383 hm²，占棕壤耕地的 21.01%，主要分布在甘肃省陇南市和陕西省商洛市。其中，甘肃省陇南市面积 22 084 hm²，天水市 1 023 hm²，定西市 181 hm²；陕西省商洛市 5 753 hm²，安康市 1 901 hm²，汉中市 966 hm²，宝鸡市 344 hm²，西安市 131 hm²。六等地主要位于中低山区，所处地形坡度较陡，一般为 15°～20°，降水充沛；无灌溉条件，农田基础设施缺乏；土壤质地以粉壤质为主，含有一定沙粒和砾石；土壤肥力水平中等偏下。化学性质和养分元素平均含量分别为：有机质 12.56 g/kg、全氮 1.06 g/kg、碱解氮 102.37 mg/kg、有效磷 18.07 mg/kg、速效钾 137.59 mg/kg、pH 7.32，见表 18－107。

表 18－107　西北棕壤六等地土壤养分情况

项　目	有机质（g/kg）	有效磷（mg/kg）	pH	碱解氮（mg/kg）	速效钾（mg/kg）	全氮（g/kg）
平均值	12.56	18.07	7.32	102.37	137.59	1.06
标准差	3.86	3.74	0.58	22.79	24.88	0.25

西北六等地土壤有机质含量水平中等偏下，没有超过 30 g/kg 的地块。其中，含量在 20～30 g/kg 的面积 2 348 hm²，占比 7.25%；含量在 15～20 g/kg 的面积 9 146 hm²，占比 28.24%；含量在 10～15 g/kg 的面积 16 485 hm²，占比 50.91%；含量在 6～10 g/kg 的面积 4 404 hm²，占比 13.6%。此等地土壤全氮含量中等。其中，>1.5 g/kg 的面积 1 014 hm²，占比 3.13%；含量在 1.25～1.5 g/kg 的面积 3 259 hm²，占比 10.06%；含量在 1～1.25 g/kg 的面积 14 753 hm²，占比 45.56%；含量在

0.75～1 g/kg 的面积 5 938 hm²，占比 18.34%；含量在 0.5～0.75 g/kg 的面积 1 309 hm²，占比 4.04%；含量<0.5 g/kg 的面积高达 6 110 hm²，占比 18.87%。此等地土壤碱解氮含量中等偏上。其中，含量>120 mg/kg 的面积 4 641 hm²，占比 14.33%；含量在 90～120 mg/kg 的面积 11 576 hm²，占比 35.75%；含量在 60～90 mg/kg 的面积 10 774 hm²，占比 33.27%；含量<60 mg/kg 的面积 5 392 hm²，占比 16.65%。土壤有效磷含量中等偏下。其中，含量在 25～40 mg/kg 的面积 449 hm²，占比 1.39%；含量在 20～25 mg/kg 的面积 3 527 hm²，占比 10.89%；含量在 15～20 mg/kg 的面积多达 13 635 hm²，占比 42.11%；含量在 10～15 mg/kg 的面积 11 280 hm²，占比 34.83%；含量<10 mg/kg的面积 3 492 hm²，占比 10.78%。土壤速效钾含量中等偏上。含量在 150～200 mg/kg 的面积高达 17 211 hm²，占比 53.15%；含量在 120～150 mg/kg 的面积 10 548 hm²，占比 32.57%；含量在 100～120 mg/kg 的面积 4 037 hm²，占比 12.47%；含量>200 mg/kg 与<100 mg/kg 的面积分别为 307 hm² 和 280 hm²，合占比 1.81%，见表 18-108。

表 18-108　西北棕壤六等地土壤养分分级及面积

项　目	Ⅰ	Ⅱ	Ⅲ	Ⅳ	Ⅴ	Ⅵ
有机质含量范围（g/kg）	>30	20～30	15～20	10～15	6～10	<6
耕地面积（hm²）		2 348	9 146	16 485	4 404	
占六等地面积比例（%）		7.25	28.24	50.91	13.6	
有效磷含量范围（mg/kg）	>40	25～40	20～25	15～20	10～15	<10
耕地面积（hm²）		449	3 527	13 635	11 280	3 492
占六等地面积比例（%）		1.39	10.89	42.11	34.83	10.78
全氮含量范围（g/kg）	>1.5	1.25～1.5	1～1.25	0.75～1	0.5～0.75	<0.5
耕地面积（hm²）	1 014	3 259	14 753	5 938	1 309	6 110
占六等地面积比例（%）	3.13	10.06	45.56	18.34	4.04	18.87
速效钾含量范围（mg/kg）	>200	150～200	120～150	100～120	80～100	<80
耕地面积（hm²）	307	17 211	10 548	4 037	280	
占六等地面积比例（%）	0.95	53.15	32.57	12.47	0.86	
碱解氮含量范围（mg/kg）	>150	120～150	90～120	60～90	30～60	<30
耕地面积（hm²）	333	4 308	11 576	10 774	5 281	111
占六等地面积比例（%）	1.03	13.3	35.75	33.27	16.31	0.34

（七）七等地

西北七等棕壤耕地面积 20 421 hm²，与五等地面积相当，占耕地棕壤的 13.25%。主要分布在甘肃省陇南市和陕西省商洛市、安康市。其中陇南市 11 019 hm²，占此类耕地的 1/2 以上；商洛市 6 126 hm²，安康市 2 221 hm²；少量分布于陕西省汉中市、西安市和宝鸡市，合计面积1 055 hm²。七等耕地主要位于中山区，所处地形坡度较大，一般在 15°以上，降水充沛；无灌溉条件，农田基础设施很差；土壤质地以粉壤质为主，含有一定沙粒和砾石，土层较薄；土壤肥力水平较低。化学性质和养分元素平均含量分别为有机质 10.49 g/kg、全氮 1.07 g/kg、碱解氮 104.20 mg/kg、有效磷 18.41 mg/kg、速效钾 127.90 mg/kg、pH 7.12，见表 18-109。

表 18-109　西北棕壤七等地土壤养分情况

项　目	有机质（g/kg）	有效磷（mg/kg）	pH	碱解氮（mg/kg）	速效钾（mg/kg）	全氮（g/kg）
平均值	10.49	18.41	7.12	104.20	127.90	1.07
标准差	2.84	4.21	0.52	24.45	17.41	0.22

西北七等地土壤有机质含量水平较低。其中，含量>20 g/kg 的面积只有 159 hm^2，占比 0.78%；含量在 15~20 g/kg 的面积 6 389 hm^2，占比 31.29%；含量在 10~15 g/kg 的面积9 014 hm^2，占比 44.14%；含量在 6~10 g/kg 的面积达到 4 859 hm^2，占比 23.79%。此等地土壤全氮含量中等。其中，>1.5 g/kg 的面积 662 hm^2，占比 3.24%；含量在 1.25~1.5 g/kg 的面积1 615 hm^2，占比 7.91%；含量在 1~1.25 g/kg 的面积 11 774 hm^2，占比 57.66%；含量在 0.75~1 g/kg 的面积 4 211 hm^2，占比 20.62%；含量<0.75 g/kg 的面积 2 159 hm^2，占比 10.57%。此等地土壤碱解氮含量中等偏上。其中，含量>120 mg/kg 的面积 3 301 hm^2，占比 16.16%；含量在 90~120 mg/kg 的面积 11 155 hm^2，占比 54.63%；含量在 60~90 mg/kg 的面积 3 233 hm^2，占比 15.83%；含量在30~60 mg/kg 的面积 2 637 hm^2，占比 12.91%；含量<30 mg/kg 的面积很小，只有 95 hm^2，占比 0.47%。土壤有效磷含量水平中等偏下。其中，含量在 25~40 mg/kg 的面积 842 hm^2，占比 4.12%；含量在 20~25 mg/kg 的面积 2 679 hm^2，占比 13.12%；含量在 15~20 mg/kg 的面积 7 541 hm^2，占比 36.93%；含量在 10~15 mg/kg 的面积 5 956 hm^2，占比 29.17%；含量<10 mg/kg 的面积3 403 hm^2，占比 16.66%。土壤速效钾含量水平中等。其中，含量在 150~200 mg/kg 的面积8 104 hm^2，占比 39.68%；含量在 120~150 mg/kg 的面积 8 388 hm^2，占比 41.08%；含量在 100~120 mg/kg 的面积 3 795 hm^2，占比 18.58%；含量在 80~100 mg/kg 的面积 134 hm^2，占比 0.66%，见表 18-110。

表 18-110 西北棕壤七等地土壤养分分级及面积

项 目	Ⅰ	Ⅱ	Ⅲ	Ⅳ	Ⅴ	Ⅵ
有机质含量范围（g/kg）	>30	20~30	15~20	10~15	6~10	<6
耕地面积（hm^2）		159	6 389	9 014	4 859	
占七等地面积比例（%）		0.78	31.29	44.14	23.79	
有效磷含量范围（mg/kg）	>40	25~40	20~25	15~20	10~15	<10
耕地面积（hm^2）		842	2 679	7 541	5 956	3 403
占七等地面积比例（%）		4.12	13.12	36.93	29.17	16.66
全氮含量范围（g/kg）	>1.5	1.25~1.5	1~1.25	0.75~1	0.5~0.75	<0.5
耕地面积（hm^2）	662	1 615	11 774	4 211	278	1 881
占七等地面积比例（%）	3.24	7.91	57.66	20.62	1.36	9.21
速效钾含量范围（mg/kg）	>200	150~200	120~150	100~120	80~100	<80
耕地面积（hm^2）		8 104	8 388	3 795	134	
占七等地面积比例（%）		39.68	41.08	18.58	0.66	
碱解氮含量范围（mg/kg）	>150	120~150	90~120	60~90	30~60	<30
耕地面积（hm^2）	490	2 811	11 155	3 233	2 637	95
占七等地面积比例（%）	2.4	13.76	54.63	15.83	12.91	0.47

（八）八等地

西北八等棕壤耕地面积 16 678 hm^2，占耕地棕壤的 10.82%。主要分布在陕西省安康市、商洛市和甘肃省陇南市。其中，安康市 8 259 hm^2，占此类耕地的近 1/2，商洛市 5 886 hm^2；陇南市 2 432 hm^2；西安市和汉中市有少量分布，合计面积 101 hm^2。八等地主要位于中山区，所处地形坡度较大，无灌溉条件，农田基础设施很差；土壤质地以粉壤质为主，含有一定沙粒和砾石，土层浅薄；土壤肥力水平低。化学性质和养分元素平均含量分别为有机质 9.72 g/kg、全氮 1.08 g/kg、碱解氮 95.10 mg/kg、有效磷 18.67 mg/kg、速效钾 126.62 g/kg、pH 7.07，见表 18-111。

表 18-111 西北棕壤八等地土壤养分情况

项 目	有机质（g/kg）	有效磷（mg/kg）	pH	碱解氮（mg/kg）	速效钾（mg/kg）	全氮（g/kg）
平均值	9.72	18.67	7.07	95.10	126.62	1.08
标准差	2.31	4.48	0.45	21.25	14.18	0.33

西北八等地土壤有机质含量水平较低。其中，含量>20 g/kg 的面积只有 217 hm^2，占比 1.3%；含量在 15～20 g/kg 的面积 936 hm^2，占比 5.61%；含量在 10～15 g/kg 的面积7 861 hm^2，占比 47.13%；含量在 6～10 g/kg 的面积 7 628 hm^2，占比 45.74%。此等地土壤全氮含量中等。其中，>1.5 g/kg 的面积 2 352 hm^2，占比 14.1%；含量在 1.25～1.5 g/kg 的面积3 359 hm^2，占比 20.14%；含量在1～1.25 g/kg 的面积5 969 hm^2，占比 35.79%；含量在 0.75～1 g/kg 的面积4 998 hm^2，占比 29.97%；没有含量<0.75 g/kg 的耕地分布。此等地土壤碱解氮含量中等水平。其中，含量>120 mg/kg 的面积 2 748 hm^2，占比 16.48%；含量在 90～120 mg/kg 的面积 5 936 hm^2，占比 35.59%；含量在 60～90 mg/kg 的面积 7 112 hm^2，占比 42.64%；含量在 30～60 mg/kg 的面积 882 hm^2，占比 5.29%；没有含量<30 mg/kg 的耕地分布。土壤有效磷含量水平中等偏下。其中，含量在 25～40 mg/kg 的面积 2 305 hm^2，占比 13.82%；含量在 20～25 mg/kg 的面积 2 546 hm^2，占比 15.27%；含量在 15～20 mg/kg 的面积 8 033 hm^2，占比 48.17%；含量在 10～15 mg/kg 的面积 3 027 hm^2，占比 18.14%；含量<10 mg/kg 的面积 767 hm^2，占比 4.6%。土壤速效钾含量水平中等。其中，含量在 150～200 mg/kg 的面积 2 092 hm^2，占比 12.54%；含量在 120～150 mg/kg 的面积很大，为 8 827 hm^2，占比 52.93%；含量在 100～120 mg/kg 的面积 5 097 hm^2，占比 30.56%；含量在 80～100 mg/kg 的面积 662 hm^2，占比 3.97%，见表 18－112。

表 18－112　西北棕壤八等地土壤养分分级及面积

项　目	Ⅰ	Ⅱ	Ⅲ	Ⅳ	Ⅴ	Ⅵ
有机质含量范围（g/kg）	>30	20～30	15～20	10～15	6～10	<6
耕地面积（hm^2）	110	107	936	7 861	7 628	36
占八等地面积比例（%）	0.66	0.64	5.61	47.13	45.74	0.22
有效磷含量范围（mg/kg）	>40	25～40	20～25	15～20	10～15	<10
耕地面积（hm^2）		2 305	2 546	8 033	3 027	767
占八等地面积比例（%）		13.82	15.27	48.17	18.14	4.6
全氮含量范围（g/kg）	>1.5	1.25～1.5	1～1.25	0.75～1	0.5～0.75	<0.5
耕地面积（hm^2）	2 352	3 359	5 969	4 998		
占八等地面积比例（%）	14.1	20.14	35.79	29.97		
速效钾含量范围（mg/kg）	>200	150～200	120～150	100～120	80～100	<80
耕地面积（hm^2）		2 092	8 827	5 097	662	
占八等地面积比例（%）		12.54	52.93	30.56	3.97	
碱解氮含量范围（mg/kg）	>150	120～150	90～120	60～90	30～60	<30
耕地面积（hm^2）	125	2 623	5 936	7 112	882	
占八等地面积比例（%）	0.75	15.73	35.59	42.64	5.29	

第十九章 低产棕壤耕地改良与利用 >>>

棕壤分布区气候条件优越，具有良好的生态条件，生物资源丰富，土壤肥力较高。自古以来，棕壤地区就是我国发展农业、林业、果木、柞蚕、药材的重要生产基地。低产棕壤耕地是指棕壤耕地中存在一种或多种制约农业生产的障碍因素，导致单位面积产量相对低而不稳的棕壤耕地。低产棕壤耕地的改良与利用是通过工程、物理、化学、生物等措施对低产棕壤的障碍因素进行改造，提高低产棕壤基础地力的过程。

第一节 低产棕壤耕地主要障碍因素

随着经济发展和人类活动的增加，土壤侵蚀（水土流失）、土壤污染、土壤酸化和盐渍化等现象也日益严重。自然界的土壤，往往土体中存在某种障碍层次，即不利于植物根系伸展的土壤层次。这些层次有的是土壤形成过程的产物，也有一些是母质中固有的层次。目前，全国低产棕壤的障碍类型主要有水土流失型、障碍层次型、瘠薄缺素型等类型。

一、全国低产棕壤耕地主要障碍类型

1996 年 12 月，农业部发布了中低产田类型划分农业行业标准《全国中低产田类型划分与改良技术规范》（NY/T 310—1996）（以下简称《规范》）。在该《规范》中，将全国中低产田划分为干旱灌溉型、渍涝潜育型、盐碱耕地型、坡地梯改型、渍涝排水型、沙化耕地型、障碍层次型、瘠薄培肥型 8 种类型。参考上述《规范》，并结合棕壤的特点和改良要求的技术特点，这里按我国棕壤存在的主要限制因素划分为以下 3 种类型：水土流失型、障碍层次型、瘠薄缺素型。

（一）水土流失型

一般认为，水土流失是地表土壤或岩石在人为因素和自然因素的共同作用下，以雨滴和地表径流为营力而发生的剥离、搬运和堆积过程。从这一定义可以看出，水土流失包括以下 3 个含义。一是侵蚀动力或外营力，即水土流失是一种加速侵蚀过程，水是直接动力，属于土壤侵蚀中的水蚀范畴。水营力之所以能直接导致加速侵蚀的形成，是因为有自然因素和人为因素的共同作用，特别是人类活动破坏、减弱和限制了水营力作用的生态环境稳定功能。二是侵蚀对象，即水蚀对象为地表物质（土壤和岩石），地表物质的理化性状也决定了外营力性质。三是侵蚀过程，包括侵蚀物质的剥离、搬运和堆积这一完整过程，受水土流失型限制的土壤包括全国山地、丘陵区各类土壤，其主导障碍因素为土壤侵蚀，以及与其相关的地形、地面坡度、土体厚度、土体构型与物质组成、耕作熟化层厚度等。棕壤耕地多分布在山地、丘陵地带，所以易发生水土流失。

（二）障碍层次型

障碍层次型土壤主要是指在剖面构型方面有严重缺陷的土壤，如土体过薄，剖面 1 m 左右内有沙漏、砾石、黏磐、铁子、铁盘、砂姜、白浆层、钙积层等障碍层次。障碍程度包括障碍层物质组成、厚度、出现部位等。棕壤中常见的土壤障碍层次见表 19 - 1。

表 19-1　棕壤中常见的土壤障碍层次及其利用改良途径

土壤障碍层次类型	土层特点	利用改良途径
白浆层	土壤物质中以漂白物质占优势的土层。土壤季节性上层滞水，氧化还原交替进行，在黏粒和（或）游离氧化铁、氧化锰淋失后，使得原土层脱色成为灰白色土层。土壤有机质含量低，养分总储量较少；土壤呈微酸性，pH 在 6.0～6.5 范围内	施用石灰，增施有机肥，培肥土壤
砾石层	洪积、坡积、河流冲积等原因形成的以砾石或石块为主的层次。细土极少，保持水分养分的能力极差，巨大的孔隙存在截断了土壤水分、养分在土体中的上下移动，土壤漏水、漏肥	种植适宜的浅根作物；客土加厚土层；清除砾石
黏磐层	黏粒含量很高的坚实磐层	深耕，加厚耕层；客土改良土壤质地（掺沙）

（三）瘠薄缺素型

瘠薄缺素型土壤主要指受气候、地形等难以改变的大环境（干旱、无水源、高寒）影响，以及距离居民点远，施肥不足的土壤。该类型土壤结构不良、养分含量低、产量低于当地高产农田，当前又无见效快、大幅度提高产量的治本性措施，只能通过长期培肥加以逐步改良。

二、低产棕壤耕地主要障碍因素及提升

低产棕壤耕地主要障碍因素有土壤有机质含量、土壤 pH、灌溉能力和有效土层厚度等。根据各地区棕壤耕地地力评价的实际情况，辽宁省和山东省的低产耕地为七至十等地，西北地区的低产耕地为七等地和八等地。

（一）土壤有机质含量

辽宁省棕壤耕层土壤有机质含量变化范围为 8.7～57.7 g/kg，低产耕地土壤有机质含量变化范围为 9.7～47.9 g/kg，土壤有机质分级及面积统计见表 19-2。从表中可以看出，目前低产耕地有机质含量>30 g/kg 的耕地面积为 6.642 万 hm^2，占比 4.14%；有机质含量为 20～30 g/kg 的耕地面积为 20.86 万 hm^2，占比 13.01%；有机质含量为 10～20 g/kg 的耕地面积为 132.77 万 hm^2，占比 82.83%。辽宁省棕壤有机质含量只有 4.14%是丰富水平，其余均处于中等偏下水平。

表 19-2　辽宁省低产棕壤耕地不同有机质含量分级对应面积（万 hm^2）

项　目	>40 g/kg	30～40 g/kg	20～30 g/kg	10～20 g/kg	0～10 g/kg	合计
七等地面积	—	1.10	5.84	31.45	0.01	38.40
八等地面积	0.02	0.53	1.75	18.22	—	20.52
九等地面积	0.03	4.49	12.44	79.60	—	96.56
十等地面积	0.002	0.47	0.83	3.50	0.01	4.81
合计	0.052	6.59	20.86	132.77	0.02	160.29
占低产耕地面积比例（%）	0.03	4.11	13.01	82.83	0.02	100

山东省棕壤耕层土壤有机质含量变化范围为 6.1～28.3 g/kg，平均为 11.72 g/kg。低产耕地土壤有机质含量变化范围为 6.2～18.7 g/kg，土壤有机质分级及面积统计见表 19-3。从表中可以看出，目前山东省低产耕地有机质含量在 12～15 g/kg 的耕地面积最大，占比 34.50%；其次，有机质含量在 10～12 g/kg 的耕地面积为 9 万 hm^2，占比 27.55%；有机质含量在 8～10 g/kg 的耕地面积为 8.38 万 hm^2，占比 25.65%。山东省低产耕地有机质含量多处于中等水平。

表 19-3　山东省低产棕壤耕地不同有机质含量分级对应面积（万 hm^2）

项　　目	15～20 g/kg	12～15 g/kg	10～12 g/kg	8～10 g/kg	6～8 g/kg	<6 g/kg	合计
七等地面积	0.61	5.94	3.4	2.63	0.83	0.01	13.42
八等地面积	0.57	2.56	3.43	3.64	1.25	0	11.45
九等地面积	0.47	1.84	1.25	0.75	0.10	0.001	4.411
十等地面积	0.01	0.93	0.92	1.36	0.17	0	3.39
合计	1.66	11.27	9.00	8.38	2.35	0.011	32.671
占低产耕地面积比例（%）	5.08	34.50	27.55	25.65	7.19	0.03	100.00

西北地区低产棕壤耕层有机质含量水平较低（表 19-4）。其中，含量≥20 g/kg 的面积只有 376.07 hm^2，占比 1.02%；含量 15～20 g/kg 的面积 7 325.52 hm^2，占比 19.75%；含量10～15 g/kg 的面积 16 874.42 hm^2，占比 45.49%；含量 6～10 g/kg 的面积达到 12 486.77 hm^2，占比 33.66%。

表 19-4　西北地区低产棕壤耕地不同有机质含量分级对应面积（hm^2）

项　　目	>30 g/kg	20～30 g/kg	15～20 g/kg	10～15 g/kg	6～10 g/kg	<6 g/kg	合计
七等地面积	—	159.02	6 389.23	9 013.54	4 858.81		20 420.60
八等地面积	109.79	107.26	936.29	7 860.88	7 627.96	35.43	16 677.61
合计	109.79	266.28	7 325.52	16 874.42	12 486.77	35.43	37 098.21
占低产耕地比例（%）	0.30	0.72	19.75	45.49	33.66	0.10	100

棕壤区总体的土壤有机质含量较低，需要提升的范围及面积较大。土壤有机质含量是反映土壤肥力状况的重要指标（张勇等，2005），所以有必要采取一系列措施增加土壤有机质含量，这对各区域土壤肥力的提升有着重要的作用。首先，适当种植一些绿肥作物。这样既可以对土壤进行覆盖，又可以作为土壤有机质含量提高的有效途径。种植绿肥对土壤有机质含量的增加和增产具有明显的效果。其次，对耕地实施秸秆还田。既能提高土壤中生物量的返还率，增加土壤中腐殖质含量，还能将被植物吸收的矿物质归还到土壤中。并且，随着时间推移与秸秆还田量的增加，表层土壤有机质含量可得到显著的提升（潘剑玲，2013）。如果长期坚持实施秸秆还田措施，就能有效提高耕地土壤中的有机质含量。再次，增施有机肥是提高土壤有机质含量最直接的方法，并且随着有机肥料施用量的增加，其影响效果显著提高，是提高耕地地力的重要措施之一。最后，改善灌排设施对有机质含量水平也有一定的影响（章林英等，2015）。

（二）土壤 pH

辽宁省棕壤耕层 pH 变化范围为 4.6～8.5，低产耕地土壤 pH 变化范围为 4.6～8.3。从分级的标准来看（表 19-5），土壤 pH 为弱酸性的占比最大，为 57.99%；酸性水平耕地占比为 4.88%。目前低产耕地土壤中酸性和弱酸性的耕地占比为 62.87%，需要提高土壤的 pH，改善土壤质量。

表 19-5　辽宁省低产棕壤耕地不同 pH 分级对应面积（万 hm^2）

项　　目	酸性（4.5～5.5）	弱酸性（5.5～6.5）	中性（6.5～7.5）	弱碱性（7.5～8.5）	合计
七等地面积	1.44	24.52	10.97	1.47	38.40
八等地面积	0.97	11.7	4.66	3.2	20.53
九等地面积	0.56	2.88	1.96	1.7	7.10
十等地面积	0.49	1.98	0.55	1.79	4.81
合计	3.46	41.08	18.14	8.16	70.84
占低产耕地比例（%）	4.88	57.99	25.61	11.52	100.00

山东省耕地棕壤 pH 变化范围为 4.6～8.7，低产耕地土壤 pH 变化范围为 4.6～7.7，属于偏酸

性水平。pH 分级及面积统计见表 19-6。从表中可以看出，土壤 pH 在 5.5～6.5 的耕地面积最大，占比为 48.61%；pH 在 6.5～7.5 的耕地面积占比为 24.24%，pH≤5.5 的耕地面积占比为 26.75%，酸性土壤比例偏大。

表 19-6　山东省低产棕壤耕地不同 pH 分级对应面积（万 hm^2）

项　目	酸性（<5.5）	弱酸性（5.5～6.5）	中性（6.5～7.5）	弱碱性（7.5～8.5）	合计
七等地面积	3.34	6.85	3.13	0.09	13.41
八等地面积	3.66	5.31	2.47	0.01	11.45
九等地面积	0.86	2.18	1.35	0.03	4.42
十等地面积	0.88	1.54	0.97	—	3.39
合计	8.74	15.88	7.92	0.13	32.67
占低产耕地比例（%）	26.75	48.61	24.24	0.40	100.00

土壤酸碱性是衡量土壤肥力的重要指标，调节土壤的 pH 对地力提升有很大影响。其中，对酸性土壤的改良中，施用石灰是最为有效的方法（边武英，2009），可以中和土壤的酸性，另外，石灰还具有凝聚作用，可以把分散的细土粒胶结在一起，从而改善土壤结构状况；此外，适当使用化学调理剂（宋丹，2015）、增施农家肥及碱性肥料、种植耐酸作物等措施（李二云，2012），对改良酸性土壤也有很大作用。

（三）灌溉能力

提高灌溉能力可采取的措施包括：一是加强农田水利灌溉管理，农田灌溉设施以修建灌溉井及配备灌溉配套设施为主，加强农田水利灌溉以保证灌溉水源充足；二是提高农田灌溉质量，全力支持农田水利灌溉工程的建设，促进农田水利灌溉制度的完善及水资源的合理利用（李斌，2015）；三是加大农田节水力度，加强农业综合开发，重点配套田间灌排等基础设施，解决农田漫灌、串排串灌等问题，提高灌溉水利用率。

（四）有效土层厚度

对于有效土层浅薄障碍因素的改进方法：一是增加有效土层厚度，如对土层进行深耕、深翻等（许妍等，2011）；二是利用机械对土层进行深、浅交替和深松，打破犁底层；三是进行客土改良，增加土层深度。

第二节　低产棕壤改良与利用措施

棕壤区具有良好的生态条件，生物资源丰富，土壤肥力较高。自古以来，棕壤地区就是我国发展农业、林业、果木、柞蚕、药材的重要生产基地。棕壤区的农用地面积占全国棕壤总面积的18.94%。其中，棕壤在丘陵和高阶地区的垦殖系数最高，山东省为 72.09%，辽宁省为 37.02%，江苏省也高达 60%以上。我国东部丘陵和高阶地棕壤农业区可供开发的后备资源少，现有耕地逐年减少，且坡地多、平地少，中低产田面积大。由于不合理的农业利用，水土流失加剧，土壤肥力下降。改良利用重点包括：第一，加强水土保持措施。实现坡耕地梯田化，兴修以闸山沟为主的水利工程，造林、护坡、截流、防治水土流失。第二，因地制宜综合治理与改造中低产土壤。首要问题是广开肥源，培肥地力。发展农区畜牧业并推广玉米秸秆还田，或麦收留高茬还田。合理施用化肥，特别是增施磷钾肥，补施中微量元素肥，全面推广优化配方施肥技术。第三，陡坡地退耕还林还草。良田应防止“弃耕种果”的不合理现象发生，挖掘水源扩大水浇地面积，发展节水灌溉（全国土壤普查办公室，1998）。对于没有灌溉条件而实行雨养农业的地区，农业管理措施主要有：第一，保墒耕作。将农民的经验与现代旱作农业的土壤少耕理论和措施相结合，采用镇压与耙地保墒。第二，地面覆盖。

包括塑料薄膜覆盖与果园地面的干草覆盖、生草覆盖等，对减少田面蒸发和早春提高地温等均有明显效果。第三，节水灌溉。为节约用水，采用地下暗管灌溉、喷灌、滴灌等措施，还能避免土壤结构的破坏。

在山地垂直带，棕壤的垦殖系数最低，一般在1%～5%。山地垂直分布带的棕壤农用地主要分布于海拔1 500～3 600 m的中高山地带，因受高山冷凉气候影响，农用价值不大，产量也较低。在甘肃省，山地棕壤农用地分布于海拔1 800～2 200 m，由深厚黄土母质发育，一年一熟或两年三熟，宜种马铃薯、小麦、荞麦等，粮食产量为2 250～3 750 kg/hm^2，是甘肃省南部林区的主要耕地土壤。贵州省山地棕壤农用地分布于海拔2 400～2 800 m的中山，土体厚50～100 cm，质地为黏壤土至黏土，且含砾石。适种燕麦、荞麦、马铃薯等，一年一熟或轮歇，产量低而不稳，粮食产量仅375～750 kg/hm^2。西藏山地典型棕壤的农用地主要分布于2 500～3 600 m的洪积扇、河谷坡地。土体厚70～100 cm，质地多为砂质壤土，含有砾石。作物以青稞为主，一年一熟，局部地区两年三熟或一年两熟。灌溉条件差，产量不高，青稞量为2 250～3 000 kg/hm^2。

由于长期重用轻养及不合理管理措施等造成棕壤各亚类如潮棕壤、典型棕壤、酸性棕壤、白浆化棕壤、棕壤性土等出现不同程度的退化和生产力低下的问题，对各亚类低产棕壤进行改良和合理利用，才能维持和不断提高地力，确保棕壤永续利用和农业可持续发展。低产棕壤的利用和改良主要分为农业和林果业两个方面。

一、低产棕壤的农业利用和改良

（一）潮棕壤的利用改良

潮棕壤是古老耕种土壤，农业利用居棕壤各亚类之首。由于所处地形平坦，土体深厚，质地适中，水热条件好，基础肥力高，生产性能好；加之潮棕壤区一般均有灌溉条件，耕作较精细、土壤熟化程度也较高。适种作物有玉米、小麦、高粱、大豆、花生和棉花等。辽宁为一年一熟，粮食年产量为3 375～7 500 kg/hm^2。山东、江苏为一年两熟或两年三熟，粮食年产量为7 500～11 250 kg/hm^2。潮棕壤是久经耕种的熟化土壤，土层深厚，水热条件好，肥力较高，生产性能好，适种作物广。

潮棕壤因土属（成土母质）不同，生产性能和土壤生产力亦有差异。黄土状潮棕壤和淤积潮棕壤土层深厚、水热协调、质地偏黏、保水保肥、抗旱抗涝、土性热潮、肥劲长，适种作物有玉米、高粱、大豆、棉花、谷子、花生和蔬菜等。而坡积和坡洪积潮棕壤同黄土状潮棕壤相比，土体中含有砾石或夹沙、砾层，质地变化大，生产性能较差，土壤生产力较低。

为进一步提高潮棕壤的生产潜力，利用改良方向：一是深翻或深松，加深活土层，改善土壤物理性质；二是用地养地，广开有机肥源，大搞秸秆还田，积极发展绿肥，实行粮草间作，科学施用化肥，推广优化配方施肥，不断培肥地力；三是对耕层质地黏重的土壤进行掺沙或炉渣改良，清除耕层砾石，"开膛破肚"客土改良夹沙、砾层，对"尿炕地"（低洼易涝地块）应停耕还林还果；四是采取间、混、套、复种，以提高复种指数；五是在有水源的地方，尽量开发水田。

（二）典型棕壤的利用改良

山丘区耕种典型棕壤分布地势较高，常有不同程度的水土流失，排水条件好，但大部分无灌溉条件。适种作物有玉米、小麦、高粱、大豆、谷子、杂粮、黄烟等。

典型棕壤是在森林破坏以后，经长期耕种形成的旱耕熟化土壤。典型棕壤分布区地势高，多为低、中丘坡地（坡度3°以上），地下水位多在10 m以下，甚至在100 m以下。典型棕壤具有明显的厚、黏、板、瘦的特点。"厚"，即土层深厚，均在1 m以上，保水保肥；"黏"，即质地偏黏，多为黏壤土至壤质黏土，湿时黏重，干时坚硬，耕性不良，适耕期短；"板"，即淀积层紧实板结（紧实度大于25 kg/cm^3），容重大于1.50 g/cm^3，通透性不良，影响作物根系伸展和发育，尤其浅位淀积层更为严重；"瘦"，即重用地轻养地，重化肥轻有机肥，有机肥施用量减少，加之水土流失，土壤养分下降，缺磷少氮，有机质含量不足。在利用改良方面，应深松改土，打破犁底层或淀积层，逐年加深耕层，增加活土层，改善土壤通透性。实行粮草间作，利用牧草根系穿透能力强的特性，改善淀积层的不良性状，实行有机肥与无机化肥配合，大力增加有机肥的投入，积极推广优化配方施肥，提高土壤生产力。为有效防止水土流失，实行工程措施和农业耕作措施相结合。沿等高线修水平梯田，可减少坡地径流及泥沙流失，养分流失量仅为坡耕地的25%～30%。为保护和加固梯田埂，采用紫穗槐或胡枝子串带，可起固埂、防风、保水和增肥的作用。充分利用水库蓄水或地下水发展灌溉，以解除春旱威胁。丘陵坡地的侵蚀沟，沟底应因地制宜就地取材，修筑谷坊；荒沟要打坝淤地，扩大耕地面积；陡峻沟坡要修鱼鳞坑，造林种草，巩固沟岸，防止冲刷；较大沟底，应修小水库，要有土坝、溢洪道和泄水洞，以拦蓄防洪、阻止泥沙、发展灌溉。

（三）酸性棕壤的利用改良

耕种酸性棕壤分布区降水量充沛，终年湿润，雨热同季。以种植玉米、大豆为主，经济作物以烟草为主。

耕种酸性棕壤的生产性能具有以下特点：一是土质黏重，质地多为黏壤土至壤质黏土，<0.002 mm黏粒含量在180～410 g/kg，有机质缺乏，土壤结构性差，湿时黏重，适耕期短，干时坚硬，蹚地易伤苗。二是土壤酸度较强，土壤中铝离子占优势，活性铝水解后土壤酸度增加，pH的范围为5.1～6.0。在此酸性环境条件下，可溶性磷易被铝和铁固定，形成难溶性磷酸铁、磷酸铝。尤其磷酸盐易为氧化铁胶膜所包裹而形成蓄闭态磷（约占无机磷总量47.8%），从而使有效磷更低。三是黏化层紧实板结，通透性不良，影响作物根系下扎生长。四是土性冷凉，养分转化缓慢，春季地温回升慢，不发小苗，缺磷、少氮、钾不足，有机质含量中等偏下。在利用改良方面，应掺沙或炉灰渣改良耕性；合理施用石灰，中和土壤酸性；增加土壤中的钙素，减少活性铁、铝对磷素的固定。石灰用量按土壤酸性强弱，与其他肥料配合的情况而定。呈酸性反应（pH在4.5～5.5）的酸性棕壤，每公顷可施石灰1 125 kg；呈微酸性反应（pH在5.5～6.0）的酸性棕壤，每公顷可施石灰750～900 kg。玉米每公顷增产600～1 500 kg，产量提高10%～30%；大豆每公顷增产525 kg，产量提高10%～25%。坚持用地养地，增施热性有机肥，大搞秸秆还田，实行轮作倒茬，粮草间作，加强地力建设，以改土为重点，大搞山、水、林、田、路综合治理，做到蓄水保土。

（四）白浆化棕壤的利用改良

白浆化棕壤以山东、江苏两省农用地最多。由于土体构型和生产性能不良，多属中低产旱地土壤。一年一熟或两年三熟，粮食年产量为3 000～6 000 kg/hm^2。

耕种白浆化棕壤以种植玉米、大豆为主，其生产性能特点：第一，土壤瘠薄，养分贫乏，有机质分解缓慢。第二，土质黏重，耕性不良，<0.002 mm的黏粒含量为210～310 g/kg，湿黏干硬，易起明条或坠块，雨后多日不能下地铲蹚，影响正常田间管理。第三，淀积层黏重板结（容量1.33～1.40 g/cm^3，孔隙度40%～48%），影响根系伸展和生长。第四，土壤水容量小，干时作物怕旱，湿时作物怕涝。在利用改良方面，应采用深松犁松动耕层和心土层，使白浆层变为活土层，逐年掺炉渣或河沙，改良黏性，并结合晒垡、冻垡，使耕层变疏松。修建灌排沟渠，雨季能排、旱季能灌，确保土壤有适当水分，以满足作物对水分的需求。增施热性农肥、秸秆肥、压绿肥，并在播前适当施氮素，以补充前期供肥不足。结合施石灰和磷肥，调节酸度，改良土壤结构，减轻土壤对磷的固定作用，提高磷肥的有效利用率。合理轮作，实行粮草间作，建立饲料基地。种植多年生牧草，发展养牛业，进行过腹还田，以农促牧、以牧养农，促进对土壤输入和产出的良性生态循环。据报道，为了改造不良土体构型，国外已研制出改土机械，如美国的改良犁和日本的反转客土犁，均已在生产上大面积推广应用。国内黑龙江省自1983年以来，在进行淀积层混拌白浆层、淀积层与白浆层置换的同时，配合施用有机肥料和有机无机肥料配施等改良白浆土的试验，均取得明显效果。

（五）棕壤性土的利用改良

棕壤性土有一部分辟为农业用地，由于土壤侵蚀严重、肥力瘠薄，耕作粗放、灌溉条件相对较差，故产量很低。山地垂直分布带中的棕壤性土农用地的地势陡峻、土薄石多，粮食产量很低，仅为

750～2 250 kg/hm^2。四川省山地棕壤性土的农用地多分布于高山峡谷的山体下部坡地，海拔 3 000～3 900 m，是川西高寒山区的主要农业土壤类型之一。土体一般厚度为 50 cm 左右，普遍含有砾石，种植有小麦、青稞、荞麦、蚕豆、豌豆、马铃薯、玉米、油菜等。一般小麦产量为 1 500～2 250 kg/hm^2、青稞为 50～125 kg/hm^2，除粮油作物外，还种植贝母、党参、当归、羌活、黄芪等药用植物。分布于海拔 2 700～3 600 m 山地洪积扇上的耕种棕壤性土土体浅薄、粗骨性强、肥力低，种植作物一年一熟、耕作粗放、产量水平不高。

棕壤性土的生产性能具有明显的薄、粗、瘠、旱的特点。主要表现在土层浅薄，耕层仅在 10 cm 左右；土体中多含砾石或片石，通常为 100～850 g/kg；耕层以下砾石或片石太多，耕作较难，打铧挡锄，损伤农具。砾石含量多，通气孔隙增多，通透性强，漏水漏肥，不抗旱，常受干旱威胁。早春地温回升快，作物苗期长势好。土壤中养分总储量低，作物生长中后期出现脱肥、早衰现象，作物产量低。雨季常遭山洪冲刷，土层逐年变薄，沟壑不断扩展，水、肥、土流失严重，地力严重减退。在利用改良方面，应加强水土保持，大于 15° 的坡耕地要退耕还林、恢复地力、保持生态平衡。土层较薄的，应采用等高垄作、带状间作或坡式梯田。土层较厚的应以水平梯田为主、辅以坡式梯田，同时加强沟壑治理、拦洪淤地。在防止水土流失的基础上，应客土加厚土层，并清除土中砾石和片石，便于耕作。为提高土壤肥力，应建立地头肥源，增施农肥，种绿肥，并重视分期追肥，满足作物各生育期所需养分，防止中后期脱肥早衰，提高产量（贾文锦，1992）。

二、棕壤的林果业利用和改良

（一）棕壤的果业利用

除白浆化棕壤外，棕壤各亚类均适宜栽培果树。果树在棕壤区栽培历史悠久，是我国北方果树的重点产区。主要树种有苹果、梨、桃、葡萄、山楂等 20 余种。其中，烟台、大连的苹果，绥中、北镇、鞍山、莱阳和青岛的梨，大泽山葡萄，肥城佛桃，青州蜜桃，福山大樱桃，泰山和丹东的板栗，辽红山楂等均是名优果品。在棕壤区果树一般分布在海拔 500 m 以下的丘陵和排水良好的坡地。目前存在的主要问题是，土壤有机质含量低，土质黏重板结，常受“春旱”和“夏涝”的威胁。许多果产区因森林覆盖率低，水土流失严重，致使果品产量低而不稳。改良利用的途径：一是实行果园行间种草，积极推广种植草木樨、沙打旺等绿肥作物，以提高土壤肥力；二是合理施用化肥，协调氮、磷、钾配比；三是对缺锌、硼的果园土壤，实行果树根外追肥、喷施稀土肥料，以改善果实色泽、降低苹果酸含量，提高含糖量；四是在有条件的果园建立喷灌、滴灌、渗灌等多种方式的灌溉系统；五是在果产区及附近山区营造防护经济林和水土保持林，形成多层次的果林生态景观。

果树适应性因棕壤亚类不同而异，棕壤适宜果树的生长，其生产性能具有以下特点。第一，土壤黏重。发育于第四纪松散沉积物的典型棕壤和潮棕壤，土层深厚，质地偏黏，保水保肥，通透性不良，土壤中缺乏氧气，影响根系伸展生长，树体较弱。而发育于各种基岩风化物的典型棕壤、棕壤性土和少数潮棕壤，土层浅薄，质地较粗，砾石和片岩多，通透性良好，不保水、不保肥、不抗旱，影响果树生长和结果。第二，土壤贫瘠。有机质、全磷、全氮和有效磷含量很低，有效硼和有效锌普遍缺乏，常使苹果、梨、桃等发生缩果病，味苦、品质低劣。有效锌含量多处于极低量（＜0.5 mg/kg）或低量（0.5～1.0 mg/kg）水平，常使苹果发生小叶病，葡萄和桃发生黄萎病。由此可见，土壤养分含量和有效态微量元素含量远不能满足果树生长发育的需要。第三，灌溉不足。多数无灌溉条件的果园，由于土壤缺水，易发生干旱，影响坐果。第四，水土流失严重。栽种果树的土壤主要分布在具有一定坡度的丘陵、坡地。由于不注意水土保持，加之森林植被覆被率低，许多果园常受到山洪冲刷，水土流失严重。

为提高果园土壤的生产力，应采取以下措施。第一，对表层土壤质地偏黏和心土板结的厚层土壤要深松，打破黏土层，加深活土层，改善土壤理化性状，以使其适合根系生长发育；对土层薄、质地较粗、砾石较多的土壤，要结合掺黏改土，增施有机肥料，加厚耕层。第二，增施有机肥料。大量增施基肥，每公顷圈肥施用量最低 24 t、绿肥 39 t，秋施基肥最好。实行果园覆草：采用生草制，株行间种草或生草，在草生长旺季，草高 20 cm 时进行刈割，并覆于地面和树盘上；利用有机物料覆盖，除各种作物秸秆外，还可充分利用野生杂草。合理施用化肥，协调氮、磷、钾配比。幼树期需磷较多，其氮、磷、钾配比为 2∶1∶1 或 1∶2∶1，而结果树需氮、钾较多，其比例以 2∶1∶2 为宜。对缺硼、缺锌的果园，除土壤中施硼和锌肥外，还要根外追肥，以满足果树生长发育的需要。第三，大力开发水源，建立灌溉系统，并采用喷灌、渗灌和滴灌等先进灌溉措施，以满足果树的需要。将目前仍采用漫灌的果园改为滴灌，以解决水源不足和土地不平整的问题。第四，树盘覆膜，减少土壤水分蒸发。第五，为了防止果园的水土流失，应采用工程措施和生物措施进行综合治理。工程措施主要是挖壕和修梯田；生物措施主要是在宜林山地、果园区及附近山地营造经济防护林和水土保持林，以防止暴雨冲刷和风力侵蚀，调节果园土壤水分，巩固水土保持工程。

（二）棕壤的林业利用

棕壤的林业用地主要类型有典型棕壤、棕壤性土及白浆化棕壤。辽东山地棕壤区除偏远的中山上部残存沙松、红松针阔叶混交林外，大部分为天然次生林。主要树种有油松、赤松、栎类、槭、椴、桦、水曲柳、花曲柳、核桃楸等，林木覆盖率达 52%。林分组成以中幼林多（70%～80%）、成熟林少，林分质量差，单位面积材积量低。抚育改造次生林应采取以下综合管理技术措施：第一，因林制宜划分营林类型，按林分质量留优去劣，确定保留适宜树木株数；第二，择伐改造，诱导发展针阔叶混交林；第三，实行一沟一坡地集中营林，荒山、疏林地营造速生丰产用材林。土体深厚、湿润肥沃和排水良好的阴坡和半阴坡，适种树种有红松、长白落叶松、日本落叶松、椴、枫、杨等。土体较薄、土壤干旱、肥力不高和质地较粗的阴坡和半阴坡，适种树种有油松、辽东栎、刺槐、白桦、山杨等。

山东省山地棕壤区为次生针阔叶混交林分布区，且多幼林、疏林，森林覆盖率仅 10%～12%。加之棕壤性土的立地条件日趋变差，过去的中生落叶阔叶林难以恢复。因此，应以封山造林为主，根据适地适树原则选择适生树种。搞好水土保持，改善立地条件，加速林分改造，逐步恢复和发展成落叶阔叶经济林和用材林。

暖温带山地棕壤区主要分布于海拔 1 000～3 500 m 中高山地带。例如，甘肃省东南部棕壤分布在海拔 2 200～3 200 m，以针阔叶林为主，主要树种有冷杉、云杉、华山松、辽东栎、栓皮栎、漆树、椴、桦等，森林覆盖率在 90%以上。在海拔 1 300～2 200 m，以落叶阔叶林为主，伴生漆树、栓皮栎、杜仲、核桃等经济树种。林下凋落物和腐殖质层较厚，土壤有机质含量高，抗蚀力强，林木产量高。山地棕壤林地存在的主要问题：原生落叶阔叶林破坏严重，多为次生幼林替代，林相残败；针阔叶混交林分布带坡度大，土层薄且砾石含量高，林木产量低，林木采伐后土壤变干不易更新；此外，还有荒山、疏林地待改造。改良利用方向：第一，采伐成熟林，留出保安林，在缓坡地采取块状或带状皆伐，陡坡地采取择伐，防止水土流失；第二，改造和更新树种，在海拔较高地带以落叶松、油松为主，低海拔地带可以华山松、辽东栎、核桃等为主，土层较厚的棕壤可种植杜仲、栓皮栎等；第三，疏林荒山采取封山育林或人工造林。

亚热带山地棕壤区分布在海拔 1 500～3 600 m 垂直带，是西南地区用材林和水源林的生产基地。例如，云南省北云岭至沙鲁里山南部地区的山地棕壤，北坡以云杉林为主，南坡除云杉林外，还有高山松林和高山梅林，土壤肥沃，有机质含量高，林木产量也高。但目前林木采伐过量，生态环境恶化，水土流失严重，自然灾害频繁，不少山区有不同程度的泥石流发生。改造利用重点是，云杉林基地天然更新困难，可采取人工更新营造落叶松林、高山松林、油松林、华山松林、云杉林等。发展水源林、用材林和薪炭林，保持水土、涵养水源。同时，充分利用广阔的林下草场和林间草场，发展食草性为主的畜牧业；组织采挖野生药材，保护好林内珍禽，为野生动物生存繁衍创造较好的生存条件。

棕壤多分布在山地丘陵坡度较大的地区，不适宜耕种，适宜发展林业。针对次生林的多样性、复杂性和镶嵌性特点，在抚育和改造方面采取综合经营技术措施，以培育高生产力、高价值的树木。第一，因林制宜地划分经营类型，按林分质量确定保留林木适宜株数。第二，实行留优去劣的“五砍五留”选树方法，即砍次留主、砍病留壮、砍弯留直、砍熟留幼、砍密留稀。第三，择伐改造，诱导针阔混交林，通过择伐保留一定数量的中小径木和幼树，以维持森林环境，培育大径材；利用砍伐木的萌芽能力和栽植原生的针叶树，诱导为复层异龄针阔混交林。第四，实行集中经营，本着“先易后难，先近后远，先点后面”的原则，一沟一坡进行，该抚育的就抚育、该改造的就改造、该主伐的就主伐更新，做到改一坡成一坡、改一沟成一沟（贾文锦，1992）。

（三）发展柞蚕业

辽宁省和山东省丘陵棕壤区柞蚕资源丰富，天然次生柞树林疏密适宜，林下密生灌草，是理想的养蚕“天惠之地”。目前，常年用于养蚕的棕壤面积为 69.34 万 hm^2。其中，辽宁省 61.07 万 hm^2、山东省 8.27 万 hm^2。主要土壤类型有典型棕壤和棕壤性土。由于土壤和气候条件适宜饲养二化性柞蚕，柞蚕产量占全国柞蚕产量的 70%以上，以辽宁省为最多、山东省次之。

但是由于掠夺式的经营，植被逆行演替，水土流失加剧，柞蚕山场土壤退化严重，肥力下降，柞树生长衰弱，产叶量和产茧量日趋下降。改良利用途径如下。第一，保护现有蚕场植被。对二、三类蚕场，养蚕期禁止清割草本植物；对一类蚕场提倡柞蚕闲期清割，生育期只准清割作业道，以利于植物自然繁衍。第二，人工种植草灌植物。在二、三类蚕场中，已出现鱼鳞斑状侵蚀、植物衍化以莎草科和禾本科为优势种、土壤肥力降低的地方，可在侵蚀地段用胡枝子、花木兰等豆科植物进行保护带种植；在三、四类蚕场中，有的出现沙砾化斑块或侵蚀沟，植被退化严重，应补植柞树，并用胡枝子、花木兰等进行带状密植，必要时采取工程措施和生物措施相结合治理侵蚀沟。对水土流失严重的蚕场应封场育柞或停蚕还林。

第二十章 棕壤分区利用与改良 >>>

本章是以各地区的土壤分区利用与改良为基础结合相关研究资料编写的。尽量做到符合各地区客观实际，反映地区性特点，因地制宜地利用棕壤、管理棕壤、保护棕壤，充分发挥棕壤的生产潜力，做到稳定、持续地促进全国棕壤地区农业生产的发展和生态环境的保护。

第一节　棕壤分区利用与改良的原则和依据

分区利用与改良的原则和依据是棕壤耕地分区利用的基本准绳，也是分区利用与改良过程中处理矛盾的重要依据。一般来讲，在分区过程中应该遵循以下原则和依据。

一、棕壤分区利用与改良的原则

（一）客观上具有地域性特征

棕壤的分布和属性及其利用等都具有明显的地域特征，所以棕壤分区利用首先要确定宏观控制的原则，宏观控制是指较大范围的地理特点。棕壤分区利用与改良时的一级单元取决于气候和地形地貌因素。这两个因素制约着一个地区水和热量的状况，影响一系列生物和理化过程，从而形成一个地区独特的自然植被和农业利用特点。这种特点具有连片分布的特征。

（二）客观上具有改善条件的可行性

在棕壤利用与改良中，制定规划、指导和发展生产以及改善客观条件时必须遵循可行性的原则。分区利用与改良是农业自然条件诸因素的综合归纳。因此，凡符合客观条件的规划、途径和具体措施贯彻都必须具有可行性。分区的关键在于对客观条件认识的深度和改变客观条件的难易程度，而且，分区应具有实用性。

二、棕壤分区利用与改良的依据

棕壤分区利用与改良要以理论结合实践作为依据。

（一）农业自然资源条件

重要的农业自然资源条件包括地貌、地质或母质、土壤利用现状、自然植被及作物和侵蚀切割密度等。区域水文状况也参与了土壤的形成和母质的搬运，也是应纳入考虑范围的因素之一。第二次全国土壤普查所获得的资料基本能满足制定全国棕壤利用改良分区的要求。

（二）土壤类型及其组合

给定土壤类型具有一定的属性特征，是特定成土条件下的产物。在人类开垦利用中必须付以一定的投入和改良，才能达到预期的收获。土壤分类系统不仅反映了土壤发生演变的序列，还是制定分区的重要标志。当然，在一个一级单元中可以出现两个以上的主要土壤类型（受地质或地形影响反复出现或交错分布），分区要依据占优势（面积大于70%）的土壤类型而定。而在开发利用上，则既要注重生态效益，又要注重经济价值。

（三）分区要有特点

每个分区不仅应具有相同主要土壤亚类及其组合，同时还应揭示不利条件和障碍因素。因而在开发利用上，应以存在的主要问题以及应采取相应的有效措施为依据。一般棕壤利用是第一位的，棕壤改良和管理是第二位的。

第二节　棕壤分区利用与改良的措施

一、分区划定

据第二次全国土壤普查结果，我国棕壤总面积 2 015 万 hm^2，以辽东半岛和山东半岛的低山丘陵最为集中。华东地区的棕壤集中分布在江苏境内的徐州、淮阴、连云港一线以北低山丘陵，在水平分布上，棕壤与褐土、草甸土、潮土等构成多种土壤组合。在辽东山地、冀北山地、太行山、晋中南、豫西山地的垂直带，棕壤分布在褐土之上、暗棕壤之下。在中亚热带神农架和四川盆地盆边山地，棕壤下接黄棕壤、上承暗棕壤或黑毡土。在亚热带云贵高原的湿润山地，棕壤下接黄棕壤、上承暗棕壤。在青藏高原、尼洋河流域和横断山地，棕壤分布在黄棕壤之上。在一些山体陡峻、土壤侵蚀严重地段，棕壤往往与石质土和粗骨土呈相间复区分布。值得注意的是，某些山地由于受富钙母质的影响，也出现了棕壤分布在褐土之下的倒置现象。

棕壤分布区具有暖温带湿润和半湿润季风气候特征，一年中夏秋多雨、冬春干旱，水热同步、干湿分明，为棕壤的形成创造了有利的气候条件。但由于受东南季风、海陆位置及地形影响，东西之间地域性差异极为明显。年均气温 5～15 ℃，≥10 ℃有效积温 2 700 ℃～4 500 ℃，无霜期 120～220 d，降水量为 500～1 200 mm，降水量主要集中于夏季，干燥度在 0.5～1.4。

棕壤所处地形多属山地和丘陵，棕壤分布区的暖温带原生针叶阔叶植被残存无几，目前为天然次生林。主要植被类型为沙松、红松针阔叶混交林，还有蒙古栎林，分布在辽东山地丘陵区；圆赤松栎林主要分布于辽东半岛、鲁中南南部山地，这里同时分布有三桠乌药、白檀等亚热带种属；山东半岛可见华中地区的凤尾蕨、崂山发现山茶；圆油松林主要分布于辽东山地西麓、医巫闾山山脉南麓、鲁中南山地以及吕梁、五台、太岳等山地的海拔 1 100～1 800 m 地段；纯油松林是人为干预的暂时林相，林下多为湿润的灌木和草本植物；在落叶阔叶林中，辽东栎林主要分布于辽东地区北部的低山丘陵、千山山脉西麓、医巫闾山阳坡，北端的五台山 1 300～1 800 m 的地段；麻栎林主要分布于胶东与辽东半岛，被用于养蚕；栓皮栎林除辽东半岛外，只有辽西绥中、山东泰山等地有分布。针叶-落叶阔叶-常绿阔叶混交林、落叶阔叶-常绿阔叶混交林主要分布于皖、鄂、黔、滇、川、藏等省份海拔 1 500～3 600 m 的垂直带山地。

全国棕壤分布区与有效积温和年均降水量的分区基本相似，但不同地区的海拔差别较大。按照不同的区域以及地貌类型将全国棕壤区划分为 5 个一级区，主要反映不同棕壤分布区耕地利用状况以及改良方向的异同。一级区分为辽东棕壤区、辽西棕壤区、山东半岛棕壤区、华北棕壤区（太行山山脉区、燕山山脉区）、云贵高原棕壤区（云南、贵州、四川）。根据不同地区土壤特点，因地制宜，开发利用和培肥改良土壤，发展农、林、牧、副、渔生产，使土壤更好地为农业现代化和生态环境保护服务。

二、利用与改良的措施

（一）辽东棕壤区土壤利用与改良的措施

本区位于辽宁省的东部，包括大连、抚顺、本溪、丹东等市所辖县（市、区），铁岭市所辖西丰县、昌图县、开原市、铁岭市东部低山丘陵区，以及沈阳市所辖沈北新区、浑南区、苏家屯区，辽阳市所辖灯塔市、辽阳县，鞍山市所辖海城市，营口市所辖盖州市等的东部低山丘陵区。总面积 649.29 万 hm^2，占全省总土地面积的 44.5%。

本区东北部地貌为中低山，西南部多属海拔低于500 m的剥蚀丘陵，东南靠近黄海沿岸为冲积海积平原。东北部为温凉湿润气候，西南部为温暖半湿润气候，东南部为温暖湿润气候。地带性土壤为棕壤，在海拔1 000 m以上部位分布少量暗棕壤，在剥蚀严重低山丘陵的上部多为粗骨土和石质土，河谷两岸及沿海平原地区为草甸土，局部洼地有少量的沼泽土和泥炭土，靠近沿海还有部分滨海盐土。根据本区的地貌及其土壤组合、气候条件、社会经济条件和土壤资源利用状况等，续分为3个亚区（贾文锦，1992）。

1. 北部山地棕壤农、林、牧结合水源涵养亚区

（1）自然环境条件。本亚区地貌为中低山丘陵，由自北而南伸入昌图与西丰之间的大黑山山脉，西丰与清原之间的吉林哈达岭山脉，清原与新宾之间的龙岗山脉以及千山山脉的北段组成。海拔多为500～1 000 m的低山，海拔超过1 000 m的中山较少，只有桓仁的老秃顶子山（1 325 m）、牛毛大山（1 317 m）、草帽顶子（1 260 m），宽甸的花脖山（1 336 m）、四方顶（1 270 m），抚顺的四花顶子（1 131 m），新宾的十花顶子（1 090 m），本溪的韭菜顶子（1 254 m）、摩天岭（1 205 m），清原的莫日红山（1 013 m）和新宾与吉林的界山岗山（1 347 m）等山峰超过千米。气候冷凉而湿润，是辽宁温度最低、降水量最高的地区。年均气温5～7 ℃，年日照总时数小于2 500 h，≥10 ℃活动积温2 250～2 700 ℃，无霜期120～140 d，年降水量800～1 100 mm，干燥度0.6～0.8。

植被为温带针阔混交林区。地带性植被为红松、沙松针阔混交林，隶属长白植物区系。针叶树林除红松外还有紫杉、臭松、鱼鳞云杉等，阔叶树有风桦、千金榆、花曲柳、大青杨、香杨、色木槭、紫椴、糠椴、山杨、蒙古栎、胡桃楸、水曲柳等。由于过度采伐，这一原始植被几乎被破坏殆尽，仅在偏远深山残存很少一部分，其余均被松林和杂木林等天然次生林所代替。

（2）土壤类型组合。本亚区的地带性土壤为棕壤（棕色森林土）。海拔超过1 000 m的山地为暗棕壤（暗棕色森林土）。非地带性土壤主要是发育在河谷两岸的草甸土。在新宾、清原的谷间洼地上尚有一部分泥炭土和沼泽土。土壤总面积为323.68万hm^2，棕壤面积为221.59万hm^2，占68.4%。暗棕壤0.73万hm^2，粗骨土32.72万hm^2，发育在石灰岩类母质上的褐土15.88万hm^2，草甸土46.85万hm^2，水稻土4.81万hm^2，泥炭土0.52万hm^2，沼泽土0.23万hm^2，新积土0.25万hm^2，火山灰土0.1万hm^2，山地草甸土13.33 hm^2。

（3）土壤资源利用状况。本亚区是以林为主的地区，林地面积204.02万hm^2，占亚区总面积的63%，占全省林地总面积的42%。其中，用材林面积126.95万hm^2，占亚区林地面积的62.2%，占全省用材林面积的54%，林木蓄积量为8 307万m^3，占全省蓄积量的70%；经济林20.39万hm^2，占亚区林地面积的10%，其中柞蚕场13.96万hm^2，占亚区经济林的68.5%；薪炭林4.15万hm^2，占亚区林地面积的2%；防护林8.41万hm^2，占亚区林地面积的4.1%；灌木林及疏林18.61万hm^2，占亚区林地面积的9.1%。

本亚区耕地面积比较少，只有25.15万hm^2，占亚区总面积的7.8%，占全省耕地面积的7.1%，人均占有耕地只有0.05 hm^2。园地面积更少，只有3.03万hm^2，占亚区总面积的0.9%，占全省园地总面积的8.3%；草地面积32.75万hm^2，占亚区总面积的10.1%，占全省草地总面积的16.2%。

本亚区在发展林业生产方面已取得了很大的成绩：一是在封山育林方面做了大量工作，天然次生林已大面积生长起来；二是在植树造林方面取得了显著成就，超过29.6万hm^2的人工用材林已发展起来。但在土壤资源的利用上还存在不少问题：一是幼龄天然次生杂木林多，可开采的成熟林（包括过熟林）只有10.67万hm^2左右，森林蓄积量为1 135.7万m^3，虽然在保持水土和涵养水源方面发挥了生态效益，但经济效益甚微，这与广大农民致富的迫切要求产生了矛盾；二是耕地面积少，人均占有耕地只有0.05 hm^2，多数为中低产田，地块零星分散，粮食增量少；三是草地资源基本上没有利用。

（4）土壤资源利用与改良。本亚区是辽宁省内几条主要河流，即浑河、太子河、清河、柴河、寇河等的发源地，又是全省降水量最高的地区，下游是工业城市集中区及粮食生产基地，保证工农业用水是十分重要的。因此，在土壤资源的利用上，应贯彻以林为主，农、林、牧、副、渔综合发展的方针。林业和其他各业的生产都应保证发挥森林防护效能，遵循利用和保护相结合、采伐与抚育更新相结合及综合利用的原则。在管理好现有林木的前提下，继续搞好植树造林，对于现有的 18.61 万 hm^2 的灌木和疏林地要搞好更新改造；搞好幼林保护，充分利用枝芽材和抚育采伐的小径圆木资源搞好综合加工；充分利用山区的优势，大力发展木本粮油林生产，同时，要注意搞好柞蚕场的改造。在农业生产上，要特别注意搞好中低产田的改造。该区的耕地主要分布在河流、沟谷两岸和山地丘陵坡脚。在改造的具体措施方面：一是要采取固定河床、垫客土和平整土地等措施，彻底改造河滩地；二是采取修筑水平梯田等措施改造坡耕地；三是采取挖明沟或暗沟排水的办法治理锈水地。通过上述改造措施，逐步把现有耕地建成高产稳产田。在畜牧业生产上，要破除忽视畜牧业生产的旧习，充分利用山区草地资源和饲料资源丰富的条件，大力发展以养猪、养牛和养禽业为主的畜牧业生产。在搞好农、林、牧业生产的同时，还要充分利用山区资源丰富的特点，积极发展多种经营，如中草药、山野菜的栽培，双孢蘑菇、木耳等真菌类食品的生产，山货野果的综合加工利用，以及养鱼、养蛙等。

2. 中部低山丘陵棕壤多种经营保土改土亚区 本亚区位于辽东山地丘陵区的中部，包括丹东市的凤城市、东港市的北部丘陵，鞍山市的岫岩县、海城市，以及营口市、辽阳市等市县的东部低山丘陵区。面积为 155.48 万 hm^2，占全省总土地面积的 11%。

（1）自然环境条件。本亚区地貌为低山丘陵，主要山脉是千山山脉的中段和北段，一部分为海拔低于 500 m 的丘陵，一部分为海拔 500～1 000 m 的低山，超过 1 000 m 的山峰只有凤城市的白云山（1 176 m）、帽盔山（1 141 m）等山峰。年均气温 7～8 ℃，年日照总时数 2 400～2 800 h，≥10 ℃活动积温 2 700～3 100 ℃，无霜期 140～170 d，年降水量 700～900 mm，干燥度 0.8～1.0。

植被为辽东半岛暖温带赤松栎林和栎树矮林区。地带性植被为赤松栎林，隶属华北植物区系，代表植物有赤松、油松、麻栎、栓皮栎、槲栎、辽东栎等。

（2）土壤类型组合。本亚区地带性土壤为棕壤。非地带性土壤主要是粗骨土、石质土、分布在河流两岸及低阶地上的草甸土和发育在石灰岩上的褐土等。土壤总面积为 155.48 万 hm^2。棕壤面积为 48.13 万 hm^2，占该亚区土壤总面积的 31%；粗骨土 89.27 万 hm^2，占该亚区土壤总面积的 57.4%；石质土 0.69 万 hm^2；褐土（主要是褐土性土）6.4 万 hm^2；草甸土 10.99 万 hm^2，占该亚区土壤总面积的 7.1%。

（3）土壤资源利用状况。本亚区是农牧多种经营的地区，土壤资源的利用状况如下。耕地 14.97 万 hm^2，占亚区总面积的 9.7%，占全省耕地面积的 7.1%。园地 3.74 万 hm^2，占亚区总面积的 2.3%，其中 3.67 万 hm^2 为果园。林地 95.69 万 hm^2，占亚区总面积的 59.7%。其中，用材林 31.03 万 hm^2，占本亚区林地面积的 32.4%，占全省用材林面积的 13.2%；经济林地 43.41 万 hm^2，占本亚区林地面积的 39.1%，占全省经济林面积的 45.1%，经济林中柞蚕场面积 41.2 万 hm^2，占本亚区经济林面积的 95%以上，占全省柞蚕场面积的 55.4%；薪炭林及疏林地 4.25 万 hm^2，占亚区林地面积的 4.4%。草地 15.72 万 hm^2，占亚区总面积的 9.8%。

本亚区是辽宁省开发比较早的地区之一，由于垦殖过度、原始森林植被破坏殆尽、土壤侵蚀严重，加上气温高、土壤有机质矿化程度高、有机肥补充少、土壤结构变差，造成严重的水土流失，使原来的棕壤向棕壤性土、粗骨土的方向退化。全区有近 60%的土壤为粗骨土和石质土，土壤肥力下降。目前多数土壤有机质含量在 10～15 g/kg，其中耕作土壤有机质含量在 10 g/kg 左右。因此，耕地产量很低，平均每公顷粮食产量不足 3 000 kg；果树平均每公顷水果产量只有 1 812 kg；每公顷林地的林木蓄积量不足 15 m^3；放养一把柞蚕需用柞蚕场 7.33 hm^2，每公顷平均柞蚕产量只有 61.5 kg。

（4）土壤资源利用与改良。

第一，要把土壤资源的保护放在首位。本亚区是辽宁省土壤资源遭受破坏严重的地区之一。因此，必须把土壤资源保护列入重要工作，要使广大干部和群众充分认识保护土壤资源的重要性，从县到乡到村都应制订保护土壤资源的规划和措施。一是要搞好植树造林和种草，限期绿化荒山、荒地，增加植被覆盖率；二是封山育林、育草，严禁乱砍滥伐，保护好现有植被；三是修建必要的水土保持工程，防止水土流失。

第二，要合理利用土壤资源。在土壤资源的利用中，必须纠正和克服盲目性掠夺式经营思想，做到用地与养地相结合。在这个前提下，进行系统研究，提出优化利用方案，确定合理的农、林、牧各业用地比例及布局。一是合理利用本亚区“八山一水一分田”的特点。低山丘陵地应以发展林业为主；河流两岸平地和低阶地及缓坡地应在搞好农田基本建设的基础上，继续作为耕地，以发展粮食生产为主；草地应主要与林地相结合，建成乔、灌、草结合的防护体系。二是合理调整各业内部结构，重点做好林业结构的调整。本着因地制宜的原则，对高山、远山地区，应以发展用材林和水源涵养林为主，在海拔较高的阴坡营造长白植物区系的针阔混交林，在海拔较低的阳坡营造华北植物区系的优良树种，把该亚区尽快建成用材林和水源涵养林基地。对于现有的栎树矮林（主要是柞蚕场）和灌木林，调整和固定放养柞蚕场，加强柞蚕场的建设，提高单位面积放养量。对于目前已经沙化或有沙化危险的柞蚕场，应停放还林。三是大力发展以木本粮油为主的经济林和果园。对于低丘地的灌木林地，应补植核桃、板栗、文冠果等；在气候比较温暖的南部低丘坡地上，应积极发展苹果、梨、桃等水果生产。

第三，搞好中低产田的改造。本亚区共有耕地 14.97 万 hm^2，人均占有耕地不足 0.067 hm^2，其中 80%以上为中低产田。应搞好中低产田的改造，逐步建成高产稳产田。本亚区的中低产田主要有 3 种类型：一是分布在河漫滩的砂质草甸土，二是坡地棕壤，三是分布在山地丘陵坡脚的锈水地（多为潮棕壤，群众称为尿炕地）。改造措施：对河滩地，先修筑堤坝固定河床，在此基础上采取客土垫地、培肥等措施进行改良；对于坡耕地，主要采取修建水平梯田、环山大垄等水土保持工程和改土、培肥等措施；对于锈水地，主要是修明渠或暗渠进行排水。

3. 南部丘陵棕壤粮果蚕多种经营改土亚区 本亚区位于辽东山地丘陵区的南端，包括大连市三个郊区和所辖瓦房店市、普兰店区、长海县及庄河市北部低山丘陵区，以及营口市所辖盖州市东部低山丘陵区。面积为 111.54 万 hm^2，占全省总土地面积的 8%。

（1）自然环境条件。本亚区地貌以丘陵为主，主要山脉为千山山脉的南段，海拔多在 500 m 以下，只有东南部盖州市与庄河市交界地带为千山山脉脊背，海拔大于 500 m，最高峰为步云山（1 180 m）、绵羊顶子（1 045 m）和老黑山（1 029 m）。年均气温 8～10 ℃，年日照时数为 2 600～2 800 h，≥10 ℃活动积温 3 100～3 400 ℃，无霜期 170～215 d，年均降水量 600～700 mm，干燥度 1.0～1.2。

地带性植被是以赤松栎林为代表的华北植物区系的针叶落叶阔叶林，代表植物有赤松、油松、麻栎、栓皮栎、槲栎、辽东栎等，现多为赤松栎林和栎树矮体。

（2）土壤类型组合。本亚区地带性土壤为棕壤，非地带性土壤主要有粗骨土、石质土和分布在河流两岸及低阶地上的草甸土，靠近沿海还有部分滨海盐土等。土壤总面积为 111.54 万 hm^2。棕壤面积为 55.77 万 hm^2，占该亚区土壤总面积的 50%；粗骨土 38.11 万 hm^2，占 34.2%；石质土 6.17 万 hm^2，占 5.5%；草甸土 3.43 万 hm^2，占 3.1%；水稻土 1.54 万 hm^2，占 1.4%；滨海盐土 2.19 万 hm^2，占 2%；其余 3.8%为风沙土、新积土和发育在石灰岩类母质上的褐土等。

（3）土壤资源利用状况。本亚区是以生产粮、果为主的多种经营地区，土壤资源利用状况如下。耕地 22.24 万 hm^2，占本亚区总面积的 19.1%，占辽宁省耕地面积的 3.3%。园地 11.54 万 hm^2，占本亚区总面积的 9.9%。林地 50.77 万 hm^2，占本亚区总面积的 43.7%，占全省林地面积的 10.5%。其中，用材林 8.83 万 hm^2，占本亚区林地面积的 17.4%；经济林 25.13 万 hm^2，占本亚区林地面积的 49.5%，经济林中柞蚕场 19.15 万 hm^2，占经济林面积的 76.2%；薪炭林 8.39 万 hm^2，占本亚区林地面积的 16.5%；防护林 4.27 万 hm^2，占本亚区林地面积的 8.4%；灌木及疏林 2.97 万 hm^2，占本亚区林地面积的 5.8%。草地 11.36 万 hm^2，占 9.8%，占全省草地面积的 5.6%。

本亚区是辽宁省粮食与水果高产区之一，平均每公顷产粮食 3 945 kg，平均每公顷产水果 3 891 kg。全区果树面积占全省的 31.5%，而水果产量却占全省的 54%。本亚区又是全省水产品生产基地，全区水产品年总产量为47.5万t，占全省年总产量的71%。

由于本亚区开发早，原始森林植被已遭破坏，水土流失严重。原来的山地棕壤已向棕壤性土、粗骨土、石质土方向退化。全区现有棕壤性土、粗骨土和石质土等粗骨性土壤81.15万 hm^2，占全区土壤总面积的70%以上。土壤养分含量较低，自然土壤表层有机质含量一般在15～20 g/kg，耕作土壤耕层有机质含量多数在10 g/kg左右，土壤缺钾、缺磷比较突出。全区尚有19.15万 hm^2 的柞蚕场，以及5.47万 hm^2 的灌木和疏林、草地处在严重的水土流失之中，2.87万 hm^2 的草地没有得到很好的利用。本亚区历来精耕细作、经营管理水平高，加之比较注意农田基本建设，现有的11.5万 hm^2 果园基本上实现了梯田化。

(4) 土壤资源利用与改良。本亚区是农、林、牧、副、渔多种经营、综合发展的地区。根据该亚区自然环境条件和社会经济条件，以及土壤资源利用方面存在的主要问题，今后除继续抓好粮、油、果、蚕和水产品等生产以外，要重点发展林业和畜牧业生产，注意搞好水土保持、土壤改良和培肥地力的工作。

在水土保持方面，重点应放在27.49万 hm^2 的柞蚕场、灌木和疏林、草地和尚未被利用的草地治理上。对于柞蚕场的治理：一是要固定柞蚕场的面积和位置，改变盲目放养的习惯；二是在柞蚕场固定的前提下搞好改造，增加柞树墩数，修建水土保持工程；三是加强管理，要像管理果园那样，逐步实现园田化。通过上述改造措施，增加柞蚕放养数量，提高蚕茧产量。对于灌木和疏林地、草地要补植经济林和用材林，主要树种有核桃、板栗、赤松、油松、刺槐等。对于尚未利用的草地，应视具体情况而定。可以发展成为人工草地或改良草场，不宜作为草场的应退草还林或栽种果树；对于现有的人工林和天然次生用材林，要搞好抚育，使之尽快成为用材林生产基地。

在土壤改良方面，重点应放在坡耕地和河滩地的治理上：一是修筑水平梯田，搞好水土保持；二是深耕、深松，加厚活土层；三是增施有机肥料，改变重化肥轻农肥的习惯；四是合理施用化肥，特别要注意增施磷、钾肥和中微量元素肥料。

本亚区是辽宁省易旱地区之一，水资源不足，土壤保水能力差，也是发展农业的突出矛盾之一。要解决这个矛盾，除搞好水土保持以外，要积极修建小水库、塘坝，以及挖方塘、打深井等，充分挖掘和利用水资源，扩大旱田和果园灌溉面积。

(二) 辽西棕壤区土壤利用与改良的措施

1. 自然环境条件 本区位于辽宁省的西部，包括朝阳市所辖各县（市、区），阜新市所辖阜新蒙古族自治县、清河门区和市郊区，葫芦岛市除建昌县外的其他县（市、区），锦州市所辖义县及其郊区、凌海市、北镇市、黑山县等的西北部低山丘陵地区。面积418.59万 hm^2，占全省总土地面积的28.7%。

本区地貌为低山丘陵，由几座东北—西南走向的平行山脉所组成，西北部为努鲁儿虎山脉，多数是海拔500～800 m的低山，海拔超过1 000 m的山峰只有7座，最高峰为大青山主峰和岱王山，海拔均为1 153 m；东南部为松岭山脉，多为海拔400～700 m的低山丘陵。西南为黑山山脉，属中低山，海拔超过1 000 m的山峰有4座，最高峰为大青山，海拔1 223 m；东部为医巫闾山脉，为海拔500～600 m的低山，最高峰望海寺海拔866 m。努鲁儿虎山脉与松岭山脉和医巫闾山脉之间为大凌河及其支流牤牛河宽谷。松岭山脉东侧靠近渤海沿岸为狭长的沿海平原，常称辽西走廊。

本区气候南北差异较大，北部为冷凉半干旱气候，中北部为温和半干旱气候，中南部为暖温半湿润气候。

2. 土壤资源的利用与改良 本区应坚持以粮、果生产为主，农、林、牧、副、渔全面发展的方针。根据本区土壤存在的主要问题，要重点搞好土壤资源的保护与改良。

(1) 搞好水土保持。首先，搞好林、果、粮生产布局。丘陵山地的中上部应以发展林业为主；中下部应以发展果树和建立人工草场为主；平地和缓坡地应以种植粮食作物为主。其次，采取封、造、改相结合的办法，迅速提高植被覆盖率。对已有人工林和天然次生林，要搞好封育和抚育；对现有草地要进行改造，逐步建成人工草地；对那些宜林尚未造林地，要搞好植树造林；对灌木和疏林地，要搞好改造和更新。最后，修建必要的水土保持工程，如挖鱼鳞坑、修谷防、挖截水壕等。

(2) 改良中低产田。本区的中低产田主要是坡耕地。改良措施：一是修建水土保持工程，防治水土流失，如修水平梯田或环山大垄等；二是深松改土，增厚活土层，提高土壤保水保肥能力；三是增施有机肥料，如农家肥、秸秆还田、间种绿肥等。

(3) 加强果园管理和建设。本区果园一般都缺少农田基本建设工程，水土流失比较严重。应修水平梯田，以增强保水保肥能力。同时，要根据当地条件修建水利工程，发展果园灌溉。在果园管理上，要将过去粗放经营改变为精耕细管，特别是在施肥、修剪、防治病虫害等方面，积极推广新技术，以提高产量。

(4) 充分利用浅海和海涂资源，大力发展水产养殖业。本区浅海和海涂资源十分丰富，是一个优势，应有计划地进行开发利用，将其建设成水产养殖基地。

(5) 充分利用当地资源，开展多种经营。本区可利用的资源很多：一是草地面积大，有 26.67 万 hm^2，应搞好草地改良，积极发展畜牧业；二是荆条资源丰富，可用于发展养蜂业和编织业；三是山货野果多，如山杏、大枣、榛子、山枣、山野菜等，可发展综合加工业。

(三) 山东半岛棕壤区土壤利用与改良的措施

山东省是我国棕壤的集中分布区之一，全省棕壤面积 177.74 万 hm^2，占土壤总面积的 14.68%，仅次于潮土和粗骨土。其中，耕地 128.15 万 hm^2，占全省耕地面积的 15.02%。在鲁东丘陵区，棕壤大面积集中分布在中南山地丘陵区，棕壤常与褐土呈复区分布。受地貌、母质、水文等条件的影响，棕壤与其他土类有以下几种分布组合形式：第一，在山间平原和河谷平原，由近河至远河，常呈现潮土-潮棕壤-棕壤的组合分布，如五龙河、大沽河、乳山河两侧；第二，在山前平原下缘的交接洼地，由地势高处至低处，常形成棕壤-潮棕壤-砂姜黑土的组合分布，如泰山南麓山前平原、大泽山西麓山前平原；第三，在中南山地丘陵区腹地，棕壤与褐土呈复区分布；第四，在全省广泛分布的中低山、丘陵坡地，棕壤性土与酸性粗骨土、酸性石质土呈复区分布。棕壤各亚类的分布状况：典型棕壤分布在山丘坡麓和山前平原；白浆化棕壤集中分布在鲁东丘陵区南部低丘坡麓和剥蚀平原，中低山高坡地林下有小面积零星分布；潮棕壤分布于山前平原中下部和山间谷地、河谷平地；棕壤性土一般分布于中山海拔 800 m 以上的郁闭林下，坡麓地带也有极少面积分布。

山东半岛棕壤区依据土壤的成土条件、土壤的利用改良方向和土壤利用的适宜性划分为鲁东丘陵平原棕壤-酸性粗骨土农果林区和鲁西北黄泛平原潮土培肥改土农林牧区等（山东省土壤肥料工作站，1994）。

1. 鲁东丘陵平原棕壤-酸性粗骨土农果林区 本区位于山东省东部，包括胶东半岛和沭河以东烟台市和威海市各县，青岛市各县（区），潍坊市的高密市、昌邑市、诸城市的大部分，临沂市的莒南县、临沭县的大部分以及日照市。面积为 3.91 万 km^2，占全省总土地面积的 24.94%。本区三面临海，大部分地区气候湿润和半湿润。降水量 750～900 mm，降水分布较本省其他区均匀，相对湿度平均 75%，3—11 月干燥度大部分在 0.8～1.5，西北部大于 1.5，是山东省降水量最多、变率最小、相对湿度最大的地区。年均温在 11～13 ℃，≥10 ℃活动积温为 4 200～4 600 ℃，积温值在全省最小。

存在的主要问题及改良利用途径如下。第一，山丘区虽然林木覆盖率较高，但水利设施不配套，土质较差，水土流失仍较严重。梯田由于养护不及时，遭侵蚀损坏现象较普遍。应加强水土保持，搞好小流域治理，扩大水源涵养林，保护土壤资源。第二，区内花岗岩、片麻岩地层富水性差、地下水资源日趋不足，平原区应进一步开发水源，实行节水灌溉；山丘区部分坡度大、土层薄的耕地应退耕还林（果），不宜退耕的土地应向旱作农业的方向发展。第三，区内农业生产水平虽较高但不均衡，高产区仅集中在半岛西北部，其余部分产量则较低，并且大面积的白浆化棕壤及部分砂姜黑土仍为低产土壤。应针对不同土壤的低产因素，因地制宜采取措施综合治理。高产土壤亦应注意用养结合，进一步培肥地力。

2. 鲁西北黄泛平原潮土培肥改土农林牧区 本区位于山东省西北部与西南部，包括德州市、聊城市、菏泽市，滨州市的一大部分，济南市沿黄河部分，济宁市的金乡、嘉祥、鱼台、微山四县，以及枣庄市沿南四湖的一小部分。面积 4.77 万 km^2，占全省总土地面积的 30.43%。本区属黄泛平原的一部分，北部与南部地形、地貌、气候、土壤分布与利用状况均有一定的差异。本区北部绝大部分位于黄河以北，在大地貌上应属华北平原的一部分。降水量 500～700 mm，大部分为 600 mm 以下，干燥度 1.5～1.8，≥10 ℃活动积温为 4 400～4 600 ℃。

存在的主要问题及改良利用途径如下。第一，旱、涝、碱、薄仍是本区生产发展的主要障碍因素。1994 年以来，在综合治理方面已经做了大量的工作，生产水平已有明显的提高。但从全区农田总体工程设施的能力看，抵御特大洪涝灾害的能力还很弱，旱、涝、碱的威胁仍未能从根本上消除。本区南部沿黄河自 20 世纪 60 年代开始，大面积实施引黄放淤改良盐碱、沙薄地，收效显著，应继续有计划地实施，并注意兴利除弊，防止因淤灌造成周围土壤的次生盐化。第二，本区北部林业、牧业生产条件优越，但长期以来这两方面的发展一直很缓慢。应利用河滩地、四边地营造片林，普及农田林网，集中发展桐（枣）粮间作。近年来，本区在畜牧业方面也已形成一定规模，需制定相应的政策和有效措施，鼓励并帮助农民积极养猪、养家禽，以及德州大黑驴、牛、马等大牲畜。本区南部发展林、牧业等多种经营已有较好的基础，应在总结经验的基础上，与种植业协调发展，并进一步发展林、牧产品的深度加工，提高经济效益。第三，本区粮、棉增产潜力大，但地力不足，不能适应精种高产的需要，应全面落实培肥地力的各项措施，发展粮油轮作、粮棉轮作，在人少地多的低洼盐碱地实行粮草轮作，增加投入，使地力尽快提高。

（四）华北棕壤区土壤利用与改良的措施

华北棕壤区土壤在发生性上属于垂直地带性土壤，主要受垂直气候带影响。多分布于低山、丘陵和中山地形区。山西的棕壤主要分布在五台、管涔、吕梁、太行、太岳和中条山次生林或残存林区（山西省土壤普查办公室，1992）。河北省最主要的山地土壤是棕壤，总面积 230.85 万 hm^2，占全省土壤面积的 14.02%。主要分布于 600 m 以上（燕山）和 1 000 m 以上（太行山）的中山低山和冀东滨海低山丘陵，其分布上限与山地草甸土相接，分布下限与淋溶褐土相连（河北省土壤普查办公室，1990）。河北省棕壤分布区气候温湿，燕山、太行山山地棕壤为中温半湿润或较湿润，冀东滨海棕壤区为暖温较湿润。年均温 7～11 ℃，年均降水量为 670～790 mm，≥10 ℃活动积温 3 000～4 000 ℃，无霜期 140～180 d，干燥度＜1.4。棕壤在这种气候条件下，表现为淋溶性较强，利于有机质积累。原生植被主要为中温生的落叶阔叶林，林木成活率和更新能力较强。海拔 1 500 m 开始出现落叶松、云杉等针叶林。目前原始森林基本不存在，多生长天然次生林或人工抚育油松林。主要乔木为栎属和松属，常见有落叶松、油松、云杉、杨、桦、椴、槭等，而以栎（辽东栎和蒙古栎）为多。灌木为中生灌丛，常见的有六道木、山皂荚、照山白、映山红，以及平榛、虎榛、二色胡枝子、沙棘、北京丁香等。常见的草本植被有华北鼠毛菊、唐松草、白头翁、射干、薹草、藜芦、苍术、柴胡、中华卷柏等。而冀东滨海丘陵棕壤分布处可见荆条。河北省棕壤的母质类型主要是酸性岩类、硅质碳酸盐岩类，部分沙砾、泥质岩类的残积、坡积、洪积物，黄土堆积物上发育的棕壤很少（围场一带）。此外，还有中生代火山岩风化物、基性岩类残坡积物，但面积较小。棕壤偏微酸，无石灰反应，石灰含量极微，盐基饱和度不高，除淋溶作用外，以酸性硅铝酸盐母质为主亦是重要原因之一。

华北棕壤区土壤适宜林木生长，利用方向应该以林为主。燕山山区棕壤林木生长较好，以用材林和水源涵养林为主，人工培育的油松占比大，海拔 1 500 m 以上应扩种落叶松。太行山棕壤区林被差，次生林以桦、栎杂木为主，少量人工油松、侧柏林，长势不如燕山地区。对现有林地要加强管理，有计划地采伐和抚育更新。在有利于水土保持的前提下，实行林、果、牧、农统一规划，合理布局。

华北棕壤区属于林牧农一熟区，果树资源丰富，有苹果、板栗、梨、枣、核桃、柿等。人为活动破坏土壤植被后，土壤侵蚀比较严重。本区发展方向是发展保护性林业、商品性果牧业、自给性农业

（河北省土壤普查办公室，1990）。本区主要可分为以下3个亚区。

1. 华北北部山地丘陵水土保持林牧农亚区 包括承德市坝下和唐山市、秦皇岛市部分山区，森林覆盖度30%，主要树种有落叶松、油松、云杉、侧柏、杨、柳、柞、桦、榆、椴、槐、椿等，是林、果、桑、土特产的主要生产基地。作物以杂粮为主，北部一年一熟，局部两年三熟。长城沿线是著名的京东板栗和水果之乡，北部是重要的用材林基地。发展利用方向是搞好水土保持，适度粮食生产，主要发展林、果、桑，建设干鲜果、木材、畜产品基地。

2. 华北中部丘陵盆地培肥保土农林牧亚区 本区包括张家口市、保定市，境内山地、丘陵、盆地、河谷、川地，地貌复杂，干旱、多风、温差大。除河流两岸外，山地丘陵水资源短缺。土壤以棕壤、栗褐土、灌淤土、褐土为主，河谷地带有部分潮土和盐化潮土。作物多为一年一熟的春玉米、谷子、高粱、马铃薯、大豆和向日葵等。本区干旱缺水，自然灾害频繁，冰雹、冰霜、大风等不同程度威胁农业生产。植被覆盖度低，水土流失严重，耕地产量不稳定。本区发展方向为农林牧结合，在发展种植业的同时植树种草，发展林牧果业。第一，搞好小流域的水土保持，陡坡要退耕还林还草，修水土保持设施。第二，荒山荒坡要封山育林育草，种植苜蓿、草木樨等多年生牧草绿肥。第三，耕地要增施有机肥和适量化肥，提高土壤耕作管理水平。第四，选用耐旱、耐瘠、耐盐碱作物品种，抓好粮草兼用耐旱谷子种植，扩大养地豆科植物种植面积，盐碱地适当发展向日葵种植。

3. 太行山山地丘陵治蚀改土农林牧亚区 该区包括海拔800～1 200 m的中山地形（如五台山、系舟山、太岳山、太行山、中条山等地），河流和海拔100～800 m的低山丘陵及山间盆地。≥10 ℃活动积温为3 500～5 000 ℃，一般为一年两熟。土壤类型以山地草甸土、棕壤、褐土、粗骨土、石质土为主，水土流失严重，是优良的夏季牧场。本区发展方向：以水土保持为基础，以林牧业为重点。第一，保持水土，恢复植被。深山区以封山育林为主，陡坡退耕还林还牧。浅山丘陵封山育草，以草促林促牧。修水土保持工程，发展薪炭林和牧草。第二，深山区以营造水源涵养林为主，建立用材林基地。中山和低山丘陵区以营造水土保持林为主，发展薪炭林、饲料林，在沟谷、地埂发展经济林。低山丘陵区种植果树和木本粮油。第三，推行水土保持耕作技术，实行等高种植、水平带状种植，抓好旱作农业。寒地山区发展玉米和马铃薯；干旱地区发展花生、烤烟等作物；盆地水利条件好的地区，发挥小麦、玉米一年两熟种植优势。

（五）云贵高原棕壤区土壤利用与改良的措施

云贵高原棕壤区的棕壤是指云贵高原山地暖温带半湿润湿润地区高山松林、云杉林和乔松林等之下呈微酸性至中性的棕壤，属于垂直地带性土壤。云贵高原棕壤区林木资源丰富，是云贵高原主要林区之一，也是用材林和水源林的重要生产基地。林下有多种野生药材生长，提供了宝贵的药材资源。垦殖系数不高，多为一年一熟的旱地。由于海拔较高，气候温凉，不利于作物生长，粮食产量不高（云南土壤普查办公室，1996）。该区棕壤也分布在青藏高原东部地区，如西藏东部的尼洋曲和帕隆藏布流域、横断山区，以及喜马拉雅山南侧部分开阔谷地的山地垂直带谱中，如吉隆藏布、康布曲、桑曲等。棕壤在垂直带谱中一般位于酸性棕壤带之下，具体高度因地区而不同，在尼洋曲和帕隆藏布流域海拔2 500～3 600 m；在喜马拉雅山南侧山地海拔2 200～3 700 m；在横断山南部（北纬29°附近）海拔3 500～3 800 m；在横断山北部（北纬29°以北）海拔3 500～4 000 m。此外，棕壤带内的山谷间还有零星草甸棕壤分布。棕壤所处的地形为高山峡谷中“谷中谷”下段V形谷部分，大多数谷坡较陡峻。成土母质除花岗岩、片麻岩外，紫红色砂岩、页岩、炭质页岩、大理岩和石灰岩的坡积、洪积物占据优势。气候特点是夏季温暖多雨，冬季冷凉干旱，干季与雨季分明。最热月平均气温14～18 ℃，最冷月平均气温0～5 ℃，年降水量400～900 mm，干燥度0.4～0.6。天然植被以高山松林为主，在云杉林（分布于横断山区）、高山栎林（分布于喜马拉雅山南侧、帕隆藏布流域及横断山区南部）、赤松林下（分布于吉隆藏布、卡玛曲及拿当曲）也有棕壤形成。林下灌木和草类较多，主要有蔷薇、忍冬、金露梅、绣线菊、杜鹃、小檗、悬钩子、锦鸡儿、薹草、禾草等，苔藓不发达。在温和季节性湿润的气候条件下，棕壤上的枯枝落叶比酸性棕壤上的分解完全。按其成分来说，仍以富里酸为主，但胡敏酸与富里酸的比值已增大（0.7）。由于季节性的淋溶作用，土壤中可溶性盐类和碳酸钙已淋失，黏粒中的矿物处于脱钾阶段。因常受坡积作用的干扰，黏粒和铁、铝在剖面中的移动不明显。

棕壤是云贵高原主要森林土壤资源，对维护山区生态环境有重要意义。应以发展水源林、水土保持林、用材林、薪炭林为主，涵养水源，保持水土，为国家提供木材，为生态环境保驾护航。

该区棕壤利用改良方向：第一，在以林为主的前提下，利用林木资源丰富的优势，开展林副产品深加工；第二，充分利用林下草场和林间草场，发展草食畜牧业，以开展草场建设，进行畜种改良，发展黄牛和山羊、绵羊为主；第三，合理挖采野生药材和发展人工药材种植，保护野生药材资源，引种栽培名特中药材；第四，保护森林内珍禽异兽，保护生态多样性，并改善山区交通运输条件。

第二十一章 棕壤区测土配方施肥技术应用与推广 >>>

目前，全国大部分耕地存在过量施用化肥、有机无机肥配施不合理等现象，这势必对土壤的肥力状况产生一定的影响。而棕壤是世界上一种重要的农业土壤，具有很高的自然肥力，其分布区也具有良好的气候条件。对棕壤耕地实施测土配方施肥技术不仅可以节约成本、减少损失、保护环境、改善作物品质，通过长期运用测土配方施肥技术还可以调节土壤养分的平衡，使土壤综合肥力逐步提高。

第一节 背景情况

目前，我国人口逐年递增、耕地面积减少，土壤退化、粮食生产和环境保护工作成为农学、土壤学和环境科学界人士共同关心的话题。1998 年，我国粮食生产总量和单产出现持续滑坡，水稻、小麦播种面积急剧下降。据 2016 年底国务院印发的《国家人口发展规划（2016—2030）》，我国 2030 年人口总量将达 16 亿，粮食总需求量为 6.3 亿 t。然而，我国的土地资源有限，仅依靠扩大耕地面积来增加粮食总量的潜力不大，不能满足我国未来的粮食需求，必须大幅提高耕地质量和单位面积产量。增加作物单位面积粮食产量的途径很多，如改良作物品种、采用配套的栽培措施等，还有很重要的一点是合理施用肥料。据联合国粮食及农业组织统计，化肥增产作用在农作物各增产因素中占 60%，最高达 67%。20 世纪，全世界作物产量增加的 1/2 来自化肥。如果不施化肥，全世界农作物将会减产 40%～50%。我国土壤肥力监测结果表明，施用化肥对粮食产量的贡献率为 57.8%。然而，在当前农业生产的过程中，施肥存在很大的盲目性。有的农户化肥施用量很高，农作物产量却不高；有的农户虽然化肥投入量大、农作物产量较高，但收入却没增加。造成这种现象的一部分原因是，不同农作物所需要的养分不同、土壤不同，则施肥量也不一样。肥料不是施用越多越好，盲目地过多施肥，既浪费肥料、污染环境，又增加生产成本（陈义，2011）。

棕壤是一种重要的农业土壤，具有很高的自然肥力，其分布区具有良好的气候条件，很早以来就被人们开发利用，发展农作物、果树、柞蚕、人参以及用于造林和畜牧等。棕壤分布区开垦历史悠久，人为因素的影响较为深刻。由于土壤资源的利用不合理，破坏了生态平衡，土壤侵蚀日趋加剧。在耕地生产管理上，重用地轻养地、大量且单施化肥、连作等不合理措施导致土壤肥力性质改变（郭琳琳，2009）。因此，有必要针对棕壤区土壤养分性状合理施肥，以提升农田质量，为粮食生产提供保障。

2005 年，国家启动实施了测土配方施肥补贴项目，2009 年实现项目全覆盖。目前，测土配方施肥技术已成为农业持续稳定增产的重大技术措施之一。这一技术的推广应用，标志着棕壤区乃至全国农业生产中开始实现科学计量施肥。此项技术自推广以来，已收到明显的经济效益和社会效益（陈义，2011）。

一、测土配方施肥的概念

测土配方施肥是以土壤测试和肥料田间试验为基础，根据作物需肥规律、土壤供肥性能和肥料效应，在合理施用有机肥料的基础上，提出氮、磷、钾及中微量元素等肥料的施用数量、施用时期和施用方法。通俗地讲，就是在农业科技人员的指导下科学施用配方肥。测土配方施肥技术的核心是调节和解决作物需肥与土壤供肥之间的矛盾。同时，有针对性地补充作物所需的营养元素，作物缺什么元素就补充什么元素，需要多少补充多少，实现各种养分平衡供应、满足作物需求，达到提高肥料利用率、减少肥料用量、提高作物产量、改善农产品品质、节省劳动力、节支增收的目的。测土配方施肥是一项长期、基础性的工作，是直接关系到农作物稳定增产、农民收入稳步增加、生态环境不断改善的一项日常性工作，是由一系列理论、方法、推广模式等组成的技术体系。其中，农业推广单位负责测土、配方、施肥指导等核心环节，并建立技术推广平台；肥料生产企业、肥料销售商等要搞好配方肥料生产和供应服务，建立良好的生产和营销机制；科研教学单位要重点解决限制性技术问题或难题，不断提升和完善测土配方施肥技术（侯占领，2015）。

二、测土配方施肥的原理

测土配方施肥以养分归还学说、最小养分律、同等重要律、不可代替律、肥料效应报酬递减律和因素综合作用律等理论为依据，以确定养分的施肥总量和配比为主要内容。为了补充发挥肥料的最大增产效益，施肥必须将选用良种、肥水管理、种植密度、耕作制度和气候变化等影响肥效的诸因素结合，形成一套完整的施肥技术体系（金耀青，1993）。

（一）养分归还学说

养分归还学说也叫养分补偿学说，是19世纪农业化学奠基人、德国著名农业化学家李比希提出的。作物产量的形成有40%～80%的养分来自土壤，但不能把土壤看作一个取之不尽、用之不竭的“养分库”。为保证土壤有足够的养分供应容量和强度，保持土壤养分携出与输入间的平衡，必须施肥。依靠施肥，可以把作物吸收的养分“归还”土壤，确保土壤肥力。配方施肥中的养分平衡法在一定程度上体现了这一原则。

（二）最小养分律

李比希很早以前就提出：“农作物产量受土壤中最小养分制约。”具体来说，就是作物生长发育需要吸收各种养分，但严重影响作物生长、限制作物产量的是土壤中相对含量最小的养分因素，也就是最缺乏的那种养分（最小养分）。如果忽视最小养分，即使继续增加其他养分，作物产量也难以再提高。只有增加最小养分的量，产量才能相应提高。经济合理的施肥方案便是以此原理为基础的。只有将作物所缺的各种养分按作物所需比例相应提高，作物才会高产。土壤本身性质或生产实践中偏施单一肥料会造成土壤中各种营养成分不均衡性。因此，应进行测土配方施肥。首先，要测定土壤中的有效养分含量，判定各种养分的肥力等级，从而确定农田土壤的最小养分；然后择其缺乏者补施对应养分肥料，或者通过肥料效应试验，从肥料效应回归方程中的系数判断增产效果最明显的养分肥料，以便制定施肥对策。

（三）同等重要律

对农作物来讲，不论大量元素还是微量元素同样重要，缺一不可。即使缺少某一种微量元素，尽管其需要量很少，仍会影响农作物某种生理功能而导致减产。如玉米缺锌导致植株矮小而出现花白苗，水稻苗期缺锌造成僵苗，棉花缺硼使得蕾而不花。微量元素与大量元素同等重要，不可因为需要量少而忽略。

（四）不可代替律

作物需要的各营养元素，在作物体内都有一定功效，相互之间不能替代。如缺磷不能用氮代替，缺钾不能用氮、磷配合代替。缺少什么营养元素，就必须施用含有该元素的肥料进行补充。

（五）肥料效应报酬递减律

报酬递减律是个经济规律，广泛应用于工业、农业以及牧业生产等各个领域。一般的概念是，从一定土地上所得的报酬，随着向该土地投入的劳动和资本量的增大而有所增加，但达到一定水平后，随着投入的单位劳动和资本量的增加，报酬的增加量却在逐步减少。著名的德国农业化学家米采利希深入研究了施肥量与作物产量的关系后发现，在其他技术条件相对稳定的前提下，随着施肥量的逐渐增加，作物产量也随之增加，但作物的增产量却随着施肥量的增加而呈递减的趋势；也就是当施肥量超过适量时，作物产量与施肥量之间的关系就不再是曲线模式，而呈抛物线模式，单位施肥量的增产量呈递减趋势，这与经济学上的报酬递减率相吻合。

肥料施用的经济效益存在以下三种情况：增施肥料的增产量×产品单价>增施肥料量×肥料单价，此时施肥产生了经济效益，增产又增收；增施肥料的增产量×产品单价=增施肥料量×肥料单价，此时施肥的总效益最高，是最佳施肥量，但产量不是最高；增施肥料的增产量×产品单价<增施肥料量×肥料单价，达到最佳施肥量后，再增施肥料可能会使作物略有增产，甚至达到最高产量，但施肥的经济效益却变成负值，已经变成赔本的买卖，达到最高产量后再增施肥料甚至可能会造成减产。

根据两者的变化关系建立回归方程，求出边际效应等于零时的施肥量，即为最佳施肥量，其实就是经济学中的边际效应分析。

（六）因素综合作用律

作物产量高低是由影响作物生长发育诸因素综合作用的结果，但其中必有一个起主导作用的限制因素，产量在一定程度上受该限制因素的制约。为了充分发挥肥料的增产作用并提高肥料的经济效益，一方面，施肥措施必须与其他农业技术措施密切配合，发挥生产体系的综合功能；另一方面，各种养分之间的配合作用也是提高肥效不可忽视的一点。

三、测土配方施肥应遵循的原则

（一）有机肥与无机肥相结合的原则

土壤有机质是土壤肥沃的重要指标，增施有机肥可以增加土壤的有机质，改善土壤理化性状、生物性状，提高土壤的肥沃度，增强土壤微生物的活性，促进化肥利用率的提高。因此，必须坚持投入多种形式的有机肥，才能培肥地力，实现农业可持续发展。

（二）大中微量元素相配合的原则

各种营养的配合是配方施肥的重要内容。随着产量的不断提高，在耕地高度集约利用的情况下，必须进一步强调氮、磷、钾肥的相互配合，并补充必要的中微量元素。

（三）用地与养地相结合的原则

只有坚持用养结合，投入、产出平衡，才能使作物—土壤—肥料形成物质和能量的良性循环。破坏或消耗了土壤肥力，就意味着降低了农业再生产的能力。

四、测土配方施肥的基本方法

测土配方施肥来源于测土施肥和配方施肥。测土施肥的国际通用名称为“土壤测定与推荐施肥(soil testing and fertilizer recommendation)”，其目的在于测定土壤有效养分含量后，以此为出发点，在产前确定一个与产量相适应并能进行经济评价的施肥量。测土施肥是根据土壤不同的养分含量和作物吸收量来确定施肥量的一种方法。测土施肥本身包括配方施肥的内容，而且由此得到的配方更加客观。配方施肥除了进行土壤养分测定外，还要根据大量的田间试验，获得肥料效应函数等，这是施肥所没有的内容。测土施肥和配方施肥虽各有侧重，但目标一致，所以可以概括为测土配方施肥。测土配方施肥的内容包括土壤养分测定、施肥方案的制订和正确施用肥料三大部分，具体可分为田间试验、土壤测试、配方设计、校正试验、配方加工、示范推广、宣传培训、效果评价、技术创新、耕地地力评价等环节（陈义，2011）。

（一）田间试验

田间试验是获得各种作物最佳施肥量、施肥时期、施肥方法的根本途径，也是筛选和验证土壤养分测试技术、建立施肥指标体系的基本环节。通过田间试验，掌握各个施肥单元不同作物优化施肥量、基肥和追肥分配比例、施肥时期与施肥方法；摸清土壤养分校正系数、土壤供肥量、农作物需肥参数和肥料利用率等基本参数；构建作物施肥模型，为施肥分区和肥料配方提供依据。

（二）土壤测试

土壤测试是制定肥料配方的重要依据之一。随着我国种植业结构的不断调整，高产作物品种不断涌现，施肥结构和施肥数量发生了很大的变化，土壤养分库也发生了明显改变。通过开展土壤氮、磷、钾及中微量元素养分测试，了解土壤供肥能力状况。

（三）配方设计

肥料配方设计是测土配方施肥工作的核心。通过总结田间试验、土壤养分数据等，划分不同区域施肥分区；同时，根据气候、地貌、土壤、耕作制度等相似性和差异性，结合专家经验，提出不同作物的施肥配方。

（四）校正试验

为保证肥料配方的准确性，最大限度地减少配方肥料批量生产和大面积应用的风险，在每个施肥分区单元设置配方施肥、农户习惯施肥、空白施肥 3 个处理，以当地主要作物及其主栽品种为研究对象，对比配方施肥的增产效果，校验施肥参数，验证并完善肥料配方，改进测土配方施肥技术参数。

（五）配方加工

配方落实到农户田间是提高和普及测土配方施肥技术的最关键环节。目前，不同地区有不同的模式，其中最主要也是最具有市场前景的运作模式是市场化运作、工厂化加工、网络化经营。这种模式适应我国农村农民科技素质低、土地经营规模小、技物分离的现状。

（六）示范推广

为促进测土配方施肥技术落实到田间，既要解决测土配方施肥技术市场化运作的难题，又要让广大农民亲眼看到实际效果。这是限制测土配方施肥技术推广的“瓶颈”。建立测土配方施肥示范区，为农民创建窗口、树立样板，全面展示测土配方施肥技术效果，是推广前要做的工作。推广“一袋子肥”模式，将测土配方施肥技术物化成产品，也有利于打破技术推广“最后一公里”的“坚冰”。

（七）宣传培训

测土配方施肥技术宣传培训是提高农民科学施肥意识、普及技术的重要手段。农民是测土配方施肥技术的最终使用者，迫切需要向农民传授科学施肥方法和模式；同时，还要加强对各级技术人员、肥料生产企业、肥料经销商的系统培训，逐步建立技术人员和肥料商持证上岗制度。

（八）效果评价

农民是测土配方施肥技术的最终执行者和落实者，也是最终受益者。应检验测土配方施肥的实际效果，及时获得农民的反馈信息，不断完善管理体系、技术体系和服务体系。同时，为科学地评价测土配方施肥的实际效果，必须对一定的区域进行动态调查。

（九）技术创新

技术创新是保证测土配方施肥工作长效性的科技支撑。重点开展田间试验方法、土壤养分测试技术、肥料配制方法、数据处理方法等方面的创新研究工作，不断提升测土配方施肥的技术水平。

（十）耕地地力评价

耕地地力评价是测土配方施肥工作的重要内容，是加强耕地质量建设的重要基础，也是建立耕地质量预测体系的重要前提。

五、肥料用量的测定

（一）配方施肥方法

1. 养分平衡法 根据作物目标产量的需肥量与土壤供肥量之差估算目标产量的施肥量，通过施肥补充土壤供应不足的那部分养分。养分平衡法涉及作物需肥量、土壤供肥量、肥料利用率、肥料中有效养分含量等参数。施肥量的计算公式为：

$$土壤施肥量=\frac{目标产量\times单位产量的养分吸收量-土壤养分供应量}{肥料中有效养分含量\times肥料利用率}$$

土壤有效养分校正系数法是通过测定土壤有效养分含量来计算施肥量。其计算公式为：

$$土壤施肥量=\frac{目标产量的养分吸收量-土壤有效养分\times2.25\times校正系数}{肥料中有效养分含量\times肥料利用率}$$

目前，该方法应用范围最广。究其原因，基层农技人员推广过程中，该方法比较直观，农民易掌握和领会。

2. 土壤养分丰缺指标法 该方法通过土壤养分测试结果和田间肥效试验结果，建立不同作物、不同区域的养分丰缺指标，提供肥料配方。

3. 土壤与植物测试推荐施肥法 这一技术结合了目标产量法、养分丰缺法和作物营养诊断法的优点，根据氮、磷、钾和中微量元素养分的不同特征，采取不同养分的调控，主要包括氮素的实时监控、磷与钾养分的恒量监控及中微量元素养分矫正施肥技术。

4. 肥料效应函数法 该方法根据“3414”的田间试验结果建立当地主要作物的肥料效应函数，直接获得某一区域、某种作物氮、磷、钾肥料的最佳施用量，为肥料配方和科学施肥提供依据。

（二）施肥参数的获取

在配方施肥过程中，关键问题还是测土配方施肥参数的获取。总体来看，测土配方施肥参数获取的途径如下：第一，通过收集整理某区域多年的农业科研成果，对相关数据进行分析，得出需要的参数；第二，通过科学布置的多年田间试验，运用统计分析方法，获得土壤或作物的相关数据；第三，结合上述两种方法，在充分运用已有科研成果的基础上，做少量针对性较强的田间试验，获得施肥参数。

在2005年以前，全国几乎没有进行过有计划的规模性测土配方施肥推广，相关的科研数据不足，对于任何地区都无法形成可应用的施肥体系。因此，应用田间试验获取施肥参数成为流行趋势。在各种田间试验方法中，最突出的是“3414”方案。“3414”方案既吸收了回归最优设计处理少、效应高的优点，又符合肥料试验和施肥决策的专业要求。“3414”方案设计，即表21-1所示的氮磷钾3因素4水平14个处理的肥料试验设计方案。

表21-1 2006年某地区玉米“3414”试验结果示例

小区编号	处理	X_1 (N)	X_2 (P_2O_5)	X_3 (K_2O)	X_1^2	X_2^2	X_3^2	X_1X_2	X_1X_3	X_2X_3	每667 m^2 籽实产量（kg）
1	N0P0K0	0	0	0	0	0	0	0	0	0	450
2	N0P2K2	0	10	8	0	100	64	0	0	80	520
3	N1P2K2	7	10	8	49	100	64	70	56	80	611.4
4	N2P0K2	14	0	8	196	0	64	0	112	0	587
5	N2P1K2	14	5	8	196	25	64	70	112	40	711.5
6	N2P2K2	14	10	8	196	100	64	140	112	80	749.3
7	N2P3K2	14	15	8	196	225	64	210	112	120	696
8	N2P2K0	14	10	0	196	100	0	140	0	0	669.2
9	N2P2K1	14	10	4	196	100	16	140	56	40	844.9
10	N2P2K3	14	10	12	196	100	144	140	168	120	631.4
11	N3P2K2	21	10	8	441	100	64	210	168	80	740.4
12	N1P1K2	7	5	8	49	25	64	35	56	40	696
13	N1P2K1	7	10	4	49	100	16	70	28	40	707
14	N2P1K1	14	5	4	196	25	16	70	56	20	731.5

注：小区施肥量单位为kg/667 m^2。

从某种意义上来说，对于减少田间试验的工作量，以及数据处理上的简化，"3414"试验是最佳的选择。

该方案不仅可以用于建立三元二次肥料效应方程，而且还可以建立二元二次或一元二次肥料效应方程。例如，通过处理4～10、12，可以建立以N2水平（X_1 的2水平）为基础的磷、钾二元二次肥料效应方程；通过处理2、3、6、8、9、10、11、13，可以建立以P2水平（X_2 的2水平）为基础的氮、钾二元二次肥料效应方程；通过处理2～7、11、14，可以建立以K2水平（X_3 的2水平）为基础的氮、磷二元二次肥料效应方程。又如，选用处理2、3、6、11可求得以P2K2水平为基础的氮肥肥料效应方程；选用处理4、5、6、7可求得以N2K2水平为基础的磷肥肥料效应方程；选用处理6、8、9、10可求得以N2P2水平为基础的钾肥肥料效应方程。

在"3414"试验数据处理中，有经验的人可以在Excel中进行，一般有专门设计的分析软件。可以得出1个三元肥料效应模型、3个二元肥料效应模型、3个一元肥料效应模型。

$Y=450.8466+11.6549X_1+20.1305X_2+44.4904X_3-0.8515X_1^2-1.9287X_2^2-3.7431X_3^2+0.6825X_1X_2+0.1998X_1X_3-0.9243X_2X_3$

如果试验数据比较理想（典型式），可以得到最大施肥量、最佳施肥量和产量值。试验结果见表21-2。

表21-2　三元效应模型施肥量和产量结果

项目	N(kg/667 m²)	P_2O_5(kg/667 m²)	K_2O(kg/667 m²)	每667 m² 产量（kg）
最大施肥量	20.059 4	12.8	4.899	805
最佳施肥量	16.211 3	10.5	4.659	797

二元肥料效应模型（N、P_2O_5），见表21-3：

$Y=697.3207+0.7636X_1-4.7501X_2-0.591X_1^2-1.4182X_2^2+2.3285X_1X_2$

表21-3　二元效应模型施肥量和产量结果

项目	N(kg/667 m²)	P_2O_5(kg/667 m²)	每667 m² 产量（kg）
标准离差	2.194 8	2.223 4	10.870 1
最佳施肥量	15.310 5	9.934 4	728.313 1

一元肥料效应模型（N）：

$Y=510.335+22.1621X_1-0.5117X_1^2$

每667 m^2 最佳施肥量16.62 kg，每667 m^2 最佳产量735.05 kg。

综合上述7个肥料效应函数处理结果，可以得出最佳施肥量、最大施肥量和产量值。如果继续对试验中的籽粒、秸秆进行养分分析，结合土壤测试结果，可以得到几个校正系数。

上述方法是典型的"3414"试验处理。在实际工作中，也可以灵活地进行各种肥料试验数据处理。由于计算机处理技术的进步，大量试验数据的统计分析已经非常简单，可以摒弃以往非典型式不能应用的情况。其实，可以利用大数据样本的数以万次的模拟计算，使最终结果在需要的误差范围内波动，这样模拟的结果是真实可用的，这种方法被称作"蒙特卡罗"法。比如，收集大量的基层肥料试验结果，然后利用"蒙特卡罗"法进行分析，最终得到最佳、最高施肥量和产量值（孙昊等，2015）。

六、测土配方施肥的意义

（一）提高作物产量与保证粮食安全

1850—1950年的100年间，在世界范围内，粮食增产的50%来源于化学肥料。在化肥短缺的时代，化肥施用量满足不了作物的需求，只要施肥就能增产，不存在"合理"的问题。随着化肥产量的增加，增加施肥就能相应增产的惯性思维渐渐导致农田土壤中肥料过饱和。如何选择和施用肥料就成了农业生产的一个重要问题。只有通过土壤养分测定，才能根据作物需要合理确定施用化肥的种类和用量，才能持续稳定地增产。一系列试验表明，测土配方施肥可以有效地诊断出当地限制作物产量的养分因素，并实现明显的增产效果。同时通过测土配方施肥，可以有效地诊断出当地限制作物产量的养分因素（白由路等，2006）。

（二）降低农民成本与增加农民收入

肥料在农业生产资料的投入中约占 50%，但是，施入土壤的化学肥料大部分不能被作物吸收。一般情况下，氮肥的当季利用率为 30%～50%，磷肥为 20%～30%，钾肥为 50%左右。未被作物吸收利用的肥料，在土壤中会发生挥发、淋溶和固定。肥料的损失很大程度上与不合理施肥有关，如何减少肥料的浪费，对提高农业生产的效益至关重要。化肥问题不仅是单纯的技术问题，也是影响农业和农村经济的社会问题。

（三）节约资源与保证农业可持续发展

肥料是资源依赖型产品，每生产 1 t 合成氨约需要 1 000 m^3 的天然气或 1.5 t 的原煤。氮肥的生产以消耗大量的能源为代价，磷肥的生产需要有磷矿，目前我国钾肥约 70%依赖于进口。所以，采用测土配方施肥技术，提高肥料的利用率也是构建节约型社会的具体体现。据测算，如果氮肥利用率提高 10%，则可以节约 2.5 亿 m^3 的天然气或节约 375 万 t 的原煤。在能源和资源极其紧缺的时代，进行测土配方施肥具有非常重要的现实意义。

（四）减少污染与保护农业生态环境

不合理的施肥会造成肥料的大量浪费，浪费的肥料必然会进入环境中，不仅造成了大量原料和能源的浪费，也破坏了生态环境，如氮、磷的大量流失可造成水体的富营养化。所以，使施入土壤中的化学肥料尽可能多地被植物吸收，尽可能减少在环境中的滞留，对保护农业生态环境也是有益的。

第二节　实施概况

一、测土配方施肥项目实施总体情况

辽宁省是我国棕壤重点分布区，因此棕壤耕地测土配方施肥技术实施概况与技术的推广应用以辽宁省为例进行说明。辽宁省测土配方施肥项目从 2005 年开始实施，项目县第一年称为实施，第二年以后称为续建。2005 年开始实施项目县（市、区）为沈阳市辽中区、鞍山市海城市、丹东市东港市、锦州市凌海市、阜新市阜新蒙古族自治县、辽阳市辽阳县、盘锦市大洼区、铁岭市开原市。2006 年开始实施项目县（市、区）为沈阳市的新民市、法库县、康平县，大连市庄河市，鞍山市台安县，锦州市黑山县、北镇市，阜新市彰武县，辽阳市灯塔市，盘锦市盘山县，铁岭市昌图县、铁岭县，朝阳市建平县。2007 年开始实施项目县（市、区）为鞍山市岫岩满族自治县，抚顺市新宾满族自治县、清原满族自治县、抚顺县，本溪市本溪满族自治县、桓仁满族自治县，丹东市凤城市、宽甸满族自治县，锦州市义县，营口市盖州市、大石桥市，铁岭市西丰县，朝阳市凌源市、北票市、喀喇沁左翼蒙古族自治县、朝阳县，葫芦岛市兴城市、绥中县、连山区、建昌县。2008 年开始实施项目县（市、区）为沈阳市苏家屯区、沈北新区、于洪区、浑南区，鞍山市千山区，丹东市振安区，营口市老边区、鲅鱼圈区，铁岭市调兵山市、清河区，朝阳市龙城区、双塔区，锦州市太和区，辽阳市太子河区，葫芦岛市南票区；其中抚顺市望花区、东洲区、顺城区打捆申报，本溪市平山区、南芬区、明山区、溪湖区打捆申报，丹东市振兴区、振安区打捆申报，阜新市海州区、新邱区、太平区、细河区、清河门区打捆申报，盘锦市兴隆台区、双台子区打捆申报。

据调查，截至 2013 年，中央财政累计在辽宁省投入测土配方施肥补助项目专项资金 1.91 亿元，项目县（市、区）达到 62 个，覆盖全省所有农业县（市、区）（王冠男，2013）。

二、测土配方施肥项目实施方式

一般以县（市、区）为项目单位，对年播种面积不足 0.67 万 hm^2 的地级市辖区由地级市作为项目单位，进行联合实施。

2005 年 4—5 月辽宁省农村经济委员会、财政厅根据农业部、财政部文件精神下发《辽宁省测土配方施肥补贴项目总体实施方案的通知》，各项目县农业行政主管部门根据通知内容要求编制项目实施方案，以文件形式上报辽宁省农村经济委员会、财政厅。

项目县补贴内容包括测土、配方、配肥、供肥、施肥指导 5 个环节，重点开展野外调查、采样检测、田间试验、配方设计、配肥加工、示范推广、宣传培训、数据库建设、耕地地力评价、效果评价、技术研发 11 项工作。

三、项目实施过程

（一）制订项目实施方案

项目实施方案由项目县农业行政主管部门根据上级文件要求制订，主要包括项目县基本情况、基本思路、目标任务、资金分配、工作内容、组织管理与项目实施、保障措施 7 项内容。方案附表包括项目资金使用概算表、项目领导小组成员名单、项目技术指导小组成员名单、项目任务细化表等。方案由项目县农业行政主管部门以正式文件形式上报辽宁省农村经济委员会、财政厅。

（二）项目实施内容及目标任务

项目实施内容主要有采样取土测土、田间试验、配方设计、配肥加工、示范推广、宣传培训、数据库建设、耕地地力评价、效果评价、技术研发等。

目标任务主要包括保障实施测土配方施肥的目标面积和覆盖区域；土壤肥力定位监测和测土配方施肥肥效监测，验证优化肥料配方，建立县域施肥指标体系，开发县域施肥决策专家系统；完善测土配方施肥数据库；完成区域耕地地力评价工作；示范县、乡、村建设；农企合作；为示范户、种植大户、科技示范户和农民专业合作组织提供全程测土配方施肥技术指导服务。

（三）签订测土配方施肥补贴项目合同

每年项目实施前，由辽宁省农村经济委员会、辽宁省土壤肥料总站为甲方，项目实施县农业主管部门、承担单位为乙方签订当年测土配方施肥补贴项目合同。合同内容包括项目基本情况、目标任务、技术指标、预期效益、资金使用计划、时间安排、保障措施、主要指导人员、共同条款 9 项，合同内容与项目实施方案内容一致。

（四）项目任务完成情况

各项目县按照项目实施方案和项目合同，及时落实项目任务、严格落实资金使用情况、保证工作进度、严肃做好效果评价，项目实施过程中要存留影像资料。当地政府要加强项目考核，完善考核办法和奖惩机制，重点考核农民满意度、技术普及率和配方肥到田率；要加强肥料质量监管，特别要注重对配方肥生产过程的监管，建立配方肥质量追溯制度，实行配方肥推广绩效管理，强化配方肥推广应用。项目完成后，由项目县根据项目实施方案自查，开展农户调查，完成项目实施报告、技术报告、效益分析报告，由审计部门出具审计报告，迎接上级部门验收检查。

（五）项目验收

由省农业、财政审计部门组成专家验收组，根据《测土配方施肥试点补贴资金管理暂行办法》《测土配方施肥补贴项目验收暂行办法》《辽宁省测土配方施肥补贴资金管理办法》《辽宁省测土配方施肥补贴项目验收办法》《辽宁省测土配方施肥工作规范》《辽宁省测土配方施肥技术规范》《辽宁省测土配方施肥县级实验室建设基本要求》等规范和条例对项目进行综合验收，验收时量化打分，验收后出具验收意见。

四、测土配方施肥项目实施的积极效果

（一）实现了节本增效

一是农作物稳定增产。2012 年，辽宁省农村经济委员会数据显示，应用测土配方施肥的田块，玉米、水稻、花生、蔬菜、果树平均增产率分别为 5.1%、5.8%、4.3%、6.6%、7.3%。二是促进了农民持续增收。通过辽宁省农村经济委员会田间示范统计，应用测土配方施肥的地块，玉米每年每公顷新增纯收益约为 840 元、水稻为 1 710 元、花生为 735 元、蔬菜为 3 480 元、果树为 3 180 元。

（二）促进了农业节能减排

辽宁省农村经济委员会资料显示，在 2011 年辽宁省肥料利用率试验中，全省玉米、水稻应用测土配方施肥的氮肥利用率为 33.2%，比农民习惯施肥提高了 7.7 个百分点。截至 2011 年，通过测土配方施肥，全省累计节约肥料约 44.7 万 t。

（三）壮大了土肥技术队伍

全省各项目县土肥站在岗人员平均为 5 人以上。土肥技术人员学历明显提高，中高级职称人员占较大比例，土肥技术队伍实现了从弱到强的转变。2008 年开始，在全国范围内，辽宁省率先提出并开展了每县为 100 个农户提供测土配方施肥的保姆式服务活动。每个项目县（市、区）每年重点培植 100 个种植大户、50 个科技示范户和 10 个农民专业合作组织，实行“专家进大户、大户带小户、农户帮农户”的示范带动模式。如土肥站帮扶的某户 0.33 hm^2 稻田（稻花香 2 号），原来使用的施肥方法产量只有 460 kg，瘪粒多，而且易倒伏、贪青，品质不好。2011 年，通过对其稻田土样进行化验，建议增施磷、钾肥，最终使水稻产量达到了 575 kg，且籽粒饱满、不倒伏。

（四）建立和完善了施肥技术体系

全面开展采样测土和田间试验，建立了测土配方施肥数据库和玉米、水稻、花生等主要农作物施肥指标体系，构建了县域触摸屏专家咨询系统。为确保试验的科学性、准确性，省、市、县土肥站与沈阳农业大学联合攻关，沈阳农业大学负责制订试验方案和植株样品检测等，建立施肥指标体系；具体试验操作由项目县指定专人负责，确保试验质量，同时市土肥站积极协助省土肥站做好工作督促检查、技术指导和经费协调等工作。

（五）提高了农民科学施肥水平

辽宁省各地采用“宣、送、派、教、荐、管”等方式，全面应用广播、电视、报刊、互联网等媒体，广泛进行测土配方施肥技术宣传培训，增强了农民的科学施肥意识，丰富了农民的科学施肥知识，提高了农民的科学施肥技能，营造了全民科学施肥的良好氛围。辽宁省农村经济委员会资料显示，截至 2011 年年末，全省共举办各种培训班 9 671 次，培训农民 137 万人次，发放施肥建议卡 200 多万张，各类媒体宣传 11 140 次，发放宣传资料 893 万份。

（六）完成了各项目县耕地地力评价工作

2012 年末，全面完成了全省 62 个涉农县（市、区）的耕地地力评价工作，研究确定了全省四大区域耕地地力评价指标。各项目县都建立了耕地评价数据库，正式出版了本地的耕地地力评价相关书籍。

耕地地力评价内容包括当地基本概况、土壤分类和土壤形成过程、各种土壤基本特征和特性、耕地地力调查、耕地地力评价简介及资料准备、县域耕地资源数据库建设、耕地地力评价过程、耕地地力等级划分结果、土壤 pH 及有机质和养分的时空变化、各地力等级立地条件和土壤管理指标现状分析、中低产田障碍因素分析及其改良措施、耕地资源合理配置与种植业结构调整等多项内容，对当地的农业生产极具参考价值。

（七）建设和改造了土肥化验室

从 2005 年起，利用中央财政补贴组织实施了测土配方施肥项目，要求基层土肥检测体系承担本区域内土壤、植株等养分的检测工作。全省各地从此大力推进基层土肥检测体系建设。实施测土配方施肥项目后，各项目县充分利用项目资金，积极争取多方支持，大力推进化验室建设和改造，开展仪

器设备补充和完善。检测能力完全满足各项土肥工作开展的需要，土肥化验室逐步实现了制度化、规范化、标准化。辽宁省土壤肥料总站采取统一规划、一对一指导的原则，对各县（市、区）化验室的总体布局、仪器要求、原始记录格式、样品储存、档案建设等内容制订并下发方案，各县（市、区）化验室按照测土配方施肥项目要求建设，每年培训各类化验人员 100 多人次。2012 年，全省化验室面积达到 16 120 m^2。在增加化验室面积的同时，不断完善化验分析仪器、数据处理和技术培训设备等。全省 62 个测土配方施肥项目县的仪器设备达 4 420 台套，专业检测人员 500 多名；结合项目要求，年检测土壤样品 3.5 万多个、植株样品 1 700 多个、肥料样品 3 000 多个，形成有效数据 100 余万个。

第三节　测土概况

一、土壤样品的采集和制备

（一）资料物品准备

采样前收集采样区土壤图、土地利用现状图、行政区划图等资料，并绘制样点分布图，制订采样工作计划，准备 GPS 接收仪、取土器、采样袋（布袋、纸袋或塑料网袋）、采样标签等。

（二）野外观测记载

农户是测土配方施肥的具体应用者，通过收集农户施肥数据进行分析是评价测土配方施肥效果与技术准确度的重要手段，也是反馈修正肥料配方的基本途径。因此，需要进行农户测土配方施肥的反馈与评价工作。在取样过程中，采取以资料收集整理和野外定点采样调查相结合、典型农户调查与随机抽样调查相结合的方式，进行广泛深入的野外调查和取样地块农户调查。

（三）土壤样品采集

1. 采集原则　土壤样品采集原则主要考虑代表性和实用性，并根据不同分析项目采用相应的采样和处理方法。

2. 采样规划　采样点参考第二次全国土壤普查土壤图，做好采样规划设计，确定采样点位。在实际采样时，严禁随意变更采样点，凡有变更都要注明理由。

3. 采样单元　根据土壤类型、土地利用等因素，将采样区域划分为若干个采样单元，每个采样单元的土壤性状尽可能均匀一致。

平均每个采样单元为 6.67～13.33 hm^2。为便于田间示范追踪和施肥分区，采样集中在位于每个采样单元相对中心位置的典型地块，采样地块面积为 0.07～0.67 hm^2。采用 GPS 定位，记录经纬度，精确到 0.1″。

4. 采样深度　主要根据耕层厚度来决定采样深度，采样深度通常为 0～20 cm。耕层厚度≥20 cm 的，采样深度为 20 cm；小于 20 cm 的，采样深度与耕层厚度一致。

5. 采样数量　要保证有足够的采样点，使所采样品能代表采样单元的土壤特性。每个样品采样点的多少，取决于采样单元的大小、土壤肥力的一致性等。采样应多点混合，每个样品取 15～20 个样点。

6. 采样路线　采用 S 形布点采样，可较好地克服耕作、施肥等因素造成的误差。

7. 样品重量　按混合土样取土 1 kg 左右（用于推荐施肥的 0.5 kg，用于试验的 2 kg 以上，长期保存备用），用四分法将多余的土壤弃去。方法是，将采集的土壤样品放在盘子里或塑料布上，弄碎、混匀；铺成正方形，画对角线将土样分成四份；把对角的两份分别合并成一份，保留一份，弃去一份。如果所得的样品依然很多，可再用四分法处理，直至达到所需重量。

8. 样品标记　采集的样品放入统一的样品袋，用铅笔写好标签，内、外各放一张。

（四）土壤样品制备

1. 风干样品　从野外采回的土壤样品及时放在样品盘上，摊成薄薄一层，置于干净整洁的室内通风处自然风干。严禁暴晒，并注意防止酸、碱等气体及灰尘的污染。在风干过程中，经常翻动土样并将大土块捏碎以加速干燥，同时剔除侵入体。将风干后的土样用木棍研细，使之全部通过 2 mm 孔径的筛子。充分混匀后用四分法分成两份，一份用于物理分析，另一份用于化学分析。用于化学分析的土样进一步研细，使之全部通过 1 mm 孔径的筛子，装袋、封好后留作日后分析用。袋内、外各放标签一张，写明编号、采样地点、土壤名称、采样深度、样品粒径、采样日期、采样人、制样时间、制样人等项目。制备好的样品妥善储存，避免日晒、高温、潮湿和酸碱等气体的污染。全部分析工作结束、分析数据核实无误后，试样保存一年，以备查询。“3414”试验中有价值、需要长期保存的样品，保存于广口瓶中，并蜡封瓶口。

2. 样品准备 将风干后的样品平铺在制样板上，用木棍碾压，并将植物残体、石块等新生体和侵入体剔除干净。细小已断的植物须根，采用静电吸附的方法清除。压碎的土样用2 mm孔径筛过筛，未通过的土粒重新碾压，直至全部样品通过 2 mm 孔径筛。通过 2 mm 孔筛的土样供 pH 及有效养分等项目的测定。将通过 2 mm 孔径筛的土样用四分法取出一部分继续碾磨，使之全部通过 0.25 mm 孔径筛，供有机质、全氮、碳酸钙等项目的测定。

3. 标签内容 样品编号、采样时间、采样地点、采样人、作物品种、土壤名称（或当地俗称）、成土母质、地形地势、耕作制度、前茬作物及产量、化肥农药施用情况、灌溉水源、采样点地理位置简图。

二、土壤基本性质的测定方法

（一）土壤有机质含量的测定

测定有机质含量的方法主要有两种：一是测定土壤有机质中的碳氧化后放出的 CO_2 量（包括用高温电炉灼烧的干烧法及重铬酸钾氧化的湿烧法），为经典方法。二是测定氧化有机质中的碳时消耗的氧化剂的量。其中，外加热法为我国通用的常规分析法；而水合热法是国际上常用的方法；比色法是根据重铬酸钾中部分六价铬被还原成三价铬的绿色，以葡萄糖碳作模拟色阶，通过三价铬的数量计算出消耗的有机碳数量。国内外对氧化剂的氧化温度和时间的选定方面也有很多探讨，有采用降低温度延长时间在烘箱中加热大批量样品的外热法，也有采用多功能远红外消煮加热的。

1. 测定过程 准确称取过 0.149 mm 孔径筛的风干土样 0.1～0.5 g（精确至 0.000 2 g），放入一干燥的硬质试管中，用滴定管准确加入 0.4 mol/L（$K_2Cr_2O_7-H_2SO_4$）溶液 10 mL（在加入 3 mL 时摇动试管使土壤分散），在试管口加一小漏斗，以冷凝蒸出水气。将 8～10 个试管（每锅 1～2 个空白，试管内液温控制在 170 ℃）放入温度为 185～190 ℃的油浴或磷酸浴锅中。要求放入后油浴锅温度下降至 170～180 ℃，以后控制温度始终维持在 170～180 ℃。待试管内液体沸腾出现气泡时开始计时，煮沸 5 min 后立即取出试管。

冷却后，将试管内容物倾入 250 mL 三角瓶中。用水洗净试管内部及小漏斗，三角瓶内溶液总体积应在 60～70 mL（保持混合液中硫酸的浓度为 2～3 mol/L，以保证邻啡罗啉氧化还原指示剂的标准电位落在滴定曲线的突跃范围内），加邻啡罗啉指示剂 2～3 滴，并用 0.2 mol/L $FeSO_4$ 标准溶液滴定，溶液由橙黄→蓝绿→砖红色即为终点。

2. 计算过程 按照以下公式计算。

$$土壤有机质含量=\frac{c\times(V_0-V)\times0.003\times1.10\times1.724}{m\times\frac{1}{1+水的百分含量}}\times1\,000$$

或

$$土壤有机质含量=\frac{\frac{c_1\times5}{V_0}\times(V_0-V)\times0.003\times1.10\times1.724}{m\times\frac{1}{1+水的百分含量}}\times1\,000$$

式中：c——$FeSO_4$ 标准溶液的浓度（mol/L）；

V_0——空白实验所消耗 $FeSO_4$ 标准溶液的体积（mL）；

V——试样测定所消耗 $FeSO_4$ 标准溶液的体积（mL）；

0.003——1/4 碳原子的毫摩尔质量（g）；

1.10——氧化校正系数；

1.724——由有机碳换算成有机质的系数；

m——称取风干试样的质量（g）；

c_1——精确配制的重铬酸钾基准溶液的浓度（mol/L）。

（二）土壤氮素含量的测定

氮素是植物营养三要素之一。土壤氮素以有机态和无机态 2 种形式存在，其中有机态占 95%以上。土壤有机态氮的绝大部分必须经微生物的矿化才能为作物吸收利用。土壤全氮可以代表土壤供氮的总水平。

1. 消煮过程 不包括硝态氮和亚硝态氮的土样消煮。称取通过 0.149 mm 孔径筛的风干土样 0.5～1 g（含氮约 1 mg，精确至 0.000 1 g），同时测定水分含量。

将试样送入干燥的消煮管底部，加入 2.0 g 加速剂，再加浓 H_2SO_4 5 mL 轻轻摇匀，以小漏斗盖住消煮管口。将消煮管置于远红外消煮炉上加热（低温 10～15 min）至溶液微沸，提高温度使消煮温度以 H_2SO_4 蒸汽在瓶颈上部 1/3 处回流为宜。待消煮液和试样全部变为灰白稍带绿色后，再继续消煮 1 h。冷却，定容至 50 mL，静置待蒸馏。同时做两份空白测定，即除不称土样外，其他均同上。

2. 氨的蒸馏过程 蒸馏前先检查蒸馏装置是否漏气，并通过水的馏出液将管道洗净（空蒸）。于 150 mL 三角瓶中加入 10 mL 2% H_3BO_3，加混合指示剂 2 滴，放在冷凝管末端，管口置于 H_3BO_3 液面以上 1～2 cm 处。待用。

吸取消煮液上清液 10～20 mL，将消煮液转入蒸馏器内室，然后向蒸馏器内室加入 10 mol/L 的 NaOH 溶液 20 mL，通入蒸汽蒸馏。待蒸馏液体积达 60 mL 时用纳氏试剂检查，至无 NH_4^+ 即蒸馏完毕。用少量蒸馏水冲洗冷凝管末端，取下备用。

3. 滴定过程 用 0.01 mol/L HCl 标准溶液（或 0.01 mol/L H_2SO_4 标准溶液）滴定馏出液，由纯蓝色滴至刚变为酒红色。记录所用标准酸体积 V（mL）。同时滴定空白液，记录所用标准酸体积 V_0（mL）。空白测定所用标准酸的体积，一般不得超过 0.4 mL。

4. 计算过程 按照以下公式计算。

$$土壤全氮含量=\frac{(V-V_0)\times C\times 0.014}{m\times\frac{1}{1+水的百分含量}}\times 1\,000\times 分取倍数$$

式中：V——滴定样品时所用标准酸溶液的体积（mL）；

V_0——滴定空白时所用标准酸溶液的体积（mL）；

C——标准酸溶液的浓度（mol/L）；

0.014——氮原子的毫摩尔质量（g）；

m——风干土样的质量（g）；

1 000——换算成每千克土含量的系数。

（三）土壤碱解氮含量的测定

1. 样品测定过程 称取通过 2 mm 孔径筛土样 2.00 g，精确至 0.01 g，平铺于扩散皿外室。在扩散皿内室加入 2 mL 2% H_3BO_3 溶液，并滴加 1～2 滴定氮混合指示剂。在扩散皿的外室边缘涂上碱性胶油，盖上毛玻璃，旋转数次，使毛玻璃与扩散皿边完全黏合，再慢慢推开毛玻璃的一边，使扩散皿外室露出一条狭缝，迅速加入 5 mL 1.2 mol/L NaOH 溶液于扩散皿外室，立即用毛玻璃盖严。水平轻轻转动扩散皿，使 NaOH 溶液与土样充分混合，小心用橡皮筋扎紧，使毛玻璃固定，放在恒温箱中于（40±1）℃保温 24 h。培养结束后将扩散皿取出，用 0.01 mol/L HCl 标准溶液（或 0.01 mol/L H_2SO_4 标准溶液）滴定内室硼酸中吸收的氨量，颜色由蓝色变成紫红色即达终点。滴定时，应用细玻璃棒搅动内室溶液，不宜摇动扩散皿，以免溶液溢出。

同时进行空白试验，校正试剂和滴定误差。

2. 计算过程 按照以下公式计算。

$$碱解氮含量=\frac{(V-V_0)\times c\times 14}{m\times\frac{1}{1+水的百分含量}}\times 1\,000$$

式中：V——滴定待测液消耗标准酸溶液的体积（mL）；

V_0——滴定空白消耗标准酸溶液的体积（mL）；

c——标准酸溶液的浓度（mol/L）；

m——风干试样质量（g）；

14——氮的毫摩尔质量（mg）；

1 000——换算成每千克含量的系数。

（四）土壤磷素含量的测定

1. 待测液的制备 准确称取过 0.149 mm 孔径筛的风干土样 0.500 0～1.000 0 g，置于 50 mL 凯氏烧瓶或 50 mL 消煮管中。以少量水湿润后，加浓 H_2SO_4 8 mL，再加 70%～72% $HClO_4$ 10 滴，摇匀。瓶口上加一个小漏斗，置于电炉或远红外炉上加热消煮，至凯氏烧瓶内溶液开始转为灰白色，继续消煮 20 min，全部消煮时间为 40～60 min。在样品分解的同时做一个空白试验，除不加入土样外，其他步骤均同上。

将冷却后的消煮液倒入 100 mL 容量瓶中（容量瓶中事先盛水 30～40 mL），用蒸馏水冲洗。冲洗时，用水应根据少量多次的原则。轻轻摇动容量瓶，待完全冷却后，加水稀释至刻度（消煮管可直接在管内定容）。用干的无磷滤纸过滤，将滤液接收在 100 mL 干燥的三角瓶中。

2. 溶液中磷的测定 采用钼锑抗比色法，工作范围为含磷 0.01～0.8 μg/mL。显色适宜温度为 20～40 ℃，显色时间约 30 min；温度若低于 25 ℃，应延长显色时间至 1 h。显色时，下述离子含量范围内无干扰作用：铁 400～800 μg/mL、氯 130 000 μg/mL、钾 160 000 μg/mL、钠 1 000 μg/mL、铵 10 000 μg/mL、硅 200 μg/mL、钛 500 μg/mL、硝酸根 100 μg/mL、高氯酸根 55 000 μg/mL、氟化铵＋硼 800 μg/mL、氟化物 100 μg/mL。

吸取以上澄清待测液 3～5 mL（对 P_2O_5 含量＜0.1%的样品可吸 10 mL，含磷量 20～30 μg）注入 50 mL 容量瓶中，用水稀释至 30 mL 左右，加二硝基酚指示剂 2 滴。加 4 mol/L NaOH 至溶液刚转为黄色，再加 2 mol/L H_2SO_4 1 滴，使溶液黄色刚刚退去（微微黄色），这里不用 NH_4OH 调节酸度，因为 NH_4OH 浓度＞1%会使钼蓝的蓝色迅速退去。然后，加钼锑抗试剂 5 mL，加水定容至 50 mL，摇匀。放置 30 min 后在分光光度计上 880 nm 或 700 nm 波长处用 1 cm 光径比色皿进行比色。以空白液的透光率为 100%读出测定液的透光度或吸收值。

标准曲线：准确吸取 5 μg/mL 磷标准液 0 mL、1.00 mL、2.00 mL、4.00 mL、6.00 mL、8.00 mL，分别于 50 mL 容量瓶中，加水至 30 mL 左右。再加空白试验定容后的消煮液 3～5 mL，加二硝基酚指示剂 2 滴，按此步骤操作。30 min 后与样品一同比色，各瓶比色液磷的浓度分别为 0 μg/mL、0.1 μg/mL、0.2 μg/mL、0.4 μg/mL、0.6 μg/mL、0.8 μg/mL。绘制标准曲线或通过建立一元线性回归方程来计算样品显色液中磷的浓度。

3. 计算过程 按照以下公式计算。

$$土壤全磷含量=\frac{(C-C_0)\times V\times D}{m\times\frac{1}{1+水的百分含量}\times 10^6}\times 1\,000$$

式中：C——从标准曲线上查得显色液的磷浓度（μg/mL）；

C_0——从标准曲线上查得空白试验显色液的浓度（μg/mL）；

V——显色液体积（mL），本试验为 50 mL；

D——分取倍数，即样品消煮后定容体积/显色时分取体积；

10^6——将微克换算为克的系数；

1 000——将每克换算为每千克含量的系数；

m——风干土的质量（g）。

（五）土壤有效磷含量的测定

1. 待测液的制备 称取通过 2 mm 孔径筛风干试样 2.50 g 置于 150 mL 三角瓶中。加入 1 勺活性炭、(25±1)℃的浸提剂 50.00 mL，在（25±1)℃的室温下于往复式振荡机上用 160～200 r/min 的频率振荡 30 min，立即过滤于干燥的三角瓶中。吸取滤液 10.00 mL 于 150 mL 三角瓶中，含磷量高时吸取 2.50～5.00 mL，同时应补加 0.5 mol/L $NaHCO_3$ 溶液至 10 mL，再用滴定管准确加入 35 mL 蒸馏水；然后，用吸管加入 5 mL 钼锑抗试剂，充分摇动，使 CO_2 逸尽。在室温高于 20 ℃下放置 30 min 后，用 880 nm 或 700 nm 波长进行比色，读出待测液的吸收值。

标准曲线测定和绘制：分别吸取 5 μg/mL 磷标准溶液 0 mL、1.00 mL、2.00 mL、3.00 mL、4.00 mL、6.00 mL 于 150 mL 三角瓶中，再加空白溶液 10 mL（浸提时应与样品同做），最后溶液浓度分别为 0 μg/mL、0.1 μg/mL、0.2 μg/mL、0.3 μg/mL、0.4 μg/mL、0.6 μg/mL 磷。以下操作按上述样品待测液分析步骤条件进行比色，测量吸光度，绘制标准曲线或建立回归方程。

2. 计算过程 按照以下公式计算。

$$有效磷含量=\frac{(C-C_0)\times V\times D}{m\times\frac{1}{1+水的百分含量}\times 1\,000}\times 1\,000$$

式中：C——从标准曲线上查得或回归方程求得的显色液磷浓度（μg/mL）；

C_0——从标准曲线上查得或从回归方程求得空白试验显色液中磷的浓度（μg/mL）；

V——显色液体积（mL）；

D——分取倍数，即试样提取液体积/显色时吸取浸提液体积；

1 000——将微克换算为毫克，和将克换算为千克的系数；

m——风干试样质量（g）。

（六）土壤钾素含量的测定

1. 待测液的制备 称取过 0.149 mm 孔径筛的风干土样约 0.25 g 于镍或银坩埚底部，用 95%乙醇稍湿润样品；然后，加固体 NaOH 2.0 g 平铺于土样表面，置于干燥器中以防吸湿。土壤与 NaOH 比例为 1∶8。当土样用量增加时，NaOH 用量需相应增加。将坩埚加盖留一小缝，放在高温电炉内，由低温加热逐渐升高温度至 400 ℃，停止加热，保持此温度 15 min（以防坩埚内容物溢出），继续升温至 720 ℃并保持 15 min。熔融完毕取出冷却，熔块冷却后应凝结成淡蓝色或蓝绿色。如熔块呈棕黑色，表示还没熔好，须再熔一次。加 10 mL 左右蒸馏水在电炉上加热至 80 ℃左右。熔块溶解后再煮 5 min，然后将坩埚内容物无损转入 50 mL 容量瓶内，用少量 0.2 mol/L H_2SO_4 溶液清洗数次，一起倒入容量瓶内，使总体积至约 40 mL，再加 1∶1 HCl 5 滴和 1∶3 H_2SO_4 5 mL。加入 H_2SO_4 的量视 NaOH 用量而定，目的是中和多余的 NaOH，使溶液呈酸性（酸浓度约达 0.3 mol/L）从而沉淀硅。最后用水定容、过滤，此待测液可供磷和钾的测定用。

空白液制备：除不称土样外，其他步骤均同待测液制备。

2. 标准系列配制 分别吸取 100 μg/mL 钾标准液 0 mL、2 mL、5 mL、10 mL、20 mL、30 mL、40 mL、60 mL 于 100 mL 容量瓶中，配成浓度分别为 0 μg/mL、2 μg/mL、5 μg/mL、10 μg/mL、20 μg/mL、30 μg/mL、40 μg/mL、50 μg/mL 的钾标准液。

按火焰光度计说明书调好仪器。用蒸馏水调“0”，然后用最浓的标准溶液调节检流计标尺的最大读数，依次测标准溶液记下读数，绘制标准曲线。

3. 溶液中钾的测定 吸取土样待测液 5.00～10.00 mL 于 50 mL 容量瓶中，钾的浓度控制在10～30 μg/mL，用水稀释至刻度，摇匀。直接在火焰光度计上测定，每测 3～5 个样要用最浓标准液调节标尺最大读数和用蒸馏水调节“0”点。用所测样品读数从标准曲线上查出或由回归方程计算出待测液中钾的浓度。

空白液测定：吸取与样品同体积的空白待测液，同样品步骤进行测定，用所测样品读数从曲线上查出或由回归方程计算出空白液中钾的浓度。

4. 计算过程 按照以下公式计算。

$$\text{土壤全钾含量}=\frac{(C-C_0)\times V\times D}{m\times\dfrac{1}{1+\text{水的百分含量}}\times 10^6}\times 1\,000$$

式中：C——从标准曲线上查得或从回归方程求得待测液中钾的浓度（μg/mL）；

C_0——空白液中钾的浓度（μg/mL）；

V——测定液定容体积（mL），本实验为 50 mL；

D——分取倍数，样品熔融后定容体积/吸液体积；

m——称取风干试样的质量（g）；

10^6——将微克换算为克的系数；

1 000——将克换算为每千克土含量的系数。

（七）土壤速效钾含量的测定

1. 待测液的制备 称取通过 2 mm 筛孔的风干土 5.00 g 置于 100 mL 三角瓶或塑料瓶中，加入 1 mol/L NH_4OAc 溶液 50 mL，塞紧瓶塞，在 20～25 ℃下振荡 30 min，用干的普通定性滤纸过滤。滤液盛于小三角瓶中，同钾标准系列一起在火焰光度计上测定。记录读数，从标准曲线上查出或由回归方程求得待测液中速效钾浓度。

2. 标准系列配制 分别吸取 100 μg/mL 钾标准液 0 mL、2 mL、5 mL、10 mL、30 mL、40 mL、50 mL 于 100 mL 容量瓶中，用 NH_4OAc 溶液定容，配成 0 μg/mL、2 μg/mL、5 μg/mL、10 μg/mL、20 μg/mL、30 μg/mL、40 μg/mL。上机测定时，在标准系列中，用 0 μg/mL 钾标准液调火焰光度计的零点，用最高浓度 50 μg/mL 钾标准液调火焰光度计吸收值为 100，记录读数，绘制标准曲线。

3. 计算过程 按照以下公式计算。

$$\text{土壤速效钾含量}=(C-C_0)\times\frac{V}{m\times\dfrac{1}{1+\text{水的百分含量}}}$$

式中：C——从标准曲线上查得或从回归方程求得待测液中钾的浓度（μg/mL）；

C_0——从标准曲线上查得或从回归方程求得空白液中钾的浓度（μg/mL）；

V——加入浸提液的体积（mL）；

m——风干样品的质量（g）。

（八）土壤缓效钾含量的测定

1. 待测液的制备 称取通过 2 mm 孔径筛的风干土样 2.50 g 于 100～150 mL 三角瓶或大的硬质试管中，加入 1 mol/L HNO_3 25.0 mL。在瓶口加一弯径小漏斗，将三角瓶放在电炉上或将 8～10 个大试管放入磷酸浴烧杯内，加热煮沸 10 min，从沸腾开始准确计时。取下，趁热将浸提液过滤于 100 mL 容量瓶中，用 0.1 mol/L HNO_3（热）洗涤漏斗中土壤和三角瓶或试管 4～5 次，每次用 10 mL。冷却后，用 0.1 mol/L HNO_3 定容。同钾标准系列一起在火焰光度计上测定。钾的标准系列配制同全钾测定。

空白液制作除不称土外，其他步骤均同待测液的制备。空白液与待测液一同上机测定记录读数，由标准曲线上查得或利用回归方程求得空白液的含钾浓度。

2. 计算过程 按照以下公式计算。

$$\text{缓效钾含量}=\text{热硝酸提取的钾含量}-\text{速效钾含量}$$

$$\text{热硝酸提取的钾含量}=\frac{(C-C_0)\times V}{m\times\dfrac{1}{1+\text{水的百分含量}}}$$

式中：V——待测液定容的体积（mL）；

m——风干土样的质量（g）。

（九）土壤 pH 的测定

土壤 pH 测定方法可分为电位法和比色法两大类。电位测定法精确度较高，pH 误差在 0.02 左右；混合指示剂比色法精确度较差，pH 误差在 0.5 左右。前法用于室内测定，后法用于野外速测。

1. 待测液的制备 称取通过 2 mm 筛孔的风干土样 10.00 g 于 50 mL 高型烧杯中，加入 25 mL 无 CO_2 的蒸馏水或氯化钙溶液（中性、石灰性或碱性土壤测定用），或者 1.0 mol/L 氯化钾溶液（酸性土壤测定用）。用玻璃棒剧烈搅拌 1～2 min，使土体充分散开，放置 30 min。此时应避免空气中有氨或挥发性酸的影响，然后用酸度计测定。酸度计有多种型号，使用方法详见所用仪器的使用说明书。

2. 仪器准备 电极下端的玻璃球泡很薄，勿碰，以免碰坏。选择开关置“mv”挡，开启电源预热 5 min。

3. 仪器的校正 选择开关为 pH 挡，斜率调节为 100%。把电极插入与土壤 pH 接近的标准缓冲液中（如 pH=6.85），调节温度为溶液的温度，定位调节使仪器标度上的 pH 与标准缓冲液的 pH 一致。移出电极，用无 CO_2 的蒸馏水冲洗、用滤纸吸干、然后，插入另一个标准缓冲液中，检查仪器读数。最后，移出电极，用水冲洗，滤纸吸干，待用。

4. 测定 把玻璃电极的玻璃球泡浸入土样的悬浊液中，轻微摇动以除去玻璃表面的水膜。玻璃球泡极薄、易碎，要仔细和谨慎。然后，将甘汞电极插在上部清液中。待读数稳定后，记录待测液的 pH。每个样品测完后，立即用水冲洗电极，并用干滤纸将水吸干，再测定下一个样品。在较为精确的测定中，每测定 5～6 个样品后，需要将饱和的甘汞电极顶端在饱和的氯化钾溶液中浸泡一下，以保持顶端部分氯化钾溶液饱和，然后用 pH 标准溶液冲洗校正仪器。

酸度计不用时，关闭电源，将电极用滤纸吸干。甘汞电极头用橡皮套套好，侧孔上的塞子塞好，储存。如需搬动酸度计，应将 pH 的范围开关扭至零处，以保护电表。

（十）土壤阳离子交换量的测定

1. 待测液的制备 称取 3.00～6.00 g 过 2 mm 孔径筛的风干土样，沙土 6 g、黏土 3 g、石英砂 1.5～3.0 g，混匀。取淋滤管一个，淋滤管下塞干净棉花铺少量石英砂将棉花盖住，使溶液通过棉塞后滤出速度为 40～50 滴/min（加土后 15～20 滴/min）。然后将样品移入淋滤管，管下端接一个三角瓶，若同时测交换性盐基和交换性阳离子，用 250 mL 容量瓶承接滤液，最后用 1 mol/L NH_4OAc 定容。振摇淋滤管使管内土面平整，将一张稍小于管内径的滤纸铺在土面上，用玻璃棒压平。缓缓加入 1 mol/L 的中性 NH_4OAc，至液面达距滤管上端 2～3 cm 处为止。

另取 250 mL 容量瓶，盛 200 mL 左右 1 mol/L 中性 NH_4OAc。用一个直径稍大于瓶口的滤纸贴紧瓶口，将倒立瓶口插入淋滤管，使瓶口插至距土面 1.5～2 cm 处。固定量瓶位置，用玻璃棒拨开瓶口滤纸，即可保持自动淋洗状态。洗至滤出液无 Ca^{2+} 为止，取滤液 2 滴，加 3 滴 pH 为 10 的缓冲液，1 滴铬黑 T，溶液呈蓝色为无 Ca^{2+}，红色为有 Ca^{2+}。一般滤液在 150 mL 以上即可检查，若测交换性盐基等则将滤液定容至 250 mL。

另用 0.1 mol/L NH_4OAc 淋洗 2～3 次（每次 10～15 mL），除去大部分 NH_4OAc 之后，再用 95%乙醇或 99%异丙醇淋洗土壤（每次 10～15 mL，滤净再加液）至滤液中无 NH_4^+ 为止（约 3 次），即用纳氏试剂检验无黄色为止。

最后用 250 mL 容量瓶接在淋滤管下，用酸化的 10% NaCl 淋洗 NH_4^+ 饱和的土壤，至滤液无 NH_4^+ 为止（接滤液 200～230 mL 为准）。用酸化的 10% NaCl 定容至 250 mL，摇匀，吸淋滤液 50 mL 放入半微量蒸馏器中，加 1 mol/L NaOH 2 mL 进行蒸馏，放出的氨被硼酸吸收，滴定之，记录消耗标准酸的体积。蒸馏方法同全氮含量测定。

空白液测定：吸 50 mL 10% NaCl 于蒸馏器中，其他步骤均同待测液的制备。

2. 计算过程 按照以下公式计算。

$$土壤阳离子交换量=\frac{C\times(V-V_0)}{m\times\frac{1}{1+水的百分含量}\times10}\times1\,000$$

式中：C——1/2 H_2SO_4 标准溶液的摩尔浓度（mol/L）；

V——样品滴定的 1/2 H_2SO_4 标准溶液的体积（mL）；

V_0——空白滴定的 1/2 H_2SO_4 标准溶液的体积（mL）；

10——将毫摩尔换算成厘摩尔的系数；

1 000——每千克换算成厘摩尔；

m——风干样品的质量（g）。

（十一）土壤容重的测定

土壤容重是指单位体积的自然状态土壤的烘干重。土壤容重综合反映了土壤颗粒和土壤孔隙的状况。一般来讲，土壤容重小，表明土壤比较疏松，孔隙多；反之，土壤容重大，表明土壤比较紧实，结构性差，孔隙少。不仅用于鉴定土壤颗粒间排列的紧实度，也是计算土壤孔隙度和土壤空气含量的必要数据。测定土壤容重的方法很多，如蜡封法、水银排出法、填沙法和 γ 射线法等。常用的是环刀法，操作如下。

1. 环刀准备 先将带盖铝盒、带顶盖和底盖的环刀洗净，105 ℃烘干 2 h，在干燥器中冷却至室温，称重。

2. 样点选择 在田间选择挖掘土壤剖面的位置，然后挖掘土壤剖面。按剖面层次分层采样，每层重复 3 次。如只测定耕层土壤容重，则不必挖土壤剖面。

3. 环刀取土 将环刀托放在已知质量的环刀上，将环刀刃口向下垂直压入土中。如土壤较硬，可以用锤子轻轻敲打环刀把，待整个环刀全部压入土壤中且土面未触及环刀托时，此时环刀筒中充满土样。环刀压入时要平稳，用力一致。

4. 削土与称重 用铁铲挖开环刀周围的土壤，在环刀下方切断，并使其下方留有多余土壤。取出已装满土的环刀，细心削去环刀两端多余的土，使土壤体积正好为环刀的容积，并擦净环刀外面的土。环刀两端立即加盖，以免水分蒸发。随即称重（精确到 0.01 g）并记录。

5. 测定含水量 同时在同层采样处用铝盒采样，测定土壤自然含水量。或者从环刀筒中取出样品，测定土壤含水量。

6. 计算土壤容重

$$y=\frac{(W-W_0)}{V\times(1+\theta_m)}$$

式中：y——土壤容重（g/cm^3）；

W——环刀内湿土及环刀的总质量（g）；

W_0——环刀的质量（g）；

V——环刀容积（cm^3）；

θ_m——样品质量含水量（%）。

第四节 田间试验区与区域施肥建议

一、玉米区域大配方与施肥建议

（一）种基追肥结合施肥方案

推荐配方：15－18－12（N－P_2O_5－K_2O）或相近配方。

施肥建议：产量水平 7 500～9 750 kg/hm^2，种肥施用二铵 75 kg/hm^2，基施配方肥推荐用量 300～375 kg/hm^2，拔节期追施尿素 225 kg/hm^2；产量水平 9 750～12 000 kg/hm^2，种肥施用二铵

75 kg/hm²，基施配方肥推荐用量 425～430 kg，拔节期追施尿素 270 kg/hm²；产量水平 12 000 kg/hm² 以上，种肥施用二铵 75 kg/hm²，基施配方肥推荐用量 450～525 kg/hm²，拔节期追施尿素300 kg/hm²。

（二）基追肥结合施肥方案

推荐配方：15－20－10（N－P_2O_5－K_2O）或相近配方。

施肥建议：产量水平 7 500～9 000 kg/hm²，基施配方肥推荐用量 375～420 kg/hm²，拔节期追施尿素 225 kg/hm²；产量水平 9 000～10 500 kg/hm²，基施配方肥推荐用量 430～435 kg/hm²，拔节期追施尿素 270 kg/hm²；产量水平 10 500 kg/hm² 以上，基施配方肥推荐用量 435～440 kg，拔节期追施尿素 300 kg/hm²。

（三）一次性施肥方案

推荐配方：30－10－10（N－P_2O_5－K_2O）或相近配方。

施肥建议：产量水平 7 500～9 750 kg/hm²，一次性基施配方肥推荐用量 525～600 kg/hm²；产量水平 9 750～12 000 kg/hm²，一次性基施配方肥推荐用量 600～675 kg；产量水平 12 000 kg/hm² 以上，一次性基施配方肥推荐用量 675～750 kg/hm²。一次性配方肥要求含有 30%以上释放期为50～60 d 的缓控释氮素，配合深施（15 cm 以上），可根据情况加施种肥。

二、水稻区域大配方与施肥建议

（一）施肥分区

根据区域和气候条件将辽宁省水稻主产区分为 3 个大区，即东南部沿海平原稻区、辽东山地丘陵稻区、辽河平原稻区。具体分布如下。

1. 东南部沿海平原稻区 丹东市的郊区和东港市，大连市的庄河市、普兰店区沿海区域。

2. 辽东山地丘陵稻区 大连市瓦房店市、普兰店区，鞍山市岫岩满族自治县，丹东市宽甸满族自治县、凤城市，营口市盖州市，本溪市本溪满族自治县、桓仁满族自治县，抚顺市抚顺县、新宾满族自治县、清原满族自治县，铁岭市西丰县。

3. 辽河平原稻区 又分为 2 个亚区，辽河三角洲盐碱地亚区，盘锦市，营口市老边区、大石桥市；辽宁中部平原亚区，鞍山市台安县、海城市，锦州市黑山县、北镇市，辽阳市辽阳县、灯塔市，沈阳市新民市、于洪区、浑南区、沈北新区、康平县、法库县、辽中区，铁岭市铁岭县、开原市、昌图县，阜新市彰武县。

（二）不同区域大配方与施肥建议

1. 东南部沿海平原稻区

推荐配方：底肥配方为 20－20－0（N－P_2O_5－K_2O）或相近配方；追肥配方为 28－0－10（N－P_2O_5－K_2O）或相近配方。

施肥建议：产量水平 6 750～8 250 kg/hm²，基施配方肥 20－20－0（N－P_2O_5－K_2O）推荐用量 300～375 kg/hm²，返青分蘖肥追施配方肥 28－0－10（N－P_2O_5－K_2O）推荐用量 300～375 kg/hm²；产量水平 8 250～9 750 kg/hm²，基施配方肥 20－20－0（N－P_2O_5－K_2O）推荐用量 375～450 kg，返青分蘖期追施配方肥 28－0－10（N－P_2O_5－K_2O）推荐用量 375～450 kg/hm²。

2. 辽东山地丘陵稻区

推荐配方：底肥配方为 13－17－15（N－P_2O_5－K_2O）或相近配方。

施肥建议：产量水平 6 750～8 250 kg/hm²，推荐基施配方肥用量 300～375 kg/hm²，返青分蘖肥追施尿素 150～225 kg/hm²；产量水平 8 250～9 750 kg/hm²，推荐基施配方肥用量 375～450 kg，返青分蘖期追施尿素 180～225 kg/hm²。

3. 辽河平原稻区

（1）辽河三角洲盐碱地亚区。

推荐配方：底肥配方 20－15－10（N－P_2O_5－K_2O）或相近配方。

施肥建议：产量水平 8 250～9 750 kg/hm^2，基施配方肥推荐用量 525～600 kg/hm^2，插秧前撒施硫酸铵 150～187.5 kg/hm^2，分蘖肥撒施尿素 120～150 kg/hm^2，穗肥撒施尿素 45～75 kg/hm^2；产量水平 9 750～11 250 kg/hm^2，基施配方肥推荐用量 600～675 kg/hm^2，插秧前撒施硫酸铵 150～187.5 kg/hm^2，分蘖肥撒施尿素 120～150 kg/hm^2，穗肥撒施尿素 45～75 kg/hm^2。

（2）辽宁中部平原亚区。

推荐配方：底肥配方 15－16－14（N－P_2O- K_2O）或相近配方。

施肥建议：产量水平 7 500～9 000 kg/hm^2，基施配方肥推荐用量 450～525 kg/hm^2，分蘖肥和穗粒肥分别追施尿素 150 kg/hm^2 和 75 kg/hm^2；产量水平 9 000～10 500 kg/hm^2，基施配方肥推荐用量 525～600 kg/hm^2，分蘖肥和穗粒肥分别追施尿素 150 kg/hm^2 和 75 kg/hm^2。

三、花生大配方与施肥建议

推荐配方：底肥配方 13－15－17（N－P_2O_5－K_2O）或相近配方。

施肥建议：产量水平 2 250～3 000 kg/hm^2，基施配方肥推荐用量 450～525 kg/hm^2；产量水平 3 000～4 500 kg/hm^2，基施配方肥推荐用量 525～600 kg/hm^2；产量水平 4 500～6 000 kg/hm^2，基施配方肥推荐用量 600～675 kg/hm^2。可根据情况在花生开花下针期追施尿素。

第五节　县域测土配方施肥系统开发应用

辽宁省作为棕壤的重要分布区，积极探索棕壤的县域测土配方施肥系统的开发、推广与应用。到目前为止，主要开发了针对县区级土肥站技术人员的土壤资源信息管理系统以及针对农民的测土配方施肥触摸屏式查询机，对玉米、水稻等主产区的村发放了配方施肥宣传图片。

一、基于 GIS 开发的土壤资源信息管理系统

基于 GIS 开发的土壤资源信息管理系统（图 21－1）最大的特点是贴近基层，实用性强。系统主

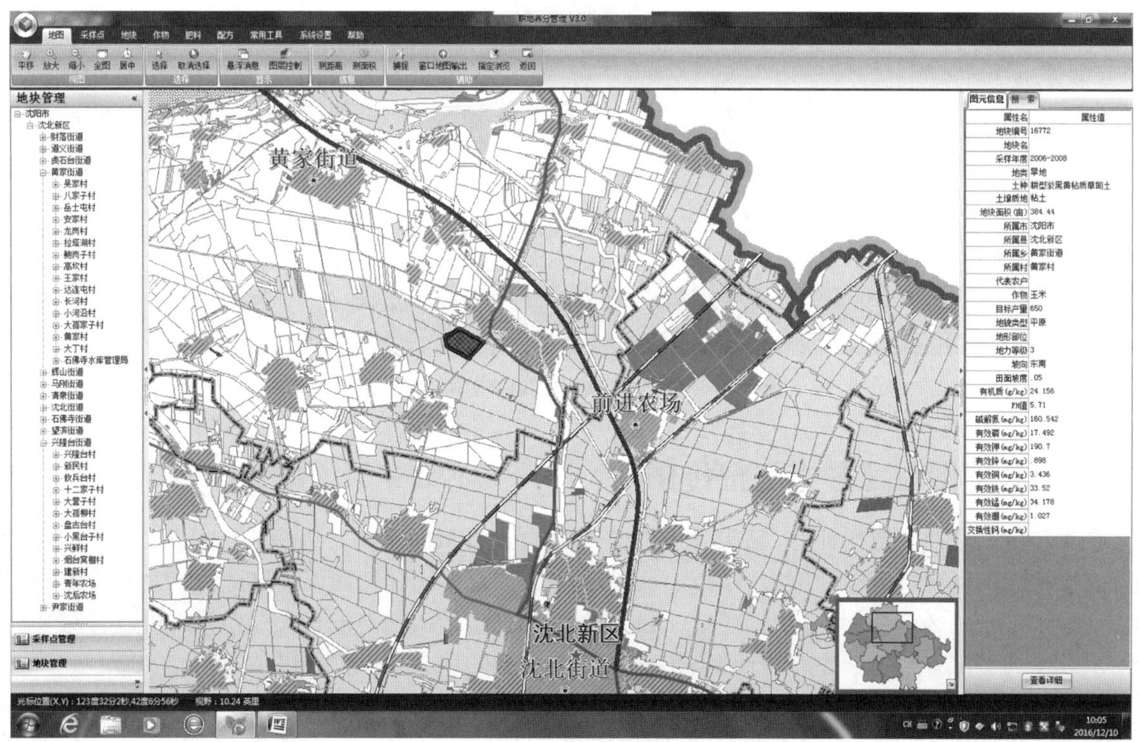

图 21－1　土壤资源信息管理系统主界面

要具有以下功能：耕地采样土壤数据管理和分析，耕地土壤单元养分管理和配方施肥管理，数据的行政区划管理。系统从土壤、作物、肥料三者的关系入手，设计了不同的数据表；并从土壤类型、作物品种的属性、肥料应用特别是复合肥的管理等实际应用出发，具有一定的学术价值和应用价值。系统在肥料管理、地块配肥管理上具有自身特色，是农业信息化领域首次提出并设计的“配方池”。用户可根据实际需求，利用自己的知识储备，设计出独具特色的配方，以满足不同地区配方施肥的需求。该技术经过查新论证，属于首创。另外，系统还具有配方单自动匹配功能。在“配方池”中设计好配方单风格后，作物、肥料、用量、施肥方法等自动匹配，生成配方单。

二、测土配方施肥触摸屏式查询机

测土配方施肥触摸屏式查询机（图 21－2）能使农民更快捷地选肥、购肥、施肥，系统具有直观、方便、快捷、易用的特点。目前在全省每个配方肥指定经销点都配置了 1 台触摸屏式配方查询终端系统一体机，土肥技术部门把项目县测土配方施肥数据输入触摸屏系统，农民可以根据自家地块信息，准确掌握种植作物达到目标产量所需配方肥用量及施肥方案，为农民科学合理施肥提供依据（王冠男，2013）。

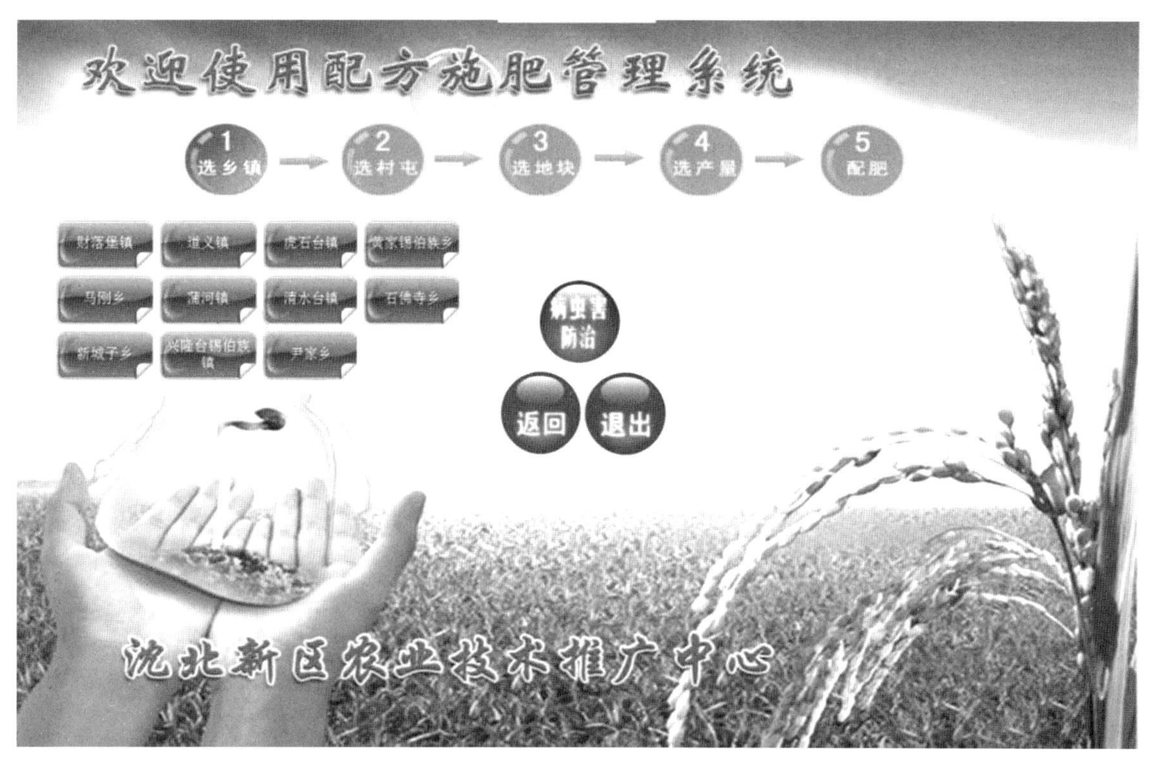

图 21－2　配方施肥触摸屏查询系统界面

三、主要作物配方施肥宣传图

在每年的收获期后或播种前，基层农技推广部门会进行田间采样，组织农民开展配方施肥讲座，解答农民提出的问题，有的种植大户提出了张贴配方施肥宣传图片的建议。这个提议是有价值的，因为在辽宁中部平原区，特别是村级单位内，土壤条件和种植结构基本没有太大差异，可以针对某种作物给出几个典型配方，以图片的形式张贴在村内容易看到的地方，以供农民参考。

从两个示例图片（图 21－3、图 21－4）可以看出，不仅有主要作物的配方施肥建议，还有科学施肥的宣传，图文并茂。沈阳市沈北新区的实践证明，这种效果比较理想（孙昊等，2015）。

虎石台街道孟家屯社区测土配方施肥信息公开栏

传统施肥存在的问题

1. 肥料利用率低。
2. 施肥配比不合理，氮、磷、钾比例失调。
3. 施肥方法不科学。注重底肥的施入，忽视追肥，会使作物生长后期出现脱肥现象。
4. 微量元素没有得到应有的重视。

孟家屯社区旱地土壤化验结果表

化验项目	有机质	pH	碱解氮	有效磷	速效钾
平均值	17.80	6.07	128.00	31.55	115.17

旱地土壤养分丰缺指标（供参考）

养分	土壤测试值(mg/kg)		
等级	碱解氮	有效磷	速效钾
极高	>280	>40	>120
高	200～280	17～40	80～120
中	80～200	10～17	70～80
低	50～80	4～10	45～70
极低	<50	<4	<45

孟家屯社区测土配方施肥建议卡

玉米区域大配方与施肥建议

推荐配方肥：27-15-13（$N-P_2O_5-K_2O$）或相近配方。

施肥建议：每667 m^2产量水平600~700 kg，一次性基施配方肥推荐用量45~50 kg，每667 m^2口肥施用二铵5~7.5 kg；产量水平700 kg以上，每667 m^2一次性基施配方肥推荐用量50~55 kg，每667 m^2口肥施用二铵7.5~10 kg。一次性配方肥要求含有30%以上释放期为50~60 d的缓控释氮素，配合深施（15 cm以上），可根据情况加施种肥。

什么是测土配方施肥

测土配方施肥是以土壤测试和肥料田间试验为基础，根据作物需肥规律、土壤供肥性能和肥料效应，在合理施用有机肥料的基础上，提出氮、磷、钾及中、微量元素等肥料的施用数量、施肥时期和施用方法。通俗的讲，就是在农业科技人员指导下科学施用配方肥。

农作物配方施肥推荐比例

玉米的氮、磷、钾比例为 1∶0.6∶0.6

测土配方施肥的意义和作用

- 通过开展测土配方施肥，可以合理确定施肥量和肥料中各营养元素比例，有效提高化肥利用率。
- 测土配方施肥技术能有效控制化肥投入量及各种肥料的比例，达到降低成本，增产增收的目的。
- 实施测土配方施肥经济效益明显。主要体现在一是调肥增产。二是减肥增产。三是增肥增产。
- 测土配方施肥可减少化肥的用量，进一步减轻环境与资源的负担，对促进农业增效、农民增收起到积极的作用。

沈阳市沈北新区农业技术推广中心

图 21-3　配方施肥宣传图片示例 1

兴隆台街道盘古台社区测土配方施肥信息公开栏

传统施肥存在的问题

1. 肥料利用率低。
2. 施肥配比不合理，氮、磷、钾比例失调。
3. 施肥方法不科学。注重底肥的施入，忽视追肥，会使作物生长后期出现脱肥现象。
4. 微量元素没有得到应有的重视。

盘古台社区水田土壤化验结果表

化验项目	有机质	pH	碱解氮	有效磷	速效钾
平均值	15.60	7.26	143.00	17.86	90.52

水田土壤养分丰缺指标（供参考）

养分	土壤测试值mg/kg		
等级	碱解氮	有效磷	速效钾
极高	>281	>23	>192
高	196～281	10～23	102～192
中	137～196	4～10	85～102
低	55～137	0.6～4	45～85
极低	<55	<0.6	<45

盘古台社区测土配方施肥建议卡

推荐配方肥：底肥配方27-13-15（$N-P_2O_5-K_2O$）或相近配方。

施肥建议：每667 m^2产量水平600~700 kg，基施配方肥推荐用量40~45 kg，每667 m^2分蘖肥和穗粒肥分别追施尿素10~15 kg和5 kg；每667 m^2产量水平700 kg以上，每667 m^2基施配方肥推荐用量45 ~ 50 kg，每667 m^2分蘖肥和穗粒肥分别追施尿素15 kg和5 kg。

什么是测土配方施肥

测土配方施肥是以土壤测试和肥料田间试验为基础，根据作物需肥规律、土壤供肥性能和肥料效应，在合理施用有机肥料的基础上，提出氮、磷、钾及中、微量元素等肥料的施用数量、施肥时期和施用方法。通俗的讲，就是在农业科技人员指导下科学施用配方肥。

农作物配方施肥推荐比例

水稻的氮、磷、钾比例为 1∶0.7∶1.3

测土配方施肥的意义和作用

- 通过开展测土配方施肥，可以合理确定施肥量和肥料中各营养元素比例，有效提高化肥利用率。
- 测土配方施肥技术能有效控制化肥投入量及各种肥料的比例，达到降低成本，增产增收的目的。
- 实施测土配方施肥经济效益明显。主要体现在一是调肥增产。二是减肥增产。三是增肥增产。
- 测土配方施肥可减少化肥的用量，进一步减轻环境与资源的负担，对促进农业增效、农民增收起到积极的作用。

沈阳市沈北新区农业技术推广中心

图 21-4　配方施肥宣传图片示例 2

主要参考文献

安婷婷，2007. 有机肥对不同类型土壤团聚体内颗粒有机碳组分的影响［D］. 沈阳：沈阳农业大学 .

安婷婷，2015. 利用^{13}C标记方法研究光合碳在植物-土壤系统的分配及其微生物的固定［D］. 沈阳：沈阳农业大学 .

安婷婷，汪景宽，李双异，等，2007. 施肥对棕壤团聚体组成及团聚体中有机碳分布的影响［J］. 沈阳农业大学学报，38（3）：407－409.

白树彬，裴久渤，李双异，等，2016. 30 年来辽宁省耕地土壤有机质与 pH 时空动态变化［J］. 土壤通报，47（3）：636－644.

白由路，杨俐苹，2006. 我国农业中的测土配方施肥［J］. 土壤肥料，2：3－7.

鲍士旦，2000. 土壤农化分析［M］. 3 版 . 北京：中国农业出版社 .

毕于运，2010. 秸秆资源评价与利用研究［D］. 北京：中国农业科学院 .

边武英，2009. 浙江省标准农田土壤酸碱度现状及改良措施［J］. 安徽农业科学，22：10605－10607.

曹宏杰，汪景宽，2011. 长期不同施肥处理对棕壤不同组分有机碳的影响［J］. 国土与自然资源研究（6）：85－88.

曹宁，陈新平，张福锁，等，2007. 从土壤肥力变化预测中国未来磷肥需求［J］. 土壤学报，3：536－543.

陈超玲，杨阳，谢光辉，2016. 我国秸秆资源管理政策发展研究［J］. 中国农业大学学报，21（8）：1－11.

陈恩凤，关连珠，汪景宽，等，2001. 土壤特征微团聚体的组成比例与肥力评价［J］. 土壤学报，1：49－53.

陈怀满，2010. 环境土壤学［M］. 北京：科学出版社 .

陈坤，2017. 生物炭等有机物料定位施用对土壤微生物群落和有机氮的影响［D］. 沈阳：沈阳农业大学 .

陈丽芳，2005. 长期地膜覆盖和施肥对土壤腐殖酸特性的影响［D］. 沈阳：沈阳农业大学 .

陈丽芳，王莹，汪景宽，2006. 长期地膜覆盖与施肥对土壤磷素和玉米吸磷量的影响［J］. 土壤通报，37（1）：76－79.

陈楠，2007. 近代东北荒地垦殖述略［D］. 长春：吉林大学 .

陈涛，吴燕玉，张学询，等，1980. 张士灌区镉土改良和水稻镉污染防治研究［J］. 环境科学（5）：7－11.

陈维新，张玉龙，1987. 关于沈阳地区棕壤和草甸土水分性状的研究［J］. 土壤通报，3：128－130＋114.

陈义，2011. 义乌市土壤肥力状况与配方施肥技术［M］. 北京：中国农业科学技术出版社 .

陈盈，2007. 长期施肥对土壤团聚体中碳水化合物分布特征的影响［D］. 北京：中国科学院 .

迟凤琴，2003. 利用通径分析研究土壤不同形态硫对有机质的影响［J］. 黑龙江农业科学，5：7－9.

崔志强，汪景宽，李双异，等，2008. 长期地膜覆盖与不同施肥处理对棕壤活性有机碳的影响［J］. 安徽农业科学，36（19）：8171－8173.

翟雅倩，张翀，周旗，等，2018. 秦巴山区植被覆盖与土壤湿度时空变化特征及其相互关系［J］. 地球信息科学学报，20（7）：967－977.

丁雪丽，何红波，张彬，等，2011. 无机氮素加入量对玉米秸秆分解过程中棕壤氨基糖含量的影响［J］. 土壤学报，48（3）：665－671.

丁玉川，焦晓燕，聂督，等，2012. 山西农田土壤交换性镁含量、分布特征及其与土壤化学性质的关系［J］. 自然资源学报，27（2）：311－321.

窦森，1992. 土壤有机培肥对棕壤胡敏酸光学特性及活化度的影响［J］. 吉林农业大学学报，14（3）：47－53.

窦森，陈恩凤，须湘成，等，1995. 施用有机肥料对土壤胡敏酸结构特征的影响-胡敏酸光学性质［J］. 土壤学报，32（1）：41－49.

窦森，华士英，1999. 用^{13}C-核磁共振方法研究有机肥料对胡敏酸结构特征的影响［J］. 吉林农业大学学报，21（4）：43－46.

窦森，李凯，关松，2011. 土壤团聚体中有机质的研究进展［J］. 土壤学报，2：412－418.

杜洪飞，2013. 辽宁省辽中县农田排涝工程改造的必要性［J］. 北京农业，18：196.

冯爱青，张民，李成亮，等，2015. 秸秆及秸秆黑炭对小麦养分吸收及棕壤酶活性的影响［J］. 生态学报，35（15）：

5269 - 5277.

冯凤玲，2006. 蚯蚓对 Zn、Pb 在土壤—植物系统中迁移转化的影响研究 [D]. 济南：山东师范大学.

傅柳松，1993. 模拟酸雨对浙江省主要类型土壤铝溶出规律研究 [J]. 农业环境保护，12 (3)：114 - 119.

高春丽，刘小虎，韩晓日，等，2006. 长期定位不同施肥处理的棕壤腐殖酸性质的研究 [J]. 土壤通报，37 (1)：73 -75.

高立志，关立宏，2008. 辽阳市农田排涝对策研究 [J]. 科技创新导报，20：251.

高梦雨，江彤，韩晓日，等，2018. 施用炭基肥及生物炭对棕壤有机碳组分的影响 [J]. 中国农业科学，51 (11)：2126 - 2135.

高晓宁，2013. 土壤重金属污染现状及修复技术研究进展 [J]. 现代农业科技 (9)：229 - 231.

龚子同，1996. 中国土壤系统分类 [M]. 北京：科学出版社.

顾鑫，安婷婷，李双异，等，2014. $\delta^{13}C$ 法研究秸秆添加对棕壤团聚体有机碳的影响 [J]. 水土保持学报，2：243 -247.

关连珠，张伯泉，颜丽，1991. 不同肥力黑土、棕壤微团聚体组成及其胶结物质的研究 [J]. 土壤学报，28 (3)：260 -267.

关松，窦森，2015. 添加玉米秸秆对黑土团聚体富里酸结构特征的影响 [J]. 农业环境科学学报，34 (7)：1333 -1340.

贵州省农业厅，中国科学院南京土壤研究所，1980. 贵州土壤 [M]. 贵阳：贵州人民出版社.

郭观林，周启星，2005. 镉在黑土和棕壤中吸附行为比较研究 [J]. 应用生态学报，16 (12)：2403 - 2407.

郭琳琳，2009. 典型耕地棕壤肥力状况及变化趋势的研究 [D]. 沈阳：沈阳农业大学.

郭锐，汪景宽，李双异，2007. 长期地膜覆盖及不同施肥处理对棕壤水溶性有机碳的影响 [J]. 安徽农业科学，35 (9)：2672 - 2673.

韩春兰，杨义昌，王秋兵，等，2004. 辽东山区水土保持生态修复之探讨 [J]. 水土保持科技情报，4：29 - 30.

韩梦杰，荆延德，2017. 花生秸秆生物炭输入对棕壤中铜形态转化及其有效性的影响 [J]. 土壤通报，48 (6)：1486 -1491.

韩晓日，苏俊峰，谢芳，等，2008. 长期施肥对棕壤有机碳及各组分的影响 [J]. 土壤通报，39 (4)：730 - 733.

韩永娇，张威，何红波，等，2012. 干湿交替条件下棕壤氨基糖的动态及指示作用 [J]. 土壤通报，43 (6)：1391 -1396.

河北省土壤普查办公室，1990. 河北土壤 [M]. 石家庄：河北科学技术出版社.

侯玲利，2008. 乌龙茶园土壤供镁能力及镁肥施用效果研究 [D]. 福州：福建农林大学.

侯晓杰，汪景宽，李世朋，2007. 不同施肥处理与地膜覆盖对土壤微生物群落功能多样性的影响 [J]. 生态学报，27 (2)：655 - 661.

侯晓杰，杨苑，汪景宽，2005. 长期地膜覆盖与施肥对土壤钾素的影响 [J]. 辽宁农业科学，5：9 - 11.

侯占领，申占保，牛银霞，2015. 区域测土配方施肥实践与创新 [M]. 北京：中国农业科学技术出版社.

胡宏样，汪景宽，朴忠样，等，2006. 沈阳样区土壤与景观关系的研究 [J]. 应用生态学报，17 (8)：1551 - 1555.

湖北省土壤普查办公室，2015. 湖北土壤 [M]. 武汉：湖北科学技术出版社.

黄昌勇，徐建明，2010. 土壤学 [M]. 3 版. 北京：中国农业出版社.

冀宏杰，张怀志，张维理，等，2015. 我国农田磷养分平衡研究进展 [J]. 中国生态农业学报，1：1 - 8.

贾立华，赵长星，等，2013. 不同质地土壤对花生根系生长、分布和产量的影响 [J]. 植物生态学报，7：684 - 690.

贾文锦，1992. 辽宁土壤 [M]. 沈阳：辽宁科学技术出版社.

贾文锦，李金凤，1999. 辽宁土壤系统分类进展 [M]. 沈阳：辽宁科学技术出版社.

姜勇，张玉革，李纪柏，等，2002. 沈阳市苏家屯区农田土壤有效氮磷钾含量变化的分析 [J]. 沈阳农业大学学报，33 (2)：107 - 109.

姜勇，张玉革，梁文举，等，2003. 沈阳市郊耕地不同土属交换态钙镁铁锰铜锌含量状况的分析 [J]. 农业系统科学与综合研究，19 (3)：207 - 210.

金鑫鑫，2018. 地膜覆盖和施肥条件下外源碳在土壤团聚体中的赋存和转化机制 [D]. 沈阳：沈阳农业大学.

金耀青，1987. 养分平衡法计量施肥中有关参数的选择与应用 [J]. 新疆农垦科技 (5)：2.

巨晓棠，李生秀，1998. 土壤氮素矿化的温度水分效应 [J]. 植物营养与肥料学报，4 (1)：37 - 42.

兰宇，韩晓日，战秀梅，等，2013. 施用不同有机物料对棕壤酶活性的影响［J］. 土壤通报，44（1）：110－115.
郎庆龙，王广运，2003. 论辽宁柞蚕业与东部山区生态环境的相关性［J］. 中国蚕业（2）：15－16.
冷延慧，汪景宽，薛菁芳，等，2008. 连续施肥20年后棕壤团聚体分布和碳储量变化［J］. 土壤通报，39（4）：743－747.
李春芳，王菲，曹文涛，等，2017. 龙口市污水灌溉区农田重金属来源、空间分布及污染评价［J］. 环境科学，38（3）：1018－1027.
李丛，汪景宽，2005. 长期地膜覆盖及不同施肥处理对棕壤有机碳和全氮的影响［J］. 辽宁农业科学，6：8－10.
李东生，2018. 酒石酸和鞣酸对聚合草修复重金属污染土壤的影响研究［D］. 杨凌：西北农林科技大学.
李二云，2012. 土壤酸碱性对植物生长的影响及其改良措施［J］. 现代农村科技，6：48.
李洪奎，李逸凡，2018. 山东日照地区土壤重金属环境质量评价［J］. 地球科学与环境学报，40（4）：473－486.
李华，逄焕成，等，2013. 深旋松耕作法对东北棕壤物理性状及春玉米生长的影响［J］. 中国农业科学，3：647－656.
李纪柏，崔永峰，徐玉佩，2001. 沈阳市土壤养分变化趋势与原因分析［J］. 土壤肥料，24（3）：174－175.
李江涛，张斌，彭新华，等，2004. 施肥对红壤性水稻土颗粒有机物形成及团聚体稳定性的影响［J］. 土壤学报，41（6）：912－917.
李金凤，陈洪斌，张玉龙，等，2004. 辽宁大豆主产区土壤硫素状况及不同硫肥肥效研究［J］. 土壤通报，35（4）：470－473.
李九五，2013. 近25年来山东省三种主要类型土壤有机质及氮、磷、钾养分变化特征研究［D］. 泰安：山东农业大学.
李丽东，胡国庆，赵钰，等，2014. 玉米秸秆掺入对土壤氨基糖分布动态的影响［J］. 土壤通报，45（6）：1402－1409.
李清曼，2001. 土壤中有机还原性物质与铁锰氧化物的电化学反应研究［J］. 土壤学报，15（8）：289－294.
李庆民，尹达龙，1982. 黑土肥力变化特点及其与土壤复合胶体性质的关系［J］. 土壤学报，19（4）：351－359.
李世朋，蔡祖聪，杨浩，等，2009. 长期定位施肥与地膜覆盖对土壤肥力和生物学性质的影响［J］. 生态学报，29（5）：2489－2498.
李世清，李东方，李凤民，等，2003. 半干旱农田生态系统覆膜的土壤生态效应［J］. 西北农林科技大学学报（自然科学版），31（5）：21－29.
李书田，林葆，周卫，2001. 土壤硫素形态及其转化研究进展［J］. 土壤通报，32（3）：132－135.
李天杰，赵烨，张科利，等，2003. 土壤地理学［M］. 3版. 北京：高等教育出版社.
李文卿，陈顺辉，谢昌发，等，2004. 烟田土壤养分迁移规律研究Ⅱ：中微量元素的迁移规律［J］. 中国烟草学报，10（1）：17－21.
李贤胜，叶军华，杨平，等，2009. 基于GIS的广德县耕地地力定量评价［J］. 土壤，41（3）：490－494.
梁妙云，方亮彤，2018. 有机污染土壤修复技术简述［J］. 广东化工，45（15）：180.
梁太波，2008. 土壤质地与供氮水平对小麦产量和品质的影响及其生理基础［D］. 泰安：山东农业大学.
林大仪，谢英荷，2011. 土壤学［M］. 北京：中国林业出版社.
林静，李凯，等，2017. 东北平原棕壤土区合理耕层耕作模式与配套机具研究［J］. 农机化研究，11：7－16.
刘芳，张长生，陈爱武，等，2012. 秸秆还田技术研究及应用进展［J］. 作物杂志（2）：18－23.
刘峰，慕卫，张文吉，等，2003. 钙对水稻旱育秧立枯病的控制作用［J］. 植物营养与肥料学报，9（3）：369－372.
刘赫，2010. 长期地膜覆盖及不同施肥处理对棕壤及玉米中重金属含量的影响［D］. 沈阳：沈阳农业大学.
刘赫，李双异，汪景宽，等，2009. 长期施用有机肥对棕壤中主要重金属积累的影响［J］. 生态环境学报，6：2177－2182.
刘晶晶，刘春生，李同杰，等，2005. 钙在土壤中的淋溶迁移特征研究［J］. 水土保持学报，19（4）：53－56.
刘磊，肖艳波，2009. 土壤重金属污染治理与修复方法研究进展［J］. 长春工程学院学报，10（3）：73－78.
刘守琴，施洪云，1991. 山东省几种主要土壤类型腐殖质组成及性质的研究［J］. 山东农业大学学报，22（4）：408－412.
刘宪锋，潘耀忠，朱秀芳，等，2015. 2000—2014年秦巴山区植被覆盖时空变化特征及其归因［J］. 地理学报，70（5）：705－716.
刘小虎，贾庆宇，安婷婷，等，2005. 不同施肥处理对棕壤腐殖酸组成和性质的影响［J］. 土壤通报，36（3）：

328 -332.
刘小虎，邹德乙，康笑峰，等，1999. 长期轮作施肥对棕壤腐殖酸动态变化的影响［J］. 土壤通报，30（2）：68 - 70.
刘小梅，依艳丽，等，2011. 棕壤不同容重对玉米根系生长的影响［J］. 黑龙江农业科学，8：27 - 31.
刘孝义，1985. 东北地区主要土壤持水特性的研究［J］. 沈阳农学院学报，2：31 - 37.
刘学，梁成华，杜立宇，等，2011. 不同污染负荷棕壤中砷的吸附解吸行为［J］. 应用基础与工程科学学报，19（2）：222 - 229.
刘晔，2005. 不同利用方式对棕壤基本化学性质及其氧化物和微团聚体组成的影响［D］. 沈阳：沈阳农业大学.
刘晔，郜日晶，耿涌，等，2010. 不同利用方式对棕壤微团聚体组成的影响［J］. 辽宁农业科学，4：1 - 5.
刘中良，宇万太，周桦，等，2011. 不同有机厩肥输入量对土壤团聚体有机碳组分的影响［J］. 土壤学报，48（6）：1149 - 1157.
鲁明星，贺立源，吴礼树，2006. 我国耕地地力评价研究进展［J］. 生态环境，15（4）：866 - 871.
罗淑华，曾跃辉，1989. 茶园土壤阳离子交换量研究［J］. 中国茶叶，5：15 - 17.
吕欣欣，丁雪丽，张彬，等，2018. 长期定位施肥和地膜覆盖对棕壤团聚体稳定性及其有机碳含量的影响［J］. 农业资源与环境学报，35（1）：1 - 10.
吕中明，杨永年，1995. 镉的遗传毒性作用及作用机理研究进展［J］. 职业医学，22（5）：43 - 45.
马志强，王秋兵，王帅，等，2015. 沈阳棕壤氧化还原电位动态变化的研究［J］. 土壤，47（5）：989 - 993.
毛海芳，何江，侯德坤，等，2013. 乌梁素海和岱海沉积物有机质降解与微生物量动态响应模拟试验研究［J］. 农业环境科学学报，32（1）：118 - 126.
穆琳，张继宏，关连珠，1998. 施肥与地膜覆盖对土壤有机质平衡的影响［J］. 农村生态环境，14（2）：20 - 23.
聂艳，2005. 耕地质量评价的模型方法与信息系统集成及应用研究［D］. 武汉：华中农业大学.
欧孝夺，吴恒，周东，2005. 不同酸碱条件下黏性土的热力学稳定性试验研究［J］. 土木工程学报，10：117 - 122.
潘根兴，2008. 中国土壤有机碳库及其演变与应对气候变化［J］. 气候变化研究进展，4（5）：282 - 289.
潘根兴，李恋卿，郑聚锋，等，2008. 土壤碳循环研究及中国稻田土壤固碳研究的进展与问题［J］. 土壤学报，45（5）：901 - 914.
潘剑玲，2013. 高碳/氮比秸秆添加对日光温室土壤氮素供应以及番茄生长氮素有效性调控研究［D］. 兰州：兰州大学.
潘剑玲，代万安，尚占环，等，2013. 秸秆还田对土壤有机质和氮素有效性影响及机制研究进展［J］. 中国生态农业学报，21（5）：526 - 535.
潘全良，宋涛，陈坤，等，2016. 连续6年施用生物炭和炭基肥对棕壤生物活性的影响［J］. 华北农学报，31（3）：225 - 232.
庞夙，李廷轩，王永东，等，2009. 县域农田土壤铜含量的协同克里格插值及采样数量优化［J］. 中国农业科学，42（8）：2828 - 2836.
裴久渤，2015. 玉米秸秆碳在东北旱田土壤中的转化与固定［D］. 沈阳：沈阳农业大学.
彭嘉桂，章明清，林琼，等，2005. 福建耕地土壤硫库、形态及吸附特性研究［J］. 福建农业学报，20（3）：163 -167.
戚兴超，王晓雯，刘艳丽，等，2018. 泰山山前平原土地利用方式对潮棕壤黏土矿物组成的影响［J］. 土壤学报，3：739 - 748.
全国农业技术推广服务中心，2008. 耕地质量演变趋势研究［M］. 北京：中国农业科学技术出版社.
全国农业技术推广服务中心，2009. 耕地地力评价［M］. 北京：中国农业科学技术出版社.
全国农业技术推广服务中心，2015. 华北小麦区玉米轮作区耕地地力［M］. 北京：中国农业出版社.
全国农业技术推广服务中心，2017. 东北黑土区耕地质量评价［M］. 北京：中国农业出版社.
全国土壤普查办公室，1996. 中国土种志［M］. 北京：中国农业出版社.
全国土壤普查办公室，1998. 中国土壤［M］. 北京：中国农业出版社.
任灵玲，李秀玲，刘灵芝，2019. 不同施肥方式下土壤氨氧化细菌的群落特征［J］. 中国生态农业学报（中英文），27（1）：11 - 19.
任雅阁，成杭新，徐殿斗，等，2013. 典型农耕区棕壤水稳性团聚体及其有机碳特征［J］. 水土保持学报，27（2）：234 - 237.

茹淑华，徐万强，杨俊芳，等，2017. 河北省典型蔬菜产区土壤养分和重金属累积特征及相关性研究 [J]. 食品安全质量检测学报，8 (8)：2977-2982.
山东省土壤肥料工作站，1994. 山东土壤 [M]. 北京：中国农业出版社.
山西省土壤普查办公室，1992. 山西土壤 [M]. 北京：科学出版社.
申海平，王玉章，李锐，2004. 高酸原油热处理脱酸的研究 [J]. 石油冶炼与化工，35 (2)：32-35.
沈阳农学院土壤肥力研究室，1983. 不同肥力棕黄土（耕作棕壤）几项有机质指标的研究 [J]. 沈阳农学院学报，1：1-10.
沈阳市土壤普查办公室，1989. 沈阳土壤 [M]. 沈阳：辽宁科学技术出版社.
沈月，2013. 辽宁耕地棕壤酸化特征及其机理研究 [D]. 沈阳：沈阳农业大学.
沈月，依艳丽，张大庚，等，2012. 耕地棕壤酸碱缓冲性能及酸化速率研究 [J]. 水土保持学报，26 (1)：95-100.
施尚泽，2002. 四川中药材种植现状及发展 [J]. 西南农业学报 (1)：120-122.
史春霞，2007. 不同水分管理条件下部分营养元素的渗漏迁移研究 [D]. 扬州：扬州大学.
四川省地方志编纂委员会，1996. 四川省志·农业志 [M]. 成都：四川辞书出版社.
宋丹，2015. 辽宁省中低产田现状及分区改良措施 [J]. 安徽农业科学，32：230-232.
隋方功，杨静之，刘勤红，等，1990. 山东省几种主要土壤中有机磷素状况的研究 [J]. 莱阳农学院学报，4：270-273.
孙良杰，张晓珂，梁文举，2009. 免耕与常规耕作潮棕壤交换性阳离子的剖面分布特征 [J]. 水土保持学报，23 (5)：184-186.
孙泽锋，2008. 镉、铅污染胶东棕壤的电动修复技术研究 [D]. 青岛：中国海洋大学.
汤国安，杨昕，2012. ArcGIS 地理信息系统空间分析实验教程 [M]. 2 版. 北京：科学出版社.
汪景宽，冷延慧，于树，等，2009. 不同施肥处理下棕壤有机碳库对团聚体稳定性的影响 [J]. 土壤通报 (1)：77-80.
汪景宽，李丛，于树，2008. 不同肥力棕壤溶解性有机碳、氮生物降解特性的研究 [J]. 生态学报，28 (12)：6165-6171.
汪景宽，刘顺国，李双异，2006. 长期地膜覆盖及不同施肥处理对棕壤无机氮和氮素矿化率的影响 [J]. 水土保持学报，20 (6)：107-110.
汪景宽，彭涛，张旭东，等，1997. 地膜覆盖对土壤主要酶活性的影响 [J]. 沈阳农业大学学报，28 (3)：210-213.
汪景宽，汤方栋，张继宏，等，2000. 不同肥力棕壤及其微团聚体中酶活性比较 [J]. 沈阳农业大学学报，31 (2)：185-189.
汪景宽，王铁宇，张旭东，等，2002a. 黑土土壤质量演变初探Ⅰ：不同开垦年限黑土主要质量指标演变规律 [J]. 沈阳农业大学学报，33 (1)：43-47.
汪景宽，王铁宇，张旭东，等，2002b. 黑土土壤质量演变初探Ⅱ：不同地区黑土中有机质、氮、硫和磷现状及变化规律 [J]. 沈阳农业大学学报，33 (4)：270-273.
汪景宽，须湘成，张继宏，1990. 地膜覆盖对土壤六碳糖和五碳糖的影响 [J]. 辽宁农业科学 (3)：55-57.
汪景宽，于树，李丛，等，2007. 不同肥力土壤各级微团聚体中主要营养元素含量的变化 [J]. 水土保持学报，1 (6)：122-125.
汪景宽，张继宏，须湘成，1990. 地膜覆盖对土壤有机质转化的影响 [J]. 土壤通报 (4)：189-193.
汪景宽，张继宏，须湘成，等，1992. 地膜覆盖对土壤肥力影响的研究 [J]. 沈阳农业大学学报，23 (S)：32-37.
汪景宽，张继宏，须湘成，等，1996. 长期地膜覆盖对土壤氮素状况的影响 [J]. 植物营养与肥料学报，2 (2)：125-130.
汪景宽，张继宏，张旭东，等，2001. 不同肥力棕壤各粒级微团聚体中磷素状况研究 [J]. 土壤通报，32 (3)：113-115.
汪景宽，张旭东，张继宏，等，1995. 覆膜对有机物料的腐解及土壤有机质特性的影响 [J]. 植物营养与肥料学报，1 (3-4)：22-28.
王冬梅，王春枝，韩晓日，等，2006. 长期施肥对棕壤主要酶活性的影响 [J]. 土壤通报，37 (2)：2263-2267.
王冠男，2013. 辽宁省测土配方施肥项目实施现状及对策研究 [D]. 长春：吉林大学.
王果，2009. 土壤学 [M]. 北京：高等教育出版社.

王会，孟凡乔，诸葛玉平，等，2012. 有机和常规生产施肥方式对棕壤微生物生物量和酶活性的影响［J］. 水土保持学报，26（2）：180-183.

王秋兵，汪景宽，胡宏祥，等，2002. 辽宁省沈阳样区土系的划分［J］. 土壤通报，33：246-252.

王秋兵，须湘成，徐晓寰，等，1996. 辽吉东部山区土壤诊断特性及其系统分类研究［J］. 土壤通报，5：205-208.

王婷，2016. 重金属污染土壤的修复途径探讨［M］. 北京：化学工业出版社.

王文玲，高翔，赵利梅，等，2000. 地膜覆盖对春玉米硫、钙、镁吸收、分配的影响［J］. 内蒙古农业大学学报，21（S）：162-166.

王鑫，梁成华，陈辉，等，2014. 低分子量有机酸对棕壤吸附 Cr（Ⅵ）特性的影响［J］. 环境科学与技术，37（8）：13-16.

王雪，梁成华，杜立宇，等，2015. 天然和热活化蛇纹石对土壤镉赋存形态的影响［J］. 水土保持学报，29（1）：231-234.

王瑛，2011. 热脱附技术修复 DDTs 污染土壤的研究［D］. 杨凌：西北农林科技大学.

王展，张玉龙，张良，等，2012. 冻融次数和含水量对棕壤总有机碳和可溶性有机碳的影响［J］. 农业环境科学学报，31（10）：1972-1975.

王祖伟，王中良，2014. 天津污灌区重金属污染及土壤修复［M］. 北京：科学出版社.

危锋，郝明德，2012. 长期氮磷化肥配施对不同种植体系土壤交换性镁分布与累积的影响［J］. 浙江大学学报，38（2）：204-210.

魏孝荣，邵明安，2009. 黄土高原小流域土壤 pH、阳离子交换量和有机质分布特征［J］. 应用生态学报，20（11）：2710-2715.

温超，2010. 济南周边地区主要土壤类型——潮土、褐土和棕壤中的重金属形态分析［D］. 济南：山东大学.

吴岩，杜立宇，梁成华，等，2018. 生物炭与沸石混施对不同污染土壤镉形态转化的影响［J］. 水土保持学报，32（1）：286-290.

吴贻忠，李保国，2006. 土壤学［M］. 北京：中国农业出版社.

吴英，孙彬，迟凤琴，等，2001. 黑龙江省主要类型土壤耕层有效硫状况及硫肥有效性研究［J］. 植物营养与肥料学报，7（4）：477-480.

武天云，李凤民，2004. 土壤有机质概念和分组技术研究进展［J］. 应用生态学报，15（4）：717-722.

肖鹏飞，2017a. 山东省土壤有机氯农药污染的研究进展［J］. 环境科学导报，20：136-138.

肖鹏飞，2017b. 辽宁省土壤有机氯农药污染的研究进展［J］. 环境科学，19：135-137.

肖月芳，崔爱兰，劳秀荣，1983. 山东省棕壤的铜、锌、铅、镉含量和背景值［J］. 土壤通报，4：33-34.

谢柠桧，安婷婷，李双异，等，2016. 外源新碳在不同肥力土壤中的分配与固定［J］. 土壤学报，53（4）：942-950.

谢萍若，1987. 小兴安岭山地暗棕色森林土黏土矿物学特性［J］. 土壤学报，24（1）：18-26.

邢旭明，王红梅，安婷婷，等，2015. 长期施肥对棕壤团聚体组成及其主要养分赋存的影响［J］. 水土保持学报，29（2）：267-273.

熊顺贵，2001. 基础土壤学［M］. 北京：中国农业出版社.

熊孜，2017. 河北农田土壤重金属污染特征及风险评估研究——以镉、镍为例［D］. 北京：中国农业科学院.

徐畅，高明，2007. 土壤中镁的化学行为及生物有效性研究进展［J］. 微量元素与健康研究，24（5）：51-54.

徐海，王益权，王浩，等，2011. 氮肥施用对石灰性土壤交换性钙含量的影响［J］. 干旱地区农业研究，29（5）：174-177.

徐洁，侯万国，周维芝，等，2007. 东北草甸棕壤对重金属铅的吸附行为研究［J］. 山东大学学报（理学版），42（5）：50-54.

徐明岗，张文菊，黄绍敏，等，2015. 中国土壤肥力演变［M］. 北京：中国农业科学技术出版社.

徐香茹，2015. 长期施肥下旱田与水田土壤有机碳的固存形态与特征［D］. 沈阳：沈阳农业大学.

徐志强，刘顺国，何琳，等，2007. 海城市耕地、果园土壤肥力状况［J］. 北方果树（2）：7-11.

许萌萌，刘爱风，师荣光，等，2018. 天津农田重金属污染特征分析及降雨沥浸影响［J］. 环境科学，39（3）：1095-1101.

许妍，吴克宁，程先军，等，2011. 东北地区耕地产能空间分异规律及产能提升主导因子分析［J］. 资源科学，11：2030-2040.

薛菁芳，高艳梅，汪景宽，等，2007. 土壤微生物量碳氮作为土壤肥力指标的探讨 [J]. 土壤通报，38 (2)：247-250.
薛菁芳，汪景宽，李双异，等，2006. 长期地膜覆盖和施肥条件下玉米生物产量及其构成的变化研究 [J]. 玉米科学，4 (5)：66-70.
闫颖，2007. 长期施肥对土壤矿物粒级中碳水化合物分布特征的影响 [D]. 北京：中国科学院.
闫颖，何红波，白震，等，2008. 有机肥对棕壤不同粒级有机碳和氮的影响 [J]. 土壤通报，39 (4)：738-742.
杨昂，孙波，赵其国，1999. 中国酸雨的分布、成因及其对土壤环境的影响 [J]. 土壤，31 (1)：13-18.
杨果，张英鹏，魏建林，等，2007. 长期施用化肥对山东三大土类土壤物理性质的影响 [J]. 中国农学通报，12：244-250.
杨坤，陈佳广，关连珠，等，2006. 不同利用方式下棕壤及其各级微团聚体中微生物量碳、氮的变化 [J]. 中国农学通报，22 (1)：185-187.
杨少斌，孙向阳，张骏达，等，2018. 北京市五环内绿地土壤 4 种重金属的形态特征及其生物有效性 [J]. 水土保持学报，38 (3)：79-85.
姚荣江，杨劲松，刘广明，等，2006. 黄河三角洲地区典型地块土壤盐分空间变异特征研究 [J]. 农业工程学报，22 (6)：61-66.
叶正丰，张俊民，过兴度，1986. 山东省棕壤和褐土的黏土矿物 [J]. 山东大学学报（自然科学版），21 (3)：118-126.
依妍，依艳丽，2011. 昌图县耕地棕壤酸度变化特征的初步研究 [J]. 黑龙江农业科学，9：25-29.
依艳丽，冯永军，刘孝义，1995. 棕壤和褐土的持水性和供水能力 [J]. 土壤，6：290-294.
依艳丽，郭琳琳，丁文博，等，2009. 沈阳地区典型耕地棕壤养分状况及变化趋势的分析 [J]. 沈阳农业大学学报，40 (2)：178-182.
于群英，2002. 安徽沿淮地区土壤交换性镁含量及镁对大豆营养的影响 [J]. 安徽农学通报，8 (6)：60-62.
于淑芳，杨力，张玉兰，等，2002. 长期施肥对土壤腐殖质组成的影响 [J]. 土壤通报，33 (3)：165-167.
于树，汪景宽，高艳梅，2006. 地膜覆盖及不同施肥处理对土壤微生物量碳和氮的影响 [J]. 沈阳农业大学学报，37 (4)：602-606.
于树，汪景宽，李双异，2008a. 应用 PLFA 方法分析长期不同施肥处理对玉米地土壤微生物群落结构的影响 [J]. 生态学报，28 (9)：4221-4227.
于树，汪景宽，李双异，2008b. 地膜覆盖对土壤微生物群落结构的影响 [J]. 土壤通报，39 (4)：904-907.
于天仁，1988. 中国土壤的酸度特点和酸化问题 [J]. 土壤通报 (2)：49-51.
于天仁，季国亮，丁昌璞，1996. 可变电荷土壤的电化学 [M]. 北京：科学出版社.
于志红，周莉，沈跃，等，2016. 铜污染棕壤中 6 种钝化材料对小油菜吸收铜的影响 [J]. 安全与环境学报，16 (1)：239-243.
虞娜，金鑫鑫，安晶，等，2014. 玉米田耕层不同类型土壤孔隙及库容特征的研究 [J]. 沈阳农业大学学报，6：685-690.
宇万太，柳敏，赵鑫，等，2008. 不同有机物料及其配施对潮棕壤轻组有机碳的动态影响 [J]. 土壤通报，39 (6)：1307-1310.
袁可能，1983. 植物营养元素的土壤化学 [M]. 北京：科学出版社.
云南土壤普查办公室，1996. 云南土壤 [M]. 昆明：云南科技出版社.
曾清如，廖柏寒，杨仁斌，等，2003. EDTA 溶液萃取污染土壤中的重金属及其回收技术 [J]. 中国环境科学，23 (6)：597-601.
张爱君，张明普，2002. 定位试验 20 年黄潮土速效磷养分的变化特征 [J]. 上海交通大学学报（农业科学版），20 (3)：178-181.
查春梅，2008. 土地利用方式对棕壤及其微团聚体中有机碳、氮、磷库的影响 [D]. 沈阳：沈阳农业大学.
查春梅，颜丽，郝长红，等，2007. 不同土地利用方式对棕壤有机氮组分及其剖面分布的影响 [J]. 植物营养与肥料学报，13 (1)：22-26.
战秀梅，彭靖，王月，等，2015. 生物炭及炭基肥改良棕壤理化性状及提高花生产量的作用 [J]. 植物营养与肥料学，21 (6)：1633-1641.

张大庚，李天来，依艳丽，等，2009. 沈阳市郊温室土壤钙素特征的初步研究［J］. 水土保持学报，23（4）：200-212.

张大庚，祝艳青，李天来，等，2011. 长期定位施肥对保护地土壤钙素形态分布的影响［J］. 水土保持学报，25（2）：198-202.

张广娜，林祥杰，李蕴梅，等，2018. 棕壤与褐土刺槐林下土壤腐殖质组分的傅里叶变换红外光谱分析（英文）［J］. 光谱学与光谱分析，38（4）：1298-1302.

张桂山，贾小明，马晓航，等，2004. 山东棕壤重金属污染土壤酶活性的预警研究［J］. 植物营养与肥料学报，10（3）：272-276.

张继宏，汪景宽，穆琳，等，1998. 不同措施对棕壤土壤肥力的调控［J］. 土壤通报，29（6）：250-252.

张晋京，窦森，2003. 施用猪粪对棕壤富里酸结构特征的影响［J］. 植物营养与肥料学报，9（1）：75-80.

张晋京，窦森，2004. 施用猪粪对棕壤胡敏酸和富里酸热力学参数的影响［J］. 水土保持学报，18（6）：132-135.

张俊民，过兴度，1986. 山东省棕壤形成的特点［J］. 土壤学报，2：148-156，193-194.

张丽娜，2010. 山东省基本农田土壤重金属含量分布特征及其环境容量研究［D］. 济南：山东师范大学.

张璐，1997. 有机物料中有机碳、氮矿化进程及土壤供氮能力研究［J］. 土壤通报，28（2）：71-73.

张盼，杜立宇，吴岩，等，2018. 天然和热活化蛏子壳粉对污染土壤中 Cd 赋存形态的影响［J］. 环境科学研究，31（5）：935-940.

张泉，楚雷，曹军，2010. 天津郊区土壤与作物中有机氯农药残留现状与来源初析［J］. 农药环境科学学报，29（12）：2346-2350.

张素平，2011. 深泽县土壤有效磷含量变化及应对措施［J］. 现代农村科技，24：43-44.

张威，解宏图，何红波，等，2006. 土壤碳水化合物的测定方法及其指示作用［J］. 应用生态学报，17（8）：1535-1538.

张亚男，梁成华，梁世威，等，2017. 石灰类钝化剂对土壤镉赋存形态及油麦菜吸收镉的影响［J］. 扬州大学学报，32（1）：286-290.

张颖，赵庚星，王卓然，等，2018. 山东棕壤耕地地力评价及其特征分析［J］. 农业资源与环境学报，35（4）：359-366.

张勇，庞学勇，包维楷，等，2005. 土壤有机质及其研究方法综述［J］. 世界科技研究与发展，27（5）：78-84.

张玉革，2005. 不同土地利用方式潮棕壤营养元素剖面分布研究［D］. 沈阳：沈阳农业大学.

张玉革，梁文举，姜勇，2008. 不同利用方式下潮棕壤交换性钙镁的剖面分布［J］. 应用生态学报，19（4）：813-818.

张玉庚，1993. 山东棕壤分类研究进展［J］. 山东师大学报（自然科学版），8（4）：81-85.

章林英，许杰，季淑枫，等，2015. 杭州市郊旱地土壤有机质现状及改良措施［J］. 中国农学通报，31（22）：218-222.

赵劲松，2002. 污染对土壤溶解性有机质及特征化合物影响的研究［D］. 长春：东北师范大学.

赵劲松，2003. 土壤溶解性有机质的特性与环境意义［J］. 应用生态学报，14（1）：126-130.

赵颖，周桦，马强，等，2014. 施肥和耕作方式对棕壤微生物生物量碳氮的影响［J］. 土壤通报，45（5）：1099-1103.

郑庆福，赵兰坡，冯君，等，2011. 利用方式对东北黑土黏土矿物组成的影响［J］. 矿物学报，31（1）：139-145.

郑喜坤，鲁安怀，高翔，等，2002. 土壤中重金属污染现状与防治方法［J］. 土壤与环境，11（1）：79-84.

郑友平，林亲铁，姜洁如，等，2017. 过氧化钙修复有机污染土壤的研究进展［J］. 土壤通报，48（5）：1275-1280.

中国科学院青藏高原综合科学考察队，1985. 西藏土壤［M］. 北京：科学出版社.

中国土壤系统分类研究丛书编委会，1993. 中国土壤系统分类进展［M］. 北京：科学出版社.

周启星，2002. 污染土壤修复的技术再造与展望［J］. 环境污染治理与设备，3（8）：36-40.

周卫，林葆，1996. 棕壤中肥料钙迁移与转化模拟［J］. 土壤肥料，1：18-22.

朱兆良，1979. 土壤中氮素的转化和移动的研究近况［J］. 土壤学进展（2）：1-6.

An T，Schaeffer S，Zhuang J，et al，2015. Dynamics and distribution of ^{13}C-labeled straw carbon by microorganisms as affected by soil fertility levels in the Black Soil region of Northeast China［J］. Biology and Fertility of Soils，51：605-613.

Barak P J, Krueger B O, Peterson A R, et al, 1997. Effects of long - term soil acidification due to nitrogen fertilizer inputs in Wisconsin [J]. Plant and Soil, 197: 61 - 69.

Bending G D, Turner M K, Jones J E, 2002. Interactions between crop residue and soil organic matter quality and the functional diversity of soil microbial communities [J]. Soil Biology and Biochemistry, 34 (8): 1073 - 1082.

Bolan N S, Hedley M J, White R E, 1991. Processes of soil acidification during nitrogen cycling with emphasis on legume based pastures [J]. Plant and Soil, 134: 53 - 63.

Bradford M A, Ineson P, Wookey P A, et al, 2001. The effects of acid nitrogen and acid Sulphur deposition on CH_4 oxidation in a forest soil: a laboratory study [J]. Soil Biology and Biochemistry, 33: 1695 - 1702.

Butler J L, Williams M A, Bottomley P J, et al, 2003. Microbial community dynamics associated with rhizosphere carbon flow [J]. Applied and Environmental Microbiology, 69 (11): 6793 - 6800.

Christensen B T, 1992. Physical fractionation of soil and organic matter in primary particle size and density separates [J]. Advance of Soil Science, 20: 1 - 90.

Claudio B, Flavio B, 1998. Soil acidification by acid rain in forest ecosystems: A case study in northern Italy [J]. The science of the total environment, 222: 1 - 15.

Cornu S, Montagne D, Hubert F, et al, 2002. Evidence of short - term clay evolution in soils under human impact [J]. Comptes Rendus Geoscience, 344: 747 - 757.

Curtin D, Syers J K, 1990. Extractability and adsorption of sulphate in soils [J]. Soil Science, 41: 305 - 312.

Dexter A R, 1988. Advances in characterization of soil structure [J]. Soil & Tillage Research, 11: 199 - 238.

Ferrara G, Loffredo E, Senesi N, 2004. Anticlastogenic, antitoxic and sorption effects of humic substances on the mutagen maleic hydrazide tested in leguminous plants [J]. European Journal of Soil Science, 55 (3): 449 - 458.

Frazluebbers A J, Stuedemann J A, 2003. Bermudagement management in the southern piedmont USA. Ⅲ. particulate and biologically active soil carbon [J]. Soil Science Society of America Journal, 67: 132 - 138.

Graham, M H, Haynes R J, Meyer J M, 2002. Changes in soil chemistry and aggregates stability induced by fertilizer application, burning and trash relation on a long - term sugarcane experiment in South Africa [J]. European Journal of Soil Science, 53: 589 - 598.

Hooker B A, Morris T F, Peters R, et al, 2005. Long - term effects of tillage and corn stalk return on soil carbon dynamics [J]. Science Society of America Journal, 69 (1): 188 - 196.

Huang C Q, Zhao W, Liu F, et al, 2011. Environmental significance of mineral weathering and pedogenesis of loess on the southernmost Loess Plateau, China [J]. Geoderma, 163: 219 - 226.

Jeronimo M, Veroica B, 2007. Effect of temperature on the release of hexadecane from soil by thermal treatment [J]. Hazardous Materials, 143 (1): 455 - 461.

Kuzyakov Y, Domanski G, 2000. Carbon input by plants into the soil Review [J]. Journal of Plant Nutrition and Soil Science, 163: 421 - 431.

Leake J R, Ostle N J, Rangel - Castro J I, 2006. Carbon fluxes from plants through soil organisms determined by field $^{13}CO_2$ pulse - labelling in an upland grassland [J]. Applied Soil Ecology, 33 (2): 152 - 175.

Li S, Gu X, Zhuang J, et al, 2016. Distribution and storage of crop residue carbon in aggregates and its contribution to organic carbon of soil with low fertility [J]. Soil & Tillage Research, 155: 199 - 206.

Liu Y L, Yao S H, Han X Z, et al, 2017. Soil mineralogy changes with different agricultural practices during 8 - year soil development from the parent material of a Mollisol [J]. Advances in Agronomy, 142: 143 - 179.

Lynch J M, Whipps J M, 1990. Substrate flow in the rhizosphere [J]. Plant and Soil, 129 (1): 1 - 10.

Matzner E, Meiwes K J, 1994. Long - term development of element fluxes with bulk precipitation and throughfall in two German forests [J]. Journal of Environment Quality, 23: 162 - 166.

Mirabella A, Egli M, 2003. Structural transformations of clay minerals in soils of a climosequence in an Italian alpine environment [J]. Clays and Clay Minerals, 51 (3): 264 - 278.

Stewart C E, Plante A F, Paustian K, et al, 2008. Soil carbon saturation: linking concept and measurable carbon pools [J]. Soil Science Society of America Journal, 72 (2): 379 - 392.

Zhang X D, Amelung W, 1996. Gas chromatographic determination of muramic acid, glucosamine, mannosamine and galactosamine in soils [J]. Soil Biology and Biochemistry, 28: 1201 - 1206.

Zhang Z Y, Huang L, Liu F, et al, 2016. Characteristics of clay minerals in soil particles of two Alfisols in China [J]. Applied Clay Science, 120: 51 - 60.

Zheng L, Pei J, Jin X, et al, 2018. Impact of plastic film mulching and fertilizers on the distribution of straw - derived nitrogen in a soil - plant system based on ^{15}N - labeling [J]. Geoderma, 317: 15 - 22.

图书在版编目（CIP）数据

中国棕壤 / 汪景宽，赵庚星主编. -- 北京 ：中国农业出版社，2024. 6. --（中国耕地土壤论著系列）.

ISBN 978-7-109-32059-8

Ⅰ. S155.2

中国国家版本馆 CIP 数据核字第 2024N8Q518 号

中国棕壤

ZHONGGUO ZONGRANG

中国农业出版社出版

地址：北京市朝阳区麦子店街 18 号楼

邮编：100125

责任编辑：刘　伟　冯英华　杨晓改

版式设计：王　晨　　责任校对：吴丽婷

印刷：北京通州皇家印刷厂

版次：2024 年 6 月第 1 版

印次：2024 年 6 月北京第 1 次印刷

发行：新华书店北京发行所

开本：889mm×1194mm　1/16

印张：31.25　　插页：2

字数：940 千字

定价：338.00 元

典型棕壤：壤质深淀黄土状棕壤（辽宁省沈阳市沈阳农业大学柞蚕场，王天豪摄）

典型棕壤景观（王天豪摄）

潮棕壤：壤质坡洪积潮棕壤（山东省烟台市福山区，曹启学摄）

潮棕壤景观（曹启学摄）

白浆化棕壤：壤质浅位黄土状白浆化棕壤（辽宁省抚顺市清源满族自治县草市镇，王秋兵摄）

白浆化棕壤景观（王秋兵摄）

棕壤性土：厚层硅铝质棕壤性土（辽宁省丹东市凤城市青城子镇，徐英德摄）

棕壤性土景观（徐英德摄）